广州国际金融中心
建 设 实 录

越秀地产　主编

中国建筑工业出版社

图书在版编目（CIP）数据

广州国际金融中心建设实录／越秀地产主编. —北京：中
国建筑工业出版社，2015.7
ISBN 978-7-112-18302-9

Ⅰ. ①广… Ⅱ. ①越… Ⅲ. ①国际金融中心-建筑工程-概
况-广州市 Ⅳ. ①TU247.1

中国版本图书馆CIP数据核字（2015）第164385号

责任编辑：赵晓菲
责任校对：陈晶晶 刘梦然

广州国际金融中心建设实录
越秀地产 主编
*
中国建筑工业出版社出版、发行（北京西郊百万庄）
各地新华书店、建筑书店经销
北京锋尚制版有限公司制版
北京顺诚彩色印刷有限公司印刷
*
开本：880×1230毫米 1/16 印张：43¼ 字数：892千字
2015年10月第一版 2015年10月第一次印刷
定价：**398.00**元
ISBN 978-7-112-18302-9
（27458）

《广州国际金融中心建设实录》编写人员

编委会主任 张招兴

编委会副主任 陈志鸿

编委会委员 黄维纲　莫育年　庄义汉　梁济豪
　　　　　　　朱　晨　欧　韶　赖　明　刘转州

主　编 黄维纲　朱　晨

副主编 刘转州　胡英华　李志忠　王要武

前　言

　　超高层城市综合体作为经济和社会发展的重要标志之一，在助力调整经济结构、促进商业繁华的同时，其隽拔的形象、卓越的结构、先进的技术、节能环保以及所承载的人文内涵，都为城市的国际化形象注入了生机与活力。

　　广州国际金融中心这座屹立在珠江水岸的"通透水晶"，集超甲级写字楼、酒店、商场和公寓等功能于一体，总用地面积超过3.1万平方米，总建筑面积约45万m²，建筑总高度440.75m，是目前已投入运营的广州第一高楼和全国排名前十超高层。越秀地产以资源平台的独特优势和魅力，吸引了众多全球知名企业入驻，将该项目打造成为具有国际影响力的高端商务标杆和总部经济载体。如何将这些建设经验与社会公众分享，是越秀人责无旁贷的使命。

　　广州国际金融中心建筑造型独特，双曲面弧形通透幕墙、菱形斜交网格外框架柱等创新设计突破了传统超高层建筑的固定模式，为建筑设计领域注入了新的活力，诚然，越秀人通过整合各方资源和力量，也在解决世界难题中创造了多项世界第一。

　　在结构设计上，项目创新采用了特殊节点构造方式，能有效抵御强风、地震的侵袭，同时也解决了斜交柱相交节点的复杂力学设计问题，设计获得了国家专利。在工程建设中，这是世界第一座自施工阶段就开始进行全过程结构健康监测的超高层建筑，为将来的超高层建筑设计提供了实测数据。在主塔施工中，改进了超高层建筑施工的提模系统，创造了"两天一层"的世界施工进度新纪录；改良了高标号混凝土一次泵送的施工工艺，创造了C100高标号混凝土一次泵送400米高度的新世界纪录。

在幕墙设计中，主塔楼的幕墙是目前世界最高的全隐框玻璃幕墙；我们充分听取了国内专家顾问的意见，以国际高标准提高了幕墙安全性和节能性。例如，采用"半钢化夹胶玻璃"以减少自爆率及杜绝玻璃高空坠落的危险；应用节能性能较高的双银LOW-E玻璃及智能化窗帘系统，提高了幕墙的节能性能；选用超低反射率的玻璃，降低对环境的光污染等等。

搭建好高效、专业项目管理团队，实现高效运作是项目顺利推进的关键。广州国际金融中心是广州市2010年亚运会的形象工程，越秀地产向政府承诺在亚运会开幕前完成项目主体工程；从取得项目开发权到主体工程完工不到5年的时间，要完成大量复杂的设计、图纸审查、资金筹集、报建、工程施工、验收等一系列工作，离不开系统化、精细化和综合化的项目管理。建设者们对项目开发过程进行了详尽的规划，理清了影响进度的关键线路，通过项目管理创新、工序交叉搭接等手段，在有效压缩工期的同时高效推进项目建设。特别是对位于主塔楼69~103层、世界最高的四季酒店，通过各专业高效对接和协调，打造出一个高标准舒适的、景观独特的豪华酒店。

本书对广州国际金融中心项目建设全过程在项目管理、设计和技术亮点、施工技术及管理等进行了全面、系统的介绍，总结在此过程中遇到的难题、挑战及解决方法，是国内鲜见的站在开发者角度全面系统地介绍大型超高层城市综合体工程建设的书籍。

本书是参与广州国际金融中心项目开发的建设者们共同编著的成果，他们将亲身工作经历与经验进行了提炼和总结，为社会留下了宝贵财富。

2015年10月

目 录

第一篇 项目管理

第二篇 设计与技术

第三篇　施工管理与技术

第一章　项目的由来

第一节　珠江新城的规划与建设

珠江新城商务区位于广州市新城市中轴线两侧，是继北京朝阳、上海浦东之后第三个经国务院批准重点发展的中央金融商务区。珠江新城商务区是广州市21世纪中央商务区的核心区域和区域性金融中心，它将发展成为集多功能于一体的新城市中心区，国际经济、文化交流与合作的基地。

一、珠江新城板块初步形成

广州的城市规划早在20世纪80年代初就已经开始了，当时广州市政府已经定下了城市中心东移的总体规划，并正式圈定了一块占地640万m²的"珠江新城"板块，"珠江新城板块"就此诞生。

1992年初，广州市政府常务会议决定开发珠江新城。

二、珠江新城规划出台

根据广州市政府的指示，广州市规划局在1992年7月委托美国的托马斯规划服务公司和香港梁柏涛规划师、建筑师事务所以及广州市城市规划勘测设计研究院同时进行规划设计。上述规划设计单位于1992年10月提交了第一轮规划设计方案，1992年12月8日提交了第二轮方案。经过了多次的研讨和修改，1993年2月19日广州市政府常务会议确定：在托马斯方案基础上，综合其他两个方案的优点，进行开发控制性详细规划的编制工作（图1-1-1）。同年6月，《广州新城市中心区——珠江新城规划》出台。该规划确定珠江新城建设目标是"未来广州新城市中心，统筹布局综合商贸、金融、康乐和文化旅游、行政、外事等城市一级功能设施"。该规划堪称广州当时最先进的一个城市区域规划。

三、珠江新城规划检讨出台

由于《广州新城市中心区——珠江新城规划》完成于1993年，随着时间的推移，实际的开发情况和原有的规划管理依据出现了偏差：

（1）原规划中A街区的"会议展览中心区"，由于广州的新会展中心已选址在琶洲，并且原会

图1-1-1　珠江新城规划图

展中心的某些地块已经被改变了用地功能。

（2）原规划中D街区保留的大量"特殊用地"，随着广州土地整体开发的推进，已迁出了珠江新城，这些空置的土地将面临重新规划的问题。

（3）原规划中I街区的"外贸外事区"，由于与赤岗外事区在规划功能上有重叠，也需要修改规划。

图1-1-2 珠江新城检讨 规划方案公众展示

为了适应新时期广州城市建设和城市发展的需要，更有效地导控珠江新城的开发建设，对原规划进行检讨和调整十分必要。1999年9月，广州市规划局公开开展了对珠江新城的规划检讨，广泛听取民众意见。并在2001年12月11日以穗规领会（2001）5号文下达了"珠江新城规划检讨"（图1-1-2）。

《珠江新城检讨》对原有规划作出了七项重大调整，调整要点如下：

（1）强化中轴线的空间、景观与环境，将原控规的128m宽中央林前大道调整为80~230m不等的生态性绿色开敞空间（今为花城广场），适当降低开发密度，在商务办公区减少约150万m²的写字楼，增加了广场和绿化用地，设计了新中轴线系列广场。

（2）提高了建设标准和公共配套设施水平，增设幼儿园9所，小学1所，同时争取扩大学校用地规模，教育设施用地由原来的19.6hm²增加至32hm²。扩大市级医院用地规模，明确市级文化中心的具体内容为广州歌剧院、广州博物馆、市图书馆和市青少年宫。

（3）改变小地块开发"楼看楼"的模式，将原控规约440个小开发地块整合为269块综合地块开发单元（街坊），采用建筑周边围合的布局方式，以及国际通用的计划单元综合开发模式（PUD），将群楼间的绿化集中设置，形成很多漂亮的小花园。

（4）街道变单一为多样，有"东风路"式的交通干道，也有"上下九"式的骑楼式商业步行街。

（5）提出由高架步行道、地下步行隧道、地面专用步行道构成的立体化步行系统。

（6）提出了一个必须通过举办设计竞赛才能确定方案的地标性建筑系统，用制度保证创造出有艺术特色的城市形象。

（7）对3个"城中村"（猎德、冼村和谭村）分别提出了不同的改造方案。

第二节　广州国际金融中心项目的确定

广州国际金融中心（原名：广州西塔）位于广州珠江新城中轴线西南端，是珠江新城中央商务区的最大型的城市综合体。

在1993年编制的珠江新城规划中，超高双子塔（东塔和西塔）位于珠江新城北部，靠近黄埔大道位置。

2003年1月22日，新一轮珠江新城规划将这对超高双子塔移至南面珠江边（图1-1-3）。突出南北向天际轮廓线，主要突出体现在新城市中轴线部分。与北部天河体育中心、中信广场形成有节奏、有韵律的波浪形轮廓线。双子塔又与珠江南岸的广州塔交相呼应。

按广州市政府的规划，广州国际金融中心与广州大剧院、广东省博物馆、广州图书馆、广州市第二少年

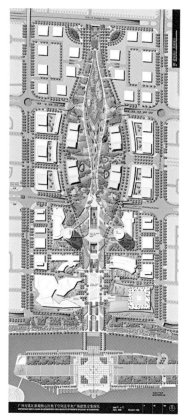

图1-1-3　超高双子塔位置示意图

宫及东塔并称为珠江新城六大标志性建筑（图1-1-4）。同时国金中心的高度跻身为广州第一高楼，在目前国内已建成投入使用的摩天大楼中跻身前十（图1-1-5）。

为推动珠江新城建设，迎接2010年在广州举行的亚运会，2004年10月广州市规划局等部门组织了国金项目建筑方案国际竞赛，经过综合评选8号方案中选。

2005年8月10日，广州市政府推出了国金地块的土地出让公开招标公告。公告对竞标公司要求相当严格，而且要同意以国金的设计方案——国际邀请竞赛8号优胜方案作为实施方案。要求发展商承诺在2005年底开工、2009年基本完工的工期目标要求。越秀地产、香港新世界、上海长峰、恒大地产和香港新鸿基六大开发商参与了投标。

本次招标采用综合评分法：以投标人的业绩、开发方案、经营方案、融资方案、接受政府监督方案和土地竞投价格、政府优惠条件等几方面的指标作为主要评标条件，其中土地竞投价格和政府优惠条件只占评标的40%。最后以总评分最高者为中标单位。

2005年9月，越秀地产以广州市城市建设开发有限公司、广州市城市建设开发集团有限公司、越秀投资有限公司三公司联合参与竞投。以综合评分标准满分一举中标国金项目（图1-1-6）。以往业绩和国企背景也是其最后胜出的重要因素。越秀地产从事房地产开发22年来，共获得"鲁班奖"等6个全国性的奖项，该成绩在参与投标的6家企业当中是最多的。

2005年10月，越秀地产成立项目指挥部，全面推进项目各项工作，并在2005年12月顺利开工，实现了对广州市政府的承诺。

图1-1-4　珠江新城标志性建筑

排名	1	2	3	4	5	6	7	8	9	10
建筑物	101大厦	环球金融中心	环球贸易广场	紫峰大厦	京基100	广州国际金融中心	金茂大厦	国际金融中心二期	中信广场	地王大厦
地区	台湾	上海	香港	江苏	广东	广东	上海	香港	广东	广东
城市	台北	上海	香港	南京	深圳	广州	上海	香港	广州	深圳
高度	509m	492 m	484 m	450 m	441.8 m	440.75 m	420.53 m	412 m	391.1 m	383.95 m
楼层数	101	101	108	88	100	103	88	88	80	69
建成时间	2004年	2008年	2010年	2009年	2007年	2010年	1999年	2003年	1996年	1996年
用途	写字楼、酒店、商业	写字楼、酒店、商业	写字楼、酒店	写字楼、酒店、商业	购物中心、写字楼、住宅	写字楼、公寓、酒店	写字楼、酒店、商业	写字楼	写字楼	写字楼

图1-1-5　目前已建成投入使用的前十名摩天大楼

图1-1-6　越秀地产中标国金项目

第二章 方案设计竞赛

第一节 竞赛组织

广州市"双塔"位于广州21世纪中央商务区——珠江新城，是规划的两座标志性超高层物业，是融酒店、会务、观光旅游、商业等多种功能于一体的综合性建筑。"双塔"及其周边地区作为新中轴线上的重要节点，将成为体现广州城市形象的标志性地区。为借鉴国内外超高层建筑的规划建设经验，高水平、高质量地建设广州市"双塔"，2004年10月，广州市土地开发中心、广州市规划局、广州市城市规划编制研究中心联合举办了广州市"双塔"（西塔）建筑设计方案国际邀请竞赛。

一、竞赛工作内容

该次竞赛工作内容包括两个层次：

（1）"双塔"周边地区城市设计。用地范围约为57289.75m²。

（2）"西塔"建筑设计。用地范围约为31084.96m²。

二、竞赛活动期限

该次竞赛活动期限定为：2004年7月1日～2004年9月30日。

三、评选方式

竞赛委员会通过资格审查从报名单位中选择15家具有相关设计经验和相应设计资质的国内、外设计单位（联合体）参加，按竞赛技术文件规定报送参赛成果文件，经过专家评审，选出不多于三个优胜方案。

第二节 参赛方案介绍

最终有14家设计单位出席了技术文件发布会，12家设计单位按时提交了设计成果。具体如下：

一、方案1——生长之树

设计单位：美国菲利普·约翰逊及艾伦·理奇建筑事务所。

建筑高度386.1m，总楼层82层。建筑物如一棵生长的树（图1-2-1），它的底部张开，使底层获得最大的面积，同时增加了稳定性；"树干"部分是办公楼层；而"树冠"部分为酒店区，具有良好的景观条件。双塔犹如两棵姿态各异、挺拔并肩的树，共同伸向蓝天。

图1-2-1　方案1——生长之树

结构形式为巨形框架梁柱外筒+中央核心筒架构。建筑物在顶部分支成三个部分，带来了充足的采光和美妙的景观视野。

专家评审认为：方案立意新颖，与周边建筑差异明显，个性突出。写字楼规则，使用方便。但酒店客房利用率不高；顶部迎风面较大，对抗风不利。

二、方案2——晶笋凌云

设计单位：中国广州珠江外资建筑设计院。

建筑高度548m，总楼层106层。在总体布局中，以贯通城市南北的新城市中轴线构成规划主轴——"空间轴线"，以穿行城市东西的珠江河段构成"时间轴线"，将"双塔"置于时空轴线的交会区中心广场两旁，形成珠江新城中央商务区的视觉焦点。位于"空间轴线"上的中央广场由北向南行云流水般缓缓流向"时间轴线"——珠江，宛如珠江的一条分支河涌。广场之上做重点的景观处理，形成宜人的城市休闲场所，通过指向"历史轴线"的蜿蜒伸展的形态设计，仿佛时间长河冲刷，暗喻岁月留痕。同时"双塔"裙楼也向时空轴线的交汇区方向扭转，形成面向珠江的良好视觉导引，显示对"母亲河"的深切关注（图1-2-2）。

"西塔"作为一幢层数多、功能复杂、交通繁忙的超高层综合商业大厦，其剖面设计引入"竖向城市"的概念，将原本集中在裙楼的公共服务设施空间解放，垂直分布于塔楼内，围绕酒店、写字楼、旅游观光、商务会议、餐饮购物等功能块形成多个公共空间。整栋塔楼如同一个配套齐全的竖向城市街区，体现一种高效、快捷、便利的消费文化和现代生活方式。

为了方便各路人流进入大厦，裙楼设计了多条台阶及坡道与室外广场相连，市民既可北向拾级而上步入裙楼参观购物，又可从各楼层平台向南信步而下，一路观景，到达绿化广场。

图1-2-2　方案2——晶笋凌云

专家认为：结构选型与建筑协调较好。平面布局灵活，功能合理、空间多变。但独特造型如何实现？设计未能很好交代清楚。

三、方案3——天空之城

设计单位：日本原广司+Atelier·phi建筑设计研究所+广东省建筑设计研究院（联合体）。

建筑高度388m，总楼层91层。东西双塔作为广州市新的门户将向世人展示广州的活力，使这一地标建筑更好地提升广州城市形象。由古至今，由东方到西方广为流传的"天空之城"的梦想，将通过这座塔在新技术的驱使下变为现实（图1-2-3）。同时，该建筑是一座周密考虑了地球环境、生态、节能的超高层综合体。

双塔规划总平面构图采用系列圆形下沉广场（象征月亮），将地下空间与地面广场相结合，既解决了人流交通，又丰富了城市空间，且满足了地下空间通风换气的需要。西塔由南北两栋塔楼以及在顶部连接两座塔楼的大穹顶组成。塔楼的主要功能是办公楼。大穹顶的西部呈弧状突出，其内部是超五星级酒店和观光厅——"天空之城"。"天空之城"内设计了130m高的共享大空间。方案采用带斜撑框架及带斜撑核心筒结构体系。

专家认为：外形奇特有较强的视觉效果，酒店中空大厅有利于提升酒店的档次。顶部相连的结构会增加抗震设计的难度。

四、方案4——成长竹笋

设计单位：德国GMP国际建筑设计有限责任公司+广州市设计院（联合体）。

建筑高度608.8m，总楼层110层。高层建筑的流线造型，将其生动曲折的波纹线条从上至下贯穿整个建筑体。凹凸有致的流线造型构成了层次分明的雕塑（图1-2-4）。其外观以渐进方式而构成双体塔楼形态，因而在建筑内的许多楼层中形成大面积连贯的楼层。

流动的建筑造型使光线在大厦凹凸表面产生折射，使大厦外观形象不断变化，楼层自下而上逐步后退也是对自然的模仿，犹如节节成长的竹笋，是自然的力量和欣欣向荣的表现，寓意广州城市的进取和追求精神。

专家认为：外形奇特有较强的视觉效果，酒店中空大厅有利于提升酒店的档次。顶部相连的结构会增加抗震设计的难度。

图1-2-3　方案3——天空之城　　　　图1-2-4　方案4——成长竹笋

五、方案5——盛放鲜花

设计单位：中国香港巴马丹拿国际公司。

建筑高度410m，总楼层100层。"双塔"各以410m的高耸身段立于城市中主轴的东西两旁。南部低矮的少年宫、歌剧院、图书馆和博物馆，以及宽阔的绿化景观广场用地构成了优美的临江文化休闲设施。

主楼顶部花朵盛放的形状成为大楼的独特个性。形状犹如广州的市花"木棉"（图1-2-5、图1-2-6）。位于主塔四周的裙楼形态也似花朵盛开，与塔楼形态相呼应。花朵形的主塔平面布局远比规则形状建筑的室内空间拥有更多的江景视野，增加了建筑的商业价值。

图1-2-5　方案5——盛放鲜花夜景　　图1-2-6　方案5——盛放鲜花

专家认为：总平面处理较好，将东西塔和中央绿化带融合为一体进行设计，加强了空间联系。平面合理，使用率高。结构规则，利于抗震抗风。

六、方案6——红棉花蕾

设计单位：加拿大B+H建筑师事务所+广州市城市规划勘测设计研究院（联合体）。

将西塔与珠江新城中央绿地的规划紧密联系在一起，加强了整个设计环境的意识及其有机联系；设计中通过对塔楼平面与立面几何形体的深入分析，认为西塔应高于400m，而东塔地上部分高350m，应低于西塔，且东塔的几何外形应更为简洁。

该方案中设计的广州西塔外形独特，犹如晶莹的玻璃体一般悬浮于空气中，"红棉花蕾"外形设计预示着西塔将带动珠江新城区域的发展繁荣（图1-2-7、图1-2-8）。

图1-2-7　方案6——红棉花蕾

图1-2-8 方案6——红棉花蕾夜景

西塔每16层设置一个空中花园。地面至塔楼顶部电信桅杆，建筑物总高超过500m，地下部分高度25m。

裙房首层～三层为商业，4层为会议中心及商业，5层为展览部分、多功能厅级商业，6层为餐饮；塔楼首层为入口大堂及中庭，2～69层为5A标准办公层，70～106层为超星级酒店。地下一层为商业、酒店后勤服务及部分停车、设备用房；地下二层～地下五层为车库及设备用房。垂直交通采用了空中门厅的设置及双层桥厢电梯系统。

主塔地下部分为钢筋混凝土，地面以上部分为钢结构。外围结构的水平承载力系统由15条柱及斜撑形成；而内部的水平承载力系统则由设置在转换层层间的交叉支承钢架形成。主塔的竖向承力系统由外围呈环向排布的15条钢柱承担。建筑高度459m，总楼层106层。

专家认为：设计方案大胆突出。但下部结构较窄，内外筒联系过弱，对抗震抗风不利。

七、方案7——钻石雕塑

设计单位：德国KSP Engel and Zimmermann设计事务所+华东建筑设计研究院有限公司（联合体）。

建筑高度422m，总楼层95层。

规划平面上，东西两塔与中轴绿地广场通过道路形成一个地面交通系统，中轴绿地广场地下层为购物中心，与双塔地下空间连接组成良好的人流交通体系。主塔采用具有雕塑感的"钻石"造型，象征美好与高贵（图1-2-9、图1-2-10）；大楼地下一层为购物中心，低层区域为酒店接待和服务区域，22层以上设有办公、酒店、健身、观景等功能。

专家认为：方案简洁有力，平面布局合理，结构体系简洁合理。但许多斜撑结构会影响内部景观。

图1-2-9 方案7——钻石雕塑规划

图1-2-10 方案7——钻石雕塑

八、方案8——通透水晶

设计单位：英国Wilkinson Eyre Architects Ltd+Ove Arup & Partners（联合体）。

建筑高度430m，总楼层102层。为了突显城市中轴线对称性，东西双塔的设计完全相同。建筑外表光滑通透，形体纤细，犹如两块细长水晶体沿中央广场中轴线升起（图1-2-11、图1-2-12）。

主塔楼的平面设计为三角弧形，其三角锐角部分均处理为圆角，三边设计成弧线形。平面尺寸沿高度变化，从底部展开至1/3总高度为最大，再慢慢缩小至顶层，三个立面从底到顶略呈弧形。建筑没有采用传统的钢筋混凝土横梁直柱的框架结构，而是采用了钻石形状的斜交网柱外框架结构。最外层为双曲面高通透的玻璃幕墙，使菱形斜交网格柱的独特立面造型得到完美展现。

设计注重与周边建筑物，特别是与少年宫、图书馆、博物馆、歌剧院四大公建相互呼应。中轴绿化广场的设计也与双塔的轴对称形态呼应。

该方案设计简洁、朴实、实用，不求夸张造作的形态，但又体现了设计创新和科技含量。

专家认为：该方案外形典雅、简洁、实用，有柔和的美感和独特的创新。结构分布均匀，外框筒对抗震抗风有利。外框筒斜交网格柱的相交节点设计及安装有一定难度。

图1-2-11　方案8——通透水晶　　　　　　　图1-2-12　方案8——通透水晶立面

九、方案9——螺旋水滴

设计单位：法国HTA-Architecture H Tordjman & Partners + RFR + SETEC（联合体）。

建筑高度514m，总楼层131层。西塔呈螺旋状，包括131层水滴状的楼层。每个楼层沿着垂直轴心，在下一层楼的基础上顺时针旋转1.364度（图1-2-13）。

塔楼设置三个观景层，可360度观赏城市美景。餐馆和酒吧位于塔的顶部。两部观光电梯从二层直达观景层。

中轴广场上设置连接双塔的空中走廊。在塔的南部，一条室内步行街被透明玻璃顶所覆盖。这条街道是西塔区重要的连接交通枢纽，通过街道的人流可以通往主塔南部的商业中心、地下一层的国际会议中心、主塔的酒店和办公区，以及地下停车场。

专家认为：方案构思新颖，有创意。结构选型基本满足建筑造型要求。但建筑外形与结构形式较奇特，风和地震作用下的扭转效应等关键技术问题有待进一步技术论证。

图1-2-13 方案9——旋转水滴

十、方案10——折叠摩天

设计单位：美国MAD事务所＋北京建筑设计研究院（联合体）。

建筑高度388m，总楼层100层。摩天楼不再是靠近天空的叠加的孤岛。其巨大的体量中包含着诸多内容，交错的商业、服务、娱乐空间被提升至上空，成为岛屿之间的连接体，组织在其中工作生活的人们，成为他们的共享空间，融入真正的城市生活（图1-2-14、图1-2-15）。

东西双塔外形接近。每个塔楼均由大小塔楼构成，底层架空。大小塔楼均面向中轴城市绿地。大小塔楼在中部连通后分开，并再度在顶部通过一观光缆车相连。人们可以通过观光缆车俯瞰城市的面貌，观光缆车也成为体现城市活力的动感标志。结构采用带斜撑钢管混凝土外框、钢筋混凝土核心筒。

专家认为：建筑平面变化丰富，但小塔内办公楼使用率低。另外，高层部分标准层小，酒店部分客房布置较困难。结构方面大小两塔的连体增加了抗震设计的复杂性。

图1-2-14 方案10——折叠摩天立面　　　　　图1-2-15 方案10——折叠摩天

十一、方案11——网状的鱼

设计单位：美国Murphy/Jahn + 中国建筑东北设计研究院（联合体）。

建筑物高390m，地面以上95层。塔楼平面形状为椭圆形，东西双塔完全相同，主塔与裙楼分开，创造出开放性城市活动空间。主塔从下到上区域分别是办公层、酒店层、观光层。酒店中庭贯穿55层以上楼层，通过中庭的天窗增加采光，形成壮观的室内空间。塔楼外观为中间收缩的椭圆柱形，采用隐框双层幕墙系统，以及通透性高的玻璃，局部使用金色玻璃进一步衬托建筑的曲线。方案采用筒中筒结构，内筒为钢筋混凝土核心筒，外筒为钢斜撑框架结构（图1-2-16）。

图1-2-16　方案11——网状的鱼

专家认为：方案设计构思简洁清晰，结构规则，体型有利于抗震抗风。

十二、方案12——水的意象

设计单位：日本设计株式会社+ 深圳华森建筑与工程设计顾问有限公司（联合体）。

建筑高度390m，总楼层99层（图1-2-17、图1-2-18）。飘逸而下的水流象征着永不衰竭的活力与能量。该方案以"水"为主题，通过对建筑形态的塑造，将流水概念具象化。三股仿佛从塔顶涌溢出的"水流"沿外壁飘逸而下，向四周回旋、飞散，逐渐漫溢到环境中，形成光与影相互交织的奇妙景象。

塔楼平面是由3片飞翼组成的三角形，塔楼的顶部为玻璃屋顶，屋顶下形成了空间错落丰富的中庭。玻璃屋顶仿佛是飘浮在云中的泉水，与三股"水流"相互融合，倾泻而下。根据设计，这三股沿塔楼表面飘逸而下的"水流"到达底层裙房部分后回旋展开，形成柔美起伏连成一片的"水面"屋盖，覆盖住整个裙房部分，"水面"屋盖的起伏随空间用途的不同而变化。裙房部分设有会议厅和休闲饮食设施。

专家认为：该方案设计成熟。公共空间开发在裙楼大屋顶下，室内外相互交融。结构体系成熟。

图1-2-17　方案12——水的意象规划

图1-2-18　方案12——水的意象

第三节 设计方案竞赛结果

一、优胜方案的确定

2004年10月底~11月初，竞赛委员会组织专家对所提交方案进行了技术审查，认定12家设计单位（联合体）所提交的设计成果均符合本次竞赛技术文件的要求。12个设计方案于2004年10月29日~11月5日在广州市新体育馆、各新闻媒体、规划在线网站进行了公示。

此后，竞赛委员会组织专家对所有提交方案进行了评审，按照技术文件的要求，评出了五个优胜方案，它们是（按照得票多少排序）（图1-2-19、图1-2-20）：

图1-2-19 中选方案——通透水晶

（一）方案8——通透水晶

专家评审意见：该方案外形简洁、典雅、稳重、实用，同时兼备一定的设计创新和技术含量。斜交网柱的设计不但提高结构抗震能力，而且创造了个性的立面造型。双曲面的简洁立面降低了风荷载，提高了抗风能力，简洁的立面和通透的全隐框幕墙降低了庞大体型产生的空间压抑感。水晶体的造型与城市江河及附近公共建筑群相呼应，与环境相融合。结构体系较好地满足建筑设计平面使用功能及立面造型的要求。结构平面规则，质量及刚度沿竖向分布均匀，结构体系对抗震、抗风有利。外框筒节点的制作及安装有一定难度。该方案被评为最佳设计方案，并确定为最终中选方案。

（二）方案11——网状的鱼

专家评审意见：方案设计构思简洁清晰，结构平面规则，质量及刚度沿竖向分布较均匀，风载体型系数较小，迎风面上小下大，抗风抗震性能较好。建筑体现了结构、技术、建筑材料与建筑造型的结合。

图1-2-20 四个优胜方案

（三）方案7——钻石雕塑

专家评审意见：方案空间形象简洁有力，建筑平面布局、竖向功能分区基本合理。结构体系简洁、合理。不过方案采用了许多斜交网格结构，其斜撑可能会影响内部空间使用。

（四）方案12——水的意象

专家评审意见：本方案设计成熟。各类型公共空间开放在裙楼大屋顶之下，室内外空间的相互交融、变化丰富、整体感强，结构体系基本合理。

（五）方案3——天空之城

专家评审意见：总平面基本合理。建筑奇特的外形和酒店的空中大厅具有较强的视觉效果。酒店的空间处理较有个性，有利于超五星级酒店功能的实现。建筑结构体系基本合理。

二、专家对竞赛活动的评价和建议

专家组在对12家方案进行评议的同时，还对下一阶段深化及实施工作提出了建议。具体如下：

（一）对本次活动的总体评价

（1）本次竞赛活动技术文件编制严密，技术审查工作认真、扎实，意见客观合理，为本次竞赛的成功开展和评审的圆满完成奠定了坚实的基础。

（2）12个方案在创新性及与周边环境的协调方面，进行了不同程度的探讨和尝试，为广州市建设西塔提供了很好的借鉴和参考。

（3）本次竞赛活动12个方案思路开阔，各具特色，基本达到了本次竞赛的预期目的。

（二）专家对西塔的建筑设计要求达成的共识

（1）在建筑方案定案时，应将东塔、西塔、观光塔作为一个整体，同时统一考虑。

（2）设计应注重实用性。只有实用，建筑才可有生命力，才能保证有市场、品质。

（3）西塔作为广州市超高层标志性建筑，造型应新颖，具有可识别性。应典雅、简洁，整体性强。

（4）结构应安全可靠、合理、有效，功能与结构应完美结合。

（5）方案应经济可行，便于实施。

（三）专家对本次竞赛方案深化工作的建议

（1）考虑到本建筑的重要性，建议其抗震设防烈度高于7度。

（2）各优胜方案在建筑、结构、施工等方面需进一步深化论证。

（3）各优胜方案在进一步深化阶段，应加强与珠江新城中央广场城市设计、中央广场地下空间综合利用规划、中央广场地区交通组织详细规划的协调与衔接。

第三章　项目公司组织

作为一项超大型的项目建设，业主方广州市城市建设开发有限公司（简称：城建开发）在投标获得项目的开发权后，立即组建项目指挥部。项目开展不久便成立了独立的项目公司——广州越秀城建国际金融中心有限公司。下设投资经营部、技术设计部、工程管理部、合约预算部、综合管理部、财务部。项目公司的工作重点随着项目的开展而变化，公司的组织架构也进行了几次调整。

第一节　项目初期公司组织架构分析

一、项目初期公司的组织架构

项目初期公司采用职能制的"扁平化"管理模式，其组织架构如图1-3-1所示。

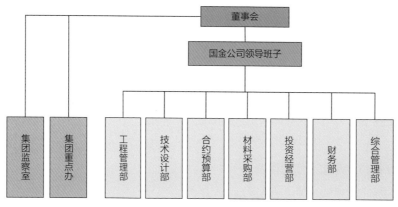

图1-3-1　项目初期公司的组织架构

二、组织架构内各部门的职能

（一）投资经营部职能

投资经营部负责制定广州国际金融中心建设的投资经营计划及招商经营工作。其主要职能是：

（1）制定项目的投资计划和经营计划，拟定项目的市场定位、建设标准、营销策略；

（2）负责经营策划和销售策划；

（3）负责写字楼的招商、租赁工作，以及与物业管理公司的协调工作；

（4）负责引进酒店、公寓的管理公司，确定管理合同以及与管理公司的经营、商务、工程等方面的协调工作。

（二）技术设计部职能

技术设计部负责国金建设的设计管理工作。其主要职能是：

（1）负责项目的设计管理工作，将项目的规划要点、投资计划、功能定位、建设标准落实到设计中去，并协调控制设计的进度、质量；

（2）负责组织各专业设计招标、各专业方案设计招标工作；

（3）负责与各专业设计单位合同谈判、签订设计合同，以及各设计单位的管理工作，督促其按进度计划高质量完成设计图出图工作；

（4）负责物色、洽谈各专业的顾问咨询公司、专家工作，签订服务合同，并负责合同管理工作；

（5）负责管理各专业顾问咨询公司、各类聘任专家的日常管理工作；

（6）负责组织召开各专业专家讨论会、论证会的工作；

（7）负责组织各专业设计例会，解决施工中出现的技术问题；

（8）负责配合各工程、材料、设备等招标询价工作，提供设计图纸及相关技术要求；

（9）负责项目在报建验收中的提供各类设计、技术图纸及说明工作。

（三）工程管理部职能

工程管理部负责项目建设过程中的施工技术管理和施工组织协调工作。其主要职能是：

（1）负责编制各专业工程实施计划，并督促协调各相关施工单位按计划实施；

（2）组织施工技术论证和技术攻关，组织新材料、新技术、新工艺的实施；

（3）负责组织各类业主方采购的材料、设备进场、检测、验收、运输、安装工作；

（4）负责检查各专业施工单位现场安全工作是否满足要求；

（5）负责组织各专业施工工程例会，协调各专业施工单位现场问题；

（6）负责督促、检查、评估监理单位的监理工作；

（7）负责参与督促各专业各类现场验收工作；

（8）负责协调各专业检测单位的现场检测工作。

（四）合同预算部职能

合同预算部负责国金建设过程中的招投标、预算及合同管理工作。其主要职能是：

（1）负责组织项目各类工程、材料、设备等招投标（询价）工作；

（2）负责组织各类合同的洽商、签订工作；

（3）负责编制各类工程预算，制定各类工程、材料、设备等的预算；

（4）负责督促、审核、管理、评估计量顾问公司的计量工作；

（5）负责审核各类工程预算、各类材料设备的确价工作；

（6）负责审核各工程进度款支付工作；

（7）负责审核各类工程的结算、支付工作。

（五）财务部职能

财务部负责制定国金建设的资金筹措和财务管理工作。其主要职能是：

（1）根据项目的投资经营计划负责融资和进行资金管理；

（2）负责项目的财务管理工作；

（3）负责工程进度款、结算款等审核、支付工作。

（六）综合管理部职能

综合管理部负责组织协调日常工作。其主要职能是：

（1）负责该项目的公文收发、用章管理、总务后勤工作；

（2）负责档案文件、图纸资料的管理；

（3）负责对外宣传、采访接待工作；

（4）负责项目的所有报建、验收工作。

（七）材料采购部职能

（1）负责组织材料、设备的招标询价工作；

（2）负责洽谈、签订材料、设备的采购合同；

（3）负责跟进材料设备的到货、组织验收、付款等工作。

第二节 项目中期公司组织架构分析

在项目实施的中期阶段（2009年10月～2010年10月），项目公司进行了调整。针对工程进入机电和装修施工的高峰期，以及亚运会的即将到来（2010年11月开幕），项目公司的组织架构进行了大幅调整。采用矩阵式管理架构，增加了各区域的工程组，如：总调控组、酒店工程专业组、建筑工程专业组、特种专业项目组、招标采购组。同时为了加强业主对工地的安全监督，设立了安全管理部。调整后的组织架构如图1-3-2所示。

专业工作组的职责针对各自负责的区域或专业，按计划组织各项工作的推进，确保项目按计划的节点完成。各专业组职责如下：

总调控组：负责工程安全、质量、进度整体调度、协调、总体控制。

酒店工程专业组：负责酒店工程和国金项目整体机电、装修工程。

建筑工程专业组：负责土建、结构、幕墙等收尾工程、市政园林工程，以及项目报建、验收、办证工作。

特种工程专业组：负责特种技术工程、复杂疑难工程、技术攻关工作。

招标采购组：负责各项工程招标及设备材料物品询价采购工作；酒店及设计单位沟通配合工作；酒店开业准备工作；酒店质量、预算整体监控工作。

这一阶段项目的重点在于确保进度，进度优先。各专业部门需积极配合专业组工作，服从专业组的计划安排。公司架构的调整，目的在于改变原来各个部门各自为政的格局，使得项目推进过程中的每一项工作都能落实到相应的专业组，总调控组依据领导层确定的各节点工作内容，监督各专业组的落实情况，并进行考核。

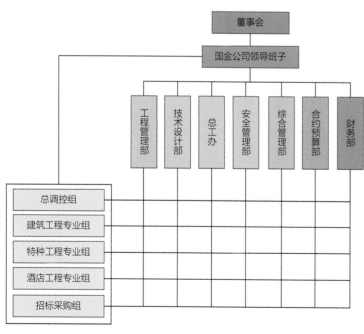

图1-3-2 项目中期调整后的组织架构

第三节　项目后期公司组织架构分析

一、项目后期组织架构的调整

国金中心有限公司在项目后期（从2010年10月开始到项目结束），为适应工程需要，对公司架构再次进行了调整。推行项目负责人制度，将各区域的工程划分成几个项目组，由项目经理来统筹实施。调整后的组织结构如图1-3-3所示。

二、项目经理的职责

项目经理由工程部、技术设计部的正、副部长兼任。其职责如下：

（1）以公司制定的各区域节点计划为目标，组织制定项目实施阶段的进度计划，落实各项施工进度、质量、安全管理工作；

（2）对负责的区域所有施工承担总协调和管理职责；

（3）负责统筹管理工程进度款审核支付、工程委托、商务洽商、工程签证、工程洽商、设计变更；

（4）做好各项验收办证相关配合工作，包括规划、消防、环保、防雷、燃气、档案、人防、质量、竣工等验收工作。

综合管理部对计划节点形成督办事项，对各项目经理进行工程考核。工程部、技术部、合约部的部分员工分配到各项目组内，受项目经理指挥。由于责任落实到个人，减少依赖性，极大发挥了个人的积极性和个人工作能力。使项目的进度也有很大的进展。

通过将大型项目建设分区域"化整为零"方法，使各区域项目组职责明确，提高了工作效率。

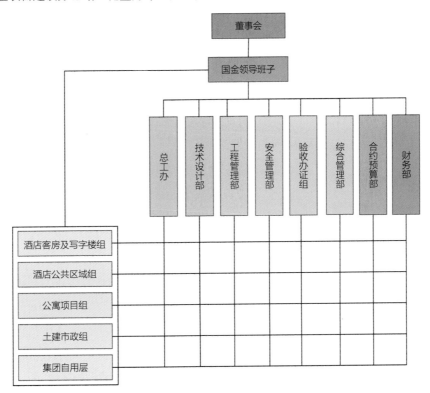

图1-3-3　项目后期调整后的组织架构

第四章 设计管理

广州国际金融中心业主方在设计单位的选择上和设计管理上投入了大量的工作和精力，引进了国内外各专业最优秀设计团队参与项目的设计，为项目的建设提供了强大的技术支持。

第一节 参与国金中心的主要设计单位

参与国金中心各专业主要的设计单位见表1-4-1所列。

参与国金中心各专业主要的设计单位   表1-4-1

序号	分类	设计单位	设计工作
1	整体设计	威尔金森埃尔-奥雅纳事务所联合体 WilkinSonEyre - Arup JV	广州国金中心方案、扩初设计
2		华南理工大学建筑设计研究院	国金中心建筑、结构、机电、智能化、环境绿化施工图设计、竣工图设计
3	装修设计	赫希·贝德纳（HBA）联合私人有限公司	四季酒店室内精装修及室内灯光设计、酒店艺术品设计、五楼国际会议中心室内装修设计、写字楼大堂室内装修设计、雅诗阁公寓及会所室内装修及天台花园设计
4		广州珠江装修工程公司	四季酒店室内精装修施工图深化和后勤区域设计
5		广州市城市组设计有限公司	国金中心写字楼室内装修设计；公寓北翼27、28楼金融家俱乐部设计；雅诗阁公寓室内装修深化设计
6		奥斯派克（澳大利亚）景观规划设计公司	广州国金中心项目景观及园林设计
7		梁志天设计咨询（深圳）有限公司（Steve Leung）	四季酒店100层特色餐厅室内精装修设计
8		伍兹贝格亚洲有限公司	写字楼第22层办公样板层室内精装修设计
9		贺克（HOK）国际建筑设计咨询（北京）有限公司	越秀集团自用层写字楼11、14~17、64~65层室内精装修设计及灯光设计咨询顾问服务
10		广州城建开发装饰有限公司	越秀集团自用层室内精装修施工图深化设计；19层、20层广州证券室内装修设计；6层、10层自用层室内装修设计
11		浙江亚厦装饰股份有限公司	越秀集团自用层63层办公室装修工程设计
12	标识设计	DuttonBRAYDesing Led.	四季酒店区域标志标识设计/顾问
13		广州市曾振伟景观设计有限公司&日本株式会社GA-tap联合体	广州国金中心北广场雕塑设计、广州国金中心非酒店区域标志标识系统及标志标牌设计

第二节 设计管理方式

业主方通过一系列设计管理方式，为项目提供强大的技术支持。

一、管理组织架构

（一）设计技术部

国金项目公司成立初就设立了设计技术部负责设计管理工作。全面负责项目的设计单位、各专业技术顾问单位、专家的管理工作，解决项目各专业技术问题、编制各类材料设备的技术要求，为项目提供各种技术支持。其主要职能在本篇第三章有详细叙述。

（二）各类顾问咨询公司

国金项目汇集了国内国际顶尖的各类咨询公司为项目提供技术服务，以及特殊专业的设计工作。详见本篇第五章。这类咨询顾问的参与，为项目提供了及时优质的技术服务。同时，部分专业顾问咨询公司常驻现场办公，使服务更加全面有效。如广州市设计院团队，为国金公司提供日常的技术管理工作，如图纸审查、图纸归档、对设计单位的管理、竣工图整理工作等。

（三）聘请专业技术顾问

为加强专业技术实力，业主方先后聘请了多位国内知名专家作为国金中心顾问，为项目提供技术指导。如幕墙顾问席时葭；施工顾问李泽谦、于乐群、陈荣毅；弱电系统顾问陈佳实；钢结构顾问张震一；环境绿化顾问谭瑞金。另外，还有一批国内知名专家长期为本项目提供技术咨询。如：容柏生院士、何镜堂院士、赵西安（幕墙专家）、莫英光（幕墙专家）等。

国金中心采用的业主方与专业顾问咨询公司（专家）的双重设计管理方式，提高了设计管理的专业技术水平和解决专业技术问题的严谨性，也优化了业主方的人力资源。

二、设计招标方式

本项目设计单位的选择方式主要通过方案设计招标，主要以方案的优劣为评标的基准，以技术评分为主。本项目先后进行了以下设计招标：

（一）建筑方案国际竞赛

本项目的建筑方案是由广州市规划局等政府部门组织进行国际招标，本篇第二章对此进行了较详尽的介绍。

（二）公寓、写字楼室内装修设计招标

参与公寓、写字楼室内装修设计投标的有5家设计单位，经过综合评选，城市组设计事务所中选写字楼等区域的装修设计，如图1-4-1所示。

（三）四季酒店室内装修设计招标

参与四季酒店室内装修投标的单位均为四季酒店管理公司认可的国际知名设计事务所：赫希·贝德纳联合私人有限公司（HBA）、Wilson Associates和RemediosSiembiedaInc。三家公司均是国际顶尖的有丰富酒店设计经验的美国设计事务所。通过方案比选，最终选择HBA事务所。

（四）环境绿化方案设计招标

参与环境绿化方案设计投标的有8家设计单位，经过综合评选，最后由奥斯派克景观规划设计公司中选，

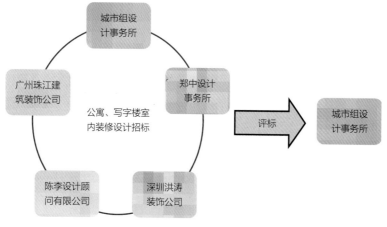

图1-4-1　公寓、写字楼室内装修设计招标

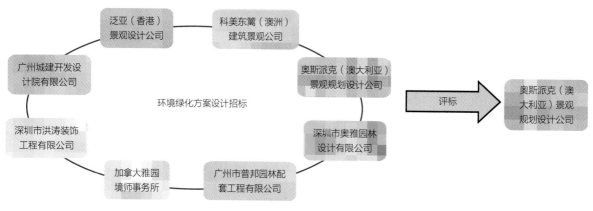

图1-4-2　环境绿化方案设计招标

如图1-4-2所示。

通过设计招标工作,不但可以选择到最佳设计方案,同时也为各顶尖设计团队相互探讨搭建交流的平台。使得中选方案可以有更进一步的优化空间。

三、实用可靠的技术原则

越秀地产是一个有多年房地产开发经验的优秀国企,对开发的每个项目均综合考虑品质、成本、进度等因素,技术上不过分追求标新立异,立足采用国内成熟、可靠的产品和技术。国金项目从设计上就贯穿这种开发理念。参与国金中心的设计单位有不少是境外公司,他们将许多国际上优秀的设计理念、新材料、新技术带到了国金项目,但部分技术和产品造价偏高,部分产品因缺乏国内消防及安全认证而不能使用。业主方的设计管理、工程管理团队在实施中采取"洋为中用"措施,在满足设计师的设计要求的前提下,尽可能用国内的技术和产品:

(1)在幕墙的选型上,原设计采用双层呼吸式玻璃幕墙。业主方聘请国内专家召开幕墙技术论证,认为双层呼吸式玻璃幕墙中的空气层需要通过机械通风,消耗能源,在夏热冬暖的广东地区综合节能效果并不明显。因此改为采用了遮阳系数较高的双银夹胶中空LOW-E玻璃幕墙,达到了相同的节能效果,同时大大降低了造价。

(2)在四季酒店装修材料的选择上,原设计方推荐的材料大部分是国外进口产品,造价极高且部分产品不满足国内消防及安全要求。业主方一方面深入理解原设计理念，一方面投入大量工作寻找国内替代产品和技术措施，满足设计要求，实现原设计效果，同时引导设计方选用和信任国内的产品。

（3）在机电产品的选择上，除关键的技术含量高的设计采用进口产品外（如：高速电梯、水泵、部分阀门、发电机、弱电设备等），其余产品大部分均为国内生产的设备及材料。

四、例会方式

通过各类技术例会的形式，及时解决施工中遇到的技术问题。技术例会与工程例会分开召开，由业主方设计技术部主持，相关设计单位、技术顾问公司、施工单位、业主方各相关部门参加。召开的频率根据工程的需要进行调整，一般为每周2~3次。各专业的问题同时协调解决。同时根据工程需要针对各专业另行组织召开相应的例会。每次技术例会均形成会议纪要，业主方及时检查督促问题的解决情况。

五、设计驻场方式

为提高解决技术问题的效率，业主方要求部分设计单位派出团队或代表在现场驻场办公。日常工作包括解决技术问题、提供技术服务、深化设计等。长期驻场办公的设计单位有：城市组设计事务所（团队）、广州珠江装修工程公司（团队）、华南理工大学设计研究院（代表）、赫希·贝德纳（HBA）联合私人有限公司（代表）和贺克（HOK）国际建筑设计咨询有限公司（代表）。

另外，从项目建设初期就引进了广州市城建档案馆现场办公，现场设立城建档案库房，将建设过程的各类档案资料及时按城建档案的要求归档。

第三节　工程施工中的设计协调工作

在项目实施的中后期阶段，公司的组织架构转化为矩阵式管理，设计部、工程部的人员分配到各项目组，直接参与各区域的施工过程的设计管理及工程协调工作。特别是在四季酒店区域的装修及机电施工中，业主方设计管理工作更是起到主导全面协调各方的作用。

一、酒店室内装修（硬装）的设计管理工作

业主方专业组设计管理承担着沟通各方的桥梁作用。

在四季酒店的设计中，HBA设计公司提供了良好的服务，从设计图纸的深度和质量，到现场设计服务值得国内设计同行学习和借鉴。装修完成后的效果与设计效果图基本一致，体现了设计公司不但有优越的设计水平，也有优越的现场服务和执行水平。HBA的驻场设计师的工作水平是保证装修施工能否忠实原设计的关键。

室内装修设计与各机电、弱电、消防、结构设计密切相关。然而，通常室内装修设计师都缺乏对这些专业的了解。因此，业主方起到了"补位"的作用。他们不但需要深入理解原设计理念，了解设计师对材料的选择及现场处理手法的目的。还要考虑造价、国内规范等方面的问题，提供多种解决方案及替代方法与设计师沟通，以满足成本控制、消防规范、安全要求及各专业需要等各方面因素。设计管理主要工作有：

（1）组织审核各专业与装修的设计图纸，以及各专业图纸互审。减少设计上的差错及各专业间的冲突以

及与规范的冲突。

（2）根据预算控制，针对部分材料寻找替代材料，并做好与设计师的沟通。

（3）组织设计师与材料生产厂家就材料样板、加工工艺、批量生产的标准等各方面进行沟通。

二、四季酒店艺术品设计管理工作

室内装饰艺术品是室内装修的重要组成部分，为室内空间起到了画龙点睛的作用。四季酒店的大部分艺术品的创作均由HBA和四季酒店推荐的艺术家和创作团队来完成，这样保证了创作的作品符合HBA的概念设计。

在艺术品设计、生产、施工安装中，业主方起到重要的作用：

（1）组织艺术品生产厂家与其他专业的设计配合工作。特殊大型艺术品（如：景墙、雕塑）需要给水排水、电气、灯光、结构等多个专业配合才能达到整体的艺术效果。但艺术品厂家往往缺乏各专业配合的经验，业主方应是厂家与各专业设计单位的沟通桥梁。

（2）组织艺术品的现场安装协调工作。如许多大型的艺术品（如中庭大堂的花形雕塑、大堂的景墙）设计中缺乏详细的结构和机电等各专业安装大样，出现了结构稳定性问题、设备管线隐藏问题等。艺术品中有大量超重的挂墙艺术品，在干挂石材面、木挂板及墙纸挂板的装饰墙上是无法承载这些超重挂墙艺术品的。业主方组织各专业施工现场深化设计，及时解决了各项艺术品的安装问题。

（3）检查艺术品是否满足消防、安全等国家规范要求。有许多艺术品为永久固定安装的，如果不注意有可能出现许多艺术品的位置与消防通道、防火卷帘位置发生冲突的情况，需及时作出相应调整。

（4）在艺术品设计中，与设计师共同探讨，以减少艺术品设计与当地文化背景、企业文化的冲突。

（5）做好艺术品的原创版权保护。艺术品的创作、采购、制作、安装过程中做好保密工作，保证艺术品的唯一性、创新性。

三、四季酒店软装（FF&E）设计管理工作

（一）FF&E（软装）的设计管理

FF&E 指家具、固定装置和设备（Furniture, Fixtures & Equipment），四季酒店的FF&E（软装）的设计主要包括：家具设计、艺术灯具设计、地毯设计、窗帘布艺等，是室内设计中的一个重要的组成部分。HBA设计事务所内部由独立的小组负责FF&E设计，其工作主要是挑选材料，明确材料样板及技术工艺要求、制定及指导现场安装要求。FF&E物品也是由四季酒店及业主方联合采购。因此业主方的设计管理也针对这些要求调整了工作部署，在酒店专业组内设置专业人员负责协调配合FF&E（软装）从设计到施工安装全过程工作。

（二）FF&E（软装）采购安装中的工作

在酒店FF&E物品采购和安装过程中，业主方从设计、生产到安装协调全程跟进。其主要工作内容如下：

（1）核对FF&E物品设计数量与工程现场的需求变化情况。由于酒店的房间变化较多，各层平面是变化的。因此FF&E物品设计数量不能简单根据图纸进行统一，必须根据现场的实际情况进行核对。这给业主方团队的核算工作带来巨大的困难。

（2）审核各类物品供应商的深化设计图纸。工程技术团队从工程出图标准开始指导各供应商建立出图体系，再针对各类物品的行业规范要求、设计师的技术要求、四季酒店的规范标准要求以及于精装修交叉界面的技术要求等，对供应商的深化设计图进行审核、指导出图。

（3）与设计师共同审核各类物品的样品打板。供应商根据设计师要求进行打板，可能是整件产品，也可

能是其中的重要部件或小样。审板过程十分严谨，设计师对产品的尺寸、造型、质料、颜色等各方面进行修改、调整，直至满意为止。业主工程技术团队人员参与审板过程，指导供应商对样板进行多次调整，直到符合设计师的要求并签认样板。

（4）负责各类物品生产中间过程的抽检及中期验收。监督供应商按样板进行加工并遵守四季酒店FF&E标准的所有制造规范。

（5）组织审核FF&E物品安装前各相关专业的深化设计图纸，检查安装前各专业工作实施情况。如FF&E物品中的大型艺术吊灯涉及大量与精装修工程的交叉界面以及协调工作，需提前提交大型艺术吊灯的底架结构设计图、荷载参数、电气参数及回路要求给装修施工单位进行前期的结构验算，机电设计等工作；艺术壁灯的电气的预留、墙面的底架预埋、底架加强结构的设计及焊制等工作是否完成；活动家具上的设备摆放需要配合提供强电、弱电点位；地毯下的找平层与石材地面的预留厚度以及找平条件等。

国金公司的设计管理工作，并不是单一对设计单位的管理，而是根据项目的需要从设计到施工、验收的全方位实施的技术管理及技术服务工作。以项目总目标要求来主动调整自身的工作范围，以排除工程中的各类技术问题为目的，促进工程项目的顺利推进。

第五章　咨询顾问

工程咨询顾问公司是为工程项目的建设提供咨询服务的公司。在发达国家，工程咨询顾问业已有上百年历史，近年来，国际工程咨询业发展很快，涉及范围很广，涵盖了与工程建设相关的政策建议、机构改革、项目管理、工程采购、施工监理、融资、保险、财务、社会和环境研究各个方面。在国外能够提供工程咨询顾问服务的，既有各种工程咨询顾问公司，也有个体咨询顾问工程师。我国建筑业对这些国际惯例的学习思考和研究尚有不足，对在建工程项目也没有强制规定必须有专业的咨询顾问公司参与。因此许多咨询顾问公司没有相应的资质。然而在大型项目的建设中，专业咨询顾问公司的参与是必不可少的。

第一节　主要的咨询顾问公司及其工作内容

广州国际金融中心项目是一项超大、超高层项目，其建设中有许多技术上的问题是无法由设计单位、施工单位或业主单位解决的。而且四季酒店的设计、施工、调试、移交等工作均要求专业顾问公司参与。因此国金项目引进了许多有丰富经验的国际和国内知名的顾问公司和咨询公司。主要的咨询顾问公司及其工作内容见表1-5-1所列。

主要的咨询顾问公司及其工作内容　　　　　　　　　　　　　　　表1-5-1

公司名称	主要工作内容
一、咨询顾问公司（设计咨询服务）	
澧信工程顾问有限公司	国金项目建设的全过程机电设计咨询服务
广州容柏生建筑工程设计事务所	国金项目超高层建筑建设工程设计结构咨询
奥雅纳工程咨询（上海）有限公司	四季酒店电梯设计顾问服务
广州市设计院	国金项目整体建设工程建筑勘察设计管理和施工图审查，以及部分设计咨询
京金宝声学环保顾问（北京）有限公司广州分公司	四季酒店声学顾问
二、咨询顾问公司（技术咨询及专业设计）	
赫希·贝德纳（HBA）联合设计有限公司	四季酒店艺术品顾问
LIGHT DIRECITONS LIMITED	四季酒店灯光设计顾问
立卡纽马克室内设计（上海）有限公司	四季酒店厨房和洗衣房设计/顾问
D SPA & WELLNESS GMBH	四季酒店专业SPA设备设计顾问
德勤设计有限公司	四季酒店安防/视听/通信及网络设计/顾问
DuttonBRAY Design Led.	四季酒店标志标识设计/顾问

公司名称	主要工作内容
三、咨询顾问公司（检测及监测服务类）	
香港城大专业顾问有限公司/暨南大学/哈尔滨工业大学深圳研究生院联合体	国金项目主塔的风速监测、风致加速度响应监测、风致位移响应、风压的监测、地震输入及加速度响应、结构动力特性（频率、振型和阻尼比）、关键部位的应力、应变监测、内外框筒之间的相对竖向变形、体外预应力索的拉力、外筒三个角点的水平位移
中国建筑科学研究院	四季酒店机电系统测试、调试顾问服务
Seawood Solutions & Services Inc	四季酒店机电系统调试外方技术专家顾问
广东省微生物研究所	四季酒店室内微生物检测服务
广州市产品质量监督检验所	国金项目建设的全过程工程材料和设备技术管理及委托检验
香港浩科环境工业有限公司	四季酒店室内空气质量（含霉菌）监测技术咨询服务
广东穗安科技检测中心有限公司	消防检测
广东省建设工程质量安全监督检测总站	节能检测
广州市盛通工程质量检测有限公司	智能化检测
广州市建筑材料工业研究所	室内空气质量检测及室内环境质量验收咨询顾问

第二节　咨询顾问的作用

本项目咨询顾问的作用主要有以下几方面：

一、帮助业主审核设计图纸、协调设计管理工作

从国金建设初期开始，业主聘请了广州市设计院负责施工图审查工作，同时承担设计管理工作。该院是工程建筑设计甲级院，具备工程咨询、施工图审查等多项资质。其工作范围如下：

（一）设计管理

帮助业主管理各类设计单位的设计工作，包括负责项目施工图设计单位、各专项设计分包单位、专项勘察设计咨询分包单位、工程勘察单位等设计工作的管理。

设计管理的工作主要内容包括：

（1）配合业主方收集有关本工程建设所需的相关资料、数据、勘察设计文件、往来公文等，并验证其完整性、正确性及时限性。

（2）配合业主方收集工程报建所需的相关资料，并协助甲方组织设计文件报建工作。

（3）对各勘察设计单位提出设计技术要求、设计文件编制深度要求、设计计划安排，并负责督促检查其执行情况。

（4）督促各设计单位按计划高质量完成各类图纸。监督各设计单位的实际设计工作的落实，包括驻设计单位监督其工作情况。

（5）审核各设计单位的设计图纸、变更的出图质量，协调各专业实际情况，保证其满足施工要求。

（6）定期组织有关设计计划进度、质量的协调会议并负责提交会议纪要。

（7）帮助业主方技术部门召开施工现场技术协调会议，处理施工现场出现的有关技术问题。

（8）协助业主方进行合同管理，审查工程勘察、设计合同是否符合法律、法规要求及履行情况。根据合同规定处理违约事件，调解争端，在仲裁过程中作证。

（9）协助业主方对各勘察设计单位进行综合考评。

（10）协调业主方管理各类设计图纸。做好图纸的内部审核、盖章、发图、归档等流程的管理工作。

（11）参与工程竣工验收。

（二）设计施工图纸审查工作

（1）按照国家有关政策、法规、规范和标准对咨询范围内工程项目的勘察文件、方案设计、初步设计、施工图设计进行审查。出具审查报告并报市政府主管部门备案。

（2）对各阶段设计图纸的合理性提供技术可行性分析、经济比较和可操作性评估。对有关工程设计问题提供咨询和专业性意见，对环境影响、风险分析等方面提出独立、公正、综合性的咨询意见并提供技术支持。

（3）参与工程项目的设计、施工技术交底，针对关键工序、新的工艺、技术难题等提出有效的解决方案和建议。

（4）对咨询范围内工程项目的技术革新、设计变更、工程变更提供咨询意见。

（5）组织技术研讨会，交流经验、提高设计水平。

（三）竣工图纸的管理及审查

（1）协助业主组织给施工单位完善竣工图，并做好竣工图的审核、盖章、归档等工作。

（2）做好各类图纸、技术文件电子文档的归类管理工作。

广州市设计院从国金项目施工图设计工作开始，便安排工作团队与业主项目管理团队一起办公。在项目建设的全过程协助业主进行设计管理，直到项目竣工后的竣工图完成。

二、为业主提供专业顾问意见

（一）结构专业咨询顾问

本项目的结构专业咨询顾问为广州容柏生建筑工程设计事务所。

广州容柏生建筑工程设计事务所是经国家建设主管部门批准、广东省率先成立的建筑结构设计事务所，具有结构设计事务所甲级资质。中国工程院院士、国家设计大师容柏生先生创立。

1. 设计咨询的工作范围及内容

（1）对国金项目主塔楼的结构专业抗震超限设计审查，并出具审核意见书和必要的复核。

（2）对国金初步设计、施工图设计以及施工阶段与结构有关的技术事项提供专业咨询服务。

2. 服务范围

（1）为项目各重要阶段提供技术服务。服务内容如下：

1）对甲方提供的结构超限设计审查、初步设计图、施工图纸申报文件进行审核，并出具审核意见书和必要的图纸。

2）对本工程特殊位置（构件）的结构设计提供专业意见和相应的优化调整设计图。

3）协助甲方跟进钢结构制作阶段的加工、检测和质量控制。

4）施工阶段重要技术标的的审查工作和施工难点的解决，并跟进施工过程，对于施工过程中重要的结构问题进行处理及配合。

5）对下列内容提供建设性意见：施工方案的考虑、对施工过程中结构图纸变更部分及施工单位提出结构修改建议的合理性及经济性提供意见、施工过程中的重要技术问题、主体结构验收。

（2）其他相关工作。具体包括：

1）参与有关设计质量的协调会议。

2）协助甲方开展项目的招标工作。

3）审核设计单位的设计变更要求。

4）对设计单位的设计工作进行指导，对设计文件实施的可行性和科学性提出咨询意见。

5）协助甲方及监理单位对施工工作予以技术指导。

（二）机电专业咨询顾问

本项目由香港澧信工程顾问有限公司担任机电专业咨询顾问。该公司提供本项目建设的全过程机电设计咨询服务。其主要内容包括：

1. 初步设计阶段服务内容

（1）根据批准之设计方案，与建筑、结构设计相互配合，进一步深化机电系统的布局。

（2）对业主从有关政府部门获取的主要机电系统部分的设计信息进行整理与合并。

（3）指导机电设计工作，以满足及符合各机电设备的房间、竖井、吊顶空间、水箱等的要求，必要时建议建筑师调整有关设计的平面图。

（4）复核及详细计算各系统的基本配置要求，计算用电、供热及冷冻负荷、耗水量的明细表等，提供各机电设备所占空间、位置，以及各系统的路线安排。

（5）研究及确定可选择的工程系统，配合工料测量师行，其进行价值工程评审工作，以确保成本的有效性、施工的便捷性、系统的耐久性等。

（6）提供曾经应用在国内/外同类型建筑上的相关规范内容，供业主参考，配合国内规范作为设计要求。

（7）落实每一机电系统的设计意向，并取得业主的认可。

（8）复核或绘制机电工程的初步系统设计参考图，以单线图方式制作各机电系统图及主干管线草图。

（9）提供初步设计阶段的机电设计审查报告给业主审批。

（10）通过与业主及建筑师的协调，澄清及解决政府有关部门对初步设计的提问，并要求作出修改意见。

（11）定期出席初步设计审批会议、技术交底会议及各种工作会议。

2. 施工图设计阶段及施工图审查阶段的服务内容

（1）根据批准的初步设计方案与设计院相互配合，协助完成机电系统施工图的设计内容。

（2）审核及审查所有机电系统的施工图，以及机电系统设备选择的规格和拟选用的品牌，并编制审查报告给业主审批。

（3）协助提供资料及安排图纸给造价咨询单位进行准确的工程预算。

（4）出席施工图设计阶段的设计工作会议和技术讨论会议。

（5）编制各机电系统设备的技术规范要求说明书，供业主于采购机电设备时作参考。

3. 顾问服务的机电系统范围

顾问服务的机电系统范围如图1-5-1所示。

受托人在服务期限内根据自身的经验，通过为本项目的各机电系统制定需求分析和设计标准、动态参与设计过程、指导编制技术图纸、审查机电工程图纸、组织参观考察等工作，并通过定期或不定期与委托方的工

图1-5-1 顾问服务的机电系统范围

作会议，以文字及绘图的形式向委托方提供机电工程顾问咨询意见。

（三）酒店机电系统调试技术顾问

为更好满足广州国金四季酒店对于机电系统的要求，业主方聘请加拿大Seawood Solutions & Services Inc担任四季酒店机电系统调试外方技术顾问，负责现场指导广州四季酒店的调试，工作的主要内容如下：

（1）根据目前调试过程准确情况，监督调试进展，满足四季要求；

（2）检查机电设备间，从使用维修操作方面确定系统情况；

（3）检查现场以发现机电系统方面的缺陷，帮助解决；

（4）会同承建商协商解决现场类似的状况；

（5）对已经准备好可以查看的各区域进行检查，并编辑报告；

（6）能够基于目前现状与相关方面共同分析，提出切实可行和可操作的解决方案建议，并提醒四季酒店在日后的维修保养中注意。

（四）电梯设计及顾问服务

本项目由奥雅纳工程咨询（上海）有限公司负责电梯设计及顾问服务。

一般项目的电梯设计通常由电梯公司提供电梯配置的顾问意见，然后由建筑设计师进行设计。然而电梯公司往往考虑自身的经济利益，配置电梯在数量上、速度上、载重量等指标不合理，造成不必要的浪费，技术上也可能偏向自身产品的优势。另外，一般酒店电梯系统设计标准与四季酒店的标准要求有很大的差距。因此，由相对公正的第三方负责提供电梯设计和顾问服务是完全必要的。奥雅纳工程咨询（上海）有限公司承担了该项工作，主要的工作内容包括：

（1）提供国金所有电梯配置设计及技术要求；

（2）提供国金所有电梯运行效率分析数据；

（3）按目前四季酒店的电梯设计标准，对酒店的客梯及服务电梯系统进行分析，提出调整修改意见。

（五）酒店声学顾问

本项目由京金宝声学环保顾问（北京）有限公司担任酒店声学顾问。声学顾问主要负责酒店隔声减振方面的工作。四季酒店的技术规范对区域内噪声的要求十分苛刻。经过招标挑选，京金宝声学环保顾问（北京）有限公司承担了此项工作。专业的声学顾问除了对门、窗、墙、楼板等提出隔声的要求外，对设备振动的减振处理也有独特的措施。本书另有篇章介绍酒店隔声减振措施。

三、提供专业的检测报告及顾问意见

（一）国金项目的结构健康监测

本项目由香港城大专业顾问有限公司、暨南大学、哈尔滨工业大学深圳研究生院联合体承担国金项目的结构健康监测工作。

1. 监测服务目的

对于国金项目这样特殊的超高层建筑，结构设计的许多数据在目前的设计规范是没有的。一些重要的参数是通过模拟或假设来确定的。因此必须通过结构健康监测来核实这些参数或数据的取值是否合理。通过现场结构测试、跟踪计算分析及仿真健康状态预测得出合理的反馈控制措施，为结构工程施工提供决策技术依据，为结构行为控制提供理论数据，从而正确地指导设计、施工，确保工程结构状态保持线型，而且内力与设计文件相符，也为以后的超高层建筑的结构设计提供参考。

2. 监测服务内容

主塔楼结构工程健康监测服务包括施工阶段健康监测及营运阶段健康监测，主要监测项目如图1-5-2所示。

（二）四季酒店的机电系统测试、调试服务

酒店及高级写字楼的设备调试与检测，和普通楼宇相比有更高的要求。普通楼宇只要满足国家规范，按国家统一规定的表格形式做完检测，监理和质监站审核通过就可以达到验收要求。而高档酒店及高级写字楼则应对设备的运行调试进行系统科学的检测，对内部真实数据进行分析判断，才能鉴定设备系统的运行是否达到设计要求。在四季酒店的机电系统检测上，业主聘请了中国建筑科学研究院进行酒店区域的检测及提供机电验收顾问意见。

1. 主要的工作范围

（1）根据四季酒店情况、询价文件、四季酒店调试计划及国家、省、市相关规范，评审施工单位提交的资料及安装计划以确保安装顺序与项目进度计划相协调。

（2）对安装进行监控、检查并检验以确保设备安装按审批进行；安装方法、工艺及程序符合经审批的提交文件及方法说明书的要求。

（3）对系统安装进行检验并出示缺陷报告，确保缺陷得到更正并验证系统的安装；评审施工单位的调试

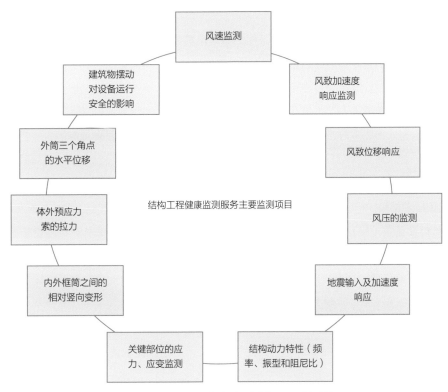

图1-5-2　结构工程健康监测服务主要监测项目

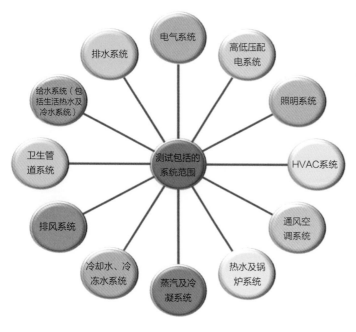

图1-5-3　测试包括的系统范围

计划以确保建议的测试及测试顺序及方法符合合同要求。

（4）评审操作及维护手册、平衡及测试报告以及竣工图的准确性。

（5）见证设备启动及测试，记录任何缺陷并提供进度报告。

（6）确认承包方已完成调试工作，出具符合调试验收要求的调试报告，配合本项目通过调试验收。

2．测试包括的系统范围

测试包括的系统范围如图1-5-3所示。

在酒店区域的设备系统的检测中，中国建筑科学研究院提供了详细真实的检测数据，为四季酒店管理方对各设备系统验收提供了依据，也为酒店各机电系统的改造提供了依据。与国内质监验收的第三方检测不同，中科院提供了进行测试前施工质量的检查以及按四季标准的检查报告，同时负责对不合格数据的成因进行分析并向四季酒店管理方进行解析，为验收移交做好准备工作。在国内验收规范中，设备系统检测没有硬性要求必须提供第三方检测数据。普通工程项目只需由施工单位自行检测，提供满足验收标准的数据供监理单位、设计单位或业主方审核验收。对设备各系统的检测只有优良、良好、合格、不合格等定性的标准，而没有详细的数据标准。而四季酒店要求的检测报告是详细的量化标准。

（三）工程材料和设备技术管理及委托检验

工程项目的材料及设备的质量直接影响了工程的整体质量，对工程的进度也密切相关。狠抓材料设备进场前的质量管理工作是一项重要和繁重的任务。对于普通的项目，材料设备的检查的工作是通过施工单位、监理单位及业主工程部进行的。国金项目的材料设备的数量、种类、价格都是超过一般项目的。在市场上许多材料设备供应商、厂家存在良莠不一，大量存在资料造假的行为，到货的材料设备与报送的样板不一致的现象。为此，业主除加强自身及施工单位、监理单位的联合审查工作外，还聘请了质量检测的权威机构广州市产品质量监督检验所驻场办公，对项目所有建筑材料及设备进行现场检验。

广州市产品质量监督检验所（简称：检验所）技术服务内容包括：

1．材料设备技术检验

全面负责材料设备技术检验工作，除按国家有关规定进行常规检验外，重点对材料设备的质量、安全、消防及环保等方面进行检验、审查，具体服务内容如下：

（1）现场质量分类监控和技术检验。根据项目的技术要求，对用于国金项目建设实体的材料、货物和设备（包括业主采购和各施工单位采购），按照土建、机电、装饰三大类材料及设备实施分类监控，按照重要性划分为重点检验产品（实施全程监控）、加强检验产品（实施重点监控）、常规检验产品（实施抽查监控）。

（2）生产企业现场质量监管和抽查检验。检验所提前介入到生产企业进行质量监控，实施合格产品专供制度，保证供货商进入工地前的产品要加贴"广州珠江新城国金专供"标志。经乙方对生产企业的资质材料和生产现场进行检查后，确定其符合广州珠江新城国金工程的技术要求时，在产品上加贴绿色的"广州质监广州珠江新城国金工作站审验"标志；当乙方对生产企业的产品经抽查检验合格时，在产品上加贴红色的"广州质监广州珠江新城国金工作站审验"标志。同时对进入工地后的材料实施工地现场全覆盖监控。

（3）对于电梯、锅炉、叉车、塔吊等特种设备，协调质监局的特种机电设备检测研究院、特种承压设备检测研究院等相关检验部门根据法律法规进行现场鉴定验收。

（4）对于地毯、窗帘纤维类产品，协调质监局的纤维纺织产品检测院（国家纺织品服装产品质量抽查检验中心）进行质量检验。

（5）对综合布线等建筑智能化系统项目用料进行重点监督检查，保证会议的数字化传输质量。

（6）对建筑材料及装饰材料的防火性能进行重点监控。

（7）对建筑装饰材料的环保指标进行重点监控。

2. 现场服务

检验所派出现场技术服务组织机构，配备足够的人员及现场服务设备与业主方相关部门联合办公，按有关质量管理法律法规、规范、标准和甲方制定的有关质量管理规定（如材料设备技术检测管理办法等）的要求开展工作和提供服务。具体服务内容如下：

（1）协助业主对材料设备技术要求文件的审查、材料设备供应商资质审核工作，负责（联合监理单位）材料设备在制造、运输、安装和验收过程中所进行的资料审查、监造（按业主指定，针对特殊、大型、定制设备）、检验、试验及验收等工作，发现问题时，及时提出处理意见。

（2）根据业主方确认的技术要求，配合监理单位审查材料设备供应商资质，将不合格单位剔除。利用检验所的产品质量数据库和相关工程的抽查检验产品质量数据库，结合每种材料的行业特点和市场状况，向业主方优先推荐无劣迹的中国名牌产品、国家免检产品、省名牌产品和其他质量稳定可靠的产品；协助业主方进行投标（竞投）企业的资格审查和资料筛选，建立质量技术防线，力求将列入政府质量技术监督管理部门黑名单的企业和伪造报告书的企业清理出去。

（3）在业主进行各类材料设备采购过程中提供咨询服务，提供相关信息和资料，协助业主审查有关单位提供的技术资料的真实性和有效性，杜绝提供虚假资料或无诚信的企业参加本项目的投标或竞投。

（4）参与各类产品看样定板、封板工作，保证各种材料样板质量达到本项目业主方确认技术要求。

（5）派出技术人员与业主方人员一起到中标（选）生产企业监控质量，督促企业对合格产品加贴"广州市珠江新城国金专供"标识。生产现场检验合格的产品加贴红色的"广州质监广州珠江新城国金工作站审验"标识。

（6）工地现场巡查和质量抽查检验。检验所独立或联合监理单位组织巡场，对现场使用的可疑材料在报经甲方同意后采取随时、随地、随机抽样的方式进行抽查检验。发现不合格现象，立即向业主方报告，并对不合格材料进行现场封存。同时将不合格材料生产单位的资料上报监督单位广州市质量技术监督局，协助质监局对生产不合格材料的企业进行查处。

（7）根据已发生的材料设备检测情况，按业主方要求组织国内专家进行省内、外生产企业现场质量监督审查。

（8）按业主方要求，组织国内专家在现场召开技术培训会议，对业主、监理、施工单位相关人员进行材料设备质量监督培训。

（9）检验所须定期向甲方提交质量监督结果总结，向业主方提交质量监督工作简报。

通过检验所这一权威专业机构的把关，杜绝不合格材料设备进场，大幅提高了现场产品抽检的合格率。

（四）四季酒店室内空气质量（含霉菌）监测技术咨询服务

按四季酒店管理方的验收要求，酒店区域的霉菌标准必须低于四季酒店的标准，为此需聘请双方均认可的第三方进行检测。本项目由香港浩科环境工业有限公司承担四季酒店室内空气质量（含霉菌）监测技术咨询服务。其工作内容包括：

（1）检阅和总结广东省微生物研究所提出的霉菌治理及防霉的方案及检测报告，并参照标准（如世界卫生组织、国家标准、香港环保署），确认治理工程的成效。

（2）检阅目前四季酒店使用的灭霉药剂的资料，确认在治理过的地方残留的化学物质是否会构成环境或健康的不良影响。

（3）在酒店的多个楼层中进行现场霉菌的采样机分析，评估霉菌的生长情况。

（4）对酒店的机械通风机空调系统和室外环境进行空气采样，验证酒店里霉菌的来源。

（5）提供室内空气质量的管理计划，以处理在装修阶段中的室内空气质量问题及在酒店正式运作时的内部措施。

（6）在酒店开业入住之前，按照香港环保处的室内空气质量标准和世界卫生组织标准，及参照国家标准进行12种室内空气成分及霉菌测试，以确保整体空气质量达到健康水平。

四、为业主提供特殊专业的设计及技术要求

四季酒店的部分特殊专业的设计，需要由有四季酒店设计经验的专业公司来完成。

这些公司往往没有国内相关专业的设计资质，其工作成果或图纸需要由国内有相关资质的单位配合完成。

（一）四季酒店厨房和洗衣房设计/顾问

本项目由立卡纽马室内设计（上海）有限公司担任四季酒店厨房和洗衣房设计/顾问，工作内容包括：

（1）按照阶段分为调研及概念设计阶段、平面图和设计说明编制阶段、施工招标服务阶段、现场服务阶段、竣工验收各阶段，承接方根据询价文件所规定本项目设计/顾问的规模、面积、使用功能完成设计/顾问工作。

（2）编制厨房和洗衣房设备招标技术文件、技术规范及工程量清单。

（3）相关的其他专业设计/顾问协调，特别是与酒店管理公司、机电设计顾问的协调、配合及工作界面划分，并根据相关的协调进行设计/顾问修改。

（4）安排设计/顾问负责人及相关专业人员到场提供现场服务，至工程竣工验收合格为止。

（5）协助厨房和洗衣房工程验收。

（6）审核施工图，并报酒店管理公司与委托人审批。

（二）四季酒店安防/视听/通信及网络设计/顾问

按照四季酒店管理公司的要求，酒店范围内的弱电系统须由其认可的弱电顾问公司负责设计工作。在四季酒店管理方推荐的几家弱电设计公司中，业主方进行招标选择了德勤设计有限公司（ihD Ltd）承担弱电顾问。其工作内容主要是：

（1）对四季酒店的全部安防、视听、通信及网络工程提供设计及顾问服务。

（2）从初步设计阶段到竣工验收全过程跟进完成顾问服务工作。

（3）与酒店管理方、机电设计顾问方等做好协调工作。

（4）安排负责人及专业技术人员提供现场技术服务（如技术交底、图纸会审、技术论证会、技术协调问题）。

（5）审核弱电施工图，做好与酒店管理方的沟通及报审工作。

（6）配合业主的设备招标工作，提供相关设备的技术要求。

（7）配合业主对设备进行技术审查及验收。

（8）对酒店区域的弱电系统进行全面检测、提出整改要求，对满足要求的进行验收。

弱电专业涉及酒店的运营管理的特殊性，因此需要由与酒店管理公司有长期合作的专业设计单位承担。在选择弱电顾问公司上，业主方不能以价格优先方式选取，而要以技术服务质量优先、经验优先的方式选择。

（三）四季酒店专业水疗SPA设备设计顾问

根据四季酒店管理方的要求，水疗SPA设备的设计工作由D SPA & WELLNESS GMBH公司负责。其主要工作内容包括：酒店所有SPA区域（包括：活力按摩缸、活力按摩池、恒温躺椅、蒸汽房、桑拿房、功能淋浴、治疗房等）内的SPA设备的设计及技术要求。本书第二篇第十九章对这些设备进行了详细介绍。

（四）四季酒店、写字楼、公寓标志标识设计/顾问

四季酒店、写字楼、公寓标志标识设计/顾问由香港DuttonBRAY Design Ltd.和曾振伟事务所担任。

根据四季酒店管理方及业主方的要求，完成酒店各区域内及公寓写字楼区域的标志标识的设计工作，同时提供详细的大样图和材料说明。设计方案须能结合广州国金的特点，符合各区域的功能、档次等需求。

（五）四季酒店艺术品及灯光设计、顾问

四季酒店艺术品顾问由赫希·贝德纳（HBA）联合设计有限公司担任。其工作主要内容包括：

（1）提供四季酒店挂画、摆设、景墙、雕塑的设计方案。

（2）审查艺术品生产厂家提供的深化设计及技术措施。

（3）提供艺术品安装、摆设的现场指导。

四季酒店灯光设计顾问由LIGHT DIRECITONS LIMITED担任。该公司由HBA设计公司聘请，负责室内装修灯光设计、灯光工程验收、灯光场景设置及顾问等工作，在四季酒店管理方对酒店验收前提供对灯光的评定意见。四季酒店艺术品及灯光顾问的详细工作内容请参阅第二篇第十八章"四季酒店装修设计"。

在广州国际金融中心建设工程中，各类的专业的咨询顾问公司发挥了很大的作用。他们为业主方解决了各种工程技术问题，同时也提供了大量宝贵的经验。现场的专业负责人与背后专业团队有密切的配合。每项技术服务都是顾问公司多年积累的成果。业主在选择咨询顾问公司时，要更关注服务质量、工程经验、参与人员素质、业内口碑等因素。

在这些顾问团队的工作支持下，国金项目的施工检查、调试、验收获得大量实际数据，使工程质量评估有更加严谨的科学数据依据。为集团公司类似工程提供了精细化施工的宝贵经验。

第六章 质量控制

作为大型的超高层地标项目，国金项目的质量控制是一项重要的工作。业主方对质量控制的方式有别于监理公司和施工单位的管理方式，而是着重于项目的质量标准的制定及质量控制目标的制定。国金项目实施中，业主方针对项目特殊性，采取了一些不同以往的措施，以确保项目的质量达到行内最高标准。

第一节 质量控制的总体设计

一、制定项目的质量目标

在项目建设初期，业主方就将项目的质量目标确定为取得国家建筑质量最高奖——鲁班奖（图1-6-1）。在总包工程以及分包工程（如机电、幕墙、智能化、装修等分包工程）工程合同中设定相关条文，明确要求施工总承包单位承诺必须取得鲁班奖，并按鲁班奖的标准制定相应的质量控制措施。同时明确了相关的经济奖惩条款。在材料、设备招标文件及采购合同中也有相同的规定。通过合同方式使各参与单位明确质量目标。

二、质量控制的组织架构

对工程质量实行全方位管理，国金项目从业主方、监理方、总包方及各专业施工单位有各自明确的工作职责，各自有专业部门从不同的角度履行质量控制的职能。

（一）业主工程部的职责

业主方工程部负责对总包及各专业施工单位、监理单位的管理协调工作，实现工程的质量目标。主要职责如下：

（1）审核各施工单位的施工方案。对重要的施工方案组织相关研讨会。

（2）指导审核施工单位的深化设计。

（3）审核监理公司的监理细则、监理规划。

（4）组织对各种材料、设备的进场检验、验收。

（5）对大批量采购的材料施工样板的确认及调整的工作。

（6）参与各类施工验收工作。

（7）组织各专业施工工程例会，协调解决各项工程问题。

（8）督促各专业工程资料的整理归档工作。

（9）协调周边关系，排除工程实施障碍。

图1-6-1 鲁班奖

（二）业主方技术部的职责

业主方技术部履行管理、监督、协调各设计单位、咨询公司及专家顾问的工作，确保设计工作满足质量、进度、经济性的综合要求。

（1）组织设计方案的招标、专业设计单位、顾问单位的招标及评选工作。引进优秀的设计单位并明确服务范围，同时引进各专业优秀的专家和顾问单位，进行设计管理，提供专业咨询服务。

（2）组织专家研讨会解决技术难点，推广新材料、新工艺、新的节能措施的运用。

（3）组织编写各材料、设备的技术标准、技术要求。

（4）确定材料设计样板。

（5）组织各专业图纸相互核对工作。

（6）组织施工现场技术例会，解决现场出现的技术问题。

（7）参与审核各类施工方案。

（8）参与审核施工单位深化设计。

（9）参与对大批量采购的材料施工样板的确认及替换样板工作。

（三）业主方合约部的职责

（1）通过实行严格的招标（询价）程序，选择优秀的施工单位、材料设备供应商（厂家），保证了施工和产品的品质。

（2）通过严谨的进度款审核和发放，保证施工单位在工程各阶段满足质量标准和质量验收流程，保证材料设备的各阶段验收符合要求。

（3）设置有效的合同条款，将经济和品质服务挂钩，保证施工单位、材料设备供应商提供优良产品和服务。

（四）监理公司的职责

（1）编制监理规划及监理细则并按此开展监理工作。

（2）按规范要求组织各类施工验收、中间验收。

（3）审核材料、设备进场经验资料、组织验收。

（4）组织工程中的第三方检测。

（5）主持重要施工方案、检测方案评审工作。

由于国内对监理职责的要求有统一的规范及做法，本章将不展开叙述。

此外，业主方还采取聘请国内专家作为甲方技术顾问、引进广州市产品质量监督检验所驻场、实施结构健康监测、委托中国建筑科学研究院作为四季酒店机电系统测试、调试、验收顾问等措施，对工程实施有效的质量控制。上述内容在本篇第五章已有详细介绍，不再赘述。

三、制定各专业质量控制标准

（一）钢结构施工的四大工艺评定

针对国金项目的钢结构工程的技术难题，业主方组织设计单位、总包单位等相关单位，通过理论计算及各种试验，并邀请国家级专家评审，先后完成了钢结构的四大工艺评定工作：

1. X节点试制作

主塔结构外框筒采用斜交网格的钢管混凝土柱，钢管柱"X"形相交节点处受力极为复杂和薄弱。华南理工大学设计研究院通过创新的设计及试验研究，解决了这一难题并取得国家级设计专利。本书第二篇第五章对该设计及试验已作了详细论述。

2. 残余应力消减

钢结构的高温焊接会产生不均匀的残余应力，残余应力的存在降低了钢结构的承载力（图1-6-2）。业主方组织钢结构制作单位、总包单位、监理公司，对消减残余应力的方法进行了试验、检测。最终确定的具体的方法及标准，用于钢结构制作的标准。

3. 外筒整体预拼装

由于主塔钢结构外筒构件呈空间结构，且附带各种节点分段。为控制外筒构件由于工厂制作误差、工艺检验数据等误差，保证构件的安装空间绝对准确，减小现场安装产生的积累误差，避免因返工造成工期延误，必须进行所有外筒构件的工厂预拼装（图1-6-3、图1-6-4）。业主方对钢结构工厂预拼装工作十分重视，将其作为总包合同的技术要求之一，也是选择钢结构制作厂家的标准之一。

图1-6-2　钢管柱现场焊接

图1-6-3　钢管柱加工质量检查

图1-6-4　钢管柱整体预拼装

4. 钢管混凝土1：1模型试验

在主塔倾斜的钢结构柱内浇筑高强度等级混凝土是一项技术难题。无论是采用高抛自密法（在垂直的钢管柱类经常用的方式），还是高抛加振动，在国内都没有相同的经验。为此，业主方与总包方进行了1：1的构件试验，在试验现场安装与主塔结构钢管柱相同倾斜度及高度的试验模型，并搭设必要的操作架（图1-6-5）。采用HBC32型混凝土泵车分别对直管段和节点段浇筑C70及C90自密实混凝土。对混凝土试块进行7d、14d、28d等龄期的强度及超声波检测，记录检测结果，并对检测结果进行综合分析，分析结果用于指导主体结构钢管混凝土检测施工。

检测完成后将模型整体放倒，以1m为单位进行肢解。钢管采用气焊割开，混凝土采用截桩机械截开，对混凝土柱进行第二次超声波检测，然后对混凝土柱进行钻芯取样试验，将几次检测结果进行对比分析，全面地验证混凝土的浇筑质量。

（二）土建验收标准

鉴于主塔楼的混凝土和钢结构施工采用大量的新技术和新工艺，很多施工技术属于国内首创，有的甚至达到国

图1-6-5　钢管混凝土1：1模型试验

际领先水平，已经超出当时已有的国内质量验收规范的范围。为保证工程安全和顺利推进项目进度，业主多次组织召开了全国专家论证会，并组织编制完成了《广州珠江新城国金项目钢结构施工质量验收标准》和《C70～C90高强高性能混凝土配置、施工及验收标准》。这两项验收标准通过了全国专家评审，达到了国内先进水平。

（三）幕墙性能试验标准

主塔幕墙是全世界最高的全隐框单元式玻璃幕墙。为了提高幕墙的安全性，业主方根据幕墙专家的建议，幕墙性能检测采用中国国家标准和美国标准结合的新标准，要求同时满足两种标准。幕墙检测内容增加到21项，详见第二篇第三章。

（四）耐火等级要求

国金中心作为超高建筑，对于防火要求超过一般的高层建筑。根据消防部门的要求，立足以防为主，在各类型的建筑、机电、装修等各专业的材料严格按消防规范要求进行检测。业主方全过程督促各方严格按要求执行国家消防最新标准《公共场所阻燃制品及组件燃烧性能要求和标识》（GB 20286—2006）。表1-6-1列举了国金中心对部分材料的防火要求。同时对进场材料，严格执行抽检制度，杜绝易燃材料进场。

（五）装修材料的环保等级要求

由于主塔楼幕墙没有可开启的窗，是一个封闭的空间。为此，业主方一方面要求所有装修材料须达到环保E1级的要求，同时采取多项新的措施严格控制材料的环保性。

国金中心对部分材料的防火要求　　　　　　　　　　表1-6-1

材料名称	国金中心要求
电缆	辐照交联低烟无卤型电线电缆、矿物电缆
窗帘	阻燃一级
装修软包	采用没有填充物的硬包做法，包布为B级材料
墙纸	B级难燃材料
木地板	B级难燃材料
地毯	B级难燃材料
墙身木挂板、木家具	B级难燃材料
顶棚	A级不燃材料

（1）减少溶剂型涂料在现场的使用，尽量用水性涂料代替。如：墙纸底漆采用水性基膜，杜绝传统的清漆的做法；地下室车库采用无溶剂型环氧树脂地坪漆；采用水泥基防水涂料；采用水性乳胶漆等。

（2）大量采用无石棉的水泥纤维板、石膏板、高密度GRG板代替传统的木夹板作顶棚、墙身基材。

第二节　质量控制的措施

一、材料设备的质量控制

建立材料设备质量控制机制是工程整体质量控制的重要工作，从源头上做好质量控制。材料设备的质量

图1-6-6 监理单位现场检查钢筋绑扎

图1-6-7 监理单位现场检查

控制方法在建筑行业有一整套比较成熟的措施，国金项目则采取了一些针对性的补充措施。

（一）明确质量控制责任主体

对于由施工单位采购材料设备，那么就由施工单位负责对材料设备的质量负责。对于业主方采购和业主方指定施工方采购的材料设备，则由业主方对采购的材料设备质量负责，施工方负监管责任。监理单位则按国家规范履行监督、审核、抽检等职能（图1-6-6、图1-6-7）。

（二）建立材料设备供应商考察机制

对于业主方采购和业主方指定施工方采购的材料设备，在招标（询价）工作开始，要求对所有参加投标的厂家、供应商逐一进行生产地考察，通过综合评定选择优秀的厂家供应商参加投标。

（三）实行工厂监造措施

将质量控制、品质控制工作从源头抓起。委派监理公司的专人常驻钢结构加工厂家、石材加工厂家、大型灯具制作厂家进行现场监造工作。将钢结构预拼装、酒店大堂石材预拼装工作、大型灯具的制作组装放到加工厂内实施，业主方、设计监理方、施工方等进行厂家现场验收，提高出厂合格率。

（四）委托广州市产品质量监督检验所驻场办公

对进入工地的所有建筑材料设备进行现场质量技术管理和抽查检验（其工作主要内容详见本篇第五章 咨询顾问）。

二、施工过程的质量控制

建立以业主方负责总体控制、监理公司具体实施的施工质量监督机制。业主方发挥在施工全过程的主导作用。

（一）施工方案审核

监督检查各专业施工单位的专项工程施工方案，从质量、安全、进度、经济性综合评定施工方案的优劣。对重要的施工方案组织召开专家论证。例如：钢结构施工方案专家论证会、整体施工方案评审会（图1-6-8）等。

（二）材料设备到货检查检测

形成业主方、监理方、第三方检测单位、施工单位等多方共同对材料设备进行全方位检验的机制，明确各方职责，分工协助。

（三）组织各专业施工单位定期召开工程例会

通过工程例会解决各类施工问题，制定各专业搭接的工序。根据工程的紧迫性调整例会的频率，组织施工专题讨论会。

（四）对各施工单位的综合评定

制定奖惩标准，促进各施工单位间形成良性竞争。

（五）检查监督监理单位的工作情况

审核监理大纲、细则，检查监理月报、周报，参加监理组织的例会。督促监理人员的配置到位，并检查其工作责任心情况。

（六）督促各单位工程档案的及时整理和提交，完善竣工资料及归档

（七）鼓励和配合施工参与各类质量评奖工作

图1-6-8　整体施工方案评审会

三、工程的质量验收

国内已经形成了一整套成熟的由质检站、监理公司、设计勘察单位、施工单位参与的工程质量验收体系。国金项目除了完成行业内的标准验收程序外，针对不同区域有不同的质量验收标准和要求。

（一）重视消防验收

消防验收是工程竣工验收的前提条件，是超高层建筑验收的重要环节，是为大厦日后运营安全性的重要保障。业主方十分重视消防验收工作，提前一个多月做好部署，组成以业主方牵头、监理、总包及各专业分包单位参与的验收团队。定期召开会议，部署验收前的资料汇总及工程整改工作。

（1）监理公司负责督促各施工单位，整理汇总消防验收所需要的图纸及资料，按照消防验收规范逐一核实资料的准确性、完整性、全面性。

（2）对照项目整体消防论证会、消防报建批文的要求，检查设计图纸及施工是否符合要求。限期整改不满足要求的部位。

（3）定期组织各施工单位巡查现场施工情况，认真检查各区域是否有违反消防设计规范的现象，并落实整改计划和责任单位。

业主方一再向各施工单位明确，对自行检查有问题的地方不能抱着遮遮掩掩、蒙混过关的态度，要立足整改、一劳永逸。市消防局对国金项目的验收工作给予了肯定和赞扬，项目各区域的消防验收实现了一次性检查通过。

（二）四季酒店标准下的验收

四季酒店作为全球顶级品牌酒店集团，对酒店验收是十分苛刻的。四季酒店有一整套的四季标准，分别为：建筑标准、机电标准、厨房标准、门五金标准、活动家具涉及标准、声学隔震要求、健身器材要求。除了对装修后成品质量上满足要求外，更重要的是在对人的健康、舒适度、噪声指标、设备使用合理性等方面也有严格的要求。酒店管理方设专业人员分区分专业进行验收，除了对观感的严格要求外，还对细菌指标、噪声指标、空调舒适度指标等，均要求有第三方检测报告，并根据报告进行判定。对于不合标准的责成整改，并展开有效的防治工作，整改完成后还需要进行第三方检测，直到满足要求（图1-6-9）。

四季酒店管理方认可的第三方检测单位有：

（1）京金宝声学顾问公司——负责酒店噪声、声学隔振检测。

（2）香港浩科环境工业有限公司——负责酒店空气质量（含霉菌）监测技术咨询服务。

（3）中国建筑科学研究院——负责酒店机电系统测试、调试顾问服务。

图1-6-9　四季酒店客房　　　　　　　　　　　图1-6-10　雅诗阁公寓套房

（4）德勤设计有限公司（ihD Ltd）——负责酒店弱电系统测试调试顾问，以及负责酒店运营管理系统软件平台的搭建、测试。

另外，HBA设计事务所也代表四季酒店对装修、活动家具、艺术品等施工过程和竣工验收提供专业意见。

（三）雅诗阁公寓的验收

雅诗阁公寓（图1-6-10）的验收也有相应的验收标准。在满足国家验收规范的标准前提下，对卫生方面、空气质量、客户使用安全、日常维护便利性方面比较重视。

（四）写字楼的验收

写字楼区域（图1-6-11）由广州越秀城建仲量联行物业服务有限公司负责管理。该物业公司由越秀城建物业集团与香港仲量联行有限公司强强联合共同组建。在写字楼物业管理上有丰富的经验。该公司参与了国金项目建设的全过程，并及时提出利于日后运营管理的多项改进的建议。同时对消防验收、质量验收等各重要验收前的整改工作提出合理的建议。

经过业主方及各参与项目建设的施工单位、监理公司、设计单位的共同努力，国金项目最终顺利获得2012～2013年度中国建设工程鲁班奖等多项工程质量奖项（详见本篇第十五章），实现了项目最初制定的质量目标。

图1-6-11　写字楼大堂

第一节　进度节点

广州国际金融中心从2005年12月26日破土动工，到2012年9月26日全面开业，历时6年9个月时间。各主要经历的进度节点见表1-7-1所列。

各主要经历的进度节点	表1-7-1
时间	**主要节点事件**
2005年12月26日	国金中心项目破土动工、开展土方开挖及基坑支护工程
2006年8月3日	基础及地下室底板工程施工单位进场施工
2007年6月6日	国金中心±0.00以上主体工程开工
2007年12月5日	附楼结构封顶
2008年12月31日	广州国际金融中心结构封顶
2009年7月30日	国金中心主塔楼幕墙封顶
2010年10月15日	广州国际金融中心试运营
2011年4月30日	主塔楼办公区精装修工程完工
2011年6月3日	地下室负1～4层、裙楼1～5层及主塔楼1～66层写字楼装修完工并取得市消防局消防验收，取得消防验收意见书
2011年11月18日	友谊商场开业
2012年4月5日	主塔楼四季酒店及附楼北翼27、28层装修完工，并取得市消防局建设工程消防验收意见书
2012年8月1日	四季酒店全面开业，官网接受预定
2012年9月26日	广州国际金融中心全面开业
2012年9月29日	雅诗阁公寓装修完工并取得市消防局装修及机电工程消防验收意见书

第二节　推进项目进度的措施

国金中心是广州2010年亚运会召开的城市形象工程，也是越秀集团的重点工程，进度控制是业主方工作的重中之重。项目的总控计划是否落实完全取决于业主方的决策正确与否。原因在于：

（1）业主方是所有参与项目建设的工程承包单位、设计单位、咨询及监理单位、材料设备供应单位的合同甲方。合同中的工程计划制定、资金支付计划、项目开发步骤等完全取决于业主方。

（2）项目的报建工作、图纸审核、经营定位、招标（询价）等工作是否按计划完成完全取决于业主方的工作安排。

这些工作总包方及监理单位都无法取代，因此业主方肩负着进度控制的主要责任。在项目的进度控制上业主方主要采取以下措施：

一、制定项目的各年度节点计划目标

业主方根据项目的总体计划，编制各年度的进度计划并形成进度指标，同时分解年度计划形成月度计划及周计划、日计划。将各项计划的执行落实到责任人或责任部门。年度计划的责任主体是国金项目公司，集团公司根据总控计划的完成情况对国金公司领导小组进行考核，与项目公司的经济效益挂钩。总体计划分解成各部门（专业组）的计划，由各部门（专业组）负责执行。

二、进度控制的组织措施

（一）部门负责制

在国金公司成立后，公司由工程部、技术部、合约部、材料采购部、综合管理部、财务部等组成，各部门根据总控计划编写子计划，包括：各专业的工程建设计划、各专业设计出图计划、工程及各项材料设备招标采购计划、工程材料设备付款计划等。各部门是计划执行的责任部门。综合管理部负责监督计划的执行情况。这一阶段的工作重点放在各专业设计出图、工程及采购设备招标、报建办证等工作，保证工程项目全面开展。各部门按2008年年底主塔结构封顶，2009年7月主塔幕墙封顶的总控计划制定各自子计划，同时完成大部分的工程招标、材料设备招标工作。

（二）项目组负责制

随着项目的推进，各部门各施其责的工作方法不利于项目的开展，公司架构进行了调整，设立项目管理小组（包括：酒店工程专业组、建筑工程专业组、特种工程专业组、招标采购组等），各小组负责各自区域的工程推进，综合协调各部门、设计、施工、监理等各方来解决工程相关问题，对各区域的工程计划负责。这一阶段的工作重点放在酒店区域、园林绿化、市政工程、泛光照明、裙楼商场等区域，力争在2010年11月亚运会开幕前四季酒店试业为主要控制节点。

（三）项目经理负责制

项目建设后期，为适应项目各区域全面推进，加快进度的要求，应对公司的架构进行调整，形成以项目经理负责制的项目管理方式。设立五大项目组及项目经理（分别为：酒店客房及写字楼项目组、酒店公共区域项目组、公寓项目组、集团自用层装修项目组、土建市政项目组）。各区域项目经理对该区域的工程计划负责，综合管理部负责检查督促计划的落实。各项目组根据国金中心全面竣工并开业这一总控计划，制定各组工程计划，全面推进各项工程。

（四）例会措施

1. 部门负责制阶段

通过每周固定的例会来协调解决工程中的问题。如：设计部组织的每周1～3次的技术例会，由华工院驻场解决图纸及技术问题，工程部及监理公司组织的每周一次的施工例会，合约部及务腾公司组织的合约计量工作例会，每周一次的国金公司内部例会。

2. 项目组负责制阶段

随着各专业施工单位进场的数量增多，例会的数量也增加。除以往的例会继续进行外，还进行了一些调整。公司例会改成由总经理组织，由各组正副组长、正副部长、各施工单位、监理公司参加的巡场例会。增加机电专业例会、电梯例会、特种专业组例会、与四季酒店管理方的七方电话会议等。

3. 项目经理负责制阶段

这一阶段主要以项目经理为核心组织各区域相关的工作例会。取消了总经理每周一次的巡场例会。同时例会的频率随着工程的进度而调整，有的例会达到每天一次。极大发挥了项目经理的责任心和能动性。

三、进度控制的合同措施

（一）合理设计工程总包及分包的标段

为了保证施工单位组织的延续性、有效性，工程的土建、机电及写字楼的装修工程均由总包联合体（中国建筑股份有限公司与广州市建筑集团有限公司）承包。四季酒店的装修部分分别由三家公司中建三局装饰有限公司、广东省装饰公司、亚泰装饰公司承包。雅诗阁公寓室内装修分别由中建装饰公司和广州建筑公司分别承担。这样安排的目的是要保证总包的统一管理，保证工程进度。在装修工程上将工程分拆由几家公司承包，能减少每个公司的工程量，发挥各公司的优势。同时也可以相互竞争，相互促进。

通过科学合理的标段划分，严格的合同条款体系及工程款支付要求是保证项目进度控制的有效措施。本篇第九章有相关详细的叙述。

（二）塔吊的先行采购

巨型钢结构构件的施工离不开重型塔吊的使用。在总承包招标前期，业主便组织施工方面的专家、设计、监理一起进行施工方案征集评审，商议塔吊使用方案，并将最大钢结构构件（节点构件）进行优化。确定了塔吊的主要技术参数及性能要求，最大起重量为60t。而当时大型塔吊在国内并没有可供租赁的选择，必须由国外购买。根据技术经济性的比较，采购三台塔吊型号确定为澳大利亚法福克M900D重型塔吊（图1-7-1）。但塔吊的订货期需要8个月以上。由于基础及基坑工程、地下室工程先行开工，而主塔总包单位尚未确定，如由主塔总包单位采购塔吊，时间将严重滞后。为此，业主方决定先行订购三台澳大利亚法福克M900D重型塔吊，在2006年底与供应商签订了采购合同。总包单位进场后，业主方将塔吊的所有权转给总包方，由总包方支付塔吊尾款。

（三）超厚钢板的先行采购

与塔吊采购方式相同，业主方也先行采购了部分超厚钢板。由于主塔的斜交钢管柱最大壁厚为8cm，这就要求采用8cm的厚钢板制作，而厚钢板的订货期需要4个月。如果主塔上部结构总包单位进场才开始订货，再加上钢结构的制作期，结构工程将有一段停工期。为此，业主方在进行基础及基坑施工时，

图1-7-1　M900D重型塔吊

先行与舞阳钢铁厂签订了8cm及5cm厚钢板共380t。上部结构工程总包确定后，将厚钢板的订货合同移交给总包单位。

由于业主方对订货期较长的材料设备进行先行采购，保证结构施工的延续不间断性，从而缩短了总工期。

四、设计—报建—施工同步实施

国金中心是以进度优先的项目，采取常规的做法（完善施工图设计—施工图审查—取得建筑规划许可证—取得施工许可证—项目开工）是不能保证工期的。因此，业主方采取了边设计、边报建、边施工的方法，在满足质量安全的前提下，周密规划了整个项目的施工步骤，相应安排设计节点计划，采取了先行基坑土方开挖方式。为了在2005年年底开工，业主方将主体工程分为三个标段：基坑支护及土方开挖工程、桩基础及地下室底板工程、地下室及上部主体工程。三个标段分别招标，先进行基坑支护及土方开挖工程招标，经招标确定由中建四局承包。在市政府相关部门支持下，在满足安全文明施工的条件下，业主方取得先行方开挖施工许可证。使得工程得以在2005年12月26日开工。实现了拿地（2005年9月27日）后三个月开工的高效速度。随后在桩基础和地下室底板施工图完善后，进行了桩基础及底板工程招标，由广州市建筑集团有限公司中标，并在2006年8月3日进场施工。最后一标段由中国建筑工程总公司——广州市建筑集团联合体中标地下室及上部结构主体总承包工程，并于2007年6月6日进场开工。从2005年底到2007年6月这一年半时间里，业主方完成了三个总包的招标和合同签订工作，完成了整体工程施工图设计及施工图审查工作，完成了项目的所有前期报建工作，同时也完成了基坑开挖和桩基础工程。设计、报建、施工的同时穿插实施，有效加快了项目实施进度。

五、保障进度的技术措施

在加快进度方面，各专业施工采取了多项技术措施。

图1-7-2　钢管柱采用"无缆风"施工技术

（一）土建方面的技术措施

（1）改进了整体模板提升系统，采取"智能化整体顶升工作平台及模架体系"新技术。创造了主塔结构施工两天一层的世界新纪录。

（2）研发出高性能混凝土（C100）一次泵送新技术。

（3）体外预应力钢索张拉由三次张拉改为一次张拉到位。

（4）楼板施工采用带钢筋桁架肋钢模板体系，钢模板不拆除，节省了支模拆模时间。

（5）实行钢管柱加工厂预拼装技术，提高现场安装精度及安装速度。

（6）改进钢管柱内部混凝土的超声波检测手段，通过与质检站沟通，将检测期从浇捣混凝土后28d，缩短到7d。

（7）采用室外型钢结构防火材料，使得部分钢结构防火材料可以进行户外施工，加快了施工周期。

（8）外筒超大斜钢管柱采用"无缆风"施工技术（图1-7-2），节约施工场地，加快了安装工期。

（二）幕墙方面的技术措施

（1）采用尺寸标准化的单元板块设计。将不规则的双曲面外幕墙分割成规则板块，主要有1500mm×4500mm、1000mm×4500mm、1500mm×3375mm、1000mm×3375mm四种规格板块组成，提高了幕墙单元板块的加工及安装速度（图1-7-3）。

（2）通过论证，在保证节能要求的前提下，取消原来双层幕墙设计，改为单层幕墙，达到了降低造价、节省工期的效果。

（3）幕墙施工采用独立的垂直运输电梯及吊装设备，不与总包共用，设计合理的垂直运输流程，保证了安装进度。

（三）室内装修方面的技术措施

采用工业化定制生产，现场装配式施工的方式。通过合理的设计及施工规划使木作业（木门、木家具、木挂板）、金属制品等尽可能在工厂进行构件制作，使进度和质量均大大提高。

（1）写字楼核心筒区域墙身采用新型预制的氧化铝复合挂板技术。

（2）写字楼核心筒采用无缝暗架可调节式技术安装铝板顶棚，以及可拆卸软膜灯箱。

（3）四季酒店、雅诗阁公寓的木门、木家具、木挂板等采用工厂定制现场安装的模式。

以上的技术措施在本书第二、三篇中将有详细介绍。

经过各方努力，在2010年11月亚运会开幕前，完成了幕墙工程、泛光照明工程及裙楼友谊商店开业等关键节点，实现了集团公司对广州市政府的承诺，主塔靓丽的夜景也为亚运会开幕式增添色彩（图1-7-4）。

图1-7-3　幕墙施工　　　　　　　　　　　　　　　图1-7-4　塔楼封顶

第八章 安全管理

第一节 安全管理总体设计

广州国际金融中心于2005年12月26日正式开工，并于2012年9月26日竣工，时间跨度达七年，克服"面积大、工期长、人员多"的困难，实现连续安全生产天数为2467天，安全生产事故为零，未出现因为安全问题而影响项目建设进度的情况，安全生产工作完美收官。取得了死亡事故、施工重伤率、火灾事故、交通事故、高空坠落事故、生产设备事故、劳动卫生事故和环境污染事故均为零的显著成效。同时，广州国际金融中心还获得了2012年度广州市安全文明施工样板工地、2012年度广州市安全文明施工样板标准示范工地等，并协助总承包单位编写了技术书刊《超高层工程安全管理创新与实践》（2012年出版）。

一、安全管理指导思想

广州国际金融中心安全生产工作以"安全第一、预防为主、综合治理"为方针，以"进度优先、质量优先、安全优先"三个优先为原则，以实现"不让安全问题拖生产后腿"为指导思想，全方位加强安全生产管理，为国金中心项目的顺利建设保驾护航。

二、安全管理工作目标

广州国际金融中心安全生产以越秀地产总部下达的《安全生产管理目标责任书》为工作目标，即：

（1）职工重大伤亡（重伤、死亡）事故为零。

（2）直接经济损失在10万元以上的安全责任事故为零。

（3）被行政处罚的责任事故为零。

（4）公务用车责任死亡全责事故为零。

（5）环境污染责任事故为零。

三、安全管理组织架构

为更好地搞好安全生产工作，广州国际金融中心建立了完善的安全生产管理架构，并成立了安全生产委员会，下设安全管理部，由安全管理部对施工总承包、监理公司、物管公司（后期才引入）进行安全生产的直接监督，监理公司则按照自身的职能对施工总承包及各分包单位实行全方位的安全管理工作。安全管理架构如图1-8-1所示。

四、各级架构安全管理职责

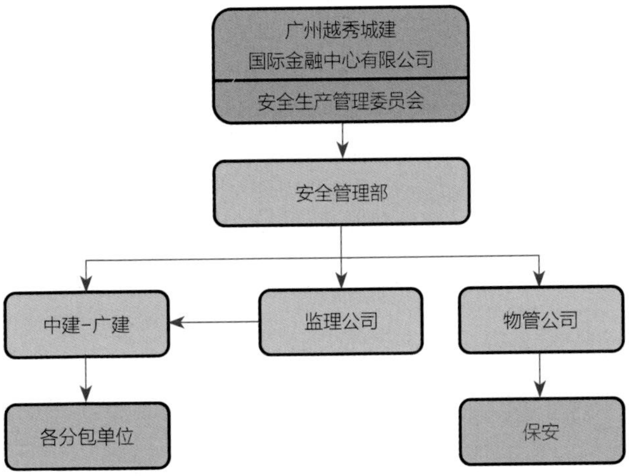

（一）安全生产委员会职责

（1）研究和指导公司的安全生产工作。

（2）分析公司安全生产形势，研究、协调和解决安全生产工作中的重大问题。

（3）指导、协调和监督各部门的安全生产工作。

（4）通报公司安全生产大检查、专项督查有关决定事项贯彻落实的情况。

（5）研究和决定公司安全生产预警和问责事项。

图1-8-1　安全管理架构

（二）安全管理部职责

（1）执行安委会的各项工作部署，建立、修订或完善公司各项安全生产管理制度并组织落实。

（2）协助安委会做好安全生产工作的考核、检查和监控工作，处理好安委会办公室的日常事务。

（3）对监理公司、施工总承包、物管公司进行监督和指导，做好安全生产工作，及时消除安全事故隐患。

（4）保证安全生产投入的有效实施。

（5）组织制定并实施公司重大安全事故应急救援预案。

（6）及时、如实报告生产安全事故。

（三）监理公司职责

（1）按照法律、法规和工程建设标准实施监理，并对安全生产承担监理责任。

（2）监督施工总承包和各分包单位做好施工现场的安全生产工作。

（3）对施工现场进行安全检查，发现隐患问题时及时向施工单位发出整改通知书，并跟踪落实。

（4）对施工组织设计中安全措施进行审查，并监督安全防护、文明施工措施费用的使用。

（5）及时处理安全生产事故，并按规定上报业主和有关部门。

（四）施工总承包职责

（1）对工程施工的安全生产负总责。

（2）制定施工现场的安全生产管理制度，对施工现场的安全生产进行全方位的管理和监督。

（3）确保建设工程安全防护、文明施工措施费用的投入。

（4）监督分包单位的安全生产工作。

（5）及时处理安全生产事故，并按规定上报业主、监理和有关部门。

（五）物管公司职责

（1）负责已移交区域的安全保卫工作。

（2）负责已移交区域的成品保护工作。

（3）负责投入到施工现场进行协助巡查的保安的管理工作。

（4）及时处理安全生产事故，并上报业主。

第二节 安全生产保障措施

为贯彻"安全第一、预防为主、综合治理"的方针，确保国金项目的顺利建设，广州国际金融中心一方面努力完善自身的管理体系，制定各项管理措施，另一方面督导总承包单位采取多项措施进行安全生产的保障。

一、健全安全生产制度

（一）安全生产的检查制度

施工过程中，每周由安全总监组织各施工队安全员进行安全综合检查，每月项目安全文明施工领导小组召集施工队负责人和安全员进行安全文明施工联合大检查。对查出的安全消防隐患立即下发整改通知单，并及时组织有关人员进行整改。

（二）安全消防例会制度

每周组织召开一次安全例会，同时听取消防安全汇报，通报消防安全情况，分析近期的消防安全状况，布置下期的安全工作，针对出现的消防安全隐患，采取预防措施。

（三）班前安全交底制度

在班组作业前根据现场具体情况及专业特点进行施工组织设计、施工方案、作业指导书中的安全技术措施相对应的消防安全技术交底。

（四）伤亡事故的调查和处理制度

调查处理伤亡事故，要做到"四不放过"，即事故原因没有查清不放过；事故责任者没有严肃处理不放过；广大职工没有受到教育不放过；防范措施没有落实不放过。

（五）消防安全培训教育制度

（1）凡进入施工现场人员必须进行消防安全意识、消防安全操作规程、消防安全常识方面的教育，讲授人身保护设施使用方法，以增加全员的自我保护意识。

（2）进场作业人员必须进行消防安全规章制度方面的学习，包括国家有关规定、标准，使全员自觉遵守项目施工现场的各项消防安全规章制度。

（3）做好宣传工作，在首层、67层、70层等工人停滞的区域开辟了安全宣传栏，广泛宣传工程建设的安全消防知识，提高工人安全意识和技能。

（4）开展台风、雨季等特殊季节施工的安全教育，对每位现场施工人员进行消防交安全底，搞好特殊季节的安全施工生产。

（六）消防器材管理制度

（1）各施工单位对重点防火部位、易发生火险部位，应配备足够的灭火器材，随工程进度及楼层不断增高而及时增加不同类型的灭火器。

（2）加强消防器材的现场管理，定期检查灭火器的有效性，对不合格的灭火器进行及时更换。

（七）用火管理制度

（1）严格执行电、气焊工的持证上岗制度。

（2）无证人员和非电、气焊工人员一律不准操作电气焊、割设备，电、气焊工要严格执行用火审批制度，操作前，要清除附近的易燃物，开具动火证，并配备灭火人员和灭火器材。

（3）动火证当日有效，动火地点变换时，要重新办理用火证手续。消防人员必须对动火严格把关，对用火部位、用火时间、动火人、场地情况及防火措施要了如指掌，并对动火部位经常检查，发现隐患问题要及时予以解决。

（八）材料防火管理制度

（1）储存场所应按储存物的种类、数量配置相应的消防器材。

（2）各种易燃材料的储存场所，严禁使用明火照明、吸烟及明火操作。

（3）易燃物品的堆垛不宜过高，不能离照明灯过近。

（4）禁止氧气瓶、乙炔瓶混合存放。

（九）电工防火制度

（1）临时用电线路应根据使用环境（如潮湿、高温等），选择不同类型导线，必要时要穿套管。

（2）根据电气设备的容量，使用相应截面的导线，并安装符合容量的保险丝，以防止超负荷，严禁用铜丝、铁丝代替保险丝。

（3）施工用电箱要符合标准，要求一机一闸，保证有明显的断开点和接地良好，并配置有漏电保护开关。

（4）施工用电箱需架空并固定，禁止放置于地面。

（5）电工管理员要对电箱和线路进行定期检查、维修。

（6）露天电闸箱必须有防雨设备。

（十）油料库防火制度

（1）油料库要通风、干燥，不得用易燃物支搭。

（2）油漆库不得混存其他物品，及时清除垃圾。

（3）油料桶要码放整齐，品种分清，库内要留通道，库门不得堵塞。

（4）库房内外严禁吸烟。

（5）库内配足消防器材。

（十一）员工宿舍防火安全制度

（1）宿舍内严禁使用电炉及大功率电器设备。

（2）宿舍内照明电线严禁乱用或私拉电线。

（3）宿舍内吸烟要设置烟灰缸或防火水桶；严禁随地乱扔烟头。

二、制定各项安全生产措施

（一）消防设施控制措施

（1）施工现场设置临时消防车道，其宽度不得小于3.5m，并保证临时消防车道的畅通，禁止在临时消防车道上堆物、堆料或挤占临时消防车道。

（2）确保消防通道尽快投入使用，尽量提前安装消防通道内的应急照明及防火门。

（3）确保楼层内新风系统、防排烟系统、消防水箱、消防水管、避难层等设施尽可能地先行建设及投入使用。

（4）施工现场设置消火栓，并配备足够的水龙带。

（5）施工现场设置消防泵房，并随结构设置消防竖管。包括在核心筒内施工（或在只有核心筒结构的竖向结构）中，随层数的升高，每隔一层设一处消防栓口并配备水龙带。消防供水应保证水枪的充实水柱射到最高、最远点。消防泵的专用配电线路应引自施工现场总电源端，保证连续不间断供电。

（6）施工现场要配备足够的消防器材，并做到布局合理，经常维护、保养。

（二）防火、防爆安全措施

（1）严格执行门卫制度，严禁携带易燃、易爆危险品进入现场。

（2）施工现场内不准住人，并禁止存放易燃、易爆、有毒物品。

（3）各单位对施工过程中的易燃物品应及时清理，并做好防火措施，消除火险隐患。

（4）施工现场在条件容许的情况下，可设有防火措施的吸烟室，施工现场内严禁违章吸烟。

（5）施工现场内的供、用电线路、电力设备须统一安装，必须有过载和漏电保护装置，严禁乱拉乱接和私自使用大功率电器设备。

（6）严格执行动火审批制度，禁止无证上岗。本工程高空电焊工作量大，要求每一作业点必须配备专门看火人员，配齐灭火器材。作业前对焊接区域下方进行清理，清除易燃、易爆物品，防止火花溅落引起危害；作业完成后确认没有余火后，方准离开。

（7）现场施工要坚持防火安全技术交底制度，特别是在进行电气焊、油漆粉刷或从事防水等危险作业时，防火安全交底要有针对性。

（8）建立一支由项目经理、技术人员、施工员、质保员、工人组成的义务消防队。

三、制定安全事故应急预案

（一）安全事故应急措施

建设工程可能发生的主要安全事故有坍塌事故、高处坠落事故、触电事故、机械伤害事故、物体打击事故、火灾事故、雷击事故和中毒事故等。在施工前，对各种可能发生的事故进行预判，有针对性地制定了如下应急措施：高支模失稳、坍塌事故、钢结构操作平台坍塌事故应急措施；触电事故应急措施；物体打击应急措施；高处坠落事故应急措施；环境污染事故的应急措施；突发火灾的应急响应措施；雷电事故应急措施；防恐、防暴应急措施；不可抗力自然灾害应急措施。

（二）安全施工应急准备和救援组织准备

成立项目生产安全事故应急救援小组，包括义务消防人员、医疗救护应急人员、专业应急救援人员、治安队人员、后勤及运输人员，在出现生产安全事故时，能够及时进行应急救援，从而最大限度地降低生产安全事故所造成的损失。

四、保障安全措施费及时到位

为保证各施工单位能够尽早购买各类消防器材及做好各项防护措施，确保国金中心的安全，在各施工单位进场的同时，广州国际金融中心即按合同安全措施费总额的50%进行支付，给予了最优越的条件支持。

五、签订责任状，落实责任目标

为做好广州国际金融中心项目建设的安全工作，广州国际金融中心与中国建筑工程总公司·广州市建筑集团有限公司联合体签订了消防、安全生产责任状，落实安全生产责任。

（一）签订责任状

（1）中国建筑工程总公司·广州市建筑集团有限公司联合体是广州国际金融中心的施工总承包，是工程项目的消防、生产安全责任人，在施工建设期间对项目消防、生产安全工作负全面责任（图1-8-2）。

（2）组织、督促成立以总承包为主、各单位负责人参与的安全生产委员会，并落实了管理机制及架构，监督总承包与分包单位签约安全责任状。

图1-8-2　签订责任状

（二）落实责任目标

（1）认真贯彻、执行党和国家关于安全生产的方针、政策、法律、法规和技术标准，制定消防、生产安全制度，接受广州越秀城建国际金融中心有限公司的监督检查，并有检查记录凭证。

（2）定期组织消防工作检查，督促落实火灾隐患的整改工作，涉及消防安全、生产安全的重大问题应及时处理和上报。

（3）在工程施工期间必须明确制定消防安全管理制度，严格动用明火、烧焊作业的消防安全管理，并监督措施落实情况，进行员工消防安全知识、技能宣传教育和培训。

（4）检查工地、材料仓库和工人宿舍安全用电情况，施工场地以及相关配套建筑物内不得存放易燃易爆及其他危险物品。

（5）实施对工地、材料仓库和工人宿舍消防安全检查和火灾隐患整改工作。

（6）检查工地、材料仓库和工人宿舍消防设施、灭火器材和消防安全标志的维护保养情况，确保其完好有效。

（7）检查工地、材料仓库和工人宿舍的疏散通道和安全出口状况，确保其畅通。

（8）严格执行生产安全"三宝防护、四口、临边防护围蔽"制度。

六、实施安全生产标准化

在项目建设的后期，广州国际金融中心响应上级部门的号召，开展安全生产标准化工作。通过实施安全生产标准化，建立起安全生产责任制，制定安全管理制度和操作规程，对"目标、组织机构和职责、安全生产投入、法律法规与安全管理制度、教育培训、生产设备设施、作业安全、隐患排查和治理、重大危险源监控、职业健康、应急救援、事故的报告和调查处理、绩效评定和持续改进"这13个方面进行规范，使各生产环节符合有关安全生产法律法规和标准规范的要求，从而提高安全生产水平，并持续改进。

第三节　安全管理工作措施

一、强化监理及总包的作用

强化以总包联合体为项目安全生产责任主体与组织管理主导地位的机制，强化监理公司的监督作用，通过业主的高压管控，形成齐抓共管的安全生产合力，共同搞好安全生产工作。

图1-8-3　安全带和安全帽的使用

图1-8-4　高空作业　　　　　　　　　　　　图1-8-5　脚手架搭设

（一）督导总包做好产生安全隐患源头的控制工作

总包是项目安全生产的责任主体，应对整个项目的安全生产进行有效控制，落实检查工作，及时发现安全隐患。每日检查施工现场，内容包括临边洞口防护、安全带和安全帽的使用（图1-8-3）、塔吊和电梯、卷扬机、吊篮等机械的使用和维护、施工用电、消防设施、高空作业（图1-8-4）、脚手架搭设（图1-8-5）和使用维护、警示标志的设置等。

（二）督导监理单位做好监督工作

监理单位依据《建筑施工安全检查标准》（JGJ 59—2011）规范标准，加强对施工现场的再检查，对存在安全隐患的单位，及时发出《监理工程师通知单》和《安全隐患整改单》，并督促施工单位进行整改。对如电梯、幕墙等隐患较大的单位，联合监理、总包约谈单位安全负责人，提出警告，必要时发出停工令或作出经济处罚。

二、强化人防的作用，培养消防安全"四个能力"

在项目建设过程中，国金中心的消防系统还未完成，无法系统性地投入使用，无法发挥其智能作用。此外，目前中国国内使用的消防车水炮的最高射程是101m，大概能到达30多层楼的高度，对于广州国际金融中心来说，一旦在30层以上发生火灾，将无法指望由外来的消防车进行扑灭火灾。因此，建设期间的消防主要是以人防为主，必须加强人防的力量，强化人防的作用。

为此，广州国际金融中心十分注重员工的消防教育，定期进行消防演练，并组建了自己的安防队伍和义务消防队，与总承包单位、物业管理公司的安防队伍和义务消防队进行整合，建设了一支强而有力的安防队伍和义务消防队队伍（共约300人），对整个国金中心的安全生产进行协助工作，提高广州国际金融中心防范火灾事故的"四个能力"：检查消除火灾隐患能力、扑救初级火灾能力、组织疏散逃生能力和消防宣传教育能力。

三、与工程进度俱进，及时调整安全管理的策略

国金中心项目体量大、工期长，每个工程阶段的特点不一样，安全生产管理策略不能一成不变，需与"时"俱进，紧跟工程进度的变化，及时调整安全管理的重点。

（一）基坑开挖阶段的安全管理

此阶段的安全管理重点主要是基坑支护、临边防护、塔吊、脚手架、焊接、垂直运输及施工用电等，注意监控基坑施工作业对周边环境的监测及影响，谨防坍塌事件的发生。

在开展的基坑开挖及支护工程（图1-8-6）中，要求施工单位编制预应力锚索施工方案、锚杆质量检测方案、爆破方案、搅拌桩、挖孔桩方案等专项技术控制方案。联合监理公司、设计单位召开专题技术会议，严格控制质量和安全难点，对锚杆钻孔、制作、注浆的流程工艺严格按施工规范及设计要求施工。对桩芯浇筑、腰梁施工等严格把关，监理单位做好旁站监理工作，业主也派出工地代表加强巡视。

为预防有毒气体的中毒危害，在进行人工挖孔桩的施工过程中，特别采取了机械通风措施，确保新风的注入。同时，在井上安排专人进行监护，并落实岗位责任。

国金项目的基坑开挖深度达 -19.5m，项目对基坑的安全控制上升到能否保持社会和谐稳定的政治高度。各级的政府部门非常重视，质监、安监站迅速完成了安全交底工作，成立了专门的工作小组。为此，在工程实施管理中，对施工安全非常重视，督促施工单位落实各级安全体系，联合监理公司有预见性地要求施工单位编制建筑施工事故的预防措施方案、基坑土方应急预案、爆破应急预案、基坑施工应急准备和响应预案、施工安全方案、消防方案、人工挖孔桩应急预案、基坑支护安全监测及应急方案、车道边坡加固方案这9项专项安全方案。每月安排专项的安全文明施工检查，重点针对不同工期存在的薄弱环节对应检查，如在人工挖孔桩的挖掘中，重点抓井内通风实施、照明落实，重点抓员工宿舍的用电、防火问题。

（二）主体结构施工阶段的安全管理

土建及主体结构施工阶段的特点是高空作业多、焊接作业多。主要的焊接作业包括：提模平台、高空改造的搭设与拆除；钢结构及压型钢板安装过程中的焊接作业；措施钢柱及措施钢梁的割除作业；后补水平结构的钢筋焊接作业；玻璃幕墙埋件的焊接作业及钢梁定位打孔作业。

此阶段的安全管理重点主要是临边防护、塔吊、脚手架、焊接、垂直运输及施工用电等，针对这一阶段的施工特点，重点做好以下几项工作：

（1）督促总承包联合体加强对施工工人（特别是高空、"四口—临边"部位和动火作业的工人）的安全生产教育和安全技术交底，加强对交叉作业的协调管理，做好通道口、预留洞口、楼梯口、电梯井口"四口"和临边部位的安全防护措施。

图1-8-6　基坑开挖及支护工程

（2）督促总承包联合体完善和落实塔吊、卷扬机、提模系统安装（或调整）、拆卸手续及专项方案，做好安全技术交底、安全监护和安全警戒等工作。

（3）督促总承包联合体加强对塔吊、提模系统、施工电梯、卷扬机和混凝土泵机的使用管理，做好日常和定期检查维护的工作。

（4）加强钢结构吊装的安全管理（图1-8-7）。钢结构在吊装过程中存在机械伤害、构件与主体结构碰撞和高空坠物等安全隐患，要求施工方采用可靠的施工技术，用双机抬吊保持构件在空中的稳定，选择安全系数高的钢丝绳，防止物件坠落。

（5）将防高空坠落、物体打击作为安全管理的重点。在施工过程中，要求施工人员在高空或临边作业（图1-8-8）时，对手持小型工具必须全部系紧，以防止在高空操作时坠落。同时，举行消防安全和防高空坠物打击的应急演练检验演练效果。

（6）加强对重点部位、关键施工阶段的安全管理和检查，如提模平台在高空进行改模、三台大塔吊移位（图1-8-9）、主塔幕墙施工等部位的安全管理。

（7）开展结构施工的安全评估工作。

（8）督促施工单位及早制定和报审大型机械（如提模系统、塔吊和施工电梯等）的拆除方案，完善拆卸手续，并督促相关单位必须严格按方案实施。

（9）做好高空垂直安全防护措施。为保证高空作业的安全，在项目中加强了安全防护棚的使用，特别是主塔楼，从第八层开始，每七层设置一道水平悬挑安全防护棚，伸出建筑物外沿5m。

（10）开展业主组织的结构健康监测工作，及时取得施工结构工况数据提供给设计院，作为现场结构施工进展步骤控制的参考数据。

图1-8-7　钢结构吊装

图1-8-8　幕墙施工及临边作业

图1-8-9　塔吊移位

图1-8-10　103层高空施工

（三）机电安装阶段的安全管理

机电安装阶段的特点是焊接多、吊装多、压力试验多，安全管理重点是施工用电、高空作业（图1-8-10）、物体打击、消防及设备保护工作，做好安装现场的安全防护措施，检查用电设施的合规性，预防由于用电的不安全而引发事故。同时，对各类水系统的压力试验工况进行预测，做好爆管、排空等各种防护预案。

（1）重视大型、重型设备的安全管理。针对本项目各专业施工单位均存在较多大型机械的情况（吊运大型设备和安装永久电梯），要求各施工单位做好安装、验收及使用管理，制定专项方案和使用管理制度。

（2）将防高空坠落、物体打击作为安全管理的重点。在整个安全管理中，突出这方面的安全措施检查、落实。

（3）开展对幕墙、机电单位进行中间安全评价的检查工作。

（4）加强对各专业施工单位的管理，对重点部位的安全管理和检查，如机电、幕墙、电梯等施工单位安全体系和安全措施的检查管理。

（5）督促联合体及时编制和报审大型设备吊运方案，并严格执行经批准的方案。

（6）督促联合体和分包单位严格执行动火审批制度，做好安全用电。

（7）开展对机电单位进行中间安全评价的检查工作。

（8）改变常规电梯井道搭竹木排栅的施工方法，全程采用钢架平台设施进行电梯轨道的安装，一方面增加了平台的稳固性和可靠性，另一方面减少了竹木易燃材料，从而大大提高了电梯施工的安全系数。

（四）室内装饰阶段的安全管理

室内装饰阶段的安全管理重点是火源及易燃物品的管控，如施工用电、烧焊、吸烟、垃圾等，需检查电焊机、气瓶、配电箱等设备设施的安全性，规范动火作业，严禁吸烟，及时清理垃圾。

（1）要求施工单位建立装饰材料和易燃易爆物品的进场、存放和使用的管理制度，并严格执行。

（2）要求施工单位做好施工垃圾的管理及清运工作。

（3）对烧焊作业、违规用电、违规吸烟等火源进行重点监管。

（4）督促联合体和分包单位完善主塔通风方案和采取有效措施，确保施工人员有良好的施工工作环境

图1-8-11　酒店中庭空间施工

保障。

（5）在70层至顶楼中庭空间施工中（图1-8-11），要求施工单位加强临边的防护，在各层拉设安全防护网，确保中庭施工的安全，防止高空坠落。

（五）系统调试阶段的安全管理

重点监控给水排水系统、空调系统及消防系统的调试，预防由于系统管道漏水、土建封堵不完善等原因而引起的水患所造成的安全事故。在调试前，监督施工单位做好如下工作：

（1）制定调试方案。

（2）制定安全应急预案。

（3）知会各有关单位，对有可能造成安全事故的区域进行专员看管。

（六）边运营边施工阶段的施工安全管理

随着国金中心项目工程的日益推进，在项目建设的后期，部分区域、部分楼层先后投入了使用，采用"边施工、边运营"的方式。广州国际金融中心对"边施工、边运营"这种模式所带来的安全管理问题进行预判，制定了《国金项目收尾阶段安保工作部署方案》及《开业前安管专项整治及工作部署方案》，提升安防管理及安全生产的警戒等级，将参与项目建设及管理的各有关责任主体单位的思想认识统一到"善始善终，尽善尽美"的标准上来，做好施工区域的围蔽工作，实现运营区域与施工区域的完全隔断，做到互不干扰，确保施工安全，保证项目边施工、边营运的两不误。

四、抓住重点，做好防火的管控工作

燃烧的"三要素"为可燃物、助燃物和火源，需采取措施使三要素不同时存在，从而实现防火的目的。

防火是安全生产管理工作的重点目标，广州国际金融中心紧紧围绕"防火"这一主题，将"防火"作为重点管控对象，开展一系列的防火工作，做到"两控一保障"。

（一）对易燃物品的控制

建筑工地的特点之一就是易燃物品多，施工现场的主要"可燃物"有木材类（木模板、木方、木脚手板、包装箱等）、毛竹类（毛竹脚手板、毛竹防护棚等）、塑料类（安全网、包装膜等）、可燃气体类（乙炔、氧气等）和可燃液体类（柴油、汽油、油漆、稀料等）。

如何做好易燃物品的管理是防火工作的重点之一，广州国际金融中心重点监控施工材料和施工垃圾，要求禁止使用不合格的易燃物料并及时清理施工垃圾：

（1）重点监控是否违规使用挤塑板或在材料中掺杂使用木材、泡沫等易燃物料。

（2）重点监控施工垃圾是否集中堆放（图1-8-12），是否做到每天清运。

（3）整合总包、仲量联行物管以及业主三家单位的保安力量，分区域对各楼层进行24小时的地毯式巡查，及时掌握易燃物品的信息，有针对性地监督监理、总包做好易燃物品的清理工作。

图1-8-12　施工材料堆放

（二）对施工现场的助燃物的控制

施工现场往往存在有乙炔瓶、氧气瓶等助燃物，这些助燃物能够加速火灾的形成，必须对其进行监管，尽量减少存放量。

（三）对火源的控制

火源是发生火灾的必要条件，是安全管理工作重点监控的对象。施工现场的火源主要有电焊火花、气割焊渣、电器短路或过载造成电器起火、未熄灭的烟头随手乱扔及人为纵火。

（1）施工用电。整合总包、仲量物管以及业主三家单位的保安力量，分区域对各楼层的施工用电进行24小时的地毯式巡查，及时发现并纠正违规用电行为，清除不合格电箱。

（2）吸烟行为。针对国金中心楼层高、施工人员上下楼难的特点，广州国际金融中心督导总承包在各区域设立专门的吸烟区，引导需要吸烟的人到吸烟区进行吸烟，减少因隐蔽吸烟而引发的火灾事故。另一方面，整合总包、仲量物管以及业主三家单位的保安力量，分区域对各楼层进行24小时的地毯式巡查，及时纠正违规吸烟的行为，掌握违规吸烟的信息，通过监理公司对违规单位和个人进行经济处罚。

（3）烧焊作业。涉及动火作业的主要生产任务包括：提模平台的拆除、钢结构及压型钢板安装过程中的焊接作业、措施钢柱及措施钢梁的割除作业、后补水平结构的钢筋焊接作业、玻璃幕墙埋件的焊接作业、机电安装作业、机电管线预留区域后补水平结构钢筋焊接作业、电梯井道内电梯轨道安装作业和其他零星动火作业。烧焊作业的特点是产生的火花多，焊渣多，极容易引发火灾事故，广州国际金融中心充分认识到烧焊作业的危险性，将烧焊作业定为重点管控事项之一，要求总承包单位、监理单位对施工现场的烧焊作业进行严格监督和管理，按照烧焊作业的规程进行，杜绝一切违规烧焊行为。同时，整合总包、仲量物管以及业主三家单位的保安力量，对各楼层的烧焊作业进行24小时的地毯式巡查，及时发现并纠正违规烧焊行为，禁止无证上岗、无证施工。

（四）做好灭火工作的保障措施

（1）配备充足的消防器材。在施工期间，自动消防系统未能投入使用，只能依靠人防，因此，必须配置充足的移动消防器材，监督总包做好消防器材的配置工作，确保每个区域、每个楼层、每个角落都配备充足，便于紧急情况下的使用。并加强对灭火、救援器材、安全防护用品的检查工作。

（2）使用便携式灭火器。广州国际金融中心购买了便携式简易灭火器，要求巡查人员24小时随身携带，用于发现火苗时能马上喷射，将火灾扑灭于萌芽状态中。便携式灭火器的作用不可忽视，自使用以来，曾及时处理了多宗小火苗事件。

（3）设置临时的消防设施。在消防管道投入使用前，为保证此阶段的消防用水，总包分别在-4层、12层、30层、48层、66层、103层等设备层设置25m³临时消防水箱，进行分段供水，消防用水与施工用水分位取水，保证消防用水的供水量；利用水箱自然水压接驳送下。同时，在主塔楼每层配备1套ϕ65消防栓及配套消防水带、水枪。

（4）建立义务消防队。为防患于未然，广州国际金融中心注重消防队伍的建设工作，除督导总包、物管组建义务消防队外，也组建了业主义务消防队，建立多级联防的安全管理体系，通过整合3支消防队的力量，有力地保证了项目建设的所需。

（5）确保通信的畅通。在主体结构的施工过程中，优先建立了临时通信系统，保证对讲机信号畅通无阻，确保发生火灾事故时，能够发出指挥信号，迅速通知各方进行火灾应急处理。

五、聘请专家对重大施工安全方案进行复算审核

在实施过程中，严格按施工方案先行，对于危险性较大、技术含量高的重大施工，聘请专家对安全方案进行审核。如《幕墙主塔98层以上脚手架施工方案》、《幕墙单轨吊安装方案》、《70层以上施工电梯通道及防护棚搭设方案》、《5号和7号塔吊拆除方案》、《1号、2号和3号施工电梯拆除方案》、《6号塔吊拆除方案》、《N1和N2施工电梯安装方案》、《H1～H4电梯井道施工脚手架搭设方案》、《施工变压器设备吊装方案》、《67层冷冻机组设备吊装方案》等，均提前组织有关单位人员按要求实施审核，确保安全完成主塔施工提升平台、挂架高空拆除、大塔吊高空拆除、施工电梯拆卸及重新布置安装等重大施工机械拆卸工作。

六、开展消防演练和安全培训

（一）联系消防局进行消防演练

针对一些大型超高层项目的火灾事故，联系省、市消防局在国金中心项目开展消防器材测试和高空救援演练工作（图1-8-13）。

（二）开展消防培训及演习工作

为使义务消防队员有较强的实操能力，定期地组织义务消防队开展工地应急救援培训工作。同时，要求工程总承包单位组织工人亲自参加事故应急预演、逃生通道讲解等培训活动（图1-8-14）。

七、做好偷盗现象的管控

偷盗行为是各个施工工地存在的普遍现象，偷盗行为的发生不仅损失了物品、破坏了成品，还对工期造成一定的影响，甚至还会引发触电及设备运行失常等安全事故。广州国际金融中心把"防偷盗"作为安全管理的一项重要工作，采取一系列的措施进行防范，一举扭转了被动局面。

（一）使用科技仪器加强出入口的管理

施工人员多是国金中心的一大特点，高峰期达3000～4000人。广州国际金融中心督导总包单位利用身份证识别仪、指纹机、金属探测器等技术设备对出入口进行管理，能够清楚掌握施工人员的信息，有效防止无证、持假证人员进入工地进行盗窃。同时，租用了两只大警犬、防暴犬进行辅助管理，一方面大力打击偷盗分

图1-8-13　省、市消防局安排大型消防扑救演练　　　图1-8-14　义务消防队员大型消防培训及演习

子，另一方面对恐怖事件进行预防。

（二）采用巡查、伏击等方法进行震慑

国金中心整合总包、物管、业主三支保安力量进行巡查，并对重点区域、重点成品进行蹲点伏击，杀一儆百，对偷盗分子有良好的震慑作用。

（三）掌握盗窃规律，高效打击偷盗分子

广州国际金融中心采取"先观察，后行动"的方式，经过一段时期的观察，掌握了偷盗具有如下规律：早上是偷盗高发期，在施工人员上班前进行偷盗；大部分的盗窃行为是监守自盗；与工地附近的废品收购人员进行勾结；利用汽车进入地下室进行偷盗。

广州国际金融中心根据以上偷盗规律作出相应的行动方案，快而准地打击偷盗行为，效果明显。

（四）做好宣传教育工作

广州国际金融中心编写了《关于保护我们的劳动成果的倡议书》，并送达每一位施工人员的手中，广泛宣传偷盗者将受到的法律惩罚及成品被盗后的危害所在，并在《倡议书》中列出了业主及公安部门的报警电话，对举报有功者进行奖励，为成品保护工作营造一个良好的氛围，减少盗窃现象。

（五）设计独特的奖罚方式，有效减少监守自盗行为

广州国际金融中心设计了独特的奖罚方式：由被盗的单位出资奖励捉贼的有功人员。这种做法逼使被盗单位加强本单位成品及本单位施工人员的管理，从而达到减少偷盗行为的目的。

八、做好防水堵漏工作，减少由水而引起的安全隐患

随着工程进入多工种、大面积交叉作业的阶段，各种管线的铺设和施工用水大幅增加，项目的水患也日益突出，浸水现象时有发生，对已完工的区域、成品、半成品造成了很大的破坏，既影响工程进度，又产生安全隐患。

广州国际金融中心将防水患工作作为安全管理工作的一部分，成立治水专项小组，联合监理公司、总包联合体摸查工地水患的基本情况，分析成因，制定相应的防水患方案，并组织实施。

经过一段时间的治理，治水工作收到了明显的成效，自实施治水以来，未发生过大面积的过水和安全事件，为后续的施工提供了有力的保障。

九、做好施工电梯的管理，减少电梯的事故隐患

广州国际金融中心具有施工面积大、楼层高、施工人员多的特点，施工人员在上下班高峰期抢搭电梯的现象比较突出，由此而引发的打架及电梯损坏事件也随之发生，存在安全隐患。同时，施工人员每天花在乘梯的时间达2小时之久，影响了工作效率，曾一度造成困惑。

为了解决工人乘梯难的大难题，广州国际金融中心对垂直运输进行了深入的考察和研究，制定了维护电梯运行秩序的方案。每天上下班的高峰期，组织保安人员在人流密集的电梯厅进行维持秩序，定岗管理。

经过整顿，电梯的使用秩序在短时间内得到了根本的好转，工人抢乘电梯的现象和打架现象也随之消失，对电梯的运行起到很好的保护作用，工人的乘梯时间也大为缩短，由每天约2小时缩短至约半小时。此举既消除了电梯的安全隐患，又大幅度提升了电梯的使用效率和工人的工作效率。

国金中心在安全管理上实现了项目的安全目标。其全方位的安全管理措施是值得借鉴的。

第九章 合同管理

第一节 概述

国金项目累计签订的合同及补充协议共有1171份。合同主要分为设计类、施工类、物料采购类、监理咨询类及保险类。根据承包方式，又可分为"总承包合同"、"专业承包合同"及"指定分包合同"等。项目主要合同架构如图1-9-1所示。其中专业分包单位、材料设备供应商分为三类：与业主直接签订合同、与总包单位签订合同、与业主、总包方签订三方合同。各类合同目录详见表1-9-1～表1-9-4所列。

施工、物料采购类合同基本上由造价咨询单位务腾咨询（上海）有限公司（WT PARTNERSHIP）负责起草，业主方合同预算部主办，参与合同编制的部门有：业主方工程部、技术设计部、财务部，以及越秀地产法务部、监察室、招标中心等相关部门。而设计、咨询类合同由业主方设计技术部负责起草，合同预算部主办。参与合同编制的部门与施工、采购合同相同。在编制过程多层次把关，保证了合同的严谨周密。

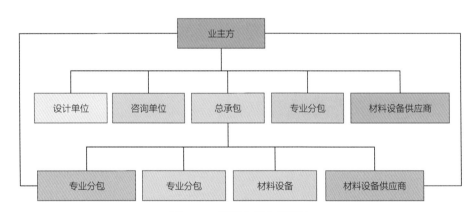

图1-9-1　项目主要合同架构

设计类合同目录　　　　　　　　　　　　　　　　表1-9-1

序号	工程名称	单位名称
1	国金建设工程设计合同	第一承包方：WilkinSonEyre-Arup JV；第二承包方：华南理工大学建筑设计研究院
2	国金酒店室内精装修及室内灯光设计合同	赫希·贝德纳联合设计有限公司
3	广州珠江新城国金项目室内精装修设计合同	广州城建开发装饰有限公司
4	广州珠江新城国金项目酒店厨房和洗衣房设计/顾问合同	立卡纽马克室内设计（上海）有限公司

序号	工程名称	单位名称
5	广州珠江新城国金项目景观及园林设计合同	奥斯派克（澳大利亚）景观规划设计公司
6	酒店特色餐厅室内精装修设计合同	梁志天设计咨询（深圳）有限公司（Steve Leung）
7	酒店标志标识设计/顾问合同	duttonBRAY design limited
8	非酒店区域标志标识系统及标志标牌设计合同	广州市曾振伟景观设计有限公司
9	广州珠江新城国金项目酒店专业SPA设备设计合同	D SPA & WELLNESS GMBH
10	广州珠江新城国金项目酒店艺术品设计合同	赫希·贝德纳联合设计有限公司（HBA）
11	广州珠江新城国金项目裙楼会议中心与塔楼写字楼大堂室内精装修及室内灯光设计合同	赫希·贝德纳联合私人有限公司
12	广州国际金融中心写字楼广场雕塑方案设计合同	广州市曾振伟景观设计有限公司
13	艺术设计合同（大堂景墙与雕塑概论设计项目）	尤艾普（上海）艺术设计咨询有限公司
14	国金项目套间式办公楼室内精装修及灯光和室外景观设计合同	赫希·贝德纳联合私人有限公司

施工类合同目录 表1-9-2

序号	工程名称	单位名称
1	基坑支护和土方施工合同	中国建筑第四工程局
2	广州珠江新城国金项目基础及底板工程施工合同	广州市建筑集团有限公司
3	广州珠江新城国金项目地下室（局部四层）工程施工合同	广州市建筑集团有限公司
4	广州珠江新城国金项目施工总承包工程合同	中国建筑工程总公司、广州市建筑集团有限公司联合体
5	机电工程施工合同	中国建筑工程总公司、广州市建筑集团有限公司联合体
6	幕墙工程合同	深圳金粤幕墙工程装饰有限公司
7	消防工程施工合同	广州市安鑫消防工程有限公司
8	外立面泛光照明工程施工合同	北京良业照明工程有限公司
9	智能化施工专业承包（第一标段）施工合同	北京中电兴发科技有限公司
10	主塔楼办公楼部分精装修专业分包工程	中国建筑股份有限公司、广州市建筑集团有限公司联合体
11	广东省建设工程施工合同（智能化施工专业承包第三标段）	广州市天河弱电电子系统工程有限公司、广州市城建开发集团名特网络发展有限公司联合体
12	广东省建设工程施工合同（智能化施工专业承包第二标段）	北京江森自控有限公司
13	广东省建设工程施工合同（永久用电施工专业承包）	广州市名力电气安装工程有限公司
14	酒店区域及写字楼大堂精装修工程第一标段施工合同	深圳市亚泰装饰设计工程有限公司
15	酒店区域及写字楼大堂精装修工程第二标段施工合同	中建三局装饰有限公司
16	酒店区域及写字楼大堂精装修工程第三标段施工合同	广东省装饰总公司
17	主塔楼办公部分、套简式办公楼精装修工程第二标段施工合同	广州市建筑集团有限公司
18	主塔楼办公部分、套简式办公楼精装修工程第三标段施工合同	中国建筑装饰工程有限公司

序号	工程名称	单位名称
19	广州珠江新城国金项目AV系统供货及相关服务合同	深圳市三和陈氏实业有限公司
20	广东省建设工程施工合同（市政道路工程）	广州市第一市政工程有限公司
21	广东省建设工程施工合同（整体环境景观）	广州市林华园林建设工程有限公司
22	广州国际金融中心楼顶LED显示标识系统制作及安装合同	广州中大中鸣科技有限公司、广东荣基鸿业建筑工程总公司联合体
23	国金项目户外LED全彩带状显示屏系统供货及相关服务合同	广州中大中鸣科技有限公司、广东荣基鸿业建筑工程总公司联合体
24	户外LED全彩大屏幕系统供货及相关服务合同	巴可伟视（北京）电子有限公司、中十冶集团公司联合体
25	主塔楼11、14~17、64和65办公楼层精装修工程施工合同	广州城建开发装饰有限公司
26	主塔楼11、14~17、64和65办公楼层智能化工程施工合同	广州市天河弱电电子系统工程有限公司、广州市城建开发集团名特网络发展有限公司联合体

物料采购类合同目录 表1-9-3

序号	工程名称	单位名称
1	国金M900D变幅式塔式起重设备买卖合同（注：该合同后来受让给主体结构总承包单位）	买方：广州工艺品进口集团公司；卖方：FavelleFavco Cranes(M) SdnBhd
2	国金项目3.5m/s及以上电梯买卖及安装合同	奥的斯电梯有限公司、广州奥的斯电梯有限公司广州分公司
3	国金项目2.5m/s及以下电梯、自动扶梯买卖及安装合同	苏州迅达电梯有限公司
4	国金项目钢结构防火涂料买卖合同	广州市泰堡防火材料有限公司
5	擦窗机供应及安装工程	广州市工艺品进出口集团公司、北京凯博擦窗机机械技术有限公司、香港E·W·COX公司之联合体
6	国金项目钢结构防火涂料买卖合同	四国化研（上海）有限公司
7	柴油发电机组买卖及合同	中捷通讯有限公司、广州市力行威帕机电工程有限公司
8	空调冷水机组供应及相关服务合同	特灵空调系统（中国）有限公司
9	变频多联中央空调系统买卖及安装合同	广州市天河华厦冷气设备有限公司、广州市设计院工程建设总承包公司
10	空调水泵、热水循环泵供应及相关服务合同	威乐（中国）水泵系统有限公司
11	国金项目游泳池配套设施供货及安装合同	深圳市戴思乐泳池设备有限公司
12	国金项目酒店洗衣房设备供货及相关服务合同	上海航星机械（集团）有限公司
13	广州珠江新城国金项目酒店厨房设备供货及相关服务合同	东莞蕾洛五金制品有限公司
14	主塔办公楼电动窗帘买卖合同	乙方：中国建筑股份有限公司、广州市建筑集团有限公司联合体； 丙方：上海名成智能遮阳技术有限公司
15	广州珠江新城国金项目垃圾收集处理系统供货及相关服务合同	上海普泽瑞华环保科技有限公司
16	广州珠江新城国金项目后勤区域洁具、龙头采购买卖合同	广州市海丽洁具有限公司
17	国金项目酒店区域精装修工程多媒体面板买卖合同	得力通贸易（深圳）有限公司
18	四季酒店墙纸供货合同	广州殷港装饰材料有限公司
19	国金项目主塔办公楼区域精装修工程卫生洁具买卖合同	利尚派贸易（深圳）有限公司

序号	工程名称	单位名称
20	国金项目酒店区域精装修工程人造石浴缸买卖合同	贸邦建材国际贸易上海有限公司
21	国金酒店区域精装修工程龙头花晒买卖合同	深圳市英卫装饰材料有限公司
22	广州国际金融中心广场雕塑制作及安装合同	广州市方园雕塑艺术制作中心
23	国金酒店区域精装修工程卫生洁具买卖合同	深圳市家美乐装饰材料有限公司
24	四季酒店壁灯及小型吊灯（除目录产品部分外）供货及相关服务合同	福建新文行灯饰有限公司
25	国金酒店区域精装修工程卫生洁具买卖合同	深圳市原华商贸有限公司
26	国金酒店区域精装修工程龙头花洒买卖合同	深圳市原华商贸有限公司
27	四季酒店大型灯具（塔楼部分）供货及相关服务合同	福建新文行灯饰有限公司
28	四季酒店活动灯具（除目录产品部分外）供货及相关服务合同	福建新文行灯饰有限公司
29	国金酒店区域精装修工程龙头花洒买卖合同	深圳市中天沃漫科技有限公司
30	四季酒店活动家具供货及相关服务合同	上海月星家具制造有限公司
31	裙楼五楼宴会厅及写字楼大堂地毯设计、制作（供应）及安装服务合同	威海山花博美地毯有限公司广州分公司
32	酒店客房淋浴阀芯买卖合同	陈义记建材有限公司佛山纺织品进出口有限公司
33	国金项目标志标识工程施工合同（第一标段：酒店部分）	上海大生牌业制造有限公司
34	国金项目标志标识工程施工合同（第一标段：非酒店部分）	广州景华装饰标志工程有限公司
35	国金项目四季酒店大型灯具（裙楼部分）供货及相关服务合同	中山嘉达灯饰有限公司
36	国金项目精装修工程卫生洁具买卖合同	深圳市原华商贸有限公司
37	国金项目四季酒店订造活动家具供货及相关服务合同	东莞益新家私装饰有限公司
38	四季酒店织品皮革供货及相关服务合同	深圳市奥雅实业有限公司
39	国金项目精装修工程石材第三标段买卖合同	愉天石材（深圳）有限公司
40	四季酒店公共部分艺术品——供应、安装、摆放及相关服务合同	北京天时瑞建筑设计咨询有限公司
41	四季酒店窗帘供货及相关服务合同	深圳市奥雅实业有限公司
42	国金项目精装修工程石材第三标段买卖合同	乙方：深圳市亚泰装饰设计工程有限公司； 丙方：愉天石材（深圳）有限公司
43	主塔办公楼区域精装修工程龙头花洒买卖合同	深圳市超宝实业有限公司
44	四季酒店样板间活动家具（SK-5房型硬质家具）供货及相关服务合同	深圳市金凤凰家具有限公司
45	国金项目精装修工程石材第六标段买卖合同	乙方：中国建筑股份有限公司、广州市建筑集团有限公司联合体； 丙方：深圳康利工艺石材有限公司
46	国金项目精装修工程石材第二标段买卖合同	乙方：中建三局装饰有限公司； 丙方：深圳康利工艺石材有限公司
47	国金项目SPA设备供货及安装合同	广州市创启康体设备有限公司、Schletterer Wellness & Spa Design GmbH.联合体
48	广州珠江新城国金项目四季酒店普通客房部分艺术品供应、安装、摆放及相关服务合同	深圳市美美时尚装饰有限公司

序号	工程名称	单位名称
49	广州珠江新城国金项目四季酒店高级套房部分艺术品供应、安装、摆放及相关服务合同	北京艺成园装修设计有限公司
50	广州珠江新城国金项目精装修工程石材第二标段买卖合同	深圳康利工艺石材有限公司
51	广州珠江新城国金项目写字楼及酒店大堂艺术景墙制作与安装合同	尤艾普（上海）艺术设计咨询有限公司
52	广州珠江新城国金项目四季酒店地毯供货及相关服务合同	太平地毯国际贸易（上海）有限公司
53	广州珠江新城国金项目精装修工程石材第一标段买卖合同	乙方：广东省装饰有限公司； 丙方：愉天石材（深圳）有限公司
54	四季酒店客房层（93~98层）成品门固定家具及成品木饰面挂板供货及相关服务合同	乙方：中建三局装饰有限公司； 丙方：佛山市讯发德盛家具实业有限公司
55	广州珠江新城国金项目精装修工程石材第三标段买卖合同	乙方：广东省装饰有限公司； 丙方：愉天石材（深圳）有限公司
56	国金项目四季酒店客房层（74~92层）成品门（非防火门）、固定家具及成品木饰面挂板供货及相关服务合同	乙方：广东省装饰总公司； 丙方：东莞明辉家私有限公司
57	国金项目会议中心及写字楼大堂艺术品供应、安装、摆放及相关服务合同	北京天时瑞建筑设计咨询有限公司
58	四季酒店客房层（74~92层）成品门（防火门）供货及相关服务合同	乙方：广东省装饰总公司； 丙方：东莞市永安消防器材厂
59	70层酒店大堂雕塑制作与安装合同	尤艾普（上海)艺术设计咨询有限公司

监理、咨询服务及保险合同目录　　　　　　　　表1-9-4

序号	类别	工程名称	单位名称
1	工程监理	国金施工监理合同	广州城建开发工程咨询监理有限公司
2	造价咨询服务	工程造价咨询委托合同	务腾（香港）有限公司
3	设计咨询服务	国金巨型斜交网格外筒节点开发试验研究	华南理工大学
4	设计咨询服务	国金设计结构咨询合同	广州荣柏生建筑工程设计事务所
5	设计咨询服务	国金消防性能化设计技术服务合同	四川法斯特消防安全性能评估有限公司
6	设计咨询服务	珠江新城西幢超高层建筑勘察设计管理和施工图审查（含部分设计咨询）合同	广州市设计院
7	咨询服务	广州珠江新城国金机电设计咨询合同	澧信工程顾问有限公司
8	咨询服务	广州珠江新城项目结构微粒混凝土模型振动台试验委托合同	中国建筑科学研究院
9	咨询服务	广州珠江新城国金项目结构有机玻璃模型振动台试验委托合同	同济大学
10	咨询服务	广州珠江新城国金项目酒店声学顾问合同	京金宝声学环保顾问（北京）有限公司广州分公司
11	咨询服务	国金工程材料和设备技术管理及委托检验技术服务合同	广州市产品质量监督检验所
12	咨询服务	广州国际金融中心14~17层、64~65层室内精装修及灯光设计咨询顾问服务合同	贺克国际建筑设计咨询（北京）有限公司
13	咨询服务	四季酒店机电系统测试、调试顾问服务合同	中国建筑科学研究院
14	保险	保险合同	中国人民财产保险股份有限公司广州市分公司、中国平安财产保险股份有限公司广东分公司、中国大地财产保险股份有限公司广东分公司

各类合同的编制采用的合同范本主要为国内合同范本，部分借鉴了国际上FIDIC的条款。合同的初稿在各类招标询价工作过程中已经完成，并作为招标询价文件的一个组成部分。

国金项目合同突出了进度优先的特点，工程延期违约金均有明确规定，同时，考虑了工程质量和安全的必要保证，将获得鲁班奖、全国建筑装饰奖等作为质量目标，并增加必要的奖惩约定。同时考虑了完善竣工资料的要求，规定了竣工验收备案押金。另外，投标文件、履约保函、质量保修条款、廉政合同、技术要求、部分图纸等均作为合同的附件。

第二节　施工类合同模式

施工类合同主要分为：

（1）总承包合同：土方及支护工程、基础及底板工程、主体工程合同。

（2）指定分包合同（业主、总包、分包三方合同）：装修、幕墙、机电、电动窗帘施工合同。

（3）特殊专业工程承包合同：各类智能化、泛光、LED显示屏、消防、园林、市政、煤气、供电、供水、停机坪等专业工程合同。

一、总承包合同架构

由于项目的总工期紧迫，为了满足广州市政府"当年投地当年开工"的要求，在协调了设计与施工、验收进度后，业主方决定将以往总承包的标段分为工作界面比较清晰的三个标段：土方及支护工程、基础及底板工程、主体工程。

在主体工程完成招标签约后，机电工程、写字楼装修工程均由中建—广建联合体中标，这样机电、写字楼装修工程也成为总包工程的一部分，有利于总包单位在项目施工全过程的总包管理工作。

总包合同的组成主要有：

（一）协议书

该部分对工程概况、承包范围、工期、质量安全目标、合同价款等内容作总体说明。

（二）专用条款

对以上方面的内容作详细说明，同时对违约惩罚、材料供应、工程监理单位、造价咨询单位等作详细说明。

（三）主要附件

（1）供应材料设备。明确材料供应方式，确定业主方供应的材料品种及品牌，乙方采购的材料设备种类，需要业主方询价后确定价格及品牌的材料种类。

（2）设计技术规范及工程施工质量验收标准。明确施工验收采用的标准需符合国家颁布的最新规范，对重要的结构施工提出具体的实验机质量预控要求。如钢结构的工艺评定、钢节点的实验、钢管混凝土浇筑实验等要求。

（3）总承包投入的人员及设备。

（4）工程质量保修书。

（5）廉政合同。

（6）安全生产合同。

（7）履约银行保函。

二、主体结构总承包工程合同

合同主要参考《广东省建设工程施工合同（2006年版）》。该总包合同除上述基本的组成部分外，还增加了以下要求：

（1）承包人对业主方购买的三台M900D塔吊的接收条款。由于塔吊的订货期较长，业主方在主体工程总包招标前先行订购了三台M900D塔吊。因此，总合同中增加了中标人须无条件接受该塔机采购合同的相关条款。将M900D塔吊的合同价款、供货范围、支付方式、交货日期、主要技术参数等作详细的要求。

（2）承包人对业主方购买厚钢板接收条款。由于5～8cm的厚钢板订货期较长，业主方主体工程总包招标前先行订购了几百吨厚钢板，用于钢结构制作使用。合同规定了钢板的价款、付款方式、主要技术参数等要求。

（3）鉴于主塔楼外筒钢结构加工制作技术难度大，为确保工程质量，业主方经过综合考察，要求承包方在5家业主方提供的厂家中选择2家钢结构加工制作分包人，其中任一分包人所承揽的分包工程价款不得少于上述加工制作工程总价款的1/3。投标人中标后不得更换主塔楼外筒钢结构加工制作分包人，如因钢结构制作分包人原因未能履行合同，中标人必须于上述名单中选择替代单位。总包最终确定由沪宁钢机、浙江精工为钢结构制作单位。

（4）业主方指定了主体结构主材品牌范围。为了保证工程质量，限制工程招标过程中的恶性竞争。业主方对钢筋、厚钢板、商品混凝土等主要材料的供货厂家进行了限制，列出了3～5家厂家及品牌的选择范围。

三、机电工程施工合同

合同主要参考《广东省建设工程施工合同（2006年版）》并兼顾了1999版FIDIC合同条件的部分内容。机电工程与土建总包工程均由中建—广建联合体承包，合同结构基本相同，但机电合同对材料设备供货方式、进度款支付方式等作了特殊的规定。

（一）材料、设备供应方式

由于各类机电材料、设备对机电工程的造价、品质影响最大，因此业主方对主要的材料设备的采购方式进行重点规划。采购方式主要分为甲供材料、甲招乙供材料、甲指乙供、乙供等方式。

（1）发包人供应材料、设备（甲供材料）：由发包人自行采购、供应的材料、设备。材料设备主要包括：空调主机、空调水泵、发电机等。这类设备价值较大、供货商可以负责安装（或提供安装指导）。

（2）发包人指定品牌范围的材料、设备（甲指乙供）：对于数量较多、技术含量较低、造价较低的材料，由发包人指定材料设备可选择的品牌范围，承包人在指定范围内自行采购的材料、设备。这些材料主要包括：小型水阀、电缆、桥架、电气管线、给水排水管线、卡箍、污水泵、虹吸雨水系统等。

（3）甲招乙供材料：指发包人对材料设备进行二次询价，确定材料设备供货商及价格后，由机电施工单位按指定价格进行购买。机电承包合同中对该部分材料设备暂定单价。对于技术上有特殊要求、价格较高、对产品品牌有特殊要求的材料设备采用这种方式。这部分材料设备主要包括：配电箱（柜）、灯具、母线、风机（柜）、盘管风机、水泵、阀门、热水器、保温材料、洁具、龙头、风口、排风阀、热水机组、锅炉等。

（4）乙供材料：除以上材料设备外，其余未指定的材料设备由承包人自行采购符合业主方提供的技术标准、质量要求、符合规范要求的合格产品。

对乙供材料、甲指乙供材料，合同中有详细的技术要求，以保证产品的质量、档次，为材料的验收提供依据。

（二）分部分项工程量清单工程价款支付方式

每月按实际完成工程量的75%支付；专业分包人如在约定时间达到控制界面，支付至实际完成量的85%；分段工程竣工并经质量验收通过后付至该阶段完成工程量的90%，办理分段竣工结算后支付至该阶段结算款的95%，留下结算总额的4%作为质量保证金、1%作为竣工验收备案押金。以上支付方式对工程质量、进度进行了有效的控制，同时保证了施工单位对施工资料图纸的整理归档工作。

（三）明确施工工艺、验收标准

各专业各种材料设备的施工工艺、产品技术都有明确的要求及验收标准，对消声隔震、水处理等特殊要求也有明确规定，为工程验收提供了依据。

（四）明确了总包责任

明确了施工方对其他机电类弱电类分包单位的总包责任。

四、精装修工程施工合同

精装修工程合同为专业分包合同，由业主方、土建总包、精装修施工单位共同签订三方合同。合同主要参考了《广东省建设工程施工合同（2006年版）》。

合同内容的主要构成：

1. 协议书

对工程概况、承包范围、工期、质量安全目标、合同价款等内容作总体说明。

2. 通用条款

对以上内容作详细说明。

3. 专用条款

对通用条款中的内容作针对性的补充说明。

4. 附件

附件内容主要包括：

（1）总承包工程施工合同主要条款。由于是三方合同，因此需交代总承包的主要工作。

（2）甲供材料。列出由发包人购买的材料清单，如家具、艺术品、灯具、洁具、龙头花洒、橱柜、电器、窗帘等。业主方对这类材料有特殊要求、品质较高、造价较高，因此列为业主采购部分。业主方也需负责验收、保管等工作，施工方配合验收保管。

（3）发包人指定品牌范围材料表。指由承包人在发包人指定品牌范围内选用的材料清单，如管线、电线、板材、油漆、玻璃等。

（4）发包人指定材料样板表。对于指定品牌范围的材料，发包人提供材料样板供承包人参考。

（5）暂定材料单价表。部分材料需要发包人进行二次询价来确定价格和品牌，合同中暂定主材单价，如石材、铝顶棚、架空地板、氧化铝板、地毯、墙纸（布）、木门、木挂板、木地板、部分灯具等。这类材料造价较高、对品质影响较大，但需要现场定制，因此由施工单位采购较合适。

（6）设计技术要求及验收标准。对由承包人选用的材料，发包人规定了材料的详细技术要求。

（7）专业分包单位投入人员。保证施工单位投入的人员与投标承诺的一致。

（8）工程质量保修书。

（9）廉政合同。

（10）安全生产合同。

（11）清单外计价方法。对于后期新增的材料及工程预定计价方法，避免争执。

第三节　物料采购与咨询服务合同模式

一、物料采购合同模式

物料采购合同只包括业主方直接签订的采购合同，也包括部分三方签订的合同（酒店石材、木门等）。业主方采购的物料主要包括大型设备（电梯、空调、发动机等）、精装修用的物料（家具、灯饰、布艺、石材、木门等）。其中大型设备由于金额较大、可以独立施工（与其他专业工作界面较少搭接）、有专业安装资质，因此可以单独签订合同。而部分物料采购由于与施工方关系较大，供应商没有独立安装施工资质等原因，需要签订三方合同，由总包方、施工方参与签订的工程，解决了施工资质和现场的供货配合问题。

（一）合同架构

物料采购合同的架构如图1-9-2所示。

（二）典型合同条款说明

（1）甲方不承担任何价格上涨风险。合同单价为工地到货价，单价固定不变，除合同另有约定的情形外，合同单价不因货物数量、交货工期、原材料价格、生产成本、运输、保险、人工工资或津贴、汇率、政府税费

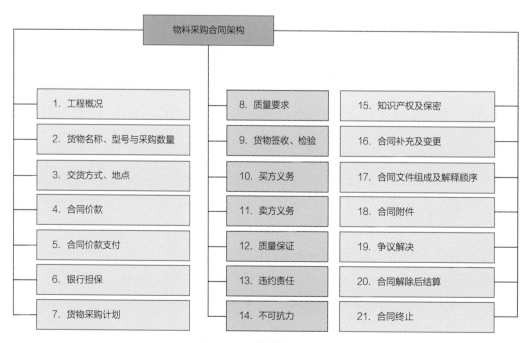

图1-9-2　物料采购合同架构

或其他收费规定的价格波动而调整，亦不因任何法律法规等规范性文件的变化以及质量保证期内按合同单价提供货物引致的费用而调整。

（2）乙方须无条件配合甲方的工期安排。卖方交货需满足工程施工进度要求。买方有权根据工程施工进度调整交货，卖方须服从买方进度管理，按买方要求的时间完成供货及相关服务工作，并不得因买方的上述要求提出异议及任何索赔。

（3）质量风险完全由乙方承担。在安装和国金项目竣工验收过程中，或者在货物质量保证期内，如发现卖方的货物存在质量缺陷的，卖方须在买方规定期限内更换,并承担由此发生的全部费用及由此给买方造成的一切损失。

（4）现场签收后的质量风险由乙方承担。买方对货物的签收确认并不免除卖方就其所交付货物所应承担的质量保证责任，如在卖方施工过程中或本合同约定的合理使用年限内发生货物内在的质量问题的，卖方仍然须承担赔偿及违约责任。

（5）即使甲方原因损坏货物，乙方仍需按甲方要求期限内原价补货。本合同履行过程中因买方安装、使用不当或其他原因造成物品损坏的，或本合同履行完毕后买方因上述原因需要采购货物的，卖方须于收到买方通知后24小时内予以确认，并于收到买方通知之日起规定的时间内按合同单价提供货物。

（6）多送货物的风险由乙方承担。卖方须按合同约定的批次供货量按时供货。卖方超额供货的，应承担超额供货部分货物的相关费用并自行承担超额货物的毁损灭失风险，包括但不限于货物进场、退场的运输、装卸、交货后的保管等。

（7）侵犯知识产权的风险由乙方承担。卖方保证所提供货物和技术资料是合法取得的，并享有包括但不限于专利、商标、著作权、商业秘密等完整的知识产权，买方、用户不会因使用卖方提供的货物或货物的任何部分、技术资料而受第三方关于侵犯其所有权、知识产权的指控，或因此被责令停止使用、追偿或要求赔偿损失，否则由此引致的一切经济和法律责任均由卖方承担。

（8）因卖方产品质量问题导致国金项目未能获得省市样板工程奖、鲁班奖或买方其他损失的，卖方应承担由此给买方造成的一切损失。

（9）保密条款。卖方应对有关合同或任何合同条文、规格、计划、图纸、模型、样品或资料等从买方取得且无法自公开渠道获得的商业秘密（包括但不限于技术信息、经营信息及其他商业秘密）予以保密。未经买方书面同意，卖方不得向任何第三方泄露上述商业秘密的全部或部分内容。但法律、法规另有规定或双方另有约定的除外。卖方违反上述保密义务的，应承担相应的违约责任并赔偿买方由此造成的损失。

二、咨询服务类合同的主要模式

国金中心项目的工程技术比较特殊，因此有较多的专业咨询单位参与建设。各类型的咨询合同较多，这些合同主要着重技术服务，合同主要条款有：

（1）服务的范围及具体的工作要求。各类顾问公司有机电顾问、结构顾问、弱电顾问、声学隔震顾问、机电调试顾问等，工作方式和范围各不同，需要有具体的要求。

（2）服务的周期及时间。服务周期和时间与服务费相关，同时与工程实际需要相关。因此服务时间与费用需要明确相关计算方式。

（3）对提供技术咨询的人员及驻场人员有具体要求。明确技术人员及驻场时间，才能保证服务质量。

（4）合同金额及付款方式。

（5）违约责任及处罚规定。

第四节　造价咨询顾问的管理

业主方在项目开工前即通过招标引进了国际知名造价咨询顾问公司——务腾咨询有限公司，从而获得了国际造价管理方面先进的管理方式、经验。其价值工程的理念贯穿了造价控制全过程。在实际工作中，业主方与造价咨询方是主雇关系，也是相辅相成的关系。业主方是合同造价管理的责任方，而造价咨询方负责提供专业的意见。业主方合同管理部门对造价咨询公司的内部管理、工作方式、人员素质等方面提供了具体的要求及指导，使咨询公司适应项目开展的需要，同时定期对咨询公司的工作质量进行评估，促进其改进。同时造价咨询方以中立的第三方对工程的造价、成本、付款提供审核咨询意见，保护了业主的利益和承包商的合理收益。减少双方的矛盾，促进项目的顺利推进。

第十章　招标管理

第一节　概述

　　招标（询价）工作是项目业主方最重要的工作之一，是项目成本控制的重要手段，招标（询价）工作的计划安排与推进顺利与否，对项目的整体进度起关键作用。同时它对项目的质量控制、安全管理也有间接影响。

　　国金中心招标询价工作主要分为：总包工程招标、分包工程招标、材料设备招标［分业主方招标并采购（甲购）、业主方招标施工单位采购（甲招乙供）］、设计招标。

　　国金中心各项招标（询价）项目汇总表分别见表1-10-1～表1-10-7所列。

设计类招标（询价）项目汇总表　　　　　　　　　　　　　　表1-10-1

序号	设计类招标（询价）项目	序号	设计类招标（询价）项目
1	国金建设工程设计	6	非酒店区域标志标识系统及标志标牌设计
2	国金酒店室内精装修及室内灯光设计	7	酒店专业SPA设备设计
3	国金项目室内精装修设计	8	酒店艺术品设计
4	国金项目景观及园林设计	9	酒店艺术设计（大堂景墙与雕塑概念设计项目）
5	酒店标志标识设计/顾问		

工程施工类招标（询价）汇总表　　　　　　　　　　　　　　表1-10-2

序号	工程施工类招标（询价）项目	序号	工程施工类招标（询价）项目
1	基坑支护和土方施工	9	智能化施工专业承包第二标段
2	国金项目基础及底板工程施工	10	智能化施工专业承包第三标段
3	国金项目主体施工总承包工程	11	主塔楼办公楼部分精装修专业工程
4	机电工程施工	12	主塔楼外筒钢管柱饰面工程
5	幕墙工程	13	永久用电施工专业承包
6	消防工程	14	酒店区域及写字楼大堂精装修工程第一标段
7	外立面泛光照明工程	15	酒店区域及写字楼大堂精装修工程第二标段
8	智能化施工专业承包第一标段	16	酒店区域及写字楼大堂精装修工程第三标段

序号	工程施工类招标（询价）项目	序号	工程施工类招标（询价）项目
17	公寓南翼精装修工程	23	整体环境景观
18	公寓北翼及会所精装修工程	24	楼顶LED显示标识系统制作及安装
19	套间式办公楼北翼27、28层精装修工程	25	户外LED全彩带状显示屏系统供货及安装
20	公寓变频多联中央空调系统工程	26	户外LED全彩大屏幕系统供货及安装
21	酒店AV系统供货及相关服务	27	主塔楼越秀集团自用办公楼层精装修工程
22	市政道路工程	28	主塔楼越秀集团自用办公楼层智能化工程

设备材料招标（询价）（甲购方式）项目汇总表　　　　表1-10-3

序号	设备材料招标（询价）（甲购方式）项目	序号	设备材料招标（询价）（甲购方式）项目
1	国金M900D变幅式塔式起重设备	12	主塔办公楼区域龙头花洒采购
2	国金项目电梯、自动扶梯供货及安装	13	主塔办公楼区域卫生洁具采购
3	国金项目钢结构防火涂料	14	酒店后勤区域洁具、龙头采购（越秀地产集中采购）
4	擦窗机供应及安装工程	15	国金酒店区域龙头花洒采购
5	柴油发电机组供货及安装	16	酒店区域卫生洁具采购
6	空调冷水机组	17	酒店区域人造石浴缸采购
7	空调水泵、热水循环泵供货及安装	18	酒店洗衣房设备供货及安装
8	游泳池配套设施供货及安装	19	酒店厨房设备供货及安装
9	主塔办公楼电动窗帘供货及安装	20	四季酒店SPA设备供货及安装
10	垃圾收集处理系统供货及安装	21	国金项目标志标识工程（酒店部分）
11	广场雕塑制作及安装	22	国金项目标志标识工程（非酒店部分）

四季酒店固定家具及设备（FF&E）采购（部分）项目汇总表　　　　表1-10-4

序号	四季酒店固定家具及设备（FF&E）采购（部分）项目	序号	四季酒店固定家具及设备（FF&E）采购（部分）项目
1	四季酒店活动家具采购	9	四季酒店壁灯及小型吊灯（除目录产品部分外）采购
2	裙楼五楼宴会厅地毯采购	10	四季酒店大型灯具（塔楼部分）采购
3	国金项目四季酒店订制活动家具采购	11	四季酒店活动灯具（除目录产品部分外）采购
4	四季酒店织品皮革采购	12	酒店区域精装修工程多媒体面板
5	四季酒店窗帘供货及安装	13	四季酒店墙纸采购
6	四季酒店艺术品供应、安装、摆放	14	四季酒店大型灯具（裙楼部分）采购
7	酒店大堂艺术景墙制作及安装	15	70层酒店大堂雕塑制作与安装
8	四季酒店地毯采购		

雅诗阁公寓物品采购项目汇总表　　　　　　　　　　　表1-10-5

序号	雅诗阁公寓物品采购项目	序号	雅诗阁公寓物品采购项目
1	公寓区域橱柜采购（越秀地产集中采购）	6	地毯采购
2	公寓区域厨房电器采购（越秀地产集中采购）	7	艺术品采购
3	活动家具采购	8	厨房星盆采购（越秀地产集中采购）
4	床垫床架采购	9	电视机采购（越秀地产集中采购）
5	灯具采购		

咨询服务及监理类项目汇总表　　　　　　　　　　　表1-10-6

序号	咨询服务及监理类项目	序号	咨询服务及监理类项目
1	国金施工监理	5	机电设计咨询
2	工程造价咨询	6	酒店声学顾问
3	国金设计结构咨询	7	自用层层内精装修及灯光设计
4	设计管理和施工图审查	8	建筑保险招标

设备材料招标（询价）（甲招乙购方式）汇总表　　　　　表1-10-7

序号	设备材料招标（询价）项目	采购方	序号	设备材料招标（询价）项目	采购方
1	国金酒店、写字楼区域石材采购	装修施工单位	13	写字楼智能化消防应急灯系统	消防系统施工单位
2	写字楼架空地板采购	装修施工单位	14	消防、通风系统风机采购	机电施工单位
3	写字楼铝合金顶棚采购	装修施工单位	15	空调保温材料采购	机电施工单位
4	写字楼氧化铝板采购	装修施工单位	16	空调、给水系统阀门采购	机电施工单位
5	写字楼墙纸采购	装修施工单位	17	空调系统风机盘管、风柜采购	机电施工单位
6	写字楼地毯采购	装修施工单位	18	给水系统水泵采购	机电施工单位
7	写字楼楼梯间地砖采购	总承包方	19	电气系统母线采购	机电施工单位
8	国金幕墙玻璃采购	幕墙施工单位	20	四季酒店成品门固定家具及成品木饰面挂板供货	装修施工单位
9	国金旋转门采购	幕墙施工单位			装修施工单位
10	国金通道闸系统采购	安防系统施工单位	21	酒店卫浴五金地漏采购	装修施工单位
11	国金配电箱（柜）采购	机电施工单位	22	酒店门五金采购	机电施工单位
12	国金写字楼智能控制灯具采购	机电施工单位	23	酒店LED灯具采购	

第二节 招标（询价）组织架构

工程前期的工程招标工作由国金中心合约部主办，材料设备的招标（询价）工作由材料采购部主办。工程后期材料采购部取消后，工程招标、材料设备招标（询价）工作均由合约部主办。设计招标工作由国金中心技术设计部主办，合约部协助。各项招标工作均有工程部、财务部、集团公司的招标中心、法务部、纪检监察室共同参与。

一、招投标管理机构

（一）公司领导班子

国金公司领导班子是招投标管理的日常决策机构，其职责是根据越秀地产董事会的授权，负责招投标及相关合同的具体决策，包括：

（1）负责对本办法及附件作出解释或修改。

（2）审批有关招投标文件及合同，包括招标策划方案、招标文件、确认中标结果、审定合同签约稿。

（二）公司各部门

国金公司各部门各司其职、积极配合，确保各项招标活动的顺利实施。

二、各部门的主要职责

（一）合同预算部

（1）负责招标过程的组织，包括办理公开招标手续、组织资格预审、招标会议、踏勘现场、答疑会议、开标和评标、商务谈判、发放中标通知书和合同谈判等。

（2）组织编制有关招标文件和合同文本，包括拟订招标策划方案、招标文件、工程量清单和合同文本。

（3）根据各部门提出的进度需求，统筹编制公司年度或半年招标计划。

（二）工程部

（1）参加有关招标项目的招标过程，包括资格预审、踏勘现场、答疑会议和商务（合同）谈判等。

（2）配合编制有关招标文件和合同文本（主要是工程施工类），负责提出书面要求，包括：招标项目的发包范围、开工时间和工期要求、技术或质量要求、对投标单位的资质要求等。书面要求原则上应在该项目开工前至少60天通知合同预算部，为编制招标策划方案、招标文件和工程量清单预留合理的时间。

（三）技术设计部

（1）参加有关招标项目的招标过程，包括资格预审、参加答疑会议和商务（合同）谈判等。

（2）配合编制有关招标文件和合同文本（主要是设计或技术顾问类），负责提出书面要求，包括：招标项目的发包范围和委托内容、开始时间和工期要求、技术和质量要求、对投标单位的资格要求等。

（3）负责提供招标所需的图纸或技术资料，为编制招标文件和工程量清单预留合理的时间。

（四）营销推广部

（1）参加有关招标项目的招标过程，包括资格预审、答疑会议和商务（合同）谈判等。

（2）配合编制有关招标文件和合同文本（主要是营销或营销顾问类），负责提出书面要求，包括：招标项目的发包范围和委托内容、开始时间和工期要求、技术和质量要求、对投标单位的资格要求等。

（五）综合部

（1）参与有关招标项目（主要是顾问类）的招标过程，包括资格预审、答疑会议和商务（合同）谈判等。

（2）负责招标资料的归档保管。

（3）负责与市建委协管办就招标核准备案的联系和沟通。

（六）财务部

（1）配合办理收取和退还投标保证金或投标保函、收取履约保函等手续。

（2）配合编制有关招标文件和合同文本，对财务事项提出财务意见。

（七）法务部

（1）参加商务谈判及合同谈判的洽谈、草拟工作。

（2）参与审核合同，提出法律意见或建议。

（3）对招标文件进行合法性审核。

（八）纪检监察室

参与招标（询价）工作全过程，并提供指导、监督工作。

第三节　招标（询价）工作流程

国金中心各项招标工作均经过公司内部各相关部门共同协商形成比较完善的流程。项目初期业主方对整体项目的招标（询价）工作进行了总规划设计，对总包、专业分包、设备采购等招标（询价）项目进行初步规划。招标规划与项目总体计划必须反复协调，综合考虑设计、施工、报建等各方面的因素。在项目总控计划中，招标计划管理的负责方是业主方。如果招标工作计划一旦失控，业主方往往难以有效监督施工各方按计划完成，从而影响整体计划的落实。招标（询价）流程内部涉及的部门众多，完善严谨的招标流程实施起来较繁复，招标经历的时间较长，招标过程各个环节都可能存在变数。因此招标（询价）工作的开展应尽可能提前进行。

一、工程招标流程

该类工程包括土方开挖及基坑支护工程、桩基础及底板工程、主体工程、机电工程、各区域装修工程等。招标流程如图1-10-1所示。

该类工程招标需要注意做好以下工作：

（1）加快设计图纸及技术要求的完善工作。图纸和技术要求是招标标的物最重要的组成部分。

（2）明确重要的施工措施。比如大型机械设备的要求、钢结构制作工艺要求、模板系统要求、垂直运输设备的要求、安全措施要求等。

（3）做好对参与投标的单位考察工作。筛选适合承担该项目的优秀单位。考察内容包括：核实投标单位的营业执照、资质证书和有关获奖证书原件；实地考察投标单位的生产规模、设备状况、生产管理水平、质量控制手段、技术研发能力、原材料和产品储备、运输情况；了解投标单位的主要技术人员和管理人员的业务水平和能力；了解行业的竞争水平、主要竞争者及其他行业特点。考察结束后必须编制考察报告，报公司领导参考，如考察过程中发现投标单位提供的资料存在弄虚作假的，对其考察结论定为不合格。

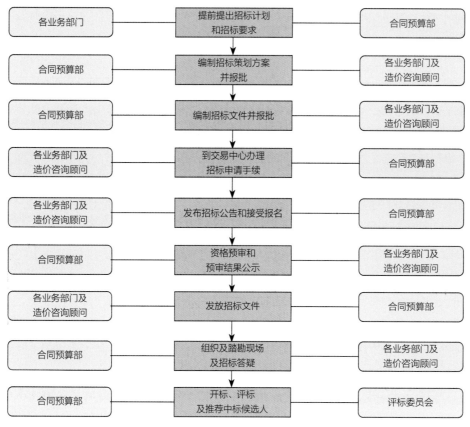

各业务部门	→	提前提出招标计划 和招标要求	←	合同预算部
合同预算部	→	编制招标策划方案 并报批	←	各业务部门及 造价咨询顾问
合同预算部	→	编制招标文件并报批	←	各业务部门及 造价咨询顾问
各业务部门及 造价咨询顾问	→	到交易中心办理 招标申请手续	←	合同预算部
各业务部门及 造价咨询顾问	→	发布招标公告和接受报名	←	合同预算部
合同预算部	→	资格预审和 预审结果公示	←	各业务部门及 造价咨询顾问
各业务部门及 造价咨询顾问	→	发放招标文件	←	合同预算部
合同预算部	→	组织及踏勘现场 及招标答疑	←	各业务部门及 造价咨询顾问
合同预算部	→	开标、评标 及推荐中标候选人	←	评标委员会

图1-10-1　工程招标流程

（4）对符合要求的入选单位进行投标工作的预选沟通。可先行发放图纸进行预先计量工作。

（5）做好工程量清单。明确计价方式，明确二次询价的项目、甲供材料项目等。

幕墙、消防、泛光照明、智能化、市政道路、园林、供电等特殊专业工程招标，其招标流程与总包招标相同。

二、材料设备（甲招甲供）招标（询价）流程

该类项目包括电梯、空调主机、发动机、VRV空调系统、泳池设备、洗衣房设备、厨房设备、集中垃圾处理系统、洁具、龙头、家具等。招标流程如图1-10-2所示。

三、材料设备（甲招乙供）招标（询价）流程

该类项目包括石材、墙纸、地毯、架空地板、铝顶棚、氧化铝板、阀门、配电箱（柜）、灯具、母线、风机（柜）、盘管风机、水泵、阀门、热水器、保温材料、洁具、龙头、风口、排风阀、热水机组、锅炉等。招标流程如图1-10-3所示。

材料设备询价工作中，材料设备的详细的技术要求及材料样板是必不可少的。技术要求由设计单位或顾问公司提供，技术部把关确认。技术部对该材料设备在国内外生产工艺情况、应用情况等需要有详细的调查，技术上不能有偏向性。在参与考察入围供货商时，也可以根据参考实际情况更新技术要求。小型的设备和材料必须要确认样板、封存样板。这些样板也作为中选单位将来验收的样板。

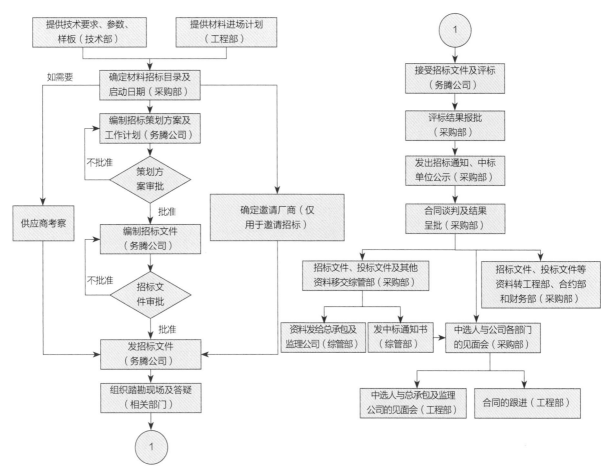

图1-10-2　材料设备（甲招甲供）招标（询价）流程

四、设计招标流程

设计招标包括国金各区域装修设计、园林绿化设计、标识系统设计等，招标流程如图1-10-4所示。

设计招标注重技术的评选，设计费用具备合理性就可以接受。因此技术的评选工作需要组织有影响力的专家或部分公司领导。另外，投标前与参与投标单位做好充分的沟通，将业主方的意图、现场条件作好介绍。

另外，酒店物品及公寓物品采购流程在第十一章中有详细叙述。

第四节　结语

国金项目在招标（询价）的一系列工作中实现了精细化管理，业主方主持的招标（询价）项目共约160多项。通过招标（询价）使工程造价得到了有效的控制，并选择到了优秀的施工单位及材料设备供应商。

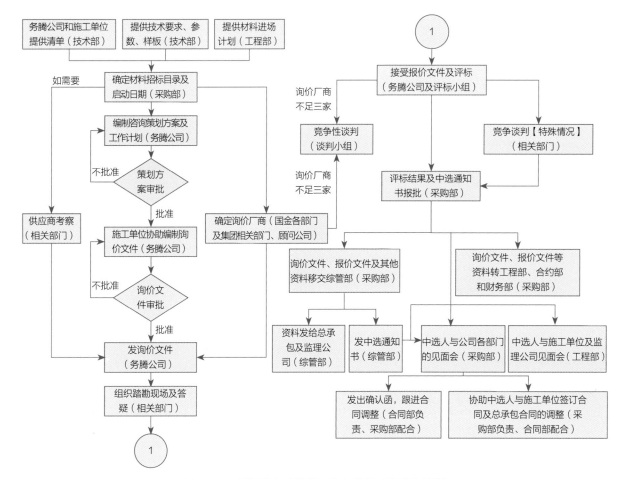

图1-10-3　材料设备（甲招乙供）招标（询价）流程

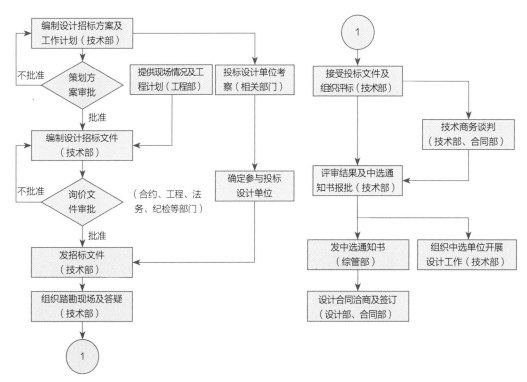

图1-10-4　设计招标流程

第十一章　酒店公寓物品采购

第一节　四季酒店物品采购篇

作为一家世界性的豪华连锁酒店，四季酒店管理公司有一套成熟的酒店物品采购系统。本章主要介绍业主方在酒店物品采购中的一些工作经验。

一、四季酒店物品采购方式

本章所述的酒店物品采购主要包括：

（1）家具、固定装置和设备Furniture, Fixtures & Equipment（FF&E）；

（2）运营用品和消耗品Operating Supplies & Consumables（OS&C）。

四季酒店管理房对这类物品的采购有着严格的要求，其内部有固定的采购流程和一批认可的供应商。而业主方就采购主导权问题与四季酒店管理方进行多次协商。最后达成一致意见，对于部分使用量大的物品，归业主主导在国内进行采购，例如：地毯、客房区的家具、灯具、窗帘等；对于用量不大，但款式多、品质要求高的物品，则由四季酒店主导购买原版进口产品。包括：床上用品（床垫、羽绒被、枕头、被单被套）、客房和套房用品（毛巾、浴衣、印刷品、衣架、雨伞、杯垫和餐巾）等，这些物品大部分是四季酒店指定的品牌和特许独家产品。

在四季酒店采购中，家具、固定装置和设备（FF&E）与运营用品和消耗品（OS&C）采购方式及品种见表1-11-1所列。

FF&E与OS&C采购方式及品种　　　　　　　　　　表1-11-1

分类	采购责任方	产地	品种
FF&E	业主方	中国	活动家具（含布料和皮革）、灯具、地毯、墙纸（墙布）、窗帘
		中国	艺术品
	四季酒店	中国	电子产品（电视机、DVD、音响、闹钟、镜子电视等）
		中国	床垫、保险柜、迷你冰箱
	四季酒店	国外	主要公共区域、总统（皇家）套房的物品（家具、地毯等）
		国外	运动器材、床上用品
OS&C	四季酒店	国外	浴室物品（香氛物品、毛巾、浴袍等）
		国外	床草产品、食品及饮料、制服
		国外	其他杂项（衣架、洗衣袋、亮鞋擦、报纸袋、面巾等）
	四季酒店	中国	餐饮物品
			汽车

二、采购预算的控制

业主方对自行采购的物品实施询价采购流程。而对四季酒店管理方采购的物品实施总价控制，采购流程实时汇报审批的方式进行控制。并要求四季酒店履行下列义务：

（1）对酒店客房及公共设施的装修设计进行审核，对配置的酒店物品提交预算评估，确保总价在预算范围内。

（2）对采购的物品进行确定样板。

（3）对采购的物品进行必要的询价。

（4）采购物品过程中及时提交预算及付款申请报告。

三、四季酒店采购团队和业主采购团队的组成和合作

（一）四季酒店采购团队

加拿大总部四季酒店采购服务团队负责提供采购支持和服务。

（1）从项目规划和采购管理上，四季酒店负责按照供应商资格审定和选择、招标文件及执行、样板审核、评标、采购实施；进行项目进度追踪、关键路径管理和顾问的协调；协调货运和物流的组织、税费的确认、安装协调管理；在项目结束后，进行用后评估缺陷清单和跟踪。

（2）在技术上，四季酒店采用Lotus Notes信息管理技术对各个项目活动状况进行跟踪管理。系统中为业主提供快捷、简便的在线预算、已承诺费用、订单和进度计划的信息。

（3）在权限控制上，只有四季酒店认可的采购工作协调人，才会开通账号并授权登入。

（二）业主采购团队

主要由越秀地产招标中心、国金项目公司技术部、合约部组成采购小组。负责业主方自行采购部分的采购工作。从物品的定板、厂家的选择、招标流程、签订合同、货物的跟踪、运输、验收、场内运输、摆放等全过程都需要采购小组人员跟进。同时参与四季酒店方采购工作。

（三）采购工作中的协调员

经四季酒店管理方同意，业主方指定了两名人员为采购协调员，负责四季酒店采购部分物品的管理工作，四季酒店负责提供系统操作及业务培训。

采购协调员需要负责跟进货物从下单采购到付款、到货全过程的协调工作，包括与四季采购人员、货物供应商、物流供应商、进口代理等各方的协调沟通，以及四季系统的录入；到项目后期，还要负责货物的调运和安装协调工作。

四季酒店方也聘请了专员负责协调、跟踪订单供货进展情况，并将信息及时录入四季系统。在物品到货安装阶段，四季酒店有驻场专员负责安装协调工作。

四、家具、装置与设备FF&E采购及供货流程

（一）物品样板的确定

样板最初由酒店装修设计事务所（HBA）提供，部分物品（如艺术品）只提供概念设计，由指定厂家进行打板，再由设计师确认。

业主方对样板的确定有建议权及否决权，针对不同的区域选择不同材料及品质、产地的样板，力求实用、经济、美观。

（二）业主方负责部分的采购流程

1. 采购供货流程

业主方完成酒店物品的招标/询价工作后，与中标单位签订供货及相关服务合同，并同时将价格资料提供给四季酒店总部。总部再系统生成订单（PO），并下给相应的供应商。

在这种类型的采购中，业主与供应商的供货和结算依据是合同，而不是四季的订单。四季下订单的主要目的，是要在系统中记录采购的内容和费用，以及在系统中进行供货进度的跟踪和反映。

2. 质量控制

（1）样板确认。供应商负责提供产品的深化设计图、制作样板。酒店装修设计师（HBA）进行审核并确认设计图及样板。样板需满足四季酒店FF&E标准的所有制造规范。任何与标准不一致的偏离必须在制造前获得四季的批准。

（2）供应商按确认的样板进行批量生产。对于个别加工难度较大或产品质量不够稳定的供应商，业主会安排监理驻厂监造。

（3）产品的工地现场验收由业主工程部、监理、施工单位等相关单位共同完成。

（三）四季酒店负责的国内物品采购流程

1. 采购供货方式

四季酒店下采购订单给国内供应商，业主与国内供应商签订国内采购合同。

2. 付款方式

一般为到货并完成验收后付清合同价款，不留质保金。

（四）四季酒店负责的境外物品采购流程

1. 境外采购的原则和方式

由于业主没有货物进出口采购、销售权，因此业主与广州某进出口集团公司（下称"进口代理"）签订了《委托代理进口协议》，委托进口代理代其在境外采购及进口有关货物，包括签订合同、代付货款、通关、代办增值税、关税发票，并向甲方委托的物流公司交付货物等相关服务。

物流公司由四季酒店指定的国外物流公司，负责货物的海内外运输、仓储、把货物运至酒店并摆放到位。

2. 采购供货流程

四季总部在系统中下采购订单，业主方支付货款给进口代理。由进口代理商支付货款给供货商，并负责货物的清关工作。物流公司负责货物的海内外运输、仓储、与业主进行货物交接等工作。

五、酒店物品的物流运作

（一）运输安装协调员

四季酒店方负责组织安排每个项目的运输及物流工作，包括：仓库选址、运输进度管理、货物交付状态报告、安装等。为此，四季酒店方在项目现场派驻了运输安装协调员，监督和负责以下工作：

（1）跟进酒店物品货物的运输进度，并更新系统的货物交付状态报告。

（2）检查酒店物品的到货质量状况，包括到仓库或其他指定地点。

（3）协调需要施工单位安装的酒店物品物料的到货情况，满足工程进度。

（4）根据项目进度制定酒店物品的安装计划。

（5）根据安装计划，协调酒店物品的交货。

（6）在酒店物品安装工作完成后，提交酒店物品的检查报告给运营团队。

（二）物流供应商

物流供应商需由四季指定，主要承担进口产品的运输、仓储、安装及废物清理等服务。

物流公司提供的所有报价均经过四季酒店审核，并认可合理；所有费用均在预算范围内（除非有额外增加的服务）。由业主方委托的广州进出口公司支付相关物流费用。

（三）运输及仓储保险

根据《酒店开业前采购服务协议》的相关约定，业主应购买自离开供应商仓库至安装于酒店的期间内的动产保险。

经过综合对比分析并结合本项目实际情况，业主最终向中国平安财产投保了远洋和内陆运输保险，责任至广州珠江新城国金指定装修现场（含工地内搬运和电梯运输至四季酒店装修现场）为止。根据工地现场的特点，该保险还增加了在运输风险时候可能发生的额外保障，包括吊装风险、装卸风险、提货不着（神秘失踪）、罢工和骚乱。

如果由于工程进度的原因，部分货物在运抵后存放时间超过60天，超过了原保单承保的存放期。可以在保险条款中扩展临时存放条款，增加了适量保费，将保险货物的存放期延长至180天，以满足实际项目需要。

项目期间，一旦遇到货物到达码头、仓库或酒店现场发现破损的情况，业主需及时提供出险信息给保险公司，并同时协调处理补货、换货等工作，确保不影响项目现场需要；在项目结束后，业主与保险公司双方对出险情况进行梳理、确认，并最终理赔。

六、酒店物品调货与安装工作

（一）四季酒店物品安装协调人

安装协调人由四季酒店指派的专员以及业主方采购团队组成。负责所有酒店物品的调货、配送、运输、现场摆放及指导安装工作。由于物品种类数量繁多，因此协调工作量巨大。

（二）安装计划

1. 明确物品的摆放位置

（1）制作各层平面图确定各种物品摆放位置。

（2）标注物品的编号，编号与物品摆放位置及楼层相对应。

2. 物品进场的先后顺序

每间客房物品进场的顺序基本上是：硬质家具（含床头板）—大理石台面—布艺家具—床垫—进口家具—活动灯具—电视机和DVD—窗帘。电梯厅和走廊的地毯需要在房间物品摆放/安装完成后才进行铺装，因此所有电梯厅和走廊的FF&E物品，包括艺术品的摆放，都是最后才安排。

3. 具体的工作计划

酒店物品总体进场计划需要根据现场各区域完工验收情况、垂直运输电梯安排情况进行动态调整。每周每日的计划需要合理安排，避免物品集中到场。下表是在酒店物品进场高峰期时的"排班表"。这样的计划表简单、实用，能使工作更有条理、计划更清晰、直观。

Area	Jun.4	Jun.5	Jun.6	Jun.7	Jun.8	Jun.9	Jun.10
	Monday	Tuesday	Wednesday	Thursday	Friday	Saturday	Sunday
89/F ~ 93/F	Decca	Decca	—	Decca	Yuexing	Yuexing	—
	—	—	—	Yutian	Yutian	Yutian	Yutian

Area	Jun.4	Jun.5	Jun.6	Jun.7	Jun.8	Jun.9	Jun.10
	Monday	Tuesday	Wednesday	Thursday	Friday	Saturday	Sunday
70/F Lobby	—	Yuexing	Yuexing	GW	—	—	—
	—	—	Decca	Yutian	—	—	—
	—	—	Aoya	Aoya	Aoya	Aoya	—
71/F	—	—	Decca	GW	—	—	—
	—	—	—	Yutian			
	—	—	Aoya	Aoya	Aoya	Aoya	—

（三）酒店物品进场及安装工作的具体实施

1. 资料的准备

（1）设计文本。设计公司提供的设计文本，列明了产品编号、名称、图片、尺寸、原产供应商等信息。

（2）供应商的深化图纸。对于国内订制产品，厂家的深化图纸是验收产品时的对照依据。

（3）酒店物品清单。该"清单"资料包括具体到各楼层房间或区域的物品编号、名称、数量、供应商名称等，还有汇总表，一目了然，方便统计和核对。

（4）酒店物品分布图。酒店的每个公共区域、客房层的每层、每一种房型都会有一份物品分布图。该分布图发放给各相关部门和供应商，同时贴到每个房间门上，以便进场摆放/安装家具的人员方便查对。

（5）货物运输方案。该方案由业主工程部拟订。方案中提供了如何办理进场申报手续、如何办理电梯运输申请手续的指引，明确了货物运输线路并附上运输线路平面图，明确了运输电梯安排及相关电梯参数、注意事项等。

2. 发货安装签收基本流程

酒店物品从发货、现场安装到现场签收的流程主要包括：

（1）根据工程进度，确定现场酒店物品的需求发出发货指令。物品协调人指令发给供应商。

（2）送货单位备货，在产品外包装箱上清楚标识订单号码、产品代码、房间号码等信息。

（3）送货单位按照送货指示中要求的时间送货。货到酒店现场后，按照预约时间和指定路线安排运输和安装工作。物品摆放到房间后，需做好必要的成品保护。

（4）酒店物品安装摆放完成后，四季酒店安装协调人和业主工程部代表进行签收。物品保管责任，需要送货单位自行负责。

（5）四季酒店安装协调人及业主工程部代表完成送货签收记录表上签名确认。

3. 交底会

为了确保运作的顺利，在安装工作正式启动前，召集各单位开一个交底会是非常必要的。通过交底会让各供货单位清楚现场管理要求、作业流程要求、进场和预约电梯需要办理的手续、需要联系的人员，并到现场熟悉运输线路。过程中也要视情况有针对性地与个别单位检讨运作中出现的问题。

4. 成品保护和现场管理

物品进房间之前，业主需请施工单位人员协助对电梯轿厢、房门、地面等做好保护，防止在搬运过程中造成碰伤、刮花。由于酒店使用的酒店物品都价值不菲，又有多家供应商先后进场，一旦出现丢失、受损的情况，责任就难以界定。因此，供应商人员进出现场均要求做好登记；进入房间工作，必须由四季安装协调人刷卡方可进入；完成各自负责的物品摆放/安装工作后，需及时通知四季安装协调人到场检查、签认，并做好必要的成品保护。

（四）垂直运输的困难

四季酒店主要位于69层以上的区域，需要面对非常突出的垂直运输的困难。酒店区域的FF&E物品，大部分都需要经过G3/G4货梯从负二层运到67层，然后转G5/G6货梯运至需要到达的酒店楼层。电梯轿厢尺寸的限制、电梯运力的不足、周转层面积的限制，这些都是运输过程中需要面对的困难。

（五）大尺寸产品的特殊运输方案

由于有个别用于四季酒店的家具物品超出正常电梯运输范围，无法通过正常运输途径运至酒店指定区域，包括用于71层中餐厅的餐桌，长度超过3.8m，重量超过1.2t，还有若干长度超过3m，且要运到69～72层的家具和地毯。餐桌是从印尼进口，桌面是用完整的一块花梨木制作而成。如果没有办法把它运上71层，就要先锯开，运上去后再拼接，这将使这件家具失去其价值。后经业主分析，并和物流公司共同商榷，最后决定采用轿顶及轿底运输方案解决。具体做法概括如下：

（1）先把能到达67层的电梯停靠在负三层，工作人员在轿顶安装固定货物运输架，随后把需要特殊运输的货物放在负二层电梯井边，工作人员再将吊机滑轮在电梯井内固定安装好。然后梯口两边用人手慢慢稳住货物，接着用滑轮慢慢吊起上升，升起到电梯顶部时再用3t吊带锁住电梯缆绳，再由电梯慢慢上升到66层，货物由67层利用人工升降车取出。

（2）出井之后，再把货物转到能到达酒店楼层的另一电梯。将电梯轿厢停放在68层，利用电梯底部自身钢架从67层吊起货物，工作人员再将吊机滑轮固定安装在该电梯井边，货物全部进入井后，利用绑带在电梯和货物之间固定住货物，以避免其在梯井内晃动造成梯井或货物的撞击。固定工作检查完毕后，由电梯工作人员将梯身上升至72层，后由工人从71层电梯口将货物按入井的顺序依次运出，放到指定的位置。

七、酒店运营物品采购情况

与固定装置、家具及设备的采购模式不同，运营消耗品（OS&C）由加拿大四季总部统一进行全球采购。广州四季酒店运营消耗品分为浴室物品、床及床草、食品及饮料、制服四大类，参见表1-11-2所列。

部分运营消耗品及礼宾车队采购是交由广州四季酒店的开业前团队，根据广州四季酒店的实际运营需要，在本地进行采购。具体采购情况参见表1-11-3所列。

运营消耗品的物流、现场储存、安装协调人（验收人）均与固定装置、家具及设备的做法相似。

开业前运营消耗品（进口物品）　　　　　　　　　　　　表1-11-2

消耗品类别	主要内容	预算假设
客房布草/消耗品	（1）浴室用品：纸巾盒、皂碟、废物篮、毛巾盘、地垫（含SPA/健身中心/泳池/公共区域）等； （2）香氛用品：客房用50mL欧舒丹系列产品；牙线、须刨、浴帽、针线包；套间用宝格丽系列产品、SPA/健身中心/公共区域用大瓶装欧舒丹系列产品等； （3）毛巾/浴袍：客房用毛巾、浴袍；SPA/健身中心/游泳池/公共区域用毛巾、浴袍及躺椅椅套、拖鞋等； （4）客房床草：床垫底单、床单、羽绒被及被套、羽绒枕头、护枕、绣花枕套等； （5）其他杂项：礼品钢笔、衣架（含客房/SPA/健身中心/员工衣柜）、洗衣袋、亮鞋擦、报纸袋、面巾、餐巾纸、杯垫、火柴、泳衣袋、雨伞、冰桶、冰块夹、丝瓜巾、美甲套装、一次性泳衣等	（1）以平面图上标出的房间数、床位数、浴室数为计算基础； （2）以酒店洗衣房每周6～7天工作时间为基础； （3）酒店员工数量：900人； （4）酒店类型：城市商务型； （5）酒店品质等级：A； （6）吸烟客房：假设客房总数（330间房）的20%或67间客房

消耗品类别	主要内容	预算假设
陶瓷餐具 （宴会/自助 餐厅）	（1）就餐/会议位数：1254/1062位； （2）自助餐点：15个； （3）就餐时间：早餐翻台0次，晚餐翻台1次； （4）预算包含中式和西式陶瓷餐具； （5）预算包含餐具所带的盖子； （6）安全/缓冲比例：10%	宴会/会议室

OS&C本地采购情况　　　　　　　　　　　　　　　表1-11-3

本地采购项目	类别	内容
运营消耗品	Food and Beverage（餐饮）	（1）中餐：宴会厅/自助餐厅； （2）厨房/饼房； （3）厨房/酒吧设备； （4）中餐厨房、日本餐厨房、自助餐设备
	Room Division & Engineering（客房系统及工程系统）	
	Food and Beverage（餐饮）：包括宴会厅设备、餐厅设备、布草、员工餐厅设备	
	其他杂项	
礼宾车队	进口乘用车：七辆，均从德国原装进口	包含车款、购置税、保险及上牌费
	进口商务车：两辆	

第二节　雅诗阁公寓物品采购

一、公寓物品分类

国金项目雅诗阁公寓的物品采购主要分为三大类，见表1-11-4所列。

雅诗阁公寓物品采购分类　　　　　　　　　　　　表1-11-4

分类	物品分类	主要物品
第一类物品	与装修有关的物品	活动家具、灯具、地毯、花洒龙头、橱柜、星盆、艺术品等
第二类物品	电器物品	厨房电器、电视机、家庭影院音响、家用小电器等
第三类物品	易耗品	客房杂件、骨瓷餐具、玻璃器皿、咖啡及糖包、洗涤护肤用品等

第一类物品与装修设计风格密切相关，先由设计方HBA事务所提供设计样板或设计意向。设计方案需经过雅诗阁管理方确认。设计样板定板后，业主组织相关供应商按照设计的要求、材质等提供供货样板。由业主方、雅诗阁管理方、设计单位组成评审小组对样板进行评分，根据综合评分和价格确定中选供货厂家。同时对供货厂家的样板进行封存，作为验收依据之一。

第二类电器物品品牌档次的选择对公寓的品牌标准要求相关。业主方对物品的价格和品牌档次进行综合评定，确定中选品牌。

第三类易耗品的采购工作主要选择与雅诗阁管理方有长期合作的战略合作供应商进行。

二、物品采购方式

公寓物品的采购方式大致分为7类，具体见表1-11-5所列。

公寓物品的采购方式   表1-11-5

序号	采购形式	主要物品	相片
1	集团集中采购	橱柜、厨房电器、电视机	
2	公开招标采购	活动家具、灯具（活动灯具、壁灯、吊灯）、地毯、龙头、花洒、洁具、不锈钢水槽、艺术品	
3	询价采购	保险箱、布草、床垫及床架、餐具用品（骨瓷、玻璃用品、不锈钢餐具）、厨房用具、办公家具	
4	定制物品采购	家庭影院音响	
5	商务谈判采购	员工制服、技工用品、消防用品、小家电电器	
6	简单询价采购形式	客房杂件	
7	零星物品采购	会所儿童游乐设施、应急药品	

（一）越秀地产招标中心集中采购

厨房橱柜和客厅电视机采用集中采购的方式，由总部招标中选牵头与其他项目的同类产品一起打包进行集中招标采购，以降低成本。

（二）公开招标采购

大部分与装修工程有关的物品（如活动家具、灯具、地毯、洁具、艺术品等）采用公开招标采购方式。基本采用国内成熟产品。

（三）询价采购

根据物品的质量、价格、耐久性、雅诗阁管理方的意见综合评选，确定中选供货商。

三、采购合同

采购合同条款主要针对供货时间、付款方式、质量保修期、现场验收等方面作了具体的规定。

供货时间：根据工程进度的要求确定具体到货时间，并规定违约处罚原则。

付款方式：通常的条款为合同金额的30%作为预付款，供应商在货物全部到货安装完毕后，再支付当期完成供货量的合同价款的60%；在供货完毕，双方确认结算价（办理结算）后，再向供应商支付至结算总价的95%，并留5%作为质保金。

质保期：不同的物品拥有不同的质保期，例如：易耗品没有质保期，客房杂件类质保期一般为一年，电视机等电器质保期为两年等。

四、现场安装及验收

公寓的物品现场摆放安装工作由业主方公寓小组负责组织实施。为使繁多的物品有条不紊地摆放安装到位，需做好以下工作：

（1）准备详细的公寓物品摆放图。

（2）对各个物品进行编号，明确楼层及摆放部位，并发放给各供货商。

（3）物品的运输、仓管、安装、维护均由供应商负责。

（4）业主方根据现场装修完成情况、场地清理情况，合理安排物品进场顺序。

（5）需注意对已经完成的装修进行成品保护。

（6）完成后及时进行验收及清点。

在地下室负二层设置物品周转场地，由装修单位进行清点保管。由业主方组织装修单位、监理公司、设计单位进行现场验收。

物品采购与工程设备材料采购不同，需要兼顾酒店（或公寓）管理方的要求，保证营运的需要，也要考虑成本的控制和业主方采购询价流程。

第十二章　项目保险采购

越秀地产作为广州国际金融中心的发展商，在项目开发过程承受着巨大的商业风险。在确保建设过程安全的同时，如何规避一部分投资风险将成为项目开发成功的关键。而通过引入保险合作，进行合理的保险安排，可以有效地规避建设期风险，保障国金中心的安全运营以及各方的利益。下面分析一下项目建设中存在的风险，以及保险规划要点。

第一节　项目建设风险分析及保险的意义

一、国金中心建设中存在的风险

合理的保险安排是基于准确的风险判断，通过周全的保险方案的设计，以最大限度地规避可能存在的风险。在广州国际金融中心的建设过程中，风险主要集中在以下几个方面：

（一）自然灾害风险

国金中心位于广州珠江新城，临近珠江，属暴风、暴雨、台风高发区。根据1991~2005年台风登陆统计，在广州附近正面登陆的台风次数为2次，由于该项目楼高为432m，一旦台风袭击，对建筑物和施工机械作用的风荷载可能造成损坏，还会造成物体坠落而引起进一步的财产损失和人员伤亡。同时，暴雨对工程的正常施工质量也将产生一定的影响，造成工程停工返工。

（二）意外事故风险

根据国际再保险公司1982~1996年的统计数据表明，高层楼宇建筑遭受火灾意外事故的风险占总出险事故比例的60%以上。就高层建筑而言，防止火灾有一定的难度，一是高层建筑的施工需要立体作业，特别是内部装修阶段，一方面存在明火作业，工地有大量的电路等火源；另一方面在装修过程中有大量的易燃材料，所以非常容易引发火灾。二是高层建筑的高层部分一般风力较大，一旦发生一些小的火灾，极容易借风势酿成大火，且难以控制。三是高层建筑一旦发生火灾，由于条件的限制等原因，难以开展灭火和施救工作。因此，在施工过程中，对于火灾的防患将是重点。

（三）第三者风险

由于高层建筑物空间与高度因素，对周围都市景观将产生一定程度的影响；特别是在建设过程中，由于施工的不慎，可能会对四周建筑物造成一定的损坏，更有甚者，会造成附近建筑物的损毁以及人员的伤亡。2005年，广州江南西路的某工地施工造成附件居民楼的塌陷，使之成为危楼。在国内的施工的项目中，此类事故发生率呈明显上升趋势，造成的经济损失也越来越大。

同时由于使用人数众多，对于邻近的公共设施、交通以及自然资源的消耗均会造成排挤效应。此外，使用上产生的废弃物及污染亦会对环境造成一定的破坏。

随着保险意识的增强，由此产生的保险索赔，无论从频率上，还是金额上越来越大，已成为重要的风险因素之一。

（四）技术性风险

国金中心由于项目本身的特殊性，结构特殊、工期较紧。施工中新技术、新工艺、新材料、新的施工管理方式的应用较多，发生事故的几率也较大。同时大型项目参与的建设单位较多，单位素质、人员素质、设计变更、运营调整等因素都将会对广州国际金融中心的建设产生很大影响，增加了许多不确定的风险因素。

（五）恐怖主义袭击风险

广州是中国重要的商业城市之一，随着国际化程度的加强，国际间的往来将愈来愈频繁。国金中心是全球地标性建筑物，防范恐怖主义风险也将成为国金中心所必须面对的风险因素之一。

（六）延迟利损风险

国金中心项目的成功主要在于运营的成功，由于投资的巨大，一旦出现自然灾害或意外事故导致完工延迟，将会给项目的按时交付运营和运营商的预期利润造成巨大损失。同时，也会对国金中心未来的客户在信心上产生一定的动摇。在七年的建设工期中，风险存在着较多的不确定性，因此而导致的延迟利损风险也随之加大。

二、保险对国金中心的重大意义

由于国金中心项目本身的特殊性，保险的意义将十分突出。通过引入商业保险，分散风险，对项目的成功将会起到促进的作用。同时，有效地规避了国金中心所涉及的各关系方的风险。

（一）可为市政府的规划提供强有力的保证

政府部门充当的角色是要维护社会稳定，承担着处理社会应急事件的重要职责。一般来说，社会的应急措施包括公共性和商业性两个部分，商业性应急措施主要由保险业进行承担。随着商业化程度的提高，商业性的社会应急措施也越来越受政府部门的看重。国金项目中，通过引入商业保险，将有力地维护了政府的权威，并对可能产生的风险事故造成的损失起到有效的规避。

（二）大幅降低商业风险

保险对于公司和股东而言，可以大幅降低所面临的商业风险。

由于建筑工程项目工期较长，在建筑过程中，总体抗风险能力较弱，较易出现意外事故，从而给承包方带来直接的经济损失。作为广州国际金融中心的承建商和运营商，如何确保投资的安全是业主首先需要考虑的重点。而商业保险可以为该类大项目工程提供安全网，在这张安全网下，覆盖了几乎所有可能存在的风险。所承保的责任不仅包括建设工程项目本身的财产损失，也包括了由于施工的工程中对第三者可能造成的伤亡损失。通过购买商业保险，可以将这一块的风险全部转移到保险公司中，为安全施工提供保障。

一旦出现风险事故，保险公司及时的保险补偿将会对业主能否持续建设运营产生积极的影响。同时，保险公司会主动、仔细地去研究这些风险的存在和发展，参与项目建设中风险的管理，为建设单位提供风险建议，对于确保项目的施工安全起到一定的作用。

在现代建筑活动中，由于资金的成本较高，建设过程中，如因风险事故造成工期的延迟，可能会对业主造成相应的损失。通过商业保险，可以有效地分散延期利损，从而避免可能的损失。

随着国际再保险和巨灾风险保障的发展，对于全球标志性建筑的承保也越来越充分，选择商业保险转移风险是承建商和运营商最佳的选择。

（三）对未来客户的意义

国金中心对未来客户群的定位极高，写字楼主要目标客户是世界500强企业，同时引入世界顶级酒店。由于客户群均有着极高的社会地位，因此，保障客户的安全并为他们提供周到的服务是国金中心运营中主要考虑的因素。而为此类客户提供有效全面的保险保障将是服务的主要内容。

在为国金中心所提供的保险方案中，延迟期利损险可以涵盖部分签约客户因国金中心的延迟而造成他们的预期损失。通过商业保险合作，可以为国金中心在进行招商引资过程中提供极大便利，并增强了吸引力。

同时，通过与商业保险合作，可以为国金中心的外商客户提供贴身的医疗等方面的保险服务，以解除他们在国内的后顾之忧。

（四）对公司未来的发展产生深远的影响

国金中心作为全球顶级地标性物业，在未来的商业运作中，特别是资本市场的运作将成为必由之路。在与国内目前同类上市企业比较，国金中心是一种稀缺的物业资源，未来的融资渠道将十分广泛。而商业保险的参与，可以增强国金中心未来的投资者的信心，同时，可以通过风险的转移确保物业的增值与保值。

第二节　保险采购的实施

一、保险方案建议

基于上述主要风险的分析，为最大可能地分散风险，国金项目制定如下保险方案：

（一）自然灾害和意外事故造成物质的损失

建筑工程一切险的主要保险责任就是发生自然灾害和意外事故造成的物质损失，其中自然灾害包括了地震、海啸、雷电、飓风、台风、龙卷风、风暴、暴雨、洪水、水灾、冻灾、冰雹、地崩、山崩、雪崩、火山爆发、地面下陷下沉及其他人力不可抗拒的破坏力强大的自然现象。意外事故指不可预料的以及被保险人无法控制并造成物质损失或人身伤亡的突发性事件，包括火灾和爆炸。

（二）设计师风险

设计师风险责任主要承保由于原材料缺陷、工艺不善或设计错误引起保险标的的损失造成的重置、修理或矫正费用。在国金中心项目中，由于需要涉及的各种技术因素较多，设计人员的风险也因此较大。

（三）工地外储存物扩展责任

由于建筑工程经常涉及部分原材料等相关物质需安置于工地外储存，因此对于该部分物质，亦作为保险标的给予承保。

（四）工程图纸、文件扩展责任

该责任主要承保由于自然灾害或意外事故造成工程图纸及文件的损失而产生的重新绘制、重新制作的费用。

（五）公共当局扩展责任

该责任主要承保重置损毁的保险财产时，由于必须执行公共当局的法律、法令、法规或条例，遵守建筑或其他有关规定而产生的额外费用。

（六）工棚、库房扩展责任

该责任主要承保因火灾、洪水直接或间接造成工棚、库房的损失。

（七）震动、移动或减弱支撑扩展责任

该责任主要承保由于震动、移动或减弱支撑而造成的第三者财产损失和人身伤亡责任。

（八）车辆装卸责任

该责任主要承保因车辆在营业场所内进行与经营有关的装卸过程中发生意外事故造成第三者人身伤亡或财产损失时应负的赔偿责任。

（九）恐怖主义责任

该责任主要承保遭受恐怖主义袭击造成财产的损失，其中恐怖主义定义以省级以上政府公告宣布为准。

（十）延期利损责任

该责任主要承保因发生保险责任范围内的事故导致工程延期从而造成工程未能按时完工使用，由此产生的延期利润损失。

（十一）第三者责任

在国金中心建设过程中，第三者责任风险较高，通过保险形式可以最大限度地转嫁此类风险，以确保项目的安全施工。

（十二）其他费用责任

该责任主要承保因发生保险责任范围内的事故造成保险财产损失而产生的费用，包括发生的清除、拆除和支撑受损财产的费用及专业费用和合理的施救费用。

以上保险方案充分覆盖了建筑工程整个建筑期所面临的风险，保险公司之所以能将如此之大的风险进行承保，一方面依赖于再保险的安排，通过将该工程合理的安排再保险，进一步将风险进行分摊，由多家保险主体共同承担该项目的保险责任，从而保证在发生事故后，能够得到充分的补偿。另一方面，将通过有效的风险管理，以确保可能的损失降至最低限度。

二、对保险公司考察的因素

（一）承保能力

主要考察市场占有率、资本金排名、再保险安排。

（二）人才结构

合理、高效、经验丰富的人才结构，是保险公司能成功完成国金中心承保必备的软实力。

（三）保险公司的重视程度

成功承保国金中心，对保险公司亦具有划时代的意义，故在考量时，也要充分考虑保险公司对国金中心保险的重视程度。

三、对项目保险采购的具体操作

国金中心保险采购工作由国金公司委托越秀集团保险代理有限公司（以下简称"越秀保险"）作为顾问公司，通过两个阶段的工作完成：

（一）第一轮方案征集

2007年9月初，越秀保险顾问公司邀请了广州地区十家大型中外资保险公司进行现场查勘，并要求该十家保险公司根据国金公司提供的基础资料提交第一轮方案及报价，这十家保险公司分别为：中国人保、太平洋财

险、平安保险、中华联合保险、大地保险、美亚保险、安联保险、华泰保险、太平保险和天安保险，其中八家保险公司提交了方案及报价。

（二）第二阶段正式询价及签订合同

1. 发标及回标

越秀保险根据第一轮方案征集的情况，编制保险采购询价文件及评审方案，并发给八家保险公司进行询价，期间组织了答疑，八家保险公司均按期递交了报价文件。

2. 组织评审和澄清

国金公司组织对报价文件进行评审和澄清，评审小组由五名评委组成，其中邀请两名外部专家（分别是金融保险行业的专家和学者）。通过评分和对得分排名前四名的保险公司进行澄清后，评审小组出具评审报告，建议由三家保险公司即中国人保、平安保险和大地保险共同承保，并由大地保险担任首席承保人。

3. 组织谈判

越秀保险公司根据上述保险公司的报价文件和澄清结果，综合整理出保险方案（按最优惠费率和尽可能多的保障范围）后，保险顾问和公司相关部门，就该保险方案分别与三家保险公司谈判，三家保险公司均同意有关条件并提交了书面答复。越秀保险公司从顾问的角度，对国金项目保险采购提出意见，建议采取共保方式，承保份额分别是中国人保40%、平安保险30%和大地保险30%。

4. 签订共保合同

根据项目建设实际，尽快落实了保险事宜、防范潜在风险，根据评审、谈判情况和保险顾问的建议，国金公司与三家保险公司签订了共同保险合同。

保险期限：

建筑工程一切险：2007年12月21日起～2010年3月31日24时止；

安装工程一切险：2007年12月21日起～2010年6月30日24时止。

试车期限：安装工程一切险项下的工程项目完成后，试车保险期开始，期限是3个月。后期因工期延长，保险的期限进行了适当延长。

四、签订保险协议后的工作延续

国金公司在完成了对国金项目的建设工程一切险采购后，根据保险合同约定和保险顾问的建议，由业主组织对整个项目内的所有施工单位、设计咨询单位开展保险工作贯标和保险合同培训工作，把项目的保险意识贯穿到实际工作中，防患于未然。

（1）组织在工地范围的保险知识宣讲和保险合同讲座。

（2）组织整个国金公司全员开展保险培训和建安工程保险索赔案例讲座。

（3）在台风暴雨等自然灾害来临前夕进行风险警示工作。

通过各种有效的管控方式，促进整个项目的保险防范工作的开展，确保了国金项目的场地施工安全和人员安全。整个项目在七年的施工期内，未出重大安全事故。

第十三章 档案管理工作

第一节 概述

一、档案管理概况

为确保国金工程档案的完整性、准确性、及时性和系统性，确保工程档案验收顺利通过，2009年7月，广州市城市建设档案馆受业主方委托进驻国金项目现场，驻场办公并与建设方一起全程跟踪施工过程，指导各施工单位及时收集、编制、组卷工程竣工资料。

二、工作内容及工作目标

（1）建立良好的文档和知识管理系统，保证能快捷地利用文档。制定和完善项目档案管理制度体系，建立文件、图纸等信息归档的工作流程，牵头协调项目内部各部门之间、外部各单位之间以及内外部门单位之间的档案归集管理接口关系（图1-13-1）。

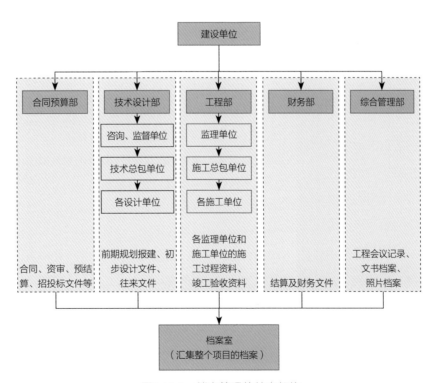

图1-13-1　档案管理的基本架构

（2）建设工程档案信息收集、归档、管理和利用。制定相关的归档实施办法，通过建立档案信息员网络、业务培训等方式，在档案质量、档案完整和档案规范等方面进行监督、指导工作，采取验收达标的措施，确保档案资料的齐全、规范，符合国家、省市有关档案编制标准。

（3）指导监理单位、施工单位完成施工资料的归档、整理工作，并按规定向建设单位移交五套完整的建设工程档案。

三、档案管理的基本架构

国金项目档案管理的基本架构如图1-13-1所示。

第二节 档案管理的实施

一、制定管理措施，加强管理力度

全面实行集中统一管理的原则，做到统一领导、统一管理、统一制度、统一做法。为建立重点项目档案管理体系，增强重点项目建设工程档案管理的力度，确保重点项目档案资料的完整、准确、系统和有效利用。规范工程区域划分、工程名称及案卷题名，保证归档文件的准确性。结合重点项目档案工作的具体情况，国金公司先后编制了《广州越秀城建国际金融中心有限公司档案管理工作方案》、《广州国际金融中心项目档案管理办法》、《广州国际金融中心档案管理规定—竣工档案验收及移交办法》等，并及时下发到各部门，敦促各有关部门高度重视档案工作，狠抓档案质量，按有关编制规范对各门类档案实行有效管理，同时，把各部门、设计咨询、设计、监理、施工单位配备的档案员统筹起来，建立起较为完善的信息流通收集网络。

图1-13-2 档案室密集架

二、制定档案工作总控计划，实施效能督导

为切实有效加强项目档案管理工作，使项目工程档案严格按计划进度实施管理，确保项目档案的系统、完整、准确，按时顺利通过档案验收和办理工程备案手续。国金公司制定了《档案工作效能督导方案》和《工程档案总计划》，2010年1月成立了督导工作小组，每月一次对各参建单位的档案工作进行检查、指导，检查资料编制情况，并对督导情况及时予以通报，对存在问题按时限和质量提出整改要求，切实落实各项保障措施。对按时按质完成较好的单位，通报表扬。对个别不能按要求整改的单位，由业主方及城建档案馆出具意见，并在合同结算质保金额度内提额扣罚。既起到了宣传警示作用，也较好推动了档案工作的开展。同时按照制定的档案工作总控计划，从工作量、工作时限、对应部门，层层落实，层层把关，切实保障档案工作计划的完成。在保证工程文字资料和竣工图准确系统归档（图1-13-2），以及声像

档案方面，从录像和拍摄上应力求做到与工程施工进度基本一致，跟进施工进度，以准确记录施工的全过程。在每月的档案检查工作中，声像档案与工程档案同步进行。

三、档案工作特点及做法

国金项目具有工期长、使用功能类别多、建设标准高的特点。而且专业分包单位众多（共有约46家参建单位，专业工程分包单位、材料设备供货商约51家），因而工程竣工资料量庞大，竣工资料组卷复杂，各分部工程资料汇总困难。为满足实际使用需要，结合工程现场施工情况，确保建设任务能够顺利完成，项目需要采取分区域验收的办法。具体区域划分为：主塔楼办公区（1～66层）、主塔酒店区（67～103层）、裙楼（1～6层）、套间式办公楼（7～28层）及地下室（负四层，局部5层）。各施工单位需按验收区域情况编制、汇总成套竣工档案。前期准备阶段（±0.00以下部分）设计文件及竣工文件由城建档案馆驻场工作小组负责收集、整理、组卷。上部主体工程整套竣工档案汇总方面由土建机电施工总承包牵头。具体做法是：土建总包单位负责土建、装修、屋面分部工程施工单位资料汇总；机电总包单位负责给水排水、电气、通风空调等分部工程施工单位资料汇总。建设方配合城建档案馆驻场小组全过程跟踪指导汇总工作，查缺补漏，以保证档案归档工作的系统、规范和准确性。

第十四章 报建与验收

第一节 工作流程与主要成果

一、报建及验收工作流程

国金中心的报建及验收是十分复杂繁琐而重要的工作。其工作主要的流程如图1-14-1所示。

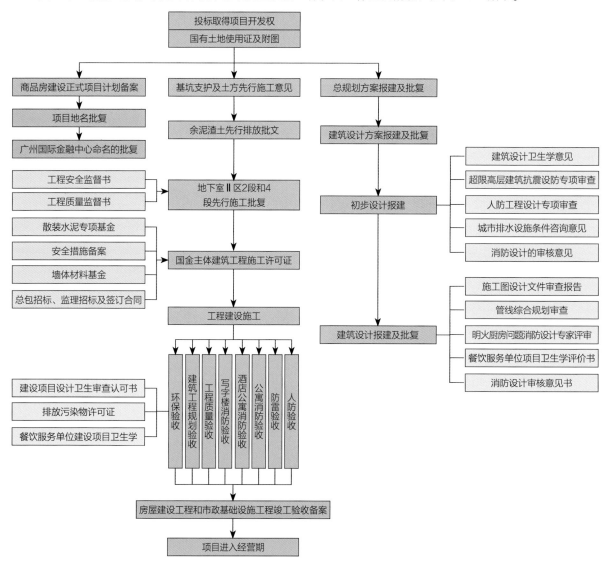

图1-14-1 报建及验收主要涉及的工作流程

二、报建及验收主要工作成果

在广州市政府相关部门的支持配合下，经过业主方的努力，国金公司按时完成了项目的各项报建及验收工作，为项目的顺利开展提供了保障。主要报建及验收工作成果详见表1-14-1所列。

主要报建及验收工作成果   表1-14-1

序号	文件编号	报建验收内容	发文单位	日期
1	穗建科办函[2005]467号	关于广州市珠江新城西塔基坑支护设计技术审查意见的函	广州市建设科学技术委员会	2005年12月1日
2	穗建筑函[2005]1873号	关于申请珠江新城西塔项目基坑支护和土方工程先行施工的复函	广州市建设委员会	2005年12月22日
3	—	余泥渣土先行排放证明	广州市余泥渣土排放管理处	2006年1月13日
4	穗规函[2006]353号	关于珠江新城西塔总平面规划方案的复函	广州市城市规划局	2006年1月16日
5	穗建质监（A2006010007）号	建设工程质量监督书	广州市建设工程质量监督站	2006年3月7日
6	监督受理号：（A200601）第（0007）号	广州市建设工程质量监督申报表	广州市建设工程质量监督站	2006年3月7日
7	穗规函[2006]2083号	关于送审建筑设计方案的复函	广州市城市规划局	2006年3月27日
8	穗疾控工审[2006]97号	关于珠江新城西塔综合楼建筑设计卫生学意见的函	广州市疾病预防控制中心	2006年4月7日
9	穗建技函[2006]561号	关于珠江新城西塔项目超限高层建筑抗震设防专项审查意见的函	广州市建设委员会	2006年4月11日
10	穗发改城备[2006]086号	广州市2006年商品房建设正式项目计划备案回执	广州市发展和改革委员会	2006年6月14日
11	穗市政排设要[2006]第028号	广州市城市排水设施条件咨询意见书	广州市市政园林局	2006年6月19日
12	穗人防建[2006]360号	防空地下室建设意见书	广州市人民防空办公室	2006年6月22日
13	穗建技复[2006]256号	关于广州珠江新城西塔项目初步设计的批复	广州市建设委员会	2006年7月28日
14	穗建筑函[2006]273号	关于西塔项目基础及地下室底板工程先行施工问题的批复	广州市建设委员会	2006年8月14日
15	穗公消审[2006]第1435号	关于对珠江新城西塔建筑工程消防设计的审核意见	广州市公安消防局	2006年10月16日
16	穗临排函第20060064号	临时余泥渣土排放复函	广州市余泥渣土排放管理处	2006年12月14日
17	穗建筑函[2007]24号	关于西塔项目地下室Ⅱ区2段和4段先行施工问题的批复	广州市建设委员会	2007年1月19日
18	穗规建证[2007]380号	建设工程规划许可证	广州市城市规划局	2007年1月26日
19	—	建设工程审核书	广州市城市规划局	2007年1月26日
20	G20070433	广州市公共建筑节能设计审查备案表	广州市墙材革新与建筑节能办公室	2007年4月18日
21	穗人防建[2007]373号	人防工程设计专项审查意见书	广州市人民防空办公室	2007年4月30日
22	—	施工图设计文件审查报告	广州市设计院	2007年5月10日
23	S06100	广州市建设工程施工图审查合格书	广州市建设委员会	2007年5月17日
24	监督受理号：（XUA200601）第（0007-1）号	广州市建设工程质量监督申报表	广州市建设工程质量监督站	2007年5月29日
25	穗建质监（XUA2006010007-1）号	建设工程质量监督书	广州市建设工程质量监督站	2007年5月31日

序号	文件编号	报建验收内容	发文单位	日期
26	穗国土建用字[2007]105号	建设用地批准书	广州市国土资源和房屋管理局	2007年6月27日
27	编号440101200706280201	建筑工程施工许可证	广州市建设委员会	2007年6月28日
28	穗府地名[2007]143号	关于广州国际金融中心命名的批复	广州市人民政府	2007年7月25日
29	市政园林排设许准[2007]171号	准予行政许可决定书	广州市市政园林局	2007年12月29日
30	穗府国用（2008）第01100096号	国有土地使用证及附图	广州市人民政府	2008年6月23日
31	—	关于对广州珠江新城西塔项目主楼幕墙工程夹胶中空玻璃内片采用半钢化玻璃的批复	广东省建设厅	2008年9月1日
32	穗规函[2008]10715号	关于珠江新城西塔项目管线综合规划审查的复函	广州市城市规划局	2008年12月16日
33	穗规函[2008]2583号	关于珠江新城西塔项目管线综合规划审查的复函	广州市城市规划局	2009年4月8日
34	穗规函[2009]2862号	关于要求调整建筑设计的复函	广州市城市规划局	2009年4月18日
35	穗规函[2009]2868号	关于要求调整建筑设计的复函	广州市城市规划局	2009年4月18日
36	穗规函[2010]2663号	关于要求调整建筑设计的复函	广州市城市规划局	2010年4月6日
37	—	广州珠江新城西塔70～72层增设明火厨房问题消防设计专家评审会会议纪要	广州市公安消防局	2010年4月9日
38	穗卫监审字（2010）第000012号	餐饮服务单位建设项目卫生学评价书	广州市卫生局	2010年5月18日
39	穗建技纪[2010]396号	珠江新城西塔主塔楼玻璃幕墙工程性能研究论证会纪要	广州市城乡建设委员会	2010年6月4日
40	穗公消审[2010]第0351号	建筑工程消防设计的审核意见书（关于同意珠江新城西塔建筑工程局部调整设计的审核意见）	广州市公安消防局	2010年6月23日
41	穗民防建[2010]545号	人防工程专项竣工验收备案意见书	广州市民防办公室	2010年7月26日
42	穗公消审[2010]第0463号	关于同意广州珠江新城西塔建设工程消防设计的审核意见	广州市公安消防局	2010年9月2日
43	穗规验证[2010]1247号	建设工程规划验收合格证（排水工程）	广州市规划局	2010年9月13日
44	穗规验证[2010]1302号	建设工程规划验收合格证（主塔楼及裙楼、地下室建筑部分）	广州市规划局	2010年9月21日
45	穗公消审[2010]第0644号	关于同意广州友谊集团股份有限公司广州友谊国金店建设工程消防设计的审核意见	广州市公安消防局	2010年10月30日
46	民航中南局函[2010]106号	关于建立直升机临时起降场的复函	中国民用航空中南地区管理局	2010年11月18日
47	穗公消验[2010]第0771号	关于珠江新城西塔友谊商场建设工程消防验收合格的意见	广州市公安消防局	2010年12月9日
48	穗卫监审字（2010）第000064号	餐饮服务单位建设项目卫生学评价书（四楼员工饭堂）	广州市卫生局	2010年12月30日
49	穗卫监审字（2010）第000065号	餐饮服务单位建设项目卫生学评价书（五楼国际宴会厅）	广州市卫生局	2010年12月30日
50	穗卫监审字（2010）第000066号	餐饮服务单位建设项目卫生学认可书（酒店部分：绿叶、游泳场、空调就餐场所）	广州市卫生局	2010年12月30日
51	粤雷验[2011]AT-3-0065号	防雷装置验收合格证	广州市防雷减灾管理办公室	2011年3月17日

序号	文件编号	报建验收内容	发文单位	日期
52	穗公消审[2011]第0231号	关于同意广州加富陶源餐饮服务有限公司珠江新城西塔五层局部室内装修建设工程消防设计的审核意见	广州市公安消防局	2011年3月22日
53	穗公消审[2011]第0413号	关于同意广州越秀城建国际金融中心有限公司广州珠江新城西塔建设工程消防设计的审核意见	广州市公安消防局	2011年5月4日
54	穗公消验[2011]第0433号	关于广州越秀城建国际金融中心有限公司西塔建设工程局部消防验收合格的意见	广州市公安消防局	2011年6月2日
55	穗建档验字[2011]107号	广州市建设工程档案验收合格证	广州市城市建设档案馆	2011年7月20日
56	穗监质验[2011]第057号	建设工程施工质量验收监督意见书	广州市建设工程质量监督站	2011年8月15日
57	天排接意见[2011]034号	排水接驳核准意见书	广州市天河区建设和水务局	2011年9月27日
58	穗公消验[2011]第1620号	关于广州越秀城建国际金融中心有限公司广州珠江新城西塔19、20层内部装修工程消防验收合格的意见	广州市公安消防局	2011年12月23日
59	440106-20658	广州市排放污染物许可证	广州市天河区环境保护局	2012年2月22日
60	穗公消验[2012]第1076号	关于西塔第63层内部装修工程消防验收合格的意见	广州市消防局	2012年6月25日
61	穗公消验[2012]第1791号	关于西塔附楼南、北区内部装修工程消防验收合格的意见	广州市消防局	2012年9月29日
62	穗监质验[2012]第063号	建设工程施工质量验收监督意见书	广州市建设工程质量监督站	2012年10月29日
63	穗建验备2012-041	房屋建设工程和市政基础设施工程竣工验收备案表	广州市城乡建设委员会	2012年10月31日
64	穗公消验[2013]第0211号	关于西塔第6层内部装修工程消防验收合格的意见	广州市消防局	2013年1月22日

第二节　工程报建中的部分工作

国金中心是广州市政府关注的重点工程，要求2010年11月亚运会前完成基本的建设。2005年6月项目取得开发权时，离亚运会只有五年多时间。因此，前期报建工作十分重要，需要认真做好周密的安排。业主方中标后立即将国金项目申请为广州市重点工程，有力地推动了前期报建、报批、申请施工许可证等一系列工作的顺利开展。

一、先行取得淤泥排放证

根据越秀集团的要求，项目必须在2005年底前开工。如何在用地手续尚未完善，项目公司尚未正式成立等不利因素下在年底前开工，无疑是一个极大的挑战。为此业主方特向广州土地开发中心提出申请，以母公司广州市城市建设开发有限公司进行报建，并获得推批。与此同时，业主方不断与广州市建委、国土局及规划局就国金地块的规划指标调整及用地坐标的确认进行沟通，在取得正式批复之前便拿到了初步确认的地块坐标红线图，并立即交设计单位及施工单位进行设计调整及现场放线，及时指导基坑支护及土方开挖设计，确保了现场施工的顺利推进。

而"施工许可证"是前期报建工作的最后一关，政府规定申领该证前必须做好所有前期准备工作，其中《用地批准书》最为重要。为加紧办理《用地批准书》，业主方与广州国土资源局领导积极沟通，到广州市建委加盖绿色通道许可章，在《用地批准书》申请递案后进行紧密跟踪，终于在一天内火速出证，《基坑支护和土方工程先行施工批复》也在计划的开工时间前快速办出，使得基坑开挖可以顺利开工。

二、消防报建工作

国金项目在消防设计中遇到不少超国家规范的问题。例如：消防电梯直达顶层的问题、层间防火间隔问题、酒店中庭排烟防火问题、超高层区域设置明火厨房问题等。为此，从2006年2月开展消防初步设计，业主方积极与省市消防管理部门进行沟通，得到了相关部门的大力支持与帮助，并在其指导下开展各项消防设计工作。同时委托专业公司编写项目的消防设计评估分析报告。2006年7月中下旬，广东省消防总队组织国家级专家召开消防评估论证会（图1-14-2），对项目消防方面存在的各类问题进行了科学论证，并提出了相应的解决方案和设计要求。最终于2006年10月取得消防报建批文。

图1-14-2　消防评估论证会

三、污水排放报建工作

每栋建筑根据规范要求需要设置一定数量的化粪池，按目前规范的设计标准，国金中心的化粪池数量非常庞大，占用地下室很大空间。考虑到国金中心离珠江新城污水处理厂比较近，同时污水处理厂也需要一定比例的污染物投放的技术特点。经过业主方与市政管理部门沟通协商，市政管理部门同意了该项目可以不设化粪池，污粪水可以直接排放到市政污水管，并同意颁发污水排放证。

四、超高层燃气的使用

按酒店管理方的使用要求，位于102层的热水锅炉以及69～72层的各类餐厅均需要使用管道燃气。然而管道煤气供到这样的高度使用在广州市未有先例，煤气管道穿越众多的密闭楼层会带来一定安全问题。如何解决这一问题，这给管道煤气的设计带来了很大的困扰。在初步设计阶段，业主将这一问题与广州市消防局及煤气公司进行沟通，经过多次协商与设计调整，方案得到了各方的认可。并在广州市建委组织的施工图综合审查时，得以顺利通过。项目完工后锅炉验收及燃气验收也顺利通过。

五、写字楼整体消防验收工作

业主方为能按计划完成写字楼验收工作，需提前一个月做好各方面部署。虽然国金项目在消防方面每一步均严格按消防局的要求实施，但资料的整理也是一项复杂的工作。为此业主方指定监理公司专人负责，督促各相关施工单位收集提交包括图纸、检测报告、验收报告等资料，并提前与消防局主管人员沟通资料的符合性（图1-14-3）。由业主方组织定期巡场，对现场可能出现的问题落实相关单位整改。最终消防验收一次通过。

六、酒店开业前各项验收工作

　　四季酒店在完成工程建设的各项验收手续工作前，还需办理开业前的特殊行业许可证（表1-14-2、表1-14-3）。为衔接好此项工作，业主方提前数月，组织酒店管理公司就餐饮、卫生、安防监控、消防等组织编写大量的相关管理文件，并落实酒店员工全员培训，并做好省、市、区属政府相关部门沟通工作，最终开业检查一次性通过。

图1-14-3　消防局检查指导

序号	酒店运营经营所需证照	表1-14-2
	证件执照类别名称	发证机关
1	广州越秀城建国际金融中心有限公司四季酒店分公司营业执照正副本	广州市工商行政管理局
2	机构信用代码证正副本	中国人民银行征信中心
3	广州越秀城建国际金融中心有限公司四季酒店分公司组织机构代码证正副本	广州市组织机构代码管理中心
4	广州越秀城建国际金融中心有限公司四季酒店分公司地方税务登记证正副本	广州市地方税务局
5	广州越秀城建国际金融中心有限公司四季酒店分公司国家税务登记证正副本	广州市国家税务局
6	广州越秀城建国际金融中心有限公司四季酒店管理分公司开户许可证正副本	中国人民银行广州分行
7	广东省酒类零售许可证	广州市天河区酒类专卖管理办公室
8	餐饮服务许可证（餐厅）	广州市食品药品监督管理局
9	餐饮服务许可证（四季酒店员工饭堂）	广州市食品药品监督管理局
10	公众聚集场所投入使用、营业前消防安全监察合格证	广州市公安消防局
11	广州市公安消防局建设工程消防验收意见书（主塔）	广州市公安消防局
12	广州市公安消防局建设工程消防验收意见书（裙楼）	广州市公安消防局
13	卫生许可证	广州市卫生局
14	广州市餐饮业排污许可证	广州市天河区环境保护局
15	广州市餐饮业排污许可证（副证）	广州市天河区环境保护局
16	烟草专卖零售许可证	广州市烟草专卖局
17	烟草专卖零售许可证（副本）	广州市烟草专卖局
18	电梯安全检验合格证（迅达）	广州市特种机电设备检测研究院
19	特种设备使用登记证（迅达）	广州市质量技术监督局
20	电梯产品合格证（迅达）	苏州迅达电梯有限公司
21	特种设备使用登记证（锅炉）	广州市质量技术监督局
22	广州市特种设备使用登记证（副证）（锅炉）	广州市质量技术监督局
23	广东省高危性体育项目经营活动许可证（游泳）	天河区体育局
24	劳动保障年审登记证（开业后第二年才需要）	广州市劳动保障监察支队
25	特种行业许可证	广州市公安局天河区分局
26	特种行业许可证（副本）	广州市公安局天河区分局
27	房屋安全鉴定报告	广州中鉴房屋鉴定有限公司
28	接受卫星传送的境外电视节目许可证	广东省广播电影电视局

公寓运营经营所需证照

表1-14-3

序号	证件执照类别名称	发证机关
1	广州国金中心酒店管理有限公司《营业执照》正副本	广州市工商行政管理局
2	广州国金中心酒店管理有限公司《组织机构代码证》正副本	广州市组织机构代码管理中心
3	广州国金中心酒店管理有限公司《机构信用代码证》	中国人民银行征信中心
4	广州国金中心酒店管理有限公司《地税登记证》正副本	广州市地方税务局
5	广州国金中心酒店管理有限公司《开户许可证》	中国人民银行广州分行
6	广州国金中心酒店管理有限公司《烟草专卖零售许可证》正副本	广州市烟草专卖局
7	广州国金中心酒店管理有限公司《酒类零售许可证》正副本	广州市天河区酒类专卖管理办公室
8	广州国金中心酒店管理有限公司《餐饮服务许可证》	广州市食品药品监督管理局
9	广州国金中心酒店管理有限公司《社保登记证》	社保局
10	广州国金中心酒店管理有限公司《卫生许可证》	广州市卫生局
11	接受卫星传送的境外电视节目许可证	广东省广播电影电视局
12	排污许可证	广州市天河区环境保护局
13	电梯安全检验合格证（迅达）	广州市特种机电设备检测研究院
14	特种设备使用登记证（迅达）	广州市质量技术监督局
15	电梯产品合格证（迅达）	苏州迅达电梯有限公司

第十五章 项目成就

在广州国际金融中心项目建设过程中，曾遇到许多新的技术难题。项目业主方、设计方、总包方及各专业分包单位积极地进行技术创新和发明，并及时对成果进行总结，获得了多项技术专利及科技奖项，成为行内佼佼者。

第一节 获专利情况

国金项目共获国家知识产权局专利20多项。具体获专利情况见表1-15-1所列。

国金项目获专利情况

表1-15-1

序号	专利类型	专利名称	专利号	专利权人
1	发明专利	低位三支点长行程顶升钢平台可变整体提升模板系统	ZL200810029576.5	中国建筑第四工程局有限公司、中建三局建设工程股份有限公司、广州市建筑集团有限公司
2	发明专利	一种用于建筑施工的顶升模板的控制系统及方法	ZL200810220298.1	中国建筑第四工程局有限公司、中建三局建设工程股份有限公司、广州市建筑集团有限公司
3	实用新型专利	挂架系统	ZL2008 1 0050893.0	中国建筑第四工程局有限公司、中建三局建设工程股份有限公司、广州市建筑集团有限公司
4	实用新型专利	动力及控制系统	ZL2008 2 0050898.3	中国建筑第四工程局有限公司、中建三局建设工程股份有限公司、广州市建筑集团有限公司
5	实用新型专利	支撑系统	ZL2008 2 0050899.8	中国建筑第四工程局有限公司、中建三局建设工程股份有限公司、广州市建筑集团有限公司
6	实用新型专利	低位三支点长行程顶升钢平台可变系统	ZL2008 2 0182378.8	中国建筑第四工程局有限公司、中建三局建设工程股份有限公司、广州市建筑集团有限公司
7	实用新型专利	可水平转向的挂架连接头	ZL2008 2 0205871.7	中国建筑第四工程局有限公司、中建三局建设工程股份有限公司、广州市建筑集团有限公司
8	实用新型专利	一种挂架伸缩板装置	ZL2008 2 0205873.6	中国建筑第四工程局有限公司、中建三局建设工程股份有限公司、广州市建筑集团有限公司
9	实用新型专利	一种挂架翻板装置	ZL2008 2 0205874.0	中国建筑第四工程局有限公司、中建三局建设工程股份有限公司、广州市建筑集团有限公司
10	实用新型专利	大钢模板专用脱模器	ZL2008 2 0205887.8	中国建筑第四工程局有限公司、中建三局建设工程股份有限公司、广州市建筑集团有限公司
11	实用新型专利	挂架导向装置	ZL2008 2 0205903.3	中国建筑第四工程局有限公司、中建三局建设工程股份有限公司、广州市建筑集团有限公司
12	实用新型专利	模板吊杆装置	ZL2008 2 0205902.9	中国建筑第四工程局有限公司、中建三局建设工程股份有限公司、广州市建筑集团有限公司
13	实用新型专利	一种分拆组合式大钢模板	ZL2008 2 0205904.8	中国建筑第四工程局有限公司、中建三局建设工程股份有限公司、广州市建筑集团有限公司

序号	专利类型	专利名称	专利号	专利权人
14	实用新型专利	一种可调幕墙的连接装置	ZL200820047696.3	深圳金粤幕墙有限公司
15	实用新型专利	一种单元式幕墙开口型立柱的加强连接装置	ZL200820050426.8	深圳金粤幕墙有限公司
16	实用新型专利	一种多棱面采光天窗可调连接装置	ZL200820203428.6	深圳金粤幕墙有限公司
17	实用新型专利	一种单元板块间的连接装置	ZL200820203430.3	深圳金粤幕墙有限公司
18	实用新型专利	一种可多项调整的幕墙连接装置	ZL200820203429.0	深圳金粤幕墙有限公司
19	实用新型专利	一种点式玻璃幕墙上地弹簧门的顶部夹具	ZL200820206737.9	深圳金粤幕墙有限公司
20	实用新型专利	点式幕墙可调的接驳爪	ZL200820206738.3	深圳金粤幕墙有限公司
21	实用新型专利	一种角度可调的异型幕墙板块组角块	ZL200920054561.4	深圳金粤幕墙有限公司
22	实用新型专利	便携式测量定位尺	ZL2010 2 0281472.6	中建三局装饰有限公司
23	实用新型专利	枢轴合页联运系统	ZL201220490408.8	中建三局装饰有限公司

第二节　科学技术获奖情况

国金项目获多项设计类奖项、工程质量奖项及科学技术奖项，分别见表1-15-2～表1-15-4所列。

国金项目获设计类奖项情况　　　　　　　　　　　表1-15-2

序号	获奖名称	获奖项目	发奖单位	获奖单位
1	2012年度莱伯金奖（Lubetkin Prize）	广州国际金融中心	英国皇家建筑师协会（The Royal Institute of British Architects、简称：RIBA）	威尔金森·艾里建筑事务所、华南理工大学设计研究院、越秀集团、中建总-广建联合体、奥雅纳工程顾问
2	2012年建筑设计（给水排水）优秀设计一等奖	广州国际金融中心	中国建筑协会	华南理工大学设计研究院
3	2011年亚洲最佳高层建筑奖	广州国际金融中心	世界高层都市建筑协会	广州越秀城建国际金融中心有限公司
4	照明工程设计奖三等奖	国金室内照明工程	中国照明学会	华南理工大学设计研究院
5	2011年度教育部建筑结构专业设计一等奖	国金结构设计	中华人民共和国教育部	华南理工大学设计研究院
6	2011年南中国地产金榜金珠奖	广州国际金融中心	中国房地产投融资促进中心	广州越秀城建国际金融中心有限公司
7	广东省土木工程2013年第五届詹天佑故乡杯	广州珠江新城西塔	广东省土木建筑学会	广州越秀城建国际金融中心有限公司
8	2012～2013中国地区综合用途项目高度评价奖	广州国际金融中心	国际地产奖协会	广州越秀城建国际金融中心有限公司

国金项目获工程质量奖项情况　　　　　　　表1-15-3

序号	获奖名称	获奖项目	发奖单位	获奖单位
1	2012~2013年度中国建设工程鲁班奖（国家优质工程）	广州珠江新城西塔	中国建筑业协会	中国建筑股份有限公司、广州市建筑集团有限公司、中建四局、中建三局一公司、中建四局六公司、中建四局安装公司、中建钢构、中建三局装饰公司、广州一建、广州机电安装公司、沪宁钢机、精工钢构、金粤幕墙公司、城建装饰公司、安鑫消防、中建装饰公司、深圳亚泰、名特网络
2	2014年第12届中国土木工程詹天佑奖	广州珠江新城西塔	中国土木工程学会	广州越秀城建国际金融中心有限公司
3	2011~2012西塔全国建筑工程装饰奖	广州珠江新城西塔幕墙工程	中国建筑装饰协会	深圳金粤幕墙有限公司
4	广州市结构样板工程	广州国际金融中心	广州市建委	中国建筑股份有限公司、广州市建筑集团有限公司
5	2011~2012年度全国建筑工程装饰奖（证书：ZJ1202352）	广州珠江新城西塔项目主塔楼11、14~17办公楼层精装修工程	中国建筑装饰协会	广州城建开发装饰有限公司
6	2011~2012年度全国建筑工程装饰奖（证书：ZJ1202356）	广州珠江新城西塔项目主塔楼64和66办公楼层精装修工程	中国建筑装饰协会	广东绿之洲建筑装饰工程有限公司
7	2011~2012年度全国建筑工程装饰奖（证书：ZJ1202351）	广州友谊集团股份有限公司友谊国金店装饰工程附楼—1~3层装修	中国建筑装饰协会	广州市第四建筑工程有限公司、广州市第四装修有限公司联合体
8	2011~2012年度全国建筑工程装饰奖（证书：ZJ1202357）	广州珠江新城西塔项目主塔楼4~7、9、10、12、57~63层 室内装饰装修	中国建筑装饰协会	广州城建开发装饰有限公司
9	2011~2012年度全国建筑工程装饰奖（证书：ZJ1202358）	广州珠江新城西塔项目主塔楼26~45层办公楼层装修	中国建筑装饰协会	广州市第一装修有限公司
10	2011~2012年度全国建筑工程装饰奖（证书：ZJ1202359）	广州珠江新城西塔项目主塔楼8、18~25、46~58层装修	中国建筑装饰协会	中建三局装饰有限公司
11	2011年度广东省建筑装饰行业科技示范工程（粤建协装【2012】21号）	广州珠江新城西塔项目主塔楼办公区精装修工程	广东省建筑业协会建筑装饰分会	中建三局装饰有限公司
12	2012年度广州市建筑装饰优质工程（穗装协工程优质证字015字）	广州珠江新城西塔项目主塔楼办公区、套间式办公楼（一标段）精装修工程	广州市建筑装饰行业协会	中建三局装饰有限公司
13	2012年度广东省优秀建筑装饰工程奖（GDZS12013）	广州珠江新城西塔项目主塔楼办公区、套间式办公楼（一标段）精装修工程	广东省建筑业协会建筑装饰分会	中建三局装饰有限公司
14	2011~2012年度全国建筑工程装饰奖（证书：ZJ1202359）	广州珠江新城西塔项目主塔楼办公区、套间式办公楼（一标段）精装修工程	中国建筑装饰协会	中建三局装饰有限公司

国金项目获科学技术奖项情况　　　　　　　表1-15-4

序号	获奖名称	获奖项目	发奖单位	获奖单位
1	2008年度工程项目管理优秀成果一等奖	《项目总承包管理模式下的广州西塔项目管理信息系统研究与应用》专项课题	中国建筑业协会	中国建筑股份有限公司、广州市建筑集团有限公司、中建四局、中建三局
2	2009年度华夏建设科技一等奖	基于IFC标准的建筑工程4D施工管理系统的研究和应用	华夏建设科学技术奖励委员会	中国建筑股份有限公司、广州市建筑集团有限公司、中建四局、中建三局

序号	获奖名称	获奖项目	发奖单位	获奖单位
3	2009年度科学技术一等奖	低位三支点长行程顶升钢平台可变模架体系	中国建筑工程总公司	中国建筑股份有限公司、广州市建筑集团有限公司、中建四局、中建三局
4	2009年度优秀专利奖银奖	支撑系统	中国建筑工程总公司	中国建筑股份有限公司、广州市建筑集团有限公司、中建四局、中建三局
5	2009年度优秀施工方案二等奖	广州珠江新城西塔核心筒提模施工方案	中国建筑工程总公司	中国建筑股份有限公司、广州市建筑集团有限公司、中建四局、中建三局
6	示范工程奖	第六批全国建筑业新技术应用示范工程	住房和城乡建设部	中国建筑股份有限公司、广州市建筑集团有限公司、中建四局、中建三局
7	2010年度华夏建设科技二等奖	超高性能混凝土与超高性能自密实混凝土的研发应用及超高泵送技术	华夏建设科学技术奖励委员会	广州市城市建设开发有限公司、中国建筑股份有限公司、广州市建筑集团有限公司、中建四局、中建三局
8	2011年国家技术发明奖二等奖	超高层智能化整体顶升工作平台及模板体系	国务院	中国建筑股份有限公司、广州市建筑集团有限公司、中建四局、中建三局
9	2011年度广东省建筑装饰行业科技创新成果（粤建协装【2012】21号）	便携式测量定位尺的研究与应用	广东省建筑业协会建筑装饰分会	中建三局装饰有限公司
10	2009年全国建筑装饰行业科技创新成果奖（KJCG100077）	超高层进口氧化铝低碳安装技术的研究与应用	中国建筑装饰协会	中建三局装饰有限公司
11	2009年全国建筑装饰行业科技创新成果奖（KJCG100078）	GRG强铸型石膏板新材料新工艺应用、隔振地台新材料新技术应用	中国建筑装饰协会	中建三局装饰有限公司
12	2011年全国建筑装饰行业科技创新成果奖（KJCG110195）	铝合金悬挂式脚手架搭设新材料新工艺	中国建筑装饰协会	中建三局装饰有限公司

第三节　科学技术成果鉴定情况

国金项目多项科技成果通过技术鉴定，获国际领先水平4项，获国内先进水平1项，具体见表1-15-5所列。

国金项目科学技术成果鉴定情况　　　　　表1-15-5

序号	成果名称	鉴定结论	鉴定日期	批准日期
1	低位三支点长行程顶升钢平台可变模架体系研究与应用	国际领先水平	2008年11月	2008年12月
2	超高性能混凝土与超高性能自密实混凝土的研发应用及超高泵送技术	国际领先水平	2009年4月	2009年4月
3	双曲面斜交网格超高钢构施工关键技术研究应用	国际领先水平	2009年4月	2009年4月
4	总承包管理模式下的建筑工程4D施工管理系统的研究和应用	国内先进水平	2009年12月	2009年12月
5	新技术应用示范工程	国际领先水平		2010年1月

2005年

9月15日	广州市城市建设开发有限公司参加西塔项目土地招标，提交投标文件。
9月27日	广州市城市建设开发有限公司中标项目。
10月8日	西塔项目国内设计合作单位比选方案评分，华南理工大学建筑设计研究院获得第一名，推荐作为国内设计合作单位。
10月12日	西塔项目工程场地地震安全性评价询价比选，广东省地震工程试验中心技术方案合格，报价最低，推荐作为实施单位。
10月12日	项目指挥部成立，筹建办由工程、技术设计、投（融）资监控、营销推广、综合管理5个专业部组成。
11月17日	广州市建委批复珠江新城西塔项目纳入广州市重点工程管理（穗建督函〔2005〕1576号文）。
12月12日	西塔项目建设领导小组成立，为西塔项目最高决策机构。
12月16日	完成基坑支护、土方开挖工程招投标工作，中建四局中标。
12月26日	项目破土动工。

图1-16-1　2005年12月26日项目破土动工

2006年

1月16日	召开5家国际地产顾问公司（仲量联行、第一太平戴维斯、高力国际、戴德梁行、世邦魏理仕）提案推介会，进行公司介绍以及对西塔项目总体营销策划方案的思路介绍。
1月18日	取得规划局规划报建审批、用地红线图。
3月23日	广州西塔项目公司——广州越秀城建国际金融中心有限公司正式成立，领取工商营业执照；成立了公司董事会及监事会。
3月30日	西塔建筑单体报建批复。
4月5日	英国亚洲外交事务及贸易部副部长皮尔逊一行在广州市政府领导以及广州市外办、越秀集团、西塔建设指挥部有关领导的陪同下，参观了广州西塔。
4月11日	西塔项目通过超限高层建筑抗震设防专项审查。

图1-16-2　英国政府官员参观西塔施工现场

| 4月25日 | 西塔在"第二届亚洲人居环境暨城市建筑国际设计大赛"中获得亚洲人居环境规划设计创意奖、亚洲地产开发营运特别贡献奖。 |

图1-16-3　广州市委书记林树森参观西塔施工现场

4月28日　西塔项目完成项目初步设计工作。

5月8日　广东省委常委、广州市委书记林树森一行，实地考察了正在紧张施工中的西塔项目工程情况，并指出：要精心组织施工，坚持统筹安排，加强协调，争取主动，加快工程建设进度。

5月13日　通过积极沟通，在国土局和规划局的大力支持下，取得西塔地块《建设用地规划许可证》。

5月29日　广州市建委科技委主持召开"西塔项目初步设计"评审会。市建委、规划局、国土局等有关部门以及各专业专家参加了评审会，对初步设计及下阶段设计提出了宝贵意见。西塔项目的初步设计审查通过。

图1-16-4　业主及设计方参加项目初步设计评审会

6月2日　取得广州市房地产开发建设项目手册和房地产企业暂定开发资质证书。

6月23日　取得环保报建的批复。

6月27日　取得人防报建的批复。

6月27日　确定第一太平戴维斯为营销顾问中标单位。

7月14日　省市消防部门在西塔召开了消防设计专家论证会，通过西塔项目的消防设计审查。

7月18日　完成裙楼、服务式公寓（含整个地下室）施工图设计。

7月26日　通过公开招标，确定西塔项目基础及地下室底板工程施工监理的中标单位为广州城建开发工程咨询监理有限公司。

7月26日　组织公开招标评审，评委会推荐广州市建筑集团有限公司为西塔项目基础及地下室底板工程施工中标候选单位。

图1-16-5　项目消防设计审查

7月31日　召开基坑支护及土石方工程竣工验收会。

8月3日　基础及地下室底板工程施工单位——广州市建筑集团有限公司进场施工。

9月1日~4日　经过精心策划与筹备，西塔项目参展广州博览会取得圆满成功。

9月5日　完成主塔楼施工图设计。

9月28日　取得园林绿化报建批文。

9月30日　酒店引进、引资合作、品牌推广工作取得决定性进展：

（1）与国际顶级四季酒店进行谈判，修订合作意向书；

（2）与第一太平戴维斯进行策划方案提案沟通；

（3）继续推进与投资机构的洽谈；

（4）确定西塔项目命名方案。

10月11日	与上海机电就委托塔吊国际招标代理协议书事宜进行洽商，并完成上网发布招标公告、上网注册和备案手续。
10月13日	委托广州国际咨询公司编制《西塔可行性研究报告》。
12月15日	与亚洲电视初步接触，商谈西塔品牌推广事宜。

2007年

1月23日	中国建筑工程总公司、广州市建筑集团联合体中标西塔项目总承包工程。
1月26日	取得珠江新城西塔项目《建设工程规划许可证》。
1月26日	地下室底板工程完工，地下室及主体工程总包单位进场施工。
2月16日	广州越秀城建国际金融中心有限公司与中国建筑工程总公司、广州市建筑集团联合体签订总承包合同。

图1-16-6 西塔主体工程开工庆典

3月1日	地下室及主体工程正式开工。
5月15日	地下室结构工程完工。
6月6日	西塔主体工程开工庆典。
6月27日	取得西塔项目《建设用地批准书》。
6月28日	取得西塔项目《建设工程施工许可证》。
7月25日	广州市政府正式批复西塔项目命名为"广州国际金融中心"。
7月26日	第一台M900D塔吊安装完成。
9月	中国建筑工程总公司、广州市建筑集团联合体中标国金机电工程。
9月16日	第一个X形节点钢柱试吊成功。
10月6日	机电工程正式开工。
10月30日	主塔结构施工顶模系统安装完成。

图1-16-7 第一个X形节点钢柱试吊成功

11月2日	广州越秀城建国际金融中心有限公司、广州越声实业有限公司、广州越汇实业有限公司三方完成国金中心项目股权交割手续。三方分别持有国金中心股份50%、25%和25%。
12月5日	附楼土建工程封顶。
12月31日	主塔主体结构完成25层。

2008年

5月29日	主塔第一块幕墙单元板块开始安装。
6月19日	主塔完成67层施工。
6月23日	取得国金项目的《国有土地使用证》。
7月10日	完成公寓南翼10楼两套样板间装修。
7月23日	国金项目股东注资工作全部完成。
8月8日	3台M900D塔吊完成高空移位。
9月1日	附楼幕墙工程完工。

图1-16-8 主塔第一块幕墙单元板块开始安装

9月2日	顶模系统高空改造完成，进入酒店区域结构施工。
10月27日	国金项目地址门牌经广州市公安局天河分局批准为广州市天河区珠江西路5号。
12月31日	广州国际金融中心结构封顶。广州市委主要领导到会参加了隆重的封顶仪式。

图1-16-9　国金项目主塔结构封顶

2009年

1月22日	完成智能化第一标段招标，中标单位为北京中电兴发科技有限公司。
2月25日	附楼及裙楼总包单位土建完工。
3月6日	完成酒店裙楼宴会厅、会议中心等公共区域、酒店主塔楼大堂及酒店客房室内设计施工图。
4月1日	完成写字楼精装修第一标段招标（主塔楼办公楼部分），中标单位为中国建筑股份有限公司—广州市建筑集团有限公司联合体。
5月	办公区域精装修单位进场。
5月15日	完成国金公寓室内设计施工图及材料定板。
6月	7号M900D型塔吊完成拆卸。
6月8日	完成国金套间式办公楼南翼机电施工图。
6月15日	完成国金套间式办公楼北翼机电施工图。
7月	"广州国际金融中心项目标识公开征集活动"评选顺利落下帷幕，并最终确定国金中心项目标识。
7月15日	广州市城建档案馆国金项目组正式驻场，为国金中心提供档案信息综合服务。
7月28日	完成智能化第二标段楼宇自控工程招标工作，中标单位为北京江森自控有限公司。
7月30日	国金中心主塔楼幕墙封顶。
8月	完成公寓北翼样板间、公寓大堂。
8月4日	广州国际金融中心全球招商启动仪式暨国际合作伙伴签约新闻发布会在广州东方宾馆举行。
8月15日	完成主塔楼4～65层办公楼公共区域精装修施工深化设计出图及审核工作；完成主塔楼办公区域配合精装修机电施工图设计工作。
8月20日	完成绿化景观及水体设计施工图。
8月24日	完成酒店精装修工程三个标段工程招标，一标段中标单位为深圳市亚泰装饰设计工程有限公司；二标段中标单位为中建三局装饰有限公司；三标段中标单位为广东省装饰总公司。8月底各单位进场施工。

图1-16-10　国金项目全球招商启动仪式

图1-16-11　主塔写字楼22层示范样板层

9月	主塔楼22层写字楼示范样板间完成并对外开放。
9月4日	完成智能化第三标段招标（安防），中标单位为广州市天河弱电电子系统工程有限公司—广州市城建开发集团名特网络发展有限公司联合体。
9月24日	完成永久用电施工专业承包招标，中标单位为广州名力安装工程有限公司。
10月19日	确定国金中心64～65层作为越秀集团总部新办公地点；国金中心14～16层作为越秀城建地产本部新办公地点。
10月28日	主塔总包单位土建完工。
11月4日	国金中心获南方都市报颁发"年度普利策写字楼大奖"奖项。
11月17日	完成酒店厨房设备招标，中标单位为东莞蕾洛五金制品有限公司。
11月26日	完成智能化第四标段招标（会议试听音响），中标单位为深圳市三和陈氏实业有限公司。
12月29日	国金公司与友谊集团签署国金中心裙楼商场租赁合同；仲量行物业管理公司与友谊集团签署物业管理合同。
12月30日	国金中心获搜房网颁发"2009广州房地产最具投资潜力商用物业"奖项。
12月30日	完成国金中心项目的主体结构验收。

2010年

1月12日	召开示范层（主塔楼22楼）揭幕新闻发布会。
1月13日	完成G4、G5、G6、G8、H2、H3等电梯的安装及验收工作。
1月18日	取得市政道路规划许可证。
1月30日	完成四季酒店客房样板间施工及验收。完成北翼8、9、11层业主现场办公室搬迁工作。
2月1日	确定国金中心广场雕塑"未来之门"方案及材质。
2月8日	取得市政排水规划许可证。

3月10日	完成国金中心园林绿化工程招标工作。
3月15日	取得广州越秀城建国际金融中心有限公司四季酒店管理分公司营业执照。
3月20日	中国电信进场施工。
3月30日	园建绿化工程施工单位进场。
4月1日	在省消防总队组织的"消防设计专家评审会"上，四季酒店70～72层增加明火厨房等问题获论证通过。
4月14日	取得广州越秀城建国际金融中心有限公司四季酒店管理分公司组织机构代码证。
4月19日	雕塑广场方案取得市规划局初步审查意见。
5月5日	完成市政工程的安监和质监报建。
5月18日	取得国金中心裙楼员工餐厅餐饮卫生学评价书。
5月19日	市建委主持召开的"广州珠江新城西塔主塔楼玻璃幕墙工程性能研究论证会"。

图1-16-12　国金中心试运营庆祝仪式

5月30日	通过永久供电系统工程验收并送电。
6月8日	完成国金中心第一次消防验收预检。
6月28日	签订停机坪咨询委托合同，委托广州军区空军勘察设计院负责直升机临时起降点建设技术咨询、工程设计及施工合同等事宜。
7月26日	取得国金人防工程竣工验收备案意见书。
7月30日	国金市政工程完工。
8月17日	完成排水工程验收测量记录册。
8月20日	主塔楼楼顶擦窗机工程通过广州市特种机电设备检测研究院验收。
8月30日	国金范围内市政路灯完成通电。

9月2日	取得国金中心项目装修设计报建审核意见书。
9月2日	完成主塔楼和裙楼及地下室规划验收测量记录册。
9月13日	国金市政给水工程完成并通水。
9月13日	取得排水规划验收合格证。
9月17日	内庭擦窗机工程通过广州市特种机电设备检测研究院验收。
9月20日	国金幕墙工程通过广州市建设工程质量监督站中间验收。
9月21日	取得主塔楼和裙楼及地下室规划验收合格证。
9月30日	OTIS电梯公司合同内全部电梯通过广州市质量技术监督局验收。
10月13日	国金首层室外景观工程完工。
10月15日	举办广州国际金融中心试运营庆祝仪式。
11月9日	完成停机坪专家技术评审会，取得技术审查意见和中南航空局批复。
11月18日	裙楼友谊商场开业。
11月30日	迅达电梯公司合同内全部电梯通过广州市质量技术监督局验收。

图1-16-13　广州友谊商店开业

2011年

2月1日	通过市建委和天河区建委对项目手册的年检。
2月7日	组织市质监站对友谊区域的竣工资料抽查，并出具《友谊区域工程技术资料抽查情况通知书》。
3月17日	取得广州市防雷减灾管理办公室颁发的《防雷装置验收合格证》。
4月	国金公司工程部荣获广州市总工会颁发的"广州市工人先锋号"称号。
4月30日	主塔楼办公区（不含集团自用层）精装修工程完工。
5月20日	主塔楼办公区集团自用楼层（11、14～16、64、65层）精装修工程完工。
5月20日	裙楼4层员工餐厅顺利移交伟城公司并正式投入使用。
5月20日	电梯子分部通过市质监站验收，出具《电梯子分部工程验收备案》。
5月25日	裙楼、地下室、主塔楼办公区与消防验收相关工程全部完工。
5月27日	裙楼煤气工程通过煤气公司验收，完成通气点火。
5月27日	取得国金中心主塔楼办公区、裙楼、地下室的《民用建筑工程室内环境质量检验报告》。
6月3日	地下室负1～4层、裙楼1～5层及主塔楼1～66层写字楼顺利通过市消防局消防验收，取得消防验收意见书。
6月10日	国金公司完成办公室搬迁工作，搬至主塔楼10层办公。

图1-16-14　项目进行消防演练

6月20日	幕墙子分部通过质监站验收，出具《幕墙子分部工程验收备案》。
6月20日	越秀集团、越秀地产总部办公自用层（11、14~16、64、65层）装修工程竣工。
6月25日	越秀集团总部搬迁至国金主塔64、65层办公。
6月25日	节能部分通过市质监站验收，取得《建筑节能分部工程质量验收登记表》。
6月28日	完成雅诗阁公寓南北翼精装修施工图及技术文本。
6月28日	主塔首层写字楼大堂正式交付使用。
7月25日	越秀地产总部搬迁至国金主塔楼11、14~16层办公。
8月15日	完成地下室、裙楼和主塔楼办公区质量验收，并取得《建设工程施工质量监督验收意见书》。
8月16日	国金公司全资子公司"广州国金中心酒店管理有限公司"成立。
9月1日	完成公寓南北翼弱电专业施工图。
9月6日	完成南北翼公寓规划验线并取得《规划验收测量记录册》。
9月10日	完成南北翼公寓规划验收，并取得《规划验收合格证》。
9月30日	完成主塔楼酒店区厨房、地下室负一层锅炉及102层锅炉煤气工程验收。
10月12日	国金项目整体环境景观工程第二标段（含室外景观改造）招标完成，发出中标通知书。
10月20日	首层园林景观改造工程正式开工。
10月30日	主塔楼19、20层广州证券办公层装修竣工。
11月25日	完成地下室负一层及102层锅炉煤气工程验收。
11月30日	主塔楼17层越秀交通集团、越秀房托基金管理公司办公层装修竣工。
12月10日	主塔63层越秀金融板块办公室装修竣工。
12月18日	越秀交通集团、越秀房托基金管理公司总部搬迁至主塔17楼办公。
12月20日	完成裙楼5层国际会议中心并移交。
12月30日	取得环境竣工验收检测报告。
12月31日	首层园林景观改造工程大面积完工。

图1-16-15 越秀集团搬迁至国金中心

2012年

1月17日	越秀集团下属子公司广州证券总部搬迁至主塔19、20层办公。
1月18日	越秀集团金融板块下属公司搬迁至主塔63层办公。
2月2日	广州国金中心项目顺利完成环保验收并取得环保排污许

可证。

4月	荣获英国皇家特许测量师协会等机构颁发的"中国地区综合用途项目高度评价奖——国际地产奖"。
4月1日	取得裙楼北区27~28层、主塔楼67~103层酒店区域消防验收合格意见书。
4月5日	主塔楼四季酒店及附楼北翼27、28层金融家俱乐部取得市消防局建设工程消防验收意见书。
4月9日	取得酒店所有餐厅卫生许可证。
4月16日	取得首期开业区域公共卫生许可证。
6月15日	四季酒店首层景观广场改造工程竣工并移交酒店管理公司。
6月20日	主塔6层越秀集团及下属各分公司档案室装修工程竣工。
7月23日	广州四季酒店试业。
8月2日	广州四季酒店开通全球订房网络系统。
8月20日	完成项目房产整体确权手续。
9月25日	雅诗阁公寓正式对外试业。
9月26日	在广州四季酒店隆重举行广州国际金融中心全面开业庆典。
9月29日	雅诗阁公寓取得市消防局装修及机电工程消防验收意见书。
10月8日	国金中心项目整体资产成功注入越秀房托。
10月29日	雅诗阁公寓取得市质监站装修及机电工程质量验收意见书。
10月31日	国金中心项目顺利通过竣工验收备案，完成竣工验收工作。
11月16日	广州国际金融中心获英国2012年度莱伯金奖（Lubetkin Prize 2012）。
11月19日	在四季酒店举行广州国金中心项目建设团队表彰大会，对参与项目建设的集体和个人进行颁奖表彰。
12月15日	国金主塔办公楼层获中国建筑装饰协会颁发的全国建筑工程装饰奖。
12月17日	广州市节能办在国金召开国金节能示范工程验收会议，与会专家通过现场实地考察，一致同意通过验收。

图1-16-16　广州四季酒店开业

图1-16-17　雅诗阁公寓开业庆典

图1-16-18　国金中心全面开业庆典

第二篇
设计与技术

第一章　建筑设计

第一节　概况

2005年8月经过公开竞标，"西塔"项目的开发商确定为广州市城市建设开发有限公司、广州市城市建设开发集团有限公司、越秀投资有限公司（联合体）。业主方向广州市政府承诺：西塔将完全采用英国威尔金森埃里建筑设计有限公司和奥雅纳工程顾问公司联合体中标的八号方案实施，从而使这一富有创造性的优秀方案得以实施。同时业主方选定施工图由华南地区实力雄厚的华南理工大学建筑设计研究院负责完成。

越秀地产中标"西塔"项目后，项目正式命名为：广州国际金融中心（简称：国金中心或西塔）。项目位于广州市珠江新城核心商务区J1-2、J1-5地块，总用地面积31084.96m²，塔楼总高度440.75m（不含直升机平台高度432m），总建筑面积452863m²，计算容积率面积345624m²，容积率11.11，建筑密度39.9%，绿地率31.2%，设有地下停车位1739个，卸货车位13个，临时车位9个。主要功能包括：智能化超甲级写字楼、白金五星级酒店、高级公寓、多功能会议展览厅、高档商场。

第二节　建筑设计创新点

建筑物以通透水晶作为设计意念，光洁的玻璃幕墙使得建筑物不会产生压抑感，可与周围的建筑融合一起，共同构成广州新的天际线。塔楼立面呈中间大两头小的纺锤形弧线，各层平面也是带弧线的类三角形，使得立面造型呈优美的双曲面。斜交网柱的外框筒结构突破传统的钢斜撑框架柱设计，塔楼所有的结构柱均有一定角度倾斜。形成良好的抗风抗震结构体系，同时也形成一种立面上的美感，与对岸的电视塔（小蛮腰）相呼应。70层酒店大堂中庭直通天窗，自然光通过中庭菱形幕墙的反射进入酒店大堂，给人带来强烈的视觉冲击（图2-1-1）。建筑物从立面造型到结构形式都展现了创新意念，也体现了当今建筑新的技术水平。

在幕墙玻璃的选择上，建筑师注重节能环保，选择低反射率及高通透性的玻璃，降低反射光对环境的污染，内部斜交网柱的结构特点也得到完全展现。幕墙立面简洁，没有任何装饰线条，充分体现了"通透水晶"的设计理念（图2-1-2、图2-1-3）。

图2-1-1　中选方案立面效果图　　　　　　　　　　　　　　　　　　图2-1-2　立面实景图

图2-1-3　建筑立面　　　　　　　　　　　　　图2-1-4　裙楼立面

　　裙楼立面以横向铝格栅来加强视觉的平衡，增加底座的稳定感。裙楼与主塔用流线阶梯雨棚相连，使得裙楼的方正与塔楼的弧线得到自然过渡。附楼南北翼塔楼公寓部分立面简洁，幕墙色泽与主塔基本一致。空中连廊绿化增加公寓生活空间（图2-1-4）。

第三节　建筑规划

　　广州国际金融中心位于珠江新城西南部，东临珠江大道，与城市中轴线花城广场、东塔地块相望（图2-1-5）；西靠12m规划路；南接20m规划路，紧邻广州市第二少年宫（图2-1-6），北临花城大道，处于新城市中心的中轴

图2-1-5 规划鸟瞰图

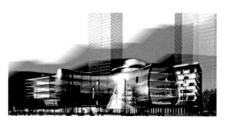

图2-1-6 广州市第二少年宫

图2-1-7 广州市图书馆

图2-1-8 广州大剧院

图2-1-9 广东省博物馆

线上。用地周围街区的公共设施包括：广州市第二少年宫、广州图书馆（图2-1-7）、广州大剧院（图2-1-8）和广东省博物馆（图2-1-9）等大型公共建筑，以及花城广场、海心沙市民广场等配套设施，具备开发标志性超甲级写字楼等综合物业的区位条件。项目用地为一近似梯形，南北纵深约240m，东西展开最长边160m、最短边约100m，总用地面积为31084.96m²。

第四节 建筑功能分区构成

国金项目由主塔楼（103层）、附楼北翼及南翼塔楼，以及它们的裙楼和地下室组成（图2-1-10）。国金项目具体使用功能分布为：

一、地下室

地下室空间的组成：国金地下室空间庞大，共设4层及一个夹层。其中负一层（含夹层）层高达8.4m，上部局部作为设备走道与绿化覆土空间。-1层北侧为主要商业广场，在-4.2m处增设了一层商场夹层。-1层南部为主要的设备机房与货车卸货区域，在主塔附近设置VIP登机大厅及行李库等空间。

地下室-2~-4层均为车库，每层面积约24500m²，共设车位1739个。

主塔区域内的-2及-4层为四季酒店后勤及行政管理用房、厨房。-2层西北区为雅诗阁公寓管理用房。仲梁联行物业管理公司位于-1层。

二、裙楼

国金裙楼是主要的商业与会议多功能空间，其功能分布为：

（1）首层：高级公寓入口大堂，北侧高档零售商场，南侧酒店多功能厅及入口，联系裙楼与主塔楼18m高的豪华大堂。

（2）二层：北侧商场，南侧为首层多功能区上空，休息廊。

（3）三层：北侧商场，南侧为酒店210人及300人会议中心和4个会议室。

（4）四层：北侧为商场区，南侧为三层会议中心上空，员工餐厅及服务厨房。

（5）五层：北侧为高档餐饮区，南侧为国际会议中心。

（6）六层：为公寓会所，泳池，露天为天台花园及高尔夫练习场。

首层、三层南侧酒店多功能宴会大厅每处层高9.6m，面积约1000~1200m²，可利用拉门屏风进行多种分隔，其服务厨房使多功能大厅除可作为展览发布会等功能用途外，还可以举行大型的宴会或鸡尾酒会，真正达到多功能的目的。

三、高级公寓

高级公寓部分位于附楼（图2-1-11）。分为南北两翼，分别为28层，层高3.2m。

四、主塔楼

智能化超甲级写字楼位于主塔楼的下部（1~66层），标准层层高4.5m（图2-1-12）。白金五星级酒店位于主塔楼的上部（69~100层）（图2-1-13），标准层层高3.375m；其中12、13、30、31、48、49、67、68、81层为避难层或设备层；101~103层为设备层；顶部设直升机停机坪。

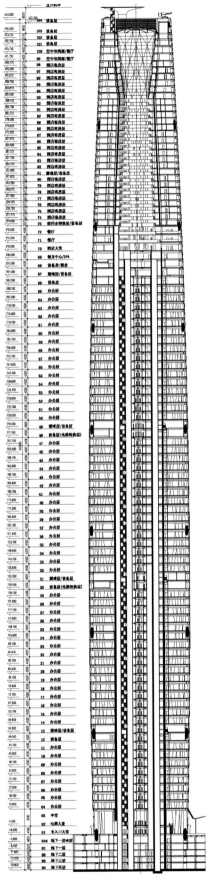

图2-1-10 剖面图

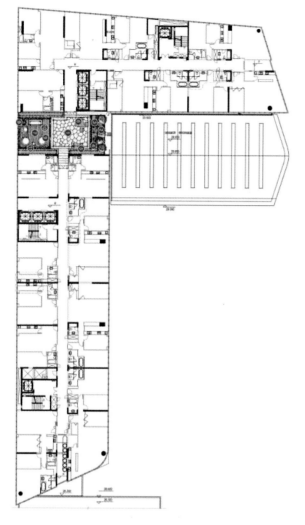

图2-1-11 附楼公寓平面图

图2-1-12 主塔写字楼平面图

图2-1-13 酒店中庭

第五节 总平面设计

国金中心坐落于新商业区中央景观轴线的西南部，轴线的末端是新电视塔，该用地位于新商业区与新文化区汇集地段（图2-1-14、图2-1-15）。

（1）主塔楼位于用地东南，靠近珠江大道的一侧。在平面上，塔楼为近似正三角形，角部面向珠江，三边成弧线展开。主塔楼向东扭转15°，使得2/3的房间和办公区具有良好的朝向和视觉景观，同时从珠江和都市绿化广场等城市开放空间观赏国金也可获得满意的视觉效果。

（2）在裙楼北侧的商业购物中心之上L形布置了2座28层高级公寓，造型寓意把塔楼镶在相框内，同时呼应城市轮廓和道路边线。主塔楼与附楼的间距尽量拉开，有利于增加日照，通风与保持私密。高级公寓北翼、南翼分别位于用地的北侧和西侧，成L形，与裙楼一起半环抱主塔楼，构成用地比较完整的北侧和西侧的临街界面，尽可能地取得良好的朝向与景观视角。

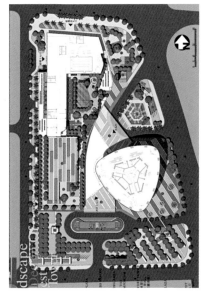

图2-1-14 规划平面图

图2-1-15 规划鸟瞰图

（3）总体规划的整体空间形态为北侧、西侧较为封闭，向东、向南面向都市绿化广场和珠江开敞，国金主塔楼北侧、东侧、南侧直接落地，西侧与裙楼相接，成为空间的视觉焦点。

（4）建筑物退缩红线：北侧建筑（地下室和高级公寓北翼）退缩道路红线10m，退缩道路中线40.0m；东侧主塔楼退缩南侧规划道路中线59.3m；西侧建筑（地下室）退缩规划路道路红线3.0m，西向裙楼退缩道路边线6.0m，高级公寓南翼退缩西侧道路中线22.9m。

（5）用地南侧让出大片绿化空间，加大了建筑与南侧少年宫之间的间距，减弱了国金对南部现有建筑的压迫感。

（6）建筑物高度：主塔楼高度440.75m（103层），高级公寓99.4m，裙楼高度完成面标高25.0m，结构标高24.0m，地下室深度为18.4m。

（7）裙楼大致利用主塔楼的几何设计概念，正对着主塔楼的一边采用曲线平面布置为主，另一边则跟随规划路的直线条。微弯而修长的裙楼玻璃外墙从塔楼后面伸延至前方，构成会议中心前厅的幕墙。

（8）阶梯形状的透明屋顶和雨棚连接裙楼微弯部分及塔楼底层，这部分空间继续伸展，构成办公室和酒店入口下客区域的雨棚。

第六节　外部交通组织及停车

国金项目是综合性的大型建筑，其交通系统从交通工具的角度划分，包括地上公共交通系统、地下轨道交通系统、货车系统及小汽车交通系统。从服务对象出发，包括办公交通、酒店交通、会议中心交通、高级公寓交通、商场交通、地下车库交通及货物交通等。交通组织的流畅性与否将直接影响国金的整体，乃至周边地区的交通运转。

图2-1-16 交通流线图

国金项目按规划主管部门要求共设有小汽车位1739个，地下卸货车位13个，地上卸货车位2个，地下临时停车位9个，地上大客车位4个及若干小汽车停靠站。

由于国金项目是由不同的功能区域组成，人流、车流巨大，在道路交通系统的设计上，充分考虑了周边道路的交通流量和通行能力，同时兼顾使用功能的分区，使进出各个区域的路线简洁流畅，互不干扰（图2-1-16）。本项目的交通流线大致可分为以下几条：

一、办公交通流线

办公设两个出入口：一个在主塔楼的北侧，由用地东北端靠珠江大道西一侧引7m宽内部道路进入场地，绕绿地环岛抵达办公北侧入口，下客后，进入珠江大道西；另一个在主塔楼东侧，位于用地中部靠珠江大道西一侧，采用港湾式停车，人流经小桥跨水池进入主塔楼；其他办公车辆将由西侧地下车库入口进入地下车库，人员经地下车库由各核心筒进入主楼。

二、酒店交通流线

酒店出入口设在主塔楼的南侧，由用地东南端靠珠江大道西一侧引7m宽内部道路进入场地，抵达酒店出入口，由用地南端内部道路驶入南侧规划路；或经由南侧规划路进入酒店入口，然后经原路返回。酒店入口大堂前设有大型水池，方便各种车辆在此掉头或短暂停留下客。

三、会议中心交通流线

会议中心人员入口设在裙楼的南侧，和酒店采用相同的外部交通流线，其地面物流路线则通过规划路南侧的港湾式停车点进行组织。

四、高级公寓交通流线

高级公寓设西向出入口一个，位于用地西北端规划路上，采用港湾式停车，供租乘小汽车的人使用，驾驶小汽车的人群由西侧地下车库入口进入地下停车场，利用各层车库中的专用电梯到达一层大堂，再进行驳接保证了住户的安全性。

五、商场交通流线

商场设两个出入口，一个位于用地北侧花城大道上，另一个采用和办公北侧入口相同的外部流线，利用内部道路的局部扩大，争取较多的港湾式停车位。

六、地下车库交通流线

地下车库共设有三个坡道出入口，每个坡道宽7m，其中两个位于用地西侧规划路上，另一个位于用地南侧，汽车由南侧规划路经内部道路进入车库。车库管理采用二进二出的管理模式。

七、货物交通流线

货物交通设两个出入口，一个由西侧地下车库出入口直接进入地下一层卸货区，地下一层高8m，拥有13个卸货位，供会展、商场及主楼使用；另一个位于裙楼的西南角首层，货物可直接运送到首层的多功能厅及以上各层。

八、地铁人流交通流线

国金地下室-1层北侧与东侧均考虑了与地下轨道空间相接，在引入大量商业人流的同时，解决了部分进入国金人流的交通，减少地面交通的压力。

第七节　主要经济技术指标

国金项目的主要技术经济指标分别见表2-1-1和表2-1-2所列。

国金项目的主要技术经济指标　表2-1-1

	项目	数值
总用地面积（m²）		31084.96
总建筑面积（m²）		452863
其中	地上建筑面积（m²）	336903
	主塔楼	246097
	裙楼	40429
	高级公寓	50377
	地下建筑面积（m²）	111468
地面建筑基底面积（m²）		12430
计算容积率面积（m²）		345624
其中	主塔楼	241981
	裙楼及地下室	53548
	高级公寓	50095
覆盖率		39.9%
容积率		11.11
绿地率		31.2%
道路广场用地面积（m²）		8956
套间式办公总套数		344
地下停车数		1739（不含-1层13台货车位及9台临时停车位）
建筑高度	主塔楼	440.75m
	高级公寓	99.4m
	裙楼	25.0m（24.0m结构标高）

功能建筑面积表　表2-1-2

	项目	数值
1．主塔楼面积（m²）（地上）		246097
其中	（1）高层办公面积（m²）	162546
	（2）酒店面积（m²）	49474
	（3）避难层（m²）	3802
	（4）设备机房及其他（m²）	30275
2．地下室面积（m²）		111468
其中	（1）地下车库（m²）	64178
	（2）地下设备房（m²）	33296
	（3）地下商业面积（m²）	11370
	（4）其他面积（m²）	2624
3．裙楼面积（m²）		40429
其中	（1）商业面积（m²）	19034
	（2）会议展览面积（m²）	20519
	（3）架空层（m²）	876
4．高级公寓（m²）		50377
其中	（1）商业面积（m²）	2825
	（2）办公面积（m²）	46787
	（3）屋顶梯屋及电梯机房面积（m²）	282
	（4）其他（m²）	483

第二章 电梯系统设计

第一节 电梯系统设计概况

超高层建筑的垂直交通系统的优劣直接影响大厦的档次。科学合理的电梯设计、平稳安全的电梯设备配置是优质物业的保证。电梯系统一旦安装完成，如果运行效果不好，改造将很难进行。因此，科学合理的电梯系统设计是非常重要的。

国金项目的电梯系统设计由奥雅纳设计事务所负责，参照国际上认可的较高标准要求进行设计，保证了垂直运输的顺畅。

一、写字楼电梯设计标准

参照英国屋宇设备工程师学会（CIBSE）设计指引，主要设计参数为：

（1）候梯时间＜30s；

（2）在上行高峰期5min输送能力＞15%；

（3）写字楼人员密度=14m²净出租面积/人；

（4）高峰期同时使用率=85%；

（5）电梯负荷率＜80%。

二、四季酒店垂直电梯设计标准

按照四季酒店设计标准进行设计，主要设计参数为：

（1）5min输送能力＞12%；

（2）候梯时间＜30s；

（3）总运输时间＜70s；

（4）电梯负荷率＜30%。

三、雅诗阁公寓垂直电梯的设计标准

（1）5min输送能力＞5%；

（2）候梯时间＜60s；

（3）电梯负荷率＜50%。

经过计算并结合建筑平面图，垂直运输系统的设计如图2-2-1所示。

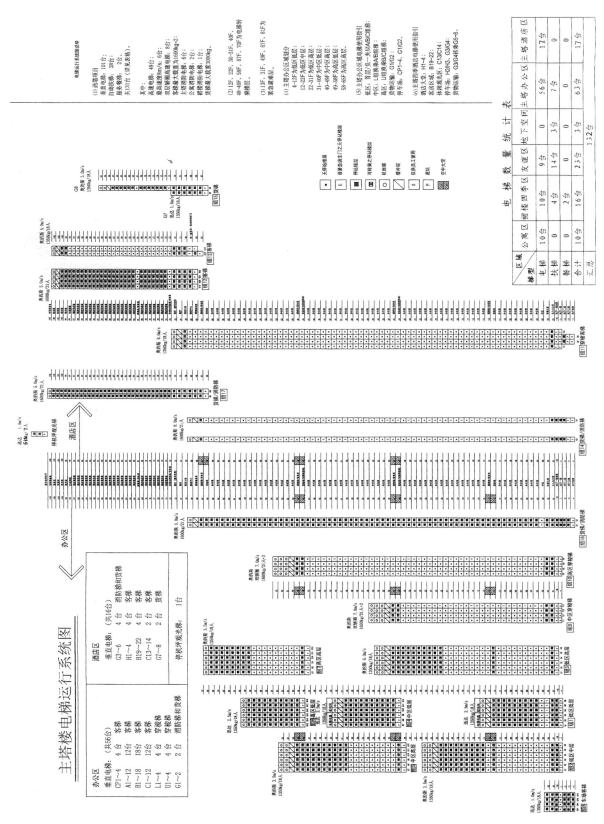

图2-2-1　垂直运输系统的设计

第二节　电梯系统的设计特点

广州国际金融中心的垂直运输系统由132台电梯组成。其中，高速梯标段（速度3.5m/s及以上垂直梯）共49台，由广州市奥的斯电梯有限公司负责供货及安装。低速梯标段（速度2.5m/s及以下垂直梯及扶梯）共83台，由苏州迅达电梯有限公司负责供货及安装。

国金项目电梯系统的主要设计特点：

（1）硬件配置技术领先。主塔楼4～65层为办公楼层区域，在30、31层及48、49层设置了高空转换层，采用技术先进的8台双轿厢电梯作为高速穿梭电梯（速度7m/s），接驳首层大堂的客户至中区及高区办公楼层。首层酒店大堂至70层空中大堂则采用4台1350kg单轿厢高速客梯（速度8m/s）输送住客，其中的两台能够直接接驳-2层停车场住客至首层及70层大堂（图2-2-2）。

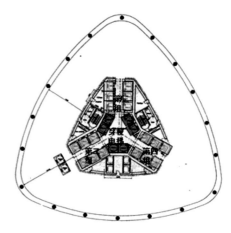

图2-2-2　主塔电梯分布

（2）增加候梯空间。-1夹层、首层和二层三个区域均为电梯首站大堂候梯厅，大面积的分区候梯空间使高峰时间段的人流不至于过分拥挤。合理的电梯配置减少了候梯时间，高峰期没有出现排队候梯的情况。

（3）提高轿厢的舒适度。豪华的内部装修设计，超高的轿厢顶棚净高，多层隔声材料及减振措施的采用，创造了宁静舒适的空间。另外，轿厢内配置了多媒体信息发布系统，由-1层总控机房集中控制，通过轿厢内安装的LED屏幕进行文字、影片等各种多媒体信息的发布，客户在乘梯时也可以了解各种资讯。

（4）采用智能化的控梯系统。电梯管理系统（Elevator Management System，简称EMS系统）的安装，-1层总控机房对各区域电梯的运行状况、状态及运力分配进行监控、管理及控制，大大提高了电梯管理效率。

（5）多种节能技术的应用。大部分垂直梯采用直流永磁同步无齿轮曳引机，采用能源再生系统技术，扶梯采用自动变频运行系统。这些技术降低了电梯电力的消耗。

（6）多项技术措施克服超高层电梯固有的技术难题。超高层电梯运行中遇到的"活塞效应"、"烟囱效应"，以及大楼摇摆产生的缆绳"共振效应"等，从而影响电梯的正常运行。电梯系统设计中采用了多项针对性的技术措施，消除了这些不利因素的影响。

第三节　电梯设备的技术优势

一、高速垂直电梯类型

广州国际金融中心垂直高速梯（速度3.5m/s及以上垂直梯）共49台，采用了双轿厢高速穿梭电梯、节能的永磁同步无齿轮曳引机高速梯，主要分以下几种类型：

（一）写字楼区的双轿厢高速穿梭电梯

该类电梯编号为：L1～L4、U1～U4，共8台，采用进口的奥的斯SKYWAY系列产品，额定速度7m/s，每个轿厢载重1600kg。采用AC异步曳引机，用做写字楼首层、-1夹层、二层到转换层30、31层及48、49层穿梭梯用。

（二）写字楼区高速客梯

采用进口奥的斯E-CLASS系列产品，额定速度3.5m/s、5m/s、6m/s，轿厢载重1350kg，采用直流永磁同步无齿轮曳引机，用做写字楼各高、中、低区客梯（A/C组梯）。

（三）写字楼区货运/消防电梯

采用进口的奥的斯SKYWAY系列产品，额定速度5m/s，每个轿厢载重1600kg，用做写字楼货梯兼消防梯（编号：G1、G2梯）。

（四）四季酒店高速穿梭客梯

采用进口的奥的斯SKYWAY系列产品。额定速度8m/s，每个轿厢载重1350kg。采用AC异步曳引机，用做四季酒店-2、首层到70层大堂穿梭电梯（编号：H1～H4共4台），以及酒店穿梭货梯（编号：G3、G4）。

（五）四季酒店高速货梯

采用进口奥的斯E-CLASS系列产品，额定速度5m/s，轿厢载重1600/1350kg。采用AC永磁同步无齿轮曳引机，用做酒店货梯兼消防梯（编号：G5、G6、G8）。

二、高速垂直电梯采用的专利技术

（一）派梯系统

E-Class系统采用了OTIS新一代相关系统响应（RSR PLUS）的派梯软件（图2-2-3），用快速高效的响应性满足各种大楼对交通的需要，大大减少了乘客的候梯时间。在每个厅门呼梯信号登记后，每台电梯均计算其回答呼梯的应答时间，然后，综合计算现在轿厢负荷、派梯呼叫及同时的轿厢呼叫等参数。

电梯用最佳响应（RSR）时间使厅门呼梯得到最快的指派。在操作中，该系统根据大楼的实际运载情况每分钟进行计算，使电梯系统得到了最有效的派梯方案，保证电梯系统的高效运行。

（二）模糊逻辑及人工智能

这是OTIS独特的群控操作。在这种模式下的群控电梯会通过模糊逻辑运算提前预测到"等待呼梯的乘客数量"、"目的楼层"、"乘客的等待时间"、"乘客可能的长等待时间"，从而对大厅呼梯能够及时地给出最短的响应呼

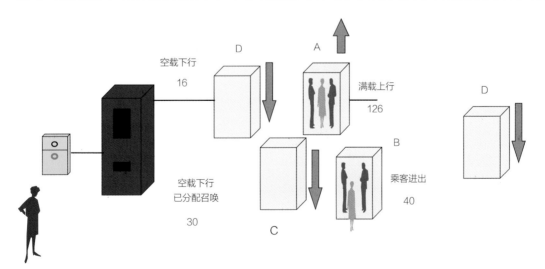

图2-2-3　相关系统响应孤梯系统

梯时间。模糊逻辑运算的依据实际上是从大楼的交通流量情况和目标呼梯数量及分配两个方面得到的。大楼的交通流量每时每刻都在变化，但在某些特定的时间段是有规律的。比如上班时的上行早高峰，午餐时的双向高峰，及下班时的下行晚高峰。这些特定的有规律的交通流量，可以通过模糊逻辑运算法则提前得到预测，通过对有规律的流量预测可以进一步预测每层的呼梯人数、目标层的呼梯人数，从而预测出电梯需要响应的每层呼梯。模糊逻辑不仅能预测出每层需要响应的呼梯，还能优化响应呼梯的派梯方案，使每层呼梯的乘客等待时间尽量缩短。

人工智能自动地不断记录每天的流量变化从而优化电梯的派梯方案，通过对不同的呼梯需求进行智能记录与分析，不断地比较老的流量方式与新的流量方式，通过自学习功能和分析功能适应新出现的流量方式，从而保证电梯始终是最优化的群控服务。

以下的数据将保存在A.I.内，用以预测厅外召唤和到达楼层。

（1）即时预测。过去20分钟内所有的厅外召唤以及相应的轿内召唤，最远的内呼都将存储在A.I.内。

（2）每日预测。过去10天内所有的厅外召唤以及相应的轿内召唤，最远的内呼都将存储在A.I.内。

（3）每周预测。过去10周内所有的厅外召唤以及相应的轿内召唤，最远的内呼都将存储在A.I.内。

高度智能化的自学习与分析功能，保证了电梯自身系统对建筑人流量的完美统计，从而进一步优化自身流量方式设置，充分解决建筑出现的不同流量状况，是一种全新的人群感应系统。

（三）高速电梯减振设计措施

当电梯在井道中，尤其是单井道中高速运行的时候，导靴与导轨接触产生的振动和空气动力作用产生的振动都是不可忽视的。因此奥的斯电梯公司的工程师们在开发SKYWAY系列电梯的同时，也致力减少轿厢内的振动，使SKYWAY电梯成为电梯行业中振动最小的电梯系统。

降低振动的关键点是怎样将整个支撑结构设计得足够坚固，以致能够补偿轿厢任何一点产生的不平衡载荷，减少因摩擦产生的振动，但又必须保证整个系统在高速运行的情况下具备一定的柔韧性，可以将轿厢内的乘客与振动隔离开来。

为了解决这一问题，奥的斯公司对以下各主要部件进行了相应的设计：

1. 减振导靴（图2-2-4）

运用先进的计算机模型分析技术，研发了一种将摩擦减振垫和液压减振垫结合的混合型减振方法。并将该减振方法应用在与导轨接触的导靴上，吸收由导轨与导靴产生的振动（图2-2-5）。此类导靴用于电梯速度6m/s以上电梯。

另外对于6m/s速度以下电梯提供带有可变弹性减振器的滚动导靴（即ULTRA系列导靴）。该导靴可以通过可变弹性减振器来调整导靴各滚轮与导轨的接触，以达到缓和及吸收导轨与导靴之间传来的振动。

2. 双层轿壁的轿厢及双层轿门

采用双层轿壁的轿厢及双层轿门，能够将振动和噪声阻隔在轿厢之外，使乘客得到很好的舒适感。

同时，奥的斯公司也考虑到双层轿壁的结构会产生噪声，因此在轿厢围壁之间加入了隔声垫，减少轿内的振动与噪声。

3. 轿架

为了避免在高速运行中，任何轿厢的不平衡会通过导靴

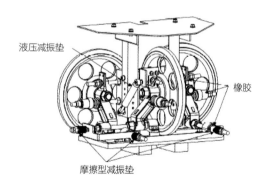

图2-2-4　减振导靴

图2-2-5 导轨与导靴

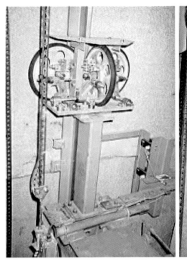

图2-2-6 导轨距离轿厢上部600mm及下部900mm

对导轨产生大的压力，因此奥的斯公司对轿架也进行了一系列的改进。

（1）将轿厢的中心线与补偿装置的吊挂点都放在轿架的中心，以减少导轨的压力。

（2）在轿架与钢丝绳的连接吊挂点加入了平衡弹簧的设计，减少由机器传到轿架，进而传到轿厢的振动。

（3）轿架立柱延伸。轿架立柱延伸的设计使导靴与轿厢的距离拉远，使导靴的振动远离轿厢（图2-2-6）。

（4）导轨的安装方式。由于轿厢的振动部分是由于导靴与导轨的接触引起的，因此如果单根导轨本身的平面不够光滑，或者导轨与导轨之间的接头位的校正不够精确时，电梯以高速运行时引起振动会比较厉害，严重影响舒适感，因此高速电梯的减振不仅需要从电梯轿厢部件上面进行改进，导轨的安装方法也是至关重要的。奥的斯电梯公司有一整套的安装高速电梯导轨的丰富经验来确保导轨接头位置的精确性（图2-2-7）。

（四）高速电梯降噪设计措施

当高速电梯在狭小的井道内在运行的时候，整个轿厢会像活塞一样压缩空气，使空气相对轿厢快速流动，形成"活塞效应"，产生很大的噪音，引起电梯的振动，影响电梯的运行质量。

针对广州国金项目，对双层轿厢高速电梯提供了以下的措施来减少因为活塞效应等因素产生的轿厢内噪音。

1. 轿外导流外罩（图2-2-8）

空气动力气分析得知，当方形平面的轿厢与空气压缩接触时，会产生强烈的空气紊流并带来巨大的噪音。

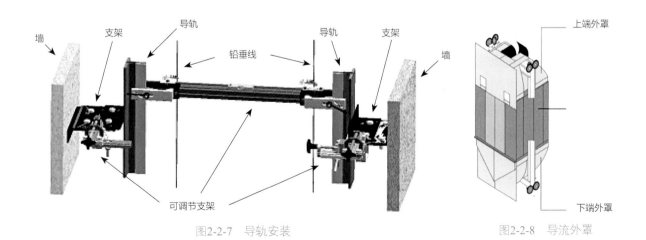

图2-2-7 导轨安装　　　　　　　　图2-2-8 导流外罩

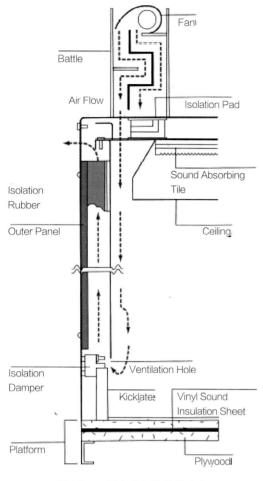

图2-2-9 轿内空气的流动方向

因此，奥的斯电梯公司运用先进的计算机模拟系统研究空气的流动，设计了特殊的导流外罩。该外罩可以使轿厢与空气接触时，空气的流动更顺滑一致，减少紊流的产生，达到例如子弹头火车的效果。

实验证明，采用导流外罩的轿内噪声比没有使用导流外罩的轿内噪声平均减少3dB。

2. 双层轿厢及轿门

采用双层轿壁的轿厢及轿门的设计，并且在双层的轿壁和双层的轿门之间加入了特殊的吸声材料，减少井道内空气与轿厢呼啸而过时，传入轿内的噪声。

3. 轿内通风孔的特殊设计

轿厢的通风系统如果设计不当，不仅无法减少噪声，而且会像哨子一样，产生更尖锐的噪声，因此奥的斯工程师对SKYWAY电梯的轿内的空气通道进行了重新的规划。

图2-2-9中，蓝色虚线就是代表轿内空气的流动方向。

采用了该种设计，使轿内的空气能保持流通的同时，也能减少因通风孔而产生的噪声。

但由于本产品是通过提供空调来通风和调节温度的，因此通风孔的具体位置需要重新设计。

4. 吸声双层顶棚

为了能够尽可能地减少进入轿内的噪声，奥的斯公司顶棚上加入了吸声材料，如图2-2-3所示。

5. 轿门密封系统

为了避免两扇轿门之间存在缝隙，导致高速运行时被压缩的空气从轿门之间挤进来从而形成尖锐的响声，该单井道电梯的轿门间采用了密封系统，以便进一步减少噪声。

6. REGEN能源再生系统

奥的斯高速电梯利用电梯运行时产生的被动动能，转化为电能回馈至用户电网，能使电梯节能30%～70%，大大减少能源的浪费及消耗。

三、低速垂直电梯技术

（一）垂直低速电梯的类型

广州国际金融中心的垂直低速梯（速度小于等于2.5m/s垂直梯）采用节能的同步永磁无齿曳引机智能电梯，主要分以下几种类型：

1. 写字楼低速客梯（编号：B1–B18）

采用国产迅达电梯公司生产的Schindler 5400AP（300PMRL/MMR系列）产品。额定速度2.5m/s，每个轿厢载重1350kg。用做写字楼低区客梯（图2-2-10）。

2. 附楼低速客梯（编号：DT1–DT8）

采用国产迅达电梯公司生产的Schindler 5400AP（300PMRL/MMR系列）产品。额定速度2.5m/s，每个轿厢载重1150kg。用做雅诗阁公寓客梯（图2-2-11）。

（二）Schindler 5400AP（300PMRL/MMR系列）产品的技术特点

1. 驱动系统

采用PMS420高效同步永磁无齿曳引机，永磁电机具有超高的效率，与传统蜗轮蜗杆技术比较节能40%以上，而且安全性能更高，同步技术使电机的控制精度更好，电梯的运行性能更加良好。

2. 智能控制系统

电梯的控制系统MiconicMX-GC采用SKIIP智能模块，将IGBT的控制方式变为智能控制模式，调制参考参数不但包括了原有的理想参数、矢量变换、实际电流、实际速度，更重要的是包括了电梯因不同负载变化、运行方向变化和电机温度变化而引发的电机参数的变化等因素，运用强大的智能运算功能和预见模块，对驱动输出进行实时监控、纠正、调整、控制，根据该电梯当前实际负载、运行方向和速度的需要，使之实际驱动工况完全符合理想运行曲线设定的要求，不受任何因素影响而改变，保证每次运行效果达到理想状态和节能。

图2-2-10　写字楼低速客梯

MiconicMX-GC是专为高性能要求的商务用梯设计的控制系统。

（1）采用两种通信方式。控制柜与轿厢间的通信以及控制柜之间的通信采用串行通信方式，可以实现大规模数据的高速传输，保证系统的可靠性；控制柜与层站之间的通信则通过并行通信方式，在层站多时，避免串行通信时由于某一层站的硬件问题导致整个系统的通信中断，提高整个系统的可靠性。

（2）采用"运行成本最低"调度原则。这是一种先进而且精确的调度原则——控制系统计算每一台电梯响应每一个呼梯的成本，所有电梯的计算结果通过竞标，决定一台成本最低的电梯来服务本次呼梯。通过"运行成本"调度，可以大大提高输送能力，并降低平均候梯时间。

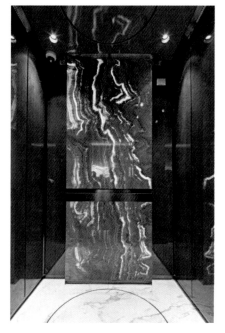

图2-2-11　附楼低速客梯

（3）动态管理。MiconicMX-GC采用32位CPU，运算速度极快，控制系统会持续地根据不断变化的交通流量状况进行计算，直到最后一刻才决定最佳方案。这样做是因为大楼里的交通状况是动态的，是一直在变化的，从乘客按下呼梯按钮到其中一台电梯到达本层站通常需要30s（根据大楼人数和电梯配置情况而有所不同），在这期间各楼层和各电梯轿厢里面的状况已经发生了很多变化。

（4）人工智能（控制系统自学习）。MiconicMX-GC控制系统采用人工智能来进行交通管理。它可以根据过去的交通状况作出分析和总结，例如某一个时段在哪些楼层会出现流量高峰，控制系统就会在每天的相同时段到来时派电梯前往这些楼层，做好迅速运送乘客的准备。当一段时间后，出现流量高峰的时段或楼层变化后，控制系统又会相应调整，根据新的情况来管理电梯。

（5）故障自诊断。当某一部件发生故障时，控制系统的故障自学习功能会将所有的故障的代码、发生时间等参数记录下来，并通过安装在控制柜中的液晶显示屏显示出来，方便维保人员的快速准确地解决问题。

（6）多种运行模式。电梯控制系统会通过不同的调度方式来实现对不同交通状况的解决方案。可以提供诸如"上行高峰"、"下行高峰"等运行模式。例如在"上行高峰"时，基站的候梯人数比较多，因此（通常为首层大厅）大部分电梯都被要求在将乘客送达上部的目的楼层后，直接返回基站，以快速输送乘客。在"下行高峰"时，情况正好相反，大部分电梯在将乘客运送到基站后马上返回上部楼层，而不响应基站的呼梯。所有各种运行模式都是根据控制系统对大楼里面交通状况的变化感知后，自动切换的。

（三）安全系统

电梯采用了最安全的保护系统。除了常规的安全部件如安全钳限速器缓冲器之外，还采用了大量的电子保护措施和控制程序保护与监控（每隔5ms，将对机械、电气、运行程序、状态等各环节全面进行系统的程序检查、监控、控制）。使得电梯在任何情况下都成为一个安全的载体。电梯的安全系统能保证在电梯开门的状态下提供再平层运行，也能提供快速启动功能在开始关门的同时启动电梯运行。

（四）门系统

该系统具有独特的VVVF位置控制，核心部件变频电机和变频控制箱由法国迅达制造，采用了业内唯一的编码器、数字、距离、无触点闭环控制技术，门系统每移动1mm都将被系统完全、精确地有效控制和监控中。彻底消除了传统门机系统有触点开关控制的故障率高、安全性差、噪声大等弊端。更为重要的是：专利遥控调试，并有快速故障自诊断。齿形带直线柔性传动等先进技术是降低静音设计的有效保证。其独特的快速开关门设计能使厅门门锁闭合后立刻开启，打开或关闭锁紧装置不需要附加时间，从而大大提高了电梯的运行效率。另外门系统还通过了欧洲BS476标准的防火测试，是一种独特的专利防火厅门。

四、自动扶梯

广州国际金融中心的自动扶梯采用迅达Schindler 9300TM系列扶梯（图2-2-12），其技术特点主要有：

（一）采用功能强大的Miconic F4双重微处理控制系统

Schindler 9300TM系列扶梯采用功能强大的Miconic F4双重微处理控制器，它有接口与大楼监控系统相连。所有大楼内的自动扶梯均可由迅达电梯中央控制系统进行实时监控。Miconic F4能重复检查扶梯的主要运行参数，这使大楼的安全性得以增强。它的两个独立的微处理器（主印板和副印板）通过数据连接进行相互参照。每次启动时会自动检测所有主接触器和安全开关的状态。扶梯运行状态信息可在液晶显示器上以2位数字和字符显示，以便快速诊断，并进行修理。Miconic F3符合电磁兼容性（EMC）以及CE标准。

（二）经济、节能

Schindler 9300TM系列扶梯采用ECO节能系统提供经济运行，可提高节能效果。ECO节能系统，节能可达30%。当检测到扶梯轻载时Miconic F4切换驱动电机到ECO运行模式。此外，Schindler 9300TM还具有可供选择的自动运行或

图2-2-12　商场扶梯

变频系统，进一步提高节能效果。

（三）启动平稳，运行噪声小，效率高

Schindler 9300TM系列扶梯采用带IP55保护系统的六极低速电机，与通常的四极电机相比，运行噪声降低了60%以上。同时采用现代工艺制成的"尼曼齿"蜗轮减速箱（迅达专利产品），负荷散布于一个大接触表面的啮合齿上，确保降低噪声和减少摩擦，提供比通常蜗轮更大的驱动效率，同时可选择的准双曲面斜齿轮以确保大提升高度下的最高效率。独特的软停车功能，避免了突发刹车猛烈冲击带来的快速摩擦，从而获得更长的使用寿命。

（四）安全性能

Schindler 9300TM系列扶梯达到或超过包括EN115和ANSI等国际和国家标准，它拥有众多的安全增强功能。它的自我测试功能在每次启动时对所有的接触器和安全开关进行自我检查，包括在自动运行中的再启动进行检查，以及对钥匙开关的零位置状况也检测，以减少由于电梯故障电源恢复后引起的扶梯启动的危险。扶梯系统提供制动方向检测，在上行时它使制动力矩减少到1/3，使扶梯安全减速，防止乘客失去平衡。扶梯的每个梯级边上都采用了低摩擦的导向垫，使梯级与裙板间的稳定间隙减至最小，减少被卡住和划伤的可能，保护乘客的安全。获专利的梳齿板开关能同时检测梳齿板水平和垂直运动，提高了扶梯的安全性。

采用迅达独特的带式制动器，机械结构简单，尤以制动力矩可根据不同的运转方向调节而著称。它的这一优点，大大减少了扶梯在下降过程中，由于猛烈的急刹车，对满载的自动扶梯造成事故的风险。在上行和下行时的制动距离是一样的。

第四节　电梯设计中遇到的问题及解决方法

一、建筑物摇摆对电梯系统的影响

当建筑物高度大于200m时，风压对大楼产生的摇摆会引起以下问题：

（1）曳引绳的共振；

（2）限速器绳的共振；

（3）补偿绳的共振；

（4）随行电缆的共振。

当缆绳发生共振时，电梯将产生危险并停止运行。

主塔楼需要进行建筑物摇摆分析的电梯见表2-2-1所列。

需作摇摆分析的电梯　　　　　　　　　　　　　　　　表2-2-1

梯号	G1～G2	G3～G4	H2-3	H1、H4	B19～B22	G5～G6	C13
用途	消防/服务	消防/服务	穿梭梯	穿梭梯	酒店乘客	酒店乘客	酒店乘客
提升高度（m）	312.2	308.4	322.9	315	109.12	124.87	104.62

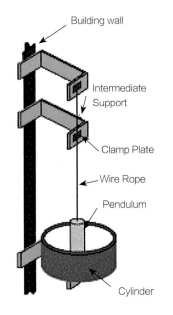

图2-2-13 钟摆形状的感应器

解决电梯缆绳共振的方法是：接近提升高度的对重导轨上安装三个钟摆形状的感应器（图2-2-13），用以探测建筑物的摇摆幅度。

需要注意的是：初始设置感应器的摆动周期与建筑物设计的摇摆周期一致，但当建筑物由于装修引起的重心变化以致摇摆的周期与设计不一致时，可以通过调整感应器悬挂绳的长度来调整感应器的摇摆周期（图2-2-14），使之与改变后的建筑摇摆度继续保持一致。

电梯运行的速度根据缆绳共振的幅度进行分级自动调整，降低速度的同时可以降低缆绳的共振幅度。共振幅度过大时电梯将停止在最近的不共振楼层，并开门释放乘客。

二、井道"烟囱效应"对电梯运行的影响

由于井道内热空气上升，冷空气下降的原理，当电梯井道达到一定长度，会产生强大的上升气流，从而影响电梯的正常运行（图2-2-15）。另外，过大的风压会影响轿厢门的开启。这种现象叫电梯井道的"烟囱效应"。长井道的电梯，以及开门数量较少的穿梭电梯较容易产生"烟囱效应"。

降低"烟囱效应"的解决方法：

（1）大堂的入口处设置自动旋转门，防止室内外空气的交换。

（2）地下室设置电梯厅，有自动关闭的厅门，防止地下室空气进入电梯间。

（3）电梯的机房层不要直接通向室外，避免上升井道空气直接出室外，产生气流负压。

（4）各层门加入门封条，避免空气从缝隙处渗出引起噪声。

（5）避免火灾时浓烟进入井道，最好在井道各入口处加入烟雾过滤器。

三、活塞效应对电梯运行的影响

电梯轿厢在密闭的井道运行时，会产生空气的压缩，并往任何一处可能的缝隙高速挤出，从而引起电梯产生噪声及振动。这种现象叫电梯"活塞效应"。电梯速度越高，"活塞效应"越严重。

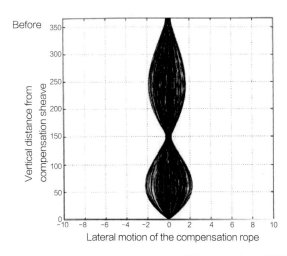

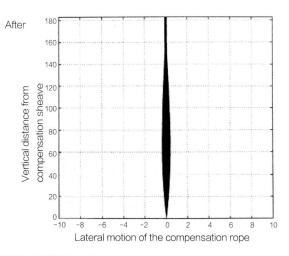

图2-2-14 加入控制措施后钢丝绳振幅的变化图

减少"活塞效应"的措施主要有：

（1）尽量避免单井道的设计，而采用通井道的设计，即电梯井道间不要设置墙体隔开。

（2）在电梯运行模式上进行控制，尽量避免通井道内各电梯出现同时下降或同时上升的情况。

（3）如果一定需要采用单井道，则井道的面积最好等于轿厢地台面积的两倍或以上。

（4）在单井道或双井道的顶层和底坑各设有大孔通向室外，孔的面积最好等于1.5倍或以上的轿厢地台面积。并且该通气孔连接的空间最好有5层以上的井道空间让空气逃逸（这个被压缩的空气空间与速度密切相关）；这样轿厢在接近顶层和底层的时候，压缩的空气可以向井道外扩散。

（5）对于8m/s的高速单层轿厢电梯可以采用导流罩的方式降低紊流的产生。

图2-2-15　电梯井道

国金项目电梯系统采用了科学合理的设计、优良的设备性能，以及安装调试工作的认真细致，目前运行状况良好，为项目运营产生了良好的社会效益。

第三章 幕墙系统及智能遮阳系统设计

第一节 幕墙系统概况

　　广州国际金融中心幕墙面积约13万m²，幕墙最大高度434m，共103层。首先在平面上由隐框折线玻璃拼成圆弧半径分别为71m和10m的大小圆弧，大小圆弧圆滑连接组成圆润的三角。再在高度方向有规律地按5100m为半径的圆弧层叠起来，使建筑的整个体量由底部不断向上放大，在第31层处达到峰值后顺滑地内缩，直至最顶部103层。隐含不露框的折线玻璃板块组成了璀璨夺目的各个发散的反射面，充分体现了建筑师晶莹剔透的"三角水晶体"的双曲面设计造型理念，形成修长、闪烁、流动的水晶效果。

　　主要幕墙系统有：单元式隐框玻璃幕墙、单元式玻璃百叶幕墙、点玻拉索式幕墙（花边褶皱面）、内庭单元式隐框玻璃幕墙（钻石面）、内庭采光顶构件式明框幕墙（钻石面）和阶梯雨篷（等高线造型）。图2-3-1和图2-3-2分别给出了幕墙系统的外观效果图和实景拍摄照片。

图2-3-1　广州国金幕墙系统的外观效果图　　　　图2-3-2　广州国金幕墙系统的实景拍摄照片

一、单元式玻璃幕墙

单元式幕墙位于主塔楼4~103层，平面上由半径为71m和10m的大小圆弧圆滑连接组成圆润的三角。玻璃板块的主要分格为（1500，1000）mm×（4500，3375）mm，如图2-3-3所示。

在过渡区域上，设置了调整格。为了拟合成一平滑的扭曲面，玻璃板块的宽度在不停变化，而高度方向为（4500，3375）mm，因而成为梯形板块，如图2-3-4所示。

二、单元式玻璃百叶幕墙

单元式玻璃百叶幕墙位于主塔楼建筑的避难层和设备层，从而使"三角水晶体"特定位置的反射面随之收窄，与大面玻璃板块形成对比，就像镶嵌于水晶体上的圈圈色带，如图2-3-5所示。

单元式玻璃百叶幕墙采用横滑型单元式幕墙系统，可良好地吸收超高层建筑较大的层间位移和竖向变位，保证外维护系统的整体性与长效性。采用通风面积为小弧纵向玻璃百页间隔52.5mm空隙和大弧纵向玻璃百页间隔225mm空隙的通风形式。利用玻璃百页层所处的楼层与整体建筑的避难层和设备层相对应这一特性，把这一部分设计成为外单元幕墙的特殊功能层。这些玻璃百页单元板块采用平推安装，可随时拆换，以适应安装施工过程中的板块垂直运输和竣工后板块更换时的吊运。

三、点玻拉索式幕墙

点玻拉索式幕墙位于主塔1~3F入口大堂处，总高度为12m，由玻璃与不锈钢拉索和钢立柱共同组成了"花边褶皱"造型。玻璃采用（19+2.28PVB+15）mm钢化夹胶清玻璃，沿玻璃水平分缝处采用两根ϕ16不锈钢拉索作为稳定索，沿倒三角斜玻璃与正三角直玻璃交缝处设置一根ϕ16不锈钢拉索作为承重索。除旋转门两侧采用500mm×175mm钢立柱外，其余位置采用500mm×100mm钢立柱，如图2-3-6所示。

四、内庭单元式隐框玻璃幕墙

内庭室内幕墙位于主塔楼内庭93~103层。采用单

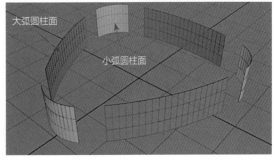

图2-3-3　单元式玻璃幕墙

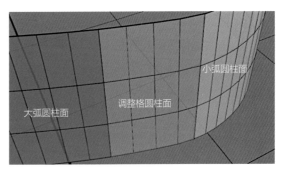

图2-3-4　调整格的设置

图2-3-5　玻璃百页单元式幕墙

图2-3-6　点玻拉索式幕墙（花边褶皱面）

图2-3-7　内庭室内幕墙的仰视效果图

图2-3-8　内庭室内幕墙的俯视实景图

元式隐框玻璃幕墙，以三角形与梯形单元板块通过不同的角度组合形成钻石镜面效果，利用高反射玻璃呈有规律的四棱体布置来代表钻石的切割反射面，形成独特的光影效果。图2-3-7和图2-3-8分别给出了内庭室内幕墙仰视效果图和俯视实景图。

五、内庭采光顶构件式明框幕墙

内庭采光顶位于103层屋顶，由构件式明框幕墙形式组成三角形单个板块，其中每个三角形单元由三个玻璃板块组成，再由四个三角形板块组成一个四棱体单元。每个四棱体单元的四个端点不共面，整个中庭天窗玻璃幕墙是由多个四棱体组成。图2-3-9和图2-3-10分别给出了内庭采光顶的效果图和实景图。

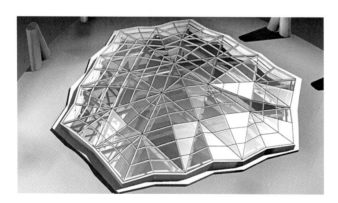
图2-3-9　内庭采光顶效果图

图2-3-10　内庭采光顶实景图

六、阶梯雨篷

阶梯雨篷位于附楼和主塔楼的连接部位，呈等高线造型。其采用3.0mm厚铝单板及中空夹胶玻璃作为饰面板，其内部由整体钢架支撑受力。

图2-3-11和图2-3-12分别给出了阶梯雨篷的效果图和实景图。

图2-3-11　阶梯雨篷效果图　　　　　　　　图2-3-12　阶梯雨篷实景图

第二节　幕墙系统创新设计

一、单元式幕墙系统设计

（一）双曲面空间模型的构成

单元式幕墙的折线板块在平面上由半径为71m和10m的大小圆弧圆滑连接组成圆润的三角。在立面上大小圆弧都处在半径为5100m的圆弧上，由此形成平面以及立面上两个方向的曲度——双曲面。大小圆柱面经过层叠、平移错位、旋转、搭接四个动作最终形成圆润的三角水晶体。大小弧之间的调整格板块起圆弧过渡的作用。

大小弧板块均由矩形板块组成，单元式玻璃板块的主要分格为：酒店层：（1500，1000）mm×3375mm；办公层：（1500，1000）mm×4500mm。调整格板块由梯形板块组成。也就是说，把所有的问题集中在调整格板块上，由调整格板块的特殊构造来解决以平代曲的问题。由于每层圆柱面进行了相应的旋转，其旋转幅度以31层为界，形成了下部外倒、上部内倾两种不同的状态。这两种状态给单元式幕墙等压腔的构造以及如何确保幕墙水密气密性能均带来了一系列难题。

（二）单元板以平代曲的实现

对于大小弧板块来说，由于均为矩形板块，其玻璃面夹角固定为178.79°和174.27°。通过对大小弧板块的铝合金公母槽分别开模，以两套不同的模具来适应上述两个不同角度。

对于调整格板块，针对其均为梯形板块的特点，采取两种不同的组合形式。对于玻璃面夹角大于176.53°的所有角度用大弧模具来调节适应。铝合金公母槽的对插角度不变为178.79°，通过旋转横梁与玻璃来实现角度变化。对于玻璃面夹角小于176.53°的所有角度用小弧模具来调节适应。铝合金公母槽的对插角度不变为174.27°，通过旋转横梁与玻璃来实现角度变化。

广州国金幕墙双曲面造型以平代曲的模型中，单元板块一定会存在四点不共面的情况，并且全部集中在调整格板块。实践证明：经过精心建模，将四点不共面（翘曲）的幅度控制在合理的范围内，单元式幕墙以平代曲是完全可以实现的。

（三）抛物线水槽的防水设计

通过上述模型可知：由于每层圆柱面进行了旋转，使单元板块的横梁出现两端与中间高低不同的情况，整

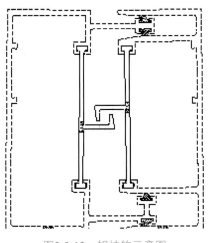

图2-3-13 铝挂钩示意图

个单元板块的横梁呈现出一个抛物线形。抛物线形水槽的防水设计成为亟待解决的问题。

1. 合理构造单元式幕墙的等压腔

单元式幕墙的铝合金公母槽由于其对插的构造要求以及加工工艺的要求，形成了C形开口的截面形式。但这种截面形式对单元企料的抗扭性能有一些消极影响（图2-3-13）。为了消除这些不利影响，在铝合金公槽的中部每隔800mm设置一块铝挂钩以确保公母槽始终共同工作。同时还增加了企料的整体刚度，使公母槽的配合更加紧密，有效避免了在风压作用下铝合金公母槽张口的可能。单元式幕墙的铝合金公母槽与铝合金上下横梁的对插构造是完全靠胶条来实现其水密、气密性能和结构传力的。通过合理选用不同硬度不同压缩量的胶条，在公母槽与上下横梁的最内侧则选用较高硬度较小压缩量的胶条以确保公母槽结构的传力，确保了铝合金幕墙系统整体结构安全；而在公母槽与上下横梁的外侧选用较低硬度较大压缩量的胶条以确保槽口的始终密封从而保证幕墙的水密、气密性能，形成有效的等压腔。

2. 有效组织单元式幕墙的排水路径

单元式幕墙的排水路径始终遵循"分层排水、错层排出"的原则，分成前腔雨水与后腔雨水两种不同情况。外界雨水通过批水胶条进入前腔后因自重而下落由单元板块的底部自然排出可称为前腔雨水。后腔雨水是指少量的前腔雨水进一步越过一次密封胶条进入后腔而形成的。后腔雨水本身数量已较少，并且在自重的作用下会沿着铝合金企料不断下落，直至在单元板块底部进入的下一个单元板块的接水槽中，再由专门构造的排水小腔排出后腔进入前腔，沿着铝合金企料下落至下一单元的水平批水胶片处最后彻底排出。

3. 单元板块间设置挡水胶皮，切断雨水汇集线路

由于整个单元板块的横梁呈现出一个抛物线形，在单元板块间设置挡水胶皮，完全切断了雨水汇集线路，使雨水能够按单元板块分块各自排出，大大减小了雨水由于长期汇集不断积聚而带来的渗漏可能，如图2-3-14所示。

（四）设备层及避难层单元板块的后装设计

广州国金主塔楼幕墙总高度在434m左右，总共103层，其中4～103层均为单元式幕墙，其间12～13层、30～31层、48～49层、66～67层的全部以及73层、81层的局部为设备层和避难层。设备层和避难层单元板块的后装设计为整个幕墙单元板块的安装划分施工区段提供了可能。单元式百叶安装方式如图2-3-15所示。

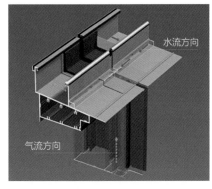

图2-3-14 单元式幕墙排水路径示意图

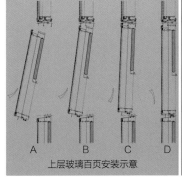

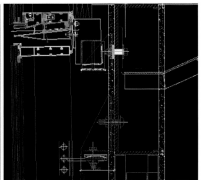

图2-3-15 单元式百叶安装方式

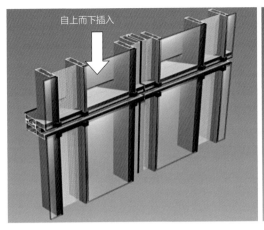

自上而下插入

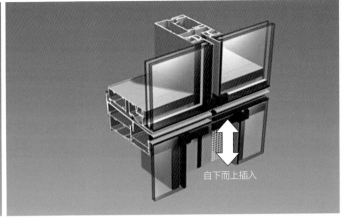

自下而上插入

图2-3-16　玻璃百叶板块支座安装

上层的玻璃百叶板块平推安装后，支座可在室内后装，采用分离式铝挂件，板块间角度由铝挂件调节，如图2-3-16所示。

二、点玻拉索幕墙系统设计

点玻拉索幕墙由正立三角和倒立三角交替形成的褶皱面，对拉索布置及接驳件构造设计有更高的要求。

（1）根据整体外观曲度和主体结构的布置，把整个拉索分为12个区，每个拉索分区横向拉索的两端与主体大圆钢柱相连接，创造出拉索幕墙实现复杂曲面造型。

（2）为适应相邻玻璃板块空间角度变化多样，设计了一种点式可多维调节的接驳件。该不锈钢连接杆相对不锈钢基座可以绕轴旋转，也可以在轴线方向前后调节；驳接爪的不锈钢后夹块相对不锈钢连接杆可以在水平面内旋转，也可以前后调节，同时由于它具有锁紧、定位等良好的机械性能，能够快速有效地实现不同空间角度玻璃板块的安装，提高工效。

图2-3-17　内庭实景照片

三、单元式及构件式系统钻石面设计

内庭幕墙及天窗均为钻石面设计，所处位置不同，对其要求也不相同，室内部分侧重于外观要求及结构安全，而室外部分不但要满足以上要求，还要满足其防水、防风等性能要求。

（一）内庭幕墙位于室内，单元体隐框设计

图2-3-17和图2-3-18分别示出了内庭实景照片和内庭幕墙三维模型。

（1）以三角形与梯形单元板块通过不同的角度组合形成钻石镜面效果。梯形板块4点支座支撑形式（上点悬挂，下点限位）；正三角3点支座支撑（上点悬挂，下点

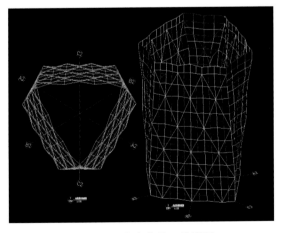

图2-3-18　内庭幕墙三维模型

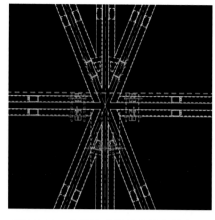

图2-3-19　八块玻璃板块交接点示意图　　　　　图2-3-20　天窗实景照片

限位）；倒三角为两点坐立，两侧限位于梯形板块，可保证到八块玻璃板块相交的位置均有支撑点且不外露，同时确保单元板块的安全。图2-5-19给出了八块玻璃板块交接点的示意图。

（2）其杆件采用错位交接，达到八块玻璃板块相交的位置均有支撑点且交接杆件数量少，确保了幕墙的外观要求和单元板块安全。

（3）安装完成后，两片单元板块玻璃间保证20mm间距。

（二）天窗位于室外，采用单元构件相结合设计

图2-3-20示出了天窗实景照片。

（1）通过弧形转接件来调节多变的角度，保证了主梁接水槽垂直向上，有利于天窗的接水和排水以及冷凝水的收集和防局部的渗漏问题。

（2）由于天窗板块各个交点的标高、坡度不同，虽然脊线、谷线并存，但并不存在绝对的凹点，雨水无法在中间积存，而能够自然由高到低，向外排出。同时本系统使用了两道防水密封，体现了防水设计中"排"和"堵"的设计理念。如在室内部分产生冷凝水或局部的小渗漏，都可以通过主梁及横梁的接水槽由脊线到谷线、中心向边部，最终通过排水软管排到室外。

四、满足节能设计要求的措施

由于国金主塔楼幕墙各朝向外窗（包括透明幕墙）的窗墙比均为0.91＞0.7，故按《公共建筑节能设计规范》DB 45/T 392—2007第4.2.4条的规定，须进行整体建筑的热工性能权衡判断。

根据广州市政府行政主管部门批复的《广州市公共建筑节能设计审查备案表》中的要求，幕墙各主要部位的节能参数如下：

（1）主塔楼幕墙传热系数≤3.0W/（m²·K），遮阳系数≤0.30；

（2）附楼幕墙传热系数≤3.0W/（m²·K），遮阳系数≤0.33。

（一）幕墙玻璃的构造形式及玻璃热工参数的确定

按国家规范，普通建筑的幕墙玻璃采用钢化中空LOW-E玻璃就可以满足要求了。由于国金属于超高层全隐框幕墙，如果钢化玻璃自爆，则很有可能散落下来，极不安全。因此，业主方要求将外层玻璃改为夹胶玻璃，保证即使玻璃产生自爆也不会散落下来。经过计算，主塔玻璃分别采用8（HS）+1.52PVB+8（HS）+12AIR+10（FT）夹胶中空玻璃（酒店层）、8（HS）+1.52PVB+10（HS）+12AIR+10（FT）夹胶中空玻璃（办公层）。经过计算分析，其双银LOW-E膜位于第四面（外侧数起）隔热效果最佳。在此基础上，业主方组织英方设计师、

华工院设计专家进行了现场看板。英方设计师要求尽量降低幕墙玻璃对环境的光污染，同时让建筑物内部的斜交网架柱可以尽量显示出来，因此要尽量减少幕墙玻璃的反射率。最后确定各部位的玻璃样板，经检测主要的参数见表2-3-1所列。

各部位玻璃样板的主要参数   表2-3-1

部位	玻璃单元板块构造	可见光（%）			太阳能（%）		U值[W/(m²·K)]		遮阳系数
		透过率	反射率		透过率	反射率	冬季晚上	夏季白天	SC
			室内	室外					
主塔楼幕墙玻璃	8（HS）+1.52PVB+10（HS）+12AIR+10（FT）	42	12	8	19	15	1.64	1.63	0.3
副楼幕墙玻璃	8（HS）+12AIR+8（FT）	47	11	8	23	24	1.71	1.67	0.33

这样，国金塔楼采用的双银LOW-E方案既满足《公共建筑节能设计规范》DB 45/T 392—2007，同时又可以有效地解决高可见光透过率与低太阳能透过率不能兼顾的矛盾，在实现国金"透明建筑"设计理念的同时，最大限度地节省空调能耗，降低进入室内的辐射热，改善室内热环境。

（二）其他节能设计构造措施

由于铝巴分段设置，在安全夹扣板与铝巴之间设置隔热胶条，可起良好的隔热作用。同时，在单元板块之间设置竖向和横向通长隔热胶条，减少单元板块立柱内外空气对流及铝合金型材外露，提高隔热效果。以上措施经模拟并计算，可得其保温隔热效果良好，完全满足热工设计要求。

通过对各种计算单元在每一个朝向进行加权平均计算，主塔楼的幕墙满足《公共建筑节能设计规范》的规定。

根据《公共建筑节能设计规范》的规定，用玻璃的遮阳系数来近似幕墙本身的遮阳系数。玻璃的遮阳系数值为$SC_g=0.30\leqslant0.3$。故国金主塔楼外窗（包括透明幕墙）的传热系数及遮阳系数均满足《公共建筑节能设计规范》的规定。

第三节　突破规范的创新措施及技术论证

一、幕墙玻璃选型的专家论证

由于钢化玻璃会因自爆产生的碎片从高空坠落或产生水平溅射伤人，因此钢化中空玻璃不是真正的安全玻璃。选用怎样的幕墙玻璃才能达到真正的安全、节能以及外形美观的要求呢？国金中心业主组织全国著名幕墙专家召开了多次现场论证会。专家们一致认为：半钢化夹胶玻璃不会产生自爆，平整度较钢化玻璃好，既满足建筑安全玻璃的使用要求，也避免了因钢化玻璃自爆带来的一系列问题。而且夹胶玻璃在受到外力撞击破碎时很难被击穿，碎片都粘附在PVB胶片上，能保持夹层玻璃上的碎片不脱落，故不会伤及人员。因此国金项目外层玻璃采用了真正安全的半钢化夹胶中空玻璃。

主塔楼幕墙内侧玻璃使用钢化玻璃仍存在自爆的隐患。国内外的实践证明，玻璃自爆仍会伤害室内人员。根据国内专家建议，内侧玻璃也采用半钢化玻璃，但目前国内规范规定单片使用的半钢化玻璃不属于安全玻璃。为此，国金中心业主通过政府建设行政主管部门，组织召开全国幕墙专家论证会。经过专家评定，国金中心幕墙玻璃安全性达到了要求，而且还可以取消室内栏杆。对增加立面的通透性，节约投资起到很好的效果。

二、外墙单元式幕墙的结构密封胶论证

随着建筑业的迅猛发展，建筑造型逐渐个性化，建筑幕墙的形式也随之多样化、复杂化。人们对建筑的要求越来越高，美观、舒适、节能、环保都是建筑师在设计时必须考虑的问题，要达到这四者的完美统一，现有的技术、材料和工艺水平有时已经无法满足建筑师的要求，迫切需要新技术、新材料、新工艺的推出来解决这些问题。

目前，玻璃幕墙行业非常值得关注的几种情况是：高层、超高层建筑的隐框玻璃幕墙；玻璃板块、分格特别大的隐框玻璃幕墙；由于节能、安全等方面的要求，要使用夹层中空玻璃的隐框玻璃幕墙；在抗震9度设防的地区建造的隐框玻璃幕墙。上述几种情况，玻璃幕墙使用的硅酮结构密封胶所需承受的荷载均可能较常规玻璃幕墙大，如果遇到上述几种情况的组合，按照现有规范进行设计计算，结构胶的宽度将大大增加。

为了在保证安全的前提下减小结构胶的粘结宽度，在广州国金主塔楼幕墙工程中，设计师选用国产品牌的超高性能硅酮结构密封胶，将结构胶的强度设计值f_1、f_2分别提高至原来的2倍，减小了硅酮结构胶的粘结宽度。如此大幅度地提高硅酮结构密封胶的强度设计值，在国内尚属首次。由于没有先例，为了确保幕墙的安全，设计师还设置了托条和安全夹等双重保护措施。在建设部组织的专家论证会上，该设计方案获得了与会专家的一致认同。

三、增加玻璃安全夹论证

在结构胶不起作用的情况下，依靠铝合金横托框基本可以支撑玻璃本身自重，但是抵抗风压能力不足。故将原设计每单元四点安全夹改为竖向通长设置的安全夹。安全夹扣板材质采用铝合金6061-T6，通过M6不锈钢螺栓连接到铝巴上，铝巴材质采用铝合金6061-T6，长100mm。铝巴沿着竖框方向每隔300mm长度布置一个。经计算各构件均能满足设计要求。图2-3-21和图2-3-22分别给出了点式安全夹立面和通长条式安全夹立面。

图2-3-21　点式安全夹立面　　图2-3-22　通长条式安全夹立面

第四节　幕墙系统性能检测

为了提高幕墙的安全性，国金中心业主根据幕墙专家的建议，幕墙性能检测采用国金中心"特有"的"中

西合璧"的标准。

所谓"中"是指国家标准《建筑幕墙》（GB/T 21086—2007）等国家标准；所谓"西"是指美标，在幕墙性能检测试验中大量运用了美国标准（ASTM E283、AAMA 501.1—05等），两者穿插进行。一般而言，国标是偏难偏严，测试的指标值较高；而美标的要求重在模拟样板实际环境，因此特点非常鲜明。

一、幕墙性能检测内容

幕墙性能检测的内容及采用的标准见表2-3-2所列。

幕墙性能检测的内容及采用的标准 表2-3-2

序号	检测内容	采用的标准
1	预加载与预测试	50%风荷载标准值
2	气密性能检测	《建筑幕墙气密、水密、抗风压性能检测方法》（GB/T 15227—2007）
3	气密性能检测（静态）	ASTM E283空气渗透性能检测方法
4	水密性能检测（静态）	ASTM E331稳定加压雨水渗漏性能检测方法
5	水密性能检测（波动加压法）	《建筑幕墙气密、水密、抗风压性能检测方法》（GB/T 15227—2007）
6	水密性能检测（动态）	AAMA 501.1—05
7	50%和100%风荷载标准值作用下的结构性能检测	ASTM E330
8	抗风压性能检测	《建筑幕墙气密、水密、抗风压性能检测方法》（GB/T 15227—2007）
9	重复水密性能检测（静态）	ASTM E331稳定加压雨水渗漏性能检测方法
10	竖向变形检测	垂直于安装试件用钢横梁
11	重复水密性能检测（静态）	ASTM E331稳定加压雨水渗漏性能检测方法
12	水平变形检测	平行于安装试件用钢横梁
13	重复水密性能检测（静态）	ASTM E331稳定加压雨水渗漏性能检测方法
14	水平变形检测	垂直于安装试件用钢横梁
15	重复水密性能检测（静态）	ASTM E331稳定加压雨水渗漏性能检测方法
16	擦窗机销座荷载检测	
17	重复气密性能检测	ASTM E283空气渗透性能检测方法
18	重复水密性能检测（静态）	ASTM E331稳定加压雨水渗漏性能检测方法
19	平面内变形性能检测	《建筑幕墙平面内变形性能检测方法》（GB/T18250—2000）
20	75%和150%的风荷载标准值作用下的结构安全性能检测	ASTM E330
21	耐撞击性能检测	《建筑幕墙》（GB/T 21086—2007）

二、检测过程及结果

（一）对结构变形的适应能力验证

按照美标（AAMA 501.4-00）的要求，在幕墙试件的上下、左右、前后三个方向上均进行了位移测试，以模拟幕墙对百年一遇的风压作用下主体结构变形的适应能力；并且还按地震作用下主体结构位移三倍的位移量（JGJ 102-2003）来完全模拟幕墙变形适应情况，充分检测幕墙吸收变形和适应位移的能力，如图2-3-23所示。

（二）对水密性能的高度关注

幕墙性能检测试验内容包含有动态水密性能检测（AAMA 501.1-05），即使用电动螺旋桨产生空气急速流

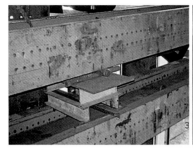

图2-3-23　对结构变形的适应能力验证

图2-3-24　对水密性能的高度关注

动，吹袭幕墙表面，同时辅以喷淋系统不间断的喷水。这样就最大可能地模拟了真实环境下大风大雨的共同作用效应对幕墙的影响，如图2-3-24所示。

（三）结构安全性检测

按美标（ASTM E330—02）要求进行了150%的风荷载标准值作用下的结构安全性能检测。众所周知，在国标中风荷载的分项系数是1.4，即140%的风荷载标准值为风荷载设计值。而本次幕墙性能检测试验的检测值在达到150%的风荷载标准值（超过国标风荷载设计值）的情况下进行，这也是以往常规的试验从未经历的破坏性试验，如图2-3-25所示。

图2-3-25　结构安全性检测

（四）检测结果

经检测，单元式幕墙经过最不利工况与结构变形后仍能保持良好的幕墙性能状态。具体结果见表2-3-3所列。

单元式幕墙检测结果　　　　　　　　　　　　　　　　表2-3-3

检测项目	检测方法	检测结果
气密性能	按GB/T 15227—2007测试	幕墙整体的气密性能$q_A \leqslant 0.5 \text{m}^3$（$\text{m}^2 \cdot \text{h}$）
	按ASTM E283—04测试	压力差为300Pa时，$q \leqslant 0.017 \text{m}^3$（$\text{m}^2 \cdot \text{min}$）
水密性能	按ASTM E331—00测试	试件在1.0kPa压力差持续作用15min过程中不应出现渗漏
	按GB/T 15227—2007进行波动加压法测试	$\Delta p = 2.33 \text{kPa}$
	按AAMA 501.1—05测试	试件在等效于1.0kPa静态风压的动态风压持续作用15min过程中不出现渗漏
抗风压性能	按GB/T 15227—2007测试	试件不出现损坏且满足挠度要求
	按ASTM E330—02测试	试件不出现损坏且满足挠度要求
	按75%P_3、150% P_3进行结构安全测试	本项仅供考验试件的极限状态： 低风压区：立柱　P_3=+3.009kPa/-3.477 kPa； 横梁及面板：P_3=+3.251kPa/-3.760kPa； 高风压区：立柱　P_3=+3.115kPa/-5.968 kPa； 横梁及面板：P_3=+3.251kPa/-6.240kPa； 墙面（大圆弧）为低风压区，转角（小圆弧）及墙面与转角之间（调整格）为高风压区
水平及竖向变形性能	按AAMA 501.4—00测试	试件均不出现损坏： （1）左右水平（X轴）方向位移量达7.5mm； （2）前后水平（Y轴）方向位移量达7.5mm； （3）竖向（Z轴）方向位移量达10.0mm
平面内变形性能	按GB/T 18250—2000测试	左右水平（X轴）方向位移量达17.9mm，试件不出现危及人身安全的破损

第五节　智能遮阳系统设计

一、建筑遮阳概述

建筑遮阳是指"安装在室内外的，由不透明的材质制成的，可以在室内自由调节光线摄入量的遮阳系统"。遮阳是对太阳光的一种合理的利用：一方面，遮阳通过阻挡阳光直射辐射和漫辐射，减少/控制热量进入室内，降低室温、改善室内热环境，使空调高峰负荷大大削减；另一方面，适量的阳光又使人感到舒适，有利于人体视觉功效的高效发挥和生理机能的正常运行，给人们愉悦的心理感受。

采取有效的遮阳措施，降低太阳辐射热形成的建筑空调冷负荷，能够有效地节约公共建筑的空调能耗，并改善室内光环境，是实现建筑节能的有效方法之一。

（一）建筑遮阳的目的

广州国际金融中心是一幢高度现代化与智能化的摩天大楼，因此，在遮阳产品的系统选择及控制方案上，必须围绕建筑节能与智能化的设计思路。

（1）国金中心的建筑立面特色是由斜交网柱、通透幕墙组成的水晶体。按传统写字楼窗帘是由租户或小业主自行选择。零乱的窗帘将大大降低建筑的档次。只有统一安装窗帘，并统一管理，才能展现建筑物的立面效果，提高大厦的档次。因此业主方选择采用全电动化的遮阳产品，并使用窗帘智能集中控制系统。

（2）控制系统上，设计采用IB+楼宇智能化控制系统，所有电动遮阳产品通过智能控制平台实现本地控制、区域分控、楼宇总控，同时可根据不同时间段、不同日照强度情况下对遮阳的不同需求，实现整幢楼宇的动态幕墙管理，充分配合泛光照明及国金"斜交叉网状立柱"的展示。

（3）内遮阳也可以合理降低太阳辐射热进入室内，改善室内热环境、光环境，提高建筑制冷能源利用效率，降低建筑能耗。

（二）建筑遮阳总体设计思路

遮阳产品：全电动卷帘，带遮光边槽。

遮阳面料：进口优质玻璃纤维面料，阻燃等级满足《公共场所阻燃制品及组件燃烧性能要求和标识》（GB 20286—2006）阻燃1级。

面料规格：5%开孔率，室外侧为深灰色，室内浅色。

电机规格：原装进口高速电机。

控制系统：Animeo IB+楼宇智能控制系统。

成本优化方案：设计大部分采用"一拖二"、"一拖三"形式（即一个卷帘电机带动二幅或三幅窗帘），局部幕墙异型位采用"一拖一"形式。

工程规模：37000m²。

广州国际金融中心写字楼遮阳卷帘工程及窗帘控制系统均由上海名成建筑遮阳节能技术股份有限公司承担生产及安装。

二、遮阳产品的选择

建筑遮阳产品主要有"卷帘"和"铝百叶帘"两个系列。"卷帘"造型简洁，与网状交叉立柱及幕墙框架结构均为面与线条的搭配，简单明朗，富有现代感，且编织物的颜色选择较多，可根据需要制作成双面不同颜色；"铝百叶帘"具备硬朗的风格，线条感明确，且通过调节叶片不同的转角可营造出不同的室内氛围，呈现空间的立体感，但百叶帘的颜色选择没有卷帘多样化，且无法制作成双面不同颜色。两种产品的技术特性综合比较见表2-3-4所列。根据表2-3-4的比较结果，最终设计选用"全电动卷帘"产品进行建筑遮阳。

两种建筑遮阳产品技术特性的综合比较　　　　　　　　表2-3-4

技术性能	性能说明	全电动卷帘（深色）	全电动百叶（针孔）
建筑外观的统一性	卷帘深色面料与幕墙颜色更协调，不显突兀；百叶帘不同的翻转角度对光线的反射效果差异很大，对幕墙外观影响明显	☆☆☆☆☆	☆☆
对入射光线的调节、操控性	百叶帘通过翻转角度即可调节入射光线的角度，对入射光线的操控性更好	☆☆☆	☆☆☆☆
对光线的吸收，避免反射光污染	卷帘面料对光线的吸收性能好，深色面料尤佳；百叶帘对光线的反射很大，会造成二次光污染	☆☆☆☆	☆☆
产品操控性能	均能实现智能控制，操控性俱佳	☆☆☆☆	☆☆☆☆
消耗供电能源	相同提升力的电机百叶帘的消耗能率更大	☆☆☆	☆☆
面料间缝隙大小及遮蔽性能	遮光边槽的设计能有效解决卷帘两幅面料之间的间隙问题，而百叶帘设计遮光边槽较困难	☆☆☆☆	☆☆
对室外景观的可视性	卷帘面料和百叶帘片均具备开孔率，具备对室外景观的可视性，可视效果卷帘要好	☆☆☆☆	☆☆☆
产品维护	卷帘产品简单，维护方便；百叶帘产品部件较复杂，维护成本较高	☆☆☆☆	☆☆
产品性价比	卷帘面料比铝百叶帘片的成本低，性价比更高	☆☆☆☆	☆☆
综合评定		39☆	27☆

三、面料设计思路

（一）颜色的选择

深色面料具有较好的视觉透视率，因幕墙玻璃采用的是"低反射、高透"的LOW—E玻璃，故从建筑外观的协调美观考虑，遮阳面料应选用深色为主；与此同时，考虑室内装修及幕墙铝框颜色均为浅灰色系，因此从室内装修和谐角度考虑遮阳面料选用浅色系为主。综上，最终设计选用双面深、浅色遮阳面料。

（二）材质的选择

卷帘面料根据材质主要分为两种：玻璃纤维和聚酯纤维。两种材质的技术特性对比见表2-3-5所列。

综合阻燃性能、机械性能、化学性能及成本等多方面因素，设计选用玻璃纤维材质的卷帘面料。

两种卷帘面料技术特性的综合比较　　　　　　　　表2-3-5

技术性能 ＼ 材质	玻璃纤维	聚酯纤维	备注
阻燃性能	☆☆☆☆☆	☆	玻璃纤维具备不燃性，是天然的阻燃材料，经过特殊编织能满足国家消防最新标准《公共场所阻燃制品及组件燃烧性能要求和标识》（GB20286—2006）阻燃1级指标；聚酯纤维需添加阻燃剂达到阻燃效果，无法满足国家消防阻燃要求
抗拉伸强度	☆☆☆☆☆	☆☆☆☆	玻璃纤维通常作为复合材料中的增强材料，具备很好的机械性能，广泛应用于各个领域
尺寸稳定性	☆☆☆☆☆	☆☆☆	玻璃纤维为玻璃经过高温熔制拉丝而成，具备非常好的耐热性，尺寸恒定
环保性能	☆☆☆☆☆	☆☆☆☆	玻璃纤维为无机非金属材料，是天然环保材料
耐化学性	☆☆☆☆☆	☆☆☆☆	玻璃纤维为无机材料，耐化学性能较好
材料成本	☆☆☆	☆☆☆☆	玻璃纤维成本稍高，聚酯纤维相对便宜
综合性能	28☆	22☆	

图2-3-26　阳光直射入室内，产生眩光　　　　　图2-3-27　使用遮阳产品，消除80%眩光

（三）开孔率的选择

（1）遮阳与建筑光环境。通过科学验证，自然光可以改善人的工作效率，但室内过多的太阳光又会产生直接眩光或是反射眩光，从而导致室内光环境质量降低（图2-3-26）。不同工作性质的场所对照度值的要求不同，适宜的照度应当是在某具体工作条件下，大多数人都感到比较满意而且保证工作效率较高的照度值。通过配置遮阳产品可阻挡太阳直射光直接进入室内，有效通过反射和折射对进入室内的光线进行再调配，以改善室内光环境（图2-3-27）。

（2）开孔率与透景程度。开孔率＜3%的面料在透视景观方面效果稍差；3%～5%的面料透视景观程度适中；＞10%的面料可以获取绝佳的透景性（以上所述的对景观的透视程度均为由弱光侧往强光侧，即白天为室内向室外观望的情形，而夜晚，为室外向室内观望的情形）。

（3）开孔率与遮阳性能。开孔率＜3%的面料能较大程度抵挡阳光辐射所产生的热能并控制强光，具备很好的遮阳性能；3%～5%的面料抵挡阳光辐射的程度稍低，遮阳效果适中；＞10%的面料遮阳效果较差。

综合上述多方面因素考虑，设计选用5%开孔率的面料，在保证遮阳效果的同时，仍具备较好的透景性。

四、电机设计思路

（一）电机的选用

主塔楼办公区域4～65层所有电动卷帘所需的电机数量近5000台，因此，从合理利用供电资源及合理控制成本的角度出发，设计采用原装进口高速电机。

（1）高速电机能保证电机在最短的时间内运行到用户所需位置，同时当发生消防报警时亦可大幅度缩短卷帘运行的时间，确保消防安全。

（2）高速电机的功率比普通电机只超出30%左右，但每分钟的运行距离却超出近90%，即同等距离，采用高速电机所需功率更省。

（二）进口电机、控制器与国产产品的性能对比

进口电机、控制器与国产产品的性能对比见表2-3-6所列。

从产品技术性能、质量稳定性、操控性能等多方面因素考虑，设计选用原装进口高速电机。

进口电机、控制器与国产产品的性能对比 表2-3-6

技术性能 品牌	进口电机及控制器	国产电机及控制器	备注
质量保证	☆☆☆☆☆	☆☆	进口电机提供全球五年质保，国产电机通常为两年质保
电压波动适应性	☆☆☆☆☆	☆☆☆☆	±30V之间的波动
抱闸系统	☆☆☆☆☆	☆☆☆☆	进口电机采用类似轿车盘式制动系统的电磁抱闸系统
过热保护性能	☆☆☆☆☆	☆☆☆☆	进口电机具有较短的冷却复位时间
限位技术	☆☆☆☆☆	☆☆☆	国产电机为渐进式旋钮调节限位，调试较为繁琐
控制性能	☆☆☆☆☆	☆☆	进口产品满足200m直径范围内的无线遥控技术，国产产品通常为50m范围左右
材料成本	☆☆	☆☆☆☆☆	国产电机具备好的材料成本优势
综合性能	32☆	24☆	

（三）电机技术参数

法国"尚飞"Somfy是国际上遮阳卷帘用管状电机的知名品牌之一，该电机的技术参数见表2-3-7所列。

电机技术参数 表2-3-7

扭矩	10N·m
最大圈数	46圈
转速	32rpm
功率	160W
电流	0.75A
电压	230V±10%
频率	50Hz
限位方式	快速限位按钮，专利技术
过热保护时间	4min
保护等级	IP44
电气认证	3C、CE
电缆规格	$4×0.75mm^2$
可插拔式电缆	设计可插拔式电缆，专利技术
控制系统兼容性	拥有自主研发的遮阳专用的智能化控制系统，兼容性更好
工作温度	-10~+40℃

（四）智能控制系统设计思路

智能遮阳系统是现代化商业建筑不可或缺的组成部分。现今，遮阳控制系统已不再局限于仅仅处理开启和关闭遮阳产品这样简单的功能，绿色智能建筑要求遮阳系统能根据室外气象等宏观生态环境以及室内微观生态环境（住户/人工照明/空调/通风等诸多子系统）有效自我调节，通过分析建筑自身的特点，将遮阳产品运行到预先设计的各种合理位置/状态，从而在用户舒适性和节能化两方面达到最佳平衡点。

1. 整体控制设想

（1）整幢楼宇按朝向分A、B、C三个立面区域，每个立面实现集中统一控制。

（2）单个立面实现"瀑布"场景：单个立面从上至下分为14个分区，每4层为一个分区，设计14个分区内电动卷帘以分区为板块，按从上至下或从下往上的顺序进行统一下降或上升，配合泛光照明，犹如一片闪亮的瀑布一层层的从夜空中流下，宛若天上银河，非常美观，如图2-3-28所示。

（3）定时控制：19:00～次日8:00，采用楼宇集中控制将所有卷帘全部收起，达到最佳的观景效果。

（4）阳光感应控制：在单个立面设置上、中、下三个智能光感控制器，分别对应控制各分区的所有电动卷帘实现统一升、降。

（5）每幅窗帘实现中间一处停位，非工作时间段，采用楼宇集中控制实现"动态幕墙"（电动卷帘）平齐管理。

图2-3-28　单个立面实现"瀑布"场景

（6）控制系统可纳入楼宇管理协同系统（BA/BMS），与大楼内的其他系统诸如泛光、室内灯光以及火警消防等第三方系统联动运行；当消防报警命令执行时，中空系统可自动屏蔽所有本地控制功能，确保电动卷帘能完全收帘。

（7）采用开放的标准化协议，布线力求简洁。

（8）控制系统采用中文操作软件，控制界面友好并基于大楼实景分布，易于操作管理。

（9）控制系统能实时记录系统运行状态更改及控制器出错报告，并能通过电子网络进行错误远程反馈。

2. "动态幕墙"的齐平管理

通过Animeo IB+智能控制系统的定时控制模块（图2-3-29），可以定时控制整幢大楼的窗帘统一收起、放下。通过对定时控制模块的设定，可以实现在非工作时间段，将电动卷帘全部收回，实现动态幕墙的齐平管理。

Animeo IB+智能控制系统的定时控制模块可以对2组不同的设备分别进行定时控制，以一周为循环，时间精确度为分钟。

通过对定时模块的设定还可以实现任意时间点对动态幕墙的齐平管理。

3. 立面智能光控

将整幢大楼楼层以避难层分隔为3个大区域，每个区域按A、B、C朝向分成3个立面，即总共9个立面分区，每个立面分区实现光控集中控制。

Animeo IB+智能阳光感应控制系统可根据光照度实现对电动卷帘的自动控制（图2-3-30）。在30层、66层避难层放置阳光感应器（共9个），当夏季白天室外光线强度超过设定值时，系统会自动伸展卷帘位置，保持室内遮阳效果，以能减少

图2-3-29　定时控制模块

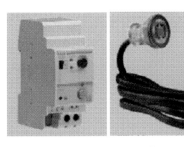

图2-3-30　智能阳光感应控制系统

室内空调能耗；当室外光线强度低于设定值时，系统会自动收回卷帘，保持室内一定的光照度，节约室内照明能耗。

采用光感传感器与光感控制器可以完美地达到对卷帘的控制，光线感应模块通过一个外部传感器测得日光光照度，并在根据预设亮度极限值（2～20000lux）的情况下控制卷帘，感应模块与传感器两者之间的接线采用双层屏蔽线，排除外界干扰。不同条件和状态下的亮度值见表2-3-8所列。

不同条件和状态下的亮度值 表2-3-8

条件和状态	月圆	夜间，街道照明良好	阴天	多云	日光下的阴影	太阳光
亮度值（lux）	小于1	20～70	1500～2000	4000～5000	10000～15000	大于15000

4. 房间单独控制及楼宇集中控制

对于各楼层内分割的独立办公区域，可通过无线电射频遥控器实现本地控制。图2-3-31示出了无线电射频遥控器的布置位置。

通过对遥控器进行程序设定，可以实现一键控制单个回路的卷帘升降及随机停止（单幅卷帘独立控制），根据需要还可以设置一键控制多个回路的卷帘升降、停位（多幅卷帘群控）。

通过Animeo IB+智能控制软件，可实现整个楼宇遮阳系统的中央集中控制。

智能控制软件还可对任意回路进行检查，判断是否出现故障，以便及时维修、更换，大大提高了管理效率。同时，通过对整个系统进行程序设定，可以设定优先级别，限制本地控制，形成整幢楼宇的智能化控制体系。

另外，通过触摸屏和图形化的界面亦可对整幢楼宇内的所有卷帘进行集中监控和事件记录，便于日常管理。

5. 强、弱电配置方案

根据遮阳控制设计方案，主塔楼办公区域4～65层所有电动卷帘所需的电机数量近5000台，因此，从合理利用供电资源及合理控制成本的角度出发，进行如下的强、弱电配置设计。

（1）供电功率需求。电动窗帘电机的功率为160W/台，单个楼层电机数量最大为78台，故单个楼层电动窗帘所需的最大功率约为12.48kW，同时每层分为3个立面，则每个立面最大功率约为4.16kW。

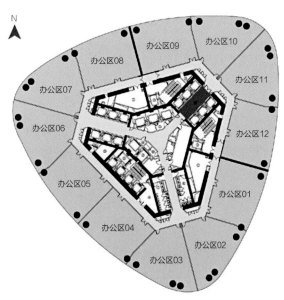

图2-3-31 无线电射频遥控器的布置区间

（2）强电配置方案。根据控制系统配置方案，设计每层强电间设置一个卷帘专用配电箱，每个配电箱分3个回路，每个回路负责单个立面的电动卷帘供电。

（3）配电资源合理利用。当大楼某个立面的所有电动窗帘集中控制时，通过楼宇智能控制系统，对每个分区进行错时供电（卷帘单程运行时间少于30s），即每隔半分钟变化一个分区的供电。因此，大大降低了卷帘启动瞬间负荷高峰，使大楼的配电资源达到了更合理的利用。

（4）卷帘系统与消防的联动方案。在楼宇某区域消防系统执行命令时，通过消防控制系统给遮阳智能控制系统一个信号，使相应区域内的所有电动卷帘执行总控命令全部收帘，从而保证了大楼的消防安全。

五、系统安装方案

正常情况下，因卷帘支架的存在，相邻两幅卷帘面料之间将存在20～40mm的开档，形成强烈的阳光隙，刺眼且影响美观。针对此弊端，专门设计增加了遮光边槽，保证遮阳面料在运行的过程中均在遮光边槽内移动，利用遮光边槽遮挡阳光隙，遮光边槽与幕墙型材保持颜色一致，整体观感很好。遮光边槽的设置如图2-3-32所示，广州国际金融中心内遮阳电动卷帘实景图如图2-3-33所示。

图2-3-32　遮光边槽的设置

图2-3-33　广州国际金融中心内遮阳电动卷帘实景图

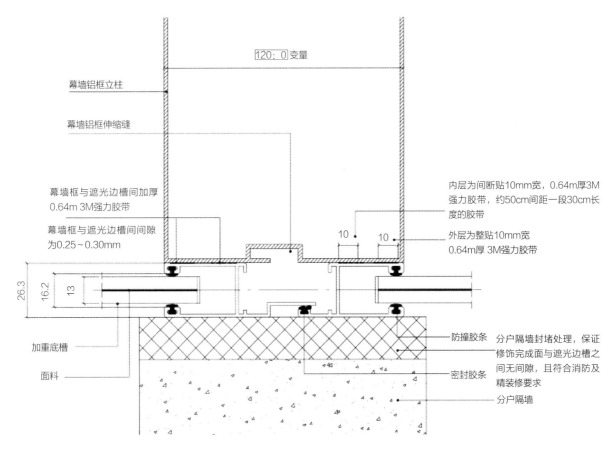

图2-3-34　遮阳系统安装节点图（隔墙位横向剖面）

系统安装节点图分别如图2-3-34所示。

六、遮阳节能效果评估

广州国际金融中心写字楼遮阳项目是目前国内规模最大的室内智能化遮阳卷帘工程，是超高层建筑楼宇智能化内遮阳项目的典范，因此，项目遮阳节能效果的实际情况如何需要作出合理的评估，以作为超高层建筑内遮阳项目设计的重要参考依据。

为此，中建建筑节能检测中心受北京中建建筑科学研究院有限公司委托，依照《公共建筑节能检测标准》（JGJ/T 177—2009），制定了科学的遮阳节能检测方案，并在国金项目实地进行了精确的测量。

（一）检测方案

选择3个独立楼层，每个楼层在东、南、西三个朝向同一轴线位置选择尺寸相同的3个房间，共9个房间。被选楼层及其上下相邻楼层关闭空调，3个楼层中，一个楼层遮阳帘全部收回，一个楼层遮阳帘伸展一半，一个楼层遮阳帘全部伸展。在自然环境条件下，白天被选房间的室内温度，完全由被测房间通过玻璃幕墙和遮阳帘获得的太阳辐射得热控制；夜晚房间的室内自然散热。通过测试幕墙、遮阳帘、室内温度，来评估遮阳帘的遮阳效果。

（二）测试依据

依据《公共建筑节能检测标准》（JGJ/T 177—2009）进行测试。

（三）检测设备

温度采集记录器、太阳辐射计（TT-11-03）、数据采集仪、智能风速计（TT-11-09）、空盒气压表（FP-08016）。

（四）测试过程

2011年8月2日进场，选择37～39层作为测试楼层，每个楼层选择5号、6号、12号房间，朝向分别为南向偏西、西向和东向三个方向。37层遮阳帘全部收回，38层遮阳帘伸展一半，39层遮阳帘全部伸展。测试幕墙玻璃内表面、型材内表面、幕墙与遮阳帘夹层空气、遮阳帘内表面和室内空气温度、室外空气温度，监控室外大气压力、风速和湿度。8月5日结束检测。

（五）最终结论

（1）与未采用遮阳帘的房间相比，采用遮阳帘的房间在太阳照射时，室内空气温度低于未采用遮阳帘的房间，室内空气温度升高速度也低于未采用遮阳帘的房间，降低了室内的冷负荷，可以减少空调使用，起到了减少建筑能耗的作用。

（2）与未采用遮阳帘的房间相比，采用遮阳帘的房间在未受太阳照射时，室内空气温度高于未采用遮阳帘的房间，室内空气温度下降速度也低于未采用遮阳帘的房间，降低了室内的冷热损失。

因此遮阳帘能够将太阳辐射热量反射，减少室内太阳的热，降低室内空气温度。目前国内节能规范并没有考虑内遮阳对建筑物节能的贡献，在这方面的研究数据也较少，希望将来能够完善这方面的规范。

第四章 环境绿化设计

广州国际金融中心环境景观工程占地面积23904m²，其中首层室外广场环境景观面积18694m²，六楼裙楼屋顶花园面积4227m²，套间式办公楼南北翼连廊环境景观面积983m²，绿化率约32%。方案设计由澳洲奥斯派克事务所负责，华南理工大学设计研究院负责施工图设计。

第一节 设计方案构思

一、设计理念

国金的景观设计的理念是水晶散发的光线洒落在整个基地，如图2-4-1所示。图中，一块特级的无色透明状玻璃装物体——水晶代表国金主塔，耸立在现代精美的景观之中。国金主塔的建筑立面通过光线反射的概念，在地面广场通过景观设计与铺装材料表现出国金发射的光芒，使得建筑的概念在景观中得到进一步延伸，让国金的景观统一、大气，将人们吸引至国金的中心。

图2-4-1 国金环境设计理念

二、设计目的

国金的景观设计目的在于与建筑设计统一融合，如同一颗璀璨的水晶发散它美丽的光芒一样，国金水晶般的建筑将其魅力的能量通过铺装和线条灯发散开去，融合到景观里。

国金的景观设计根据国金功能及周边市政道路交通的总体分析，进行整体的空间布局，形成不同的特色空间。景观设计通过动态的放射线条组合把国金所处的这种独特环境传达给每一位来到这里工作和生活的人。铺装的律动、放射线的指引、绿化的开合，以及水景的活跃，都在加强这种动感景观的流动性。

国金的景观在空间上分为首层平面景观、屋顶花园及南北翼连廊景观，这种多层次的景观呈现了不同的功能和用途，使用者在各种层面来回穿梭，感受截然不同的独特景观。

图2-4-2和图2-4-3分别给出了国金环境设计总平面图及植被呈放射线布局的效果图。

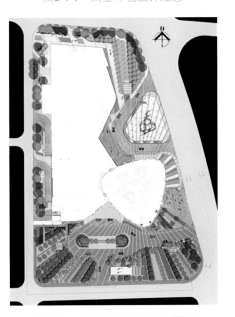

图2-4-2 国金环境设计总平面图

图2-4-3　植被呈放射线布局的效果图

第二节　材料及植物选材

一、园建材料选材

（一）首层广场典型铺装材料

广场地面车道及人行道主要以粗糙面花岗石为主，切割成规格不同的小块，厚度约10cm。其典型铺装如图2-4-4所示。

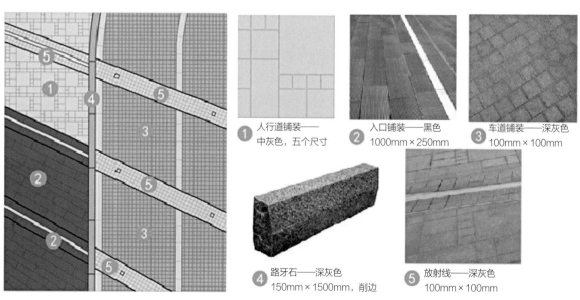

① 人行道铺装——
中灰色，五个尺寸

② 入口铺装——黑色
1000mm×250mm

③ 车道铺装——深灰色
100mm×100mm

④ 路牙石——深灰色
150mm×1500mm，削边

⑤ 放射线——深灰色
100mm×100mm

图2-4-4　首层广场地面车道及人行道典型铺装示意图

（二）首层南面酒店入口铺装材料

首层南面酒店入口铺装材料以粗糙面花岗石为主，规格稍大，厚度约10cm。其铺装示意图如图2-4-5所示。

（三）屋顶花园、连廊铺装材料

屋顶花园、连廊铺装材料主要有花岗石、木地面、鹅卵石，如图2-4-6所示。

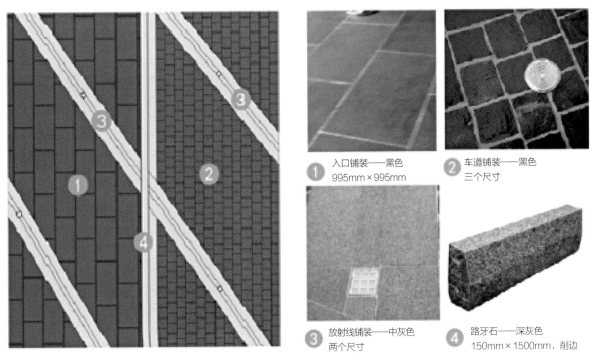

① 入口铺装——黑色
995mm×995mm

② 车道铺装——黑色
三个尺寸

③ 放射线铺装——中灰色
两个尺寸

④ 路牙石——深灰色
150mm×1500mm，削边

图2-4-5　南广场铺装示意图

花池压顶——浅灰
色，不规划尺寸

花园走道——米
色，多个尺寸

花池侧面——深灰色，
100mm×200mm

木地面

特色景墙里面——深、中灰色

黑色卵石

图2-4-6　屋顶花园、连廊铺装材料

二、植物选材

（一）广场绿化植物选材

广场绿化植物包括乔木和灌木两类。乔木植物选材如图2-4-7所示，灌木植物选材如图2-4-8所示。

（二）屋顶花园、连廊绿化植物选材

屋顶花园、连廊绿化植物也包括乔木和灌木两类。乔木植物选材如图2-4-9所示，灌木植物选材如图2-4-10所示。

| 尖叶杜英 | 小叶榄仁 | 美丽异木棉 | 大腹木棉 | 鸡蛋花 | 垂榕柱 |

图2-4-7　广场绿化乔木植物选材

| 山栀子 | 红继木 | 天堂鸟 |

图2-4-8　屋顶花园、连廊绿化灌木植物选材

| 紫荆 | 小叶榄仁 | 旅人蕉 | 蒲葵 | 鸡蛋花 | 软叶软葵 |

图2-4-9　屋顶花园、连廊绿化乔木植物选材

| 龟背竹 | 文殊兰 | 天堂鸟 |
| 丝兰 | | 朱蕉 |

图2-4-10　屋顶花园、连廊绿化灌木植物选材

第三节　各区域环境设计

一、首层环境设计

首层环境设计根据建筑的使用功能主要分为南面酒店景观区、东面办公及商业景观区、西面公寓景观区等。

（一）南面酒店景观区

该区域主要服务于四季酒店，景观上在主塔高位俯视，继续沿用行列、放射状的视觉，在平面上通过片植灌木、地被，列植乔木等不同高低层次的植物来形成围合式景观。促其满足高质量、高品位，追求自然感觉，满足酒店私密空间的酒店景观。该功能区的主要景观亮点如下：

（1）酒店入口广场铺装。地面铺装采用火烧面黑色石材，是室内装修与室外园林景观的过渡区。该区域设置残疾人过道、临时停车道、酒店指引牌、车挡等，整个设计体现以人为本的设计理念，如图2-4-11所示。

（2）酒店道路铺装。酒店区域的道路组织以酒店水景池为中心，车行道路形成一个环状道路网络，满足车行及消防通道的功能，车行道铺装以简洁为主，采用100mm×100mm、100mm×120mm、100mm×200mm三种规格黑色自然襞裂面花岗石，按标准铺装单元进行铺设，同时通过放射线的分格，打破同一铺装的单调，形成自然与变化的效果，如图2-4-12所示。

（3）酒店区绿化。绿化种植采用行列式种植形式为主，以整齐、规则的格调与放射线保持一致。乔木采用尖叶杜英、小叶榄仁、木棉、桂花等树冠形态整齐，有层次感的植物。灌木品种主要有山栀子、红继木、黄金叶、天堂鸟等。另绿化地内种植有鸡蛋花、桂花、垂榕柱绿墙等植物，用于遮挡风井及市政道路视线，将酒店区域景观围合成相对独立的空间，如图2-4-13所示。

（二）东面办公及商业景观区

东面办公及商业景观区位于国金东侧，项目占地面积约4000m²，包括办公楼出入口及雕塑广场，对面是广州新中轴线上的城市公园，如图2-4-14所示。该区域景观要面对来国金办公购物休闲的人，同时还要面对从公园

图2-4-11　酒店入口广场铺装

图2-4-12　酒店道路铺装

图2-4-13　酒店区绿化

方向来的大量的游客和市民，服务的对象主要是办公、消费及游客，景观除了满足以上交通组织、集散功能外，其景观的一大亮点是提升广州国际金融中心的文化形象，并借此提高广州国际金融中心的社会知名度。

其他区域景观设计主要是为了满足交通及人流为主，地面铺装延续南广场放射线铺装方式，主要出入口均采用拉丝面黑色花岗石，以区别于车行道及人行道的铺装，如图2-4-15所示。

绿化依旧延续酒店区域的种植形式，乔木品种主要为美丽异木棉，地被采用台湾草、山栀子、满天星等。办公楼出入口两侧则用小叶榄仁自然错落式种植。

（三）西面公寓景观区

西面公寓景观区主要处理市政道路与建筑之间的自然衔接。绿化配置采用垂榕柱行列的种植形式，地被配置修剪整齐的山栀子、鸭脚木、福建茶等，起到很好的阻隔和过渡。公寓出入口采用规则对称式的景观处理，在入口两侧设置镜面水池，营造宁静、素雅的氛围，如图2-4-16所示。

图2-4-14　东北面广场景观

图2-4-15　其他区域景观设计

图2-4-16　西面公寓景观区

二、屋顶花园景观设计

（一）屋顶花园——城市绿洲

屋顶花园是主塔里面酒店和高级酒吧的一个延伸，是一个设有景观凉亭的室外空间。每个凉亭都被绿色屏障隔开，形成私密空间。同时配置有高尔夫活动区为职员提供一个在紧张工作之余交流、放松的休闲活动场所，让人能对国金的壮丽景色一饱眼福。这里还设有一个单独的酒吧和服务区，使工作人员更有效地为老顾客服务，同时，屋顶花园里种植的各种植物能够巧妙地将外露的构筑物隐藏起来，从而使建筑物看起来更加美观。自然式的景观布局，也打破了屋顶规则空间。图2-4-17给出了屋顶花园的平面设计图。

（二）植物配置

屋顶花园受建筑荷重限制，种植土层较浅，同时屋顶风力较大的局限，植物配置大多以小乔木及灌木为主。植物品种主要有：鸡蛋花、紫荆、细叶榄仁、旅人蕉、软叶刺葵、苏铁、龟背竹、海芋、文殊兰、丝兰、棕竹、合欢、鹤望兰、朱蕉、炮竹花、叶子花、九里香、朱顶红、黄蝉、红背桂、沿阶草、蜘蛛兰、春羽等。图2-4-18示出了屋顶花园局部的植物配置效果。

（三）景观照明

主要配置有台阶灯、特色灯笼、柱头灯、吊灯及泛光灯、埋地灯、草坪灯等。

（四）高尔夫区

高尔夫推杆练习场位于国金六层裙楼屋顶花园的南侧，属于国金主塔楼南面建筑主体俯瞰的屋顶景观并作为公寓六层会所的配套服务，主要配置有：嵌沙果岭、迷你高尔夫、挥杆网笼及休息区等。图2-4-19给出了高

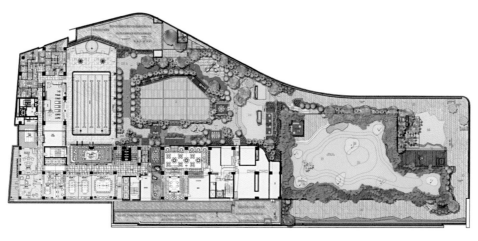

图2-4-17　屋顶花园的平面设计图

图2-4-18　屋顶花园局部的植物配置效果

图2-4-19　高尔夫推杆练习场实景

尔夫推杆练习场的实景。高尔夫推杆练习场的设置增加了公寓户外运动场所，提高了公寓的档次，相比网球场噪声低。

第四节　雕塑设计

"国金中心"雕塑广场位于集金融、商业、城市景观地标于一身的广州新中轴区域，位置重要，通过艺术作品有效展示城市高速发展、经济繁荣而又拥有千年文化底蕴的国际大都会城市形象，具有特别重要的意义。

一、区域中心学说的新思维

公共空间艺术与周边的构造物务必要形成一个有区域综合文化内涵，且相互依托，有空间深度感的新城市空间。这个空间的尺度大小不是常理尺寸，而是根据区域的文化、产业、经济特点以及建筑物本身的特点来重新构筑尺度的规模。在程序上首先必须确认，公共艺术品的主题一定要成为艺术品所设置区域的中心，这个"中心"与周边所有构造物与"中心"之间形成具有精神尺度的空间新关系。这种可成为空间新关系的作用超越了人们正常的视觉关系，它是由精神到文化以及由此所构成的景观概念，将中心与周边连为一片。这点在传统桌面雕塑、自由绘画的能力上是不具备的可量化功能。因为传统自由绘画与桌面雕塑的创作技法与思维不同决定了艺术品最终的精神规模。作为公共艺术，当其置身于区域中心的上下、左右、前后时，应使之成为三个方位交汇的轴心，如图2-4-20所示。

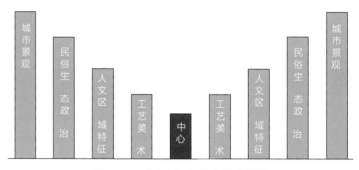
图2-4-20　"中心"与公共艺术构造

当观众的视线透过轴心和背景的建筑物连成一线时，这个尺度的空间大小此时不取决于实质的视觉距离，而是取决于这个区域的商业、景观、建筑等其他的文化内容性质，根据它们的质量来定性"中心"在这个新设立的环境中的文化性质。因为面对"中心"（艺术品作为区域的中心），观众视线在移动着观赏艺术品时，"中心"背景的内容其实也是在呈左右摆动或以此为轴心移动。为此对公共空间艺术的规划设计一定要摒弃传统艺术过于集中眼前感性的现象，即只局限在固定的画布和雕塑台有限的方圆之中的创作的思维与技法。公共艺术品的创作非常重要的一点是要将周边的信息与景观条件融入中心内容和背景内容之中，进行有效交汇构成新的景观内容。因为公共艺术品作者必须在中心与背景的中间区域努力准确填充抽象且又能让人感知的文化内容。不然"中心"很难与周边环境成为"唇齿"相依的景观关系。也就成为不了"建筑"或区域具有表情特征作用的面孔，区域文化的生命力也就无从谈起，这座新设立的公共空间艺术品就没有生命力可言。

这种构建公共艺术的新思维方法或新创作方法是被喻为构筑区域中心学说的一个世界性的新特征。然而所有区域中心功能与环境的新景象构成方法并不是都能一概而立。因为城市本身就有大中心与小中心或副中心之分。每个区域中心在城市中的作用定性，决定了区域中心文化辐射的作用尺度范围。因此城市公共艺术美学构造的尺度当然也由于这个"中心"的大小而产生变化。基本上可从区域中心200m半径尺度至10km半径尺度都可按这一学说的原理来相应构成（图2-4-21）。但是半径的尺度越大，意味着构成公共空间艺术的难度就越大，因为中心的文化幅射能力与中心艺术品的功能演绎的气场大小是与其能承载范围区域的文化内涵的量有关，承载能越大，辐射力就越强，否则相反。区域"中心"对应空间的诸多文化元素、能否起"中心"的作用和文化印象传播的功能以及能否最终形成区域文化美学的概念，自然就成为区域公共艺术成败的评判条件。所以创作"区域中心"的功能与构造区域印象代表的创作是一件很难挑战的思维工作和技术。

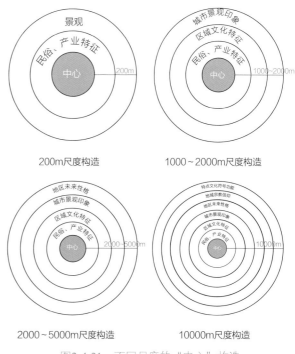

图2-4-21 不同尺度的"中心"构造

2010年10月25日，在广州珠江新城广州国际金融中心广场落成的《未来之门》大型城市公共艺术雕塑，就是运用这一思维方法构筑的案例。该作品由亚洲雕塑家协会（中国）会长、广州雕塑院特邀雕塑家、暨南大学教授曾振伟先生带领的团队创作，从落成至今为所在建筑及商业空间聚集了很多人气，也获得了观众的喜爱与肯定。它是运用公共空间艺术尺度论的新思维来创作的结果。

二、雕塑创作理念

以国金为中心的广州市新地标，体现它地位的当然不仅仅是高度，还有作为广州新城市中心所承载的文化功能。为此，它的形象、精神、面貌、文化特征与广州现存的文化底蕴、精神、民俗以及对未来的诉求是否能有效对接非常关键。

（一）雕塑主体的艺术性

城市大型艺术雕塑是城市现象、历史、文化特征最具代表性的公共语言之一。考虑到具象表现手法的局限性，"国金中心"雕塑采用了后现代主义的表现手法，突出表现富有生命动感的艺术形象，隐喻出广州的过去、现在与未来。在理性和冰冷的现代解构主义"国际金融中心"建筑形式下，让富于动感的雕塑来弥补建筑本身的理性与冷漠，使观众在观看时雕塑感受到冲动的力量。站在雕塑下方仰望那巨大扭动的雕塑肌肉纹理，仿佛是蓄势待发的运动员准备向上跳跃，与矗立在旁直冲云霄的金融中心塔楼相映成趣。那交叉成十字状的形体，有如一双正在旋转的大桨，在空中舞动出独特的韵律。这是充满力量与动感的表现手法，也寓意城市生活的健康、活力和充满生机。而纯金箔包裹的雕塑即反映了繁荣富强的时代背景和"国金中心"作为全世界十大最高建筑之一的尊贵地位，也与发展商越秀集团的品牌形象相符合。

（二）"巨人拱门"的创作艺术构思

从古至今，人们通常将"门"喻为"目的"，它是一个跨越起点进入目的领域的"栏"。人们习惯把自己置身于"栏"的外围，将心愿赋予成希望向称之为"门"的里面"展望"，如"幸福之门"、"安全之门"或"和谐之门"等。在市政府的带领下，广州全市上下生机勃勃、大步向前，取得了巨大的成绩。广州国际金融中心大厦代表着南中国经济、商业、文化最中心的地位。

图2-4-22 "巨人拱门"雕塑

"巨人拱门"雕塑（图2-4-22）的设计思路就是根据建筑主体运用的后现代主义设计方法，在若隐若现的建筑主体结构的艺术表现方法之下，展示建筑的刚柔之美，强调建筑形式与景观环境相呼应的和谐关系。雕塑和建筑的关系如同画龙点睛。在设计技法上，采用了夸张的手法，抽象与具象结合，塑造出一个高挽横臂、充满活力且雄壮健实的肌肉巨人，交叉构成了一组"拱门"。当人们站在广场中心的雕塑下向上仰望时，壮实的肌肉形态宛如勃发的力量让人产生强烈的动感和张力，激发热血沸腾，仿佛是被牵引顺着高耸的主塔楼冲向浩瀚天际，此时人会有一种要跟着它走向未来的冲动。

（三）"儿童和金蝉"雕塑细节的艺术构思

"巨人拱门"充满了动感与青春的视觉魅力。但是作为广州的象征，仅仅有力量和张力是不够的，还必须要有深厚的人文底蕴内涵。创作者在雕塑中加入了地方民俗文化中的民粹内容——儿童捉蝉（图2-4-23）。"捉蝉"已是我们孩提时代的最淘气的记忆。它很有童趣，但也很需要冒险的精神与勇气，这是广州人敢闯敢拼精神最初始的历练。在"巨人拱门"顶上寄放一只巨大的金蝉，让人们在被雕塑主体本身震撼的同时，也被捕蝉这一民粹所感染，唤起童年的美好回忆，从而更准确地展现出这座城市的魅力与活力。

（四）雕塑的双主题表现手法

在一个具有丰富内涵且又充满未来希望的城市，仅用传统雕塑的表现手法是难以表现出城市所具有的相关特征。一个雕塑，特别是大型雕塑中并存两个主题是目前国外业界中常用的表现手法。创作者采用了这种比较先进的技法理念来设计这尊雕塑。当人们注视雕塑主体那雄伟、扭动、充满力量的形态之时，注意力会集中在主体肌肉和与此相映相辉的建筑主楼的关系上，这是极其感性的观赏过程。这时，雕塑的后现代主义手法给了人们第一艺术印象。当观众进一步深入观赏雕塑时，会发现主体上方停落的金蝉以及与金蝉相呼应在水平视线上的孩童。此时，观众的视线与心情会被调节，他们会去发现两者（金蝉与孩童）之间更深层次的关系，去理性思考雕塑背后所蕴含的深意。这种以现实主义表现的手法让人被"孩童捉蝉"这一惟妙惟肖的故事所感染，从而产生第二波对自己儿童时期美好时光的联想，如图2-4-24所示。此时，超现实主义的主体蜕变成现实主义内容中的附属体，主体强烈的思想性被回落到现实主义的"孩童捉蝉"的情境中来。捉蝉的快乐、孩提的梦想变成了主旋律。这是创作者设计该雕塑的核心之处，也是具有相当国际先进性的城市景观综合设计表现手法的大胆尝试。

（五）雕塑的亲和力

关于雕塑广场的设计。创作者着重加强雕塑艺术的公众参与性，建立一个市民不仅可以观赏，更可以与雕

图2-4-23 "儿童捉蝉"雕塑细节的艺术构思　　　　　　　图2-4-24 雕塑的双主题表现手法

塑互动的广场环境。广场与雕塑形状的关系，用矛盾和对比手法来营造，它的好处在于加强景观与建筑"静"与"动"的对比关系，从而产生视觉张力，使景观和建筑双双处于观众的视觉中心。另外，从面积上看，雕塑广场只有1400m²，其中水体以内用于放置雕塑的基座面积只有260m²，能让观赏者与雕塑互动的广场面积只有1200m²。创作者希望这里可以成为一个观众与雕塑互动的市民广场。让市民集聚到广场与雕塑互动，共同分享城市建设的成就和艺术带来的乐趣，是雕塑广场的核心意义。

第五节　水景设计

　　酒店入口水景池是酒店区域景观中的视觉中心，构成水景池的造景要素主要有叠水、植物、涌泉及灯光，景观强调水面光影效果的营建和环境空间层次，其中叠水强调一种非常有规则的阶梯式落水形式，强调人工设计的美学创意，具有韵律感，它是落水遇到阻碍物所形成的，水的流量可按需要控制，叠水墙材料采用自然面石材，目的是取得设计中要求的叠水形式，层次有多有少，产生形式不同、水量不同、水声各异的丰富多彩的叠水。池底安装一排涌泉，池壁安装出水柱，增强水景的动态效果。整个水景系统采用循环水装置。水景池的植物配合主要采用规则式的种

图2-4-25 酒店入口水景池

植形式，植物配置错落有致，有层次感，六株主景树衬托出酒店入口的大气。植物品种主要有细叶棕竹、肾蕨、山栀子、朱蕉等，如图2-4-25所示。该水景池及绿化配置起到遮挡酒店出入口与外界视线的作用，提高了酒店的私密性。

第六节　环境照明设计

　　为了更好地强调光线的设计理念，在广场的环境照明设计中为放射线铺装上配置点状或条状LED灯，夜晚配合主塔楼的灯光，形成连动统一的视觉冲击。当点亮像水晶般清透的主塔楼，地面也随即亮起以它为中心发散开来的一条条七彩的光的射线，国金就如同一颗宝石落在珠江之边。

　　景观灯光设计及完成实景如图2-4-26和图2-4-27所示。

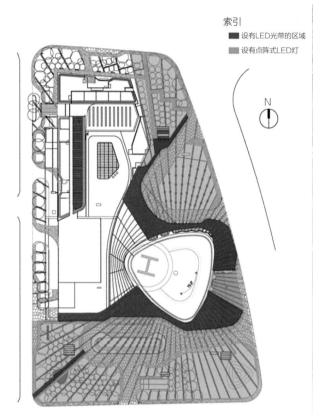

图2-4-26　景观灯光设计图

图2-4-27　景观灯光设计完成实景

第一节　结构设计概述

一、结构体系概况

广州国际金融中心主楼地上103层，总高度440.75m，地下室4层（局部5层），底板面标高-18.600m。主塔楼平面形状类似三角形，其三长边向外弧形凸出，三夹角为圆形；平面尺寸底部为62m×62m，中部最大处为66m×66m，向上逐步缩小。办公室楼层（67层以下）层高4.5m，每隔27m（6层）为一斜柱相交节点层，酒店楼层（67层以上）层高3.375m，每隔27m（8层）亦为一斜柱相交节点层，如图2-5-1所示。

国金中心的结构体系为筒中筒混合结构，其外筒为非常有特色的斜交棱形网格（圆钢管混凝土）柱巨型筒体，内筒为切角三角形钢筋混凝土筒体；内筒部位为钢筋混凝土梁板结构，内外筒之间部位为钢筋混凝土组合楼盖。斜交棱形网格柱形成的外筒为新型结构形式，也是本项目的标志性的特点之一，其网格柱斜交处的节点为结构设计（包括内力计算、应力分析、制作及吊装等）的重点和难点。

从建筑材料来划分超高层建筑的结构形式有三种：即钢结构、钢筋混凝土结构和组合结构。应用在超高层

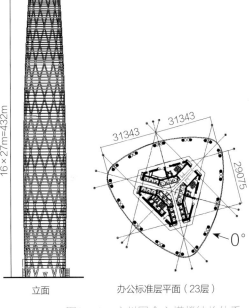
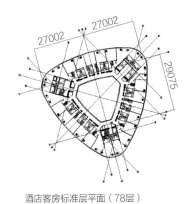

图2-5-1　广州国金主塔楼结构体系

建筑方面主要结构体系有筒体、框架—筒体、筒中筒、组合筒、巨型结构、空间桁架体系等。

随着现代建筑发展的迅速，体型日益复杂，综合用途多，以及高强度材料的使用，为满足建筑功能和特种工程的需要，都对建筑的结构型式提出了改进要求。要求结构构件的力学性能好，构造简单，施工简便、进度快、经济性好等几方面。钢筋混凝土组合结构具有钢结构和混凝土结构两者的优点，又可减少两者的缺点，近年来在土建结构工程中倍受青睐。

二、国金的结构体系的优势

（1）合理的体形，平面形状类似三角形，其三长边向外弧形凸出，三夹角为圆弧形，能明显减少风荷载，因而能减少结构的侧移。

（2）钢筋混凝土组合结构的应用：圆钢管混凝土斜柱、钢筋混凝土组合梁。

（3）结构自重轻，地震反应减弱，基础压力小。单位面积重度比一般混凝土结构体系减少了近30%，自重轻即耗材少、因而整体造价也相应降低，其中的基础造价可以减少30%～40%。

（4）充分发挥钢、混凝土的固有性能，利用外筒为棱形网格（圆钢管混凝土）柱巨型筒体的巨大刚度作为结构的抗侧力构件；圆钢管混凝土柱的截面仅为钢筋混凝土柱的1/3～1/2，柱截面小，楼面可使用面积增多；楼面型钢梁截面高度可取680mm，加楼板120mm，结构高度仅800mm，可以保证结构净高3.7m，建筑净高可达3.0m以上。

（5）使大部分竖向荷载直接由主要抗弯构件承受，这将使主要的抗倾覆构件受到预压而有助于提高它们抵抗由侧向荷载引起的倾覆效应，用能够抵抗外剪力的体系将相对孤立的竖向结构连在一起，形成高效能结构，将能同时抵抗弯曲、扭转、剪切和振动效应。其基本原理就是将大部分的重力荷载和倾覆力矩都由周边组合柱来承受。

（6）本工程外筒为棱形网格（圆钢管混凝土）柱巨型筒体的做法于目前在国内尚属首次，属于新型的结构体系，规范至今为止尚未列入结构体系范围。但其结构受力性能对于类似国金主塔高度（432m）的项目是合适的，且具有良好的经济性。

第二节　地基、基础及地下室设计

一、场地地质条件

（一）地质条件

根据华南理工大学建筑设计研究院勘察工程有限公司提供的工程地质勘察报告，场地内岩土分层描述见表2-5-1所列。

场地内岩土分层描述

表2-5-1

层序	土层名称	描述	平均厚度（m）	层顶标高（m）
（1-1）	杂填土	褐灰色，由粉质黏土、碎石和生活垃圾组成，碎石含量占5%～50%不等、直径1～15cm不等。稍湿，松散	3.39	8.18
（1-2）	素填土	褐红色，由粉质黏土和少量碎石组成，碎石含量占5%～40%不等，稍湿，松散。标准贯入试验平均击数6.5击	2.98	8.10
（2-1）	淤泥质土	灰黑色，饱和，软塑，局部夹少量粉细砂粒。标准贯入平均击数2.3击	1.32	5.59

层序	土层名称	描述	平均厚度（m）	层顶标高（m）
（2-2）	黏土	砖红、黄白色，稍湿，可塑~硬塑，主要成分为黏粒。标准贯入试验平均击数15.6击	2.78	4.74
（2-3）	粉质黏土	灰白色，局部黄白色，稍湿，可塑，局部硬塑。标准贯入试验平均击数17.0击	2.98	4.57
（2-4）	粉土	灰白色，饱和，稍密，含3%~5%黏粒。标准贯入试验平均击数7.9击	1.66	2.62
（2-5）	中砂	灰白色，饱和，松散，含5%~10%黏粒。标准贯入试验平均击数10.3击	1.71	2.17
（3-1）	粉质黏土	红褐色，稍湿，可塑，为泥质粉砂岩风化残积土。标准贯入试验平均击数11.4击	3.19	1.85
（3-2）	粉质黏土	红褐色，稍湿，硬塑，为泥质粉砂岩风化残积土。标准贯入试验平均击数21.0击	3.13	0.53
（4-1）	全风化岩层	岩性为泥质粉砂岩，呈红褐色，风化很强烈，岩芯呈坚硬土状，遇水易软化。标准贯入试验平均击数35.4击	2.67	-0.92
（4-2）	强风化岩层	岩性以强风化泥质粉砂岩为主，局部分布强风化粗砂岩。褐红色，风化强烈，岩芯呈半岩半土状，局部柱状、短柱状、块状。岩芯手可折断，遇水易软化。标准贯入试验平均击数61.0击。天然湿度单轴抗压强度平均值为1.90MPa	3.00	-8.76
（4-3）	中风化岩层	岩性以中等风化泥质粉砂岩为主，局部分布中等风化粗砂岩。 （1）中等风化泥质粉砂岩：褐红色，风化较弱，岩芯呈柱状、短柱状，局部块状、饼状。岩质较坚硬。天然湿度单轴抗压强度平均值为7.00MPa。 （2）中等风化粗砂岩：褐红色，粗粒结构，风化较弱，岩芯呈柱状、短柱状，岩质较坚硬。天然单轴抗压强度平均值为9.89MPa	2.39	-11.43
（4-4）	微风化岩层	岩性以微风化泥质粉砂岩为主，全场地分布；局部分布微风化粗砂岩、微风化砾岩，局部地段分布有强风化岩夹层。 （1）微风化泥质粉砂岩：褐红色，岩石风化微弱，局部可见少量裂隙，岩芯呈柱状、长柱状，岩芯长10~100cm不等，岩质坚硬，锤击声脆。天然湿度单轴抗压强度平均值为15.90MPa。 （2）微风化粗砂岩：褐红色，粗粒结构，钙质胶结。岩石风化微弱，局部可见少量裂隙，岩芯呈柱状，岩质坚硬，锤击声脆。天然湿度单轴抗压强度平均值为36.50MPa。 （3）微风化砾岩：褐红色，砾状结构，钙质胶结。岩石风化微弱，局部可见少量裂隙，岩芯呈柱状，岩质坚硬，锤击声脆。天然湿度单轴抗压强度平均值为44.60MPa	7.95	-14.36

（二）地下水概况

广州地处亚热带，全年降水丰沛，雨季明显、日照充足，降水量大于蒸发量，大气降水量是地下水经钻探揭露，场地地下水主要为第四系孔隙水和基岩裂隙水。

1. 第四系孔隙水

第四系孔隙水赋存于砂层（粉砂、细砂、砾砂）和粉质黏土的孔隙中，砂层为主要含水层；其地下水位埋深1.07~4.90m，它的补给来源为大气降水，水位受季节性影响变化较大，水量较丰富，渗透系数经验值为2.31×10^{-7}cm/s。

2. 基岩裂隙水

场地基岩为泥质粉砂岩，其裂隙不发育，ZK54钻孔钻探过程中，基岩破碎处有少量漏水现象，基岩总体含水量较小；勘察期间测得其混合地下水位埋深1.07~4.90m。地下水流向为北向南方向。

本场地离珠江不远，洪水季节对场地的地下水水位埋深有一定影响，地下水位埋深可能小于1.00m。

地下水对混凝土结构不具有腐蚀性，对钢筋混凝土结构中的钢筋无腐蚀性，对钢结构具有弱腐蚀性。

二、桩基持力层及桩型选择

主塔楼位置基础底板已到达中微风化泥质粉砂岩层。考虑到部分柱位下岩石裂隙较发育，采用人工挖孔桩（墩）基础，持力层均为微风化粉砂岩或砾岩，设计要求岩样天然湿度单轴抗压强度不小于13MPa。桩径3200～4800mm，桩长约6～13m。单桩竖向承载力特征值为110000～247000kN。部分桩有抗拔要求，单桩抗拔承载力特征值为5000～15000kN。主塔楼位置基础底板厚2.5m。

三、土方开挖及基坑支护设计

国金基坑开挖深度达19.0m，基坑深度范围内有素填土、淤泥质土、粉质黏土、泥质粉砂岩，由于周边地块大部分处于基坑施工阶段，大面积进行降水，地下水贫乏。基坑安全等级为一级。综合考虑周边环境保护要求，场地条件及工程地质条件，采用钢筋混凝土排桩+预应力锚索作为基坑支护结构。人工挖孔桩桩径 ϕ1200，间距1400mm，桩长21～23m。锚索分别采用三道或两道，一桩一锚。

四、抗浮锚杆的设计

地下结构抗浮设计时，地下水位取至-0.500m。本工程地下室埋置较深，塔楼范围以外局部存在抗浮问题，经过技术和经济比较，采用岩石锚杆来抵抗浮力。锚杆直径 ϕ150，配筋4ϕ28，单根锚索承载力特征值为450kN。

五、地下室防水设计

国金地下室面积大，层数多，埋置深度大，水压力较大，防水问题处理得好坏，不但关系到日后使用的效果及长期运营的费用，而且关系到项目本身品质的高低。

国金地下室防水主要依靠混凝土结构自身进行防水及抗渗，混凝土抗渗等级最高为P8。为减少混凝土收缩裂缝的产生，采取以下的措施：

（1）适当提高地下室底板、侧壁的配筋率，提高其抗渗能力。

（2）地下室楼盖采用控制裂缝宽度性能较好的变形钢筋，壁板、楼板钢筋按照"宁细勿粗，宁密勿疏"的原则配置，板筋双层双向拉通布置。

（3）优化混凝土的配合比设计，减少混凝土自身收缩，控制水灰比、砂率、水泥用量及坍落度等指标。

（4）加强混凝土的振捣及养护，保证混凝土在全湿润条件下硬化，优先考虑蓄水养护。

（5）增设后浇带，减少混凝土前期收缩的影响。

除了混凝土自身抗渗外，地下室外围采用柔性防水材料进行第二道防水，如图2-5-2所示。

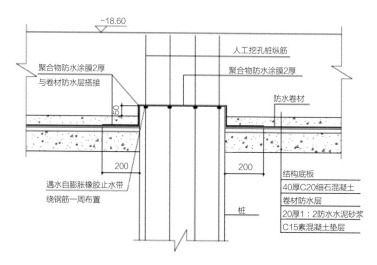

图2-5-2　地下室外围第二道防水

第三节　主塔楼结构设计

一、结构体系

主塔楼69层及以下结构采用巨型钢管混凝土斜交网格外筒+钢筋混凝土内筒的筒中筒体系，而由于建筑使用功能的需要，69层以上取消了核心筒的内墙，仅保留部分核心筒外墙并向中庭倾斜，电梯井道移至核心筒外，形成巨型钢管混凝土斜交网格外筒+剪力墙结构体系。

国金结构体系新颖特别，在国内外均较少见，国内的《建筑抗震设计规范》（GB50011—2010）、《高层建筑混凝土结构技术规程》（JGJ3—2010）及《高层民用建筑钢结构技术规程》（JGJ99—98）均未将该结构体系列入，且根据住房和城乡建设部《超限高层建筑工程抗震设防专项审查技术要点》要求，对于主体结构总高度超过350m的超限高层建筑工程，应进行抗震设防专项审查，并特别要求：（1）从严把握抗震设防的各项技术性指标；（2）全国超限高层建筑工程抗震设防审查专家委员会进行的抗震设防专项审查，应会同工程所在地省级超限高层建筑工程抗震设防审查专家委员会共同开展，或在当地超限高层建筑工程抗震设防审查专家委员会工作的基础上开展；（3）审查后及时将审查信息录入全国重要超限高层建筑数据库。因此，国金结构设计应对结构体系的受力性能、抗震性能等进行专题研究，并进行风洞试验、振动台模拟地震试验等整体模型试验，以全面了解结构在风作用、地震作用下的反应。

（一）重力体系选型

广州国金主塔楼69层以上重力荷载通过斜交网格外筒柱、平面角部钢筋混凝土筒体和沿着走廊设置、向中庭倾斜的钢筋混凝土墙往下传递；平面角部筒体承受的重力荷载由设置于73层的转换桁架传递至斜交网格外筒柱和核心筒；63层以下重力荷载通过斜交网格柱外筒柱和核心筒墙体最终传至基础。

作为斜交网格外筒的柱采用钢管混凝土柱和采用高强度等级混凝土的核心筒均具有较大的竖向承载力；空间桁架型式的竖向构件转换体系，具有刚度大、传力直接、承载能力大、对建筑使用功能影响较小的优点；斜交网格体系具有比普通梁柱体系高得多的结构冗余度，在局部破坏发生时可以很好地将内力重新分布，将破坏斜柱的内力卸载至相邻其他斜柱，保证结构不致引起连锁反应而倒塌，从而保证结构的整体安全。因此，整个重力体系具有传力直接、传力路线明晰、刚度及承载力大、抗连续倒塌能力强、结构安全度高的特点，结构选型合理，受力高效。

斜交网格外筒分为16个节，每个节27m，钢管混凝土柱在每个节间为直线段，相邻节段的柱于节点层形成一个折点，柱轴力在节点层平面内产生向外的推力，为了抵抗节点层平面内向外推力，采取了外框筒环梁+拉梁+核心筒内闭合圈梁构成的独立的平面内抗拉体系，并于节点层周边设置了体外高强钢绞线预应力索。

（二）抗侧力体系选型

主塔楼水平荷载（包括风荷载和地震作用）产生的倾覆弯矩主要由斜交网格外筒以柱轴力的型式承受，剪力由斜交网格外筒和剪力墙共同承受。斜交网格外筒提供了大部分的抗侧刚度，斜交网格外筒自身节点层刚度大、非节点层刚度小的缺点，由于内部的剪力墙的作用得到了改善。69层以上采用转换桁架进行竖向构件的转换，增设平面角部筒体，改善了由于核心筒取消而导致的侧向刚度突变。

不同于常见的超高层结构抗侧力体系，国金斜交外框筒和内部剪力墙主要承受剪力，网格外筒既承受大部分的倾覆弯矩，还承受分量不小的楼层剪力，且主要以柱轴力的形式受力，形成两道防线的抗震体系，抗震性能高，结构效率高。因此，整个抗侧力体系不但具有传力直接、传力路线明晰、刚度及承载力大的特点，而且由于刚度沿竖向均匀、不突变且形成抗震两道防线，抗震性能结构优良，选型合理，受力高效。

（三）楼盖体系选型

首层以下及核心筒内采用钢筋混凝土梁板，板厚130～200mm。首层以上内外筒之间采用钢筋混凝土组合楼盖，梁跨度约8～15m，工字钢梁高一般为450mm，跨度较大处加高至600mm；办公楼层板厚一般为110mm，酒店楼层板厚一般为130mm，板跨度较大处局部加厚。

二、核心筒、筒体的设计

塔楼核心筒69层以下外墙厚度由底部的1100mm沿竖向逐渐减薄至600mm，核心筒内墙由600mm沿竖向逐渐减薄至400mm；69层以上取消了核心筒的内墙，仅保留部分核心筒外墙并向中庭倾斜，墙体厚度由400mm沿竖向逐渐减薄至250mm；69层以上新增的平面角部筒体，厚度均为300mm。剪力墙混凝土强度等级由底部的C80沿竖向逐渐变化至C50。剪力墙厚度及混凝土强度等级详见表2-5-2所列。

剪力墙厚度及混凝土强度等级　　　　　　　　　　　　表2-5-2

楼层	剪力墙厚度（mm）			混凝土强度等级
	核心筒		角部筒体	
	外墙	内墙		
-4～12	1100	600	—	C80
13～24	1000	600	—	C70
25～30	900	600	—	C70
31～36	900	500	—	C70
37～48	800	500	—	C60
49～54	700	500	—	C60
55～60	700	400	—	C60
61～69	600	400	—	C60
70～79	400	400	300	C60
80至顶	300	300	300	C50

塔楼剪力墙连梁梁高一般为700mm、800mm，梁宽同剪力墙厚度。

为了增大核心筒的抗弯承载力、提高大震作用下的延性，塔楼核心筒在12层以下布置内嵌钢管混凝土暗柱，钢管外径600mm，壁厚16mm，如图2-5-3所示。采用核心筒整片墙内嵌钢管混凝土暗柱的做法，在类似的

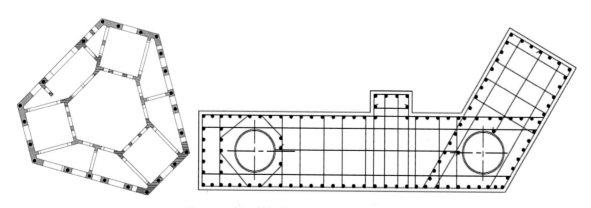

图2-5-3　核心筒钢管混凝土暗柱布置及大样

结构中尚属少见，以往也仅在试验或极个别项目中出现单一墙肢端部内嵌钢管混凝土暗柱。由于钢管混凝土柱较高的承载力及较好的延性，核心筒沿着整片墙内嵌钢管混凝土暗柱，可以提高墙肢的竖向承载力及延性，提高整个核心筒的抗弯承载力及延性，从而提高结构在大震作用下性能。

三、斜交网格钢管混凝土柱的设计

钢管混凝土斜交网格外筒从基底开始，钢管外径1800mm，壁厚35mm，每一个节点层直径缩小50mm或100mm，至顶层钢管外径700mm，壁厚20mm。钢管内混凝土强度等级37层以下为C70，37层以上为C60。钢管外径、壁厚及混凝土强度等级详见表2-5-3所列。

钢管外径、壁厚及混凝土强度等级　　　　　　　　表2-5-3

楼层	钢管外径（mm）	钢管壁厚（mm）	混凝土强度等级	楼层	钢管外径（mm）	钢管壁厚（mm）	混凝土强度等级
-4~1	1800	35	C70	50~55	1350	32	C60
2~7	1750	35	C70	56~61	1300	30	C60
8~13	1700	35	C70	62~67	1200	30	C60
14~19	1650	35	C70	68~73	1100	28	C60
20~25	1600	35	C70	74~81	1000	26	C60
26~31	1550	35	C70	82~89	900	24	C60
32~37	1500	35	C70	90~97	800	22	C60
38~43	1450	35	C60	98至顶	700	20	C60
44~49	1400	32	C60				

四、结构分析

（一）分析软件

本工程采用SATWE（版本2006.03.21）、PMSAP（版本2006.03.21）、ETABS（版本8.5.6）三个计算程序对结构进行分析计算。ETABS主要用于计算结构整体指标、竖向构件内力、抗拉体系内力及体外预应力作用产生的内力；SATWE、PMSAP主要用于平面构件设计及内筒混凝土墙体配筋。

（二）主要参数

本工程的主要参数见表2-5-4所列。

广州国金工程的主要参数　　　　　　　　表2-5-4

参数	参数值	参数	参数值	参数	参数值
建筑结构安全等级	一级	小震阻尼比	0.04	活荷载折减	按规范折减
结构重要性系数γ_0	1.1	大震阻尼比	0.05	自重调整系数	1.0
建筑结构抗震设防类别	乙类	剪力墙抗震等级（地下一层及以上）	特一级	楼板假定	计算层间位移及结构规则性指标时采用刚性楼板假定 计算构件内力时楼板刚度折减为弹性刚度的25%
设计基准期	50年				
设计使用年限	100年	剪力墙抗震等级（地下一层以下）	一级		
建筑高度类别	超B				
基础设计等级	甲级	柱抗震等级	特一级		
基础安全等级	一级	楼层层数	108层（包括地下室）		

参数	参数值	参数	参数值	参数	参数值
抗震设防烈度	7度	地震作用	单向，考虑偶然偏心（±5%）	阻尼比	地震作用0.04，风荷载作用0.035
抗震构造措施	8度
设计基本地震加速度	0.10g	地震作用振型组合数	48	连梁刚度折减系数	0.7
场地类别	Ⅱ类	地震效应计算方法	考虑扭转耦连，CQC法	嵌固位置	地下室底板
特征周期T_g	0.35s	周期折减	0.85		

根据广东省地震工程实验中心提供的《广州珠江新城西塔工程场地地震安全性评价报告》，场地地震动参数见表2-5-5所列。

广州国金场地地震动参数   表2-5-5

设防水准	常遇地震	偶遇地震	罕遇地震
α_{max}	0.148	0.381	0.666
T_g	0.35	0.45	0.70

（三）弹性计算主要结果

广州国金项目的周期及质量参与系数见表2-5-6所列，结构前三阶振型如图2-5-4所示，风荷载作用下和常遇地震作用下的层间位移及其相关参数分别如图2-5-5、图2-5-6所示，见表2-5-7所列。

周期及质量参与系数   表2-5-6

振型	周期（s）	U_X（%）	U_Y（%）	R_Z（%）	SumU_X（%）	SumU_Y（%）	SumR_Z（%）
1	7.5720	1.87	57.31	0.00	1.87	57.31	0.05
2	7.5091	57.50	1.80	0.00	59.37	59.11	0.05
3	2.7626	0.00	0.01	73.59	59.37	59.12	73.65
4	2.1973	10.48	7.59	0.01	69.85	66.71	73.66
5	2.1682	7.54	10.56	0.01	77.39	77.27	73.68
6	1.2132	0.00	0.14	10.41	77.39	77.41	84.09
7	1.1773	5.03	2.63	0.06	82.42	80.04	84.16
8	1.1553	2.60	5.00	0.18	85.03	85.03	84.33
9	0.7665	0.00	0.04	4.56	85.03	85.08	88.90
10	0.7381	1.97	1.34	0.01	87.00	86.42	88.91
11	0.7190	1.50	2.03	0.07	88.50	88.45	88.98
12	0.5709	0.95	1.19	0.01	89.45	89.64	88.99
13	0.5540	1.01	0.78	0.35	90.46	90.42	89.34
14	0.5427	0.17	0.23	2.11	90.64	90.65	91.45
15	0.4303	0.29	0.69	0.55	90.92	91.34	92.00

风荷载作用下和常遇地震作用下的层间位移参数   表2-5-7

	项目	SPECX	SPECY	W105YR50A	W105YR50B	W105YR50C
地震作用	基底弯矩M_0（GN·m）	12.5	12.6	19.4	19.4	19.4
	基底剪力Q_0（kN）	56525	56464	71188	71188	71188
	Q_0/G（%）	1.48	1.47	1.86	1.86	1.86
总重量	G（kN）	3828718.55				

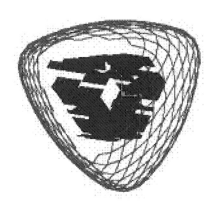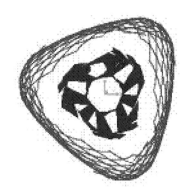

图2-5-4　结构前三阶振型

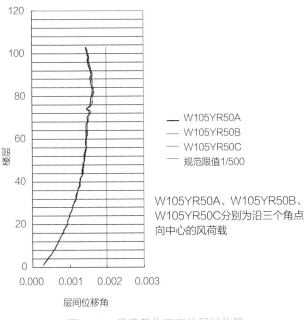

W105YR50A、W105YR50B、W105YR50C分别为沿三个角点向中心的风荷载

图2-5-5　风荷载作用下的层间位移

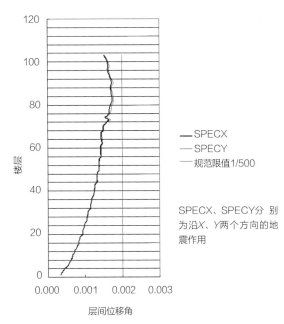

SPECX、SPECY分别为沿X、Y两个方向的地震作用

图2-5-6　常遇地震作用下的层间位移

（四）温度效应分析

结构合拢温度范围约为10～35℃。由于使用期间国金的结构构件都处于室内环境，有空调控制温度，一般在20～28℃左右，因此，所有内部构件只需考虑±10℃的温度变化。把温度荷载施加于ETABS三维模型上进行分析，可得构件轴力最大内力设计值增加的百分比分别为：外框柱约1.1%、楼面环梁约2.2%、楼面拉梁约3.8%，都可忽略不计。

（五）徐变分析

经分析计算，国金主塔内筒的竖向压缩量（一年后）和外筒钢管混凝土柱的压缩量（一年后）分别如图2-5-7和图2-5-8所示。

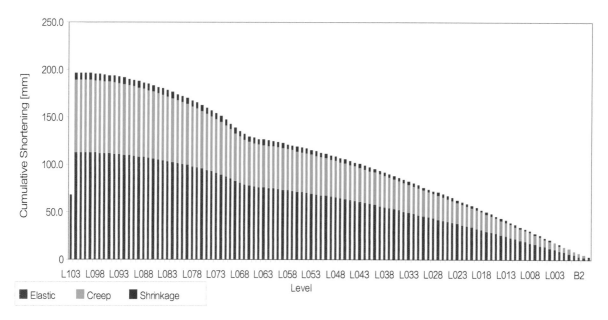

图2-5-7　国金内筒的竖向压缩量（一年后）

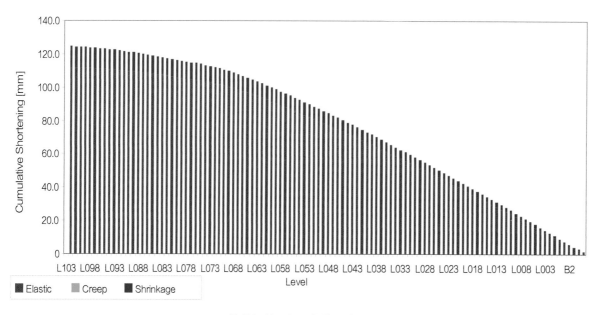

图2-5-8　外筒钢管混凝土柱的压缩量（一年后）

五、斜交网格钢管混凝土柱相贯节点的设计及试验

（一）节点设计

国金主塔组成斜交网格外框筒的钢管混凝土柱采用"X"形相贯节点，建筑师要求两根钢管混凝土柱空间相贯。由于在柱轴线交点处截面面积最小，而所受轴力最大，所以必须设计一个特殊节点以满足既不加大节点

的截面尺寸，又能承受更大内力的要求。

设计采用了一个新型节点，利用竖向放置的椭圆形拉板连接四根相贯的钢管，节点区内钢管壁适当加厚，细腰处设置水平加强环，该节点形式简洁，受力明确，方便管内混凝土的浇灌。节点有限元模型及设计简图分别如图2-5-9、图2-5-10所示。

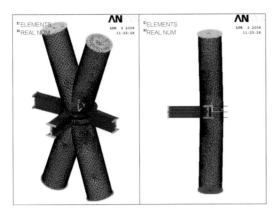

图2-5-9　"X"形相贯节点有限元模型　　　　　图2-5-10　"X"形相贯节点设计简图

此外，基于约束混凝土的概念，根据有限元分析及试验结果，提出了一种针对该种节点的简化设计方法。与试验结果对比，简化设计方法的计算结果偏于安全。设计节点区钢管外径、壁厚及混凝土强度等级详见表2-5-8所列。

设计节点区钢管外径、壁厚及混凝土强度等级　　　　　　表2-5-8

节点层	下柱截面	下柱混凝土强度等级	节点截面	节点混凝土强度等级
1	1800×35	C70	1800×50（55）	C90
7	1750×35	C70	1750×50（55）	C90
13	1700×35	C70	1700×50（55）	C90
19	1650×35	C70	1650×50（55）	C90
25	1600×35	C70	1600×50（55）	C90
31	1550×35	C70	1550×50（55）	C90
37	1500×35	C70	1500×45（50）	C90
43	1450×35	C60	1450×45（50）	C80
49	1400×32	C60	1400×40（45）	C80
55	1350×32	C60	1350×40（45）	C80
61	1300×30	C60	1300×40（45）	C80
67	1200×30	C60	1200×40（45）	C80
73	1100×28	C60	1100×35（45）	C80
81	1000×26	C60	1000×35	C80
89	900×24	C60	900×30	C80
97	800×22	C60	800×30	C80
顶层	700×20	C60	700×20	C60

注：括号中数字用于角节点。

（二）试验验证

国金主塔"X"形相贯节点在华南理工大学结构实验室进行了两个阶段的试验（图2-5-11），试验结论如下：

（1）角节点的最终破坏现象主要表现为节点区钢管鼓起，部分试件非节点区钢管也有轻微地鼓起现象。边节点的最终破坏现象主要表现为非节点区钢管鼓起，节点区内无明显破坏现象。

（2）在承受荷载标准组合时，节点仍处于弹性阶段。节点安全系数K约为3.3～4.4。

（3）角节点试件没有达到"强节点"设计原则，边节点试件实现了"强节点"设计原则。但试件的

图2-5-11 "X"形相贯节点试验

非节点区杆件长度较短，尤其是角节点（l/d=2.6，已属短柱），考虑实际结构杆件有较大长细比以及受弯矩作用，实际结构的角节点和边节点均可以实现"强节点"设计原则。

（4）所有试件均表现为约束混凝土的受力特点。总体来说，该种节点的承载力及刚度均能满足设计要求。

试验后的试件破坏情况如图2-5-12～图2-5-14所示，施工现场节点实体照如图2-5-15所示。

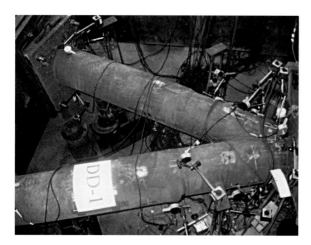

图2-5-12 试验后的DD-1试件（其中两肢）

图2-5-13 试验后的DD-1试件（另外两肢）

图2-5-14 试验后的CC-2试件

图2-5-15 施工现场节点实体照

六、高位转换桁架的设计

国金主塔69层以下为办公楼层，69层以上为高级酒店，建筑平面由中间通高中庭，集合设备间、楼电梯间的筒体移至平面角部，因此于73层设置转换桁架将角部筒体承受的荷载传递至斜交网格外筒柱和核心筒，如图2-5-16所示。

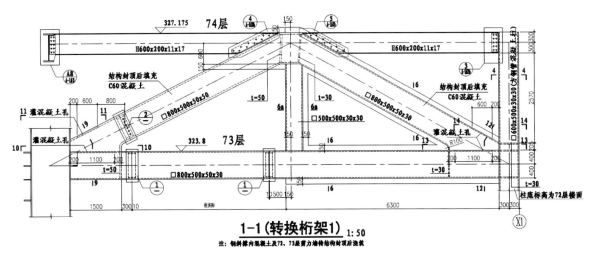

图2-5-16　转化桁架

由于酒店存在中庭，平面中心取消核心筒并开洞，结构侧向刚度急剧下降，通过设置于73层的高位转换桁架的转换，增设角部筒体，反而起到了减少刚度突变的作用，使结构侧向变形曲线均匀和缓，如图2-5-17所示。

七、楼盖体系的设计

（一）楼盖体系

国金主塔共有103层，考虑到施工的便利及工期的因素，采用钢筋混凝土板＋钢梁的组合楼盖体系。

（二）平面抗拉体系

国金建筑造型独特，由钢管混凝土柱组成的斜交网格外筒分为16个节，每个节27m。钢管混凝土柱在每个节间为直线段，相邻节段的柱于节点层形成一个折点，并于节点层平面内产生向外的推力，如图2-5-18所示，从而在楼层平面内产生了拉力。

为了抵抗节点层平面内向外推力，国金采取了外框筒环梁+拉梁+核心筒内闭合圈梁构成的独立的平面内抗拉体系，如图2-5-19所示。

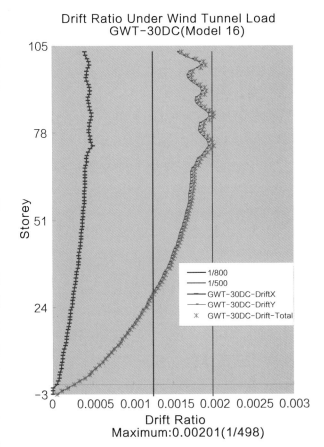

图2-5-17　转换桁架对侧向变形的作用

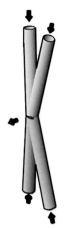

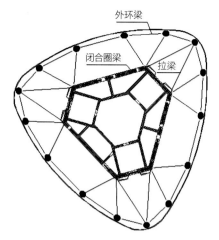

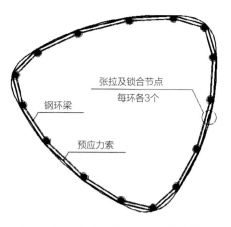

图2-5-18 节点处柱传力示意　　图2-5-19 节点层平面内抗拉体系示意图　　图2-5-20 节点层预应力索布置平面

（三）体外预应力

为进一步提高节点层抗拉体系的安全储备，国金主塔结构设计于节点层周边设置体外高强钢绞线预应力索，张拉索使得节点层平面内产生沿径向的压力，大大减少了环梁、拉梁及核心筒连梁的拉力，减少了斜交网格外筒钢管混凝土柱的剪力及弯矩，提高了钢管混凝土柱的承载力，还可降低楼板中的拉应力水平，有效地控制楼板的裂缝宽度。将体外预应力应用于超高层结构中，在其他类似的工程是比较少见的，但对于解决国金由于腰部外鼓、柱外折产生的平面内拉力是相当有效及方便的。

国金主塔地面以上共有15个节点层，每个节点层均设两束预应力索，每束预应力索沿类似三角形的楼层平面外周成闭合环状布置，共有三个张拉及锁合节点，位于闭合环的三等分处，如图2-5-20所示。

1. 预应力索张拉过程的控制

预应力索张拉时三个节点同步张拉，并控制整个张拉过程，与预先的模拟张拉过程的计算分析数据进行对照，如出现异常马上停止张拉并查明原因。

整个施工过程中进行双控，即通过油压表读数对张拉力进行控制，以满足设计要求的最终张拉力；同时控制预应力索的伸长变形量，其中以控制张拉力为主。为考虑预应力损失，张拉时超张拉了3%～5%。

2. 预应力索张拉的历程

国金主塔节点层体外预应力作为平面内抗拉体系的一部分，主要是为了抵抗竖向荷载作用下节点层平面内的向外推力，体外预应力的施加在节点层平面内产生与该向外推力相反的向心压力。随着塔楼的向上施工，竖向荷载不断增加，向外的推力不断增大，因此，体外预应力的施加应根据张拉力的大小及楼层的施工次序分为若干个阶段，以配合不断增大的向外推力，并保证节点层楼面构件不致产生较大压力。

国金主塔实际施工中，为了节省施工总工期，要求将预应力三次张拉合为一次张拉。这样，预应力索张拉在楼面构件中产生的压力远大于竖向荷载产生的拉力，构件可能在较大压力的作用下失稳破坏。为保证结构在施工阶段的安全，对张拉的节点层构件进行了截面加固及临时支撑，如图2-5-21所示。

3. 节点构造

（1）预应力索与柱的连接节点。国金节点层两束体外预应力索由限位板定位于斜交网格柱外侧，对称分列斜交网格柱节点上下，并紧贴于柱外表面，预应力索张拉产生的向心压力通过索与柱的接触面传递。为减少接触面的摩擦力，柱外侧打磨光滑并张贴摩擦系数较低的聚四氟乙烯板，以使索与柱之间仅传递压力，并保证预应力索各个截面的内力基本一致，如图2-5-22～图2-5-24所示。

（2）预应力索张拉及锁合节点。国金主塔节点层体外预应力索成一个闭合环，分三段，由三个张拉及锁合节点连接而成，每个节点既能满足多次张拉，又能满足锁合的要求，如图2-5-25所示。

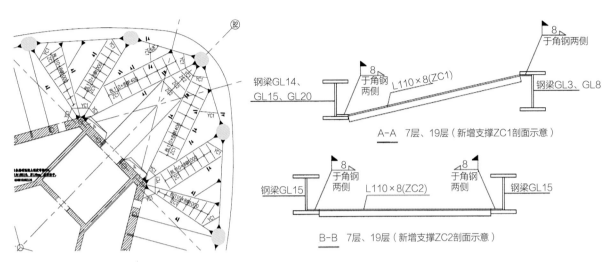

图2-5-21　预应力临时支撑及剖面

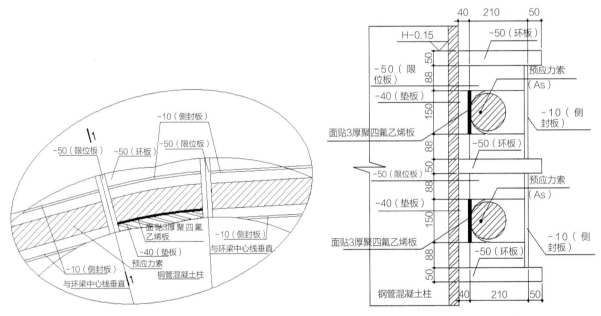

图2-5-22　预应力索与柱连接节点平面　　　　图2-5-23　预应力索与柱连接节点剖面

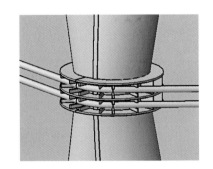

图2-5-24　预应力索与柱连接节点3D图

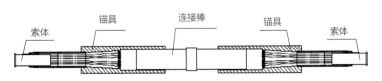

图2-5-25　预应力索张拉及锁合节点示意图

4. 防火及防腐

考虑到预应力索更换的困难，将预应力索放置于钢箱梁内，张拉完毕后，于箱梁内注水泥浆，将预应力索包裹于水泥保护层中，达到防火及防腐的目的。

5. 施工监测

国金在预应力索的整个张拉过程中还对索的内力和结构的一些关键部位的应力应变进行了全过程的监测。

八、风洞试验

国金建筑造型修长挺拔，高宽比超过6.5，对位于广州这一台风多发地区的超高层建筑来说，风荷载为结构设计中的控制荷载。而且国金建筑外型独特，并处在密集的高层建筑群中，特别是受兴建的毗邻的东塔的影响，使得国金的风反应相当复杂。同时，由于国金高度已经远远超过规范的适用高度，规范难以较为准确地提供设计所需的参数，必须对设计风荷载进行深入的研究。因此，通过风气候分析确定了本区域的风况及设计风参数，并通过模型风洞试验确定大楼的等效风荷载取值及对大楼舒适度的判别。

国金工程风洞试验分别由汕头大学风洞实验室与美国CPP风工程顾问公司独立进行，并对两个试验结果进行对照。结果显示，在采用相同结构参数的前提下，两个风洞试验结果基本一致。因此，可以认为风洞试验结果是合理的，结构设计主要根据汕头大学风洞实验室结果进行。

风洞试验以10°为间隔，通过测压、测力及风环境试验获得36个风向角下建筑物的平均风压分布与峰值风压分布；再通过提供的结构参数进行风分析，得到各楼层和基础的平均风荷载与等效静力风荷载，以及楼顶加速度响应，评估居住者舒适性以及建筑周围行人高度风环境。

（一）试验模型和测点布置

国金模型以有机玻璃材料制成，几何外形与建筑原型相似，几何缩尺比为1∶500。为考虑周围的高层建筑群体形成的局部风环境，将周围600m半径范围内已建、在建和将建的高层建筑也等比例制作后放置于风洞试验段内2.4m直径的转盘上。模型还分无东塔和有东塔两种工况，试验模型如图2-5-26和图2-5-27所示。

为测得国金的表面静压力，在模型表面沿不同高度布置了27个测点层，每个测点层沿平面周边布置21个测压点。

（二）风场模拟

国金风洞试验中以建筑原型地貌的400m作为参考高度，风洞中对应的参考高度为0.80m，该高度模型上游

图2-5-26　风洞试验模型（有东塔工况）

图2-5-27　风洞试验模型（无东塔工况）

基本未受干扰处的试验风速选择为12.0m/s，以此作为参考风速得到的速度风压即参考风压。试验段内以二元尖塔、挡板及粗糙元模拟出C类地貌的风剖面，参照日本AIJ1996的建议值模拟湍流度分布，测出的平均风速廓线、湍流强度分布如图2-5-28所示，其中V和I_u分别是离地高度z处的平均风速和湍流强度，实线为平均风速廓线理论值，Δ为实测值。

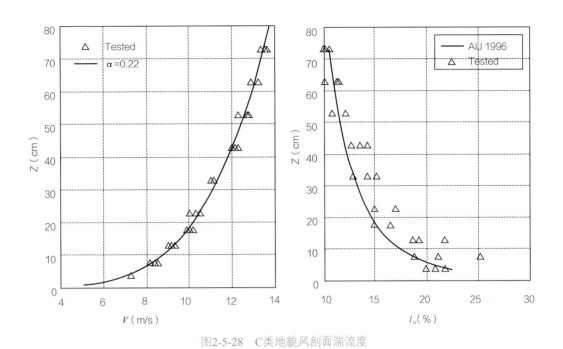

图2-5-28　C类地貌风剖面湍流度

（三）主要试验结果及分析

根据风洞试验实测数据及有关的结构参数进行了风分析。其中105°方向风作用下基础等效风荷载见表2-5-9所列。

105°方向风作用下基础等效风荷载　　　　　表2-5-9

参数	工况	Q_x（10^3kN）	Q_y（10^3kN）	M_x（10^6kN·m）	M_y（10^6kN·m）
ξ=2.0%	有东塔	6.2	107.7	-30.3	2.4
	无东塔	-18.2	83.2	-22.4	-3.3
ξ=3.5%	有东塔	-3.6	62.2	-17.5	-0.3
	无东塔	-25.6	56.1	-14.8	-5.3

注：ξ——阻尼比。

由表2-5-9可知：

（1）结构参数如阻尼比取值的不同对基础等效风荷载影响很大。当ξ=2.0%时，最大倾覆弯矩在有东塔和无东塔两工况下分别为当ξ=3.5%时的1.73倍和1.51倍。可见在本工程中，阻尼比的取值对结构设计起到关键性的作用。

（2）周边环境特别是拟建的东塔对国金的风反应影响较大。有东塔时的风荷载最大倾覆弯矩是无东塔的1.35倍。

（3）结构横风向风荷载效应远大于顺风向风荷载效应。当ξ=2.0%时，横风向最大倾覆弯矩在有东塔和无东塔两工况下分别为顺风向的12.6倍和6.8倍。当ξ=3.5%时，横风向最大倾覆弯矩在有东塔和无东塔两工况下分别为顺风向的58.3倍和2.8倍。

国金立面修长挺拔，平面形状类似三角形，且角部圆润，这种造型对减小顺风向风反应较为有利；但由于截面接近圆形，引起跨临界强风共振，造成横风向风荷载效应较大，这对于普通结构是较为少见的。

当结构阻尼比ξ=1.0%时，有东塔工况的酒店顶层最大加速度为0.206m/s²，无东塔工况的酒店顶层最大加速度为0.146m/s²，有东塔工况为无东塔工况的1.41倍。因此，结构设计中均以有东塔工况的风荷载作为设计风荷载。

九、抗震试验

国金结构形式新颖、复杂，属于《建筑抗震设计规范》、《高层建筑混凝土结构技术规程》和《高层民用建筑钢结构技术规程》尚未列入的特殊类型高层建筑结构，对该类结构并未提供足够的设计指南、计算分析要求及加强构造措施。因此，除了理论分析外，为验证工程设计所采用的计算方法与构造措施是否合理并满足抗震要求，发现结构可能的薄弱部位，检验结构抗震性能，进而提出改进措施，并为结构设计提供参考依据，需要进行整体结构模型模拟地震振动台试验研究。

国金工程振动台试验由中国建筑科学研究院振动台实验室与同济大学土木工程防灾国家重点实验室振动台试验室独立进行，其中同济大学结构实验室采用的是有机玻璃模型，两个试验结果进行了对照。结果显示，在采用相同结构参数的前提下，两个试验的弹性地震反应基本一致。因此，可以认为振动台试验对地震作用的模拟是合理的，其结果对结构设计具有一定的参考作用。

（一）中国建筑科学研究院国金结构模拟地震振动台试验

2007年2月14日，在中国建筑科学研究院振动台实验室进行了国金结构模拟地震振动台试验（图2-5-29）。模型几何比尺为1/50，满足动力和重力相似关系。试验表明，结构模型在7度罕遇地震作用后仍可保持弹性。

图2-5-29　振动台试验（中国建筑科学研究院）

振动台试验的具体结论如下：

（1）试验过程中，结构在各工况地震作用下，振动形态基本为平动，结构整体基本无扭转效应。

（2）在弹性阶段，模型自振特性实测值与理论计算值十分接近。模型结构的实测阻尼比约为3%。

（3）竖向荷载作用下肋梁拉应变较小，推算得到楼板底面拉应变亦较小，未超过原型结构中上述位置楼板混凝土的受拉开裂应变。

（4）在经历了7度小震和7度中震作用后，模型结构的自振特性变化较小，结构基本保持弹性状态。模型结构最大层间位移角分别为1/823和1/450。

（5）在经历了7度罕遇地震作用后，模型结构的自振特性有微小变化，两主轴方向的频率分别下降到初始状态的99.2%及96.8%。应变测试结果表明，模型结构竖向基本处于受压状态。底层核心筒剪力墙未见明显裂缝，外围铜管混凝土柱未见屈服，模型结构基本处于弹性状态。模型结构最大层间位移角为1/267，满足规范要求。

（6）在8度罕遇地震作用后，模型结构的自振特性又有微小变化，约为初始状态的95.2%。应变测试结果表明，模型结构部分构件拉应变超过混凝土开裂应变，但拉应变较小。

（7）在双向地震作用下，模型结构最大层间位移角为1/133，满足规范要求。

（8）全部试验结束并卸除模型配重后观察，结构底部核心筒剪力墙及设计中重点加强的地上三层的洞口部位均未见明显裂缝和破坏，结构上部转换桁架处的核心筒剪力墙及其余部位筒体结构均未见明显裂缝，外围钢管混凝土构件亦未见明显屈服。说明模型结构抗震性能良好，结构设计采取的各项加强措施是可靠和有效的。

（二）同济大学国金结构模拟地震振动台试验

2007年5月，在同济大学土木工程防灾国家重点实验室振动台试验室进行了国金结构模拟地震振动台试验。模型几何比尺为1/80，采用有机玻璃模型，以研究结构的弹性地震动反应。试验得到以下结论：

（1）该结构的前五阶自振周期为8.197s、8.000s、2.732s、2.410s、2.155s，相应的阻尼比在1.21%～3.41%之间，结构振动由平动振型控制，与计算分析结果基本一致。

（2）在7度多遇地震作用下，结构最大层间位移角为1/891，发生在100～103层，所以这一位移角有鞭梢效应的成分，如不考虑鞭梢效应，则最大层间位移角出现在70～73层，为1/1241，满足现行规范对该类结构层间位移角的要求。

（3）在7度基本烈度地震作用下，最大层间位移角为1/578，发生在70～73层，结构基本处于弹性阶段。

（4）在7度多遇地震作用下，外柱节点处钢管的最大附加压应力（指地震作用引起的应力）为11.32MPa，拉应力为10.82MPa；环梁的最大压应力为2.10MPa，拉应力为2.14MPa；剪力墙内钢筋的最大压应力为4.24MPa，拉应力为3.71MPa；混凝土的最大压应力为0.73MPa，拉应力为0.64MPa。

（5）在7度基本烈度地震作用下，外柱节点处钢管的最大附加压应力（指地震作用引起的应力）为26.41MPa，拉应力为27.07MPa；环梁的最大压应力为5.09MPa，拉应力为5.59MPa；剪力墙内钢筋的最大压应力为13.06MPa，拉应力为11.08MPa；混凝土的最大压应力为2.25MPa，拉应力为1.91MPa。

（6）试验结果表明该结构对称，体型规则，受力合理有效。在8度罕遇地震时，结构应力反应仍较小。就构件种类而言，外柱节点处的应力最大，剪力墙次之，其余构件的应力更次之。

十、主塔楼结构设计结论

（1）广州国金采用的巨型钢管混凝土柱斜交网格外筒+钢筋混凝土内筒组成的筒中筒结构体系具有侧向刚度大、扭转刚度大、承载力高、延性好的优点。斜交网格外筒主要以轴力的形式抵抗风、地震作用引起的水平剪力和倾覆弯矩，构件截面的剪力和弯矩均很小，充分发挥了高强钢管混凝土柱的优势，十分高效、经济，是超高层建筑的一种优良结构形式。

（2）国金的刚度需求及结构构件的截面承载力均由风荷载组合控制，相对于地震作用而言，结构的超强系数较大，无需增加太多的投入即可实现大震弹性、巨震可修等比规范要求更高的抗震设防性能目标。

（3）本工程提出的钢管混凝土柱斜向相贯节点在构造上和受力上均较合理。构造方面，通过设置椭圆连接板和外加强环，把相贯钢管连成一个整体，具有必要的刚度和承载力，并方便管内混凝土浇筑；受力方面，在弹性阶段，椭圆连接板基本以承受竖向荷载为主，钢管相贯最小断面处，混凝土面积削弱最大，而此处椭圆连接板面积最大，刚好互为补充；而在弹塑性阶段，椭圆连接板中部以承受竖向荷载为主，横向应力较小，椭圆连接板端部的应力分布则刚好与中部相反，以承受横向拉力为主，整个椭圆连接板的Von Mises应力基本均匀，说明椭圆连接板强度被充分利用，十分经济合理。另外，在钢管相贯最小断面处，通过设置外加强环提高钢管的套箍效应，其效果也是明显的。

第四节　结构健康监测

一、结构健康监测的重要性

广州国际金融中心是一幢结构体系复杂新颖的超高层建筑。目前国内的结构设计规范和对超高层结构的设计手段是以许多假定条件为前提进行设计，同时不得不依靠计算机分析和模型试验的结果，以及多年的设计经验。因此，项目建成后的结构安全度有多高？设计中的一系列参数的设定是否合理？这一系列问题是国内外结构专家无法解答的。因此对广州国际金融中心进行结构健康监测的重要性十分显著。其主要作用如下：

（1）对正在修建的大型超高层建筑，建立起一套有效的结构健康监测系统可以对施工质量进行监控，防止事故的发生。

（2）可以对所采用的新技术、新材料及新工艺的正确性、有效性进行评估，同时帮助获得结构的真实应变、应力分布情况，完善设计理论。

（3）建筑结构建成之后，如何对结构的实际品质进行鉴定是业主最关心的问题。结构健康监测系统的建立，能够实时监测反映结构安全状况的关键参数，从而对结构的实际品质作出评价。

（4）可以用来验证模型的正确性和计算假定的合理性。

（5）可以对关键监控参数值的异常变化实施报警处理，避免突然性结构破坏造成的重大损失，防患于未然。

（6）可以对结构的功能退化状况和使用风险作定量评估，为适时维修决策、降低结构养护成本提供科学依据，对降低结构的生命周期成本至关重要。

对于广州国际金融中心如此重要的超高层建筑，投资大，使用周期长，社会和经济效益巨大，有必要建立相应的结构健康监测系统对其进行施工和运营阶段的全方位监测。

二、结构健康监测工作重点

（一）风场特性和结构风致响应

广州地处东南沿海地区，是受台风影响较大的城市。广州国际金融中心这类的超高层建筑结构自振周期较长，风荷载是对其结构设计起主要控制的荷载。同时由于强风导致结构振动可能会引发严重的舒适度问题，这对于广州国际金融中心处于较高楼层的酒店会产生不利影响。尽管在本工程的结构设计阶段采用了风洞模型实验、理论分析等方法对广州国际金融中心的风致响应进行了相关研究，但由于该建筑周围区域珠江新城区近年来高层建筑的飞速发展，风洞模型试验时风场状况等方面同原型建筑及建筑物建成后若干年内的周围状况有较大出入，难以完全模拟实际情况；因此，有必要在建筑物施工和建成后一段时间对此超高层建筑进行原型实测，以获得实际风场特性和其结构风致响应。

（二）建筑物结构动力特性

作用在结构上的动力荷载（如风荷载、地震作用等）的大小，以及该类荷载作用下结构的动力反应都与结构的动力特性密切相关。了解结构的动力特性，可以更科学地预测结构在施工和运营期间的动态响应，防止由于结构自身动力特性对仪器设备的工作产生干扰影响。此类动力特性（如频率和振型）虽然可通过设计阶段的有限元模型计算得到，但由于诸多因素在有限元理论模型中不可能完全考虑，计算结果与实际情况总会有所差异。此外，结构的阻尼比一般也只能通过现场实测来加以确定。因此，有必要对类似于广州国际金融中心的超高层建筑动力特性进行测试。

（三）斜交网格柱节点应力应变监测

巨型斜交网格柱是广州国际金融中心的重要构件，斜柱相交节点是一种新颖的节点型式，斜柱及其节点的工作性能与建筑物的安全性直接相关。鉴于节点构造复杂且作用关键，节点实际受力情况可能与计算以及模型试验的结果有所差异，因此有必要对部分关键节点的实际应力应变进行监测，并与计算及模型试验的结果进行比较。

（四）预应力索监测

为了保证结构钢管混凝土柱的稳定性，在结构的第7～97层每隔6楼层的钢管混凝土柱外侧采用体外预应力，设置闭合环状预应力索环，每个节点层有上下两道预应力索环，每一个预应力索环分三段，由三个索合器具连接。因为上述预应力索作为结构体系受力的关键杆件，有必要在项目施工阶段对预应力索的索力进行监测，以便与预应力索施工单位的监测结果互为校验。

（五）复杂构件的应力应变监测

由于结构计算时采用的有限元模型与实际结构有所差异，并不能完全真实地反映出结构的受力状况，计算时假定的传力路径也可能与真实的传力路径存在差别，部分楼面钢环梁、拉梁以及部分用于上下结构体系转换的转换桁架关键杆件在传力方面扮演了重要角色，因此有必要对结构的此类关键受力杆件，在施工阶段进行实时监测，跟踪其应力应变的变化，及时发现问题，以保证结构在施工和运营期间的安全可靠性。

三、健康监测方案

广州国际金融中心结构施工期间运行施工监控系统，施工完毕后部分施工监控系统将被更换或升级为运营健康监测系统正式运行。运营健康监测所需要的传感器系统和数据采集与传输系统在结构施工期间全部安装。

（一）结构健康监测的技术要求

结构的动力特性、地震作用、风荷载、重要部位的力和变形是本工程结构的监测重点。本工程需要在施工和使用阶段实施下列项目的监测：

（1）风速及温湿度气压监测。

（2）风致加速度响应监测：实时监测重要楼层的风致加速度响应。

（3）风致位移响应：利用在楼顶设置全球定位系统，监测风速的同时进行风致位移响应的实时监测。

（4）风压的监测：实时监测部分楼层玻璃幕墙的表面风压。

（5）地震输入及加速度响应：实时监测地震输入及重要楼层的地震加速度响应。

（6）结构动力特性：利用加速度传感器，测出结构前5阶整体平动模态的自振频率及相关阻尼比。

（7）施工期间关键部位的应力、应变监测：包括第7层和第13层的部分楼面钢梁，核心筒剪力墙面部分闭合钢梁，以及第7层和第13层的部分外框筒节点，第73层的3榀转换钢桁架等相关关键受力杆件。

（8）内外框筒之间的相对竖向变形。

（9）第7层、第13层和第19层体外预应力索的拉力。

（10）外筒三个角点的水平位移。

（二）结构健康监测的主要设备及名称

为完成各项监测工作，需要安装以下相关的现场监测设备：

（1）风向及风速：超声风速仪、杯式风速仪。

（2）气象资料（环境温度、湿度、气压等）：温湿度感应器。

（3）加速度：加速度传感器。

（4）风致位移：GPS系统。

（5）风压：风压传感器。

（6）强震地面加速度：强震观测仪。

（7）关键部位应变：光纤光栅应变传感器。

（8）体外预应力索拉力：光纤光栅应变传感器。

（9）外筒水平位移：全站仪。

（10）内外筒沉降差：电子水准仪。

本健康监测项目所采用的主要设备名称见表2-5-10所列。

健康监测所采用的主要设备名称　　　　　　表2-5-10

监测项目	采用的传感器类型	厂家及设备型号
风速监测	超声风速仪	Gill WindMaster Pro
	螺旋桨风速仪	Young 05360
	维萨拉温湿度感应器	VAISALA
	维萨拉气压感应器	VAISALA
加速度监测	力平衡式加速度传感器	草青木秀BA-22
风致位移监测	双频双星GPS动态位移监测系统	瑞士徕卡GMX 902GG
风压监测	风压传感器	Setra 264
强震观测	强震观测仪	威波瑞GDQJ-2型
应力应变监测	光纤光栅应变传感器	北京基康BGK
	光纤光栅温度传感器	北京基康BGK
体外预应力索拉力监测	光纤光栅应变传感器	北京基康BGK
外筒水平位移观测	全站仪	瑞士徕卡
	电子水准仪	瑞士徕卡
内外筒沉降差测试	全站仪	瑞士徕卡
	电子水准仪	瑞士徕卡

为完成各项监测工作，建立了相应的数据采集与传输系统、数据处理与控制系统、评估系统、管理系统，对风速监测、温湿度气压监测、风致加速度响应监测、风致位移响应监测、风压监测的监测数据进行同步采集。

（三）监测方案设计

1. 结构关键杆件和节点应力应变监测方案设计

应变测点主要布置在第7层和第13层钢梁、外框筒节点和核心筒剪力墙面闭合钢梁，以及73层转换钢桁架上。通过计算比较第7层和第13层的所有钢拉梁左右支座截面及跨中最大正弯矩所在截面的最大截面应力，从中挑选出受力较大、较为不利的杆件，选择各具不同受力特征的主梁进行监测，如图2-5-30和图2-5-31黑色粗线条所示。在工字形截面梁的测试截面上，分别在上翼缘、下翼缘和腹板各布置一个水平正应力测点，考虑到测点布置以及布线方便，测点没有选择在与混凝土楼板相连接的上翼缘上表面中点。为便于分析真实的传力路径是否

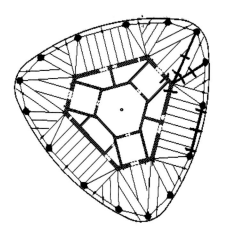

图2-5-30　第7层选定测量应变的钢梁

与设计预期相同，直接选取核心筒闭合钢梁与测试钢拉梁相交处附近作为测试位置。

同时根据对73层桁架内力及应力分析结果，选取6榀中受力较为不利的桁架作为测试桁架，正应力较大的截面为测试截面。每个测试截面布置上、中、下三个测点，如图2-5-32所示。

根据结构分析结果，选取第7层和第13层斜柱轴力较大，斜柱相交夹角较小的外框筒节点作为测试节点。对每个测试节点，可选择两个测试截面。由于节点处有加强环板，加强环板之间有加劲板，将一个测试截面选在加强环板附近，另一个测试截面选在节点的根部处，如图2-5-33（a）所示。对于选择的截面，沿圆截面的4个象限点布置应变传感器，方向沿着圆柱的轴线方向，如图2-5-33（b）所示。

国金中心结构每个节点层的体外预应力索只有一根，根据结构分析结果，底面以上首3个节点层（也就是7层、13层和19层）的体外预应力索拉力是最大的，因此索拉力监测也选择这3个楼层。并且对于临近楼层的索拉力的同时监测，可以发现一个临近楼层预应力张拉的相互影响规律。预应力索拉力传感器采用光纤光栅应变传感器与温度传感器。

2. 风环境和风致振动位移监测系统设计

（1）风速仪的布设。风速仪的安装位置需要考虑以下因素：风速仪应设置在开阔处，尽量减少结构物阻挡对监测结果的影响。考虑国金中心结构的具体情况，风速仪布设在结构顶部，并避开直升机坪的干扰影响，同时布设超声风速仪和机械式螺旋桨风速仪作为风速测试数据的对比分析。实测安装的风速仪测试系统如图2-5-34所示。

（2）振动加速度传感器的安装。振动加速度传感器主要用于监测楼面的振动，需要固定在选定层的楼面板上。制作一个铁盒，通过楼板的预埋件固定在楼板底面，然后将加速度传感器放置在铁盒当中，铁盒同时可以对传感器起着保护作用。对国金中心这样的超高层建筑结构，风致振动加速度分布呈现上大下小的趋势，考虑舒适性监测要求，加速度测点将布置在结构的中上部。在主体结构施工阶段为较为准确地识别结构单方向的振型参数（模态参数），在结构沿标高多个位置布置加速度测点。布置加速度传感器的部分方式如图2-5-35所示。

（3）风致位移观测GPS传感器安装。在主塔楼的顶部，安装了瑞士徕卡公司的GPS天线，用于测量结构在风荷载作用下其顶部风致位移大小，GPS天线的安装位置如图2-5-36所示。

（4）风压传感器安装。风压传感器用于直接测量记录建筑物表面的局部风压，风压传感器需要粘结在主塔的玻璃幕墙外表面。图2-5-37所示的是在其顶部布置风压传感器的安装示意图。

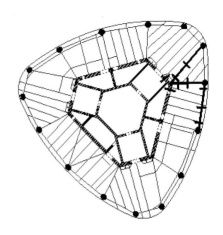

图2-5-31　第13层选定测量应变的钢梁

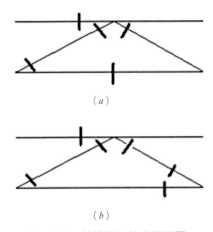

图2-5-32　转换桁架的监测断面

（a）桁架1A、2A的监测断面；
（b）桁架3A的监测断面

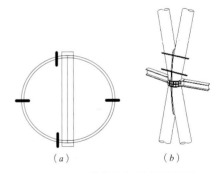

图2-5-33　转换桁架的监测断面

图2-5-34　风速仪安装定位图

图2-5-35　加速度传感器安装定位图

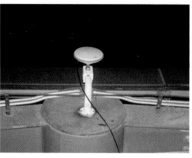

图2-5-36　风致位移监测GPS系统安装定位图

图2-5-37　风压传感器安装定位图

四、健康监测结果分析

本部分主要列出在国金中心主体结构施工和运营期间，根据前述的结构健康监测方案，所得到的各部分监测结果分析，同结构设计阶段相关分析的对比，以及根据监测分析结果对主体结构安全和健康营运状态的总体评估。

（一）结构关键杆件和节点应力应变监测结果分析

1. 体外预应力索索力监测

（1）结构施工过程中索力实测

索力监测本层索张拉时各个阶段的索力值，主要监测其他层索张拉时，对监测层索力的影响以及监测结构其他施工段施工时监测层索力变化情况。此3层索的张拉设计索力为5000kN（第7层）、5000kN（第13层）和4500kN（第19层），表2-5-11对应于各层索的张拉状态表。

各层索张拉状态表　　　　　　　　　　　　表2-5-11

状态编号	状态	状态编号	状态
1	传感器初始状态	7	第2道索张拉
2	第1道索张拉设计索力30%	8	第2道索张拉设计索力30%
3	第1道索张拉设计索力60%	9	第2道索张拉设计索力60%
4	第1道索张拉设计索力80%	10	第2道索张拉设计索力80%
5	第1道索张拉设计索力100%	11	第2道索张拉设计索力100%
6	更换索具		

表2-5-12为第7层索力监测值在某一施工阶段的变化情况。

第7层索力监测值在某一施工阶段的变化情况　　　　表2-5-12

位置	张拉67%	张拉80%	张拉100%	稳定后索力值（kN）	理论值（kN）
7LS1-S1第7层拉索第1道S1截面	4824	5341	5330	4880	5000
7LS1-S2	4466	4485	5004	4614	5000
7LS1-S3	4717	4832	4950	4743	5000

（2）结构施工过程中数值模拟结果分析

根据建立的结构有限元模型，对19层预应力索在结构施工过程中的索力进行了模拟计算。施工步骤对应的结构状态及时间见表2-5-13所列，索力模拟与监测结果对比曲线如图2-5-38所示。

结构施工状态表　　　　表2-5-13

状态编号	时间	状态	状态编号	时间	状态
9	2008-6-16	54层施工完毕	13	2008-9-30	78层施工完毕
10	2008-7-15	60层施工完毕	14	2008-10-15	86层施工完毕
11	2008-8-17	66层施工完毕	15	2008-11-20	94层施工完毕
12	2008-9-14	72层施工完毕	16	2008-12-24	核心筒封顶，其浇筑模板开始拆除

根据有限元与施工模拟对比结果可知，19层索力随施工的不断进行均不断地增加。至结构封顶（16施工步）时19层索力为4678kN，索力比设计索力4500kN增加了4.0%，结构封顶时19层索力为4994kN，实测索力比模拟索力大了316kN，尽管有限元施工模拟和实际监测的索力结果存在差异，但误差只在9%以内，而且结构施工过程中，模拟和实际监测的索力的变化趋势相同。

从上述分析来看，有限元施工模拟时考虑的施工环境简单，结构的受力条件单一。对于实际施工中的复杂施工条件，有限元软件无法准确地进行模拟，因此两者结果存在差异是很正常的。

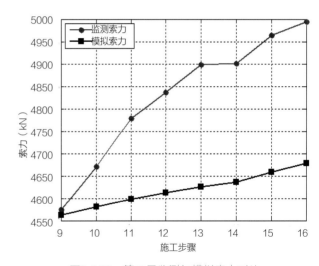

图2-5-38　第19层监测与模拟索力对比

2.外框筒节点应变监测

柱节点应变监测主要监测节点承受竖向荷载作用下，节点的监测位置的应变变化情况。因各工序的施工荷载和结构荷载相互结合作用在柱节点上，故选取施工关键步骤，荷载相对明显时施工段进行节点应变监测，才能取得良好的监测结果。如第7层节点应变监测于2008年4月25日开始直至2008年12月24日结构主体封顶，第7层某角柱节点应变的监测值与有限元模拟值对比见表2-5-14所列，应变对比曲线如图2-5-39所示。

第7层角柱节点应变对比列表　　　　表2-5-14

施工步骤	日期	监测值（με）	模拟相对值（με）	误差（%）
10	2008-7-15	-63.16	-45.22	6.63
11	2008-8-17	-85.23	-70	5.16

施工步骤	日期	监测值（με）	模拟相对值（με）	误差（%）
12	2008-9-14	−100.24	−96.89	1.04
13	2008-9-30	−98.73	−115.45	−4.91
14	2008-10-15	−105.58	−141.56	−9.81
15	2008-11-20	−200.15	−192.89	1.74
16	2008-12-24	−260.38	−243.78	3.54

从上述有限元与施工模拟对比结果可知，节点应变的监测结果和计算机有限元模拟结果反映的应变变化趋势相同，两条曲线的拟合情况良好，节点的压应变随施工的不断进行而逐渐增加。由于受复杂施工工况影响，尤其结构受到温度影响，塔吊拆除的类似结构卸载的情况在有限元模拟分析中都没有考虑。两者结果有一定的差异节点，应变监测和模拟的最大误差为9.81%。

3. 内外框筒间钢梁应变监测

7层和13层内外框筒之间的钢梁，分别在各层索张拉的全过程对上述两层钢梁进行了主要截面应变监测。其中在第7层预应力索张拉全过程中，对应于表2-5-11各层索的张拉状态，对第7层钢梁应变进行监测结果如图2-5-40所示。

分析监测结果可以看出：7层索张拉时，7层监测的各钢梁均出现了受压状态，但压应变的大小各不相同；GL14号梁受压，压应变增加，但增加趋势较小，幅值小；GL15号钢梁受力明显，压应变趋势明显，幅值较大；GL20号钢梁的受压趋势与GL15号钢梁相比不是十分明显；从结构形式上来看，GL15号梁与角柱相连，因外框筒平面近似形式是三角形，在索张拉时，外框筒受力情况可简化成三个角点受集中力作用，因此反映在梁上的情况也应该是GL15号钢梁在索张拉时的应变最大。

4. 闭合钢梁监测

对核心筒剪力墙闭合钢梁应变的监测，分别在闭合钢梁布设应变传感器处，纵向在钢梁的上翼缘、腹板和下翼缘处布设3个应变传感器和1个温度补偿传感器。核心筒剪力墙闭合钢梁应变监测时，结构的工况条件为相应层索张拉时的荷载工况。7层和13层内外框筒之间的钢梁，分别在各层索张拉的全过程对本层钢梁进行了主要截面应变监测。其中在13层索张拉时，对13层核心筒剪力墙闭合钢梁应变进行了相应监测，13层索

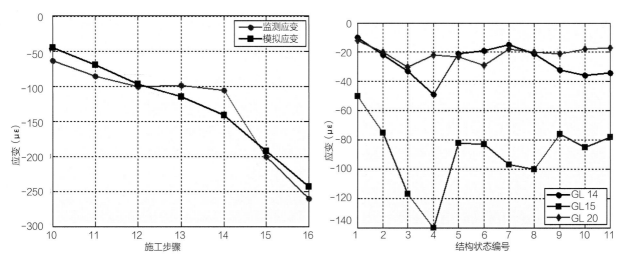

图2-5-39　外框筒节点应变监测与模拟对比分析　　　　图2-5-40　第7层钢梁应变节点应变监测

张拉施工状态见表2-5-11所列，监测结果如图2-5-41所示。

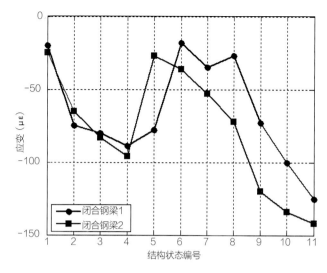

图2-5-41　第13层闭合钢梁应变

由监测结果分析可以看出：第13层核心筒剪力墙闭合钢梁在第1道索张拉时，闭合钢梁压应变逐渐增加，在第1道索张拉结束至第2道索张拉前，闭合钢梁压应变逐渐减小，在第2道索张拉过程中，钢梁压应变又随索力增加而逐渐增加；因13层预应力索张拉过程连续，闭合钢梁的应变在索张拉各阶段变化明确，因监测时暂无其他工序施工（如核心筒混凝土浇筑）干扰，故所测两截面处的应变变化相近，但因两截面位置不同仍有23με差异。

5. 转换层钢桁架应变监测

对转换层钢桁架应变监测主要是在该层体外预应力索张拉时，转换层钢桁架各杆件应变变化。第73层钢桁架各杆件应变监测随73层预应力索的张拉过程分多次进行监测，自73层拉索张拉开始直至张拉结束，结构监测状态见表2-5-15所列。

钢桁架结构受力状态表　　　　　　　　　　　表2-5-15

状态编号	状态	状态编号	状态
1	传感器初始状态	8	72层第1道索张拉
2	核心筒封顶，其浇筑模板开始拆除	9	72层第1道索张拉结束
3	核心筒模板拆模	10	第1道索稳定持荷
4	上部荷载继续减小	11	第1道索稳定持荷
5	72层拉索预紧	12	72层第2道索张拉结束
6	72层第1道索张拉	13	例行测试，84层以上浇楼板
7	72层第1道索张拉		

上述主要状态可分为卸载状态和张拉状态以及张拉后期变化几种情况。其中1~5状态是前期观测阶段，5~12状态是73层拉索张拉的阶段，12~13状态是结构上层浇筑楼板的阶段。图2-5-42所示的为上述13个监测状态下第一榀桁架的上弦工字梁、下弦杆、内腹杆和外腹杆随着上部结构荷载变化和拉索张拉的实测应变变化情况。

从上面的结果可以归纳出73层钢桁架在工程施工过程中抵抗外力的主要工作形态：抵抗拉索张紧时产生的径向压力；上层楼板浇筑时由外框筒传来的压力。关于第2种形态，下部外框筒和核心筒也会给桁架以支撑，但是考虑到外框筒的竖向刚度小于核心筒的竖向刚度，因而桁架会表现出以核心筒为根部的悬臂梁的工作状态，故而竖向荷载简化为只有外框筒传来的向下的压力。工作状态模型如图2-5-43所示。

从上述主体结构中各受力关键杆件在施工过程各阶段的杆件应变实测与结构设计阶段的理论分析结果对比可以看出：两者的结果大致接近，表明广州国际金融中心的实际施工状态基本是按照结构设计阶段的预期方案来加以实施的。

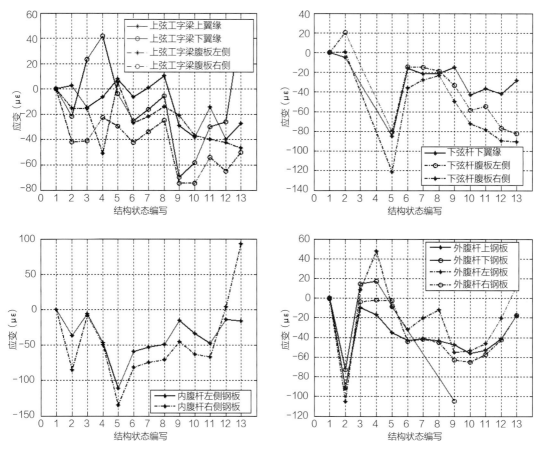

图2-5-42　第一榀桁架相关杆件随上部结构荷载变化和拉索张拉的实测应变变化图

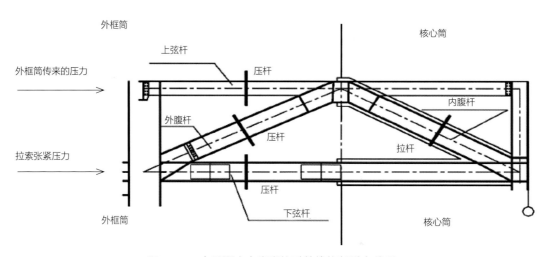

图2-5-43　本层预应力索张拉时转换桁架受力状况

（二）风环境和风致振动位移监测

主塔主体结构封顶后，当2009年9月14日台风"尊爵"、2010年9月21日凌晨台风"凡亚比"、2010年10月23日台风"鲇鱼"影响广州时，对主塔进行了台风特性和结构风致振动的现场同步实测。另外选择了部分强风发生时段（2010年10月27日～11月2日以及2011年4月2～4日）对主体结构的风环境、风致振动（包括风致加速度和风致位移）和玻璃幕墙表面风压进行了测试。

1. 风场特性

2010年第13号台风"鲇鱼"影响广州时，选择在2010年10月23日18：00～10月25日6：00这段时间，对主塔结构进行了台风特性和结构风致振动的现场同步实测。图2-5-44为利用主塔顶部的风速仪测试得到的在主体建筑顶部约430m高空的风速和水平风向图。

图2-5-45给出了根据36h实测风速得到的顺风向和横风向脉动风速功率谱，为了更好地进行对比，图中给出了Von Karman谱，可以看出两者在低频至谱峰部分吻合得非常好，表明用Von Karman谱能够较准确地描述在上述城市高空约440m上方的脉动风速谱特征。在主体的结构设计阶段也曾委托风工程研究单位专门做过此建筑的风洞试验，以确定用于结构设计的等效静力风荷载。其中在风洞实验的风场实验模拟中，采用了脉动风速的Von Karman谱形式。

2. 风致振动加速度

在主体结构每次受台风/强风影响时，除利用楼顶风速仪进行风速测试外，还用加速度振动传感器对关键楼层进行了相应的风致振动测试。图2-5-46分别给出了台风"鲇鱼"影响广州国际金融中心时顶部103层所实测得到的X方向（垂直于建筑物C2主轴方向）加速度时程图和同一时段内Y方向（沿建筑物C2主轴方向）的加速时程图。在X方向加速度最大值约为1.6cm/s^2，Y方向加速度最大值约为2.4cm/s^2。

图2-5-47分别为2010年10月27日～11月2日在强风状态作用下对广州国际金融中心顶部103层所实测得到的X方向（垂直于建筑物C2主轴方向）加速度时程图和同一时段内Y方向（沿建筑物C2主轴方向）的加速度时程图。在X方向加速度最大值为0.48cm/s^2，Y方向加速度最大值为0.39cm/s^2。

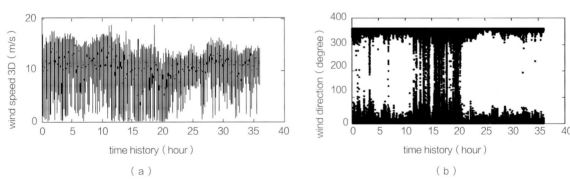

（a）

（b）

图2-5-44　主体建筑顶部高空风速和水平风向图

（a）实测风速图（台风鲇鱼）；（b）实测风向图（台风鲇鱼）

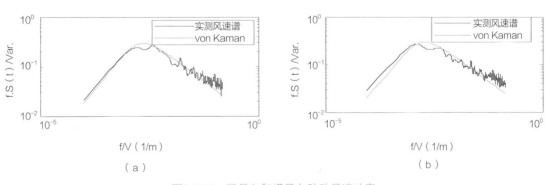

（a）

（b）

图2-5-45　顺风向和横风向脉动风速功率

（a）顺风向脉动风速谱；（b）横风向脉动风速谱

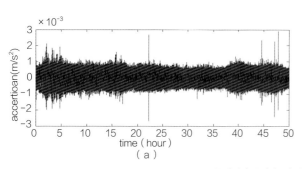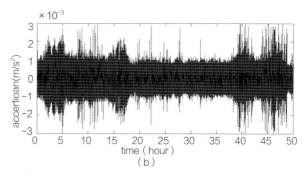

图2-5-46 103层实测风致加速度响应时程图（台风"鲇鱼"）

（a）X方向；（b）Y方向

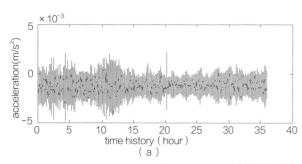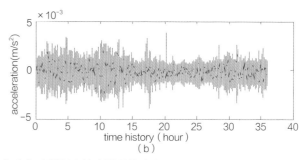

图2-5-47 103层实测风致加速度响应时程图（某次强风状态）

另外，2010年9月21日台风"凡亚比"影响广州市，对主塔的第70层和103层也进行了风致振动的同步测试，图2-5-48分别给出了70层所实测得到的X方向（垂直于建筑物C2主轴方向）加速度时程图、同一时段内Y方向（沿建筑物C2主轴方向）的加速度时程图、70层所实测得到的垂直于建筑物B2主轴方向的加速度时程图和70层所实测得到的沿建筑物B2主轴方向的加速度时程图。

从图2-5-44（b）所示的国金中心本次测试的风速数据来看，有36h的观测数据，其平均风方向大致稳定在0°左右。取用与该段数据同步的结构加速度响应数据，则结构加速度响应均方根值和平均风速的关系如图2-5-49所示。

上述结果与风洞试验结果略有差异，其主要原因可能为周围环境的局部变化以及实测阻尼和原有风洞试验所采取的量值不一致所造成的。

3. 结构动力特征

（1）主体结构自振频率识别

通过实测主塔顶部加速度响应信号，可分析得到风致振动加速度功率谱。图2-5-50分别示出了X方向风致加速度振动的功率谱和Y方向风致加速度振动的功率谱，由此可以得到主塔整体结构在两个主轴方向的前几阶固有振动频率。其分析结果见表2-5-16所列，同时利用有限元模型分析得到的理论值也列于此表中。

广州国际金融中心自振频率分析结果　　　　　　　表2-5-16

模态序列	实测结果（Hz）	有限元分析（Hz）	差别（%）	振型
1	0.150	0.132	13.6	Y方向第一振型
2	0.150	0.133	12.8	X方向第一振型
3	0.510	0.362	40.8	扭转第一振型
4	0.594	0.461	28.9	X方向第二振型
5	0.594	0.465	30.5	Y方向第二振型

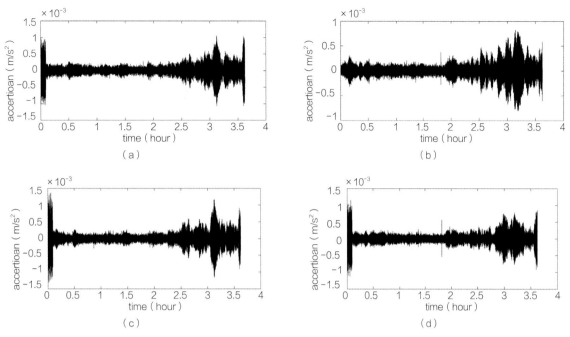

图2-5-48　70层各主轴方向风致加速度实测结果

（a）垂直于C2主轴方向；（b）沿C2主轴方向；（c）垂直于B2主轴方向；（d）沿B2主轴方向

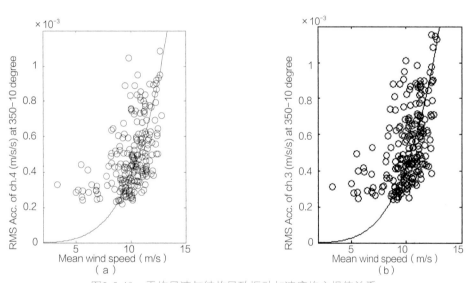

图2-5-49　平均风速与结构风致振动加速度均方根值关系

（a）X方向；（b）Y方向

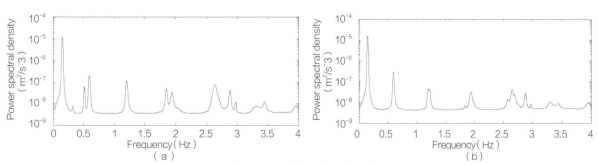

图2-5-50　风致加速度功率谱

（a）X方向风致加速度功率谱；（b）Y方向风致加速度功率谱

可以看到，现场实测的结果在X和Y方向第一、第二阶振型对应的频率均大于有限元的分析结果。其中主要的原因有以下方面：一是现场实测时主体结构仍处于施工装修阶段，结构的总荷重小于有限元分析考虑的总荷重。二是部分非结构构件在实际结构中已参与工作，增加了整体结构的刚度，而有限元分析常难以考虑或予以忽略此部分对整体结构刚度的贡献。

另外对此主体结构，在其不同的主体结构施工和运营阶段，也对其进行过在不同激励状态下（微振，强/台风）的振动测试，以分析其主体结构在不同施工和实际运营阶段的结构动力特征变化情况，见表2-5-17所列。

广州国际金融中心不同施工和运营阶段自振频率分析结果　　　　　　表2-5-17

模态序列	台风"鲇鱼"103层实测结果（Hz）	台风"凡亚比"70层风致振动实测结果（Hz）	台风"凡亚比"103层风致振动实测结果（Hz）	2011年4月103层强风测试分析结果（Hz）
1	0.150	0.165	0.166	0.150
2	0.150	0.165	0.166	0.150
3	0.510	0.500	0.510	0.510
4	0.594	0.600	0.600	0.510
5	0.594	0.600	0.600	0.592

从表2-5-17中多次强/台风风致加速度振动观测结果可以看出，实测主体结构的自振频率相差均较小，同时在同一次强/台风测试过程中70层和103层的加速度振动幅值虽相差较大，但两者所识别得到的主体结果自振频率也基本是一致的。

（2）阻尼识别

阻尼是结构的一种重要的动力特性。在获得长时间结构风致加速度响应数据的情况下，采用随机减量法，针对强风过程中监测的结构加速度响应信号，选用一系列的振幅阈值，计算结构阻尼比，可以得到结构阻尼比随振动幅值的变化规律。运用随机减量法，利用台风鲇鱼影响时测得的风致振动加速度，得出了主塔两个主轴方向第一阶振型对应的阻尼比随振动幅值的变化曲线。如图2-5-51所示，从图中可以看到，本次测试阻尼比不超过1%。

在主体结构设计阶段，抗震作用计算以及50年（100年）重现期的结构抗风强度验算时，结构的阻尼比一般均取为3.5%～5%，10年重现期的主体结构舒适度验算时，主体结构的阻尼比一般取1%～2%。上述测试结

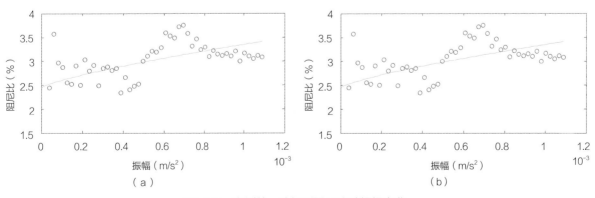

图2-5-51　实测第一阶振型阻尼比随振幅变化

（a）X轴方向；（b）Y轴方向

果，是所测得的楼顶风速平均值在12～20m/s之间所获得的，此平均风速同主体结构10年重现期的楼顶设计风速（约31m/s）相比还较小。

因此阻尼实测结果比结构设计所采用的阻尼值要偏小一些，这同实际情况是相吻合的，对结构设计来说也是偏于安全的。

4.　实测风压特性

为配合广州亚运会举办之前的主塔顶部风环境测试，从2010年10月30日17点30分开始，对主塔持续50多h的实时监测。测试内容为结构风环境与顶部振动加速度。同时利用安装在主塔天面425m处的玻璃幕墙上的压差式风压传感器（图2-5-52a），以及实测风压和风速，得出的风压系数与风洞试验得出的风压系数进行比较，可以初步检验结果设计的合理性。

图2-5-53为现场实测风速取一小时时距分析，得到1h平均的平均风速和风向角。在大部分观测时间内，风速的水平风向角都处在90°以内，来流方向风压测点的风压时程与侧风面风压测点的风压时程和风速时程变化比较一致（图2-5-54a的风压测点501），而背风面却并不明显（图2-5-54b所示的风压测点505）。

通过原型实测数据与风洞试验结果对比，可以检验风洞试验的合理性，同时为建筑结构设计提供实际测试

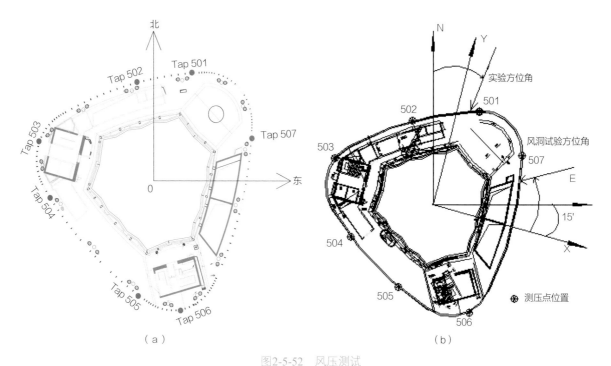

图2-5-52　风压测试

（a）风压传感器定位示意图；（b）实测与风洞方位角关系和测点位置

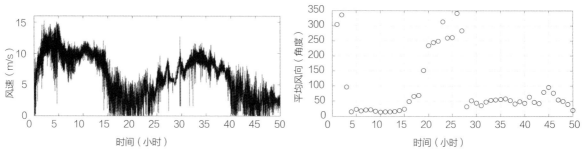

图2-5-53　风压实测对应的风速风向时程图

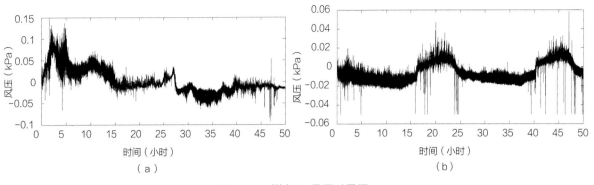

图2-5-54　测点501风压时程图

（a）风压测点501；（b）风压测点505

资料，完善理论模型，这里把原型建筑与风洞试验模型的风压系数（$C_p = \dfrac{\Delta p}{1/2\rho U^2}$）的平均值和均方根值进行对比，见表2-5-18和表2-5-19所列。

风压系数平均值对比				表2-5-18
	风洞	实测	风洞	实测
方位角	90°	15°	50°	55°
501风压点	0.81	0.54	-0.37	-0.61
502风压点	0.62	-0.167	-0.48	-0.796
503风压点	-0.42	-0.205	-0.89	-0.278
505风压点	-0.52	-0.222	-0.34	-0.193
506风压点	-0.53	-0.092	-0.43	-0.221
507风压点	0.56	0.189	0.61	0.383

风压系数均方根值对比				表2-5-19
	风洞	实测	风洞	实测
方位角	90°	15°	50°	55°
501风压点	0.1975	0.0056	-0.025	0.0056
502风压点	0.17	0.0032	-0.0075	0.0036
503风压点	0.165	0.0041	0.2	0.0036
505风压点	0.0975	0.0013	0.1125	0.0011
506风压点	0.135	0.0033	0.1075	0.0018
507风压点	0.43	0.0078	0.17	0.0027

表2-5-18及表2-5-19中，方位角是根据图2-5-52（b）的相互关系，换算到同一角度。通过对比可以看出，实测的风压系数比较接近风洞试验结果，而均方根值确相差较大，说明实测的脉动风压，较之风洞试验数据测试结果来说更不稳定，这与实测风的湍流强度、雷诺数，以及风压传感器的精度有关。

5. GPS实测主体结构风致水平侧移和楼层水平倾斜实测

风致动态变形监测是结构健康监测的主要内容之一，经常采用的仪器为加速度仪、倾斜仪以及位移传感器等。随着GPS定位技术的发展，工程师们已经将GPS定位技术引用到结构健康监测技术中来，并取得了不错的效果。相对于其他监测技术，GPS技术有其自身的点，主要有如下几大特点：

（1）全天候作业程度高。指的是只要在GPS接收机上空无障碍物和在打雷闪电不易监测的情况下均能保证结构健康监测的连续性和自动化。

（2）定位精度高。GPS定位精度（平面精度和高程精度）已经达到毫米级别，对于静态相对定位甚至已经达到亚毫米的级别。

（3）能同时测动静态三维坐标，是指通过解算GPS信号，能同时求得水平向和高程向的位移，工作量少，且精度高。

（4）无需透视，操作方便，易于携带。是指两个GPS接收机无需透视直接测量，不需要工作人员看守，减少了工作量，并且操作简单易行，自动化高。

1）GPS实测风致位移

本部分列出从2011年4月2日16点开始至4月4日19点对主体结构进行的强风状态下GPS风致位移监测分析结果，本次连续数据的采集频率为1Hz，将解算后得到的建筑物所在的广州坐标分解到建筑物主轴上，得到建筑物顶部实际风致位移振动情况。选取其中一段时间数据并绘制的时程图形如图2-5-55所示。在用GPS实测风致位移的同时，还对其进行了风速和风向的同步实时测试。风速数据采样频率为10Hz，如图2-5-56（a）所示为三维超声风速仪所测的风速数据所绘制的风速总时程图，图2-5-56（b）所示为风向角时程图。风向角在20°～340°之间波动，表示此测试阶段内主塔受到来自北风的影响。

从图2-5-55和图2-5-56可以得出，风速在4～8m/s范围内变化时，广州国际金融中心顶部位移沿X方向振动在-0.045～-0.08m范围内变动，Y向位移大小在-0.02～0.01m范围内。

2）GPS实测风致位移功率谱分析

取1h数据作功率谱分析，得出在两个方向上的功率谱图，如图2-5-57所示，由此可得X、Y两个方向上的第一阶自振频率分别为0.1484Hz和0.1523Hz。这与前述用加速度振动传感器所测得的分析结果基本一致。另外从图中得知，在低频阶段表现出幅值较大的信号，该阶段主要是由结构在平均风作用下的位移。

由前述可知，在由GPS所测得的风致位移结果中还包含有平均风所引起的风致位移平均值。通过对上述信号滤波和经验模式分解（EMD）处理后，可以得到主体结构由脉动风速所引起的主体结构在平衡位置附近振动的风致振动位移，以及经过上述处理后得到的风致振动位移功率谱，如图2-5-58所示。

3）实测风致水平倾斜角及功率谱分析

在本次用GPS测试风致位移的同时，还同时采用了倾斜仪测试主体结构在风荷载作用下沿建筑物两个主轴方向的水平倾斜角，位移信号是通过倾斜仪间接量测而得到的，倾斜仪能灵敏地实测楼层倾斜角度，精度达到10^{-6}rad，可以近似认为该倾斜角为假定楼体直杆的转角，通过转角与倾斜仪安装位置处的高度的

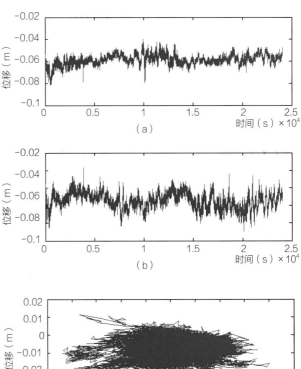

图2-5-55　GPS风致位移监测结果时程图

（a）X轴方向风致位移监测结果；（b）Y轴方向风致位移监测结果；（c）整体风致位移监测结果

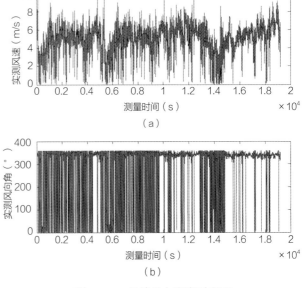

图2-5-56　风速风向观察时程图

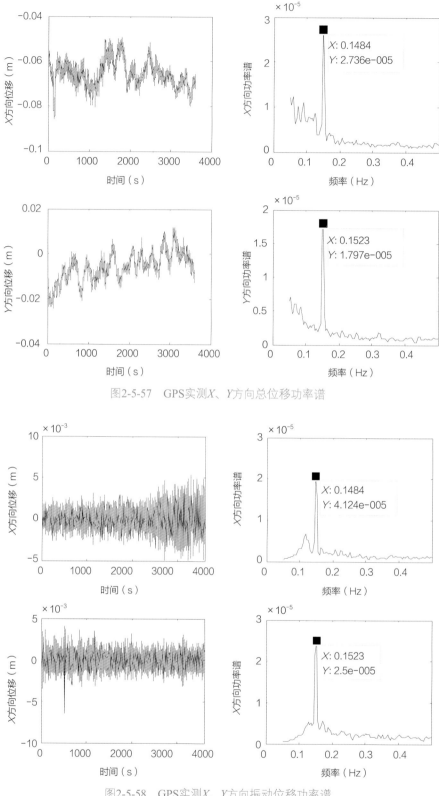

图2-5-57　GPS实测X、Y方向总位移功率谱

图2-5-58　GPS实测X、Y方向振动位移功率谱

乘积即为该处楼层位移信号，基本能够反映主体结构在风荷载作用下的水平侧移。倾斜仪安装在高为297m的67层核心筒墙壁上，倾斜仪与风速仪、GPS定位系统，加速度传感器是同步实时观测的，分别监测X轴和Y轴两个主轴方向的水平倾斜角，如图2-5-59所示。

将广州国际金融中心67层相互垂直的X、Y两个主轴方向3.3h的实测水平倾斜角换算成位移时程数据，并经过经验模式分解方法可以得到其结果如图2-5-60所示。

由于上述风致位移值是通过实测转角与倾斜仪安装位置处的高度的乘积得到的，即假设主体结构的侧向位移为沿高度变化成正比例的直线形式，因此得到与图2-5-57相比，其数值相对要大的估计结果。

图2-5-61给出了主塔结构X与Y两个方向以倾斜仪测得的位移信号，经过功率谱分析得到的主体结构在X与Y两

图2-5-59 倾斜仪安装示意图

个方向实测信号的功率谱图，这几幅图的形状是相似的，且曲线峰值都集中于0.15Hz，说明用倾斜仪所测得的水平倾角信号功率谱也能表现实际结构振动能量大小按频率的分布状态。

通过上述GPS信号，水平倾角仪和加速度传感器对主体结构的风致水平位移、风致水平倾角以及风致加速度振动分析的同步监测结果，对主体结构进行的自振频率的识别，以及有限元分析得出的模态识别对比见表2-5-20所列。

实测结果与有限元分析对比 表2-5-20

	X向第一频率（Hz）	与有限元误差	Y向第一频率（Hz）	与有限元误差
有限元分析	0.132		0.133	
GPS信号	0.148	12%	0.152	14%
水平倾角位移	0.151	14.2%	0.151	13.8%
加速度信号	0.150	14%	0.150	13%

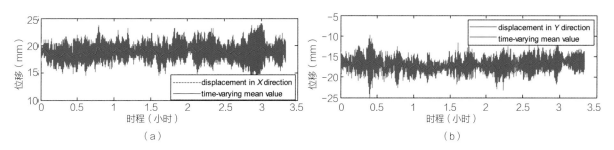

图2-5-60 时变水平倾斜角响应与原始水平倾斜角响应信号

（a）X轴方向水平倾斜角响应；（b）Y轴方向水平倾斜角响应

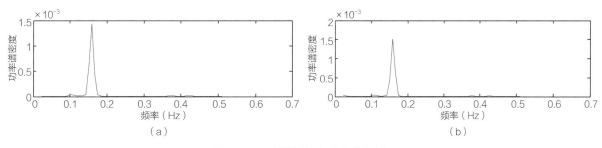

图2-5-61 水平倾斜角功率谱分析

（a）X轴方向；（b）Y轴方向

从表2-5-20得知，通过GPS信号、水平倾角仪所测得的水平倾角数据和加速度信号对主体结构自振频率的识别结果，与有限元数值分析的误差相当，表明利用风致加速度响应和GPS风致位移响应均能有效识别实际结构的自振频率等动力特征。

同时对主体结构在施工和现有运营状态下，以及各种受力状态（环境脉动激励、强风、台风）的多次实测振动结果分析来看，广州国际金融中心在目前现有状态下，整体结构健康状态总体上与结构设计阶段的预期结果基本是一致的。但是由于主体结构自运营以来，目前尚未经历过结构承载力极限状态设计所对应的荷载强度（50年风速重现期等类似荷载工况）影响，主体结构在类似于上述荷载状态下的实际受力性能，还有待于将来更多的健康监测数据加以分析和评估。

（三）某层楼面水泵机组运行对相邻楼层振动的影响测试分析

受业主委托，健康监测测试组于2013年1月14日在国金某层（N层）的两组水泵机组均在运行的状态下，对相邻楼层第N-1和N+1层的16个测试点进行了水平和竖向振动的测试。同时为评估N层水泵机组运行与否对上下楼层的影响，2013年1月20日在关闭N层部分或全部的水泵时，测试组对N层1号水泵机组楼面附近，N+1层位于1号水泵机组楼面上方的12个测点进行了水平和竖向振动测试。为进一步了解N-1层风柜和生活水泵及N层水泵房对上下楼层振动的影响，测试组于2013年1月26日还对相邻楼层N-2层和N-1层楼面进行了相关测试。相应测点振动测试的采样频率均采用51.2Hz，每个测试点的采样时间约为10min。图2-5-62为测试点1（位于29层M4向内3m左右），当N层1号和2号水泵机组各有2台水泵开启，N-1层风柜和生活水泵关闭时，在测试时段内位于测点1位置处的楼板水平方向1、2和竖向振动的加速度时程图。图2-5-63为其对应的功率谱曲线。

通过水泵开启和关闭运行时测点振动的对比分析，对测试相关数据进行了分析整理，相关测试结果大致如下：

（1）根据水泵运行和关闭后同一点的振动对比分析，各测点在水泵运行时的竖向振动主要由水泵机组自身的振动所引起，其引起的结构楼面振动频率约为20.35Hz，且产生的垂直方向振动要远大于两个水平方向的振动。

同一测点位置（测点1、测点2和测点3）受水泵开启与否的振动影响基本相同。但从风柜开启与关闭情况下的竖向振动有效值对比分析来看，基本保持不变，表明上述测点的水平和竖向振动主要由水泵机组自身的振

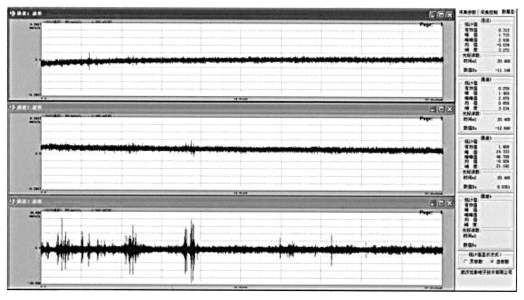

图2-5-62　测点1所在位置的楼板各方向振动加速度时程图

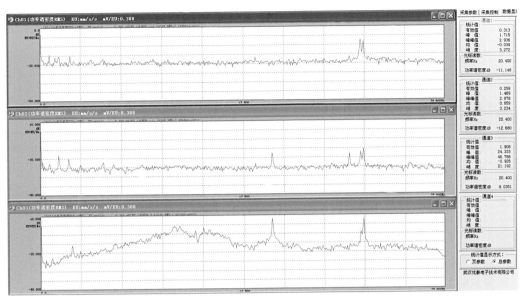

图2-5-63　测点1所在位置的楼板各方向振动加速度功率谱图

动所引起，风柜开启与否对上述测点的振动影响不大，但是风柜开启后，感觉噪声相对要大些。

（2）从各个测点在水泵全部关闭后采集的信号分析可以看出，由于水泵关闭，各相应楼层的竖向振动加速度大为减小，其值仅为水泵开启时相应值的1/5左右，可以大致判断$N-2$、$N-1$楼层的竖向振动直接受N层水泵机组运行的影响。

（3）通过对30层设备房内振动进行的3个测试点位的振动信号采集及分析，可以看出机组影响范围最大位置为机组正下方，上方有四台水泵同时运行时，竖向加速度达到$7.137mm/s^2$，而远离机组正下方的竖向振动值相对要小些。

（4）同1月20日对第N、$N+1$层的测试结果相比较而言，$N-2$层和$N-1$层的竖向振动虽然受N层水泵机组振动的影响，但由于此两个楼层位于N层下方，其受影响的幅度比$N+1$层要小（1号和2号水泵机组均有2台水泵在运行时，位于2号水泵机组正下方$N-1$层的楼面竖向振动有效值约为$4.2mm/s^2$，位于2号水泵机组正下方$N-2$层的楼面竖向振动有效值约为$1.92mm/s^2$，而位于1号水泵机组正上方N层的楼面竖向振动有效值却为$9.01mm/s^2$）。由此可以大致推断N层水泵机组振动，以沿上下层楼层楼板的竖向传播为主。但下部楼层受水泵机组影响的幅度，比上部楼层受水泵机组的影响幅度相对要小些。

造成上述现象的原因可能是水泵机组的基础隔振效果相对较好，但是水泵机组在运行时，由于水泵机组上部的管道支架减振系统隔振效果不够明显，导致水泵机组运行时的振动更多地通过其上部的供排水管道及其支架往上传播。

（四）电梯井筒水平振动和水平倾斜测量分析—对电梯正常运行影响分析

为评估在强风和低温天气（电梯井筒内部存在较大的空气对流）状况下，电梯井筒的水平振动和水平倾斜对电梯正常运行的影响。在强风和低温天气下，在广州国际金融中心的BCG电梯间（包括B19～B21、G5～G6、C13～C14电梯间，上述三个电梯井筒均位于67～102楼层之间，电梯井筒的高度大约为135m）的相应位置安装振动加速度传感器和水平倾角仪。振动加速度传感器安装在B19～B21、C13～C14、G5～G6电梯牵引机房的楼面上，高度约为430m，分别监测电梯机房及井筒在两个水平垂直方向的水平振动，如图2-5-64所示。倾斜仪固定布置于B19～B22、C13～C14、G5～G6电梯井筒的电梯牵引机房和各自电梯底坑相应水平投影位置的混凝土墙面上，以同时监测BCG电梯井筒底部和顶部位置沿井筒内壁两个方向（图2-5-65所示的X向

图2-5-64 电梯井筒间顶部振动测试

图2-5-65 电梯侧壁倾斜仪安装

和Y向)的水平倾角。

通过在某次强风测试中,对BCG电梯机房楼板在两个相互垂直的方向得到的水平加速度时程,如图2-5-66所示,运用振动信号分析相关程序,可以得到井筒水平振动的前几阶主要水平振动频率,如图2-5-67所示的井筒沿X方向和Y方向水平振动频率识别图中,相应几个尖峰点所对应的水平坐标值的大小(本例0.155Hz、0.244Hz、0.540Hz等)。通过此识别的振动频率可以同电梯机房缆绳运行时的工作频率加以比较,看是否会产生类似缆绳"共振"现象。

另一方面,水平测斜仪得到的井筒在受强风或低温天气下的电梯井筒侧壁沿X和Y方向的水平倾斜角,通过对此倾斜角的数字信号分析,同样可以得到电梯井筒沿X和Y方向的自振频率值。通过电梯井筒侧壁的自振频率与电梯机房缆绳运行时的工作频率加以比较,同样可以看是否会产生类似缆绳"共振"现象,而使得电梯缆绳在强风或低温天气时的摆幅过大。有关电梯井筒侧壁在某次强风状态下的水平倾角测量结果,在本文的图2-5-60中已有相应的测量结果。从图2-5-61中可以看出,电梯井筒侧壁由于水平倾角变形而产生的摇摆振动频率也主要集中在0.15Hz附近。因此通过上述电梯井筒侧壁水平摇摆和电梯井筒顶部楼板水平侧移的主要频率,同电梯机房缆绳运行时的工作频率加以比较,可以评估强风或低温天气由于电梯井筒的风致水平侧移或摇摆,对电梯机组及缆绳的正常运行所造成的大致影响程度。同时为电梯公司增加电梯的大楼摇摆检测保护装置提供振动频率数据。

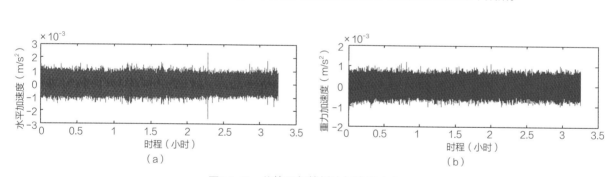

图2-5-66 井筒顶部楼板处加速度响应
(a)X方向;(b)Y方向

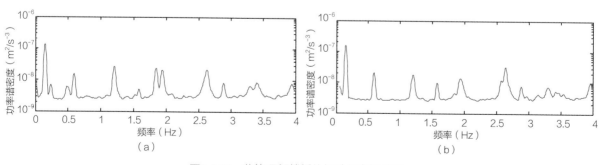

图2-5-67 井筒顶部楼板处振动频率识别图
(a)X方向;(b)Y方向

第六章　电气及泛光照明设计

第一节　电气系统设计

一、电气设计方案

广州国际金融中心总用电安装容量为62300kV·A，按照建筑的功能、分区及负荷特点，中压供电分为4个区域系统：Ⅰ区为套间式办公楼、裙楼及地下室；Ⅱ区为制冷机房；Ⅲ区为主塔写字楼；Ⅳ区为主塔酒店，各系统相对独立。由2个不同的市变电站引入10kV高压电源。

为确保大厦的供电安全，根据各个功能区的负荷特点，共设1600kW风冷柴油发电机6台。考虑到柴油的垂直运输、柴油发电机的承重、吊装、更换、防火安全、噪声处理等问题，决定将6台发电机集中设于-1层。对于发电机到67层的距离过长，压降过大的问题，采用加大母线的截面积的方法予以解决。6台发电机的分配如下：2台独立运行，分别作为主塔办公区的备用电源及主塔酒店的重要负荷电源；其余4台两两设车装置，分别供套间式办公楼、裙楼及地下室，主塔办公楼及主塔酒店的重要负荷用电。各弱电系统、消防中心等分别配置UPS电源；重要场所应急照明就地设置EPS，以弥补发电机应急电源转换时间的供电。

对于电气系统的防火设计，消防设备、应急照明的配电线路采用氧化镁矿物绝缘防火电缆；其他电缆采用铜芯辐照交联低烟无卤阻燃聚乙烯、绝缘低烟无卤阻燃聚乙烯护套电缆；电线采用铜芯辐照交联低烟无卤阻燃聚乙烯绝缘电线，应急照明电线采用耐火型，所有电线电缆均采用A级防火要求。采用矿物绝缘电缆大大提升了电缆的耐火能力，采用辐照交联低烟无卤电线、电缆，避免了线缆燃烧时排出有毒气体的问题。

二、高低压配电系统

广州国际金融中心高压配电系统示意图如图2-6-1所示。由市电网双子变电站及中轴变电站分别埋地引6路及4路10kV电源。其中，Ⅰ、Ⅲ区分别引进3路10kV高压，2主1备；Ⅱ、Ⅳ区分别引进2路10kV高压，2主互为备用。其中，Ⅰ区、Ⅱ区高压室设于-1层；Ⅲ区高压室设于30层；Ⅳ区高压室设于67层，如图2-6-2所示。

10kV开关柜采用金属封闭铠装中置式手车开关柜，采用真空断路器其分断能力为31.5kA，在10kV进线开关柜内装设氧化锌避雷器做雷电过电压保护，真空断路器选用弹簧储能操作机构。操作电源采用DC110V免维护铅酸电池柜20Ah作为直流操作、继电保护及信号电源。为防止广东地区高湿度季节产生凝露的危险，要求在断路器室和电缆室内装设电加热器，并可手动或自动控制。10kV继电保护：采用综合微机保护器，实现三相定时限过流保护及电流速断保护、零序保护；变压器10kV侧单相接地信号装置、温度保护及信号装置。

变压器（图2-6-3）采用环氧树脂真空浇筑固体绝缘干式风冷变压器，变压器的主要技术参数如下：

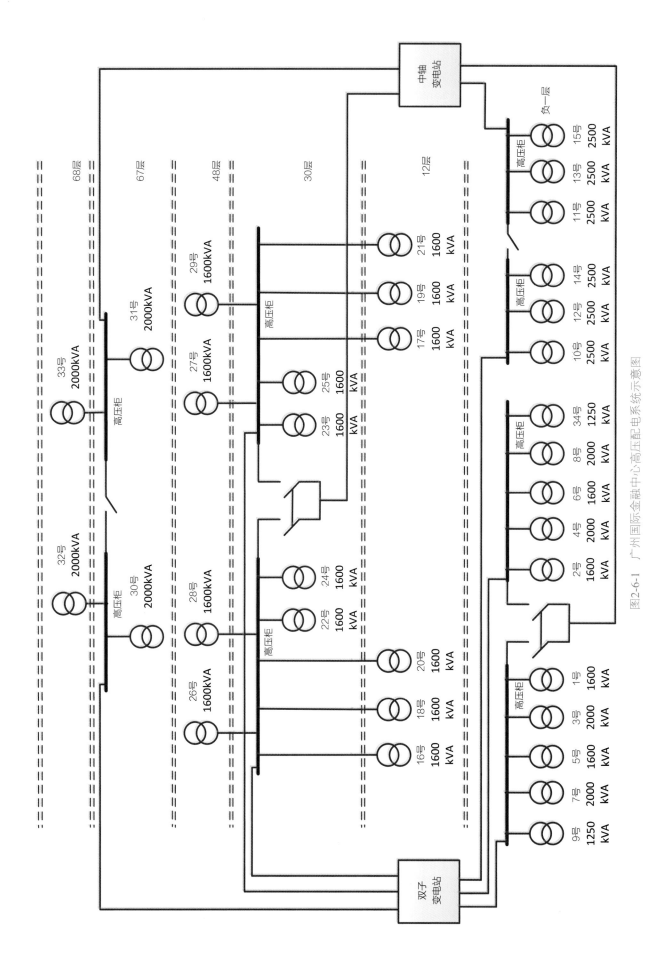

图2-6-1 广州国际金融中心高压配电系统示意图

图2-6-2 高压配电室

图2-6-3 变压器

外壳防护等级：IP21；

冷却方式：AF（风冷）；

一次额定电压：10.5kV；

一次最高工作电压：11.5kV；

二次额定电压：400V；

联结组别：D，Yn11；

耐热绝缘等级：F/F；

最热点温度：小于150℃；

工频耐压：35kV/3kV；

风机冷却下过负荷能力：允许长时间超载40%。

变压器低压侧采用单母线分段结线型式，两台变压器为一组，平时分列运行，当一台变压器发生故障时，切除三级负荷，由另一台负担全部特别重要负荷及一、二级负荷供电，故障排除后恢复常态。每组低压系统各设一应急母线段，应急母线由低压母线和应急发电电源自动切换供电，切换装置设电气及机械联锁。

低压主进、联络断路器设过载长延时、短路短延时保护脱扣器，其他低压断路器设过载长延时、短路瞬时脱扣器，部分回路设（分励/失压）脱扣器，这些回路既可以在自动互投时，卸载部分负荷，防止变压器过载，又可以在火灾时，切断火灾场所相关非消防设备电源。

低压配电系统采用220/380V放射式与树干式相结合的方式，对于单台容量较大的负荷或重要负荷采用放射式供电；对于照明及一般负荷采用树干式与放射式相结合的供电方式（图2-6-4）。

图2-6-4 低压配电室

三、应急发电机系统

广州国际金融中心属于超高层建筑，设五星级酒店、甲级写字楼、高级商场等，电力供应的可靠性要求非常高。虽然已经设有独立的10kV备用高压电源，但为保证在极端情况下大厦的用电安全，设计了可靠性能高的应急发电机系统，保证市电停电时重要负荷的用电供应。

根据各个功能区的负荷特点及功能、管理的独立性，共设6台1600kW的风冷柴油发电机，集中设于-1层。其中1号、2号发电机设并车装置，保障套间式办公楼、裙楼及地下室的重要负荷用电，运行台数可根据负荷情况自动控制；3号、4号发电机设并车装置，保障主塔办公楼、主塔酒店的重要负荷用电，运行台数可根据负荷情况自动控制；5号发电机独立运行，作为主塔办公楼租户的备用电源；6号发电机独立运行，专门保障主塔酒店重要用电、负荷用电。

6台柴油发电机均由英国威尔信原厂制造，采用珀金斯（PERKINS）柴油机，每台机组备一组蓄电池。发电机设手动控制及自动控制两种方式，设置在自动控制方式时，当10kV市电停电、缺相、电压或频率超出范围，或同一变配电所两台变压器同时故障时，自动启动柴油发电机组，柴油发电机组15s内达到额定转速、电压、频率后，投入额定负载运行。当市电恢复30~60s（可调）后，由ATS自动恢复市电供电，柴油发电机组经冷却延时后，自动停机。

四、照明系统

国金中心照明系统主要分为办公区照明、酒店区照明、公寓照明、后勤区照明、泛光照明及航空障碍灯照明。照明系统主要选用荧光灯、金属卤化物灯、LED灯等高效节能型灯具，根据各功能区的特点进行照明灯具的合理布置，既保证照度的要求，又考虑了节能需要，为大厦的节能提供了基础。

国金中心的办公楼为甲级办公楼，办公区域的照明设计也采用了高标准。根据办公区大开间的特点，采用照明效率非常突出的荧光灯盘。结合顶棚的布局，最终选用尺寸为300mm×1200mm的嵌入式格栅荧光灯盘，进行均匀布置。灯具反光器采用德国安铝，封闭性V形格栅眩光控制技术，输出效率达到65%；光源采用2×28W高效节能T5荧光管；配置一个启动快、效率高、功率因素高的奥地利产DALI电子镇流器。这样的设计使得办公区的顶棚布置整齐美观、光照均匀。经检测，办公区的平均照度达到534lx，而平均照明功率密度为10.7W/m²，功率密度低于节能标准，如图2-6-5所示。

东方人比较喜欢明亮的空间感，西方人则着重光暗调和，偏重环境气氛。酒店区照明设计的目的是结合东、西方人的文化差异，营造一种有格调有气氛的灯光。为达到这一目的，较多地运用了包括艺术品照明及装饰灯光在内的竖直性灯光以及灯光调节系统，营造出了合适的灯光气氛；同时采用不同的色温配合现场环境中的不同物料，带出最美的颜色，也加强了灯光的层次感。首层大堂和70层抵达大堂的艺术景墙灯光、宴会厅的背光石墙、70层以上中庭的LED线性灯光为典型设计。特别是70层以上中庭的LED线性灯光表达，其设计有别于传统的环形灯光布景，既呼应了建筑的外形线条，同时提供了充足的空间照明，如图2-6-6所示。

图2-6-5 办公区照明

整个酒店灯光设计中，主要光源为传统的金属卤素灯MR-16，其显色性高，用途广泛；其次是LED灯带，其体积细小，耗电量低，在灯光布局和节能上都发挥了长处。由于项目设计开展时，LED技术仍处于发展阶段，技术不够成熟、市场未普及等原因，LED灯的使用还不是很多。虽然LED节能及寿命长的特点比较突出，但在使用过程中仍然存在一定的问题：

（1）由于LED技术的不够成熟，其色温很难把握，不同批次生产的LED灯色温难以达成一致。造成的影响是生产的LED灯色温满足不了设计的要求，进行局部LED灯带更换的时候，新的LED灯带色温与原来的色温有偏差。

（2）LED的开关电源产生谐波比较大。由于LED灯带需要的开关电源比较多，大量的谐波叠加，对其他用电设备的冲击产生一定的影响。比如由于开灯时LED开关电源产生的谐波冲击比较大，高达70～190A的电流冲击，使客房灯具总开关的接触金属片大量烧坏，也促使开关厂家对开关进行改进提高耐受电流冲击的规格。

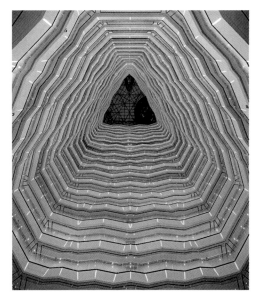

图2-6-6　70层中庭LED线条灯

五、节能措施

节能是大厦设计过程中重点考虑的因素之一，从电气角度来说，大厦的节能措施主要包括以下几点：

（1）选用高效节能变压器，按分区设置变配电房，使变压器深入负荷中心，并控制变压器负荷率在70%～85%之间。这样既降低电能在线路上的损耗，又减少线材的使用。

（2）生活水泵、空调冷水二级泵采用变频控制，2台以上电梯组采用群控。

（3）根据功能区的不同，合理选择LED、荧光灯、金属卤化物灯等高效节能光源和高效率灯具，配置电子镇流器或者节能型电感镇流器。特别是LED灯的使用，能够大大减少热量的排放，并节约用电，发挥了很大的节能作用。

（4）合理选择和布置灯具，办公区照明采用T5荧光灯，效率达到92Lm/W，采用奥地利进口DALI电子镇流器，采用均匀布置方式，在满足高级办公场所照度500lx的条件下，照明功率密度仅为10.7W/m²，优于国家标准。

（5）楼梯间采用感应自熄开关，实现人来灯亮，人走灯灭的节能要求。

（6）采用智能照明控制系统。酒店公共区、办公楼公共走道、办公区、停车库都设置了智能照明控制系统。根据不同时间段、不同的用途可以自动/手动进行场景切换，既满足功能要求，又能节约电能、减少灯具的发热量、有效延长光源的寿命。特别是办公区采用了DALI调光系统，设置感光探头，可以结合室外的光线合理调整室内灯光的亮度，自然光与人工照明的互补性自动控制，有效节约用电。

（7）设置建筑设备监控系统。建筑设备监控系统对空调系统、通风系统、给水系统、热水系统、排水系统设备进行监控，可以确保各系统设备做到按需运行，既保证大厦环境的舒适性，又避免了设备过度使用的浪费，同时可以延长设备的寿命。比如停车库的排风机、送风机，根据车库的二氧化碳浓度进行控制，当空气质量达到要求时关闭风机，当检测到某些区域的空气质量不达标时，则启动相应区域的排风机及送风机，避免风机的长期运行。

第二节　泛光照明设计

一、泛光照明设计总体构想

（一）设计原则

泛光照明是提升建筑独特的建筑风格及结构特点的重要表现手段，泛光照明的设计原则是：

（1）与建筑的形式协调统一，美化建筑的夜景。

（2）采用先进的照明理念、新颖的照明形式、高效的照明灯具。

（3）以人为本，避免眩光、减少光污染，实现绿色照明。

（二）泛光照明设计方案

国金中心为地标性建筑，外立面玻璃幕墙面积大，因此希望将整个建筑通过以内透光的方式，利用灯光在夜晚将建筑的独特结构点亮，巧妙地将建筑的外形及结构特点展现出来。

（1）主塔标准层——办公层及酒店层：该立面区域最独特和强有力的元素是网状斜支撑结构，方案的一个设计理念就是在夜晚点亮这些独特的结构，再通过控制系统对灯光的控制，实现各种变幻效果。采用自下而上的灯光渐变效果，暗示建筑物消失在空中，强调了建筑物高度。图2-6-7给出了主塔楼泛光照明方案效果图。

（2）主塔设备层：设备层位于建筑主体的中部，犹如"水晶体"的几个"圆环"，灯光设计中，除了点亮这些楼层的结构柱以保持整体效果，还将增加灯光，将设备层打造成一个个会"发光"的光环，作为"水晶体"的装饰。"光环"部分灯具可独立控制，可以被完全关闭或有次序地开、关。

（3）塔顶：塔顶也采用"光环"设计，此外，结构柱底部将设独立控制的上照灯，上照灯灯光与天空交相辉映，暗示塔顶渐渐地消失在天空中，体现建筑的高度。

（4）大堂入口：大堂的结构柱是灯光的重点，每个结构柱底部装有白色或彩色变换的上照式灯，营造动感的光与影，特显结构柱的外型。

（5）广场：广场的照明是建筑设计概念的延伸。主塔楼犹如一颗细长璀璨的水晶一样，广场灯光的设计概念是水晶体建筑将光线折射开来。灯光以主塔楼为中心进行放射状分布，广州国际金融中心就像灯塔一样，向世界发出能量，吸引人们来到这里，如图2-6-8所示。

（6）附楼：附楼泛光的设计理念是采用简洁的灯光勾勒出建筑整体轮廓，表现出建筑的体感，和主塔楼相呼应。

（三）灯具及光源选择

灯具及光源的选择是为了实现设计理念，同时满足绿色照明的设计原则。结合建筑的特点及安装、维修的需要，各区域的灯具及光源选择如下：

1．标准层——办公层及酒店层

（1）灯具形式的选择

1）方案一

为将主塔建筑的斜状网格结构在夜晚通过灯光的形式

图2-6-7　主塔楼泛光照明方案效果图

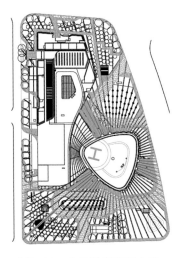

图2-6-8　广场泛光照明方案

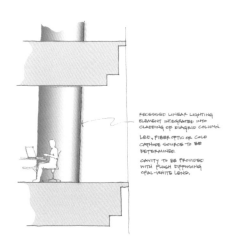

图2-6-9　线状灯管安装位置

图2-6-10　线状灯方案效果

展现出来，初步方案是选择不间断线状灯管，将线状灯管嵌在结构柱上，对其线性作一清晰易读、引人注目的演绎，如图2-6-9～图2-6-11所示。

不间断线状灯管方案的优点是灯光直观地重现了结构形式。缺点是：存在潜在的室内光污染；建筑的楼板结构对灯光的线性产生了影响，破坏了线性灯光的不间断性效果。

2）方案二

为克服不间断线性灯的不足，同时满足其线性的清晰易读，设计上利用了人脑对"点"与"线"的趋向性。方案二采用一系列的"点"光源来暗示，重组整个建筑的网状斜支撑结构，人的感官将会被读作一个连续的图案，如图2-6-12～图2-6-14所示。

点状灯方案灯具布置在每个结构柱与楼板的交接处。在结构柱交叉的楼层，每层点状灯具的数量为30盏；在结构柱不交叉的楼层，每层点状灯具的数量为60盏，每盏灯具被安装在楼板与玻璃幕墙之间的区域。此方案杜绝了灯具对室内的光污染；同时建筑楼板也不会对灯具产生阻挡光线的影响。但对单一点状灯具方案进一步

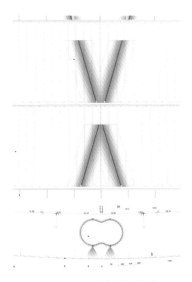

图2-6-11　建筑楼板结构

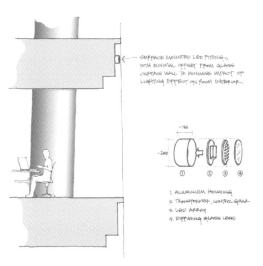

图2-6-12　"点"状灯的安装位置

图2-6-13　"点"状灯方案效果

分析发现，相当一部分灯具的安装位置将与幕墙的竖向构件冲突。在这种情况下，灯具的安装位置必须左右移动，结果是将会导致整个灯光影像的不连续。

在灯具的灯光输出方面，灯具的可见光输出和以下因素有关：光源和灯具的光量输出指标（包括透镜类型）；观察者的视点和光源之间的视角；灯具相对于外幕墙的安装点和角度；幕墙本身的特性（如玻璃的透光率、反射率和遮光率等）。

为了保证光量输出，点状灯具将是一个相当大的灯或者是一定数量LED组成的集束状灯，这两种情况都将影响到灯具的尺寸。由于可用于安装灯具的空间有限，如果灯具的安装进深比预期的大，则灯具需要在钢结构前的拱肩板上嵌入式安装。这又将导致以下问题：一是嵌入式安装孔需要求厂家预制；二是如果在单元式幕墙安装后才成孔，这将对最后的完成质量、精确度及可更换性有影响；三是如果灯具有一"点"坏了，整个图案将有一不连续点。

3）方案三

经研究，如果将点状灯具"拉"长到一定的尺寸，线状灯具也可以营造"点状灯光"的效果。方案的要求是把较小的灯具以小组方式平衡地放在一起，形成所要的长度。"单元式"的方法可以灵活安排灯具在所需要的位置上，不受玻璃幕墙结构的影响。另外，当其中一个灯管损坏了，在旁边的灯具也能继续工作，维持整体灯光设计的完整性。保持相同的光量输出，线状灯的安装进深相对较小，完全可以安装于办公层架空地板的轨道格栅盖板以下或者拱肩板区之内。这有利于减少光污染，也方便对灯具的安装与维修。线状灯方案灯具布置如图2-6-15所示。

比较上述三种灯具方案，线状灯具无论是从定位、尺寸及抑制室内光污染等方面都更有优势。最终确定选用方案三的线状灯具。

（2）光源的选择

为体现绿色照明、选择高效灯具的设计原则，原设计光源选用单一的红色LED。相比其他传统光源，LED拥有能耗低、寿命长、发热量小等突出的优点。

2. 设备层

（1）方案一：为了制造设备层的"光环"效果，在设备层的外围走廊设户外使用的长形上照灯，营造灯光不间断的效果。它将照亮玻璃板的后方与楼层的吊顶。将在玻璃与灯具之间设立层高的金属网，起"反光"的作用。

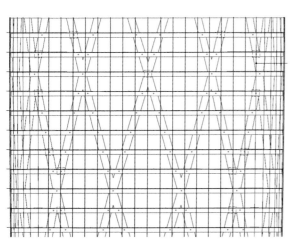
图2-6-14　点状灯方案灯具布置图

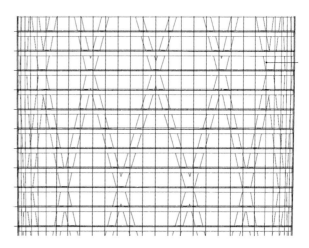
图2-6-15　线状灯方案灯具布置图

（2）方案二：采用投光灯，灯具的灯光投向外走廊的墙体及吊顶，考虑墙体和吊顶的漫反射作用把光线发射到玻璃幕墙外面。

经过现场实施的比较，最终选择方案二。光源选用线型LED灯或者LED投光灯。因为设备层的外幕墙为通风玻璃格栅，不防雨水，所以设备层的灯具采用防水型。

3. 塔顶

塔顶将包括洗墙灯和上照灯。洗墙灯与其他设备层一样，采用长形上照灯营造灯光不间断的效果；上照灯将采用投光灯，照亮结构柱。光源选用户外使用的线型LED灯或者LED投光灯。

4. 大堂入口

在结构柱底部的上照式灯光将照亮大堂的内与外，每条结构柱设2盏上照式灯。灯具选用带红色滤镜的户外型金卤灯，光线可做15°的调节，并有一定的负载能力。

5. 广场

太阳光通过水晶体的折射将呈现色彩斑斓的颜色，所以广场灯光采用RGB全彩LED光源，通过控制系统可以变换出各种色彩。建筑入口采用线状灯带，其余区域采用方形灯，点、线结合，完美的展现"水晶"对光线折射的效果。

6. 附楼

附楼的灯光主要是反映建筑的轮廓。结合附楼外立面玻璃幕墙的设计，每4层设一条格栅条。设计上采用长条型LED灯，利用该格栅条进行灯具固定，这样每隔4层有一条LED灯带围绕建筑幕墙一周，颜色随着主塔楼灯光的颜色变化。

（四）灯光控制

为保证多样化和变化的建筑灯光效果，必须选择合适的灯光控制系统。控制系统应能保证静态、动态、定时、强弱等的灯光设置，并能够很好地兼容控制各个区域的灯具。图2-6-16示出了灯光控制方案的效果。

图2-6-16　灯光控制方案效果

二、泛光照明方案实施

（一）灯具选择及安装

1. 主塔楼标准层

主塔楼标准层斜交网格柱的灯具选择长度50cm的条形RGB全彩高功率投光灯，最大功率30W。非结构柱交叉层，每层有30根柱子，安装30盏灯具；结构柱交叉层有15根柱子，安装15盏灯具。每2盏灯使用一个AC220V/DC24V电源；每层设3个控制用数据分配器。办公层灯具安装于架空地板的轨道格栅盖板下；酒店层灯具安装于窗楣、拱肩板之内，并设检修口；设备层灯具被固定在地面，如图2-6-17所示。

（1）LED：选用18颗高效高功率LED（6红、6绿、6蓝）；

（2）控制变化：可实现256阶灰度控制；

（3）发光特性：30°光束角；

（4）输入：外接直流24V；

（5）功率：30W（最大值）；

（6）工作温度：−40～65℃；

（7）灯体防护等级：IP68；

（8）灯具长度：500mm；

（9）控制方式：可支持标准DMX，OSRAM DALI控制系统。

2. 设备层

为营造设备层的"光环"灯光效果，采用了LED全彩高功率方形投光灯，最大功率55W。沿着设备层外围走廊每隔0.7m左右设一盏方形投光灯，围绕外走廊一周，每个设备层约260盏。每7盏灯设一个电源；每层设3个控制用数据分配器。设备层方形投光灯固定于特制的水泥墩上，如图2-6-18所示。

（1）LED：选用36颗高效高功率LED（12红、12绿、12蓝）；

（2）控制变化：可实现256阶灰度控制；

（3）发光特性：30°光束角；

（4）输入：外接直流24V；

（5）功率：55W（最大值）；

（6）工作温度：−40～65℃；

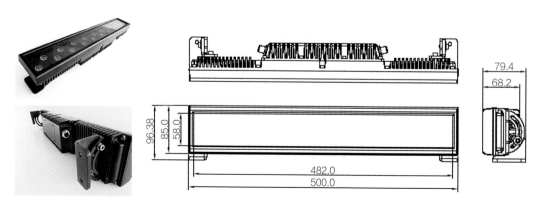

图2-6-17　主塔楼标准层灯具选择及安装

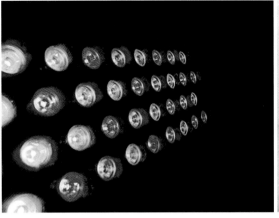

图2-6-18　设备层灯具

（7）灯体防护等级：IP68；

（8）灯具尺寸单位：mm；

（9）控制方式：可支持标准DMX，OSRAM DALI控制系统。

3. 塔顶

塔顶为营造灯光与天空交相辉映的效果，采用了LED全彩高功率方形投光灯，最大功率55W。灯具安装在塔顶结构柱底部，每根结构柱安装2盏，靠玻璃幕墙安装。投光灯对结构柱外表进行打亮，随着灯光自下而上由强变弱，建筑顶部形成渐渐消失于夜空的虚晃景象，突显建筑的高度。

4. 大堂入口

由于大堂地面楼板厚度有限，无法实现对灯具的埋地安装。同时考虑到大堂的玻璃幕墙为透明清玻璃，利用大堂的室内照明灯光，透过玻璃幕墙同样可以突出结构柱的外形特点。因此取消了原方案中大堂结构柱底部的上照灯。

5. 广场

广场采用12cm×12cm的方形全彩LED灯及12cm×ncm的条形全彩LED灯。灯具自带变压器，沿着放射性景观设计埋地安装。方形灯每盏3W，条形灯为13W/m。

四季酒店门口处的灯光由于园林景观的修改，灯具也相应作了更换。取消四季酒店入口处的条形灯，全部改为3.5W的方形全彩LED灯，采用无边框的做法，使得显示面积更大，如图2-6-19、图2-6-20所示。

图2-6-19　酒店门口以外区域用埋地灯

6. 附楼

为勾勒出附楼的轮廓，采用了长度为90cm，功率为12W的全彩LED轮廓灯，发光角度120°。对于附楼裙楼部分，因外墙面结构为明装百叶，采用同样的全彩LED轮廓灯每隔一层百叶环绕安装。利用上投光对百叶底部进行灯光反射，灯光效果表现柔和，

图2-6-20　酒店门口用埋地灯

与附楼的套间式办公楼的轮廓灯协调统一，简洁地表达建筑体感，与主塔建筑照明效果相呼应。

（二）实施过程中的变化及应对

1. 灯具颜色的更换

设计方案中选择红色的LED灯，考虑到红色灯光效果比较单调，而且与建筑周围的灯光环境不够协调。因此在实施过程中，改为RGB全彩LED灯，大大地丰富了灯光的效果。灯光效果完成后与周围环境相融合，与南岸的广州电视塔灯光交相辉映。

2. LED灯具的散热问题

高功率LED灯具发热量大，其工作时周围环境的温度对其工作的稳定性及寿命有着重大的关系。为解决主塔办公层及酒店层安装的高功率LED灯的散热问题，通过采取多种尝试，最终确定主塔办公层安装于架空地板下面，上面盖一格栅，保证了灯具热量的及时散发。至于酒店层，由于客房没有架空地板，而且地面铺设地毯，没有足够的空间安装灯具及散热，因此67层以上的灯具装在窗楣之下、拱肩板之内，通过顶棚内的设备空间进行散热。而设备层的玻璃幕墙有与室外的通气百叶，明装的灯具通过大气散热，也保障了灯具的正常工作。

3. 设备层亮度不够问题的解决

在配合亚运会灯光汇演的过程中，发现主塔楼设备层的灯光亮度不够，后期对其进行了灯光补强。灯光补强是为了加强设备层的金色"光环"效果。经过灯光颜色效果的实验，增加了150W的宽光束高压钠灯与150W色温4000K的宽光束金卤灯，两种灯具每隔1m设一盏，交叉布置，围绕设备层外走廊一圈。新增加的灯具独立控制，在设备层方形LED灯设在金色效果时，打开新增的灯具，对金色"光环"进行亮度增强。

（三）灯光控制系统

主塔楼及附楼的泛光控制系统包括电源控制系统（控制灯具的电源开、关）及灯具控制系统（控制灯具的开关、变色、播放节目等）各一套，主要设备包括智能照明控制模块、智能照明管理软件、灯具控制系统主机、灯具控制管理软件、管理计算机等，设于-1层网络机房。由于广场区域的泛光灯具与主塔楼区域的品牌不同，灯具控制的控制方式也不一样，所以该区域的灯具控制系统为独立的控制系统。在电源控制系统方面，为便于统一管理，广场灯具的电源与主塔楼及附楼灯具电源使用同一智能照明控制系统，对所有泛光灯电源进行联网控制。

1. 电源控制系统

泛光照明的电源控制系统采用KNX/EIB智能照明控制系统。EIB系统主要由智能开关模块、智能开关控制面板、网关、管理软件及管理计算机组成。所有设备通过4芯带屏蔽双绞线的EIB总线连接。管理软件及管理计算机设于-1层的网络机房；网关根据总线的长度需要设于电井或者配电箱旁边；智能开关模块为标准导轨安装方式，安装于各个照明配电箱内。电源控制系统的开、关时间与灯光控制系统的开、关时间一致，如图2-6-21所示。

2. 主塔楼及附楼灯光控制系统

（1）主塔楼及附楼灯光控制系统结构

主塔楼及附楼灯光控制系统结构如图2-6-22所示，LS50K控制器的网络结构如图2-6-23所示。

（2）主塔楼及附楼灯光控制系统的特点

灯光控制系统采用OSRAM LS50K LED控制系统。该控制系统是新一代的LED照明控制系统，系统中包含一个控制器，数个数据分配器（资料分配器），以及最多50000个LED灯具。资料传输的拓扑是一种multi－drop的结构，该结构位于控制器与数据分配器之间。数据分配器到LED灯具之间是采用串行控制方式。其特点和优势如下：

1）智能寻址功能。可以实现智能寻址功能，自动分配地址，灯具无需事先设定地址。这样大大方便了整

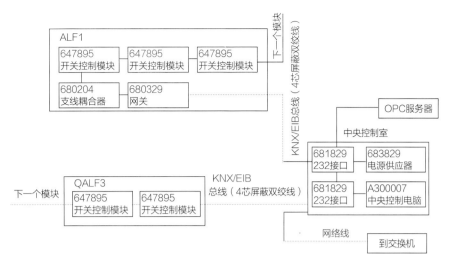

图2-6-21　电源控制系统

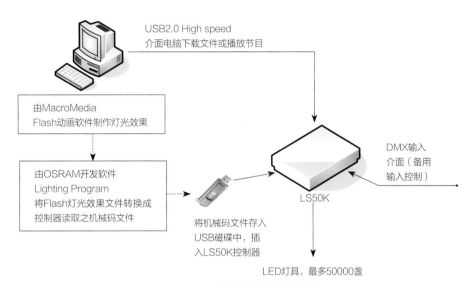

图2-6-22　灯光控制系统的结构

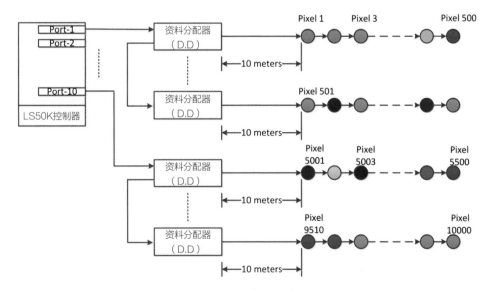

图2-6-23　LS50K控制器的网络结构

体的设备安装调试和长期维护。

2）可扩展性。控制LED灯具的数量最大到50000个。具备超强的冗余；控制器具备6个独立的通信接口，可以根据用户不同需求，增加监控或控制功能；支持多台控制器同步播放（当控制点数超过50000时）；提供DMX接口，可接受标准DMX信号。

3）分区域控制。共有10个通道，每个通道最大控制5000点。可实现分区域控制，从而在国金项目可实现每若干层楼作为一个控制区域。增加系统的可靠性。单个区域内的故障不会影响到相邻的区域。

4）最新型式的绘图式控制功能。对灯光的控制不是传统的调光模式，而是采用图形导出式的控制方式。所以使用Flash和OSRAM Lighting Composer软件就可以实现节目的编排和控制。简单快速地完成节目设计和实现，远远胜于传统DMX的单点调光的编排模式。

5）领先的色彩平衡调节。系统支持针对全彩灯具RGB的亮度控制来实现白平衡，可达到色温2500～9000K白光色温控制。针对国金的主题红色控制可实现256阶的灰度控制，从而使得变化效果平滑细腻。

6）具备场景设定功能。场景设置，可以按照时间定制播放程序。播放顺序可分为日常模式（周一～周五）或重要节日模式（如元旦、国庆等）。

7）单一灯具或某一区域的灯具亮度控制。色彩控制达256阶，实现1677万色全彩控制；亮度控制达32阶，可实现新旧灯具的统一。新旧灯具由于光衰的不同出现亮度不同时，通过此功能可以实现亮度的统一，从而实现国金的照明效果一致。同时此功能的出现使得在项目全程使用期内，分区域进行替换和维护成为可行方案。大大降低整体替换和维护所需的一次性投入和施工时间。

8）可支持远程控制管理。通过PC远程登录到控制台Server可以实现远程控制管理。

（3）主塔楼及附楼灯光效果

运用OSRAM LS50K灯光控制系统，可以实现对单个灯具的独立控制，也实现了对整体动态效果的精密控制。目前实现的泛光照明灯光效果有以下几种：

1）裙楼整体变化：裙楼及套间办公楼颜色跟随主塔楼进行整体变化（纯红、金黄、橙红、翠绿、水晶蓝、玫瑰紫）。

2）光带走动变化：主塔斜交网格点状灯整体以一垂直菱形带状围绕塔中心点旋转走动（菱形带状为纯红、翠绿、水晶蓝、玫瑰紫，其余背景网格点为浅白光），裙楼及套间办公楼灯光静止，颜色为纯红。

3）流星雨变化：主塔斜交网格点状灯以单一方向斜线状逐层向上走动（斜线形为多彩变色，如纯红、金黄、橙红、翠绿、水晶蓝、玫瑰紫，其余背景网格点为浅白光），裙楼及套间办公楼灯光跟随走动变化。

4）飘带飞扬变化：由2～3层斜交网格点状灯共同组成飘带状逐层向上走动（飘带形为多彩变色，如纯红、金黄、橙红、翠绿、水晶蓝、玫瑰紫，其余背景网格点为浅白光），裙楼及套间办公楼灯光跟随走动变化。

5）整体渐变：所有照明灯光做整体同步变色（纯红、金黄、橙红、翠绿、水晶蓝、玫瑰紫）。

灯光开启模式分为平日模式、一般节日模式和重大节日模式。灯具根据各自预编模式的表演程序进行开关及表演。

图2-6-24和图2-6-25分别给出了两种泛光照明效果图。

3. 广场灯光控制系统

广场灯灯具，包括酒店门口区域及其他区域的灯光控制都采用同一控制系统。但根据四季酒店的管理要求，酒店门口需要营造一种幽静、舒适的环境氛围，该区域的泛光灯设独立分控机，进行单独效果控制。

（1）广场灯光控制系统结构

系统由管理软件、主控机、交换机、分控机及数据转换器组成；数据转换器、灯具之间采用串行控制方式。其中管理软件、主控机、交换机的设备置于-1层网络机房，分控机、数据转换器设于灯具附近。图2-6-26示出了广场灯光控制系统结构图。

（2）广场灯光控制系统的特点

1）系统控制基于DMX512协议。

2）数据转换器、灯具之间采用串行控制方式。

3）景观照明控制系统既可作为LED灯光控制器，同时可实现LED显示屏的控制（低解析度）。

4）灯光的控制可以采用图形导出式控制方式。通过专业控制软件，可对Flash等多种视频图像。

5）节目的编排和控制。主电脑平台的播放与实际灯具演绎同步。

6）智能寻址功能。LED灯具可自动分配地址。

（3）广场灯光效果

1）根据四季酒店管理的要求，四季酒店门口一带泛光灯需要"静"的氛围，并配合射树灯、庭院灯，确定设为暖白色（3000K色温）静态不变。

2）除四季酒店门口以外，所有灯具为整体循环变色效果。

3）除四季酒店门口以外，灯光呈流水状从建筑中心向外放射性扩散渐变效果。

图2-6-24　主塔及附楼泛光照明效果（1）

图2-6-25　主塔及附楼泛光照明效果（2）

（四）泛光照明实施总结

泛光照明使用的灯具数量及安装功率见表2-6-1所列。

主塔楼及附楼使用的LED灯具采用压铸铝工艺，防护等级达到IP68，坚固耐用，确保系统长时间稳定工作。光源采用的最新大功率LED Golden Dragon Plus结合高校的光学透镜，整灯比采用传统金卤灯的外墙照明反光方案节能70%以上，同时也比常规的LED光源节省能耗30%以上。

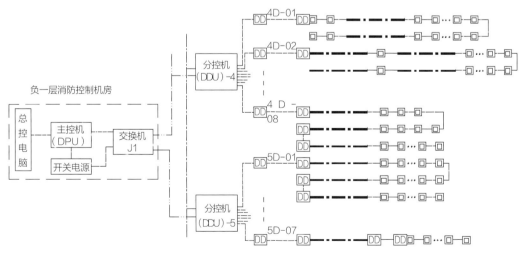

图2-6-26　广场灯光控制系统结构图

泛光照明使用的灯具数量及安装功率　　　　表2-6-1

序号	灯具	数量	总功率（kW）	序号	灯具	数量	总功率（kW）
1	30W LED灯	2763盏	82.89	5	3W LED埋地灯	666盏	2
2	55W LED灯	2340盏	128.7	6	13W/1m LED灯带	794m	10.3
3	12W/0.9m LED灯带	7024m	93.65	7	150W高压钠灯	1060盏	159
4	70W埋地灯	35盏	2.45	8	150W金卤灯	916盏	137.4
总功率（kW）				616.39			

国金泛光照明具有以下特点：

（1）能反映建筑物光滑通透、形体纤细的建筑特征，与周边环境统一协调，突出广州标志性建筑的特点，体现塔体的形态美，又能体现信息时代的特征。

（2）充分考虑城市中轴线等经典角度的视觉效果，与周边环境相协调，配合远景、中景、近景的良好效果。

（3）塔体照明采用尽可能多的亮化组合效果，具体运用点、线、面的不同手段进行综合设计，强调了原建筑的节奏、韵律，突出了建筑物的美观造型和结构特点，通过智能系统的控制，达到了写实与写意相结合。

（4）考虑了不同时间段（每天傍晚及深夜、平时、节假日、重大节日等）的照明效果，同时可以根据需要进行特殊效果的编排组合。

（5）灯光设计贯彻了可持续性发展的思想，充分考虑节能问题，大大减低了日常运营的支出成本。综合考虑了光污染问题，减少对周围环境特别是对附近居民住宅的干扰。

（6）照明效果充分考虑了塔内有使用功能的楼层（如观光厅、酒店层、办公层等）的夜间室内照明的实际情况，充分论证内透光对整体夜景照明的影响，使用了有力的措施，使塔内、塔外的灯光效果达到有机而完美的结合，同时减少了对室内空间的使用干扰。

（7）灯光设计方案具有可扩展性，方便日后的灯光改造。

第三节　防雷接地系统设计

一、概况

广州国际金融中心属超高层建筑物，最高点停机坪为440.75m，集酒店、办公、商场等功能为一体，系人员密集型建筑物。参照《建筑物防雷设计规范》（GB50057—2010），以及广州市防雷设施检测所的《广州珠江新城西塔工程项目雷电风险评估报告》，按二类防雷建筑物，参照一类防雷措施进行防雷设计及设备设施配置。防雷系统满足防直击雷、侧击雷、雷电感应、雷电波的侵入及雷击电磁脉冲，并设置总等电位联结及楼层局部等电位联结。电气接地、保安接地、防雷接地、消防报警装置、电梯机房及其他弱电系统接地共用该统一接地装置。联合接地系统接地电阻不得大于1Ω。

二、系统描述

（一）防雷类别

参照《建筑物防雷设计规范》（GB50057—2010），以及广州市防雷设施检测所的《广州珠江新城西塔工程项目雷电风险评估报告》，按二类防雷建筑物，参照一类防雷措施进行防雷设计。防雷系统满足防直击雷、侧击雷、雷电感应、雷电波的侵入及雷击电磁脉冲，并设置总等电位联结及楼层局部等电位联结。信息系统雷电防护等级为A级。

（二）防雷接闪器

主塔楼部分在屋顶选用美国某品牌避雷带。利用塔体外围突出屋面的金属钢结构、玻璃幕墙顶部金属框架作为接闪器；沿停机坪四周、梯间女儿墙四周、塔顶楼板和中庭玻璃屋盖明敷扁铜，整个屋面形式不大于5m×5m或4m×6m的避雷网格。屋面所有突出的金属均与避雷带做可靠的电气联结。

套间式办公楼和裙楼部分在套间式办公楼屋顶选用美国某品牌避雷带。沿女儿墙和梯间等突出屋面的建筑物四周明敷扁铜、顶层楼板结构钢筋，形成不大于10m×10m或12m×8m的避雷网格。屋面所有突出的金属均与避雷带做可靠的电气联结。

（三）引下线

主塔楼部分，根据主塔塔体外部金属钢构架的特性，利用外筒的30根结构钢柱、钢筋混凝土柱子或剪力墙内两根Φ12以上主筋通长焊接、绑扎作为防雷引下线，引下线间距小于12m。

套间式办公楼和裙楼部分，利用建筑物钢筋混凝土柱子或剪力墙内两根φ12以上主筋通长焊接、绑扎作为引下线，间距不大于18m，引下线上端与避雷带焊接，下端与建筑物基础底梁及基础底板轴线上的钢筋内的两根主筋焊接。

（四）均压环（网）及防侧击雷

本工程每层均设均压环，即将该层外围圈梁两根水平主筋连接成环，与引下线连接，形成均压环。均压环与层等电位联结网焊成一体，5层以上，每层各引下线处外侧引出—40×5镀锌扁钢与玻璃幕墙金属框架连通，从均压环适当位置引出预埋件与外围金属门窗、栏杆等金属构件连通，以防侧击雷，并增强雷电屏蔽作用。相应层框架梁或楼板主筋连接成不大于18m×18m的网格，并与均压环一起形成楼层等电位联结网。

（五）接地装置及接地电阻

利用地下各层楼板及底板主筋及基础钢筋做接地装置。电气接地、保安接地、防雷接地、消防报警装置、电梯机房及其他弱电系统接地共用该统一接地装置。联合接地系统接地电阻不得大于1Ω，在需要的位置引出接地连接板。在部分引下线地面处外侧设测试端子。

（六）防雷电波入侵

进出建筑物的金属管道，电缆金属外皮均在入户处与接地系统连接。中压进线设避雷器。屋面其他金属物体均与避雷网焊连。

（七）等电位联结

本建筑物做总等电位联结，在地下一层变配电所设总等电位联结端子箱，所有进出建筑物的金属管、金属构件、接地干线等与总等电位端子箱有效联结。各设备房、各设备管井由接地网引出等电位联结板，通过接地网或等电位联结网将室内金属管道、设备金属外壳及PE干线做等电位联结。各层楼板设等电位联结网，在各管道井、电气竖井、电梯井引出连接板与金属管道、设备金属外壳及PE干线做楼层等电位联结。各弱电主机房、游泳池、淋浴间设局部等电位联结。

（八）防雷电波入侵及防雷电电磁脉冲

凡进出建筑物的铠装电缆金属外皮、金属线槽、金属管道在进出建筑物处就近与防雷接地装置连接。在变配电室低压母线上装一级浪涌保护器（SPD），二级配电箱内装二级浪涌保护器，部分末端配电箱及弱电机房配电箱内装三级浪涌保护器。屋顶室外风机、室外照明配电箱内装二级浪涌保护，并做良好的接地。

所有电子信息系统及弱电设备房与下线柱子保持一定距离，强、弱电分开电井敷设，并做屏蔽、接地和等电位联结，在系统内装设浪涌保护器，如图2-6-27所示。

图2-6-27　浪涌保护器

三、系统检测

防雷接地系统完工后进行的"新建建筑物防雷装置综合质量检测"中，接地体、引下线、避雷网格、避雷带、避雷针、侧击雷防护、感应雷防护等各项目综合质量优良率100%，完全达到二级防雷的要求。

第七章　空调通风系统设计

国金项目空调系统总冷负荷52160kW，总热负荷4650kW，总空调面积约35万m²。根据使用特性分为三个主要的空调系统。主塔办公区及裙楼地下室部分采用中央空调系统：总装机冷负荷40800kW，热负荷1350kW，配置8台1200RT离心式主机，1台300RT螺杆式主机，2台650RT变频离心主机（24h空调系统）。主塔酒店部分采用中央空调系统：总装机冷负荷5200kW，热负荷1760kW，配置为3台600RT水冷离心式冷水机组（1台为带热回收模式），1台300RT水冷螺杆式冷水机组。附楼套间式办公室采用变制冷剂流量多联式空调系统，总装机冷负荷6160kW，热负荷1540kW。

第一节　主塔楼办公部分

一、冷源部分

主塔楼办公部分（67层以下）与裙楼、地下室部分共用制冷机房，主机房位于地下室-1层©～⑩、⑩～⑯轴位置，冷却塔设于套间式办公楼28层天面（图2-7-1、图2-7-2）。

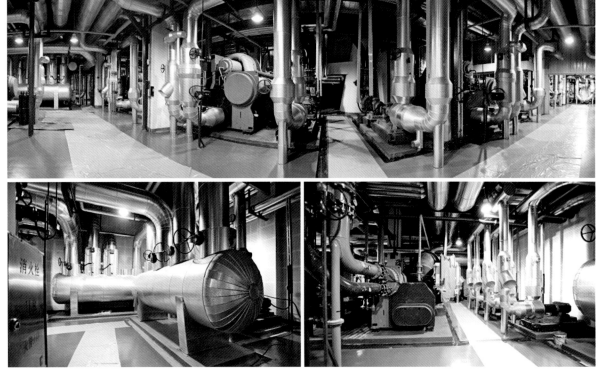

图2-7-1　-1层制冷机房

图2-7-2 -1层制冷机房板式换热器（集中供冷用）

主塔楼办公部分冷水机组配置为4台制冷量为4220kW（1200RT）的离心式冷水机组和2台制冷量为2286kW（650RT）的变频离心式冷水机组并联运行。另设有三台换热量5630kW（1600RT）的板式换热器与珠江新城区域供冷系统连接，与国金冷水机组并联运行。空调主机为大温差冷水机组，大温差空调水系统可减小水系统的输送流量和输送动力，也减小了水系统的管径，可以有效地节约水系统运行的能耗和初投资。

二、空调水系统

主塔楼办公部分无采暖热水，空调冷冻水采用分组二级泵方案，冷冻水供回水设计温度为5.5/12.5℃。其中一级泵定流量运行，二级泵根据末端管路压力控制变频运行。二级泵分为主塔楼办公低区、主塔楼办公高区两组，每组各有四台卧式离心泵。低区二级泵负担主塔楼1～30层，高区二级泵负担主塔楼31～66层，高区冷冻水通过位于31层的板式换热器进行换热。31层冷水换热器共分两组，每组四台板换，每组板换各配六台冷冻水泵，冷冻水泵变频运行（图2-7-3）。

图2-7-3 31层冷水换热器间

主塔楼核心筒内共设两组冷冻水立管，核心筒侧设两组租户24h用冷冻水立管。冷冻水系统垂直同程。

冷却水系统采用机械循环冷却方式，冷却水供回水设计温度为32/39℃，冷却水泵置于-1层的制冷机房内，6台玻璃钢横流式冷却塔（4台循环水量为800m³/h，2台循环水量为450m³/h）设置于套间式办公楼28层天面。

冷冻水泵及冷却水泵一一对应，位于套间式办公楼天面的冷却水系统阀门（图2-7-4）及管件承压不小于1.0MPa，位于制冷机房内的冷却水系统阀门及管件承压不小于1.6MPa，位于制冷机房内主塔楼冷冻水系统阀门及管件承压不小于2.5MPa。

三、空调风系统

主塔楼办公层采用全空气变风量VAV系统，每层设两台变频空调冷风柜，分别设于核心筒南北两侧空调机房内（图2-7-5）。办公层每台冷风柜风量均为30000m³/h，冷量为160kW。空调送风管根据室内功能及防火分区布置，按中压风管要求进行设计及施工，两台冷风柜送风管连通并设电动风阀关断；外区回风通过消声回风短管回至走廊，在走廊设集中回风口，气流组织为上送上回。

室内每个VAV BOX设计风量分别为800m³/h、1050m³/h、1300m³/h，服务面积为12～50m²。每个VAVBOX配噪声衰减器，各带3～6个风口并预留1～2个送风口。送风口采用保温软管连接，各送风口的风量调节范围在0～350m³/h，风口配合装修灯具及顶棚设置。沿幕墙边服务外区的VAV BOX带电加热，并设有隔热材料保护及电气保护。核心筒电梯厅设独立的VAV BOX及送风口。

新风分别由12层、30层、48层及66层设备层的新风机组补入，每层设两台新风机组。新风机组采用转轮式全热回收新风机，回收排风冷量为新风预冷，每台风量为52000m³/h，冷量为900kW。其中12层新风机组负担4～21层，30层新风机组负担22～39层，48层新风机组负担40～57层，66层新风机组负担58～65层。

图2-7-4 冷冻水系统阀门

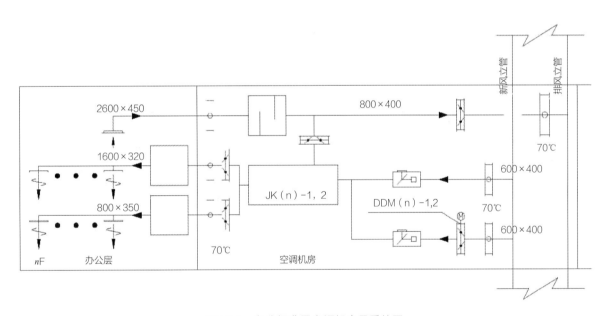

图2-7-5 办公标准层空调机房风系统图

各办公楼层设机械排风系统，每层设6个防烟分区，每个防烟分区面积不超过360m²；排烟经竖井在设备层排至室外，每个防烟分区设自动（平时常闭）排烟口，火灾时自动开启，并设手动开启装置。排风采用箱式离心风机，与新风机组热交换后排出。卫生间设单独的排风系统，排风机设于设备层。另有单独设置的复印机排风系统。

第二节　裙楼及地下室部分

一、冷热源部分

　　裙楼、地下室与主塔楼办公部分共用制冷机房，主机房位于地下室-1层ⓒ～ⓖ、⑩～⑯轴位置，冷却塔设于套间式办公楼28层顶面。

　　裙楼部分冷水机组配置为四台制冷量为4220kW（1200RT）的离心式冷水机组，及一台制冷量为1055kW（300RT）的螺杆式冷水机组并联运行。另设有两台换热量6330kW（1800RT）的板式换热器与珠江新城区域供冷系统连接，与国金冷水机组并联运行。

二、空调水系统

　　裙楼友谊商店部分无采暖热水，裙楼四季酒店部分采用四管制系统，热水接自-1层蒸汽锅炉房。空调冷冻水采用分组二级泵方案（图2-7-6），冷冻水供回水设计温度为5.5/12.5℃。其中一级泵定流量运行，二级泵根据末端管路压力控制变频运行。二级泵分为裙楼友谊、裙楼四季酒店两组，各四台卧式离心泵。共设空调冷冻水立管11组，空调热水立管两组。冷冻水及空调热水系统为异程系统。

图2-7-6　空调水泵

　　冷却水系统采用机械循环冷却方式，冷却水供回水设计温度为32/39℃，冷却水泵置于-1层的制冷机房内，5台玻璃钢横流式冷却塔（4台循环水量为800m³/h，1台循环水量为200m³/h）设置于套间式办公楼28层顶面。

　　冷冻水泵及冷却水泵一一对应，位于套间式办公楼顶面的冷却水系统阀门及管件承压不小于1.0MPa，位于制冷机房内的冷却水系统阀门及管件承压不小于1.6MPa，位于制冷机房内主塔楼冷冻水系统阀门及管件承压不小于2.5MPa。

三、空调风系统

　　裙楼友谊商店商场区域采用全空气系统，上送上回。空调送回风口配合装修设置。新风自外墙百叶引入或经由新风立管引入。空调末端采用立式冷风柜，风机变频。

　　裙楼友谊商店商场餐饮区域包房采用风机盘管加新风系统，并设机械排风系统。新风自五层新风机房引入，经预冷除湿处理后送至各餐饮包间。餐饮大厅部分采用全空气系统，空调末端采用立式变频冷风柜。

　　裙楼酒店部分各宴会厅采用全空气空调系统，夏季空调室内设计温度26℃，冬季空调室内设计温度20℃，相对湿度≤60%，新风量为30m³/人·h。

　　一层宴会厅共设两间空调风柜房，每间风柜房内均安装一台卧式冷风柜，两台冷风柜参数相同，送风量均为28000m³/h，冷量180kW，热量15kW，电机功率15kW。③、ⓛ轴空调风柜房新风入口位于②、ⓛ轴外墙新风百叶，排风口位于②、ⓜ轴外墙排风百叶。③、ⓝ轴空调风柜房新风入口位于②、ⓝ轴外墙新风百叶，排风口位于②、㉛轴外墙排风百叶。每台空调风柜最小新风量均为7000m³/h，过渡季节可加大新风量运行。空调机房新风均直接取自室外，与回风混合后经冷风柜处理后送至宴会厅。

空调机房为独立封闭房间，实行专业管理，空调冷风柜均设置粗效过滤和中效过滤装置，并安装光触媒对空气进行过滤杀菌，满足卫生要求。空调系统根据宴会厅的活动间隔分两个区域设置，两台空调冷风柜确保每个区域可独立控制运行。各区域均设置送风口和回风口，空调送回风主管安装于宴会厅大梁之间，支管贴梁下安装，以提升顶棚安装高度。配合装修顶棚设下送风口及回风口，共设600mm×300mm双层百叶送风口46个，1200mm×450mm双层百叶回风口6个，1500mm×600mm双层百叶回风口3个，1200mm×450mm双层百叶排风兼排烟风口1个，1200mm×600mm双层百叶排风兼排烟风口1个。

三层宴会厅共设空调风柜房一间，位于裙楼四层②、Ⓛ～Ⓝ轴。风柜房内共安装卧式冷风柜三台，冷风柜编号分别为JK—H（4）—1、JK—H（4）—2、JK—H（4）—3。其中冷风柜JK—H（4）—1、JK—H（4）—2参数相同，送风量均为20000m³/h，冷量120kW，热量8kW，电机功率11kW；JK-H（4）-3参数为送风量35000m³/h，冷量240kW，热量16kW，电机功率18.5kW。

空调风柜房新风入口位于②、Ⓛ轴外墙新风百叶，排风口位于②、Ⓜ轴外墙排风百叶。空调风柜JK—H（4）—1、JK—H（4）—2最小新风量均为4500m³/h，空调风柜JK—H（4）—3最小新风量均为9000m³/h，过渡季节可加大新风量运行。空调机房新风均直接取自室外，与回风混合后经冷风柜处理后送至宴会厅。空调机房为独立封闭房间，实行专业管理，空调冷风柜均设置粗效过滤和中效过滤装置，并安装光触媒对空气进行过滤杀菌，满足卫生要求。空调系统根据宴会厅的活动间隔分三个区域设置，三台空调冷风柜确保每个区域可独立控制运行。各区域均设置送风口和回风口，空调送回风管安装于宴会厅大梁之间，以提升顶棚安装高度。配合装修顶棚设侧送风口及回风口，共设630mm×250mm双层百叶送风口36个，500mm×250mm双层百叶送风口26个，1200mm×600mm双层百叶回风口12个，2100mm×600mm双层百叶回风口1个，2100mm×900mm双层百叶回风口2个。

五楼国际会议中心空调风柜房位于裙楼六层，其中一间风柜房位于国际会议中心北侧②/Ⓐ₁～Ⓑ₁、③～⑤轴位置，共安装了两台卧式空调冷风柜，编号为JK（6）—1，2，该机房的新风口位于2/Ⓐ₁～③/Ⓐ₁、③轴，排风口位于②/Ⓐ₁～③/Ⓐ₁、④～⑤轴；另外一间风柜房位于国际会议中心南侧Ⓙ～Ⓗ、③～④轴位置，共安装了一台卧式空调冷风柜，编号为JK（6）—3，该机房的新风口位于Ⓗ～Ⓙ、④～⑤轴，排风口位于Ⓗ～Ⓙ、③轴。空调风柜的风量为22000m³/h，冷量为165kW，最小新风量为4500m³/h。空调机房新风均直接取自室外，与回风混合后经冷风柜处理后送入会议中心。空调机房为独立封闭房间，实行专业管理，空调冷风柜均设置粗效过滤和中效过滤装置，并安装光触媒对空气进行过滤杀菌，满足卫生要求。空调系统根据会议中心的活动间隔分三个区域设置，故三台空调冷风柜确保每个区域可独立控制运行。各区域均设置送风口和回风口，空调送回风管安装于梁间，以提升顶棚安装高度，利用顶棚造型设侧送风口。回风口为①/Ⓐ₁、⑤轴的两个单层百叶风口、Ⓜ轴以南的6个侧面回风口和3个单层百叶风口、Ⓚ～Ⓛ、④轴的两个单层百叶风口。

宴会厅设机械排烟系统，消防排烟与空调排风共用；会议中心设机械排烟系统，北部消防排烟与空调回风共用，通过电动阀切换。南部机械排烟系统独立设置。空调系统接入楼宇自控，冷风柜、风机、电动阀等由BA控制。

宴会厅及会议中心周边独立间隔的功能用房（例如会议室、贵宾室、商务中心、新闻发布室、卫生间等）采用风机盘管加新风系统。

厨房采用风机盘管加新风系统，既保证其正常的通风换气次数，又能为在工位上的工作人员提供一个适宜的温度环境。厨房的烟气由油烟净化器处理后经过专用烟道排放到附楼28层顶面。

第三节 主塔楼酒店部分

一、冷热源部分

制冷机房设于主塔楼67层，选用3台2110kW（600USRT）水冷离心式冷水机组（一台为带热回收模式），1台1055kW（300USRT）水冷螺杆式冷水机组，其中一台600USRT冷水机组为备用机（图2-7-7）。由于建筑物空调系统日夜间及全年冷负荷变化较大，故采用大小主机搭配的方式，以满足空调系统冷负荷变化的需要（图2-7-5）。

空调系统的热源由酒店热水锅炉提供，通过板式热交换器为空调系统提供热水，热源供热量为1800kW。锅炉房位于102层，板式热交换器间设于101层。热水锅炉供回热水温度为90/70℃。

图2-7-7　67层制冷机房

二、空调水系统

空调冷（热）水系统采用四管制变流量形式，水系统分客房部分和其他部分两个区域，客房部分区域冷（热）水管竖向、水平向采用同程布置，其他部分区域冷（热）水管竖向、水平向采用异程布置。冷（热）水系统膨胀水箱设于103层屋面。冷水循环泵设于67层制冷机房，热水循环泵设于101层板式热交换器间。冷水系统设初级泵、次级泵，自控系统根据管网内最不利的空调末端设备冷水量的变化，对次级泵采取变频变流量控

制。冷水供回水温度为7/12℃，热水供回水温度为
50/40℃。

热回收水系统由67层制冷机房内带热回收器
的离心式冷水机组供给热量，分别为66层、73
层、81层生活热水预热，热回收水循环泵设于
67层制冷机房，系统膨胀水箱设于83层客房服务
间。热水供回水温度为45/40℃。

冷却水系统采用机械循环冷却方式，冷却水供
回水温度32/37℃，冷却水泵置于67层的制冷机房
内，3台方形低噪声玻璃钢冷却塔（2台循环水量为
500m³/h，1台循环水量为250m³/h）设置于103层（图

图2-7-8　主塔楼酒店区冷却塔（位于103层顶面）

2-7-8）。冷却塔的补水由冷凝水回收系统和自来水系统双路补给。满负荷运行时系统的补水量为12.5m³/h，冷却
水箱储水量为16m³，大于满负荷运行1h耗水量。

冷凝水系统设冷凝水立管收集各层的风机盘管、组合式空气处理机的冷凝水，汇集后引至制冷机房补水
箱，作为冷却塔补水。设于管井内所有冷凝水立管管径均为DN70，顶部与大气连通。

冷（热）水系统、冷却水系统均采用化学物理水处理装置进行水质稳定，除藻及防水垢处理。冷（热）水
系统、冷却水系统均采用自动反冲洗过滤器过滤处理。

水系统的工作压力为：冷却水系统为1.7MPa；冷水系统为1.7MPa；热水系统为1.7MPa；热回收水系统为
0.95MPa。

为满足四季酒店客房的噪声要求，风机盘管全部选用零帕机。设备、部件的承压能力为：80层以上的设
备、部件的承压为1.6MPa；80层以下（含80层）的设备、部件的承压为2.0MPa。

三、空调风系统

餐厅、大堂等大空间采用全空气低速风道系统。柜式空气处理机设置于设备层空调机房内，通过送风道向
室内送风供冷（热）。室内送风采用顶棚下送、侧送风等方式，回风由回风口通过回风管与柜式空气处理机回
风箱连接由机组负压回风，送、回风管设于管井内。其他小面积房间采用风机盘管加新风系统。暗装卧式风机
盘管吊装于顶棚吊顶内向室内送风供冷（热），气流组织采用上送上回形式，送风根据房间吊顶形式采用侧送
风或下送风。

（一）排风系统

各层公共卫生间设平时排风系统，排风经竖井在设备层集中后排出室外。74～98层客房在卫生间将排
风排入竖向管井内的排风管，由73层排风机集中后排出室外。各设备层机电设备用房、库房等房间设独立
的排风系统，排风从设备层或屋顶直接排出室外。另外，103层设有1台25000m³/h的柜式离心风机用于中庭
排风。

（二）新风系统

74～98层客房在81层设柜式新风处理机，实现客房区和客房中庭走廊全新风空调，新风在夏季进行降温除
湿处理，冬季、过渡季节视室外气候情况采用降温或加热处理。处理后的新风通过竖井内的管道送至客房内。
69～72层采用风机盘管加新风系统的房间，在67、73层设柜式新风处理机，新风在夏季进行降温除湿处理，冬
季、过渡季节视室外气候情况采用降温或加热处理，处理后的新风通过竖井内的管道送至各房间内。采用全空

气低速风道系统的房间：新风由外墙新风百叶口引入，与回风混合，经柜式空气处理机处理后送入室内。

四、消防防排烟系统

酒店中庭按照主塔楼性能化消防安全设计要求，采用机械排烟系统，总机械排烟量为65m³/s，其中在中庭中部（81层）设置两个排烟口，每个排烟量为12.5m³/s，在中庭顶部（102层）设置两个排烟口，每个排烟量为20m³/s。消防排烟风机分设于81层、102层（或103层）。

67～102层内走道、面积大于100m²的房间设机械排烟系统，竖向分为三路，排烟风机分别设81层、102层或103层。火灾时开启着火的内走道、房间的排烟阀，排烟风机启动运行排烟，系统设自动、手动开启装置。

酒店的防烟楼梯间、合用前室分别设正压送风系统，楼梯间设常开型送风口。合用前室设常闭型送风口，火灾时电动开启火灾层及上下层送风口。67层封闭避难层设正压送风系统（符合自然排烟的除外），设常开送风口。所有排烟风机入口设280℃自动关闭的排烟防火阀，并与排烟风机连锁。发生火警时，酒店空调系统的电源自动切断。

第四节　套间式办公楼部分

套间式办公楼采用变制冷剂流量多联式空调系统（简称VRV系统），VRV系统室外机分别布置在套间式办公楼顶面，中间楼层专用设备平台层及裙房顶面。通过合理的安排室外机的位置使冷媒管的长度尽可能缩短。其中北翼每层设有2套VRV系统（3户办公室用一套VRV系统），南翼每层设有4套VRV系统。每层设两个新风系统，设专用新风室外机，新风经处理后送至办公室。电梯厅设独立VRV系统。共装有151套VRV系统，44套新风系统。室内机配合装修设计采用暗藏风管型。VRV系统室内机冷凝水集中收集至立管排至六层设备机房集水井及卫生间地漏内，每层接立管处设存水弯。

各层卫生间设平时排风系统，并经竖井排出室外。排风风机布置于顶面。餐厅均设独立的排风系统直接排出室外。餐厅的排风量应大于回风量，使餐厅保持微负压，以防止食品的气味窜出。套间式办公室内的厨房排风采用变压式专用排风（排油烟）井。

办公楼设内走廊排烟系统，内走廊设常闭排烟风口，火灾时开启。消防楼梯间设正压送风系统，合用前室设正压送风系统。各层合用前室设常闭正压送风口，火灾时开启；防烟楼梯间每隔两层加设常开百叶风口。所有排烟风机入口设280℃自动关闭的排烟防火阀，并与排烟风机连锁。发生火警时，应由电气专业自动切断全楼空调电源。加压风机、排烟风机布置于顶面。各层卫生间排风口接入竖向主风管均设防火阀。

裙楼6层会所采用了一体化泳池恒温恒湿热泵及水循环系统，并设有热回收装置。其设计要求在保证游泳池池水水质、池水恒温的同时对室内空气进行恒温恒湿处理，保证室内空气质量，保护人的健康，防止结露（冷凝水）破坏装饰、损坏建筑物等。

第五节 空调系统设计的创新点

国金项目的空调系统采用了先进成熟的技术，创造了健康、舒适、绿色节能的良好环境。

1. 热回收设计

（1）空调系统设计在主塔办公新排风系统、会议中心新排风系统，采用热回收技术，回收排风冷量为新风预冷。

（2）酒店空调系统选用带有热回收功能的冷水机组回收冷凝热，为生活热水预加热。

（3）在公寓及酒店的室内泳池采用热回收一体化空调机组。

2. 冷凝水回收设计

将空调末端设备的冷凝回收集中作为冷却塔的补水，既节约补水量，又降低冷却水温度，提高冷水机组的能效比。

3. VAV变风量设计

主塔4~65层办公室在设计上采用VAV变风量及变频调节的组合式空调器，空调系统将根据室内的温湿度要求自动调节送风量，同时结合不同朝向、内外分区设计，便于系统节能。

4. 二级泵变水量设计

主塔办公部分空调系统采用二级泵变流量设计，二级泵根据用户使用性合理分区，合理选用水泵扬程，减少水泵运行的能耗。

5. 过度季增加新风量运行

（1）新风系统设计配合建筑设计，增加新风井及新风口的面积，在过渡季节（主要是11月~次年2月间），增加新风量运行，利用室外温度较低的干燥的空气消除室内余热，减少制冷系统的能耗。

（2）同时可根据室内CO_2的浓度控制新风量，可节省不必要的新风负荷。

6. 冷却水大温差设计

采用高能效比的制冷机组，冷却水大温差设计，冷水采用5~12℃，冷却水采用32~40℃。降低水泵功率和扬程，缩小水管管径。

7. 净化空气设施

采用光催化媒技术杀菌，在室内空气循环处理设置中均采用上述技术，保证室内空气的品质。采用初、中效过滤器保证室内空气质量。

8. 地下停车库通风系统

采用机械送风及排风系统以保持满意的空气质量及符合防排烟要求。停车库设置CO及NO_x室内空气感应器，当室内空气质量超过设计要求时，风机启动数量增加，并确保室内及排至室外的排风符合大气环境质量要求。

第八章 给水排水系统设计

第一节 概述

一、给水排水系统的组成

国金中心项目的日常用水量十分巨大：裙楼、地下室及室外场地约为5000m³/d，套间式办公楼约为400m³/d，主塔办公区域约为1000m³/d，主塔酒店区域约为1300m³/d，设计最大日总用水量约为7700m³/d，设计最大日总排水量约为6000m³/d。

国金中心项目生活给水排水系统主要包括以下几大系统：室外给水系统、室外排水系统、室内给水系统、生活热水系统、冷冻机房、锅炉房补水系统、游泳池循环水系统、室内排水系统。

二、给水排水系统设计采用的新技术

国金项目给水排水设计贯彻以人为本及可持续发展的理念，采用了多项给水排水设计新技术，解决了大型超高层建筑供水安全及节能问题，克服了超400m高度的雨水排放的技术瓶颈。达到节能、节水、节材、节地、环保及技术创新的多重设计目的。

（1）无负压供水+备用变频调速给水系统（节能措施）。市政管网的进户水压最低可达到0.25MPa，事实上广州市自来水公司的管网等压线在工程所在地达到0.32MPa左右，而本工程的最高日用水量为7700m³，其中需二次加压的水量为5000m³左右。经研究，这5000m³用水中有2200m³左右所需水压为0.25～0.55MPa，若采用常规的水池及给水设备加压系统，即每天2200m³的具有0.50MPa的压力水流入地下水池，成为自由水面，造成的能量浪费每天约800～1000kW·h，与节能减排的设计宗旨有悖。既然该部分用水水压与市政进户水压相差不是很大，如能充分利用市政供水的剩余水压，则会在日后运营中节省大量电费。但节能的前提是确保供水的可靠性。因此该部分用水采用的给水加压系统为无负压供水系统，并配备备用变频调速给水系统。此方案是市政供水正常时采用叠加供水以达到节能的目的，市政事故或水压不足时采用水箱结合变频供水设备供水。为保证水质清洁，变频供水设备每天应运行一段时间，使水箱存水停留时间不超24h。采用该技术为本工程每年可节电约300000kW·h。

（2）利用空调余热的生活热水系统（节能措施）。酒店生活热水利用空调余热作为预热热源、燃气热水器补热的综合技术，折合年节电约2400000kW·h。

（3）空气源热泵+三集一体水源热泵泳池水恒温系统（节能措施）。裙楼L6泳池热水系统采用空气源热泵和三位一体水源热泵恒温池水，提高了能效比，节能效果显著，年节电130000kW·h。

（4）热水支管循环技术（节水措施）。生活热水支管循环，按节水率5%计，年节水量为3500m³。

（5）采用智能化远传水表（节水措施）。采用智能化远传水表能实时监测系统漏失水量，保证了水费征收

的精确性，为供水部门按不同用途收取水费提供了方便，避免了因系统设置混乱引起的城市管理部门和用户之间的矛盾。

（6）空调设备的冷凝水集中收集（节水措施）。空调设备的冷凝水集中收集处理后，回用于补充空调水系统。

（7）虹吸雨水排水技术（节材措施）。较传统重力流节省排水管材7.2t（以SUS304不锈钢管计）。

（8）采用雨污分流、污废合流的排水系统（节材措施）。节约排水管材43t（以离心排水铸铁管计），节省管材及安装费用516万元。

（9）一体化污水提升设备（环保措施）。采用一体化污水提升设备解决了地下室卫生间传统排污方式卫生差的问题，并实现了设备简单化、小型化。

（10）气浮式全自动含油废水处理设备（环保措施）。该设备采用气泡吸附分离法去除厨房废水的油脂，效率比传统平流式的隔油池大大提高，同样的处理量所需的设备安装空间可以大大节省。

（11）不设化粪池（节地措施）。经过业主方与市政管理部门的多次沟通，项目获准不设化粪池，污废水可以直接排入市政污水管道。这样可以节省出地下室面积约为1140m²。

（12）先进管材的选用（节材措施）。室外给水干管采用了电热熔连接方式的钢丝网骨架HDPE管。该管材重量轻安装方便，室外埋地时免防腐措施，内壁光滑，水力条件优异，兼具钢管、塑料管的优点，而又改善了它们的缺点。生活给水系统的支管采用了卡压式连接的薄壁不锈钢管。由于不锈钢的特性，采用螺纹连接时管材硬度较高因此套丝相对比较困难，采用焊接时工艺又比较复杂费时。传统上，不锈钢管材只用于大口径干管，多采用沟槽卡箍件连接，承压较高时采用焊接，支管不宜使用不锈钢管。卡压连接方式的出现，一方面可使用管壁更薄的管材就能达到传统管材的工作性能，另一方面其安装又更加快捷，可大大促进小管径不锈钢给水管的普及应用。

第二节　室外给水排水系统

一、室外给水系统

市政自来水水压为0.25MPa（实际水压可达0.32MPa），可满足本工程水量及水质要求。由花城大道方向从市政给水环管接两条DN400的进户管，在红线内连成环状，并分别接入裙楼水泵房、主塔楼水泵房和公寓水泵房。环状管网每隔100～120m设置室外消火栓供火灾时消防取水。同时由管网中接出室外水池补水管（DN50）和绿化浇洒水管（DN100）各一条。

室外给水管采用钢丝骨架增强HDPE复合管，电热熔连接。

二、室外排水系统

（一）室外污废水系统

本工程污水量按用水量扣除浇洒用水、室外水池补水及空调用水后的95%计，最大日污水量为5976.93m³，平均每小时为467.05m³，最大每小时为746.17m³。

本工程地处广州珠江新城新中轴线上核心地块。珠江新城为广州市20世纪90年代后规划建设的新城区，市政排水为雨、污分流制。临江大道已设有$DN1000$的截污管，区内市政污水可全部排至猎德污水厂处理。污水处理厂一、二期已投入使用，三期正在建设中。市政在地块的西北、西南、东南为本工程提供管径$DN400$、$DN500$、$DN600$污水接口各一个，检查井底标高均可满足本工程地上部分排水重力流排出。本工程地下层边线与市政道路用地红线的退缩距离，东、南、西、北面分别为7m、4m、3m、10m。如清掏周期取一年，以污废合流制计，则需设有效容积1862m³的化粪池，按照每个化粪池100m³计算，共需设18个。假如清掏周期取三年（广州市标准三年），则化粪池容积还要大近三倍。这在并不宽裕的退缩地块内是难以设置的，必须占用地下一层部分面积。

为此业主组织了由华工设计院、市政园林局、疾病预防与控制中心等各方专家参加的论证会。经讨论得出以下几点意见：

（1）本项目处于市政污水管道配套并已建设完善的区域，已建有污水处理厂，作为局部污水处理设施的化粪池没必要设置。

（2）国金项目地处珠江新城核心地块，在地下室大量设置化粪池会造成长久的污染源，异味难于清除，通气和防爆措施难以落实。

（3）国际上包括香港地区，凡工程位于污水处理厂和污水收集管道涵盖的地区，均没有设置化粪池，国内其他一些城市已有先例。

（4）化粪池的作用是沉淀污物，通过污水中的有机物厌氧发酵作用，对污水进行初步处理，需定期清掏。这部分功能可以由污水处理厂完成。

（5）广州市拟在雨、污分流的区域逐步取消化粪池。

（6）国金项目所在地珠江新城地块上已有数栋建筑取消了化粪池。

基于上述理由，各方同意取消化粪池。生活污水收集后排至室外，经末端格栅井（水质检测井）拦截较大污物后，进入市政管网，排至城市污水处理厂集中处理。

裙楼餐厅含油污水经室外隔油器（共3个，分别设在裙楼正西面和西北角及主塔楼正东面）隔油处理。洗衣机房排水经室内降温池处理。室外污、废水合流，分从四个市政接口排出（东南角$DN200$、$DN600$、西南角$DN500$、西北角$DN400$）。

（二）室外雨水系统

根据广州市暴雨强度公式，重现期取10年，综合径流系数ϕ取0.80，场地计算面积为38100m²，由此计算的场地雨水总量为1480L/s（其中t按10min计）。雨水分从七个市政接口排出（东面$DN1000$、南面$DN400$、西面$DN500$四个、北面$DN500$）。

（三）管材

雨、污水管材均采用中空壁结构缠绕HDPE管材，采用砖砌圆形雨水检查井。

第三节　室内给水系统

一、给水系统分区划分

室内给水系统分为套间式办公楼、地下室及裙楼四季酒店区域、地下室及裙楼非酒店区域、塔楼办公区、塔楼酒店区5大部分，各部分的给水泵房分开设置。为了保证所有供水点出水水压最低不小于0.15MPa，最高不超过0.45MPa进行分区供水。图2-8-1是地下水给水系统流程图。具体分区如下：

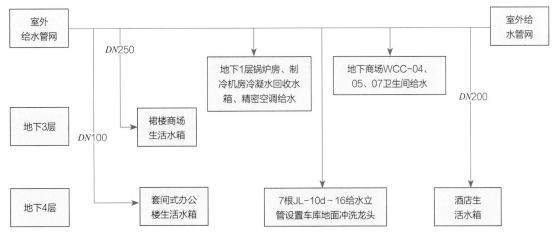

图2-8-1　地下室给水系统流程图

（一）裙楼、地下室四季酒店区域

1. 系统分区

地下3层B3—裙楼5层L5。

2. 生活水箱的设置

在地下四层B4设置180m³不锈钢水箱，储存约10%最高日用水量（含转输塔楼酒店区用水量）。

3. 供水方式

采用无负压供水系统并配备备用变频调速给水系统。无负压供水设备，是一种理想的节能供水设备，能直接与自来水管网连接，在市政管网压力的基础上直接叠压供水，对自来水管网不产生任何副作用。其工作原理如下：

水在自来水管网剩余压力驱动下压入设备进水管，设备的加压水泵在进水剩余压力的基础上继续加压，将供水压力提高到用户所需的压力后向出水管网供水；当用户用水量大于自来水管网供水量时，进水管网压力下降，当设备进水口压力降到绝对压力小于0（或设定的管网保护压力）时，设备中的负压预防和控制装置自动启动工作，对设备运行状态进行调整直至设备停机继而切换到备用变频调速给水泵组启动从水箱抽水，确保不对自来水管网造成不利影响；当自来水管网供水能力恢复，无负压设备进水管网压力恢复到保护压力以上时，设备自动关闭变频调速给水泵组而启动无负压设备的加压水泵，恢复正常叠压供水；当自来水管网剩余压力满足用户供水要求时，设备自动进入休眠状态，由自来水管网直接向用户供水，供水不足时设备自动恢复运行；当用户不用水或用水量很小时，设备自动进入停机休眠状态，由设在无负压设备出水侧的小流量稳压保压罐维持用户数量用水及管网漏水，用户用水稳压保压罐不能维持供水管网所需压力时，设备自动唤醒，恢复正常运行。设备运行过程中充分利用自来水管网的剩余压力，始终既不对自来水管网造成不利影响又最大限度地满足用户需求，降低供水能耗，实现供水系统最优运行。该系统可充分利用市政进水管水压，又保证有一定的贮水量，达到节能、安全的供水目的。

由于四季酒店是国际超五星级酒店，对供水的可靠性要求非常高。本项目设计了系统在市政事故或水压不能稳定达标时，能自动切换到水箱结合变频供水设备供水。为保证水质清洁，变频供水设备每天也会自动运行一段时间，使水箱存水停留时间不超24h。

裙楼及地下室酒店区域给水系统如图2-8-2所示。

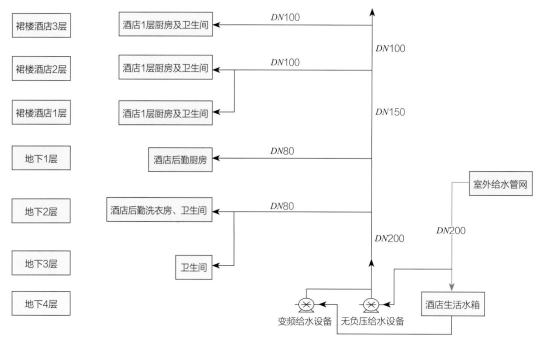

图2-8-2　裙楼及地下室酒店区域给水系统

（二）裙楼、地下室非酒店区域

1. 系统分区

Ⅰ区为B4～BM（夹层）、Ⅱ区为L1～L6。

2. 生活水箱的设置

Ⅱ区给水系统在B3层设置110m³不锈钢水箱，储存约10%最高日用水量。

3. 供水方式

Ⅰ区由市政给水管直接供水、Ⅱ区采用无负压供水系统并配备备用变频调速给水系统。这是考虑到Ⅱ区是高级公寓会所、高档酒楼和商场，其供水的重要性和可靠性不亚于四季酒店，所以采用和四季酒店相同的可靠系数较高的供水系统。

表2-8-1为裙楼、地下室非酒店区域生活用水分区供水表。

裙楼、地下室非酒店区域生活用水分区供水表　　　　　　　表2-8-1

分区名称	区域范围	分区水箱	供水方式	设计秒流量
Ⅰ区	B4～BM		市政给水管供水	111L/s
Ⅱ区	L1～L6	B3110m³	无负压配变频调速加压供水	43L/s

（三）套间式办公楼

1. 系统分区

Ⅰ区为L7～L17、Ⅱ区为L18～L28。

2. 生活水箱的设置

在B4层设置Ⅰ、Ⅱ区共用80m³不锈钢水箱，储存20%最高日用水量。

3. 供水方式

Ⅰ、Ⅱ区均采用不锈钢水箱结合智能化全流量高效变频调速加压的供水方式，达到节能、卫生的目的，又保证供水的安全可靠。

表2-8-2为套间式办公楼生活用水分区供水表。

套间式办公楼生活用水分区供水表表　　　　　　　　　2-8-2

分区名称	区域范围	分区水箱	供水方式	设计秒流量
Ⅰ区	L7~L17	B4 80m³（Ⅰ、Ⅱ区共用）	变频调速加压供水	8.5L/s
Ⅱ区	L18~L28	B4 80m³（Ⅰ、Ⅱ区共用）	变频调速加压供水	8.5L/s

裙楼及地下室非酒店区域给水系统如图2-8-3所示。

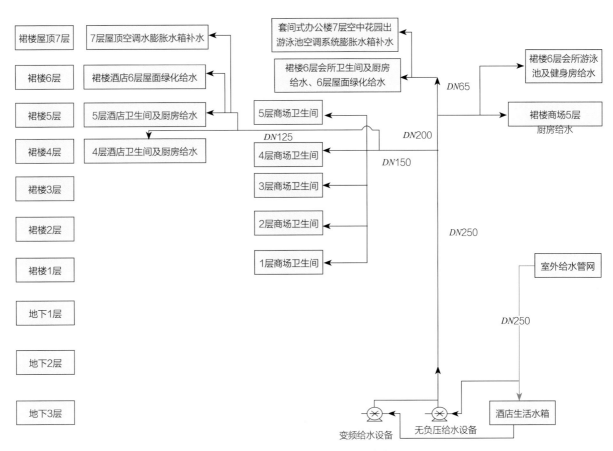

图2-8-3　裙楼及地下室非酒店区域给水系统

（四）塔楼办公区域

1. 系统分区

Ⅰ区为B4~L3、Ⅱ区为L4~L20、Ⅲ区为L21~L38、Ⅳ区为L39~L66。

2. 生活水箱的设置

在B4层设置140m³不锈钢生活水箱，储存整个塔楼最大每小时用水量。并在L12、L30、L48分别设置60m³、50m³、60m³的中间水箱。每个中间水箱的蓄水量能够满足所服务区域最大每小时50%用水量和10min转输水泵的转输量。

3. 供水方式

Ⅰ区由市政压力直接供水、Ⅱ区、Ⅲ区均采用变频结合重力的分区供水方式，Ⅳ区采用分区变频供水的方式，这是考虑到该区用水所需水压远高于市政剩余水压，市政剩余水压的利用价值不大。另外每个生活水箱（池）均设一组转输水泵向上一级水箱供水。

表2-8-3为办公区域生活用水分区供水表。

办公区域生活用水分区供水表 表2-8-3

分区名称		区域范围	分区水箱	供水方式	设计秒流量
办公Ⅰ区		B4~L3	—	市政压力供水	35L/s
办公Ⅱ区	A段	L4~L8	L12 60m³	L12水箱重力供水	3.3L/s
	B段	L9~L13		变频压力供水	3.3L/s
	C段	L14~L20		变频压力供水	3.3L/s
办公Ⅲ区	A段	L21~L26	L30 50m³	L30水箱重力供水	3.3L/s
	B段	L27~L31		变频压力供水	3.3L/s
	C段	L32~L38		变频压力供水	3.3L/s
办公Ⅳ区	A段	L39~L45	L48 60m³	L48水箱重力供水	3.3L/s
	B段	L46~L52		变频压力供水	3.3L/s
	C段	L53~L59		变频压力供水	3.3L/s
	D段	L60~L66		变频压力供水	3.3L/s

（五）塔楼酒店区域

1. 系统分区

Ⅰ区L67~L72为餐饮娱乐区域、Ⅱ区L73~L80为标准客房、Ⅲ区L81~L87为标准客房、Ⅳ区L88~L94为行政客房、Ⅴ区L95~L100为贵宾客房、观光餐饮区域。

2. 生活水箱的设置

B4设180m³不锈钢水箱（含裙楼、地下室酒店区域用水量）；L30设转输水箱50m³；L66及L102分别设置350m³、100m³的不锈钢水箱，这两个水箱的总蓄水量可以满足塔楼酒店最高每日50%用水量。

3. 供水方式

设一组转输水泵由B4水箱抽水供至L30水箱，L30水箱设有一组转输水泵向L66水箱供水。Ⅰ、Ⅱ区由水泵组从L66水箱吸水变频供给，另外L66水箱设有一组转输水泵向屋顶水箱供水（图2-8-4）。Ⅲ、Ⅳ区采用屋顶水箱重力结合减压阀分区供水，Ⅴ区由水泵从L102水箱吸水变频供给。

表2-8-4为酒店区域生活用水分区供水表。

酒店区域生活用水分区供水表 表2-8-4

分区名称	区域范围	供水设备	供水方式	设计秒流量
酒店Ⅰ区	L67~L72	L66变频泵组	变频压力供水	42L/s
酒店Ⅱ区	L73~L80	L66变频泵组	变频压力供水	14L/s
酒店Ⅲ区	L81~L87	L87减压阀	L102水箱重力减压供水	15L/s
酒店Ⅳ区	L88~L94	L102水箱	L102水箱重力供水	15L/s
酒店Ⅴ区	L95~L103	L101变频泵组	变频压力供水	30L/s

二、给水消毒设备

为避免贮水池（箱）二次污染，水箱设置给水消毒设备。

三、管材

所有室内给水管材均采用SUS304不锈钢给水管材。所有生活水池（箱）的材质均采用不锈钢SUS316L板材。

图2-8-4 地下4层的裙楼及地下室非酒店区域生活水泵房

第四节 生活热水系统

由于本项目各区域的性质不同，对热水的使用要求、耗热量及用水点分布也各有特点。因此设计时针对各区域特点采用不同的方式，既有局部热水供应系统，又有集中热水供应系统。

在热源的选择上，尤其集中热水供应系统的热源选择，也颇费心思。根据《建筑给水排水设计规范》（GB 50015—2003）（2009年版）第5.2条规范，热源选择的次序为：（1）利用工业余废热或地热；（2）太阳能；（3）各种类型热泵；（4）热力管网；（5）热水机组。在本工程项目中不存在利用工业余废热、地热的可能性，也没有城市公共热力管网可供利用，太阳能作为可持续利用的清洁能源，应给以充分的重视，但因为是超高层建筑，天面无法设置足够面积的太阳能集热板，经与建筑专业设计人员探讨，认为也不可能采用建筑太阳能一体化设计，故不考虑利用太阳能。可行的热源只能从热泵、空调废热回收及热水或蒸汽锅炉这几项中选择。

一、局部热水供应系统

（一）除裙楼L6泳池外的局部热水供应

（1）套间式办公楼各用户热水供应采用储热式电热水器，主客双卫户型按3.6+2.4=6kW计，单卫户型按3.6kW计。

（2）裙楼、地下室非酒店区域的餐厅、厨房及物管淋浴间热水采用电热水器局部加热。

（3）裙楼L6淋浴间采用电加热。

（4）塔楼办公区域在每个卫生间和茶水间单独设置储水式电热水器，就地提供热水。

（二）裙楼L6泳池的热水供应

裙楼L6泳池池水初次加热采用电加热器，采用空气源热泵和除湿、通风、加热三位一体热泵为池水恒温。

所谓的热泵实质上是一种热量提升装置，热泵的作用是从周围环境中吸取热量，并把它传递给被加热的对象（温度较高的物体），其工作原理与制冷机相同，是按照逆卡诺循环工作的，所不同的只是工作温度范围不一样。

1. 空气源热泵

空气源热泵主要是由压缩机、热交换器、轴流风扇、保温水箱、水泵、储液罐、过滤器、电子膨胀阀和电子自动控制器等组成。接通电源后，轴流风扇开始运转，室外空气通过蒸发器进行热交换，温度降低后的空气被风扇排出系统，同时，蒸发器内部的工质吸热汽化被吸入压缩机，压缩机将这种低压工质气体压缩成高温、高压气体送入冷凝器，被水泵强制循环的水也通过冷凝器，被工质加热后送去供用户使用，而工质被冷却成液体，该液体经膨胀阀节流降温后再次流入蒸发器，如此反复循环工作，空气中的热能被不断"泵"送到水中，使保温水箱里的水温逐渐升高，这就是空气源热泵热水器的基本工作原理。空气源热泵在工作时，它本身消耗一部分电能，把空气中贮存的能量加以挖掘，通过传热工质循环系统提高温度进行利用，而整个热泵装置所消耗的功仅为输出功中的一小部分，因此，采用热泵技术可以节约大量高品位能源——电能。

目前在市场上出现的空气源热泵热水器产品，其制热系数已高达3以上，消耗一度电所获得的热水，比普通电热水器消耗三度电所获得的热水还要多，这是传统电热水器所不能企及的。但相对于传统电热水器，它加热比较慢，对使用的环境要求比较高。为游泳池池水恒温选择它是合适的，泳池外裙楼屋顶开阔的室外区域正是使用空气源热泵热水器的最佳场所。

2．三位一体热泵

维持恒温的泳池消耗大量的热能，这些热能中的大部分通过水蒸气的蒸发而散失。因为传统的通风除湿将又热又潮湿的空气从泳池房间里抽出，并被外界干冷空气加热后取代。而空气系统首先关注空间冷热负荷是否达标，但并没有考虑湿度是否合适，同时在空气调节过程中，空气产生的热能被排出室外而浪费掉了。三位一体热泵其工作原理是将池水表面蒸发热损回收利用，转移入池水和空气中，弥补池水和空气热损，同时实现空气调节除湿功能。其工作程序大致可分为两步：第一步，通过回风口回收的暖湿空气流经蒸发器，温度下降，暖水汽凝结成冷水滴从空气中分离出来，使空气干爽，实现空气除湿功能；同时，空气冷却、水汽凝结过程中释放出的热能被冷媒吸收。第二步，冷媒吸收的热能，首先经热交换器加热池水，实现池水加热功能；余热经空气冷凝器，加热冷却的空气，实现空气保温功能。这样在保证泳池恒温恒湿的同时，减少系统的运行成本。

二、集中热水供应系统

裙楼及地下室、塔楼酒店区域由于热水用水点比较集中，均采用集中热水供应系统。在选择热源的过程中，调研了热泵、锅炉生产厂家，以及多个使用这些设备的宾馆。经比较，认为热泵是一种比较节能的热源，特别是在广州地区，因常年环境温度较高，最冷月平均气温不低于10℃，空气源热泵可以取得较高的能效比，COP值可以在3.5以上（厂家提供的名义工况热泵能效比），如果利用空调的冷却水或冷冻水作为水源而选用水源热泵，可获得更高的能效比，COP值可以达到4.5～5.5（厂家提供的名义工况热泵能效比）。使用热泵作为热源的缺点是：需要很大容积的水箱并且可以提供的热水温度相对较低；对于超豪华顶级酒店，目前尚无很充分的实际应用经验；并且本项目中可以设置热泵的位置有限，不能满足负荷要求，所以放弃选用热泵作为热源。在有些工程中，采用热泵式空调机组，在制冷的同时，制取热水，是一种节能的选择，但该系统对于空调机组的工作效率有影响，热水系统的可靠性受空调机组的运转情况影响较大，并不适用于本工程。最后还是确定了以燃气锅炉为集中热水供应系统的主要热源。

（一）裙楼及地下室酒店区域集中热水供应系统

1．系统分区

生活用热水系统压力分区和生活给水系统相同。

2．供水方式

由于酒店洗衣房需要蒸汽供应，所以在B1层设两台高效天然气蒸汽锅炉作为集中供热系统的热源，蒸汽作为热媒。B3层设置的两台立式汽水换热器供B2层酒店洗衣房用热水，热水出水温度为70℃，回水温度为60℃；设置的两台立式汽水换热器供B2～L3酒店区域生活用热水，热水出水温度为55℃，回水温度为50℃；

在B2设置的一台立式汽水换热器供B2酒店后勤区淋浴间用热水，热水出水温度为55℃，回水温度为50℃。

裙楼及地下室酒店区域热水系统如图2-8-5所示。

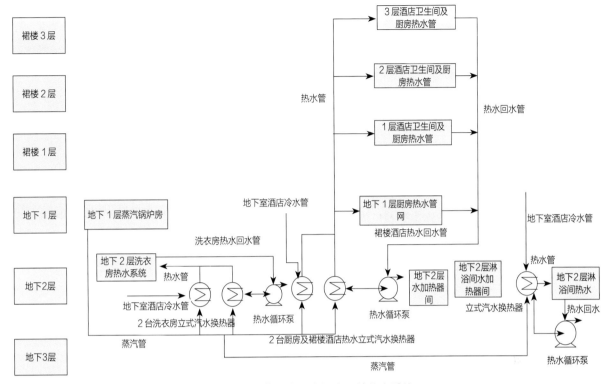

图2-8-5　裙楼及地下室酒店区域热水系统

（二）塔楼酒店区域集中热水供应系统

热源可选用蒸汽锅炉或热水锅炉。考虑到如果选用蒸汽锅炉，其安全要求高，设置位置受限制，不可以设置于屋面层，所以选择采用热水锅炉，根据国内的锅炉安全规范选用常压式热水锅炉，出水温度不大于85℃。根据热水量计算，最高时热水用量为40.5m³（60℃），设计每小时耗热量为2355kW。该锅炉同时作为空调采暖的热源，根据空调专业提供设计数据，采暖的耗热量为1900kW，考虑当有一台锅炉需检修时尚有80%的供热保障，选用三台1900kW的常压式热水锅炉，以天然气为燃料。锅炉选用了热效率高的进口名牌产品，由于进口的锅炉均为承压式，为满足国家规范，做了相应的改动，设置直通软水补水箱的通气管，使锅炉内工作压力不大于0.10MPa。为达到更高的节能标准，锅炉的排气口设有热回收装置，使锅炉的燃烧效率最高可以达到95%。锅炉烟气排放远高于周围建筑，不会造成污染。

由于采用常压热水锅炉，其安全性比较高，但对其运行安全仍应重视。锅炉房设有气体泄漏探测系统及火灾自动报警系统，并设自动喷水灭火系统。锅炉具备自动熄火保护，低水位连锁、高压连锁、锅炉超高温保护连锁、高低燃气压力连锁保护、燃气泄漏保护等，保证运行安全。控制系统与屋宇设备管理系统连接，输出所需之监察信号。

鉴于热回收空调制冷机组在运行中会产生大量的废热，其冷却水的温度可达45℃以上，经与空调专业设计人员探讨，确定采用以燃气锅炉作为主热源，利用热回收空调制冷机组产生的高温冷却水为冷水预热的加热方式。经计算，最高日需经预热的水量约为330m³，若按年平均水温20℃，预热至35℃，需要耗热量为20725MJ，天然气的燃烧值为36000kJ/Nm³，故可省气606m³（锅炉效率95%），约合2424元/天，按全年酒店的入住率75%计算，每年可节省燃料费66.36万元，即便扣除增加的动力费用及设备的折旧费，其经济效益还是很可观。

1. 系统分区

酒店区域热媒系统为一个区，L66～L101。生活用热水系统压力分区和生活给水系统相同。

2. 供水方式

塔楼区域在L102设三台高效常压天然气热水锅炉作为集中供热系统的热源（图2-8-6），软化水作为热媒，热媒出水温度最高为85℃，各炉运行情况可智能化控制以达到最佳效果。L66设置的两台热交换器供酒店Ⅰ区（L67～L72）生活用热水；L73设置的两台热交换器供酒店Ⅱ区（L74～L80）生活用热水（图2-8-7）；L81设置的四台热交换器，每两台一组，分别供酒店Ⅲ区（L82～L87）、Ⅳ区（L89～L94）生活用热水；L101设置的两台热交换器供酒店Ⅴ区（L95～L100）生活用热水。所有热水进水均由同区给水管供给。由于暖通使用热回收型冷冻机组，机组的冷却循环水可以为生活热水提供2000kW左右的余热，因此生活给水在进入热交换器前，先在承压蓄热罐中和冷冻机组提供的冷却循环水充分接触，提高初始温度，从而达到节能的效果。生活给水进水最低温度为10℃，在蓄热罐中将被预热至12℃。承压蓄热罐的容积按所服务区域最大小时的热水用量蓄存。热源为热回收型冷冻机组提供的冷却循环水（45℃供/40℃回）。经预热的水再进入热交换器加热。热交换器采用导流型半容积式，热交换器容积能够满足所服务的区域热水最大每小时50%的用水量。热源为热水锅炉提供的（85℃供/60℃回）高温热水。各区均设热水回水泵机械循环以保证水温。热水出水温度为55℃，回水温度为50℃。

图2-8-6 主塔102层热水锅炉房

图2-8-7 主塔73层热交换器机房

表2-8-5为酒店区域生活热水分区供水表。

酒店区域生活热水分区供水表

表2-8-5

分区名称	区域范围	加热设备	加热设备位置	加热设备容积（m³）	数量	最高每小时热水量（m³/h）	每小时耗热量（kW）
酒店Ⅰ区	L68～L72	蓄热罐	L66	15	2	15	960
		半容积式热交换器	L66	4	2		

分区名称	区域范围	加热设备	加热设备位置	加热设备容积（m³）	数量	最高每小时热水量（m³/h）	每小时耗热量（kW）
酒店Ⅱ区	L74～L80	蓄热罐	L73	10	2	10	640
		半容积式热交换器	L73	2.5	2		
酒店Ⅲ区	L82～L87	蓄热罐	L81	10	2	10	640
		半容积式热交换器	L81	2.5	2		
酒店Ⅳ区	L88～L95	蓄热罐	L81	10	2	8	512
		半容积式热交换器	L81	2.5	2		
酒店Ⅴ区	L96～L100	半容积式热交换器	L101	2.5	2	8	512

（三）管材

所有室内热水管材均采用SUS304不锈钢给水管材，明敷的管道均采用橡塑保温材料保温。

第五节 冷冻机房、锅炉房补水系统

一、主塔楼办公和裙房的冷冻机房

服务主塔楼办公区和裙房的冷冻机房位于B1层，将利用市政给水压力直接向冷冻机房冷却水补充水箱供水。

除了利用市政自来水外，办公区域还将收集洁净的空调凝结水，经简单的处理后补充用于冷却塔补充水。

二、酒店区域的冷冻机房

（1）服务于酒店的冷冻机房位于67层，将由48层转输泵向冷冻机房的冷却水补充水箱供水。

（2）服务于酒店的锅炉房位于102层，将由102层变频泵向锅炉房进行供水，原水软化达到要求后供锅炉使用。

（3）除了利用市政自来水外，酒店区域还将收集洁净的空调凝结水，经简单的处理后补充用于冷却塔补充水。

第六节 游泳池循环水系统

一、裙房6层游泳池循环水处理系统

（一）设计参数

裙房6层游泳池循环水处理系统的设计参数见表2-8-6所列。

<table>
<tr><td colspan="6" align="center">裙房6层游泳池循环水处理系统的设计参数</td><td align="right">表2-8-6</td></tr>
</table>

序号	设计参数项目	成人泳池	儿童池1	儿童池2	按摩池
1	池水容积（m³）	335	2.6	2.6	8.5
2	循环方式	顺流	顺流	顺流	顺流
3	循环周期（h）	4	1	1	1
4	循环流量（m³/h）	84	3	3	8.5
5	池水温度（℃）	26	28	28	35
6	初次补水时间（h）	72	24	24	24
7	消毒方式	全流量臭氧消毒，辅助以普通氯消毒方式			
8	均衡水池有效调节容积（m³）	4			

（二）循环方式

采用顺流式。

（三）工艺流程

裙房6层游泳池循环水处理系统的工艺流程如图2-8-8所示。

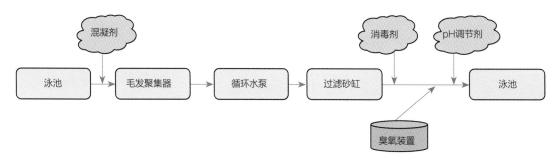

图2-8-8　裙房6层游泳池循环水处理系统的工艺流程

（四）过滤设备

（1）池水净化过滤系统采用石英砂过滤砂缸。

（2）过滤砂缸采用手动反冲洗，反冲洗时间5～10min，反冲洗流速为12～15L/s。

（五）池水加热

（1）游泳池初加热时间为72h，儿童池和按摩池初加热时间为24h。

（2）加热方式：游泳池采用空气源热泵热水器和三位一体热泵为池水保持恒温，电加热作为池水初次加热及辅助加热的方式。儿童池和按摩池采用电加热方式。

二、酒店游泳池循环水处理系统

（一）设计参数

酒店游泳池循环水处理系统的设计参数见表2-8-7所列。

<table>
<tr><td colspan="3" align="center">酒店游泳池循环水处理系统的设计参数</td><td align="right">表2-8-7</td></tr>
</table>

序号	设计参数项目	成人泳池	按摩池
1	池水容积（m³）	192	6
2	循环方式	逆流	逆流

序号	设计参数项目	成人泳池	按摩池
3	循环周期（h）	4	0.2
4	循环流量（m³/h）	48	30
5	池水温度（℃）	27	36
6	初次补水时间（h）	24	1
7	消毒方式	全流量臭氧消毒，辅助以普通氯消毒方式	全流量紫外光消毒，辅助以普通氯消毒方式
8	均衡水池有效调节容积（m³）	12	4

（二）循环方式

采用逆流式。即池底进水，溢流口回水。

（三）工艺流程

酒店游泳池循环水处理系统的工艺流程如图2-8-8所示。

（四）过滤设备

（1）池水净化过滤系统采用石英砂过滤砂缸。

（2）过滤砂缸采用手动反冲洗，反冲洗时间5～10min，反冲洗流速为12～15L/s。

（五）池水加热

（1）游泳池初加热时间为24h。

（2）采用板式换热器加热，板换的热源为主塔酒店的热水热媒系统，热媒供回水温度为85℃和60℃。

第七节　室内排水系统

室内排水系统采用雨水和污、废水分流体制，并设专用通气立管。生活污、废水经必要的隔油降温处理后由排水管道系统收集后直接排入市政管网，排至城市污水处理厂集中处理。污废水设计流量为最大日用水量扣除空调补水、绿化及道路浇洒室外水景补水后的95%。

污水设计流量表见表2-8-8所列。

	污水设计流量表			表2-8-8
序号	排水项目	平均每小时（m³）	最大每小时（m³）	最大每日（m³）
1	套间式办公楼	15.95	36.69	381.90
2	裙楼及地下室	271.80	456.80	3647.53
3	塔楼	179.30	252.68	1947.50
	合计	467.05	746.17	5976.93

一、室内污废水系统

本工程污废水种类有生活污水、含油（餐饮废水）废水和杂排水（包括给水、热水及空调冷凝排水、水箱及泳池排水、避难层外围通风廊排水、消防系统和自动喷水灭火系统末端试水排水）。国金项目生活污水排水系统采用何种排水形式？采用污废合流还是污废分流？这是继取消化粪池之后，工程中碰到的另一个问题。行政管理部门最初行文要求设计采用污、废分流体制。理由有两个：一是《建筑给水排水设计规范》GB50015-2013中第4.1.2条"建筑物使用性质对卫生标准要求较高时，宜采用生活污水与生活废水分流的排水系统"；二是可减少化粪池容积。但经过仔细分析后，发现本工程生活污、废水合流制反而更适合。

首先是本工程已取消化粪池，不必污废分流；其次是建筑物使用性质对卫生标准要求较高时采用生活污水与生活废水分流的排水系统，其核心是保护水封，防止水封破坏以致有毒气体进入室内，这可以采用设置器具通气管平衡管内压力来实现，也可采用较大口径的直通式地漏及增大地漏水封至100mm等加强水封保护的措施来达到；再次是随着节水型卫生器具的应用，尤其是大便器一次冲水量降至6L以下，排水管内污废合流的水力条件更好；还有是污废合流有利于同层排水设计及器具通气管的设置，系统相对简化，节省管材。如取污废分流而又设置器具通气管，系统非常复杂，工程实施难度大；最后是污、废合流有利于节省立管占用建筑面积。经向管理部门说明理由，管理部门认可了这种做法。

（一）套间式办公楼、裙楼、地下室污废水排放系统

（1）除地下室外，均采用重力排水。

（2）套间式办公楼L7、裙楼L1均单独排放。

（3）卫生间采用同层排放技术。

（4）水泵房、消防电梯、地下4层各集水井采用潜污泵压力排放。集水井有效容积不小于潜污泵5min流量且1h内启动不超过6次。

（5）餐厅、厨房含油废水采用隔油器隔油后排入生活污水系统。裙楼餐厅、厨房含油废水设计流量为240m³/h。

（6）洗衣机房排水经降温池处理后排放。

（7）BM～B4的卫生间采用一体化排水系统。随着社会的繁荣发展，各种地下建筑物的建设也日益增多，然而与之相配套的污水提升设施却显得相对滞后，目前普遍采用地下开挖污水池的传统做法，异味外溢、蚊蝇细菌滋生等问题是不可避免的，与国家倡导建设环保型社会极不相称。一体化污水提升设备是一个高度集成的污水排放系统。由污水泵、集水箱、管道、阀门、液位计和电气控制装置组成。它是通过集水箱收集低于下水道液位的或远离市政排污管网的污水管和卫生设施排放的废污水，并将其提升和泵送至城市排污系统中。首先它是密闭的，不会散发污水的臭气。其次它的水泵可耐受频繁启动，使得大大缩小集水箱容积，也节约了安装设备所需的空间（图2-8-9）。

图2-8-9 一体化排水设备

（二）主塔楼污废水排放系统

（1）除消防泵房排水采用虹吸排水系统外，其余采用重力排水。根据以往的工程经验及本工程室内常高压消防给水系统屋顶消防水池储水量达600m³的特殊情况，减压水箱溢流排水应加强。本工程在31层及66层消防减压水箱内设溢流虹吸排水系统，排水量按90L/s（大于消防系统设计总用水量70L/s）设计。以防减压水箱进水液位阀失灵时，造成水浸损失。塔楼虹吸排水系统管材采用焊接不锈钢管。

（2）主塔楼1～3层、69～70层生活污水均单独排放。

（3）卫生间采用同层排放技术。

（4）酒店区域餐饮含油废水排放量为20L/s，经67层隔油池气浮处理并达90%的油脂去除率后排出室外。隔油池的有效容积为15m³，确保废水在池中的停留时间不小于10min。

（三）主要设备材料

重力流污水主干管材采用柔性连接离心浇铸排水铸铁管，局部横支管采用粘结UPVC管。压力排水管材采用卡箍式内外涂塑钢管。

二、雨水排水系统

本工程各屋面雨水设计流量见表2-8-9所列。

雨水设计流量表　　　　　　　　　　　　　　　　　　　　　　　表2-8-9

序号	屋面名称	计算面积F（100m²）	ψ	设计流量Q（L/s）		备注
				重现期10年	重现期50年	
1	套间式办公楼南翼	11.88	0.9	61.05	76.02	重力流排水
2	套间式办公楼北翼	9.61	0.9	49.39	61.49	重力流排水
3	裙楼L6屋面	79.00	0.9	405.90	505.52	虹吸排水
4	光棚	142.98	0.9	734.77	914.93	虹吸排水
5	塔楼	31.20	0.9	160.34	199.65	重力流排水
	合计	274.67		1411.45	1757.61	

屋面雨水排水工程的排水能力为10年重现期雨水量，而溢流设施的总排水能力为50年重现期的雨水量。

裙楼L6屋面和光棚顶设置了虹吸雨水系统。虹吸式排水是液态分子间引力与位能差造成的。即利用水柱压力差，使水上升再流到低处。由于管口水面承受不同的大气压力，水会由压力大的一边流向压力小的一边，直到两边的大气压力相等，容器内的水面变成相等高度，水就会停止流动。利用虹吸现象很快就可将容器内的水抽出。虹吸雨水系统打破了常规的重力排水系统，虹吸雨水系统是利用专用雨水漏斗实现气水分离。开始时由于重力作用，使雨水管道内逐渐产生真空，当管中的水呈压力流状态时，形成虹吸现象，不断进行排水，最终雨水管内达到满流状态。在降雨过程中，由于连续不断的虹吸作用，整个系统得以快速排放屋顶上的雨水。虹吸雨水系统管道均按满流有压状态设计，雨水悬吊管可做到无坡度敷设，当产生虹吸作用时，水流流速很高，有较好的自清作用。与传统重力流雨水系统相比，该系统可以少设雨水斗和立管，管路的管径较小，更能满足现代建筑大开间的美观要求。

塔楼、裙楼L6屋面及光棚雨水系统排出口检查井采用消能检查井。

裙楼L6屋面虹吸雨水管采用HDPE排水管热熔接，附楼屋面雨水管采用离心浇铸排水铸铁管柔性卡箍连接，主塔楼雨水管采用不锈钢管沟槽卡箍连接，光棚虹吸雨水系统采用不锈钢管焊接连接。

国金主塔楼屋面高432m，雨水管承压达到4.5MPa，为满足抗震要求，采用沟槽卡箍连接。在施工安装过程中，施工方曾提出担心：管材承压没问题，但卡箍连接处恐不能承受4.5MPa压力。对雨水管承压的问题，经过对国内及香港已完成的若干同类工程进行了调研，结果是同类工程均未采用不锈钢管而是采用排水铸铁管。业主委托第三方模拟管道系统工作承压检测，证实沟槽卡箍连接的不锈钢管道系统能满足本项目的雨水工作压力要求。为了降低发生立管堵塞概率，在30/31层每两根立管之间设连通管，互为备用管道。

由于根据原市政雨水利用规划，本项目雨水纳入珠江新城新中轴广场绿化雨水回用系统，雨水经净化后，作为绿化用水。因此本项目内没有设置独立的雨水回用系统。

第九章　消防系统设计

第一节　消防灭火系统设计

一、消防灭火系统设计概述

（一）消防系统设计概况

《高层民用建筑设计防火规范（2005版）》GB 50045—1995对高度超过250m建筑的消防无具体条文规定及约束。国金中心的消防灭火系统设计在满足《高层民用建筑设计防火规范》对水灭火系统一般设计要求的前提下，结合超高层建筑的特点，从性能化、可靠度及整体安全考虑系统设置。提出了稳高压和常高压结合，主水源（第一水源）及辅水源（第二水源）结合的水灭火系统，同时对减压水箱、转输水箱、辅水源水池容积提出了确定原则，理清了转输水系统及主灭火水系统的设置关系。

国金中心设置的水灭火系统设备少（主灭火系统无转输节点）、可靠度高、投资省，并同时解决了规范中不曾规定的外部消防支援与内部灭火系统的通信问题。水灭火系统的各个环节考虑得比较周全。

在完善水灭火系统设计的同时，其他灭火系统均较常规高层建筑灭火设计得到加强，如设置的地下车库自动喷水—泡沫联用系统、直升机停机坪泡沫消防炮系统、柴油发电机储油罐泡沫灭火系统、大空间智能型主动灭火系统、厨房专用灭火系统等。

（二）先进技术的应用

超高层消防灭火措施是以自救为主，因此消防自动灭火系统尤为重要。国金中心项目贯彻了以人为本、安全第一的理念，根据各区域的状况，运用了以下多项消防灭火最新技术，保证了消防灭火的可靠性、安全性。

（1）稳高压和常高压混合型消防给水系统。将火灾延续时间内全部用水置于屋顶，从地下层至各避难层均不设加压设备，使系统更简化，可靠度更高，节省消防给水加压设备。

（2）大空间智能型主动喷水灭火系统。

（3）洁净气体IG541灭火系统减少有害气体排放，降低温室效应，应用在各配电房、弱电房、控制机房等部位，部分区域采用S形气溶胶、七氟丙烷气体灭火剂。

（4）厨房专用灭火系统。

（5）自动喷水—泡沫联用车库灭火系统。

（6）泡沫消防炮灭火系统。

（7）发电机用油库泡沫灭火系统。

（8）六楼档案库房高压细水雾灭火系统。

二、消防给水系统设计

（一）消防给水系统设计概述

本工程的建筑高度超过400m，突破了目前的国内《高层民用建筑设计防火规范》（GB 50045—1995）（2005年版）的适用高度。如何使灭火设计做到安全可靠、合理先进，业主方组织国内专家、设计方及消防局等相关单位，召开了国金消防论证会。经过商讨，采取将600m³的消防水池置于塔顶的做法。

消防给水系统采用市政自来水作为消防水源，包含以下六大系统：室外消火栓系统、室内消火栓系统、自动喷水灭火系统、汽车库自动喷水—泡沫联用系统、大空间智能型主动灭火系统、高压细水雾灭火系统。室内消火栓系统和自动喷水灭火系统以常高压系统为主，消防水池设于塔楼102~103层（600m³），重力流分区减压供水。水池底标高不能满足常高压供水要求的顶部楼层（82~103层），设置全自动气压给水设备供水，该分区为稳高压系统。

图2-9-1和表2-9-1分别给出了消防水系统供回水流程和消防用水量计算表。

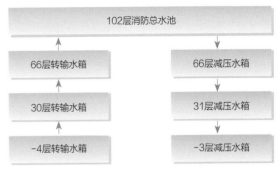

图2-9-1　消防水系统供回水流程

消防用水量计算表 表2-9-1

序号	系统名称	用水量标准（L/s）	火灾延续时间（h）	一次消防用水量（m³）	备注
1	室外消火栓系统	30	3	324	由市政给水管网提供，不计入消防水池
2	室内消火栓系统	40	3	432	
3	自动喷水灭火系统	27.8	1	100	按中危险II级设计
4	大空间智能型主动喷水灭火系统	10	1	36	与自动喷水灭火系统不同时开启
5	固定泡沫炮灭火系统	40*	0.5	72	保护屋顶直升机坪，与消火栓、自动喷水灭火系统不同时开启
	地下消防水池容积			150	消防补水及水泵接合器接力转输用水
	屋顶消防水池容积			600	提供整个大楼消防系统的用水量

*表示为3%的氟蛋白泡沫混合液的流量。

超高层建筑灭火系统应以自动喷水灭火为主，除上部靠重力流不能满足灭火水压的采用稳高压系统外，塔楼81层以下及所有裙房和酒店式公寓均为常高压灭火系统，常高压灭火系统的优点是火灾时无需启动水泵，避免了因电气故障或机械故障产生的系统失效，保证了灭火的可靠度。

室内消火栓和自动喷水系统合用的地下水池及转输水泵、转输水箱形成了第二供水系统，其实际意义相当于第二水源。屋顶水池及稳高压、常高压结合的灭火系统已形成了一套完备的灭火系统。地下水池和屋顶水池各贮存1h的自动喷水灭火系统用水量，相当于发生火灾时自动喷水灭火系统保有200%的贮水量。而20min室内消火栓流量则意味着发生火灾时第二水源立即供水，消防车如在发生火灾20min内赶到，可通过水泵接合器向地下水池供水。

事实上，现行自动喷水灭火设计规范中仅规定了自动喷水灭火系统水泵接合器应转输供水。若消防车通过水泵接合器直接向连接室内中高区管网系统供水，则存在联动问题，消防车供水需要同时启动转输水泵。本设计采用水泵接合器直接向地下水池供水，转输水泵为独立的控制系统，就不会出现内外通信不闭合的问题。由于低区系统工作压力在消防车的供水压力范围之内，所以低区管网设有直接连通的水泵接合器，可不需启动转输水泵。减少了转输环节，可使系统更可靠和节能。

转输水箱的容积确定，《消防给水及消火栓系统技术规范》GB 50974—2014第4.2.3条第4款规定："当采用消防水泵转输水箱串联时，转输水箱的有效容积不宜小于80m³。"若转输水箱为主供水系统时（水泵及转输水泵直接向消火栓和自动喷水系统供水），转输水箱具有较大的容积可提高系统的可靠度。在本项目中，转输水箱及转输水泵只是实质意义上的第二水源，其在系统中的重要程度不及主供水系统，此时转输水箱的容积只要不小于转输水箱进水管的容积就可以了，换句话说，转输水泵开始抽水后，转输水箱的水位下降，水位下降联动下面水泵启动，在0.5min内下部水泵启动，若按进水管流速1.5m/s计，150m长的管道只需100s，转输水箱即可得到补水。转输的容积按水泵流量的3min容积即可，考虑可靠度的因素，转输水箱按水泵流量的10min容积即可满足要求。本设计采用了60m³（与减压水箱相同）等分成两格，在存贮量上足够而且十分可靠。

作为第二水源的地下水池，转输水泵及转输水箱供水是直接供向屋顶水池。供向屋顶水池使系统简单明了，功能清楚，便于使用、管理及维护。如果直接供向主灭火管网，则系统无法判断供向哪个竖向分区，在供水时有可能出现竖向分区间串压，竖向分区间配水不平衡等逻辑混乱现象。

（二）室外消火栓系统

由东侧珠江大道和北侧花城大道引入的市政给水管各为DN500，在接入地下泵房前管径不变。两个泵房之间的室外环状管网为DN200，给水室外环状管网上每隔100m左右设置1套DN150室外消火栓，共设12套。其中距接地下消防水池的水泵接合器40m内布置3个室外消火栓。保证火灾时消防车向室内地下消防水池供水，然后由水泵接合器转输泵供给屋顶消防水池。

市政自来水引入管处水压0.25MPa，事实上广州市自来水公司的管网等压线在工程所在地达到0.32MPa左右，可满足室外消火栓水压要求（图2-9-2）。

图2-9-2 主塔101层消防稳压设备

（三）室内消火栓系统

1. 消火栓平面布置

各楼层均设置室内消火栓，消火栓布置间距不大于30m。水枪充实水柱不小于13m，保证任一点有两股水柱扑救。除保护区均匀布置消火栓外，消防电梯前室、疏散楼梯附近、地下室出入口等处均布置消火栓，并布置在明显、易于取用处。消火栓口垂直墙面，距地面1.10m。采用带灭火器组合式消火栓箱，内置DN65消火栓、φ19水枪、25m衬胶水带、消防卷盘各1个，同时配置建筑灭火器（配置见灭火器部分）。

2. 系统设置及竖向分区

竖向各分区静水压不超过1.0MPa，分区内消火栓口压力超过0.50MPa时采用减压稳压消火栓。在塔楼31层、66层分别设有减压水箱（60m³等分两格），水箱由室内消火栓和自动喷水系统合用，按10min总用水量计算水箱容积。

表2-9-2为室内消火栓系统竖向分区列表。

分区名称	分区区域范围	供水水箱提供压力位置	备注
低（Ⅰ）区	B4～B11层（主塔）、B4～B9层（附楼）	31层减压水箱（主塔）（经减压阀减压）	常高压给水，栓口处静水压≥0.50MPa时，采用减压稳定消火栓
低（Ⅱ）区	12～24层（主塔）、10～28层（附楼）	31层减压水箱（主塔）	常高压给水，栓口处静水压≥0.50MPa时，采用减压稳定消火栓
中（Ⅰ）区	25～36层（主塔）	66层减压水箱（主塔）（经减压阀减压）	常高压给水，栓口处静水压≥0.50MPa时，采用减压稳定消火栓
中（Ⅱ）区	37～49层（主塔）	66层减压水箱（主塔）（经减压阀减压）	常高压给水，栓口处静水压≥0.50MPa时，采用减压稳定消火栓
中（Ⅲ）区	50～60层（主塔）	66层减压水箱（主塔）	常高压给水，栓口处静水压≥0.50MPa时，采用减压稳定消火栓
高（Ⅰ）区	61～66层（主塔）	102层消防水池（主塔）（经减压阀减压）	常高压给水，栓口处静水压≥0.50MPa时，采用减压稳定消火栓
高（Ⅱ）区	67～81层（主塔）	102层消防水池（主塔）（经减压阀减压）	常高压给水，栓口处静水压≥0.50MPa时，采用减压稳定消火栓
高（Ⅲ）区	82～102层（主塔）	102层消防水池（主塔）（经加压泵加压）	稳高压给水

3. 供水措施及设备选用

屋顶水池两四进水管：生活给水加压系统引两条$DN32$作为水池进水管，另两条为接合器转输水泵供水管（$DN200$），以此保证供水安全度。

由屋顶水池引出两条$DN200$主供水管，作为各竖向分区室内消火栓和自动喷水系统的水源。供给各竖向分区和66层、31层中间减压水箱。

高（Ⅲ）区设全自动气压给水设备供水，配置主泵2台（1用1备），水泵参数为$Q=40$L/s，$H=0.3$MPa；稳压泵2台（1用1备），$Q=3.67$L/s，$H=0.30$MPa；$\phi800$隔膜式气压罐1台。

66层中间减压水箱有效容积60m³（等分两格），31层中间减压水箱有效容积60m³（等分两格）。

66层和30层转输水箱有效容积按转输水泵10min流量计（图2-9-3），各为60m³（等分两格）。

地下室水泵房接合器转输水泵3台（2用1备），性能参数：$Q=40$L/s，$H=185$m，$N=110$kW。

30层转输水泵3台（2用1备），性能参数：$Q=40$L/s，$H=200$m，$N=132$kW。

66层转输水泵3台（2用1备），性能参数：$Q=40$L/s，$H=165$m，$N=110$kW。

4. 水池及泵房布置

地下4层设水泵房及消防水池，消防水池有效容积150m³；接合器转输水泵设于水泵房。屋顶设600m³水池（等分两格），高（Ⅲ）区全自动加压设备设于设备房。

31层、66层转输水箱、水泵、减压水箱均集中设置。

所有消防水池（箱）均平分两格，以备检修。

5. 水泵接合器设置

在消防车供水范围内的区域，水泵接合器直接供水到室内消防环状管网，水泵接合器设置三套；在消防车供水压力不能到达的区域，水泵接合器接至地下消防水池，火灾时由利用转输水泵及转输水箱向屋顶消防水池

图2-9-3　主塔66层消防转输泵

供水，水泵接合器设置三套。水泵接合器每套流量为15L/s，置于首层室外。

6. 系统控制

屋顶稳高压全自动消防气压给水设备根据系统压力控制水泵启、停。当系统压力为0.25MPa时，稳压泵启动，压力0.30MPa时，稳压泵停止运行，压力降至0.20MPa时，主泵启动。每个消火栓箱内均设消火栓水泵启动按钮，火警时消火栓使用，水泵可自动启动，也可人工启动，并同时将火警讯号送至消防控制室；消火栓水泵也可由消防水泵房及消防控制室的启动/停止按钮控制。

采用常高压给水系统的每个消火栓旁边均设置手动报警按钮，不设消火栓水泵启动按钮；火警时，按下手动报警按钮以达到将火警警报讯号送至消防控制室并启动火警警钟。

发生火灾时，消防控制室可手动启动接合器转输水泵（地下4层、30层、66层）。

（四）自动喷水灭火系统

1. 设置场所及设置标准

本项目除游泳池、小于5m²的卫生间及不宜用水扑救的场所外，均设置自动喷水灭火装置。

地下车库、商场按中危险Ⅱ级设计，作用面积为160m²，设计喷水强度8L/min·m²；酒店及办公入口大堂的建筑吊顶高度将控制在12m以下，自喷系统按非仓库类高大净空场所单一功能区的喷淋设计，作用面积260m²，设计喷水强度6L/min·m²；其余场所均按中危险Ⅰ级设计，设计喷水强度6L/min·m²，作用面积为160m²。

根据《性能化消防安全设计报告》的要求，在主塔外幕墙玻璃和外框环梁之间的位置，以及99～100层中庭幕墙玻璃设置窗玻璃洒水喷头。

2. 系统设置及竖向分区

自动喷水灭火系统以常高压系统为主，消防水池设于塔楼102层，重力流分区减压供水。水池底标高不能满足常高压供水要求的顶部楼层（94～103层），设置全自动气压给水设备供水，该分区为稳高压系统。

竖向各分区静水压力不超过1.2MPa，配水管道静水压力不超过0.40MPa。在塔楼31层、66层分别设减压水箱（30m³），水箱和室内消火栓系统合用，按10min总用水量计算水箱容积。

表2-9-3为自动喷水灭火系统竖向分区表。

自动喷水灭火系统竖向分区表　　　　　　　　　　　　　　　表2-9-3

分区名称	分区区域	压力源	备注
低（Ⅰ）区	B4～6层	31层减压水箱（主塔）（经减压阀减压）	常高压给水
低（Ⅱ）区	7～24层（主塔）、7～28层（附楼）	31层减压水箱（主塔）	常高压给水
中（Ⅰ）区	25～42层（主塔）	66层减压水箱（主塔）（经减压阀减压）	常高压给水
中（Ⅱ）区	43～60层（主塔）	66层减压水箱（主塔）	常高压给水
高（Ⅰ）区	61～80层（主塔）	102层消防水池（主塔）（经减压阀减压）	常高压给水
高（Ⅱ）区	81～93层（主塔）	102层消防水池（主塔）	常高压给水
高（Ⅲ）区	94～102层（主塔）	102层消防水池（主塔）（经加压泵加压）	稳高压给水

根据每个湿式报警阀控制不大于800个喷头的原则，结合层间管网设置报警阀。从主塔楼B4～103层天面，共设7个报警阀间。其中主塔楼B4层水泵房内设4组报警阀控制B4层核心筒～6层喷淋管网；12层报警间设6组报警阀控制7～24层喷淋管网（图2-9-4）；30层消防水泵房设6组报警阀控制25～42层喷淋管网；48层报警阀间设6组报警阀控制43～60层喷淋管网；66层减压阀间设6组报警阀控制61～80层喷淋管网；81层减压阀间设

图2-9-4 主塔12层湿式报警阀间

4组报警阀控制81~90层喷淋管网；101层消防水泵间设3组报警阀控制91~103层喷淋管网。地下室B3层报警阀间设9套报警阀控制B1~裙楼5层喷淋管网；B1层油库间设有1套雨淋阀。裙楼6层报警阀间设6套报警阀控制裙楼6层及套间式办公楼喷淋管网。

3. 供水措施及设备选用

常高压自喷系统和室内消火栓系统共用水源，从屋顶水池出水管直接向各竖向分区补水。接合器转输水泵流量同时包括消火栓和自喷系统用水量。

高（Ⅲ）区设全自动气压给水供水，配置主泵2台（1用1备），水泵参数$Q=35L/s$，$H=0.30MPa$，$N=22kW$；稳压泵2台（1用1备），$Q=2.4L/s$，$H=0.33MPa$，$N=0.75kW$，$\phi600$隔膜式气压罐1台，$P=1.0MPa$。

中间减压水箱和转输水箱、水泵和消火栓系统共用。

因地下4层水池贮存了自动喷水灭火系统延续时间内的水量，且由转输水泵供给系统使用，故高区不另设水泵接合器。

4. 喷头选用

除局部区域对喷头的技术参数有特殊要求外，本项目均采用K80-68℃玻璃球闭式快速响应喷头，所有高级装修区域均采用隐蔽型，普通装修区域均采用下垂型，吊顶内及无吊顶区域采用直立型，无吊顶区域内大于1200mm的风管、水管、桥架及梁底部加装下垂型，喷淋安装高度≤2.1m的喷头需安装喷头保护罩，局部区域也有采用K115扩展覆盖边墙型。以下区域的喷头有特殊要求：地下室车库采用的喷头，流量系数为K115；厨房选用的喷头，公称动作温度为93℃。

5. 系统控制

屋顶稳高压系统全自动消防气压给水设备控制与室内消火栓全自动气压给水设备控制相同。

各水流指示器信号接至消防控制中心，湿式报警阀的压力开关信号亦接至消防控制中心。湿式报警阀前设置的电动阀在系统动作1h后自动关闭。

6. 水泵接合器设置

在消防车供水范围内的区域，水泵接合器直接供水到室内消防环状管网，水泵接合器设置两套，每套流量为15L/s，置于首层室外；在消防车供水压力不能到达的区域，利用地下消防水池储存的1h消防水，火灾时由转输水泵及转输水箱向屋顶消防水池供水。

（五）汽车库自动喷水–泡沫联用系统

本项目的地下室汽车库采用自动喷水—泡沫联用系统强化闭式自动喷水系统性能，采用固定式水成膜泡沫液。这是专为汽车库、停车场等重要场所研制的一种新型、高效的消防产品（图2-9-5）。

图2-9-5　水—泡沫联用系统

水成膜泡沫灭火剂的灭火原理，除具有一般泡沫灭火剂的作用外，还有当它在燃烧液表面流散的同时析出液体冷却燃液表面，并在燃烧液面上形成一层水膜与泡沫层共同封闭燃液表面，隔绝空气，形成隔热屏障，吸收热量后的液体汽化稀释燃液面上空气的含氧量，对燃烧液体产生窒息作用，阻止了燃液的继续升温、汽化和燃烧。它和其他灭火剂的最大特点是具有泡沫和水膜的双层灭火作用，这是它灭火效率高、时间短的原因。

鉴于以上灭火原理，该系统具有如下显著特点：

（1）泡沫灭火剂有成膜性和膜自愈性，抗复燃能力强。

（2）泡沫液可贮存20年不变质，而一般泡沫液只能贮存2年。

（3）灭火效力高，是一般泡沫灭火剂的2~3倍。

（4）可与自动喷水灭火系统联用，借助水源压力来实现泡沫液供给，不需另设泡沫动力源。

（5）压力损失小，系统动作迅速，属机械传动。

自动喷水—泡沫联动灭火系统装置主要组成部件：泡沫液储罐、比例混合器、湿式报警阀、水流指示器、喷头、火灾探测器、火灾报警控制器。也就是说除了增设泡沫液储罐和比例混合器外，基本可以利用自动喷水灭火系统的设备和管网。

系统设计参数如下：作用面积160m²，喷水强度8L/min·m²，泡沫混合液供应强度和连续供给时间不小于10min。泡沫混合液用量25.6m³，泡沫灭火用水量25m³，泡沫混合液流量1280L/min。

本工程地下停车库泡沫喷淋系统主要布置在B2~B4层，每层分6个防火区，此六个防火区在B2~B4层中格局基本相同，可考虑采用居中的B3层设置6个湿式报警阀，每个报警阀控制-2~-4层垂直同区域3个防火区，每个报警阀配两个2.0m³泡沫罐，考虑占地面积因素，泡沫罐采用立式罐6个，采用水成膜泡沫灭火剂，用量约为9.6m³。

设备型号及数量如下：贮罐隔膜式比例混合装置：XPS-B-L-6/32/20，6套；水成膜泡沫灭火剂：AFFF6%，9.6t。

（六）大空间智能型主动灭火系统

在酒店中庭、光棚、裙楼商场中庭采用大空间智能型主动喷水灭火系统；每处各设置了两套智能型高空水炮灭火装置（图2-9-6）。

该系统的工作原理是将红外传感技术、信号处理技术、通信控制技术、计算机技术和机械传动技术有机地结合在一起，能全天候自动监测保护范围内的火

图2-9-6　光棚上空的智能型高空水炮灭火装置

灾。一旦发生火灾，装置立即启动，对火源进行水平方向和垂直方向的二维扫描，确定火源的两个方位后，中央控制器发出指令，发出火警信号，可同时启动水泵、打开阀门，灭火装置对准火源进行射水灭火，火源扑灭后，中央控制器再发出指令停止射水。若有新的火源，灭火装置将重复上述过程，待全部火源被扑灭后重新回到监控状态。本项目所选用的智能型高空水炮灭火装置的射水形式为柱形射水，射程远，保护范围广，灭火能力非常强大。适合在体育运动场馆展览馆等大空间场所应用。该产品是一个适应现代化要求，独辟蹊径的高科技消防水炮产品，填补了国内外此类型消防产品的空白，能更准确、更安全、更及时地把火灾彻底消灭在萌芽中，最大限度减少火灾带来的经济损失，使生命财产的安全得到更可靠的保障。

每套智能型高空水炮灭火装置包括智能高空水炮、电磁阀、水流指示器、信号闸阀、末端试水装置和ZSD红外线探测组件等主要组成部件。

系统利用设置在102层的600m³消防水池提供水量及水压，常高压重力供水。

系统设计最不利情况有2只喷头同时启动，每个喷头的流量为5L/s，灭火持续时间为1h，设计流量为10L/s；最不利点喷头的工作压力不小于0.6MPa，喷头保护半径为20m。每个分区内的主管道设置信号闸阀及水流指示器，每个喷头前均设置水平安装的电磁阀。

系统同时具有手动控制、自动控制和应急操作功能。

（七）高压细水雾灭火系统

在主塔6层越秀集团档案馆设置了全淹没开式高压细水雾灭火系统。

高压细水雾灭火系统是水灭火系统的一种新技术。它是由高压水通过特殊喷嘴产生的细水雾来灭火的自动消防给水系统。该系统具有压力高、水雾微粒超细的特点，它又别于水喷雾灭火系统。在NFPA750中，细水雾是指在最小设计工作压力下，距喷嘴1m处的平面上，测得水雾最粗部分的水微粒$DN0.99$不大于$1000\mu m$。管道内的流体压力不小于3.45MPa的细水雾系统统称为高压细水雾系统，但在工程实践中，通常将高压细水雾系统的工作压力定为不小于10MPa。而高压细水雾系统形成的雾粒$DN0.5$不大于$100\mu m$，$DN0.99$不大于$200\mu m$。

高压细水雾的灭火机理主要是冷却效应、惰化效应和附加效应。其冷却效应表现在：当水被分解成许多细小的水滴时，其结果产生了巨大的作用表面积，它将吸收火灾中的热量，将水的灭火性能与气体的渗透特性相结合。它对各类火灾的穿透性和抑制形式通过具有高速动能的细水雾来达到。利用高压细水雾灭火技术，所产生的细水雾较传统的灭火技术有更大的作用面积和热交换面积。

其惰化反应表现在：高压水雾通过蒸发，水的体积增加到1640倍。它稀释了火源附近空气中的氧气，在这个过程中惰化灭火介质限制了火源向外的传输。相对气体灭火，高压细水雾灭火系统不要求完全封闭的空间。

在灭火的过程中，高压细水雾灭火系统还会产生一些其他的灭火附加效应。例如具有烟雾、废气的洗涤作用、屏蔽作用，还有降低电导率的作用。

高压细水雾灭火系统的特点主要由高压和$40\sim200\mu m$的细水雾粒来体现。具体表现在：

（1）灭火效能高。它冷却性能好、抑制性强。高压细水雾还有一定的穿透性，可以解决全淹没和遮挡的问题，还可以防止火灾的复燃。

（2）用水量较少，可减少水的危害。由于火灭的效应按灭火过程的发展不同程度的作用，火灾的扑灭相对传统的喷淋，它仅需要10%或更少的水量。

（3）反应时间快，对烟雾的擦洗可降低火灾的危险。高压细水雾的喷头具有快速响应热量释放的机械结构，它采用了$RTI<25$的玻璃泡；高压细水雾具有自动擦洗烟雾的能力，可减少烟雾中的二氧化碳的伤害。

鉴于高压细水雾灭火系统的以上特点，而本项目档案馆也具备了安装该系统所需的条件：稳定和充足的清洁水源及安装加压泵组的机房，同时本项目档案馆设置气体灭火系统必需的事故后排气系统比较困难，所以选用了国际品牌高压细水雾灭火系统。

档案馆内共分为十个保护区域，均采用开式K=0.696的喷头，雾滴体积中间DN0.5小于$100\mu m$，安装高度为3.0m。设计流量按最大防护区的喷头全部开启计算为Q=300L/min，系统设计工作压力根据最不利点喷头最低工作压力为10MPa计算，得出H=12.0MPa。设计持续喷雾时间为30min。

该系统由高压细水雾泵组、稳压泵、空压机、水泵控制柜、不锈钢水箱、分区控制阀组、高压细水雾喷嘴、不锈钢连接管道及配件等组成，对保护区进行保护。

高压细水雾泵组主泵三用一备，单台泵流量Q=120L/min，H=12MPa，N=30kW。稳压泵Q=2L/min，H=2.0MPa，N=0.75kW。空压机Q=55L/min，H=1.0MPa，N=1.2kW。泵组自带控制柜。高压细水雾泵组设置在专用泵房内，泵组由高压水泵、高压集流管及其他零部件组成。高压集流管上设有卸载阀、安全阀、压力传感器、测试装置、压力表等。过渡水箱储水量为3m³，材质为不锈钢316L，由31层减压消防水箱通过两路消火栓管道供水。

每个保护区对应一个分区选择阀组（带实验装置），设置在保护区门外，G1/2有4套、G3/4有4套、G1有1套、G5/4有1套，共10套阀组。

在准工作状态下，从泵组出口至区域阀前的管网内压力维持在1.8MPa，阀后空管。发生火灾时由火灾报警控制系统联动开启区域控制阀，系统管道的压力下降，稳压泵启动，稳压泵运行10s后压力仍达不到设定的1.2MPa时，主泵启动同时稳压泵停止运行，主泵向开式喷头供水，喷细水雾灭火。

系统控制方式为：灭火分区内一路探测器报警后，火灾报警控制系统联动开启警铃；当两路探测器报警确认火灾后，火灾报警控制系统联动开启声光报警器，并打开对应灭火分区控制阀，向配水管供水。主管道压力下降，稳压泵运行超过10s后压力仍达不到要求，则启动主泵，压力水经过高压细水雾开式喷头喷放灭火。压力开关反馈系统喷放信号，火灾报警控制联动开启喷雾指示灯。

管材采用满足系统工作压力要求的316L不锈钢无缝管。管道采用焊接。

（八）系统防噪声及减振

（1）压力管竖向每隔50m、横向每隔30m设不锈钢波纹管，避免管道热变形及减少振动传递。

（2）水泵防噪隔振：泵组采用隔振基础；水泵进水管、出水管设置可曲挠橡胶接头和弹性吊、支架，减少噪声及振动传递；水泵出水管止回阀采用静音式止回阀，减少噪声和防止水锤。

三、其他灭火系统简介

（一）固定泡沫炮灭火系统

屋顶直升机坪设置固定泡沫炮灭火系统，采用3%的氟蛋白泡沫混合液，其供给强度不小于6L/min·m，持续供水时间为30min。共设置有两台泡沫液，每台泡沫炮的设计参数为：流量为20L/s，射程为48m，额定压力为0.8MPa，可遥控操作（图2-9-7）。

系统利用102层的600m³消防水池设置泡沫灭火加压泵加压提供水量和水压。泡沫灭火系统和自喷系统不同时启动。加压泵一用一备（Q=40L/s，H=90m，N=50kW/台）。

图2-9-7　屋顶直升机坪消防固定泡沫炮

（二）安素R-102厨房设备灭火系统

1. 选用的依据

厨房火灾的起因，主要是烹调设备（即炊具）因高温而造成烹调油脂或食物燃烧引发的火灾，如油锅火灾、烘/烤箱火灾等。烹调过程的明火，如果不慎窜入了积聚大量油腻（垢）的排油烟罩和烟道，同样也会引起火灾，而且火灾很容易通过相互连通的烟道和排风道迅速扩散和蔓延。厨房中使用的燃料如果有管道发生破裂，即使只有少量燃料泄漏，也可能遇明火引起燃烧，并随着燃料的自由流淌或扩散而迅速蔓延。发生在厨房烹调设备、排油烟罩、烟道这三个部位的火灾，发生燃烧的大多是烹调过程中使用的食用油脂，对于这类火灾，由于本身具有的特殊性，国际上将其单独命名为一种新型的火灾：K类火灾。排烟罩和烟道内发生的火灾因位置特殊，一般很难采用人工的方式直接扑救，但如果不及时处置又极易造成火势迅速蔓延。同时厨房中原有的一些报警灭火设施对此也无用武之地。因此，需要采用针对厨房火灾的专用灭火系统。

《建筑设计防火规范》（GB50016—2006）第8.5.8条中规定："公共建筑中营业面积大于500m^{2}的餐饮场所，其烹饪操作间的排油烟罩及烹饪部位宜设置自动灭火装置……"《高层民用建筑设计防火规范》（GB 50045—1995）（2005年版）对此没有明确要求。在设计时考虑到国金为重要的公共建筑，厨房火灾也应是需要考虑灭火的重要部位，故决定设置厨房专用灭火系统。

开始初步设计时，国内无任何相关规范，施工图设计之前，四川省推出了地方标准《厨房设备细水雾灭火系统设计、施工及验收规范》（DB51/T592—2006），该规范以公安部标准《厨房设备灭火装置》（GA 498—2012）为依据，并参照国家标准《水喷雾灭火系统设计规范》（GB 50219—1995）和国内相关的技术规范编写而成，是当时设计参照的主要规范，因当时没有国标，本工程对四川省标的参考视为"等效采用"。

施工图设计对初步设计进行调整时，因国际酒店管理公司介入，要求酒店消防设计应通过UL认证，根据管理公司推荐，采用了ANSUL厨房专用灭火系统（R-102系列灭火系统）。

2. 系统简介

本项目所有厨房的炉灶上方都设置了安素R-102厨房设备灭火系统（图2-9-8）。该系统是泰科国际集团隶属下美国安素公司的产品，是专门为厨房火灾设计的固定灭火系统，属于洁净无毒的湿化学灭火系统，使用的灭火剂是专门应用于厨房火灾的低pH值的水溶性钾盐灭火剂。安素R-102厨房设备灭火系统可以自动完成探测、启动、灭火的功能，也可以通过人工方式启动系统。该系统符合《湿式化学物灭火系统标准》和《商业烹调工作的排风控制和防火的标准》，通过了UL（保险商实验室）测试。

3. 灭火原理

该系统的灭火原理是通过使用预先确定流速的低pH值的水溶性钾盐灭火剂来喷射滤油区、过滤器、烹饪表免疫及排气管道系统进行灭火。当把液体灭火剂释放到烹饪设备上发生的火灾时，灭火剂冷却油脂表面，并与热油脂发生皂化反应，在油脂表面形成一层肥皂式泡沫。这层泡沫可隔绝热油脂和空气，因而有助于防止可

图2-9-8　安素R-102厨房设备灭火系统

燃蒸汽溢出，从而达到灭火的效果。该系统适用的保护范围包括油炸锅、浅铁锅、炉灶、直立式烤炉、链式烤炉、自然木炭烤炉和碳化烤炉、烟罩、烟道等。

4. 系统启动方式

该系统分为机械式启动方式、电动式启动方式两种。本项目采用的是机械启动式，包括系统控制组件、药剂储罐、探测器、手拉启动器、喷放装置、驱动气体及附件等主要组成部件。系统控制组件在单个外壳内包含一个调节型释放机构以及一个液体灭火剂储罐。附加设备包括：远程手动报警按钮、机械和电动气阀、压力开关以及用于自动设备和燃气管道关闭的电气开关。喷头根据每个炉具的长度配置。

（三）气体灭火系统

1. 烟烙烬（IG541）洁净气体灭火系统

（1）系统简介

烟烙烬最早应用是作为美国军方的战地急救气体，20世纪80年代是由美国安素公司研制、开发，并作为灭火剂投放市场。它是一种惰性气体灭火剂，代号为IG541，得到美国UL—1058标准的认可，可作为卤代烷灭火剂的替代产品，它由52%的氮气、40%的氩气和8%的二氧化碳组成。其灭火机理为：气体在高压（15MPa）下储存，喷放时，气体体积急剧膨胀，同时吸收大量的热，可降低灭火现场或保护区内的温度，并通过高浓度的烟烙烬气体稀释被保护空间的氧气含量，达到窒息灭火的效果。当烟烙烬气体释放时，其中的气体成分还原为它在大气中自然存在的状态。

（2）系统特性分析

烟烙烬气体应用到灭火系统工程时最突出的一个特性是：在被保护区内发生火灾的情况下，空气中足够支持燃烧的氧气被排除出去，以实现灭火，但是保护区内的人员仍然可以自由呼吸，这是由于烟烙烬气体对人体产生的作用。以一定浓度混合于烟烙烬气体中的二氧化碳可以刺激人体呼吸的速度，提高人体对氧气的有效利用率。与此同时，在低氧环境中火灾被扑灭了。这样，甚至在氧气浓度降到10%的情况下，在烟烙烬环境中，人的大脑得到的血液含氧量与人在正常空气中得到的血液含氧量是一样的。因此，烟烙烬气体可以用于自动喷放的全淹没灭火系统中，保护经常有人停留的工作场所。由于在烟烙烬环境中，人可以安全自由地呼吸，所以烟烙烬气体可以根据需要甚至不设延时喷放，立刻扑灭火灾，将火灾损失减少到最小。

烟烙烬的另一个特点是，与其他灭火剂不同，烟烙烬在喷放时不产生雾，人们可以清楚地看到紧急出口。并且不像化学类药剂，烟烙烬气体完全无毒，不会引起心脏的过敏反应，甚至于与火焰接触时，也不会产生有毒或有腐蚀性的分解物。

此外，烟烙烬气体的密度与空气相差不大（与空气的密度比为1：1：1），所以当它与空气混合后，可较长时间停留在保护区内，以确保灭火效果。烟烙烬以气体状态储存，当其喷放于保护区时不会凝结空气中的水蒸气，同时也不会导致电器设备表面产生静电累积。由于其在钢瓶内储存即为气态，所以可以保护较远的保护区，即使保护区在气瓶间的上方较远处也不影响其保护距离（图2-9-9）。当保护区内同时有吊顶和地板，或一个大房间内有几个小的保护区时，都可以通过合理布置喷头并通过电脑水力计算来保证所有空间达到完全一致的设计浓度。

还有，烟烙烬气体喷放时不会引起室内温

图2-9-9　地下1层烟烙烬储瓶间

度的骤然降低。

鉴于烟烙烬气体灭火系统的以上特点，尤其适用于电子设备火灾的保护。本项目地下室和避难层所有的高低压配电房、变压器房、发电机房及后备电源间等以分区域集中的形式，设置全淹没式烟烙烬（IG541）气体灭火系统。

（3）系统控制方式

系统具有自动、手动及机械应急启动三种控制方式，保护区均设二路独立探测回路，当第一路探测器发出火灾信号时，发出警报，指示火灾发生的部位，提醒工作人员注意；当第二路探测器亦发出火灾信号后，自动灭火控制器开始进入延时阶段（0~30s可调），此阶段用于疏散人员（声光报警器等动作）并联动控制设备（关闭通风空调、防火卷帘门等）。延时过后，向保护区的电磁驱动器发出灭火指令，打开驱动瓶容器阀，然后由驱动瓶内氮气打开相应的防护区选择阀，并经过选择阀打开相应的IG541气瓶，向失火区进行灭火作业。同时报警控制器接收压力信号发生器的反馈信号，控制面板喷放指示灯亮。

当报警控制器处于手动状态，报警控制器只发出报警信号，不输出动作信号，由值班人员确认火警后，按下报警控制面板上的应急启动按钮或保护区控制器只发出报警信号，不输出动作信号，由值班人员确认火警后，按下报警控制面板上的应急启动按钮或保护区门口处的紧急启停按钮，即可启动系统喷放IG541灭火剂。系统的主要分区和基本设计参数见表2-9-4所列。

气体灭火系统分区表 表2-9-4

序号	气瓶间位置	保护区域	
		楼层	保护区名称
1	地下4层	地下4层	人防电站，1个区
2	地下3层	地下3层	酒店计算机房及后备电源间，1个区
3	地下2层	地下2层	中国电信、中国移动、中国联通机房，共3个区
4	地下2层	地下2层	套间式办公楼变配电房，共3个区
5	地下1层	地下1层	网络总机房、裙楼和主塔的变配电房等，共3套，23个区
6	地下1层	地下1层	发电机房，2个区
7	12层	12层	变配电房及计算机房等，共6个区
8	30层	30层	变配电房及计算机房等，共4个区
9	48层	48层	变配电房及计算机房等，共4个区
10	68层	67层	变配电房等，共3个区
		68层	变配电房等，共2个区
11	73层	73层	酒店计算机房及后备电源间，共3个区
12	裙楼6层	裙楼6层	套间式办公楼计算机房及后备电源间，1个区

储存压力为15MPa；设计浓度为38%。

2. S型气溶胶灭火系统

（1）系统简介

气溶胶通俗说是细小的固体或液体微粒分散在气体中形成的稳定物态体系，专业是指以气体（通常为空气）为分散介质，以固态或液体的微粒为分散质的胶体体系。自然界常见的气溶胶为云、烟、雾等。气溶胶中粒子其尺寸多在10^{-5}~$10^{-1}\mu m$级，具有气体流动性，可绕过障碍物扩散。气溶胶灭火系统中的药剂为固体，其药剂通过氧化还原反应喷放出来的组分为气溶胶。气溶胶灭火技术是在军用烟火技术的基础上发展起来的新型灭火技术。第三代气溶胶灭火技术——S型气溶胶（图2-9-10），主要由锶盐作主氧化剂，于21世纪初由我国西安自主研发成功。和第二代钾盐气溶胶不同，锶离子不吸湿，不会形成导电溶液，不会对电器设备造成损坏。

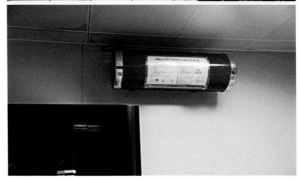

图2-9-10　S形气溶胶灭火系统

（2）S型气溶胶灭火机理

1）吸热降温灭火机理

锶盐微粒在高温下吸收大量的热，发生热熔、气化等物理吸热过程，火焰温度被降低，进而辐射到可燃烧物燃烧面用于气化可燃分子和将已气化的可燃烧分子裂解成自由基的热量就会减少，燃烧反应速度得到一定抑制。

2）化学抑制灭火机理

①气相化学抑制：在热作用下，灭火气溶胶中分解的气化金属离子或失去电子的阳离子可以与燃烧中的活性基团发生亲和反应，反复大量消耗活性基团，减少燃烧自由基。

②固相化学抑制：灭火气溶胶中的微粒粒径很小，具有很大的表面积和表面能，可吸附燃烧中的活性基团，并发生化学作用，大量消耗活性基团，减少燃烧自由基。

③降低氧浓度：灭火气溶胶中的N_2、CO_2可降低燃烧中氧浓度，但其速度是缓慢的，灭火作用远远小于吸热降温和化学抑制。

（3）系统配置

相对于烟烙烬灭火剂，保护相同面积区域所需要的S型气溶胶灭火剂储罐体积要小得多。而且市场上有很多一体化的S型气溶胶产品（即储存瓶罐与探测、控制、喷放机构结合在一起）可以选择。一体化产品不需要设置储瓶间，不需要安装管道，大大节约了安装空间。因此本项目在一些位置比较分散，没有条件设置储瓶间的电子设备房：裙楼2层酒店区域的AV机房、主塔12层、48层越秀集团总部计算机房及后备电源间选用了S型气溶胶灭火系统。

该系统由火灾自动报警系统、灭火装置（S型气溶胶）等组成。火灾自动报警系统包含火灾探测器、气体灭火控制器、消防警铃、声光报警器、紧急启停按钮、放气指示灯及系统布线等。灭火装置（S型气溶胶）包含气溶胶发生剂、发生器、冷却装置（剂）、反馈元件、壳体等。

该系统设计密度为130g/m³，容积修正系数为1.0。主塔12层计算机房及后备电源间设灭火装置QRR10/SG有4台，QRR7.5/SG有1台，QRR5/SG有1台；主塔48层计算机房及后备电源间设灭火装置QRR10/SG有4台，QRR5/SG有1台；AV机房设灭火装置QRR10/SL有2台。

（4）系统控制方式

1）自动启动。灭火控制器设置在自动状态时，若防护区发生有烟雾（或温度异常上升），该防护区的感烟（或感温）探测器动作并向灭火控制器送入一个火警信号，灭火控制器即进入单一火警状态，同时驱动消防警铃发出单一火灾警报信号，此时不会发出启动灭火系统的控制信号。随着该防护区火灾的蔓延，温度持续上升（或产生烟雾），另一回路的感温（或感烟）探测器动作，向灭火控制器送入另一个火警信号，灭火控制器立即确认发生火灾并发出复合火灾警报信号及联动信号（关闭送排风装置和防火阀、防火卷帘等）。经过设定时间的延时，灭火控制器输出信号启动灭火系统，灭火剂施放到该防护区实施灭火。灭火控制器接收到压力信号器的反馈信号后显亮防护区门外的放气指示灯，避免人员误入。

2）手动操作。在值班人员确认火警后，按下灭火控制器面板上或现场的"紧急启动"按钮可马上启动灭火系统。在灭火剂喷放前按下灭火控制器面板上或现场的"紧急停止"按钮，灭火系统将不会启动喷放。

3. 七氟丙烷气体灭火系统

（1）系统简介

七氟丙烷气体灭火剂作为第一代卤代烷替代品，就各项性能综合评估，是比较理想的，目前的使用也最为普遍。本项目办公区的一些租户需要增设比较重要的电子设备房，但没有条件设置储瓶间，如主塔19层租户自用的计算机房及后备电源间等，就选择设置七氟丙烷气体灭火系统。

设计浓度计算机房为8%，后备电源间为9%；设计喷射时间计算机房为8s，后备电源间为10s；灭火浸渍时间计算机房为5min，后备电源间为10min。计算机房设90L储瓶1只，后备电源间设40L储瓶1只。

（2）操作与使用

1）自动控制。在防护区无人时，将自动灭火控制器内控制方式转换开关拨到"自动"位置，灭火系统处于自动控制状态。当防护区第一路探测器发出火灾信号时，发出警报，指示火灾发生的部位，提醒工作人员注意；当第二路探测器亦发出火灾信号后，自动灭火控制器开始进入延时阶段，同时发出联动指令，关闭联动设备及保护区内除应急照明外的所有电源。自动延时30s（可调）后向控制火灾区的电磁启动器发出灭火指令，打开七氟丙烷气瓶，向失火区进行灭火作业。

2）电气手动控制。在防护区有人工作或值班时，将自动灭火控制器内控制方式转换开关拨到"手动"位置，灭火系统即处于手动控制状态。当防护区发生火情，可按下自动灭火控制器内手动启动按钮，或启动设在防护区门外的紧急启动按钮，即可按上述程序启动灭火系统，实施灭火。在自动控制状态，仍可实现电气手动控制。电气手动控制实施前防护区内人员必须全部撤离。

3）机械应急手动控制。当防护区发生火情，但由于电源发生故障或自动探测系统、控制系统失灵不能执行灭火指令时，在防护区内直接打开七氟丙烷储存瓶，即可释放七氟丙烷灭火剂，实施灭火。应急手动控制时，必须提前关闭影响灭火效果的设备，通知并确认防护区内人员已全部撤离后方可实施。

当发生火灾警报，在延迟时间内发现不需要启动灭火系统进行灭火的情况时，可按下自动灭火控制器上或手动控制盒内的紧急停止按钮，即可阻止灭火指令的发出，停止系统灭火程序。

火灾后，保护区的门应及时关闭，以免影响灭火效果。

（四）建筑灭火器配置

本项目按严重危险级配置建筑灭火器。灭火级别按下式计算：

A类火灾（除地下车库、油箱室、商场以及娱乐场所外的其余场所）：$Q=9A$；A类火灾（商场以及娱乐场所）：$Q=11.7A$；B类火灾（地下车库、油箱室）：$Q=1170B$。

在每个组合消防箱内，一般场所放置3具6kg磷酸铵盐干粉手提式灭火器，型号为MF/ABC6（每个灭火器灭火级别为3A）。商场以及会所放置3具8kg磷酸铵盐干粉手提式灭火器，型号为MF/ABC8（每个灭火器灭火级别为4A）。地下室局部（车库等）按B类火灾（手提式灭火器最大保护距离为9m）配置消防组合柜不能满足灭火要求，除消防组合柜内放置3具6kg磷酸铵盐干粉手提式灭火器，型号为MF/ABC6（每个灭火器灭火级别为89B）外，还设推车式灭火器MFT/ABC20型（每台灭火器灭火级别为183B）。其他部位最大保护距离大于15m处设独立的手提式灭火器存放箱，内放置3具6kg磷酸铵盐干粉手提式灭火器。

第二节　火灾自动报警系统

一、概述

广州国际金融中心的火灾自用报警系统按火灾报警系统特级保护对象设计，除游泳池、卫生间外，均设火灾自动报警系统。采用控制中心报警系统。消防控制中心设于地下1层，配置火灾自动报警控制、消防联动控制装置、彩色图形显示装置、电梯运行监控盘、消防专用电话、火灾应急广播控制盘，负责整个区域的火灾报警信号、消防设备的集中监控和消防指挥及与市消防系统的联系。另在地下1层酒店值班室、裙楼6层、主塔73层分别设置了区域报警主机（图2-9-11）。本系统采用二总线及硬线联动方式可对火灾报警、煤气泄漏、漏电火灾报警、防火卷帘、气

图2-9-11　火灾自动报警系统控制主机

体灭火、泡沫系统、应急广播、防排烟、电梯迫降、门禁系统、自动喷淋、室内消火栓喷淋系统、高压细水雾灭火系统、主塔办公区电动窗帘系统、分布式光纤在线感温报警系统、厨房设备灭火系统、智能应急疏散指示系统实行远程监视和控制，并可在消防中心和各区域消防值班室的图形终端上对本大楼各区域各楼层的每个报警点及联动点的运行情况及状态进行监视和管理。

按防火分区及使用功能划分报警区，按环境特点设置相应类型的探测器。高度超过12m的大堂、中厅等区域装设红外线对射感烟探测器；房间、餐厅、会议室、公共场所、一般机房（除发电机房、高低压电房）等采用感烟探测器保护；车库、厨房、茶水间等采用感温探测器保护；发电机房、高低压电房、消防控制中心、网络中心、保安中央控制室等采用感烟+感温探测器联合保护；厨房还设置煤气泄漏探测器。

二、系统描述

（一）系统说明

本项目的火灾自动报警系统采用美国诺帝菲尔Notifier NFS2-3030火灾自动报警系统。消防控制中心设于地下1层，配置火灾自动报警控制、消防联动控制装置、彩色图形显示装置、电梯运行监控盘、消防专用电话、火灾应急广播控制盘，负责整个区域的火灾报警信号、消防设备的集中监控和消防指挥及与市消防系统的联系。火灾自动报警系统具有与集成管理系统（IBMS）的通信接口，并提供通信协议。整个系统共设4套区域火灾报警控制器，14台控制主机，分别负责套间式办公楼，裙楼、地下室及主塔楼办公区，主塔楼酒店区，裙楼及地下室酒店区域的火灾报警信号监控、消防设备自动控制。系统特点：一台主机最大容量为10个回路，3180个地址点，每个回路可以带159个探测器和159个模块。火灾报警控制器及控制主机具体分布见表2-9-5所列。

序号	区域火灾报警控制器	安装位置	报警控制主机	负责区域
1	1号区域火灾报警控制器	-1层消防控制中心（⑰、Ⓓ轴）	3～5号报警控制主机	裙楼、地下室（除友谊商场及酒店区）
2			6～10号报警控制主机	主塔1～66层
3			14号报警控制主机	裙楼、地下室友谊商场
4	2号区域火灾报警控制器	-1层酒店值班室	13号报警控制主机	裙楼、地下室酒店区域
5	3号区域火灾报警控制器	套间式办公楼6层消防控制室（⑤、Ⓒ1轴）	1号、2号报警控制主机	套间式办公楼6～28层
6	4号区域火灾报警控制器	主塔73层消防控制室（Ⓧ1、Ⓩ2轴）	11号、12号报警控制主机	主塔酒店67～103层

（二）探测器布置原则

按平面图确定探测器的安装位置时，按照现场的实际情况遵循下列原则：

（1）当房间内被书架、文件柜、高大设备及建筑间隔等分隔时，其顶部与顶棚或梁的间距（h），小于房间的净高（H）的5%时（即$h<0.05H$），在每个被隔开的部分，至少加装一只探测器，增加的探测器与该房间原有的探测器仍属同一探测区。

（2）当梁突出顶棚的高度超过600mm时，被梁隔断的每个梁间区域至少应设置一个探测器。

（3）探测器至墙壁、梁边的水平间距不应小于0.5m；探测器周围0.5m的范围内，不应有遮挡物；探测器至空调通风系统送风口的水平间距不应小于1.5m；至多孔送风顶棚的孔口水平间距不小于0.5m。

（4）探测器宜水平安装，当必须倾斜安装时，倾斜角不应大于45°。

（5）光束对射感烟探测器安装离顶棚障碍物宜为0.3～1.0m，离侧壁大于0.5m，小于7m，两组探测器间水平距离应小于14m。探测器对射空间应避开固定和流动的遮挡物。

（三）联动控制

联动控制装置由火灾自动报警系统产品供应商配套提供。联动控制装置应能控制消防设备的启、停，接受返回信号，监视其运行状态。消防水泵、防烟、排烟风机等消防设备均在消防控制室设置硬线手动控制。

火灾自动报警主机具备两种工作状态：手动工作状态和自动工作状态，此功能可在消防值班室报警主机上完成。当处于手动状态时，接收到火警信号并经过现场确认后，可人工转换到自动状态，联动消防广播、警铃等设备。

1. 水泵接合器接力泵的控制

水泵接合器接力泵由水箱水位自动控制，也可以由消防控制中心手动通过硬线控制，并接收水泵反馈信号（过负荷、运行），也可以由消防泵房手动直接控制。

（1）当水池液面降至低水位1时，启动与水池补水的水泵接合器接力泵1。

（2）当水池液面降至低水位2时，启动与水池补水的水泵接合器接力泵2。

（3）当水池的液面达到正常水位时，停止与水池补水的水泵接合器接力泵。

（4）中间泵房就地启动和停止水泵接合器接力泵。

（5）消防控制室手动启动和停止水泵接合器接力泵。

上区水泵接合器接力泵启动之前应先启动下区水泵接合器接力泵，消防栓泵互为备用，当首先启动的水泵出现故障时自动切换至另一个水泵。

2. 消火栓加压水泵的控制

消火栓加压水泵以常高压系统为主，主塔顶部楼层为稳高压系统，顶部楼层稳高压系统平时由压力开关自动控制增压泵维持管网压力，管网压力过低时，直接启动主泵。顶部楼层消火栓按钮动作，直接启动水泵，其他楼层消火栓按钮动作后，在消防控制中心显示报警部位。消火栓加压水泵也可以由消防控制中心手动通过硬线控制，并接收水泵反馈信号（过负荷、运行），也可以由消防泵房手动直接控制。

（1）消火栓按钮直接启动消火栓加压泵。

（2）消防水泵房就地启动和停止消火栓加压泵。

（3）消防控制室手动启动和停止消火栓加压泵。

消火栓泵互为备用，当首先启动的水泵出现故障时自动切换到另一台水泵。

3. 自动喷淋加压水泵的控制

自动喷淋加压水泵以常高压系统为主，主塔顶部楼层为稳高压系统，由报警阀压力开关自动控制，水流指示器及信号阀不作为自启动的条件。自动喷淋加压水泵也可以由消防控制中心手动通过硬线控制，并接收水泵反馈信号（过负荷、运行），也可以由消防泵房手动直接控制。

（1）高区喷淋报警阀的压力开关联锁启动喷淋泵。

（2）消防水泵房就地启动和停止低区喷淋泵。

（3）消防控制室手动启动和停止低区喷淋泵。

喷淋泵互为备用，当首先启动的水泵出现故障时自动切换到另一台水泵。

4. 室内喷淋稳压泵

（1）当管网压力降至系统压力的95%，压力开关发出信号启动屋顶稳压泵。

（2）当管网的压力降到系统压力的90%，压力开关发出信号启动另一台稳压泵。

（3）当管网压力升到正常压力后，压力开关发出信号停止稳压水泵。

5. 室内消火栓稳压泵

（1）当管网压力降至系统压力的95%，压力开关发出信号启动屋顶稳压泵。

（2）当管网的压力降到系统压力的90%，压力开关发出信号启动另一台稳压泵。

（3）当管网压力升到正常压力后，压力开关发出信号停止稳压水泵。

6. 大空间智能型主动喷水灭火系统的控制

大空间智能型主动喷水灭火系统自成系统，总控柜置于消防控制室，其自带的控制器提供火灾报警信号及其他相关信号至火灾自动报警系统，可设置由消防控制室确认后喷水灭火。当灭火装置监测到火灾后将信号反馈到其控制器，控制器发出指令启动水泵并打开电磁阀进行对准火源喷水灭火；同时控制器输出报警信号给火灾自动报警控制器。

7. 固定泡沫炮灭火系统的控制

固定泡沫炮灭火系统自成系统，其自带的控制器提供火灾报警信号及其他相关信号至火灾自动报警系统。

8. 气体灭火系统的控制

气体灭火系统作为一个相对独立的系统，单独配置所需的灭火控制器，可独立完成整个灭火过程，系统要求同时具有自动控制、手动控制和应急操作三种控制方式。用模块接入火灾自动报警系统，自动控制要求消防控制室能显示系统的自动、手动工作状态；故障状态；能在气体灭火系统报警（一、二级报警）、喷射各阶段有相应的声光信号，并关闭相应的防火门、窗，停止相关的通风空调系统，关闭有关部位的电动防火阀（图2-9-12）。

9. 独立排烟风机及排烟阀的控制

（1）火灾时打开相关防烟区的排烟阀，同时联锁启动相应排烟风机，并反馈信号（过负荷、运行），进入排烟。

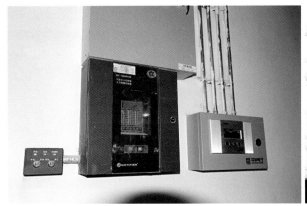

图2-9-12　气体灭火控制主机及感温探头

（2）当烟气温度超过280℃，排烟风机入口处的防火阀自动关闭，关闭排烟风机并反馈信号。

（3）火灾结束后，排烟阀关闭，并反馈信号。

（4）消防控制中心可手动通过硬线控制消防风机，并接收反馈信号（过负荷、运行）。

10. **独立消防送风机、加压送风机的控制**

（1）火灾时相关区域消防送风机及电动阀动作进行送风，并反馈信号（过负荷、运行）。火灾结束后关闭。

（2）消防控制中心可手动通过硬线控制消防风机，并接收反馈信号（过负荷、运行）。

11. **与空调共用风管的消防排烟风机的控制**

（1）平时与空调相连的电动阀开，与消防排烟风机相连的电动阀（280℃）关，并反馈信号。

（2）火灾时与空调相连的电动阀关闭，消防排烟风机及其电动阀动作，并打开相关防烟区的排烟阀进行排烟，并反馈信号（过负荷、运行）。

（3）当烟气温度超过280℃，排烟风机入口处的防火阀自动关闭，关闭排烟风机并反馈信号。

（4）消防控制中心可手动通过硬线控制消防排烟风机，并接收反馈信号（过负荷、运行）。

12. **与空调共用风管的消防送风机的控制**

（1）平时与空调机柜相连的电动阀开，与消防送风机相连的电动阀关，并反馈信号。

（2）火灾时与空调机柜相连的电动阀关闭，消防送风机及其电动阀动作进行送风，并反馈信号（过负荷、运行）。

（3）消防控制中心可手动通过硬线控制消防风机，并接收反馈信号（过负荷、运行）。

13. **非消防电源的控制**

火灾确认后，由消防控制室根据情况，手动或自动切断着火现场的非消防电源，接收反馈信号。并强制接通火灾应急照明和智能应急疏散指示逃生系统，接受各种反馈信号。

14. **可燃气体探测报警系统的控制**

当可燃气体浓度达到爆炸下限的25%时，应立刻报警。厨房应联动启动事故排风机。报警持续1min后关闭燃气紧急切断阀。当可燃气体浓度下降到设定值以下时，报警系统自动复位。发生火灾时燃气紧急切断阀关闭。

15. **漏电火灾报警系统的控制**

漏电火灾报警系统自成系统，总控置于消防控制中心，系统实时监控漏电电流、过电流的变化，发出声光信号报警，准确报出故障线路的地址，同时输出报警信号给火灾自动报警控制器。

16. 电梯的控制

按区域划分，主塔酒店的电梯在73层消防控制中心；裙楼、地下室酒店区域的电梯在-1层酒店值班室；非酒店区域的电梯在-1层消防控制中心设置电梯监控盘。显示各部电梯的运行状态：正常、故障、开门、关门及所处楼层位置显示。火灾发生时，根据火灾情况及场所，消防控制中心可向电梯监控盘发出指令，指挥电梯按消防程序运行；对全部或任意一台电梯进行对讲，说明改变运行程序的原因。也可由火灾报警控制器自动将电梯均强制返回安全层且将轿箱门打开，并反馈信号，限制非消防电梯的使用。电梯运行监视控制盘及相应的控制电缆由电梯厂商提供。电梯的火灾指令开关采用钥匙开关，由消防控制中心负责火灾时的电梯控制（图2-9-13）。

图2-9-13 电梯消防控制及迫降箱

17. 防火卷帘的控制

疏散通道上的防火卷帘，应按下列程序自动控制下降：

感烟探测器动作后，防火卷帘下降至距地面1.8m；感温探测器动作后，防火卷帘下降到底。

用做防火分隔的防火卷帘，探测器动作后，防火卷帘下降到底。

（四）消防广播系统

采用消防广播进行报警，火灾时，先接通着火的防火分区及相邻的防火分区消防广播（二层及以上的楼层发生火灾，先接通着火层及其相邻的上、下层；首层发生火灾，先接通本层、二层及地下各层；地下室发生火灾，先接通地下各层及首层）。本系统消防广播与公共广播系统兼任，火灾时应自动切换至消防广播系统进行紧急疏散广播。消防控制室应能监控用于应急广播的扩音机的工作状态，并能开启广播系统。广播系统应设置备用功放，其容量不应小于火灾时需同时广播的扬声器最大容量总和的1.5倍。消防广播结束后，警铃报警。

（五）消防通信系统

（1）变配电房、主要通风和空调机房、电梯机房及其他与消防联动控制有关的场所设置消防电话。

（2）在设有手动火灾报警按钮处设置电话插孔。

（3）消防控制室以专线电话直接与消防部门联系。

（六）报警系统供电

电源为双回路带UPS～220V供电，系统配置直流备用电源，备用电源持续时间为2.5h。

（七）接地

本工程采用联合接地，接地电阻小于1Ω，并用专用接地干线（线芯截面积≥25mm²）由消防控制室接地板引至接地体。

（八）消防自动报警系统联动运行关系表

（1）国金中心主塔楼办公楼、主塔楼酒店区、套间式办公楼（南北翼）FAS联动运行关系见表2-9-6所列。当首层报火警时除按表2-9-6联动外，应启动地下各层警铃、事故广播。

（2）国金中心裙楼及地下室FAS联动运行关系见表2-9-7所列。当地下任何一层报火警时，除按表2-9-7联动外，应启动首层及地下各层警铃、事故广播。

（3）国金中心地下室泡沫装置、直升机停机坪泡沫系统FAS联动运行关系见表2-9-8所列。

（4）国金中心裙楼ⓖ、⑥与€1、⑥中庭及酒店区中庭FAS联动运行关系见表2-9-9所示。

第三节　分布式光纤在线感温报警系统

一、概述

为保证广州国际金融中心供电系统的安全运行，工程安装了分布式光纤在线感温报警系统，对低压开关柜等重要设备，高、低压供电电缆的工作温度进行实时在线监测。通过感温光纤对温度作用的连续分布定位特性，实现对电缆温度的地址实时在线监测和报警。能够及时发现设备和电缆上由于老化、外界因素导致破坏或者其他原因使得局部过热问题，及时采取措施，排除隐患；同时能有效监测电缆在不同负载和不同环境温度下的发热状态，积累历史技术数据。通过历史数据分析，可以保证在不超过电缆允许运行温度的情况下，最大限度地发挥电缆的传输能力、提高经济效益。系统通过RS232接口向消防报警系统提供主塔酒店、主塔办公楼、套间式办公楼6～28层、裙楼及地下室4个区域的消防报警信息（图2-9-14）。

图2-9-14　分布式光纤在线感温报警系统监控界面

二、系统描述

（一）系统说明

工程采用广州某公司的JTWN-LDC-70A-FR01-D型分布式光纤在线感温报警系统，主要由测温主机、感温光纤、管理计算机和管理软件组成。感温光纤沿电缆桥架、电缆沟及重要设备蛇形敷设，能够提供连续的动态监测温度信号；可灵活根据安装现场设置报警分区，每个报警分区都可设置温度多级的温度点报警/温升速率报警等参数；可以根据用户的要求、被监测对象的地理位置信息设计出用户偏好的地图显示模式；报警输出；数据分析及处理；工作状态LED显示。提供RS232和2个、4个RJ45接口等功能。

分布式光纤在线感温报警系统示意图如图2-9-15所示。系统共设置光纤测温主机5台，管理计算机1台，具体布置及负责区域见表2-9-10所列。

（二）系统具体功能

分布式光纤在线感温报警系统的主要功能，如图2-9-16所示。

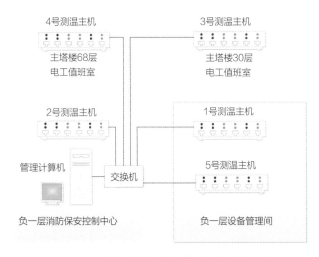

图2-9-15　分布式光纤在线感温报警系统示意图

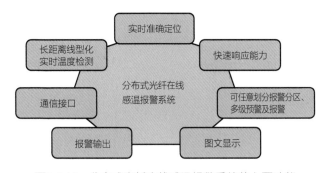

图2-9-16　分布式光纤在线感温报警系统的主要功能

国金中心主塔楼办公楼、主塔楼酒店区、套间式办公楼（南北翼）FAS联动运行关系

表2-9-6

序号	运行工况及适用条件	建议手动状态	联动内容（手动内容）	联动设备											
				1. 防、排烟风机系统	2. 水系统（消火栓泵、喷淋泵）	3. 智能应急疏散指示系统	4. 气灭系统	5. 防火卷帘系统（着火区）	6. 广播系统（警铃）	7. 电梯系统	8. 安防门禁系统	9. 会议室AV系统	10. 电动智能遮阳帘系统	11. 常开防火门	12. 电动排烟窗
1	正常运行模式	手动状态不联动	—	不动作	不动作	不动作	动作（警铃动作）	不动作	不动作	不动作	不动作	不动作	不动作	不动作	不动作
2	火灾运行 1. 气灭系统 气体报警（FSP-851） 一级报警	动作	主机收到气灭保护区一级报警信号；主机警铃不参与联动响	动作（关闭保护区阀门，准备放气）	不动作	不动作	动作（警铃、声光等）	保护区前卷帘动作	不动作	不动作	不动作	不动作	不动作	不动作	不动作
	气体报警 二级报警	动作	主机收到气灭保护区二级报警信号，主机体出应区内部响动：警铃、声光响等	动作（相应保护区前阀门、气体放气等）	不动作	不动作	不动作	动作	动作	动作	动作	动作	动作	动作	动作
	烟感（FSP-851）	动作	当层任一烟感动作，启动本层警铃、广播，切非、迫降电梯，正压送风阀、防火排烟阀；启动上下层警铃、广播、正压送风阀	动作（打开三层正压送风阀，启动送风机，打开本层防火排烟阀启动排烟风机）	不动作	动作	不动作	动作	动作	动作	动作	动作	动作	动作	动作
	温感（FST-851）	动作	当层任一温感动作，启动本层警铃、广播，切非、迫降电梯，正压送风阀、防火排烟阀；启动上下层警铃、广播、正压送风阀	动作（打开三层正压送风阀，启动送风机，打开本层防火排烟阀启动排烟风机）	不动作	动作	不动作	动作	动作	动作	动作	动作	动作	动作	动作
	智能手报（M500K）	动作	当层任一手报动作，启动本层警铃、广播，切非、迫降电梯，正压送风阀、防火排烟阀；启动上下层警铃、广播、正压送风阀	动作（打开三层正压送风阀，启动送风机，打开本层防火排烟阀启动排烟风机）	不动作	动作	不动作	动作	动作	动作	动作	动作	动作	动作	动作
	2. 自动报警系统 消火栓（M-M500H/P）	动作	当层任一消火栓动作，直接启动消防栓泵，启动本层警铃、广播，切非、迫降电梯动作，防火排烟阀，广播，正压送风阀	动作（打开三层正压送风阀，启动送风机，打开本层防火排烟阀启动排烟风机）	动作（启动消火栓泵）	动作	不动作	动作	动作	动作	动作	动作	动作	动作	动作
	传统探测器模块（FZM-1）	动作	当层传统探测器模块动作，启动本层警铃、广播，切非、迫降电梯；启动上下层警铃、广播、正压送风阀，防火排烟阀	动作（打开三层正压送风阀，启动送风机，打开本层防火排烟阀启动排烟风机）	不动作	动作	不动作	动作	动作	动作	动作	动作	动作	动作	动作
	红外对射烟感	动作	红外对射烟感动作，启动本层警铃，正压送风阀、迫降电梯，切非；启动上下层警铃及下层警铃	动作（打开三层正压送风阀，启动送风机，打开本层防火排烟阀启动排烟风机）	不动作	动作	不动作	动作	动作	动作	动作	动作	动作	动作	动作
	3. 水系统（压力开关、水流指示）	动作	压力开关动作，启动喷淋泵，正压送风阀、迫降电梯，切非，只启动本层警铃（水流指示器动作）	动作	动作（启动喷淋泵）	动作	不动作	动作	动作	动作	动作	动作	动作	动作	动作
	4. 大空间主动水灭火系统	动作	当层大空间模块动作，启动本层警铃、广播，防火排烟阀，正压送风阀、切非、迫降电梯；启动上下层警铃、广播、正压送风阀	动作（打开三层正压送风阀，启动送风机，打开本层防火排烟阀启动排烟风机）	不动作	动作	不动作	动作	动作	动作	动作	动作	动作	动作	动作
	5. 电气火灾漏电报警系统	不动作	主机不参与联动	不动作	不动作	不动作	不动作	不动作	不动作	不动作	不动作	不动作	不动作	不动作	不动作
	6. 分布式光纤感温报警系统	不动作	主机收到分布式光纤感温主机的火警信号，引起监控中心人员重视并进行现场巡查；主机不参与联动	不动作	不动作	不动作	不动作	不动作	不动作	不动作	不动作	不动作	不动作	不动作	不动作
	7. 燃气泄漏检测报警系统	动作	当层燃气模块动作，启动厨房区防火排烟阀、风机	动作（厨房区域内部联动）	不动作	w不动作	不动作	不动作	不动作	不动作	不动作	不动作	不动作	不动作	不动作
	8. 厨房专用灭火系统	不动作	只接收火警信号，不动作	不动作	不动作	不动作	不动作	不动作	不动作	不动作	不动作	不动作	不动作	不动作	不动作

表2-9-7

国金中心裙楼及地下室FAS联动运行关系

序号	运行工况及适用条件		建议手动状态	联动内容（手动状态不联动）	1. 防、排烟风机系统	2. 水系统（消火栓泵、喷淋泵）	3. 智能应急疏散指示系统	4. 气灭系统	5. 防火卷帘系统（着火区）	6. 广播系统、警铃	7. 电梯系统	8. 安防门禁系统	9. 会议室AV系统	10. 电动智能遮阳帘系统	11. 常开防火门	12. 电动排烟窗
1	正常运行模式															
2	火灾运行	1. 气体灭火系统 气体报警	一级报警	主机收到气灭保护区一级报警信号，主机不参与联动，气灭主机出内部联动，警铃响	不动作	不动作	不动作	动作（警铃动作）	不动作	不动作	不动作	不动作	不动作			
			一级报警	主机收到气灭保护区二级报警信号，启动相应保护区内部联动：警铃、声光响，气体主机作出内部联动等	动作（关闭保护区阀门，准备放气）	不动作	不动作	动作（警铃、声光等）	保护区前卷帘动作	不动作	不动作	动作	不动作			
		2. 自动报警系统 烟感（FSP-851）	动作	当本区一烟感动作，本区警铃、广播，切非，迫降电梯，防火排烟阀，启动本区送风阀，广播，正压送风，启动相邻分区警铃	动作（打开本区正压送风阀、排烟阀，启动本区送风机，防火排烟风机）	不动作	动作	不动作	动作	动作	动作	动作	动作			
		温感（FST-851）	动作	当本区一温感动作，本区警铃、广播，切非，迫降电梯，防火排烟阀；启动本区送风阀、广播，正压送风，启动相邻分区警铃	动作（打开本区正压送风阀、排烟阀，启动本区送风机，防火排烟风机）	不动作	动作	不动作	动作	动作	动作	动作	动作			
		智能手报（M500K）	动作	当本区一手报动作，本区警铃、广播，切非，迫降电梯，防火排烟阀；启动本区送风阀、广播，正压送风，启动相邻分区警铃	动作（打开本区正压送风阀、排烟阀，启动本区送风机，防火排烟风机）	不动作	动作	不动作	动作	动作	动作	动作	动作			
		消火栓（M-M500H/P）	动作	当本区一消火栓动作，启动消火栓泵，本区警铃、广播，切非，迫降电梯，迫降电梯动作，防火排烟阀动作，正压送风	动作（打开本区正压送风阀、排烟阀，启动本区送风机，防火排烟风机）	动作（启动消火栓泵）	动作	不动作	动作	动作	动作	动作	动作			
		传统系统探测器模块（FZM-1）	动作	当层传统系统模块动作，启动模块动作，切非，迫降电梯；启动本层正压送风阀、广播，正压送风，防火排烟阀，正压送风	动作（打开本区正压送风阀、排烟阀，启动本区送风机，防火排烟风机）	不动作	动作	动作（警铃动作）	动作	动作	动作	不动作	不动作			
		红外对射烟感	一级报警	主机收到气灭保护区一级报警信号，主机不参与联动，气灭主机出内部联动	不动作	不动作	不动作	动作（警铃动作）	保护区前卷帘动作	不动作	不动作	不动作	不动作			
		3. 水系统（压力开关、水流指示器）	动作	压力开关动作，启动喷淋泵（水流指示器）	不动作	动作（启动喷淋泵）	不动作	不动作	动作	动作	动作	动作	动作			
		4. 大空间主动喷水灭火系统	动作	主机只接收信号，不参与联动	不动作	不动作	不动作	不动作	动作	不动作	不动作	不动作	不动作			
		5. 电气火灾漏电报警系统	不动作	主机收到分布光纤感温主机的火警信号，引起监控中心人员重视。主机不参与联动	不动作	不动作	动作	不动作	动作	动作	动作	动作	动作			
		6. 分布式光纤感温报警系统	动作	当层燃气模块动作，启动厨房区防火排烟阀，风机	动作（厨房区域内部联动）	不动作	动作	不动作	动作	动作	动作	动作	动作			
		7. 燃气泄漏检测报警系统	不动作	只接收火警信号，不动作	不动作	不动作	不动作	不动作	动作	动作	动作	动作	动作			

注：本工程中排烟窗仪首层阶梯间附设置，表中所指的联动动作仅指触发此区域内的火灾信号时排烟窗方参与联动。

表2-9-8

国金中心地下室泡沫装置、直升机停机坪泡沫系统FAS联动运行关系

序号	运行工况	适用条件	联动内容	1. 防、排烟风机系统	2. 水系统（消火栓泵、喷淋泵）	3. 智能应急疏散指示系统	4. 气灭系统	5. 防火卷帘系统（着火区）	6. 广播系统、警铃	7. 电梯系统	8. 安防门禁系统	9. 会议室AV系统	10. 电动智能遮阳帘系统	11. 常开防火门	12. 电动排烟窗
1	正常运行模式	建议手动状态	手动状态不联动												
		1. 油库区泡沫灭火系统　烟、温感报警　一级报警	动作。油库区烟感报警，启动油库区域警铃、广播	不动作	不动作	不动作	不动作	不动作	不动作	不动作	不动作	不动作			
		二级报警	动作。油库区温感继续报警，启动油库区泡沫雨淋阀，启动泡沫灭火装置上混合阀，启动油库区域防火卷帘、排烟风机、送风机、迫降电梯、防火排烟阀、邻近相邻分区警铃、广播、正压送风阀	动作	动作	动作	不动作	动作	动作	动作	动作	动作			
2	火灾运行	2. 车库泡沫灭火系统1~6号报警阀间　水流指示器动作	车库区域水流指示器动作，但主机不联动，关注下一步动态	不动作	不动作	不动作	不动作	不动作	不动作	不动作	不动作	不动作			
		压力开关动作	车库区域压力开关动作，启动泡沫本区域泡沫装置，启动泡沫车库本区域上电磁阀、泡沫本区域警铃、广播系统	动作	动作	动作	不动作	动作	动作	动作	动作	动作			
		3. 直升机停机坪泡沫系统　直升机手动开启	当直升机停机坪发生火灾时，灭火人员启动泡沫炮，现场操作将炮口对准着火点，开启炮前电动阀。现场操作盘输出火警信号，报警主机联动泡沫启动101层泡沫混合装置上电磁阀，启动泡沫水泵进行灭火。系统联动101层、102层警铃、广播	不动作	不动作	不动作	不动作	不动作	不动作	不动作	不动作	不动作			

国金裙楼Ⓖ、Ⓖ与Ⓔ、Ⓖ中庭及酒店区中庭FAS联动运行关系

表2-9-9

序号	运行工况及适用条件（建议手动状态）		联动内容（手动状态不联动）	联动设备											
				1. 防、排烟风机系统	2. 水系统（消火栓泵、喷淋泵）	3. 智能应急疏散指示系统	4. 气灭系统	5. 防火卷帘系统（着火区）	6. 广播系统、警铃	7. 电梯系统	8. 安防门禁系统	9. 会议室AV系统	10. 电动智能遮阳帘系统	11. 常开防火门	12. 电动排烟窗
1	正常运行模式														
2	火灾运行	1. 裙楼Ⓖ、Ⓖ中庭（火警信号触发动作）	裙楼后勤区1~3层当层烟温感、手报、消火栓按钮等火警信号报警除应联动Ⓖ、Ⓖ轴联动外还应联动处中庭各层防火卷帘	动作	不动作	动作	不动作	动作	动作	动作	动作	动作		动作	
		2. 裙楼Ⓔ、Ⓖ中庭（红外对射式烟感动作）	裙楼友谊区1~5层中庭红外对射式烟感报警，联动Ⓔ、Ⓖ轴处中庭本区广播、警铃	不动作	不动作	动作	不动作	动作	动作	动作	动作	动作		动作	
		3. 酒店区70~102层中庭（红外对射式烟感、大空间水炮式警动作）	酒店区70~102层中庭对射式烟感、联动71层、72层中庭水炮报警，联动处防火卷帘及70~72层广播、警铃	动作	不动作	动作	不动作	动作	动作	动作	动作	不动作	动作		

序号	设备	安装位置	负责区域
1	1号测温主机	-1层设备管理间（Ⓐ、⑩~⑪轴）	1号光纤——地下1层电缆桥架/裙楼变配电房/发电机组（-4~-2层）三个竖井；2号光纤——地下1层/地下2层配电房/（-4~-2层）四个竖井
2	2号测温主机	-1层消防保安控制中心（⑰、Ⓓ轴）	1号光纤——地下1层制冷机房低压配电房区；2号光纤——备用；3号光纤——地下1层/裙楼2层/5层/天面；4号光纤——地下1层/裙楼2层/6层/天面
3	3号测温主机	30层电房值班室（Ⓧ1、①、Ⓨ1轴）	1号光纤——30层（9号低压配电房）/48层（10号低压配电房）/12层低压电房/地下一夹层至主塔66层竖井；2号备用
4	4号测温主机	68层电工值班房（①Ⓑ2、Ⓧ/Ⓩ1轴）	1号光纤——68层电缆桥架/67层桥架/68~103层强电井；2号光纤——68层电缆桥架/67层中压房/67~68层强电井
5	5号测温主机	-1层设备管理间（Ⓐ、⑩~⑪轴）	1号光纤——地下1层/地下夹一层；2号光纤——地下1层支线电缆桥架
6	管理计算机	-1层消防保安控制中心（⑰、Ⓓ轴）	所有区域

（三）系统主要设备

1. 测温主机

测温主机主要实现如下功能：

（1）长距离线型化实时温度检测。能够提供连续的动态监测温度信号，在一个采样周期内能够采集整条光纤分布所在地理位置的温度信息，并形成温度随空间变化的曲线。

（2）实时准确定位。实现把定位精度控制在±1m范围内。

（3）快速响应能力。测温主机系统实现的响应速度≤2s/km，甚至可以提高到更快。

（4）可任意划分报警分区、多级预警及报警。可灵活根据安装现场设置报警分区。每个报警分区都可设置温度多级的温度点报警/温升速率报警等参数；报警信息以不同的声、光、颜色的图形界面、继电器等形式输出，并及时提供报警种类、位置、温度值等信息。

（5）图文显示。测试软件系统可以根据用户的要求、被监测对象的地理位置信息设计出用户偏好的地图显示模式，并具有深度图层扩展功能，非常直观地反应出监测对象的温度、运行状态等信息，符合用户使用习惯，图层功能很好地实现了由面到点、由大到小的分散/集中管理模式。

（6）报警输出。系统提供多组（最多可扩展到120个）无源常开干结点继电器输出端子，当系统监测到火灾发生及温升警告应立即通过继电器输出闭合信号提供给其他系统，报告火灾区间，实现系统集成。提供对数据的管理功能，按照用户要求按时存储数据、管理数据，能够对数据进行统计、分析，形成记录曲线、文字图表等功能。可根据查询条件，查询历史数据，绘制曲线图。

（7）工作状态LEDs显示。测温主机系统具有电源指示、系统预热指示、系统状态、光纤故障和温度报警等状态指示LED灯，在测温主机出现不同的状态情况下，点亮不同的灯提示用户。

（8）通信接口。系统具有2个RS232和2个、4个RJ45接口，可以根据用户的需要提供各种数据包，软件系统内已经装由MODBUS TCP等通用数据传输协议，可以根据用户需要提供标准数据包格式（图2-9-17）。

光纤测温主机的技术参数见表2-9-11所列。

光纤测温主机的技术参数	表2-9-11	

指标	参数值
测温范围	-40～120℃
测量周期	≤2s/km
测量温度精度	±1℃
定位精度	±1m
温度分辨率	±0.5℃
取样间隔	1.0m
测温长度	每路可检测2km、4km、8km、12km
光纤接口	1～8路光纤接口
连接方式	单端，FC/APC接口
图形界面显示分区	≥100个/km
温度检测范围	-40～120℃（普通感温光纤）；-50～500℃（特殊感温光纤）
通信接口	2个RS232接口；2个、4个RJ45接口；4个USB接口；1个CRT接口
LED显示	预热指示、电源指示、系统报警指示、光纤故障指示、温度报警指示；带有6.4英寸触摸操作显示窗功能，能够显示图形界面、设置参数、数据下载等功能；具有屏幕保护功能
工作电源要求	AC220±20V，2A，50/60Hz
使用环境	0～40℃，相对湿度＜95%RH
主机体积	446mm（w）×380mm（h）×178mm（d）
镭射功率	≤20μW，满足激光等级3A级

图2-9-17 分布式光纤在线感温报警系统主机

2. 感温光纤

感温光纤既可作为传感器，又可作为传输介质。其主要由高纯度的绝缘材料二氧化硅组成，结构简单，并具有耐腐蚀，抗电磁干扰，防雷击，传输损耗低等特点。光纤传输具有传输频带宽、通信容量大、损耗低、不受电磁干扰等优点，因而正成为新的传输媒介。感温光纤本身轻细纤柔，光纤传感器的体积小，重量轻，灵敏度高，可靠性好，使用寿命长，可维护性强。不仅便于布设安装，还能在各种恶劣环境里使用（图2-9-18）。

感温光纤的技术参数见表2-9-12所列。

图2-9-18 分布式光纤在线感温报警系统光纤敷设

感温光纤的技术参数	表2-9-12	

指标	参数值
光纤类型	多模光纤（62.5/125μm）衰减＜3.0dB/km（850nm），带宽为600MHz/km，衰减0.5dB/km（波长1300nm）
工作温度	-40～120℃，150℃高温下生存3h，120℃（≥48h） 探测光纤本征安全，不受电磁干扰、抗机械冲击、抗腐蚀
防护级别	≥IP67
弯曲半径	≥30mm
使用寿命	≥30年
光纤护套	对于主变电所、电缆桥架的保护采用不锈钢螺纹铠装外层加PVC护套的感温光纤，其他场合采用不锈钢螺纹铠装护套的感温光纤。该护套使在安装时操作更为简便并且提高机械稳定性和热辐射的灵敏性，完全满足工程需要和长期运行的需要
拉力	在安装过程中最大250N；在使用过程中最大150N

三、主要设备配置

分布式光纤在线感温报警系统的主要设备配置见表2-9-13所列。

分布式光纤在线感温报警系统的主要设备配置 表2-9-13

序号	设备	型号	数量
1	1号测温主机	JTWN-LDC-70A-FR01-D2路4km机型	1台
2	2号测温主机	JTWN-LDC-70A-FR01-D4路2km机型	1台
3	3号测温主机	JTWN-LDC-70A-FR01-D2路4km机型	1台
4	4号测温主机	JTWN-LDC-70A-FR01-D2路2km机型	1台
5	5号测温主机	JTWN-LDC-70A-FR01-D2路4km机型	1台
6	管理计算机	DELL2.8GHz/2G/320G/19″LCD	1台
7	感温光纤	JTWN-LDC-70A-FR01B	11638m
8	光纤/RJ45转换器	波仕卡	4个
9	交换机	D-LINK八口100M	1个

四、分布式光纤在线感温报警系统总结

使用分布式光纤在线感温报警系统，能及时检测出电缆的温度变化，对于电缆温度的异常产生报警，并对温度异常的点进行一定范围的定位，及时提醒工作人员进行隐患排查，对杜绝电缆引起的火灾隐患起了很大的帮助。但仍然存在一些不足之处，主要是由于供电局的限制，分布光纤无法进入10kV高压配电房对高压设备发热点、高压电缆沟等实施监测和预警，需要加强人工巡查，预防故障的发生。

第四节　智能应急疏散指示系统

一、系统概述

广州国际金融中心采用"集中控制型消防应急灯具"系统，它采用集中监控方式，通过信息技术、计算机技术和自动控制技术对楼宇内的消防安全通道的疏散指示灯、出口指示灯及应急灯进行实时监控，大大提高设备的维护效率；在获得消防报警的火灾联动信息后，对逃生路线进行自动分析，给出最合理的疏散路线。它解决了独立型应急疏散标志灯难以维护检修，无法和消防报警系统联动，以及在火灾发生时无法实时调整应急疏散指示方向等问题，提高建筑的安全系数。通过RS232接口接收消防报警系统的报警点位信息。

二、系统描述

国金中心采用了上海某公司生产的BXF9—C2集中控制型消防应急灯具系统。系统主要由中央主机、分站主机、末端应急标志灯具等组成，信号线采用二总线布线。集中控制型消防应急标志灯具系统24h不间断地对终端进行巡检，每个终端设备有独立的地址编码，内置再充电电池，如某个灯具发生故障，主机可发出声光报警，并定性到末端灯具的故障。声可手动消除，光必须排除灯具故障，才可消除，提醒工作人员在第一时间进

行维护，同时消除大楼内的逃生盲区。发生危险情况时，集中控制型消防应急灯具主机根据火灾报警系统传递的信息，对危险区域的灯具进行调整，危险区域的楼梯出口灯关闭，安全区域的出口灯进行中英文语音提示（提示安全疏散出口、路线等信息），指向危险区域的应急标志灯的箭头关闭，指向安全区域，避免人员走向危险区域。灯具具有频闪功能，吸引人们视觉注意，从而引导人员安全快速的逃离危险区域。

系统共设置中央主机1台，分站主机5台，具体安装位置及负责区域见表2-9-14所列。

系统设备具体安装位置及负责区域　　　　　　　　　　表2-9-14

序号	设备	安装位置	负责区域
1	1号中央主机	-1层消防控保安制中心（⑰、Ⓓ轴）	裙楼及地下室，及各分站主机负责的区域
2	1号分站主机	-1层消防控保安制中心（⑰、Ⓓ轴）	主塔负-4～30层
3	2号分站主机	套间式办公楼6层消防控制室（⑤、Ⓒ1轴）	套间式办公楼6～28层
4	3号分站主机	主塔73层消防保安控制室（Ⓧ1、Ⓩ2轴）	主塔67～103层
5	4号分站主机	-1层消防控保安制中心（⑰、Ⓓ轴）	主塔31～66层
6	5号分站主机	-1层酒店值班室（⑧、Ⓕ轴）	裙楼及地下室酒店区域

图2-9-19和图2-9-20分别为智能应急疏散指示系统示意图和智能应急疏散指示系统主机—灯具拓扑图。

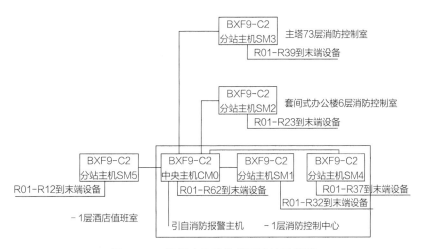

图2-9-19　智能应急疏散指示系统示意图

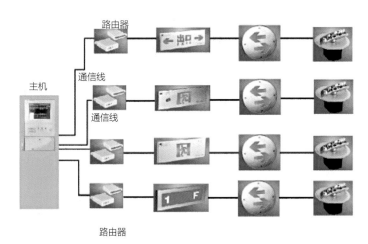

图2-9-20　智能应急疏散指示系统主机—灯具拓扑图

（1）集中控制型消防应急灯具系统内每个终端设备应具有独立的地址编码，系统应对终端灯具实时在线巡检，并显示所有终作状态。当系统内任何一设备发生故障时，应发出声光报警信号，排障后，报警自动消除。

（2）集中控制型消防应急标志灯在应急状态下，当主电供电线发生开路、短路、接地等故障时，系统内所有设备能执行集中控制主机发出的控制指令。

（3）发生火灾时，系统根据火灾报警系统的联动信息，系统自动执行以下动作：

1）灯具转入应急状态，按照系统指示的疏散预案执行命令。

2）灯具启动频闪功能，对危险区域的灯具进行调整，通向危险区域的出口灯关闭，点亮通向安全区域的出口灯并进行中英文语音提示"这里是安全出口"，原指向危险区域的应急标志灯调整为指向安全区域。

3）开启应急照明灯具。

（4）建筑平面图显示功能，能够显示现场应急标志灯具的状态及最新的疏散路线，如果末端设备有故障，会弹出报警窗口，提醒管理者及时处理故障。

（5）管理人员能通过中央监控室内的主机对系统进行监控管理。

（6）具有报警管理、日程表、历史—记录、密码保护、中文菜单式及图形化多功能编程软件。

（7）可根据需要，灵活、方便地设定控制区域及操作管理权限。

（8）提供RS232和RS485协议的消防联动接口。

三、智能应急疏散指示系统主要设备技术参数

（一）系统主机

1. 主要功能

（1）中央主机及分站主机由交互式操作软件支持，实事解析底层设备的工作状态信息，接收来自消防报警设备的火警联动信号（图2-9-21）。在日常维护过程中声光报警显示设备各种故障信息；在火灾发生时，根据火灾联动信号选择相应的应急预案，启动应急各类标志灯（图2-9-22）。

（2）通过协议接口接收来自消防报警设备的火灾报警信息，根据火灾联动信息，对底层设备进行控制、发送指令，实施疏散方向调整、关闭危险区域的疏散导向灯具，频闪加强视觉刺激，在安全的疏散出口处播放语音等动作。

图2-9-21　智能应急疏散指示系统主机

（3）在日常工作中24h不间断监测终端灯具的工作及故障状态，并显示设备的各种故障信息。

（4）主报工作状态：电池开路、短路；电源线开路、短路；通信线开路、短路。

（5）能保存、打印系统运行时的日志记录，并有自动数据备份功能，记录存储大于10000条。

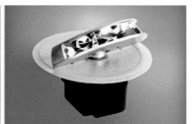

图2-9-22　智能应急疏散指示系统标志灯

（6）具有防止非专业人员误操作功能，并可根据不同操作权限设置密码（图2-9-23）。

2.技术参数

（1）主机材质：外壳采用钢板材料，表面采用防静电、防腐喷塑处理。

（2）主机组成：路由器、高精度工控计算机、电源模块、15寸真彩液晶显示器、工业打印机、熔断器、消防协议联动接口或联动信号节点模块。

图2-9-23 智能应急疏散指示系统监控界面

（3）后备电池：自带镍镉可充蓄电池，可连续充放电次数≥800次，应急时间≥120min，带有熔断器，有过充过放电保护。

（4）工作电压：AC220V-10%+15%。

（5）联动转换时间：小于5s。

（6）额定频率：50±1Hz。

（7）环境温度：-25～55℃。

（8）海拔高度：≤1000m。

（9）抗震烈度：8级。

（二）语音灯

1.主要功能

（1）每套灯均带有独立地址编码，可通过主机远程控制实现频闪同时语音"这里是安全出口"应急功能。

（2）自身向主机主报自己所在灯组的运行状态：光源开路、短路；电池开路、短路；通信线开路、短路。

2.技术参数

（1）灯体材质：外壳采用铝型材加工制作，灯体表面耐冲击强度高，面板不易破碎，表面采用阳极氧化处理。

（2）灯体光源：高亮度LED发光二极管，颜色为绿色，具有能耗低、亮度足、寿命长等特点，光源使用寿命≥10万h。

（3）内发光板：采用多层光处理专利技术精工制作，具有发光均匀、亮度足等特点，表面平均亮度≥80cd/m²。

（4）后备电源：自带环保锂离子可充蓄电池，具有无污染、无记忆效应、长寿命等特点，可连续充放电次数≥800次，应急时间≥90min，带有熔断器，有过充过放电保护。

（5）应急切换速度：0.1s。

（6）内部部件安装：采用整体模块化设计，模块外壳采用阻燃材料。

（7）用专用模具加工而成，免工具插拔式安装，便于安装维护。

（8）散热方式：内部发热部件采用灯体外壳散热。

（9）工作电压：AC220V-10%+15%。

（10）环境温度：-15～55℃。

（11）海拔高度：≤1000m。

（12）抗震烈度：8级。

（三）楼层显示标志灯

1. 主要功能

（1）每套灯均带有独立地址编码，可通过主机远程控制实现频闪应急功能。

（2）自身向主机主报自己所在灯组的运行状态：光源开路、短路；电池开路、短路；通信线开路、短路。

2. 技术参数

（1）灯体材质：外壳采用铝型材及玻璃面板加工制作。

（2）灯体光源：高亮度LED发光二极管，颜色为绿色，具有能耗低、亮度足、寿命长等特点，光源使用寿命≥10万h。

（3）内发光板：采用多层光处理专利技术精工制作，具有发光均匀、亮度足等特点，表面平均亮度≥80cd/m²。

（4）后备电源：自带环保锂离子可充蓄电池，具有无污染、无记忆效应、长寿命等特点，可连续充放电次数≥800次，应急时间≥90min，带有熔断器，有过充过放电保护。

（5）应急切换速度：0.1s。

（6）内部部件安装：采用整体模块化设计，模块外壳采用阻燃材料。

（7）用专用模具加工而成，免工具插拔式安装，便于安装维护。

（8）散热方式：内部发热部件采用灯体外壳散热。

（9）工作电压：AC220V-10%+15%。

（10）环境温度：-15～55℃。

（11）海拔高度：≤1000m。

（12）抗震烈度：8级。

（四）出口标志灯

1. 主要功能

（1）每套灯均带有独立地址编码，可通过主机远程控制实现频闪和应急功能。

（2）自身向主机主报自己所在灯组的运行状态：光源开路、短路；电池开路、短路；通信线开路、短路。

2. 技术参数

（1）灯体材质：外壳采用铝型材加工制作，灯体表面耐冲击强度高，面板不易破碎，表面采用阳极氧化处理。

（2）灯体光源：高亮度LED发光二极管，颜色为绿色，具有能耗低、亮度足、寿命长等特点，光源使用寿命≥10万h。

（3）内发光板：采用多层光处理专利技术精工制作，具有发光均匀、亮度足等特点，表面平均亮度≥80cd/m²。

（4）后备电源：自带环保锂离子可充蓄电池，具有无污染、无记忆效应、长寿命等特点，可连续充放电次数≥800次，应急时间≥90min，带有熔断器，有过充过放电保护。

（5）应急切换速度：0.1s。

（6）内部部件安装：采用整体模块化设计，模块外壳采用阻燃材料。

（7）用专用模具加工而成，免工具插拔式安装，便于安装维护。

（8）散热方式：内部发热部件采用灯体外壳散热。

（9）工作电压：AC220V-10%+15%。

（10）环境温度：-15～55℃。

（11）海拔高度：≤1000m。

（12）抗震烈度：8级。

（五）方向标志灯

1. 主要功能

（1）每套灯均带有独立地址编码，可通过主机远程控制实现频闪应急功能，改向。

（2）自身向主机主报自己所在灯组的运行状态：光源开路、短路；电池开路、短路；通信线开路、短路。

2. 技术参数

（1）灯体材质：外壳采用铝型材加工制作，灯体表面耐冲击强度高，面板不易破碎，表面采用阳极氧化处理。

（2）灯体光源：高亮度LED发光二极管，颜色为绿色，具有能耗低、亮度足、寿命长等特点，光源使用寿命≥10万h。

（3）内发光板：采用多层光处理专利技术精工制作，具有发光均匀、亮度足等特点，表面平均亮度≥80cd/m²。

（4）后备电源：自带环保锂离子可充蓄电池，具有无污染、无记忆效应、长寿命等特点，可连续充放电次数≥800次，应急时间≥90min，带有熔断器，有过充过放电保护。

（5）应急切换速度：0.1s。

（6）内部部件安装：采用整体模块化设计，模块外壳采用阻燃材料。

（7）用专用模具加工而成，免工具插拔式安装，便于安装维护。

（8）散热方式：内部发热部件采用灯体外壳散热。

（9）工作电压：AC220V-10%+15%。

（10）环境温度：-15～55℃。

（11）海拔高度：≤1000m。

（12）抗震烈度：8级。

（六）应急照明灯

1. 主要功能

（1）每套灯均带有独立地址编码，可通过主机远程控制实现频闪应急功能。

（2）自身向主机主报自己所在灯组的运行状态：光源开路、短路；电池开路、短路；通信线开路、短路。

2. 技术参数

（1）灯体材质：外壳采用铝型材加工制作，灯体表面耐冲击强度高，面板不易破碎，表面采用阳极氧化处理。

（2）灯体光源：高亮度LED发光二极管，颜色为绿色，具有能耗低、亮度足、寿命长等特点，光源使用寿命≥10万h。

（3）内发光板：采用多层光处理专利技术精工制作，具有发光均匀、亮度足等特点，表面平均亮度≥80cd/m²。

（4）后备电源：自带环保锂离子可充蓄电池，具有无污染、无记忆效应、长寿命等特点，可连续充放电次数≥800次，应急时间≥90min，带有熔断器，有过充过放电保护。

（5）应急切换速度：0.1s。

（6）内部部件安装：采用整体模块化设计，模块外壳采用阻燃材料。

（7）用专用模具加工而成，免工具插拔式安装，便于安装维护。

（8）散热方式：内部发热部件采用灯体外壳散热。

（9）工作电压：AC220V-10%+15%。

（10）环境温度：-15～55℃。

（11）海拔高度：≤1000m。

（12）抗震烈度：8级。

四、智能应急疏散指示系统小结

智能应急疏散指示系统能够检测疏散指示标志、应急灯内部蓄电池的状态及灯具的开、关状态，大大节省人工检测的工作量。在疏散路线比较复杂的商场、停车场等区域，智能应急疏散指示系统能够根据火警的位置，通过调整疏散指示标志的指示方向，指示出一条最优的路线，引导人员疏散。

第五节　公共及应急广播系统

一、概述

国金中心的公共及应急广播系统选用具有网络管理功能，可进行编程设置的智能型广播系统。系统采用分级使用、统一管理的结构模式。整个系统共设3套广播主机，分别负责套间式办公楼、群楼及地下室和主塔楼办公区、主塔楼及裙楼地下室的酒店区的公共及应急广播。设于-1层消防保安控制中心的广播主机是广播主控中心，设于-1层酒店值班室及套间式办公楼6层消防控制室的广播主机为广播分控中心。广播主控中心能对整个系统进行编程设置、监测和集中控制，各分控中心也可独立实现本地广播功能，广播主控中心有优先对分控中心的本地广播的切换权。系统具有消防应急广播、业务广播、寻呼广播、背景音乐广播一体化功能，其中消防紧急广播具有最高优先级，收到火灾自动报警系统的消防联动信号后自动播放广播火灾地点、疏散指引等信息。

二、系统描述

（一）系统说明

国金中心的公共及应急广播系统采用日本某品牌的SX-2000系列数字网络化公共广播管理系统。该系统主要设备包括：系统管理器、音频输入单元、音频输出单元、遥控话筒、消防话筒、激光唱机、MD机、卡座、数字调谐器等声源输入设备，功率放大器及末端喇叭等。系统管理器、音频输入、输出单元之间通过智能网络连接，音频输出单元到末端喇叭采用屏蔽双绞线。系统可以做到智能性的管理、多信息的分配、特定信息的重复播放、多级优先权的分配等。系统具有消防应急广播、业务广播、寻呼广播、背景音乐广播一体化功能，广播主机内置多语种消防语音广播。其中，消防紧急广播具有最高优先级，当收到火灾自动报警系统的消防联动信号后，自动屏蔽其他非消防广播，同时播放广播火灾地点、疏散指引等信息。

本项目公共及应急广播系统进行分区广播，裙楼、地下室根据建筑防火分区设置，每个防火分区设为一个广播分区；套间式办公楼南翼、套间式办公楼北翼及主塔楼，每层设为一个广播分区。根据使用功能的不同，共设置3套广播主机（包括系统管理器、音频输入单元和广播控制计算机等），其中一套为广播主控中心，另外2套为广播分控中心，主机之间通过建筑的智能网进行通信。广播主控中心能对整个系统进行编程设置、监测和集中控制，且对分控中心的本地广播具有优先切换功能。各套主机的具体分布及负责区域见表2-9-15所列。

各套主机的具体分布及负责区域　　　　　　　　　表2-9-15

序号	广播主机	安装位置	音频输出单元	负责区域
1	1号广播主机（广播主控中心）	-1层消防保安控制中心（⑰、Ⓓ轴）	音频输出单元1～12（设于-1层消防保安控制中心）	裙楼及地下室、主塔-4～21层（除酒店区域）
			音频输出单元13～18（设于主塔30层Ⓩ1）、①/Ⓧ1轴的广播机房）	主塔办公区22～66层
2	2号广播主机（广播分控中心）	裙楼6层消防控制中心（⑤、Ⓒ1轴）	音频输出单元1～7（设于裙楼6层消防控制中心）	套间式办公楼6～28层
3	3号广播主机（广播分控中心）	-1层酒店值班室（⑧、Ⓕ轴）	音频输出单元1～2（设于-1层酒店值班室）	裙楼及地下室酒店区域
			音频输出单元3～7（设于主塔73层消防控制室）	主塔酒店67～103层

图2-9-24为公共及应急广播系统网络示意图。

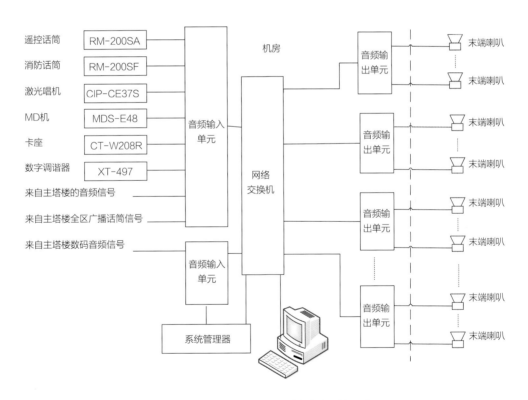

图2-9-24　公共及应急广播系统网络示意图

（二）系统的具体功能

（1）广播主控中心能对整个系统进行编程设置、监测和集中控制，各广播分控除接收由主控中心传输的广播信号外，另单独设置遥控话筒、消防话筒、激光唱机、MD机、卡座、数字调谐器等本地音源，实现本地广播功能。广播主控中心对分控中心的本地广播具有优先切换功能。

（2）广播系统管理软件能够对整个广播系统进行管理，包括系统设备工作状态的检测、系统功能设置以及操作管理等。

（3）系统具有消防紧急广播、业务广播、定时广播、远程广播、寻呼广播、背景音乐广播一体化功能，其中消防紧急广播具有最高优先级。消防控制室具有最高级别的优先权，消防控制室应能监控用于紧急广播扬声器回路的工作状态，并能控制广播系统，强制进行紧急广播，在系统主机出现故障的情况下，仍可通过消防紧急话筒进行人工消防广播，音控器处于断开位置仍可实现紧急广播。

（4）系统设有故障检测装置，可监测系统控制部分及功放、扬声器回路等各重要设备的工作状态。如扬声器回路发生短路、开路及接地等故障，可自动识别故障性质、位置、时间，通过系统软件进行管理、打印出故障信息或通过管理软件发出报警信号。

（5）设有带音量控制和选择开关的监听器，用以监听各广播分区播送的节目。广播系统的主要控制按键具有锁定功能，防止误操作。扬声器线路传输电压采用国际标准100V。

（6）背景音乐。根据不同区域的功能，可以播放不同的背景音乐；分别设置音量调节器，以便用户根据现场实际情况进行就地控制。背景音乐与火灾紧急广播扬声器共用。当发生火情时，系统将强切至紧急广播。

（7）紧急广播。系统音频输出单元接收火灾自动报警系统的干接点消防联动信号时，系统自动屏蔽其他任何形式的广播，强切转入到紧急广播状态，全音量向对应的区域广播警报信号和疏散指引等信息。紧急广播的内容可以是系统预先设置好的信息，也可以通过消防话筒进行人工语音播报。紧急广播的区域选择原则为：当二层及以上的建筑发生火灾时，先接通着火层及其相邻的上下层紧急广播；首层发生火灾时，先接通本层、二层及地下各层紧急广播；地下室任何一层发生火灾时，先接通地下各层及首层紧急广播；含多个防火分区的单层建筑，先接通着火防火分区及其相邻的防火分区紧急广播。当N层报警探测器动作的时候，广播系统将按上述国标规定的范围进行预警信息广播，其他区域的正常广播不受影响。当N层确认火警以后，广播系统将按上述国标规定的范围进行疏散信息广播，其他区域可根据需要人工选择广播。

（8）业务广播。业务性广播拥有对背景轻音乐优先的切换功能，但当火灾事故广播进行时，业务性广播不能投入紧急广播的广播分区，但设于消防控制室的消防话筒却可以强切，以便告知大众事故原因或是误报等。

（9）定时广播。广播系统提供定时广播功能，可以根据需要预设定特定时间开始播放特定的内容。

（10）分区广播。能根据一般广播和紧急通告的需要任意选择一个或数个广播分区进行广播，也能任意组合广播区进行广播。当向选定的区域进行广播通知时，向其他区域播放的背景音乐节目不受影响。每个广播区有各自的LED指示灯，以显示其工作状态。紧急情况下有强制进行全区广播的功能。

（三）公共及应急广播系统主要设备技术参数

1. 系统管理器SX-2000SM

SX-2000SM可以与SX-2000系列的可选音频输入单元、音频输出单元和远程话筒组合使用，组成一个完整的矩阵系统，并可执行整个系统的音频型号路由和优先控制。SX-2000SM自身配有8路控制输入、8路控制输出、故障状态输出、故障数据输入/开关、接入、故障指示等功能使系统大范围的控制及监控成为可能，每种控制通过一块插入SX-2000SM单元的CF卡来执行。可记录整个系统的运行，且其内容还可作为运作日志保存在CF卡上。SX-2000SM还具有双电源输入特征，能实现双冗余的系统供电。SX-2000SM的主要技术参数见表2-9-16所列。

2. 音频输入单元SX-2100AI

SX-2100AI是矩阵系统的音频输入单元。多个单元可以分布在整个系统上。它以每个单元允许处理2～8路输入的模块化结构为特征。音频信号以数字形式传输到音频输出单元，但在应急情况下可以通过模拟音频输出（1个通道）实现全区广播。在为输入通道提供的电平计上指示音频输入电平（后置音量控制电平）。SX-

2100AI的主要技术参数见表2-9-17所列。

SX-2000SM的主要技术参数　　　　　　　　表2-9-16

型号		SX-2000SM	
图片			
电源		24VDC双电源输入结构能够实现双冗余电源	
电流消耗		低于0.8A（24VDC下运行时）	
SX链接	网络I/F	2个100BASE-TX电路	
	矩阵系统规格	总线：16条； 音频输入：最大128路； 音频输出：最大256个区； 触点控制输入：最大1416个；	触点控制输出：最大1416个； 优先控制：512级； 事件日志：最多1000个事件×32个文件； 故障日志：最多100个时间×32个文件
	矩阵系统配置	可连接的SX-2000AI/SX-2100AI数量：最多8个单元； 可连接的SX-2000AO/SX-2100AO数量：最多32个单元（每个SX-2100AO/2000AO一个单元）； 可连接的SX-2000CO数量：最多16个单元（每个SX-2100AO/2000AO一个单元）； 可连接的RM-200SA/RM-200SF数量：最多64个单元	
	链接电缆/设施	用于局域网的5类屏蔽双绞线（CAT5-STP）	
局域网	网络I/F	1个10BASE-T/100BASE-TX电路，RJ45连接器，用于维护	
	网络协议	TCP/IP	
	链接电缆	用于局域网的5类屏蔽双绞线（CAT5-STP）	
模拟连接	输入/输出端子	输出：2个，RJ45连接器	
	链接电缆	用于局域网的5类屏蔽双绞线（CAT5-STP）	
DS连接	可用单元	VX-2000DS	
	连接器/电缆	2个接口，RJ45连接器，5类屏蔽双绞线（CAT5-STP）	
故障数据输入		3路输入（确认/复位/灯测试）	
故障数据输出		4路输出（CPU故障/一般故障/CPU关闭/蜂鸣器）	
控制输入		8路输入	
控制输入线路的监控部分		暂停功能的连接电阻：20kΩ±5%； 激活功能的连接电阻：20kΩ±5%；	连接器电缆：双绞线（建议使用屏蔽类）； 最大电缆距离：10m
控制输出		8路输出	
24V DC输出	最大馈电电表	100mA	
	输出电压	24VDC±10%或更低	
储存卡		插槽：1个[提供CF卡（128MB）]	

SX-2100AI的主要技术参数　　　　　　　　表2-9-17

型号	SX-2100AI
图片	

型号		SX-2100AI
电源		24VDC双电源输入结构能够实现双冗余电源
电流消耗		低于1.50A（当在24VDC下运行时）
音频输入		8路输入、模块结构（最多4个模块）
控制输入		16路输入
控制输出		16路输出
音频输入特性		采样频率：48kHz
SX链接	网络I/F	2个BASE-TX电路
	链接电缆/设施	用于局域网的5类屏蔽双绞线（CAT5-STP）
模拟链接	输入/输出端子	输入：1路输入，RJ45连接器输出：1路输出，RJ45连接器
	链接电缆	用于局域网的5类屏蔽双绞线（CAT5-STP）

3. 音频输出单元SX-2100AO

SX-2100AO是矩阵系统的音频输出单元，多个单元可以分散安装构成整个系统。它配有8路音频输出和2路模拟链接输入输出，并配有8路控制输入和8路控制输出。SX-2100AO经由数字传输从音频输入单元接受音频信号，但在应急情况下可以通过模拟音频输出（1个通道）实现全区广播。在每个输出通道的电平表上指示音频输出电平（后置音量控制电平）。SX-2100AO的主要技术参数见表2-9-18所列。

SX-2100AO的主要技术参数　　　　　　　　表2-9-18

型号		SX-2100AO
图片		
电源		24VDC双电源输入结构能够实现双冗余电源
电流消耗		低于1.2A（24VDC下运行）
PA链接	音频输出	8路输出、0dB、匹配的负载：600Ω或以上
	音频输出特性	频率响应：20～20000Hz；采样频率：48kHz；D/A转换器：24位
	连接电缆	5类屏蔽双绞线（CAT5-STP）
本地音频输入	音频输入	2路输入，0dB，适用负载：600Ω或以上，电子均衡，RJ45连接器
	音频输出特性	频率响应：20～20000Hz；采样频率：48kHz；D/A转换器：24位
	控制输入	2路输入
	链接电缆	5类屏蔽双绞线（CAT5-STP）
SX链接	网络I/F	2个BASE-TX电路，RJ45连接器
	链接电缆/设施	用于局域网的5类屏蔽双绞线（CAT5-STP）
模拟链接	输入/输出端子	输入：1路输入，RJ45连接器；　输出：1路输出，RJ45连接器
	链接电缆	用于局域网的5类屏蔽双绞线（CAT5-STP）
DS链接	可用单元	VX-2000DS
	连接器/电缆	2个接口，RJ45连接器，5类屏蔽双绞线（CAT5-STP）
CI/CO链接	可用单元	SX-2000CI或SX-2000CO
	连接器/电缆	1个接口，RJ45连接器，5类屏蔽双绞线（CAT5-STP）

型号		SX–2100AO
喇叭线路故障检测部分	链接电缆	可拆卸式端子插座，SP/AMP：8销，备用AMP：2销，AWG24-AWG16
	最大输入	100Vrms，5Arms
	故障检测系统	短路，开路，对地绝缘
	方法	阻抗或线路末端
	线路末端（图2-9-25）	正常情况：在喇叭线路和屏蔽线之间被470kΩ的电阻端接； 开路：喇叭线路和屏蔽线之间断开
	阻抗	最小载荷：线路为100V时为2kΩ（5W）
控制输入		8路输入
控制输出		8路输出

图2-9-25　末端喇叭设备机柜

4. 遥控话筒RM–200SA

遥控话筒RM-200SA的主要技术参数见表2-9-19所列。

遥控话筒RM–200SA的主要技术参数　　　　　　　　　　　　　表2-9-19

型号	RM–200SA	图片
电源	24VDC（SX-2100AI音频输入单元供应）或DC输入电源连接器（使用可选的AD-246电源单元）	
电流消耗	低于240mA	
音频输出	0dB，600Ω，均衡	
外部话筒输入	–40dB，2.2kΩ，不均衡，小插孔	
失真	低于1%	
频率响应	100～20000Hz	
信噪比	低于60dB	
话筒	带AGC的单向型电容式话筒（开/关可选）	
提示音	内置，使用内置喇叭实现监控	
电平控制	话筒灵敏度控制，监听喇叭音量控制，提示音（可使用软件调节）	
链接电缆	主线路：屏蔽CPEV电缆或5类屏蔽双绞线（CAT5-STP）； 支线路：5类屏蔽双绞线（CAT5-STP）	
可连接的扩展单元数量	最多4个单元	
监听喇叭	内置	
指示器	电源指示器、故障指示器、功能开关指示器、有盖开关指示器、广播开关指示器	
尺寸	90（W）mm×76.5（H）mm×215（D）mm（不含话筒）	

5. 消防员话筒RM-200SF

消防员话筒RM-200SF的主要技术参数见表2-9-20所列。

消防员话筒RM-200SF的主要技术参数　　　表2-9-20

型号	RM-200SF	图片
电源	24VDC（SX-2100AI音频输入单元供应）	
电流消耗	低于240mA	
音频输出	0dB，600Ω，变压器均衡	
失真	低于1%	
频率响应	200～15000Hz	
信噪比	超过55dB	
话筒	带通话键AGC的单向型电容式话筒（开/关可选），可使用内置小型振荡器检测话筒元件的故障	
链接电缆	屏蔽CPEV电缆或5类屏蔽双绞线（CAT5-STP）	
可连接的扩展单元数量	最多5个单元	
监听喇叭	内置	
指示器	状态指示器、电源指示器、故障指示器、CPU指示器、选择指示器、话筒指示器、广播开关指示器	
尺寸	$200（W）mm×215（H）mm×95（D）mm$	

6. 顶棚喇叭PC-2369

顶棚喇叭PC-2369的主要技术参数见表2-9-21所列。

顶棚喇叭PC-2369的主要技术参数　　　表2-9-21

型号	PC-2369	图片
扬声器组件	6″（16cm）双锥型	
额定输入	100V线路：6W	
阻抗	100V线路：1.7kΩ（6W），3.3kΩ（3W），6.7kΩ（1.5W），13kΩ（0.8W）	
声压级（1m/1W）	93dB	
频率响应	45～20000Hz	
输入端子	插入式端子	
表面装饰	挡板：钢板，灰白色，油漆/格栅：表面处理的钢板网，灰白色，油漆	
尺寸	$\phi230×79（D）mm（\phi9.06″×3.11″）$	

7. 顶棚喇叭PC-2852

顶棚喇叭PC-2852的主要技术参数见表2-9-22所列。

顶棚喇叭PC-2852的主要技术参数　　　表2-9-22

型号	PC-2852	图片
扬声器组件	8″（20cm）同轴双向锥型	
额定输入	100V线路：15W	
阻抗	100V线路：70Ω（15W），1kΩ（10W），2kΩ（5W），3.3kΩ（3W）	
声压级（1m/1W）	96dB	
频率响应	45～20000Hz	
输入端子	插入式端子	
表面装饰	挡板：钢板，灰白色，油漆/格栅：表面处理的钢板网，灰白色，油漆	
尺寸	$\phi280×92（D）mm（\phi11.02″×3.62″）$	

8. 顶棚喇叭\BS-678

顶棚喇叭\BS-678的主要技术参数见表2-9-23所列。

顶棚喇叭BS-678的主要技术参数

表2-9-23

型号	BS-678	图片
扬声器组件	6″（16cm）双锥型	
额定输入	100V线路：6W	
阻抗	100V线路：1.7kΩ（6W），3.3kΩ（3W），6.7kΩ（1.5W），13kΩ（0.8W）	
声压级（1m/1w）	94dB	
频率响应	150～20000Hz	
输入端子	推入式端子	
表面装饰	挡板：HIPS树脂，灰白色； 箱体：木质，灰白色； 格栅：表面处理的钢板网，灰白色	
尺寸	250（W）mm×190（H）mm×110（D）mm（9.84″×7.48″×4.33″）	

9. 功率放大器VP-2122

功率放大器每通道使用一个功率放大器输入模块。功率放大器VP-2122的主要技术参数见表2-9-24所列。

功率放大器VP-2122的主要技术参数

表2-9-24

型号	VP-2122	图片
电源	28VDC（操作范围20～40VDC）、M4螺栓端子	
消耗电流（EN60065）	4.8A（总合）	
额定输出功率	120W×2	
输出电压/阻抗	100V/83Ω、70V/41Ω、50V/21Ω（可借由改变内部线路选择）	
回路	2	
输入	VP-200VX专用输入模组	
插槽数	4个VP-200VX	
输出	功率放大器输出（喇叭回路）：M3.5螺栓端子	
频率响应	40～16000Hz，±3dB（1/3额定输出时）	
S/N	大于80dB	
失真率	1%以下（额定输出1kHz）	
面板指示灯	回路显示：2回路，变色LED过热显示：黄色LED	
操作温度	0～40℃	
外观	面板：表面处理钢板、黑色、30%光泽	
尺寸	482（W）mm×88.4（H）mm×340.5（D）mm	
重量	9.1kg	
附件	固定螺栓×4、纤维垫圈×4	

第六节　漏电火灾报警系统

一、概述

为预防接地故障引起的电气火灾，广州国际金融中心设置了漏电火灾报警系统，用于检测照明配电回路（插座回路设漏电保护断路器）的漏电电流，实时监控电气线路的漏电故障和异常状态。当漏电电流达到预先设定的数值时，系统现场会发出声光报警信号，管理电脑的图形管理界面上同时弹出报警对话框，显示报警点的位置及报警信息。

二、系统描述

（一）系统说明

本工程采用珠海某公司的SmartPM漏电火灾报警系统。SmartPM漏电火灾报警系统以控制主机（电气火灾通信管理机及管理计算机）作总控制器，通过二总线连接每台监控探测器（现场监控设备），对系统内所有监控探测器的运行状态进行实时监控。通过采集漏电电流、过电流等信号，由单片机实时检测控制保护，系统具有声光报警提示、现场地址区域编码、现场整定与远程整定各种报警/预报警信息LCD显示、存储记录与查询、历史数据存储、记录运行日志、报表输出等功能。系统还应具有功能综合化、操作监视屏幕化、运行管理智能化等特点。

本工程的漏电火灾报警系统共设置4套通信管理机、3台管理工作站及打印机，具体分布见表2-9-25所列。

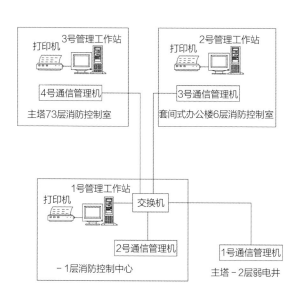

图2-9-26　漏电火灾报警系统示意图

漏电火灾报警系统设备的具体分布　　　　　　表2-9-25

序号	设备	安装位置	负责区域
1	1号通信管理机	主塔-2层弱电井（Z2、Y1轴）	主塔-4～66层
2	2号通信管理机	-1层消防保安控制中心（17、D轴）	裙楼及地下室
3	3号通信管理机	套间式办公楼6层消防控制室（5、C1轴）	套间式办公楼6～28层
4	4号通信管理机	主塔73层消防控制室（X1、Z2轴）	主塔67～103层
5	1号管理工作站及打印机	-1层消防保安控制中心（17、D轴）	主塔-4～66层，裙楼及地下室
6	2号管理工作站及打印机	套间式办公楼6层消防控制室（5、C1轴）	套间式办公楼6～28层
7	3号管理工作站及打印机	主塔73层消防控制室（X1、Z2轴）	主塔67～103层

图2-9-26和图2-9-27分别为漏电火灾报警系统示意图和漏电火灾报警系统管理主机图。

（二）系统具体功能

（1）系统包括电气火灾监控设备和电气火灾监控探测器，都通过国家消防电子产品质量监督检验中心型式检测合格。

（2）系统具有漏电预警、报警功能。当配电回路的漏电电流值达到漏电报警整定值（在监控指标整数数值范围内能现场整定和远程整定）时探测器发出漏电报警信号，通过二总线主动上传给监控设备，同时上传的还有报警线路地址、报警时现场电流及漏电值、报警发生时间。

（3）系统具有过电流预警、报警功能。当配电回路的三相电流值达到电流报警整定值（在监控指标整数数值范围内能现场整定和远程整定）时，探测器发出过电流预警信号，通过二总线主动上传给监控设备，同时上传的还有预警线路地址、预警时现场电流及漏电值、预警发生时间。

图2-9-27　漏电火灾报警系统管理主机

（4）系统具有较快的反应速度。当现场监控探测器发生报警或预警时，监控设备能在1s内获知该报警或预警信息，同步还能获知预警或报警发生时事故现场的电流值和漏电值。

（5）系统具有实时监控功能。在管理计算机上，能够显示指定监控探测器的三相工作电流和漏电电流值，并能以时间历程曲线的方式显示出这些值的大小和变化趋势。

（6）系统为独立的工作系统，通过二总线在各监控点和监控中间通信。

（三）漏电火灾报警系统主要设备及其技术参数

1. 现场监控探测器

监控探测器安装在配电箱中需要检测的配电回路上，具有监控供电回路的漏电电流、供电电流、电源、功率等电流参数，输出报警，与监控主机通信等功能。

监控探测器的性能指标如下：

精度等级：电压电流0.2A，功率0.5W，漏电电流0.5A。

整机功耗：小于4V·A。

稳定度：年偏移小于0.2%。

工频耐压：AC2kV/min-1mA输入-输出电压。

绝缘电阻：大于50MW。

冲击电压：5kV，1.2/50μs。

输入范围：电缆0~5A，电压0~220V，漏电流毫安级。

保护功能：漏电、温度、过压、缺相、消防联动。

显示方式：三行四位数码管。

测量温度：0~150℃。

声音报警：内置蜂鸣器，本地可消声，解除报警。

继电器接点容量：220Vac/5A或30Vdc/5A。

工作环境：-20~60℃，10%~90%无凝露。

存储环境：-40~75℃，10%~95%无凝露。

安装方式：屏面安装，滑块固定，免螺栓。

面板尺寸：96mm×96mm；开孔尺寸：90mm×90mm。

2. 通信管理机

负责现场监控探测器与管理计算机之间的通信。

3. 管理计算机及管理软件

通过管理软件进行信息处理、显示、存储记录与查询等。通过图形界面可以查询各个漏电检测点的漏电电流、通过电流实时数值，也可以查询历史数值；设定漏电电流预警值、漏电电流报警值、过电流预警值、过电流报警值；弹出界面，进行预警或报警，同时显示相关报警信息。

SmartPM漏电火灾报警系统软件的主要特性包括：

（1）适用于Windows XP、Windows NT2000、Windows Vista等操作系统平台，基于Client/Server数据设计结构。

（2）根据不同用户设有相应管理权限，用户根据其访问级别实现对系统的管理与操作；管理员可以对漏电电流报警阀值、过电流报警阀值、温度报警阀值进行设置，并可以添加删除监控节点，添加删除用户，查询或打印报警记录、历史操作记录、状态改变记录，设置选择性区域保护功能。

（3）完整记录系统操作过程、历史漏电信息，并可以对监控节点的实时数据进行保存；所有数据存储时间超过12个月，数据记录条数大于200万条；数据能被打印。

（4）可以根据用户需求，扩展数据存储设备已增大数据保存量，可以扩展支持触摸屏操作方式，便于用户操作。

（5）可以对设备的通信状态、主备电工作状态、漏电火灾报警监控设备的在线或故障状态进行声光报警。

（6）配置UPS不间断电源供电，系统可以自动实现主/备供电电源切换，智能充、放电电池管理。当市电故障时，根据配置UPS型号的不同，供电时间保证30min。

（7）系统可以通过以太网，实现远距离数据监控、系统维护和升级。开放的通信协议便于与楼宇自控系统、消防监控系统进行连接。系统配备有消防联动输出接口，实现普通火灾和电气火灾一体监控。

（8）系统提供数据转发、OPC数据库、ODBC数据源等网络共享协议，便于与BMS、BA等其他智能系统实现数据共享。

（9）系统具备完善的自检功能，能够实现开机自检、定时自检和手动自检，并将自检的异常故障信息自动记录到数据库中。

（10）图形化的操作界面，人性化的操作方式，便于现场监控人员使用。

SmartPM漏电火灾报警系统软件的主要性能指标如下：

（1）最大检测节点4096。

（2）漏电流、温度、电流等实时数据刷新时间≤4s。

（3）开关量信号刷新周期≤4s。

（4）遥控命令操作时间≤2s。

（5）全系统数据刷新时间≤4s。

（6）画面响应时间：实时数据≤4s，非实时数据≤5s。

（7）系统平均无故障时间≥40000h。

图2-9-28和图2-9-29分别为漏电火灾报警系统主监控界面和漏电火灾报警系统区域状态画面。

电线的接触不良、灯具损坏造成漏电等，存在很大的安全隐患。漏电火灾报警系统能够检测出供电线路的漏电电流，提醒工作人员对隐患进行排查、消除，起到防患于未然的作用。

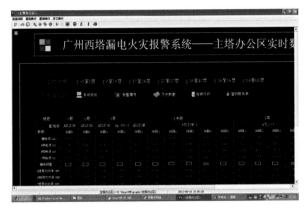
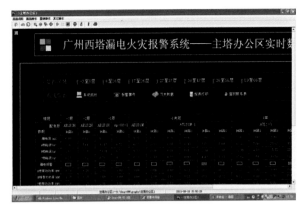

图2-9-28　漏电火灾报警系统主监控界面　　　　图2-9-29　漏电火灾报警系统区域状态画面

第七节　电力监控系统设计

一、概况

为实现对高、低压开关的分、合闸信号、事故信号及电压、电流等电气参数的实时监控、自动抄表、数据保存及分析，广州国际金融中心设置了变电所自动监控系统。系统提供图形化管理软件，能够进行参数设置、报警管理、历史数据记录、生成数据报表、提供数据服务接口等。通过远程管理主机就能详细了解高、低压开关的各项数据，实现集中式高效管理。电力监控系统提供OPC软件接口集成到BMS系统。

为保证供电系统的安全及管理的方便，对电力监控系统管理软件设置了不同的权限及密码，管理人员根据自己的权限进行相关操作。同时，为避免误操作，还对进行断路器合闸、分闸删除记录等操作设置确认密码，保证系统运行的可靠性。

二、系统描述

（一）系统说明

项目采用了深圳某公司的FM600系列主控单元及FM100-8系列检测单元系统，监控高压柜的开关、出线回路，高压柜直流控制屏，变压器，低压柜出线回路，发电机的开关、电流、电压、功率因数、温度等状态。共设置总管理计算机1个，工作站3个，主控单元9个，具体分布及负责区域见表2-9-26所列。

系统设备具体分布及负责区域　　　　　　　　　　　　　　　表2-9-26

序号	设备	安装位置	主控单元	负责区域
1	管理总计算机	-1层设备管理间（Ⓐ、⑩~⑪轴）	—	所有区域
2	工作站1	-1层设备管理间（Ⓐ、⑩~⑪轴）	-2层变配电值班室（④、Ⓜ轴）主控单元1	-2层高、低压电房
			-1层设备管理间（Ⓐ、⑩轴）主控单元2~4	-1层高、低压电房
3	工作站2	30层电房值班室（Ⓧ1、①、Ⓨ1轴）	12层电房（①/Ⓨ1、Ⓧ1轴）主控单元5	主塔12层高、低压电房
			30层电房值班室（Ⓧ1、①/Ⓨ1轴）主控单元6	主塔30层高、低压电房
			48层电房（①/Ⓧ1、Ⓨ1）主控单元7	主塔48层高、低压电房

序号	设备	安装位置	主控单元	负责区域
4	工作站3	68层电工值班房（①/B2、①/㉑轴）	68层电工值班房（①/B2、①/㉑轴）主控单元8	主塔67层高、低压电房
			68层电工值班房（①/B2、①/㉑轴）主控单元9	主塔68层高、低压电房

图2-9-31为电力监控系统示意图。

（二）系统具体功能

（1）管理人员能通过中央监控室内的PC机对系统进行监控管理。

（2）采用全中文图形操作界面。

（3）具有报警管理，日程表、历史记录、能耗报表、密码保护、中文菜单式及图形化多功能编程软件。

（4）可根据需要，灵活、方便地设定控制区域及操作管理权限。

（5）在一个画面上进行所有的编程设定作业及对系统进行监控。

（6）可由鼠标的拖拽方式，简便地设定时间，也可在控制板上进行简便的设置。

（7）采用易操作的拖放方式，易于编辑各控制点的平面图。

（8）鼠标所指区域即显示相关继电器和群组的编号，以及显示该区的工作状态（开关）。

（9）提供半透明功能及方便的动态画面功能，使控制区域更加生动直观。

（10）可监视所有有关控制区的各项工作状态信息。

（11）可发出工作异常警报，并显示异常区域、异常工作点的具体地址。

（12）提供找寻设置于图像画面的"从图纸找寻"功能。

（13）提供运行时间分析及历史记录功能。

（14）可收集一定的日志数据显示于画面上或打印。

（15）可树立分别由控制板所查询的节能方案。

（16）提供对于电能使用量的计费与趋势。

（17）提供对于使用量图表的线／棒图表。

（三）电力监控系统主要设备技术参数

1. FM600主控单元

FM600主控单元作为现场智能设备的中央控制单元，它连接不同的智能设备和监控中心，协调这些设备间的数据和命令交换。在性能、配套性和扩展性上有明显的优点，具有较高的性能价格比。主要适用于大规模、远距离通信的工业变配电自动化系统以及楼宇变配电自动化系统。本产品已通过国家继电器质量检测中心测试。

FM600主控单元采用嵌入式实时多任务操作系统，充分利用了现代计算机技术、网络通信技术、电子技术、监控技术。具有双以太网（TCP/IP）通信接口、CAN-BUS双总线网通信接口、8个可自由配置的（RS232/RS422/RS485）串行接口、PC104主板、GPS对时等功能，以满足自动化系统的实时性、可靠性、可扩充性，实现自动化系统网络化、规模化。

（1）主要功能

1）以多种方式实现现场智能设备的信息汇总、处理及传送、控制、对时等功能。

2）完成MODBUS、DNP、DL/T645-1997等通信协议处理和转换。

3）支持双以太网和CAN-BUS双总线高速数据通信接口。

4）8个可自由配置RS232/RS422/RS485接口，可用于与其他智能设备间通信。

5）1个RS485接口，完成与GPS对时功能。

6）2个RS232维护口，用于当地维护和调试或者可选做其他功能。

7）具有通信监视、自恢复功能。

（2）主要特点

1）采用先进的工业级芯片，电气隔离和电磁屏蔽设计符合国际标准，具有极高的抗干扰能力和工作可靠性。

2）CPU采用国际标准PC104模板，扩充和升级的潜力大，增强了系统的处理能力。

3）主要芯片采用贴装技术，提高了稳定性。

4）采用PPS硬件对钟方式，确保系统内各装置之间的时钟同步精度达到1ms。

5）CAN-BUS双网结构高速数据通信接口，保证通信的准确性和实时性。

6）可配置双以太网结构，保证网络通信可靠、安全、大容量。

7）多种通信方式的使用，增强系统组网灵活性和可扩展性。

8）采用嵌入式实时多任务操作系统，保证系统的实时性。

（3）技术指标

1）工作电源：交流AC220V±20%。

2）频率50Hz±10%。

3）直流：DC220V±15%。

4）可选：AC110V/DC110V工作电源。

5）无故障运行时间：大于50000h。

6）绝缘性能：绝缘电阻不低于100MΩ（500V兆欧表）。

7）介质强度电源输入与机壳之间不低于AC2500V。

8）《电磁兼容　试验和测量技术　静电放电抗扰度试验》（GB/T 17626.2-2006）4级。

9）《电磁兼容　试验和测量技术　射频电磁场辐射抗扰度试验》（GB/T 17626.3-2006）3级。

10）《电磁兼容　试验和测量技术　电快速瞬变脉冲群抗扰度试验》（GB/T 17626.4-2008）3级。

11）《电磁兼容　试验和测量技术　浪涌（冲击）抗扰度试验》（GB/T 17626.5-2008）3级。

12）《电磁兼容　试验和测量技术　电压暂降、短时中断和电压变化的抗扰度试验》（GB/T 17626.11-2008）及《运动设备及系统》（GB/T 15153）2级。

13）《电磁兼容　试验和测量技术　振铃波抗扰度试验》（GB/T 17626.12-2013）3级。

（4）使用环境

1）环境温度：−25～55℃。

2）贮存温度：−40～80℃。

3）相对湿度：5%～95%无凝露。

4）大气压力：80～110kPa。

5）工作位置：偏离基准位置不超过5°。

6）功耗：正常工作小于20W。

7）外形尺寸：采用2U高、19″宽标准工业机箱。

8）重量：4kg。

2. FM100-8检测单元

FM100-8智能测控装置用于400V、10kV、35kV等电压等级的变配电自动化系统中，具有信息采集、控制和通信等多种功能。适用于机场、地铁、港口、医院、机械、纺织、化工、冶金、电力系统（末端）、企业单位等工业配电自动化用户以及办公楼群、展览馆、会展中心、商业中心、住宅小区等楼宇变配电自动化用户。

FM100-8智能测控装置具有面向设备对象、综合化、单元化的特点，采用高速、多功能混合信号的片上系统的单片机（PSD），综合采用交流采样技术、测控技术和网络通信技术，具有较高的性价比。它可完成一回配电线路的遥测、遥信、遥控和遥调等，并具有谐波分析、SOE等功能。配置、SOE、电度等参数都具有断电记忆功能。与目前国内外同类产品相比，具有体积小、功能全等特点。

（1）功能特点

1）采用先进的工业级芯片，电气隔离和电磁屏蔽设计符合国际标准，装置的硬件系统具有极高的抗干扰能力和工作可靠性。

2）直接交流采样。

3）测量三相电流、电压、功率、频率、电度、功率因数等30余个电力参数。

4）具有2、3、5、7、9、11、13、15谐波分析功能。

5）4路DI开关量输入（干接点，内部电源）。

6）2路DO开关量输出（干接点）。

7）毫秒级事件顺序记录（SOE）。

8）双RS485通信口，支持Modbus规约。

9）外形尺寸：96mm×96mm×120mm（$L×H×D$）。

10）防护等级：IP50。

（2）技术指标

1）电压输入：额定输入400V/100V（可选），2倍过量程能力。

2）电流输入：额定输入5A/1A（可选），载能力：持续过流10A/2A。

3）开关量输入：干触点；最小脉宽：25ms。

4）开关量输出：2路带光电隔离的开关量输出；开断能力：AC250V/5A，DC 30V/5A；最小脉宽：20ms。

5）工作电源：交直流两用，无极性；AC 85～265V（45～65Hz）、DC 99～265V，功耗6V·A。

6）工作环境：工作温度：-25～55℃；环境温度：-25～55℃；储存温度：-45～85℃；相对湿度≤95%，无冷凝。

7）精度等级：电压、电流为0.2级；频率为±0.01Hz；其余为0.5级。

8）SOE事件记录（分辨率为1ms）：采用高速捕捉器，能循环记录20个事件；具雪崩处理能力（多开关动作同时发生）。

9）有内部时钟（带电池），支持一对一软对时及广播对时，满足SOE时间记录需求。

10）双RS485通信接口：Modbus规约。

11）谐波功能：电流和电压谐波次数2～15次。

12）面板显示：字段型大屏幕LCD自动背光显示。

13）电磁兼容性：承受辐射电磁场干扰试验（见《电力系统继电器、保护及自动装置通用技术条件》（JB/

T 9568-2000）第5.18.1.3）；承受静电放电干扰试验（JB/T 9568-2000第5.18.1.2）；承受快速瞬变干扰试验（JB/T 9568-2000第5.18.1.4）；《电磁兼容　试验和测量技术　浪涌（冲击）抗扰度试验》（GB/T 17626.5-2008）。

14）图2-9-30和图2-9-31分别为电力监控系统主控单元和电力监控系统监控界面。

图2-9-30　电力监控系统主控单元

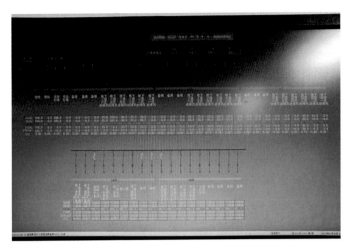

图2-9-31　电力监控系统监控界面

第十章 智能化楼宇管理系统

第一节 智能照明控制系统设计

为了方便管理和节约能源，国金项目设置了智能照明控制系统，分别应用于主塔办公楼、地下室停车场、酒店公共区及后勤区域。

一、主塔办公区、地下停车场智能照明控制系统

主塔办公公共区及地下室选用在开关控制领域具有丰富经验的韩国某品牌智能照明控制系统进行集中监控，对主塔办公公共区及地下室区域，根据使用功能实现手动/自动的场景灯光控制模式，达到高效节能、分时段运作的目的。

（一）系统概述

主塔办公公共区及地下室的智能照明控制系统设备安装在地下1层安全控制中心，主要设备由系统监控电脑、中央图形监控软件、网关（总线耦合器）、时钟控制器网桥及打印机组成，分主塔办公区及地下室两部分，通过网关与智能网相连接。

系统通过国金智能专网，在TCP/IP协议基础上进行互联及数据传输，子网内部模块单元出现任何故障都不会影响其他子网，从而保证了整个系统的最大稳定性。

在每个智能照明配电箱旁设现场手动可编程场景控制面板，可以对区域内的照明回路进行场景控制，同时在紧急情况下也可以手动控制。

每个子网都配有时钟控制器，可实现标准的定时控制。

为方便物业管理，所有开关回路均采用自锁负载反馈型继电器进行控制，即使在断电的情况下，继电器也保持吸合的状态，也可以反馈每个回路的电流值，通过检测电流值的变化，可实现坏灯的检查。

在监控室通过中央控制软件可以实现对所有照明回路的多种控制形式，既可对单个回路进行控制，也可以分区组合控制，还可对每一回路的本地控制进行监视，中央控制软件和现场控制面板的共同作用，保证了系统的可靠性及稳定性。

（二）系统拓扑结构与功能

1. 系统拓扑结构

主塔办公区、地下停车场智能照明控制系统的拓扑结构图如图2-10-1所示。

2. 系统功能

（1）图形界面为图形与文字相结合的全中文界面，界面形象，功能丰富，操作方便。

非酒店区智能照明控制系统

系统工作站

智能网TCP/IP

网关

时间控制器

网关   电源   智能照明   智能照明   网桥   智能照明   ● ● ●
              控制模块   控制模块   控制模块

时间控制器

电源   智能照明   智能照明   网桥   智能照明   ● ● ●
        控制模块   控制模块   控制模块

图2-10-1   主塔办公区、地下停车场智能照明控制系统拓扑结构图

（2）可对每个模块进行配置（图2-10-2）。

（3）可统计每个回路的运行时间和开关次数。

（4）可进行坏灯检测（需要相应型号模块配合）。

（5）对每个模块进行状态监控并报警。

（6）内置OPC软件模块，可与BMS进行集成。

（7）具有完善的分级用户管理功能。

（8）具有远程编程和管理功能。

（9）能进行整个系统中每一个照明回路的时间程序或逻辑条件动作设定，工作状态显示，回路电流实时显示（需要相应型号模块配合）。

（10）能进行每一个回路开关并进行应急锁定、解锁。

（11）如果有光源损坏，回路断电故障，系统故障，能实时具体显示及报警。

（12）能方便地与其他系统集成（如安保、消防报警系统），实现照明回路与其他系统的联动控制。

（13）照明控制器和服务器能接收BMS系统发出的统一时钟校时信号。

（14）主控站，监视智能照明系统的运行状态，用于备份数据库，以备数据库造成破坏时进行恢复。

（15）提供动态画面功能，可在一个画面上进行所有的编程设定作业以及对系统进行监控。

（16）提供二次开发工具，支持平面图设计，采用拖放方式编辑平面图。

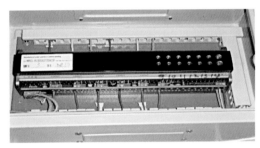

控制器

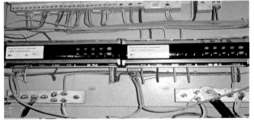

控制器

智能控制面板

图2-10-2   主塔办公区、地下停车场智能照明控制系统现场图片

（17）具有运行时间及历史记录功能，并可根据需要灵活设定。

（18）具有报表功能，并可根据需要灵活设定。

（19）具有节能报告分析及历史记录功能。

二、四季酒店区智能照明控制系统

四季酒店区在公共区域的智能照明控制系统，澳洲某品牌智能照明控制系统，对酒店区不同区域，根据使用需求实现手动/自动不同的灯光场景控制，实现多场景模式、高效节能的目的。

（一）系统概述

该区的智能照明控制系统设备安装在主塔73层计算机网络机房，主要设备由服务器、操作站及打印机组成，通过智能网，同时可以监控地下室及裙楼酒店后勤区域智能照明系统。

该智能照明控制系统通过对各类光源不同亮暗的搭配组合，对大堂、各类餐厅、宴会厅、会议室、走道等，根据功能需要设置多种灯光场景模式。

该智能照明控制系统采用了"全分布式结构"是有别于目前国际上所有照明控制系统的最大特点。智能照明控制系统由调光模块、开关模块、控制面板、液晶显示触摸屏、智能传感器、编程插口、时钟管理器、手持式编程器和监控机（大型网络需网桥连接）等部件组成。

智能照明控制系统根据楼层及功能区域设置了多个子网，通过智能网连接组网，并能与BMS系统集成。每一个子网通过总线耦合器（网关）与主干网相连，组成一个统一的照明控制网络，实现整个酒店的环境照明灯光的智能控制和能源管理。

（二）系统拓扑结构与功能

1. 系统拓扑结构

四季酒店区智能照明控制系统的拓扑结构图如图2-10-3所示。

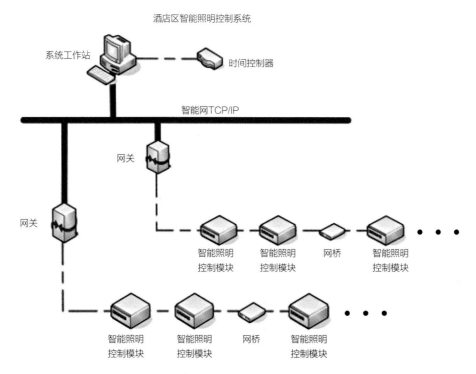

图2-10-3　四季酒店区智能照明控制系统拓扑结构图

智能控制器

智能调光模块

智能控制面板

图2-10-4　四季酒店区智能照明控制系统现场图片

2. 系统功能

（1）管理人员能通过中央监控室内的PC机对系统进行监控管理；可由BMS直接控制（图2-10-4）。

（2）采用全中文图形操作界面。

（3）现场配有可编程控制面板，管理人员可手动开关灯及改变灯光场景和亮度。

（4）可实现人体感应、照度感应、遥控等控制功能。

（5）具有报警管理、日程表、历史—记录、能耗报表、密码保护、中文菜单式及图形化多功能编程软件。

（6）可根据需要，灵活、方便地设定控制区域及分级操作员管理权限。

（7）具有照明回路工作状况监控（包括坏灯检测及灯具工作时间计算）。

（8）照明回路空气开关脱扣报警。

（9）远程维护。

（10）系统时钟控制器可根据一年365天或每天的需求按程序对整个照明控制网络内的模块进行调光或开关控制设定；并可根据季节变化自动设定开灯、关灯的时间。

（11）可在电子地图上显示各模块的工作状态等信息。

（12）具有报表功能，并可根据需要灵活设定输出报表的时间段和内容。

三、主塔办公区智能照明系统

（一）概述

广州国际金融中心主塔办公区设置DALI智能照明控制系统，用于控制办公区的荧光灯盘及筒灯。按照每个分隔区间出租的特点，系统按分隔进行独立控制、互不干扰。可以通过控制面板进行灯盘亮度调节，也可以通过感光探头进行自动调节。当室外进来的光线比较强时，相应降低灯盘的亮度；当室外进来的光线比较弱时，相应提升灯盘的亮度，保证室内有足够的照度。感光探头的感光度可以根据要求调节。系统具有节能、高效、灵活性好等特点。

（二）系统描述

主塔办公区DALI智能照明控制系统采用奥地利某公司的DALI智能照明控制系统，是欧洲的照明电子、电器产品制造商之一。镇流器制造商，发明了数字DSI调光技术。

本系统按照建筑分隔，独立组成系统。每个间隔设控制面板2个；每层6分隔的设感光探头2个，每层12分隔的设感光探头1个；DALI系统电源模块一个；DALI输入继电器模块1个，用于控制筒灯回路；DALI数字镇流器根据灯盘数量配置。系统连接示意图如图2-10-5所示。

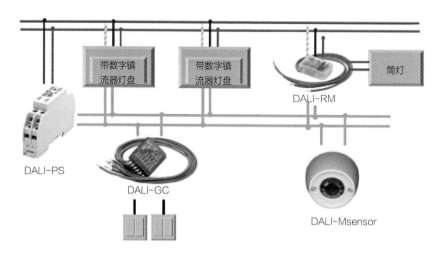

图2-10-5　主塔办公区智能照明系统连接示意图

（三）系统具体功能及特点

（1）手动开关、调光控制。通过门口处的控制面板，可以根据预设的灯组进行控制，满足开、关、调亮、调暗的功能。荧光灯盘可实现1%～100%的无级调光，筒灯实现开关控制。

（2）光感控制。在靠近玻璃幕墙侧安装感光探头，通过实测室内纵深自然采光强度的梯度编程实现梯度补光，自动调节室内荧光灯盘的亮度，保持室内恒定的照度，既保证舒适的工作环境，又达到节能的效果。

（3）可以调整设置，实现对荧光灯盘的单灯控制，满足今后灯光分组控制的改造，而无需重新进行线路敷设。

（4）提供标准的DALI协议接口，可以对所有满足DALI协议的灯具进行控制。

（5）调光过程均匀、调光效果一致。传统智能照明控制系统采用0～10V模拟技术实现荧光灯调光，由于模拟信号在上传过程中会出现衰减，这就导致每个可调光电子镇流器接收到的控制信号有偏差，表现在调光上就会出现不同步及亮度不一致。DALI数字调光，每个数字可调光镇流器接收到的是同样的数字控制信号，保证了精确调光，调光均匀、效果一致。

（6）布线简单，灯具除了敷设一组电源线，只需再敷设一组2芯控制总线。在后面的改造中，只要灯具位置不改变就无需重新敷设线路，只需根据需要通过软件设置就可以更改灯光控制场景。

（四）系统主要设备

主塔写字楼区DALI智能照明系统主要设备及技术参数如下：

1. DALI数字调光镇流器

调光范围：1%～100%。

交流热启动时间：小于0.5s。

直流热启动时间：小于0.2s。

待机功率：小于0.5W。

智能电压保护：过压指示，低压关断。

智能热保护。

全数字化通信。

认证：EN 55015，EN 55022，EN 60929，EN 61000-3-2，EN 61347-2-3，EN 61547。

2. DALI控制面板模块

DALI协议的数字调光控制系统的数字控制模块。

预设置灯光组地址，不因停电而丢失。

该模块可安装于点动面板开关安装盒内，实现就地控制面板集成的需求。

有断电后再来电时切换为任意所需开灯模式的功能。

有分组及延时开灯功能，以防止灯具集中启动时的浪涌电流。

超小型控制模块，尺寸为30mm×11mm×41mm，可安装在86型深底盒内。

满足用户只需操作控制面板上的按键，即可对预设的灯组进行控制：开、关、调亮、调暗的功能要求。

可采用自有品牌或第三方的点动开关。

3. DALI电源模块

DALI协议的数字调光系统的电源模块。

额定电流：200mA。

额定电压：9.5~22.5V。

安装方式：导轨式安装。

模块尺寸：90mm×58mm×36mm。

4. 感光探头

DALI协议的数字调光系统的感光探头。

吸顶式安装。

可通过软件自由设定照明亮度数据。

可通过编程设置开启和屏蔽。

5. DALI输入的继电器模块

DALI协议的数字调光控制系统的可编程继电器模块。

通过接触器对筒灯等非荧光灯盘回路作开关控制。

可通过软件设置开启和关闭等级。

四、智能照明控制系统设计总结

广州国际金融中心的智能照明控制系统，能够根据不同的时间段自动调整为相应的灯光场景模式，不仅大大减少人工操作的工作量，提高管理水平及管理效率，更重要的是在保证照明效果的前提下，降低照明的能耗，带来节能效益。办公区的照明采用了感光探头，可以根据室外自然光对室内的影响来调节室内灯光的亮度，节能的同时，有效提高灯具的使用寿命，也使得室内办公环境更加舒适。

第二节　联网型风机盘管控制系统设计

国金项目的风机盘管采用联网型温控器控制，通过智能网连接组网，可以实现风机盘管的中央控制，并对控制信息进行集中管理。控制系统分酒店区和非酒店区而采用不同的控制系统进行控制，酒店区采用INNCOM客房智能温控器来控制，非酒店区采用江森自控公司的智能温控器进行控制。

一、酒店区风机盘管温度控制系统

国金酒店区风机盘管采用INNCOM客房智能温控器来控制，共有1500多台风机盘管，采用约1000多个温控器及配合控制设备，风机盘管在主塔酒店区主要应用于客房、公共走廊、电梯厅、餐厅、卫生间、厨房等公共区域，在地下室主要应用于后勤办公室、控制机房、洗衣房等功能区域，在裙楼区域主要应用于宴会厅、餐厅、厨房、后勤办公室等区域，INNCOM客房智能温控系统服务器安装在主塔73层计算机网路机房。系统由GMS服务器、GMS路由器、以太网交换机及打印机组成，分地下室、裙楼、主塔酒店区三个区域，之间通过智能网相连接。

（一）系统拓扑结构、主要功能与设备

1. 系统拓扑结构

酒店区风机盘管温度控制系统的拓扑结构图如图2-10-6所示。

2. 系统主要功能（图2-10-7）

（1）四管制风机盘管。房内的四管制风机盘管由系统控制，将直接同步控制一台或以上三速线电压风扇电机及控制两个冷热阀。

（2）温度控制。室内控制系统将采用PID控制算法，以使风扇速度变化最小化并减少伺服回路误差。稳定状态下，室内目标温度与实测温度之间温差不可高于0.5℃。该温差将自动补偿室内加热/冷却的负荷变化。该温度控制算法能够利用风机盘管（FCU）的所有资源来保持室内目标温度。

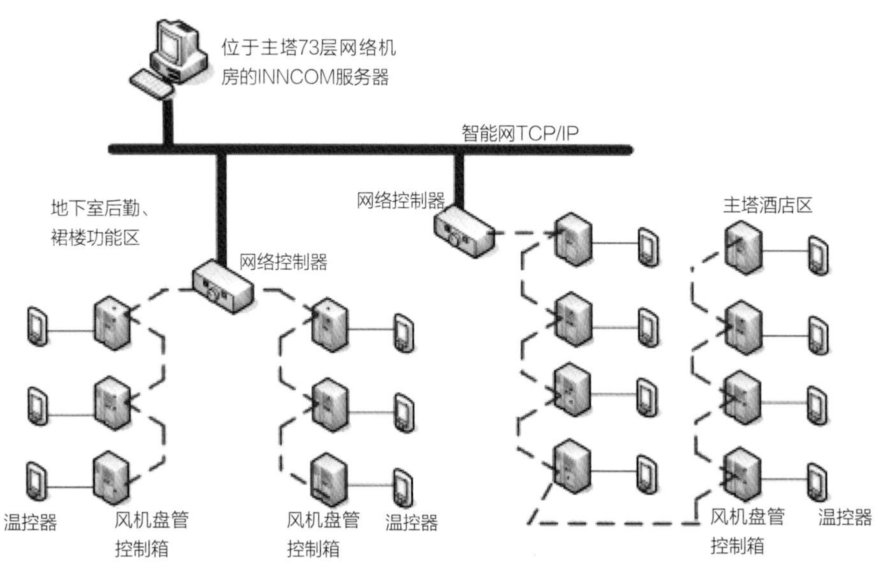

图2-10-6 酒店区风机盘管温度控制系统的拓扑结构图

智能联网型温控面板　　　　网络控制器　　　　系统服务器

图2-10-7 酒店区风机盘管温度控制系统现场实际情况

（3）风扇速度控制。为配合室内热量的增加或流失，系统自动选择风扇速度。顾客也可自行选择风扇速度。风扇速度可实时实地调节并限制在一定范围内。例如，如果顾客反感高风速产生的噪声，系统能将其调节为中度风速。

（4）深夜温控功能。在客人活动较少的深夜时间，为了节约能源，能量供应调整为温差1.5℃。温差可任意设定。

（5）客房显示异常温度。通过安装在客房内的温度调节器，感应的客房当前温度超过系统设定的异常温度时输出警报。

（6）温度记录。系统可随时记录客房的温度情况，阀门运行情况以及风扇运转情况。硬盘将保存每日记录。

（7）信息显示。为方便酒店管理，通过CI或与CI相连的远程终端可以观察并控制一系列参数，如室内实测温度、室内目标温度和空调系统运行情况等。

（8）远程支持/故障诊断。远程终端通过TCP/IP连接与CI相连，CI将为远程终端提供全面支持。CI软件为客户机/服务器结构。远程终端（即工作站）将在MS Windows 2000或之后的系统下运行。通过TCP/IP连接，CI可从远程服务中心为室内控制系统进行全面的故障诊断。

（9）实地编程。所有与房间有关的参数，例如房间入住时设定的目标温度和温度差等，将记录在每间房间的非挥发性记忆体上，并可通过CI进行调整。CI可进入一个或一个以上房间，或同时进入所有房间。

（10）程序变更。无须进入房间即可通过CI计算机变更房间控制器内的应用程序。无论停电时间的长短，房间内存储的程序不会受到任何影响。

（11）来电重启。来电后，整个酒店的室内控制系统将自动启动；5min后即可全面运行。来电后房间默认为自动，租出和有人模式；由系统控制的所有任务将在此模式下运行。

3. 系统主要设备

酒店区风机盘管温度控制系统的主要设备包括服务器、监控软件、RCU风机盘管控制箱、E527温控器面板和网络控制器 B573，全部采用INNCOM品牌。

（二）温度控制逻辑

酒店区风机盘管温度控制系统的温度控制逻辑如图2-10-8所示。

二、非酒店区风机盘管温控器系统

（一）系统概述

非酒店区风机盘管应用在主塔办公区域、裙楼、地下室区域，其中裙楼主要应用于4楼员工餐厅、公共走廊、电梯厅、厨房、办公室、地下室部分。

后勤用房以及电梯机房，温控面板采用江森自控公司生产的SRT-80/81网络温控器，实现对风机盘管的联网控制，它采用高性能单片机与安全稳定的驱动电路设计，集成了电动阀门控制与风机盘管控制功能的房间温度控制器，可以广泛用于酒店、写字楼、高级住宅的中央空调系统末端单相三速风机盘管、电动水阀的冷热控制。

网络温控器通过检测室内温度，并实时地与用户所设定的温度相比较，自动调节空调运转状态，使室内温度在不同的负荷条件下，都能尽快地达到用户所需求的温度，从而使空调系统能最大限度地满足用户对舒适、节能的追求。

非酒店区网络温控器通过BACNET通信接口和其他设备连接到计算机上构成系统，通过智能网接入国金能源管理系统。

非酒店区网络温控系统主要由网络温控器、网络控制器、能源管理工作站、打印机、交换机组成，能源管

INNCOM E527-FS智能温控逻辑（适合单体测试）

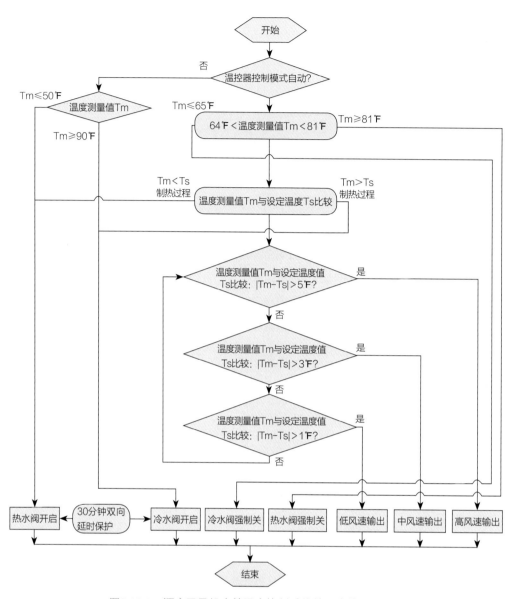

图2-10-8   酒店区风机盘管温度控制系统的温度控制逻辑

理工作站安装于地下1层消防控制中心，通过能源管理系统实现对风机盘管进行远程控制，可实现远程控制、管理等功能。

（二）系统拓扑结构与功能

1. 系统拓扑结构

非酒店区风机盘管温控器系统的拓扑结构图如图2-10-9所示。

2. 系统功能

（1）室内温度调节、控制，可对室内温度测量并显示，按要求可显示。

（2）具有网络上下限温度设定功能（限制在国家能耗标准的范围内使用空调）。

（3）具有远程控制功能，可远程开关空调、远程设定房间温度、运行档位功能。

（4）具有制冷、制热、吹风模式切换功能，可设置自动档位调节风速。

（5）预设定时开机与定时关机功能，内置时钟功能，并且电脑自动校时。

（6）温度补偿与校正功能。

（7）设定参数记忆功能，用户开关空调不需要重新设置。

（8）使用现场220V市电和集中供电，掉电后，自动切换为集中供电。

（9）具备储存风机盘管高中低速运行累计时间。

（10）使用EPROM，能准确、快速保存数据。

（三）SRT-80/81网络温控器主要参数

SRT-80/81网络温控器主要参数见表2-10-1所列。

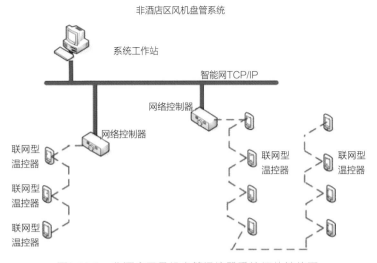

图2-10-9　非酒店区风机盘管温控器系统拓扑结构图

SRT-80/81网络温控器主要参数 表2-10-1

工作电源	控制面板：AC220V ± 10%，50Hz
功耗	1.5W
显示方式	LCD、指示灯
计时精度	<0.1%
测温精度	±0.5℃
可调温度	16～30℃连续可调，缺省温度：25℃
操作方式	轻触开关、远程控制
通信方式	BACNET
波特率	2400～38400 bps
工作环境	0～50℃，5%～95% RH（不结露）
存储温度	0～50℃

三、联网型风机盘管控制系统设计总结

对于国金项目这样一个高层建筑，应用联网型风机盘管控制系统，在减轻劳动强度、节能管理等方面，都起到了积极的作用。

第三节　建筑设备监控系统

一、系统概况

为提高各机电系统效率及可靠性，减少能源消耗，提高经济效益，广州国际金融中心为各机电设备设置了设备监控系统，监控系统监控范围包括：冷源系统（-1层冷冻机房11台冷水机组及主塔67层冷冻机房4台冷水机组）、空调通风系统（主塔区办公区、主塔酒店区、地下室及裙楼区域）、VAV变风量空调通风系统（主塔办公区）、给水排水系统、热水锅炉系统（蒸汽锅炉2台及常压锅炉3台）、泳池恒温恒湿系统（裙楼6层泳池及主塔69层泳池）。其中冷源群控系统通过冷水机组机房的网络分站接入BAS，实现其集中监控与管理。

国金中心建筑设备监控系统采用分布式控制，由服务器、中央操作站、以太网、网络分站、分站总线、直接数字控制器DDC等组成。使用智能专网作为网络平台，采用开放性的BACnet国际标准协议，以满足系统高速通信及向BMS集成的需要。系统服务器及操作站设在地下1层的安全控制中心内，为了增强系统之灵活性，系统预留备用插口，可根据管理要求在所需之房间增设监控点。

国金中心建筑设备监控系统分为主塔楼酒店区、主塔写字楼区、地下室及裙楼区进行设计，地下室及裙楼、主塔写字楼区BAS总控室设在地下1层安全控制中心，实现整个系统的集中管理；主塔楼酒店区BAS控制室设于主塔酒店73层计算机机房，以实现对该区域的独立管理；各区域系统通过网络控制器接入本系统自建的智能网，建立各区管理平台，并向上集成到BMS。其中主塔办公区变风量空调通风采用江森变风量控制系统（共约3022台VAV BOX），建筑设备监控点位约有5900点（其中主塔办公区约3300点、裙楼地下室约2000点、主塔酒店区约600点）。控制平台选用江森自控新一代METASYS系统—MSEA系统。

二、系统结构

系统采用江森自控新一代建筑设备监控系统MSEA系统，该系统是一个集中管理、分散控制系统，因而它更高效、更可靠，提高了系统的容错能力，系统采用完全集成化、网络化的系统架构，在建筑设备监控系统中融合了信息技术（IT）及互联网的各种技术，MSEA系统在系统结构上支持BACNET协议标准，管理层上支持BACNET/IP协议，控制层上支持BACNET MS/TP协议。该系统有如下特点：

（1）先进性：全新的概念、全新的系统。

（2）开放性：开放式网络、开放式协议、开放式用户界面。

（3）兼容性：支持目前绝大多数的标准通信协议，可以与上千种非江森自控的系统及设备联网。

（4）经济性：易于施工、安装、操作和维护。

（5）灵活性：易于扩展，模块化的设计，操作站、控制器的数量完全基于实际的需要而定。

（6）可靠性：真正的集散式系统，采用可靠性极高的多层网络结构，通信速率高、布线少、距离远，已在全球范围成功应用。

三、系统配置

（一）系统拓扑结构

设备监控系统的拓扑结构图如图2-10-10所示。

（二）国金建筑设备监控系统配置

国金建筑设备监控系统配置见表2-10-2所列。

国金建筑设备监控系统配置　　　　　　表2-10-2

区域	监控点数	网络控制器（台）	DDC控制器（台）	DDC扩展模块（台）
地下室、裙楼区	2000	5	72	163
主塔办公区	3355	112	5	68
主塔酒店区	547	1	19	43

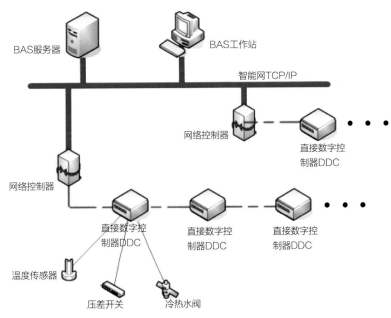

建筑设备监控系统BAS

图2-10-10　设备监控系统的拓扑结构图

（三）国金建筑设备监控系统主要机房布置

国金建筑设备监控系统主要机房布置见表2-10-3所列。

国金建筑设备监控系统主要机房布置　　　　　　　　　　　表2-10-3

操作站	主要设备	安装位置	负责区域
中央操作站	数据服务器、应用服务器、操作站、网络交换机、打印机	地下1层安全控制中心	主塔办公区、裙楼及地下室区域
区域分操作站	数据服务器、操作站、网络交换机、打印机	主塔73层计算机网络中心	主塔酒店区
区域分操作站	操作站、网络交换机、打印机	地下1层酒店值班室	地下室及裙楼酒店后勤区域

四、主要系统功能

（一）冷水机组群控系统

国金冷水机组群控系统的监控包括冷水机组、冷冻一次泵、冷冻二次泵变频、冷却水泵、冷却塔等的监控以及冷源系统的群控，在-1层冷冻机房（11台特灵冷水机组）和主塔67层冷冻机房（4台特灵冷水机组）分设网络分站。冷水机组系统群控通过冷水机组机房的网络分站接入BAS，实现其集中监控与管理。

（1）能实现对冷源系统设备的控制、检测、记录及故障报警。冷水机组与BAS通过网络分站进行通信，通过网络分站将所需相关数据打包发送到BAS，按冷水机组群控算法，实现冷水机组监测、记录和台数控制。

（2）能实现二次冷冻水泵变频控制：对二次冷冻水泵的启停顺序、运行状态、故障状态、手动/自动状态、频率控制、频率反馈等进行监控；对供回水系统的供水回温度、供回水压力、一次/二次流量进行检测，分区阀门控制和反馈信号进行监控。根据最不利环路压差测压点电信号输出，控制投入运行的水泵的运行频率，确保供回水总管间的压差满足系统要求。此时旁通阀处于关闭状态，以满足末端的需求。同时，当各水泵降频到运行流量为额定流量的50%时，水泵不再降频运行，开启旁通阀旁通运行。

（3）能实现冷却塔台数运行控制：冷水机组开启后，先开启相对应的冷却塔，同时监测冷却水总回水管温度是否满足在设定值，当温度大于设定值，风机持续运行，确保温度传感器的测量值为设计允许范围；当温度低于设定值，则可以逐步减少运行风机台数，保证冷却水总出水管上的温度满足设定要求。

（4）DDC实时检测系统的负荷情况，根据负荷大小，启动停止相应冷水机组和相关设备，使机组制冷能力和系统实际负荷相匹配，避免多开机，降低运行费用，延长设备使用寿命。

（5）根据系统负荷对冷冻水泵实行变频控制，降低电机转速，降低台数，节约能耗。

（6）根据冷却水温度控制冷却塔风机启动台数达到节能。

（7）根据系统运行情况，对冷冻机的出水温度再设定，节约能耗。

（8）根据负荷情况，控制供回水压差，保证压差在一定范围恒定。

（9）在机组运行台数控制程序中，可以设置冷水机处于最佳工作效率点周围稳定运行。

（二）办公区VAV变风量空调系统

为使办公环境既达到舒适的效果，又可以达到节能的目的，国金项目在主塔办公区（4～66层）采用VAV变风量空调，系统采用江森自控的VAVBOX以及VAV控制器，接入建筑设备监控系统实施自动控制。

变风量空调机组的控制使用DDC控制方式，包括空气处理机（AHU）的最小新风量检测与控制，送风温度的检测与控制，VAVBOX变静压控制。DDC通过BACnet协议接入网络分站，再通过智能专网上联到BAS服务器。系统可以实现的控制效果如下：

（1）预冷控制。空调早晨启动时，关闭新风阀，有排风阀的系统关闭排风阀，有回风阀的系统全开回风阀，进入循环空调。

（2）风机连锁控制。空调机停止时，关闭新风阀，有排风阀的系统关闭排风阀，有回风阀的系统全开回风阀，关闭冷冻水电动二通阀。

（3）送风机转速控制。变静压控制，须提出详细的控制策略、控制原理、控制要求等，说明其技术特点及优势。

（4）尽量保持每一个VAV末端的风阀开度在85%～99%之间，即使阀门尽可能全开和使风管中静压尽可能减少的前提下，通过调节风机受电频率来改变空调系统的送风量。同时要求空调机风量变化大时，转速控制响应迅速。

（5）新风阀控制。根据回风CO_2浓度调节新风量设定值，根据新风量设定值调节新风阀开度。新风空调有效时，根据送风温度比例控制新风阀开度，回风CO_2浓度控制和新风空调控制同时操作新风阀开度，取大值。

（6）新风机组与排风机组同步同向变频调节功能，即新风机组根据要求增加或减小新风量，排风机应该同时根据新风量的变化及时同步进行变化，它们的变化通过变频器调节频率来实现。

五、设备监控功能

设备监控功能见表2-10-4所列。

设备监控功能 表2-10-4

监控设备	监控内容
新风风柜	风机的启停控制、风机状态、故障报警、手自动状态；送风温度；风机压差；过滤网前后压差；新风阀调节、回风阀调节
空调风柜	风机的启停控制、风机状态、故障报警、手自动状态；送风温度；风机压差；过滤网前后压差；冷水阀调节；风管压力；CO_2浓度监测；变频器故障；频率反馈、变频控制、新风阀调节、回风阀调节
送排风系统	风机的启停控制、运行状态、故障报警、手自动切换、风机压差、CO_2浓度监测
污水井、补水箱	超高液位报警，超低液位报警

监控设备	监控内容
生活水泵组	运行状态，故障报警，手自动状态
生活水箱	超高液位报警，超低液位报警，高液位报警，低液位报警
-1层蒸汽锅炉、102层热水锅炉	蒸汽、热水出口压力、温度、流量；锅炉水位显示及报警运行状态；油压、气压值；设备故障报警信号
裙楼6层泳池、主塔69层泳池、潜污泵	设备运行状态；设备故障报警信号

六、冷水机组控制流程图及设备监控画面图例

冷水机组控制流程图及设备监控画面图例分别如图2-10-11和图2-10-12所示。

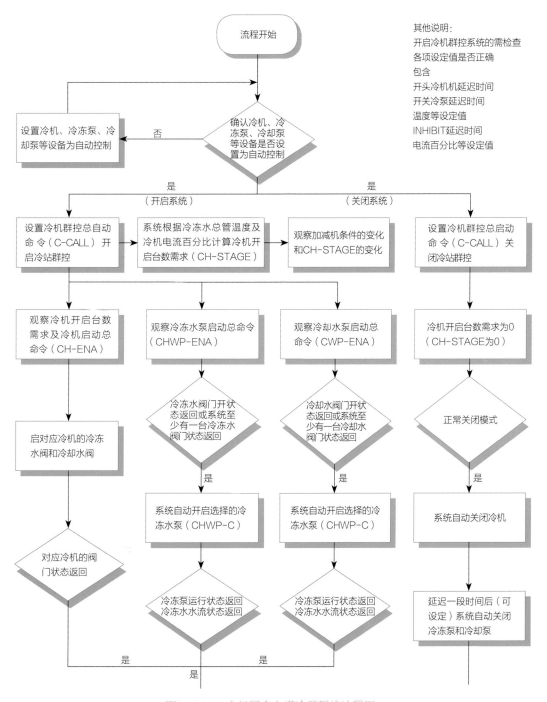

图2-10-11　广州国金主塔冷源群控流程图

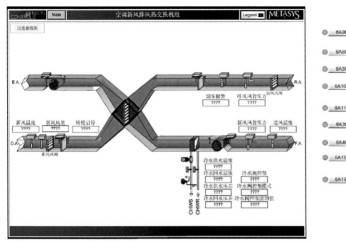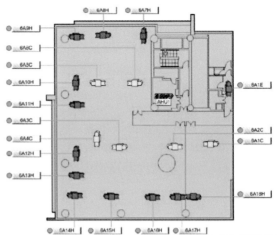

图2-10-12　设备监控画面

第四节　能源管理系统设计

一、系统概述

　　国金项目能源管理系统应用综合计费管理对用户的中央空调、水、电的用量进行独立的计量和收费，系统采用了艾科的AKE综合计费管理系统，AKE综合计费系统是一套以计量为基础，收费管理为核心的系统。系统分套间式办公楼、裙楼、办公区、酒店区，安装在地下1层安全控制中心的系统设备负责套间式办公楼、裙楼、地下室及主塔办公区，安装在主塔73层网络控制中心的系统设备负责主塔酒店区，相互间通过国金智能网相连接，系统设备由系统工作站、系统管理软件、中央空调计费仪及打印机组成，根据系统设备的计费原理，综合计费系统主要由以下子系统组成：

　　（1）冷量计量子系统。主要是对主塔办公区、主塔酒店区、裙楼及地下室的中央空调用量进行计量。系统主要由能量积算仪（图2-10-13）、温度传感器、流量计（图2-10-14）、通信管理器组成。

　　（2）水量计量子系统。主要是对主塔办公区、主塔酒店区、裙楼及地下室的生活热水、冷水进行计量和抄表的系统。系统主要由前端的各种网络智能计量仪表（冷水、热水）和通信管理器组成。

　　（3）公寓计费系统。主要是对套间式办公楼用户的水、电、VRV进行远程抄表和管理。系统主要由前端的

图2-10-13　能量积算仪

图2-10-14　电磁流量计

智能电表、智能水表和通信管理器组成。

（4）主塔办公楼计费系统。主要是对主塔楼办公区的能耗情况，包括空调、水进行计量及管理。系统主要由能量积算仪、温度传感器（图2-10-15）、流量计、通信管理器组成。

图2-10-15　温度计

二、国金能源计费系统的监视功能

国金能源计费系统的监视功能见表2-10-5所列。

国金能源计费系统的监视功能　　　　　　表2-10-5

序号	区域系统	监测数据
1	主塔办公裙楼计费系统	（1）提供主塔裙楼、办公部分的空调末端设备冷量计量； （2）提供主塔、裙楼及套间部分的分区水计量
2	主塔酒店计费系统	提供酒店部分的空调末端设备冷量计量
3	套间式办公计费系统	提供每独立套间的水、电的消耗量
4	套间式办公楼VRV多联机控制系统	提供每台VRV室内、室外机的能耗及冷量
5	电力监控系统	提供办公分区电耗参数
6	酒店BAS	（1）提供地下冷源部分设备能耗值； （2）地下冷水机组冷负荷状况以及需求总冷量
7	办公楼/裙楼BAS	（1）提供酒店冷源部分设备能耗值； （2）酒店冷水机组冷负荷状况以及需求总冷量

三、国金能源计费系统BMS集成网络架构图

国金能源计费系统BMS集成网络架构图如图2-10-16所示。

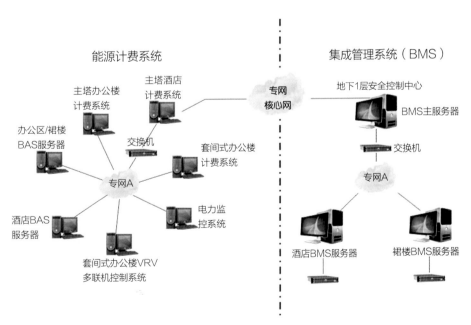

图2-10-16　国金能源计费系统BMS集成网络架构图

四、系统拓扑图

国金能源计费系统拓扑图如图2-10-17所示。

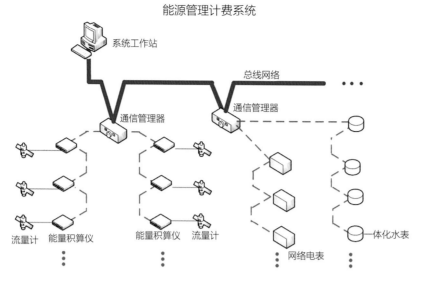

图2-10-17　国金能源计费系统拓扑图

五、能源管理系统主要设备布置

国金能源管理系统主要设备布置见表2-10-6所列。

国金能源管理系统主要设备布置　　　　　　表2-10-6

管理站	主要设备	安装位置	负责区域
主塔办公区管理站	系统工作站、网络交换机、打印机	地下1层安全控制中心	主塔办公区、裙楼及地下室区域
酒店区管理站	系统工作站、网络交换机、打印机	主塔73层酒店值班室	主塔酒店区域
套间式办公楼站	系统工作站、网络交换机、打印机	裙楼6层套间式办公楼值班室	套间式办公楼区域

六、系统功能

（1）集中抄表。能够通过上位软件对计费终端进行远程抄表（图2-10-18～图2-10-20），实现远程读取现场仪表的读数，包括冷量、温度、流量等数据，并可根据独立设定冷暖空调及特殊用户的各项计费参数进行抄表自动计算，且可对水、电表用量进行统计计算。

（2）实时监控。能够实时监测每个用户的使用状态，空调部分包括流量、温度等，并以图像形式进行显示，水电用量为电量、水量。

（3）报警功能。可定时自动对系统的运行状态进行检测，如发生剪线掉线等故障能自动报警。

（4）实时检测。自动检测系统内各点的工作状态，判定其是否正常；如果出现故障，自动记录故障的类型、时间和次数。

（5）管理功能。绘制末端的使用率，便于空调人员管理开关主机的数量，真正实现节能运行。

（6）查询功能。随时查询各用户任何一段时间内的所有资料，包括建筑、楼层、用户编号、用户姓名、数据时间、计费类型数据的查询功能。

（7）数据安全。在电脑内记录每一用户20年内的实际用量、应缴费用。在电脑内记录各用户当前的用量、上次抄收时的用量，实现关键资料的双备份。

（8）核算功能。根据抄收的资料，自动计算出各用户的空调用量、所需费用等，并可将各种资料转换为其他软件的资料格式，与其他系统联网。

（9）保密功能。按不同的优先级别设有密码，可以防止无关人员乱操作，破坏系统或资料。

（10）报表输出。可按用户要求打印报表，输出不同的格式，也可以将用量数据以EXCEL、WORD等格式输出到其他系统，方便用户分析。

（11）计费管理。根据抄表的数据及收费项目的设置，计算用户的各项费用，可设置定期的收费时间点，定期结算费用。

（12）综合统计。可实现按类别、按片区、按单位等不同要求的综合统计。

（13）数据交换。用户需查询的数据可以以标准、通用的格式直接导出，可满足智能系统集成要求。

（14）分时段计量。软件可以根据不同的时间段按不同的比例系数自动抄表计算中央空调使用费，实现在正常上班和加班时段不同的费率，并且最多可设置4个时段费率。

（15）控制功能。方便实用的批量操作，主要包括参数修改、集中控制、数据分析，特别是对欠费用户，物业管理部门可以通过上位软件发出指令停止其使用空调（需要带控制功能的硬件设备支持）。

（16）网络功能。软件带服务器功能，可以在多台计算机上同时查看，方便多部门查看数据用量。

图2-10-18　直读式远传水表

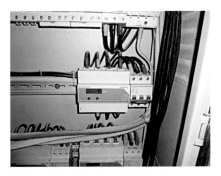

图2-10-19　网络型电能表

图2-10-20　系统工作站

第五节　自用层智能化设计

集团自用楼层为越秀集团、越秀地产、越秀交通及越秀房托租用的国金办公区域楼层。其租用区域为主塔11层、14层、15层、16层（越秀地产），17层（交通、房托），64层、65层（越秀集团），12层设备层设置了越秀地产计算机机房，48层设备层设置了越秀集团计算机机房。为了满足越秀集团及各级子公司对现代化、高效率工作的需要，这些楼层另外配置了包括综合布线、计算机网络、大型会议系统、安防系统等智能化系统，这些系统同时承托集团内部业务的电子化、信息化管理，以达到提升效率及资源共享。

一、系统概况

（一）系统总体描述

集团自用层智能化系统的构成如图2-10-21所示。

(二)系统功能描述

1. 综合布线系统

该系统为办公用的语音、数据、影像和其他信息设备提供接口和物理链路。同时运营商提供主干接入12层、48层计算机机房，独立于大楼系统。系统采用六类非屏蔽铜缆加光纤混合布线，支持1000M网络。

综合布线系统采用以下布点原则：

（1）开放办公区每一席位按1语音、1数据点，每隔一座位预留1语音1数据。

（2）集团领导层办公室光纤到桌面。

（3）整个办公区要有无线覆盖。

（4）其他各功能室根据功能适当预留。

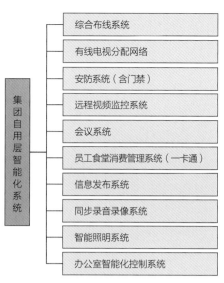

集团自用层智能化系统

- 综合布线系统
- 有线电视分配网络
- 安防系统（含门禁）
- 远程视频监控系统
- 会议系统
- 员工食堂消费管理系统（一卡通）
- 信息发布系统
- 同步录音录像系统
- 智能照明系统
- 办公室智能化控制系统

图2-10-21　集团自用层智能化系统的构成

2. 有线电视系统

将有线电视信号分配于各用户终端，节目源自国金卫星电视系统及有线电视网络。

3. 安防系统

出入口控制系统涉及重要场所的出入授权控制，独立于大楼现有系统，大楼监控中心可设监测报警信息用的工作站。

视频安防监控系统、入侵报警系统接入大楼现有系统，由写字楼区域监控中心统一监控。

4. 远程视频监控系统

通过公共网络，将分散于全国各地的分支机构、本地各项目工地现场的主要视频监控信号集中起来，达到统一管理，集中实时监控、存储和录像查询的目的；该系统支持100监控点接入，并具有扩展功能；授权用户可以通过任何一联网的电脑，可随时随地查看任一监控点的实时画面。

5. 会议系统

会议系统由以下子系统组成：

（1）中央控制系统。主要实现如下功能：统一的控制平台；灯光、窗帘控制；音响、投影显示控制；情景模式控制。

（2）远程视频会议系统（图2-10-22）。主要实现如下功能：音、视频会议（图2-10-23）；双方、多方会议；

图2-10-22　远程会议监视器

图2-10-23　领导层会议桌自动升降屏幕

会议存储；个人软件电脑终端；数据会议（文档共享、交互会议、图纸远程会审）；会议直播（通过电脑收听、看会议实时音视频）。

（3）数字会议系统。主要实现如下功能：发言：自由式、排队、主席优先；同声传译；音量控制；投票表决。

（4）交互数字平台。主要实现如下功能：互动交流；远程协同；无线投影；屏幕录制；图纸会审。

（5）扩声系统。主要实现如下功能：增强观众席的响度；改善厅堂音质；表演艺术需要借助扩声系统来完成对演员唱、念音色的美化或加工，完成情节的表达、气氛的渲染等。

（6）显示系统。主要实现如下功能：完成对各种图文信息（包括各种软体的使用、DVD/CD碟片、录像带、各种实物）的播放显示功能。

（7）矩阵切换系统。主要实现如下功能：矩阵切换器是显示、演示系统信号流通的核心设备，系统所有的输入输出信号都是在矩阵切换器中出入，并根据操作者的设计从输入端进入指定的输出端。

6. 员工食堂消费管理系统（一卡通系统）

越秀集团在国金中心办公员工使用的一卡通系统可以实现以下功能：

（1）利用用户IC卡的身份识别功能，实现消费管理的计算机化管理。

（2）自成系统，不与其他系统联网，可由营业部门独自管理。

（3）一卡通功能，可用出入口控制系统的用户卡（门禁卡）作为消费卡。

7. 信息发布系统

信息发布系统可实现以下功能：

（1）在大堂、电梯厅等主要出入口、场所设置大屏液晶、等离子显示器，用于发布各种多媒体公共信息、通知、宣传等多媒体信息。

（2）各显示屏可播放不同的内容，并可独立控制，便于不同部门、不同楼层的独立发布。

（3）会议室门口显示屏可用于显示本会议室会议安排等。

8. 同步录音录像系统

同步录音录像系统可实现以下功能：

（1）同步记录事件过程的音视频信息，并可刻录保存，便于日后查询。

（2）主要设于招标中心、项目部的洽谈室。

9. 智能照明系统

智能照明系统可实现以下功能：

（1）采用智能化的照明系统，为办公人员营造一个舒适、个性化的视觉环境，减少光污染，节约能源。

（2）办公照明应是具有多种模式可选的智能照明，如用电脑时可能是一种模式，批阅文件时可能是另一种照明模式，为办公人员营造一个舒适、个性化的照明环境。

10. 办公室智能化控制系统（图2-10-24）

办公室智能化控制系统可实现以下功能：

（1）办公室照明、窗帘、空调等电气设备的智能化控制。

（2）控制方式包括无线触摸屏、红外遥控、面板、人体感应等。

（3）多情景模式控制功能（如办公、会客等模式），一键切换。

图2-10-24　机柜

二、越秀集团自用层亮点

（1）越秀集团自用层在12层、48层有自建机房。在各个楼层有独立的楼层机房和机柜，能保证公司内部整个网络管理有序可控，并能根据公司需要进行升级。

（2）公司总部会议室和各个分公司都安装了远程视频会议系统，能有效提升办公效率。

（3）专业的数字会议系统、交互平台、显示系统、录音、录像系统等，充分利用技术及各种资源，满足各种层面、多功能需求的会议需要。

第十一章　智能化安防系统

安全防范系统的作用是为了帮助保安员及管理人员能够有效地对整个大楼进行安保及管理之工作。

广州国际金融中心的安全防范系统包含多个子系统，包括视频安防监控系统、出入口控制系统及巡更等12个子系统。安防系统主要覆盖于国金项目的酒店全区域，办公楼的公共区域以及公寓全区域，为整个项目的安全及管理提供了全面、高效的手段及措施。酒店区域系统主系统分别设于-1层酒店值班室和73层的酒店安全控制室；套间式办公楼区域主系统设置在裙楼6层的安防控制室；国金中心总控中心及公共区域设置在地下1层的安防控制中心。

第一节　系统概况

智能化安防系统各主要子系统设备概况见表2-11-1所列。

智能化安防系统各主要子系统设备概况　　　　　　　　　　表2-11-1

序号	系统	内容	选型品牌	系统概况
1	视频安防监控系统	矩阵主机	泰科Tyco（AD）/美国	覆盖国金全区域，1300多个监控点，所有出入大楼的通道、疏散楼梯出口、电梯轿厢、大楼的外围以及裙楼商场的主要通道都设置有监控点
		摄像机	索尼Sony/日派尔高Pelco/美国	
		硬盘录像机	海康威视/中国	
		监视器	松下Panasonic/日本	
2	出入口控制系统	系统	霍尼韦尔Honeywell/美国	覆盖国金全区域，1600多个门禁点，主要分布于大楼出入口、重要机房、管井
		门锁	CDV、英格索兰	
3	入侵报警子系统	系统	霍尼韦尔Honeywell/美国	覆盖国金全区域，480多个警戒点，分布于首层出入口、主要楼梯前室、无障碍卫生间、大堂服务台等重要场所
4	停车场管理系统	系统	ACE/中国香港	近1700个车位，分布于地下4层~地下2层，设三进三出管理系统；含收费系统、出入口管理系统、车位引导系统及反向寻车系统
5	电子巡更系统	系统	兰德华/中国	覆盖国金全区域，580个巡更点，分于地下停车场、设备房、各层消防楼梯口
6	无线对讲系统	系统	MOTOROLA/美国	将管理用无线对讲信号放大分配覆盖至整个大楼，系统天线分布于各设备层、避难层
7	酒店客房门锁系统	系统	Vingcard	仅酒店区域采用，无线联网放式，370多套

序号	系统	内容	选型品牌	系统概况
8	酒店钥匙管理系统	系统	Key Manager	仅酒店区域采用，设于酒店保安房，管理96套普通机械钥匙、96套电子（IC卡）钥匙
9	访客系统	系统	宝盾	服务于写字楼区域，共24个行人闸机通道，分布于主塔楼办公区大堂的地下室夹层、首层、2层
10	一卡通系统	系统		写字楼、酒店、套间式办公楼三个区域各自设独立的一卡通系统，并通过集成交换数据，满足整个国金范围内的一卡通应用
11	贵宾求助系统	系统		仅酒店区域采用，由可编程控制器（PLC）和各种按钮、闪灯、蜂鸣器组成，在酒店门前台岗处设莅临按钮，当有贵宾莅临时以灯信号知会酒店经理；在前台、无障碍卫生间设求助按钮，以灯闪或蜂鸣信号知会相关部门
12	安全管理系统	系统		写字楼、酒店、公寓各自独立设置安全管理系统，再统一由大楼的集成管理系统进行集成管理，实现各子系统信息共享和功能联动

第二节　各子系统描述

一、视频安防监控系统

（一）系统说明

视频安防监控系统监察现场情况和记录事件事实，及时发现并避免可能发生的突发性事故，为大楼的安全与管理提供有效的监察作用，提升大楼的突发事情应急处理能力和总体安全防护水平。

国金中心视频安防监控系统按建筑功能分为酒店区、写字楼及裙楼区、公寓区三个区域。酒店区视频安防监控系统分别在地下1层、73层设置主控和分控中心（图2-11-1）；写字楼及裙楼区视频安防监控系统设置在裙楼地下1层安全控制中心（图2-11-2）；公寓区视频安防监控系统设置在公寓6层的安全控制中心。裙楼地下1层安全控制中心是总控。视频安防监控系统共有前端各式摄像机1250多个。

图2-11-1　酒店区域显示墙设备

（二）系统总体描述

视频安防监控系统通过在大厦主要安全监视位置设置摄像机，实时监视及记录各位置情况，达到全面、高效、安全的大厦管理目标。监控范围包括电梯轿厢、电梯大堂、出入口大堂、疏散楼梯、接待处、保险库、收银处、楼梯出口、走廊等。系统由摄像、传输、控制、显示、记录5大部分组成：

图2-11-2　负一层安全控制中心全貌

（1）末端采用模拟摄像机进行摄像。

（2）图像信号经光端机转化为数字模式后经光纤传输至机房，在机房再次经过光端机转换成模拟信号后，通过SYY-75-5视频同轴电缆接入视频放大器。

（3）通过硬盘录像机记录存储。

（4）由视频矩阵进行视频控制切换。

（5）由监视器对监控区域进行实时显示。

根据实际应用需要在不同区域安装不同类型的摄像机。

主机设有数码录像机（DVR）、视频矩阵、监视器等设备，可将全部摄像机进行切换、控制及记录。每路图像都叠加有相应的时间、日期和监视点名称。画面监视可根据监控要求进行多至16个画面分屏显示（图2-11-3、图2-11-4）。

图2-11-3　103寸主显示屏及视频矩阵设备

采用分区分层纵深防护体系，在商场、餐厅、首层大堂等人员密集场所设置一体化全方位球形彩色摄像机；在建筑对外出入口、车库出入口、仓库对外出入口、重要设备房门口、电梯前室出入口、楼梯口、走廊等位置设固定彩色摄像机；在重要对外出入口采用宽动态固定彩色摄像机，并采用D1格式录像，保证图像清晰度；电梯轿厢体积小，视角范围大，选用视角范围大的半球形广角镜头彩色摄像机，并采用电梯专用视频线缆或电梯专用复合线缆（由电梯公司安装）。室外周界、停车场等重点部位安装室外一体化高速球及固定式彩色摄像机。

图2-11-4　显示墙及硬盘录像机设备

室外的固定彩色摄像机采用日夜型彩转黑低照度摄像机，并做好防雷接地措施。所有前端摄像机均由UPS供电，UPS后续供电时间不小于30min。

保险库、收银处、楼梯出口等位置的摄像机与出入口控制系统相连，摄像机可响应红外线侦测器、报警按钮、报警开关及门磁等前端设备的信号，自动控制摄像机的优先显示报警点的信息。

视频安防监控系统采用联网式数字硬盘录像机加计算机工作站控制方式，具备与计算机通信的接口和编程控制的接口，能进行分级控制。图像格式高于640×480，每路摄像机信息均由数字硬盘录像机进行记录；监视器图像画面的灰度不低于8级，图像清晰度达到五级。

（三）系统功能描述

视频安防监控可以实现以下功能：

（1）画面质量。监控画面清晰，画面无抖动、干扰、雪花点等现象；在只有紧急照明的情况下，大楼主要出入口的监控画面都能清晰地分辨出进出人员的主要面部特征。

（2）同时观察。各路摄像机图像经多画面图像处理器的处理后，在监视器上同时显示，满足大厦全范围的监控需要。

（3）细节观察。工作人员觉察到某个图像中情况异常，可将其通过主机切换的图像调出，进行全画面的细节观察。

（4）录像功能。录像机均对各摄像机传输的图像进行无疏漏的实时记录，记录保存时间为30天，为安全监控工作提供了全面、直观、确凿的客观依据；录像方式有定时录像、动态录像和报警录像。

（5）控制功能。通过主机键盘可随意控制云台式摄像机的云台转动、镜头变焦，从而实现大范围不同角度位置的监控需要。

（6）联动功能。与防盗报警系统实现联动，当有报警信号发生时，相应的摄像机自动摄像，云台式摄像机自动按预置的位置巡视、摄像；延时录像机则对报警图像进行全实时的记录。

（7）相互调用功能。系统留有至酒店分控和套间式办公楼分控系统的视频输入及输出端口。系统可设置操作员的操作权限、监控范围和系统参数。操作员可以在系统的任一键盘或多媒体监控计算机上对其操作权限所对应范围内的设备进行操作和图像调用。

二、出入口控制系统

（一）系统说明

广州国际金融中心出入口控制系统是采用可联网实时控制又可脱机使用的网络型系统。系统能自动记录读卡时间、开门信息、持卡人、报警信息等资料，供管理人员查询和统计处理。对大楼内外正常的出入通道进行有效的管理，并控制人员的出入。

出入口控制系统主要用于办公室、出入口、会议室、控制室、主要设备机房和强、弱电间、电梯控制等。分酒店区、写字楼及裙楼区、套间式办公区三部分建设，各区具有独立服务器、控制器和管理工作站。整个国金项目共有门禁点1600个。

（二）系统总体描述

系统分为两部分，一是控制装置，二是前端装置。控制装置包括独立控制器、安全防范系统主机，以及一个附设系统软件的工作站终端。前端设备包括IC读卡器、门磁、门磁力锁及出门按钮（图2-11-5）。所有前端装置都通过控制器与系统主机连接，前端系统设置于大楼主要出入口、重要机房门（变配电所、冷冻机房、给水机房、弱电机房等）、电梯轿厢、大楼梯间进出口等（图2-11-6）。

图2-11-5　通道门禁读卡器

系统通过不同用户卡的授权等级，允许持有有效卡的用户可以进入相应的通道、门口及电梯停层，保证整个大厦的安全及有序性，避免闲杂人员随意进入。同时系统保存其通过的信息，可以为重要区域，如管井、机房等地提供出入记录，以明确安全责任问题。

当系统有警报发生，便透过工作站终端显示警报类型及相关地点，并发出联动信号要求摄像机即时录影现场情况。出入口控制系统与火灾自动报警系统联动，当火灾自动报警系统启动或供电中断，所有门锁立即处于开门状况，保障人员逃生。

图2-11-6　电梯梯控设备

（三）系统功能描述

出入口控制系统可以实现以下功能：

（1）有效卡的识别（持卡人的权限、有限的时间内）。只有持有效卡人员允许通行，非持卡或非有效卡用户拒绝放行。

（2）时间功能。定义某一时间内某些门全开或全关。

（3）多人制规则。多人同时按规定的顺序刷卡时才允许人员进入，提升部分区域的安全等级。

（4）门状态报告。门没有关好将发生报警。

（5）非法企图监控。非使用有效卡进入报警。

（6）实时显示。实时显示、记录所有事件数据。

（7）资料查询功能。对进出卡的资料进行记录，对进入某一出入口的卡号、时间等参数进行记录，方便事后跟踪查询。

（8）可以实现矩阵视频切换和前端设备的控制，从而达到安全自动化各子系统的整合。

（9）图形操作界面。显示及设定各受控门禁的所有监视参数，使操作员能清楚了解整个出入口控制系统的运行情况。

（10）所有控制必须能独立通信及自行操作，管理工作站不影响现场控制器的功能和设备运行；某控制器发生故障不会影响整个系统工作，也不会影响其他控制器工作。

（11）多级别权限管理功能。能控制各类级别操作人员、管理员的权限，进行区域划分、时间表编排、报表生成、地图显示等。系统管理的功能可以在网上的任一工作站上进行。

（12）具有防拆、防破坏、防尾追、信息安全、联动（包括与视频安防监控制和入侵报警）、短路报警、故障报警等功能。

三、入侵报警系统（含紧急求助呼叫报警系统）

（一）系统说明

本系统在大厦的办公区域设置一套总线式入侵报警系统，中心工作站设于地下1层总控室。系统在楼梯前室摄像机旁及地下室的楼梯口等重要场所出入口设置红外微波双鉴报警探测器、门磁开关；在无障碍卫生间、大堂服务台、贵宾室等设置紧急按钮（紧急救助呼叫），接入中心报警主机，由中心报警主机进行统一管理。入侵报警系统前端共有紧急呼叫按钮、红外微波双鉴防盗探测器、门磁开关等前端探测器480多个。

（二）系统总体描述

系统通过红外微波双鉴报警探测器、门磁开关等前端探测设备，在重要区域进行监测，系统具有方便的布防与撤防功能，以提升大厦的安全防备等级。除声光报警外，主机还采用电子地图方式显示报警点，并与视频安防监控系统实现报警联动，便于物管公司快捷高效地调动安保人员，处理问题区域的突发性事情。

（三）系统功能描述

（1）能按时间、区域部位任意布防或撤防，以人工/自动布撤防相结合的方式，保证合理的警戒等级。

（2）对于不同性质的防区，通过编程确定防区的性质和级别，便于系统管理。

（3）能对运行状态和信号传输线路进行检测，能及时发出故障报警和显示故障位置。

（4）当报警发生时，系统在防盗报警工作站上进行声光报警，弹出报警位置的平面图，明确显示报警位置，同时联动视频安防监控系统，将报警位置的图像切换到主监视器上，以便工作人员能及时监控现场的情况，进行处理。并保存好现场的第一手资料。

（5）有防拆卸功能，有情况发生时能及时发出报警和指示报警的位置。

四、访客系统

（一）系统说明

国金访客管理系统主要是在写字楼的地下1层夹层、首层大堂、2层的出入口及电梯厅入口等处安装人行通道闸机（图2-11-7），对进入大楼的人员进行管理，以提高国金大楼的安全性。整个访客管理系统共有通道24条、闸机32台。

（二）系统总体描述

访客系统是大厦办公楼区域最前端的安防控制系统（图2-11-8）。系统读取行人持有的员工卡或临时卡确认其是否符合放行条件，通过通道匝的开启，放行符合条件的行人；不符合放行条件的就以声音报警提示物业

图2-11-7　电梯厅入口通道闸

图2-11-8　客服前台设备

管理人员过来进行协助。

（三）系统功能描述

访客系统具备以下功能：

（1）控制设备及读卡设备的采用与出入口管理系统设备一致，实现功能的无缝对接。通道闸采用全不锈钢机身，美观大方、现代感强。开门方式采用伸缩式摆翼。

（2）带有双向通道状态指示灯，表示"可通行"和"禁止通行"状态。

（3）采用多束射线探测矩阵，分布在脚踝、膝盖及腰部3个高度，每个高度的射线密度不大于1cm。减低因用户操作不当可能造成的误夹现象。

（4）从读卡到通行后复位时间不超过1s，高峰时段每分钟可通过60人。

（5）可通过系统软件或开关来实现刷卡单向（进、出）或双向编程。控制的方向可由出入口控制系统来实现。

（6）当接收到消防报警信号时，门翼处于打开状态，形成无障碍通道。

（7）平均故障间隔周期：500万次。

（8）通道闸使用寿命20年以上；高峰时可稳定持续的工作。

五、一卡通系统

（一）酒店区域系统说明

酒店区域内一卡通系统利用快速以太网相互接合，信息互通，使客户能利用同一张智能卡实现门禁、员工考勤、酒店客人及办公室员工在商场及酒店的消费、停车场管理等应用的综合信息管理。

（二）酒店区域系统总体描述

一卡通系统根据使用功能可分为：员工卡、管理卡和客人卡。

员工卡主要用于员工进出办公区域门禁、停车场、考勤及内部消费之用，其中部分重要区域，如机房和管井门等将记录员工进出信息，以明确安全责任问题。

管理卡主要是酒店区域提供给特定区域员工管理使用。如酒店客房管理卡，只有持有该卡的员工才能在特定时间或者客人允许的情况下进入客房区域进行打扫，补充房间物品等。

客人卡主要是客人登记入住后，作为酒店客房门开启之用。同时可以用做客人在酒店内消费记录。

一卡通管理系统主要由网络设备、服务器、发卡制卡设备、数据库和管理软件等部分组成，主要负责设备管理、数据管理、发卡及制卡等功能。

（三）套间式办公楼、群楼区域系统功能描述

套间式办公楼、群楼区域一卡通系统的核心意义是各子系统数据库的统一和卡片操作的统一管理，最大限度地提高管理效率达到办公自动化，实现更高的投资回报率；其系统突出特点表现为：一库、一网、一卡或多信息载体。

一库：同一软件平台、同一个数据库内实现卡的发放、取消、挂失、资料查询、黑名单报警、记录浏览处理统计等数据管理。

一网：一个统一的网络。基于现存的局域网或基于TCP/IP的Internet网，系统将多种不同的设备接入同一个大型软件管理平台，集中控制，统一管理。

一卡（一种信息载体）或多信息载体：指用同一张卡实现不同功能的智能管理；或指生物识别（指纹等），并通过同一数据库有机集成为一个大系统。

一卡通系统利用快速以太网相互接合，信息互通，使客户能利用同一张智能卡实现门禁、员工考勤、消费、停车场管理等应用的综合信息管理。利用IC卡刷卡出入或消费时，系统自动记录该卡的卡号、持卡人姓名、出入时间、消费数据等相关信息，并通过网络传至计算机，由计算机完成各应用系统的查询、统计、结算、报表等管理功能。

六、酒店客房无线联网门锁及电梯控制系统

（一）系统说明

系统在酒店客房层74~98层（除81层外）的每层酒店客房、主塔69层康体中心及裙楼1~3层酒店区域设置无线式电子门锁系统。

系统无线客房门锁用于酒店客房区内所有客房门，使用双向ZigBee™标准ISO 802.15.4作为数据传输平台，与接入点连接，而接入点以无线MESH技术互连，最后连接到网关。每层客房层分为三区，每区由一个网关管理，网关经过酒店智能网络与中央系统连接（图2-11-9）。

不在线门锁系统采用于酒店公共区，包括主楼69层健身室、副楼1~3层会议室、宴会厅、新娘房及主楼4部客用电梯内。客用电梯按钮以干接点与读卡器连接。

图2-11-9　客房及公共区域电子门锁

（二）系统总体描述

各无线电子门锁系统通过楼层的无线接收器和路由器接入智能化专用局域网，可由设于酒店70层大堂的两台管理工作站及设于地下1层保安室负责管理。

系统同时在酒店区域的B19~B22号客梯上设置电梯控制系统，确保只有持有授权卡的用户通过刷卡之后才能使用电梯。

（三）系统功能描述

该系统可以实现以下功能：

（1）严格的时间限制功能。门锁内置时钟，具有严格的时间限制功能，客人住房到期，房卡自动失效。

（2）多级别匙卡功能，权责分明。根据酒店管理需求可自行设置总卡、楼栋卡、楼层卡、清洁卡、宾客卡（图2-11-10）。

（3）开门方式可设置为：正常开门和交替开门，根据需要可以随意设置成会议室、通道等。

（4）请勿打扰功能。客人进入客房后打上反锁，服务员便无法开门打扰（应急情况使用应急卡除外）。

（5）客房实时状态检测。通过门锁的实时在线，酒店管理人员可以方便地查看每间客房服务员或客人的进出情况及取电情况，从而确定客人是否逗留在房间内，通过与酒店计算机管理系统的房态结合，可有效地监测服务员清扫房间的时间及非法进入待租房的情况。

图2-11-10　酒店公共区域读卡器

（6）匙卡挂失功能。匙卡丢失后，经前台管理系统简单的设置，则丢失的匙卡失效。

（7）开门记录查询功能。门锁内带资料"黑匣子"，可记录门锁历史开门记录（何时何"人"用何种方式开门），以便查询。

（8）可增设功能。根据酒店需要可以增设智能卡保险箱、智能卡取电、智能卡乘电梯、智能卡结算付费等实现一卡多用，更有助提高酒店的档次和减少酒店的资源和人力耗费。

七、停车场管理及车行导向系统

（一）系统说明

系统对整个车库进行统一的管理和收费。本系统采用中央管理、集中收费模式，长期卡（一卡通）和临时卡同时使用，并具有图像对比、区域车位引导功能，反向寻车引导，不停车通过等功能（图2-11-11）。

图2-11-11　停车场入口设备

停车场管理系统在-2层设置四进四出停车场管理设备，对整个车库进行统一的管理和收费，采用场内中央收费方式（图2-11-12）。停车场管理系统共管理近1800个车位，分布于地下4层～地下2层，设四进四出八车道停车管理系统。

停车场在区域分界的出入口处双车道安装双向检测地感线圈和车辆检测器，在每一停车位设置超声波探测器和占位双色显示灯，检测区域的车辆数，数据存入中央数据服务器，并在区域LED车位数显示屏上显示区域空位数或满位（图2-11-13）。

图2-11-12　停车场中央收费站

图2-11-13　停车场车位引导系统

（二）系统总体描述

该系统设定通过验证出入卡、票和图像识别等，识别各进出车辆，从而防止车辆被盗。在线统计车辆数量，车位即时显示空置或停放状态，并有反向寻车功能。

中央管理系统具有多出入口的联网与管理功能，可在线监控整个停车场系统；收支的记账与报表；停车场系统的当前状况及历史记录；票卡数据库管理等。采用基于以太网的中心联网管理，各出入口与中心机数据进行远程传送，数据共享。具有标准、开放的通信接口和协议，以便进行系统集成。

（三）系统功能描述

在停车场入口处设入口控制机、车辆探测线圈及电动道闸等，具有辨别卡号和自动出票功能，并设有满位显示、图像监控等。在停车场出口处设收费电脑、出口控制机、车辆探测线圈及电动道闸等，具有自动计费和收票功能，能进行图像对比、车辆确认。

停车场内设区域车位引导，通过车辆探测器自动计算该区域可停车位，并通过每个停车位前面LED指示灯指示车位空闲或使用状态；在一定区域内，有LED显示屏不同方向剩余车位数量，引导客户寻找车位。

因为停车场范围较大，很多用户会发生寻车困难的问题，停车场在一定范围内设置停车定位读卡点，用户停车后读卡进行位置登记；等用户离开时，只需要在进入车场通道处的寻车设备处读卡，设备就能根据用户之前已定位置给出停车位置的图形路线图，方便用户寻车。

另外，集中收费支持POS机刷卡支付，支持不停车收费功能。

八、无线对讲系统

（一）系统说明

广州国际金融中心无线对讲系统在本项目的写字楼区域和套间式办公楼区域设置四信道无线对讲和巡更共用管理系统一套，系统由中心控制台、管理服务器、巡更钮、巡更对讲机、天线等组成。

为配合以后的长远发展规划，系统选用数字无线对讲系统。数字通信技术已大规模成熟地应用在各个领域，像手机、无线上网等。

（二）系统总体描述

无线对讲系统可以通过内部物业网提供的物理路由，与整个综合安保系统连接在一起，在报警发生时，通知就近保安人员了解，解决突发事件。所有中转台、合路器、分路器、放大器放于安全控制中心机柜内，系统通过机房统一设置的UPS供电。

系统设4个信道，可供4组同时通话。本系统能够实现智能化实时巡更管理，调度对讲通信系统、在线语音监控等多种管理功能。

（三）系统功能描述

该系统可以实现应急报警、身份识别、智能管理、巡检定位、实时监控、语音监听、对讲—巡更—录音一体整合等功能，此外，还可实现调度指挥功能：巡更调度管理软件基于WindowsXP和专用数据库环境，运行于工业级PC服务器。软件基本功能有：实时显示巡更工作，管理员分级管理，巡更点设置，巡更员设置，巡更线路设置，巡更报表打印，数据查询，调度管理的语音实时记录，友好的表格化显示界面。

九、巡更系统

（一）系统说明

巡更系统可保证大楼巡逻值班措施的落实，并把巡逻值班过程中发现的问题及时反映至控制中心。大楼采用离线式巡更系统，系统设于办公楼及酒店区域。电子巡查系统共有580个巡更点，分于地下停车场、设备房、各层消防楼梯口（图2-11-14）。

图2-11-14 巡更点及巡更棒设备

（二）系统总体描述

离线式巡更系统需巡更人员配备对讲机，以保证巡更人员的工作情况能随时反馈到中央监控室。

巡更点分布于整个项目内的主要走道、梯间、重要场所等地方附近，以及在视频安防监控系统之盲区设置。确切位置需由管理公司提供建议。

巡更人员每次上班时，先用巡更棒向巡更系统作出确认，代表保安员开始上班巡检。巡逻时，保安员只需将巡更棒在安装于各个巡更点地址的巡更器上轻轻一碰，即可将巡检员的姓名及何时在何处巡逻等信息储存在巡更棒中，巡更人员巡逻回来以后，可通过电脑或直接通过打印机将巡更记录打印出来。

（三）系统功能描述

巡更点安装在较为隐蔽的地方，巡更人员手持巡更器和巡检点相接触，巡更点处的信息即存入巡更器。巡更人员巡检完毕后，在监控中心，将巡更器尾端插入计算机传输器，传输器将巡更器中的信息存入计算机中。巡更管理系统可以对巡更人员的工作进行检查和管理，及时发现巡更人员是否懈怠和不称职，检查巡更人员是否按规定路线与规定时间巡逻。

巡更点和巡更器的数量和位置可根据管理公司要求安装、配置。

巡查棒整体坚固耐用，不怕摔，防振，防潮，防静电，防水性能佳，完全适用巡逻应用环境。巡查棒内采用非易失性内存，确保资料不会丢失，使断电资料仍可保存数年。

巡查棒内置微电脑和实时时钟，可存储4000条巡查记录，低功耗设计。

警卫开始巡查时，可输入其职员编号以识别及记录存档。

自动导航功能：当警卫阅读完第一个巡点后，液晶显示屏自动显示下一个预先设定线路的巡点所在地，如此类推，直至整个巡逻行程完毕为止。

当警卫错误绕道巡漏某一巡点，液晶显示屏会自动显示错误并告知警卫正确的应巡查地点以防有误。

警卫可透过附设键盘输入最多99个不同代码，而每一代码可预先经个人电脑设定。其作用为当警卫执行巡逻任务之际，若发现有不正常的事项，楼宇设备、保安、防火工业设施、设备损坏等，可透过键盘输入代码而作报告，供客户管理阶层知悉，再经打印机打印报表，以作跟进及记录用途。警卫无需携带另一本事故编码簿以减少警卫的不便。

十、酒店钥匙管理系统

（一）系统说明

为了安全、高效地管理酒店区域内众多的后勤办公室、公共区域、强弱电机房、强弱电井道等设施，设置了用于管理钥匙的智能化管理系统。

（二）系统总体描述

系统在酒店员工入口保安房设置16匙位锁位锁扣面板9个、48匙位智能锁匙管理主机1台、96匙位智能锁匙管理主机1台、智能保安匙环144个、管理软件2套、继电器I/O面板1套；在酒店客房服务员工房设置16匙位锁位锁扣面板3个、48匙位智能锁匙管理主机1台、智能保安匙环48个、管理软件1套、继电器I/O面板1套；各智能锁匙管理主机通过接口与管理服务器连接，使只有被系统授权的人通过有效的用户代码才能提取相应的钥匙，对锁匙的使用进行智能化电脑管理（图2-11-15）。

图2-11-15　钥匙管理系统

（三）系统功能描述

该系统可实现如下功能：

（1）记忆功能。系统的记忆功能主要记忆两方面内容：一方面，可以对储存在系统内的钥匙进行记忆，记忆的内容包括钥匙的编号、钥匙名称（钥匙所属的门锁）、钥匙的重要性、钥匙使用的情况；另一方面，可以对使用人员进行记忆，记忆的内容包括使用人员的代码、姓名、使用权限（可以使用系统内的哪些钥匙、可以在什么时间段使用、使用某些钥匙的时间段等）、提取及归还钥匙的时间记录等。对于系统所记忆的不同内容，管理人员都可以方便地直接接驳打印机或转存到计算机里打印出来，以备查询。

（2）管理控制功能。将钥匙存放入系统后，只有被系统授权的人通过有效的用户代码才能提取相应的钥匙系统，系统授予的权限多达5个不同的级别，每一权限级别具有不同的功能操作范围。

（3）双重或三重用户控制功能。对于特别重要的钥匙，可进行双重或三重用户提取控制，即要从系统中取出这把重要的钥匙必须要两人或三人同时在场，先后输入各自的用户代号和密码，系统检测正确，钥匙才会被提取。

（4）一次使用，用户失效功能。可以针对某些临时使用钥匙系统的人员，系统授权的用户代码只能在钥匙系统上使用一次，此后该代码便失效。

（5）紧急情况处理功能。当有紧急情况发生，需要将钥匙系统内的所有钥匙取出时，系统配制有特殊功能操作给相关人员，以备紧急情况下使用。保证所有钥匙的安全及使用。

（6）敏锐的警报功能。系统可识别多种非法操作或错误操作，并发出报警信号。系统除本身可以发出警鸣外，警报信号还可接驳到不同的控制中心，更加强了钥匙的安全性。

（7）联网远程控制功能：为钥匙管理系统加入TCP/IP协议，则系统就如一独立的电脑一样，通过内联网或互联网对其进行远程设置和操作。

十一、酒店区紧急求助呼叫系统

（一）系统说明

为了有效提高酒店内部分特殊接待区域客人的安全性及信息发送的及时性，在酒店区域内设置了基于声光信号的紧急求助呼叫系统。

贵宾及求助系统（仅酒店），由可编程控制器（PLC）和各种按钮、闪灯、蜂鸣器组成，在酒店门房站岗处设莅临按钮，当有贵宾莅临时以灯信号知会酒店经理；在前台、无障碍卫生间设求助按钮，以灯闪或蜂鸣信号知会相关部门。

（二）系统总体描述

该系统共分为三部分：一部分为地下层一收货办公室、地下夹层通道门口与地夹层安全办公室的对讲系统；另一部分为1层酒店抵达大堂、酒店70层空中大堂与总经理办公室、前台经理办公室、前台办公室、礼宾部及礼宾部办公室间的紧急救助呼叫系统；还有一部分为69层康体中心桑拿室与康体中心接待、电话房及酒店接待处间的紧急救助呼叫系统，两个系统各自独立。

（三）系统功能描述

该系统可实现以下功能：

（1）声光提示功能。在呼叫发出后，在接收处能明显显示发出呼叫的地点，并声光报警提示处理。

（2）追呼功能。呼叫下达后，如果在规定时间内没有确认，信息将会自动向上一级发出呼叫，如果仍然没有响应，系统将会自动向上呼叫，直到得到回呼确认停止。

（3）通信信号灯号通知管理层、贵宾抵达及要求支援灯号。

（4）门房员位置及前台工作站均设有贵宾按键，可知会总经理有贵宾莅临。

（5）门房员位置及前台均设有求助按键，以蓝色灯闪号通知有关部门协助。

（6）贵重物品存放室与前台信号，可知会前台客人准备离去，通知开门。

（7）桑拿房及蒸汽房紧急求助，紧急求助键连接到康体部前台的红灯及响号，如30s内未有响应，红灯信号会发送到电话房及酒店前台。

十二、安防集成管理系统

（一）系统说明

安全管理系统由服务器和集成管理软件构成，以实现对安全防范系统的各个子系统的集中监控和管理。可以将各子系统正常运行的重要指标和设备的工作、报警状态等信息汇集上来，得到统一的管理。并可以定期地输出报表，为大楼的安防管理提供科学的依据。

系统通过对各子系统的一体化处理，可有效地对安防各子系统的各类事件进行全局管理。及时、准确地发现各种不安全因素的存在和判断其发展的趋势，快速、有效地消除不安全因素和控制其发展。使管理人员迅速作出决策，以减少某些事故带来的危害和损失，提高了系统的效率，通过综合处理能力，可以全面利用安防系统的综合信息和数据，加以分析和整理，在信息优化的基础上，方便管理部门进行合理的组织和调度。

安防信息综合管理系统具有标准开放的通信接口和协议，便于进行BMS系统集成，并留有与公安110报警中心联网的通信接口，以及预留至当地公安视频监控部门的视频传输接口。

（二）系统总体描述

1. 系统特点

（1）提供开放的数据结构，共享信息资源。安防集成系统不是对各子系统功能与操作界面的简单重复，也不是对子系统配置的简单拷贝，而是将不同子系统之间需要共享的数据收集上来，存储到统一的开放式数据库当中，使各个本来相互独立的子系统，可以在统一的集成平台上互相对话，同时，将整个系统运行及管理所需的重要信息综合起来，生成一个综合性信息数据库，实现信息共享，从而对所有全局事件进行集中管理。

（2）实现跨子系统的联动控制。独立的安防子系统只有单一的功能，系统集成一个重要的作用，就是可以实现跨子系统的联动控制，从而提升独立子系统的功能，构成综合性的集成系统，系统实现集成以后，原本各自独立的子系统从集成平台的角度来看，就如同一个系统一样，无论信息点和受控点是否在一个子系统内都可以建立联动关系，从而大大提高整体系统的自动化水平和对突发事件的反应能力。

（3）提高工作效率，降低运行成本。安防集成系统用软件功能代替硬件接点及设备，不仅节约，更增加了集成的信息量和系统功能。集成系统可以使管理人员在一台或多台电脑上，以相同的界面操作、管理各个智能化子系统，而电脑可以放在建筑的任何地方，方便管理。

总之，安防集成系统是将各安防子系统的有关信息汇集到一个系统集成平台上，通过对资源的收集、分析、传递和处理，从而对整个安防系统进行最优化的监控，达到高效、经济、节能、协调运行状态。

2. 系统集成工作内容

系统集成包括网络集成、功能集成、软件集成和操作界面集成等各方面内容。运用标准化、模块化以及系列化的开放性的设计，构成安防集成系统管理层，子系统监控层和现场信息采集与控制层等三层结构，通过统一的通信网络，集成办公楼出入口控制系统、入侵报警系统（含紧急求助呼叫报警系统）、视频安防监控系统、无线对讲、巡更管理系统、停车场管理系统、行车导向系统、对讲系统，在整个安防系统内采用统一的计算机操作系统平台，运行和操作在同一个界面环境下，以实现集中监视、控制和管理的功能。将这些系统的信息资源汇集到一个系统集成平台上，通过对资源的收集、分析、传递和处理，从而对整个建筑进行最优化的控制和决策，达到高效、经济、节能、协调运行状态，实现功能集成的目标。

（三）系统功能描述

（1）通过标准接口协议进行开放系统的实时系统集成。

（2）通过开放数据库标准进行历史数据交换。

（3）对所有子系统采用同一操作界面，可以在以太网的任何地方放置操作终端。

（4）图形化操作与编程界面，操作界面可以用网页的格式制作输出，使用户可以像通过专用的操作站软件一样用普通浏览器查看相应的系统状况。

（5）内置卡片资料数据库以支持多点发卡，通过以太网进行数据库与出入口控制器（预留）同步，以完成复杂的集成控制。

（6）系统界面编辑工具和系统界面应内置图像功能，任何界面上可根据需要放置影像窗口，影像大小可调。

（7）提供一个实时的可以设置与调整的数据库，只要用户的进入权限足够，用户可以不通过特定的编程工具就可以设置数据库，还允许用户在不影响操作与子系统运行的情况下在线修改数据库，设定数据库不需要编程、编译、连接的过程。重新设置后不需要重新启动系统。在工作站平台也可以根据密码设置与修改数据库。

（8）提供与110报警中心的联网接口。

（9）为大楼BMS提供统一的安防系统接口。

第三节　安防系统设计亮点

（1）安防中心机房空间充足，布置比较科学，能有效容纳各个安防子系统，并预留较好的升级余地。同时可以在发生突发事件时，能有充足空间容纳各方面的指挥、协调及工作人员。

（2）项目约1500支摄像机，由于线缆众多，且竖向管井有限，图像信号经光端机转化为数字模式后经光纤传输至机房，在机房再次经过光端机转换成模拟信号。保证国金项目主干网络全部采用光纤，为日后升级预留基础。

（3）视频监控系统使用大尺寸显示屏，视觉范围及观看效果较好。

（4）各个安防子系统进行集成，能有效提升安全防范效果。

（5）主要机房门口都装有门禁系统，能有效记录工作人员进出情况，提升机电设备安全管理水平。

（6）停车场设置车位引导系统，采用中央收费方式及不停车收费功能，车辆流转效率较高，减少出入口堵塞的情况，也有效减少停车场工作人员。因停车场面积较大，反向寻车系统能有效帮助客户寻找车辆，提升服务质量。

（7）国金项目采用全封闭管理方式，从通道闸机、电梯楼层控制、楼层疏散门门禁等组成一个完善的客户出入控制系统，避免闲杂人员随意进入办公楼层。

（8）酒店区域采用无线联网控制系统（酒店门锁）。实时在线系统的优点在于酒店管理人员可以方便地查看每间客房服务员或客人的进出情况及取电情况，从而确定客人是否逗留在房间内；通过与酒店计算机管理系统的房态结合，自动定义门卡的使用期限，免除了客人续住需续卡的麻烦。

第十二章 智能化结构布线系统

第一节 综合布线系统

　　为了提供先进的语音及数据传输系统，国金项目建立综合布线系统，它包括信息布线系统及语音布线系统两部分，整个布线系统由工作区、配线子系统、干线子系统、建筑群子系统、设备间、进线间及布线管理构成。整个综合布线系统呈现三级星拓扑结构。数据建筑群配线架CD置于地下1层消防控制中心计算机机房，语音建筑群配线架CD置于地下1层的电信机房。设置4个建筑物配线架BD，地下1层消防控制中心计算机机房内置裙楼、主塔楼办公区的BD。套间式办公楼的BD置于裙楼6层的值班室；酒店区的BD置于主塔楼73层计算机网络房。为保证信息布线系统的高传输性能，本系统内以千兆以太网的要求为基础，所有的非屏蔽铜缆或双绞线的传输频率不少于250Mbps，而多模光纤的传输频率不少于1000Mbps。

一、各区综合布线系统图

　　图2-12-1～图2-12-3分别示出了主塔办公区、套间式办公楼和酒店区综合布线系统图。

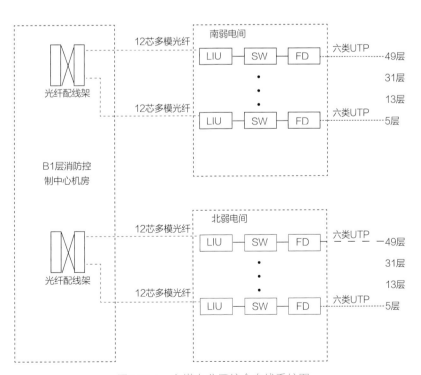

图2-12-1　主塔办公区综合布线系统图

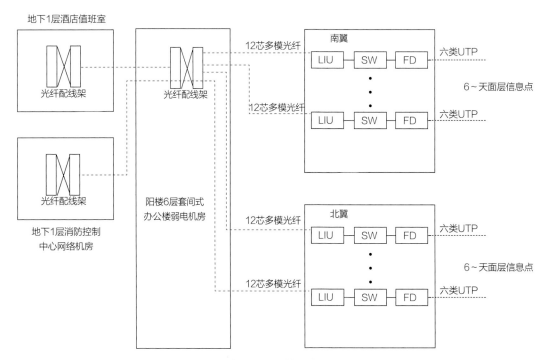

图2-12-2 套间式办公楼综合布线系统图

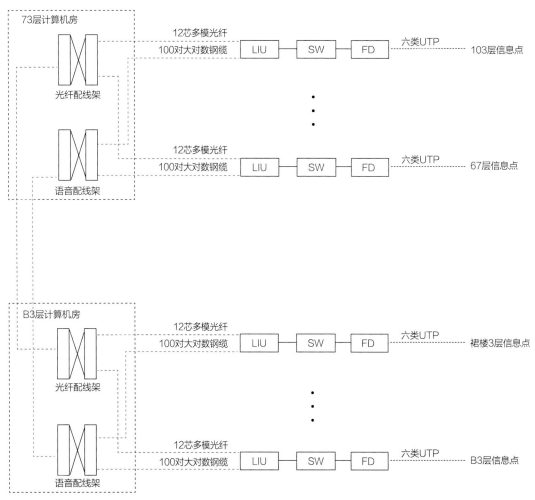

图2-12-3 酒店区综合布线系统图

二、酒店部分结构

工作区：根据需求公共区、客房客厅、厨房、卧室、卫生间等处设信息点。

配线：所有信息点均采用六类UTP连接（图2-12-4）。

管理：除部分设备层和顶楼几层外每层均设FD。所有水平线缆汇聚至FD，端接在FD的六类24口配线架上，数据点通过六类跳线跳接至网络交换机，交换机经光电转换后通过光纤跳线跳接至19英寸机架式光纤配线架与数据主干光纤对接。语音点则通过语音跳线跳接至语音110配线架上与语音主干大对数铜缆对接。所有配线架整齐有序放置于19英寸42U机柜内。

数据主干：标准层每个FD分别从73层酒店网络机房及地下3层酒店计算机机房各引一根6芯多模光纤（图2-12-5）。

语音主干：每个FD一根25/50大对数铜缆。所有大对数铜缆汇聚至73层计算机机房，再通过大对数铜缆连接至地下1层电信进线房（CD）与市话大对数电缆对接（图2-12-6）。

设备间：设备间（BD）设于73层计算机机房，外部引入市政光纤在此通过网络设备与酒店内部网络对接。

图2-12-4　语音配线架　　　　　图2-12-5　大对数铜缆　　　　　图2-12-6　主干光纤

三、主塔写字楼部分（含裙楼、地下室）结构

工作区：写字楼的办公区仅敷设干线到楼层配线间（FD），水平部分由租户自行装修配置。每层电梯间前设数据点供预留的LCD屏使用，电梯机房内预留数据点供电梯内LCD屏使用。无线网络点安装于顶棚上。

配线：所有信息点均采用六类非屏蔽双绞线作为水平线缆，到点位后端接于六类模块，并安装于标准面板上。

管理：根据塔楼的大小分为南区和北区，各设一个弱电井管理各自区的信息点。裙楼及地下室面积较大，共设10个弱电间分别管理临近的信息点。水平线缆端接在FD的六类24口配线架上，数据点通过六类跳线跳接至网络交换机，交换机经光电转换后通过光纤跳线跳接至19英寸机架式光纤配线架与数据主干光纤对接。语音点则通过语音跳线跳接至语音110配线架上与语音主干大对数铜缆对接。所有配线架整齐有序放置于19英寸42U机柜内。

设备间：设备间（BD）设于地下1层消防控制中心网络机房。

四、套间式办公楼部分结构

工作区：根据需求在客厅、厨房、卧室、书房、卫生间等处设信息点。

配线：每套公寓配置一个信息汇接箱。每个信息汇接箱根据语音、数据需要配电话模块、电视模块、数据模块，电信运营商同时已提供光纤进户的语音及数据服务，用户可自由灵活选择。

管理：根据南北两翼的大小，北翼一个FD可管理多层信息点，南翼则需要每层都设一个FD（7层由6层管理）。所有信息汇接箱通过各自的5条六类UTP汇聚至FD。水平线缆端接在FD的六类24口配线架上，数据点通过六类跳线跳接至网络交换机，交换机经光电转换后通过光纤跳线跳接至19英寸机架式光纤配线架与数据主干光纤对接。语音点则通过语音跳线跳接至语音110配线架上与语音主干大对数铜缆对接。所有配线架整齐有序放置于19英寸42U机柜内。

设备间：设备间（BD）设于裙楼6层值班室，外部引入市政光纤在此通过网络设备与公寓内部网络对接。

第二节　计算机及语音网络系统

一、系统概况

为了提供高速、可靠、安全、有效的信息服务，国金项目构建了计算机网络系统，它能将分散在建筑物内所有计算机、信息终端、数字监控设备、工作站、服务器等设备通过网络通信设备和通信线路互相连接起来，在网络通信协议和网络操作管理软件控制下，实现互相通信、资源共享和分布处理的目的，它既是各智能化子系统实现相互通信的基础，同时也是与外部信息网络进行通信的平台。

国金项目的计算机网络按照网络功能分成：公共网、办公网以及智能网（所需设备系统专网）。为了酒店管理需要，在酒店区还单独构建了AVLAN专网及IPTV/VOD专网。

（一）公共网（外网）

访问INTERNET的局域网，其中无线局域网可同时为客户、租户和物业工作人员提供INTERNET服务，通过VLAN进行安全性和宽带管理。

酒店区互联网的点位覆盖范围是：需要的办公室、客房、网吧、娱乐健身房等位置，可提供无线WLAN、数据、语音服务。

主塔办公区（出租用）公共网由运营商提供，其布线及网络目前只敷设到主干和楼层配线间，可向用户提供光纤接入、无线WLAN、数据、语音服务。

套间式办公楼（出租用）公共网由内网及运营商同时提供，其布线及网络敷设到末端，可向用户提供光纤接入、无线WLAN、数据、语音服务。

（二）办公网

能提供每个区的OA、物业管理系统、内部管理工作人员办公使用的局域网。酒店区（酒店）办公网按独立专网设计，由酒店物业管理公司管理。

写字楼及裙楼和套间式办公楼办公网是非酒店区内部管理工作人员办公与物业管理所使用的网络。

（三）智能专网

能提供每个区的智能化设备系统的各个子系统与系统集成等需要使用以太网链路的信息层，支持TCP/IP协议的居于网络连接的专网。主要包括BA、安防系统（包括视频安防监控系统出入口控制系统、入侵报警系统、停车场管理系统、可视对讲系统、安防信息管理系统等）、BMS、信息发布系统、智能照明控制系统竖向主干网等。

（四）AVLAN专网（酒店专用）

能提供用于控制酒店的音视频设备，通过VLAN实现不同区域的管理。

（五）IPTV/VOD专网（酒店专用）

提供用于IPTV和VOD视频点播系统独立专网。

根据上述建筑功能和网络功能对网络的划分，再结合未来用户对网络系统的需求量，国金计算机网络系统划分为11个局域网，见表2-12-1所列。

国金计算机网络系统局域网的划分 表2-12-1

网络功能	建筑功能		
	酒店区	写字楼区	套间式办公楼区
公共网	酒店公共网	写字楼公共网	套间式办公楼公共网
办公网	酒店办公网	写字楼办公网	套间式办公楼办公网
智能专网	酒店智能专网	写字楼智能专网	套间式办公楼智能专网
	AVLAN专网		
	IPTV/VOD专网		

二、计算机系统图

图2-12-7示出了主塔、裙楼及套间式办公楼计算机网络系统图（办公、智能网），图2-12-8和图2-12-9分别示出了套间式办公楼区和酒店区计算机网络系统图（图2-12-10～图2-12-13）。

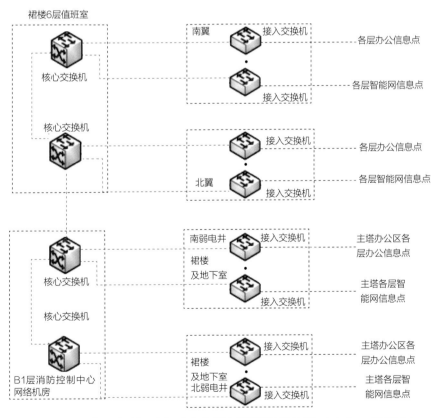

图2-12-7　主塔、裙楼及套间式办公楼计算机网络系统图（办公、智能网）

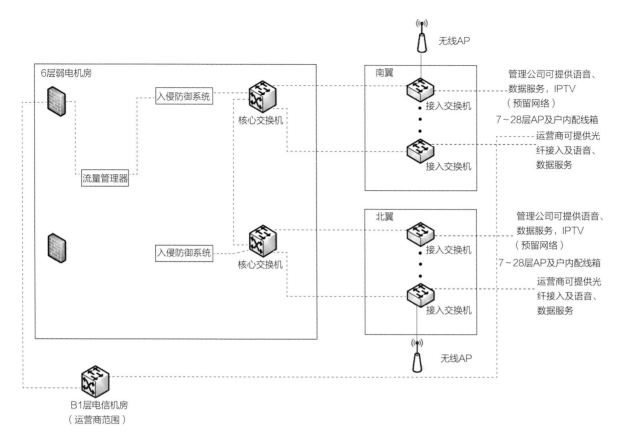

图2-12-8 套间式办公楼区计算机网络系统图 （公共网）

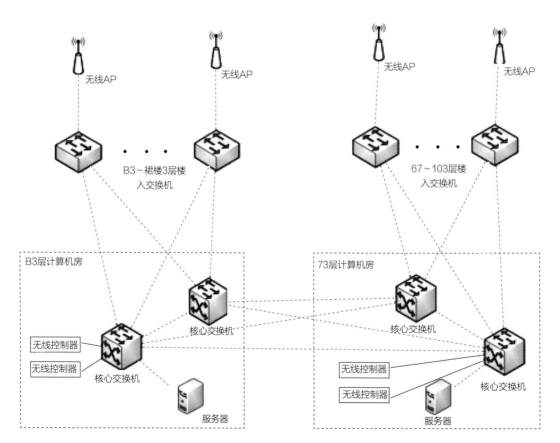

图2-12-9 酒店区计算机网络系统图

图2-12-10　核心交换机

图2-12-11　智能网交换机　　　　图2-12-12　办公网交换机　　　　图2-12-13　H3C核心交换机

第三节　通信系统

国内三大主流通信运营商在国金项目都已实现全业务通信服务能力，国金客户可完全自由地选择通信服务提供商。中国移动、中国电信、中国联通已经具备为国金客户提供2G及3G移动通信服务、固定电话服务和各类数据接入服务。并且在未来还将有机会率先体验第四代移动通信服务。

一、系统描述

通信系统是通信运营商在国金项目自主投资的通信网络。国内三大主流运营商中国移动、中国电信、中国联通在国金已经建成并开通新一代高可靠性保障的全业务通信服务网络。

各运营商在国金都投资建设了系统专用机房，都分别建设了一个主机房及3个子机房。中国电信主机房在-1层（图2-12-14），中国移动及中国联通主机房位于-2层。子机房分别位于主塔12层、30层、48层。

各运营商在国金的主机房与主网络都是双路由接入，接入路由从不同的物理路径进入主机房，任何一路线缆损坏都不影响客户网络使用，网络安全得到了极大保障。

各运营商在国金的主设备全部都是$N+1$冗余备份，任何设备故障都不影响通信服务。

二、运营商可提供的服务

（一）中国电信

可为国金所有客户提供CDMA2G、3G移动电话业务，固定电话业务，WIFI无线网络接入（主塔1~65层

图2-12-14　中国电信主机房全景图

办公区）及各类专线接入和数据服务（具体可提供服务内容以中国电信承诺为准）。

（二）中国移动

可为国金所有客户提供TD-SCDMA（3G）和GSM（2G）移动电话业务，各类专线接入和数据业务（具体可提供服务内容以中国移动承诺为准）。

（三）中国联通

可为国金所有客户提供WCDMA（3G）和GSM（2G）移动电话业务，各类专线接入和数据业务（具体可提供服务内容以中国联通承诺为准）。

三、运营商系统简介

（一）中国电信系统简介

移动手机网络覆盖范围：主塔-4～102层，主塔及裙楼所有电梯。

WIFI无线网络覆盖范围：主塔1～65层办公层。

中国电信在国金有线网络拓扑图，以-1层主机房为主，通过12层、30层、48层机房网络汇聚节点，铜缆及光纤网络通达整个主塔办公区及地下室。

端口配置：在每个标准办公层的南北两个弱电间提供各100端铜缆电话接口，各75端光纤接口。

（二）中国移动系统简介

中国移动手机网络覆盖范围：主塔-4～102层，主塔及裙楼所有电梯。

中国移动在国金有线网络以-2层主机房为主，业务通达12层、30层、48层机房网络汇聚节点，各办公层如需使用移动固网业务，需要从12层、30层、48层机房中的一个机房就近接入。

端口配置：在-2层主机房预知4000端光纤接口，在12层、30层、48层机房各配置约500端光纤业务接口。

（三）中国联通系统简介

中国联通移动手机网络覆盖范围：主塔-4～102层，主塔及裙楼所有电梯。

中国联通在国金有线网络以-2层主机房为主，业务通达12层、30层、48层机房网络汇聚节点，各办公层如需使用移动固网业务，需要从12层、30层、48层机房中的一个机房就近接入。

端口配置：在-2层主机房预知4000端光纤接口，在12层、30层、48层机房各配置约500端光纤业务接口。

第十三章　智能化音视频系统

第一节　有线电视系统

一、有线电视系统概况

广州国际金融中心有线电视系统主要服务酒店、公寓、写字楼及友谊商场，为各功能区提供电视信号，根据各功能区使用特点提供差异化的电视服务。有线电视节目由广东省有线电视公司提供，卫星电视由写字楼区与友谊商店提供标准有线电视信号，酒店和公寓向客户提供卫星电视节目和有线电视节目。图2-13-1为有线电视系统示意图。

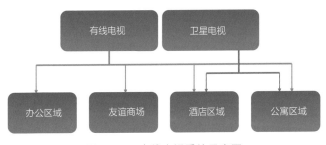

图2-13-1　有线电视系统示意图

国金中心卫星及有线电视的总前端设置于北翼公寓顶层有线电视机房。有线电视传输采用主流的HFC网络，即光纤同轴电缆混合网。这种结构在采用64QAM调制的情况下，可以传输高达3G的数字信号，完全能够满足未来数年内的业务需求。

卫星电视系统主要由设置于北附楼29层天面的3M卫星电视天线，及L波段光传输设备组成，主要为酒店区域及公寓提供卫星电视节目。

HFC网络将电视信号从前端机房传输到各功能区的光节点，光信号在节点转换为射频信号后由电缆网络把信号传输到各个终端。

图2-13-2为国金中心电视系统拓扑图。

二、有线电视系统特点

国金中心有线电视采用目前主流的数字电视信号传输模式，与传统的模拟电视相比，数字电视具有高清晰度、双向、交互、多功能、多业务等明显的优势。可以向国金各类型客户提供视频点播、时移电视、高清晰度电视、股票行情、电子商务等多种类型服务，满足客户各种类型业务需求。主要特点如下：

（一）内容丰富

数字电视可传送数百套标准清晰度的数字电视节目和多路数字音频广播节目，并可提供电子节目指南、视频点播、时移电视、高清晰度电视、股票行情、电子商务等多项服务。

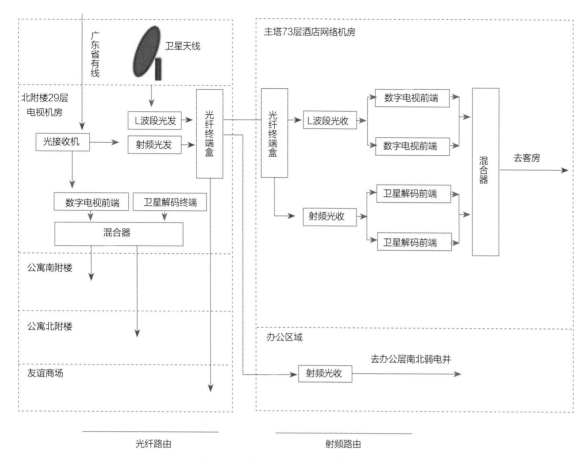

图2-13-2　国金中心电视系统拓扑图

（二）画面清晰

在数字方式下，电视信号在传输过程中不容易引入噪声和干扰，用户接收到的信号质量与发射前一样，标清数字电视节目画面质量可以达到DVD效果，高清数字电视节目画面质量可达到或接近宽银幕电影的水平。

（三）立体音效

目前的模拟电视其伴音多为单声道，而数字电视可以传送4路以上的环绕立体声，真正获得家庭影院的伴音效果。

（四）未来可扩展性

客户将来可以通过有线电视网络实现高速因特网接入、音视频点播、可视电话、电视会议等。

三、有线电视系统的针对性设计

由于广州国际金融中心是一个商业综合体，所服务的客户需求有很大不同，无差别的有线电视服务无法满足客户多类型的业务需求。考虑到不同客户的管理及使用需求，有线电视系统设计为差异化服务系统。

针对办公区：广州国际金融中心为客户提供开放性的有线电视接口，仅提供原生有线电视信号，未提供卫星电视信号。客户可以自由选择是否使用有线电视，自行选择有线电视各类型服务，完全不受物业管理方影响。客户在有线电视的使用上完全自由，不受任何限制。

针对四季酒店与雅诗阁公寓的设计：酒店与公寓需要为客户提供多样性、高可靠性的电视服务；降低客户使用难度，最大程度保证客户使用便利性；尽量简化电视系统的维护管理工作。

多样性：酒店与公寓电视系统提供有线电视、卫星电视及自办节目，此系统可以很好地满足酒店与公寓向客户提供丰富的电视节目。

客户使用便利性：客房内仅有电视，没有任何其他视频设备。客人观看电视只需要电视遥控器，操作极其简便，无需担心客人由于不熟悉设备影响服务感受。

简化系统维护管理：为了简化电视系统的维护管理工作，酒店与公寓电视系统采用集中解码，向各功能区传送清流数字信号（无加密的电视信号）的方式。此方式可以极大地减少客房内解码设备的使用量，减少设备自身或人为故障，极大降低酒店与公寓运营团队的电视系统维护管理工作量，节省人工成本。

高可靠性：在酒店与公寓电视机房内，有线电视与卫星电视系统在解码及传输上都采用冗余系统设计，保证设备和线路故障不会影响电视系统正常工作。客户观看电视不会因设备或线路故障而中断。

第二节　四季酒店音视频系统

一、系统概况

四季酒店音视频系统，旨在为酒店客户提供各类商务活动、宴会、婚礼、会议等活动所用的音视频服务。整个系统可同时为酒店不同功能区如餐厅、宴会厅、SPA、酒吧、宴会厅、会议室等提供个性化音视频服务。整个系统基于分散控制集中管理的理念，可同时满足多至18场会议或8场宴会活动的音视频服务，如图2-13-3所示。

整个音视频系统融合了包括视频录放系统、扩声系统、信息发布系统、会议系统、舞台灯光系统，通过设在裙楼2层AV控制室的中控系统协调控制，为客户全方位提供宴会活动所需的音视频服务，在火警时受消防控制模块控制，强行停止背景音插入消防告警广播。

图2-13-3　四季酒店音视频系统

二、系统描述

四季酒店音视频系统融合了包括视频录放系统、扩声系统、信息发布系统、会议系统、舞台灯光系统，通过中控系统协调控制，为各功能区域服务（表2-13-1），各功能区按需求配置本地控制系统，各分系统通过专用音视频网络基于TCP/IP协议互联，形成分散控制、集中管理的音视频系统。影音中央控制室位于裙楼2楼。

音视频系统服务区域　　　　　　　　　　　　　　表2-13-1

序号	楼层	区域	编号	功能设置
1	-3层	员工培训室	B3-TR1	扩声系统、显示系统
2	-3层	员工培训室	B3-TR2	扩声系统、显示系统
3	-3层	员工培训室	B3-TR3	扩声系统、显示系统
4	-3层	员工培训室	B3-TR4	扩声系统、显示系统

序号	楼层	区域	编号	功能设置
5	塔楼1层	酒店到达大堂	L1-LB1	标准背景音乐
6	裙楼1层	上落货处	L1-LB2	标准背景音乐
7	裙楼1层	小宴会厅	JBR1、2	扩声系统、会议发言、同声传译、摄像跟踪、录播系统、视频显示、中控系统，音响通过CobraNet与背景系统相连接，在日常没有宴会需求时可受其统一播放背景音乐控制，满足房间灵活多变的多种使用功能需求
8	裙楼1层	小宴会厅前厅	JBR3、4	标准背景音乐，由小宴会厅中控系统统一控制，音响通过CobraNet与背景系统相连接，在日常没有宴会需求时可受统一播放背景音乐控制，同时设置扩声系统、控制系统，预留音视频接线口
9	裙楼1层	VIP房	JBR5	标准背景音乐，由小宴会厅智能会议系统统一控制，音响通过CobraNet与背景系统相连接，在日常没有宴会需求时可受其统一播放背景音乐控制，同时设置扩声系统、控制系统，预留音视频接线口
10	裙楼1层	16人会议室	MR1	扩声系统、会议发言、视频显示、中控系统，音响通过CobraNet与背景系统相连接，在日常没有宴会需求时可受其统一播放背景音乐控制，满足房间灵活多变的多种使用功能需求
11	裙楼1层	小宴会厅前厅外公共走廊	PA1、2	标准背景音乐
12	裙楼1层	公共区	PA3	标准背景音乐
13	裙楼1层	洗手间	JBR6	标准背景音乐，由小宴会厅中控系统统一控制，音响通过CobraNet与背景系统相连接，在日常没有宴会需求时可受其统一播放背景音乐控制
14	裙楼2层	16人会议室	MR2	扩声系统、会议发言、视频显示、中控系统，音响通过CobraNet与背景系统相连接，在日常没有宴会需求时可受其统一播放背景音乐控制，满足房间灵活多变的多种使用功能需求
15	裙楼2层	18人会议室	MR3	扩声系统、会议发言、视频显示、中控系统，音响通过CobraNet与背景系统相连接，在日常没有宴会需求时可受其统一播放背景音乐控制，满足房间灵活多变的多种使用功能需求
16	裙楼2层	25人会议室	MR4	扩声系统、会议发言、视频显示、中控系统，音响通过CobraNet与背景系统相连接，在日常没有宴会需求时可受其统一播放背景音乐控制，满足房间灵活多变的多种使用功能需求
17	裙楼2层	16人董事室	BOR	扩声系统、会议发言、远程会议、视频显示、中控系统，音响通过CobraNet与背景系统相连接，在日常没有宴会需求时可受其统一播放背景音乐控制，满足房间灵活多变的多种使用功能需求
18	裙楼2层	商务中心	BC	标准背景音乐
19	裙楼2层	公共走廊及洗手间	PA4～6	标准背景音乐
20	裙楼3层	大宴会厅	BR1～3	扩声系统、会议发言、同声传译、摄像跟踪、录播系统、视频显示、中控系统，音响通过CobraNet与背景系统相连接，在日常没有宴会需求时可受其统一播放背景音乐控制，满足房间灵活多变的多种使用功能需求
21	裙楼3层	主宴会厅前厅	BR4	标准背景音乐，由大宴会厅中控系统统一控制，音响通过CobraNet与背景系统相连接，在日常没有宴会需求时可受其统一播放背景音乐控制，同时设置扩声系统、控制系统，预留音视频接线口
22	裙楼3层	2号宴会厅前厅	BR5	标准背景音乐，由大宴会厅中控系统统一控制，音响通过CobraNet与背景系统相连接，在日常没有宴会需求时可受其统一播放背景音乐控制，同时设置扩声系统、控制系统，预留音视频接线口

序号	楼层	区域	编号	功能设置
23	裙楼3层	3号宴会厅前厅	BR6	标准背景音乐，由大宴会厅中控系统统一控制，音响通过CobraNet与背景系统相连接，在日常没有宴会需求时可受其统一播放背景音乐控制，同时设置扩声系统、控制系统，预留音视频接线口
24	裙楼3层	VIP房	BR7	标准背景音乐，由小宴会厅中控系统统一控制，音响通过CobraNet与背景系统相连接，在日常没有宴会需求时可受其统一播放背景音乐控制，同时设置扩声系统、控制系统，预留音视频接线口
25	裙楼3层	洗手间	BR8	标准背景音乐，由小宴会厅中控系统统一控制，音响通过CobraNet与背景系统相连接，在日常没有宴会需求时可受其统一播放背景音乐控制
26	裙楼3层	16人会议室	MR5	扩声系统、会议发言、视频显示、中控系统，音响通过CobraNet与背景系统相连接，在日常没有宴会需求时可受其统一播放背景音乐控制，满足房间灵活多变的多种使用功能需求
27	裙楼3层	小宴会厅前厅外公共走廊	PA7	标准背景音乐
28	裙楼5层	国金会议中心		标准背景音乐，由大宴会厅中控系统统一控制，音响通过CobraNet与背景系统相连接，在日常没有宴会需求时可受其统一播放背景音乐控制，同时设置扩声系统、控制系统，预留音视频接线口
29	裙楼5层	新闻发布中心		扩声系统、会议发言、视频显示、中控系统，音响通过CobraNet与背景系统相连接，在日常没有宴会需求时可受其统一播放背景音乐控制，满足房间灵活多变的多种使用功能需求
30	塔楼68层	员工咖啡厅	SC2	有线电视，本地背景音乐
31	塔楼69层	健身房	FC1	增强型背景音乐
32	塔楼69层	美容室	FC2	标准背景音乐
33	塔楼69层	池畔吧	FC3	标准背景音乐
34	塔楼69层	泳池	FC4	标准背影音乐，水池音乐
35	塔楼69层	更衣室	FC5、6	标准背景音乐
36	塔楼69层	接待处	FC7	标准背景音乐
37	塔楼69层	休息室	FC8	标准背景音乐
38	塔楼69层	9间水疗护理室	SPA1～9	增强型背景音乐
39	塔楼70层	空中大堂	SKL1	增强型背景音乐
40	塔楼70层	酒廊吧	BL	增强型背景音乐
41	塔楼70层	空中大堂酒吧	SKL2	增强型背景音乐
42	塔楼70层	沉酒吧	SL	增强型背景音乐
43	塔楼70层	走廊	LB70	标准背景音乐
44	塔楼70层	洗手间	RR70	标准背景音乐
45	塔楼71层	中餐厅	CR1	增强型背景音乐
46	塔楼71层	中餐厅包间（7间）	PDR1～7	增强型背景音乐
47	塔楼71层	走廊	CR2	标准背景音乐
48	塔楼71层	洗手间	RR71	标准背景音乐

序号	楼层	区域	编号	功能设置
49	塔楼72层	全日餐厅	ADD1	增强型背景音乐
50	塔楼72层	全日餐厅	ADD2	增强型背景音乐
51	塔楼72层	全日餐厅	ADD3	增强型背景音乐
52	塔楼72层	日本餐厅	JRP1~7	增强型背景音乐
53	塔楼72层	走廊	LB72	标准背景音乐
54	塔楼72层	洗手间	RR72	标准背景音乐
55	塔楼99层	行政人员酒廊	EXL	增强型背景音乐
56	塔楼99层	云吧	CB1、2	增强型背景音乐
57	塔楼99层	多功能厅1	MFR1	扩声系统、会议发言、视频显示、中控系统，音响通过CobraNet与背景系统相连接，在日常没有宴会需求时可受其统一播放背景音乐控制，满足房间灵活多变的多种使用功能需求
58	塔楼99层	多功能厅2	MFR2	扩声系统、会议发言、视频显示、中控系统，音响通过CobraNet与背景系统相连接，在日常没有宴会需求时可受其统一播放背景音乐控制，满足房间灵活多变的多种使用功能需求
59	塔楼99层	会议室	MFR3	扩声系统、会议发言、视频显示、中控系统，音响通过CobraNet与背景系统相连接，在日常没有宴会需求时可受其统一播放背景音乐控制，满足房间灵活多变的多种使用功能需求
60	塔楼99层	走廊	LB99	标准背景音乐
61	塔楼99层	洗手间	RR99	标准背景音乐
62	塔楼100层	特式餐厅1	SR1	增强型背景音乐
63	塔楼100层	特式餐厅2	SR2	增强型背景音乐
64	塔楼100层	特式餐厅3	SR3	增强型背景音乐
65	塔楼100层	走廊	LB100	标准背景音乐
66	塔楼100层	洗手间	RR100	标准背景音乐

三、系统功能描述

（一）背景音乐系统

本背景音乐系统主要覆盖附楼1~3层、塔楼68~72层、99~100层，设置4个设备管理控制室，附楼2层设置1个管理控制室，塔楼69层设置1个管理控制室，塔楼73层设置1个管理控制室，塔楼99~100层设置1个管理控制室。各个管理控制室可通过CobraNet音频网络传输以实现各个管理控制室之间的互连互控制。

整个系统提供1~4个背景音乐频道供整个各个分区选择；另外设置第5背景音乐频道作为本地化频道；设置专门的播放器，部分区域的摆放于管理控制室，部分区域设置于本区域内（预留本地播放接入接口，部分已配齐播放设备）。

管理控制方面，部分区域设置本地化的管理控制面板或触摸屏（管理控制室也可控制），可选择音源（频道选择）、音响大小调节以及开关；其他区域由控制室进行管理控制。

背景音乐播放服务器可以同时播放8个通道的不同音乐输出，同时可设置8个不同的播放列表，可连续播，同时可以设置定时播放列表。

数字音频处理支持CobraNet音频网络传输；支持Crestron、AMX等控制系统的数字音频处理器；同时具有均调音台、电平控制器、电平表、信号路由器、数字式可调整参数均衡器和图示均衡器、滤波器、动态处理器、分频器、延时器、压缩限幅器、扩展器、噪声门、反馈抑制器、信号发生器等处理器功能，对各种不同扩声的模式可预先设置储存，实现各种不同扩声的工作模式之间瞬间切换；减少工作人员的操作难度和提高系统使用的效率性；各区域控制室通过RS232或TCP/IP、UDP、ICMP、网络协议接入中央控制系统实现整系统联动。

在火灾报警时，可受火灾报警系统控制（接口为Rs232\Rs485\TTL），将背景音乐强行切断；所有设备支持7×24h运行的性能，并满足相关的消防标准。

（二）扩声系统

系统设计采用达到或超过最新颁布的中华人民共和国国家标准《厅堂扩声系统设计规范》（GB 50371—2006）会议类扩声系统声学特性指标二级标准进行设计，具体指标如下：

最大声压级（dB）：额定带宽内大于等于95dB。

传输频率特性：以125~4000Hz的平均声级压作为0dB，在此频带内允许范围为-6~+4dB；63~125Hz和1000~8000Hz的允许范围，如图2-13-4所示。

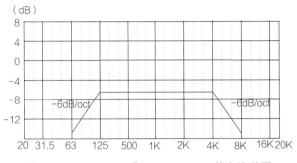

图2-13-4　63~125Hz和1000~8000Hz的允许范围

传输增益（dB）：125~4000Hz的平均值大于或等于-12dB。

稳态声场不均匀度（dB）：1000Hz、4000Hz时小于或等于+10dB。

早后期声能比-可选项（dB）：500~2000Hz内1/1倍频带分析的平均值大于等于+3dB。

系统总噪级：NR-25。

（三）会议系统

（1）采用手拉手会议讨论系统，每套26台讨论设备，摆放于主席台（可流动）。

（2）会议系统采用数字控制技术，具备发言讨论、同声传译、自动跟踪摄像以及网络控制等功能。

（3）主席机和代表机具备发言、语言选择功能，并内置扬声器。

（4）具备与音响扩声系统录音和话筒等设备的互连接口。

（5）系统干线采用全数字音频传输技术，保证音频信号的质量接近CD音质。

（四）同声传译系统（移动式）

同声传译满足4+1语言传输，具有150个同传席位（其中译员机及译员耳机各会议室共用）。

采用红外线发布方式，配置4套红外线发射器，安装于宴会厅四个角落并保证厅堂内没有盲区。

同声传译系统采用高频段2~8MHZ传输，以避免高频灯光等干扰。

控制主机与会议发言讨论系统共用主机。

（五）视频系统

1. 显示系统

显示系统支持全高清系统，显示系统从视频输入、传输、矩阵切换、播放设备全部支持HDTV标准，可实现高清影像的传输及回放。

显示设备配置参见表2-13-2所列。

显示设备配置　　　　　　　　　　　　　　　　　　　　表2-13-2

区域	显示设备	清晰度	投影机亮度（lx）	显示尺寸
裙楼1层宴会厅	投影机	高清	大于12000	216寸
裙楼3层宴会厅	投影机	高清	大于12000	216寸
会议室	投影机	高清	大于4000	106寸
董事长会议室	高清显示屏	高清		47寸
VIP室	高清显示屏	高清		42寸
培训室	投影机	标清	大于4000	80寸
多功能厅	投影机	高清	大于4000	106寸
餐厅及酒吧	高清显示屏	高清		42寸
客房	高清显示屏	高清		42寸
员工餐厅	高清显示屏	高清		42寸

音视频切换矩阵，用于整个系统的AV信号路由切换，音视频矩阵全部采用高清或RGBHV切换矩阵；具备Rs232、Rs485、TCP/IP接口接入中控系统。

视频播放源采用高清蓝光碟及电脑。

客用视频传输采用VGA/RGBHV双绞线传器（具有音频传输功能）；主要用主席台送至控制室矩阵的RGB信号远距离传输；确保RGB信号在远程距离传输时不会出图像拖尾现象。

复合视频传输采用20AWG以上专用视频电缆。

2. 摄像跟踪系统

采用一体化快球摄像机，安装于每个会议分区主席台，正对向主席台摄像，安装位置及高度根据摄像角度在10°～35°之间计算，如图2-13-5所示。

每台一体化快球摄像机配置球机控制键盘，与一体化球机配套使用（每个会议分区各安装1个）。

3. 会议录播系统

采用DVD硬盘录像机对会场内的实时画面进行实时录像。

（六）舞台灯光系统

在裙楼1层及3层、5层会议室预设舞台灯光系统。系统包括灯光控制系统，包括直通灯光控制柜及硅箱，以及灯光控制线路DMAX，灯光吊装的固定及电动吊钩，不包含灯具。

裙楼1层、3层灯光控制系统（直通柜与硅箱）位于裙楼2层灯光控制室。

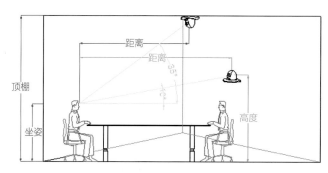

图2-13-5　摄像跟踪系统示意图

裙楼1层宴会厅在顶棚预留60路硅箱控制接口，36路直通灯电源接口。

裙楼3层宴会厅在顶棚预留96路硅箱控制接口，24路直通灯电源接口。

（七）信息发布系统

该信息发布系统控制室低层设计于裙楼2层控制室音视频机柜内，所有播放器及显示终端均由L2控制室的管理控制器经AV专网进行管理、控制、发布信息。具体分布点见表2-13-3所列。

播放器及显示终端具体分布点　　　　　　　　　　表2-13-3

序号	楼层	区域	播放控制器	19″液晶电视	42″液晶电视	50″液晶电视
1	附楼1层	电梯大堂	1		1	
2	附楼1层	小宴会厅门口	2	2		
3	附楼1层	会议室1	1	1		
4	附楼2层	电梯大堂	1			1
5	附楼2层	会议室2	1	1		
6	附楼2层	会议室3	1	1		
7	附楼2层	董事会议室	1	1		
8	附楼2层	会议室4	2	2		
9	附楼3层	电梯大堂	1			1
10	附楼3层	大宴会厅门口	4	4		
11	附楼3层	会议室5	1	1		
12	合计		16	13	1	2

信息发布系统的主要功能如下：

（1）可以设定不同时间播放列表，可以划分多个窗口同时播放不同信息，以及播放各种会议信息，如：会议室的名称、会议主题、会议时间安排、会议主持等会议进行情况。

（2）可同时对所有播放控制器进行发布信息、控制管理，即使在所有管理服务器都瘫痪或网络发生堵塞情况下都能照常运行，避免出现黑屏的现象。

（3）采用基于TCP/IP通信网络架构，支持网络互联，通过网络可以对每个播入终端进行电源开关控制。

（4）显示的内容从管理服务器下载并存储到播放控制器，在本地进行播放。具有齐发、分组、个别发送信息的功能。

（5）可设定不同的时间播放列表，可以按照播放列表上时间、日期自动显示播放。

（6）可以随时插播各种临时信息及紧急信息，可利用内部管理办公电脑通过内部局域网登录（授权形式）管理服务器，插播各种展会信息以及会议信息。

（7）可以与内部管理系统通过网络相结合及时自动地发布各种信息，如：欢迎词、通知、安排、会议主题等相关信息。

（8）系统信号输出格式支持VGA影像信号输出，16：9／4：3可支持1900×1080。

（9）播放内容可支持录像内容（MPEG-1、MPEG-2、MPEG-4、AVI、WMV、ASF 格式）；图画形象及图片（BMP、GIF、JPG、JPEG格式）；微软幻灯片（PPT、PPS 格式）；网页内容（HTML格式）；Flash 内容（SWF 格式）；文字内容；USB网上摄录机（MPEG-4格式）；动态数据库的链接播放。

（10）可以自动生成播放内容列表，供广告投放商查询。

（11）采用夏普LCD作为播放显示终端。

四、分区功能介绍

（一）-3层员工培训室（共3间）

员工培训室（B3-TR1～3）的智能会议系统主要有音响扩声系统、视频显示系统，其系统图如图2-13-6所示，音响系统的具体配置见表2-13-4所列。

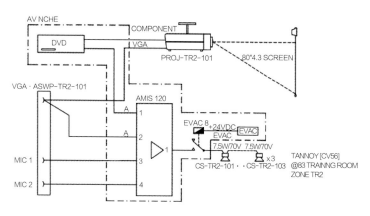

图2-13-6　员工培训室系统图

音响系统的具体配置　　　　　　　　　　表2-13-4

序号	设备	技术参数要求	单位	数量
1	6.5″顶棚喇叭	6.5″同轴吸顶	只	11
2	前级功放	具有4路Mic/Line可选输入	台	1
3	1通道消防强切器		台	1
4	墙面接线面板	2个XRL Mic输入接口，1个RCA音频输入接口，1个VGA计算图像接口	块	1
5	DVD播放器		台	1
6	投影机	标称亮度（ISO流明）≥3000；标准分辨率（dpi）≥1024×768；对比度≥450：1	台	1
7	80″电动投影幕	4：3屏幕	幅	1

（二）裙楼1层宴会厅

该宴会厅智能会议设备可以作为整个使用也可以划分两个分区使用；设备可划分两个厅使用系统链路互不影响，同时系统除可以设置这两种使用模式之间预置切换之外，还至少具有其他四种模式预置切换，方便于系统日常使用。另外，小宴会厅的前厅（JBR3、4）、VIP房（JBR5）、洗手间（JBR6）的扩声系统及控制系统由小宴厅的智能会议系统进行统一管理控制。

该宴会厅主要配置有会议发言讨论系统（与3层大宴厅共用）、会议同声传译系统（与3层大宴厅共用）、音响扩声系统（含音箱、数字音频处理器）、摄像跟踪系统、视频显示系统（显示、传输、切换）、会议录播系统、中央控制系统、舞台灯光系统、固定和电动吊钩。具体配置见表2-13-5所列。

宴会厅智能会议设备配置　　　　　　　　表2-13-5

序号	设备名称	技术参数	单位	数量
一、音响扩声系统				
1	调音台	32Mic/Line输入通道；1组立体声主输出；1组立体声监听输出；6组AUX辅助输出	台	2

序号	设备名称	技术参数	单位	数量
2	数字音频处理器	20×28的输入、输出数字音频处理器	套	1
3	12″顶棚喇叭		只	15
4	6.5″顶棚喇叭		只	19
5	15″主音箱（流动）		只	4
6	18″超低频音箱（流动）		只	2
7	控制器（流动）	15″主音箱，18″超低频音箱配套使用	只	2
8	功率放器	15″主音箱，19″超低频音箱配套使用	台	2
9	功率放器	15″主音箱，20″超低频音箱配套使用	台	2
10	功率放器		台	4
11	功率放器		台	1
12	控制室监听音箱	频率范围：50~40khz（-10dB）	对	2
13	CDR机		台	2
14	MD机		台	2
15	手持无线话筒		套	6
16	领夹无线话筒		套	2
17	墙面安装话筒		只	2
18	8通道消防强切器		台	2

二、视频系统

序号	设备名称	技术参数	单位	数量
1	DVD播放器		台	2
2	音视频矩阵	16×16音视频切换矩阵，采用BNC视频接口，用于整个系统的AV信号路由切换	台	1
3	RGBHV矩阵切换器	具有8×8RGB信号切换矩阵；采用BNC视频接口，用于整个系统的计算机RGB信号切换矩阵	台	1
4	12000流明DLP投影机	DLP专业剧院级投影机；标称亮度（ISO流明）≥12000；标准分辨率（dpi）≥1920×1200；对比度≥5000：1	台	3
5	216″电动投影幕	16：9屏幕	套	3
6	CAT5/VGA转换器		台	5
7	VGA/CAT5转换器		台	5
8	CAT5/VGA转换器		台	3
9	40″液晶电视	分辨率：1920×1080	台	1
10	4×4 DVI矩阵切换器		台	1
11	DVI光纤传感器	音频传输功能	对	5

三、会议录播系统

序号	设备名称	技术参数	单位	数量
1	DVD刻录播放器		台	4
2	一体化球机	30倍光变+10倍数码变焦	台	2

序号	设备名称	技术参数	单位	数量
四、控制系统				
1	控制主机		台	2
2	嵌墙无线彩色触摸屏	8.4″彩色触摸屏	台	2
3	嵌墙有线彩色触摸屏	7″有线彩色触摸屏	台	2
五、顶棚吊钩				
1	电动吊勾		个	40

（三）裙楼小会议室（5间）

小会议室共计5间（MR1～5），配置及使用功能一致，主要分布裙楼一层（小会议室1_MR1）、裙楼二层（小会议室2_MR2、小会议室3_MR3、小会议室4_MR4）、裙楼三层（小会议室5_MR5）。

小会议室的智能会议系统主要有音响扩声系统（含音箱、数字音频处理器）、视频显示系统（显示、传输、切换）、会议录播系统、中央控制系统。

具体配置见表2-13-6所列。

小会议室智能会议系统的具体配置　　　　　　表2-13-6

序号	设备名称	技术参数要求	单位	数量
一、音响扩声及会议系统				
1	数字音频处理器	16×8输入、输出数字音频处理器	套	1
2	6.5″顶棚喇叭	6.5″同轴吸顶	只	4
3	电动顶棚音箱		只	2
4	4通道功率放器	4通道功放	台	1
5	8通道消防强切器		台	1
6	CD机	19英寸专业级，1 bit DA转换	台	1
7	手持无线话筒	分集U段接收频率，自动扫频100个频率通道可选，工作距离大于100m	套	1
8	领夹无线话筒	分集U段接收频率，自动扫频100个频率通道可选，工作距离大于100m	套	1
二、视频系统				
1	蓝光影碟播放机		台	1
2	4×1模拟HDMI，8×1音视频切换器		台	1
3	视频音频发送器		台	1
4	LCD投影机	分辨率：1920×1080	台	1
5	106″电动投影幕	16：9屏幕	台	1

序号	设备名称	技术参数要求	单位	数量
三、控制系统				
1	控制主机		台	1
2	嵌墙无线彩色触摸屏	8.4″彩色触摸屏	台	1
3	8路交换器		台	1

（四）裙楼2层董事会议室

该会议室的智能会议系统主要有音响扩声系统（含音箱、数字音频处理器）、视频显示系统（显示、传输、切换）、视频会议系统、会议录播系统、中央控制系统，具体设备配置见表2-13-7所列。

（五）裙楼5层国际会议中心

本国际会议中心分为1～4个小间同时使用或任意组合使用，在5层夹层设有3间影音控制室，3间影音控制室可分别控制各分区域。控制室位于5层会议中心夹层主控制室。

本大宴会厅的智能会议系统主要有会议发言讨论系统（本会议中心专用）、会议同声传译系统（专用）、音响扩声系统（含音箱、数字音频处理器）、摄像跟踪系统、视频显示系统（显示、传输、切换）、会议录播系统、中央控制系统、舞台灯光系统、固定及电动吊钩。具体配置参见表2-13-8所列。

裙楼2层董事会议室音视频系统设配配置　　　　　　　表2-13-7

序号	设备名称	技术参数	单位	数量
一、音响扩声系统				
1	数字音频处理器	22×12输入、输出数字音频处理器（2路具有电话拨号功能）	套	1
2	6.5″顶棚喇叭	6.5″同轴吸顶	只	4
3	电动顶棚音箱		只	2
4	4通道功率放器	4通道功放	台	1
5	8通道消防强切器		台	1
6	CD机	19英寸专业级，1 bit DA转换	台	1
7	手持无线话筒	分集U段接收频率，自动扫频100个频率通道可选，工作距离大于100m	套	1
8	领夹无线话筒	分集U段接收频率，自动扫频100个频率通道可选，工作距离大于100m	套	1
9	会议话筒		套	8
10	8路输入视频音频切换器		台	1
二、视频系统				
1	蓝光影碟播放机		台	1
2	DVD刻录播放器		台	1
3	RGBHV切换器	4×4RGBHV信号切换矩阵	台	1
4	视频切换器	4×4音视频切换矩阵，采用BNC视频接口	台	1
5	等离子显示屏	47″；分辨率：不低于1920×1080	台	2

序号	设备名称	技术参数	单位	数量
6	8×4 HDMI切换矩阵		台	1

三、视频会议系统

序号	设备名称	技术参数	单位	数量
1	视频会议终端	H.323、SIP和H.320标准下的速率都可达到2M；终端在速率达到1M时，可以实现1920×1080P格式，帧频25帧/s	台	1
2	ISDN接口模块	与视频会议终端配套使用	块	1
3	一体化球体	摄像头支持1280×720P高清	个	1

四、控制系统

序号	设备名称	技术参数	单位	数量
1	控制主机		台	1
2	嵌墙无线彩色触摸屏	8.4″彩色触摸屏	台	1
3	无线网络接收器		套	1
4	8路交换器		台	1

国际会议中心智能会议系统设备配置

表2-13-8

序号	设备名称	技术参数	单位	数量

一、音响扩声及会议系统

序号	设备名称	技术参数	单位	数量
1	调音台	32Mic/Line输入通道；1组立体声主输出；1组立体声监听输出；6组AUX辅助输出	台	2
2	调音台	24Mic/Line输入通道；1组立体声主输出；1组立体声监听输出；6组AUX辅助输出	台	1
3	数字音频处理器	20×28输入、输出数字音频处理器	套	3
4	12″顶棚喇叭	12″中低音单元	只	24
5	15″主音箱（流动）	15″低音喇叭	只	4
6	18″超低频音箱	最大功率：1200W	只	2
7	控制器（流动）	15″主音箱，18″超低频音箱配套使用	只	2
8	功率放器	15″主音箱配套使用	台	2
9	功率放器	18″超低频音箱配套使用	台	2
10	功率放器	12″顶棚喇叭配套使用	台	4
11	控制室监听音箱		对	3
12	领夹无线话筒	分集U段接收频率，自动扫频100个频率通道可选，工作距离大于100m	套	3
13	无线话筒放大天线	与无线话筒匹配使用	套	3
14	天线分离器	与无线话筒放大天线匹配使用	套	3
15	墙面安装话筒	频响：80～20000Hz	只	3
16	8通道消防强切器		台	2
17	8路交换器		台	2

序号	设备名称	技术参数	单位	数量
二、视频系统				
1	DVD播放器		台	3
2	DVD刻录播放器		台	6
3	一体化球机	30倍光变+10倍数码变焦	台	3
4	音视频矩阵	16×16音视频切换矩阵，采用BNC视频接口	台	1
5	RGBHV矩阵切换器	12×12RGBHV信号切换矩阵，采用BNC视频接口	台	1
6	12000流明DLP投影机	DLP专业剧院级投影机；标称亮度（ISO流明）≥12000；标准分辨率（dpi）≥1920×1200；对比度≥5000∶1	台	3
7	216″电动投影幕	16∶9屏幕	套	3
8	17″液晶监视器		台	3
9	40″液晶电视	分辨率：不低于1920×1080	台	1
10	4×8DVI矩阵切换器		台	1
11	DVI光纤传感器（音频传输功能）		对	8
三、控制系统				
1	控制主机		台	2
2	嵌墙无线彩色触摸屏	8.4″彩色触摸屏	台	3
3	无线网络接收器	与8.4″彩色触摸屏配套使用	套	3
4	嵌墙有线彩色触摸屏	7″有线彩色触摸屏	台	3
5	16键控制面板	16键墙面控制面板，控制主机配套使用	块	1
6	8路交换器		台	1
四、舞台灯关及电动吊钩				
1	电动吊勾	电动吊勾，负载300kg	台	24

（六）裙楼3层宴会厅

本宴会厅（BR1～3）智能会议设备可以作为整个使用，同时可以划分三个分区使用；设备可划分2～3个厅使用系统链路互不影响，同时系统除可以设置这两种使用模式之间预置切换之外，还至少具有其他四种模式预置切换，方便系统日常使用。另外，小宴会厅的前厅（JBR4～6）、VIP房（JBR7）、洗手间（JBR8）的扩声系统及控制系统由小宴厅的智能会议系统进行统一管理控制。

本大宴会厅的智能会议系统主要有会议发言讨论系统（与1层小宴会厅共用）、会议同声传译系统（与1层小宴厅共用）、音响扩声系统（含音箱、数字音频处理器）、摄像跟踪系统、视频显示系统（显示、传输、切换）、会议录播系统、中央控制系统、舞台灯光系统、固定及电动吊钩。具体配置参见表2-13-9所列。

序号	设备名称	技术参数	单位	数量
一、音响扩声及会议系统				
1	调音台	32Mic/Line输入通道；1组立体声主输出；1组立体声监听输出；6组AUX辅助输出	台	2
2	调音台	24Mic/Line输入通道；1组立体声主输出；1组立体声监听输出；6组AUX辅助输出	台	1
3	数字音频处理器	20×28输入、输出数字音频处理器	套	1
4	12″顶棚喇叭	12″中低音单元	只	16
5	6.5″顶棚喇叭	6.5″同轴吸顶	只	31
6	15″主音箱（流动）	15″低音喇叭	只	4
7	18″超低频音箱	最大功率：1200W	只	2
8	控制器（流动）	15″主音箱，18″超低频音箱配套使用	只	2
9	功率放器	15″主音箱配套使用	台	2
10	功率放器	18″超低频音箱配套使用	台	2
11	功率放器	12″顶棚喇叭配套使用	台	4
12	功率放器	6.5″顶棚喇叭配套使用	台	1
13	控制室监听音箱		对	3
14	CDR机	19英寸专业级，1 bit DA转换	台	3
15	MD机	19英寸专业级	台	3
16	手持无线话筒	分集U段接收频率，自动扫频100个频率通道可选，工作距离大于100m	套	9
17	领夹无线话筒	分集U段接收频率，自动扫频100个频率通道可选，工作距离大于100m	套	3
18	无线话筒放大天线	与无线话筒匹配使用	套	3
19	天线分离器	与无线话筒放大天线匹配使用	套	3
20	无线话筒柜架安装附件	与无线话筒匹配使用	套	3
21	墙面安装话筒	频响：80～20000 Hz	只	3
22	8通道消防强切器		台	2
23	8路交换器		台	2
二、视频系统				
1	DVD播放器		台	3
2	DVD刻录播放器		台	6
3	一体化球机	30倍光变+10倍数码变焦	台	3

序号	设备名称	技术参数	单位	数量
4	音视频矩阵	16×16音视频切换矩阵，采用BNC视频接口	台	1
5	RGBHV矩阵切换器	12×12RGBHV信号切换矩阵，采用BNC视频接口	台	1
6	10000流明DLP投影机	DLP专业剧院级投影机；标称亮度（ISO流明）≥10000；标准分辨率（dpi）≥1920×1080；对比度≥5000：1	台	2
7	12000流明DLP投影机	DLP专业剧院级投影机；标称亮度（ISO流明）≥12000；标准分辨率（dpi）≥1920×1200；对比度≥5000：1	台	3
8	188″电动投影幕	16：9屏幕	套	2
9	216″电动投影幕	16：9屏幕	套	2
10	271″电动投影幕	16：9屏幕	套	1
11	17″液晶监视器		台	3
12	40″液晶电视	分辨率：不低于1920×1080	台	1
13	4×8 DVI矩阵切换器		台	1
14	DVI光纤传感器（音频传输功能）		对	8
三、控制系统				
1	控制主机		台	2
2	嵌墙无线彩色触摸屏	8.4″彩色触摸屏	台	3
3	无线网络接收器	与8.4″彩色触摸屏配套使用	套	3
4	嵌墙有线彩色触摸屏	7″有线彩色触摸屏	台	3
5	16键控制面板	16键墙面控制面板，控制主机配套使用	块	1
6	8路交换器		台	1
四、舞台灯关及电动吊钩				
1	跟踪聚光灯	* FOLLOWSPOT 9°～16°	台	2
2	电动吊勾	电动吊勾，负载300kg	台	32

（七）主塔99层多功能室（3间）

多功能室共计3间（MFR1～3），每间的配置及使用功能一致。

多功能室的智能会议系统主要有音响扩声系统（含音箱、数字音频处理器）、视频显示系统（显示、传输、切换）、会议录播系统、中央控制系统。详细配置如表2-13-10所列。

（八）酒店客房音视频系统

酒店客房内音视频系统独立于酒店音视频系统，设计为完全客用系统。目标是在客房内任何地点都可轻松享受影音，并且充分满足客人自带的娱乐电子设备可以快捷、简便地接入客房音视频系统的需求。客房音视频系统配置参见表2-13-11所列。

多功能室智能会议系统设备配置

表2-13-10

序号	设备名称	技术参数	单位	数量
一、音响扩声系统				
1	数字音频处理器	16×8输入输出数字音频处理器	套	1
2	6.5″顶棚喇叭	6.5″同轴吸顶	只	4
3	电动顶棚音箱		只	2
4	4通道功率放器	4通道功放	台	1
5	8通道消防强切器		台	1
6	CD机	19英寸专业级，1 bit DA转换	台	1
7	手持无线话筒	分集U段接收频率，自动扫频100个频率通道可选，工作距离大于100m	套	1
8	领夹无线话筒	分集U段接收频率，自动扫频100个频率通道可选，工作距离大于100m	套	1
9	6路输入视频与立体声音频切换器		台	1
二、视频系统				
1	蓝光影碟播放机		台	1
2	4×4音视频矩阵切换器		台	1
3	4×4复合视频和立体声音频矩阵		台	1
4	LCD投影机（仅多功能厅2有）	分辨率：1920×1080	台	1
5	106″电动投影幕（仅多功能厅2有）		套	1
6	40″液晶电视	分辨率：1920×1080	台	1
7	8×4 HDMI切换矩阵		台	1
三、控制系统				
1	控制主机		台	1
2	嵌墙无线彩色触摸屏	8.4″彩色触摸屏	台	1
3	无线网络接收器	与8.4″彩色触摸屏配套使用	套	1
4	8路交换器		台	1

酒店客房内音视频系统设备配置

表2-13-11

设备名称	标准房	套房客厅	套房卧室	2BKK、2BKD主卧房	总统套、皇家套客厅	卫生间
电视	42″高清	50″高清	42″高清	50″高清	50″高清	
多媒体面板（提供USB、AV、HDMI等客用接口）	多媒体面板	多媒体面板		多媒体面板		
DVD	DVD	DVD	DVD	DVD	DVD	
5.1音响				5.1音响	5.1音响	
2.1音响		2.1音响				
镜子电视						10″
IPOD底座		IPOD底座		IPOD底座	IPOD底座	
顶棚喇叭						顶棚喇叭

酒店客房内音视频系统具有如下功能：

（1）可同时对所有播放控制器发布信息、控制管理，即使在所有管理服务器都瘫痪或网络发生堵塞情况下都能照常运行，避免出现黑屏的现象。

（2）采用基于TCP/IP通信网络架构，支持网络互联，通过网络可以对每个播入终端进行电源开关控制。

（3）显示的内容从管理服务器下载并存储到播放控制器，在本地进行播放，具有齐发、分组、个别发送信息的功能。

（4）可设定不同的时间播放列表，可以按照播放列表上时间、日期自动显示播放。

（5）可以随时插播各种临时信息及紧急信息，可利用内部管理办公电脑通过内部局域网登录（授权形式）管理服务器，插播各种展会信息以及会议信息。

（6）可以与内部管理系统通过网络相结合，及时自动地发布各种信息，如：欢迎词、通知、安排、会议主题等相关信息。

（7）系统信号输出格式支持VGA影像信号输出，16：9 / 4：3可支持1900×1080。

（8）播放内容可支持录像内容（MPEG-1、MPEG-2、MPEG-4、AVI、WMV、ASF 格式）；图画形象及图片（BMP、GIF、JPG、JPEG格式）；微软幻灯片（PPT、PPS 格式）；网页内容（HTML格式）；Flash 内容（SWF 格式）；文字内容；USB网上摄录机（MPEG-4格式）；动态数据库的链接播放。

（9）系统可以自动生成播放内容列表，供广告投放商查询。

（10）系统采用夏普LCD作为播放显示终端。

第三节　LED大屏幕及标识系统

一、LED显示系统

（一）系统概况

LED大屏幕位于国金中心北广场裙楼东面（图2-13-7），面向广州市中轴线花城广场，位置稀缺独特，是展示国金项目乃至广州市风采的重要窗口。由于位置独特，LED大屏幕也具有巨大的商业广告价值。

图2-13-7　LED大屏幕实景

LED大屏幕净显示面积为103.22 m²，采用全球视频领域的顶级制造商比利时BARCO公司最新产品，可显示业界最高的281万亿色的逼真画面，可每天不间断地向市民实时提供商业广告、形象展示、各类信息公告等多媒体信息。

（二）系统描述

LED大屏幕采用BARCO提供的最新一代高端TF20 LED显示系统，系统构成见表2-13-12所列。

系统构成		表2-13-12
1．BARCO TF20电子显示屏	6．BARCO 电源箱配电系统	
2．BARCO DX700高端LED控制系统	7．BARCO AEC4000环境亮度感应器	
3．内容播出系统	8．专用连接线缆/外围设备	
4．音频系统	9．BARCO 钢结构和边框装饰	
5．BARCO 光纤传送系统	10．显示屏散热系统	

LED大屏幕显示系统由一块103.22m^2（13.44m×7.68m）的显示屏及后台控制系统、播放系统、音频系统及空调散热系统组成。主屏幕位于国金裙楼东侧墙面，后台控制系统及播放系统位于国金网络机房。屏幕播放内容通过光纤传输系统由国金总控机房传送至显示屏。LED显示屏支持HD视频播放，可兼容VGA、YUV、CVBS、DVI、SDI、HDSDI等视频输入格式，可显示电视、广告、政府公告等各类信息。后台播放系统可以灵活编排节目列表，并自动统计各节目在一天内的播放次数及总播放时间，实现广告运营管理。

主屏幕位于裙楼东侧5层外立面，如图2-13-8所示，采用后部维修方式，维修入口如图2-13-9所示。

图2-13-8　LED位置示意图

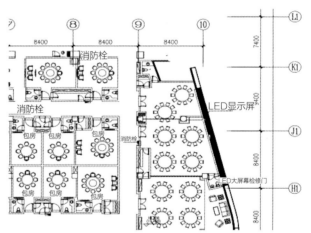

图2-13-9　维修入口

显示屏播放控制系统位于安全控制中心网络机房内，机房配备1+1冗余精密空调，1+1冗余备份UPS系统，保障播放控制系统安全稳定运行。

（三）系统功能描述

显示屏播放控制系统的功能描述见表2-13-13所列。

显示屏播放控制系统的功能描述　　表2-13-13

系统功能	功能描述
视频功能	（1）显示屏支持画中画方式，同时显示2路视频源； （2）可高保真转播广播电视、卫星电视及有线电视信号； （3）支持PAL、NTSC等各种制式，支持HDTV； （4）播出画面叠加图像或文字
网络功能	显示系统进行远程管理及远程控制

系统功能	功能描述
扩展功能	LED显示屏系统可与交易所其他系统进行接播
紧急信息功能	可预设各种紧急信息，紧急通知立即显示
信息服务功能	显示游客指引信息、生活服务信息、政府公告、天气预报
区域屏幕分割功能	屏幕可根据要求划分为多个区域，不同区域可同时显示不同的各类资讯
播出预览及实时监控	实时监控显示屏现在播出的内容及状态

（四）系统亮点

（1）先进的16bit处理技术。显示屏采用16bit色彩处理技术，可以显示281万亿种颜色，真实还原视频素材丰富的色彩，尤其在暗部细节还原方面性能极佳。

（2）6600Nit高亮度、4000：1高对比度的全彩色LED显示屏。显示屏采用高品质LED原件及独特的黑色罩板设计，可以实现6600Nit亮度及4000：1对比度。有更出色的效果。

（3）绿色节能。拥有20mm级别产品最低功耗的世界纪录，每平方米最高功耗只有500W，符合欧洲ROSH环保标准。

（4）减少光污染。具有8°倾斜的LED显示屏视角，更近的观看距离，更有效的光输出，有效减少光污染（图2-13-10）。

（5）独有的系统颜色签名技术。"系统颜色签名"不但实现了在对整屏亮度和色度进行调整时像素级别的校正（单像素点），而且是以LED灯为单元进行校正的，这是LED显示屏中最高级别的亮度和色度调整。

（6）全色域真实色彩还原技术。采用16bit处理技术可显示281万亿种动态颜色。

（五）产品介绍

1. 显示屏

BARCO TF-20 GⅡ 20mm室外全彩色LED显示系统是巴可公司为了适应户外LED显示屏市场而推出的新一代高亮度模块化LED显示系统。具有先进的16bit处理技术，6600Nit高亮度，4000：1高对比度，拥有20mm级别产品最低功耗的世界纪录，每平方米最高功耗只有500W，没有空调系统的条件下-20～45℃，IP65级别防护，符合RoHS环保标准。

显示屏具体参数如下：

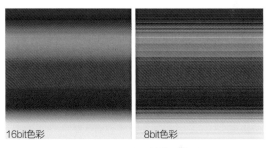

16bit色彩　8bit色彩

6600Nit高亮度、4000：1高对比度的全彩色LED显示屏

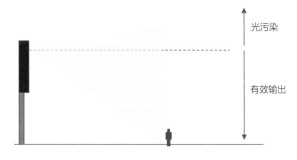

光污染

有效输出

图2-13-10　减少光污染

（1）LED箱体参数参见表2-13-14所列。

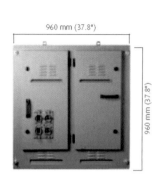

LED箱体参数		表2-13-14
像素组成		1R，1G，1B
像素间距		20mm
像素密度		2500pixels/㎡
箱体像素		48×48 pixels
箱体尺寸		960mm×960mm
箱体峰值功耗		460W
箱体平均功耗		128W
箱体重量		35kg
箱体厚度		230mm

（2）LED屏体参数参见表2-13-15所列。

LED屏体参数			表2-13-15
像素间距	20mm	刷新频率	800Hz
模块数量	14块（宽）×8块（高）	视频输入格式	DVI，Composite/S-Video，SDI/HDSDI
屏幕尺寸	13.44m（宽）×7.68m（高）	防护级	正面IP65/背面IP54
屏幕面积	103.2m²	平均功耗	14.336kW
物理分辨率	672×384像素	峰值功耗	51.52kW
校准亮度（6500K色温）	6600NIT	屏幕重量（不含结构）	3920kg
对比度	4000:1	特别注明	
正常使用寿命	100000h	单点像素峰值功耗	0.19W
处理（颜色）	16bit/颜色	单点像素平均功耗	0.05W
彩色	281万亿色		

2. 视频处理系统DX-700

模块化设计支持超大尺寸LED显示屏能力，最大分辨率可以达到32×2048×1080＝70778880像素，是业界处理能力较强的视频信号处理器。

16bit内部处理带来的最佳的视频显示效果，配合两点色彩增强功能，为LED显示屏输出较好质量的视频信号。

采用巴可公司专利技术的Athena视频缩放器硬件实现视频信号缩放功能，提供卓越的视频信号缩放功能，保证在像素数量相对较少的LED显示屏上真实还原包括高清格式视频在内的较好的图像质量。

3. LED控制软件

Director Toolset软件可以同时控制多个"LED屏幕配置"。

Director Toolset可以在离线状态下开始设计和创建LED屏幕。

Director Toolset可以用来设计创意型LED显示系统，并自动配置输出信号的调整并生成系统连接图。

4. 播放系统

播放系统XVS-2是巴可公司开发的一套LED屏幕显示控制管理软件，可以创建、组织、显示信息、视频、动画等。XVS-2适合使用在广告播出、信息发布等环境。

5. 扩声系统

采用英国Tannoy VQ64MH高保真音响系统（图2-13-11）。

图2-13-11　VQ64MH高保真音响系统

VQ64MH（60×40）是拥有领先的方式控制的高输出的中高频系统，用于远距离高频音源扩声。作为阵列使用，模块化的箱体确保系统设计者可获得精确的阵列，同时它也可作为大型分散式系统中的单体使用。VQMH成功解决了箱体外形小巧而不破坏音质效果的难题。

VQ MH可与VQ DF紧密组合出多种模式的阵列以供使用，若增加VQ MB单元或VS 15DR单元，可扩展阵列的带宽和控制模式至低频区。

通过配置相应的数字信号处理器（DSP），VQMH可设置成两分频或三分频两种工作模式。

二、LED标识系统

（一）系统概况

广州国际金融中心LED标识的发光效果以金色为基准（图2-13-12），表现形式为白天由3M金色贴膜显示，夜间由LED发光显示。广州国际金融中心标识设计在广州大部分地方都可以见到，结合到楼体本身的造型，在楼体西、南、北两面都做IFC标识，每幅标识的字体高11.1m，宽11.5m。

单面标识功率27600W，系统总功率约82800W。显示屏播放控制系统位于国金安全控制中心网络机房内。

（二）系统描述

LED显示标识主要由以下几个部分组成：LED显示标识、数据处理系统、视频及编辑设备、监控系统、网络系统、供电系统。具体系统构成如图2-13-13所示。

LED显示系统光源采用的是优质日亚芯片，损坏几率较低，色彩一致性高，系统采用灯具与电源、驱动部分分离的方式，把易损耗部分集中设置在控制室以方便维护。在像素的设计上也采用模块结构，减少了灯具维护工作。

LED标识与控制电脑之间的连接，采用光纤传送。传送距离可达500m甚至几公里。

播放电脑、编辑/控制电脑等计算机通过网络交换机互连，并连接到互联网上。

集散控制系统通过超五类线，按RS-485的标准传送配电系统，报警防护系统等信息，实现数百米的远程监控功能。

配电柜和标识之间使用多组电力线连接，实现分区开关供电，减少对电力系统的启动冲击。

显示屏播放控制系统位于国金安全控制中心网络机房内，机房配备1+1冗余精密空调，1+1冗余备份UPS系统，保障播放控制系统安全稳定运行。

图2-13-12　LED标识实景

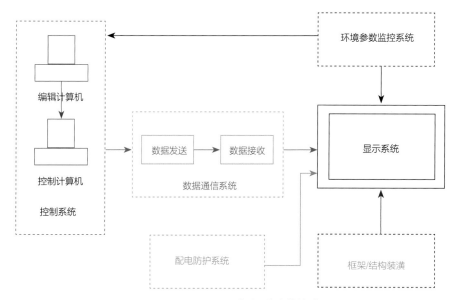

图2-13-13　LED显示标识系统的构成

第十四章　燃气系统设计

国金项目燃气管道系统属超高层民用建筑天然气管道系统，由燃气管道和燃气泄漏报警系统组成，输送的高程为435m，输送的介质为天然气。本建筑分主塔、裙楼及地下室系统管网，其中主塔由一条DN275的无缝钢管从首层经过总阀门后直上102层分别供至68～100层各酒店厨房及102层热水锅炉房等的管网组成；裙楼和地下室锅炉房则由首层总阀门单独分支后分别供至裙楼各厨房和地下锅炉房用气点，主塔燃气系统控制总机房位于-1夹层，裙楼控制总机房位于裙楼首层，地下室控制机房侧位于地下1层锅炉房，但均设有直通室外的煤气放散口或放散管。

第一节　系统描述

一、系统位置及组成

国金的燃气管道系统位于首层室外南侧绿化带地面（地下式）有一独立的总阀门及其总调压井，对本建筑燃气系统进行总关启控制和总调整压力，由此开始分支至主塔、裙楼和地下层（蒸气锅炉）各用气点。

本系统由燃气输送管道和燃气报警两部分组成，系统室内输送管道采用目前最耐久常用也是最安全可靠的无缝钢管，报警系统采用国内最先进并不受其他系统干扰的天然气泄漏专门报警设备和装置。

二、燃气输送管道

燃气输送管道分庭院管和户内管。本建筑首层室外庭院管采用PE管，并在庭院无行人出入位置埋地-0.7m进行暗敷设，户内管采用最安全常用的无缝钢管。首层庭院埋地外管是与广州市政府燃气管理（含安全管理）机构——广州市煤气公司的市政主管网接驳：进入本建筑西侧的市政燃气管道与华夏路已建DN355市政中压燃气管道接驳；本建筑物北侧市政现预留有DN355中压燃气管道，待以后与花城大道中压燃气管道相连贯通（属市政范围），即日后国金外围市政燃气管网属于环状布置，由此保证了本建筑市政燃气的不间断供应。图2-14-1为国金燃气管道系统结构图。

三、调压井

建筑物的燃气管道调压井（总调压器）在南边绿化带里（南边：Ⓐ～Ⓑ、⑥～⑦轴之间），调压井后由加强型PE管分三路敷设：

（1）调压井1到裙楼首层燃气室（Ⓛ～Ⓚ、①～②轴）敷设DN250×14.2PE管。

（2）调压井2到-1层锅炉房阀门井1敷设DN315×19.7PE管。

（3）调压井2到主塔阀门井3敷设DN355×21.1PE管。进入建筑物后，室内管由裙楼、-1层锅炉房和主塔三部分组成，全部采用安全可靠的无缝钢管。

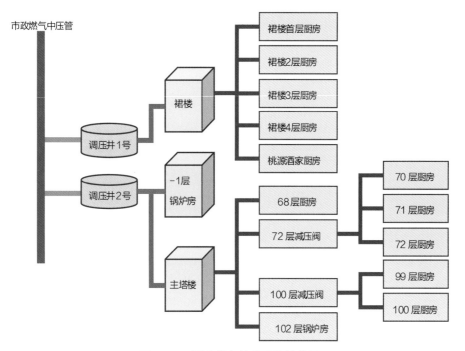

图2-14-1　国金燃气管道系统结构图

四、控制燃气阀

本燃气系统的控制燃气阀分室外阀和户内阀。

（一）室外阀

室外阀有两埋地阀：

（1）主塔楼外（Ⓐ1~Ⓝ、⑮~⑯轴）控制整个主塔楼。

（2）裙楼-1层锅炉外（Ⓓ~Ⓔ、①轴外）控制-1层锅炉房。

（二）室内阀

户内每个用气点都有主阀控制（由手动阀和电动阀组成），其中裙楼首层燃气室（Ⓛ~Ⓚ、1~2轴）的主阀控制整个裙楼。当需要紧急切断燃气时有三种方法：

（1）手动关阀。

（2）现场按电动阀按钮切断。

（3）消防中心将信号切断（图2-14-2）（由可燃气体报警系统检测到燃气泄漏而给出指令关断主阀门，

图2-14-2　主塔102层热水锅炉燃气供给及控制装置

或者出现消防紧急情况时，由消防中心直接给指令将燃气报警系统切断阀门）。

五、燃气泄漏报警系统

本建筑物的燃气泄漏报警系统是一个本身独立及不受外系统干扰的消防子系统（自己内部可以联动），系统的主机装置安装在-1层消防中心内。室内燃气管道敷设的地方上面都安装有可燃气体报警探头，如果燃气泄漏值低端达到20%时，报警系统开始报警，当燃气泄漏值高端达到50%时，本报警系统通过电信号控制和自动切断燃气电动主阀。并且，广州市燃气管理机构——广州市煤气公司市政控制机房有远程控制信号布置于本建筑物，当本建筑物发生燃气泄漏或其他相关事故时，市政机房的控制主柜屏即时显示泄漏和事故发生的建筑物，即时报告相关主管部门，并应急切断市政主阀或采取其他救援和抢修措施。

第二节　系统特点分析

（1）高度的安全灵敏性。本系统的阀门、设备及控制装置均采用国际最通行最常用最耐用的，本系统的设计布局合理、科学先进、安全可靠。主塔、裙楼和地下室的用气管网，均由独立电动主阀（德国进口产品）控制，并由独立、与市政远程监控联网和不受本区域其他系统干扰的燃气泄漏报警系统进行自动保护控制，厨房等明火用气点的所有燃气管道上方均设有报警探头，保证了自动、灵敏、及时地发现燃气泄漏。

（2）可靠的持久安全性。本系统的管道是采用国际最通行最常用并最持久的无缝钢管及加强型PE管（用在室外埋地），在无缝钢管焊口及PE管接驳处的施工质量工艺得到了最严密的监督处理，全数进行了X射线的安全探伤等措施的检测和验收。

（3）设计的合理科学性。本系统由广州市燃气管理机构——广州市煤气公司所属专业设计单位设计，系统的设计科学合理、安全可靠和具有专业权威。本系统的燃气输送主管主要为单支竖状布局，对泄漏点利用建筑楼层形成了天然的屏障水平间断，主塔、裙楼和地下室的燃气输送主管均专门设置在独立的燃气管井，无关人员无法随意进入。

（4）安全管理机制的保障性。本系统除横向水平支管属用户外，自通气投入使用后，由系统的市政调压井直到本建筑楼层层阀门之前的主立管、阀门、设备所有的管辖权，均由广州市政府燃气管理机构——广州市煤气公司所拥有，其有完整健全的安全管理机制，除进行远程自动控制外，定期有维护和安检人员进行安全维护、巡岗检查和应急处理，从市政的层面上保证了本建筑物的燃气系统的安全性。

（5）由于国金的用气位于超高层室内，因建筑原因，垂直燃气管道不能设在室外，故良好的燃气井内通风、可靠的泄露探测和严格的对外防护隔离成了燃气管井安全的关键。68层、70～72层、99层、100层厨房的燃气管道水平管段按本项目消防评估要求设金属套管保护。套管内设置可燃气体泄漏检测报警装置。金属套管与燃气管道竖向管井连通，燃气管道竖向管井采取有效通风措施。

第十五章 集中垃圾收集处理系统

国金项目集中垃圾收集系统，是珠江新城市政真空管道垃圾收集系统的用户端，利用本建筑物专门布置的专用管道网络，将分布在各楼层的垃圾投放口收集的垃圾进行自动收集，然后集中自动输送到垃圾收集站进行统一处理，是当今世界上超高层民用建筑物较为实用通行的垃圾收集处理系统。

本系统的垃圾收集管道主要布置在主塔楼1～66层、裙楼1～6层和附楼7～28层；主塔楼分别设置为可回收垃圾和不可回收垃圾两条单独的竖向立管（DN457螺纹镀锌碳素钢管）进行分类收集，并分别在每层设置一个垃圾投放口；南、北附楼各设一条竖向立管（DN457螺纹镀锌碳素钢管）和每层各设置一个投放口对生活垃圾进行收集。垃圾收集后通过首层外的埋地管道在本建筑物的西南、西北的市政接驳口，利用空气负压输送到市政垃圾处理站进行处理。

第一节 系统描述

国金中心的集中垃圾收集处理系统属于广州珠江新城区域公共垃圾集中处理系统中的一个子系统，大系统设有中央收集站，其空气负压动力主机和电气联动设备、装置属于市政公共设备设施，均设于珠江新城市政垃圾处理控制中心（位于珠江新城花城广场"地下空间"设备机房）。集中垃圾处理子系统中所有设备，均与珠江新城公共垃圾处理网络的整体功能相匹配，设备及控制元件能够提供多种控制模式及信号，配合公共管网的控制要求由机房进行联动控制。本建筑物垃圾处理系统内的生活垃圾经空气负压输送管道送至市政中央收集站后，在中央收集站内实现气固分离，固体经垃圾压实机压实后运送至最终处理场所。

图2-15-1为国金气力垃圾输送结构图。

集中垃圾收集处理系统分为投放部分及输送管网部分（图2-15-2）。

投放部分有如下设备及其部件：天面抽风机、活性炭过滤器、立管、室内垃圾投放口、立管进气口、超声波传感器、储存节、检修口、副进气口、排放阀、室内进气阀、气动阀门控制箱、通信及供电管线、气动管线、导管等。

输送管网部分有如下各部件：首层大口径埋地输送管道（DN508螺纹镀锌碳素钢管）及配件、检修井内检修口、通信及供电管线、气动管线、导管。主塔设置两组（1～27层为2根立管，1根输送管，28～66层为2根立管）垃圾立管用于垃圾分类收集。副楼南、北塔楼（-1～28层）各配置一垃圾立管用于收集生活垃圾。垃圾立管材料为最为通用的镀锌碳素钢管（DN457），具有持久性和强度性。

本系统立管接头和与室内投放口接口密封紧固，达到安全可靠，可以完全避免对其周边造成泄漏。每条垃圾立管的顶部还安装有一台抽风机（不少于220 m³/h）进行机械排风，把废气排到室外。

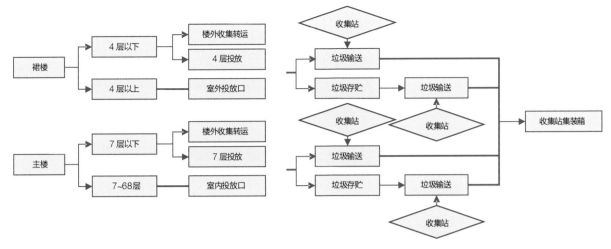

图2-15-1 国金气力垃圾输送结构图

从垃圾立管排出的废气进行活性炭除臭处理才向大气排放。立管的顶部还设置有冲洗水量不少于0.15L/s的清洗给水管和水嘴。清洗后的污水须通过排放阀顶部的排水塑料软管接到附近的地漏排放。

本系统在每根垃圾立管上的每个楼层（主塔4～66层，副楼6～28层）每层均设置有一个室内垃圾投放口（图2-15-3）。投放口采用符合国际标准的304不锈钢，规格为500mm×500mm，密实、安全、牢固、实用，另外其构造也要起到保持系统功能的作用。

在垃圾立管底端排放阀顶之间安装有一节由Q235B碳钢制作的存储管（简称储存节）。当收集周期间隙中阀门关闭时，垃圾会暂时存储在这个管段中。储存节的高位设置有一个超声波料位传感器，它能有效侦察储存节内垃圾量的变化，与控制箱连接。储存节上设有检修口，必要时打开进行维修及保养。储存节做成倾斜状，与垃圾立管成一定角度以吸收和缓冲垃圾从高层掉下来的冲力。储存节的容积能应付每个垃圾收集周期间的高峰期垃圾量。另外，在储存节顶部和底部还设有副（辅助）进气口（材料为Q235B碳钢制作），该等组件为进气阀以外的辅助进气口。功能在于协助系统操作时，在排放阀的位置产生足够的气流，确保垃圾的输送畅通无阻。

主塔楼在27层及首层每根垃圾竖槽的下方设置一个排放阀（材料为Q235B碳钢制作），副楼垃圾竖槽在-1夹层设置排放阀，控制垃圾排放。排放阀的阀门是活板型，密封式设计，避免了收集或排放垃圾时溅出任何垃圾及液体（图2-15-4）。

在垃圾输送管的端点和在每个高垃圾处理量的排放阀旁边还安装有室内进气阀的消声器。

集中垃圾收集处理系统在运行过程中实现全自动控制；在紧急情况及事故状态时，系统可由全自动控制转为手动控制；投放口具

图2-15-2 集中垃圾处理输送主管

图2-15-3 不锈钢投放口

图2-15-4 竖管排风装置

有一定的安全防护功能，指示面板要求显示其工作状态；每个进气阀进气量能保证系统输送垃圾的要求；所提供系统必须具备必要的安全保证措施；所有与垃圾接触的设备应具有密封功能，不应使垃圾内水分外漏，影响环境、造成二次污染。在市政接驳口的检查井内均设置有一个防水的电气控制接线箱，供市政控制系统与建筑真空垃圾处理系统中的通信及其供电管线连接起来。通过此接线箱，与市政电气控制系统的各种控制设备进行了联动，与收集站内的控制中心建立一个完整的监控网络，监察及控制收集垃圾的每个程序。与市政控制系统统一采用LONWORKS 2控制传讯方式，并可根据市政的控制传讯方式调整。

第二节　系统特点及主要材料、设备参数

一、系统的特点

（1）系统的自动性。系统在运行过程中是全自动控制的，通过控制信号系统与市政中央控制系统实行了全自动化联动。产生的各种垃圾，经过投放口及管道自动收集分类后，自动输送到市政（珠江新城花城广场"地下空间"）垃圾集中收集站进行统一处理。

（2）系统管道的坚固性。系统的立管及输送主管均采用国际通用的螺纹镀锌碳素钢管，这种管材管质最大的特点是坚固、持久和耐用，管壁足有6mm厚，能够经受垃圾硬物的持久撞击。

（3）投放口的耐久性、安全性、卫生性。投放口的材料采用符合BS1449：Part 2等国际标准的304不锈钢。投放口通常为关闭状态并有自动锁扣，构造设计上，保持关闭时的气密性，臭气不容易泄露，达到了安全性和卫生性。

由于目前珠江新城的区域公共垃圾集中处理系统未投入使用，国金中心的垃圾收集系统也未启用。使用效果及有何缺陷仍无法验证。

二、主要材料和设备的详细选用参数

集中垃圾收集处理系统主要材料和设备的详细选用参数参见表2-15-1所列。

集中垃圾收集处理系统主要材料和设备的详细选用参数　　　　　　　表2-15-1

序号	内容	规格及说明	序号	内容	规格及说明
一、垃圾竖管			2	外径	额定直径500mm
1	安装位置	竖管输送管道	3	材料	Q235B低碳钢
2	外径	额定直径457mm	4	工作压力	-40kPa
3	材料	Q235B低碳钢	5	壁厚	8mm
4	壁厚	6mm	6	表面防腐	3PE防腐
5	外表面保护	热镀锌	7	接口处理	打坡口焊接
6	接口处理	打坡口焊接	三、检修口		
二、垃圾输送管道			1	安装位置	连续弯头与三通处
1	安装位置	管网支管（室内沿吊顶敷设，室外埋地）	2	材质	碳钢

序号	内容	规格及说明	序号	内容	规格及说明
3	面板厚度	10mm	2	额定功率	0.33kW
4	管径	$\phi500$	3	额定流量	0.22m³/s
5	安装方式	焊接	4	传输方式	直接传动
四、储存节			九、竖槽活性炭过滤器		
1	安装位置	连垃圾竖管底部排放阀室内	1	安装位置	垃圾竖管顶部
2	材质	Q235B低碳钢	2	除臭方式	活性炭除臭
3	外径	约520mm	3	工作地点	户外
五、投放口			4	外形尺寸	约710mm×700mm×610mm
1	安装位置	每层垃圾竖管投放垃圾位置	5	外壳材料	
2	型式	商业型/翻斗型	6	额定气流量	0.22m³/s
3	外壳材质	304不锈钢	7	压力损失	30Pa
4	规格	400mm×400mm（商业型）/350mm×250mm（翻斗型）	十、导管		
5	打开方式	手动	1	安装位置	沿输送管网分布
6	安装方式	焊接	2	材料	螺旋坑纹聚乙烯管
六、排放阀			3	壁厚	≥1.5mm
1	安装地点	排放阀室	4	额定内径	$\phi65$
2	阀体材料	低碳钢	5	拉伸强度	≥200kg/cm²
3	安装方式	法兰对夹	十一、气动管线		
4	阀体通径	500mm	1	材料	PB
5	驱动器类型	气动	2	屈服张力	170 kgf/cm²
6	控制电压	DC24V	3	断裂张力	340 kgf/cm²
7	阀体尺寸	约760mm×650mm×800mm	4	管径	16 mm
七、进气阀			5	40℃温度工作压力	14.6 kgf/cm²
1	安装地点	排放阀室	十二、超声波传感器		
2	类型	蝶阀	1	感应类型	超声波感应器（或探针）
3	阀体材料	低碳钢	2	音束角度	8°
4	安装方式	法兰对夹	3	供应电压	15～30VDC
5	阀体通径	500mm	4	供应电流	<30mA
6	驱动器类型	气动	5	扫描距离	400～2500mm
7	控制电压	DC24V	十三、控制箱		
8	阀体尺寸	$\phi565$子H=675	1	工作温度	-10～60℃
9	外观尺寸连消声器	$L×B×H$=1500mm×1100mm×1800（mm）	2	相对湿度	20%～85%（不冷凝）
八、负压风机			3	保护规格	IP55
1	安装位置	垃圾竖槽顶部			

第十六章　写字楼室内装修设计

第一节　智能化超甲级写字楼区装修设计

一、概述

智能化超甲级写字楼区分布于主塔1~66层，建筑面积达185956㎡，楼层结构净空尺寸高达4.5m，办公区内装修后顶棚完成面达3.05m，走道区达2.9~3m，标准层单层面积从2805~3368㎡不等，划分为两个独立的防火分区，设有三个消防疏散楼梯，确保紧急情况下安全疏散，根

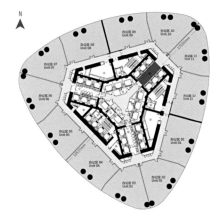

图2-16-1　8层12分隔平面图写字楼

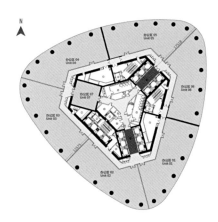

图2-16-2　58层6分隔平面图

据市场倾向接受程度按3类分隔方式进行分隔，分隔空间组合灵活，充分满足各租户的需求（图2-16-1、图2-16-2）。楼层分布中1层、2层为大堂部分，其中亦有-1层夹层写字楼大堂，方便人流从地铁等地下交通枢纽进入，4~65层为办公层部分，其中12层、13层、30层、31层、48层、49层、66层为设备层和避难层，31层、49层设置电梯转换大堂，22层为招租示范层。

二、设计理念

写字楼区域的设计结合建筑流线水晶体的理念，风格以现代、简洁、大气、庄重为主格调，着重体现现代办公智能化方式，充分运用现有的智能化手段营造环境，可以体现在声音、照明、采光、智能方面。用材高档，注重环保，设计具有前瞻性，使用项目成为设计经典。充分体现国际设计手法与理念运用中的黑白灰的前沿表达，让时尚、流行、文化内涵得到结合与融入。

三、大堂的设计

办公大堂的设计，从建筑的角度出发，结合建筑巨型斜交网格支撑体系和筒中筒结构体系，延续及响应整体的设计理念，采用一致的设计手法，贯通北、东两个大厅，空间主题一气呵成。作为大楼办公部分首要的

图2-16-3　写字楼首层大堂

人员提留空间，体现建筑本身散发出的内在气质，并体现高端的国际定位。设计师从最本质的审美状态中寻找方案的起点，设计手法简洁、大气、高尚、灵动，把建筑具有个性的各类元素抽离出来，重新进行有序地解构和组织，让这些解构元素达到和谐的共生状态，既相互对话，又相互依存，并最大限度地释放和重聚了空间品格，使大堂闪烁着设计的本质魅力和深远的艺术境界。

写字楼大堂是利用首层、2层作为挑空空间设计，高度达13.5m，现代高雅。整个大堂简洁、流畅、大气，不同角度都能感受到空间的高度感、层次感和纵深感。顶棚采用白色GRG造型顶棚，结构一体成型，条状内凹槽设计隐藏通风系统，其淡淡的彩色光源成为此白色空间的生动一笔，令光在此成了人与空间交流的媒介。高速大容量的特色双轿厢穿梭电梯及高端品牌高速电梯组合，简洁通透的玻璃幕墙系统，智能化管理系统等，充分打造国际级办公楼的高标准（图2-16-3、图2-16-4）。

设计从折线的首层幕墙玻璃造型找到了灵感，采用白色雪花白石、英国灰石两种石材相间的折线造型铺贴地面，与首层玻璃幕墙相互呼应，营造出一种现代和谐的办公环境。墙身采用英国灰石、中国黑石及黑色涂料相间对比的手法，采用大量的横线条造型，让大堂产生旋律般跳跃的动感。光线从一整片米黄色透光石透出，给予空间一种温暖的氛围。

图2-16-4　写字楼首层大堂平面图

作为大楼办公部分首要的人员通道空间，需要充分体现建筑本身散发出的内在气质，并体现高端的国际定位。设计师从最本质的审美状态中寻找方案的起点，设计手法简洁、大气、高尚、灵动，把建筑具有个性的各类元素抽离出来，重新进行有序地解构和组织，让这些解构元素达到和谐的共生状态，既相互对话，又相互依存，并最大限度地释放和重聚了空间品格，使大堂闪烁着设计的本质魅力和深远的艺术境界。

四、写字楼标准层的设计

（一）核心筒公共区域

标准层采用极简洁的设计手法，突出写字楼现代、科技、智能的主题特点。核心筒电梯厅及核心筒走廊，追求简洁、明快、大气，追求曲线空间的层次变化和直线空间的流畅动感，给人一种精练到近乎抽象的空间气质。墙面大面积新型的淡蓝灰色的氧化铝板的应用，地面意大利灰大理石的统一使用，使整个空间大气、现代、浑然一体、与时俱进。电梯厅顶棚白色防火软膜灯池与氟碳铝板交替使用，与墙面及地面格调协调统一，强化了空间的整体性。净高达到3.05m的办公楼层空间，采用开阔式的空间格局及设计，以实现最大化的空间利用（图2-16-5）。

（二）卫生间

写字楼核心筒区布置了男女卫生间各一间，行政VIP卫生间一间。卫生间的墙面、地面均采用暖色调的石材，米黄石及意大利灰石，给人一种轻松愉悦又现代明朗的气息（图2-16-6）。卫生间间隔采用铝框架与抗倍特板复合型材料，增加了厚重感。感应式的洁具五金同样体现着现代、环保、以人为本的特性。行政VIP卫生间还配有高档淋浴间。

（三）办公区

为保证消防的安全性，围绕核心筒设置了1.8m宽的走廊。走廊采用定制的白色铝板顶棚进行造型，乳黄色墙纸及900mm×900mm大方块地毯。配合柔和的灯光营造出温暖和谐的办公环境。办公室统一配备铝合金玻璃门及防火木饰面门（图2-16-7）。

图2-16-5　电梯厅

图2-16-6　卫生间

图2-16-7　办公区

办公区顶棚整体采用600mm×1200mm规格明框铝顶棚，非冲孔与冲孔按一定数量比例交替使用，即满足了视觉上的美观性，也实现了顶棚内外空气流通的硬件需求，同时也在一定程度上起到了消声的作用。

地面采用14cm高600mm×600mm规格的架空地板，地板下预留足够走线空间，实现了从管井引线到办公室的隐蔽性。斜柱采用在防火涂料层上直接抹弹性腻子涂抹打磨，白色水性氟碳漆表面滚涂的做法，简单而实用，节省了空间，提升了办公面积实用性。

五、装修材料的防火要求

办公区装修材料选择上严格按照国家防火规范的要求。

（1）固定天花采用铝板，部分采用钢质龙骨加水泥纤维板，达到A级不燃。

（2）间隔墙采用砌体。墙身采用B级难燃材料。

（3）统一安装的电动窗帘采用进口优质玻璃纤维面料，阻燃等级满足《公共场所阻燃制品及组件燃烧性能要求和标识》（GB20286—2006）阻燃1级。

（4）地毯采用B级难燃材料

六、适应工业化生产的创新构造大样

现代装修工程工业化程度越来越高，装配式施工代替了传统的现场手工制作模式。国金中心写字楼的设计上适应了这种趋势。

（1）采用整体预制的氧化铝板的安装方式。每单元尺寸达到3050mm（高）×1100mm（宽），基材采用蜂窝铝板及铝单板，面贴1mm厚氧化铝板。每单元板块整体工厂制作，现场安装。

（2）核心筒内顶棚采用暗架调节式氟碳喷涂铝板顶棚。采取工厂制作，拼装的接缝密实，安装完成后整体性强，达到"无缝"的效果（图2-16-8）。

（3）可拆装的软膜顶棚灯箱的应用。核心筒电梯间顶棚采用大面积白色透光软膜做灯箱，透光膜采用A级不燃材料，软膜灯箱可以整体拆卸，便于日常维护更换灯具（图2-16-9）。

图2-16-8 核心筒内天花

图2-16-9 软膜天花灯箱

第二节 发展商自用楼层装修设计

广州国际金融中心发展商越秀集团总部及下属分公司位于国金中心主塔楼64层、65层（越秀集团总部）、63层（越秀金融）、19层、20层（广州证券）、17层（越秀交通集团及越秀房地产信托基金公司）、11层、14～16层（广州城市建设开发有限公司）及6层（越秀档案室及库房）。每层建筑面积约为2600～3000m²。其装修风格集合了简约、大气、高雅、稳重、气派的特点，功能分区齐全，布置合理，并配置了高科技的智能化办公设备，充分满足了越秀集团总部及下属金融、地产、交通各板块的需要，同时具备一定的前瞻性。自用层装修设计由美国HOK事务所负责设计。

越秀集团各层使用单位及使用功能参见表2-16-1所列。

越秀集团各层使用单位及使用功能 表2-16-1

楼层	使用单位	使用功能
65层	越秀集团总部	行政办公室、大型、中型会议室、茶歇区、总办办公室
64层	越秀集团总部	各部门行政办公室、普通员工办公室、中小型会议室、茶歇区
63层	金融控制公司、产投公司、广州证券研发中心	行政办公室、普通员工办公室、大型、小型会议室、茶歇区
20层	广州证券	行政办公室、普通员工办公室、大型、小型会议室
19层	广州证券	行政办公室、普通员工办公室、大型、小型会议室、机构营业厅大户室、机房
17层	越秀交通集团、越秀房托基金管理公司	行政办公室、普通员工办公室、大型、小型会议室、茶歇区
16层	广州城市建设开发有限公司	行政办公室、大型、中型会议室、茶歇区、总办办公室
15层	广州城市建设开发有限公司	各部门行政办公室、普通员工办公室、中小型会议室、茶歇区
14层	广州城市建设开发有限公司	各部门行政办公室、普通员工办公室、中小型会议室、茶歇区
11层	广州城市建设开发有限公司	各部门行政办公室、普通员工办公室、大型组合式会议室、茶歇区
6层	越秀集团及各下属公司档案库房	档案库房及办公室

一、前台大堂的设计特点

（一）越秀集团前台大堂及弧形楼梯（图2-16-10）

前台大堂位于64层，大堂后侧是两跑对称的弧形楼梯上65层，弧形楼梯与圆形造型顶棚、圆形拼花地面相呼应。墙身采用罗马灰石材，地面采用香格里拉、罗马灰石材，沉稳、高贵大气。该楼层为广州国际金融中心写字楼的最高楼层，景观开阔。设计风格沉稳、大气，体现了越秀集团务实、诚信发展的理念。

图2-16-10　64层前台大堂

（二）广州证券前台大堂（图2-16-11）

广州证券前台大堂位于国金中心第20层，采用曼花米黄圆弧拼花石材地面，米黄弧形石材背景墙，深色胡桃木挂板，雪花白弧形石材前台，圆弧形造型顶棚，半圆柱环形灯膜。配备大屏幕电视信息发布系统。整个大堂上下呼应，突显聚集财富的正能量。

图2-16-11　20层前台大堂

（三）越秀交通集团前台大堂（图2-16-12）

位于第17层的交通集团前台大堂，采用曼花米黄拼花石材地面、雪花白石材前台及背景墙、夹丝玻璃墙身、夹胶玻璃光棚、铝板木纹顶棚。给人明朗、温馨、舒适的办公环境。

（四）越秀房托基金管理公司前台大堂（图2-16-13）

位于第17层的房托基金管理公司前台，采用意大利木纹石材地板，白色整体人造石墙身，内夹天然芦苇的有机玻璃间隔墙身，整体式条形

图2-16-12　17层前台大堂（1）

造型灯具。大堂采用横向与竖向线条相呼应的设计，配以暖色调的色彩搭配。创造出平和、愉快的办公环境。

（五）越秀地产前台大堂（图2-16-14）

位于第15层越秀地产前台大堂采用曼花米黄石材地面及背景墙、雪花白石材前台、白色石膏板吊顶顶棚。墙身采用条形木挂板。设计采用简约手法勾画出富于创新的造型。表现出越秀地产实干和锐意进取的精神。

图2-16-13　17层前台大堂　（2）

（六）越秀金融前台大堂（图2-16-15）

位于63层的越秀金融控股公司的前台大堂采用罗马灰、黑金沙造型墙身挂石，地面铺贴罗马灰大理石，樱桃木挂面墙身，大型软膜透光光棚，使大堂明亮庄重。

图2-16-14　15层前台大堂

二、创新的平面布局

在传统的写字楼区域平面设计上，通常的设计是将领导房间设置在靠幕墙或窗边，员工区域设置在中间区域。HOK装修设计事务所在普通员工办公区和中层领导办公室的楼层设计中，将中层领导办公室及文件储藏室等房间设置在平面中间区域，使用双层玻璃高间隔（图2-16-16），员工办公区设置在外围。这样布置使办公区视线通透明亮，充分利用了自然光线，降低能耗。除高层领导办公层外的其他楼层（如：11层、14层、15层、17层、63层、64层）均采用这种布局（图2-16-17～图2-16-19）。

图2-16-15　63层前台大堂

图2-16-16　办公室

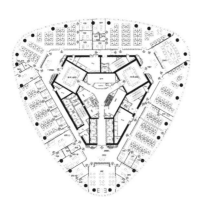 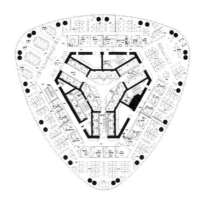 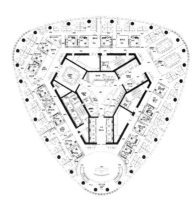

图2-16-17　64层平面图　　　　图2-16-18　14层平面图　　　　图2-16-19　63层平面图

三、64层、65层的电梯大堂

采用与其他写字楼标准层不同的装修设计。65层电梯大堂层高6m，墙身采用罗马灰石材、黑色镜面不锈钢、茶色夹丝玻璃等，地面铺贴黑色香格里拉石材，显现出集团公司稳重而富有创新的发展风格（图2-16-20）。其他楼层的电梯间及核心筒区域均采用标准层写字楼的装修（图2-16-21）。

图2-16-20　65层电梯间　　　图2-16-21　其他楼层电梯间

四、茶歇区的设计

各楼层均设置了供员工休息、沟通、交流、小型会议、小型接待用途的茶歇区，配置橱柜、冰箱、微波炉、咖啡机、饮水机、洗涤池、桌椅等设施（图2-16-22）。

五、会议室

会议室设置了大、中、小型各类会议室。部分会议室采用隔声达到45dB的高级活动隔墙，将中型会议室分割成两个小型会议室（如64层、15层会议室），或将大会议室分割成五个小型会议室（如：11层大会议室）。这样充分满足了公司对各类会议的要求（图2-16-23）。

图2-16-22　茶歇区

图2-16-23　各类会议室

六、自用层装修材料的选择

自用层在装修材料的选择上，在环保、防火方面有严格要求。例如：为了降低有害挥发性气体，木挂板、木门的面漆采用水性漆，而不是通常使用的清漆。墙纸基层采用水性基膜，而不是传统的清漆。消防方面墙纸、地毯采用耐火等级B级产品，顶棚采用A级不燃材料如水泥纤维板、铝板等。间隔墙采用了轻钢龙骨夹水泥纤维板，达到A级不燃材料要求。部分地毯采用可循环利用的材料，如美国SHAW品牌地毯，达到绿色环保的要求。

第三节　直升机停机坪设计

一、直升机停机坪概况

广州国际金融中心直升机停机坪位于主塔楼顶部，是大楼最高的部分，高程为：440.75m（图2-16-24）。主体结构采用钢结构，从主塔天面层设有2组钢梯和1组观光电梯通往停机坪。停机坪的外形尺寸为直径20.0m的圆，周边设有2.0m宽的安全网。停机坪的最大允许停机尺寸为10m，最大允许质量为3.0t，起降点结构的最大承受冲击荷载为不大于5.0t（图2-16-25）。

二、直升机停机坪的配套系统

（一）助航系统

根据《民用直升机场飞行场地技术标准》（MH 5013—2008）规定，目视飞行直升机临时起降场需设置如下目视助航设施：

（1）机场风向标灯及机场标灯，机场标灯、风向标灯共杆安装。

（2）最终进近起飞区及接地/离地区标志灯及标志线。

（3）直升机机场识别标志。

（4）直升机机场瞄准点标志及瞄准点灯。

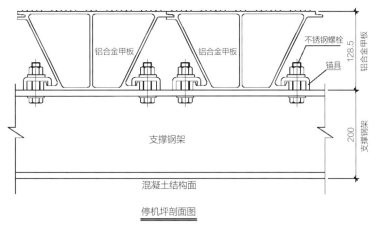

图2-16-25　停机坪剖面图

图2-16-24　主塔楼停机坪外貌及停机坪实景

（5）目视进近坡度指示系统，该系统设置在主降方向即西北向、东南方向，该系统采用符合《民用机场飞行区技术标准》规定要求的PAPI系统。

（6）直升机起降场泛光照明。

（7）航空障碍灯系统：本起降点四周设置4套航空障碍灯，障碍灯采用B型中光强红色闪光灯，采用光控开关控制及人工控制，并接入本大楼障碍灯控制系统；机场标灯/风向标灯杆上的障碍灯采用B型低光强恒定红色光，该障碍灯接入起降坪助航灯光控制系统，采用光控开关控制及人工控制。

（8）在主塔楼104层设置飞行指挥控制室，控制室内设置起降点助航灯光控制系统、起降点四周安全防护栏杆控制系统。

（二）飞机固定系统

停机坪临时起降点需设置飞机固定系统（即系机环），根据起降场所停机型的起落架间距设置4个系机环，并设置系机环端的凹口排水装置。

（三）静电接地系统

静电接地共设2个，该系统与大楼的接地系统及与大楼接地系统相连通的金属构件连接，接地电阻小于10Ω，并设置静电接地端凹口的排水装置。

（四）引导、指挥着陆系统

起降点采用目视着陆方式，在主塔楼顶层设置一间对空指挥室控制，指挥室四周开阔，内设指挥控制桌，桌上设置一移动式收发一体的VHF对空电台，型号为GR415，电台功率为10W，作为直升机进近、着陆对空指挥联系用；在指挥室安装3部程控电话，建立与广州白云机场的管制单位及气象部门之间的有效联系，便于执行空中管制工作和了解气象情报，同时建立与当地消防部门之间的消防报警专线电话，确保消防应答时间不超过2min。

（五）消防救援系统

停机坪的消防类别为H1级，屋顶直升机坪设置固定泡沫炮灭火系统，采用3%的氟蛋白泡沫混合液，其供给强度不小于6L/min·m，持续供水时间为30min。共设置有两台泡沫液，每台泡沫炮的设计参数为：流量为20L/s，射程为48m，额定压力为0.8MPa，可遥控操作。

（六）金属构件系统

停机坪内所有金属构件（飞行甲板、配电管线、防护栏杆、安全网片、逃生楼梯等）与大楼接地系统焊接连通，所有灯具金属部分均接地。指挥室设备接地与工作房设备接地联结在一起，接地电阻小于1Ω。

（七）供电系统

为确保停机坪及指挥控制室设备用电的可靠性，采用双电源供电。

（八）安全防护系统

根据《民用直升机场飞行场地技术标准》（MH 5013—2008）规定，起降点范围不能有障碍物，最近起飞区及起飞爬升范围内不能有障碍物。本项目停机坪位于主塔楼塔顶，停机坪周边悬空，虽然周边设有2.0m宽的防护网，但根据建筑规范要求仍需设置栏杆保护活动人员安全。

因此停机坪活动人员的安全防护系统采用电动栏杆控制系统，停机坪周边设置14块高1.6m、宽4.21m的不锈钢电动栏杆。电动栏杆平时处于立直状态；当有直升机降落/起飞时，指挥控制室及时启动电动栏杆外翻按钮，使栏杆处于平躺状态；当直升机安全降落/起飞后，指挥控制室启动电动拉杆立直按钮，使拉杆处于立直状态。

电动栏杆的使用实现了停机坪安全起降和满足了旅游者安全观光的双重功能，使用价值进一步提升。

三、主要材料

停机坪主要材料参见表2-16-2所列。

停机坪主要材料 表2-16-2

部位	材质	型号/规格
停机坪甲板	铝合金	机场专用
甲板支撑梁	钢材	10-100mm×200mm工字钢
栏杆启闭系统	专用电机	370W
栏杆支座	铸铁轴承	
栏杆	不锈钢	$\phi30×1.5$mm圆管
		$\phi30×3.0$mm圆管
		$\phi50×1.5$mm圆管
		50mm×40mm×1.5mm方管
		50mm×40mm×2.05mm方管
保护网	不锈钢	100mm×100mm×4mm网格
		50mm×2.0mm板
系机环	圆钢	$\phi22$
漏斗	不锈钢	$\phi76$
助航灯具	接地/离地边界灯	CHDS-A2
	瞄准点灯	CHDS-B
	机场标灯	CHDS-G
	风向标灯	CHDS-F
风向风速仪	-	PH-1

四、停机坪的后期调整

由于停机坪是主塔最高处，因此同时也是观光平台。为了满足观光的要求，后期增加了无机房观光电梯。由于塔顶的气候变化异常，高温和高湿度对电梯机房的影响较大，电梯机房采用密闭机房并增加空调等设备，保证了机房恒温恒湿，从而保证客梯的正常运行。

第十七章 雅诗阁公寓和友谊商店室内装修设计

第一节 雅诗阁公寓室内装修设计

一、概述

雅诗阁公寓是广州国际金融中心的附楼部分，分南北两翼（图2-17-1）。为首层大堂、6层会所、南翼北翼7~28层套房。首层大堂主要为接待、等候功能，6层会所以会议、休闲、餐饮为主要功能，套房部分分别设置有一居室、二居室、三居室，满足不同客户需求。在南北翼连接处，每4层设置有空中花园，可增加高层住户与大自然的接触，给住户以享受，参见表2-17-1所列。

图2-17-1　雅诗阁公寓外立面

雅诗阁公寓的组成	表2-17-1

区域	配套功能
入口大堂	公寓大堂、前台工作间、行李间、公共卫生间
裙楼6层会所	游泳池、桑拿中心、健身室、瑜伽室、影音室、儿童室、商务中心、会议室、休闲吧、餐厅、餐厅厨房、后勤管理办公室、计算机网络机房、控制中心、布草间、屋顶花园、高尔夫户外练习场
南翼7~28层公寓客房	三居室共60套，二居室共64套，一居室共70套，布草间1间
北翼7~28层公寓客房	三居室共35套，二居室共60套，一居室共25套，布草间1间

二、设计理念

以商务性为主的雅诗阁公寓，体现豪华高档舒适的功能和服务，针对中高端国际租户、商务客户（长租户），以不同的房间设计风格展现灵活多变的空间，注意体现生活元素、考虑长租户的生活习惯，满足不同的需求。配套会所设计应功能齐备，服务公寓客户为主，以高档休闲的设计手法表现空间。装饰配套要突出时代要求，体现轻装修重装饰的设计原则。

公寓的设计理念来自未来生活模式。设计旨在创造和谐，引导游历期间的人以建筑间自由聚合、无限交融的模式相处交流。公寓配备全球最先进的智能化控制系统，以高科技提供舒适服务。同时，其公共走廊设计则是模拟传统的街巷形式，人性化的空间尺度，令来自不同地域的客人均能获得被接纳的亲切感。一个顶级商务套间的硬件服务，在这里得到了最大的实现，营造的空间气质如一位成熟的绅士，内敛、高贵、稳重、又闪烁着智慧。

图2-17-2　公寓大堂电梯间　　　　　　　　　图2-17-3　公寓大堂吧

（一）首层大堂的设计

公寓大堂的结构层高为9m，装修后层高为8.4m。首层大堂的室内设计由广州城市组设计事务所承担。设计遵从于大气、时代、简约的设计思路，墙面采用石材及透光石，呈现出强烈的体块感、线条感、厚实感，传递出浑厚、稳健的力量；顶棚以纵横线条为造型，结合暗藏灯带及流线型水晶吊灯，接待台、漆画与界面色彩交相辉映，相互渗透，营造出与界面和谐统一又不失艺术情调的公共空间（图2-17-2）。

设计将大堂与大堂吧功能区分，整体空间分而不隔，各场景相互渗透。空间简洁大方（图2-17-3）。

大堂内高大的海洋航拍图案的漆画是由广州美术学院苏星教授带领团队的杰作。艺术大师创作的富有动感的抽象图案，营造和谐、灵动、具有海洋气息的空间氛围。墙面简洁的玻璃墙是由金色雾化双层夹胶玻璃挂贴而成，很完美地烘托出大堂的别样堂皇。

（二）公寓套房的设计

公寓套房共314套，有21个户型。公寓结构层高为3.2m，由于走廊管道集中，走廊装修后净高为2.1～2.25m。公寓室内装修设计由著名的赫希·贝德纳联合设计有限公司（简称：HBA设计公司）承担。公寓套房的设计风格简约、现代而不失高贵。使用天然石材、黄褐色木饰面、高档墙纸、墙布、木地板等高档的硬装材料，注重细节的工艺处理。在整体简约明朗的线条中力求细致和谐的空间平衡感。通过分割、连接、穿插等设计手法，并采用局部墙体镜面，使有限空间得以延展。暖灰色、啡色、米色等材质面料富有层次的搭配，既体现了整体感，也表达了沉稳而变化的装饰理念。精心挑选的家具、艺术饰品，配以灯光效果和细节加以点缀，整体虽无复杂造型，却在简约的气质中渗透着与众不同的品位，以演绎现代都市的低调奢华的理想家居（图2-17-4、图2-17-5）。

套房同时齐备地配置了整套时尚、现代家用电器及厨房电器和高档的国际知名品牌的卫浴洁具，在满足公寓高端性、国际性客户群体的使用需求的同时，突出了浓郁的居家氛围。

（三）6层公寓会所的设计

裙楼6层会所作为公寓的配套设施，设置了专业的恒温泳池、桑拿中心、健身房、瑜伽室、儿童房、影音室、会议室、商务中心、休闲吧及餐厅。由HBA负责室内精

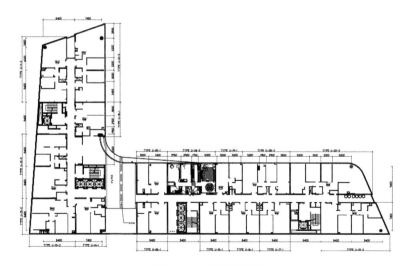

图2-17-4　公寓平面图

图2-17-5　公寓内部装饰

装设计。整体装修风格以现代、简约为主，同时配以鲜明时尚的家具及艺术品的点缀，以考究的装修材料及精致的做工体现公寓会所高端性、国际化的理念定位。

　　会所的结构层高为5.4m，装修后净高为3.2m。会所设施齐全，集便利、高效、活力、人性、时尚、舒适于一体，宁静的氛围充满着整个有机流畅的空间，加以简单却个性化细节和图案点缀，木材的柔和温暖，玻璃的简明清丽和精选家具布料等激发出令人惊喜的视觉碰撞，在潜移默化之中将优雅独特融于情调之中，暗喻了都市的多面性和兼收并蓄的宽容。在享受大都会城市文明与成熟便利的同时，不乏国际化标准配套和服务，提供了一个真正享受顶级物业的理想居住消闲空间（图2-17-6～图2-17-9）。

图2-17-6　公寓会所泳池

图2-17-7　六层公寓会所平面图

图2-17-8　公寓会所休闲厅

图2-17-9　公寓会所内部

三、装修材料选材

（一）防火、环保节能材料的应用

作为超高层建筑项目的附楼来说，防火材料的应用也至关重要。因此公寓部分在设计时做了以下处理：

（1）绝大部分面积采用如石材、铝板等不燃材料。

（2）墙身顶棚均采用轻钢龙骨加水泥纤维板的做法。

（3）顶棚部分严格按A级不燃要求设计，部分木饰面顶棚改为铝板喷木纹漆的方式。

（4）墙身材料严格按B级难燃要求设计，取消了墙身软包内衬海绵等易燃物的做法，改为硬包。

（5）取消墙身包皮革的做法，包皮革难燃墙布。

（6）窗帘均进行防火处理，能满足国家消防标准《公共场所阻燃制品及组件燃烧性能要求和标识》（GB20286—2006）阻燃1级指标。

（7）木门、木家具及木挂板均采用B级中纤板作基材。

为使项目环保节能，大堂及6层会所公共部分按智能照明标准设置相关配套，墙面与顶棚部分采用铝质材料以达到重复利用的绿色环保要求。

（二）适应工业化生产的设计

现代的装修工程越来越趋向采用工厂定制、现场安装的方式，达到提高质量、进度，优化人力资源的目的。公寓中大面积的木制挂板、木门、木家具均采用工厂定制的方式进行。这要求机电等各专业的末端定位需要提前进行合理的布局，同时基层的结构也应适应定制材料的安装。

图2-17-10　友谊商场

第二节　友谊商店装修设计

广州友谊商店是广州人熟悉的本土高端百货（图2-17-10），国金中心友谊商店有近5万m²的经营面积，位于附楼裙楼北区-1～5层，涵盖了7个楼层，包括奢侈品、服饰、电器、家居生活等多类商品和面包屋、高级餐饮等，共汇集了超过200个化妆品、服饰、名表、珠宝、皮具品牌。

友谊商店区域各层使用功能参见表2-17-2所列。

-1层	超市、滋补品、茶、烟酒、饼屋、家居用品、寝室用品、儿童服饰、婴幼儿服饰及用品、玩具、文具、按摩椅、家用电器、厨卫用品、电视、音响、数码产品
-1夹层	男鞋、女鞋、女袋、皮具箱包、珠宝首饰、工艺精品、眼镜、时尚手表
首层	国际名牌化妆品、国际名表、国际名牌服饰、国际名牌精品
二层	女士服饰、饰品
三层	男士服饰、男士内衣
四层	运动服饰、运动用品、户外用品、休闲服饰、女士服饰、羊毛羊绒服饰、高尔夫服饰、女士内衣、袜
五层	香港陶源酒家

作为国金中心的重要配套设施，友谊商店特别邀请了高级餐饮机构陶源酒家进驻商店5楼，为逛街购物后疲惫的顾客提供高品质美食的享受和舒适的休憩之地。

一、友谊商场

友谊商场入口位于国金中心裙楼首层东面，面向花城广场，紧临珠江西路。友谊商场的整体设计主色调采用暖色系，让来往顾客感受到家一般温暖的气氛。

墙面的天然石材整体气质沉稳而高贵，再搭配地上暖色的抛光砖以及各种顶棚造型、温馨的灯光，体现了空间的现代感和时尚感。室外阳光或透过通高的玻璃幕墙或通过5层的采光天窗洒下，结合不规则顶棚灯带的板块，整个空间大方、高雅、气派……在各种光线的交相辉映下，让人心旷神怡，购物兴趣倍增。

二、陶源酒家

香港陶源酒家位于商场5层（图2-17-11），为珠江新城来往游人提供优质的餐饮服务。店内总面积约5180m²，餐位500个，设大型宴会厅及大小豪华贵宾房32间。

陶源酒家作为高档餐饮品牌，在设计风格上更趋于体现豪华、气派、奢华的特点，以打造私密性强、品位高端、尽显尊贵身份的餐饮服务。

包房内采用欧式宫廷装修风格——晶莹的吊灯，镏金的画框，复古的家具，细致贴心的用餐服务，让人如置身欧洲宫廷，体会贵族式享受。

作为国金中心项目最早投入使用运营的区域，友谊商店及时在亚运开幕前开业。它为整个项目的品牌形象推广发挥了极大的作用。

图2-17-11　陶源酒家

第十八章 四季酒店装修设计

第一节 四季酒店装修设计概述

四季酒店集团是一家获得AAA5颗钻石评级的世界性豪华连锁酒店集团，在世界各地管理酒店及度假区，提供高质量的服务。四季酒店集团的定位以及经营策略为：将其所有分支酒店都运作成为世界上最好的城市酒店或度假饭店，酒店的设计、装潢和服务的标准都是经过精心制定的，用以吸引那些商务或休闲旅游者中的富贵阶层并满足其需求。因此，四季酒店集团对投资硬件的要求非常高，并且有非常系统、完善的标准规范，以确保各地的四季酒店都能保持其统一的品质要求。

广州四季酒店位于广州国际金融中心的裙楼1层、2层、3层、5层和主塔楼的67～100层，是目前世界上最高的四季酒店。四季酒店面积为9.1万m²。裙楼1层、3层、5层为集大型宴会、国际会议中心为一体的多功能厅；2层、4层均为有为宴会厅及国际会议中心服务的后勤区域。塔楼部分，首层仅为抵达大堂，接待大堂设在塔楼70层，69层设置健身美容SPA功能、71层、72层为餐厅，74～98层为酒店客房层，99层为行政休闲廊、空中酒吧及私人包间，100层为特色餐厅。

一、四季酒店室内设计团队介绍

通过方案比选，最终从四季酒店管理公司认可的国际知名设计事务所中招标确定了赫希·贝德纳联合私人有限公司（HBA）为广州四季酒店室内设计单位。HBA作为国际顶尖的室内设计公司，有着丰富的酒店设计经验，并且承担过全球多个四季酒店的室内设计项目。

广州四季酒店项目HBA承担了四季酒店的室内设计及精装修验收顾问的工作，不但负责室内设计工作，还负责酒店各项功能的实现、酒店标准的验收等极其重要工作。根据设计内容，HBA的室内设计团队由室内精装修空间设计、软装（FF&E）设计、艺术品设计、室内灯光设计、室内精装修验收顾问五个专业小团队组成（图2-18-1）。

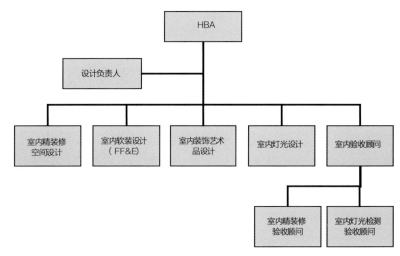

图2-18-1 设计团队架构图

专业小团队各自负责相应的工作，使整个室内设计工作既能在统一的设计概念基础上相互默契配合，又更具有专业性。团队工作具体划分如下：

（1）室内精装修空间设计团队。熟悉四季酒店设计标准，对酒店各区域精细合理的布局；空间造型、结构、大样的设计；配合其他相关专业进行末端的综合协调定位；协调配合主体建筑系统的空调、水电、消防、弱电智能化、声学等的专业衔接；施工过程的设计督导。

（2）软装（FF&E）设计团队。室内软装的概念设计（包括：活动家具、艺术灯具、窗帘布艺）；装修饰面材料、五金、卫浴等技术文本编制，提供技术参数及设计材料样板以及施工过程的定板确认和配合招标。

（3）艺术品设计团队。室内装饰艺术品的概念设计（包括：画品类、雕塑类及景墙类）；施工过程的定板确认和配合招标。

（4）室内灯光设计团队。室内灯光设计、配合艺术品的气氛营造及相关协调工作；施工过程的定板确认和配合招标。

（5）室内精装修验收顾问团队。室内精装修验收顾问和室内灯光检测验收顾问。根据四季酒店集团的设计标准以及确认的设计方案对完工后的精装修以及灯光效果出具验收报告。

HBA设计团队的组织架构，基本上按项目专业特点将不同性质的专业纵向搭建其设计团队，这与国内许多设计公司有较大的区别，其优势也是显而易见的。

（1）专业人员配备有针对性及专业性。如：室内空间设计主要以建筑学及工业设计等理工科类型的专业设计师构成，能专注功能性、结构稳固性以及与机电、暖通及消防等其他专业配合度增强；软装及艺术品设计主要以艺科、色彩以及文学类型的专业设计师构成，能对色彩、文化等感性设计有较高的敏锐度和专业度。

（2）设计概念不易脱节，能得到完整的延续。国内许多设计公司以流水线模式搭建设计团队，出图速度较快，能兼顾较多项目的同时进行，但容易造成设计概念的脱节。HBA的设计团队将室内设计中不同的专业拆分成五个子项目纵向把控，在整体统一设计概念的基础上各个子项的设计元素概念能较好地延续及完成最终效果。

（3）能将各小团队设计师的精细能力发挥到最大。

（4）设计概念整体、结构稳固，使后期方案较少出现方向性调整。

（5）由HBA设计师作为室内装修的验收顾问团队在后期的验收时，较能把握关注的重点，对于重点空间及主要影响效果的关键部位、材料进行严格把关，确保了最终呈现的效果及品质。

二、四季酒店整体室内设计概念及设计元素说明

广州四季酒店拥有得天独厚的地理位置，设计师希望在钢筋水泥的森林中打造出城市高空的一块平静绿洲，以品质、创意、建筑元素和空间艺术的充分运用塑造出独特的四季酒店意象。

HBA设计团队在本项目设计中主要运用了如下设计概念：

（一）呼应春、夏、秋、冬四个季节的变化概念

设计元素提取：冬——白色（冷色调），春——红色、花色（暖色调），秋——铜色、木色（暖色调），夏——蓝色、灰色（冷色调）。

春、夏、秋、冬四季的代表色调贯穿于整个酒店垂直空间的色调搭配中，设计师在一座现代高塔中用装修语言述说了春、夏、秋、冬的季节流转，形成广州四季酒店室内整体的配色及艺术品、配饰概念。

抵达大堂（冬去春初）——冷色调：抵达大堂以白色为主调，寓意冬天白雪皑皑的冷艳，艺术景墙的灯光犹如冬日里投射到雪地中的灿烂阳光，配以冷色渐渐过渡到暖色的家私及配饰，寓意冬天即将过去，春意在

图2-18-2　首层大堂

图2-18-3　70层大堂

泥土中蔓延开来（图2-18-2）。

70层中庭大堂（春意盎然）——冷色过渡为暖色调：中庭大堂寓意冬去春来，主体色调仍以冷色的白色调为主，配以静静温婉的流水、艳红的花蕾艺术雕塑及逐渐过渡为暖色调的家具配饰，于中庭中抬眼可见的红色艺术吊灯、黑色木饰面及大理石，大堂吧高大鲜活的绿色植物，春芽出土般的饰品……都预示着白雪逐渐融化，揭示出新一季带来的生气，春意盎然（图2-18-3）。

71层中餐厅（春天的灿烂）——浓艳的暖色调：春季唤醒大地，大自然重现生机迎接新的开始。清新色调与精巧图案的运用营造迎春氛围，沉静地期待生命力的委婉注入。中餐厅有着非常浓郁的中国特色风味。

72层意大利餐厅（夏日的丰收）——温和的暖色调：过了大堂，春天悄悄演变成夏天，春暖线条也随着进入夏天变为丰硕和金黄色泽。画布上展现的芬芳花卉和栩栩生动的雕塑品营造了一股抖擞充沛的生命力。此现代餐厅希望重现意大利的夏日风采，让周遭环境散发浓烈夏季气息。透过遍布空间具有活力的艺术品与鲜艳色调，让食客完全沉浸在奔放的夏日气氛中。

72层日式餐厅（秋日的温暖到冬初的转变）——温和的暖色调过渡到冷色调：酒店高楼层设置的细致玻璃雕塑描绘的是鲜艳春秋色调到纯白冰天雪地的转变。如晶莹剔透的雪花，艺术中刻画的是纯净白雪的魅力，重现冬季幽静神韵。冬季飘逸的美让此高雅餐厅更为平和安逸。从材料到色调以及呈现方式，艺术概念透过视觉表达迷人的冬季魅力。

69层SPA（花的沉香）——素雅沉稳的暖色调：春季带来了重生，大地万物从冬眠苏醒，万象更新。这种生命气息的重振反映在水疗艺术概念里，艺术品向春天既迷人又让人心旷神怡的魅力致敬。

99层行政酒廊及酒吧（秋季落叶）——暖色调：秋季落叶是此空间的主要概念元素。宛如永远的季节性循环，万物到了秋季时皆放慢了节奏，而宾客们也可在进入休闲廊舒缓身心，完全放松。这里有秋季的天然魅力和温馨气氛，是宾客对外面繁忙喧嚣的一个避风港。

客房（春、夏、秋、冬四季流转）——房间穿插区分冷暖色调：走廊的艺术挂画冷暖色调随楼层更替，醇美景色让客房更为舒适。艺术概念传达的是四季意境，弥漫春夏风情的鲜艳色彩，配合柔和光线——展现，创造舒缓身心的空间，让宾客远离城市的喧嚣。

（二）呼应中国传统文化特点

设计元素提取："龙"、"云"、"中国玉石"、"水墨画"、"玛瑙"。

四季酒店的室内设计理念考虑地域特色，以中国传统文化为灵魂，运用新颖设计手法，将HBA特有的设计风格糅合了中国传统文化因素，使中国文化和传统的象征在酒店中巧妙地结合贯穿，并超越它的现代尺度。设计师将"龙"和"祥云"等中国传统文化贯穿在整个设计中（图2-18-4）。在中国流传至今的神话中，云通常是一种传输的方式，中国龙是一个智慧、聪明、启迪、能量、领导、成功和好运的象征，现代版本的龙和云

图2-18-4　云雾中的国金四季酒店　　图2-18-5　三楼宴会厅　　图2-18-6　客房外走廊

的意念在四季酒店里面随处可见。在酒店的每一处细节都可以找到，结合在定制的地毯，未经加工的石头表面和光滑的金属屏风上。例如，宴会厅，金属门及墙壁展现抽象的描绘轮廓和巨型的飞龙的意念（图2-18-5）；客房，精巧的龙元素细节让人意想不到的用在家具的细节装饰上。客房的地毯设计也是一个亮点（图2-18-6），上面是抽象的云图案，让人感觉像一幅水彩画，更加让客人感觉像漂浮在云端（图2-18-7）。

　　项目的每一细节的材料选择都是从奢华的角度来考虑的。从电梯厅开始，电梯门打开，从深黑色木框到沐浴在温暖的深红灯光下的轿厢。独一无二的红色石头搭配玛瑙石，从不同角度看，颜色和色调都不同，象征龙炙热的呼吸，使轿厢给人一种戏剧和期待的感觉（图2-18-8）。同时，它和首层抵达大堂和70层接待大堂优雅纯净的白色材料颜色对比，产生让人惊艳的视觉冲击感。

（三）对建筑设计元素的延伸概念

　　设计元素提取：菱形体块造型细部。

　　国金的建筑外形以菱形体块构成，犹如无数块剔透的水晶，室内的设计为了延伸建筑的特有符号，室内中庭的设计与建筑外观合二为一，实现了内外通透的感观效果；建筑外观特有的菱形体块在室内设计的各处细节随处可见（图2-18-9～图2-18-13）。

图2-18-7　酒店客房地毯　　　　　　　　图2-18-8　70层中庭及屏风、电梯轿箱

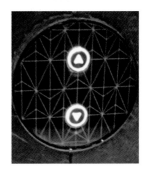

图2-18-9　中庭内　　图2-18-10　会议室　　图2-18-11　99层行政会　　图2-18-12　100层　　图2-18-13　电梯按钮面板
幕墙造型　　　　　墙面造型宴会厅墙　　议室天花装饰壁灯　　　艺术屏风
　　　　　　　　　面造型

第二节　四季酒店室内装修空间设计

一、四季酒店公共区域室内设计

酒店功能分区参见表2-18-1所列。

<table>
<tr><td colspan="2" align="center">酒店功能分区</td><td align="right">表2-18-1</td></tr>
<tr><td>楼层</td><td colspan="2" align="center">配套功能</td></tr>
<tr><td>裙楼首层</td><td colspan="2">到达大堂、裙楼流动区、可摆34围的小宴会厅、会议室、贵宾室、南北各配有男女公共卫生间、电梯间、厨房、储藏室及后勤卫生间</td></tr>
<tr><td>裙楼2层</td><td colspan="2">流动区、商务中心、董事房、会议室、休闲空间、南边男女卫生间</td></tr>
<tr><td>裙楼3层</td><td colspan="2">可摆44围的豪华宴会厅、前厅区域、新娘房、会议室、衣帽间、洗手间、后勤区域、流动区域</td></tr>
<tr><td>裙楼4层</td><td colspan="2">为5层国际会议中心服务的后勤区域</td></tr>
<tr><td>裙楼5层</td><td colspan="2">到达前厅、宴会厅、休闲区、贵宾室、随从室、可容纳916人的会议室、商业中心、互联网室、吸烟室、后勤区域、配套有公共卫生间及无障碍卫生间、夹层为同声传译控制室（共3间）</td></tr>
<tr><td>塔楼69层</td><td colspan="2">接待区、美发院、男女洗手间、SPA、健身中心、游泳池、休息廊、水疗房、其他区域</td></tr>
<tr><td>塔楼70层</td><td colspan="2">空中大堂、空中休闲廊、空中大堂休闲廊、酒吧廊、商店、总经理办公室、男女洗手间、流动区域、后勤区域</td></tr>
<tr><td>塔楼71层</td><td colspan="2">中餐厅、私人包间、流动区域、男女洗手间、后勤区域</td></tr>
<tr><td>塔楼72层</td><td colspan="2">意大利餐厅（全日餐厅）、日本餐厅、流动区域、男女洗手间、后勤区域</td></tr>
<tr><td>塔楼99层</td><td colspan="2">行政休闲廊、空中休闲廊/私人包间、会议室、多功能房间、男女洗手间、后勤区域</td></tr>
<tr><td>塔楼100层</td><td colspan="2">特色餐厅、私人包间、流动区域、男女洗手间、后勤区域</td></tr>
</table>

（一）宴会厅及国际会议中心

宴会厅位于广州国际金融中心裙楼首层、3层。国际会议中心位于裙楼5层。2层、3层及5层有多个小型会议室。

1. 宴会厅

首层宴会厅（明珠宴会厅）位于裙楼南翼的首层，层高6.7m，宴会厅内约600m²，可最多容纳摆放34围的宴会酒席，并可通过活动隔板拆分为两间同等大小的小型宴会厅（图2-18-14）。

大宴会厅位于裙楼南翼的3层，层高6.9m，宴会厅内面积约823m²，可最多容纳摆放44围的宴会酒席，并可通过活动隔板拆分为一大两小的三分隔（图2-18-15）。

小型宴会厅。各分区从顶棚到墙身隔板都严格采用了优质的隔声材料，确保互相独立，使用活动的舞台，维持空间的灵活性，多种组合搭配迎合不同需求的客人（图2-18-15）。

两个宴会厅设计风格相同，采用现代的手法，结合中国元素，营造出明亮、奢华的效果。地毯的造型结合了"云"图案的元素，墙身采用立体菱形造型，与主塔外立面斜交网柱菱形图案相呼应，而且在声学方面也减少了回响。菱形结合部有藏光的凹槽，藏光开启时展现

图2-18-14　首层宴会厅

出闪星效果。透光石墙身采用优质透光玉石，增强了中国元素。顶棚采用GRG材料造型顶棚，富有特色的吊灯烘托出大厅的奢华。

2. 国际会议中心

国际会议中心位于裙楼南翼的5层，层高5.9m，面积870m²，富有设计感的豪华的接待处，可容纳1000人和最多60围酒席的大厅，在这里可以举行餐前酒会和小型展览。国际会议中心的设计考虑到了不同客户，呈现了一个以中国元素作为点缀的现代国际风格（图2-18-16）。在保持基本功能的基础上，还可以根据需要调整为两大两小的多功能厅。

贵宾休息室与国际会议中心相连，是一个非常现代舒适的空间，与大国际会议中心一脉相承，以中国当代家具和艺术作品作为点缀，并与现代设施相融合，使宾客尽享VIP的尊贵经验（图2-18-17）。

图2-18-15　二楼小型会议室

图2-18-16　五楼国际会议中心

（二）水疗中心——花SPA

四季酒店的水疗中心位于塔楼69层，酒店客房电梯可直达水疗中心，独立的接待大堂，以自然、温馨、舒适为主题室内设计风格，内设美发院、男女洗手间、SPA、健身中心、游泳池、休息廊、水疗房等休闲区域，墙身以光面木饰面为主，每间理疗房都用了石材喷砂的花样效果来做玄关地板，豪华的装修及高级的水疗设备，让客人有置身于大自然的感觉，达到放松休闲的作用（图2-18-18）。

四季酒店的水疗中心是一个"无与伦比"的地方。宾客将被一种愉悦五官的宁静所包围。水疗中心的设计巧妙，但不失高雅和奢华，营造出一种独处和极为休闲的气氛。所使用的材料美观、耐用和容易维护，墙身使用大量木皮及大理石。

图2-18-17　五楼小型会议室

（三）首层大堂、70层接待大堂、中庭酒吧

1. 首层大堂

高度约10m。设计师以白色为基调，配置三幅大型白色铝合金造型景墙，凸显宁静、高贵的效果。墙身及地面全部采用高级意大利雪花白大理石铺贴。造型景墙和背光效果将四季酒店的特有标识进行了春夏秋冬"四季"的完美演绎（图2-18-2）。

2. 70层大堂

70层大堂是酒店主大堂。进入大堂，首先纯净的白色主基调配合120m高的特色中庭给人以超凡脱俗的视觉冲击。位于大堂中间的红色抽象雕塑的设计元素为三叶草概念，象征蓬勃生命的开始。双螺旋楼梯是设计师

图2-18-18　水疗中心

图2-18-19　愉粤轩餐厅内的中国元素

从人类基因图谱中获得灵感，用超难度的建筑工艺演绎出"人类生命的起源"的喻义。中庭各层的折线式超白玻璃栏板与暗藏LED灯光勾勒出钻石式的菱形切割面，与主塔外立面相呼应。高大的白色金属造型景墙屏风再次出现在顾客的视野，引导客人们到酒店前台办理手续（图2-18-3）。

3. 大堂吧

白色基调的大堂吧配水纹图案的地毯，在两层通高幕墙一侧，给人水天一色的感觉。

（四）中餐厅——愉粤轩

中餐厅位于塔楼71层整层。设计师仍采用现代手法加中国岭南元素进行设计。深红色玻璃吊灯呈8字形排列，暗喻岭南人对吉祥8字的喜好。墙壁和地毯图案都是用传统中国书法来抽象呈现。高端的中式餐厅设有八个独立的私人包房（图2-18-19）。

（五）意大利全日餐厅、日本餐厅

意大利全日餐厅和日本餐厅位于塔楼72层，两个餐厅风格截然不同。

1. 意大利餐厅——意珍

餐厅简洁、明亮。设计师并没有过多运用具有意大利风格的设计元素，只有彩色条纹的地毯突显意大利人对这种色彩条纹的偏好。慕拉诺吹制玻璃吊灯、折线金属艺术墙身加深了顾客对条纹的印象。意大利餐厅只有一间包房，包房墙身采用了定制的瓷砖，使用特殊的粘贴手法，使整面墙成为一堵具有意大利风格的砖墙。大厅蓝金砂的石头与不锈钢意大利菜名搭配的地面也增加了意大利元素（图2-18-20）。

2. 日本餐厅——云居

餐厅采用现代手法表现东方的风格。竹木色的墙身、顶棚和座椅，未加工的天然石头、菊花图案的蓝色地毯等颇具日式风情。蓝色的雕花玻璃墙身营造出静谧的情调（图2-18-21）。

（六）天吧及行政酒廊

天吧是一间位于塔楼99层的酒吧。设计亮点是一块8m长无缝稀有蓝紫色天然玛瑙石吧台，吧台位于幕墙

图2-18-20　意大利餐厅及包房

图2-18-21　日本餐厅、吧台及包房

图2-18-22　99层天吧

边，配以透明的有机玻璃吧椅，使人产生与宝石一起漂浮在云中的幻觉（图2-18-22）。

行政贵宾厅是一间位于塔楼99层专门为酒店住客使用的高档行政商务餐厅。设计风格偏重现代商务气息，同时用暖色的灯光增加了亲和力。菱形的顶棚再次采用国金独特元素（图2-18-23）。

（七）特色餐厅——佰鲜汇

佰鲜汇特色餐厅位于主塔100层，是国金最高的公众场所。餐厅由香港梁志天设计事务所负责装修设计。餐厅采用大量的水晶玻璃、射灯营造出"今夜星光灿烂"的主题，再配以紫色玫瑰色相间的波纹地毯宛如夜晚的银河（图2-18-24）。

图2-18-23　99层行政贵宾厅

图2-18-24　100层特色餐厅

二、酒店客房设计

酒店客房设置了标准客房235套、行政套房53套、高级套房40套、总统套房及皇室套房各1套（图2-18-25）。

客房空间里，努力为客人提供最舒服的环境。照明在客房设计中是一个综合整体的角色，使整个环境呈现温暖的居住气氛。例如，如果两人住一间房，浴室的照明不会打扰或者困扰到住在另一房间的人。

由于酒店每层平面及柱均在变化，使房间平面也几乎无一相同，加上配以冷暖色、艺术品画，使每间房的装修效果不一样又有整体协调性，对施工单位及材料的要求是一个很大的考验（图2-18-26）。

三、装修材料运用创新

（一）酒店公共区域材料运用上的创新

设计师为了追求与众不同的效果，希望通过装修材料的各种工艺处理使原本朴实无华的材料变得流光溢彩，超越其一贯的现代尺度。因此在装修材料的运用上进行了大量创新的设计、加工工艺。

1. 酒店公共区域卫生间的玉石洗手盆

富有特色玛瑙玉石洗手盆（图2-18-27），都是由整颗荒料直接切割抛光而成的，通体透亮。形状如粤菜中的"冬瓜盅"（图2-18-28）。也凸显了设计师对于中国玉石的精彩表现。

2. 酒店中庭栏板

栏板采用12+12mm厚的超白夹胶玻璃制作。玻璃表面采用密度渐变的白色状丝印，云雾萦绕般，同时具有私密性的实用功能（图2-18-29）。栏板的呈折线造型，配以线状LED灯光，立面呈现壮观的菱形造型。

3. 中国玉石元素的大量运用

美玉得到我们东方人的万般垂爱。东方人往往用玉来比喻人的德行，儒家讲究"君子必佩玉"、"无故，玉不去身"等。因此，中国玉石作为设计师对中国传统文化的提取元素之一在本项目中大量的使用，使四季酒店彰显其独特的高贵品质。如：裙楼宴会厅的透光玉

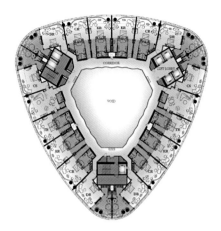

图2-18-25　酒店客房层平面图

图2-18-26　酒店客房实景

图2-18-27　公共卫生间玉石洗手盆

图2-18-28　公共卫生间洗手盆

图2-18-29　走廊中庭栏板

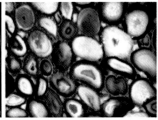

图2-18-30　天然玛瑙石吧台

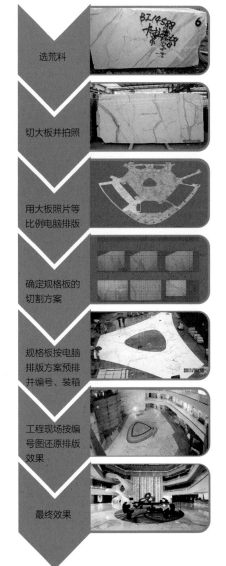

选荒料

切大板并拍照

用大板照片等比例电脑排版

确定规格板的切割方案

规格板按电脑排版方案预排并编号、装箱

工程现场按编号图还原排版效果

最终效果

图2-18-31　材料的全方位质量控制

石，裙楼公共区域的"烟灰玉石"、"木纹玉石"，中餐包房的玉石洗手盘，69层理疗室的玉石洗手盘，99层天吧的天然玛瑙石材吧台等（图2-18-30）。

（二）室内设计材料的特殊性

国金建筑外形较特殊，酒店的平面各层均不同，各层功能也较多。因此增加了装饰材料尺寸和种类的多样性。从卫生间的石材铺设，到整层雪花白石材的铺设，业主方都采用对材料的全方位质量控制，从石材荒料选择开始，电脑预排，并跟踪每块石材的来源和去处，保证雪花白石材饰面和白玉复合板透光墙的装饰效果。另外，在公共区及客房大量运用了钢琴漆面的染色木皮，在控制色差和表面光洁度上进行了多项技术攻关。

酒店装修材料清单参见表2-18-2所列。

丰富的设计理念体现了HBA的新颖的设计手法，为配合设计师的工作，业主从自身的管理团队开始调整管理方式：

（1）组织施工单位、材料供应商以及业主的管理团队，对四季酒店集团规范标准进行反复的宣讲培训，对质量目标统一认识，提高认知。实地考察多个已建成运营的四季酒店，直观地了解施工质量要求、细部收口要求、材料观感的要求。

（2）对施工单位、材料供应商以及业主的管理团队进行设计概念的宣讲，充分了解设计师的选材用意，以设计师的思路去选择国内便于采购的替换材料，较快地得到设计师的认可确认。

（3）业主团队提前介入材料的加工生产过程。从荒料的选择开始，到切大板拍照，业主、设计师审核电脑排版效果，供应商按电脑排版效果确定切割方案并加工规格板。加工完成后，按电脑排版效果先于工厂空地进行预排，业主组织设计师、监理等进行审核效果，调整并确认效果后，供应商对规格板进行编号并出编号排版图装箱。货到工程现场后施工单位按排版图编号逐一还原排版效果，如图2-18-31所示。

酒店装修材料清单　　　　　　　　　　　　　　　　　　　　　　　　表2-18-2

材料种类	品牌/产地/工艺
五金	英格索兰（美国）、海福乐（德国）
木皮	TABU染色木皮（意大利）

材料种类	品牌/产地/工艺
布料	主要进口国家及地区：新加坡、英国（汉普郡）、德国（纽伦堡）、法国、印度（班加罗尔）、澳洲、美国（利西亚斯普林斯、奥尔巴尼、亚特兰大、加利福尼亚、康涅狄格州、福斯特、格林斯博罗、格林斯伯勒、约翰斯敦、洛杉矶、新米尔福德、南加州）
石材	特级雪花白石、梵纹红石、梵纹红石（砂面）、黄金带石、国产黑金砂石、兰麻灰石、透光石、白玉黄金石、冰灰石、啡砂岩石、仿古面黑岗石、灰带米黄石、枣红砂岩石、柏灰金石、艺术面雪里云石、仿古面黑岗石、灰彩石、白雪高灰石、黑洞石（艺术面）、发纹灰石、水纹白石、水纹灰石、黑白龙石、蓝宝石（合成）、烟灰玉石、意大利灰石、圣安娜米黄石
玻璃	超白玻、工艺玻璃、烤漆玻璃、夹布玻璃、黑镜
油漆	高光钢琴漆
顶棚铝板	转印镭射喷漆铝板顶棚

第三节　四季酒店艺术品设计

一、概述

四季酒店内的装饰艺术品是室内装修设计的点睛之作，它使整个室内设计更完整，更具艺术性。HBA设计公司负责概念设计。在钢筋水泥构筑的建筑森林中，设计师将大自然的季节性用独特的表现手法设置在内，搭配景色宜人的画作，让人倍感舒适。优质的酒店服务中融入了四季循环的优雅主题。概念力求体现各季节的特色——从玻璃掐丝雕塑（图2-18-32）到描述金黄夏日的油画，从白雪皑皑般的艺术景墙到象征冬去春来的花蕾型雕塑……带领生活忙碌的宾客放慢脚步，体验现代都市高层酒店中那份难得的自然与平静。酒店的各区域都有令人赏心悦目的艺术品佳作。

（一）抵达大堂与空中大堂

抵达大堂位于塔楼的首层，主要有迎接宾客下车、行李寄存及上接待大堂的功能，抵达大堂设有酒店专梯直达70层空中大堂。宾客在酒店内走动时，大堂的多种色泽让人陶醉，而豪华大堂屏风的白雪中出现了新生命。艺术品的精致细节有如灵动的春风，轻微地触动着我们的感官，预告了春天新的开始。

图2-18-32　中庭摆放艺术品

由大堂进入中庭，犹如慢慢走过冬天，迎来春天。逐渐变化色调与纹理的艺术品、造型流畅变换的大堂视觉和中庭极具活力的花蕾型雕塑（图2-18-33），仿佛冰雪融化、大地回春、万物复苏，体现了季节的转变，为宾客带来耳目一新的全新感受。正如水池边铭刻的南宋时期天门慧开禅师的那首偈语："春有百花秋有月，夏有凉风冬有雪。若无闲事挂心头，便是人间好时节"（图2-18-34）。春天百花盛放，秋天的月亮特别皎洁，夏天吹拂着徐徐凉风，冬天飘着皑皑白雪。如果人们只是埋头于工作、为生活来回奔波，往往会错过这四季美景。四季酒店正是希望来往的各位贵宾在这里能暂时放下心头烦心事，体

图2-18-33　大堂红色花蕾雕塑

图2-18-34　中庭水景基座

图2-18-35　中国特色风味的雕塑及挂画

图2-18-36　意大利风情的装饰物、雕塑及装饰画　　　　　图2-18-37　日式风格挂画

会在每一次呼吸瞬间的四季流转，细细品味生活，享受人生。

（二）中餐厅——愉粤轩

愉粤轩位于塔楼71层，春季唤醒大地，大自然重现生机迎接新的开始。清新色调与精巧图案的运用营造迎春氛围，沉静地期待生命力的委婉注入。中餐厅有着非常浓郁的中国特色风味（图2-18-35）。

（三）意大利餐厅——意珍

意珍意大利餐厅位于塔楼72层，属于酒店的全日餐厅，过了大堂，春天悄悄演变成夏天，春暖线条也随着进入夏天变为丰硕和金黄色泽。画布上展现的芬芳花卉和栩栩生动的雕塑品营造了一股抖擞充沛的生命力。

此现代风格的餐厅希望重现意大利的夏日风采，让周边环境散发浓烈夏季气息。透过遍布空间具有活力的艺术品与鲜艳色调，让食客完全沉浸在奔放的夏日气氛中（图2-18-36）。

（四）日式餐厅——云居

云居日式餐厅位于塔楼72层，与意大利餐厅相邻，酒店顶棚设置的细致玻璃雕塑描绘的是鲜艳春秋色调到纯白冰天雪地的转变。如晶莹剔透的雪花，艺术中刻画的是纯净白雪的魅力，重现冬季幽静神韵。

冬季飘逸的美让此高雅餐厅更为平和安逸。材料、色调以及呈现方式、艺术概念透过视觉表达迷人的冬

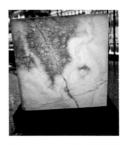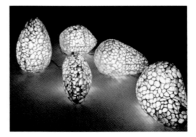

图2-18-38　日式石组　　图2-18-39　日式和纸　　图2-18-40　日式清酒瓶摆饰　　图2-18-41　泳池边原购的艺术灯
　　　　　　　　　　　　　　　　风格摆件

季魅力（图2-18-37～图2-18-40）。

（五）水疗——花SPA

花SPA位于塔楼69层，内部设有泳池、理疗间、桑拿等配套，春季带来了重生，大地万物从冬眠苏醒，万象更新（图2-18-41）。这种生命气息反映在水疗艺术概念里，艺术品衬托了春天既迷人又让人心旷神怡的魅力。

		国内创作艺术家名录	表2-18-3

序号	艺术家	简介
1	孙吉祥	著名画家，北京时代美术馆展览部主任
2	王华	中国美术家协会会员
3	韩英凌	西安美术学院
4	红树	著名画家
5	白小华	中国书画家联谊会会员
6	郑美璐	中国书画家联谊会会员
7	吴晓	山水画画家，广州美术学院
8	华建堃	现代油画画家，川鸣艺术工作室
9	华曼君	现代油画画家，川鸣艺术工作室
10	黄凯	现代油画画家，川鸣艺术工作室
11	刘东方	中国现代山水画画家
12	刘北清	中国现代花鸟画画家

（六）行政酒廊

行政酒廊位于塔楼99层，秋季落叶是此空间的主要概念元素。宛如永远的季节循环，万物到了秋季时皆缓慢了节奏，而宾客们也可在进入休闲廊舒缓身心，完全放松。这里有秋季的天然魅力和温馨气氛，是宾客对外面繁忙喧嚣的一个避风港（图2-18-42）。

图2-18-42　行政酒廊架上树脂雕塑

（七）空中酒吧——天吧

天吧位于塔楼99层，趣味性十足、神秘、诱人、万变……云朵层出不穷的多种变化飘浮在空中，幽宾客一默（图2-18-43）。吧台艺术品多为摆放类。

（八）客房及客房走廊

客房层位于74～80层、82～98层，醇美景色让客房更为舒适。艺术画用中国国画为主，主概念传达的是四季变化意境，弥漫春夏风情的鲜艳色彩，配合柔和光线——展现，创造舒缓身心的空间，让宾客远离市中喧嚣。

走廊艺术品描绘的景观反映的是季节的转变，并于各转角暗藏玄机。简约高雅的艺术概念体现了各季节的风采。

图2-18-43　空中酒吧漂浮的窗

图2-18-44　高级套房的床背画（刘东方作品）　　　　　　图2-18-45　客房走廊水墨画

二、艺术品主要类型介绍

艺术品类型主要分为三大类：画品类、雕塑类及景墙类。

（一）画品类

画品以油画、水墨画及特殊风格画为主。四季酒店公共区域的画品主要为供应商从国内、国外采购的原版作品，客房区域以国内艺术家根据设计师的概念专题创作的作品为主。国内创作艺术家名录参见表2-18-3所列。

其中，普通客房的画品是由广州美术学院的山水画画家吴晓完成的；高级套房的画品分别是由川鸣艺术工作室中国现代油画画家华建堃、华曼君、黄凯、中国现代山水画家刘东方（图2-18-44），中国现代花鸟画家刘北清完成的；总统套及皇家套的画品是由公共区艺术品的画家完成的。此外，除总统套及皇家套是使用原创真迹以外，普通客房及高级套房的艺术画都是采用高精度印刷而成的，使用高精度印刷可避免原稿的损坏，在房间清洁中亦有一大优势，其复制率大概在6～12之间，高级套房画的原稿亦作为收藏之用。

走廊画是由广州美术学院的山水画画家吴晓创作的（图2-18-45）。

客房及客房走廊画品的安装方式并非用惯常做法悬挂在墙身上，按设计师的设计要求，客房内和客房走廊的艺术画都是采用嵌入墙面的安装方式，因此，客房内与客房走廊的画品均被列为墙面的装饰材料，这一点有别于其他项目对于画品的属性界定。由于国金属于超高层建筑，消防的要求更高于以往的高层建筑，墙面装饰材料必须达到B级耐火等级。所以，客房及客房走廊的画品采用将原创画经电脑处理后转印至防火墙纸上，再加工成墙纸挂板的形式进行安装，这样一来，就大大增加了施工的难度以及与精装修施工单位的配合工作，对艺术品供应商的施工工艺、工程配合以及后期的成品保护都有着更严格的要求。

（二）雕塑类

设计师选用了多样化的雕塑形式和种类，既有大型雕塑又有小型摆件，配合不同的场景空间以及设计元素，起到画龙点睛的神来之笔。雕塑类的作品既有国内、外直接采购的原创作品，也有由清华美院的老师以及学生合作完成专题创作后于工厂订制完成的作品。

70层中庭大堂的红色花蕾雕塑是整个中庭大堂的亮点（图2-18-46），其设计元素为三叶草概念，象征蓬勃生命的开始。整个雕塑由高达直径4m，高2.6m的红色花蕾造型和直径6.5m的黑色水景基座构成。红色花蕾雕塑设计为澳大利亚著名的雕塑艺术家Matthew Harding的作品。花蕾基座的水景如静水留深，无声无息地顺着圆滑的石材面潺潺流下，喻义冰雪融化后的春回大地之意；基座上暗刻的为南宋时期天门慧开禅师的偈语：

图2-18-46　中庭大堂红色花蕾雕塑

"春有百花秋有月，夏有凉风冬有雪。若无闲事挂心头，便是人间好时节。"希望来往的各位贵宾在这里能暂时放下心头烦心事，体会在每一次呼吸瞬间的四季流转，细细品味生活，享受人生。

图2-18-47 抵达大堂艺术景墙（春）　　图2-18-48 中庭大堂景墙（秋）

（三）景墙类

大型景墙是由澳洲专业景墙设计公司尤艾普公司根据HBA艺术设计师提供的设计概念，进行创作设计及定制加工完成，景墙采用金属板材切割花纹图案，并在内部有暗藏灯光设计。灯光的色温、照度等技术参数是由室内的灯光设计师配合了整个中庭大堂的灯光效果而提出的设计方案，使景墙的设计更加突出其通透立体的效果，同时加强了整休中庭大堂的艺术氛围。

景墙分布在首层到达大堂（图2-18-47）、70层大堂接待处及70~72层墙身处（图2-18-48），首层的主题是禾苗代表春天的生机；70层大堂接待处的主题是雨滴代表夏天的滋润；70~72层的高大墙身处蚀花主题是麦穗代表秋天的收获，配合满铺雪花白大理石石材衬托为雪白的大地，组成春夏秋冬四季流转喻景。

三、艺术品设计、采购、供应、安装模式

艺术品设计概念由HBA设计公司完成，设计师提供了画品类、雕塑类及景墙类三大类型构成的整体艺术品配置概念。业主根据设计师的设计方案、相关技术要求及造价指标进行艺术品供应商招标，从而确定了各种类型的专业供应商，详细流程如图2-18-49所示。

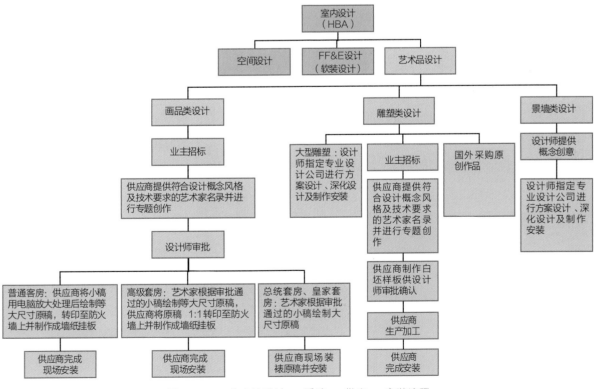

图2-18-49 艺术品设计、采购、供应、安装流程

艺术品供应商提供的艺术品创作团队、画家需要经HBA设计公司认可。设计方案及设计图由艺术品供应商提供，HBA设计公司进行审核批准后，供应商负责组织生产加工以及现场安装。

第四节　四季酒店软装（FF&E）设计

一、概述

四季酒店的FF&E（软装）是指Furniture家具、Fixture固定装置和Equipments设备，是构成整个室内装修设计的重要组成部分，它使四季酒店拥有了风格独特的室内环境，令人惊艳的公共区域和引人入胜的住家式客房，是四季酒店室内装修设计的灵魂。HBA设计公司十分重视软装设计，有单独的设计团队负责软装的概念设计。

软装设计主要包括：墙布（纸）、地毯、活动家具、活动灯具、窗帘、设备（电视、音响、冰箱、闹钟、保险箱）等。与前面所述的室内装修设计（硬装设计）互相呼应，中国文化和传统的象征巧妙地结合贯穿。中国传统的龙和云的意念在软装设计中一个重要的设计元素，是中国传统文化和现代设计的完美结合。

二、各区域软装设计

FF&E（软装）从区域的划分总的来说可以概括为三大部分，分别为公共区域、客房区域和后勤区域。考虑充分还原设计效果和达到公共区域不容易被复制抄袭的要求，在公共区域的FF&E采用的基本都是设计原版选择的进口物品；客房区域（除皇室套房、总统套房外）的FF&E结合造价控制及日后维护，采用的基本都是国内订制物品，但设计师在审版订制过程中会严格遵循四季酒店FF&E的设计标准和规范。

（一）酒店公共区域

酒店公共区域包括：裙楼1~3层、5层及主塔楼首层到达大堂（图2-18-50）；69层SPA、70层到达大堂、71层中餐厅、72层意大利餐厅及日式餐厅、99层行政休闲廊、100层特色餐厅。

图2-18-50　首层到达大堂

图2-18-51　暖色调及冷色调客房

图2-18-52　客房层电梯厅及走廊

（二）酒店客房区域

酒店客房区域包括：74~80层客房、82~98层客房，客房分冷、暖两种色调；还有96层的皇家套房和97层的总统套房。在客房，精巧的龙元素让人意想不到的用在木质家具的装饰细节上。客房的地毯设计也是一个亮点，上面是抽象的云图案，让人感觉像一幅水彩画，更加让客人感觉像漂浮在云端（图2-18-51、图2-18-52）。

（三）酒店后勤区域

酒店后勤区域包括：B1层、B1M层、B2层、B3层、2层、3层、67层、68层、70层、71层、72层、100层。后勤区域的所有活动家具全部都由有百年历史的专业办公家具公司Steelcase设计并制作完成。

三、软装主要类型介绍

软装FF&E从种类的划分可以划分为以下几大部分：活动家具、活动灯具、地毯、窗帘、设备（电视、音响、冰箱、闹钟、保险箱）。

（一）活动家具

分为进口家具和非进口家具，非进口家具以订制的方式进行设计生产。家具通过使用原产地的材料、本地化的外形及风格来展示一种地方归属感。同时还考虑到材料的持久性，必须便于维护，以保证无论人流量多大，经过多长时间仍能保持美观。

（1）进口家具。室内设计师会选择由知名的厂家的原版设计，并根据现场需要与厂家进行细节调整与修改，达到更完美的效果。

（2）订制家具。供应商根据设计师的要求进行深化设计，任何与标准不一致的偏离必须在制造前获得四季方批准。

家具的布料、皮料基本都是设计师指定的进口物料。家具材料包括：高光漆、染色木皮、石材、玻璃、金属等，参见表2-18-4所列。

硬质家具材料清单　　　　　　　　　　　　　　　　　　表2-18-4

材料种类	品牌/产地/工艺
五金	海福乐（德国）
木皮	TABU染色木皮（意大利）
布料	主要进口国家及地区：新加坡、英国（汉普郡）、德国（纽伦堡）、法国、印度（班加罗尔）、澳洲、美国（利西亚斯普林斯、奥尔巴尼、亚特兰大、加利福尼亚、康涅狄格州、福斯特、格林斯博罗、格林斯伯勒、约翰斯敦、洛杉矶、新米尔福德、南加州）
石材	特级雪花白石、黄金带石、国产黑金砂石、透光石、冰灰石、柏灰金石、银白龙石、
玻璃	超白玻、工艺玻璃、烤漆玻璃、黑镜
油漆	高光钢琴漆

（二）艺术灯具

分为进口原版灯具和订制灯具，订制灯具以设计师提供的概念设计由厂家根据设计师的效果要求及四季酒店的规范标准进行深化设计及订制加工完成。活动灯具与室内设计景象充分协调，从而配合整体环境效果灯光，不仅仅只是满足照明需求，并大大提升空间档次（图2-18-53）。

1. 进口原版灯具

室内设计师在选择灯具时会遵守四季酒店FF&E的设计标准和规范。进口装饰灯具涉及现场组装以及电气元器件需满足国内使用要求的问题，业主委托了国内专业灯具供应商提供后续服务，如更换符合国家3C认证的电气元器件、光源等，对于进口原版的小型吊灯以及壁灯进行现场安装、提供专业指导等工作。

2. 订制灯具

分别为大型吊灯、小型吊灯、壁灯及活动灯具。

3. 大型吊灯

设计师根据中国传统的龙和云的意念衍生出各种形体的工艺玻璃小件造型及色调，并且通过玻璃配件或水晶吊件高低错落的组装，以达到大气磅礴造型独特的艺术吊灯效果。其中71层中餐厅8字形顶棚吊灯水瓢状红色玻璃件的制作堪称本项目中的打样难度之最。

设计师只是提供概念设计，厂家的设计师需在设计师选定的设计概念的基础上进行修改及深化设计，同时制作人员还必须能将设计要求正确地反映出来。由于这款玻璃件无论从色彩、形状、大小，还是磨边效果、透光度都有相当的难度。厂家多次提交样品、多次修改，花费了大量的时

图2-18-53　各类大型艺术吊灯

图2-18-54　各类壁灯、小型吊灯及活动灯具

间和精力才最终达到或接近达到设计师的要求。到了现场安装，还需要能挂出错落、自然的效果。设计师亲自到现场指导，并指挥工人进行不断的安装调整才最终呈现出绚丽的艺术效果。

4. 小型吊灯、壁灯及活动灯具

供应商按照设计师的深化图纸进行加工并遵守四季酒店家具、固定装置和设备标准的所有制造规范。任何与标准不一致的偏离必须在制造前获得四季方批准。灯具材料包括：布料、电镀、玻璃、水晶、亚克力等（图2-18-54）。

（三）地毯

同样分为进口地毯和非进口地毯。

（1）进口地毯。室内设计师在采购地毯时会遵守四季酒店家具、固定装置和设备标准的所有规范，进口地毯品牌及产地参见表2-18-5所列。

进口地毯品牌及产地　　　　　　　　　　　　　　　　表2-18-5

使用区域	产品名称	原产国	使用区域	产品名称	原产国
咖啡馆	地毯	美国	鸡尾酒吧	嵌入式地毯	印度
餐厅	嵌入式地毯	印度	SPA大堂与零售区	地毯	荷兰、印度
零售商店	地毯	新加坡	SPA美容院	活动式地毯	印度
99层行政酒廊	地毯	美国	SPA更衣室	地毯	印度
E俱乐部休息室	嵌入式地毯	美国	皇室套房	活动式地毯	印度、美国
E俱乐部休息室	活动式地毯	印度	总统套房	活动式地毯	印度、美国

（2）非进口地毯。非进口地毯以订制的方式进行设计生产。公共区域的地毯为了统一四季酒店FF&E的设计效果全部由国内一家地毯进行深化设计及制作。部分区域的活动地毯为进口地毯。客房的地毯设计是抽象的云图案，让人感觉像一幅水彩画（图2-18-55～图2-18-57）。客房地毯根据客房的色调也分冷暖。供应商会遵守四季酒店家具、固定装置和设备标准的所有制造规范。任何与标准不一致的偏离必须在制造前获得四季方批准。地毯技术参数参见表2-18-6所列。

图2-18-55　客房层走廊地毯

图2-18-56 暖色调客房地毯　　　　　　　　　　　　　图2-18-57 冷色调客房地毯

四季酒店地毯技术参数简表　　　　　　　　　表2-18-6

分类	图案示意	技术参数
机织地毯		（1）织作方法：阿克斯明斯特编织提花； （2）绒头成分：80% 进口新西兰羊毛，20% 进口美国首诺尼龙 6.6； （3）底背成分：优质黄麻； （4）胶粘剂：SBR环保羧基丁苯乳胶； （5）密度：7×9； （6）绒高：7mm； （7）绒头重量：40OZ/yd2； （8）染料：瑞士CIBA环保染料； （9）静电抑制类型：含有导电纤维，永久抗静电； （10）阻燃测试等级：GB　8624-2012.B0f1； （11）耐摩擦色牢度：干、湿摩擦牢度4～5级； （12）室内空气纯度认证：GB　18587-2001A级； （13）磨损度：超重量级商用地毯； （14）品质认证：Wools of New Zealand 认证； （15）地毯幅宽：3.66m或4m
手织地毯		（1）结构：手工编织； （2）毛纱成分：100%新西兰羊毛； （3）毛纱支数：2.6支； （4）毛纱捻度："Z" 方向130捻/m； （5）股纱捻度："Z" 方向114捻/m； （6）染料：进口酸性环保染料产地：德国德司达； （7）染色方法：绞染； （8）颜色：按客户要求订做； （9）尺码：按客户要求订做； （10）纱重：2443gm/sqm（4.5磅）； （11）毯重：3980gm/sqm； （12）绒高：12mm； （13）行数/10cm：20； （14）针步/10cm：26； （15）用纱条数：4； （16）首层底布：棉质底布； （17）二层底布：纯棉网布； （18）胶水：马来西亚天然橡胶浆； （19）防虫：MYSTOX CMP 产地：英国； （20）抗静电：CHEMSTRAND TM 产地：美国； （21）包装：内层PVC透明胶袋，外层聚丙烯塑料编织布

（四）窗帘

窗帘在室内设计中除担当调节光线和遮光的功能作用，同时起到装饰作用，漂亮的花纹、款式使之成为室内的亮点，调节了室内空间软硬材质的比例。特别是国金这种由玻璃幕墙环绕的水晶体形态的建筑，室内出现大面积的落地玻璃，窗帘也在室内空间中占了很大的面积。本项目的设计师选择了较为素雅、单一的颜色作为客房窗帘布料，但暗纹的设计使窗帘的质感在单一颜色中有了变化，符合四季酒店注重品味的要求。

为了让客人睡眠时不会受到室外光线的影响，窗帘不但有遮光层、窗帘布及窗纱，而且窗帘离地面的距离要求严格控制在不超过1mm，但又不能拖曳在地上。窗帘供应商在厂缝制和在现场安装时都需要做到非常精确。四季酒店的客房洗手间均为幕墙玻璃，因此洗手间的窗帘要求做防晒、防污、防霉、防火的处理，设计师选择的窗帘布料却是白色的，这对窗帘布料的加工和处理均增加了难度。

（五）设备

这里的设备是指客人使用的可移动设备，包括电视、客房音响、迷你冰箱、闹钟、保险箱等。此类物品均为四季管理公司下单采购。

四、设计、采购、供应、安装模式介绍

软装（FF&E）设计概念由HBA设计公司完成，设计师提供了由活动家具、艺术灯具、地毯及窗帘四大类型构成的整体软装配置概念。软装（FF&E）的采购方式分为原版产品（又称"目录产品"）和订制产品（又称"非目录产品"）。订制产品主要是指业主组织询价确定供应商并签订国内采购合同的部分，业主根据设计师的设计方案、相关技术要求及造价指标在四季酒店推荐的供应商中招标，从而确定了各种类型的专业供应商；原版产品包括四季酒店下PO采购的进口产品，以及在四季酒店PO基础上签订国内采购合同两部分，均为四季酒店指定的供应商。

关于四季酒店管理公司与业主各自负责采购的FF&E（软装）产品分类如下：

（1）由业主负责采购的FF&E产品主要包括：活动家具、灯具、地毯、窗帘，以及家具、灯具用的布料和皮革等。

（2）由四季负责采购的FF&E产品主要包括：部分用于公共区域或总统套房、皇室套房的活动家具、灯具、织品、皮革，客房用的冰箱、保险箱、电视机、音响、电话、闹钟等。

关于软装（FF&E）的采购在本书第一篇第十二章中有详细叙述。

对于进口产品，设计师会选择知名厂家的原版设计，并根据现场需要与厂家进行细节调整与修改，达到更完美的效果。设计师在选择时会遵守四季酒店FF&E的设计标准和规范。

对于订制产品，设计师提供概念设计，由厂家根据设计师的效果要求及四季酒店FF&E的设计标准和规范进行深化设计及订制加工完成。任何与标准不一致的偏离必须在制造前获得四季方批准。

FF&E（软装）从设计到生产加工以及运输、安装、验收的工作流程如图2-18-58所示。

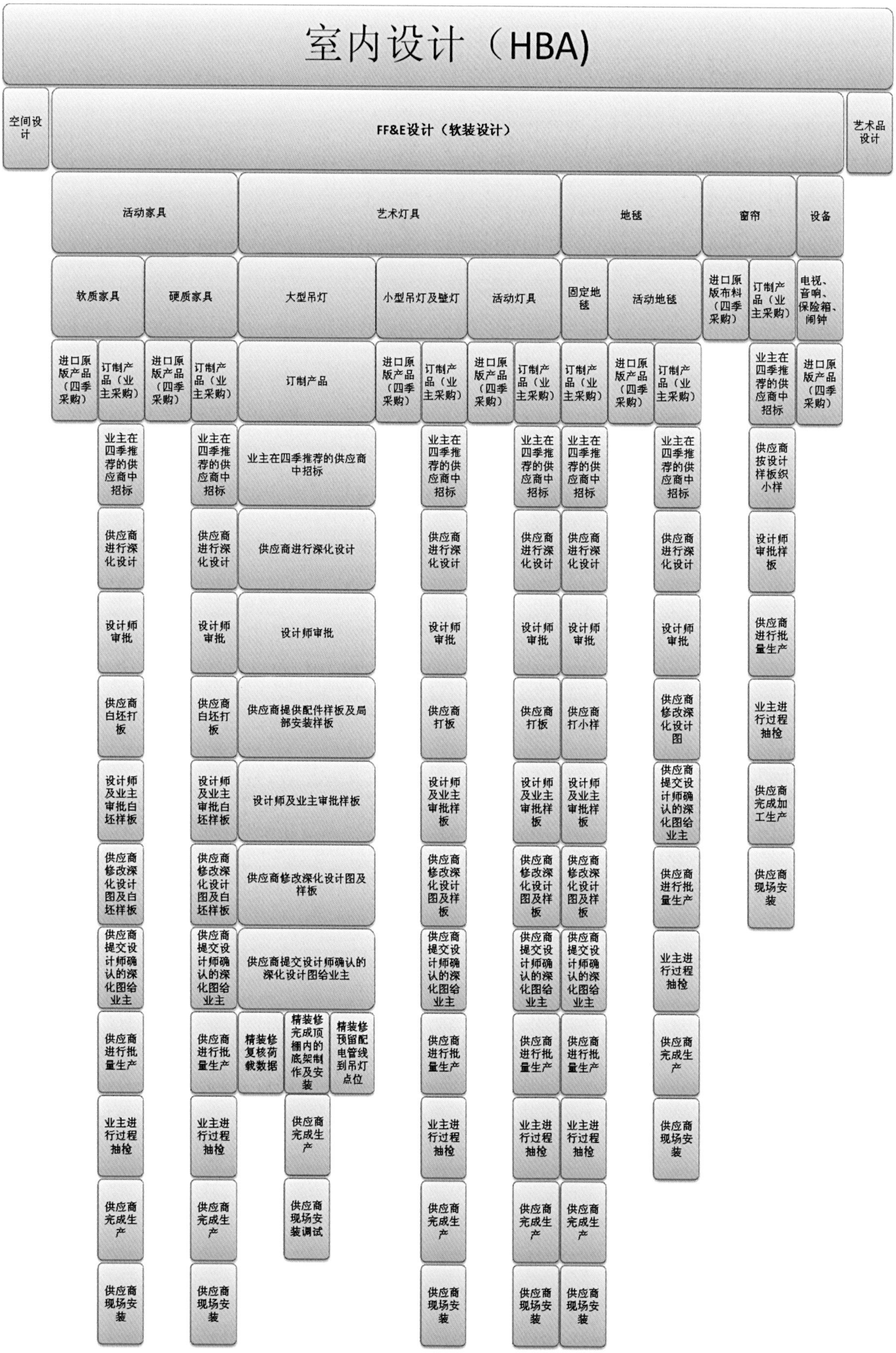

室内设计（HBA)

空间设计 ｜ FF&E设计（软装设计） ｜ 艺术品设计

FF&E设计（软装设计）分类

活动家具		艺术灯具			地毯		窗帘		设备
软质家具	硬质家具	大型吊灯	小型吊灯及壁灯	活动灯具	固定地毯	活动地毯	进口原版布料（四季采购）	订制产品（业主采购）	电视、音响、保险箱、闸钟

各类产品采购方式与工作流程

软质家具		硬质家具		大型吊灯	小型吊灯及壁灯		活动灯具		固定地毯	活动地毯		窗帘订制产品	设备
进口原版产品（四季采购）	订制产品（业主采购）	进口原版产品（四季采购）	订制产品（业主采购）	订制产品	进口原版产品（四季采购）	订制产品（业主采购）	进口原版产品（四季采购）	订制产品（业主采购）	订制产品（业主采购）	进口原版产品（四季采购）	订制产品（业主采购）	业主按设计样板织小样	进口原版产品（四季采购）

软质家具（进口原版产品／订制产品）流程：
1. 业主在四季推荐的供应商中招标
2. 供应商进行深化设计
3. 设计师审批
4. 供应商白坯打板
5. 设计师及业主审批白坯样板
6. 供应商修改深化设计图及白坯样板
7. 供应商提交设计师确认的深化图给业主
8. 供应商进行批量生产
9. 业主进行过程抽检
10. 供应商完成生产
11. 供应商现场安装

硬质家具（进口原版产品／订制产品）流程：
1. 业主在四季推荐的供应商中招标
2. 供应商进行深化设计
3. 设计师审批
4. 供应商白坯打板
5. 设计师及业主审批白坯样板
6. 供应商修改深化设计图及白坯样板
7. 供应商提交设计师确认的深化图给业主
8. 供应商进行批量生产
9. 业主进行过程抽检
10. 供应商完成生产
11. 供应商现场安装

大型吊灯（订制产品）流程：
1. 业主在四季推荐的供应商中招标
2. 供应商进行深化设计
3. 设计师审批
4. 供应商提供配件样板及局部安装样板
5. 设计师及业主审批样板
6. 供应商修改深化设计图及样板
7. 供应商提交设计师确认的深化设计图给业主
   - 精装修复核荷载数据 → 供应商完成生产 → 供应商现场安装调试
   - 精装修完成顶棚内的底架制作及安装 → 精装修预留配电管线到吊灯点位

小型吊灯及壁灯（进口原版产品）流程：
1. 业主在四季推荐的供应商中招标
2. 供应商进行深化设计
3. 设计师审批
4. 供应商打板
5. 设计师及业主审批样板
6. 供应商修改深化设计图及样板
7. 供应商提交设计师确认的深化图给业主
8. 供应商进行批量生产
9. 业主进行过程抽检
10. 供应商完成生产
11. 供应商现场安装

活动灯具（进口原版产品／订制产品）流程：
1. 业主在四季推荐的供应商中招标
2. 供应商进行深化设计
3. 设计师审批
4. 供应商打板／供应商打小样
5. 设计师及业主审批样板
6. 供应商修改深化设计图及样板
7. 供应商提交设计师确认的深化图给业主
8. 供应商进行批量生产
9. 业主进行过程抽检
10. 供应商完成生产
11. 供应商现场安装

固定地毯（订制产品）流程：
1. 业主在四季推荐的供应商中招标
2. 供应商进行深化设计
3. 设计师审批
4. 供应商修改深化设计图
5. 供应商提交设计师确认的深化图给业主
6. 供应商进行批量生产
7. 业主进行过程抽检
8. 供应商现场安装

活动地毯（进口原版产品／订制产品）流程：
1. 业主在四季推荐的供应商中招标
2. 供应商进行深化设计
3. 设计师审批
4. 供应商修改深化设计图及样板
5. 供应商提交设计师确认的深化图给业主
6. 供应商进行批量生产
7. 业主进行过程抽检
8. 供应商现场安装

窗帘（订制产品，业主按设计样板织小样）流程：
1. 设计师审批样板
2. 供应商进行批量生产
3. 业主进行过程抽检
4. 供应商完成加工生产
5. 供应商现场安装

图2-18-58 FF&E （软装）从设计到生产加工以及运输、安装、验收的工作流程

第五节　灯光设计及顾问

一、概述

四季酒店室内灯光设计由香港的LIGHT DIRECITONS LIMITED（灯光顾问公司）承担。灯光顾问公司为HBA设计公司聘请的灯光顾问，负责室内装修灯光设计、灯光工程验收、灯光场景设置及顾问等工作，在四季酒店管理方对酒店验收前提供对灯光的评定意见。

二、室内灯光设计理念

四季酒店集团是世界性豪华连锁酒店集团，客户遍及全球各地。灯光设计既要配合装修风格，也要结合东、西方人的文化差异。鉴于东方人比较喜欢明亮的空间感，西方人则重光暗调和、偏重环境气氛。为达到这一目的，较多地运用了包括艺术品照明及装饰灯光在内的竖直性灯光以及灯光调节系统，营造出了合适的灯光气氛；同时采用不同的色温配合现场环境中的不同物料，带出最美的颜色也有助于加强灯光的层次感。

三、灯光顾问的工作

灯光顾问的工作包括从设计到定灯具样板、灯具安装检查及指导、灯光场景设置等，贯穿整个建设周期。

（一）灯光设计

配合室内装修风格及平面家具布置，进行灯光设计。灯光设计文件包括灯具布置平面图（图2-18-59）、灯具文本、灯具分组控制表等。明确所有灯具的选型、光源（包括功率、色温）的选型、灯具的安装定位、分组控制要求、调光要求等。

（二）灯具样板确认

灯光设计中提供了参考的灯具选型，如果选用其他品牌的类似产品，灯光顾问需进行灯具样板审核，以确保选择的灯具满足设计要求。由于设计参考的灯具为境外的品牌，没有CCC认证，招标选择的灯具必须为国内品牌的相似产品，所以灯具样板审核是一个反复且比较漫长的过程。灯光顾问审核的内容包括：灯具的尺寸、投光效果、质量、安装维护的方便性等。

（三）安装检查及指导

在建设过程中，灯光顾问到现场进行检查，看现场安装是否满足设计要求。对于一些由于现场条件限制，灯具无法安装的，及时调整方案，以免影响灯光效果。

（四）灯光场景设置

灯光场景设置是非常重要的一步。待所有装修、灯具安装完毕，家具布置好之后，灯光顾问将进行灯光场景设置。公共区域根据一天24小时，不同时段的使用需求、室外光线的强弱等进行场景设置；餐厅按中餐、西餐、日本餐厅、意大利餐厅、天吧及行政酒廊等不同区域，按不同的营业时间段，结合室外光线分别设置不同的灯光场景；宴会厅设有酒会、中餐宴会、西餐宴会、舞会、投影、场景布置等场景，为各种场合营造相应的灯光气氛。

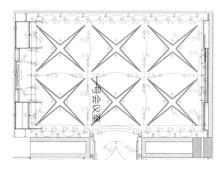

图2-18-59　一号会议室灯具布置平面图

四、结语

灯光顾问在建设过程中提供了专业的设计及良好的服务，其对灯具的质量及性能的追求，也是最终实施效果的保证。完成的灯光效果也获得了室内装修设计及四季酒店管理方的认可。

室内灯光设计重点及特色当数主塔楼的中庭灯光布局。其设计有别于传统的环形隧道灯光布局，采用了线性表达，呼应了国金外形的线条。同时亦为70层以上的中庭空间提供充足的照明。

为达到明亮而又具有戏剧性的艺术风格，设计中运用了两个重要元素：

（1）运用了较多的线性灯光，其中包括艺术品照明及装饰灯光。除中庭的LED线性灯光，还包括首层及70层大堂的艺术景墙灯光，以及宴会厅透光石后面的灯光LED线性灯。由线及面，完美展现了其艺术效果。

（2）使用五星级酒店常用的灯光调节系统，营造出各种场合的灯光气氛。室内灯光设计中，主要光源采用了传统的金属卤素灯MR-16，具有显色性高，用途广泛的特点；其次是LED灯带，其体积细小，耗电量小，发热量低，在灯光布局和节能上都发挥了重要作用。

第十九章 四季酒店设备及声学设计

第一节 四季酒店建筑声学振动控制设计

根据四季酒店管理公司的要求，业主方聘请了京金宝声学环保顾问有限公司作为声学顾问，全面对酒店区域的噪声及振动控制提出解决方案，并在装修完成后进行全面检测。

一、建筑声学与振动控制的要点

（一）设计目标

1. 室内噪声标准

室内噪声标准参见表2-19-1所列。

室内噪声标准 表2-19-1

场地/地方	NC	dBA	RT 于500Hz
1．经理室/VIP房/商务中心	35	42	--
2．图书馆/会议室	35	42	0.5～1.0s
3．宴会厅/大宴会厅	35	42	1.6s
4．前厅	35	42	1.2～1.8s
5．电梯厅/大堂/走廊	40	47	1.2～1.8s
6．后勤区域/管理办公室/洗衣房/员工餐厅	45	52	--
7．厨房/冷藏	50	57	--
8．机房	65	72	--
9．客房/套房/总统套房 （1）风机盘管低风速 （2）风机盘管中风速 （3）风机盘管高风速	30 32 35	37 39 42	0.5s 0.5s 0.5s
10．护理室/湿护理室/贵宾房/贵宾室/办公/办公室/包房/管理会议办公/经理室/办公层/行政管理后院/贵宾休息	35	42	--
11．会议/会议室/商务中心/图书馆	35	42	0.5～1.0s
12．特色餐厅/宴会厅/餐厅/大餐厅/会议中心配套餐饮/俱乐部休闲廊/中餐厅/全日餐厅/水吧	35	42	1.6s

场地/地方	NC	dBA	RT 于500Hz
13. 空中大堂/办公大堂/空中大堂休闲廊/酒店入口大堂/主办公楼入口大堂/办公层入口大堂/大堂吧	35	47	1.2～1.8s
14. 游泳池	38	45	2.2～2.8s
15. 健身房/商店/商业/特殊课程/自助银行/美容/训练室	40	47	--
16. 电梯厅/服务总台/交通厅/接待/接待室/过厅/门厅/区间电梯大厅/咨询/休闲门厅/侧厅/裙楼客用电梯厅/休息厅/准备室/大堂/走廊	40	47	1.2～1.8s
17. 避难/后勤办公室/员工餐厅/洗衣房/后勤区域（如：储藏/卫生间/强弱电/服务间等）	45	52	--
18. 酒店厨房/全日餐厅厨房/送餐通道/特色餐厅厨房/厨房/备餐	50	57	--
19. 停车场/卸货平台/卸货区	60	67	--
20. 机房（发电机房、制冷机房及锅炉房除外）	65	72	--

注：1. 以上指定的噪声水平限制/标准应用于所有距离地面1～2m处，并距离排风口或机电设备1.5m。

2. 以上指定的噪声水平dBA专为负责提供房间内的机电设备而定，称为背景噪声。其他非提供此房间的机电设备须确保其噪声不会影响到该房间及造成任何滋扰（即比背景噪声水平低10dB或以上）。

3. NC是噪声评价（Noise Curves），它能为室内背景噪声（Background Noise Level，BNL）或四周环境噪声拟订标准。此数值包括正常运作下的室内机电设备噪声，及外在的平均噪声。

4. RT为混响时间，表示声音衰减一定程度所需要的时间，如果时间过长会出现回声的情况。

2. 室外噪声标准

于本工程范围内，机房与机电设备所产生的噪声水平，应不至于影响到邻近的噪声敏感接受者，限值如下：

（1）昼间06:00～22:00:55dBA；

（2）夜间22:00～06:00:45dBA。

参考《声环境质量标准》（GB3096-2008）。

3. 振动标准

振动标准相对于一般人能感应到的振动来说，应达到基本上完全不能感受到的程度，与此同时，发出的结构噪声（structural borne noise）不能超过噪声值NC 35，把可听声范围中的空气声减至最小。

同时，振动波幅也不应超过以下有关人类能感应建筑物振动的基本标准：

加速度——曲线2（符合：BS 6472：1992）；

速率——曲线1.4（符合：ISO 2631）；

位移——0.04mm（最高点之间）。

如果能够提供设备运作时的噪声数据及计算说明，来证明设备运行时不会提高其他任何地方的噪声水平到可接受的噪声水平之上，机房可以不受噪声级限制。

注意：在此规格内列明的噪声及振动标准，若与标书内容出现矛盾或不相符的地方，应用较高的标准及要求作根据。

（二）建议隔声要求

实地隔声等级（Field Sound Transmission Class，FSTC）是设定空气噪声（air borne noise）在指定建筑材料的降噪（noise reduction）表现的一个单位。实地隔声等级越高，该建筑材料在实地声学测试中表现的减低声音传输/透射的效性则越高。

建议建筑材料（门/墙体/地台）及隔声要求参见表2-19-2所列，不同场地、地方的隔声要求参见表2-19-3所列。

建议建筑材料（门/墙体/地台）及隔声要求　　表2-19-2

隔声要求	建议采用的建筑材料（门/墙体/地台）	
FSTC 52-54墙体	190mm厚空心混凝土砌块墙 + 双重墙	W1
FSTC 48-50墙体	210mm厚石膏板干砌墙	W2
	190mm厚空心混凝土砌块墙	W3
FSTC 45墙体	150mm厚石膏板干砌墙	W4
	150mm厚空心混凝土砌块墙	W5
FSTC 28门系统	50mm厚实心木门 + 声学门封条	
FTSC 32门系统	75mm厚实心木门 + 声学门封条	
客房相连门（共FSTC 50）	FSTC 50专业隔声门 + 50mm厚实心木门 + 声学门封条	
双重门连隔声空间（共FSTC 48）	2 × 50mm厚实心木门 + 声学门封条（两扇门之间距离最少1000mm）	
FSTC 54楼板	150 mm厚混凝土层（混凝土密度：2400kg/m³）	

不同场地、地方的隔声要求　　表2-19-3

场地、地方	隔声量要求	场地、地方	隔声量要求
1．机电房（如机电房内噪声水平超越室内噪声水平限值，隔声墙、隔声顶棚及浮动地台/底座必须加筑在机电房内）客饭管井墙		楼板（包括顶棚及地台）	FSTC 54
		5．酒店客房/套房	
机电房大门	FSTC 28系统（最少要求）	客房大门	FSTC 39
机电房大门（面向公共区域）	FSTC 42专业隔声门	客房间墙	FSTC 50
机电房与噪声敏感区域间墙	FSTC 54	客房与公众走廊墙体	FSTC 50
机电房与其他区域间墙	FSTC 48	客房卫生间与公众走廊墙体	FSTC 46 ~ 48
楼板（包括顶棚及地台）	FSTC 54，FIIC 55 ~ 65	客房内间墙	FSTC 50
2．公众地区（包括宴会厅、中餐厅等）		客房管井墙	FSTC 45
公众地区大门	FSTC 28系统（最少要求）	客房相连门	FSTC 50
公众地区的间墙	FSTC 52 ~ 54	楼板（包括顶棚及地台）	FSTC 54，FIIC55 ~ 65
宴会厅活动间墙	FSTC 54	6．塔楼机电房	
宴会厅大门	FSTC 32系统	机电房大门	FSTC 28系统（最少要求）
楼板（包括顶棚及地台）	FSTC 54，FIIC 55 ~ 65	机电房大门（面向公共区域）	FSTC 42专业隔声门
3．地下室办公地区		机电房与噪声敏感区域间墙	FSTC 54
办公室/会议室大门	FSTC 28系统（最少要求）	机电房与其他区域间墙	FSTC 48
办公室间墙	FSTC 52 ~ 54	楼板（包括顶棚及地台）	FSTC 54，FIIC 55 ~ 65
会议室间墙	FSTC 52 ~ 54	7．公众地区（包括宴会厅、中餐厅等）	
楼板（包括顶棚及地台）	FSTC 54，FIIC 55-65	SPA、健身房等大门	FSTC 39
4．后勤地区		其他公众地区大门	FSTC 28系统（最少要求）
后勤地区的间墙	FSTC 45	SPA区域等间墙	FSTC 52 ~ 54

场地、地方	隔声量要求	场地、地方	隔声量要求
其他公众地区的间墙	FSTC 52～54	会议室间墙	FSTC 52～54
宴会厅活动间墙	FSTC 54	楼板（包括顶棚及地台）	FSTC 54，FIIC 55～65
楼板（包括顶棚及地台）	FSTC 54，FIIC 55～65	9．塔楼后勤地区	
8．塔楼办公地区		后勤地区的间墙	FSTC 45
办公室/会议室大门	FSTC 28系统（最少要求）	楼板（包括顶棚及地台）	FSTC 54
办公室间墙	FSTC 52～54		

二、各种隔声减震措施的具体做法

（一）间墙结构系统规格

1．技术要求

（1）相连客房的背靠插座须最少以400mm交错安装。

（2）安装在砖墙内的导线管及插座须以水泥砂浆做填补（石膏板系统除外）。

（3）对于内装隔墙和高架地板上的电源插座、开关、电话及网通端子口等，采用弹性声学防火封堵密封胶保护。

（4）避免风管/水管/导线管穿越墙体系统。

（5）防火耐水石膏板系统防止发生声桥现象，即系统内所采用龙骨须以软性连接。

（6）就防火耐水石膏板墙体及插座的周边空隙，以弹性声学防火封堵密封胶进行连贯密封式处理。

（7）多层重叠石膏板系统须以交错方式安装，交错距离最少为150mm。

2．墙体声学结构

国金酒店区域墙体声学结构参见表2-19-4所列。

国金酒店区域墙体声学结构 表2-19-4

隔声要求	墙体声学结构	主要使用部位	墙体编号
FSTC 52～54	190mm空心混凝土砌块墙＋两面20mm灰泥＋50mm龙骨内填吸声棉＋2层12mm石膏板	后勤用房、大堂等	W1
FSTC 48～50	210mm厚干砌墙		W2
	12mm石膏板＋75mm C形龙骨内填充75mm吸声棉＋10mm空隙＋2层12mm石膏板＋50mm C形龙骨内填充50mm吸声棉＋2层12mm石膏板	客房分户墙	
	190mm空心混凝土砌块墙＋两面20mm灰泥	卫生间分户墙	W3
FSTC 46～48	165mm厚角铁钢网墙＋石膏板墙	卫生间与走廊间墙	W6
	2层12mm石膏板＋20mm龙骨＋30mm水泥砂浆＋40mm角铁内填充40mm吸声棉＋30mm水泥砂浆＋石材饰面（须密封空隙）		
FSTC 45	150mm厚石膏板干砌墙		W4
	2层12mm石膏板＋100mm C形龙骨内填充100mm吸声棉＋2层12mm石膏板		
	150mm空心混凝土砌块＋两面20mm灰泥	后勤区域	W5
	150mm加气混凝土砌块（须密封空隙）＋25mm灰泥	管井墙	W7

注：1.灰泥（密度：2000kg/m³）；2.空心混凝土砌块墙（密度：1400kg/m³）；3.加气混凝土砌块墙（密度：800kg/m³）；4.石膏板（密度：700～800kg/m³）；5.吸声棉（密度：48kg/m³）；6.弹性声学防火封堵密封胶（密度：1500kg/m³）；7.防火封堵贴片（密度：1480kg/m³）。

3. 墙体实地声学表现

现场负责施工单位须确保墙体的实地声学表现，参见表2-19-5所列。

间墙声学表现 表2-19-5

墙体编号	实验室测试值STC[1]（ASTM E90）	实地测试值FSTC[2]（ASTM E336）
W1	60～62	52～54
W2	56～58	48～50
W3		
W4	53	45
W5		

注：（1）Sound Transmission Class；
（2）Field Sound Transmission Class。

（二）双重墙规格

靠近噪声声源的噪声敏感区，加筑双重墙，例如电梯井附近的客房。

双重墙结构为两层12mm厚石膏板，50mm龙骨及吸声棉，并距离原有墙体10mm。

现场负责的施工单位须确保墙体的实地声学表现，参见表2-19-6所列。

双重墙声学表现 表2-19-6

实验室测试值STC[1]（ASTM E90）	实地测试值FSTC[2]（ASTM E336）	构件
61	55	FSTC 48墙体 + 10mm空隙 + 50mm龙骨及吸声棉 + 2层12mm石膏板

注：（1）Sound Transmission Class；
（2）Field Sound Transmission Class。

专业隔声门必须提供表2-19-7要求的隔声量以达到实地隔声量的标准。

为符合上述实地隔声量效能（Field Sound Transmission Class，FSTC），框架、门口的踏石板、门封条及五金装置之间必须互相紧密精确地安装。

（三）活动隔墙规格

1. 活动隔墙声学要求

活动隔墙基本包括如下三种类型，其声学要求参见表2-19-7所列。

活动隔墙声学表现 表2-19-7

实验室隔声量（STC）	实地隔声量（FSTC）
60±1	54±1

注：隔声量测试——根据ISO 140-3（1993）或等同认可。

（1）路轨系统。即活动隔墙所依附的可滑动轨道。

（2）活动隔墙。即系统的主要部分组成间隔，分隔各宴会场所 / 会议室等。

（3）边缘密封设计。活动隔墙必须正确地紧贴于地板、架空路轨及门墙边框其平面。

2. 技术要求

（1）路轨系统

1）架空路轨系统须用金属板，使活动隔墙在操作时，其坚固程度能把偏转限于1mm或以下。

2）连接路轨及在活动墙壁之上的隔墙必须妥善密封以防止噪声传播，设于口袋位置用做转动活动墙板的轨道应避免穿越两个房间。

（2）活动隔墙板

隔墙装置必须可以以人手（一人）轻易地操作。任何活动隔墙系统须多于一人操作，将不被接受。高度4m或以上的每块隔墙镶板之顶部须用多向轴承转动触轮；高度为4m以下的隔墙镶板之顶部可采用滚珠轴承转动触轮或其他专利相等物承托，参见表2-19-8所列。

活动隔墙板装置要求		表2-19-8
触轮类型 高度	多向轴承转动触轮	滚珠轴承转动触轮
4m或以上	√	×
4m以下	√	√

地板上不能有任何路轨。隔墙主体要确保防火、防水及有固定尺寸。支撑系统须包含一个安全保障装置，防止隔墙在安装后松脱或滑动。

隔墙之间须有垂直隔声封胶垫，每一块隔墙镶板须装有连续有效的榫状隔声密封胶垫。水平顶部及/或底部隔声密封胶垫必须能进行调较（起出式顶部及底部隔声封胶垫），以适应高度尺寸的差异。

每块隔墙镶板底部的独立隔声密封胶垫必须有至少25mm的操作空隙。此外，隔墙镶板边缘之手动曲柄操作须由边缘开始。隔声封垫之向下压力一定要达到良好的隔声作用及能限制隔墙左右两侧之移动。同时，为保证结构安全，每块活动隔墙镶板的底部支撑须能支承其活动板重量的50%以上。

（3）接口密封系统

为防止声学弱点于墙体上下及两侧影响活动隔墙的声学效能完整性，活动隔墙承包商必须提供位于墙体上下及两侧（或窗户竖框如适用）接口密封系统。隔墙两侧需采用凹凸接口（参考图2-19-1、图2-19-2），不可采用球状密封胶垫处理。建议采用的接口密封系统设计必须送呈建筑师及顾问工程师审批。

（4）顶棚上部声学处理

活动隔墙上部位置（装饰顶棚与楼板之位置）必须加筑隔声墙，以确保活动隔墙的整体隔声量。建议隔声墙采用最少100mm

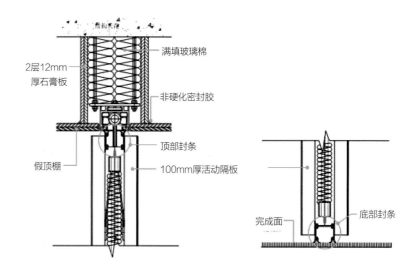

图2-19-1 活动间隔墙竖向剖面图

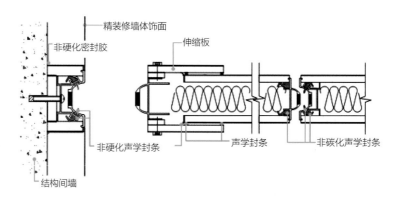

图2-19-2 活动间隔墙横向剖面图

龙骨（内填60kg/m³吸声棉）连每边双层12mm厚石膏板。

活动隔墙上部应避免任何管道穿越。如有风管穿越，风管必须安装串声消声器。

（5）声学性能

活动隔墙须符合实验室测试的STC 60的隔声量，及安装后能提供FSTC54的实地隔声量（分类须根据ASTM、ISO、BS标准）。此噪声控制测量须在距离活动隔墙1.25m站立及坐下与耳朵相平进行测试。为检测空间效果，亦须沿着活动隔墙进行测量。

要完全符合此噪声标准，隔墙镶板之正常厚度须至少100mm，而表面密度最少要求为70kg/m³。如有需要须采用两套活动隔墙系统。

（四）门的技术要求

根据相关规范，门必须是50 / 75mm厚实心木门或铁门，配备围边隔声门封条及低阻力门底自动隔声门封条（图2-19-3）。

双重门连隔声空间须为两扇50mm厚实心木门连隔声门封条，两扇门之间间距最少1m。

客房相连门须为两扇FSTC 50的专业隔声门。

客房大门须为FSTC39的专业隔声门。

专业隔声门必须提供表2-19-9给出的隔声量以达到实地隔声量的标准。

为符合上述实地隔声量效能（Field Sound Transmission Class，FSTC），框架、门口的踏石板、门封条及五金装置之间必须互相紧密精确地安装。

（五）石材地面的隔声措施

在酒店的石材地面下，设置了专用的隔声垫（图2-19-4），隔声垫铺设前，先用20mm以水泥砂浆找平，铺设隔声垫后再以35mm厚水泥砂浆找平（加钢丝网加固），最后铺贴石材。厨房地面则铺设隔声垫再以300mm轻质混凝土浇灌。

（六）浮动地台/底座的技术要求

1. 概述

浮动地台/底座是由自建筑结构楼面上的弹性层和浮动层组成（图2-19-5）。浮动层一般可由钢筋混凝土浇筑而成；或槽钢角马焊接而成，具体根据实际情况确定。浮动地台/底座实质就是将声源与建筑物隔离的积极隔振做法。

浮动地台/底座的安装要求如下：

（1）原结构楼面必须保持干净、平整和干燥。检测标准：1m²的区域内平整度不超过3mm。

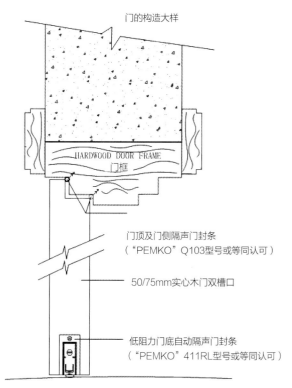

门的构造大样

门顶及门侧隔声门封条
（"PEMKO" Q103型号或等同认可）

50/75mm实心木门双槽口

低阻力门底自动隔声门封条
（"PEMKO" 411RL型号或等同认可）

图2-19-3　门的构造大样

门的隔声要求　　表2-19-9

实验室隔声量（STC）	实地隔声量（FSTC）
43	39
46	42
54	50

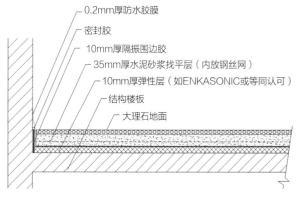

0.2mm厚防水胶膜
密封胶
10mm厚隔振围边胶
35mm厚水泥砂浆找平层（内放钢丝网）
10mm厚弹性层（如ENKASONIC或等同认可）
结构楼板
大理石地面

图2-19-4　隔声垫的构造大样

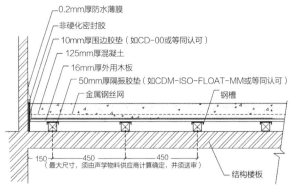

图2-19-5 浮动地台的构造图

图中标注：
- 0.2mm厚防水薄膜
- 非硬化密封胶
- 10mm厚围边胶垫（如CD-00或等同认可）
- 125mm厚混凝土
- 16mm厚外用木板
- 50mm厚隔振胶垫（如CDM-ISO-FLOAT-MM或等同认可）
- 金属钢丝网
- 钢槽
- 结构楼板
- 150
- 450（最大尺寸，须由声学物料供应商计算确定，并须送审）
- 450

（2）如果原楼面表面过分粗糙，需要做找平处理，建议找平层厚度不能少于20mm，以防止找平层在高荷载的情况下破裂。

（3）如需要在弹性层填充吸声棉，吸声棉必须均匀排布，并保持干燥。

（4）所有空间相互之间是密闭的，适用于墙壁、地板以至顶棚的构造，因为楼宇设备的穿越结构经常限制噪声的控制。

（5）浮动地台/底座系统上不应透过任何坚硬物料（钉子、水泥块）接触到周围的楼宇结构。

（6）处理所有穿越结构的导管及管道时，必须极度小心，须以具资质认可的10mm厚高效弹性胶垫包裹，并以非硬化密封胶封口。

（7）浮动地台/底座上的设备管道在穿墙和穿顶棚前做好软性转接。

（8）在注入湿混凝土前，必须先在承托层上铺0.06mm厚防水胶纸，防止水泥透过缝隙凝固和结构楼面产生声学短路。

2. 阻尼隔振胶垫物理属性

（1）阻尼隔振胶垫为75mm（L）×75mm（W）×49mm（H）的混合式橡胶（橡胶合成聚合物＋软木填塞）。并且，须对以下物理参数提供由第三方独立MA检测机构根据GB／ISO标准测试的力学数据及报告。

（2）工作负荷范围：0.30～0.60MPa。

（3）动态刚度：0.05。

（4）隔振胶垫内部阻尼系数：0.08～0.1。

（5）固有频率：≤8Hz。楼板结构须和阻尼隔振胶垫的频率相差50%或以上，以防止两者间发生共振耦合。

（6）隔振胶垫压缩率50%卸载后永久变形不能大于5%。

（7）隔振胶垫极限抗压强度须大于15MPa。

（8）隔振胶垫压缩屈服极限须大于0.45MPa。

（9）隔振胶垫压缩弹性模量须大于7MPa。

3. 相关产品及详细资料

阻尼隔振胶垫在设计范围内配合适当间距用胶水固定在原楼层平面上。必须提供尺寸为75mm×75mm×49mm隔振胶垫的力学计算书，隔振胶厚度一般不小于49mm，于一般情况（无负载状态）下，阻尼隔振胶垫的排布间距不能超过600mm×600mm，具体排布方案须由供应商计算设计。并且，阻尼隔振胶垫须具备原厂认可供当地供应商及承包商的函件，进口关单及原制造厂质保十年的承诺保证书，以确保产品质量。

（1）吸声棉。吸声棉厚度应趋向于隔振胶垫厚度的一半，密度不少于48kg/m³。

（2）压型钢板（或GRC板）。以错搭法交叉排铺6mm厚的压型钢板（或12mm厚GRC板），建议细节须经建筑师审核，具体做法和采用的隔振胶垫协调。

（3）围边弹性胶垫。浮动地台与结构墙身接触到的地方都需要用约10mm厚的弹性胶垫隔绝刚性连接。

（4）混凝土。牌号和配筋根据现场地台底座的受力决定，需要由具有资质的结构工程师认可。

（5）密封胶。周围全部用永久性密封胶、非收缩性填充材料填充。

（6）接合片。接合片做GRC板或浮动地台/底座板材的拼合固定（以610mm×610mm排布）安装，防止板材安装因为施工的原因造成尺寸位置偏差，同时也解决了混凝土板热胀冷缩的问题。

（7）系统结构认可。浮动地台/底座系统结构须经设计单位审核结构承重，及当地建设部门注册结构工程师核算并发出认可资格证明/计算书后，方可进行施工。

4. 隔声量要求

浮动地台/底座系统的隔声量要求参见表2-19-10所列。

浮动地台/底座系统的隔声量要求　　　　　　　　　　　表2-19-10

实验室隔声量 STC（根据GB/T 19889.4-2005 及 GB/T 19889.2-2005）					实地隔声量 FSTC（根据GB/T 19889.3-2005及 GB/T 19889.1-2005）					构件
80（+0或-3dB）					77（+0或-3dB）					150mm厚原楼面+49mm厚弹性层+125mm厚浮动层+25mm吸声棉（48kg/m³）
频率（Hz）	125	250	500	1k	频率（Hz）	125	250	500	1k	
噪声（dB）	66	72	80	85	噪声（dB）	63	70	77	82	

5. 浮动地台/底座的应用位置

浮动地台/底座的应用位置参见表2-19-11所列。

浮动地台/底座的应用位置　　　　　　　　　　　表2-19-11

楼层	位置	浮动地台/浮动底座	楼层	位置	浮动地台/浮动底座
地下2层	洗衣房的坐地式脱水机	浮动底座	81层	热交换机房（下层为客房）	浮动地台
67层	酒店冷冻机房	浮动地台	99层	风机房（下层为客房）	浮动地台
67层	变压器房/高压开关房/低压开关房的变压器	浮动底座	101层	风机房/新风机房（下层为餐饮）	浮动地台
68层	变压器房/低压开关房的变压器	浮动底座	101层	泵房/热交换间/消防水泵房的立式泵/稳压泵	浮动底座
68层	泳池过滤器房的立式泵/稳压泵	浮动底座	102层	生活水箱间/消防水池立式泵/稳压泵	浮动底座
73层	风机房（下层为俱乐部休闲廊/图书馆/餐厅）	浮动地台	102层	锅炉房	浮动地台
73层	饮用水处理机房（下层为俱乐部休闲廊）	浮动地台	屋顶	直升机停机坪	浮动地台
73层	热交换机房（下层为俱乐部休闲廊）	浮动地台	客房层	按摩浴缸	浮动底座
81层	新风机房/风机房（下层为客房）	浮动地台			

（七）墙面及顶棚多孔吸声板规格

吸声处理主要使用在机电房及设备装置区域，用来降低噪声的声功率级。在机电房和机电设备区域墙，在墙上水平方向和顶棚中央一定方向钉上板条，安装大小合适的半硬背面吸声棉板，填在板条之间再由穿孔镀锌金属板或筋条护面。板条可为20号穿孔率25%的Z形镀锌板，钉铆在22号无孔镀锌板，覆盖在吸声棉上构成吸声处理。

多孔吸声板安装面积为所有表面面积的50%，若安装顶棚多孔吸声板时遇上困难，则把所有多孔吸声板安装在墙身之上。

对于所有噪声强度超过72dBA的机电房内，应配备墙身及顶棚吸声多孔板。

采用区域如发电机房、制冷机房、锅炉房等。

（八）风管、水管穿越墙体、地台及顶棚的封密处理

整个穿孔过程必须经过建筑师的赞同与批准。打孔时要注意孔的尺寸与风管、水管等管道相适应，其中最大空隙不得超过12mm。同时，打孔过程中产生的碎屑、碎片不能掉入孔的缝隙中，或者固定体与浮动体的桥接处的空间内。

密封管道穿越的区域，须保持墙面、地板或者顶棚的声学效果良好。

承包商将按照声学顾问所认可的方案密封这些孔洞。这些孔洞主要是指地板上的所有的孔，墙面和顶棚上直径大于10mm的用于水管、风管等的孔洞。

钢或塑料的套筒是被用于各种孔洞，包括墙面、地板和顶棚，长度至少是450mm左右。

穿越墙体、地台及顶棚的管道可以薄钢板妥善密封。

所有孔洞采用填絮、纤维玻璃及/或塑料填嵌物料小心填塞。最后用水泥浆封口。

（九）水缸隔离处理规格

为达到专业隔振及隔声效果，如果水箱属于玻璃纤维或不锈钢水缸，则须安装在75mm×75mm×49mm的隔振胶垫上（专业隔振胶垫CDM-ISO-FLOAT-MM或等同产品），同时水缸应与结构墙及顶棚隔离。

（十）隔声墙技术要求

1. 概述

隔声墙由一个与建筑结构墙身相平行的龙骨系统和隔声物料组成。隔声墙系统可加强经空气传播式噪声及撞击噪声的隔声量，达到阻隔高水平噪声的效果。在四季酒店的以下部位采用了隔声墙：

67层制冷机房，68层风机房与员工休息间墙，68层游泳池机房与工程办公室间墙，73层风机房，73层热交换机房，73层饮用水处理机房，客房层邻近电梯客房，81层新风机房，81层空调机房，81层风机房，81层热交换机房，102层锅炉房。

隔声墙安装要求如下：

（1）隔声墙系统须利用隔声挂码（图2-19-6）、龙骨系统和石膏板（或水泥纤维板）配合安装。

（2）隔声挂码必须固定在原结构墙身上，隔声挂码应采用阻尼胶垫隔离，龙骨系统通过隔声挂码和原结构墙体连接。

（3）隔声墙龙骨内部空间须至少填50mm吸声棉（密度为48kg/m³或以上）。

（4）石膏板（或水泥纤维板）必须交错排铺，并于石膏板之间的缝隙以非硬化密封胶妥善密封。

（5）穿过隔声墙的任何穿孔或管道（建议最小化）须使用认可10mm厚高效弹性胶垫包裹。电路系统穿孔须于墙身两面采用柔性导管。

（6）隔声墙和浮动地台的收口须以认可的弹性密封衬

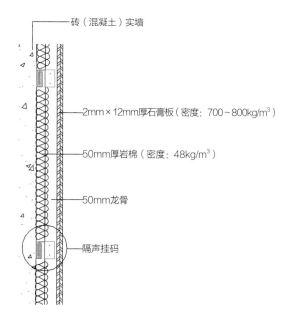

砖（混凝土）实墙

2mm×12mm厚石膏板（密度：700~800kg/m³）

50mm厚岩棉（密度：48kg/m³）

50mm龙骨

隔声挂码

图2-19-6　隔声挂码

垫或隔声材料密封。

（7）隔声墙须于浮动地台施工完成后再进行安装。

（8）根据工地环境，隔声墙的设计可作适当修改，但必须提供详细修改方案。

（9）悬挂细节和五金器具须经建筑师审核。

（10）墙身结构与穿过墙身的基础建筑和附件机械设备不得有任何硬性连接。

（11）安装及性能须符合所有适用的规范和条例。

2. 隔声挂码的物理属性

（1）隔声挂码的力学性能须由第三方独立MA检测机构根据《弹簧术语》（GB/T 1805-2001）标准测试，并提交相关力学测试数据。

（2）五金构件及阻尼胶垫组件紧密配合安装。

（3）隔声挂码应设有火灾失效装置，防止由于火灾使阻尼胶垫溶化，导致隔声墙失去支撑而倒塌。

（4）隔声挂码在额定荷载下须预留不少于100%过载负荷能力。

（5）阻尼胶垫须在额定荷载下达到0.12的阻尼值。

（6）额定荷载下的静态挠曲须至少为3mm，动态挠曲至少为1.5mm。

（7）隔声挂码隔振胶极限拉力须大于570N，极限剪力须大于2600N，极限压力须大于4450N。

3. 相关产品及详细资料

（1）隔声挂码。挂码的位置和尺寸须与墙身的所有设备协调，如管道、电气设备等。中间间隔须不超过1500mm，建议的细部做法须经建筑师审核。

（2）石膏板（或水泥纤维板）。交叉连接处须采用2层12mm石膏板或12mm厚水泥纤维板以上指定的结构。密度至少为800kg/m³，防火等级须符合适用的当地法规。

（3）龙骨系统。龙骨系统用于支持石膏板（或水泥纤维板）和任何其他墙体所采用或所支持的设备的受力。实际排布根据现场选取的龙骨型号和受力来确定。龙骨系统须与墙身的设备位置相协调。

（4）吸声棉。吸声棉必须置于龙骨系统的内部；如吸声棉，密度至少为48kg/m³，厚度至少50mm。

（5）穿孔密封。保证穿孔周围缝隙不超过25mm，并以吸声棉和填充料塞满。

（6）五金结构细节。五金器具及细节经建筑师和结构工程师审核。

（7）石膏板（或水泥纤维板）安装。石膏板（或水泥纤维板）须用错搭法平铺安装。

（8）系统结构认可。隔声墙系统结构须经设计单位审核结构承重，以及当地建设部门注册结构工程师核算并发出认可资格证明/计算书后，方可进行施工。

4. 隔声量要求

隔声墙隔声量要求参见表2-19-12所列。

隔声墙隔声量要求　　　　　　　　　表2-19-12

实验室隔声量 STC （根据GB/T 19889.4-2005及 GB/T 19889.2-2005）				实地隔声量 FSTC （根据GB/T 19889.3-2005及 GB/T 19889.1-2005）				构件
68（+0或-3dB）				62（+0或-3dB）				FSTC 48墙体+隔声挂码+2块12mm石膏板+50mm吸声棉（48 kg/m³）
频率（Hz）	125	250	500	1K	频率（Hz）	125	250	500	1K
噪声（dB）	61	64	70	74	噪声（dB）	55	57	63	66

三、机电设备的噪声控制措施

（一）主要机电设备的减振要求

（1）离心式风机（EAF或FAF连外壳），须配置弹簧减振器（安装于顶棚或支承在地上）。

（2）轴流式或螺旋式风机（EAF或FAF），若安装于噪声敏感区域，如顶棚内，须配置风机隔声罩。

（3）如果水泵作消防用途，则无须声学处理（稳压泵除外）。

（4）排水管须采用柔性铸铁喉管，若采用PVC管，则须进行包层处理。

（5）所有穿越墙身、地台及顶棚的风管或水管须妥善密封。

（6）若噪声敏感区域里，风管位于消声器前，则须提供风管包层处理以减低外壳噪声。

（7）客房的空调风机盘管采用噪声最低的零帕风机。

（二）四季酒店主要区域的减振降噪措施

（1）所有机电设备必须符合噪声标准。接口/入风及进风口/风管/由外壳发出的噪声，如超越噪声标准必须采用覆面/强化风管/消声器/风箱来减低噪声的影响。避免采用共用风管，否则风管须加装吸声物料或串声消声器来控制串声。

主要使用部位：

地下3层：管理办公室/经理室/会议室/图书馆。

裙楼1层：会议室/ VIP房、宴会厅、走廊/员工餐厅/电梯厅、会议室/管理办公室。

裙楼3层：会议室、大宴会厅。

首层：酒店到达大堂/电梯厅。

塔楼69~72层：大堂/电梯厅/游泳池/健身房/商店/餐厅、护理室/办公/包房/会议室/图书馆。

塔楼74~80层、82~98层：客房层、电梯厅。

塔楼99层、100层：电梯厅/餐厅、贵宾房。

（2）如距机电设备1m的噪声水平超越72dBA，必须安装顶棚及墙身多孔吸声板。所有空调机组/风机必须配备连风管式进风及排风消声器，并支承在25mm变形量外置式弹簧减振器上；如风机采用内置弹簧减振器，风机须安装在50mm厚专业隔振胶垫上。风管须以25mm变形量外置式弹簧减振器支承，与结构隔离。

主要应用部位：空调机房、备用机房、新风机房。

（3）厨房进风/排风机须配备进风及排风消声器，并支承在25mm变形量外置式弹簧减振器上。厨房抽油烟机必须提供厨房专用消声器并支承在25mm变形量外置式弹簧减振器上。安装在公众地区上的厨房风管必须以25mm变形量外置式弹簧减振器悬吊在楼板上。吊式压缩机须加装25~32mm厚外置式弹簧隔振器与结构隔离。

主要应用部位：厨房。

（4）主要设备安装在浮动地台（底座）的做法

1）洗衣房坐地式脱水机，须安装在浮动底座上。

2）螺杆式制冷机组必须配备50mm变形量内置式弹簧减振器，并须安装在浮动地台上。

3）离心式制冷机则必配备25mm变形量内置式弹簧减振器，并须安装在浮动地台上。

4）制冷水泵必须安装在配备25~32mm变形量内置式弹簧减振器的惯性地台上，并安装在浮动地台上。

5）冷水换热器必须安装在浮动地台上。

6）制冷水管须支撑在浮动地台上，否则须以25mm变形量弹簧减振器/专业减振胶垫支承并与结构隔离。

7）变压器须安装在浮动底座上。母排应配备25mm变形量内置式弹簧减振器。

8）卧式水泵须配备25～32mm变形量内置式弹簧减振器的惯性地台，并安装在浮动地台上。

9）直立式水泵须安装在浮动地台上。

10）热交换器必须安装在浮动地台上。

11）空气压缩机房压缩机须加装25～32mm变形量弹簧减振器/专业减振胶垫支承并与结构隔离。

12）消防用水泵无须加上任何隔声及隔振设备。

13）水管须支撑在浮动地台上，否则须以25mm变形量弹簧减振器/专业减振胶垫支承并与结构隔离。

14）热交换器必须安装在50mm厚专业隔振胶垫上。

15）水缸必须距离墙身及顶棚50mm（最少要求），混凝土水箱须安装在浮动底座上（浮动底座由建筑承包商负责，机电承包商协调）。玻璃纤维/不锈钢水箱须安装在50mm厚专业隔振胶垫上。

16）锅炉必须安装在浮动地台上。

17）擦窗机马达须安装在50mm厚专业隔振胶垫上。

（5）客房、套房、总统（皇家）套房的设备降噪隔声处理方法

1）客房共用的新风管或排风管必须以25mm厚吸声棉衬里或安装消声器以达到室内噪声评价的要求。

2）盘管风机须采用最静音的零帕风机，回风管及出风管以25mm厚吸声棉衬里。

3）若管道穿越地台并经过噪声敏感区域，如睡房/卧室，则须提供包层处理或加装隔声罩。

4）所有穿越墙身、地台及顶棚的风管或水管须妥善密封。

5）排水管须用柔性铸铁管。采用PVC管则须做包层处理。

6）采用静音的排风机。

7）当所有风管/水管穿越墙体时，须妥善密封及加装套管。

第二节　四季酒店厨房设计

一、设计概述

广州国际金融中心各餐饮厨房设计均按照国内《饮食建筑设计规范》的要求执行。其中，四季酒店厨房是遵循四季酒店设计标准和厨房顾问美国RND设计公司的《商用厨房设计建筑、工程规划设计指南》完成的设计，是基于四季酒店在亚洲的经验、业主方的意见与期望、四季酒店的要求、广州本地市场的竞争、目前与未来的趋势作出的。另外，为迎合国金中心项目高品质、高标准的定位要求，雅诗阁公寓厨房和越秀集团员工厨房亦参照四季酒店的标准来设计。

四季酒店为白金五星级酒店，在卫生防疫和节能环保上均有严格要求。除达到国家和广州地区卫生标准外，四季酒店本身亦有完善和先进的酒店管理模式，要求酒店建筑布局具有良好的通风采光，并对酒店公共及员工卫生的品质有着高质量保证。另外，本工程属一般民用酒店建筑，对环境污染影响较轻。设备及机电系统设计对空气污染、噪声控制、污水处理、能源节省等环境问题均加以处理，确保本工程符合国家和广州地区环境设计相关的规定和要求。

从卫生防疫的角度考虑，所有厨房的地面材料均为防滑砖，墙体材料为瓷片，顶棚材料为白色铝扣板。

厨房区域严格按照功能进行划分，例如烹调间、粗加工间、细加工间、凉菜间、点心房、洗碗间、洗锅间、备餐间、冷库间、储藏间等。各厨房均设有防蝇、鼠、虫、鸟及防尘防潮措施，特别注重厨房的原料加工、主副食加工、备餐、餐具洗涤及消毒等工作的流程布局。主副食加工及存放分别设置，生熟食品流程互不干扰，加工后的废弃物打包保存在低温垃圾冷库内再统一运走。另设有预进间、更衣室、卫生间等用房以满足厨房员工的卫生要求。

从节能环保的角度考虑，各层厨房均使用天然气清洁能源，产生的油烟废气经运水烟罩及高效油烟净化器处理后，由专用内置烟道引至主塔103层天面或附楼28层天面进行高空排放，经处理后，油烟排放执行《饮食业油烟排放标准》（GB18483—2001），即油烟浓度≤2mg/m³。其中地下室裙楼及套间式办公楼6层的油烟废气排放口设置在公寓南塔28层天面南侧，主塔楼油烟废气排放口设置在103层楼顶天面。厨房产生的含油污水经隔油隔渣处理后，汇合项目产生的其他各类污水接驳入市政污水管网送猎德污水处理厂处理，排入市政管网前，污水达到《水污染物排放标准》（DB44/26—2001）第二时段三级标准后排放。主塔楼酒店厨房的污水全部经由位于L67的自动隔油装置排出，裙楼地下室厨房的污水排至位于首层地面的隔油池，另外，套间式办公楼6层会所厨房、28层宴会备餐间以及裙楼4层员工餐厅厨房在每个水池的下水口均设有小型隔油池。所有餐厅厨房均设有机械排风排烟系统以及专用空调系统，既保证其正常的通风换气次数，又能为工作人员提供一个适宜的温度环境。

（一）设计流程及设备的选择主要遵循原则

（1）遵循《食品安全法》、《餐饮服务食品安全操作规范》、《餐饮服务许可审查规范》及当地消防安全、生产安全及环境保护等法规。

（2）遵循各功能区域面积合理分配原则：以人力及空间资源的合理利用为基础，保证整个操作区域紧凑而不拥挤，并留有调整发展的余地。

（3）遵循设备合理配置原则。选择高效率、高产能、节约能源的设备；选择节约场地、操作方便、经久耐用的设备；多种能源驱动的多种设备相结合，避免受困于任何一种能源供应的中断。

（4）遵循人流与物流路线合理安排原则：保证工作流程的连续顺畅，使各区域操作独立且贯通。

（5）遵循良好的厨房工作场所原则：创造空气清新、安全舒适、操作顺畅、设计先进合理的厨房工作环境。

（6）供餐食品的加工按照原料、半成品和成品的加工顺序予以布局。布置由非清洁区逐渐走向清洁区的加工顺序，原料入口、餐具回收通道、出餐通道分开，避免造成生熟、污洁交叉污染。

（二）设备的配置及区域的划分原则

（1）每个独立的厨房均设计了洗器皿，每个操作区的出口处均设地沟、洗地龙头、灭蝇灯。

（2）在凉菜间、刺身间、巧克力间、裱花间等专间设置预进间，预进间内洗手要求配置感应龙头、配洗手液分配器及纸巾分配器。另外，专间均配置紫外线灯、洗手池、工用具清洗消毒设施、独立空调，并要求顶棚吊顶，专间门为双向弹簧门。

（3）所有制冰机进水口均设粗过滤器，以过滤和吸附自来水中杂物及异味。

（4）设备的配置以以下几点为基准：为配合各加工区、厨房用具的统一性，除饼房用饼盘外，其余均使用GN盆盛载食物，同时配置GN盆车以作运送及摆放之用；为方便厨房卫生的清洁，将部分坐地设备尽量设置于地台之上；冷冻设备，如冷库等均使用水冷式制冷系统，减少散热问题，以控制厨房内环境温度。

二、厨房分布概述

本项目共设有14个厨房、2个备餐间和24个客房服务间，分布于裙楼、地下室、主塔楼酒店区和套间式办公楼四个区域，具体情况参见表2-19-13所列。

编号	区域	厨房名称	管理公司	备注
1	地下室-1层	中央后勤厨房	四季酒店	作为酒店所有厨房的后勤粗加工场所和仓库
2	裙楼1层	小宴会厅厨房	四季酒店	
3	裙楼2层	员工餐厅厨房	四季酒店	
4	裙楼3层	大宴会厅厨房	四季酒店	
5	裙楼4层	员工餐厅厨房	广州市城建开发伟城实业有限公司	
6	裙楼4层、5层	会议中心厨房	四季酒店	服务于5层国际会议中心，主要厨房功能区位于裙楼4层，备餐间位于5层
7	裙楼5层	陶源酒家厨房	陶源酒家	
8	主塔楼68层	员工餐厅厨房	四季酒店	
9	主塔楼70层	大堂吧厨房	四季酒店	
10	主塔楼71层	中餐厅厨房	四季酒店	
11	主塔楼72层	西餐厅厨房	四季酒店	
12	主塔楼99层	行政酒廊厨房	四季酒店	
13	主塔楼100层	特色餐厅厨房	四季酒店	
14	套间式办公楼6层	会所配套厨房	雅诗阁公寓	
15	主塔楼69层	SPA备餐间	四季酒店	
16	套间式办公楼28层	金融家俱乐部宴会备餐间	雅诗阁公寓	
17	主塔楼74~98层	客房服务间	四季酒店	81层设备层除外，共24个

三、餐饮区域出品流程说明

（一）地下1层中央后勤厨房

地下1层中央后勤厨房是服务于四季酒店所有餐饮厨房的粗加工及仓储区域。所有的原料在中央后勤厨房收货后运送至不同的专间，加工制作成半成品或成品后，经GN盆装载保鲜膜封装或选择真空包装机包装暂存于独立发货冷库或雪柜，供其他厨房取用。其中，裙楼区域所需半成品或成品是通过DT-25、26电梯运送至-1夹层，然后沿后勤通道行至DT15、16电梯，再送至裙楼各餐饮厨房；主塔楼区域所需半成品或成品是通过位于核心筒的G3、G4运至67层，然后转到G5、G6、G7、G8电梯，运送至主塔楼各餐饮厨房。

1. 消毒室

消毒室位于-1层Ⓔ、⑧轴位置，设在指定的卸货区旁边，以方便所有食品、原材料的收集、清点及质量检验；各类干货、饮料、酒水等经分装后分类运送至储藏库和干冷库；肉类、鱼类、家禽类等食材分类运送至

图2-19-7　干仓库

图2-19-8　冷库

图2-19-9　肉类/家禽类加工间

图2-19-10　鱼类加工间

粗加工区；蔬菜、水果类经清洗、分装后分类运送至蔬菜加工区、水果加工间和凉菜间。

2. 冷库及储藏库

（1）储藏库。主要用来存储饮料、酒水类、干货（包括面粉、糖类、油类、调料类、罐装食品等）。干货用层架承载，以保持货物与地面有一定的通风距离。酒水及饮料分别放入储藏库，其中设高温冷库供啤酒冷藏使用（图2-19-7）。

（2）冷库。是厨房用于冷冻、冷藏烹饪原料的主要设施之一，是餐饮经营与厨房生产不可缺少的设施（图2-19-8）。冷藏库设置的目的是为了调节烹饪原料的供给，缓解烹饪食品原料的采购、供应与原料之间的矛盾，确保厨房进行正常有序的生产，控制食品原料达到应有的新鲜度，从而提高和保证餐饮产品的质量，最大限度地减少烹饪原料在生产加工过程中因得不到及时冷冻冷藏，致使变味而造成成本的增加。

冷库分为：日用品冷库（温度范围：1~4℃）；水果冷藏库（温度范围：4~6℃）；蔬菜冷藏库（温度范围：1~4℃）；鱼/肉/家禽冷藏库（温度范围：-2~2℃）；鱼/肉/家禽冷冻库（温度范围：-22~-18℃）；饮料冷库（温度范围：8~12℃）；垃圾冷库（温度范围：6~8℃）。

3. 粗加工区

不同性质的原料在加工时应该适当分隔。由于水产腥味浓重，废弃料多，很容易污染环境，应与水果、蔬菜分开加工，故将粗加工间分为了以下几个独立的区域：

（1）蔬菜加工区（在厨房正式使用前1小时内完成制作）：新鲜蔬菜在此区域清洗、加工至所需大小形状，经真空包装机包装后暂存于独立发货冷库或雪柜，以便保持新鲜、卫生，并用最快最直接路径运送至所需厨房烹调使用。

（2）家禽/鱼/肉加工区（在厨房正式使用前1小时内完成制作）：分为鱼类加工间、肉类/家禽类加工间（包括肉类加工区、家禽类加工区），所有未加工的鱼类、肉类、禽类在此区清洗、切配，以供各独立厨房烹调使用（图2-19-9、图2-19-10）。为保持食品的新鲜度，配置了高温冷库及低温冷库。所有已加工完毕的鱼类、肉类、禽类，可用GN盆装载保鲜膜封装或选择真空包装机包装，暂存放于发货冷库，以保持新鲜度及供使用时方便取用。

4. 水果加工间（在厨房正式使用前1小时内完成制作）

水果加工间专为其他区域厨房提供成品。制作所需的水果在消毒室经拆封、初步清洗、分类后运送至水果加工间，在此区域清洗并加工至所需大小形状或榨成果汁，经密封包装后暂存于独立发货冷库中，以便保持新鲜、卫生，并用最快最直接的路径运送至所需厨房装盘使用。

5. 凉菜间（在厨房正式使用前1小时内完成制作）

凉菜间专为其他区域厨房的凉菜间、沙拉吧提供半成品或成品。制作凉菜所需的蔬菜在消毒室经初步清洗、分装后分类运送至凉菜间，在此区域清洗并加工至所需大小形状，经密封包装后暂存于独立发货冷库，以便保持新鲜、卫生，并用最快最直接的路径运送至所需厨房使用。

6. 西饼房

饼房主要负责生产餐厅所需各种面包，也制作蛋糕、糕点和餐后甜点等，既可供给西餐客人作主食，又是西餐制作其他菜式的原料；同时负责西饼原材料的混合、搅拌及烘烤。西饼房主要包括西饼制作间、烘烤间、成品加工间、裱花间、冰淇淋间、洗锅间等区域。其生产流程为：进原料—搅拌面团—发酵—成型—烘烤—成品—保存或取用。其中，裱花间和冰淇淋间设有预进间，预进间内洗手要求配置感应龙头、洗手液分配器及纸巾分配器，另外，专间均配置紫外线等、洗手池，并要求顶棚吊顶、独立空调。洗锅间主要用于清洗盛装成品区的器皿及厨房用具。

图2-19-11　西饼烘烤区

7. 烘焗间

烘焗间主要负责生产其他厨房所需各种中式点心的半成品或成品。此区域主要有制作及烘烤功能，负责所有中式点心原材料的混合、搅拌、制作成型及烘烤（图2-19-11、图2-19-12）。烘焗间主要包括点心制作区、烘烤区、洗锅间和凉冻间等区域。其生产流程为：

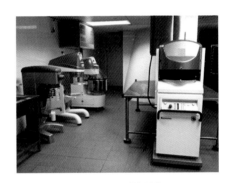

图2-19-12　西饼制作区

（1）进原料—搅拌面团—发酵—成型—烘烤—成品—保存或取用；（2）进原料—搅拌面团—发酵—成型—半成品—保存或取用。另外设有洗锅间主要用于清洗盛装各类器皿及厨房用具。

（二）裙楼1层小宴会厅厨房

宴会厅厨房是专门为宴会厅生产服务、供应食品的厨房。宴会的就餐人数居多，菜式为预设菜单，准备及切配均在-1层的中央后勤厨房制作，再由DT15、DT-16电梯运送到裙楼1层小宴会厨房以供使用。该厨房主要分为以下几个功能区域：

1. 冷库

主要起食物存放的缓冲功能，供由中央后勤厨房取出的半成品的临时存放，以供厨房内的随时取用。

2. 烹调区

属主要功能区域，分为三大部分。

（1）鱼、中式点心等食物的蒸煮区域。

（2）按中式方法进行烹饪，主要负责将配制好的菜肴进行炒、烧、煎、煮、炸、焖等一系列的熟制处理，使烹饪生产由半成品阶段成为成品阶段以待出品；并负责汤类食物的供应。

（3）按西式方法进行烹饪，主要负责西餐食物的扒、焗、炸等工作，并负责汤类食物的供应。

3. 凉菜间

接受由-1层中央后勤厨房运送来的半成品和成品，主要负责各式冷菜的切配和供应，也负责餐后水果的摆盘分装；凉菜间内设有预进间，预进间内洗手要求配置感应龙头、洗手液分配器及纸巾分配器，另外，专间均配置紫外线等、洗手池，并要求顶棚吊顶、独立空调。

4. 洗锅间

主要用于清洗盛装食物的器皿及厨房用具。

5. 备餐区

除了厨房内设有备餐区域以后，位于⑴~①/⑪、③轴的走廊亦可在举行宴会时作备餐使用。此区域与宴会厅仅为一门之隔，是配备开餐用品、创造顺利开餐条件的有利场所。许多菜肴在出品时，需配带相应的调料、作料，以满足客人不同口味的需求，该区域亦是各式调料品的存放区。

6. 茶水区

共设有两个茶水区，分为茶水供应区、咖啡供应区、冰块供应区，方便宴会使用。

7. 餐用具清洗消毒

餐用具通过DT-21、DT-22运送至3层厨房的洗碗间进行清洗消毒及存放，在举办宴会之前再提前运送至1层厨房使用。

出品菜肴：中西式菜肴、酒类、饮料。

（三）裙楼2层员工餐厅厨房

裙楼2层员工餐厅厨房接受由中央后勤厨房运送来的半成品进行加工、制作供应员工餐。食品供应采用自助和派餐相结合的形式，其中热菜、汤、饭由餐厅员工分发，凉菜、水果采取保鲜盒形式自助分发，饮料也采用自助式。各功能区域包括：

1. 烹调区

属主要功能区域，主要负责将配制好的菜肴进行炒、烧、煎、煮、炸、焖等一系列的熟制处理，使烹饪生产由原料阶段成为成品阶段以待出品；并负责汤类食物的供应。

2. 细加工间

接受由-1层中央后勤厨房运送来的半成品，进行再次加工切配，供烹调区使用。

3. 凉菜间

接受由-1层中央后勤厨房运送来的半成品和成品，主要负责各式凉菜的切配和分装，也负责餐后水果的分装，供员工自助取用；凉菜间内设有预进间，预进间内洗手要求配置感应龙头、洗手液分配器及纸巾分配器，另外，专间均配置紫外线等、洗手池，并要求顶棚吊顶、独立空调。

4. 洗碗间

洗碗间设于紧靠餐厅区域，用于对员工的餐用具进行清洗、消毒和保洁。由于员工餐厅为全日餐厅，故该洗碗间将提供全天候的配套运作。

5. 洗锅间

设于⑴、③轴位置，与主厨房相隔一条通道，主要清洗各种器皿及厨房用具。

6. 派餐间

配置热汤池、暖饭车、暖汤车，供员工食取食物（图2-19-13、图2-19-14）。

出品菜肴：热菜、热饭、汤类、饮料、甜点、冰淇淋等。

图2-19-13 派餐区

图2-19-14　取餐区　　　　　　　　　　　　　　图2-19-15　烹饪区

（四）裙楼3层大宴会厅厨房

宴会厅厨房是专门为宴会厅生产服务、供应食品的厨房。宴会的就餐人数居多，菜式为预设菜单，准备及切配均在-1层中央后勤厨房制作，并运送到宴会厨房以供使用。大宴会厨房洗碗间同时支持小宴会厅污碟回收及清洗存放服务。该厨房主要分为以下几个功能区域：

1. 冷库区

主要起食物存放的缓冲功能，供由中央后勤厨房取出的半成品的临时存放，以供厨房内的随时取用。

2. 烹调区

属主要功能区域，分为三大部分。

（1）鱼、中式点心等食物的蒸煮区域（图2-19-15）。

（2）按中式方法进行烹饪，主要负责将配制好的菜肴进行炒、烧、煎、煮、炸、焖等一系列的熟制处理，使烹饪生产由半成品阶段成为成品阶段以待出品；并负责汤类食物的供应。

（3）按西式方法进行烹饪，主要负责西餐食物的扒、焗、炸等工作，并负责汤类食物的供应。

3. 细加工间

分为鱼加工区、肉加工区和蔬菜加工区三个区域，接受由-1层中央后勤厨房运送来的半成品，进行再次加工切配，供烹调区使用。

4. 凉菜间

接受由-1层中央后勤厨房运送来的半成品和成品，主要负责各式冷菜的切配和供应，也负责餐后水果的摆盘分装；凉菜间内设有预进间，预进间内洗手要求配置感应龙头、洗手液分配器及纸巾分配器，另外，专间均配置紫外线等、洗手池，并要求顶棚吊顶、独立空调。

5. 茶水区

共设有两个茶水区，分别位于Ⓛ轴和①/Ⓐ①轴位置，临近宴会厅的送餐出入口。茶水区分为茶水供应区、咖啡供应区、冰块供应区，满足宴会时的大量所需及近距离取用（图2-19-16）。

6. 洗碗间

该洗碗间设置有大功率长龙式洗碗机和洁碟间，能够负担裙楼1层小宴会厅和3层大宴会厅厨房碗碟的清洗、消毒及存放；另外还设有洗锅区，主要清洗各种器皿及厨房用具。该专间紧靠3层宴会厅区域，同时靠近首层至3层的货梯，便于接收1层和3层宴会厅的污碟和供应厨房用具（图2-19-17）。

7. 备餐间

采用开放式的备餐台，餐台两侧设备餐区，放置有大量宴会保温车。此区域紧靠宴会厅就餐区，是配备开餐用品、创造顺利开餐条件的有利场所。许多菜肴在出品时，需配带相应的调料、作料，以满足客人不同口

图2-19-16 茶水区

图2-19-17 洗碗间

图2-19-18 烧腊间

味的需求，该区域亦是各式调料品的存放区。

8. 服务间

主要用于宴会酒水的临时存放、调配和供应，该专间配备有冷藏库、雪柜和鸡尾酒站。

9. 烧腊间

接受由-1层中央后勤厨房运送来的半成品，主要负责制作烤乳猪、烤鸭、烧鹅等烧腊制品，供1层、3层和5层宴会厅使用。烧腊间主要包括腌制间、凉胚间、烧制间和凉冻间四个专间。其生产流程为：半成品腌制—凉冻—烧烤—凉冻—成品—保存或取用（图2-19-18）。

出品菜肴：凉菜（广东烧味拼盘、煲汤类、中式菜肴）、西式菜肴（扒类、烘焗类）、主食（炒面、炒饭、中式点心）、水果、饮料（罐装软饮料、瓶装水果饮料）及酒类。

（五）裙楼4层员工餐厅厨房

越秀集团员工餐厅位于裙楼4层，总建筑面积786m²，其中餐厅面积576m²，厨房面积270m²，餐厨比1.91：1，设计供餐人数为400人。餐厅食品处理场所布局设置有：粗加工间（分设肉类、蔬菜加工区）20m²、切配间20m²、烹调间80m²、凉菜间20m²、售饭间20m²（凉菜间和售饭间共用预进间5m²）、洗碗间27m²、冷库9m²、备餐间9m²、洗锅间4m²、点心间22m²、干货仓库10m²。

员工餐厅原材料的加工由自身厨房进行，原材料直接由外间物料供货商供应，以供厨房内的随时取用。主要以先购票，后取餐的形式为主，热菜、汤、饭、水果等均由餐厅员工分发。另外设有自助餐厅，配备了自助餐炉、保温汤池、活动冷盆、咖啡机，供中层领导就餐。

主要功能区域包括：

烹饪间：属主要功能区域，主要负责将配制好的菜肴进行炒、烧、煎、煮、炸、焖等一系列的熟制处理后以待出品，并负责汤类食物的供应。

粗加工间：对供货商供应的原材料进行清洁、去皮等粗加工。

切配间：对粗加工的食品进行精细切配，供烹饪间使用。

凉菜间：主要处理各式凉拌素菜、卤菜、白切鸡等。

点心间：加工及制作各种早餐面食。

洗碗间：配备了长龙式洗碗机、碗碟柜、层架等，用于碗碟等各类餐具的清洗保洁，设于紧靠餐厅和厨房区域，方便传递污碟和干净的餐具。

洗锅间：紧靠烹饪区域，主要清洗各种器皿及厨房用具。

售饭间：配置热汤池、糖水保温炉、电热粥炉，供普通员工取餐。

出品菜肴：中式菜式。

（六）裙楼5层会议中心配套厨房

裙楼5层会议中心配套厨房，其主要功能区位于裙楼4层西面Ⓗ~①/Ⓐ①轴位置，备餐间及茶水间位于裙楼5层Ⓙ~①/Ⓐ①轴位置。该厨房是专门为5层会议中心举办宴会时生产服务、供应食品使用。宴会的就餐人数居多，菜式为预设菜单，准备及切配均在-1层中央后勤厨房制作，并运送到该厨房以供使用。该厨房主要分为以下几个功能区域：

1. 干仓库、冷库区

主要起食物存放的缓冲功能，供由中央后勤厨房取出的半成品的临时存放，以供厨房内的随时取用。

2. 烹调区

属主要功能区域，分为两大部分：

（1）鱼、中式点心等食物的蒸煮区域。

（2）按中式方法进行烹饪，主要负责将配制好的菜肴进行炒、烧、煎、煮、炸、焖等一系列的熟制处理，使烹饪生产由半成品阶段成为成品阶段以待出品；并负责汤类食物的供应。

3. 细加工间

分为鱼类加工区、肉类加工区和菜类加工区三个区域，其中鱼类加工区配置有海鲜缸，以保证鱼类、海鲜类食材的新鲜；肉类加工区和菜类加工区接受由-1层中央后勤厨房运送来的半成品，进行再次加工切配，供烹调区使用。

4. 凉菜间

接受由-1层中央后勤厨房运送来的半成品和成品，主要负责各式冷菜的切配和供应，也负责餐后水果的摆盘分装。凉菜间内设有预进间，预进间内洗手要求配置感应龙头、洗手液分配器及纸巾分配器，另外，专间均配置紫外线等、洗手池，并要求顶棚吊顶、独立空调。

5. 点心房

点心房接受由-1层中央后勤厨房运送来的半成品，主要负责生产和供应会议中心所需各种中式和西式点心。

6. 洗碗间

该洗碗间设置有洗碗机、洗杯机和洁碟存放处，主要负责裙楼5层会议中心碗碟的清洗、消毒及存放，另外还设有洗锅区，主要清洗各种器皿及厨房用具。该专间紧靠会议中心专用餐梯，便于接收会议中心的污碟。

7. 备餐区

备餐间分为两个部分，一部分位于4层厨房出餐区，另外一部分位于5层餐梯出口处，是配备开餐用品、创造顺利开餐条件的有利场所。另外，茶水间外面的后勤走廊放置了大量活动工作台，亦是作为存放菜肴和各式调料品的备餐区域。

8. 茶水间

共设有三个茶水间，分别位于Ⓝ轴、Ⓛ轴和Ⓚ轴位置，临近宴会厅的送餐出入口。茶水区可供应茶水、咖啡和冰块等，满足宴会时的大量所需及近距离取用。

（七）主塔楼68层员工餐厅厨房

主塔楼68层员工餐厅厨房接受由中央后勤厨房运送来的半成品进行加工、制作供应员工餐。食品供应采用自助和派餐相结合的形式，其中热菜、汤、饭由餐厅员工分发，凉菜、水果采取保鲜盒形式自助分发，饮料也采用自助式。各功能区域包括：

1. 烹调区

属主要功能区域，主要负责将配制好的菜肴进行炒、烧、煎、煮、炸、焖等一系列的熟制处理，使烹饪生产由原料阶段成为成品阶段以待出品；并负责汤类食物的供应。

2. 细加工间

接受由-1层中央后勤厨房运送来的半成品，进行再次加工切配，供烹调区使用。

3. 凉菜间

接受由-1层中央后勤厨房运送来的半成品和成品，主要负责各式凉菜的切配和分装，也负责餐后水果的分装，供员工自助取用；凉菜间内设有预进间，预进间内洗手要求配置感应龙头、洗手液分配器及纸巾分配器，另外，专间均配置紫外线等、洗手池，并要求顶棚吊顶、独立空调。

4. 面点间

加工及制作各种早餐面食。

5. 洗碗间

洗碗间设于紧靠餐厅区域，用于对员工的进餐用具进行清洗、消毒和保洁。由于员工餐厅为全日餐厅，故该洗碗间将提供全天候的配套运作。

6. 派餐间

配置热汤池、暖饭车、暖汤车，供员工食取食物。

出品菜肴：热菜、热饭、汤类、饮料、甜点、冰淇淋等。

（八）主塔楼69层水疗备餐区

水疗备餐区为69层泳池休闲廊提供饮料、点心等服务。

出品菜肴：饮料供应包括软饮料、咖啡及茶类等。

（九）主塔楼70层酒店大堂厨房

酒店大堂厨房分为两个餐饮服务区，西南面为用餐区提供简单餐饮服务，东南面为饮料供应区，提供饮料服务。

出品菜肴：西南区提供薯条、三明治、沙拉等小吃点心、饮料等。

东南区提供饮料供应包括各色酒类、鸡尾酒、软饮料、咖啡及茶类等。

（十）主塔楼71层中式餐厅厨房

中餐厅厨房为中餐食品的主要供应区域，承担着各类菜肴的烹调制作，肩负着炒、蒸、炸、煎、煮、焖、炖等多种功能。由于此区域的温度较高，不利于原料的保质储存，因此设立了足够的冷藏设备，既保证了原料的新鲜品质和出品的安全，又可在结束营业时使调料、汤汁和许多半成品就近低温保存。

1. 干货仓、冷库

主要起食物存放的缓冲功能，由中央储藏区取出的原材料的临时存放，以便厨房内的随时取用。

2. 加工区

分为肉类加工区、鱼加工区、蔬菜加工区，肉和蔬菜为-1层中央后勤厨房供应的半成品，在此区域进行精加工；鱼加工区设有鱼缸，供养活鱼及海产；处理完毕及时蒸煮，确保新鲜。

3. 上什区

所有食物的蒸煮区域。

4. 中煮区

属主要功能区域，主要负责将配制好的菜肴进行炒、烧、煎、煮、炸、焖等一系列的熟制处理，使烹饪生产由原料阶段成为成品阶段以待出品；并负责汤类食物的供应。

砂锅档：主要制作砂锅菜，如：煲仔菜等。

5. 点心间

加工及制作干点心、湿点心，以供早茶及餐前餐后食用；该专间为独立的操作房间，这样既便于点心生产人员集中思想和精力制作美观的点心，又避免了其他厨房内油烟对点心用具、原料、场地的干扰及污染。

6. 凉菜间

主要处理烧腊及中式冷菜。进入凉菜间的成品都是可直接食用的，为确保冷菜间的食品及操作卫生，在入口处设立预进间，然后才进入。凉菜间要求设立可独立控制的制冷系统，还配置了有足够存放空间的冷藏工作柜，及紫外线消毒灯、紫外光滤水器以防细菌的滋生和繁殖。

7. 刺身加工间

主要处理用于加工及制作刺身。

8. 洗碗间

洗碗间的位置，设于紧靠餐厅和厨房区域，为了方便传递污碟和厨房用具。这不仅提高了员工的工作效率，还对控制餐具的损耗起了重大的作用。洗碗间属厨房及餐厅的后台区域，除了承担餐厅用餐具的洗涤、消毒外，还有很大一部分工作是负责厨房出品所需的各类餐具用具的洗涤、消毒，及存放干净碗碟的区域。

9. 备餐间

此区域紧靠近餐厅就餐区，是配备开餐用品、创造顺利开餐条件的场所，同时也是各式调料品的存放区，许多菜肴在出品时，需配带相应的调料、作料，以满足客人不同口味的需求。

10. 茶水间

每个包房均配有茶水间，供应包房使用的茶水、毛巾、冰块等。

出品菜肴：主要为广式菜式，包括广东点心、广东小炒煲仔菜、砂锅、蒸煮菜式、蒸海鲜等。

（十一）主塔楼72层意大利餐厅厨房

意大利餐厅为24小时全日餐厅，并提供自助餐服务。该厨房制作各种中式、西式美食，主要以意大利菜式为主。另外，该厨房还支持客房服务所需的各式风味菜肴。

出品菜肴：西式凉菜（沙拉、意大利火腿、芝士等）、西式热菜（意式炒饭、意式各类面食、意式肉丸等）、饮料供应（各色酒类、鸡尾酒、软饮料、咖啡及茶类等）。

（十二）主塔楼72层日本餐厅厨房

日本餐厅厨房为日本食品的主要供应区域，承担着各类日式菜肴的烹调制作，肩负着炒、蒸、烤、炸、煎、煮等多种功能。由于此区域的温度较高，不利于原料的保质储存，因此设立了足够的冷藏设备，既保证了原料的新鲜品质和出品的安全，又可在结束营业时使调料、汤汁和许多半成品就近低温保存。

1. 冷库

主要起食物存放的缓冲功能，由中央储藏区取出的原材料的临时存放，以便厨房内的随时取用。

2. 加工区

分为肉类加工区、鱼加工区、蔬菜加工区，肉、鱼和蔬菜均为-1层中央后勤厨房供应的半成品，在此区域进行精加工。

3. 中煮区

属主要功能区域，主要负责将配制好的菜肴进行炒、蒸、烤、炸、煎、煮等一系列的熟制处理，使烹饪生产由原料阶段成为成品阶段以待出品；并负责汤类食物的供应。

4. 凉菜间

进入凉菜间的成品都是可直接食用的，为确保冷菜间的食品及操作卫生，在入口处设立预进间，然后才进入。凉菜间要求设立可独立控制的制冷系统，还配置了有足够存放空间的冷藏工作柜，及紫外线消毒灯、紫外光滤水器以防细菌的滋生和繁殖。

5. 洗碗间

洗碗间的位置，设于紧靠餐厅和厨房区域，为了方便传递污碟和厨房用具。这不仅提高了员工的工作效率，还对控制餐具的损耗起了重大的作用。洗碗间属厨房及餐厅的后台区域，除了承担餐厅用餐具的洗涤、消毒外，还有很大一部分工作是负责厨房出品所需的各类餐具用具的洗涤、消毒，及存放干净碗碟的区域。

6. 饮料茶水区

此区域紧靠餐厅就餐区，供应用餐时使用的茶水、毛巾、冰块等。

出品菜肴：日式菜式。

（十三）主塔楼99层行政酒廊厨房

此餐厅为高级行政套房住客专用用餐区，主要提供酒类供应及餐饮服务。酒吧餐饮空间提供鸡尾酒等服务。

出品菜肴：西式菜式、酒类、饮料。

（十四）主塔楼100层特色餐厅厨房

此餐厅为高级幽雅的海鲜烧烤餐厅，主要提供单点膳食、精美西点，以及搭配高级餐酒等，并设有展示厨房。

出品菜肴：中西式菜式、酒类、饮料。

（十五）客房服务间

主塔74～98层酒店客房区每层均设有客房服务间，24小时为客人提供服务，特点是能够提供面向国际旅客和区域旅客都感兴趣的菜单。菜单中的许多项目将不同于现有餐厅的菜单，其中为各地区的外国游客提供了各式各样家乡风味的菜式。这项服务的主要特点是它的速度和准确性。

四、冷库制冷系统设计说明

冷库是厨房用于冷冻、冷藏烹饪原料的主要设施之一，是餐饮经营与厨房生产不可缺少的设施。冷库根据不同的用途，其要求的温度范围也不同，如普通日用品冷库的温度范围为1～4℃，鱼/肉/家禽冷藏库温度范围为-2～2℃，鱼/肉/家禽冷冻库温度范围为-22～-18℃，垃圾冷库温度范围为6～8℃。由于酒店冷库的数量很多，且往往多台冷库共用一个制冷系统，故冷库制冷系统的稳定性和安全性对整个酒店厨房的运营起着至关重要的作用。

按压缩机类型划分，四季酒店厨房冷库制冷系统分为两种类型，一类是冷库自带压缩机，即一台压缩机只服务于一台冷库，例如主塔楼所有厨房冷库，以及部分位于裙楼和地下室厨房中位置相对独立的冷库；另一类是多台冷库共用一台压缩机组，常用于冷库较集中的情况，例如地下室-1层厨房的冷库群，以及裙楼2层、3层厨房。

按冷却水系统划分，冷库制冷系统也分为两种类型，其中地下室和裙楼的冷库共用一套冷却系统，即采用空调冷冻水做冷却水，空调冷冻水从-1层空调主机房中裙楼分水器接出，经板换换热后回到裙楼集水器；主塔楼冷库共用一套冷却水系统，即采用冷却塔进行冷却，冷却塔位于103层天面，一用一备。对于68～72层厨房冷库，由于冷却塔相对位置较高，冷库制冷机组的水侧承压能力也相对较高，为2MPa，其余普通制冷机组的水侧承压为0.8MPa。

第三节 四季酒店门五金系统设计

一、概述

四季酒店区根据使用功能及区域的差别，将门五金系统分为客房区和公共区两部分。公共区域五金主要是酒店管理后勤区，酒店裙楼会议区等区域的五金配置。不同于国金中心其他区域，四季酒店管理公司对酒店区域的门五金系统提出了更高的要求。除了要满足国内规范要求外，还需要满足四季酒店运营需要。

此外，根据四季酒店管理需要，酒店后勤区带钥匙的机械锁配置了四季酒店特殊的总钥匙系统。总钥匙系统将机械锁按管理架构分成四个等级，不同等级的机械式钥匙可以打开该层级及其下属的所有机械式门锁，以提高酒店的管理效率及安全性。

四季酒店管理公司出于对安全及保险理赔的考虑，对门五金标准的特殊要求是要满足UL标准认证及ANSI美国标准认证。UL是美国保险商试验所（Underwriter Laboratories Inc.）的简写。UL安全试验所是美国最有权威的，也是世界上从事安全试验和鉴定的较大的民间机构。它是一个独立的、非盈利的、为公共安全做试验的专业机构。它采用科学的测试方法来研究确定各种材料、装置、产品、设备、建筑等对生命、财产有无危害和危害的程度；ANSI 认证是美国国家标准学会（American National Standard Institute）认证。只有采用取得这些认证的门五金，出险时美国商业保险公司才能赔付。而能够取得UL、ANSI认证的门五金进口品牌只有亚萨合莱（ASSA ABLOY）和英格索兰（Ingersoll Rand）。

另外，出于日常维护的要求，四季酒店要求门五金的制作工艺精确度较高，如门铰链要求无润滑油暗装门铰链。

二、酒店公共区域五金系统要求

四季酒店部分门五金产品标准要求如下：

（一）铰链

1. 形式

铰链的形式共7类（图2-19-19），参见表2-19-14所列。

图2-19-19 全隐藏式铰链

铰链的形式 表2-19-14

类型	描述
1	全隐藏式轴承/铁质基材/标准型——ANSI A8112（美标认证的铰链类型）
2	全隐藏式轴承/铜质基材/标准型——ANSI A2112（美标认证的铰链类型）
3	全隐藏式轴承/不锈钢基材/标准型——ANSI A5112（美标认证的铰链类型）
4	全隐藏式轴承/铁质基材/重型——ANSI A8111（美标认证的铰链类型）
5	全隐藏式轴承/铜质基材/标准型——ANSI A2111（美标认证的铰链类型）
6	全隐藏式轴承/不锈钢基材/重型——ANSI A5111（美标认证的铰链类型）
7	弹簧铰链/铁质基材/通过防火认证——ANSI K81071F（美标认证的铰链类型）

2. 应用

（1）内门门宽≤915mm（3'）：选用类型1、2、3。

（2）内门门宽≥915mm（3'）：选用类型4、5、6。

（3）外门：选用5或6带不可拆卸轴（NRP）。

（4）所有的向外开门均须带不可拆卸轴（NRP）。

3. 尺寸选择

铰链的尺寸选择参见表2-19-15所列。

铰链的尺寸选择　　　　　　表2-19-15

类型	门厚	门宽	铰链高度	门重
A	35mm（1.375"）	≤915mm（36"）	89mm（3.5"）	≤23kg（50lbs）
B	35mm（1.375"）	≥915mm（36"）	100mm（4"）	≤34kg（75lbs）
C	45mm（1.75"）	≤915mm（36"）	115mm（4.5"）	≤57kg（125lbs）
D	45mm（1.75"）	915（36"）~1220mm（48"）	125mm（5"）	≤102kg（225lbs）
E	45mm（1.75"）	≥1220mm（48"）	150mm（6"）	≤136kg（300lbs）
F	50（2"）~64mm（2.5"）	≤1065mm（42"）	125mm（5"）	≤102kg（225lbs）
G	50（2"）~64mm（2.5"）	1065（42"）~1220mm（48"）	150mm（6"）	≤136kg（300lbs）

需要说明的是：上述应用仅为通常情况下，铰链的选择还要参考各自门的开启设计、功能、位置、使用频率、门材质和周边建筑细节等。具体咨询铰链制造商。

4. 铰链数量选择

（1）单扇门高≤2285mm（7' 6"）：选用3片。

（2）平均门高每增加760mm（2' 6"）铰链则增加1片。

（3）对于上下各自打开的门，单扇门高≤2285mm（7' 6"）：选用4片。

（4）对于Timely门厂（类似的）的门框，提供圆角铰链相适应。

（5）弹簧铰链用于防火门上，数量选用2个，且须通过防火认证。

5. 固定螺栓

使用铰链制造商自带的固定螺栓并按照说明书正确安装。

6. 使用寿命保证

铰链应该具有同建筑使用年限相等的使用寿命保证。

7. 电铰链

（1）应能提供足够的电线隐藏穿过铰链以满足电控五金的使用要求。

（2）电铰链应该安装于从地面数起的第2个铰链位置，当与逃生装置配合使用时，应尽量靠近逃生装置的安装位置。

（3）在门框处安装电铰链处应有灰盒焊接于门框上。

8. 连续铰链

（1）提供带包角的齿状结构的重型铰链，用于一些手推车门、电动门等。

（2）铰链距门扇的上下端距离要控制在12mm（1/2″）以内，具体和门厂协作。

（3）提供全连续铰链应带有相对应的螺栓等固定件以适应不同门材质，当应用于防火门上时，应通过防火认证，并且在铰链表面饰刻防火认证标示。

（4）当应用于电控五金时，应能提供过线配置已满足电控锁、电控逃生装置的使用要求。

（二）顺序器

（1）顺序器应符合ANSI/BHMA A156.3，Type 21A的要求。

（2）顺序器当应用于防火门时，应通过UL防火认证。

（3）当双扇门带有企口，而且双门有先后关门顺序要求（从动门先于主动门关闭）的时候需选用顺序器。例如：一双扇防火门带中缝盖条，从动门安装有自动暗插销，主动门安装有锁具的情况。

（4）应能提供填充条来填补门框下的空档，同时还要有安装闭门器的固定配件、双门助推器、上插销锁舌安装配件等（图2-19-20）。

（三）闭门器

（1）所有公共区域均须提供隐藏式闭门器，其他区域按要求提供表面安装的闭门器，应通过ANSI/BHMA A156.4的要求。

（2）表面安装的闭门器应选用支臂式、齿轮式活塞结构，精铸缸体，突出门表面不超过60mm。

（3）表面安装的闭门器应无手向之分，力级可调。隐藏式闭门器应比相应的最小力级有50%的力级余量。所有的闭门器均有独立的关门速度、闭锁速度、缓冲调节功能。

（4）根据需要，能提供无级可调的闭门器，以调节力级来满足最大推门力要求，特别是在有无障碍设施要求的地方，如：在美国，须满足ADA的要求和美国国家标准协会易操作标准（ANSI A117.1）的要求。

（5）根据需要，提供相应的安装配件，以满足标准臂、平行臂的安装，门框安装，并能180°开启。

（6）闭门器要安装在背向公共区的一侧、外门的内侧，以及朝向楼梯的一侧，无论五金组中有无要求，在防火门上均须提供通过防火认证的闭门器。

（7）闭门器应满足UL 10C防火要求。

（8）地弹簧均须带有盖板（图2-19-21）。

（四）门磁（门状态监控）

（1）由安防或系统集成商提供门磁提供，安防工程商应与五金提供商协调配合确保每个需要监控的门的门磁正确安装。

（2）协调门和门框的提供商。

（3）门磁应安装在门框的上侧，距离上锁的那扇门的边距离为101mm（4″）。

（4）门磁应与门禁系统连接。

图2-19-20　顺序器

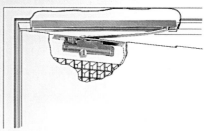

图2-19-21　闭门器

（5）提供相应的保护灰盒给门厂安装在门框上。

（五）推拉手板

1. 推手板

（1）如果无特殊说明，尺寸为：150mm×400mm（6″×16″）。

（2）如果门框宽度不足以安装150mm（6″），请提供比门框窄25mm（1″）的推手板，但不能小于100mm（4″）宽。

2. 拉手板

款式由具体项目的设计团队选择（图2-19-22）。

3. 踢脚板和装甲板

不锈钢板或铜板，最小1mm（0.050″）厚，四边磨圆角。

（1）单门背面，板宽度要比门宽小40mm，正面板宽度要比门宽小25mm（1″）。

（2）双门，门的正、背面板宽度比门宽小25mm（1″）。

（3）高度：后勤区木门板高度为864mm（2′10″），其余区域的门上高度为254mm（10″）。

4. 弹珠

（1）弹珠材料为尼龙，外框为铜或铁材质。

（2）内部锥形弹簧弹力可调节，以适应不同门的应用情况。

（3）提供标准盒状锁扣片（图2-19-23）。

（六）电锁扣

（1）电锁扣应相容于本项目中的酒店锁读卡器、门禁系统、自动门系统及整个系统集成中。分别选择适合于锁具和逃生装置的各类型的电锁扣，且其锁扣内深度要能满足锁舌伸缩行程的要求。

（2）电锁扣要适合于不同材质的门的安装。

（3）电锁扣须通过防盗要求认证、UL防火认证。无特殊说明，本项目中均选用断电锁形式的电锁扣。

（4）电锁扣应符合ANSI A156.5 Grade 1 要求。

（5）电锁扣应具有两个单刀双掷的触点来实现电锁扣的状态监控。

（6）根据需要提供变压器和整流器，和电气承包商确认工作或输出电压门。

（7）提供保护灰盒给门厂焊接电锁扣的安装位置（图2-19-23）。

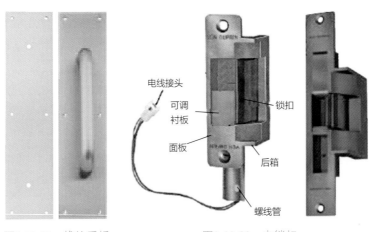

图2-19-22　推拉手板　　　　图2-19-23　电锁扣

（七）逃生装置

1. 类型和功能

逃生装置的类型和功能分别见表2-19-16和表2-19-17所列。

逃生装置的类型 　　　　　　　　　　　　　表2-19-16

类型	ANSI 名称	描述	类型	ANSI 名称	描述
1	单点式（表面安装）	单点横向锁舌锁定	5	窄框单点式（表面安装）	窄框（铝框门）单点横向锁舌锁定
2	隐藏天地杆式	隐藏竖向安装天地两点锁定	6	窄框隐藏天地杆式	窄框（铝框门）隐藏竖向安装天地两点锁定
3	表面安装天地杆式	表面安装竖向天地两点锁定	7	窄框表面安装天地杆式	窄框（铝框门）表面安装竖向天地两点锁定
4	插芯锁式	单点横向插芯锁式锁定	8	窄框插芯锁式	窄框（铝框门）单点横向插芯锁式锁定

逃生装置的功能 　　　　　　　　　　　　　表2-19-17

类型	ANSI 名称	描述
A	仅供出口功能	室外无把手无锁芯，仅可出门，不能入
B	夜锁功能	室外有固定式把手有锁芯，室内可随时出，室外用钥匙转动锁舌，拉把手入
C	办公室锁功能	室外有把手有锁芯，室内可随时出，室外用钥匙转动控制把手，转动锁舌入；可用钥匙设置把手常开/常闭状态
D	通道功能	室外带常开把手，室外可转动把手随时入
E	死把手功能	室外配固定式把手，仅当在室内把逃生装置设为常开状态时，拉动把手入，不适用于防火门

2. 其他要求

（1）防火门上用的逃生装置（图2-19-24）须满足防火要求，防火锁舌罩要带防火认证卷标，和门厂配合确定逃生装置适合安装于不同门材质。

（2）用钥匙或用内六角扳手设置室内逃生装置常开状态只能用于非防火情况。

（3）电控室内逃生装置常开状态——通过电气设备将锁舌控制在缩回状态，用于防火门时需要将电控信号同消防系统联动，释放逃生装置锁舌锁门。

（4）电控锁舌回缩——通过电气带动锁舌缩回门，适用一些无障碍自动门和一些无法现场出动逃生装置打开的门，需要将电控信号同消防系统联动，释放逃生装置锁舌锁门。

（5）逃生装置的长度要与门宽相适应，同时要满足建筑和防火的要求。

（6）需要设置外把手的逃生装置，其把手款式应与锁具把手一致。

（7）所有的逃生装置须通过ANSI A156.3 Grade 1的测试要求。

（8）所有的逃生装置须通过相应的UL检测，并在锁舌罩部位带卷标。

图2-19-24　逃生装置

（9）配备合适的锁芯用在室外把手或室内逃生装置上（图2-19-24）。

（八）地弹簧及配件

（1）地弹簧应包括上下天地轴、枢轴、中转轴、盖板和盒子等附件，门高≤2285mm（7′6″），2285mm（7′6″）≤门高≤3050mm（10′）选用两个中转轴均分；门高≥3050mm（10′），635mm（25″）≤中转轴的安装距离≤890mm（30″），按门高均分。

（2）根据门表的设计提供双向开启和单向开启的地弹簧，枢轴的高度要满足安装要求，所有地弹簧均带有盖板。

（3）地弹簧应具有对立的关门速度、闭锁速度、缓冲可调节功能，且有停门功能可选配。

（4）地弹簧应符合残障人士法案ADA最大推门力度的要求。

（5）应能提供相应的隐藏式顶装门止和盖板配件等。

（6）有防火需求的门上用地弹簧须满足NFPA80防火要求。

（7）地弹簧应带有耐候密封圈（图2-19-25）。

（九）暗插销和防尘筒

（1）对于无防火要求的门：提供2个（上、下各1个）手动暗插销安装于从动门上，上插销中心线安装高度≤1980mm（6′6″），插销端头锁舌的直径不小于12mm（1/2″），行程应不小于20mm（3/4″），并适合于门的材质，地面安装防尘筒与下插销相对应。

图2-19-25　地弹簧

（2）对于有防火要求的门：提供2个（上、下各1个）自动暗插销安装于从动门上，并符合NFPA80的防火要求，上插销中心线安装高度≤1980mm（6′6″），插销端头锁舌的直径不小于12mm（1/2″），行程应不小于20mm（3/4″），并适合于门的材质，主动门扇的侧面上要安装与自动暗插销侧面销舌对应的垫片，地面安装防尘筒与下插销相对应（图2-19-26）。

（十）自动开门机（主要用于厨房送餐及行李通道）

（1）应符合UL防火要求及相关地方规范。

（2）具有以下特性：马达可调；应符合当地的无障碍规范（美国本地为ADA法案）；关门力度和缓冲可调；马达起动延时功能；门厅接口延时功能；电子锁定延时功能；延时停门功能。

（3）作为启动设置，开门机应提供合适的开门动力。

图2-19-26　自动暗插销

（4）应具备闭门器的相关特征：力级可调、缓冲可调、关门速度可调、闭锁速度可调。

（5）为每把钥匙附上编码标签和配钥匙的记录标签。

（6）可用防火通风门，消防联动使门处于开启状态散出烟雾。

（7）配有具有单刀双掷的触点连接锁定装置（图2-19-27）。

图2-19-27　自动开门机

（十一）磁力锁

（1）提供能兼容于酒店锁卡、门禁系统、自动开门机和消防弱电系统地隐藏式安装的磁力锁，可现场触发也可远程控制。

（2）应符合ANSI/BHMA A156.23要求，吸合力达到225kg（500lbs）。

（3）配备磁吸合力监控，并隐藏在磁力锁内。

图2-19-28　磁力锁

（4）根据需要提供变压器和整流器，和电气承包商确认工作或输出电压门。

（5）磁力锁的电源应和磁力锁为同一制造商。

（6）根据现场安装情况提供安装支架、垫块等。

（7）根据实际情况提供相应的保护灰盒给门厂安装在门框上（图2-19-28）。

7340

图2-19-29　电磁门吸

（十二）电磁门吸

（1）墙装式，衔铁的安装位置根据情况可安装于门扇的上部、中部或下部。

（2）根据需要提供变压器和整流器，和电气承包商确认工作或输出电压门。

（3）设备应符合消防或防火规范。

（4）和消防联动，断电则释放衔铁及门扇，在闭门器的配合作用下，保持门关闭（图2-19-29）。

（十三）插芯锁

1. 类型

插芯锁的类型参见表2-19-18所列。

插芯锁的类型　　　　　　　　　　　　　表2-19-18

类型	ANSI 名称	描述
1	F01通道锁	两侧均可随时转动把手开锁
2	F22卫浴锁	除非用旋钮或硬币形状的工具把外面锁住，可以从室内外转动把手使斜舌缩回，室内旋钮可上锁和打开室外把手
3	F04办公室锁	除非用室外钥匙或室内旋钮把外面锁住，可通过室外钥匙或室内旋钮上锁室外把手，斜舌可通过把手打开，两侧均可随时转动把手开锁
4	F05教室锁	室外用钥匙开锁和上锁控制外部把手，带辅助保险舌，室内把手随时开锁
5	F07仓库锁	室外用钥匙开锁和上锁，带辅助保险舌，外把手始终固定，室内把手随时开锁
6	F13走廊锁	两侧均可转动把手开启斜舌，室外用钥匙和室内用旋钮均可转动方舌上锁或开锁。方舌伸出后即锁住外把手。门内把手始终可以同时打开方舌和斜舌
7	卫浴锁带指示牌	两侧均可转动把手开启斜舌，室外用硬币形工具和室内用旋钮均可转动方舌上锁或开锁。方舌伸出和缩回带动指示牌，门内把手始终可以同时打开方舌和斜舌
8	固舌锁带把手	只有方舌无斜舌，室外用钥匙和室内用旋钮均可转动方舌上锁或开锁。室外无把手，室内把手始终可以随时打开方舌
9	固定单侧假把手	单侧安装固定把手
10	固定双侧假把手	双侧安装固定把手

2. 其他要求

（1）锁具应通过ANSI A156.13 1000系列 Grade 1要求，并配备可互换锁芯（图2-19-30）。

（2）须满足防火要求，并通过3h防火测试。

（3）把手材质为黄铜、青铜或精铸不锈钢。

图2-19-30　插芯锁

（4）斜舌行程为20mm（3/4″）并带有抗摩擦保护舌。

（5）方舌为一片式不锈钢材质，行程为25mm（1″）。

（6）锁体可现场调整手向，而不需要重新拆卸组装锁体。

（7）锁扣片应带有导向舌。

（8）锁体至少应有3年质量保证。

3. 地锁特性

（1）锁体应符合ANSI A8112 Grade 1要求。

（2）锁体应能向容于可互换锁芯，并提供配对的锁芯拨块，必要时须提供锁芯盖圈。

（3）锁体把手材质为铁、黄铜、青铜或不锈钢，铁质应带有抗腐蚀饰面保护。

（4）锁舌直径为9.5mm（3/8″），不锈钢材质，行程为20mm（3/4″）。

（5）按需要提供塑料灰盒配合应用在锁扣片上。

（十四）顶装门止

（1）在不适合安装地装门止，且闭门器开启角度超过100°的门上配备隐藏式顶装门止，以防止门开启后撞到门后的墙体及其他附件。其材质为铜或不锈钢。

（2）当顶装门止带有拱腹式密封条时，须采取措施不能破坏门的密封条的延续性。

（3）提供内六角螺栓在核心门上。

（4）根据需要，提供停门功能供选配。

（十五）密封条

1. 外部耐候密封条

（1）按要求在每扇门上均嵌入安装耐候密封条，其类型和尺寸参门表，固定螺栓选用不锈钢材质。

（2）底部安装尼龙门底刷。

2. 内部密封条

（1）所有的防火门按要求安装12.7mm×6.3mm（0.5″×0.25″）尺寸的硅酮密封隔声条。

（2）门底安装自动门底刷。

（3）密封条材质须满足防火要求。

（十六）天地轴

1. 类型

天地轴的类型见表2-19-19所列。

天地轴的类型 表2-19-19

类型	描述
1	衣柜门铰链/重型-ANSI A8782
2	偏心/标准型/适合最大门重225kg（500lbs）——ANSI/BHMA Grade1
3	偏心/重型/适合最大门重450kg（1000lbs）——ANSI/BHMA Grade1
4	中转轴——ANSI/BHMA Grade1
5	中心/标准型/适合最大门重225kg（500lbs）——ANSI/BHMA Grade1
6	中心/标准型/适合最大门重450kg（1000lbs）——ANSI/BHMA Grade1

2. 其他要求

（1）天地轴均须要涂抹润滑剂，门高≤2285mm（7′6″），采用一片中转轴；2285mm（7′6″）≤门高≤3050mm（10′）选用两片中转轴均分；门高≥3050mm（10′），635mm（25″）≤中转轴的安装距离≤890mm（30″），按门高均分。

（2）防火门上安装通过防火要求的天地轴，并满足NFPA80的消防防火要求。

3. 带有电子过线器的天地轴

（1）天地轴应用于重型门场合。

（2）针对电控五金或设备需求，配备足够的隐藏过线数量。

（3）确定电子过线中转轴的安装位置，使其尽量靠近电控五金设备安装位置。

图2-19-31　天地轴

（4）提供相应的保护灰盒给门厂安装在门框上；电子过线中转轴须满足防火要求，并满足NFPA80的消防防火要求。

（5）如果天地轴不能满足以上要求，请选用满足防火要求的隐藏式过线器（图2-19-31）。

（十七）固舌锁

1. 类型

固舌锁的类型见表2-19-20所列。

固舌锁的类型 表2-19-20

类型	描述
A	门闩，只有室内旋钮上锁和开锁，室外无钥匙
B	教室锁功能，外部用钥匙上锁和开锁，室内只能开锁，不能上锁
C	办公室功能，室外用钥匙上锁和开锁，室内用旋钮上锁和开锁
D	仓库锁，室外用钥匙上锁和开锁，室内无旋钮
E	卫浴锁，带指示牌，室内旋钮上锁和开锁，紧急情况室外可用硬币形工具开门

2. 其他要求

（1）有的固舌锁须通过ANSI A156.2 Grade 2 要求，并配置可互换锁芯。

（2）所有的固舌锁均须满足金属门3h防火，木门20min防火的要求。

（3）锁舌完全伸出后，应能确保门锁牢。

（4）内部旋钮应满足ADA残障人士法案要求。

（5）锁舌行程为25 mm（1″），并内藏有防锯钢辊（图2-19-32）。

（十八）门止（墙装或地装）

（1）通常情况下，每扇门均安装1个墙装门止，若现场安装条件允许，可安装地装门止或顶装门止。

（2）地装门止为半球形，铜材质底座带橡胶垫，可配备加高件。

（3）橡胶垫。墙装：直径6mm（1/4″）；地装：直径12mm（1/2″）。

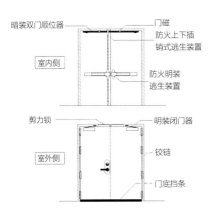

图2-19-32　门五金配置举例

三、酒店总钥匙系统

（一）系统说明

酒店区总钥匙系统是基于机械式钥匙分级管理的要求，按照酒店管理区域的层级关系，设计机械式钥匙可以开启相应范围的机械门锁，提高酒店后勤办公及公共区域的管理效率及安全性。

（二）系统总体描述

1. 系统主要设备组成

（1）分级钥匙管理系统（五金供应商提供，详见四季酒店确认的总钥匙系统总表）

1）KA1表示通匙1，以此类推；KD表示非通匙，自带2把自身钥匙。

2）锁芯全部为7弹子，西勒奇Everst高保安钥匙槽。

3）GGMK配5把总钥匙，GMK A～GMK E各配6把总钥匙，MK CA～MK CD各配6把总钥匙，共计59把管理钥匙。

4）2把控制钥匙用来安装可互换锁芯核。

5）另外配备1000把空白钥匙。

6）配备1台钥匙机用来配钥匙。

7）配备钥匙系统使用管理程序Schlage Sitemaster 200。

8）所有的以上系统供参考，具体以业主和四季酒店管理集团确定为准。

（2）客房应急钥匙管理系统（酒店锁供应商提供）

具体要求参见四季标准，酒店锁供应商设计供应。

（3）独立钥匙（他供）

以下部位的锁不纳入钥匙管理系统，请提供自带钥匙：收银台、冰箱、冰柜、Mini吧储藏、零售、停车收费等。

2. 系统概述

四季酒店技术要求：四季酒店总钥匙系统的管理范围，原则上，除了客房门锁仅供客人出入的房门，其他全部要并入总钥匙系统，统一管理。

在五金标准中关于总钥匙锁芯和钥匙的要求主要内容如下：

（1）五金供应商应与业主及四季酒店方共同协商下作出总钥匙系统要求，并得到一份最终的组织架构图（书面形式）。在锁具制造商下单前，供应商应按照此要求深化设计。

（2）锁芯为7弹子结构，钥匙槽为高保安钥匙槽，锁体须使用7弹子的可互换锁芯。

（3）须提供临时可互换锁芯和建筑钥匙。

（4）每把锁最少提供2把钥匙，每把钥匙篆刻上其编码和锁芯制造商的标记，同时压印"不准配制"字样。在钥匙上不得有钥匙组别说明的印记。须为建筑总钥匙系统配备25把临时建筑总钥匙。业主正式收楼前换成正式的总钥匙系统。供应商应在酒店方技术工程总监和/或安防总监的监视下完成拆除建筑锁芯和安装永久锁体的工作。

（5）总钥匙系统作为是酒店方日常运营管理的重要组成部分，其配置方案是否恰当直接影响到整体的管理效果，由此，配置必须满足管理的有效性及经济实用性的原则。

（6）四季酒店总钥匙系统的管理范围包含酒店的公共区域及后勤区域，特别是后勤区域管理人员的办公区域是整个管理的核心部分，所以必须纳入系统按照功能类别层次化管理。

基于经济实用性配置的考虑，本方案将工程部管辖的设备功能的房间，不纳入本系统管理，按功能另行类别钥匙管理。主要包含如下三大类：所有电井、房（强电）；所有机械井、房（水、风、汽等）；通信管井、房（弱电、强电）。

（三）系统结构

酒店总钥匙系统的系统结构如图2-19-33。

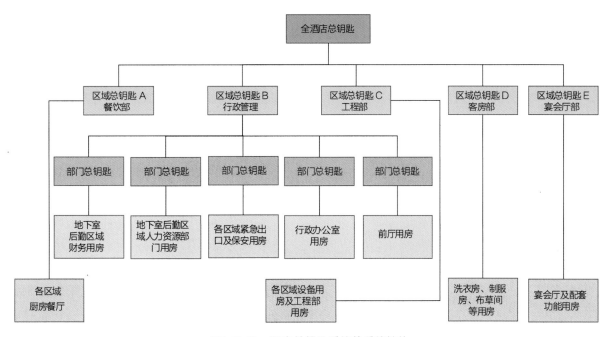

图2-19-33　酒店总钥匙系统的系统结构

第四节　酒店水疗SPA设备设计

四季酒店在主塔69层设有水疗中心（图2-19-34）。中心的男女更衣间内设有蒸汽浴房、桑拿浴房和冰泉浴房。中心共有标准理疗间6个，贵宾理疗间3个（图2-19-35）。每个理疗间均设有独立的蒸汽淋浴间，可供客人进行蒸汽浴、冷热水淋浴，贵宾理疗间还设有小型喷水按摩池。湿式理疗间设有维其浴系统。

一、蒸汽浴系统

蒸气浴是指在一间具有特殊结构的房屋里将蒸气加热，人在弥漫的蒸汽里沐浴。

常规蒸汽浴只用加热水来产生热量和蒸汽，本项目采用了新颖的技术方案：将高比例新鲜空气引入蒸汽混合物。这在蒸汽室内创造了一个理想的环境，在此环境下烫伤的危险减少，因为蒸汽会被新鲜空气冷却。

理疗间顶棚使用了游艇建筑所用的增强玻璃纤维合成材料，具有耐蒸汽和抗细菌特性，且易于清洁。此外，它在很大程度上有效地防止了顶棚上的水滴形成，避免了湿度渗透顶棚（图2-19-36）。

酒店水疗中心男女更衣室内的蒸汽浴房是不同的主题蒸汽浴房——水晶蒸汽浴（女）（图2-19-37）和草药蒸汽浴（男）。

图2-19-34　水疗中心

图2-19-35　贵宾理疗间

图2-19-36　蒸汽浴

宝石所释放的温和振动会对人体产生积极的影响，不同的宝石具有不同的功效，包括预防、呵护和治理。不同宝石的具体功效：紫水晶能减轻压力和神经紧张，缓解失眠头痛；石英能减轻疼痛和炎症，增强自信心，提升认知能力，刺激能量循环流动；玫瑰晶能增强内在平衡和安宁，缓解头痛、偏头痛和心脏病的困扰。

草药蒸汽浴是最受欢迎的传统蒸汽浴之一，通过在蒸汽中添加香精油（香水），可实现及提升整个房体内的清洁和保健作用，具有抚慰效用的芳香被用来提供不同的积极健康体验。

二、桑拿浴系统

桑拿浴起源于古罗马。随着科学技术的发展，人们将先进的科技运用于桑拿浴设备，从而使桑拿浴达到现代化水准。现代桑拿浴是由恒温控制电加热器将石头加热。桑拿浴室内气温较高，一般为60～80℃，甚至可达110℃，相对湿度较低，约为20%～40%。

三、维其浴系统

维其浴属于SPA水疗的项目之一，源自天然矿泉水丰富的法国小镇——维其镇，那里的温泉含有多种矿物质和微量元素。维其浴利用由上而下，类似下雨的柔性水柱对全身各部位做按摩。

维其浴水疗仪（图2-19-38）是维其浴的核心，上面共有7个花洒出水口，每个花洒均可旋转调节出水方向、水温和水量大小，而每一个出水口处皆含有大量的氧分子，淋洒于人体肌肤上，可达到放松神经、解除压力的效果。

维其浴可和相关的美体护理一起做。

水疗中心每个角落均能享受到悠扬的背景音乐，能让客人身心放松。但如若遇上火警，警报也能及时通知每个角落的客人进行疏散。蒸汽浴等理疗间内营造成一个温馨柔和的光环境，由于宾客会经常抬头看到顶棚，因此照明方式主要采用间接照明或光导纤维照明，此外排气孔、洒水喷头、烟雾探测器和其他面板都进行了隐蔽或者美化修饰。同时蒸汽浴等理疗间内均设有应急报警按钮，以便客人感到不适时报警，其报警信息反馈至水疗中心接待处。

图2-19-37　水晶蒸汽浴

图2-19-38　维其浴水疗仪

第五节　四季酒店洗衣房设计

一、设计概述

四季酒店洗衣房是遵循四季酒店设计标准和洗衣房顾问美国RND设计公司的《商用洗衣房设计、建筑工程设计指导手册》完成的设计，是基于四季酒店在亚洲的经验、业主方的意见与期望、四季酒店的要求、广州本地市场的竞争、目前与未来的趋势作出的。

四季酒店洗衣房位于地下室-2层。装修上综合考虑了使用功能、卫生防疫和造价等方面。洗衣房的地面材料采用300mm×300mm防滑砖，墙体材料为瓷片，所有裸露的墙角均安装塑料或不锈钢护墙防撞条，顶棚为黑色乳胶漆。

（一）洗衣房设备设计及设备选择的主要原则

（1）遵照国内消防安全、生产安全及环境保护等法规。

（2）遵照各功能区域面积合理分配原则：以人力及空间资源的合理利用为基础，保证整个操作区域紧凑而不拥挤，并留有调整发展的余地。

（3）遵照设备合理配置原则：选择高效率、高产能、节约能源的设备；选择节约场地、操作方便、经久耐用的设备。

（4）遵照人流与物流路线合理安排原则：保证工作流程的连续顺畅，使各区域操作独立且贯通。

（5）遵照良好的洗衣房工作场所原则：创造安全舒适、操作顺畅、设计先进合理的洗衣房工作环境。

（二）区域划分和操作流程说明

洗衣房区域严格按照功能进行划分，主要分为湿洗区和干洗区两个部分，其中湿洗区包括布草分类区、水洗区、烘干区、平烫折叠区、毛巾折叠区、干净布草存放区；干洗区包括打码区、干洗区、干洗夹熨区、工衣夹熨区等（图2-19-39）。洗衣房的具体操作流程为：

图2-19-39　洗衣房

1. 布草类

主塔楼客房部分的脏布草（指床单、被套等）由每层客房的污衣槽扔至位于67层的布草间集中收集后电梯运输统一运至B2层洗衣房，裙楼餐厅和宴会厅的布草直接运至B2层洗衣房，脏布草首先进入布草分类区进行分类称重，然后在水洗区进行水洗、烘干、折叠后进入干净布草存放间进行存放。

2. 客衣

客衣统一在干洗区进行洗涤，干洗区除了具备干洗功能以外还配备有一台小型水洗机和一台小型烘干机，洗衣房工作人员可以根据客人的要求选择不同的洗涤设备。客衣洗涤完毕以后在干洗夹熨区进行熨烫整理折叠，然后暂存在打码台上方。

3. 员工制服

酒店员工统一在制服房送洗和领取制服。洗衣房工作人员根据制服的洗涤方式进行分类，洗前进行预去污处理，再根据不同面料特性分别进行干洗或水洗。洗涤后的制服经过烘干或熨烫、打码后送至制服房检查制服的完成程度，包括纽扣、钩子、拉链等是否完好，如有破损，交由缝补工进行缝补，最后放置在衣服传送系统上供员工自助式领取。

二、洗衣房设备

四季酒店洗衣房主要设备的品牌型号及外观详见表2-19-21所列。其中洗衣机总容量为551kg，烘干机总容量为970磅（约440kg），干洗机容量为25kg，衣服传送系统的容量为1860件。

四季酒店洗衣房主要设备的品牌型号 表2-19-21

编号	产品描述	品牌	MODEL 型号	计量单位	数量	图片
1	洗衣脱水机	PRIMUS	FS120	台	4	
			FS55	台	1	
			FS16	台	1	
2	烘干机	CISSELL	CT170 GRD	台	4	
			CT120 GRD	台	2	
			CT050 GRD	台	1	

编号	产品描述	品牌	MODEL 型号	计量单位	数量	图片
3	毛巾折叠机	KANNEGIESSER	AFM18	台	1	
4	烫平机	KANNEGIESSER	SHN13-33-2	台	1	
5	折叠机+ 码堆机	KANNEGIESSER	CFM33-1- 20KR1/A （MONOSTACKER）	台	1	
6	干洗机 （多溶剂 系列）	FIRBIMATIC	L2125	台	1	
7	去渍机	PONY （鹏尼）	JOLLY-S	台	1	
8	万能夹机	FORENTA （福灵塔）	A53VL	台	1	
9	隧道式 烫衣机	COLMAC	CFS50	台	1	
10	衬衣身夹机	FORENTA （福灵塔）	A32VB	台	1	

编号	产品描述	品牌	MODEL 型号	计量单位	数量	图片
11	衬衣折叠机	FORENTA （福灵塔）	10MF	台	1	
12	领袖肩夹机	FORENTA （福灵塔）	392SCSY	台	1	
13	菌型夹机	FORENTA （福灵塔）	A19VS	台	1	
14	湿箱	FORENTA （福灵塔）	DPB	台	2	
15	抽湿机	REMA （雷马）	RPE-12	台	1	
16	人像机	PONY （鹏尼）	MG	台	1	
17	烫袖夹机	FORENTA （福灵塔）	77ASLS	台	1	

编号	产品描述	品牌	MODEL 型号	计量单位	数量	图片
18	免烫处理	FORENTA （福灵塔）	33PSVH	台	1	
19	裤腿夹机	FORENTA （福灵塔）	461SURMC	台	1	
20	裤管整形机	FORENTA （福灵塔）	421SURMC	台	1	
21	菌型夹机	FORENTA （福灵塔）	191SUMHC	台	1	
22	小型脱水机	WHIRLPOOL （惠尔浦）	WFS1065 CW	台	1	
23	小型脱水机	WHIRLPOOL （惠尔浦）	AWZ610D	台	1	
24	衣物传送系统（24小时无人值守）	SAGACITY （睿智）	600IE	组	1	
			700LE	组	1	
			560LE	组	1	

三、洗衣房机电设计

（一）给水排水设计

（1）为满足四季酒店对布草衣物的高品质洗涤要求，洗脱机的给水（包括冷水和热水）全部经软水器处理（担心水质会使布草发黄、发硬），处理后的水样监测结果显示，其软水硬度达到0.000mmol/L，符合四季标准。

（2）为满足环保的要求，洗脱机的排水经过位于-2层的降温池降温和本身多次清洗的水混合处理后排出室外。

（3）洗脱机后方设有排水沟，用于混合排走洗脱机的废水。排水沟内壁和盖板均为不锈钢材质，排水沟内靠近下水口处设有纤维滤网。

（二）暖通空调设计

（1）烘干机排风与洗衣房平时排风共用管道，由于烘干机排风温度较高，因此排风管采用保温材料进行隔热处理，有效预防了烫伤事故的发生。

（2）洗衣房的空调系统为风机盘管+新风系统，风机盘管的送风口位于操作区，有助于改善工作人员的工作环境，提高工作效率。

（3）由于洗衣房平烫折叠区湿度较大，送风口全部采用防结露风口。

（三）电气设计

由于洗衣房湿度较大，所有插座和电箱均采用防水性和气密性。

（四）压缩空气系统设计

大部分洗衣房设备的正常运作都离不开压缩空气，例如洗衣脱水机、毛巾折叠机、烫平机、夹机类设备、打码机等，故洗衣房配备了两台空压机，一备一用，确保压缩空气的不间断供应。

（五）蒸汽设计

蒸汽系统除经过汽水换热器换热后为洗衣房提供热水，还为洗衣房设备直接供应蒸汽，例如洗衣脱水机、烘干机、烫平机、夹机类设备等。

四、配套设施——污衣槽（收集客房布草）

污衣槽系统（图2-19-40）位于主塔楼67～98层位置，长度约为115m。污衣槽槽身用料为1.5mm厚SS304不锈钢。投物门和检修门均为甲级防火门，由投入口楼层开始隔两层安装一个消防喷淋头。其中在67层为污衣槽收集。

污衣槽为电动门自动关闭式，设有自动关闭缓冲装置，降低开关门发出的噪声。

每只投入门配置了机械锁及电锁，如投入门使用超时或关闭不当报警装置会发出警报，以提醒改正。

图2-19-40　污水槽系统

第一章　施工概述

第一节　工程基本情况

一、工程概况

国金项目位于广州市珠江新城（广州新城市中轴线），工程规模见表3-1-1所列。上部主体工程由中国建筑工程总公司、广州市建筑集团有限公司联合体总承包。工程开工日期为2005年12月26日，上部工程施工总承包工程开工日期为2007年3月1日，单位工程竣工日期为2012年9月30日，竣工验收备案日期为2012年10月31日，备案单位为广州市城乡建设委员会。

国金项目的建筑概况特征见表3-1-2所列。

<table>
<tr><td colspan="2" align="center">工程规模</td><td align="right">表3-1-1</td></tr>
<tr><td align="center">用地面积</td><td colspan="2" align="center">31084m²</td></tr>
<tr><td align="center">总建筑面积</td><td colspan="2">452863m²</td></tr>
<tr><td align="center">工程总造价</td><td colspan="2">75亿</td></tr>
<tr><td align="center">总高度</td><td colspan="2">440.75m</td></tr>
<tr><td rowspan="3" align="center">主塔楼</td><td colspan="2">地上103层</td></tr>
<tr><td colspan="2">高440.75m</td></tr>
<tr><td colspan="2">24.6万m²</td></tr>
<tr><td rowspan="3" align="center">附楼</td><td colspan="2">地上28层</td></tr>
<tr><td colspan="2">高99.8m</td></tr>
<tr><td colspan="2">5万m²</td></tr>
<tr><td rowspan="3" align="center">裙楼</td><td colspan="2">地上5层</td></tr>
<tr><td colspan="2">高24m</td></tr>
<tr><td colspan="2">4万m²</td></tr>
<tr><td rowspan="3" align="center">地下室</td><td colspan="2">地下4层（局部5层）</td></tr>
<tr><td colspan="2">深28m</td></tr>
<tr><td colspan="2">11万m²</td></tr>
</table>

建筑面积	总面积	452863m²	建筑层高	地下室	3.6/3.4/3.6/8.4m
	地下室	111468m²		裙楼	4.8m
	主塔楼	246097m²		套间式办公楼	5.4/3.2m
	裙楼	40429m²		主塔楼	4.5/3.375m
	套间式办公楼	50377m²	建筑高度	裙楼	25m（结构标高24m）
建筑层数	地下室	4层（局部增加夹层一层）		套间式办公楼	99.8m
	裙楼	5层		主塔楼	440.75m
	套间式办公楼	28层	防水等级	地下室	I级
	主塔楼	103层		裙楼	I级
抗震设防烈度		七度（抗震措施按八度）		套间式办公楼	II级
建筑工程等级		一级		主塔楼	I级
建筑耐火等级		一类一级			
建筑高程		设计标高±相当于广州珠江高程+9.000m			
设计使用年限		主塔楼部分			100年
		套间式办公楼、裙楼及地下室部分			50年
套间式办公楼办公套数		344			
主塔楼使用功能		智能化超甲级写字楼（1～66层）、白金五星级酒店（67～103层）			
地下停车场停车数		1739			

二、项目的建设目标

（一）总目标

国金项目建设的总目标是建成一流的工程、优质的工程、安全的工程、环保绿色的工程、有着世纪品牌的经典工程，实现广东省、广州市优良样板工程奖、中国建筑工程鲁班奖、广州市安全文明样板工地，在科技创新上实现詹天佑奖、国家科技进步奖、国家发明奖。建成后的国金项目将成为广州国际商务首席交流平台及展示广州城市新形象的地标建筑。

（二）主体工程部分实施目标

（1）主体部分工期目标：争创世界同类结构工程施工的最快速度，2007年3月1日上部总包工程开工，确保在2008年12月31日主塔结构封顶，2009年7月30日主塔幕墙封顶，在2年9个月完成总承包范围内的主体工程。

（2）质量目标：总目标是争创中国建筑工程最高质量奖——鲁班奖。阶段目标是工程施工过程中，施工质量满足国家法律法规、现行标准规范及广州市相关标准规定要求，满足招标文件和图纸要求。工程获广州市建设项目结构优良样板工程奖、广州市优良样板工程奖、广州市"五羊杯"、广东省优良样板工程奖和中国建筑工程鲁班奖。

（3）安全目标：责任事故死亡率为零，确保无重大事故，工伤频率控制在广州市建筑施工安全管理法规规定的指标要求范围内。

（4）科技目标：在科技创新上，争创詹天佑奖、国家科技进步奖和国家发明奖。

（5）文明施工管理目标：确保项目荣获广州市安全文明样板工地称号。

（6）环境管理目标：确保项目无重大环境污染事故。

第二节　国金项目施工的主要特点

一、工程量巨大、工期短

国金项目包括4万多吨钢结构、17万m³混凝土、72部电梯安装、6亿合同额的机电工程、8.9万m²玻璃幕墙铺挂、45万m²共108个结构层的主体结构等。总工期要求平均3.5天一层，是世界上同类结构工程中工期最紧的工程之一。

二、结构复杂、技术难度大

主塔楼核心筒结构沿竖向复杂多变。外筒钢结构为30根直径由底部1800m渐变为800mm的大直径厚壁钢管柱构成的斜交网格体系。主塔楼部分有103个结构层、1.73万个钢构件、17.35万m³超高性能混凝土。

技术要求高、施工工艺非常复杂。其中，巨型超高斜交网格钢管柱制作与安装、复杂多变混凝土核心筒多功能整体提升模板、高性能混凝土超高泵送等均为世界级施工难题。

三、施工场地狭小、专业分包单位多、总包协调困难、安全防护难度大

国金项目占地面积约30000m²，施工场地狭小（图3-1-1、图3-1-2）；联合体总包项目部、工程分包、专业分包、业主指定分包及业主直接分包等多种模式并存，总包协调困难，安全防护难度大。

图3-1-1　施工现场与周围环境（1）　　　　图3-1-2　施工现场与周围环境（2）

第三节　项目总体施工部署及施工流程

一、总体施工部署

（一）施工总体分析

国金工程包括4层地下室、5层裙楼、附楼和主塔楼四大部分，根据设计图纸及招标文件要求：主塔楼部

分的工程量非常巨大（103个结构层、1.73万个钢构件、17.35万m³混凝土）；工期要求非常紧张（主体结构施工要求为640天）；施工工艺非常复杂（外框钢柱的加工与焊接、核心筒竖向构件的变化施工、各工种的穿插协调）；因此施工过程中对主塔楼的工艺选择、资源保证、工期控制及各工种工序协调和安全性将是本工程施工控制的重中之重。

（二）施工总体思路

施工安排主塔楼和附楼同时施工，突出主塔楼结构为主线，混凝土结构和钢结构协调同步进行，互为依托，相互配合、穿插。选择先进的施工工艺（外框斜交网格柱逐节吊装、整环校正；核心筒可调节多功能提模工艺；钢管柱准高抛加人工振捣），投入充足、先进的机械设备（三台爬升式M900D塔吊及11台高速施工电梯保证人料垂直运输；三台高压HBT90CH混凝土输送泵保证混凝土的超高泵送），配备精干高效的管理及施工队伍，在保证主塔结构的同时协调管理各工种及时插入（机电安装在主塔结构施工完19层后插入，分段跟进；幕墙在主塔结构施工完36层后插入，逐层向上；内装饰在施工完45层后插入），通过合理的工序安排保证各个工期节点。

为保证上述施工安排，项目成立了联合体直管的梯次管理机构，以便于充分发挥联合体各方优势，做好项目施工的全面保障工作，完善总包管理体系，对项目的工期协调、资源调配、管理流程等作好明确的规定，避免因管理的失误导致工期的延误。

二、施工区段的划分与部署

（一）±0.000以下结构施工区域划分及部署

2007年1月31日上部结构总包进场后，由于恰逢春节前夕，工程进行前期准备工作，于2007年3月1日正式开工，为保证工程的整体工期，延误部分计划在第一个工期控制点内抢回来，因此地下结构全面展开，核心筒结构同步进行，外框钢结构第一节直管段随土建结构的进度逐层进行。根据后浇带划分为图3-1-3所示的施工段，安排三个施工队同步展开进行。

（二）裙楼和附楼施工区域的划分及部署

±0.000结构以后随即进行裙楼的施工。裙楼与附楼根据附楼区域平面划分为两个区域同步展开施工，逐层向上，裙楼于2007年7月2日结构封顶，附楼于2007年12月15日结构封顶。附楼结构施工至15层后，开始穿插地下室机电安装施工；附楼精装饰由上向下施工，最后进行裙楼精装饰、机电系统调试及装饰收尾。附楼于2009年2月25日竣工。

（三）主塔楼结构施工顺序

主塔楼结构施工顺序如图3-1-4所示。

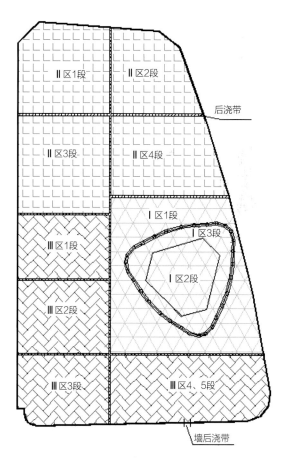

图3-1-3 根据后浇带划分的施工段

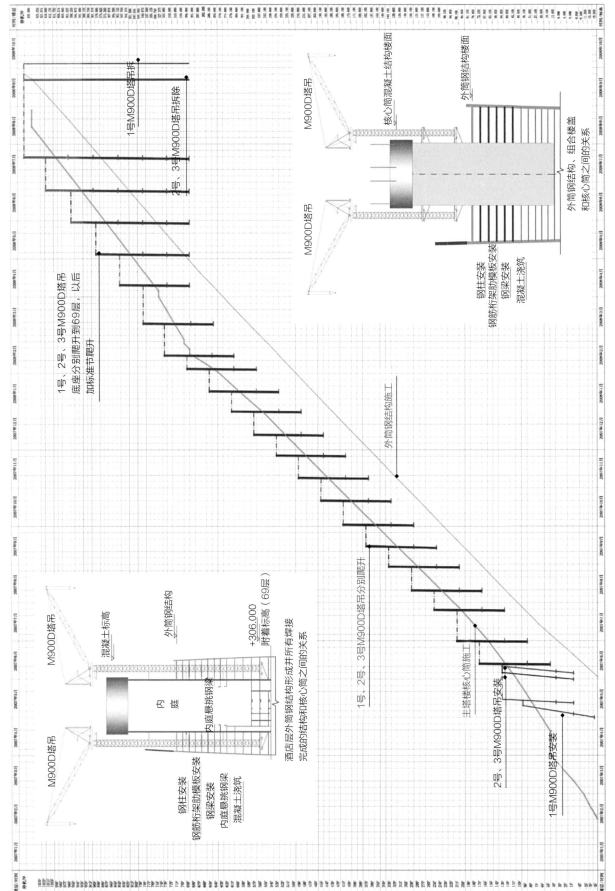

图3-1-4　主塔楼塔吊爬升顺序

三、主体工程施工流程

国金项目的主体工程施工流程如图3-1-5所示。

四、典型施工流程

国金项目的典型施工流程和关键工期节点安排如图3-1-6所示。

工况1：工程开工。

（1）工程基础底板已由前期施工单位完成。

（2）2007年3月1日工程正式开工。

（3）扩标段由前期施工单位正在施工（扩标段为红色区域地下结构部分）。

工况2：地下室全面展开施工，核心筒同步进行，第一节外框钢管柱直段随楼层进度逐层吊装，至2007年5月15日地下结构封顶，5月底开始安装提模和M900D塔吊，裙楼持续向上施工。

工况3：1号M900D塔吊安装完后开始外筒钢结构第一节节点安装，2号、3号M900D塔吊于2007年6月8日开始安装。

工况4：2007年7月2日裙楼结构封顶，钢外筒施工到第2区域，核心筒墙体8层施工完成。

工况5：2007年8月11日开始主塔楼区域4钢结构施工，核心筒施工至24层；开始穿插主塔楼第7层预应力张拉施工和主塔楼幕墙龙骨安装。

工况6：2007年10月6日主塔楼机电设备开始穿插施工，此时，区域6钢结构施工完成，核心筒施工至28层墙体。2007年11月4日，25层楼盖板以下结构完成。

工况7：2007年12月5日附属办公楼结构封顶，此时主塔楼钢结构施工至区域8，核心筒施工至50层墙体。

工况8：2007年12月28日，主塔楼4层以上玻璃幕墙开始穿插施工，此时钢结构开始施工第9区域，核心筒壁施工至55层墙体。

工况9：2008年2月1日，主塔楼49层楼盖板以下结构完成。

工况10：2008年2月22日，核心筒提模改装及69层墙体完成，此时钢结构第10区域施工完成。

工况11：核心筒至76层墙体，3台M900D塔吊停止自爬升，改为外附式。

工况12：主塔楼钢结构施工至13区域，主塔楼施工电梯开始拆除，正式电梯提前开始安装。

工况13：2008年6月19日主塔楼73层楼盖板施工完成，钢结构进行第14区域施工。

工况14：2008年8月13日，核心筒结构封顶并拆除提模装置。

工况15：2008年9月12日主塔楼楼层钢梁安装完成，2号M900D塔吊拆除；2008年9月16日3号M900D塔吊拆除。

工况16：2008年9月26日停机坪安装完成，主塔楼结构封顶；开始1号M900D塔吊拆除。

工况17：2008年12月24日主塔楼68层以下机电安装配合施工完成；主塔楼玻璃幕墙安装至85层。

工况18：2009年2月25日附属办公楼结构竣工；主塔楼玻璃幕墙施工至95层，室内精装饰施工至84层。

工况19：2009年5月14日，主塔楼玻璃幕墙安装完成，室内精装饰施工至97层。

工况20：2009年10月28日主塔楼主体完工。

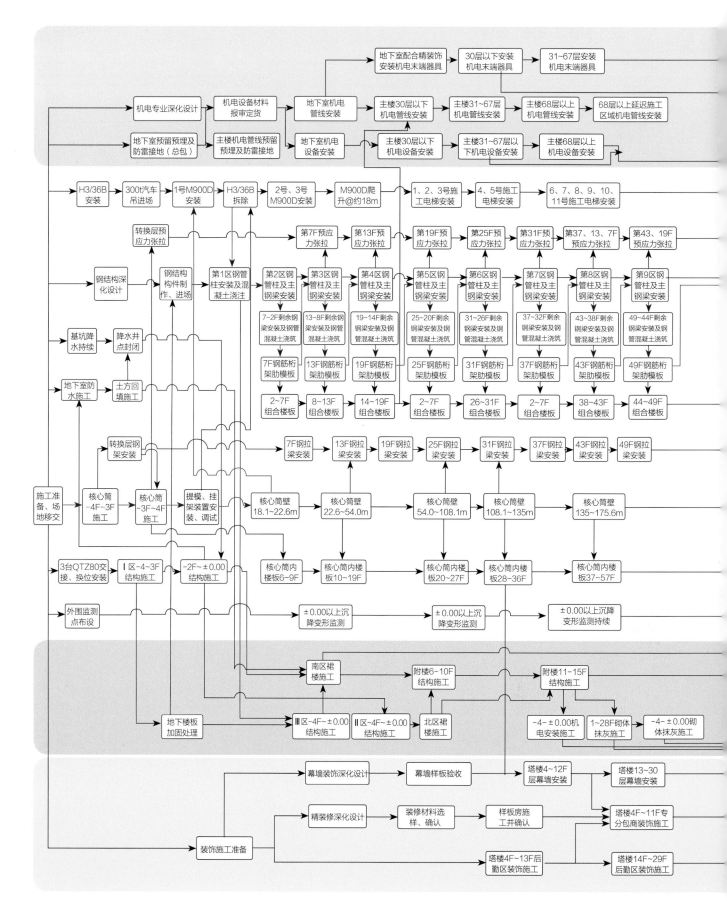

图3-1-5　国金项目的主塔结构施工流程

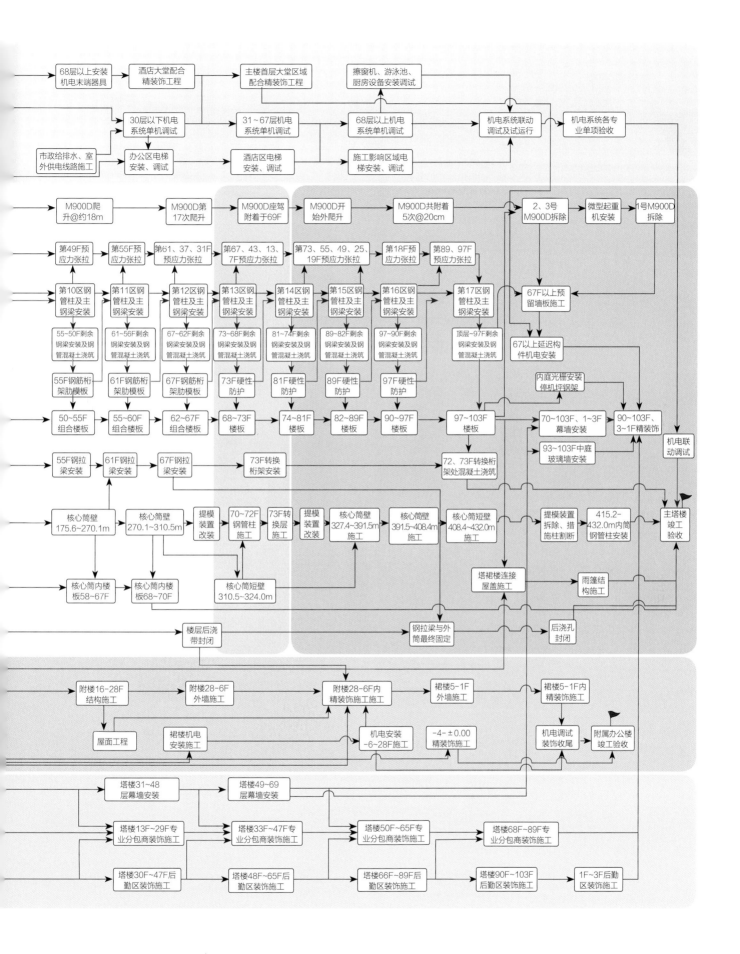

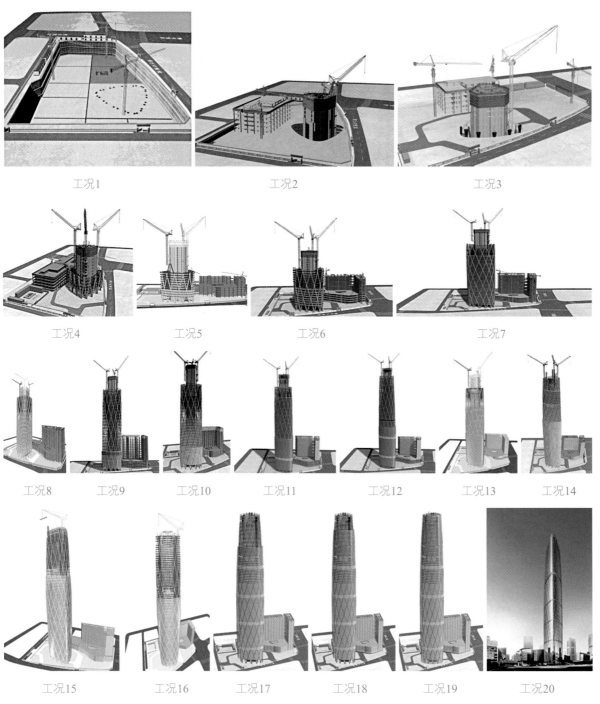

工况1　　　　　　　　　　工况2　　　　　　　　　　工况3

工况4　　　　　　工况5　　　　　　工况6　　　　　　工况7

工况8　　　工况9　　　工况10　　　工况11　　　工况12　　　工况13　　　工况14

工况15　　　　　工况16　　　　　工况17　　　　　工况18　　　　　工况19　　　　　工况20

图3-1-6　典型施工流程和关键施工节点安排

第四节　项目进度计划

一、合同要求工期控制点

国金工程的合同要求工期控制点见表3-1-3所列。

序号	工作内容	要求完成时间
1	工程开工	2007年1月31日
地下室及裙楼、套间式办公楼部分		
2	除主塔楼外，地下室至±0.000	2007年5月20日
3	套间式办公楼结构封顶	2007年12月15日
4	主体竣工日期	2009年3月3日
主塔楼		
5	25层及以下主体结构施工完成	2007年10月15日
6	49层及以下主体结构施工完成	2008年2月25日
7	73层及以下主体结构施工完成	2008年7月5日
8	主塔楼结构封顶	2008年12月15日
9	主体工程竣工日期	2009年11月3日

二、项目实施进度计划

根据合同要求工期控制点，将整个工程分解为如下几部分进行控制：地下室施工、裙楼施工、套间式办公楼施工、主塔楼核心筒施工、主塔楼钢结构施工、主塔楼机电施工、主塔楼幕墙与装饰施工。

以确保每个工期控制点为原则，合理安排每一部分的插入时间及工序、工期安排，编制工程总体进度计划，通过各个工序控制每道分项工程的工期，进而控制各分部及单位工程的工期。项目的节点工期见表3-1-4所列。

国金项目的主体工程节点工期　　　　　　　　表3-1-4

序号	第一期工程形象进度	完成时间（天）	开始时间	结束时间
1	总工期	762	2007.01.26	2009.02.25
2	工程开工	1	2007.01.26	2007.01.26
3	地下室结构	110	2007.01.26	2007.05.15
4	裙楼结构	83	2007.04.10	2007.07.02
5	套间式办公楼结构	156	2007.07.03	2007.12.05
6	幕墙施工	162	2008.02.13	2008.07.23
7	机电安装、调试	532	2007.09.02	2009.02.15
8	竣工验收	10	2009.02.16	2009.02.25
序号	第二期工程形象进度	完成时间（天）	开始时间	结束时间
1	总工期	1007	2007.01.26	2009.10.28
2	工程开工	1	2007.01.26	2007.01.26
3	核心筒施工完地上5层	63	2007.01.26	2007.03.30
4	提模装置安装、调试	20	2007.03.31	2007.04.19
5	钢结构材料进场	502	2007.04.06	2008.08.19
6	1号M900D塔吊安装	9	2007.05.01	2007.05.09
7	2号、3号M900D塔吊安装	9	2007.06.01	2007.06.09
8	25层以下主体结构	262	2007.01.26	2007.10.15
9	49层以下主体结构	377	2007.01.26	2008.02.06
10	73层以下主体结构	511	2007.01.26	2008.06.19
11	核心筒壁封顶	1	2008.08.13	2008.08.13

序号	第二期工程形象进度	完成时间（天）	开始时间	结束时间
12	主体结构封顶	1	2008.09.26	2008.09.26
13	玻璃幕墙施工	504	2007.12.28	2009.05.14
14	机电安装施工	683	2007.10.07	2009.08.31
15	室内精装饰施工	560	2008.02.07	2009.08.20
16	机电调试、装饰收尾验收	55	2009.09.01	2009.10.14
17	竣工验收	14	2009.10.15	2009.10.28

第五节　施工管理目标及措施

一、施工主要管理目标

在项目施工过程中，总包联合体确定了进度、质量、安全、科技、成本等各项管理目标。参见本章第一节。

二、施工管理措施

总包联合体组织编制了《项目管理大纲》，明确了各部门及各岗位的职责，并对材料设备、财务资金、质量安全、总包协调、行政后勤等制定了相应的管理流程，建立了一整套覆盖各个专业的项目管理体系。

（一）进度管理措施

根据工期目标要求，项目部根据合同要求的工期控制点，编制工程总体进度计划，通过各个工序控制每一道分项工程的工期，进而控制各分部及单位工程的工期。项目工期平均3.5天一层，是世界上同类结构工程中工期最紧的工程之一。对此，项目部一是合理安排总计划，并采用4D进度管理系统，直观控制现场进度；二是制定详细的技术方案，确保先进可行；三是配备先进的机械设备，包括3台M900D塔吊，10部高速变频施工电梯，3台超高压混凝土输送泵（1台备用），多功能整体顶升模板系统等；四是加强总包管理与协调，做到以日保周、以周保月。

（二）质量管理措施

项目部先后编制了《项目施工总承包创鲁班奖策划书》、《土建创优主要质量措施》、《钢结构工程安装创优方案》、《幕墙工程创优策划方案》等文件，建立健全了质量管理体系。为了达到质量管理目标，项目部还编制了一系列施工质量验收标准。同时，加强过程控制，确保"过程精品"。

（三）安全与文明施工管理措施

项目部建立了完善的安全生产制度，推行了"3E"安全管理模式，认真落实安全生产措施，全面推行安全科学管理，成套运用安全防护措施，保证了国金项目又好又快地进行建设。项目还通过宣传、教育、培训等方式，强化各级人员的安全生产意识。通过监督检查与奖罚落实各项安全生产措施。通过各种演练落实安全生产应急措施。

（四）成本和资金管理措施

项目按年度和阶段编制项目预算，并与各部门签订《部门目标管理责任书》，将各项成本指标分解落实，定期组织进行经济活动分析，查找原因、制定改进措施。

（五）总包管理和协调

建立进度管理网络系统，监督检查落实。及时调整平面场地，并分区管理，建立严格的使用申请制度，确保塔吊、电梯的高效使用。根据项目生产、生活需要，合理设置现场临时水电接驳点形成环网，保证24小时不间断供水供电。合理划分各专业各工序之间的工作界面，加强协调管理，确保立体交叉作业有序进行（图3-1-7）。

说明：本章所提及的工程计划是总承包联合体在工程施工初期编制的计划，项目实际的整体实施计划详见第一篇第七章。

图3-1-7　施工现场与周围环境（3）

第二章 核心筒整体提升模板体系

超高层混凝土结构施工中，模板体系是整个项目施工的关键环节，也是可以通过施工措施优化提速的关键。传统的爬模、滑模、提模工艺在此环节上进行了很多的创新，随着建筑高度的不断刷新，建筑功能多元化要求，使结构越来越复杂；同时，业主对工期的要求越来越紧，上述三种工艺已不能完全满足工期紧、结构形式变化复杂的施工要求，研究一种新的模板体系成为客观需要。

对此，项目研发出第四种工艺——顶模工艺，并发明了支持该工艺的"智能化整体顶升工作平台及模架体系"（图3-2-1、图3-2-2），通过"主受力体系高空不变、模架体系高空易调"的设计理念和"平面最少支撑点数、低位支撑、长行程、智能化控制、空间三维可调模架"五大创新点，实现了安全、快速、适应性强的施工需求。

第一节 施工分析

一、工程设计特点分析

国金工程核心筒竖向构件主要存在以下特点：

（1）总高度达432m（不包括停机坪）。

（2）核心筒外壁截面沿竖向逐步收小，变化时外墙外侧向内收。

（3）核心筒内壁截面沿竖向逐步收小，为一侧变化收小。

（4）部分墙体到66层以后逐步收掉。

（5）核心筒外壁每6层（即外框钢柱节点层）设置有环形暗梁，暗梁配筋很密，暗梁内设置有环形钢梁与外框钢结构连接。

（6）节点层核心筒外壁设有钢牛腿，伸出墙面500~800mm。

（7）核心筒沿竖向存在混凝土结构与钢结构的相互转换。

（8）核心筒70层以后内墙全部收掉。

（9）核心筒三面长墙在73层以上变为弧墙，并向内倾斜，93层以上弧墙向外倾斜。

（10）核心筒82层后三面短墙内设置有

图3-2-1 智能化整体提升模板体系（1）

图3-2-2 智能化整体提升模板体系（2）

内挑梁板体系与弧墙拉结，该部位需要与核心筒墙体结构同步向上施工。

二、施工特点分析

核心筒模板施工需满足以下条件：

（1）满足超高层施工自身的安全性。

（2）满足核心筒沿竖向截面不断变化的要求。

（3）避免节点层钢拉梁牛腿的影响。

（4）满足核心筒70层上下结构平面形式变化很大的要求，并满足施工措施高空改装作业的安全性和可操作性。

（5）塔吊以服务钢结构为主，核心筒作业需要尽量减少对塔吊的依赖。

（6）核心筒施工进度需要满足钢结构施工的流水节拍。

（7）模板选择需要满足便于安装、拆卸以及混凝土浇筑质量的保证，并能保证周转使用的次数以及周转时转运方便。

三、施工方法选择

通过对各模板体系的比较，选择提模进行施工。该方法具有如下优点：

（1）提模系统可形成一个封闭、安全的作业空间。

（2）整个平台和模板通过液压顶升系统完全自爬升，减少了施工过程中对塔吊的依赖，减少了对其他工种的影响，减少了人工作业，对整体工期极为有利。

（3）可实现变截面处的模板系统提升。

（4）使用支撑点少（三根钢柱支撑，便于控制整个平台的同步提升），对于支撑系统和平台，做局部修改即可运用于70层以上的核心筒施工。

（5）模板采用定型大钢模板辅助活动铰接角模机构和钢骨架木面板补偿模板，可以便于模板收分及拆装。

四、国金项目对模板体系的要求

根据上述工程特点及施工的要求，国金项目提模系统的设计要求见表3-2-1所列。

国金项目提模系统的设计要求   表3-2-1

序号	施工要求	提模系统设计要求
1	超高层结构施工	提模系统仍按照常规提模施工方法分钢平台、顶升系统、挂架、支撑钢柱及模板系统五部分设计，各部分均需满足超高层施工的安全、快捷的要求及自身强度、刚度等性能要求
2	核心筒上下结构形式差别较大，73层上下核心筒除三面短墙垂直不变以外，其余平面定位尺寸均有较大变化	以73层以上核心筒墙体平面定位为基准，设计本工程提模系统钢平台主要骨架，由于跨度较大，并且要尽量减轻平台重量，主要采用桁架式钢梁。 在上述骨架基础上进行扩展，设计73层以下提模系统的钢平台，这样可以保证整个提模系统在施工至73层时只通过局部改动可达到继续向上施工的要求
3	由于上述变化，挂架系统需要达到满足直墙变弧墙、弧墙倾斜的施工要求	三面长墙部位设置垂直墙面方向的吊架梁，兼做吊架的滑动轨道，三面长墙部位挂架立杆之间采用可相对水平运动的铰接接头，这样可通过挂架的滑动达到直墙变弧墙、弧墙倾斜的施工要求
4	72层以下节点层核心筒外壁周圈设有钢拉梁，主梁位置留设牛腿，牛腿突出墙面600~800mm不等	根据"钢拉梁牛腿连接主钢梁平面投影叠加图"确定影响提升架提升的范围，此范围内挂架内排横杆设计为简易活动的形式，确保整个提模系统顺利通过节点层施工。 模板施工时，牛腿区域模板采用单独设计制作的异型大钢模板，牛腿部位开口

序号	施工要求	提模系统设计要求
5	72层以上同样利用相同部位的短墙作为支撑点，但需要改变支撑形式	70层以上采用埋设在短墙内的螺杆连接可拆卸钢牛腿来支撑油缸，油缸顶升支撑钢柱向上爬升
6	72层以上核心筒竖向构件先行施工，跟进施工的水平构件较少	提模系统内人员通道、安全疏散通道以及电梯通道的设置需要同时满足上下两种提模系统施工时的人员通道的顺畅
7	斜墙部位，挂架与墙体之间的关系	挂架始终保持竖直，挂架与墙体之间的缝隙采用特制的可以伸缩（伸缩范围为两层倾斜量）的兜底防护悬挑封闭，挂架每两层移动一次，这样既可以满足高空施工安全的要求，又可以尽量减少高空系统变更工作量。 转角部位设置专门机构，提升时断开，提升就位后临时连接，保证施工过程中架体的安全性能要求
8	倾斜弧墙模板存在水平分力，支模时上口需要定位固定	设置专门机构（简易装置，便于每层安装和拆除），利用钢平台，在模板吊装就位后，对其上口进行临时锁口固定
9	82层以上，倾斜弧墙与三面短支墙连接梁板结构需要随核心筒同步施工	三面短墙内吊架取消，改为搭设悬挑架（落至70层顶附加的钢桁架上）
10	三部M900D塔吊69层以上改为外附式，相应部位的墙、板施工均有影响	核心筒69层以上三面短支墙外凸槽形墙及塔吊占位部位的楼盖均后做，等顶部钢结构安装完成并拆除完塔吊后，逐层向上补做，施工方法为翻模施工

第二节　整体提升模板系统原理与设计

一、整体提升模板系统原理

国金工程提模系统由桁架钢平台、圆管支撑钢柱（三个）、长行程（5m）高能力（300t）液压千斤顶、定型大钢模板和可调节移动式挂架组成。

千斤顶一次性顶升一层高度，通过支撑圆管支撑钢柱顶升平台，进而带动模板和挂架整体提升，整个过程最大限度地降低了人工作业量，加快了施工功效，降低了人工作业的强度和安全风险。

66层以下在核心筒内壁设置预留洞，支撑大钢梁通过两端的伸缩机构支撑在核心筒预留洞处，支撑钢管柱及液压千斤顶分别固死在上下两道支撑大钢梁上，利用双向千斤顶的顶升与回收动作实现整个提模系统的自爬升。

66层以上，上下支撑；两边墙体收掉，利用在短面墙上设置支撑牛腿，作为上下支撑的端部支撑。

一个标准施工流程如图3-2-3所示，见表3-2-2所列。

标准施工流程说明　　　　　　　　　　　　　　　　　表3-2-2

序号	状态	描述
1	原始状态	下层混凝土浇筑完毕，上下支撑距离4.5m，平台下部留空5.5m（钢筋绑扎作业面）
2	钢筋绑扎	开始上层钢筋绑扎，同时等候下层混凝土到强度后拆除模板
3	顶升状态	上支撑钢梁端部伸缩机构回收，下支撑固定不动，油缸顶升4.5m后上支撑钢梁端部伸缩机构推出，固定在上层墙体预留洞处。 顶升过程中模板随钢平台同步升高一层，避免材料人工周转
4	提升状态	上支撑固定不动，下支撑钢梁端部伸缩机构回收，油缸回收4.5m，提动下支撑至上一层墙体预留洞部位固定
5	模板支设	模板利用设置在钢平台下的导轨滑动至墙面，进行模板支设作业
6	浇筑混凝土	浇筑混凝土后回到原始状态，完成一个标准流程，持续向上

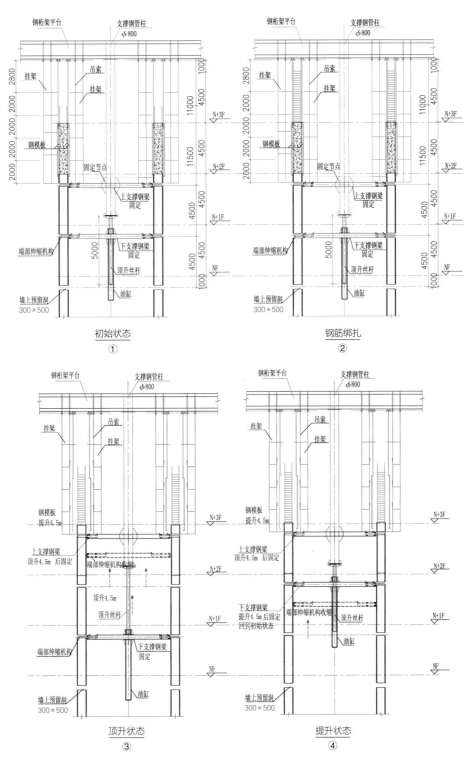

图3-2-3　标准施工流程

二、整体提升模板系统设计

（一）系统组成

1. 系统功能分区

66层以下提模系统平面及竖向功能分区示意图分别如图3-2-4和图3-2-5所示，66层以上提模系统平面功能分区示意图如图3-2-6所示。

　　钢平台上满铺走道板，用做楼层钢筋堆放、钢筋二次转运，氧气、乙炔瓶堆放、临时电箱接驳、中央数据控制、垃圾集中、移动厕所、楼层用水、消防器材、电梯通道、安全疏散通道入口等。

　　挂架上部两步为钢筋绑扎操作架，模板支设操作架；挂架第三步为钢筋绑扎、模板支设与拆除、模板面板清理的操作架；挂架第四步为模板拆除操作架；挂架第五步为提模系统兜底防护，其兼做模板拆除、模板清理的操作架。

　　材料堆放与作业层分开，有效地解决了作业面空间狭小的问题，并且便于保证文明施工。

　　钢平台下始终留空一层，这样可以保证施工的持续性，混凝土浇筑完成后，上层钢筋工程即可以开始，钢筋绑扎的时间即为等下层混凝土强度和模板拆除的时间，有效地保证了核心筒整体施工进度。

　　2. 钢平台

　　钢平台的构造图如图3-2-7所示，其说明见表3-2-3所列。

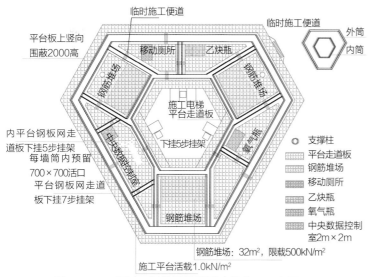

图3-2-4　66层以下提模系统平面功能分区示意图

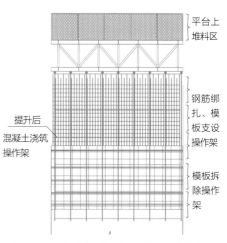

图3-2-5　66层以下提模系统竖向功能分区示意图

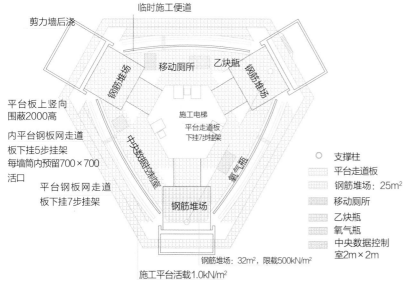

图3-2-6　66层以上提模系统平面功能分区示意图

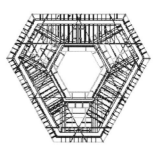

图3-2-7　钢平台的构造图

序号	构件名称	构造说明	主要功能
1	一级桁架	上下弦为346mm×174mm×6mm×9mm的H型钢，腹杆为120mm×5mm的方钢管，三个支撑节点临边四跨内腹杆为120mm×6mm的方钢管	钢平台主要承力骨架
2	二级桁架	上下弦为298mm×149mm×5.5mm×8mm的H型钢，腹杆为120mm×5mm的方钢管	吊架、模板荷载主承力构件
3	三级桁架	上下弦为200mm×100mm×5.5mm×8mm的H型钢，腹杆为100mm×4mm方钢管	吊架荷载主承力构件
4	吊架梁	200mm×100mm×5.5mm×8mm的H型钢	挂在钢桁架下弦，作为吊架的直接承力构件
5	小次梁	200mm×100mm×5.5mm×8mm的H型钢	连接在桁架上弦，作为主桁架的平面外约束并作为平台上走道的骨架
6	模板导轨	200mm×100mm×5.5mm×8mm的H型钢	挂在钢桁架下弦，作为模板的直接承力构件

3. 支撑系统

支撑系统的构成图如图3-2-8所示，其说明见表3-2-4所列，上支撑节点和下支撑节点大样示意图分别如图3-2-9和图3-2-10所示。

支撑系统的构成及其做法 表3-2-4

构件	做法
支撑钢柱	ϕ900×20mm钢管柱从油缸活塞杆顶至钢平台顶，材质Q345
支撑箱梁	300mm×700mm箱形梁（上下弦板为24mm厚钢板，腹板为16mm厚钢板焊接）端部设置伸缩油缸带动200mm×400mm伸缩钢梁
伸缩油缸	上下支撑两端各设置一个小伸缩油缸，顶升力6t，行程550mm，推动或拉动两边伸缩牛腿的进出
可调节导轮	伸出钢梁端部50mm，距离墙面50mm，防止支撑系统侧向位移过大

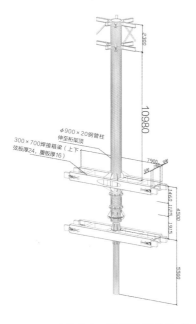

图3-2-8 支撑系统的构成

图3-2-9 上支撑节点大样示意图

图3-2-10 下支撑节点大样示意图

4. 顶升系统

（1）液压油缸。液压油缸的性能要求为：顶升压力，300t；顶升有效行程，5000mm；顶升速度，100mm/min；油缸内径，400mm；活塞杆直径，300mm；自锁功能；活塞杆顶头与支撑钢柱之间连接采用刚性接头。

（2）同步控制系统。液压系统利用同步控制方式：通过液压系统伺服机构调节控制3个液压油缸的流量，从而达到3个油缸的同步顶升要求；同步顶升高度误差控制在10mm范围内；每个油缸位置设置监视摄像头，通过监视系统观察每个支撑钢管柱及油缸的顶升情况。具体系统油路的布置、集中控制室的设置、安全操作平台的设置及油缸与支撑钢梁、油缸与支撑钢柱的接头节点设计详见油缸专项设计方案（图3-2-11）。

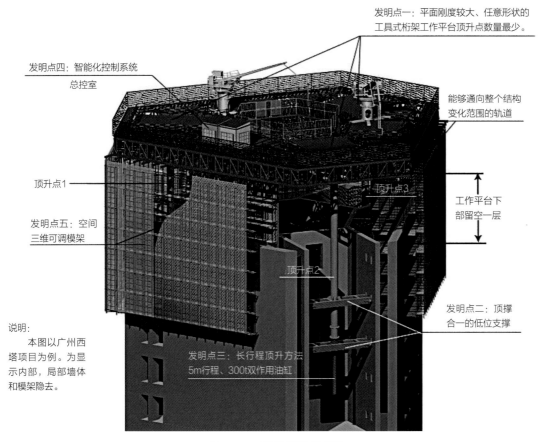

图3-2-11　顶升系统示意图

5. 模板系统

（1）配模原则。按照2400mm×4700mm为标准进行配置，尽可能多地配置标准模板，便于工厂加工；墙体两边模板基本错开向对应，对拉螺杆位置需考虑墙体变截面时大面不受影响；配模从边角开始，分区域进行配置；分标准模板、非标准不变模板、角模和补偿模板进行配置，其中补偿模板采用角钢骨架+木面板的形式，避免因墙体变化引起的钢模板的浪费；模板需要便于安装和拆卸以及模板表面的清理。

（2）配模平面。配模平面布置图如图3-2-12所示。本工程模板配置主要包括标准模板（2400mm×4700mm）、非标准模板（根据配模尺寸补偿标准模板区域以外的尺寸）、可调节木模（墙体变截面部位调节因墙体厚度变化引起的配模尺寸的调整）、活动铰接角模（锐角部位和空间比较狭小的部位）和固定角模。表3-2-5为大钢模板主要做法说明，图3-2-13和图3-2-14分别为标准模板加工图和补偿模板平面示意图。

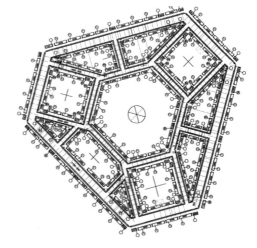

图3-2-12　配模平面布置图

序号	部件	做法
1	模板面板	5mm厚钢板，材质Q235
2	模板小横肋	5mm厚扁铁，宽70mm，间距400mm
3	模板边肋	8mm厚扁铁，宽70mm
4	竖肋	30mm×70mm×3mm方钢管，间距400mm
5	大背楞	[14a双槽钢，间距900mm

6. 吊架及围护系统

吊架系统利用钢平台下挂设的吊架梁作为吊架的吊点及滑动轨道，挂设5步（筒内）或7步（筒外）架子。

内立杆以内设置500mm翻板装置，便于模板拆除后退开面板清理的作业空间；吊架悬空立面均采用直径1.5mm，网眼不大于10mm的钢板网封闭；平台上四周钢板网封闭，其余临边部位设置900mm高钢管栏杆。

三面长墙部位外吊架为可调节机构，可以由直线滑动成弧线。

（二）特殊节点

1. 柱头节点

柱头节点示意图如图3-2-15所示。

2. 挂架铰接接头节点

三面长墙部位在70层以上墙体变为倾斜弧墙，挂架需要沿导轨滑动，由直线变为折线形，因此挂架立杆与大横杆之间需要采用可允许相对水平转动的铰接接头，满足架体变动的需要，相应螺栓孔做成椭圆形，调整

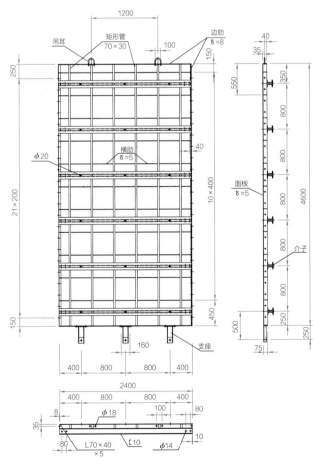

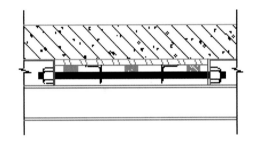

图3-2-14　补偿模板平面示意图

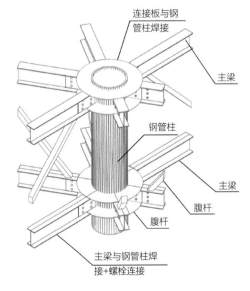

图3-2-13　标准模板加工图

图3-2-15　柱头节点示意图

直线变斜线横杆长度的变化，如图3-2-16所示。

3. 挂架过节点层拉梁位置处处理措施

牛腿处提升前状态如图3-2-17（a）所示；翻开最上一部走道板，挂好防护栏杆，如图3-2-17（b）所示；提升完一次后，恢复最上一步走道，同上做法进行第二、三次提升，如图3-2-17（c）所示。图3-2-18为三个可翻转挂架机构的大样图。

4. 斜墙部位挂架走道内挑及挂架水平滑移装置

倾斜弧墙部位可调节走道内挑板防护示意图如图3-2-19所示。

核心筒施工至第N+1层时，内挑防护板均偏向墙体倾斜反方向。

核心筒施工第N+2层时，挂架不进行水平滑动，可调节内挑防护板向墙体倾斜方向滑动，达到便于操作及安全的施工要求。

核心筒施工至第N+3层时，可调节内挑防护板恢复第一步与挂架的相对位置，挂架整体向墙体倾斜方向滑动，达到施工要求位置。

吊架轨道上预先做好每次挂架滑动位置的标记，便于挂架空中滑移的位置控制。

5. 73层以上电梯平台大样

转换层以上，核心筒内水平结构均需要楼层钢梁安装完后逐层插入施工，且电梯出口距离楼层工作面有一定的缝隙，施工时考虑钢梁安装完后即搭设悬挑连接通道，通向各楼层工作面。

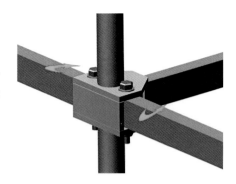

图3-2-16　挂架铰接接头节点示意图

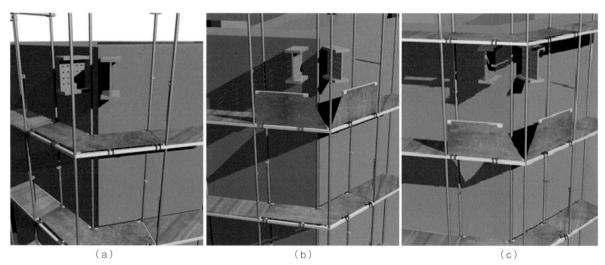

| （a） | （b） | （c） |

图3-2-17　挂架过节点层拉梁位置处处理措施

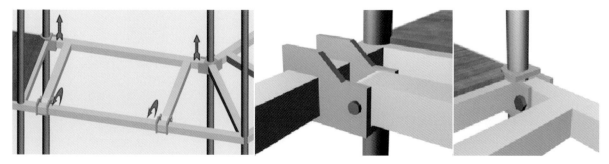

图3-2-18　三个可翻转挂架机构的大样图

核心筒作业：电梯→钢平台→作业面。

钢结构作业：电梯→钢平台→挂架→爬梯→作业面。

楼盖施工：电梯→悬挑连接通道→作业面。

图3-2-20示出了73层以上电梯平台大样图。

6. 竖向安全通道与施工通道设置

考虑到超高层结构紧急事故（如火灾等）状态下电梯不可使用，人员安全疏散通道考虑如下：

（1）70层以下结构施工时：各工作面→核心筒内消防楼梯→地面安全通道→安全区域。

（2）70层以上结构施工时：核心筒内无混凝土结构，需要搭设紧急疏散通道，由最高工作面（核心筒提模施工）连通至核心筒内楼梯，如图3-2-21所示。

提模工作面→提模挂架→安全通道→核心筒内楼梯→地面安全通道→安全区域。

钢结构工作面→安全通道→核心筒内楼梯→地面安全通道→安全区域。

7. 73层以上短边墙内挑架设置

核心筒三面短墙内侧从82层后设计有梁板体系拉结三面弧墙，为保证施工过程中结构体系稳定，梁板体系需要同核心筒竖向构件同步施工，该部位提模系统内吊架在73层以后拆除，70层设置钢桁架系统，上部逐层搭设脚手架，与提模挂架临时连接，至82层下部，加设82层梁板体系支撑胎架，此后逐层搭设上一层梁板的支模架及周边悬挑架。

图3-2-22~图3-2-24分别为内挑架搭设立面效果图、内挑架设置立面示意图和核心筒短肢墙内挑梁板结构示意图。

8. 模板隔离器大样

图3-2-25为模板隔离器大样图。

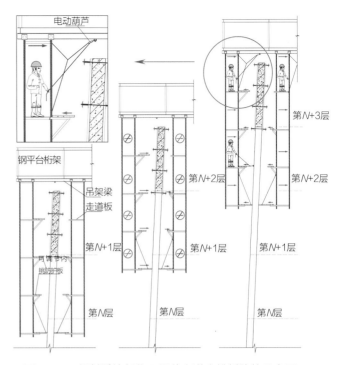

图3-2-19　倾斜弧墙部位可调节走道内挑板防护示意图

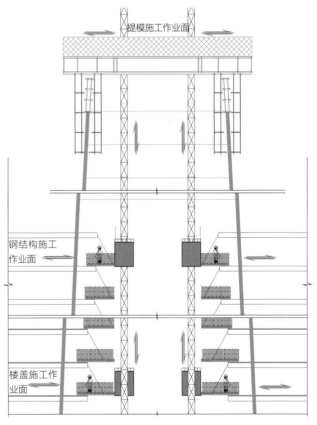

图3-2-20　73层以上电梯平台大样图

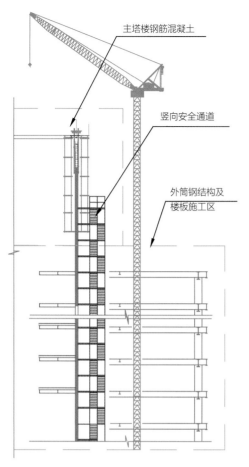

主塔楼钢筋混凝土

竖向安全通道

外筒钢结构及
楼板施工区

图3-2-21　竖向安全通道与施工通道设置

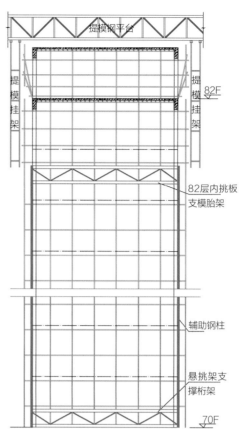

提模钢平台

提模挂架　提模挂架

82F

82层内挑板
支模胎架

辅助钢柱

悬挑架支
撑桁架

70F

图3-2-23　内挑架设置立面示意图

图3-2-22　内挑架搭设立面效果图

图3-2-24　核心筒短
肢墙内挑梁板结构
示意图

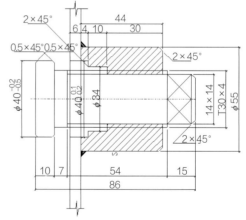

图3-2-25　模板隔离器大样图

第三节　整体提升模板系统施工

一、系统安装

（一）安装流程

整体提升模板系统安装流程示意图如图3-2-26所示。

（二）安装控制计划

本工程计划2007年5月16日开始提模系统的组装，此时核心筒施工完8层结构，具体控制计划如图3-2-27所示。

（三）安装方法

1. 6~8层核心筒施工准备

核心筒使用翻模施工至7层墙体，第8层改用提模的钢模施工（施工第7层墙体时，H-0.35m处按照模板配置图进行螺栓洞口预留，使用螺栓通过此洞口支撑第8层的钢模），第8层墙体混凝土达到拆模要求后，松开模板但不拆除。

从第6层墙体开始留设伸缩钢梁预留洞口，第6层支撑柱所在的楼板不施工，其他部位楼板可施工至第7层楼板面。

第8层核心筒施工时，顶部埋设安装临时托架的预埋件。

2. 构件验收

（1）钢平台及吊架系统。加工期间对加工厂的材料及工艺进行过程控制，派员进厂监督；加工完成后对主受力构件（一级桁架）进行工厂预拼装；加工完成后进行编号，并出具拼装图，报项目技术部进行审核，进场后严格按照拼装图进行构件尺寸及材质验收。

（2）模板系统。严格按照配模图进行下料加工，并严格按照配模图进行编号；进场后对每块模板的尺寸、平整度及材料选择进行测量验收，并验收材质证明文件；模板验收合格后按照类型及编号顺序堆放整齐，便于现场初次安装；对于模板的配件及隔离辅助工具，现场加工并分发给各个作业班组。

（3）油缸。加工前由厂家进行详细的加工设计，并报项目技术部审定；加工过程中对材料的选择及加工过程进行过程监控；工厂加工完后在工厂内进行三部油缸负荷同步运行试验，检验同步情况及油缸运行性能情况；进场后严格按照深化设计图进行检查，并在安装完成后试提升阶段再次检验油缸性能指标及同步运行情况。

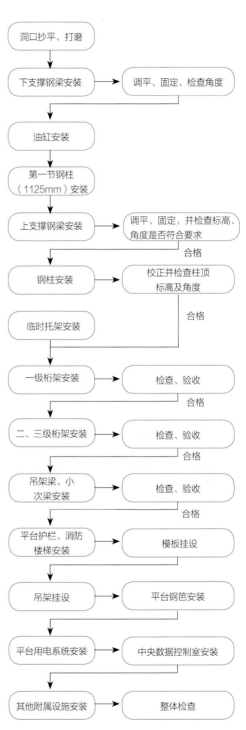

图3-2-26　整体提升模板系统安装流程示意图

序号	安装名称	工作天数	5.16		5.17		5.18		5.19		5.20		5.21		5.22		5.23		5.24		5.25	
			0.5	1	1.5	2.0	2.5	3	3.5	4	4.5	5	5.5	6	6.5	7	7.5	8	8.5	9	9.5	10
01	材料准备，洞口抄平、打磨	1																				
02	下支撑钢梁安装、校核	0.5																				
03	活塞杆冒与1125钢柱安装、校核	0.5																				
04	上支撑钢梁安装、校核	0.5																				
05	钢柱安装	0.5																				
06	柱头安装、校核	0.5																				
07	一级桁架安装、验收	0.5																				
08	二级桁架安装、验收	0.5																				
09	三级桁架及小次梁安装、验收	1																				
10	吊架梁安装、验收	0.5																				
11	平台护栏及消防梯安装	0.5																				
12	模板挂设	0.5																				
13	吊架安装、验收	1.5																				
14	平台钢筋及用电系统安装	1																				
15	中央控制室安装	0.5																				
16	附属设施安装	1.5																				
17	提模系统安装检查、验收	1																				

图3-2-27　提模安装进度控制计划

3. 安装顺序及方法

（1）检查6层、7层墙体支撑钢梁预留洞口的标高在每层是否一致、洞口大小是否符合要求，且必须进行打磨，使洞口底面平整和保证洞口标高一致。墙体预留洞及定位牛腿立面布置图如图3-2-28所示。

（2）安装下支撑钢梁，吊运钢梁。下支撑钢梁：总重量6.75t，包括：300mm×700mm主钢梁（数量2，长度7900mm，重量2.187t）、300mm×700mm次钢梁（数量4，长度1200mm，重量0.32t）、200mm×400mm伸缩钢梁（数量4，长度1300mm，重量0.199t）和小型构件（重量0.35t）。塔吊吊运：塔吊30m吊臂起重能力为8.95t，支撑卸在±0.000楼板加固区内相应起吊位置，使用K40-21塔吊起吊，完全可满足要求。钢梁吊装之前，在洞口预埋定位板和定位牛腿上测设出支撑大梁定位控制线，利用定位牛腿上的调节螺栓调整左右位置，利用导向轮调节前后位置，在吊装状态下精确调整大梁的定位后临时固定牢固，保证上部构件安装尺寸的精确，如图3-2-29所示。

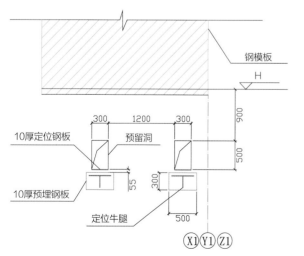

图3-2-28　墙体预留洞及定位牛腿立面布置图

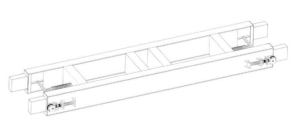

图3-2-29　安装下支撑

（3）安装油缸。直接利用K40/21塔吊将油缸吊装至已经固定好的下支撑钢架上，精确调整定位并调整垂直度后用设计螺栓连接紧固，如图3-2-30所示。

（4）安装1125节段的钢管。1125节段钢柱总重量约0.5t，就位以后，对准螺栓孔连接好即可，如图3-2-31所示。

（5）安装上支撑钢梁。上支撑钢梁总共重量约8.3t，可利用塔吊直接吊运安装。预留洞口标高及大梁定位控制同下支撑钢梁部位处理，如图3-2-32所示。

（6）安装整体钢管柱。钢柱安装节点的图示如图3-2-33所示。钢柱重量约5.7t，安装完此节钢柱之后，必须严格校核，配图加以说明。并且拉设缆风绳，用于固定钢柱上口并调整支撑钢柱垂直度；上段支撑钢柱与下部钢柱采用临时连接耳板固定，待主桁架安装完成后再进行焊接固定，以方便现场安装。

图3-2-30　安装油缸　　图3-2-31　安装1125节　图3-2-32　安装上支撑　图3-2-33　安装
　　　　　　　　　　　　段钢柱　　　　　　　　　　　　　　　上段支撑钢柱

（7）按设计图制作好的一级桁架，进行散件拼装，每榀桁架长度约3.8~8.4m，重量均不超过1.6t。组装顺序如下：

1）安装临时拖架，临时拖架安装时间在本层混凝土浇筑完成并初凝后即开始安装，其平面定位及大样尺寸分别如图3-2-34和图3-2-35所示。吊运1号、2号、3号桁架，吊运至平台处时，按图3-2-36所示分段用螺栓与钢柱连接，以1号桁架连接为例进行说明：首先将1-2号、1-4号桁架与钢柱连接，再将1-3号桁架与1-2号、1-4号连接（注：此时只进行螺栓连接），按此方法进行2号、3号桁架的连接。

2）吊装4号、5号、6号桁架并进行安装，以4号桁架安装为例进行说明：首先安装4-2号桁架，与1号、2号桁架进行螺栓连接，再安装4-1号、4-3号桁架与1号、2号桁架连接。以此方法安装5号、6号桁架。

3）安装7号、8号、9号桁架。1~9号桁架全部安装完成后，再进行焊接。

（8）安装二级桁架。二级桁架每榀重量不超过1.6t，长度最长近9.3m，便于吊装，安装同一级桁架安装方法，先进行螺栓连接，全部连接完后再焊接，安装时以三根钢柱为中心进行对称安装，如图3-2-37所示。

（9）三级桁架及小次梁按普通方法安装即可，同样以三根钢柱为中心进行对称安装，如图3-2-38所示。

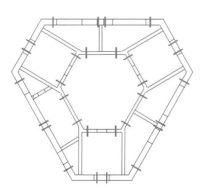

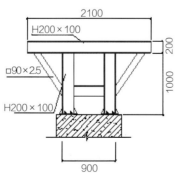

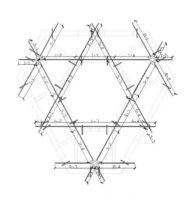

图3-2-34　临时托架平面布置示意图　　图3-2-35　临时拖架加工大样图　　图3-2-36　一级桁架安装示意图

（10）平台护栏、消防楼梯的安装及下人洞口的预留，如图3-2-39所示。

（11）吊架的安装。首先安装导轮和立杆，而后安装横杆（从下向上安装，安装一步横杆随即铺设一层走道板），最后安装侧向立网。

（12）装设辅助设施。包括用电系统、氧气、乙炔瓶、移动厕所、垃圾回收点、消防水箱、钢筋堆场支架等辅助设施安装。

（13）模板的挂设。模板一直置于8层墙面之上，模板导轨、小次梁安装好之后，在其上安装导轮，通过导轮连接的吊杆吊住模板吊环，调整花篮螺栓，吊紧后松开模板对拉螺栓，安装完毕。

（14）全面检查并进行调试（包括用电系统、油缸油路、同步控制系统等调试，检查平台平整度、支撑钢柱及油缸垂直度以及各节点连接情况），而后进行试提升，一切就绪后准备投入使用。

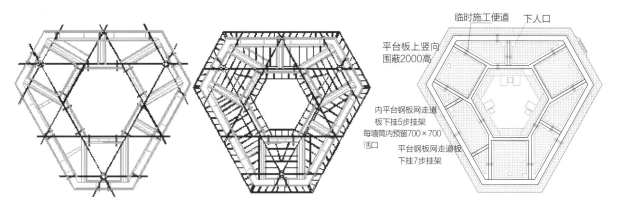

图3-2-37 安装二级桁架　　　图3-2-38 安装三级桁架及小次梁　　　图3-2-39 平台走道及平台上防护网安装

二、标准层施工

（一）标准层施工流程

标准层施工的流程如图3-2-40所示。

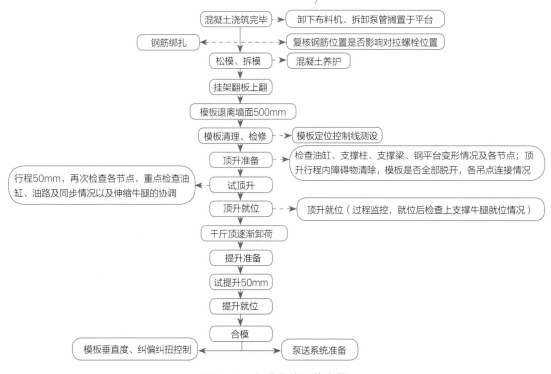

图3-2-40 标准层施工的流程

（二）标准化施工管理

鉴于本工程103层，除去中间系统变更外，其余均不断重复相同的流水工序，根据标准施工流程，建立指挥系统和信息反馈系统，各工作面定岗、定员、定工作时段及具体工作内容，形成标准化、流水化施工，确保核心筒施工优质、高效。

1. 指挥系统及信息反馈系统的建立

模板体系指挥系统及信息反馈系统的构成如图3-2-41所示。

2. 主要岗位责任制

（1）总指挥。组织建立指挥体系，组织制定相关责任制度并落实到具体个人；定期召开专题会议，总结经验教训，不断完善工艺技术；根据各方反馈信息，对重大问题进行决策；集合调动联合体资源，保证工程顺利实施。

（2）副总指挥——总工程师。组织进行整个系统的设计工作；组织系统设计论证工作；组织系统设计深化工作；组织系统施工方案的编制；组织实施方案论证工作；组织进行施工技术交底；对现场重大技术问题协助总指挥作出决策。

（3）副总指挥——生产经理。组织提模系统方案的现场实施；对每道工序的责任落实进行监督；集合现场反馈信息，与各部门协调，协助优化施工方案；组织进行现场每道工序的验收工作，并签署每层开工令；根据现场及反馈信息，记录每道工序运作情况；协助总指挥对重大问题进行决策。

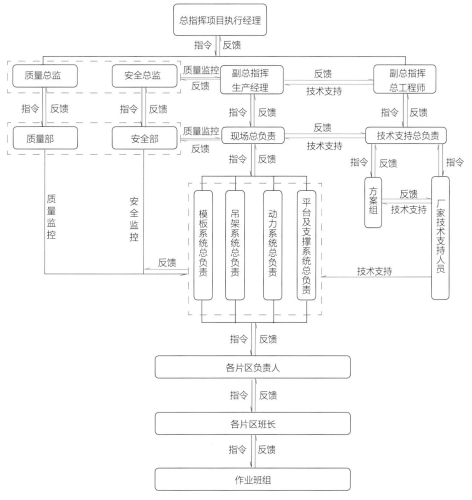

图3-2-41　模板体系指挥系统及信息反馈系统的构成

（4）质量总监。严格控制每道工序的施工质量；进行每层施工质量记录，对缺陷部位提出合理化建议。

（5）安全总监。严格控制每道工序的安全性；对现场容易出现安全事故的部位进行重点监控；对现场安全防护体系提出合理化建议。此外，还规定了现场总负责、技术支持总负责、模板系统总负责、吊架系统总负责、动力系统总负责、平台及支撑系统总负责、方案组、各片区负责人、班长、作业班组等的岗位责任。

3. 责任分区

（1）立面分区。分平台层、钢筋作业层、模板作业层及顶升油缸和支撑检查层四个层次进行管理。

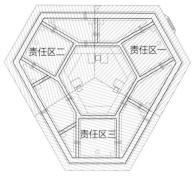

图3-2-42　施工平面分区示意图

（2）平面分区。按照三角对称原则，除钢平台外，其余工序均分三个区进行分组管理，如图3-2-42所示。

每个区段内每道工序明确责任人、作业班组、作业时间及所有详细工作内容，形成工序交接卡，工序完成后签字移交下一道工序施工，做到每道工序均对应一个直接责任人，形成流水化施工。

4. 流程卡管理

整体提升模板系统标准流程卡的样式见表3-2-6所列。

整体提升模板系统标准流程卡的样式　　　　　　　　表3-2-6

流程卡编号：HM—XXXX

工程部位				
开始时间	年月日时分	结束时间	年月日时分	
工作内容				
工序	工作内容	技术要求	工作时间	责任人（签名）
一	钢筋吊运：核心筒墙体钢筋分2~3次吊运至钢平台上3个堆放点	钢平台上每个堆放点按照500kg/m²控制，每个堆放点限载16t，均匀堆放。钢筋吊运必须在上层混凝土浇筑完成后进行，混凝土浇筑时做好钢筋吊运准备，避免影响钢筋绑扎作业施工；钢筋吊运需考虑现场钢筋绑扎顺序按需求分次吊运至钢平台上	日 时 分 至 日 时 分 计划完成时间：　h 实际完成时间：　h	
二	墙体竖向构件钢筋绑扎	竖向钢筋接长每个工作点需两人协同完成，平台上一人负责二次转运与钢筋扶直。竖筋位置需考虑避开下部模板对拉螺栓位置。水平构件直螺纹套筒预埋定位准确，连接牢固	日 时 分 至 日 时 分 计划完成时间：　h 实际完成时间：　h	
三	安装洞口模板	洞口模板安装与钢筋绑扎工程穿插进行。注意洞口模板的定位准确及固定牢固	日 时 分 至 日 时 分 计划完成时间：　h 实际完成时间：　h	
……	……	……	日 时 分 至 日 时 分 计划完成时间：　h 实际完成时间：　h	

工序	工作内容	技术要求	工作时间		责任人（签名）
十四	泵送系统准备	泵管系统及布料系统根据布置图进行布设，布设工作需在模板支设完成之前全部完成。 平台上铺设通向各浇筑点临时通道	日 时 分 至 日 时 分 计划完成时间： h 实际完成时间： h		
十五	混凝土浇筑	严格按照方案中浇筑顺序分层浇筑，严禁一次浇筑到顶；浇筑完毕后必须马上清理各作业面混凝土残渣，确保各作业面的清洁。 混凝土浇筑过程中需监测钢平台系统及支撑系统变形情况，掌握泵送力对整个系统的影响情况	日 时 分 至 日 时 分 计划完成时间： h 实际完成时间： h		
施工控制难点及改进建议					
提模总指挥			完成时间		

三、提模系统拆除

整体提升模板系统待核心筒竖向构件施工完后开始拆除，拆除时按照安装顺序反向进行，拆除完附属设施及挂架系统后，钢骨架及油缸均空中解体，利用M900D塔吊吊运至地面。

四、大风天气提模系统加固

本工程提模系统设计时考虑两种最不利工况：

（一）工作状态

竖向荷载较大，考虑规范要求最大风压，设计计算结果显示在水平荷载逐级加载直至破坏过程中极限荷载值为设计荷载的3.02倍，可以满足施工安全需要。

（二）顶升状态

广州10年内常年气象资料显示，高空阵风风力均在8级风以下。顶升过程中考虑高空8级风时风压取值0.2，计算结果显示应力及变形均满足安全需要。

（三）保证措施

（1）密切与气象部门联系，及时掌握广州最新气象信息，根据信息调整施工部署。

（2）高空随提模安装风速仪，监测高空实际风速，并做好日常记录，在风速大于6级时，禁止顶升作业。

（3）系统设计挂架测向封闭均为钢板网，具有较大的疏风性能，大风天气时可将大部分水平荷载传递至结构自身受力。

（4）提升系统钢平台上设置6个拉结点，在台风来临之前顶紧支撑系统中上下支撑钢梁端部的调节导轮，将6个拉结点拉结至核心筒结构墙体上，钢模板全部附墙，转走全部提模系统堆载；挂架立杆用钢丝绳与结构核心筒拉结，拉结点为核心筒墙体螺杆洞部位；拉结点的设置及做法大样详见提模系统施工专项方案。

（5）台风过后必须彻底检查整个系统各个节点部位，确保无误后恢复使用。

（6）顶升过程中若遇到阵风，立即停止顶升作业，顶紧支撑导轮，拉紧平台拉结点，油缸自锁，阵风过后彻底检查系统各部位，一切正常后恢复使用。

根据上述系列措施可保证系统施工过程中将风对系统的影响降到最低，确保整个过程施工的安全性。

五、总体施工进度安排

（一）总体进度计划安排

提模系统总体进度计划见表3-2-7所列。

（二）进度计划说明

本工程提模系统施工工期安排以保证外框钢结构施工流水节拍为原则，安排施工进度基本与外框钢结构施工同步，同时考虑塔吊爬升对两个工作面的影响进行细部调整；结合提模系统自身工艺性能要求，标准层施工安排为4~5天一层。

提模系统总体进度计划   表3-2-7

序号	项目	开始时间	结束时间	工期
1	系统设计	2007.03.12	2007.03.22	10
2	设计论证	2007.03.23	2007.03.23	1
3	施工方案编制	2007.04.15	2007.04.20	5
4	深化设计	2007.03.20	2007.04.14	24
5	加工	2007.04.15	2007.05.15	30
6	安装	2007.05.25	2007.06.14	20
7	8层结构施工	2007.06.30	2007.07.04	5
8	9层结构施工	2007.07.05	2007.07.09	5
9	10层结构施工	2007.07.10	2007.07.14	4.5
10	11~66层结构施工	2007.07.14	2008.02.27	229
11	67~70层结构施工	2008.02.28	2008.03.19	21
12	71层结构施工	2008.03.20	2008.03.23	4
13	72层结构施工	2008.03.26	2008.04.06	12
14	73层结构施工	2008.04.07	2008.04.11	5
15	74层结构施工	2008.04.12	2008.04.15	4
16	75层结构施工	2008.04.20	2008.04.23	4
17	76层结构施工	2008.04.24	2008.04.27	4
18	77~103层结构施工	2008.04.28	2008.08.13	108
19	系统拆除	2008.08.22	2008.08.25	4

第三章 超高性能混凝土超高泵送技术

在广州国金项目施工建设过程中，需要大量的高性能与超高性能的混凝土。在主塔楼的施工建筑中，需要C60及以上的高强高性能混凝土约7万m³，其中C80混凝土最高需泵送至410m，C90最高需泵送至167m，如此大批量高性能混凝土的现场应用，以及如此高的泵送高度在国内尚无首例，在世界上也属罕见。

为了高质量地完成施工任务，广州国金项目进行了超高性能混凝土（UHPC）与超高性能自密实混凝土（UHP-SCC）的研发应用及其超高泵送技术的课题研究。在研究中，课题组根据国内、外混凝土配制及泵送技术的发展，结合国金项目的工程条件和施工条件，研发和应用了UHPC（C100超高性能混凝土）和UHP-SCC（C100超高性能自密实混凝土）。经过反复试配、研究，研制出了黏性低（倒坍落度筒排空时间小于5s）、流动性好（初始坍落度大于250mm、扩展度大于600mm）、保坍性好（4h内工作性不损失）的UHPC和自密实性好（U形仪填充高度大于32cm）的UHP-SCC，并成功进行了UHPC、UHP-SCC 411m超高泵送。

第一节 超高性能混凝土的配制

一、原材料的优选与配合比设计

（一）粗、细骨料的选择搭配

1. 粗、细骨料的选择

粗骨料的岩种、粒径、粒型、级配、吸水率及在混凝土中的体积含量，对UHPC的强度、可泵性及耐久性等均有很大影响。针对广州周边所能提供的花岗石碎石进行分类检测，确定两级配的粗骨料为5~10mm的占30%，10~20mm的占70%；UHP-SCC对骨料的要求更高，5~10mm的占10%，10~16mm的占90%；UHPC和UHP-SCC中粗骨料的体积含量均要控制在400L/m³的范围内。特别是UHP-SCC中的粗骨料的体积含量更低。细骨料一般采用中偏粗的河砂，细度模数一般为2.6~2.8。砂子过粗容易产生泌水，流动性、均匀性不好；太细需水量大，流动性差。

2. 胶凝材料的选择

胶凝材料除水泥（C）外，还有很重要的组成是矿物超细粉，硅粉（SF）是不可缺的组分，广州市场I级粉煤灰供应贫乏，只有用超细矿渣粉（BFS）。配制UHPC及UHP-SCC时，所用胶凝材料均由水泥（PII型52.5硅酸盐水泥）+硅粉+超细矿渣粉复配而成。这三种粉体之间的适当比例，通过流动性等试验确定。

3. 高效减水剂的选择

通过试验选用西卡及柯杰两种聚羧酸高效减水剂。主要要求是减水率、新拌混凝土的流动性及经时变化，对新拌混凝土有否抓底、板结等现象，成本还要低。

不同细度的矿渣粉对UHPC流动性的影响 表3-3-1

序号	比表面积 （m²/kg）	坍落度 （mm）	扩展度 （mm）	倒筒时间 （s）
1	400	265	650	18.36
2	800	275	685	7.89
3	1000	265	625	8.36

4. 特种矿物外加剂的应用

在UHP-SCC配制时，为了保证混凝土拌合物具有良好的黏聚性，使拌合物在流动密实过程中粗、细骨料要均匀分散在浆体中，U形流动仪试验时，混凝土拌合物流过隔栅，上升达到32cm的高度，国外一般要加入增稠剂。本项目研发和应用了两种矿物外加剂，一种是能增稠保塑的专利产品（专利号ZL200610000802.8），另一种是我国独有的矿物超细粉（天然沸石超细粉）。利用这两种矿物外加剂，配C50的SCC和C100的SCC时，混凝土拌合物的黏聚性甚佳，U形流动仪试验时上升高度均达到32cm以上，而且能保塑。

（二）配合比设计

1. 配制UHP-SCC的目标

配制UHP-SCC的目标是：

（1）坍落度≥250mm、扩展度≥600mm，并能维持4h基本不变。

（2）对于UHP-SCC，U形流动试验流过隔栅的上升高度≥32cm。

（3）自收缩值+干燥收缩值<7×10^{-4}m（6个月龄期）。

（4）泌水量<0.3mL/cm²。

2. 单方混凝土用水量的确定

Marushima认为：单方混凝土用水量是评估新拌混凝土性能的一种方法。他通过试验证明：W/B=0.18、f_c=130MPa的UHPC，用水量150kg/m³，聚羧酸减水剂掺量3.0%。拌合2m³混凝土进行试验，搅拌机负荷60kW，坍后扩展度值为740mm，扩展度达500mm时的时间为8~10s；当用水量提高，用水量超过150kg/m³时，搅拌机负荷下降，坍后扩展度达到500mm时所需时间下降；当用水量由150kg/m³降至140kg/m³时，搅拌机负荷大于60kW，坍后扩展度到达500mm时的时间明显延长，而且坍落度损失快。故确定用水量≥150kg/m³。

3. W/C（W/B）的确定

C100混凝土的W/B应在20%左右，如果用水量为150kg/m³，那么胶凝材料用量应为750kg/m³。胶凝材料用各种粉体的比例为水泥：矿渣：硅粉=7：2：1左右。在确定的配合比中，水泥用量≤500 kg/m³，实际水灰比W/C=30%，这样对抑制自收缩开裂十分有利。

4. 聚羧酸高效减水剂的选择与应用

选择聚羧酸系高效减水剂除了要求减水率以外，还要具有控制坍落度损失的功能。通过以下三方面的途径达到要求：

（1）控制聚羧酸高效减水剂中吸附基单体与分散基单体的比值。

（2）在聚羧酸高效减水剂母液中掺入含固量3%的葡萄糖酸钠，以控制混凝土的坍落度损失。这是国内大多数减水剂厂家的技术措施。

（3）在混凝土中，外掺2.0%~2.5%的特种外加剂，使聚羧酸高效减水剂缓慢释放，控制坍落度损失。这是本项目研究人员的专利。

5. 粉体效应的利用

不同细度的矿渣粉对UHPC流动性的影响见表3-3-1所列。试验时：W/B=0.20，C=500kg/m³，BFS=212.5 kg/m³，GP=12.5 kg/m³，SF=25kg/m³，W=150 kg/m³，高效减水剂的掺量均为相同用量（3.5%）。由此可以确定选用矿渣粉的比表面积为800m²/kg。

不同矿物超细粉的组合对UHPC流动性的影响见表3-3-2所列。试验时：W/B=0.20，W=150 kg/m³，C=500 kg/m³。由此可见：②的组合混凝土流动性好，特别是倒筒时间短，混凝土黏度低，对泵送有利。其中因石膏（GP）供应困难，后来取消，扩大了SF的用量为60kg/m³，BFS为190kg/m³。

不同矿物超细粉的组合对UHPC流动性的影响　　　　表3-3-2

粉体组合	坍落度（mm）	坍后扩展度（mm）	倒筒时间（s）
① C+BFS	265	650/630	18
② C+BFS+SF	275	660/670	9

注：①BFS+GP=250kg/m³；②GP+BFS+SF=250kg/m³。

6. 骨料的选择与应用

正确选择粗骨料的岩种、粒径、粒型及良好的级配是配制UHPC的重要环节。

（1）粗、细骨料品种对强度的影响。在相同水灰比及其他配制因素相同的条件下，由于粗骨料品种的不同，配制出的混凝土抗压强度约相差40MPa；而由于细骨料的品种差别，造成强度约相差20MPa。其中以硬质砂岩碎石及硬质砂岩碎石砂配制出的UHPC强度最高。水灰比为0.25时，混凝土28d抗压强度达到115MPa，而采用河砂及砂岩碎石为粗骨料的混凝土28d抗压强度只达到80MPa。

（2）粗骨料用量与抗压强度关系。试验证明，UHPC中粗骨料用量为300L/m³时，混凝土抗压强度差别不大，但当粗骨料用量增至400L/m³时，不同骨料混凝土的抗压强度就有很大差别，约10MPa。因此，单方混凝土中粗骨料用量不应超过400L/m³，也即1000kg/m³以内。

（3）粒径对抗压强度的影响。在配制UHPC时，应尽可能采用粒径较小的粗骨料，而且随着混凝土强度提高，最大粒径的尺寸应进一步降低。因此，配制UHPC时应选用D_{max}≤20mm，强度更高时D_{max}≤10mm。

（4）级配的影响。骨料的级配对混凝土的流动性和硬化混凝土的影响都很大。骨料的级配越好，密实度越高，空隙率越低，在相同的水泥浆用量下，混凝土的流动性好。因此，在本项研究及工程应用中，选用两级配的粗骨料。对于细骨料采用的是河砂，砂子太粗，影响流动性，并容易产生泌水；砂子太细，在相同的砂率下，流动性差。因此本项研究及工程应用中采用细度模数为2.6~2.8的中砂，试验证明具有良好的效果。

对于UHP-SCC，选择骨料的最大粒径时，还要考虑到结构中钢筋的最小间距，保证混凝土能流过钢筋、自动地填充模板各个部分。

二、C100UHPC及C100UHP—SCC的具体配制

（一）原材料的性能要求

本工程所选用的原材料主要以广州及周边地区现有的材料进行优选，基本上是广州商品混凝土常用的材料。通过按国标要求进行适当选择，可以满足配制UHPC及UHP-SCC的要求。

（1）水泥。在配合比相同的条件下，所用水泥的强度越高，配制成的混凝土强度也越高。同时，在选用水泥时，除配制普通混凝土所要考虑的因素外，还应注意水泥质量的稳定性、与高效减水剂的相容性及其碱含

量。基于以上考虑，选用广州市越堡水泥有限公司生产的PII型52.5R水泥。

（2）矿渣粉。采用由昂国公司提供的济南鲁昂新型建材有限公司生产的S105矿渣粉。

（3）硅粉。选用埃肯国际贸易（上海）有限公司生产的硅粉，产地为遵义。

（4）细骨料。配制UHPC、UHP-SCC应选用质地坚硬、级配良好的河砂，其细度为中等粒度，细度模数为2.6～2.8，对0.315mm筛孔的通过量不应少于15%，对0.16mm筛孔的通过量不应少于5%，含泥量不超过1.0%，且不容许有泥块存在，必要时应冲洗后使用。根据以上要求，选用西江河砂。

（5）粗骨料。UHPC、UHP-SCC中采用的集料，应洁净不含有害杂质，一般视密度在2.65 g/cm³以上为好，容重不小于1.45 g/cm³。集料的强度要求高于混凝土的设计强度，一般5×5×5（cm³）立方体的饱水极限抗压强度与混凝土的设计强度之比，对于大于60 MPa混凝土规范规定为大于1.5倍，推荐用2.0倍，优质集料的抗压强度在150 MPa以上，如火成岩、硬质砂岩、石灰岩等沉积岩。以压碎值表示的集料力学性能，则应尽可能小。配制UHPC、UHP-SCC，石子的级配、料径非常重要。考虑到连续级配能改善混凝土的和易性，宜采用连续级配。一般随粒径的增大，强度逐步下降。因此，在配制UHPC、UHP-SCC时，应将集料的最大料径控制在16～20mm。本项目选用大亚湾和珠海的5～10mm的小石和10～20mm的碎石两级配搭配成了5～20mm连续级配的粗骨料。

（6）外加剂。国金工程中UHPC要求超高（$h>400m$）泵送，因此混凝土拌合物的工作性指标要求在4h内基本不损失。根据以上要求，配制大流动度UHPC、UHP-SCC应选用第三代高效减水剂——聚羧酸系高效减水剂。与常用的萘系和蜜胺系高效减水剂相比，聚羧酸高效减水剂具有掺量低、增强效果好、坍落度保持性好、与水泥适应性好等特点，适宜配制高强高性能的混凝土。具体选用柯杰牌KJ-JC、西卡3350系列聚羧酸系高效减水剂。

（7）特种矿物超细粉。以天然沸石加工磨细而成，其特点是多孔微晶结构，活性高，增稠，抑制混凝土中的水分运动，使混凝土结构均匀。

（8）特种外加剂。本项目外加剂主要以沸石粉为载体吸附一定量的减水剂（不含保坍、缓凝成分）配制而成。其在混凝土中使用时，可以缓慢释放减水剂，达到物理保坍的目的；同时由于沸石粉具有多孔结构和SiO_2含量较高等特点，使用到混凝土中具有增稠、增强的作用。本产品为专利自制产品，主要用于配制UHP-SCC。

（二）骨料参数的优化

（1）粗骨料最大粒径的控制。UHPC配制的过程中，随着配制强度的增大，骨料的粒径应相应降低。为了进一步考证粗骨料的最大粒径对强度和流动性的影响，选用最大粒径为30mm、25mm、20mm、15mm 4种花岗石碎石为原材料，进行了配合比试验。试验结果表明：配制UHPC宜选用10～20mm的碎石和5～10mm的瓜米石进行搭配；配制UHP-SCC时，考虑提高混凝土通过钢筋的能力，宜选用10～16mm的碎石和5～10mm的瓜米石进行搭配。

（2）粗骨料颗粒级配的控制。粗集料的级配对混凝土的力学性能有非常明显的影响，级配良好的集料具有较大的堆积密度和较小的空隙率。在其他条件相同的情况下，堆积密度越大，空隙率最小的集料，其级配可以获得较高的强度和密实度。本项目在理论分析和计算的基础上，进行了5～10mm小石和10～20mm大石按不同比例搭配的堆积密度、颗粒级配变化规律的研究。结果表明，选用5～10mm的小石与10～20mm的大石按3∶7的比例搭配堆积密度最大、空隙率最小。在此基础上，还进行了大、小骨料按8∶2、7∶3、6∶4搭配的混合料的颗粒级配分析，试验结果表明，大、小石比例按照7∶3、6∶4搭配时，级配结果较接近5～20mm连续级配的要求。

（3）粗、细骨料搭配比例的控制。本项目按砂率30%、35%、40%、45%、50%进行搭配，进行了粗、细骨料按不同砂率搭配条件下堆积密度变化的试验研究。结果表明，砂率为40%时，粗、细骨料的堆积密度出现最大值1910kg/m³。

上述理论分析和试验结果表明，大、小粗骨料按比例7：3搭配，砂率为40%左右时，可以得到骨料混合体系的最大堆积密度，即最小空隙率。这样，配制UHPC时，用于填充骨料间空隙的胶凝材料用量将达到最少，更多的胶凝材料参与到了混凝土拌合物流动性的增加，有利于混凝土拌合物匀质性、流动性的提高。

（三）胶凝材料（水泥、矿渣粉、硅粉）的控制

（1）胶凝材料的理论平均直径。本项目主要采用矿渣粉和硅粉两种矿物掺合料配制UHPC和UHP-SCC。其中，矿渣粉的密度为2.94g/cm³、比表面积为760m²/kg；硅粉的密度取2.2g/cm³，比表面积为17.6m²/g；水泥的密度取3.1g/cm³，比表面积为399m²/kg。根据理论分析，水泥与矿物掺合料的比例为7：3时，理论空隙率最低，混合体系最密实。因此，矿物掺合料的掺量控制在胶凝材料总用量的30%左右。

（2）胶凝材料颗粒级配控制。试验研究表明，选用比表面积800m²/kg的矿渣粉配制UHPC，同时具有保水、增塑两方面的优势，其合适的掺量范围是20%~30%；配制UHPC的矿物掺合料中必须添加适量的硅粉，可以采用和矿渣粉复合使用的方法，来解决硅粉降低混凝土流动性的问题。要发挥硅粉、矿渣粉等矿物掺合料的微颗粒填充作用和矿物减水效果，必须要有足够的外加剂掺量。

（3）UHP-SCC特种矿物超细粉对胶凝材料体系流变参数的影响。本项目采用磨细沸石粉作为UHP-SCC的特种矿物超细粉，主要原因是沸石粉具有多孔结构，掺入混凝土中可调节其黏度。本项目进行了特种矿物超细粉掺量对胶凝材料体系流变参数的影响试验。试验结果表明：随着特种矿物超细粉掺量的增加，胶凝材料体系净浆流动度不断减少，表观黏度不断增大，说明所用特种矿物超细粉增稠效果明显。

（4）UHP-SCC特种外加剂对水泥净浆流动性的影响。本项目研究了配制UHP-SCC所用的特种外加剂对水泥净浆流动度的经时变化的影响，目的是研究自制特种外加剂的保坍效果。试验结果表明：随着特种外加剂掺量的不断增大，水泥净浆流动度在不断增大，而且1h后流动度基本不损失，说明自制的特种外加剂具有良好的保坍效果。

通过上述有关试验与检测，并根据广州原材料供应情况和国金工程对UHPC及UHP-SCC的要求，确定材料参数如下：

水泥——P II 型52.5R；

矿物超细粉——比表面积为760（800级）m²/kg；

复合胶凝材料中，水泥67%，矿渣粉25%，硅粉8%，这时复合胶凝材料的流动性、填充性均最优。

（四）UHPC和UHP-SCC试配

1. UHPC的试配

（1）配合比条件。为了满足超高（$h>400m$）泵送、超高性能（$f_c>100MPa$）混凝土的要求，所配制的UHPC应满足如下要求：抗压强度按《普通混凝土配合比设计规程》（JGJ 55-2011）中规定的f_{cu}，$0 \geqslant f_{cu}$，$_k+1.645\sigma$，σ值取5，计算得出UHPC的配制强度f_{cu}，$0 \geqslant 108MPa$；混凝土工作性指标满足表3-3-3的要求。

UHPC工作性指标要求   表3-3-3

测试时间	坍落度（mm）	坍后扩展度（mm）	倒坍落度筒时间（s）
初始	≥250	≥600	≤5
4h	≥250	≥550	≤10

（2）试配搅拌工艺。采用先搅砂浆、后搅石子的搅拌方法。具体工艺如图3-3-1所示。

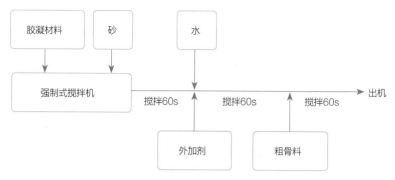

图3-3-1　UHPC试配搅拌工艺流程图

（3）试验项目与方法。UHPC拌合物性能中坍落度、坍后扩展度参照《普通混凝土拌合物性能试验方法标准》（GB/T 50080-2002）进行，倒坍落度筒试验参照《高强混凝土结构技术规程》（CECS 104-1999）进行；UHPC强度检测按《混凝土强度检验评定标准》（GB/T 50107-2010）进行试验；UHPC力学性能按《普通混凝土力学性能试验方法标准》（GB/T 50081-2002）进行试验；UHPC耐久性试验中抗氯离子渗透试验参考《ASTM C1202》标准试验方法进行，抗硫酸盐腐蚀试验参考《ASTM C1012》标准试验方法进行，抗碱骨料试验参考《CSA A23.2-14A》标准试验方法进行，抗冻性、收缩试验参考《普通混凝土长期性能和耐久性能试验方法标准》（GB/T 50082-2009）进行。

2. UHP-SCC的试配

（1）配合比条件。为了满足超高（$h > 400$m）泵送、超高性能（$f_c > 100$MPa）的要求，所配制的UHP-SCC应满足如下要求：抗压强度按《普通混凝土配合比设计规程》（JGJ 55-2011）中规定的$f_{cu,0} \geq f_{cu,k} + 1.645\sigma$，$\sigma$取5，计算得出UHP-SCC的配制强度$f_{cu,0} \geq 108$MPa；混凝土工作性指标满足表3-3-4的要求。

UHP-SCC的工作性指标要求　　　　　　　　　　表3-3-4

测试时间	坍落度（mm）	坍后扩展度（mm）	倒坍落度筒时间（s）	U形仪填充高度（cm）
初始	≥250	≥600	≤5	≥32
4h	≥250	≥550	≤10	—

（2）试配搅拌工艺。采用先搅砂浆、后加石子的搅拌方法。具体工艺如图3-3-2所示。

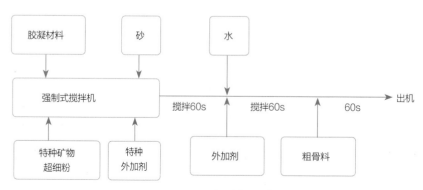

图3-3-2　UHP-SCC试配搅拌工艺流程图

（3）试验项目与方法。UHP-SCC拌合物性能中坍落度、坍后扩展度按照《普通混凝土拌合物性能试验方法标准》（GB/T 50080-2002）进行试验，倒坍落度筒时间试验参照《高强混凝土结构技术规程》（CECS 104-1999）进行，U形仪（图3-3-3）、全量检测仪（图3-3-4）试验参照《自密实混凝土应用技术规程》（CECS 203-2006）进行；UHP-SCC强度检测参照《混凝土强度检验评定标准》（GB/T 50107-2010）进行。

图3-3-3　SCC U形流动仪　　　图3-3-4　SCC全量检测仪

三、试验研究

（一）UHPC和UHP-SCC的力学性能研究

1. 不同水胶比、水灰比与强度的关系

本项目进行了强度与不同水胶比（0.15～0.3）、不同水灰比（0.225～0.4）的一元、二元线性回归分析研究。试验结果表明：

（1）强度（f_c）与水灰比（W/C）、水胶比（W/B）的线性相关系数R^2值不高，说明UHPC、UHP-SCC由于矿物掺合料、外加剂、成型条件、试压条件等诸多因素的影响，混凝土强度已不能简单地由水灰比（W/C）和水胶比（W/B）决定。

（2）强度（f_c）均与水灰比（W/C）、水胶比（W/B）成反比，即水胶比越低、水灰比越低，混凝土的强度越高；水胶比（W/B）、水灰比（W/C）与强度（f_c）的线性相关系数（R^2）随着龄期的增长不断增大，即早期R^2值偏低。

（3）混凝土3d、7d、28d强度（f_c）与水灰比、水胶比的二元相关系数R^2呈递增变化，但相差不大，不像一元线性回归分析时R^2变化较明显。在本项目试验中，强度（f_c）与水胶比（W/B）成反比，而与水灰比（W/C）成正比，说明本项目中UHPC的强度主要由水胶比决定，另一方面，说明配制本项目中的UHPC应采取低水胶比、高水灰比的设计方法，即通过大掺量矿物掺合料、减少水泥用量和降低单方用水量的方法来提高UHPC的强度。综上，配制本项目中的UHPC、UHP-SCC时，水胶比和水灰比对强度的影响不像普通混凝土那样显著，没有良好的线性关系，但总的趋势仍是水胶比越低，混凝土强度越高。因此，选择较低的水胶比0.2～0.22，有利于提高UHPC、UHP-SCC的强度。

2. 抗压强度与龄期的关系

（1）UHPC抗压强度与龄期的关系。试验结果显示：UHPC的强度均随龄期的增长而增大，符合混凝土抗压强度与龄期的关系。UHPC的早期强度发展较快，3d已达到UHPC设计值（108MPa）的78.6%～91.7%，后期强度发展也比较理想，28d已达到UHPC设计值（108MPa）的87.9%～120.3%，但28d以后强度增长速率放缓；水胶比为0.2条件下，混凝土的强度与水灰比成正比，即水灰比越大，强度越大，这与普遍认为的混凝土强度与水灰比成反比的规律相悖，而与前面低水胶比（0.15～0.3）条件下强度与水胶比、水灰比二元线性回归分析结果相一致。因此，配制UHPC、UHP-SCC应在选用较低水胶比条件下，适当提高水灰比，即采用大掺量矿物掺合料的方法来达到理想的抗压强度要求。

（2）UHP-SCC（振捣与免振）抗压强度与龄期的关系。本项目进行了UHP-SCC抗压强度与龄期关系的试验研究，如图3-3-5所示。试验结果表明：UHP-SCC的抗压强度随龄期的增长不断增大，而且免振成型的28d抗压强度已超过振捣成型的强度。

3. UHPC和UHP-SCC的强度比较

选择水胶比为0.2的UHPC和水胶比为0.22的UHP-SCC进行了比较性试验。试验结果表明：UHPC和UHP-SCC的抗压强度随龄期的发展规律相近，均随龄期的增长不断增长，早期抗压强度增长较快，3d已达到设计值（108MPa）的88%~95%，后期抗压强度增长速率放缓。另外，由于UHP-SCC添加了具有增强性能的特种外加剂和特种矿物超细粉，使得尽管UHP-SCC和UHPC的水胶比相差0.02，但两者的抗压强度基本相同。

4. UHP-SCC L形构件的模拟试验

本项目根据广州国金工程中构件的实际钢筋分布、间距情况，进行了UHP-SCC L形构件的模拟试验。分别制作了两个尺寸、布筋相同的L形构件，如图3-3-6和图3-3-7所示。试验过程为：将UHP-SCC泵送至411m后，分别浇筑到两个L形构件中，其中一个振捣，另一个免振。混凝土终凝后1d拆去模板，对比两个构件的混凝土外观区别。待混凝土龄期至28d时，对两个构件分别进行超声波检测和钻芯检测，比较UHP-SCC的自密实情况，如图3-3-8、图3-3-9所示。

振捣与免振UHP-SCC——L形构件拆模后的外观比较如图3-3-10所示。通过外观比较发现，除了UHP-SCC（免振）在L形转弯处出现少数蜂窝孔洞外，两个L形构件其他部位的外观均无气孔、蜂窝空洞，说明UHP-SCC具有良好的自密实性和填充性。

委托广州穗监工程质量安全检测中心对两个L形构件进行了超声检测（图3-3-11），检测结果显示：振捣与未振捣的声速平均值（km/s）分别为4.981和4.918，表明UHP-SCC振捣和未振捣的声速差不多，其自密实性非常好。

委托广东省建设工程质量安全监督检测总站对两个L形构件钻芯取样（图3-3-12），分别进行了芯样外观比较和芯样抗压强度检测。芯样的外观比较分别沿两个L形构件的水平方向钻取了3个芯样，共6个芯样，其中编号顺序为：由水平方向最远端至L形构件的竖向端分别编号为1号、2号、3号，芯样外观如图3-3-13所示。由图

图3-3-5 UHP-SCC通过SCC全量仪后免振成型　　图3-3-6　L形构件照片　　图3-3-7　构件的竖向布筋与横向布筋

图3-3-8　L形构件的浇筑情况　　　　图3-3-9　UHP-SCC（免振）流过钢筋的情况

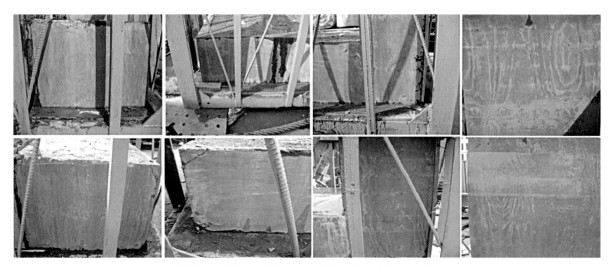

横向远端端面、横向远端侧面L形转弯处竖向立面

图3-3-10　振倒与免振UHP-SCC——L形构件拆模后的外观比较（上为免振，下为振捣）

图3-3-11　工作人员正在对L形构件进行超声检测

图3-3-12　对L形构件进行钻芯取样

图3-3-13　UHP-SCC（振捣与免振）——L形构件抽芯芯样外观

3-3-13可以看出，和振捣芯样的外观比较类似，免振芯样的气孔数要多一些，但无明显的空洞，说明UHP-SCC具有良好的自密实性。芯样的抗压强度检测将上述6个芯样分别从中间一分为二，进行抗压强度检测，得到12个抽芯抗压强度值。结果显示：振捣成型的6组数据的平均值为107.7MPa，而免振成型的6组数据的平均值为104.3MPa，均大于100MPa，且免振强度和振捣强度相差不大。说明UHP-SCC具有良好的自密实性，不但可以满足超高（$h>400$m）泵送，而且满足超高强度的要求。

（二）耐久性研究

　　为了确保广州国金工程中C100混凝土具有良好的耐久性，特进行了UHPC耐久性研究，具体项目有：抗氯离子渗透性、抗硫酸盐侵蚀、抗冻性、集料碱活性、工程混凝土试件碱集料反应、长期收缩等耐久性项目的研究。

（1）抗氯离子渗透性研究。本项目通过检验UHPC中氯离子的直流电量来衡量混凝土抗渗透性的好坏，试验方法及评定指标参考ASTM C1202标准进行。试验结果表明：C100UHPC 56d的电通量为87C，小于100C，达到了不渗透的要求，说明UHPC结构十分致密。

（2）抗硫酸盐侵蚀性能研究。本项目对UHPC的抗硫酸盐侵蚀性能进行了研究，试验方法参考ASTM C1012标准，评价指标以混凝土105d膨胀率小于0.4%为合格，反之为不合格。试验结果表明：本项目研制的UHPC105d膨胀率为0.0083%，远远小于0.4%，其抗硫酸盐腐蚀性能优异。

（3）抗冻性研究。试验方法参考《普通混凝土长期性能和耐久性能试验方法标准》（GB/T 50082-2009）、ASTM C666-92标准，评定标准为：快速冻融300次循环后，相对动弹性模量≥60%为合格；反之为不合格。试验结果表明：本项目研制的UHPC快速冻融300次循环后，相对动弹性模量为95.8%，远大于60%，说明其抗冻性优异。

（4）粗、细集料碱硅酸盐反应活性研究（快速法）。试验方法参考ASTM C1260、《普通混凝土用砂、石质量及检验方法标准》（JGJ 52-2006）。评定指标为：1）当14d膨胀率小于0.10%时，可以判定为无潜在碱—硅酸反应危害；2）当14d膨胀率大于0.20%时，可以判定为有潜在碱—硅酸反应危害；3）当14d膨胀率在0.10%~0.20%之间时，不能最终判定有潜在碱—硅酸反应危害。试验结果表明：配制UHPC的部分集料不能最终判定是否具有碱骨料反应危害，因此，应采取抑制碱骨料反应的措施。

（5）粗集料碱活性—迟缓碱硅酸盐反应试验研究。该试验的目的是测定潮湿条件下养护的混凝土棱柱体试件的长度变化，以判定水泥—粗集料混合物的潜在膨胀性。试验方法参考CSA A23.2-14A标准。评定指标为：对于慢速/迟缓膨胀的碱—硅酸盐/硅酸反应，1年膨胀率小于0.025%或3个月的膨胀率小于0.01%，则判为无潜在反应性，反之有反应性；在无冻融或化冰盐处，膨胀率界限为0.04%。试验结果表明：本项目粗集料碱活性—迟缓碱硅酸盐反应试验的1年膨胀率为0.02%，小于0.025%，因此判为无反应性。

（6）工程混凝土试件碱集料反应试验研究。通过UHPC工程混凝土试件碱集料反应试验来反映UHPC配合比抑制碱骨料反应活性的效果。试验方法参考CSA A23.2-14A标准，采用UHPC的实际配合比成型试件。评定指标为：对于慢速/迟缓膨胀的碱—硅酸盐/硅酸反应，1年膨胀率小于0.025%或3个月的膨胀率小于0.01%，则判为无潜在反应性，反之有反应性；在无冻融或化冰盐处，膨胀率界限为0.04%。试验结果表明：通过UHPC合理的配合比设计，其试件1年的膨胀率为-0.001%，无反应活性，因此，本项目研制的UHPC不会发生碱骨料反应。

（7）长期收缩研究。试验方法参考《普通混凝土长期性能和耐久性能试验方法标准》（GB/T 50082-2009）标准。试验结果表明：C100UHPC180d的收缩率为万分之3.9，小于配合比设计目标的万分之7。

综合上述分析，UHPC具有优异的耐久性。

第二节　泵送施工与应用

一、混凝土超高泵送的管道布置与固定

在超高层混凝土泵送施工中，为降低管道内的混凝土对混凝土泵的背压冲击，混凝土管道的布置应遵循以下三个原则：

（1）地面水平管的长度应大于垂直高度的1/4，即约110m水平管道。

（2）在地面水平管道上应布置截止阀。

（3）在相应楼层，垂直管道布置中应设有弯道。

根据国金结构状况，实际混凝土管道整体布置如图3-3-14~图3-3-17所示。

泵管垂直向上铺设至顶模钢平台的吊架时，使用B型耐磨泵管悬空穿过吊架和钢平台顶面，悬空的B型泵管必须使用安全绳与吊架连接以保证安全。泵管与顶模关系如图3-3-18所示。

二、泵送机械的选择与固定

根据理论计算，选用中联重科HBT90.40.572RS混凝土输送泵，其理论泵送出口压力可达40MPa，同比国内超高层建筑施工泵送设备压力最高（上海环球、广州新电视塔均选用"三一"重工HBT90CH.35混凝土输送

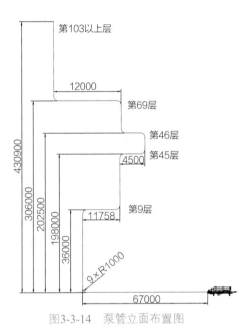

图3-3-14　泵管立面布置图

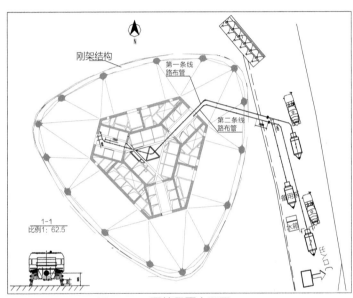

图3-3-15　泵管平面布置图

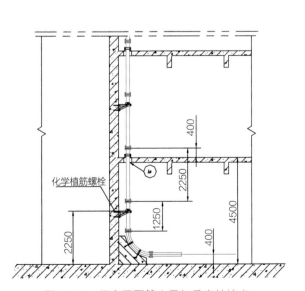

图3-3-16　超高压泵管水平与垂直转接点

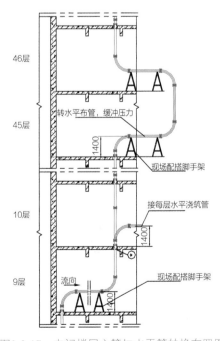

图3-3-17　中间楼层立管与水平管转换布置图

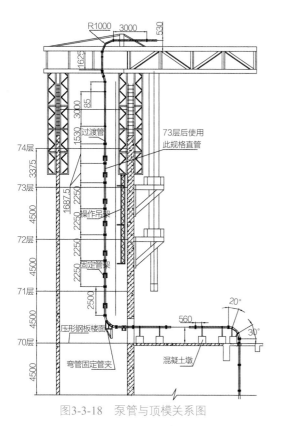

图3-3-18　泵管与顶模关系图

泵，泵送出口压力为35MPa），配备高压液压泵站4台，从理论上保证了泵送施工的可行性，同时还配备了GPS全程跟踪系统，GPS与办公系统连接随时可以了解输送泵的运转情况，防患于未然，出现问题可以随时解决（图3-3-19）。

混凝土泵送到作业面后分两个高度（顶模平台面、外框钢结构面）各布置2台HGY-19型液压遥控布料机（图3-3-20）。图3-3-21为泵机水平固定示意图。

三、泵管设计

超高压泵送中，混凝土输送管是一个非常重要的因素。考虑到国金工程施工用的很大部分混凝土是C60以上的高强高性能混凝土，黏度非常大，为了能够确保本工程的顺利施工，经过计算采用45Mn2钢，调质后内表面高频淬火，硬度可达HRC45～55，寿命比普通管提高3～5倍。弯管采用耐磨铸钢。

（一）泵管直径和厚度

管道均采用合金钢耐磨管。从泵出料口到高度350m之间采用12mm厚高强度耐磨125AG混凝土输送管，高度350m以上采用10mm厚高强度耐磨125AG混凝土输送管，平面浇筑和布料机采用125B耐磨混凝土输送管，弯管采用耐磨铸钢，半径为1m、厚度不小于12mm的弯管，平面浇筑和布料机采用125B耐磨铸造弯管。

（二）管道连接密封方式

施工中，超高压和高压耐磨管道需承受很高的压力，安装好后不用经常拆装，故采用强度更好的螺栓连接，采用O形圈端面密封形式。可耐100MPa的高压，并有很好的密封性能，如图3-3-22所示。

普通耐磨管道承受的压力低，需经常拆装，故采用外箍式，装拆方便。

（三）自爬式泵管支架

在钢平台模板与已浇筑混凝土的核心筒之间有一段23m的悬空段，在这一悬空段，混凝土输送管没有支撑附着。为了保证施工速度，中联重科的工程师们借鉴建筑起重机械的塔机自爬升机理，成功地将这一技术应用于国金混凝土输送管自爬升的支撑桁架。爬升步距为4500和3375的公约数，即562.5mm。混凝土泵管依附在桁架上，可随桁架的自动爬升增加泵管的长度，如图3-3-23、图3-3-24所示。

图3-3-19　布料机和输送泵

图3-3-20　布料机

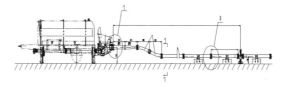

图3-3-21　泵机水平固定示意图

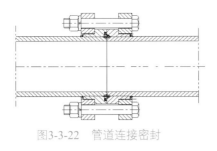

图3-3-22　管道连接密封

图3-3-24　泵管支撑桁架实物图

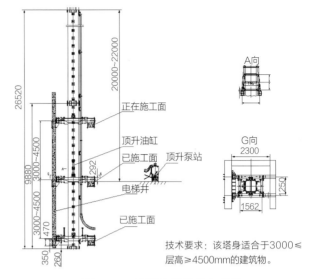

正在施工面

顶升油缸
已施工面　顶升泵站

电梯井

已施工面

技术要求：该塔身适合于3000≤层高≥4500mm的建筑物。

图3-3-23　泵管支撑桁架布置图

四、远程定位及实时监控技术

（一）远程定位与实时监控技术的原理

远程定位与实时监控技术的基础是通过GPS及GPRS技术实现的。全球卫星定位系统（GPS）可以接收来自太空中导航卫星的信号而进行定位，中国移动的GPRS网络可以进行数据的无线传输，利用这两项技术，便可实现项目的远程定位与实时监控技术。

（二）系统组成

该系统主要由5个压力传感器、各种操作输入信号及PC（嵌入式系统微计算机）、GPS/GPRS终端、数据中心及相应的控制软件组成，如图3-3-25所示，用户只要在具有Internet连接的地方，安装中联重科客户端软件，取得授权后便可对授权的设备进行定位及数据监控。且指定的用户只可访问指定的设备，用户无需担心被他人监控。

（三）功能介绍

该系统具有远程定位、实时监控、压力曲线趋势图自动绘制、全程历史记录回放、远程故障诊断的功能。

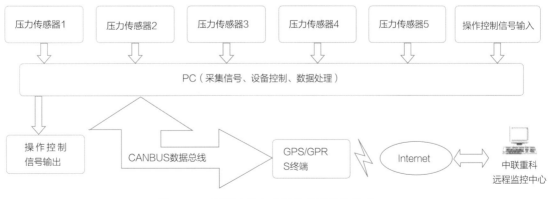

图3-3-25　远程定位与实时监控系统的组成

工程管理人员及中联重科专家都能通过Internet全程监控设备的运行状态，通过观察分析数据的变化，指导对设备进行维护或进行相应参数的调整，从而时刻保证设备工作在最佳状态。更难得的是该系统克服了GPRS网络传输的瓶颈，创造性地将数据采集传递的速度提高到了毫秒级，保证采集到的混凝土泵的压力等参数的真实性、实时性。同时，先进的远程监控数据处理中心将自该泵的发动机第一声响起开始，便全程记录每一时刻混凝土泵的工作状态、压力状况及各项参数。这些数据可以作为今后研究超高层泵送施工的重要依据，具有很重要的意义。

五、UHPC及UHP-SCC的生产与质量控制

本工程的UHPC及UHP-SCC由广东粤群混凝土有限公司负责生产和质量控制，主要包括原材料的质量控制、生产过程和工艺控制、出场混凝土的检测。

（一）原材料的选择与质量控制

为了保证原材料的质量，广州国金项目采取的措施有：

（1）派专人到泵站进行监管。

（2）超高强度超高性能混凝土的原材料要另外堆放，不能与其他原材料混合。

（3）为保证施工时的原材料与检测时的原材料含水率相同，在泵站搭设原材料挡雨棚，如图3-3-26所示。

（二）生产过程及工艺控制

为了保证C100超高性能混凝土的质量及其稳定性，本项目根据其特点制定了一些生产过程必须严格控制的措施，主要有：

（1）聚羧酸外加剂单独存放，如要用装过萘系外加剂的容器存放时，必须将容器完全冲洗干净。生产前要先将混凝土搅拌机冲洗干净，再生产同配合比砂浆。

（2）装料前混凝土搅拌车都要冲洗干净，避免混合其他混凝土，影响高强混凝土质量。

（3）混凝土出场前由质检员检测混凝土性能，符合工地要求的才出场。

（4）由于聚羧酸外加剂减水剂对水比较敏感，因此生产中必须对骨料的含水率进行准确测量，严格根据骨料含水率的变化对混凝土用水量作出相应调整。

（5）严格按照配合比生产，确保计量的准确，特别是水和外加剂的计量，使其误差在允许范围内。

（6）严格按照以下搅拌工艺生产，搅拌充分、均匀，保证每盘的搅拌时间不少于4min。

（三）出场混凝土的检测

为了保证出场混凝土的质量，对每一车混凝土都进行倒坍落度流空时间、坍落度、扩展度、强度等工作性能检测，如图3-3-27~图3-3-30所示。

图3-3-26　原材料的挡雨棚

图3-3-27　混凝土的坍落度的检测

图3-3-28　混凝土离析系数测定仪

图3-3-29　L形流动仪测混凝土流动度　　　图3-3-30　U形流动仪（测混凝土通过钢筋的流动度）

第三节　实施效果

通过约2年时间对UHPC和UHP-SCC的研究及工程应用取得如下结果：

（1）采用常规、通用、大宗的混凝土原材料——普通中砂（河砂）、花岗石碎石、强度等级为52.5级的硅酸盐水泥、矿渣粉、硅粉以及聚羧酸高效减水剂等，研发和生产UHPC、UHP-SCC，并用普通商品混凝土的生产设备和工艺成批量生产，超高（h>400m）泵送进行施工，属国内外首次。该技术具有广阔的发展前景，为推动我国UHPC和UHP-SCC的发展树立了样板。

（2）广州国金工程开发和生产的UHPC，通过材料组分的选择，合理匹配，可以达到高的流动性，又不发生离析泌水现象。而且能经时4h，新拌混凝土仍无坍落度损失，降低了泵送阻力，保证了超高泵送对混凝土拌合物的要求。UHP-SCC配制过程中，掺入了特种矿物超细粉和特种外加剂，使混凝土拌合物具有足够的内聚力，砂、石能均匀分布于浆体中，具有很大流动性，同时又具有很高的抗离析能力。混凝土流过U形仪隔栅时，达到了32cm以上的填充高度。这与国内外配制SCC时要加入增稠剂、膨胀剂等相比，工艺简单，成本低，也具有我国地方材料特色。

（3）UHPC和UHP-SCC的推广应用充分保证了混凝土和混凝土结构的质量，达到了省资源、省能源并与环境友好的目的。UHPC和NC（普通混凝土）相比，可以大大节省钢材，降低结构断面。据日本有关资料介绍，由C100的UHPC代替C60混凝土用于超高层建筑的钢筋混凝土柱，断面缩小，增大可以利用的面积约10%。C100的预应力混凝土结构代替钢结构，两者具有相同的性能/质量比。但前者可以节省大量的能源，而且可以大幅度降低维修管理费用。UHP-SCC免振捣、无噪声的施工，是一种环境友好型的混凝土。

（4）总包项目部联合中联重科根据国金项目混凝土超高泵送的特点，研发了混凝土出口压力为40MPa的泵机（图3-3-31），满足了UHPC、UHP-SCC超高（h=411m）泵送的要求。

图3-3-31　特制高压泵

第四章 巨型超高斜交网格钢管柱制作与安装

斜交网格结构体系是一种新型结构体系，该体系是由倾斜的钢柱交叉组成网状结构，在超高层结构当中，网状结构闭合形成一个稳定的筒体，在水平荷载作用下，斜柱主要承受轴向力，即整个结构水平外力产生的内力主要由斜交钢柱的轴向变形抵抗，故其具有抗侧刚度大的特点，抗风、抗震性能也就非常优越。但是大直径、大尺寸钢柱斜交，在交接点部位就会形成一个位形复杂、体积巨大、多构件连接的空间多点对位的节点，在工厂加工时就要面对大相贯线切割、厚钢板焊接、小夹角焊接、焊接集中应力消减、预拼装困难等问题；运输及安装时就要面对超宽、超重、异型构件验收、巨型节点的运输与堆放、巨型构件的吊装、空间多点对位、高空精确定位、高空厚板焊接等问题。而上述所有问题在超高空作业，施工难度将会变的更大，解决好上述问题是巨型斜交网格体系结构施工的关键。

广州珠江新城国金项目主塔楼外框筒是由竖向17节、每节30根直管和15个"X"形节点组成的典型的斜交网格结构，是该种结构在超高层建筑中的首次应用。钢管直径从底部的1.8m过渡为顶部的0.8m，钢管最大壁厚55mm，节点中拉板最厚100mm。针对上述问题，国金项目在钢管柱制作上进行了精心的考虑。

第一节 复杂"X"节点钢柱制作

一、"X"节点钢柱制作概述

"X"节点钢柱主要由外筒立柱、椭圆形拉结板、加劲环、加劲板以及楼层梁牛腿等组成。构件要求精度高，要进行实体预拼装，以满足现场安装要求。构件形状和节点类型如图3-4-1所示。

制作时，需预先进行各零部件的加工制作，合格后在总组装胎架上进行整体组装，以保证单个"X"节点钢柱制作精度满足预拼装及设计要求。

二、复杂"X"节点钢管柱加工

（一）立柱钢管的加工工艺流程

立柱钢管加工工艺图如图3-4-2所示。

图3-4-1 X节点模型示意图

（二）立柱钢管的加工工艺和方法

立柱钢管的加工工艺和方法如图3-4-3所示。

（1）零件矫平、下料、拼板。钢板下料前用矫正机进行矫平，防止钢板不平而影响切割质量，并进行钢板预处理。零件下料采用数控精密切割，切割后进行二次矫平。

（2）两侧预压圆弧。卷管前采用油压机进行两侧预压成型，并用样板检测，压头后切割两侧余量，并切割坡口。

（3）卷管。采用大型数控卷管机进行卷管，卷管时采用渐进式，不得强制成型。

（4）钢管成型。在数控卷管机上进行反复的滚压，直至成型，检查加工精度，否则再次进行滚压矫正。

（5）纵缝焊接。筒体段节的纵缝采用自动埋弧焊接，焊接前进行预加热，焊接时先焊内侧后焊外侧，焊后24h进行探伤。

（6）检测矫正。筒体纵缝焊接后，必须进行焊接变形的矫正，矫正采用卷板机滚压或火焰加热矫正的办法。

（7）环缝焊接。将焊好的筒体段节进行对接接长，并进行环缝的焊接，焊接采用伸臂焊接用埋弧自动焊进行焊接。

（8）检测矫正。筒体段节对接后进行测量矫正，与其他杆件进行节点的整体组装。

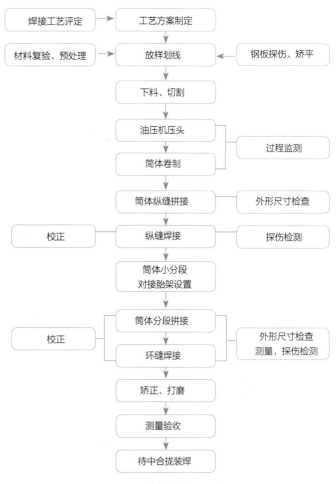

图3-4-2 立柱钢管加工工艺图

（三）立柱钢管的加工技术要点

（1）根据立柱锥管的直径制作压模并安装。采用2000t油压机进行钢板两端部压头，钢板端部的压制次数至少压三次，先在钢板端部150mm范围内压一次，然后在300mm范围内重压二次，以减小钢板的弹性，防止头部失圆，压制后用样板检验，如图3-4-4所示。

（2）注意压头质量。压头质量的好坏直接关系到筒体的轧制质量。为保证加工质量，尤其是椭圆度要求，压头检验用样板必须使用专用样板（样板公差1mm），样板要求用2～3mm薄钢板制作，且圆弧处必须上铣床加工，从而保证加工质量，切割两端余量后并开坡口。

（3）采用靠模式拉线进行调整。将压好头的钢板吊入三辊轧车后，必须用靠模式拉线进行调整，以保证钢板端部与轧辊成一直线，防止卷管后产生错边，然后按要求徐徐轧制，直至卷制结束。

（4）立柱钢管纵缝的焊接工艺。包括钢管的定位焊接、钢管的纵缝焊接（图3-4-5）、焊接顺序安排、焊前预热（图3-4-6）、焊接工艺参数、防止筒体焊接产生微裂纹的措施（图3-4-7）、钢管段节焊后的矫正（图3-4-8）、立柱筒体装焊公差要求、钢管段节接长和环缝的焊接（图3-4-9）和立柱端面的加工（图3-4-10）等方面的工艺要求。

（5）外框筒X形节点制作细则。包括组装基准面选择、组装胎架的设置（图3-4-11）、椭圆拉板的组装定位（图3-4-12）、钢管立柱的定位组装（图3-4-13～图3-4-15）、各加强环的定位组装（图3-4-16）以及加工厂组装（图3-4-17～图3-4-20）等。

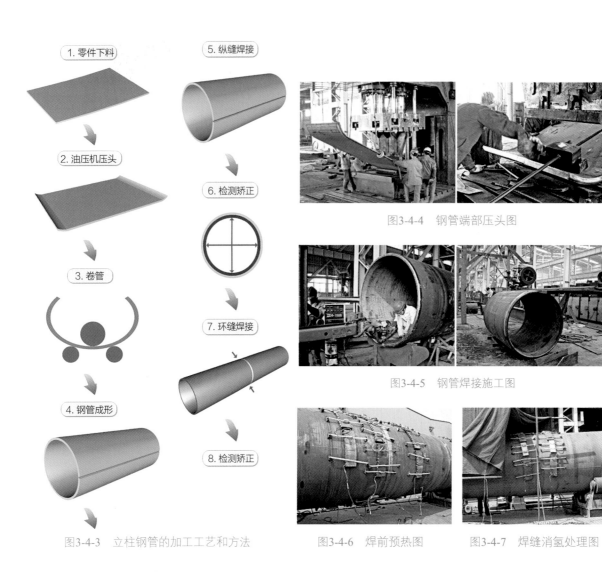

1. 零件下料

2. 油压机压头

3. 卷管

4. 钢管成形

5. 纵缝焊接

6. 检测矫正

7. 环缝焊接

8. 检测矫正

图3-4-3　立柱钢管的加工工艺和方法

图3-4-4　钢管端部压头图

图3-4-5　钢管焊接施工图

图3-4-6　焊前预热图　　图3-4-7　焊缝消氢处理图

图3-4-8　卷板机滚压加工图

图3-4-9　环焊缝焊接图

图3-4-10　端面机加工图

图3-4-11　胎架设置图

图3-4-12　椭圆拉板组装定位图

图3-4-13　钢管立柱定位图（1）

图3-4-14　钢管立柱定位图（2）

图3-4-15　钢管立柱对接焊施工图

图3-4-16　节点加强环组装示意效果图

图3-4-17　加强环组装

图3-4-18　节点层加强环焊接

图3-4-19　节点层加强环翻转焊接完毕

图3-4-20　加强环焊接完毕

第二节　实体预拼装与电脑模拟拼装

外框筒整体预拼装过程是利用坐标的转换实现斜交网格结构构件从直立结构到平面卧式拼装的位置变换，通过这一转变实现对加工完成的实物构件进行工厂模拟安装。主要是检验制作的精度，以便及时调整、消除错误。预拼装的工作量大，占用场地的面积大，周期长，要求高，因此拼装单元的确定和测量方案都是工程的施工难点。

一、预拼装方法及原理

根据外筒斜交网格结构的特点，其整体预拼装采用分单元交叉拼装来实现，各拼装单元之间相互校验，充分保证各构件之间相对关系及位置的准确性。以节点JB、JC、JD之间的预拼装为例，将该网格单元分为三部分，每部分的预拼装分三个拼装单元进行，依次按图3-4-21所示的拼装过程1→拼装过程2→拼装过程3进行外框筒的预拼装，其他节点间的拼装单元与此类似。

为利于预拼装测量和降低拼装胎架的高度，工厂预拼装采用卧式拼装的方式。预拼装过程是利用坐标的转换实现斜交网格结构构件从直立结构到平面卧式拼装的位置变换，通过这一转变实现对加工完成的实物构件进行工厂模拟安装。图3-4-22示出了拼装现场的照片。

坐标转换时首先按照上述拼装单元定位原则在CAD中对拼装单元进行整体建模，将原结构整体坐标系的坐标原点转换到拼装场地表面位置，以平行于环梁且过最下部拼装胎架的直线为X轴，以垂直于环梁且过构件轮廓线最左侧点的直线为Y轴定位预拼装单元的坐标系统，然后在新的坐标系统下确定所有构件控制点的坐标值作为现场预拼装检测及验收的依据。

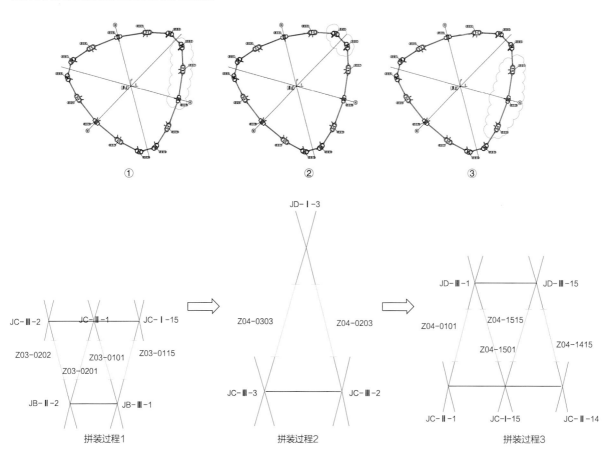

图3-4-21　预拼装单元平面布置图

图3-4-22　拼装现场照片

对现场预拼装构件进行测量，以确定节点与支柱间的坡口间隙是否符合要求，以及钢管立柱的长度是否符合要求；拉线测量上下节点两端中心线是否在同一直线上，从而确定节点与钢管立柱的整体直线度是否符合要求；通过拉线法和挂线锤的方法检查楼层牛腿是否在同一平面上。另外，通过全站仪进行各控制点坐标采集，如图3-4-23所示。

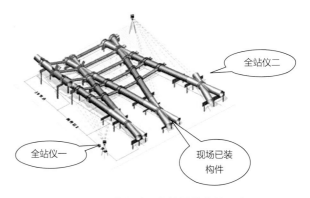

图3-4-23　全站仪测量实体拼装构件示意图

国金工程外框筒斜交网格结构工厂预拼装的测量控制点主要选择构件现场对接位置的关键点，包括节点各支管管口控制点、斜钢柱管口控制点和钢梁牛腿控制点。所有控制点均以洋冲眼形式在管口或牛腿翼缘的外棱边上进行标识。

二、预拼装的工艺流程

本工程钢结构外框筒的预拼装按照图3-4-24所示的工艺流程进行。

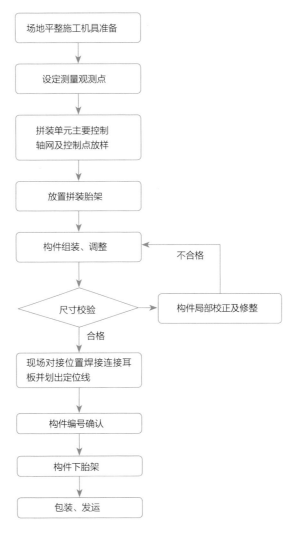

图3-4-24　预拼装工艺流程图

三、预拼装检验标准

预拼装检验标准按照《广州珠江新城国金钢结构工程施工质量验收标准》执行。外筒管构件预拼装的允许偏差见表3-4-1所列。

外筒管构件预拼装的允许偏差（mm）　　　　表3-4-1

项目	允许偏差（mm）		检查方法
外筒中心坐标水平位移Δ	$\Delta \leqslant 10$		全站仪、经纬仪
管柱中心坐标水平位移Δ_1	$\Delta_1 \leqslant 8$		全站仪、经纬仪
管柱中心顶部标高	± 2		水准仪、钢尺
管柱弯曲矢高f	$f \leqslant 1/1500$，且$\leqslant 10$		钢尺、直尺、经纬仪、全站仪
支柱管节间弯曲矢高f_1	$f_1 \leqslant 1/1000$，且$\leqslant 10$		钢尺、直尺
管口错边	$t/10$，且不应大于3		直尺
坡口间隙	有衬垫	-1.5，+6	直尺、焊缝卡尺
	无衬垫	0，+2	

四、预拼装对工程实施的影响

（1）通过对构件进行工厂预拼装实现加工制作误差的有效控制，使由制作精度导致的安装误差降至最低，大大提高了现场安装过程中构件对接的精度及螺栓的一次穿孔率，从而有力保障工程的顺利实施。

（2）通过对构件的预拼装及时掌握构件的制作装配精度情况，对某些超标项目进行调整，并分析产生原因，在以后的加工过程中及时加以控制，为下一步工作的开展打好坚实的基础。

（3）因构件是分区划分两制作厂制作，所以外筒钢柱要经过二次倒运，进行预拼装。

五、电脑模拟预拼装

电脑模拟拼装的实质就是用全站仪进行复测，再用电脑拟合。即节点制作精度的控制，在采用地面放样挂线锤、拉尺等控制手段的基础上，由专门的测量组使用全站仪进行测量控制，如图3-4-25所示。这个方法在8~10区构件制作中得到充分应用，在没有实物预拼装的情况下，对保证构件精度起到良好效果。即在组装时和焊接完成后对构件上的重要控制点（如端口圆心位置、牛腿上下翼缘端口中心点、端口安装耳板控制点等）利用全站仪进行控制和测量，采用电脑拟合，分析检查偏差情况，发现问题及时采取纠偏措施，确保定位准确。

电脑拟合的原理是用全站仪测的构件上的重要控制点（如端口圆心位置、牛腿上下翼缘端口中心点、端口安装耳板控制点等），在CAD软件上把这些点空间坐标输入，以其中三个点确定空间坐标，导入模型中检查分析偏差情况。如果出现偏差较大的情况，重新以新的三个点确定空间坐标，重新导入模型再次复核偏差情况，这样可以尽可能减少因确定坐标系的三个点本身的偏差导致的其他点偏差过大的情况，对多次复核均偏差过大的点需要采取纠偏措施，使其偏差控制在允许范围内。

图3-4-25　全站仪测量控制点图

六、实体与电脑模拟拼装对比

在实体预拼装经验下，采用电脑模拟预拼装，通过电脑放样，把各个区域钢柱电脑拟合后，用全站仪对加工完成钢柱控制点坐标69个进行测量，测量数据与电脑拟合数据得出偏差，控制在3mm范围内，经现场安装，满足质量要求。

第三节　X形节点焊接残余应力消减

采用VSA实效振动和局部加热的控制方法进行构件焊接残余应力控制，通过系列实验，并就试验数据联合设计、业主和国内知名专家进行了专家论证，现场实施取得了良好的效果。表3-4-2为不同类型构件残余应力的消减方案。

<table>
<tr><td colspan="3" align="center">不同类型构件残余应力的消减方案　　　　　　　　表3-4-2</td></tr>
<tr><th>构件类型</th><th>残余应力类型</th><th>消减方案</th></tr>
<tr><td rowspan="3">外筒X形节点</td><td>节点相贯焊缝与拉板间焊接残余应力</td><td>应用VSR、冲砂进行消减</td></tr>
<tr><td>相贯焊缝与环板间焊接残余应力</td><td>应用VSR、冲砂进行消减</td></tr>
<tr><td>钢管成管后焊接残余应力</td><td>制管后或节点制作完成后合并一起应用VSR进行消减</td></tr>
<tr><td rowspan="2">节点间钢柱</td><td>钢管环板牛腿焊接残余应力</td><td rowspan="2">制管后或钢柱制作完成后合并一起应用VSR进行消减</td></tr>
<tr><td>钢管成管轴向和径向应力</td></tr>
<tr><td>楼层钢梁、环梁等</td><td>翼板与腹板间焊接残余应力</td><td>不进行消减</td></tr>
</table>

对钢管进行VSR时效振动时，方案如图3-4-26所示。

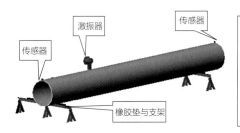

钢管VSR实施技术参数：
1. 转数：2000~6000rpm；
2. 稳速精度：1rpm/min；
3. 激振力：8~14kN；
4. 加速度：Max32G；
5. 时效时间：20~25min，智能化工艺流程。

图3-4-26　钢管VSR时效振动示意图

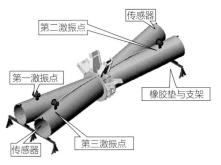

节点VSR实施技术参数：
1. 转数：2000~8000rpm；
2. 稳速精度：2rpm/min；
3. 激振力：8~26kN；
4. 加速度：Max44G；
5. 时效时间：第一振点25~30min，第二振点20~22min，第三振点15~20min，智能化工艺流程。

图3-4-27　节点VSR时效振动示意图

对于节点的VSR时效振动方案，如图3-4-27所示。

对钢管局部烘烤释放应力——构件完工后在其焊缝背部或焊缝两侧进行烘烤。此法过去常用于对T形构件焊接角变形的矫正中，不需施加任何外力，构件角变形即可得以校正。由此可见只要控制加热温度与范围，此法对消除应力是极为有效的。我们将利用电加热板对焊缝进行加热到约650℃左右，保温1~1.5h，缓慢冷却，相关的局部烘烤工作将安排在制管阶段进行，如图3-4-28所示。

消残技术参数要求、指标见表3-4-3所列。

图3-4-28　钢管局部烘烤图

消残技术参数要求、指标　　　　　　　　　　表3-4-3

序号	构件	消应力前 最高应力峰值（MPa）	消应力前 平均峰值（MPa）	消应力后 平均应力（MPa）	消应力效果（%）
1	钢管	400~480	300~350	220	25~5
2	节点	420~500	330~380	240	25~50

第四节　巨型超高斜交网格钢管柱安装

一、地下室顶板加固技术

本工程施工现场场地狭小，无法满足钢构件堆放及施工要求。为达到安装要求，对首层楼板进行合理加固，以便于钢构件堆放，并行走80t汽车吊、30~80t的构件运输车（含构件重量）。

（一）地下1层原建筑和结构设计概况

（1）地下1层加固区域内建筑功能。地下1层主要为停车场、设备用房、储物间、更衣室、休息室。

（2）地下1层加固区域内原设计概况。大梁截面尺寸为：2200mm×850mm；主要梁截面为：1560mm×700mm、700mm×600mm、700mm×800mm；主要柱截面尺寸为：700mm×700mm；楼板厚：200mm。

（二）首层楼板主要加固区域

⑦~⑰、Ⓐ~Ⓓ1轴区域，加固面积5852.6m²。该加固区域分为两类：无梁板区域、梁板加大加厚区域，具体如图3-4-29所示。

（三）现场布置情况

现场加固布置考虑材料摆放、道路选择、重车路线、重车停放点等，如图3-4-30所示。

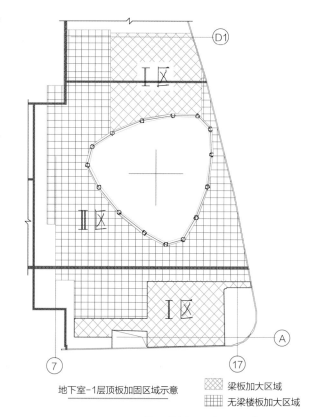

地下室-1层顶板加固区域示意

▨ 梁板加大区域
▦ 无梁楼板加大区域

图3-4-29　首层楼板主要加固区域

（四）首层楼板加固方案荷载取值

（1）构件卸车区加固验算。取最不利时荷载：构件卸车时楼板承受80t汽车吊（自重G_1=56t）及所吊构件重量，此处按最重X形节点钢柱考虑（G_2=65t）。此工况分析如图3-4-31所示，汽车吊支腿下方垫2.0m×2.0m枕木，枕木下垫钢板。

（2）荷载分析。最不利工况下，汽车吊每个支腿受力：F_{1m}=（$G_{11}+G_{12}$）/4=（57+65）×10000/4=302.5kN，可近似简化为均布荷载：F_{1m}/A=302.5/2×2=75.63kN/m²；施工荷载77.63kN/m²；合计78kN/m²，地下室加固以本荷载为准进行加固。

（五）加固设计

因综合考虑地下室工程的建筑功能、结构承载力及水电、通风、空调等不受影响。项目部委托华工设计院进行加固设计，设计主要在三方面修改：

（1）无梁板区域。取消梁，板厚修改为500mm；底筋改为ϕ25@200，面筋ϕ20@125，面筋柱头处4.2m×4.2m范围内加密至ϕ25@200；柱顶设置抗冲切钢板构架，Q345钢，共4块16mm×350mm×4000mm钢板居中布置，如图3-4-32所示。

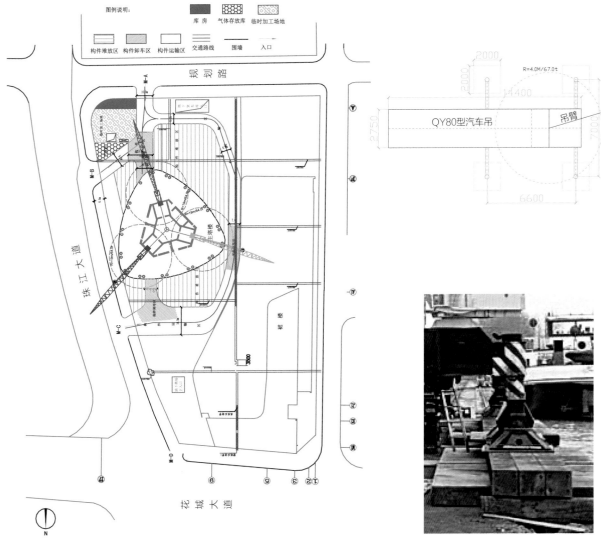

图3-4-30　施工现场钢结构吊运平面布置图　　　　图3-4-31　汽车吊支腿处理图

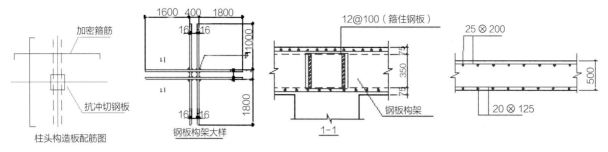

图3-4-32 无梁板区域设计修改

（2）梁板区域。板厚度修改为250mm厚，底面筋为双向 ϕ 12@100；部分梁配筋加大。

（3）适当增加柱。

（六）楼板的使用

（1）加固范围内设置安全围挡，并明确标示，严格按照平面图布置划出车道线、卸货区、堆放区，并设置明显的标示牌，保证堆放及行车荷载不超过78kN/m²。

（2）针对堆放区域，对大型X形钢构件设计专门临时胎架。

（七）柱子的施工

柱与底板的连接采用植筋的方式进行连接。植筋操作程序如下：

（1）按设计要求钢筋数量及孔径要求钻孔至要求深度。

（2）使用高压水或高压空气清孔。

（3）孔内注入植筋胶，并且将钢筋端头清理干净，钢筋端头也涂刷植筋胶。

（4）将钢筋插入孔内，稳固钢筋。

（八）柱子的拆除

首层楼板作为钢结构堆场使用完毕以后，需将柱及梁拆除，为避免机械拆除对楼板的振动，采取人工拆除方式进行拆除，拆除原则为从首层往地下4层逐层拆除。

（九）使用时的监测

加固区域的混凝土必须达到强度等级后方可使用，使用中，重点检查车道、卸货区及X形节点钢柱堆放区域首层板板底、梁底、梁板面的负弯矩区、地下室柱情况，均无发现任何非正常开裂情况。

二、大型构件双夹板自平衡吊装技术

广州珠江新城国金工程主楼外筒自下而上共17个区域，每个区域由X形节点柱15个和钢管柱30根组成。X形节点柱最大规格 ϕ 1800mm×55mm×13000mm，单件最重为64t；钢管柱最大规格 ϕ 1800mm×35mm×21000mm，单件最重为39t，钢管柱中心线与铅垂线间的最大夹角17°。单根超长、超重斜钢柱安装过程中存在较大的受力弯矩，且受施工现场空间限制，传统"缆风绳"现场安装根本无法满足安装要求，必须对传统"缆风绳"进行优化，以保证施工质量、安全、进度要求。

（一）双夹板自平衡吊装施工工艺

1. 与传统的"揽风绳"施工措施比较

外筒超长、超重巨型斜交网格柱安装，若采用传统的缆风绳、钢支撑对其进行支撑和稳固，需投入较大施工措施和劳动力，增加了施工内容和工作时间，且多工种多工序的立体交叉作业相互影响，带来施工质量、安全、进度的严重影响，如图3-4-33所示。

采用"双夹板自平衡吊装"施工技术，钢管柱吊装就位后不必拉设缆风绳和架设钢支撑，而是专门针对超高层不同高度设计一定强度的对接连接板做临时固定，由螺栓、双夹板和连接耳板组合受力，共同承受构件自重恒载、风荷载、施工荷载产生的重力和弯矩。"无缆风"施工技术是对传统吊装技术的改进，相对缩短了安装工期，节省了措施成本和人工费，避免了立体交叉作业，提高了施工安全性（图3-4-34）。

"双夹板自平衡吊装"施工技术——钢管柱对接处采用螺栓、双夹板和连接耳板固定，如图3-4-35所示。

不同区域的钢管柱直径、壁厚、长度、单件重量随主楼高度上升而逐渐减小，即不同高度的安装工况各不一致。对17个区域的钢管柱分别进行最不利工况分析验算，计算连接板强度、焊缝受力、螺栓数量，以保证"无缆风"施工技术的安全实施。

2. 钢管柱对接连接板的设计

包括标高100m以下钢管柱对接连接板的设计；标高100～200m、300m以上钢管柱对接连接板的设计和标高200～+300m钢管柱对接连接板的设计。其中标高100m以下钢管柱对接连接板的设计如图3-4-36所示。

3. 连接板的设计验算

X形节点钢柱最高13m，安装时左右平衡稳定。直段钢管柱最长21m，成17°倾斜，自身平面内不稳定，所以选择直段钢管柱的临时固定作最不利工况验算。钢管柱下口对接连接板共6组，选取其中四组作受力分析，另外两组不参与受力分析作安全储备。

（二）措施耳板与环板相碰时的处理措施

外筒巨型超长、超重斜钢柱措施耳板与楼层环板相碰撞，对此部位上环板进行现场焊接。图3-4-37为斜钢柱措施耳板与楼层环板相碰撞处理示意图。

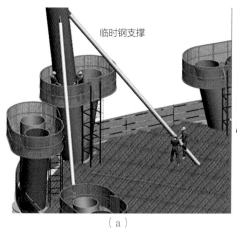
（a）

（b）

图3-4-34 "无缆风"施工技术

图3-4-33 两种施工措施比较

（a）传统的钢管柱安装临时钢支撑措施；（b）钢管柱安装缆风绳稳定措施

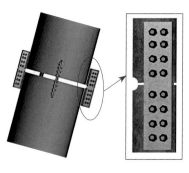

图3-4-35 "双夹板自平衡吊装"施工技术

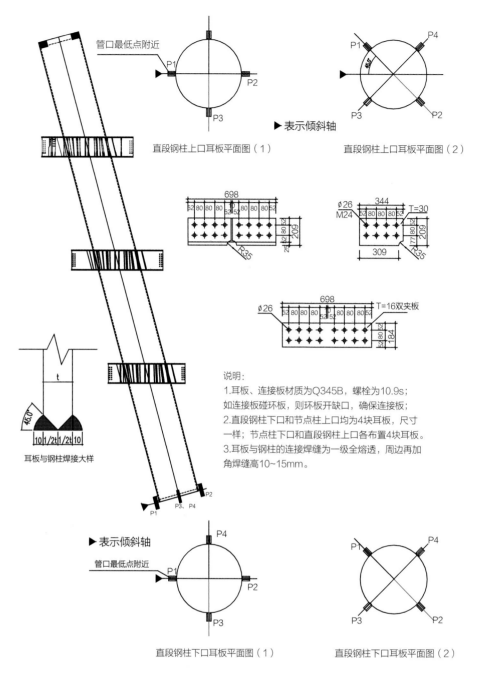

管口最低点附近

P1
P2
P3

直段钢柱上口耳板平面图（1）

P1
P4
P3
P2

表示倾斜轴

直段钢柱上口耳板平面图（2）

698
52 80 80 80 52 80 80 80 52
209
25
R35

Ø26
M24
344
52 80 80 52
T=30
209
77
309
R35

698
Ø26
52 80 80 52 80 80 80 52
T=16双夹板
184
52 80 52

说明：
1.耳板、连接板材质为Q345B，螺栓为10.9s；
如连接板碰环板，则环板开缺口，确保连接板；
2.直段钢柱下口和节点柱上口均为4块耳板，尺寸
一样；节点柱下口和直段钢柱上口各布置4块耳板。
3.耳板与钢柱的连接焊缝为一级全熔透，周边再加
角焊缝高10~15mm。

t
45.0
10 1/2t 1/2t 10

耳板与钢柱焊接大样

P1
P3、P4
P2

表示倾斜轴

管口最低点附近

P1
P4
P2
P3

直段钢柱下口耳板平面图（1）

P1
P4
P3
P2

直段钢柱下口耳板平面图（2）

图3-4-36   标高+100m以下钢管柱对接连接板的设计

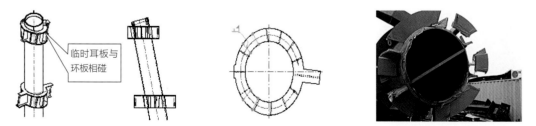

临时耳板与
环板相碰

图3-4-37   斜钢柱措施耳板与楼层环板相碰撞处理示意图

（三）"双夹板自平衡吊装"现场施工情况

（1）钢管柱吊装就位，如图3-4-38所示。

（2）钢管柱安装固定。采用"双夹板自平衡吊装"技术吊装第一个钢管柱后，马上吊装邻近的一根钢管柱，再安装钢管柱跨间环梁，最后安装钢管柱与核心筒之间的钢梁，并进行校正，如图3-4-39所示。

（四）实施效果

自2007年9月～2008年12月31日，广州珠江新城国金工程外筒钢结构施工到103层结构封顶，"双夹板自平衡吊装"技术在本工程得到成功的实践，与传统吊装方法相比，具有施工安全便捷、节省措施、人工投入、缩短工期等优点，使外筒钢结构安装速度由4.5天/层减少到3.5天/层，缩短总工期51天，避免了立体交叉施工作业的相互影响，提高了施工安全性。

三、高空复杂节点焊接技术

广州珠江新城国金使用的主要钢材材质为：Q235B、Q345B、Q345GJC，钢板厚度从20～100mm有各种不同的规格。外框柱钢结构为空间巨型结构，其管径和壁厚最大达到了100mm和50mm，构件最大重量达到了64t。

钢结构构件截面形式主要为：箱形、焊接H形、热轧H形、环形。现场焊缝主要集中在柱柱对接、柱梁连接、桁架对接等部位。焊接位置包括了平焊、横焊、立焊、斜立焊、仰焊等。

据统计，现场焊缝总长达115万延长米，实际使用焊丝达600t。

（一）焊接难点

广州具有典型的亚热带季风性气候，日温差大,潮湿多雨,气候的特殊性为432m高的广州珠江新城国际金融中心钢结构焊接增加了新难度，特别是200m以上超高空风大、雾大、湿度重的恶劣环境对焊缝质量的影响，因此施工环境的恶劣对超高空焊接防护提出了新的要求。除了焊接环境的防护是本工程难点之一外，钢材材质

图3-4-38 钢管柱吊装就位过程图

（a） （b）

图3-4-39 钢管柱安装固定

（a）钢管柱"无缆风"安装固定；（b）"无缆风"固定后吊装楼层钢梁

类型多,钢材板厚、焊缝长、焊接量大是本工程另一大特点，与此同时焊接防变形控制也是本工程必须攻克的难点。

（二）应对措施

（1）采用高效的CO_2气体保护焊。

（2）严格按要求搭设周密的焊接防护棚（图3-4-40）。

（3）进行有针对性的焊工培训。

（4）确定合理的焊接顺序。

（三）主要施工技术

本工程焊接重点是厚板焊接方面，大量钢板厚度超过30mm，焊接条件较差，均为超高空、临边施工，焊接难度较大，焊接工作量大。控制焊接变形、消除残余应力、防止层状撕裂，保证焊接质量。

1. 焊前准备及清理

（1）焊接条件：下雨时露天不允许进行焊接施工，如必须施工，则必须进行防雨防护。厚板焊接施工时，需对焊口两侧区域进行预热（图3-4-41），宽度为1.5倍焊件厚度以上，且不小于100mm。当外界温度低于常温时，应提高预热温度15～25℃。若焊缝区空气湿度大于85%，应采取加热除湿处理。焊缝表面干净，无浮锈，无油漆。

（2）焊接环境：焊接作业区域搭设焊接防护棚，进行防雨、防风处理。CO_2气体保护焊（风力大于2m/s）作业时，未设置防风棚或没有防风措施的部位严禁施焊作业。

（3）焊前清理：正式施焊前应清除定位焊焊渣、飞溅等污物。定位焊点与收弧处必须用角向磨光机修磨且确认无未熔合、收缩孔等缺陷。

（4）电流调试：手工电弧焊：不得在母材和组对的坡口内进行引弧，应在试弧板上分别做短弧、长弧、正常弧长试焊，并核对极性。CO_2气体保护焊：应在试弧板上分别做焊接电流和电压、收弧电流和收弧电压对比调试。

（5）气体检验：核定气体流量、送气时间、滞后时间，确认气路无阻滞、无泄露。

（6）焊接材料：本工程钢结构现场焊接施工所需的焊接材料和辅材，均应有质量合格证书，施工现场设置专门的焊材存储场所，分类保管。领用人员领取时需核对焊材的质量合格证、牌号、规格。焊条使用前均需要进行烘干处理。

2. 焊接

根据本工程结构特点，焊接时采取整体同时焊接与单根柱对称焊接相结合的方式进行。为此，在钢管柱焊接时，1.2m≤柱径<1.8m，组织6组×3人的方式进行焊接施工；0.9m≤柱径≤1.2m，组织6组×2人的方式进行焊接施工（图3-4-42）。

（1）厚板焊接：采用CO_2气体保护半自动焊焊接。

（2）打底层：在焊缝起点前方50 mm处的引弧板上引燃电弧，然后运弧进行焊接施工。

（3）填充层：填充层焊接为多层多道焊，每一层均由首道、中间道、坡边道组成。在进行填充焊接前应清除首层焊道上的凸起部分及引弧造成的多余部分，每层焊缝均应保持基本垂直或上部略向外倾，焊接至面缝层时，应注意均匀地留出上部1.5mm下2mm的深度的焊角，便于盖面时能够看清坡口边。

（4）层间清理：采用直柄钢丝刷、剔凿、扁铲、榔头等专用工具，清理渣膜、飞溅粉尘、凸点，卷搭严重处采用碳刨刨削，检查坡口边缘有无未熔合及凹陷夹角，如有必须用角向磨光机除去,修理齐平后，复焊下一层次。

（5）面层焊接：开始焊接前应对全焊缝进行修补，消除凹凸处，尚未达到合格处应先予以修复，保持该焊缝的连续均匀成型。面缝焊接前，在试弧板上完成参数调试，清理首道焊缝的基台，必要时采用角向磨光机修磨成宽窄基本一致整齐易观察的待焊边沿，自引弧段始焊在引出段收弧。焊肉均匀地高出母材2~2.5mm，以后各道均匀平直地叠压，最后一道焊速稍稍不时向后方推送，确保无咬肉。防止高温熔液坠落塌陷形成类似咬肉类缺陷。

（6）焊接过程中：焊缝的层间温度应始终控制在100~150℃之间，要求焊接过程具有最大的连续性，在施焊过程中出现修补缺陷、清理焊渣所需停焊的情况造成温度下降，则必须进行加热处理，直至达到规定值后方能继续焊接。焊缝出现裂纹时，焊工不得擅自处理，应报告焊接技术负责人，查清原因，定出修补措施后，方可进行处理。

（7）焊后热处理及防护措施：母材厚度25mm≤T≤80mm的焊缝，必须立即进行后热保温处理，后热应在

图3-4-40　防护棚　　　　　　　　　　　图3-4-41　焊前预热

图3-4-42　现场焊接施工图

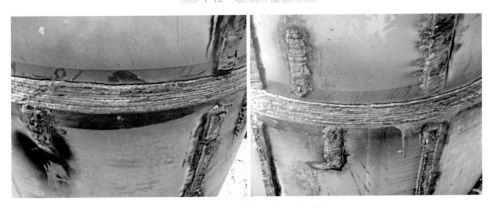

图3-4-43　焊缝现场焊接完成图

焊缝两侧各100mm宽幅均匀加热，加热时自边缘向中部，又自中部向边缘由低向高均匀加热，严禁持热源集中指向局部，后热消氢处理加热温度为200～250℃，保温时间应依据工件板厚按每25mm板厚1h确定。达到保温时间后应缓冷至常温。

（8）焊后清理与检查：焊后应清除飞溅物与焊渣，清除干净后，用焊缝量规、放大镜对焊缝外观进行检查，不得有凹陷、咬边、气孔、未熔合、裂纹等缺陷，并做好焊后自检记录。外观质量检查标准应符合《钢结构工程施工质量验收规范》（GB50205-2001）的规定（图3-4-43）。

3. 焊缝检测

用焊缝量规、放大镜对焊缝外观进行检查，不得有凹陷、咬边、气孔、未熔合、裂纹等缺陷，并做好焊后自检记录。外观质量检查应符合《钢结构工程施工质量验收规范》（GB50205-2001）的规定。

焊缝的无损检测：焊件冷至常温≥24h后，按设计要求对全熔透一级焊缝进行100%的无损检验，检验方式为UT检测，检验标准应符合《焊缝无损检测超声检测技术、检测等级和评定》（GB/T 11345-2013）规定的检验等级并出具探伤报告。

通过生富检测技术有限公司对焊缝检测数据，表面外部焊缝外观合格率为96.76%，UT检测一次合格率为97.6%。

四、钢筋桁架肋压型钢板设计与施工

（一）钢筋桁架肋模板的设计概况

核心筒以外的水平楼板全部采用钢筋桁架肋模板施工。桁架高度范围为70mm≤h≤270mm，桁架长度范围为1m≤l≤（12m），钢筋保护层厚度c=15mm、30mm、45mm。67层以下钢筋桁架肋模板面积为133783.62m²，67层以上面积为42581.88m²。图3-4-44和图3-4-45分别为钢筋桁架肋模板纵横剖面示意图和钢筋桁架肋模板现场图。

（二）钢筋桁架模板安装方法

钢筋桁架模板安装按图3-4-46所示的施工工艺流程进行。

（三）质量保证措施

施工过程中严格按顺序进行，逐步进行质量检查，安装结束后，进行隐蔽、交接验收（图3-4-47、图3-7-48）。

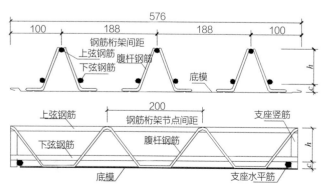

图3-4-44　钢筋桁架肋模板纵横剖面示意图

图3-4-45　钢筋桁架肋模板现场图

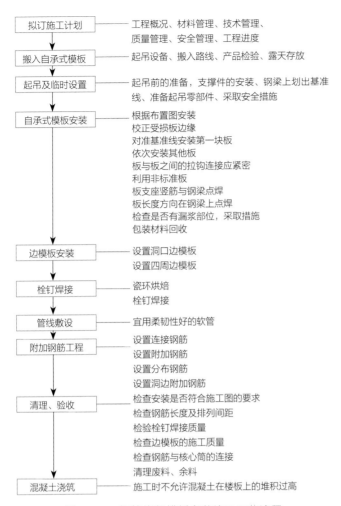

拟订施工计划 —— 工程概况、材料管理、技术管理、
质量管理、安全管理、工程进度

搬入自承式模板 —— 起吊设备、搬入路线、产品检验、露天存放

起吊及临时设置 —— 起吊前的准备，支撑件的安装、钢梁上划出基准
线、准备起吊零部件、采取安全措施

自承式模板安装 —— 根据布置图安装
校正受损板边缘
对准基准线安装第一块板
依次安装其他板
板与板之间的拉钩连接应紧密
利用非标准板
板支座竖筋与钢梁点焊
板长度方向在钢梁上点焊
检查是否有漏浆部位，采取措施
包装材料回收

边模板安装 —— 设置洞口边模板
设置四周边模板

栓钉焊接 —— 瓷环烘焙
栓钉焊接

管线敷设 —— 宜用柔韧性好的软管

附加钢筋工程 —— 设置连接钢筋
设置附加钢筋
设置分布钢筋
设置洞边附加钢筋

清理、验收 —— 检查安装是否符合施工图的要求
检查钢筋长度及排列间距
检验栓钉焊接质量
检查边模板的施工质量
检查钢筋与核心筒的连接
清理废料、余料

混凝土浇筑 —— 施工时不允许混凝土在楼板上的堆积过高

图3-4-46 钢筋桁架模板安装施工工艺流程

图3-4-47 钢筋桁架模板现场施工图

图3-4-48 栓钉现场施工图

五、实施效果

广州国金在705天时间内，顺利完成了主楼钢结构的施工，并且施工过程无一例重大安全事故，建筑垂直度偏差仅15mm，115万延长米焊缝一次探伤合格率为98.90%。钢结构自88层开始（2008年11月26日开吊吊装）至103层（2008年12月25日完成）安装完成，一个月内完成16层，"两天一层"创下高层钢结构世界新速度，将国内超高层钢结构安装技术推向了又一个新的高度，为企业培养了一批超高层钢结构施工技术与管理人才，对整个建筑行业的进步起到了积极促进作用。

第五章 斜交网格钢管混凝土施工

钢管混凝土浇筑施工目前行业内常用的工艺主要包括人工振捣、高抛自密实和泵送顶升三种，但对于泵送顶升工艺因超高泵送需求的泵送压力过大，且顶升需要在每节钢管底部设置进料口，后期补强工作太重，因此此工艺不适用，而针对倾斜的钢管结构，钢管壁会成为混凝土下料的通道，并不能实现严格意义上的高抛，此工艺也不可行。另外由于钢管单节长度太大近20m，钢管内环境恶劣，无法实现下人的目的，且X形节点部位人员根本无法下到底部，单纯此工艺也不可行。经过慎重考虑，本项目采用了"准高抛+人工振捣"的工艺，并在振捣机具上进行了创新，在正式施工前进行了一系列模拟试验，充分验证了该工艺的可靠性。

第一节　概况及混凝土浇筑工艺比较

一、概况

本工程外框筒由30根巨型钢管混凝土柱斜交组成，共分成17个区域。其中构件1～7区混凝土强度等级为C70，8～17区为C60；节点JA～JG区混凝土强度等级为C90，JH～JP区为C80，JQ区为C60。各区域钢管柱倾斜角度为8.06°～17.07°（钢管柱中心线与大地垂线的夹角）。构件区单根混凝土浇筑量为7～43m³，单个节点混凝土浇筑量为2～47m³（图3-5-1）。

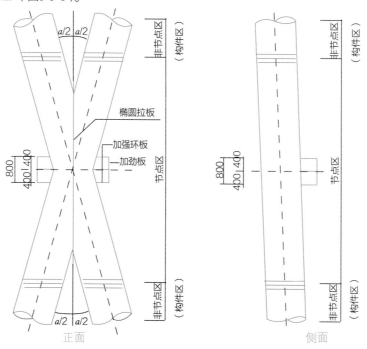

图3-5-1　钢管分节示意图

二、混凝土浇筑工艺比较

国金工程钢管混凝土柱均有不同程度的倾斜，每一节段的浇筑高度很大，且节点处有椭圆拉板隔开，上下不能通视，给施工带来一定的难度。目前国内外常见的钢管混凝土施工方法有顶升法、高抛自密实法及人工振捣法，这几种方法的适用范围及特点比较见表3-5-1所列。

几种混凝土浇筑方法的适用范围及特点比较 表3-5-1

序号	方法名称	原理及特点	针对国金工程的适用性
1	顶升法	利用泵送的压力将混凝土由底到顶注入钢管，由混凝土自重及泵送压力使混凝土达到密实的状态	对于大直径及浇筑高度较大的钢管混凝土，一次性浇筑高度很大，混凝土的自重也很大，对输送泵的压力要求很高；而且浇筑一旦出现紧急情况中断后将无法继续顶升，所以不适合本工程施工
2	高抛自密实法	通过一定的抛落高度，充分利用混凝土坠落时的动能及混凝土自身的优异性能达到振实的效果	本工程钢管柱为立面斜交，并且节点处用椭圆拉板隔开，混凝土从漏斗落下后沿直段钢管壁流入底部，混凝土沿管壁的动能损失很大，不能达到高抛效果
3	人工振捣法	利用人工和振捣器械对混凝土实施振捣，以达到密实的效果	本工程钢管外径由底部1800mm变化到顶部的700mm，大部分钢管可以实现进入钢管内振捣，但是钢管底部距离上口太远，常规通风设备难以达到施工作业要求，而且炎热天气时钢管底部内作业环境恶劣，所以工人不宜进入钢管内部过深，只有通过机械式的振动棒伸入钢管内部方能实现对混凝土的振捣

第二节　钢管混凝土1：1模拟试验

一、试验目的

（1）通过试验检验钢管混凝土施工工艺。

（2）采集超声波检测标准波形参数，用于指导主塔楼钢管混凝土检测施工。

（3）通过试验优化钢管混凝土检测方案。

（4）验证C90混凝土配合比及性能。

二、试验方法

本试验选取节点JP-II-14及节点JP-II-14与JO-III-13之间的直段钢管（钢管外径为800mm，直段壁厚10mm，节点段壁厚10mm，椭圆拉板厚度为10mm）作为试验对象，模拟C70及C90的混凝土浇筑工艺，试验用钢管材质为Q235。

在试验现场安装与上述部位钢管柱相同倾斜度及高度的试验模型，并搭设必要的操作架（详后）。C70及C90混凝土均配置为自密实混凝土，采用HBC32型混凝土泵车分别对直管段和节点段进行混凝土浇筑，并伴随振动棒进行振捣（在钢管内设置照明和摄像头监控，使振动棒的提升高度得到有效的控制）。

对混凝土试块进行7d、14d、28d等龄期的强度及超声波检测，记录好检测结果，并对检测结果进行综合分析，分析结果用于指导主体结构钢管混凝土检测施工。

检测完成后将模型整体放倒，以1m为单位进行肢解。钢管采用气焊割开，混凝土采用截桩机械截开，对混凝土柱进行第二次超声波检测，然后对混凝土柱进行钻芯取样试验，将几次检测结果进行对比分析，全面地验证混凝土的浇筑质量。

三、混凝土配合比

本次试验按照节点JP-II-14及JP-II-14与JO-III-13之间直管段部分混凝土的配合比施工。

四、试验支撑架的搭设

节点支撑架采用脚手架搭设，规格为φ48×3.5mm，材质Q235A。支撑架部分立杆纵横向间距500mm，大横杆步距1000mm，纵、横向每3排设一道剪刀立面支撑，水平支撑每3个步距设一道。所有支撑在平面内连续布置。

楼梯与地面夹角59°，开间1500mm，踏步高175mm，楼梯支撑部分采用脚手架搭设，规格为φ48×3.5mm脚手钢管，材质Q235A。立杆纵横向间距1000mm，大横杆步距1000mm，纵、横向每3排设一道剪刀立面支撑，因整体刚度较好，不再加设水平支撑。所有支撑在平面内连续布置。

直管段支撑架依据直管段倾角设计，采用脚手架搭设，材质及截面要求同上。立杆纵横向间距500mm，大横杆步距1000mm，纵、横向每3排设一道剪刀立面支撑，水平支撑每3个步距设一道。所有支撑在平面内连续布置，如图3-5-2～图3-5-4所示。

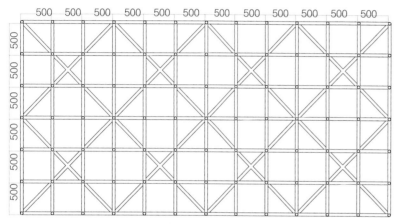

图3-5-2　节点支撑架平面布置图

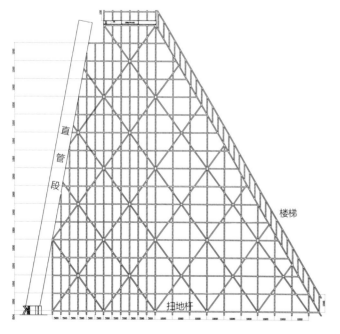

图3-5-3　支撑架立面布置图

图3-5-4　支撑架搭设现场照片

五、混凝土浇筑系统布置

根据现场钢管柱的安装工艺，本次试验混凝土分3次浇筑，即先浇筑直管段（800mm管径）混凝土，再浇筑节点段（800mm管径）混凝土，第3次为1700mm管径直管段混凝土浇筑。3次浇筑的系统详细布置如图3-5-5～图3-5-8所示。

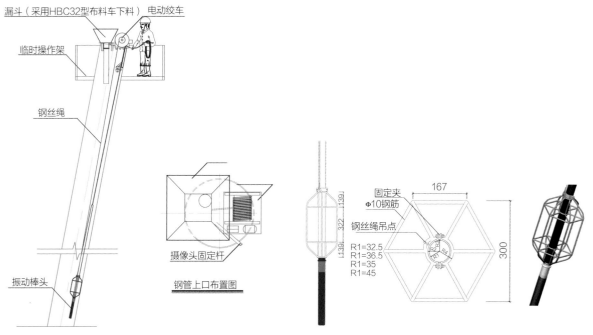

图3-5-5　800mm管径直管段混凝土浇筑系统布置

图3-5-6　振动棒固定大样

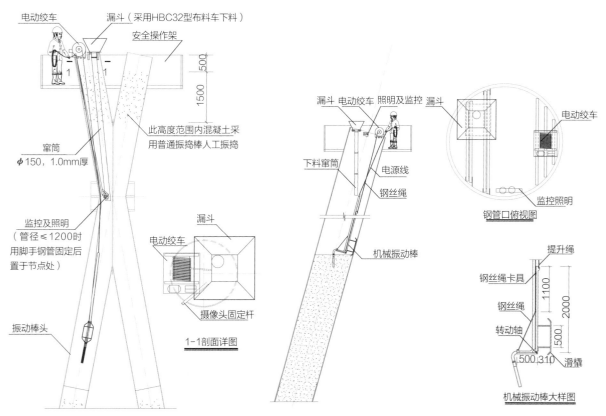

图3-5-7　节点段混凝土振捣系统布置详图

图3-5-8　1700mm管径直管段混凝土振捣系统布置详图

浇筑系统布置的步骤为：将振动棒放入钢管内→放置照明及监控设备→固定电动绞车→安装窜筒并临时固定→安装漏斗并将窜筒挂在漏斗底部→浇筑混凝土。

六、混凝土的浇筑及振捣

（1）浇筑工艺流程。直管段浇筑系统布置→直管段混凝土浇筑→混凝土养护及浮浆清理→节点下段混凝土浇筑→拆除窜筒、将照明及监控移至管口→节点上段混凝土浇筑。

（2）混凝土输送方式。主体方案中钢管混凝土采用布料机进行布料，由于本次试验布料高度较高，普通布料机无法完成布料，故本次试验混凝土采用HBC32型布料车进行布料,通过漏斗和窜筒将混凝土浇筑于钢管内。

（3）浇筑方法

混凝土需连续进行浇筑，采用德国威克IREN6型振动棒（振捣半径为1.2m）进行振捣，振动棒用钢筋笼辅助定位，使其与钢管壁分离，以免影响振捣效果。振动棒采用电动绞车牵引，振动棒的位置通过其自身重量（加上钢筋笼约30kg）和钢丝绳的牵引来控制。振捣时间及绞车牵引速度以振动棒进行混凝土振捣试验来确定，混凝土的浇捣速度应以满足振捣时间为前提，可以通过控制泵送压力来实现对混凝土浇筑速度的控制。混凝土振捣原则为：混凝土振捣密实；固定振动棒的钢筋笼不能埋入混凝土中。本次试验对直管段和节点段的混凝土采取定量控制，其中直管段浇筑量为7.8m³，节点段浇筑量为9.7m³（图3-5-9~图3-5-11）。

（4）混凝土同条件试块的留置。在直管段及节点段混凝土浇筑

图3-5-9　混凝土浇筑图

图3-5-10　振动装置的放置和现场监控调试图

图3-5-11　混凝土振捣图

时各留置2组同条件试块，为了达到与钢管内相似的养护条件，养护时采用油纸将试块密封，达到规定的养护时间后进行超声波及强度检测。

七、超声波检测

（1）执行标准。检测采用中国工程建设标准化协会标准《超声法检测混凝土缺陷技术规程》（CECS21-2000）及参照国标《建筑结构检测技术标准》（GB/T50344-2004）。

（2）检测仪器。使用武汉岩海公司生产的RS-ST01C型非金属超声波探测仪、

50K-P28F型平面声波换能器、数据（声波、波幅等）自动采集装置和电脑等。

（3）检测点的布置。采用对测法分别于7d、14d、28d对钢管混凝土进行超声波检测，并将检测结果记录备案，待检测完成后进行综合分析。具体检测点的布置如图3-5-12所示。

（4）数据整理分析。先计算测位混凝土声学参数的平均值m_x和标准差s_x，再采用特定方法判别异常数据。当测位中某些测点的声学参数被判为异常值时，可结合异常测点的分布及波形状况确定混凝土内部存在不密实区和空洞的位置及范围（图3-5-13）。

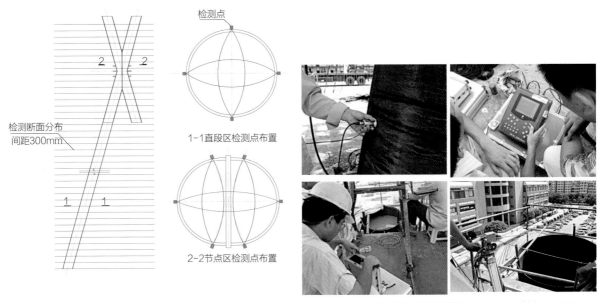

图3-5-12　模拟试验现场检测断面分布图　　图3-5-13　体外超声波检测图声管法超声波检测图

八、钻芯取样

钢管外超声波检测试验完成后，将钢管混凝土柱模型利用QY80汽车吊进行整体放倒。以1m左右为单位进行肢解，肢解时先用气焊将钢管割开，再用截桩机将混凝土柱截开。然后对混凝土进行钻芯取样，进行强度检测（图3-5-14～图3-5-16）。

九、"杀鸡取卵"试验

（一）试验目的

（1）通过检验C70～C90钢管混凝土的标养试件强度、同样试件强度及小型模拟钢管柱抽芯强度，对比因养护方法的差异导致试件强度的差别，来评定实际施工中钢管混凝土的强度。

（2）通过对C70～C90钢管混凝土1：1模拟试验的混凝土进行不同断层的抽芯，测其密度之间的差别，来确定钢管混凝土的均匀性；并通过增加声管数量，对C70～C90钢管混凝土实体的均匀性进行检测，以此来评定钢管混凝土施工工艺的可行性。

（二）实验内容

为保证所做试件具有代表性，其混凝土应与实体构件的钢管混凝土为同一批混凝土。具体实验内容包括：

（1）C70～C90钢管混凝土的强度试验及评定。制作150mm×150mm×150mm立方体标准试件，测量其标养条件下的7d、28d、56d强度；制作150mm×150mm×150mm立方体标准试件，与实体构件进行同条件养护，测量其同养条件下的7d、28d、56d强度；制作150mm×150mm×150mm立方体标准试件，浇筑到试模后，用塑料薄膜将表面覆盖密封。1d脱模后，用塑料薄膜将试件整体密封，防止试件与外界环境有物质交换。

振动部分 未振部分

图3-5-14　800mm直径直段混凝土外观图

图3-5-15　1700mm直径直段混凝土外观图混凝土截断面外观图

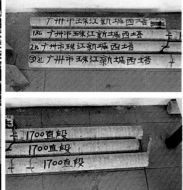

图3-5-16　钻芯取样图芯样图

将做好的试件放置在实体构件旁进行同条件养护，测量其同养条件下的7d、28d、56d强度；用高度为1.2m、直径为1m、厚度为1cm的钢管做模拟试验。该钢管在浇筑混凝土后，上、下两端用10cm厚的硬制泡沫塑料进行绝热密封（图3-5-17）。钢管模拟试件与实际构件同条件养护28d后测量其抽芯强度。上述标养和同养试件的检测结果合格，可说明该工程所用的C70～C90钢管混凝土的原材料、配合比可行；上述密封同养试件和钢管柱模拟实验的检测结果合格，可说明该工程C70～C90钢管混凝土实体结构的

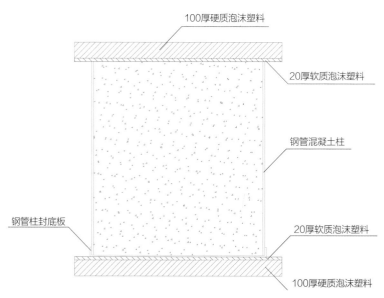

100厚硬质泡沫塑料

20厚软质泡沫塑料

钢管混凝土柱

钢管柱封底板

20厚软质泡沫塑料

100厚硬质泡沫塑料

图3-5-17　钢管柱模拟试验模型示意图

力学性能满足要求，其试验结果可以反映该工程钢管混凝土的实体强度。

（2）C70～C90钢管混凝土施工工艺的评价试验。增加实际工程中钢管中声管的数量，由3根增加至4根；对已进行的1：1钢管模拟试验的混凝土进行抽芯检验其不同断层的密度，来评定目前施工工艺所浇筑混凝土的均匀性。通过以上两项试验来评价目前钢管混凝土施工工艺的可行性。

十、试验结果及检测工艺比较

根据现场外观质量、超声波检测结果、钻芯取样检测结果综合分析，得到如下结论：

（1）混凝土实施振捣后质量明显比非振捣高，此次钢管混凝土浇筑工艺用于本工程是可行的。

（2）敲击法及钢管体外超声波检测结果对施工质量评价不具有指导性。

（3）本次试验混凝土配合比是合理的。

（4）通过本次试验，发现1700mm直径钢管时，一根德国微克振动棒不能满足工艺要求，现场实际施工时直径大于1000mm时需采用高频率人工挖孔桩振动棒施工。

第三节　混凝土施工及检测工艺

一、钢管混凝土现场浇筑工艺

（一）主要施工机械

（1）混凝土输送泵。采用HBT60型3台（钢管区域1～区域4）；HBT90CH型3台（钢管区域5～区域15）。区域4及以下钢管混凝土单次最大浇筑量为1270m³，采用HBT60泵浇筑，按每台泵每小时浇筑40m³计，3台泵11h可完成浇筑，现场配备3台满足施工需求；区域5～区域15钢管混凝土单次最大浇筑量为1050m³，采用HBT90CH泵浇筑，按每台泵每小时浇筑30m³计，3台泵12h可完成浇筑，可满足施工需求。

（2）布料机。采用为国金工程定做的HGY-19型布料机3台，布料半径19m，自重4.2t。

（3）其他机具。高频振动棒6只，监控照明设备3套，爬梯、吊斗若干。

（二）钢管混凝土振捣系统布置

根据外框筒钢管柱的安装工艺，本工程钢管混凝土分为构件区和节点区分别进行浇筑。

（1）构件区段1浇筑系统布置。根据钢结构安装方案，构件1区直管段每根钢管柱分为4段依次吊装，每段安装长度为3454～4014mm，次区域的钢管混凝土拟采取人工进入钢管振捣的方式进行浇筑，具体如图3-5-18所示。

（2）构件2～13区浇筑系统布置。构件2～13区直管段管径较大，采用小型滑撬将振动棒固定并滑入钢管内部进行混凝土振捣，滑撬采用小型电动绞车进行牵引，具体如图3-5-19所示。

（3）构件14～17区浇筑系统布置，如图3-5-20所示。

（4）节点区浇筑系统布置，如图3-5-7所示。

（三）总体施工流程

总体施工流程如图3-5-21所示。

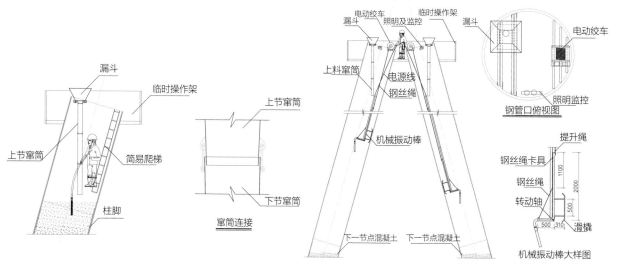

图3-5-18　构件1区直管段混凝土振捣系统详图

图3-5-19　1100～1700mm管径直管段混凝土振捣系统详图

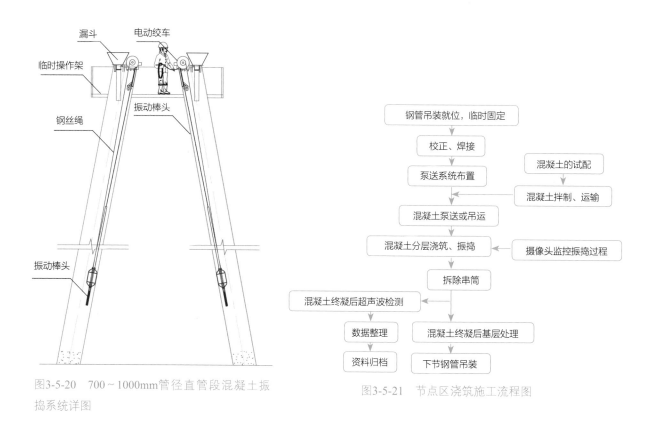

图3-5-20　700～1000mm管径直管段混凝土振捣系统详图

图3-5-21　节点区浇筑施工流程图

（四）施工现场布置

施工现场布置如图3-5-22和图3-5-23所示。

（五）钢管混凝土浇筑分区

根据现场混凝土输送泵数量的选择，综合考虑钢管柱吊装与钢管混凝土施工之间的工序协调、减少施工中间环节，有效地保证工程工期，钢管混凝土柱分为3个区同时施工，如图3-5-24和图3-5-25所示。

（六）混凝土的输送方式

混凝土的输送方式见表3-5-2所列。

（七）钢管混凝土柱施工顺序

每个区分别配备一台混凝土输送泵，各个区域钢管混凝土柱同时浇筑。钢管混凝土浇筑顺序如图3-5-26和图3-5-27所示。

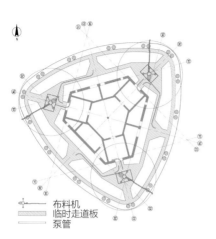

图3-5-22　67层以下钢管混凝土浇筑现场布置

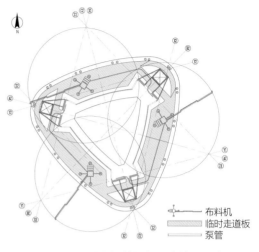

图3-5-23　67层以上钢管混凝土浇筑现场布置

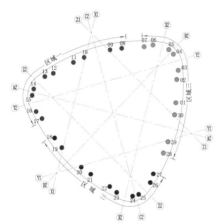

图3-5-24　67层以下钢管混凝土分区示意图

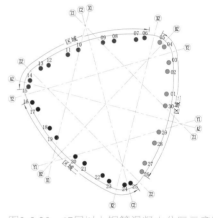

图3-5-25　67层以上钢管混凝土分区示意图

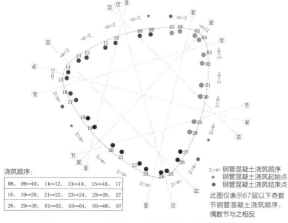

图3-5-26　67层以下钢管混凝土浇筑顺序

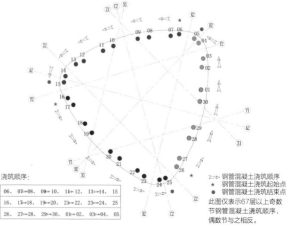

图3-5-27　67层以上钢管混凝土浇筑顺序

| 混凝土的输送方式 | | | | 表3-5-2 |

构件区段	直段区		节点区	
	直段1~15区	直段16区、17区	JA~JM	JN~JQ
输送方式	泵送	塔吊吊运	泵送	塔吊吊运

注：节点JB区由于超重而后装的节点钢管内的C90混凝土（约7m³）采取塔吊吊运。

（八）单根柱混凝土浇筑

每两根钢管柱斜段在节点区相交成X形，为防止单根钢管柱连续浇筑混凝土冲击力产生的累积误差，每一个节点下的两根钢管柱之间采取对称连续浇筑，两根柱之间以2m为一个浇筑高度交替连续进行。

（九）施工注意事项

施工注意事项见表3-5-3所列。

| 施工注意事项 | | | 表3-5-3 |

序号	项目	注意事项
1	浇筑顺序	钢管混凝土柱分两个区同向浇筑，节间相反；每一个节点下的两根钢管柱之间采取对称浇筑
2	节点处混凝土面处理	钢管内混凝土浇筑完成面标高低于钢管接驳面400mm以上，待混凝土初凝后将节点处混凝土凿毛露出石子，用清水将混凝土碎块冲洗干净
3	钢管混凝土施工监控	为保证对钢管混凝土质量的监控，在钢管内安装摄像头，对混凝土施工过程进行全面控制
4	构件1区的混凝土浇筑	构件1区混凝土是人工进入钢管内进行振捣，故在施工过程中必须做好钢管内通风，使工人处于一个良好的施工环境
5	浇筑速度	要合理控制混凝土的浇筑速度，以保证混凝土的振捣质量。同一根钢管柱混凝土浇筑应该连续，分层间不得出现冷缝

二、钢管混凝土超声波检测

（一）控制和检查的内容

为确保钢管混凝土的浇筑质量，从以下方面进行控制和检查：

（1）在钢管混凝土施工之前，进行钢管混凝土1∶1现场模拟试验，以验证浇筑工艺及混凝土浇筑质量，从钢管混凝土1∶1模拟试验的结果来看，钢管混凝土的施工工艺可行，可以满足设计的要求。

（2）根据广州市建设工程质量监督站有关规定，对构件区抽取10%进行现场超声波检测：设计上共有17个构件区，每个构件区30根钢管柱，现场实际需抽取51根。

（3）由于声管法超声波检测要求3根声管平行布置伸到同一高度，考虑到塔吊的吊运能力，国金工程钢管柱节点部位直段较短，只有50cm左右，不能满足上述要求，且混凝土浇筑工艺已从试验中得到认证，所以只针对直管段进行声管法超声波检测。

（二）超声波检测的构件部位和数量

根据广州市建设工程质量监督站有关规定进行检测的10%（共51根），现场的布置如下：

构件1区现场抽取6根钢管柱；构件2区抽取3根钢管柱；构件4区抽取30根钢管柱；构件9区抽取10根钢管柱；构件14区抽取7根钢管柱，合计56根。

（三）检测方法

（1）声管埋设。超声波检测采用埋设声测管的方法通过水的耦合，超声脉冲信号从一根声管中的换能器发射出去，在另一根声管中的换能器接收信号，超声仪测定有关参数并采集记录储存。检测时需注意：现场检测时使用同一台仪器，使用同一对收发换能器，发射电压不能改变，选择测试参数相同，换能器耦合要一致。同时记录声时、幅值和频率等参数；在吊装钢管柱之前先将镀锌钢管安装好，镀锌钢管底面均平钢管柱，顶面低于钢管柱面50mm（即镀锌钢管长度=钢管柱长度-50mm），连接采取配套连接卡，下断应封闭，上端使用塞子塞紧。钢管柱内声管埋设示意图如图3-5-28所示。

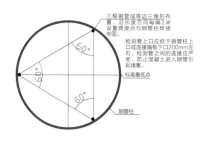

图3-5-28　钢管柱内声管埋设示意图

（2）检测准备。按设计要求浇筑完钢管混凝土，混凝土面低于接驳面400mm；拔除塞子，向管内注满清水，采用一段直径略大于换能器的圆钢做疏通吊锤逐根检查声测管的畅通情况及实际深度；用钢卷尺测量同根桩顶各声测管之间的净距离；混凝土浇筑完毕7d后进行检测。

（3）现场检测。根据钢管柱直径大小选择合适频率的换能器和仪器；将T、R换能器分别置于两个声测孔的顶部或底部以相差一定高度等距离同步移动，逐点测读声学参数并记录换能器所处深度，检测过程中应经常校核换能器所处高度；检测点间距设为500mm，如发现可疑部位，则采用对测、斜测、交叉斜测及扇形扫测等方法确定缺陷的位置和范围；构件2区应以每两管为一个测试剖面分别对所有剖面进行检测。

（4）数据收集完毕后，按规范要求进行整理，并以此判断钢管混凝土质量情况。

（四）声管处理

$\phi 48 \times 3.5$mm的声管在检测工作完成后灌浆封堵，灌浆采用水灰比为0.5的纯水泥浆，注浆压力1.0~2.0MPa，确保声管内水泥浆密实。

国金工程钢管混凝土，全部通过振捣工艺施工，施工效果良好，各次超声波抽检均符合规范要求。

第六章 预应力施工

第一节 概况及难点

国金工程主塔楼7、13、19、25、31、37、43、49、55、61、67、73、81、89及97节点层采用体外预应力技术，于节点层钢管混凝土柱外侧设置闭合环状预应力索。每个节点层有上下两道预应力索环，每一个预应力索环分三段，由三个锁合器具连接。预应力束平面布置图如图3-6-1所示。

预应力拉索截面及拉索有效张拉力参见表3-6-1所列。

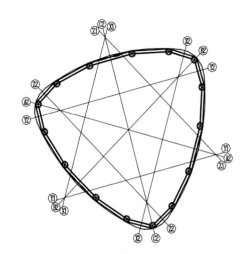

图3-6-1　节点层预应力索布置平面图

预应力拉索截面及拉索有效张拉力			表3-6-1
节点层层次	拉索型号	预应力索环个数	有效张拉力（kN）
第7层	199φ7	2	5000
第13层	199φ7	2	5000
第19层	187φ7	2	4500
第25层	187φ7	2	4500
第31层	139φ7	2	3500
第37层	139φ7	2	3500
第43层	109φ7	2	2750
第49层	109φ7	2	2750
第55层	91φ7	2	2250
第61层	91φ7	2	2250
第67层	85φ7	2	2000
第73层	85φ7	2	2000
第81层	73φ7	2	1750
第89层	73φ7	2	1750
第97层	63φ7	2	1500

第二节　预应力拉索材料

一、索体

　　本工程预应力索由上海浦江缆索股份有限公司生产。预应力拉索采用高强低松弛，$f_{ptk} \geqslant 1670MPa$，$\phi 7$镀锌钢丝双护层扭绞型拉索，内层PE为黑色耐老化高密度聚乙烯（HDPE），外层为白色PE（具体外层颜色根据设计要求）。索体结构如图3-6-2所示。

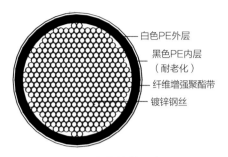

白色PE外层
黑色PE内层（耐老化）
纤维增强聚酯带
镀锌钢丝

图3-6-2　索体结构示意图

　　拉索体由芯部镀锌钢丝、高强绕包带、PE塑料护套三部分组成。拉索的技术条件参照中华人民共和国国家标准《斜拉桥热挤聚乙烯高强钢丝拉索技术条件》（GB/T 18365—2001）以及中华人民共和国城镇建设行业标准《塑料护套半平行钢丝拉索》（GJ/T 3058—1996）执行。

　　（1）芯部的镀锌钢丝基本呈正六边形紧密排列。热镀锌钢丝采用国家标准《桥梁缆索用热镀锌钢丝》（GB/T 17101—2008）和《建筑缆索用钢丝》（CJ 3077—1998）。按设计要求采用强度级别为1670级的热镀锌钢丝。对于拉索用的钢丝，其抗拉强度应确保1670MPa以上，并应为低松弛钢丝，有良好的冷镦性能，在订货时做冷镦试验，以确保良好的延性。

　　（2）经编排成六角形的钢丝外侧使用聚酯薄膜复合高强绕包带缠绕，其带宽40mm，抗拉强度每厘米带宽不低于250N。

　　（3）PE塑料护套采用内层为掺炭黑的黑色高密度聚乙烯，该料在直接承受大气环境因素下，具有良好的抗老化寿命。索体表面应采用与场馆环境颜色协调的PE护套，该层厚度为2.5mm。

二、锚具

　　本工程环向索的索头采用冷铸锚，按设计要求，拉索锚具采用40Cr钢制作，锚具由专业公司设计，拉索两端均可张拉、调整，并应满足多次张拉及锁定的要求。

三、拉索制作

　　索体制作应严格执行中华人民共和国城镇建设行业标准《塑料护套半平行钢丝拉索》（CJ/T 3058—1996）以及中华人民共和国国家标准《斜拉桥热挤聚乙烯高强钢丝拉索技术条件》（GB/T 18365—2001）对拉索的总体要求。

第三节　预应力拉索施工

一、拉索规格及拉索钢丝力学性能

　　国金工程所使用的拉索规格见表3-6-2所列，热挤聚乙烯高强钢丝拉索的钢丝力学性能见表3-6-3所列。

国金工程所使用的拉索规格
表3-6-2

编号	规格	双护层缆索直径 （mm）	钢丝束面积 （mm²）	钢丝束线重 （kg/m）	标称破断载荷 （kN）
第7层	2 PES C7-199	129	7658	60.1	12791.2
第13层	199ϕ7	129	7658	60.1	12791.2
第19层	187ϕ7	126	7197	56.5	12019.9
第25层	187ϕ7	126	7197	56.5	12019.9
第31层	139ϕ7	112	5349	42	8934.6
第37层	139ϕ7	112	5349	42	8934.6
第43层	109ϕ7	98	4195	32.9	7006.2
第49层	109ϕ7	98	4195	32.9	7006.2
第55层	91ϕ7	94	3502	27.5	5849.2
第61层	91ϕ7	94	3502	27.5	5849.2
第67层	85ϕ7	88	3271	25.7	5463.6
第73层	85ϕ7	88	3271	25.7	5463.6
第81层	73ϕ7	83	2809	22.1	4692.3
第89层	73ϕ7	83	2809	22.1	4692.3
第97层	63ϕ7	78	2386	18.7	3985.2

注：本工程缆索采用1670级镀锌钢丝，钢丝公称直径为ϕ7。

热挤聚乙烯高强钢丝拉索的钢丝力学性能
表3-6-3

公称 直径 （mm）	抗拉强度 （MPa） ≥	规定非比例 伸长应力（MPa）			伸长率 （%）	弯曲次数		松弛性能（%）		
		无松弛 要求 ≥	I级 松弛要求 ≥	II级 松弛要求 ≥	L_0=250mm	次数/ 180°	弯曲半径 （mm）	初始应力为 公称抗拉强 度的百分数	1000h应 力不大于	
									I级 松弛	II级 松弛
5.3	1570	1180	1250	1330	≥4	≥4	15	70	8	2.5
	1670	1250	1330	1410						
7	1570	—	—	1330	≥4	≥5	20			
	1670	—	—	1410						

注：钢丝按公称面积确定其荷载值，公称面积应包括锌层厚度在内。

二、环向索连接形式

环向索为双索形式，冷铸锚索头，采用180°包角，每圈索由三根组成。两根索中间采用正反牙连接钢棒，如图3-6-3和图3-6-4所示。

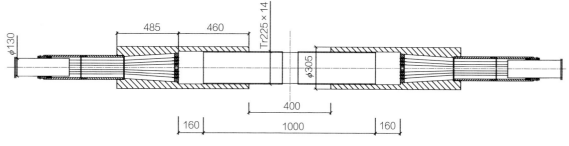

图3-6-3 环向索连接形式示意图

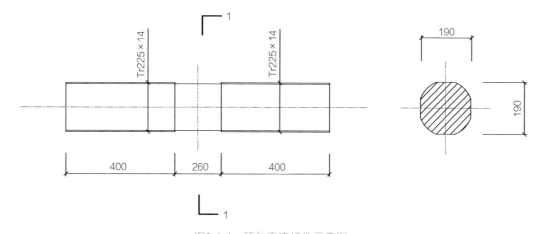

图3-6-4 环向索连接件示意图

（以上尺寸为7层、13层199ϕ7型拉索索头尺寸）

三、索长的确定

以第7层为例介绍索长计算步骤：

（1）根据钢管混凝土柱的定位点P_3的坐标作图，如图3-6-5所示。

柱号	定位点P_3		
	X	Y	Z
JB-III-1	28519.5137	1284.397	26400
JB-II-2	26504.4004	14558.3965	26400
JB-I-3	23775.0879	23775.0879	26400
JB-II-4	14558.3965	26504.4004	26400
JB-III-5	1284.397	25819.5137	26400
JB-III-6	−14022.0771	21718.1563	26400
JB-II-7	−25860.1426	15674.2861	26400
JB-I-8	−32477.373	8702.2861	26400
JB-II-9	−30232.6836	−644.259	26400
JB-III-10	−23002.5429	−11797.427	26400
JB-III-11	−11797.4365	−23002.5527	26400
JB-II-12	−644.259	−30232.6836	26400
JB-I-13	8702.2861	−32477.373	26400
JB-II-14	15674.2861	−25860.1426	26400
JB-III-15	21718.1563	−14022.0771	26400

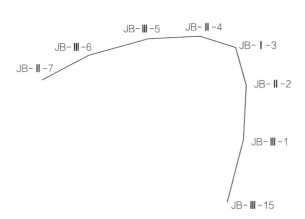

图3-6-5 钢管混凝土柱P_3定位点示意图

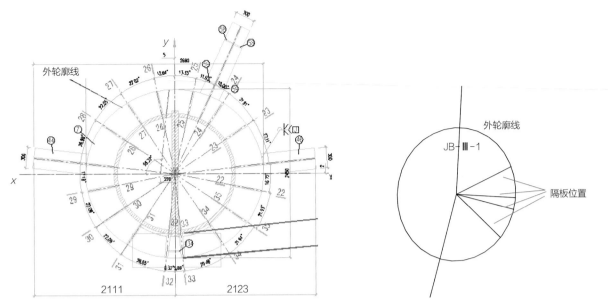

图3-6-6　JB-Ⅲ-1、6、11，JB-Ⅲ-5、10、15 (边节点)详图二中的6-6剖面图

图3-6-7　JB-Ⅲ-1外轮廓线和隔板位置示意图

（2）根据图3-6-6作出JB-Ⅲ-1的外环轮廓线以及需要开洞的挡板位置，如图3-6-7所示。

（3）确定开洞位置。根据JB-Ⅲ-1、6、11，JB-Ⅲ-5、10、15（边节点）详图中的31～34剖面确定隔板开洞位置，结果如图3-6-8所示。

（4）重复步骤（2）、（3）确定其余控制点的隔板开洞位置。

（5）连接所有隔板开洞位置。

（6）计算索的长度将所有索段的长度相加即为索的长度：63736.74mm。

因为上面计算的是1/3的周长，所以整个周长等于63736.74×3＝191210.2mm。施工时的索长还要减去连接件长度400mm。所以7层拉索单根长度为63737－400＝63337mm。

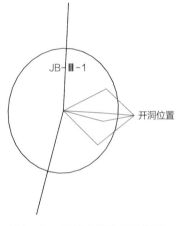

图3-6-8　隔板开洞位置示意图

四、施工内容

预应力拉索施工包括：拉索安装、拉索张拉。拟在节点层下一楼面进行放索，例如：7层索在6层楼面松开，然后整根索提升到位，再进行3根索连接件的安装（图3-6-9）。

（一）索的放置

在每一节点层的下一层楼面外，例如6层楼面外，总包设置了3个临时料台，能足够承受单根拉索重量，料台上铺设导轨滑轮，将索拉至楼面内。根据本工程特点，钢结构梁、压型钢板安装完毕后，浇铸混凝土楼面。待混凝土具有一定强度后，索才能放置在楼面上，索的单根自重为6t左右，索拟摆放在Ⓐ2、Ⓑ2、Ⓒ2轴附近的G3梁上。经验算最不利荷载，楼层无需加固。

用专门的放索盘进行放索，在放索过程中，因索盘自身的弹性和牵引产生的偏心力，索盘转动会使转盘时产生加速，导致散盘，易危及工人安全，因此对转盘设置刹车装置。

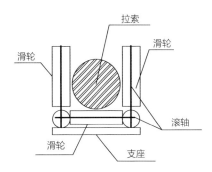

图3-6-9　索体现场吊运图　　　　　　　　　图3-6-10　索滑轮示意图

采用3t卷扬机进行牵引放索，为防止索体在移动过程中与地面接触，损坏拉索防护层或损伤索股，采用在地面上垫滚轴的方法（图3-6-10），将索逐渐放开；索头放在端部小车上，同时减少了与地面的摩擦力。

（二）索的牵引

因为本工程是闭合的环向索，索的牵引需要解决索的变向问题。拟采用导向索滑轮（图3-6-9），固定在结构X形柱上，每个柱上布置2～3只，约束住索，使索缓慢、平缓的变向转弯。

（三）索的安装

拟在节点层下楼面上进行放索施工，在地面进行索头紧固件的连接，形成整环后，进行提升（考虑外框筒上下两层周长不一，上比下大，可以将索体整环提升）。节点层柱间拉梁以外不得安装压型钢板和浇筑混凝土（图3-6-11），以便于在拉梁和柱处设置临时吊点。拟采用若干个捯链进行单根索整体提升。柱上加劲肋开有U形槽，拉索由外部嵌入。拉索之间连接件待拉索到位后进行连接（图3-6-12）。

国金工程索为隐蔽在钢结构中，外面有钢盒套住，在索安装前肯定不能全部安装，所以必须采取一定措施。如索在安装过程中与钢结构钢梁相冲突时，应以索的安装为主，钢结构进行适量调整，并满足规范要求。

拉索安装顺序：拉索索盘运输就位→开盘放索→索体提升→安装拉索临时支撑和钢管柱面贴3mm厚聚四氟乙烯板→拉索就位→调节环向索初始长度，并预紧。

（四）拉索安装注意事项

（1）在工厂里对拉索进行编号。根据这些标记，在现场进行拉索就位安装和索长的调节。

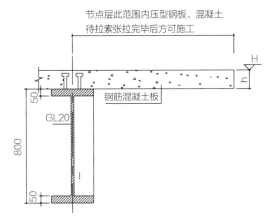

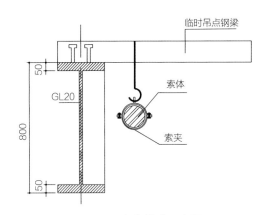

图3-6-11　节点层张拉后方可施工的范围　　　　图3-6-12　索体提升示意图

（2）拉索安装前，需对环向索连接棒等涂适量黄油润滑，以便于拧动。

（3）拉索的初始长度严格按计算要求确定。拉索安装时应有技术人员在现场进行指导。

（4）钢结构施工误差对索长的影响较大（要求钢管柱的节点安装好后，及时测量）。首先是必须控制钢结构的施工误差，其次如果钢结构偏差导致拉索超出可调节范围，有应急措施。如索偏长可在索与柱接触点处增垫聚四氟乙烯板，如索偏短可加工长尺寸的连接件。

（五）拉索防护

成品拉索在生产制作过程中采取诸多防护手段，在出厂前对索体进行了三道包装防护。但在索盘运至施工现场后，必须在整个钢屋盖安装全过程中注意索的防护（图3-6-13）。

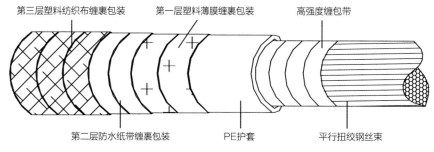

图3-6-13　拉索出厂的三道防护示意图

在牵引安装、张拉等的各道工序中，均注意避免碰伤、刮伤索体。不允许有任何焊渣和熔铁水落在索体上及用硬物刻划索体，以免损坏索的PE护套。另外不允许任何单位和个人污染索体，以免改变索体颜色。拉索进场后卸车用吊机装卸，钢丝绳与拉索接触点用硬物隔开；拉索堆放地应远离现场通道以防止进场汽车碰伤拉索；拉索放开时其外包装包皮先不剥落，等拉索安装完成后再剥落；安装拉索过程中要注意安装通道的障碍物以防止碰伤拉索；若现场拉索有破损严重的地方，应联系生产厂家由厂家用专用设备焊接修补。

（六）拉索的张拉

1. 拉索张拉总体原则

（1）模拟张拉过程，进行施工全过程力学分析，预控在先。

（2）等设计要求的上层结构安装完成后再进行下部拉索的张拉。

（3）同一节点层拉索，先下后上、每环同步、分级加载。

（4）拉索张拉以控制拉力为主。

（5）每个环有三个锁合节点。根据计算，单个节点段张拉是合适的。

（6）节点段张拉是循环进行的，张拉程序是：$0 \sim 50\%P \sim 100\%P$。

（7）考虑张拉完成，千斤顶卸载后，拉索锚具有一点锚固损失，拟超张拉3%～5%。

2. 拉索张拉顺序及程序

基本张拉顺序为：先下后上、分级加载。

（七）张拉设备

张拉设备主要采用150t千斤顶共4台（不计备用千斤顶），并装配成张拉工装。千斤顶4台并联，用于张拉7～37层索，2台并联，用于张拉43～97层索（图3-6-14、图3-6-15），在正式使用前必须在有资质试验单位的试验机上进行配套标定。油泵的油压表选用精密压力表，千斤顶与油压表配套校验，并做主被动标定。标定数据的有效期在6个月以内。

由于本工程拉索张拉力比较大，为此，特别设计了配套的张拉工装（图3-6-14）。

由靴梁验算可知，靴梁抗弯与抗剪强度均小于抗弯强度设计值和抗剪强度设计值，该靴梁符合要求。

油泵（图3-6-16）和千斤顶（图3-6-17）分别为ZB—500型大油泵和YCW型千斤顶，二者均由柳州OVM公司生产，其质量具有可靠保证。

张拉设备还具有以下特点：

（1）千斤顶同批制造，千斤顶内本身相对误差不大。

（2）在油泵同时对几台千斤顶供油时，采用了具有单台调控压力的分油控制器，可实现对单台千斤顶的调控。

因此，在分区整体顶撑过程中，可结合业主指定的第三方监测单位的监测结果，对轴力相差较大的撑杆实施分油器直接调控单台千斤顶的顶撑力，以确保施工精度。

（八）拉索张拉施工要点及注意事项

为保证拉索张拉施工顺利实施，确保拉索施工质量，需采取以下几点措施：

（1）张拉过程中，油压应缓慢、平稳，并且边张拉边拧紧调节杆。

（2）千斤顶与油压表需配套校验，并做主被动标定。标定数据的有效期在6个月以内。严格按照标定记录，计算张拉表读数，并依此读数控制千斤顶实际顶张拉力大小。油压表采用0.4级精密压力表。

（3）每台油泵由一名工人负责，并由一名技术人员统一指挥、协调管理。

（4）严格通过油压表读数对索力进行控制，以确保施工精度。整个施工过程中进行双控，即控制力和伸长变形，其中以控制张拉力为主。

（5）拉索张拉过程中若发现异常，立即暂停，查明原因，进行实时调整。

（6）如拉索松弛损失或其他原因的损失过大，可进行补拉。

通过上述张拉工艺，国金工程体外预应力的实施很成功，确保了结构可靠性，很好地保证了建筑的双曲面造型。

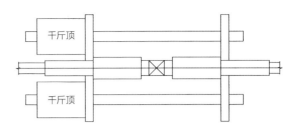

图3-6-14 千斤顶与张拉工装连接示意图

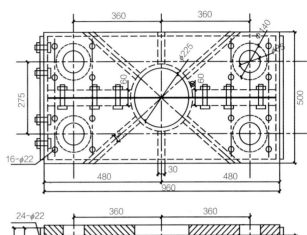

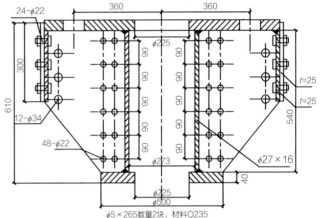

$\phi5\times265$数量2块，材料Q235

图3-6-15 工装模型图

图3-6-16 ZB-500油泵　　图3-6-17 YCW型系列千斤顶

第七章　超高层结构施工过程仿真分析及监测

第一节　概述

对于高、大、新、尖的项目而言，结构在全部完成之前，各构件的受力及变形并不一定完全在设计控制范围之内，有些甚至是反方向或内力超出设计状态，结构的建造过程中，各构件的内力及变形是不断变化的，因此，在施工部署时，在工艺许可条件下按图施工过程中，需掌控所有构件的内力及变形满足设计规范要求，避免产生不可逆变形或损伤，而降低建造完成后的使用功能，或者在建造过程中发生安全质量事故。

针对上述情况，在施工前，对整个建造过程进行全过程模拟验算，计算分析出每个施工阶段各构件内力及变形是否超限，是否需要采取临时加固措施、重点控制部位和工序以及整体工序安排是否存在致命缺陷或优化空间。

广州珠江新城国金项目主要对以下问题进行了集中分析计算：

（1）对施工过程结构的内力和变形进行分析，为保证施工过程中结构的安全性提供数据参考。

（2）预测竣工时在结构中所产生的荷载效应，为检验其与使用阶段其他荷载效应的组合是否满足设计要求提供依据。

（3）施工过程混凝土收缩徐变量的计算及其对结构受力状态的影响。

（4）结构变形预调值的确定，为钢结构的加工和安装以及核心筒混凝土的施工提供参考，以保证竣工时结构的位形能够满足设计要求。

（5）对环索的张拉过程进行分析，确定合理的张拉方案，进而保证竣工时的索力满足设计要求。

（6）由于内外筒之间的变形差会对转换桁架的受力状态有一定的影响，为减小转换桁架在施工过程中的附加内力，需确定其合理的安装方案。

根据计算情况，对重点部位、重点工序实施过程中进行跟踪监测，验证计算的准确性、措施的可靠性和整个施工过程的安全性。

第二节　主塔楼施工阶段结构分析

一、仿真分析方法

将整个国金的施工过程划分为19个施工步骤，其中外框筒每个节段作为一个施工步骤，主体结构在第19

步完工，另外幕墙等荷载也在19步一起施加完毕。

主体结构完工之前在每个施工步骤中新加结构的施工情况为：核心筒内的梁板与剪力墙同时施工；内外筒之间的梁与外框筒同时施工；内外筒之间的楼板滞后外框筒一个施工步骤浇筑。

采用的有限元模型是由设计单位提供的ANSYS模型。

模型中的构件分为六部分：外框筒、核心筒、核心筒中的楼面梁、核心筒中的楼面板、外框筒与核心筒之间的楼面梁、外框筒与核心筒之间的楼面板。

用ANSYS的单元生死技术，按照施工步骤依次激活各部分结构，依次施加各项荷载，并在施工过程中考虑混凝土核心筒的收缩徐变效应对结构竖向变形的影响。可得到结构在施工过程中内力发展和变形变化的过程，以及各道环向张拉索的索力变化过程。

采用正装迭代法得到外框筒构件安装预调值以及核心筒施工预调值。

二、施工过程结构内力分析情况

经过对国金工程的施工过程进行数值分析，可以发现：随着施工的进行，核心筒的应力不断增大，最终可达20MPa左右。核心筒的应力在结构底部最大，随着高度的增加而逐渐减小。

由外框筒计算应力云图可以看出，随着施工的进行，外框筒的应力总体上呈增大趋势。但外框筒的应力最大值随施工步骤增加有一些跳跃，并非绝对增大。

外框筒的最大拉应力和最大压应力（分别为轴压应力＋弯曲应力和轴压应力—弯曲应力）大都出现在水平环梁上，最大约为-190MPa和140MPa。考察斜柱的轴应力，其最大值出现在结构底部的斜柱上，约为10MPa。斜柱的应力大都在20MPa以内；而环梁的应力从几兆帕到近200MPa，变化较大，但这些值仍在Q345B钢材的允许应力值范围内。

三、施工过程结构变形分析情况

（一）外框筒竖向初始位移＋新增位移

分别提取核心筒施工完成时刻（531d）、外框筒施工完成时刻（567d）、主塔封顶时刻（594d）、竣工验收时刻（991d）外框筒的竖向初始位移＋新增位移，其随结构高度的变化如图3-7-1所示。

（二）外框筒竖向变形

外框筒的竖向初始位移＋新增位移减去其在激活前发生的已有位移，即可得到外框筒在实际施工过程中所发生的竖向变形，其随结构高度的变化如图3-7-2所示。

随着结构高度的增加，外框筒竖向变形先变大后变小。从定性上分析，高层结构上某个楼层节点在施工过程中的竖向位移与其离地面的高度和其下部结的应变大小有关。处于顶部的节点，由于施工时间晚，承受荷载小，所以其位移较小；处于底部的节点虽然施工时间早，承受荷载大，应变较大，但是其离地面的高度较小，所以其位移较小；而中间部分的节点在其上荷载作用下的位移最大。本报告的分析结果也证明了这一点。

随着时间的增加，结构变形增加，曲线向外侧移动。结构越往上的位置变形增加越快。结构最大变形发生在189m左右的高度上（约在结构高度的1/2处），达47mm。

（三）核心筒竖向初始位移＋新增位移

分别提取核心筒施工完成时刻（531d）、外框筒施工完成时刻（567d）、主塔封顶（594d）和竣工验收时刻（991d）核心筒的竖向初始位移＋新增位移，其随结构高度的变化如图3-7-3所示。

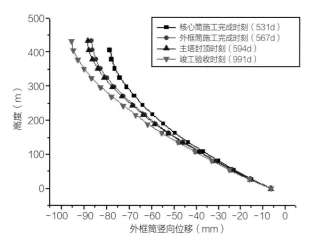

图3-7-1 外框筒竖向位移随结构高度的变化曲线

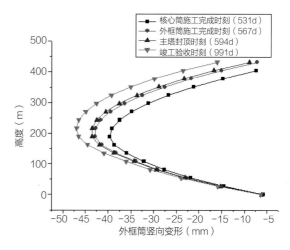

图3-7-2 外框筒竖向变形随结构高度的变化曲线

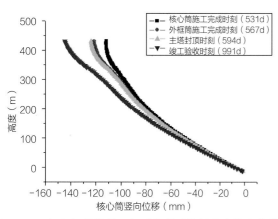

图3-7-3 竖向初始位移＋新增位移随结构高度的变化曲线

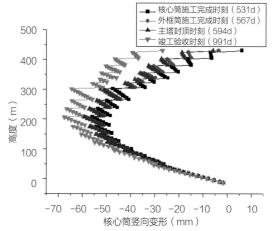

图3-7-4 实际施工中竖向变形随结构高度的变化曲线

（四）核心筒竖向变形分析

核心筒的竖向初始位移＋新增位移减去其在激活前发生的已有位移，即可得到核心筒在实际施工过程中所发生的竖向变形，其随结构高度的变化如图**3-7-4**所示。

由图**3-7-4**可以看出，曲线并不是平滑的曲线，而是出现了很多折线段，这些折线段是由于施工模拟分析中假设多楼层核心筒同时施工而造成的。

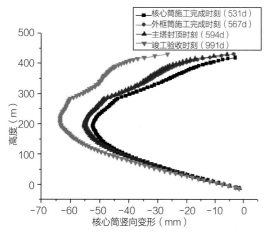

图3-7-5 经过调整的不同时刻核心筒竖向变形曲线

为了消减这种计算误差，对图**3-7-4**做如下处理：同一个折段中取各点的高度和位移的平均值，由此得到的18个点作为标志点，然后各个高度的点的位移由这18个点插值得到。这样就得到较为平滑的核心筒的位移随结构高度的变化曲线，如图**3-7-5**所示。

核心筒的竖向变形与外框筒的竖向变形趋势相同，上下小中间大。

另外，核心筒竖向变形随结构高度的变化有其自己的特点，大概从320～330m高度开始，曲线上又出现一个波。这个波的出现，是由于在这个高度上，核心筒从剪力墙体系转化为内框架体系。内框架体系的刚度弱于下部的剪力墙，因此变形增大，导致第二个波的出现。

随着时间的增加，核心筒变形增加，曲线向外侧移动。结构越往上的位置变形增加越快。结构最大变形发生在200m左右的高度上（约在结构高度的1/2处），可达63mm。

第三节　相关计算分析

一、内外筒不均匀变形差分析及对结构安装的影响分析

利用外框筒的竖向变形和核心筒的竖向变形，可得到不同时刻内外筒的变形差值。在此核心筒的竖向变形利用调整过的数据，以便更好地反映结构变形的规律。

内外筒竖向变形差，随着结构高度的增加，呈现出上下小中间大的外凸趋势（图3-7-6）。以结构320m高度为转折点，在曲线中出现了两个波，正如在核心筒竖向变形差一节所分析的，这是由于核心筒结构体系的转变造成的。

内外筒变形差由核心筒竖向变形绝对值减去外框筒竖向变形绝对值得出。从核心筒施工完成时刻到最终的竣工验收，变形差并不是简单的增大，而是先减小，结构封顶之后才逐渐增大。这是因为从核心筒完成到结构封顶之前，外框筒的安装仍在继续，外框筒在自重作用下的变形大于核心筒由于收缩徐变发生的变形，所以此阶段内外筒变形差有所减小；而结构封顶之后，外框筒的变形基本停止，核心筒由于收缩徐变导致竖向变形仍在发生，所以此阶段内外筒变形差又开始增大。

结构封顶前，内外筒变形差最大值出现在结构200m左右的高度上，大概为10～12mm；竣工验收时，内外筒变形差最大值不仅出现在200m左右的高度上，还出现在结构顶部400m左右的高度上，约为16～18mm。

根据上述分析数据，可见在施工过程中最大的内外筒竖向变形差仅有12mm，而且是累计变形，相对层间变形基本可以忽略，根据理论计算外框筒与核心筒的结构预调值，每层只有1～2mm，局部最大楼层预调也不超过5mm，考虑到现场施工精度因素，因此在建造过程中对于该变形差从构件加工上（如起供预调值调整、连接形式调整等）可不予考虑，安装时以理论标高控制即可，但为避免因此增加的附加应力过大，与设计充分沟通后，确定内外筒之间所有主连接构件在建造过程中仅螺栓连接，待整体结构封顶后铰接的节点形式可以释放掉大部分的附加应力，此后再逐层进行焊接，有效地解决了上述问题。

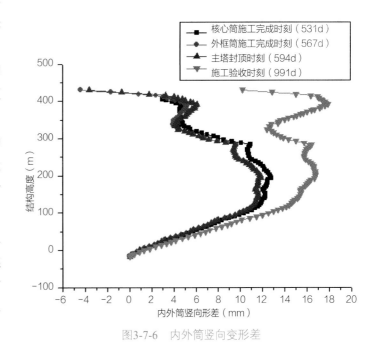

图3-7-6　内外筒竖向变形差

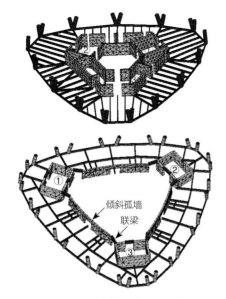

图3-7-7 73层以下结构及塔吊支撑位示意图

注：①、②、③为塔吊占位区

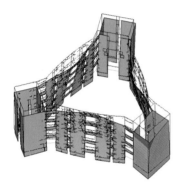

图3-7-8 73层以上倾斜弧墙典型变形示意

（放大600倍）

二、大型塔吊及顶模系统对薄壁结构的影响分析

根据目前行业内超高层结构的工艺特点，针对钢结构与混凝土结构结合的混合结构中，为混凝土核心筒领先独立施工，钢结构滞后一定高度同步跟进，相应的大型施工辅助措施比如塔吊和顶模系统跟随混凝土核心筒的进度向上爬升。

广州国金项目也是采用了上述的方式，三台M900D大型塔吊和函盖核心筒结构作业面上下共约4层高度的整体顶模系统，其受力作用点全部设置在混凝土核心筒结构变化比较小的墙体部位。但国金项目有一个特殊情况是，73层以上核心筒结构形式改变，虽然传力点部位墙体仍然继续向上，但核心筒整体稳定性变得非常差，需要借助外框筒共同作用才能达到稳定状态，如此，则施工过程中，塔吊和顶模近2000t的附加施工荷载作用对核心筒结构承载能力是一个非常重大的考验（图3-7-7）。

方案设计时，若按照73层以下塔吊的附着支撑形式，根据仿真验算结果，塔吊附着将会对核心筒结构施加最大200t的水平拉力（方向为垂直墙面向外），而通过对结构加固来抵抗200t水平拉力的形式，则需采取大量的措施，经济性不佳的同时会对73层上部结构施工带来非常大的影响。

充分分析73层以上核心筒结构特点，六边形间隔三个短边增加一个外阔方筒，另外三条边为层层变化的倾斜弧形墙（图3-7-8），六条边之间采用混凝土拉梁连接，三个小方筒相对自身稳定性比较好，因此对塔吊进行高空移位至三个小方筒内，则包括顶模的支撑在内的施工附加荷载全部附着在三个小方筒上。

通过仿真计算可发现，塔吊及顶模荷载由三个方筒分别承担，且由于方筒自身的刚度较大，实体结构内内力基本未传递至周边结构，即附加施工荷载全部由三个方筒承担。

计算结果显示，结构整体承载能力可满足要求，但附着点部位局部承载能力不足，需进行局部加强，对此，我们采取600mm墙体部位增加墙体配筋、300mm厚墙体部位增加劲性钢柱的形式，增大局部承载能力，并将局部过高的应力有效地向四周传递，增大局部抵抗面积。

通过上述措施，完全解决了重大施工荷载对结构施工的影响，用最经济的手段实现了快速施工的目的。

三、73层以上水平楼层钢梁和内走廊与核心筒施工步距对核心筒倾斜弧形墙体应力与变形的影响分析

73层以上核心筒自身稳定性存在比较大的问题，但由于工期及超高层结构施工工艺的限制，核心筒必须独立领先外框钢结构一定高度，则如何保证其在施工过程中的稳定性和安全性需要重点考虑。

分析73层以上核心筒的结构特点，竖向结构为混凝土结构，结构形式在上一点中已经描述，这里不再赘述。水平结构，核心筒与外框筒之间仍然是钢梁组合楼盖结构，核心筒内原混凝土水平结构全部收掉，沿墙体内周圈为一圈走道，为钢梁组合楼盖结构，中间为一中空内天井。施工时核心筒外水平构件受制于外框钢柱的

进度，必须落后核心筒5层同步跟进，核心筒内悬挑走道仅受核心筒墙体施工限制。

因此，本项目需要试算出一种既能满足施工需要，又能满足核心筒结构安全，同时辅助保证措施投入最少的工序搭接顺序，对此，分别试算了水平楼盖整体落后核心筒1~5层的情况，发现水平楼盖整体落后3层以上（包括三层），核心筒稳定性即不能满足要求，但3层的高差无法满足工艺要求，因此，我们将核心筒外钢梁安装降至落后5层，内悬挑钢梁楼盖仅落后两层跟进，结果发现核心筒结构基本能满足安全性和稳定性要求，仅弧形墙顶和拉梁部位存在开裂的可能性。

根据试算结果，确定以外框主钢梁落后5层，内框钢梁及楼盖落后2层为施工步距限制，对倾斜弧墙增加部分支撑，以最少的投入实现了整体结构持续快速向上的施工目标。

四、施工过程日照温差及风荷载对结构安装位形的影响

（一）风荷载对结构的影响

1. 风荷载作用下结构内力分析

取风荷载作用下的不利荷载组合$1.2CD+1.4CL+1.4\times0.6\times CW$进行分析（$CD$为施工恒载；$CL$为施工活载；$CW$为风荷载），$X$方向风荷载作用下内筒剪力墙等效应力最大值为26.393MPa；外筒柱组合应力最大值为-182.864MPa；Y方向风荷载作用下内筒剪力墙等效应力最大值为31.202MPa；外筒柱组合应力最大值为200.113MPa；未超过材料设计强度，均在允许范围内。

2. 风荷载作用下结构变形分析

荷载组合：$1.0\times（CD+0.7\times CL）+1.0\times CW$（$CD$为施工恒载；$CL$为施工活载；$CW$为风荷载）。

X方向风荷载作用下水平方向最大变形为564.622mm，Y方向风荷载作用下水平方向最大变形为566.320mm，均符合要求（<1/500，864mm）。

质心计算的层间位移角均小于0.002，满足要求。

（二）日照温差对结构的影响

由于本工程超高，外筒在施工过程中对温度的变化有一定的影响，故对广州市的原始气象资料作针对性的分析，以便通过施工时的针对性技术措施将气象环境影响降至最低。气象参考资料如下：

《中国建筑用标准气象数据库》：主要包括标准年气象数据、标准月气象数据及不保证率气象数据三个部分。

《中国建筑热环境分析专用气象数据集》：中国气象局气象信息中心气象资料室及清华大学建筑技术科学系联合编著。

通过查阅上述气象资料，对广州各月份的最大温差作了统计分析，并针对统计结果进行外筒施工变形计算。

分析结果表明，温度（19.7℃和11.5℃）对结构的影响主要发生在外筒柱，变形很小。侧向变形可以不予考虑；由于核心筒与外筒柱在封顶之前为铰接，外筒柱在温度作用下可以自由变形，不会产生温度应力，施工时竖向变形通过实际观测调整。

五、地震荷载对结构的影响分析

将整个施工步骤分成三大部分，分别在stage6、stage12和stage18阶段计算地震作用对施工过程中结构的影响。

（一）第一部分

荷载组合：$1.0\times（CD+0.5\times CL）+1.0\times E（XY）+1.0\times0.2\times CW$（$CD$为施工恒载；$CL$为施工活载；$E（XY）$为水平地震荷载；$CW$为风荷载）。

X方向地震作用下水平方向最大变形EX为71.056mm，Y方向地震作用下水平方向最大变形EY为

70.897mm，均符合要求。

（二）第二部分

荷载组合：$1.0 \times (CD+0.5 \times CL)+1.0 \times E(XY)+1.0 \times 0.2 \times CW$（$CD$为施工恒载；$CL$为施工活载；$E(XY)$为水平地震荷载；$CW$为风荷载）。

X方向地震作用下水平方向最大变形EX为203.736mm，Y方向地震作用下水平方向最大变形EY为204.229mm，均符合要求。

（三）第三部分

此阶段为结构封顶状态，也是地震作用最不利状态。

1. 地震作用下结构的变形

荷载组合：$1.0 \times (CD+0.5 \times CL)+1.0 \times E(XY)+1.0 \times 0.2 \times CW$（$CD$为施工恒载；$CL$为施工活载；$E(XY)$为水平地震荷载；$CW$为风荷载）。

X方向地震作用下水平方向最大变形EX为312.749mm，Y方向地震作用下水平方向最大变形EY为314.039mm。

2. 地震作用下结构的应力分布

荷载组合：$1.2 \times (CD+0.5 \times CL)+1.3 \times EQ$（$CD$为施工恒载；$CL$为施工活载；$EQ$为地震荷载）。

X方向地震作用下内筒剪力墙等效应力最大值为26.433MPa，外筒柱组合应力最大值为-172.476MPa；Y方向地震作用下内筒剪力墙等效应力最大值为29.074MPa，外筒柱组合应力最大值为182.506MPa；Z方向地震作用下内筒剪力墙等效应力最大值为23.812MPa，外筒柱组合应力最大值为-160.061MPa。未超过材料设计强度，均在允许范围内。

第四节　施工过程监测

根据设计要求，施工及使用过程中，对裙房及主楼的沉降进行监测，对结构的自振周期及阻尼比、重要构件及重点部位的应力等进行长期监测，掌握建筑物服役期间的受力和变形状态。通过加速度传感器监测与记录结构在风和地震作用下的响应，确定结构的动力特性及其在结构使用期间的变化，及时把握结构的健康状态。

采用先进的监测仪器，提供准确的实时监测数据，为钢结构、幕墙安装等提供定位、校正的依据；监测环境影响如温度、湿度、风力变化，为顺利安装提供施工依据；对应力集中的部位进行应力应变测试，跟踪杆件的应力变化，验证施工方案的安全可靠性。

一、监测项目

（1）基础底板和主楼首层沉降及其基准点引测采用精密水准仪测量。

（2）楼层监测点位移采用垂线坐标仪基准线或全站仪测量。

（3）钢杆件的应力应变采用振弦式钢筋应变传感器测量。

（4）首层组合楼板的钢梁挠度采用精密水准仪或百分表测量。

（5）施工现场每天的温度、湿度、风力采用传感器测量。

（6）施工现场每天的污水水质、空气质量监测。

测试设备的精度，如垂线坐标仪为0.1mm，激光垂准仪为1/40000、全站仪测距精度$1mm+2 \times 10^{-6}mm$等，可满足监测精度要求。而且点位设置相对固定，整个施工过程中，传感器放置固定不变，其稳定可靠性十分有利于长时间重复监测。

二、监测内容

（1）主楼、裙房地下室施工阶段的沉降变形。

（2）主楼地面以上施工阶段的沉降变形。

（3）每25个楼层相对首层基准点的平面位置、竖向变形。

（4）主楼首层外围30根钢柱、73层转换层桁架受力较大部位的应力应变。

（5）首层组合楼板在浇筑混凝土前后的钢梁挠度变化。

（6）施工现场每天的温度、湿度、风力、污水水质、空气质量观测、记录。

三、长期监测建议

对本工程增加长期监测内容，宏观把握建筑物的正常工作性态。根据业主需要，在前3～5年进行跟踪观测或在整个建筑物的使用期内进行长期监测，如变形和应力长期处于稳定状态，适当延长观测时间间隔。建议长期监测的内容有如下几项：

（1）在核心筒外围沿建筑物全高设置一垂线位移计，监测楼层平面位移。

（2）主楼屋顶层观测点相对于首层的整体垂直度观测。

（3）主楼首层外围30根钢柱和73层转换桁架上下弦杆上布置振弦式钢筋应变计，长期跟踪测试关键杆件的应力。

（4）主楼沉降观测。

（5）主楼顶层布置水平、竖向加速度传感器，做风振、地震观测记录。

第五节　实施效果

（1）结合工程特点分17个工况计算明确了每个工况条件下各工作面的最佳高差限制关系，以及各个主要结构部件的内力及变形情况，以此为指导，编制整个项目的施工部署安排，可保证施工过程结构安全，同时做到辅助保证措施投入最低。

（2）实时监测了每个工况条件下重大措施如塔吊、顶模、电梯等主要受力构件的力学性能，监测结果远小于计算结果，因此实际使用中主要措施远未达到设计考虑的最不利工况，进一步保证了各项措施的安全性。

（3）对本工程70层以上不稳定多变核心筒进行了反复试算，得出了施工过程中核心筒的极限稳定工况和薄弱环节，对薄弱构件进行了受力监测，所有监测结果均在设计控制范围之内。

（4）整个施工过程均安全可控，内力及变形情况均在计算控制范围之内，为结构顺利封顶提供了最坚实的保证。

（5）监测确定了风荷载及日照对结构的变形影响规律，得出因日照引起的变形非常小，在测量精度误差之内，另强风条件下监测无法进行，正常8级风条件下结构摆动为±220mm，在计算确定范围之内。

第八章　大型施工机械应用

第一节　大型设备选型

对于超高层建筑施工，塔吊、电梯等施工设备的选择与布置是整个项目实施保证措施的关键，大型机械的选择需综合考虑各方面因素。

一、大型塔吊

（一）塔吊定位

在综合考虑大型机械设备选择的各项因素后，需要确定塔吊的精确定位，而精确定位需要考虑以下因素：

（1）塔吊的定位需能满足最重构件吊装的工作半径要求。

（2）需考虑塔吊的定位位置是否便于设置支撑结构。

（3）受力结构能否承受塔吊的相关荷载，是否需要进行较大的加固措施。

（4）是否便于塔吊爬升时支撑结构的周转。

（5）能否持续爬升到顶，中间是否需要转换。

（6）在完成主体结构施工后是否便于拆除。

（7）裙塔设置是否会相互影响。

（8）塔吊站位区域是否影响局部结构同步施工，后补该部位结构工作量是否过大，是否会对其他工序造成影响等。

在对上述各种情况进行综合考虑后，广州珠江新城国金项目塔吊定位如图3-8-1所示。

塔吊附着在核心筒三条短边以外，塔吊中心距离外墙面5m，刚好可保证18m工作半径起吊64t的要求。塔吊可持续爬升至73层后转换。

（二）最大单件吊重因素

单件吊重是塔吊选择的最根本因素，针对广州珠江新城国金项目，最大单件重量为外框钢结构X形节点，通过与设计充分的沟通协商，构件分节后最大单件重量为64t，且需要在塔吊最大18m工作半径范围内。综合分析国内外同类工程经验及市场行情后，确定选择M900D塔吊。

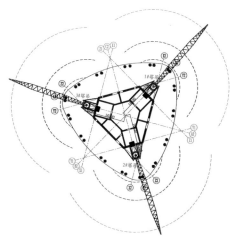

图3-8-1　国金73层以下塔吊定位图

（三）吊次需求

塔吊的吊运能力直接决定了整个钢结构工程或者含钢结构工程的施工进度，而钢结构的吊次需求直接由结构的设计特点和根据塔吊最大吊重及吊装工艺特点而进行的构件分节决定。因此，在确定塔吊最大吊重能力后，需在尽可能减少现场吊运次数、降低现场焊接工作量的前提下，满足其他工序（如安全操作防护、混凝土浇筑等）的作业方便，进而确定塔吊配置的数量。

另外塔吊的数量还由结构形式决定，在超高层结构施工中，爬升式是不二的选择，但爬升即需要有能够支撑整个塔吊及相关荷载的支撑结构，在目前行业内，超高层以筒中筒的结构形式为主，且更多地以混凝土核心筒加钢结构外筒的混合结构居多，而此类结构的工艺安排均需要混凝土核心筒单独领先一定高度施工，由此，则塔吊受制于自由高度的限制宜附着在核心筒结构上最佳。如此则核心筒的形状、尺寸、结构形式直接限制了塔吊的设置位置，进而限制了塔吊数量的配置。

广州珠江新城国金项目在综合考虑上述因素后确定选择3台M900D塔吊。

二、施工电梯

施工电梯是施工过程中人员及小型材料运输的主要工具，对于超高层建筑中，运输距离加长、运输功效降低等因素，且电梯运输需求需持续至竣工之前，使用时间长、服务对象多等特点，在超高层结构施工时施工电梯的选择、布置及规划管理需要系统考虑，主要包括以下几个方面：

（1）宜选用高速施工梯以充分提高运输效率。

（2）施工电梯设置位置需根据不同的工程特点进行选择。对于外立面比较规则的结构可设置在结构体外，这样对结构施工影响比较小，但会影响到幕墙或外立面的收尾工作；也可以设置在核心筒与外框筒之间，由于施工电梯穿楼板，如此则需后补较多楼层的楼板结构。以上两种方式均对总体工期影响比较小，但二次施工的工作量比较大。除此之外，施工电梯可以利用核心筒内永久电梯井道或其他井道设置，此方法二次施工的工作内容比较少，但对正式电梯或占用井道的管线系统安装有比较大的影响，在后期施工电梯与正式电梯转换时，考虑到超高层高速正式电梯安装时间比较长，容易对总体工期产生比较大的影响，因此若采用此种方式的话，可考虑中区及低区施工电梯在井道内布置，高区施工电梯原则上不宜占用任何井道空间。

（3）施工电梯配置需充分考虑因超高带来的功效降低，主要从以下几个方面考虑：根据工程进度，按照高度的不同划分主要工作区，每个工作区内配置独立的施工电梯服务；施工电梯最好能直达各个工作面，尤其是结构施工阶段最高工作面，受制于施工电梯自由高度限制，往往施工电梯只能达到爬升模板系统的底部，且在模板爬升与电梯加高之间存在时间差，即存在施工电梯服务盲点；各区段电梯需根据工程进度、各工作面工作内容的变化，不断调整服务对象；施工电梯与正式电梯转换时间段，往往是垂直运输需求的高峰期，对此阶段的运输安排需系统规划管理。

在综合考虑上述因素后，国金项目施工电梯配置主要根据如图3-8-2所示的规划部署安排，并遵照执行，基本满足了现场的施工需求。

由于国金外里面为中间粗，上下两端细，且内外筒之间连接钢梁布置无规律，此两个位置不宜布置施工电梯，因此在核心筒电梯井道内设置了10台特制高速施工电梯，分高、中、低

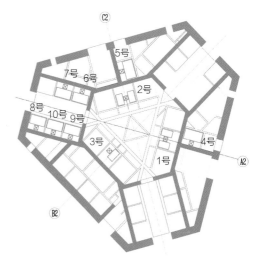

图3-8-2　国金施工电梯布置图

三个区段服务。

根据施工电梯的需求情况，划分为见表3-8-1所列的六个阶段，各电梯各阶段的主要服务功能列于表3-8-2中。图3-8-3为国金各施工阶段垂直运输配置图。

为充分提高施工电梯功效，实现施工电梯能直接运输人、料至最高顶模平台上，在高区施工电梯设置时，考虑在核心筒中间设置三部施工电梯，成三角形布置，利用周转桁架将三部施工电梯的标准节连接成整体，提高电梯标准节的抗侧刚度，进而实现了施工电梯27m自由高度，这在世界范围内均未见先例，由此大大提高了电梯运输功效，如图3-8-4所示。

施工电梯设置的阶段划分 表3-8-1

阶段	工况	电梯需求	电梯配备
一	-0.050（1层）～63.050m（15层）核心筒结构施工，钢结构随后	混凝土结构及钢结构施工入料	3台施工电梯（1号、2号、3号）
二	63.050（15层）～198.050m（45层）层核心筒结构继续施工；机电、装修工程插入施工	上部结构入料；下部装修、机电入料	5台施工电梯（1号、2号、3号、4号、5号）
三	198.050（45层）～310.450m（70层）核心筒结构施工；198.450m（45层）以下机电、装饰施工	上部结构、装修、机电入料；下部装修、机电入料	10台施工电梯（1号、2号、3号、4号、5号、6号、7号、8号、9号、10号）
四	混凝土结构基本完成，钢结构继续施工；198.450m（45层）以下机电装修基本完毕；正式电梯G1、G2、G3、G4、H1、H2安装	顶部钢结构入料；装修、机电入料	10台施工电梯（1号、2号、3号、4号、5号、6号、7号、8号、9号、10号）
五	装饰、机电大面积施工；正式电梯G5、G6安装	装修、机电入料	5台施工电梯（6号、7号、8号、9号、10号）；8台正式电梯（H1、H2、G3、G4、G1、G2、G5、G6）
六	联动、调试；工程收尾	装修、机电入料	4台正式电梯（G1、G2、G5、G6）

注：正式电梯安装调试完成后即开始投入使用，代替施工电梯作为垂直运输工具。

各电梯各阶段主要服务功能 表3-8-2

电梯编号	阶段	主要服务工作面	电梯编号	阶段	主要服务工作面
1号	第一阶段	混凝土、钢结构	4号、5号	第一阶段	—
	第二阶段	混凝土、钢结构、机电装饰		第二阶段	混凝土、钢结构、机电装饰
	第三阶段	混凝土、钢结构、机电装饰		第三阶段	混凝土、钢结构、机电装饰
	第四阶段	钢结构、机电、装饰		第四阶段	拆除
	第五阶段	拆除		第五阶段	—
2号	第一阶段	混凝土、钢结构	6号、7号	第一阶段	—
	第二阶段	混凝土、钢结构、机电装饰		第二阶段	—
	第三阶段	混凝土、钢结构、机电装饰		第三阶段	混凝土、钢结构、机电装饰
	第四阶段	钢结构、机电、装饰		第四阶段	钢结构、机电装饰
	第五阶段	拆除		第五阶段	逐台拆除
3号	第一阶段	混凝土、钢结构	8～10号	第一阶段	—
	第二阶段	混凝土、钢结构、机电装饰		第二阶段	—
	第三阶段	混凝土、钢结构、机电装饰		第三阶段	混凝土、钢结构、机电装饰
	第四阶段	钢结构、机电、装饰		第四阶段	钢结构、机电装饰
	第五阶段	拆除		第五阶段	逐台拆除

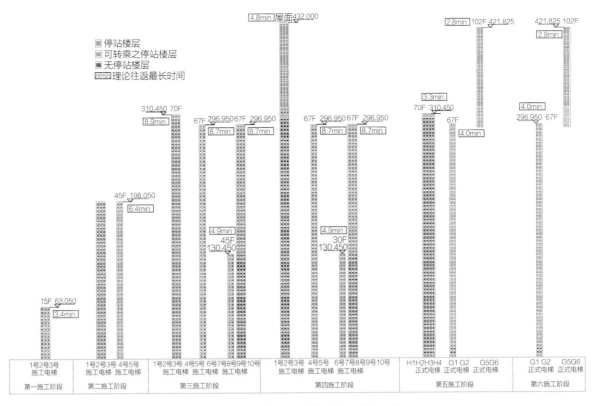

图3-8-3 国金各施工阶段垂直运输配置图

图3-8-4 上顶模平台施工电梯图

三、混凝土输送泵

作为结构施工中最大宗的材料，混凝土材料具有量大、面广且具有非常强的时效约束，选择工作压力大，能将混凝土一次性泵送至各个工作面的混凝土输送泵是必然的，尤其，超高层建筑，混凝土材料因需要承受比较大的设计荷载而强度等级往往比较高，而混凝土强度越大，黏性越大，泵送性能就越差，混凝土输送泵在选择时除了足够的泵送压力以外，相应的泵机控制系统、监控系统、泵管系统及相关泵送技术是必须要考虑的，泵送时，各个方面需做好充足的准备，以免在泵送过程中出现异常而处理不及时或不得当造成重大损失。

广州珠江新城国金项目与中联重科联合开发了理论工作压力可达40MPa的HBT90C H泵机，泵机自身设置有GPS监控系统，选用φ120超高压耐磨泵管及特殊抗暴管接头，现场配备了足够的配件及工程技术人员，对现场实施过程进行了全过程监控，保证了所有泵送工作的顺利完成。

第二节　M900D塔吊成套施工技术

广州珠江新城国金工程选用了3台M900D大型自爬升式塔吊（起重力矩为1370t·m，最大起重量为64t），并根据施工需要和工程特点设计了70层上下两种支爬升体系，在保证满足现场施工需要的同时，大大地减少了现场结构加固的费用，保证了工程施工的顺利进行。由于在超高空作业、塔吊自身重量大，在塔吊的设计、使用、爬升、拆除的各个环节需进行重点控制。

大型爬升式塔吊在超高层结构施工应用中，其关键技术主要包括支爬体系的设计、首部塔吊的安装、爬升规划、高空转换、最后一部塔吊的拆除以及日常应用及安全保证。

一、M900D支撑爬升体系

根据工程吊运需求，塔吊在70层以下布置位置需悬挑出墙面5m（塔吊中心线距离混凝土墙外表面5m），以满足底部最重构件的吊装，如此大的悬挑跨度为附墙爬升塔吊的支撑体系设计带来了很大的难度。

70层以下采用一端铰支一端斜拉的支撑体系，并最大限度地增大斜拉长度、减小斜拉杆竖向夹角，以减少附加水平力对结构的影响，受力部位尽量远离洞口，并对洞口区域钢筋进行加密，斜拉杆设置调节装置，可微调斜拉长度，以调整安装误差引起的支撑体系水平度偏差。每个塔吊设置三套支撑机构，交替向上转运，并保持始终最少两套支撑体系约束塔吊，保证爬升和使用过程塔吊的稳定（图3-8-5~图3-8-8）。

70层以上，附着墙体厚度变薄，并且内部拉结隔墙全部收掉，该部位墙体无法继续满足塔吊附着荷载，且结构承载力与塔吊附着力相差很远，进行结构加固需投入太大的成本，并会影响到各个工序的施工，因此，考虑在70层进行高空转换，转换后，三部塔吊分别附着在三个外扩方筒内，支撑形式为两端墙体设置埋件牛腿，支撑体系两端铰支。由于外扩方筒墙体较薄（300mm），且存在较大的门洞口，设计考虑塔吊支撑附着

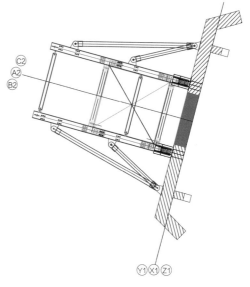

图3-8-5　70层以下塔吊支撑体系示意图（1）

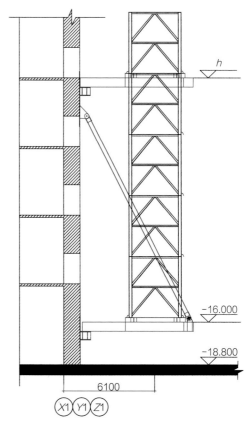

图3-8-6　69层以下塔吊支撑体系示意图（2）

图3-8-7　69层以下塔吊

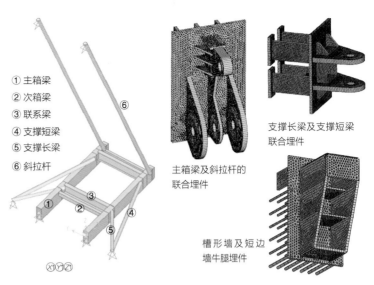

① 主箱梁
② 次箱梁
③ 联系梁
④ 支撑短梁
⑤ 支撑长梁
⑥ 斜拉杆

主箱梁及斜拉杆的
联合埋件

支撑长梁及支撑短梁
联合埋件

槽形墙及短边
墙牛腿埋件

图3-8-8　69层以下塔吊支撑架实体模型示意图

点上一层至下两层高度范围内设置王字形劲性钢柱对结构进行加固。王字柱超出墙体厚度一半以增加局部侧向刚度，三层长度设置则将集中弯矩上下传递分摊，新的支撑体系利用原有支撑结构分批再加工制成，通过最少的措施投入有效地实现了薄弱墙体结构大型塔吊附着爬升的需求（图3-8-9、图3-8-10）。

二、首部塔吊安装

2007年开工时，M900D塔吊在国内应用并不多，仅北京央视和上海环球项目有应用的先例，但悬挑5m远的距离和斜拉结构在如此大型塔吊的应用方面未见先例。为确保安全，详细验证计算可靠性，在首部塔吊安装时需谨慎对待，并有全面的保证措施。

（1）委托清华大学对塔吊的支撑进行设计验算，请华南理工大学设计研究院对计算结果进行复核，并进

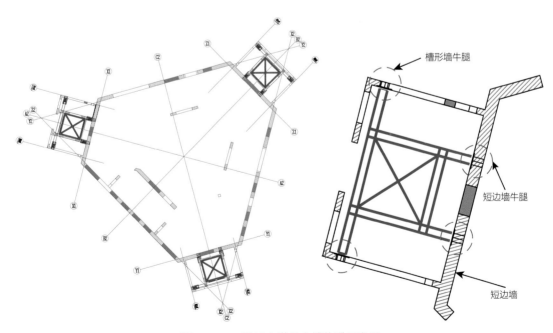

槽形墙牛腿

短边墙牛腿

短边墙

图3-8-9　70层以上塔吊支撑体系示意图

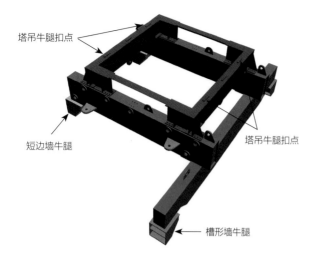

塔吊牛腿扣点

短边墙牛腿

塔吊牛腿扣点

槽形墙牛腿

图3-8-10 70层以上塔吊支撑架实体模型示意图

图3-8-11 塔吊安装现场照片

行专家论证，对计算中不利工况的选择、最大荷载的确定、计算模型的建立、传力路径的分析、安全储备系数等进行详细的讨论研究，确保计算真实、可靠。

（2）首部塔吊安装高度选择距离基础底板2m高度起，安装时支撑结构下部设置4部千斤顶，并在主受力杆件上设置应力应变片，塔吊安装完成后，分级逐步卸除千斤顶荷载，并实时监控主杆件内力状态，确保始终在设计计算范围之内。卸载完成后，对监测数据与计算数据进行详细的对比分析，安全可控后投入使用（图3-8-11）。

（3）对首次最重构件吊装、台风天气等最极端情况进行再次监测，掌握支撑体系实际受力情况。

通过上述系列措施，完全确保了本工程塔吊的安全使用。

三、塔吊爬升规划

塔吊起重臂组合长度为45.8m，吊装有效作业半径为4～42.5m。起重臂由四节组成，底部起重臂节长13.7m，中间标准臂节有2节，每节长为9.2m，顶部起重臂节长13.7m。

57层以下（办公层）塔身标准节有14节，组合高度为56m；塔吊基座爬升至61层以上塔吊移位至槽型墙内，利用槽形墙及核心筒外墙上设置钢支撑进行爬升。5号塔吊由-16.000m标高处开始爬升，共爬升16次；6号、7号塔吊从±0.000标高处开始爬升；爬升框间距为18m，共爬升15次。在57～69层时，爬升框间距19.3m，共爬升3次，在69层以上时，附着框间距为20.250m，共爬升5次，最上一道附着杆至塔顶回转机构底部距离约35m。

每次爬升时详细的爬升流程为：

第一步：安装第3套固定框架，千斤顶开始顶升。

第二步：塔吊标准节固定在爬升梯孔内，千斤顶回缩。

第三步：千斤顶重复步骤一、二，塔吊标准节向上移动。

第四步：塔吊爬升到位，千斤顶缩回，爬升梯向上转移。完成一次爬升动作（图3-8-12）。

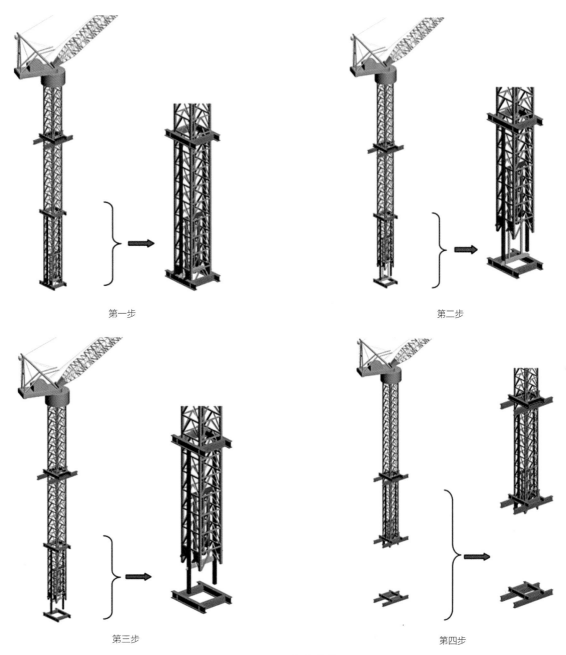

第一步　　　　　　　　　　　　　　　　　　　　第二步

第三步　　　　　　　　　　　　　　　　　　　　第四步

图3-8-12　爬升流程

四、最后一部塔吊的拆除

利用最后一部塔吊将其他两部塔吊拆除完成后，最后一部塔吊的拆除便成了最危险也是最困难的一个环节。综合分析工程特点与现场实际情况，以下问题需重点考虑：

（1）M900D塔吊部件重量较大，尤其回转部位最重14.5t。

（2）主塔楼中间粗两端细，吊运半径需满足避开主塔楼最突出部位。

（3）主塔楼核心筒中空且核心筒结构薄弱，不利用附加较大的荷载。

对此，本项目选用M900D塔吊同厂的系列起重机械配套进行拆除作业，首先选择M370R塔机进行M900D的拆除，而后利用SDD20/15起重机进行M370R的拆除，再利用SDD3/17起重机进行SDD20/15的拆除，最后一部自行解体，利用电梯转运至地面。

屋面三部辅助起重机的基础利用屋顶消防水池结构和外框钢柱顶设置连接成整体的起重机基础，充分利用了结构构件自身承载能力，避免了结构加固的措施投入。

五、实施效果

通过上述系列措施，成功保证了现场三部M900D塔吊安装、爬升、使用、转换、拆除的顺利进行，期间先后经历8次台风，安全可靠。

通过精细的策划、计算与布置，最大限度地减少了现场结构加固辅助措施的投入，并通过移位转换，减少了塔吊300m标准节的额外投入，直接节约相关费用2000万元。

为行业同类工程提供了薄墙结构附加大型机械措施处理的成功的范例，本技术会同钢结构成套技术共同鉴定，达到国际领先水平。

第三节　大型机械设备应用特殊技术

一、施工升降机特别节点处理技术

（一）施工电梯27m自由高度设计

为满足施工电梯直接运输人员至最高工作平台，结合顶模系统的设计特点（常规的爬模、滑模也存在此问题），施工电梯需要达到27m自由高度才能实现，对此本项目联合广州京龙电梯公司，共同研究探讨、分析计算，以相对最经济的措施手段实现了这一目标。

（1）将计划为最高工作面服务的施工电梯布置在核心筒中心部位，并成三角形布置，位置布置时需保证电梯梯笼互相不影响且可以避开顶模钢平台，直冲到顶。

（2）将三部施工电梯的标准节壁厚加厚，以提高其强度与刚度。

（3）将三部施工电梯的标准节顶部27m高度范围内采用三道三角形钢构架连接成整体，连接形式便于周转，三道钢架随电梯安装高度依次向上周转（图3-8-13）。

（4）由于正式附墙设计两层一道，在顶模系统底部设置周转临时附墙，以最大限度降低电梯自由高度（图3-8-14）。

通过上述措施，并在使用过程中采取密切监控垂直度、安装风速仪、规定高空8级风以上施工电梯不上平台等系列辅助措施，顺利保证了施工电梯能直接服务最高工作面，为主体结构两天一层的施工速度提供了有力的保障。

（二）超远变距离附墙设计

受制于结构特点，广州珠江新城项目70层以上核心筒内墙部分全部收掉，外墙变成了倾斜的弧形墙，电梯高空转换后除仍存在超高自由高度要求外，还需设计成最长超过8m的超远变距离电梯附着。

在工期如此紧张的情况下若层层设置超远距离附墙，工作量及工作难度均大大增加，则每次加节作业势必会对关键线路造成影响，对此本项目采取以下措施对新1号、2号、3号施工电梯进行处理，以解决上述问题：

（1）加厚电梯标准节壁厚，增强标准节抗侧刚度。

（2）增加一套附墙标准节，即在每部电梯标准节旁边增设一套标准节用于电梯附墙。

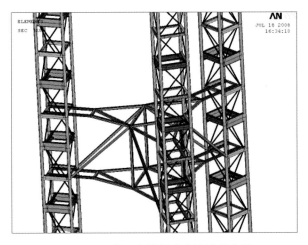

图3-8-13　施工电梯标准节连接示意图

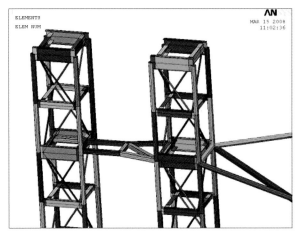

图3-8-14　增加附墙标准节示意图

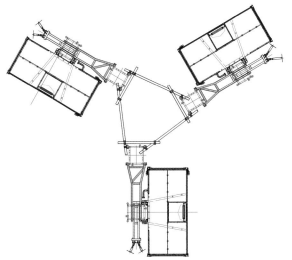

图3-8-15　标准节连接平面示意图

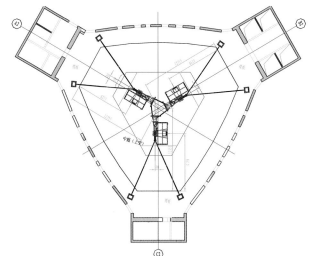

图3-8-16　70层以上施工电梯定位图

（3）竖向每隔9m设置三脚架将三部电梯标准节连接成整体。

（4）竖向每隔30m设置一道刚性拉杆附墙，拉杆端部固定在内挑走廊楼板上（图3-8-15）。

（5）在70层楼板上增设三个电梯基础，70层楼板考虑加固，初步计算结果表明楼板承载能力较强，只需局部加固即可，加固方案待新1号、2号、3号施工电梯深化设计完成并有准确荷载数据后进行设计计算（图3-8-16）。

二、施工升降机与正式电梯交接

到施工后期，施工电梯需逐步拆除，以进行因施工电梯影响的预留工作内容，但此阶段高区仍存在大量的运输需求，若规划不当很容易产生运输盲区时间段，而一旦产生盲区，则对整个工程进展会产生全面的影响，因此施工电梯与正式电梯的交接与转换需综合全面考虑。

国金项目因施工电梯占用了部分正式电梯的井道，除需考虑运输需求搭接外，施工电梯直接影响着部分正式电梯的安装，对此在垂直运输规划中按以下几点进行了综合考虑，基本满足了现场施工需求：

（1）施工电梯在布置选择占用井道时考虑：低区施工电梯尽量占用正式低区区段电梯的井道；中区施工电梯尽量占用正式消防电梯的井道；而高区施工电梯则需避开正式电梯安装调试周期较长的和高区直达正式电

梯的井道。如此则可以在尽量减少遗留工作量的基础上逐步地拆除低、中区电梯并转换为正式电梯服务，高区施工电梯可在最后拆除，预留好拆除及正式电梯安装调试时间即可。

（2）低区施工电梯在低区装饰大宗材料运输完成，且低区正式电梯部分投入使用后即可拆除。

（3）中区施工电梯在中区装饰大宗材料运输完成，且中区正式电梯部分投入使用后即可拆除。

（4）高区施工电梯的拆除时间原则上宜选择在高区大宗装饰、机电材料运输完成后进行，但此阶段往往会对关键线路造成影响。因此，在此阶段规划时需综合考虑施工电梯拆除时间、遗留结构施工时间、正式电梯安装调试时间、整体装饰施工时间等因素，必要时需安排高区正式电梯的安装提前或加快，提前拆除高区施工电梯。

（5）用于替换施工电梯的正式电梯需能涵盖相应区段绝大部分的工作面，避免出现过多的盲层或多次的转运，转换后运输能力需有保证。

按照上述安排，正式电梯提前使用原则上可只运输人员及小宗材料，便于正式电梯的成品保护，工期安排上需考虑留够施工末期、提前投入使用的正式电梯的检测、部件更换及轿厢装饰时间。

如此，在国金超高层施工过程中，垂直运输基本满足现场施工需要，在装饰、机电大面积展开施工时，垂直运输仍然比较紧张，需通过一系列措施提高电梯功效，降低功效损耗，最大限度地挖掘其运输潜能。

三、19m布料机在顶模平台安装及其与泵管连接技术

因国金工程核心筒竖向结构先行施工（在超高层结构施工领域中，此为最常用的施工安排），则在核心筒墙体混凝土浇筑时，因水平构件滞后而全部临边作业，在顶模系统设计时，考虑将两台19m臂长的液压布料机固定在顶模钢平台上，随顶模系统同步上升，避免了高空转运的安全风险，但由于泵管在泵送时存在晃动，而顶模系统的侧向抵抗力较弱，泵管晃动是否会影响平台的定位精度，是否会对顶升油缸造成影响，无法准确判断，也无先例可寻。因此，我们在最高水平结构工作面与最高竖向结构工作面高差之间设置了一个自爬升的泵管支撑架，泵管沿支撑架，顶端水平管可直接接至布料机，不需与顶模钢平台连接（图3-8-17）。

另外配备两台独立的液压布料机，每次塔吊吊运至钢梁最高完成面，临时固定在钢梁上，进行外框钢柱钢管混凝土的浇筑。

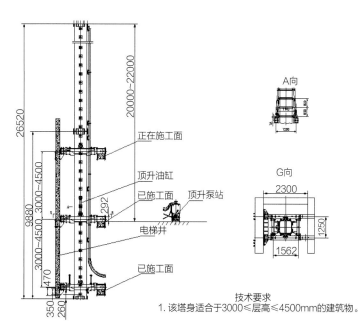

图3-8-17　自爬升泵管支撑架

第四节　大型垂直运输设备管理

一、主要管理难点

为了满足施工需要，国金项目选用的大型垂直运输设备都是比较先进的，部分甚至代表了施工设备领域最先进的技术。而这些先进性表现在两个方面，一是设备本身的技术含量高，从而要求管理者需潜心研究，熟悉其结构及原理；二是这些设备的安装方式、实施条件、使用环境都是比较特殊的、新颖的，故此在管理过程中必定会遇到诸多困难。

由于国金的施工工期相当紧张，分包单位众多，场地较为狭窄，协调比较繁琐。所需要的特殊工种工人高峰期达150多人，虽然这些工人都是各单位招聘的精兵强将，但对这些较为先进的设备来说，还是需要一个接纳、熟悉、熟练的过程。

二、主要管理措施

（一）24字设备管理方针

国金项目提出了"归口管理、三级监控；技术主导、安全优先；制度约束、奖罚对等"的24字设备管理方针。

归口管理是指将设备管理独立于其他专业单位和部门，隶属于总承包，属于总包管理范畴。这样的好处在于，一是设备管理不受其他专业部门的约束，可以公平、合理地分配资源；二是定人定岗，职责分明，有利于功过评判；三是可以确保管理力量充足。三级监控是指设备管理依次受部门经理、分管领导、项目经理的约束，下级对上级负责，且每一级均有自己监督的内容和权限。

技术主导和安全保障是相辅相成的，技术占主导地位可以确保设备的安全；没有安全这个前提，技术的先进性也是空谈。基于国金施工设备的特殊性和先进性，技术占主导地位可以保证所有的作业有核心、有依据，不会出现蛮干、瞎干的现象。在国金项目，设备的所有工作，无论大小巨细，都必须有经审批的方案或作业指导书，任何作业必须按照既定的方案或作业指导书进行，不遵循该制度将被视为违规。在管理过程中，经常遇到前所未有的问题，如：规范规定，超过六级风塔吊不得作业，但广州在300m高空，60%的时间会出现6级风。针对类似现象，项目制定了专项制度。而这些制度均以安全为前提。在设备管理上，安全实行一票否决制度，即任何人提出的安全要求，都必须引起高度重视，待查明后方可继续作业。

（二）定人定机，旁站式监理

国金的每台设备都定人定机，指派管理人员分管，并要求管理人员必须实行旁站式监理。每台设备均建立单机档案，对管理中的所有过程文件记录归档，作为考核依据。每季度末实行评比，评出每季度的"红旗设备"，实行奖励，对表现最差的设备相关人员实行罚款，奖罚对等。考核主要依据单机档案，按照《国金垂直运输设备管理手册》的要求检查各项制度的落实情况。

（三）建章立制，规范行为

在项目初期，管理者就制定了长达100页的《大型垂直运输设备管理手册》，大到方案的评审、塔吊爬升验收、防台风措施、泵送流程，细到每日设备使用时间的分配、起吊钢丝绳每月使用的颜色、每日停机要点、操作人员行为规范，都作了详尽的规定，形成规范性的指导意见。形成的专项制度有：设备资产管理专项制度、设备经济管理专项制度、设备技术档案专项制度等。通过以上制度的建立，使得设备从进场安装、安全操作使用、可持续运行、经济效益的掌控到设备的拆卸退场，都做到有章可循，有据可依。

（四）使用管理

为了提高设备的使用效率，合理分配资源，项目形成了每日设备使用申请制度，即为：需要使用设备的单位每日16：00前将下一个工作日的使用需求提交给设备主管部门，设备主管部门根据施工任务的重要程度及现场实际情况，综合分析，对下一个工作日的设备使用时间作出明确的规定，设备操作人员按照使用时间分配单进行作业。如果出现使用单位窝工、不守时等现象，将被给予罚款或停工的处罚。自该制度实施以来，杜绝了以往施工现场为争使用时间而扯皮打架斗殴的恶劣现象。

（五）过程管理

重大工序联合验收。以塔吊爬升为例，塔吊的爬升在国金是一个重要的施工环节，三台塔吊平均每4天爬升一次，而爬升的环节主要有：爬升支撑系统的验收、埋件定位预埋、牛腿焊接、支撑钢梁的安装校正定位、爬升等，这些环节都直接关系到爬升的安全，不能有丝毫的马虎，为了确保爬升整个过程的安全，项目制定了联合验收的制度，即每道分项工序的前后，组织有土建、塔吊安装、焊接、钢结构、质量、安全等部门人员参加的联合检查，并拍照留存。这种联合验收可以较为全面地掌握诸如安装定位精度、焊接质量、钢结构件加工质量等情况，杜绝安全隐患。

第九章　超高层结构施工测量控制技术

在超高层结构施工中，建筑高度增加，受制于测量仪器的测量精度要求，测量传递次数增加，若仅采用传统的层层传递的测量控制方法会出现累计误差严重超限的问题，另外因为超高，建造过程中建筑物自身摆动，以及风载、温度等对结构影响变形均会放大，结合起来，相当于是利用一套误差逐渐变大的主控点控制一个时刻变化的结构，那么整个工程的测量控制将是一个非常混乱失控的状态，在超高层结构施工过程中必须对上述问题进行综合考虑分析，有效地避免上述问题的影响。

第一节　主控点传递及控制方法

一、主控网的选择

针对广州珠江新城国金项目，主塔楼主控网在选择上需考虑以下几个因素：

（1）各个主控制点必须能够闭合，以便于在传递之后能够互相校核，保证控制网传递精确，避免个别点传递误差造成整体控制误差。

（2）由于国金项目施工过程分混凝土核心筒和外框钢结构两大部分独立组织施工，而最终两大部分的测量定位必须统一，因此控制点在选择布置时需考虑能同时满足两大部分的测量工作需求。

（3）测控点能够非常便利地传递至各个工作面以进行细部构件测量放线工作（比如能顺利传递至顶模平台上），因楼层较多，测量工作量比较大，在传递时若传递通道不通畅，将会给测量工作增加非常大的负担，进而对整体工期控制也会造成影响。

（4）测量传递通道不宜过多的影响结构施工，避免遗留太多的工作内容后补施工，比如测量通道不宜影响钢梁的安装、测量控制点位不宜影响后续管道、线路、墙体砌筑等施工。

二、主控网传递控制方法

（1）以测量仪器的精度限制设置测量控制中转。

（2）选用高精度的测量仪器。

（3）平面控制网的竖向引测采用激光铅直仪进行，外控引测点设置在顶部核心筒作业面下部的测量悬挑钢平台上和下部已经施工完的外框楼板上，内控引测点设置在核心筒内楼板测量孔处（图3-9-1）。

（4）利用全站仪进行高程控制网的传递。

（5）设置单独的平面复核控制网，在核心筒内楼板设置独立的平面控制网，并独立传递，逐层跟进复核主控网的测量控制效果（图3-9-2）。

（6）将测量控制点向外围扩充加密；在周边已有建筑物制高点设置大控制网，国金项目在周边海关大楼、

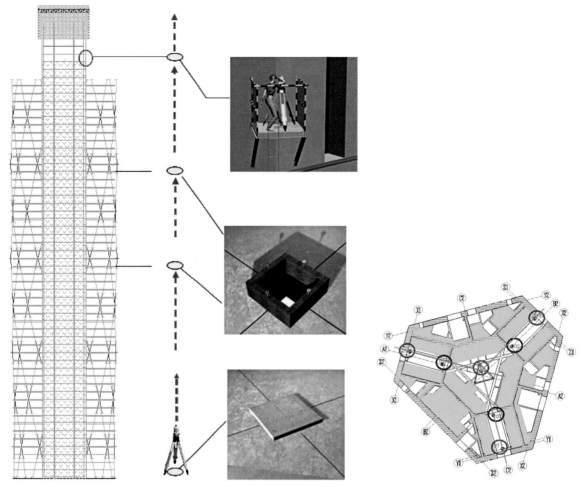

图3-9-1 平面网控制点向上传递示意图　　　　图3-9-2 核心筒楼层平面控制网点

珠江投资大厦和利雅湾商住楼三个点（均为强制对中点）设置了大控制网。其作用有两个，其一，可以作为主塔楼主控轴线（点）后方交汇检测方向点；其二，可以作为GPS检测时坐标起算点。

（7）每次控制网中转传递一次均采用GPS对新控制点进行复核。

（8）测量主控每54m高度设置中转，所有测量均从最顶部一个中转站向上引测，层间吊线仅做测量作业复核用，避免层间累计误差，同时避免全部从底部引测造成建筑高度较大时摆动引起的测量偏差。

（9）所有测量引测均在每天的同一时间段进行，避免因温度偏差引起的结构变形而造成测量偏差。

第二节　测量控制

一、核心筒测量控制

由于国金项目采用的顶模系统设计有一个刚度很大的钢平台，覆盖了整个核心筒区域，经过对钢平台的监测，其晃动基本为零，可作为楼层测量中转。

（1）采用激光铅直仪，利用外控任意三个点，引测至顶模钢平台上，每3层需全引一次6个点闭合校核，如图3-9-3所示。

（2）三点闭合无误后，采用全站仪在钢平台上测设核心筒墙体控制网。

（3）利用手持激光铅直仪进行模板上口控制点的测量定位（图3-9-4）。

（4）利用外六角点及内控1号、2号、3号点从测量控制中转楼层向上投射，利用激光接受靶放置在模板上口检查模板定位偏差（图3-9-5）。

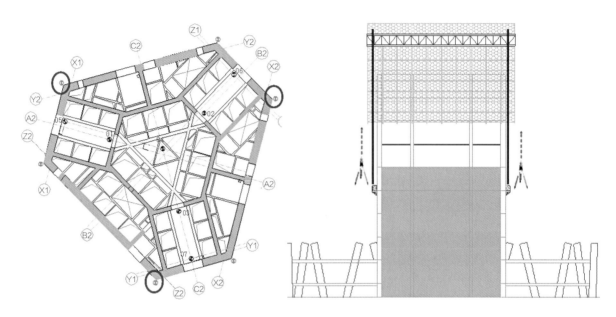

图3-9-3　外空点投递至顶模平台示意图

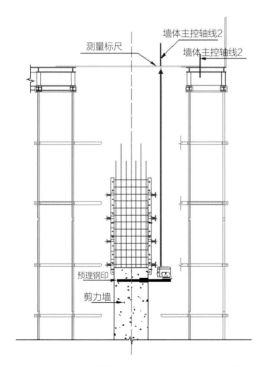

图3-9-4　钢模板上口控制点控制示意图

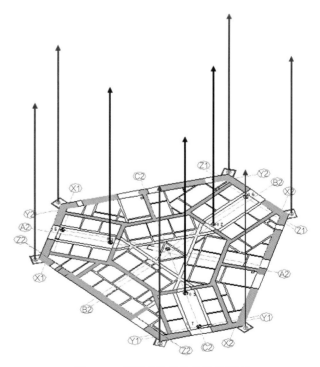

图3-9-5　模板定位偏差检查示意图

二、空间钢结构测量控制

外框钢结构测量主要采用6个外控测量控制点进行（图3-9-6、图3-9-7）。

采用上述系列措施，并结合沉降观测、24h连续监控塔楼变形及摆动、48h连续监控塔楼变形及摆动、各楼层标高变化监测，辅助虚拟仿真分析结果，整个结构施工过程中精度完全满足设计及规范需要。

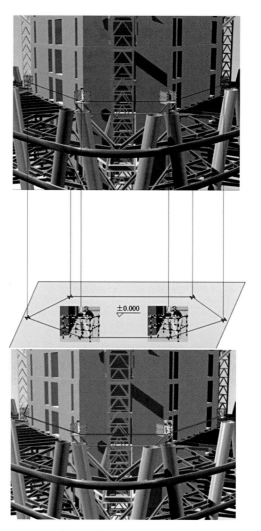

图3-9-6　全站仪测量控制精确定位

图3-9-7　外框钢结构测量示意图外控六点闭合检查示意图

第十章 幕墙工程施工

第一节 国金幕墙工程概况

广州国金是世界上最高的采用全隐框玻璃幕墙系统的建筑，主塔楼8.5万m²的玻璃幕墙面积也是目前超高层单体建筑之最。

国金幕墙有单元式玻璃幕墙、构件式隐框玻璃幕墙、玻璃百页、铝合金百页、不锈钢雨篷、点式拉索幕墙、铝板幕墙、石材幕墙、外格栅百页幕墙、钻石幕墙等，涵盖了多种形式，参见表3-10-1所列。

国金幕墙工程概况　　　　　　　　　　　　　　　表3-10-1

工程	序号	分项名称	工程量
主塔楼	1	夹胶中空双银Low-E单元式幕墙	72000m²
	2	单元式百页	8332m²
	3	内庭天窗	605m²
	4	内庭93~102层钻石幕墙	2500m²
	5	103层铝合金百页	550m²
	6	1~3层拉索幕墙	2100m²
	7	V形不锈钢雨篷	600m²
	8	阶梯雨棚	6100m²
裙楼及套间式办公楼	9	隐框玻璃幕墙（中空Low-E）	28420m²
	10	石材幕墙	5053m²
	11	铝板幕墙	3670m²
	12	裙楼采光顶	284.5m²
	13	裙楼游泳池屋盖	680m²
	14	推拉窗	300m²

主塔楼外墙大都采用"夹胶中空双银Low-E玻璃"，附楼采用"中空Low-E玻璃"，幕墙节能效果显著（比普通玻璃节能60%），符合绿色环保理念。

第二节　幕墙加工制作

主塔楼（含内庭）部分主要幕墙类型由单元式幕墙（含玻璃、玻璃百页等）板块、构件式（异型玻璃、百叶）幕墙等组成；裙楼部分主要由构件式（玻璃幕墙、隐框玻璃幕墙、铝板幕墙、石材幕墙、遮阳百页、门窗）幕墙组成；套间式办公楼部分主要由构件式（隐框玻璃幕墙、石材幕墙、铝板幕墙、门窗、铝格栅等）幕墙组成。

一、单元式幕墙板块加工工序

（1）工厂根据技术部所下发的下料单、图纸，按照图纸的工艺要求，先进行工艺消化，在工艺消化时发现问题，及时同相关设计师沟通、反馈解决问题，如无误后将下料单优化，并分解转换成"工艺流程卡"同图纸下发至相关班组，各班组工艺流程卡发放的标准和份数，将按图纸加工工艺要求制定。

（2）单元式玻璃幕墙板块主要加工工序：进材检验—贴保护膜—下料（数控双头锯、350锯）—铣斜面、榫口、避口、铣孔（角切割、锣榫机、铣床、平台锯、仿形铣）—钻孔（三轴、四轴、六轴加工中心、多头钻、台钻）—攻丝（风批、攻丝机）—转装配组框—穿胶条—组框—装挂件—玻璃开箱检查—搬运玻璃—清洁玻璃—清洁框—放垫块—扣玻璃—打结构胶（打胶机）—铲胶—清胶—装扣板—压泡沫条—贴美纹纸—打表面胶（手动胶枪）—清洁—入库（含养护）—发货。

（3）根据下料单将所需下料的产品制作一过程标签，标签注明型材编号、加工图号、板块号、规格等，在开料时将对应的标签贴上，同时放到相应的转运车上，做好三检记录，按工序流程交接到下道工序，接收人在交接人流程卡上签收。

（4）从第一道工序（下料）到最后一道工序（打胶），产品质量方面严格按ISO9001管理体系相关条款执行，各工序加工人员也将严格实行定人、定岗管理，各班班长负责本班工序具体的人员安排、设备使用、生产量、安全、图纸工艺问题及突发性事件的，实施、检查、预防处理工作，同时还负责产品加工过程的质量检验工作，做好产品加工中每一道工序的专检、抽检工作。

（5）查重点工序控制点，严格监管各工序的加工动态，碰到问题，及时解决处理并汇报。产量方面：待加工制作试验产品时实地测算后，将要求定量生产完成每道工序，并随转运车一起履行上下道工序的交接手续。

（6）单元式幕墙板块加工工艺流程，如图3-10-1所示。

二、加工质量及加工进度保证措施

（一）机加工过程控制

（1）加工厂工艺员接到图纸和技术要求后编制工艺文件并督促落实；生产过程中检查工艺文件的落实情况。

（2）加工厂根据公司的计划和项目经理的要求制定相应生产计划；生产调度按计划下达各班组进度要求，各班组严格按此执行。

（3）为保证下料和机加工的产品质量，操作人员需经公司（或加工厂）的技术和质量培训。

（4）作业前，工作者应认真阅读图纸和工艺文件，如有疑问，应立即向班长提出。

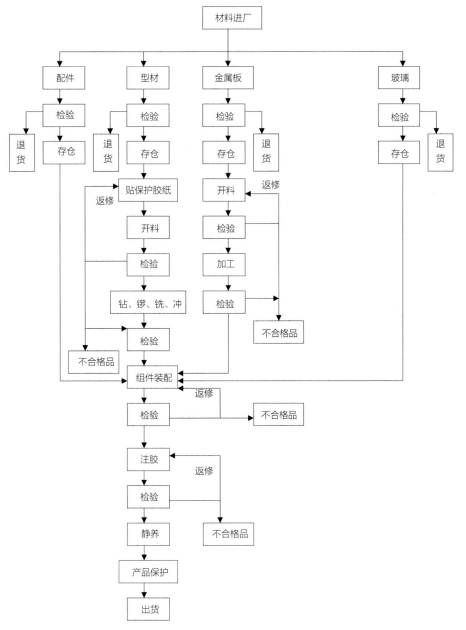

图3-10-1　单元式幕墙板块加工工艺图

（5）作业时，工作者应严格落实执行设备操作规程和保养规定及工艺文件，并填写设备点检卡和设备日常使用保养及查验记录卡。

（6）首件产品的检验，必须由班长（或质量监督员）、本道工序工作者和质检员共同进行。必要时，可请工艺员和设计者一起参加检验，合格后，班组长或质检员在半成品交接单上签字认可，并在备注中注明"首检合格"，方可进行批量加工。

（7）批量生产中，班长（或质量监督员）应按3%的比例抽检产品质量，工作者应按5%的比例抽检。抽检合格后，检验者和工作者应在半成品交接单上签字确认。

（8）加工好的半成品应分类整齐摆放在运输料架上，并挂上随车卡片，随车卡片应填写规范、清楚。

（二）工序与成品检验控制

生产岗位的工人必须对自己的工作质量负责，对本岗位的产品质量进行自检，不合格不生产、不流转。

后道工序、岗位或车间，应对前道工序、岗位或车间进行主要项目的检验及控制，以防不合格产品继续生产或流转。

质控部专职检验员对下料、机加、组装、注胶、安装各工序进行专职检验。检验标准及抽样方法均按《建筑幕墙》（GB/T 21086—2007）、《玻璃幕墙工程技术规范》（JGJ 102—2003）及国家、行业的相关标准执行。

经质控部检验判为合格，检验员可在加工任务单或成品单上签认，签字认可后才允许半成品继续流转至下道工序。

经质控部检验判为不合格的半成品，检验员应做好"不合格标识"，必要时做好隔离工作。不合格之半成品不得转序、入库或出厂。

经检验判为不合格，检验员应及时告知生产人员或所在班组长进行第一时间的纠正改善工作，不能马上纠正改善者，必要时可停止生产等待处理；若责任非生产部门或改善工作非生产人员能力所及，应及时向相关部门反映问题并跟踪落实情况。如改善不力或效果欠佳，还应向相关部门负责人反映情况和向质控部经理报告。

经检验判为不合格，应按《不合格之材料、半成品、成品的控制》（JYA/QP8—07B）进行处理，不合格的物资由检验员贴上"不合格"标识。

专职检验员在进行检测的同时，应做好相关的检验记录。书写工整清晰，数据准确全面，原因明确、主次分明。

注胶工序的检验，控制开机前必须检查清楚结构胶的型号、批号、桶号、使用期限，并做好记录。

组件的相互粘贴面应坚持用"两块布"的擦抹方法进行清洁。

组框与玻璃粘贴完毕后在注胶前应检验组件有关尺寸。

双组分结构胶需做必要的蝴蝶和拉断试验，并做好相关的记录及标识，妥善保管好试样。检查注胶和刮胶质量并做好记录。

成品（注好胶的构件）一般需经过7d保养期保养，保养期内严禁不合理的挪动或搬运。

在规定的保养期限后应进行割胶剥离试验。

经质控部检验确认为合格，由检验员在每一产品上贴上"合格证"，并配合质控部检验员在"成品检验入库单"上签字为准，两者缺一不可。

（三）加工进度保证措施

与有关工程项目部门了解清楚工程的加工量、进度要求；加工图纸在正式生产加工之前3d必须到工厂；材料在正式生产加工之前3d必须匹配到货工厂。

需要项目部门正式生产加工之前5d提供材料采购订货单、型材模图、型材色板及五金配件样品。

所有工程图纸及相关资料由计划室收，并由计划室发到调配室；调配室及时下发给各加工班组分发给相关人员先熟悉图纸。

计划室接到工程图纸后，及时查阅并把加工产品的规格、数量等数据信息输入电脑，以便统计、数据分析及备案。

根据工程图纸输入电脑的数据，统计出工程加工需要的材料数量。包括需要的型材规格数量、玻璃及五金配件数量等数据电脑备案和加工面积的统计；组织相关人员进行技术交底讨论会议。

统计员必须在接到工程图纸后的第2天上午10点前，把图纸加工产品的规格、数量等数据信息输入电脑存放于局网公布栏内备案。

材料到厂后，仓管员及时把到货单据复印件交计划室发调配室分发给相关加工班组，让各加工班组清楚掌握材料的到货信息。

仓管员根据到货情况及时做好各工程的材料账目、输入电脑备案。

仓管员根据工程项目提供的订货单及时核查工程材料的实际到货状况，欠缺的材料数量及时反映到计划室；对材料品质不合格的数量信息书面反馈计划室。

仓管员根据计划室提供的材料领用数量总单发放材料，发放数量不得超额，若有问题及时反馈计划室查核。

仓管员必须在材料到货的第2天上午10点前，把到货的材料状况输入电脑存放于局网公布栏内备案。

根据工程的进度计划要求、加工图纸及材料到货的配套情况，编制工程的加工生产顺序计划要求、材料领用数量总单、每日计划生产量、计划产品发货日期等任务。

监督每天各班组的加工生产进度状况信息，出现的废品需要调配室反馈废品书面报告给项目部以便采取措施。

第三节　主塔楼单元式幕墙板块运输

一、平面运输（板块加工厂→现场卸货区）

所有幕墙板块在加工厂制作完成后，进行保护包装后经专人押运至国金工地指定材料堆放场（现场卸货区见图3-10-2）。

整个板块的运输流程可分为：

（1）玻璃板块采用专用运输箱包装，卸货采用吊车进行一次卸货；车辆至工地后依据出库单，检验产品的数量、质量。板块运至指定的卸货区后卡车尽快从工地返出，确保工地道路畅通。卡车进出工地应注意出入口安全。

图3-10-2　现场卸货区

（2）平面运输组根据项目部指令，将安装所需的板块编号核实清点（此工作极为重要，因为由于运输条件限制，垂直运输和安装之间的协调配合，可以最大限度地利用时间，以免造成所运板块不是实际安装所需，或将板块运错楼层，而浪费大量人力物力寻找再搬运等现象）。

（3）将已检查清点的板块从卸货区转运至升降机井道口，并做好吊运准备。

二、垂直运输（现场卸货区→运输升降机→作业楼层）

（一）70层以下板块运输方案

由于国金主塔楼外幕墙安装高度为432m，考虑高空中风的不确定因素，单块板块从地面直接吊运至相应楼层安装，在吊运过程中极不安全，不予考虑。使用塔吊整箱由地面吊运至各个楼层则存在以下几个问题：

（1）塔吊在白天不能较长时间保障提供给幕墙使用。

（2）每隔3个楼层需上料卸货平台，由于单元式幕墙对插的结构特点，卸货平台将影响幕墙整个平台以上的幕墙安装，造成幕墙长时间不能封闭，影响相关单位室内作业的施工，且幕墙施工需要增加材料上、下平台的时间。

（3）根据整体进度安排，每天约运输40块玻璃板块至塔楼每一楼层，将占用塔吊时间较长，严重影响主体钢结构的安装。

（4）夜间吊装极不安全。

基于以上考虑，采用升降机运输的方式。其意义在于：

（1）玻璃板块运输不占用塔吊，避免和其他施工单位发生吊运冲突。

（2）因幕墙升降机为特制规格，内空尺寸超大，不仅能保证幕墙的运输玻璃板块要求，同时有解决其他施工单位的大件材料运输的能力。

（3）幕墙升降机可解决幕墙单位施工人员上下班的运输，可有效缓解总包电梯上下班的运输压力。

（4）可基本保证我司当天运到现场的板块于次日运至相关楼层，避免占用±0.000层的场地，便于总包管理。

（5）提高玻璃板块的运输安全性。

（6）保证玻璃板块的运输速度，以确保安装进度。

垂直运输步骤为：

（1）将已检查清点的板块从工地现场仓库转运至升降机井道口，并就位在未用板块箱上，做好垂直运输准备。

（2）现场设置负责垂直运输的专职控制员，采用对讲机统一指挥起吊层及垂直转运层人员的运输工作，确保运输工作协调、统一、安全。

（3）将板块箱移入升降机吊篮，检查各部位情况，板块固定是否安全，待一切检查安全后，专职控制员用对讲机通知在楼层上等候的接货运输专员，做好接货准备。

（4）升降机吊篮升至所需楼层，接货运输人员协同平面运输组成员，一起将板块从吊篮中移出，如图3-10-3所示，并堆放在平推车上，做好保护措施。

（5）平面运输人员根据板块编号，设计师提供的板块分布图，将板块移至安装位置附近、有序并按规定堆放。

（6）平面运输组人员将板块堆放好后，做好安全防护标识，玻璃周围圈上保护栏。

（二）70层以上板块运输方案

1. 基本思路

先用升降机将板块运至70层，再利用卷扬机吊至安装楼层。

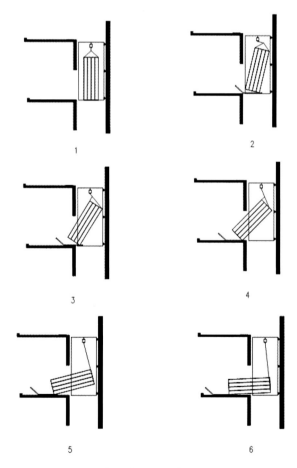

图3-10-3　垂直运输——板块运出吊篮示意图

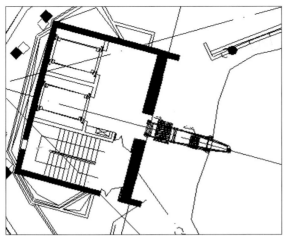

图3-10-4 卷扬机安装定位示意图

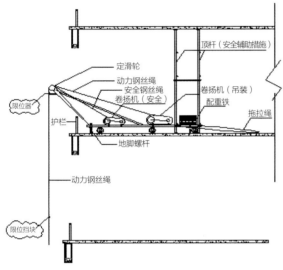

图3-10-5 卷扬机辅助安全装置安装图

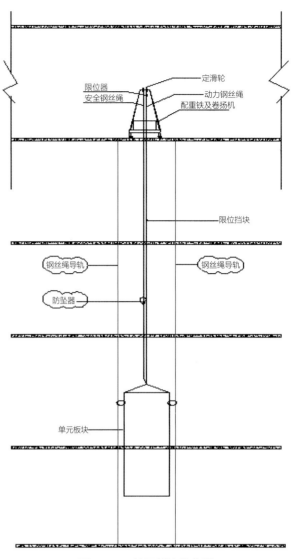

图3-10-6 单元板块吊装图

2. 卷扬机吊运通道的选择

（1）70层以上的高区电梯井或其他垂直井道。

（2）内庭楼板边小弧位置。

1）将卷扬机安放于102层或以下某个合适楼层放置卷扬机，如图3-10-4所示。

2）安装好辅助安全装置，如图3-10-5所示。

3）安装上辅助小卷扬机，并在其上的安全钢丝绳上挂防坠器。

4）从卷扬机安放层至70层地面合适位置拉两条垂直的钢丝绳，两端分别固定，作为运输板块时的限位导轨，如图3-10-6所示。

在70层楼面板块起吊位用脚手管做一个封闭围护结构（设门），满挂安全网。随手关门或拉起门上警戒绳。

吊运通道位每层均挂警示牌，提醒无关人员不要靠近。

以上工作完成后，报验合格后，即可投入使用。

每班作业后及时恢复拆除的临边栏杆。

第四节 主塔楼单元式幕墙（含百叶幕墙）安装

一、单元式幕墙特点

（1）单元式幕墙采用了"等压原理"，整幅幕墙的抗雨水渗漏和空气渗透性能得到极大的提高。

（2）单元式幕墙的每块单元件高度为主塔结构楼层高度（分为4.5m与3.375m两种），宽度一般为1～1.5m左右。传力简捷，可直接挂在楼层预埋件上，安装方便。

（3）单元式幕墙板块在工厂内加工制作，可以把玻璃、铝板或其他材料在加工厂内组装在一个单元件上，促进了建筑工业化程度，满足工程进度需要。

（4）因为单元式幕墙板块在加工厂内整件组装，加工精度高，质量控制条件优于工地，有利于保证多元化整体质量，保证了幕墙的工程质量。幕墙的造型和拼装构图可以更加灵活，使采用单元式幕墙的建筑物更好地发挥艺术效果。

（5）单元式幕墙板块在加工厂内整件组装，极大减少了工地上的工作量，能够很好地克服国金施工场地狭小的问题；工地工作量的减少，有利于控制施工安全风险。

（6）单元式幕墙从楼层下方往上安装，能够和土建配合同步施工。当土建完成一定高度后（无须达到结构封顶的程度），即可开始吊装，形成土建与幕墙齐头并进的场面，使建筑总工期大大缩短，提高了投资效益。另单元式幕墙自身可以几个施工段同时安装，安装速度快，极大缩短施工周期。

（7）幕墙的对插接缝构造设计能更好地吸收层间变位及单元变形，通常可承受较大幅度建筑物移动，抗震能力强，对国金这类超高层建筑特别有利。

（8）单元板块接缝处全部采用专用耐老化橡胶条密封，使幕墙具有自洁功能，表面受污染程度低。

国金主塔楼外单元幕墙施工，按设备层和避难层的分布，可大致划分为以下7个施工区段：

1）4～11层：A施工区段；

2）14～29层：B施工区段（细分为B1、B2、B3施工段）；

3）32～47层：C施工区段（细分为C1、C2、C3施工段）；

4）50～66层：D施工区段（细分为D1、D2、D3施工段）；

5）68～102层：E施工区段（细分为E1、E2、……、E6施工段）；

6）102层以上：G施工区段；

7）设备层和避难层：H施工区段。

以上各区段可根据进度需要，在做好各段间的水平防护隔离后，同时施工（例如A和B同时施工），但不能在同一区段进行多个楼层同时施工。因单元式幕墙上下相邻板块须插接，所以同一施工区段内的板块安装只能是从最下层逐层向上依次安装。

按上述方法划分的施工区段，虽然比较合理，但所包含的楼层楼量依然较多，可进一步细分。以B区段为例，每6层为一施工段，从下往上，可依次再划分为：B1、B2、B3施工段，先从B1段最底一层开始，依次上装，直至B3段安装完成，这样整个B区段也就安装完成了。这样做的好处是，可以明显地减少风力影响，从而提高安全和安装效率。

根据设计图纸关于单元板块竖向公母料的分布情况和同一楼层相邻单元板块左右须插接的特点，同一楼层单元板块的安装可以再划分为三个可同时进行的作业段，即从每个三角形弧的大弧中点处开始，逆时针顺次安装，最终又在每个三角形弧的大弧中点处收口。这样可进一步提高安装效率，如图3-10-7所示。

二、卷扬机安装

本项目安装涉及的最大板块尺寸为4550mm×1525mm，其理论重量为694kg，选用载荷2t的卷扬机（带变速箱，自重520kg）即可满足吊装需要。

（1）根据结构钢柱位置和待安装层、待安装板块位置的不同，将卷扬机放于待安装楼层上面不同的楼层，以方便吊装及尽量减少卷扬机的移动次数。

（2）卷扬机拖至安装位置后（前地脚螺杆离楼面边沿至少应有0.5m的安全距离），调节所有的地脚螺杆顶升吊装架，使万向轮稍稍脱离地面，从而使吊装架制动。

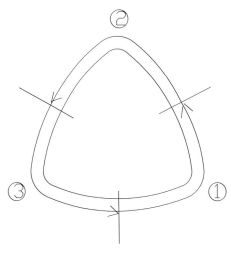

图3-10-7 单层幕墙施工顺序图

（3）将配重铁足量（191kg）地置于吊装支架后部，并在支架后部设拖拉绳（φ6.2钢丝绳），将拖拉绳的另一端固定于建筑物内的可受力部位（如核心筒）或地锚上，从而形成一个辅助安全措施，以防止吊架吊装时向楼面外移动。

（4）在卷扬机后部加装2排4根脚手管顶杆，以防吊装时卷扬机在偶然情况下失稳，如图3-10-8所示。

（5）在吊装动力钢丝绳上的预定位置（由项目部根据安装情况适时确定）设限位挡块，当板块上行高度超过预定高度时，限位挡块和行程开关触点相碰，触点回弹，卷扬机实时断电，如图3-10-9所示。

（6）将安全钢丝绳一端固定于吊装架前部下端的钢架上（底架），另一端绕过加装的动滑轮后，垂下楼层（下垂长度由项目部根据安装情况适时确定）后连接一个防坠器（额定载荷4t，盘线长度8.5m），如图3-10-10所示。吊装时，将防坠器下端挂钩拉出，与动力钢丝绳一起钩住板块，若动力钢丝绳发生意外断裂，防坠器可在瞬间拉住板块，防止板块坠落，如图3-10-11所示。

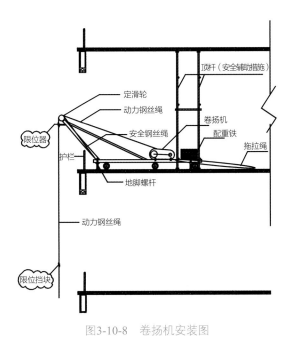

图3-10-8 卷扬机安装图

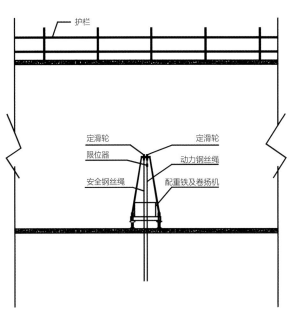

图3-10-9 卷扬机安全装置示意图

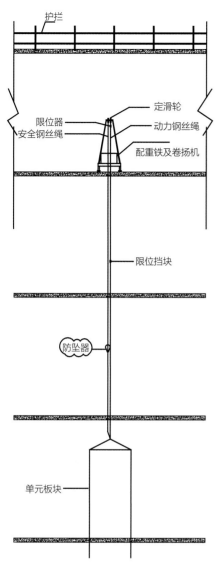

图3-10-10　单元板块吊运图

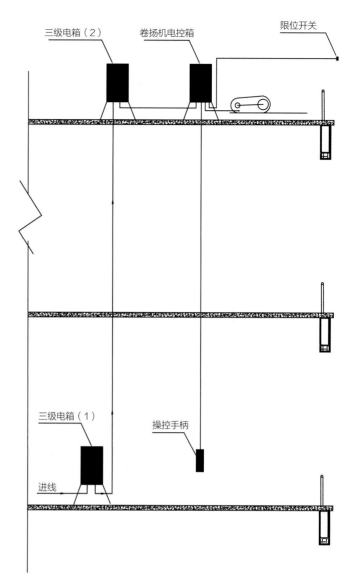

图3-10-12　卷扬机电源控制图

图3-10-11　防坠器图

（7）按图3-10-12所示的电路布置示意图接通电源，具体做法为：在板块安装层将电源引入三级电箱（1），然后从三级电箱（1）引出电源线接至卷扬机安放层的三级电箱（2）；再从三级电箱（2）引出电源线至"卷扬机电控箱"；卷扬机用电从"卷扬机电控箱"引出；把操控手柄和超高限位器接入"卷扬机电控箱"。三级电箱（1）、（2）须各自摆放在卷扬机（手柄）操作人员和卷扬机看护人员旁3m范围内，以便吊装时操控手柄失灵或卷扬机出现意外情况时，卷扬机安放楼层和板块安装层两个位置均可实现紧急断电。

以上工作完成后，即可对吊装设备进行认真的调试，卷扬机初次及每次安装完成，均要报相关部门/单位验收，批准后方可使用，并挂验收合格牌。

第五节　施工流程

主塔楼幕墙安装主要流程为：测量放线—环梁钻孔（支座孔位）—支座安装—板块吊装—安装水槽防水胶皮—防雷安装—安装防火板/棉—收口、清洁、验收。

一、测量放线

测量放线如图3-10-13所示。

二、环梁钻孔

环梁钻孔如图3-10-14所示。

三、支座安装

支座安装如图3-10-15所示。

四、板块吊装

板块吊装如图3-10-16所示。

将单元板块的玻璃面朝下、板块上部挂件朝向楼层外方向放置于运输车上，由运输组将单元板块运至吊装位。

将φ11吊装钢丝绳两端的φ20 U形卡环锁扣在板块上部转接角码的吊装孔上，再将动力钢丝绳（卷扬机）用卡环与吊装钢丝绳连接。

在板块的下部两边各绑扎一根遛绳（长麻绳），由两名辅助人员牵拉，以防止板块下行过程中在人手扶不到的情况下外飘及旋转。

待安装楼层及其上一层各配四名安装人员负责板块的就位、插接。在板块下行所要通过的其他楼层内，各配两名辅助人员负责牵拉及看护。

以上工作完成后，即可由起重工指挥相关人员进行起吊。起吊时，须安排人员扶住板块下部，随着动力钢丝绳的缓慢提升，将板块慢慢地滑出楼层边缘并竖直。

当板块下行至槽口上方20cm位置时，卷扬机制动，拆除遛绳，安装人员对板块进行对位。

安装支座圆钢上的防噪声垫片和不锈钢防腐垫片，随后板块慢速下行，安装人员将板块插接就位。

板块上下部钩挂插接就位后，即对该板块进行轴线（左右移动板块）、水平标高（调节挂件上部的微调螺杆）的调整，如图3-10-17所示。若偶然出现进出位或板块安装角度出现偏差较大的情况，须

图3-10-13　测量放线

图3-10-14　外框环梁钻孔

图3-10-15　幕墙支座安装图

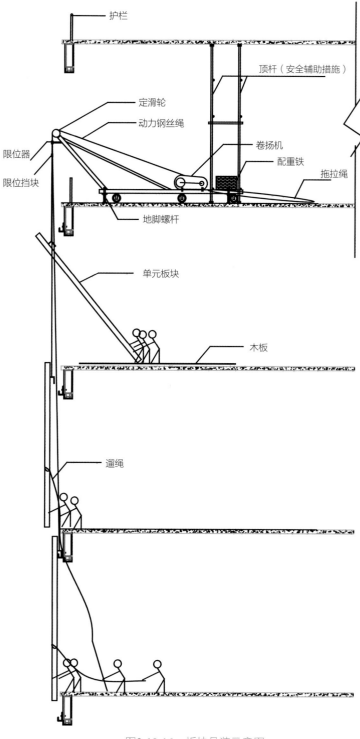

护栏

顶杆（安全辅助措施）

定滑轮

动力钢丝绳

卷扬机

限位器

配重铁

限位挡块

拖拉绳

地脚螺杆

单元板块

木板

遛绳

图3-10-16　板块吊装示意图

停止安装，重新安装付支座。

待板块调整符合要求后，拆除吊装绳，将铝合金防脱块卡在铝合金转接件的相应孔位上，并用螺栓固定在小支座圆钢上，拧紧。

如此顺次进行下一板块的吊装，后步工序和板块吊装形成流水施工，直至同层全部安装完成（图3-10-18、图3-10-19）。

五、安装上部水槽防水胶皮

上步工序完成后，开始清理上部槽口，铺防水胶皮，将胶皮两端擦拭干净，然后再用密封胶将胶皮两端封闭密实（图3-10-20）。

闭孔海绵可在安装上一层板块时，再放入相应位置。

六、防雷处理

国金工程因塔身特别高，须认真按设计要求做好幕墙防雷设施的安装。测防雷所用的导线为多股铜导线，截面约50mm^2。

每层的每个左右相邻单元板块的横向框料均须用多股铜导线可靠连接、导通。

在设计图纸指定的竖向位置上，将幕墙上下两相邻单元板块的铝合金立柱（公母料）用多股铜导线可靠连接、导通。然后将该竖向位置上的全部转接件用多股铜导线与钢支座连接、导通。

这样就形成一个完整的避雷网（图3-10-21）。

安装时应将导线两端的连接点位的防腐涂层或膜层除去并涂凡士林，拧紧连接点螺栓。

七、防火板/棉安装

为配合室内的建筑防火分区设置，在塔楼的幕墙设计图中，各楼层（避难层除外）均设置了两处防火单元板块，作为竖向防火隔离，该板块随幕墙板块的安装而顺序安装，也就是说，当每层板块安装完成时，幕墙已具有了竖向防火功能。

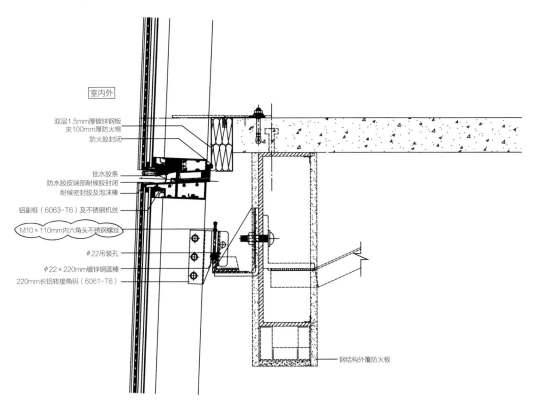

室内外

双层1.5mm厚镀锌钢板
夹100mm厚防火棉
防火胶封闭

批水胶条
防水胶皮端部耐候胶封闭
耐候密封胶及泡沫棒

铝副框（6063-T6）及不锈钢机丝

M10×110mm内六角头不锈钢螺丝

φ22吊装孔

φ22×220mm镀锌钢圆棒

220mm长铝转接角码（6061-T6）

钢结构外覆防火板

图3-10-17 板块连接部位处理图

图3-10-18 幕墙现场施工图一

图3-10-19 幕墙现场施工图二

图3-10-20 防水胶皮图

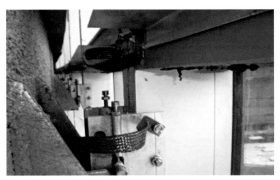

图3-10-21 幕墙避雷连接措施

为使幕墙的层间尽快具有防火/防烟功能，在上层单元板块完成之后，要立即进行下一层的防火板、防火棉安装，并打防火胶封闭。

防火板为1.5mm厚的镀锌钢板，防火棉密度不小于80kg/m³，厚度不小于100mm。

防火板切割时，应尽量用砂轮切割机或等离子切割机切割，以防止板材翘曲及破坏镀锌层。

防火棉应按尺寸裁剪规整，铺填密实、厚度均匀。

防火板安装时应尽量与铝横梁、楼板/梁贴紧，清理干净灰尘后，用防火胶将防火板的30°折边及接缝处打满，不要留缝隙。

若需对防火板处的防水性能进行进一步的处理，均以经正式批复的设计图纸为准进行施工。

八、收口、清洁、验收

铝板收口的地方按设计图纸进行收边收口，并打胶封闭。

刮去多余密封胶，清洁幕墙。

完装完一个检验批后，做现场淋水试验，发现漏水点查清原因及时处理。

做好相应检验批的报验收续，报请业主、监理、总包及相关单位按规范要求进行验收。

第六节　内庭钻石玻璃幕墙安装

钻石幕墙位于93~102层中庭之内，并与屋面玻璃天窗相接，下口小上口大，整体外形如有许多不规则"钻石面"组成，如图3-10-22所示。

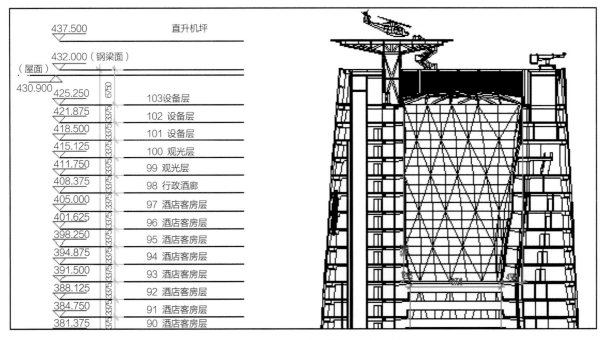

图3-10-22　93~102层中庭钻石幕墙示意图

整个钻石幕墙共由363块单元板块组成，玻璃为钢化夹胶镀膜玻璃，最大板块重量620kg（图3-10-23）。

一、钻石幕墙板块简介

每一个"钻石体"（四棱体）高度为4层楼高，由4个三角形玻璃面组成；每一玻璃面高度为2层，由2个单元板块组成，其中一个为三角形，另一个为梯形；每一单元板块均由2块玻璃拼成，共用1个铝框。见图3-10-24、图3-10-25。

通过以上对幕墙设计图纸的分析可知，大部分三角形单元板块分格宽度在1650mm以下，重量又相对较轻，可通过项目的5号专用升降机运至70层，转运至中庭后，用卷扬机运至70层以上集中堆放。

另一部分分格宽度较大（最大分格宽度近2.5m），重量较重（最重620kg）的三角形板块及梯形板块，拟在楼层内对此部分板块进行工地组框并设立注胶室注胶，铝框组件仍在工厂内加工。

二、吊装设备

在内庭钻石幕墙安装时，102层以下采用单轨吊吊装系统吊装板块，102层因不适合安装单轨吊系统则采用卷扬机吊装系统进行吊装。

（一）单轨吊吊装系统

内庭钻石幕墙最大板块重量620kg。本次仍拟采用外幕墙板块安装时用单轨吊系统进行板块安装（图3-10-26）。

内庭单轨吊计划安装于102层楼面，安装形式如图3-10-27和图3-10-28所示。

支架所用杆件全部为14号工字钢，焊接连接，3级焊缝，焊缝尺寸≥8mm。

支架挑杆最大间距1.5m，外挑长度3m，撑杆间距3m，抱柱工字钢通长设置。

单轨吊系统的制作安装由专业公司负责。

安装方法如下：

（1）将工字钢挑杆和ϕ20圆钢环在楼层内焊接完成，并穿上轨道夹具。

（2）将ϕ15钢丝绳（带花篮螺栓）锁于挑杆外端的钢环上。

（3）将该支架推出楼层，并外挑2.5m，用抱柱工字钢

图3-10-23　钻石幕墙效果图

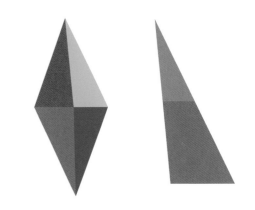

图3-10-24　钻石组成示意钻石面组成示意

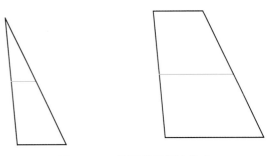

图3-10-25　钻石单元板块组成

图3-10-26　单轨吊现场图

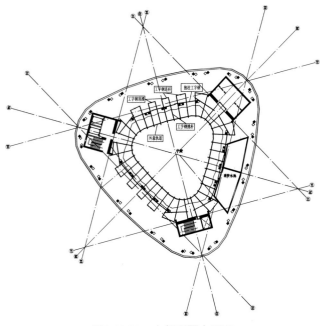

图3-10-27　支架平面布置图

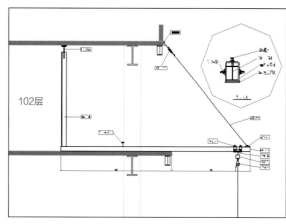

图3-10-28　单轨吊安装断面图

暂时将其压住，每安装完3~4条，调整好相对位置关系后，将抱柱工字钢与相接触的支架挑杆焊接。

（4）接着安装工字钢连杆及撑杆，焊接连接，并将工字钢撑杆撑紧楼面。

（5）将ϕ15钢丝绳拉起钩挂在上部板块支座的螺栓上，用钢丝将花篮螺栓绑扎，防其脱钩，调节花篮螺栓将钢丝绳绷直。

如此顺次将所有支架安装完成。

（6）以上工作完成后，在支架挑杆上搭设脚手管简易操作平台，安装人员拉好专用安全绳，挂好安全带后，即可进行轨道安装。轨道安装时，要用防坠绳绑牢固后，再安装。

（7）安装捯链时，可借助项目已有的移动操作平台和卷扬机进行安装。

全部单轨吊系统安装完成后，报监理验收后，即可投入使用。

（二）卷扬机吊装系统

根据板块吊装的需要，将卷扬机安装在103层屋面适合的位置上，如图3-10-29所示，使卷扬机支架前部顶在内庭临边的混凝土女儿墙上，后部加200kg配重，再设ϕ12拖拉绳（钢丝绳），钢丝绳可固定在结构钢柱或其他可受力物体上，并拉紧。卷扬机的支架形式如图3-10-30所示。

在待吊装板块上部屋面钢架的相应位置挂定滑轮（挂在□330mm×200mm×16mm×16mm及□300mm×150mm×12mm×12mm截面的主梁上，起转向作用），定滑轮须悬挂牢靠。

卷扬机的动力钢丝绳跨过该定滑轮进行吊装，随着吊装位置的变换，优先变换定滑轮的悬挂位置，以适应吊装需要，如图3-10-31所示。

在改变动滑轮悬挂位置仍不能满足吊装需要时，可以将卷扬机移装到相应的适当位置，以方便吊装。

每次吊装位置变换时，都须尽量保持卷扬机、吊装钢丝绳、定滑轮和后部拖拉绳在有利传力方向上，以防卷扬机侧移。

吊装板块时，防坠器可单独挂在板块安装层正上方一、二层的临边钢梁或板块支座上。

防冲顶限位器固定在转向定滑轮上，吊装钢丝绳最下端装限位挡块。

三、施工流程

测量放线—支座安装—板块吊装—板块位置调整及复核—胶缝托条、铝合金防滑码安装—内侧铝饰板安

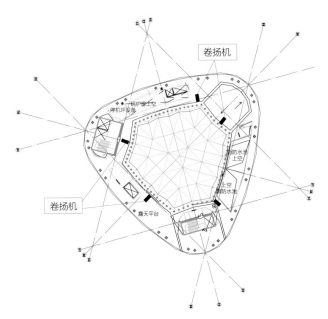

图3-10-29 卷扬机吊装系统

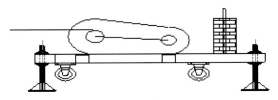

卷扬机支架侧视图

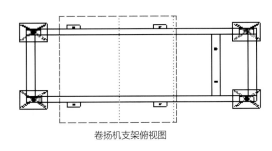

卷扬机支架俯视图

图3-10-30 卷扬机支架形式

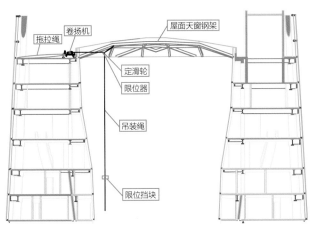

图3-10-31 卷扬机吊装示意

装—防火板/棉安装—玻璃面板打胶—收边收口—验收。

四、重点工序的施工方法及控制要点

（一）支座安装

因受场地条件限制，不便搭设脚手架进行钻石幕墙支座安装，移动操作平台因占用的空间较小，又可根据场地条件灵活布置，所以本次支座安装利用活动操作平台进行。

1. 具体说明

93层以上，采光井直径向上逐渐扩大，即下层楼板突出于上层楼板，采光井93层与103层之间周边楼板进出位累积差约4.5m，且楼层高度仅为3.375m，比较适合利用移动平台进行支座安装及焊接。

2. 支座的安装要求

支座的形式如图3-10-32、图3-10-33所示。

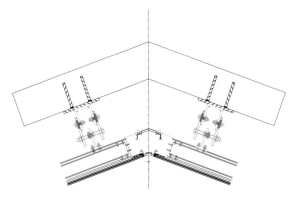

图3-10-32 水平节点

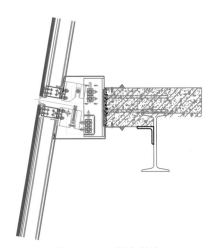

图3-10-33 竖向节点

图3-10-34　现场支座安装图

安装时要充分保证支座的标高（允许偏差≤2mm）、进出位（允许偏差≤1mm）、相邻支座间的距离（允许偏差≤2mm），尤其是控制好水平方向的角度（支座到两测控点间距差≤1mm），这样才能保证板块安装后的相对位置及角度关系。

同一层支座安装完成后，要用全站仪对支座的安装位置进行复核，反复地调整其相对位置关系，使其达到设计要求的精度，然后进行焊接，并将支座上的螺栓垫片点焊（图3-10-34）。

（二）板块位置调整及复核

每一板块吊装就位后，要立即复核其安装位置是否正确（相邻板块标高及接缝高低允许偏差≤1mm、轴线允许偏差≤2mm），并从室内查看板块的拼缝均匀程度（允许偏差≤2mm）。若有大的误差，则通过支座连接螺栓、薄型螺母和板块挂件上的调节螺栓进行调整。

同层板块安装完毕，要再次复核各板块的相对位置关系及安装精度是否达到设计要求，充分消除误差，以利于和上层板块拼缝对接。

每安装完4层（一个四棱体）板块后，还须对已完成的4层板块进行复核，无误后，再进行上层板块的安装。

（三）胶缝托条、铝合金防滑码及内侧铝饰板安装

在安装钻石幕墙内侧的转角铝装饰盖板前，应先将胶缝托条、防滑码及装饰盖板底座安装完成。

防滑码的螺栓孔现场配钻。

（四）防火板/棉的安装

防火板应安装平整并和楼板尽量贴合严密，防火胶的注胶位，应清洁干净后再打胶，防火棉应嵌填密实、平整。

（五）玻璃面板打胶

玻璃面板密封胶打注，若内庭设有插窗机则利用插窗机进行，若无则利用蜘蛛人进行。

注胶时应先用二甲苯将槽口清理干净，槽口两边贴美纹纸，再注胶，以保证密封胶粘结牢固、均匀美观。

（六）收边收口

幕墙下部的收口铝板，可用移动操作平台进行。

第七节　主塔楼天窗安装

屋面玻璃天窗位于主塔楼103层，整体造型和中庭钻石幕墙类似，也呈现出"钻石面"效果，天窗上表面由许多四棱体可拆卸玻璃板块组成，每个四棱体板块的倾斜角度各不相同（图3-10-35）。

下部的支撑钢架为一个网状的空间结构，各组成杆件也随天窗表面造型呈现出不同的倾斜角度（图3-10-36）。

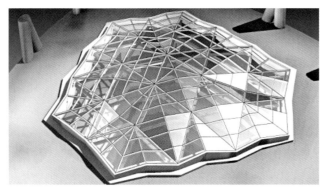

图3-10-35　屋面玻璃天窗效果图

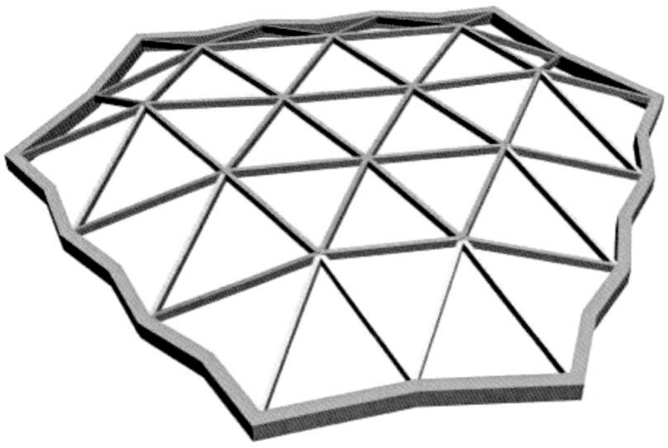

图3-10-36　钢架效果图

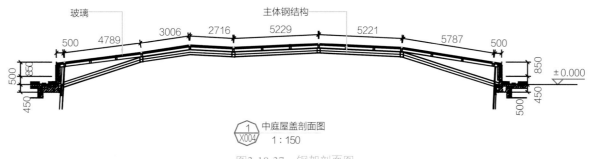

图3-10-37　钢架剖面图

钢架总重约32t，最大直径约28m，拱高约2.5m，主受力构件为GL1 300mm×200mm×16mm×16mm箱形梁、GL2 300mm×150mm×12mm×12mm箱形梁，次受力构件为GL3 150mm×100mm×8mm钢通（图3-10-37）。

一、施工流程

现场测量放线、复核—钢架工厂制作、预拼装、运输—钢架现场地面拼装—拉索平台搭设—A区主受力钢架吊装—检查复核、焊接—B区主受力钢架吊装—检查复核、焊接—钢架次受力杆件安装、焊接—检查验收—防腐涂装—天窗幕墙支座安装—幕墙龙骨安装—中心部位玻璃面板安装—内侧收口铝板安装及拉索平台拆除—四周玻璃面板安装—外侧收口铝板安装—清洁验收。

二、天窗钢架的安装思路

因屋面天窗钢架直径较大（28m）、重量较重（约32t），由现场M900D塔吊的性能参数可知，塔吊主臂长45.8m，作业半径37.5m时，最大吊重28.7t，无法将钢架整体起吊。

结合杆件的主次受力情况，本次拟将天窗主受力钢架划分为如图3-10-38所示的两个区段进行安装，A区段整体吊装，B区段杆件单独起吊，最后再逐根安装次受力杆件。

三、钢架吊装

（1）A区段主受力钢架净重18t（塔吊37.5m范围内、吊重28.7t），措施重量约1.2t，满足吊装要求，A区段主受力钢架吊装就位后，可自成一个稳定体系，减少了临时固定措施，也有利于后续B区段各杆件及次受力构件的吊装。

（2）A区段地面拼装完成后，对各个相交点部位按照深化图纸，测量组进行实物与电脑模拟核对，发现超

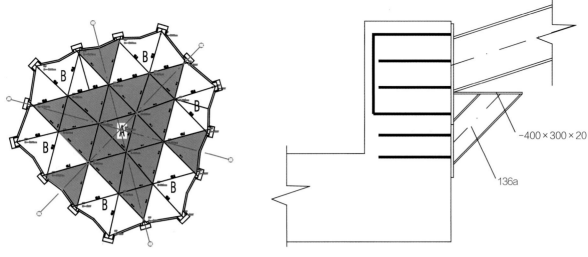

图3-10-38　钢架分区图

图3-10-39　吊装箱形梁下部支撑节点

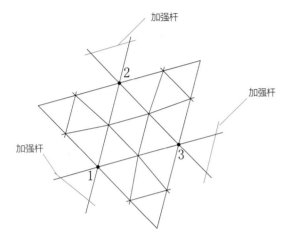

图3-10-40　A区吊点布置示意图

图3-10-41　天窗钢架吊装

规范误差，立即进行修正。

（3）同时，测量组还应对天窗钢架支座实际位置进行复测，并与设计图纸和钢架实物进行比对，若发现个别支座位置偏差较大，必要时可对钢架相应支腿进行修正。

（4）预先在A区要整体吊装箱形梁的下部增设临时支撑，如图3-10-39所示。

（5）本次A区吊装，共设置3个吊点，吊点布置如图3-10-40所示，在吊点处用钢丝绳绑扎起吊。A区段钢架在起吊前，还应对外伸六根杆件做适当保护，可在最外端"开口"位焊双排（两根）脚手管，以防吊装时发生偶然碰撞，产生较大变形。

（6）A区段整体吊装就位，在钢架未完全坐实在支座上时，即对A区钢架进行轴线、标高校正，校正无误后，塔吊松钩，使钢架完全坐实在支座上，随后将钢架与支座焊接固定（图3-10-41）。

（7）接着单独吊装B区段杆件及各次受力杆件。吊装方法：为便于安全吊装及杆件就位调整，每根杆件（箱形钢梁）焊2个吊耳，双面焊接，焊脚尺寸为16mm。吊耳截面规格为16mm×100mm×100mm，大样如图3-10-42所示。B区段各杆件及各次受力杆件吊装就位后，要实时进行位置校正，无误后，方可焊接固定。

四、拉索安全平台的搭设及拆除方法

因内庭内有总包单位的施工电梯及临时走道板等诸多设施，若用脚手管搭设天窗操作平台，势必要占用中庭多个楼层空间，且会过多限制到中庭电梯的使用，为尽量减少空间的占用，本次屋面天窗安装拟采用钢丝绳拉索平台。

拉索平台可在A区段主受力钢架安装前进行搭设。搭设方法如下：

（1）随总包单位进度，在103层楼面中庭井口边沿墙体后200～500mm的位置预埋φ20 U形卡环，间距1m，如图3-10-43所示。

（2）拉设φ16主受力钢丝绳，位置如图3-10-44中的粗实线所示。

将长度合适的主受力钢丝绳一端用3个φ16的马蹄扣固定于预埋的φ20 U形卡环上，另一端用同样方法连接一个φ20花篮螺栓，将花篮螺栓钩在对边对应的预埋U形卡环上。连接完成后，调节花篮螺栓将钢丝绳稍稍绷直，如图3-10-45所示。

（3）再用同样的方法安装其他φ10次受力钢丝绳，安装位置如图3-10-44细黑线所示，次受力钢丝绳位于主受力钢丝绳之上。

（4）全部钢丝绳拉结完成后，将井口周边钢丝绳交叉点处用马蹄扣（φ10）锁定。锁定位置如图3-10-44中

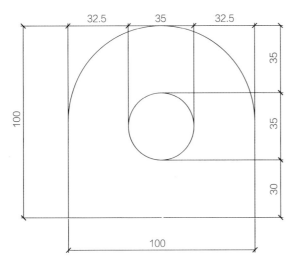

图3-10-42　吊耳大样

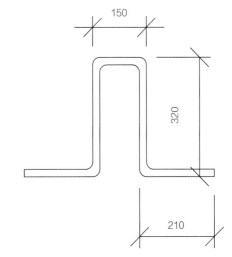

图3-10-43　钢丝绳拉索平台埋件

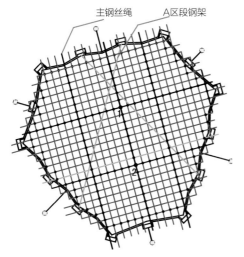

图3-10-44　钢丝绳拉索平台示意图

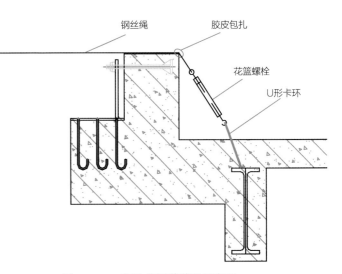

图3-10-45　钢丝绳调节装置示意图

的黑点位置。

（5）再在钢丝绳上满铺大眼网，并用钢丝绑扎，再满铺20mm厚木板，并用φ2.5钢丝绑扎，从外向内铺设，边铺设边将钢丝绳交叉点用φ2.5钢丝绑扎，或用马蹄扣锁定，直至全部完成。

（6）在吊装完A区段的钢架并焊接完成后，在图3-10-29所示的1、2号点位各拉一条φ16钢丝绳，拉于A区段钢架上，以防操作平台上人后，中心下坠过多。

（7）操作平台的拆除方法同安装方法相反，逆向操作即可拆除。拆除时间：屋面天窗玻璃仅剩周边一圈，天窗钢架下部内侧的收口铝板已安装完成后拆除。在此之前亦可作为安装天窗玻璃时的防护棚之用。

五、屋面天窗幕墙安装

（一）工艺流程

幕墙支座测量放线—支座安装、复核、焊接、支座验收及防腐涂装—天窗铝龙骨安装—玻璃面板安装、位置调整—板块打胶/安装压条盖板—封边铝板安装—清洁验收。

（二）幕墙支座测量放线

首先由测量组利用全站仪和水平仪，根据屋面天窗测量放线图，精确地在屋面钢架上放出支座的安装位置及水平标高。

（三）支座安装、复核、焊接

支座安装复核无误后，即可进行支座焊接。焊脚尺寸应满足设计要求，焊缝应成型良好。

焊接完成后清渣、除锈，自检合格后，填写相应的验收记录及报验申请表，报监理验收、合格后，方可进行防腐涂装。

（四）天窗铝龙骨安装

屋面天窗的竖向节点如图3-10-46所示。

铝龙骨安装时，应注意不要漏装防腐垫片、铝合金垫片及不锈钢螺栓的弹簧垫。

龙骨全部安装就位后，应进行位置复核，尤其是各控制点标高差，若有误差，通过调节支座螺栓予以调整，将接缝高低差控制在1mm以内，以确保龙骨安装位置、坡度正确。

将龙骨接缝用密封胶密封，保证天窗面板渗漏下来的雨水或冷凝水（若有）能通过龙骨的排水槽排水通畅（图3-10-47）。

（五）天窗玻璃面板安装、位置调整

施工措施准备：施工人员站在拉索平台上进行测量放线、支座安装、焊接、防腐涂装，可以方便地进行，但在进行玻璃面块安装时，单靠拉索平台进行操作则难以进行，因此，须根据安装情况在屋面天窗钢架上搭设简易施工平台。

简易施工平台的搭设方法：用脚手管焊接成"曰"型方框，宽800mm，长度视钢架情况而定，其上满布钢笆片（多点绑扎），再将多个该型跳板连续铺在层面钢架上，用绑扎带可靠绑扎，操作平台即可形成。

屋面天窗的每个棱体面均有约12个小玻璃板块组成（图3-10-48），最重的板块重约130kg，可由塔吊吊上钢架进行安装。

板块安装由天窗中心部位开始逐渐向外围安装，但最外一圈玻璃板暂不安装，待天窗边部内侧收口铝板安装完成后，再行安装。

板块安装完成一部分，要及时进行位置复核，重点查看其拼缝宽度及接缝高低差是否符合设计要求，以保证后续的铝合金盖板完美安装（图3-10-49）。

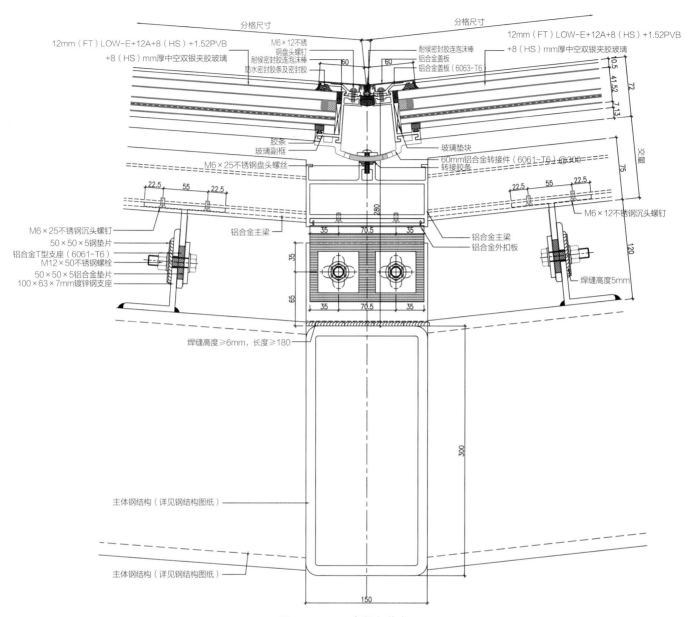

169.761°

分格尺寸　　　　　　　　　　　　　　　分格尺寸

12mm（FT）LOW-E+12A+8（HS）+1.52PVB
+8（HS）mm厚中空双银夹胶玻璃
防水密封胶条及密封胶

M6×12不锈钢盘头螺钉
耐候密封胶连接泡沫棒

耐候密封胶连接泡沫棒
铝合金盖板（6063-T6）

12mm（FT）LOW-E+12A+8（HS）+1.52PVB
+8（HS）mm厚中空双银夹胶玻璃

胶条
玻璃副框
M6×25不锈钢盘头螺丝

玻璃垫块
60mm铝合金转接件（6061-T6）@300
转接胶条

M6×25不锈钢沉头螺钉
铝合金T型支座（6061-T6）
M12×50不锈钢螺栓
50×50×5铝合金垫片
100×63×7mm镀锌钢支座

50×50×5钢垫片

铝合金主梁

铝合金主梁
铝合金外扣板

M6×12不锈钢沉头螺钉

焊缝高度5mm

焊缝高度≥6mm，长度≥180

主体钢结构（详见钢结构图纸）

主体钢结构（详见钢结构图纸）

图3-10-46　天窗竖向节点图

图3-10-47　天窗铝龙骨安装现场

图3-10-48　屋面天窗棱体面组成示意

图3-10-49　玻璃面板安装完成实况

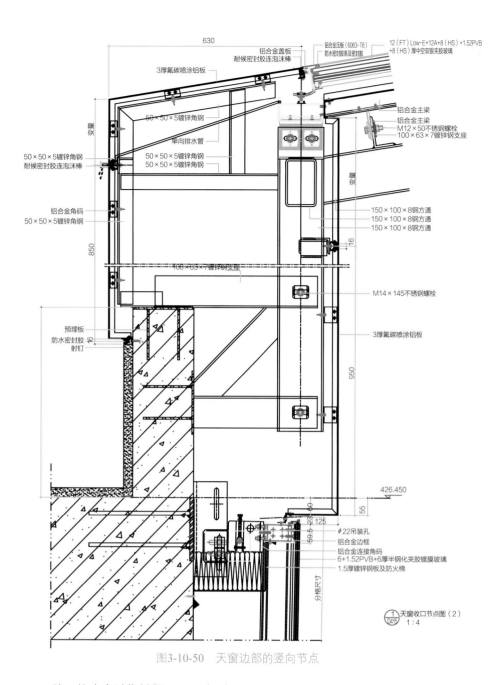

图3-10-50　天窗边部的竖向节点

复核无误后，再检查一遍玻璃板块的固定螺栓是否拧紧。

（六）板块打胶/安装压条盖板

注胶时应注意按"二次擦"工艺将胶缝位清理干净，再进行注胶。

铝合金压条盖板时，应注意不要漏装胶条，要将其安装平整顺直、拼缝美观，并在其两侧打密封胶。

（七）封边铝板安装

天窗内侧的封边铝板安装须在内庭钻石幕墙安装完成之后进行。

如图3-10-50节点图所示，施工人员可以利用拉索平台、钢屋架周边及钻石幕墙顶部，将内侧收口铝板下段安装完成（包括打胶）。内侧上段铝板安装时，要边安装面板，边调整拉索平台单根拉索的位置，使其从铝板胶缝处穿过，边安装面板边打胶，拉索穿过位暂留20mm不打胶。

整个内侧收口铝板安装完成后，报监理验收后，即可拆除拉索平台。利用钢架周边将拉索穿过孔位的密封胶补上，随后安装天窗周边一圈玻璃面板，最后再安装外侧周边铝板。

封边铝板与墙体的收口位，应打胶密封。

（八）清洁、验收

以上工作全部完成后，即可对天窗表面进行清洁，在自检合格的基础上，填写验收资料报请监理验收。

第十一章　绿色施工新技术

第一节　总体框架描述

一、绿色施工管理工作内容

项目绿色施工从环境保护、节材与材料资源利用、节水与水资源利用、节能与能源利用、节地与施工用地保护五个方面进行，分别对整个工程的各个分部进行管理控制，以达到整体绿色施工的要求，如图3-11-1所示。

二、绿色施工管理工作程序与内容

本项目绿色施工工作程序，如图3-11-2所示。

三、管理制度

建立项目绿色施工交底制度，由项目技术部对各部门，各部门对班组及专业分包进行各个阶段的绿色施工控制因素及控制措施交底。

建立项目绿色施工巡查制度，定时由项目安全部牵头，各部门、各班组、各分包负责人参加进行巡查，检查绿色施工控制措施落实情况，并对不符合因素限期整改。

建立项目绿色施工定时评价制度，由安全部牵头，各部门、各班组、各分包负责人参加，对各个阶段内各个分部工程的绿色施工控制因素进行评价。

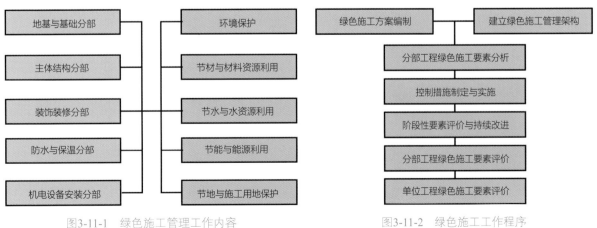

图3-11-1　绿色施工管理工作内容　　　　　图3-11-2　绿色施工工作程序

第二节　环境保护

一、环境要素分析

根据施工特点，施工过程中环境保护项主要包括：扬尘、噪声振动、光污染、水污染、土壤保护、建筑垃圾和对固有建筑、树木、管线等的资源保护7类。因此，本项目以施工进度为主线，分析各个施工阶段环境保护项，见表3-11-1所列。

各个施工阶段环境保护项　　　　　　　　　　　　表3-11-1

序号	施工阶段		环境保护项						
			扬尘	噪声振动	光污染	水污染	土壤保护	建筑垃圾	资源保护
1	地基与基础工程	/	本工程合同从地下室底板面以上开始，未包含地基与基础分部工程						
2	主体结构	模板工程	√	√				√	
		钢筋工程		√					
		混凝土工程	√	√		√			
		预应力工程						√	
		钢结构吊装							
		钢结构焊接			√			√	
		钢结构涂装	√					√	
		砌体结构	√					√	
		临建场地	√	√		√	√	√	√
3	建筑装饰装修	抹灰工程	√			√			
		地面工程	√			√			
		幕墙工程			√			√	
		饰面工程	√			√	√		
		吊顶工程		√				√	
		临建场地	√	√		√	√	√	√
4	防水与保温	卷材防水						√	
		涂膜防水				√	√		
		隔热屋面						√	
		临建场地	√	√		√	√	√	
5	机电设备安装	/			√			√	
		临建场地	√	√		√	√	√	√

（一）扬尘

施工期间可能引起扬尘环境污染的因素主要有：木模板施工中木屑的控制保护；钢结构喷涂中，除锈及喷溅物的空气污染；砌体、装修施工中水泥的使用时产生粉尘；现场施工道路过车时产生粉尘；临时构筑物拆除产生的扬尘；大风天气时，未封闭楼层内粉尘吹起，产生扬尘。

（二）噪声振动

包括模板锯割过程中产生噪声振动；混凝土泵送产生噪声振动；各种金属管材等材料现场切割、打磨产生噪声振动；场地内因打凿、材料转运、机械运转等产生的噪声振动。

（三）光污染

光污染主要是各分项工程中焊接作业产生的闪光污染；夜间施工时大功率照明灯产生的光污染。

（四）水污染

包括各个工程现场施工用水产生的污水；雨水产生的污水；临建洗车、卫生间等产生的污水。

（五）土壤保护

因本工程施工从地下室底板结构完成面以上开始，故在地基与基础施工阶段可能产生土壤滑坡、流失，虽然地下水抽排过多等环境污染项不在本工程控制范围内，但以下方面仍然需要进行控制：污水外溢引起土壤和地下水污染；防水、装饰等液态有毒、有害原材泄露引起的土壤和地下水资源污染。

（六）建筑垃圾

建筑垃圾的产生是工程施工过程中需控制的避免环境污染的最大要素。整个施工过程各个工序环节均会产生或多或少的建筑垃圾，此处我们根据建筑垃圾种类分为：原材、成品及半成品包装；各种材料废弃物；饭盒等生活垃圾。

（七）资源保护

本工程资源保护主要是对周边永久道路设施的使用保护。

二、环境保护措施

（一）控制扬尘措施

模板加工场或现场模板切割作业时，及时清扫锯末，并打包转运至地面垃圾池，避免风吹产生扬尘。

所有装载粉状料的车辆，必须设置封闭措施，避免扬尘产生。

钢构件原则上全部在加工厂内完成除锈、刷漆作业，个别小型构件进行现场除锈喷漆时宜在室内或无风天气进行，作业人员必须佩戴口罩，避免粉尘污染。

所有水泥储存必须存放在封闭仓库内，进行搬运和现场使用时需使用封闭容器，轻拿轻放，严禁野蛮作业产生粉尘，对未使用完的水泥，及时回收，妥善处理，避免扬尘产生。

现场施工道路全部硬化，并定期洒水、清扫，在出入口设置洗车槽，出入车辆，尤其是货车，进出场均需冲洗干净，避免扬尘产生。

临时构筑物拆除需设置围蔽，并选择在无风天气进行。

现场严格做到工完场清，保持各个楼层清洁卫生，避免高空通透楼层风起时产生扬尘。

控制保证作业区扬尘目测高度不超过0.5m，非作业区无扬尘。

（二）控制噪声振动措施

所有切割作业宜安排在昼间进行。

合理优化木模板配模设计，现场周转使用时尽可能减少现场切割作业。

各种管材切割加工场安排在室内，避免对周边环境的噪声振动污染。

现场各种作业在材料搬运时必须轻拿轻放，严禁随意敲击钢筋、模板等，避免产生不必要的噪声。

施工现场严禁高声喧哗、打闹。

混凝土泵管室外部分设置麻袋覆盖，尽量减少噪声对周边环境的影响。

混凝土现场振捣，工人需谨慎操作振捣棒，严禁长时触碰钢筋或钢模板等金属构件，产生额外噪声污染。

材料场内转运时需吊车司机、指挥、工人密切配合，谨慎操作，钢丝绳绑扎需合理科学，避免四处磕碰或急速坠落产生噪声。

各种机械需定期检修，更换损耗部件，避免机械带病作业产生额外噪声。

在现场设置分贝仪，监测场界内噪声指标，根据国家标准《建筑施工场界环境噪声排放标准》（GB 12523—2011）规定进行控制。

（三）控制光污染的措施

高空临边焊接作业主要为钢柱焊接，焊接时搭设防风棚，保证焊接质量的同时，减少焊接火花对周边环境的光污染。

工人在焊接操作时使用眼罩等防护用具，周边作业人员不可直视焊接火花，避免焊接强光对小范围内人员的伤害。

现场大型的镝灯必须安放于控制高度而稳固的台座上，防止线接头的松动、渗水情况发生，并将光方向调整到最佳而不影响环境的位置。

时刻掌握施工进度所需的情况，调整光的方向和高度，并定时进行检查。

对相对固定的车间、过道、道路等部位的灯源要注意采用反光罩，防止光源的四射造成的污染影响。

施工中使用大量的碘钨灯在天黑前必须在指定位置上固定，防止倒塌造成触电，并调整好角度，保证作业要求及减少光污染。

制定用电管理制度，定时关灯，防止电源的浪费及污染。

（四）控制水污染措施

现场设置完善的排水、排污管网，实现雨污分流，污水系统设置沉淀池和化粪池，并与市政污水管网连接，临建内厕所、办公区、加工场、洗车槽等用水点分别接入现场排污网，引导污水排放，避免水污染。

建筑内设置排污系统，分排水和排污两套系统，其中排水系统连接各个楼层施工产生的污水，排污连接各楼层临时厕所，建筑首层设置环形排水、排污网，有组织的分流引导污水进入市政排污网，避免水污染。

各楼层临边、洞口均设置挡水线，避免楼层内污水漫流污染下部楼层成品。

对柴油、涂料等液态化学成品储存必须使用密闭、可靠的容器盛放，并对使用过程进行严格控制，避免渗漏污染，严禁随意倾倒。

委托有资质的专业队伍对接入市政排污的污水指标进行监测，控制污水排放应达到国家标准《污水综合排放标准》（GB 8978—1996）的规定。

（五）控制建筑垃圾的措施

现场设置垃圾池，分钢材废料、水泥制品废料、其他可再利用垃圾、不可回收垃圾四类设置。

做好详细的工程预算及各种深化、优化设计，明确每个部位材料及措施材料的预算使用量，严格按照预算量控制材料的发放与使用，减少建筑垃圾的产生。

制定系列可回收垃圾再利用措施，减少建筑垃圾总量，主要再利用措施如下：利用钢筋、钢材废料制作小型埋件、钢脚手板、墙体拉结筋、钢结构焊接衬板、连接板等措施用钢，减少建筑垃圾的产生；砌体及抹灰施工时及时回收落地灰，重新搅拌使用；回收混凝土残渣、砌块碎料等水泥制品，集中粉碎，制作水泥垫块、小型砌块或者混凝土等材料，用于临建场地硬化、库房修建、砌体顶砖等，减少了建筑垃圾的产生；临建房（包括办公室、工具房等）尽可能采用板房等可以周转的材料建造；回收各种木质、铁质包装，制作马凳、小型胎架等工具。

控制保证建筑垃圾回收利用率不低于30%，建筑物拆除产生的建筑垃圾的再利用和回收率不低于40%。

（六）资源保护控制措施

由于本工程对周边固有建筑的影响主要在施工车辆对周边永久道路的破坏及污染方面，因此项目设置专职人员对周边道路进行及时的清扫与冲洗，并对过重车可能破坏路面的部位加盖钢板保护，及时清理场地内化粪池和沉淀池，避免污水外溢，污染周边道路。

第三节　节材与材料资源利用

一、主要材料使用情况分析

根据工程进度，本工程主要材料使用情况见表3-11-2所列。

本工程主要材料使用情况　　　　　　　　　　　　表3-11-2

序号	施工阶段	主要使用材料		
		工程实体材料	周转材料	辅助不可周转用料
1	地基与基础施工	—	—	—
2	主体结构	钢筋、混凝土、砌块、钢构、防锈漆、防火涂料、预应力索、砂浆、水泥、砂、保护层垫块	木模板、木枋、钢模板、钢管、扣件、可调支座、脚手板、顶模系统、串筒、卸料平台、材料胎架、安全网、防护门、配电箱、水管、电线、灭火器、消防水带、临时水箱、照明设施	钢筋桁架肋钢模板、穿墙套管、扎丝、措施埋件、结构加固材料、应变计、氧气、乙炔、焊条、钉子、测温管、胶条、隔离剂、洗泵砂浆、办公用品
3	装饰与装修	水泥、砂、结构胶、钢丝网、涂料、装饰板材、吊顶材料、幕墙材料	钢管、扣件、门字架、脚手板、安全网、材料胎架、卸料平台、防护门、配电箱、水管、电线、灭火器、消防水带、临时水箱、照明设施	氧气、乙炔、焊条、各种材料包装箱（袋）、办公用品
4	防水与保温	水泥、砂、砂浆、防水涂料、卷材、保温板、无纺布、细石混凝土、钢筋、填缝材料、塑料夹层板、种植土	钢管、扣件、可调支座、脚手板、卸料平台、材料胎架、安全网、防护门、配电箱、水管、电线、灭火器、消防水带、临时水箱、照明设施	各种涂料、胶粘剂容器、各种材料包装箱（袋）、办公用品
5	机电设备安装	预埋管线、水管、强、弱电线、风管、钢筋、混凝土、埋件、减振橡胶垫、化学螺栓、各种设备、水电终端配件	木模板、木枋、钢管、扣件、材料胎架、卸料平台、安全网、防护门、配电箱、水管、电线、灭火器、消防水带、临时水箱、照明设施	各种材料包装箱（袋）、办公用品
6	临建布置	—	板房、铁门、厚钢板（保护路面）、水管、电线、配电箱、灭火器、消火栓、消防水带、照明设施、CI标语、挂牌、木枋、钢管、扣件、安全网、办公设施	临时找平回填土、场地硬化钢筋、混凝土、场地围蔽砖墙、设备基础、垃圾池、排水沟、洗车槽、CI油漆、办公用品

二、节材措施

分工程实体材料、周转材料和辅助不可周转材料三种情况进行节材控制。

（一）工程实体材料节材措施

根据工程进度编制详细的材料需用计划，并及时根据现场实际进度进行调整，对于钢筋、砌块等大宗材料，现场仅储备一层或三天材料需用量。

每项工序施工前，仔细研究图纸，进行翻样，并及时与设计沟通，优化施工图设计，最大限度地降低因标准产品尺寸和非标准现场应用尺寸产生的损耗，并将大批量的加工材料委托专业生产厂家批量供应，本工程需要优化的主要工序见表3-11-3所列。

本工程需要优化的主要工序　　　　　　　　　　　表3-11-3

序号	优化翻样设计	重点优化内容
1	钢筋翻样	墙体竖向钢筋（标准12m长钢筋与4.5m层高的协调优化）； 墙体水平钢筋（联合设计优化，以尽可能多的大箍加拉结筋代替多个小箍筋）； 水平楼盖钢筋（因钢筋桁架肋钢模板自带钢筋可以代替部分板筋而联合设计院优化楼板配筋）
2	钢结构	联合加工厂、设计院，建立详细的三维深化模型，根据加工厂制作经验和设计院计算结果，合理优化各个构件的深化设计，降低加工过程中材料的损耗。 进行严格的进场监造，并在出厂前进行实体预拼装与电脑模拟预拼装，保证各个构件的加工精度，避免返工引起材料浪费
3	砌体材料	在材料转运及施工过程中，轻拿轻放，避免磕碰，造成材料损坏。 利用混凝土制品废料回收再加工，制作小型砌块，用于顶砖等部位，节约材料用量及损耗材料再利用
4	装饰板材	在材料转运及施工过程中，轻拿轻放，避免磕碰，造成材料损坏。 施工前需有专项排版设计，科学合理排版，在保证设计及美观的情况下，尽可能多地减少切砖量，降低材料损耗
5	机电管线	对于预埋在墙内和板内的线管，需进行线路优化设计，综合考虑现场结构情况，尽可能减少转弯数量，缩短线管长度，减少材料用量。 进行机电管线综合布线整体三维深化设计，明确各种专业管线的空间走向与相互关系，避免施工时出现位置冲突而造成返工，引起材料浪费。 管井内竖向管道安装前，需结合成品管材标准尺寸及楼层层高限制的单节安装高度综合考虑，做到既方便现场安装，又减少管材切割产生的短料、废料，降低材料损耗

材料采购部门需做好材料采购计划与台账，保证主要材料采购中，施工现场周边500km范围内生产的建筑材料占材料总需求量的60%以上；控制保证主要材料损耗比定额损耗率降低30%。

（二）周转材料节材措施

木模板施工中，由于本工程仅核心筒内水平楼板采用木模板施工，其单层面积较少，各层之间相对比较规则，但楼层总数较多，因此在木模板配模时，综合考虑利用地下室施工用模板，尽量减少现场切割，降低木模板的投入，模板需选择比较结实耐用的材料，增加周转使用次数。

木模板施工中的钢管、木枋等，在材料进场后需根据材料的长度分类堆放整齐，使用时根据现场需要的长度，直接选择合适长度的材料，尽量减少现场二次切割，造成材料浪费。

钢模板施工中，本工程自主设计开发了顶模系统，钢模板作为该系统的一部分，设计时材料的厚度适当加厚，保证不低于100次的周转使用要求，避免了二次钢模板投入，降低了材料损耗。

对于串筒、安全门、卸料平台、材料胎架等，加工时尽可能利用结构施工中的剩料或短料拼接组成，进一步减少材料浪费，使用前做防锈处理，增长使用寿命，使用及周转过程中需爱惜保护，避免磕碰损坏。

对于电箱、水、电线等，必须按照规范及方案要求进行设置，保证现场施工安全、顺利的条件下，临时水电部件工作正常，不易损坏，避免材料浪费。

对于临建板房等材料，需委托专业资质队伍搭设，保证结构稳固，使用时避免重创等物体打击，引起材料损坏，影响周转，控制保证工地新建临房、临时围挡材料的可重复使用率达到70％。

（三）辅助不可周转材料节材措施

钢筋桁架肋钢模板主要为楼盖混凝土结构使用，因为现场每层均为非标准层，且周边为不规则弧形，所以每层加工前均需进行详细的配模设计，最大限度地配制标准模板，非标准尺寸配制切割时尽可能减少散碎料的数量，控制材料浪费。

对于施工过程中的各项措施，施工前必须进行详细的计算分析，建立相对比较真实的计算模型与荷载工况，在满足安全需要的前提下，最大限度地降低成本，减少措施埋件、加固件的用量。

混凝土泵送工艺中泵送启动及洗泵工艺均需采用额外的砂浆润管，现场设置接料斗，避免环境污染的同时，回收该部分材料，用于现场硬化或水泥制品再加工，避免材料浪费。

用于现场硬化的材料优先选用现场水泥制品废料加工而成。

开工前，对现场临建及CI进行详细的规划，在满足现场施工及美观需要的条件下，一次性施工到位，避免反复修改、返工，造成材料浪费。

对油漆桶、涂料筒、油桶等盛放污染物的容器，部分可用于同种材料的临时储存和转运，其余需妥善处理后交垃圾回收企业。

办公用品使用中，推行项目办公平台和项目管理系统办公，基本实现无纸化办公，降低纸张、打印耗材的需用量。

第四节　节水与水资源利用

一、施工现场主要用水情况

根据施工阶段的不同，现场主要用水情况见表3-11-4所列。

现场主要用水情况　　　　　　　　　　　　表3-11-4

序号	施工阶段	主要用水情况统计
1	地基与基础施工	—
2	主体结构施工	混凝土泵送施工用水、混凝土养护用水、砌体施工用水、消防用水、现场清洗用水、生活办公临建用水、楼层厕所用水
3	装饰装修施工	基层清理用水、养护用水、消防用水、现场清洗用水、生活办公临建用水、楼层厕所用水
4	防水与保温	基层清理用水、养护用水、蓄水、淋水试验用水、消防用水、现场清洗用水、生活办公临建用水、楼层厕所用水
5	机电设备安装	系统调试实验用水、消防用水、现场清洗用水、生活办公临建用水、楼层厕所用水

二、施工用水规划分类

施工现场的施工供水主要包括：市政给水、收集雨水、废水经过处理后的中水。根据使用功能的要求，本工程主要用水规划如下：

（一）市政给水

混凝土泵送施工用水，考虑到废水经过处理后可能仍有化学元素会影响到混凝土的材质，因此，在混凝土泵送施工时用于润管的施工用水由市政给水提供。

临建办公及生活临建的生活用水（厕所除外），考虑到该处水源需具有食用要求，因此由市政给水提供。

（二）收集雨水

收集雨水主要为塔楼施工用水提供水源，但受制于雨水来源和场地条件的限制，该部分水源仅为塔楼日常施工用水水源的补充。

（三）废水处理后的中水

现场设置废水处理管网，将塔楼排放下来的废水进行沉淀、过滤处理达标后，经过循环系统重新供应给各个楼层工作面，以满足施工需要。

三、节水及水资源利用措施

（一）提高用水效率

施工用水采用先进的节水工艺，在混凝土养护过程中，结合本工程顶模系统的特点，设计混凝土墙体喷雾养护系统，利用农业中常用的雾化喷嘴，可直接将常规水压下的水雾化喷洒在混凝土墙面上，既达到了养护的要求，又大大地降低了常规的淋水养护工艺对水资源的需求，达到了节水的目的。

施工现场供水管网合理设计，由于本工程各楼层消防用水量为供水主管径的最大计算指标，考虑到塔楼上消防用水及施工用水为同一套供水系统，因此供水主管管径无法选择太小以达到节水的目的，但本工程消防供水支管与施工用水支管分开独立设置，施工用水支管可根据楼层实际需水量适当降低供水管径，避免水资源过多的流失，达到节水的目的。

现场施工废水回收处理循环管网，塔楼的废水与污水系统分开，其中废水收集后可经过沉淀、过滤后再次供应主塔楼各工作面使用，提高了水资源的利用率。

现场建立雨水收集与供应系统，待下雨天气时可以收集部分雨水作为施工作业面施工用水的水源。

在各用水点安装水表，并定期收集整理数据，掌握整个项目的用水情况。根据实际需要，确定各个用水点的用水指标，与各个劳务分包及专业分包签定节水合同，并定期计量考核，以经济手段约束大家节约用水，避免浪费。

施工场区内设置整体废水循环系统，整个场区内机具、设备、车辆冲洗用水、办公区、生活区用水等均接入该系统，最大限度地实现废水再利用，提高水资源的利用效率。

施工现场、办公区、生活区的生活用水采用节水系统和节水器具，保证节水器具配制比例达到80%以上。

（二）非传统水源的应用

充分引入中水、雨水等再生水源，各个工作面供水严格按照规定提供，三种水源的供水管网并接在一起，互相补充，既满足现场需要，又最大限度地提高水资源的利用效率，原则上供水水源的选择优先按照第二条规定要求实施。

控制保证施工现场非传统水源和循环水的再利用量超过30%。

（三）用水安全

对于非传统水源和现场循环再利用的水源，委托有资质的专业单位进行定期检测，确保再生水源的水质满足用水安全要求，避免对人体健康、工程质量以及周边环境的影响。

第五节　节能与能源利用

一、能源应用情况分析

根据施工需要，本工程主要能源需求情况包括以下几个方面：塔吊、输送泵、发电机动力用柴油；施工电梯、顶模系统用电；施工用电；办公、临建用电；汽车吊动力用油；汽车、运输车用油。

二、节能措施

（一）管理措施

根据施工进度及作业内容，制定各个环节能耗指标，建立能源消耗台账清单，掌握项目各个环节实际能源消耗情况，定期分析对比，并在能耗较大的环节加强管理控制。

合理安排施工部署，根据总体合同目标，组织好流水作业施工，尽量避免多专业、多工种同时施工高峰，减少各种机械设备投入数量。

做好塔吊、电梯等辅助设施的使用规划，结合本工程结构超高的特点，明确不同的机械分高度、分时段的服务规划，最大限度地提高机械使用功效，降低能耗。

（二）机械设备与机具节能措施

根据现场实际需要，选择先进的机械设备投入，严禁超负荷作业。

采取必要的辅助措施，优化设备性能，提高功效，降低能耗，比如：自主开发设计的顶模系统，大大降低现场模板周转、钢筋吊运、泵管、布料机等各种辅助设施的周转及模板施工的劳动强度，降低了能耗；施工电梯27m自由高度的辅助加固措施，保证了各种料具、人员直接抵达最高工作面，提高了功效、降低能耗等。

根据实际机械配备情况，优化各种构件的深化设计，包括钢结构分段、混凝土配合比优化等，合理安排人员的配备，使机械性能发挥出最佳效果。

定期检查、保养各种机械设备，保证其工作性能稳定，避免带病作业造成额外能源损耗。

合理设置电梯停靠楼层，减少单次电梯运行时间，提高功效，降低能耗。

（三）其他能源节约措施

选择各种节能照明灯具，满足现场施工需要的前提下，降低能源消耗，照明设计满足基本照度的规定，不得超标20%。

控制办公区空调温度，保证办公照明人走灯灭，避免额外能源消耗。

利用场地自然条件，合理设计生产、生活及办公临时设施的体形、朝向、间距和窗墙面积比，使其获得良好的日照、通风和采光，外墙窗及顶棚设遮阳设施，降低夏季高温季节房间内温度。

控制车辆使用，尽量减少场内材料二次转运，合理安排员工外出车辆。

第六节　节地与施工用地保护

本工程地下室边线即为建筑红线，因此在地下室结构施工完成后，项目所有临建设施均在地下室顶板上规划布置，使用场地非常狭窄，因此在施工用地方面，本项目无占地情况。

对于地下室顶板区域的施工用地管理，项目主要采取以下措施：

联合设计院对地下室顶板进行结构加固，以最小的成本实现地下室顶板临建布置的需要。

结合周边道路情况设置场内环路，并沿环路区域设置大型构件周转场和吊装点，最大限度地提高场内场地资源的利用效率。

利用裙楼首层区域设置分包办公及仓库，生活临建全部在外租场地设置，外租场地附近海心沙岛上修建各种临时设施用房，在满足规范安全要求的人均用地和对方使用要求的前提下，以最小尺寸设置，减少占地面积。

施工总平面布置规划时，需分阶段考虑用地需求情况，但在各阶段转换时需考虑不进行较大变更，各种建好的用房不宜频繁变迁。

办公区域设置绿化带，保证绿化面积不低于临时用地面积的5%。

现场设置分类垃圾站，提高垃圾回收利用率，减少建筑垃圾数量，进而减少建筑垃圾用地。

控制保证临建场地利用率超过90%。

第十二章　信息化管理技术

本工程工程量巨大、工期非常紧张、场地非常狭小、施工难度大、专业分包多，总承包协调管理难度大，基于上述特点，国金项目开发了符合项目特点的全新项目信息管理体系。

第一节　信息管理系统总体介绍

一、系统总体架构

本信息管理系统总体架构共包括以下部分：门户网站、OA办公平台、工程项目管理系统（4D管理系统、视频监控系统）、硬件支撑平台，如图3-12-1所示。

图3-12-1　项目信息管理系统总体架构

二、总体业务流程

基于项目管理体系各专业管理流程，设计了信息管理系统的总体业务流程，如图3-12-2所示。

三、总体数据流程

信息管理系统的数据流程根据管理流程进行设计，重点是控制各专业之间的数据接口处理，如图3-12-3所示。

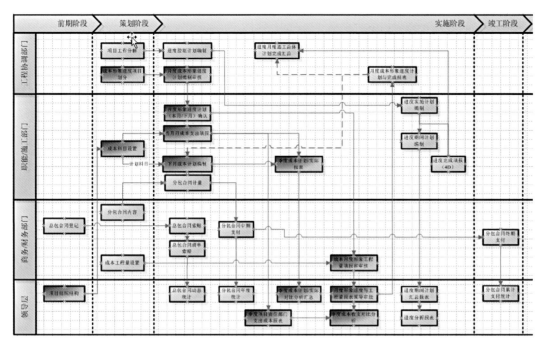

图3-12-2　项目信息管理系统的总体业务流程

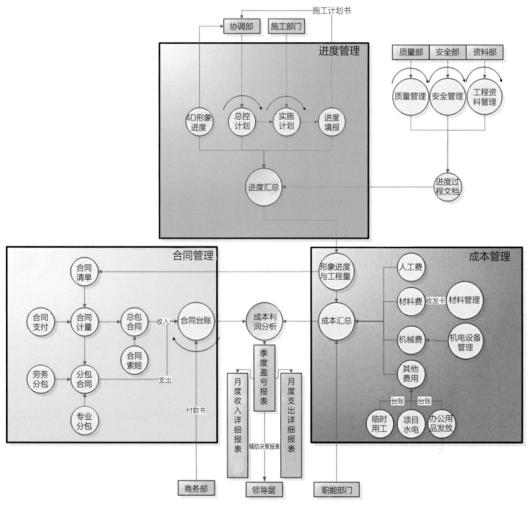

图3-12-3　各专业之间的数据接口处理

第二节　信息系统各分项模块介绍

一、门户网站

门户网站主要是国金项目对外展示的窗口，项目员工和社会各界可以通过网站获得项目最新信息。主要模块包括：项目概况、组织机构、工程进展、项目要闻、科技创新、项目文化等，如图3-12-4所示。

二、OA办公平台

OA是项目的主要办公平台。包括：通知与公告、下载中心、文件中心、公文审批、短信平台、考勤查询、项目论坛、项目通信录、网站维护等，如图3-12-5所示。

三、工程项目管理系统

该系统是国金项目管理信息系统的核心内容，主要功能模块包括：4D进度管理、成本管理、合同管理、材料管理、设备管理、安全管理、质量管理、资料管理、领导查询、施工监控。

（一）4D进度管理

此模块主要进行：编制总控进度计划、施工单位编制细化实施计划与期间计划；汇总上报工程工期进度；汇总上报实物工程量完成情况、控制和调整进度、4D进度控制，如图3-12-6～图3-12-8所示。

（二）成本管理

主要包括模拟、优化项目成本结构；对工程分组/分解进行成本区划；进行成本计划跟踪管理、对实际费用超支情况进行预警；预算与实际成本对比分析；成本动态跟踪管理、预测与利润分析等，如图3-12-9～图3-12-11所示。

（三）合同管理

本模块主要进行合同策划，实现合同分类管理；全方位、全周期地管理合同所有环节；执行严格的合同审批流程；自动化处理各种合同业务；严格、实时控制合同费用，如图3-12-12所示。

合同管理日常工作内容有录入合同内容和文本、填报合同索赔、审核合同支付、编制合同计量、统计分包合同金额等（图3-12-13）。

图3-12-4　门户网站

图3-12-5　OA办公平台

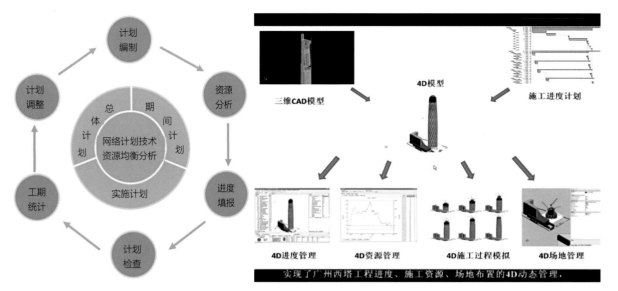

图3-12-6　4D管理流程

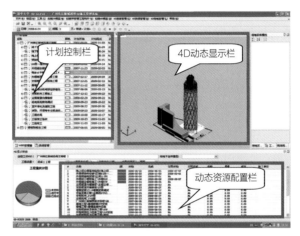

图3-12-7　4D管理系统操作界面

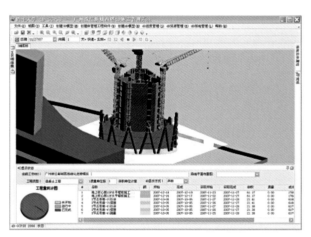

图3-12-8　4D施工过程模拟

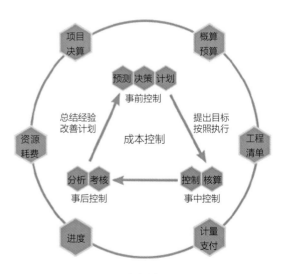

图3-12-9　成本管理系统功能

图3-12-10　成本填报

图3-12-11　成本查询

图3-12-12　合同管理功能

图3-12-13　合同管理模块的输入界面

（四）领导查询

项目信息管理系统还专门设置了领导查询模块，项目领导可以进行进度、合同、成本、材料等信息的查询（图3-12-14）。

（五）视频监控系统

在现场大门、副楼和主楼入口、塔吊、顶模以及施工电梯等关键部位安装了视频监控并与项目管理系统相连。通过视频影像与4D管理系统相比较，能够直观掌握项目实际进度与计划进度的差异，并及时了解项目安全生产及施工现场作业人员情况。

图3-12-14　领导查询界面

第三节　项目信息化管理系统的特点与效果

一、系统特点

（1）设计了一整套符合国金工程和联合体项目总承包管理模式特点的项目管理体系。

（2）国金项目管理信息系统充分运用项目门禁系统的功能和相关数据，将劳务队和农民工的管理纳入了项目管理信息系统（图3-12-15）。

（3）在4D管理的基础上，新增了工程日报和周报管理、场地平面管理等的功能，实现了超高层建筑工程形象进度与计划、资源消耗、场地平面等动态可视化管理，在国内尚属首例。

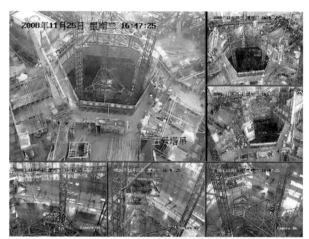

图3-12-15　施工现场安全监控

（4）将项目远程监控信息和4D可视化信息技术相结合，实现了工程进度计划与现场实际进度的即时比照，成为辅助项目进度控制和实现项目零距离管理的新方法。大大提高了项目安全生产管理水平。项目未发生重大安全生产责任事故，得到了住房和城乡建设部、广州市建委的肯定。

二、实施效果

将劳务队和农民工的管理纳入了项目管理信息系统，得到广州市委、市政府及有关主管部门的充分肯定。

该系统作为进度管理的重要手段，极大提高了施工速度，创造了"两天一层"的世界施工新速度。

该系统成功运用，大大加强了项目安全管理水平，得到了广州市政府及信息化同行和专家的肯定和高度评价。

2009年4月22日，第十三届全国建设行业企业信息化应用发展研讨会在深圳召开，国金项目应邀在大会上作主题发言。与会代表200人进行了实地参观考察，该系统得到了有关专家和同行的高度评价。

该成果获得第四届全国工程项目管理优秀成果一等奖。

2010年5月经权威专家和院士组织的专家鉴定，被评为"总体达到国内领先水平"。

第十三章　酒店装修工程施工

第一节　工程概况

四季酒店是一家世界性的豪华连锁酒店集团，在世界各地管理酒店及度假区。四季酒店被Travel and Leisure杂志及Zagat指南评为世界性的超五星豪华连锁酒店，并获得AAA 5颗钻石的评级。四季酒店集团的目标是将其所有分支饭店都运作成为世界上最好的城市饭店或度假饭店。所以国金四季酒店精装修的设计定位，既突出打造四季酒店一向的高雅奢华风格，又引入了中西方文化要素等前卫理念，用以服务商务或休闲旅游者中的富贵阶层。

图3-13-1　首层大堂

开工日期：2009年8月29日，合同工期：338天。

施工面积：约9.1万m^2。

酒店区域包括如下楼层的精装修工程：

首层：首层接待大堂如图3-13-1所示。

68层：四季酒店员工餐厅等。

69层：SPA中心等。

70层：酒店空中大堂、空间休闲廊、大堂吧、商店等。

71层：中餐厅、贵宾私人包间等。

72层：全日餐厅、意大利餐厅、日式餐厅等。

93～98层：标准客房、行政套房、皇家套房、总统套房等。

99层：空中酒吧、行政休闲廊、会议室、多功能厅、贵宾包房等。

100层：特色餐厅等。

附楼1～5层：宴会厅、国际会议中心等。

第二节　酒店装修风格与装修标准

一、装修风格

（一）酒店装修风格

  广州四季酒店位于广州国际金融中心主塔楼67～100层，共有330套不同类型的豪华客房，分布在主塔楼74～98层，包括标准客房235间、行政套房53间、1间式双人套房28间、2间式双人套房12间、皇室套房1间、总统套房1间，是世界最高的酒店之一，也是目前全球最高的四季酒店。广州酒店客房相当宽敞，标准客房面积均超过60m²，而且视野极佳，透过客房外的幕墙玻璃，珠江及日新月异的城市景观尽收眼底。

（二）酒店中空大堂

  从70层开始至楼顶的中空大堂高度超过100m，大堂地面采用弧形切割石材，墙面采用雪花白石材，配合中空上空的菱形折面造型的玻璃幕墙、大堂中央雕塑及玻璃双旋转楼梯，展现出一个大气的大堂空间，天际间洒落的自然光线让每位酒店住客都沐浴在充满生命力的阳光中，整体视觉气氛达到超凡脱俗的境界（图3-13-2）位于69层的游泳池和SPA，优雅独享蓝天白云；99层的云吧和100层的特色餐厅由空中观光玻璃楼梯连通，给您云中漫步的感觉；位于74～98层的330套豪华客房，让你畅享360°俯视珠江碧流及繁华都市美景的巅峰体验。

（三）酒店卫生间

  卫生间采用GRG吊顶灯槽，墙面地面花纹一致的梵纹红石材铺贴，墙面玻璃镜子与石材通过镜面不锈钢巧妙过渡连接，液晶电视隐藏于玻璃镜面之中与玻璃镜融为一体，浴缸采用白色人造石整体定制而成，洗手台采用雪花白石材精细组合而成，体现了一个简洁的卫生间效果（图3-13-3）。

（四）酒店客房走廊

  酒店客房层走廊采用墙纸A级防火挂板及挂画装饰，板块间采用竖直的不锈钢凹槽线条收口，吊顶采用水泥纤维板白色乳胶漆配以镜面不锈钢凹槽线条和灯槽造型，沿中庭区域层折线造型，地面为高档地毯，给人以大方、高档的设计感觉（图3-13-4）。

（五）酒店客房

  广州四季酒店客房是与众不同的，它将是在城市高空的一块平静绿洲，客房的平面布局和设备设施的设

图3-13-2　70层大堂

图3-13-3　客房卫生间

图3-13-4　客房层走廊

图3-13-5　酒店客房

图3-13-6　GRG造型天花（1）

图3-13-7　GRG造型天花（2）

计以人为本，允许写字台、电视与沙发在落地窗边自由摆放，带给酒店最真实随意的豪华。同时，以传统广东风格的家具到精雕细琢的意大利灯饰，构成天然与人造元素的精心配合，客房内部装饰物以西方艺术对画像、光与影、透视法等元素的讲究，结合中国绘画技巧的笔墨情趣、诗情画意，展现中西文化和谐交融的艺术氛围。客房墙面同样采用墙纸挂板、挂画及玻璃饰面并结合不锈钢线条及不锈钢凹槽收口，吊顶采用水泥纤维板白色乳胶漆配以镜面不锈钢凹槽，地面为高档地毯，空调通风口与吊顶假梁造型巧妙融合，体现出简洁、大方、高雅的设计效果（图3-13-5）。

二、主要新材料、新技术运用

（一）GRG强铸型石膏板新材料的运用

本工程将GRG板大面积运用于走廊的圆形钢柱挂板及顶棚吊顶（含GRG板灯槽制作安装），GRG（Glass Fibre Reinforce Gypsum）产品是采用全进口高密度Alpha石膏粉（保证成品质量稳定性）、高强度玻璃纤维以及一些微量环保添加剂制成的预铸式新型装饰材料，属于绿色安全环保型材料，具有高强度和极好的柔韧性能（图3-13-6、图3-13-7）。

本工程采用20mm厚GRG板，板块安装完毕后，进行钉头处理，并用GRG专用接缝材料批嵌缝隙，然后抹灰打磨油漆上光处理。

利用GRG板能适应建筑物几何形状的变化；GRG产品脱膜时间仅需30min，干燥时间仅需6h，因此能大大缩短施工周期；可根据设计师的设计，任意造型，可大块生产、分割；现场加工性能好，安装迅速、灵活，可进行大面积无缝密拼，形成完整造型。

本工程GRG板斜向圆形钢柱装饰的应用，将使板块的成型、受力和安装成熟化，为后续GRG板的广泛应用起到了指导作用（图3-13-8）。

钢骨架安装：

（1）弹线确定GRG板的位置，使墙面钢架固定点准确，各受力点受力均衡，避免GRG墙面板产生不平整。

（2）本工程为保证不对原钢柱造成损伤，采用50mm×5mm厚钢板对扣箍紧的方式，固定方法是在钢板端部焊接开孔角码，然后用对穿螺杆锁紧，紧固在原钢圆柱。钢箍作为横向龙骨，每隔1200～1500mm为一道，本工程根据柱子的高度共设置四道。

（3）主竖龙骨采用50mm×50mm方通，两侧利用50mm×50mm角钢转接件焊接在钢箍上。每根柱子竖向龙骨共设置6根。

GRG板块安装：本工程采用20mm厚GRG板，在厂家加工成弧形，周边做好企口。竖向分四格，横向分三格，每隔柱子共12块板拼接而成，在板与板之间采用企口搭接方式连接，板块竖向每个点用两颗自攻螺栓沉头固定，固定点间距为300mm。

（二）隔振地台新材料新工艺应用

隔振地台中的主要隔声材料隔声减振垫，产地西班牙（欧洲），产品规格为6m×1m×10mm，是一种绝缘的高分子隔声防水卷材（图3-13-9）。这种材料具有出众的耐久性和使用寿命，同时还具有非常好的柔韧性，它是一种惰性材料，生产和使用此产品时都不会对环境构成影响。EPDM能有效消除撞击声在建筑物中的传播，消除低频噪声依靠的是EPDM橡胶的共振效果。在隔振地台中运用此新型隔声材料和高标准的施工技术来达到隔声要求。

1. 工艺流程

基层清理→界面剂处理→地面刮地板胶→铺隔声垫→铺防水膜→水泥砂浆及钢丝网施工→石材胶粘剂施工→地面面层石材铺贴→工程质量验收。

2. 施工工序

（1）对地面进行检查，对突出部位给予清除，对地面、粉尘、浮沙杂物进行清理，确保地面平整光滑。

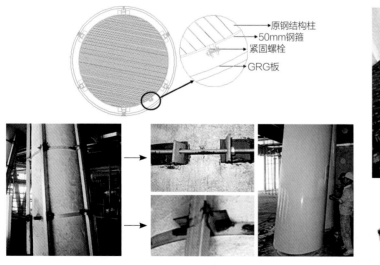

图3-13-8　GRG圆柱安装构造

图3-13-9　隔振垫

（2）用界面剂对地面进行界面处理，增强地面的附着力。

（3）用3mm的齿形刮刀，将PU地板胶（马贝G19）均匀平刮在地面，厚度3mm（用量每平方米约0.8～1kg）。

（4）将8mm隔声垫按现场尺寸裁剪好，平铺在PU胶面压实，使之完全粘合。围边的施工方法与地面相同。

（5）待PU胶干固后，表面覆盖一层防水膜，对隔声地垫进行保护。

（6）在防水胶膜贴完后，用水泥砂浆（内放50mm×50mm网格的1.6mm钢丝网，增加粘结力）做成35mm厚的保护层。

（7）待保护层干固后，在表面上用石材胶粘剂，将石材粘好。

第三节　重点难点问题分析及相应技术措施

一、施工重点难点分析

（一）各专业交叉施工及协调难度较大

各种机电管线及设备安装量大。室内装修与机电安装之间的交叉作业多，各项施工工序交替频繁，机电末端安装与室内装修之间的协调是保证工程顺利完工的必要条件，与机电安装的施工协调是工程顺利完成的重要前提条件。

（二）超高层垂直运输难度大

垂直运输，是超高层建筑施工特别突出的难点问题，是制约工期的"瓶颈"。

（三）99～100层悬空观光楼梯施工难度大

位于99～100层的悬空楼梯，跨度大，且内幕墙封闭，顶楼无受力点，施工难度大，传统的钢丝绳悬挑脚手架与吊篮施工方法均不宜采用。

（四）70层大堂双螺旋楼梯施工难度大

位于70层大堂的旋转楼梯全身装饰面用料为石材，整个旋转楼梯两侧为旋转造型石材线条，采用石材干挂施工，此旋转楼梯共有60级踏步，第30级为休息平台，由内外不同圆心的半圆组成，同时整个旋转楼梯两侧的造型线条与玻璃栏河的造型相互连接，因此，加大了此旋转楼梯的安装难度，其重点难点在于现场三维空间放线定位、三维板的材料加工制作，以及在施工过程中楼梯两侧每块造型弧板之间的衔接拼装。

（五）70层大堂地面异型石材铺贴施工难度大

四季酒店位于70层的酒店接待大堂，选用进口的雪花白石材地面，铺贴面积约为1300m^2，该石材是意大利开采出的一种白色大理石，底色白、防水及耐污性好，铺设后的感觉有着玉的滋润，高雅的气息。

难点在于以下两方面：

（1）色差纹路控制难度大。从71～100层的走廊都能向下俯瞰整个接待大堂，故石材的底色控制非常重要，需要石材色差过度均匀。其中H组电梯到达厅前室地面（附图）已于前期铺贴完毕，因此与大堂中心区大面积未铺贴部分石材间的色差平稳过渡控制和分缝平顺连接变的更加有难度。

（2）铺贴质量控制难度大。大堂以楼层中心点S用三条圆弧线向外扩散，三条圆弧层层相交，导致该大堂石材分块极不规则，给石材加工切割及现场铺贴误差控制带来了极大的难度。

二、施工难点针对实施方案及质量保证措施

（一）施工协调的针对性措施

（1）项目部设立"交叉作业协调小组"，在项目经理统一领导下，协调各分部分项工程在同一作业面交叉施工的配合问题。项目经理担任组长、项目副经理和项目技术负责人副组长、各专业管理人员参加。

（2）现场安排专业安装工程师负责与机电安装施工单位及智能化安装单位的施工协调和深化设计协调。

（3）项目经理部积极配合总包单位，在总包的统一协调管理下加强与其他专业施工单位的工序、进度等的协调。

（二）超高层垂直运输应对措施

1. 垂直运输

垂直运输是超高层建筑施工特别突出的难点问题，是制约工期的"瓶颈"。开工前，对国金现场的垂直运输能力作了相应的分析，参见表3-13-1所列。

国金项目现场的垂直运输能力　　　　　　　　表3-13-1

类别	序号	电梯编号	服务楼层	速度（m/s）	载重	开通时间
永久电梯	1	G2	67	5	1600kg	2010年10月30日
	2	G4	67	8	1600kg	2010年11月15日
	3	H2	70	8	1350kg	2010年11月30日
	4	H3	70	8	1350kg	2010年12月30日
	5	B19~22	70~100	8	1350kg	2010年10月15日
临时电梯	1	5号电梯	70	0.58	2t	2010年10月30日
	2	6号电梯	29	0.56	2t	2010年5月15日
	3	7号电梯	29	0.56	2t	2010年4月15日
	4	8号电梯	70	0.45	2t	2010年11月30日
	5	9号电梯	70~100	0.45	2t	2010年9月30日
	6	10号电梯	70~100	0.37	2t	2010年10月15日

能上到酒店施工楼层范围的电梯是：

5号电梯：为货梯，仅供幕墙施工专用梯。上楼一趟7min+上人2min+下人2min+下楼7min=18min，即5号电梯运人上下楼一趟需18~20min。

8号电梯：上楼一趟9min+上人2min+下人2min+下楼9min=22min，即8号电梯运人上下楼一趟需22~25min；运15人。

9号电梯：上楼一趟9min+上人2min+下人2min+下楼9min=22min，即9号电梯运人上下楼一趟需22~25min；运15人。

10号电梯：上楼一趟8min+上人2min+下人2min+下楼8min=20min，即5号电梯运人上下楼一趟需20~22min；运15人。

从上述分析中，可以看出，在2010年1月份之前，永久电梯+临时电梯的总体载人运输量仅为200多人/h，但仅仅高峰时期工人数量将多达400多人，所有施工单位每天上下班工人数量将多达几千人。而在2010年1月份之后，所有材料、工人上下班均通过4部永久电梯运输，那时更是难以满足运输材料、工人上下班的需求，成为影响施工进度的巨大"瓶颈"。

2. 解决国金项目垂直运输的办法

合理安排施工工人上班时间，实现错峰安排。分两班倒，第一班上午5点上班，2h可以全部到指定楼层，高楼层施工人员先上，低楼层施工人员后上，下午3点下班。第二班下午3点上班，晚上11点下班，工人上下班刚好可以避开人员和材料运输高峰。

要求班组送饭上楼，在指定区域设置用餐区域和垃圾桶，既能保证现场的文明施工，又能保证工人的作业时间。

结合现场临时电梯和供施工期间使用的永久电梯的尺寸，定制专门的材料运输小车，尽量减少电梯上、下材料的等待时间，提高电梯运输效率。争取专梯，现场的运力是固定的，所以在提高运输效率的同时，最大可能的多占运力。通过业主争取永久梯，通过总包争取临时专梯。

合理利用总包的外置救援塔吊，救援塔吊每次起吊重量为4t，利用吊船可以分解一部分垂直运输压力（图3-13-10）。

成立专门的垂直运输协调小组（2～3人），专门轮班负责材料、工人的垂直运输管理和协调沟通工作，确保到场材料的合理堆放和及时转运。

三、99～100层悬空观光楼梯施工应对措施

（一）空中旋转楼梯施工难点

本工程99～100层空中旋转楼梯施工主要难点在于楼梯施工操作平台的搭设及大板块玻璃栏板的安装（图3-13-11）。

本空中楼梯主体为钢结构，宽7.5m、外挑9m长，楼梯外挑平台距大堂有105.25m。全身装饰面用料为玻璃、不锈钢，整个旋转楼梯两侧为弧形造型不锈钢扶手、玻璃栏河。楼梯的底面、背面采用镜面不锈钢装饰，为观光所用，设计新颖、独特；此悬挑楼梯共有24级踏步，第12级为休息平台并回转，悬挑楼梯底部标高为411.75m，顶部标高为415.75m。70层为可见高度、标高为310.50m，净空105.25m高度；屋顶没有吊篮固定的地方，无法使用吊篮安装方案，同时由于外挑达到9m，且玻璃幕墙现已安装，留有的出口非常狭窄，无法采用挑架。另玻璃板块较大达300多kg。以上实际情况给施工操作平台的搭设及玻璃的安装造成很大难度。

根据现场实际情况，施工相当困难，主要体现在以下几个方面：

（1）无可靠操作平台、钢结构7.5m宽、外挑9m长，其挑檐下无操作平台。

（2）施工高度高，悬梯位于99层悬空，楼梯标高416m，距70层大堂（标高310m）落脚点有100多米高。

图3-13-10　塔吊运输及车台　　　　　　图3-13-11　99～100层悬挑楼梯

图3-13-12　铝合金脚手架

（3）施工流程复杂，由于有踏步、扶手、底面等主要部位的安装施工，操作平台的安装、拆解过程要与工序流程相适应。

（4）造型奇特，建筑设计的悬梯弧线多、转角多、没有标准的规格尺寸，这给操作平台的搭设和装饰的施工，带来了极大的难度。

（5）安全监查难度大，在平台的搭、拆及使用过程中的安全监查需要关注的点、面较多。

（二）铝合金悬挂式吊架搭设方案

工程现场幕墙装饰已完成，为保证悬梯施工的安全防护，必须搭设脚手架平台方案，搭设面积100多m²，外挑脚手架没有受力点、围护困难、安装困难。工程质量要求高（本工程要求创鲁班奖、全国装饰奖）、对装饰施工的精度要求高，而测量放线精度是施工安装精度的最基本保证。搭设脚手架平台对放线的精度提出了更高的要求。

根据工程现场情况和设计特点，特别编制了专项施工方案，邀请了资深专家参加论证。专家们一致认为实施铝合金悬挂式吊架方案施工最为合理。

铝合金悬挂式脚手架是单杆式组合型设计，连接点为圆盘连接。本设计通过把圆盘倒扣并用螺栓连接固定在10号槽钢上，以实现悬挂效果，是目前国际上建筑装饰材料界较先进的脚手架产品（图3-13-12）。

与传统钢管脚手架相比，铝合金悬挂式脚手架采用钢铝设计和无焊接工艺，具有重量轻巧、承载大的特点；具有无需特别安排，轻松平稳地站于稳固位置进行安全、快速搭建的特点；使其具备方便实用的特性。搭设快捷、简单且无需特别的配件，结构安全可靠，符合建筑荷载要求，尺寸灵活、随意延伸、性能超卓。

1. 整体安装顺序

搭建楼梯高端吊架→搭建楼梯低端吊架→搭建圆弧平台吊架。

2. 吊架平台的搭设流程

测量放线→材料进场→安装槽钢→安装管件、连接件→安装踏板及安全网。

3. 吊架平台搭设方法

（1）测量放线。根据业主、总包提供的三线基准，对结构的轴线、垂直线、控制线进行复核，并根据结构的特点测定总控制线，并以总控制线为基准，锁定结构转角和不同类型的交叉点。测量放线各个坐标、控制点、精密导线网点、精密水准点、水平控制方格网点及垂直控制线。复核无误后依据总包方提供的各种控制点，将平面几何位置及水平标高线测设于建筑结构外面。

（2）材料进场。管件、连接件必须存放于木架内，而且木架的框架上必须加上保护胶带，以减少管件、连接件受损的机率。所有材料必须按要求分类分别存放，并做标志（材料的名称、品种、规格、数量）以避免混用乱用；检查材料的检验试验状态是否标识，以促进材料的辨认和运送工作。在悬挑在外的楼梯上搭建脚手架，需要提前准备一些固定脚手架的工具：垫块、10号槽钢、直径为$\phi 8$的钢拉索。在搭建前，应对设计图纸各个细节了解清楚，例如垫块和槽钢的摆放位置和方向等，确定无疑后方能开始。

图3-13-13 槽钢的安装

（3）槽钢的焊接安装。在楼梯高低端所在楼层，利用负重悬挑平台，搭建悬挂架。先搭建向外辅助悬挑平台，把所能安装的垫块、钢柱墩、槽钢以及槽钢上的立杆定位并安装在楼梯主体钢结构上，安装每一件配件时应预先用绳索系紧，以防止配件掉下（图3-13-13）。

（4）管件、连接件安装。随着槽钢主支架的逐步向外安装，同时利用辅助悬挑平台，把楼梯两侧的悬挂架搭建好。同样安装每一件配件时应预先用绳索系紧，以防止配件掉下，每安装完一悬挑架应在外侧安装安全网以防配件掉下，还要安装一层安全网（系紧于槽钢上）用于防止工作人员掉下；每安装定位好槽钢，都应用钢拉索拉住，并连接在安全并能承受拉力的主体结构之上。

在楼梯下端所在楼层，按照前面步骤的方法，利用辅助悬挑平台，搭建悬挑架，把楼梯下端需搭建的脚手架和槽钢以及垫块安装和定位好。将所有的平台搭建完成后，在平台上安装踢脚板，布置安全网等，完成整个脚手架搭建工作（图3-13-14）。

4. 工程吊架的使用过程

本工程吊架的使用过程分为以下三个主要阶段：

（1）踏步台阶钢板焊接制安（包含其他所有的基层制安如图3-13-15所示）。

（2）悬挑楼梯的下檐底面不锈钢装饰、侧面不锈钢装饰施工。

（3）玻璃栏河及不锈钢扶手安装。

脚手架搭建工作完毕后才能进行踏步台阶钢板焊接制安（包含其他所有的基层制安）；悬挑楼梯的下檐底面不锈钢装饰、侧面不锈钢装饰施工；施工完毕后再拆除脚手架进行玻璃栏河及不锈钢扶手安装。

5. 脚手架拆除

拆除脚手架时，应该遵从由外向内、从下至上的顺序，对铝合金悬挂式脚手架进行拆除。

（1）拆除悬挑楼梯圆弧平台部分的脚手架。先从脚手架底部开始逐渐向上拆除各种配件，需注意的是，拆除每一件配件时应预先用绳索系紧，以防止配件掉下。

（2）拆除完悬挑楼梯圆弧平台部分的脚手架后，向内拆除其他部分的脚手架。同样是先从脚手架底部开始逐渐向上拆除各种配件。

图3-13-14 铝合金脚手架塔建过程

图3-13-15 踏步台阶钢板焊接制安

图3-13-16 脚手架拆除

（3）拆除槽钢以及垫块，完成整个脚手架拆除工作（图3-13-16）。

6. 玻璃安装的特点

（1）玻璃板块大。本楼梯玻璃为夹胶钢化彩釉玻璃，最大尺寸：2146mm×1395mm，厚度：12mm+2.28mm+12mm，理论重量：2.146×1.395×0.02628×2500=196.68kg，没有操作平台的情况下无法使用人来抬举，只能依靠工具、设备等。

（2）危险系数大。脚手架已拆除、没有围护、安装测量精度要求高、没有受力点。

根据工程现场实际情况和设计特点，专家们一致认为采用60mm×60mm×5mm方钢管焊接门字架方案。

工艺流程：施工准备→检查验收→将玻璃板块按层次安放→初安装→调整固定→打胶→清洁。

初安装：安装时每组4~5人，安装步骤有：1）检查寻找玻璃；2）运玻璃；3）调整方向；4）将玻璃抬至现场；5）用60mm×60mm×5mm的方钢管门字架、捯链吊装至安装位；6）对胶缝；7）临时固定。

捯链为环链手动捯链，使用安全可靠，维护方便，机械效率高，手扳力小，操作灵活，自重较轻，携带方便。

提升玻璃：将拨块置"向上"位置扳动手柄，此时换向棘爪，拨动制动螺母，将摩擦片、棘轮、制动器座旋紧成一体，并带动长轴齿轮及片齿轮、短轴齿轮、花键齿轮共同旋转，同时通过花键连接于花键连轮上的链轮，以便带动链条提升玻璃。

图3-13-17 玻璃栏板安装

放落玻璃：将拨块置于"向下"位置，扳动手柄，此时换向棘爪拨动制动螺母，将制动螺母松开摩擦片，重物下降。重物下降时，又带动长轴转动，从而使制动器座与制动螺母旋紧，重物又停止下降（图3-13-17）。

四、70层大堂双螺旋楼梯施工应对措施

（一）测量、放线定位

（1）地面确定坐标轴线，做出旋转楼梯的投影平面图形。此旋转楼梯分为两层，首先确定出第一层地面装饰完成面，然后确定出第二层的地面装饰完成面的标高线，确定出旋转楼

梯的高度；于第一层地面（楼梯底部）预定垂直坐标轴线（X轴、Y轴），测量出原土建楼梯的实际尺寸数据，将旋转楼梯原始土建的图形数据投影在一层地面上。对于一个外形较复杂的三维旋转造型，放线定位尤其重要，为确保造型石材能准确无误的拼装，原土建结构测量的准确性成为重中之重。在预备放线前，首先，将旋转楼梯的底部清扫干净，在地面上采用墨线，确定出两条相互垂直的无限延长线，以此来作为旋转楼梯投影定位的坐标轴，并在施工过程中保护好墨线，以便在安装时进行检验（图3-13-18）。

（2）旋转楼梯地面投影定点。楼梯的每一个步级的两侧向地面方向吊垂线，并将垂点的坐标在坐标轴上找到。旋转楼梯共分为两部分：第一部分为1～30级；第二部分为31～60级。先确定第一点，依次找出这30级踏步的地面垂直方向在坐标轴上的坐标点，由于第31级是休息平台，在31级处可多定几处点，这样能保证两个弧度的准确衔接，同时可以确定出每个踏步高度方向的数值。

（3）利用投影坐标点，找到内弧半径及外弧半径。放完垂线后，将所有的投影坐标点进行连接，并找出内弧及外弧半径，确定楼梯旋转的弧度及踏步旋转的角度，此时，测量的点越多，弧度就越准确，两个弧度在不同高度的空间中也衔接得越好。

（4）根据以上所确定的坐标数值，确定旋转楼梯的弧度半径及弧度的衔接，同时确定旋转高度，此时，整个旋转楼梯的原土建结构的三维空间数值及图形就能完整地呈现，确保材料加工的准确性。由于楼梯两侧弧形造型扭曲度大，较为复杂，所以原土建的测量就十分关键重要，只有测量准确，进行加工制作后的弧板才能安装准确，同时这两侧的造型是上下相互关联的，上部分与整体栏河底部造型相连接，下部分又与休息平台及第一个弧度相连接，所以，如果测量中偏差过大将有可能使整个造型连接不起来。

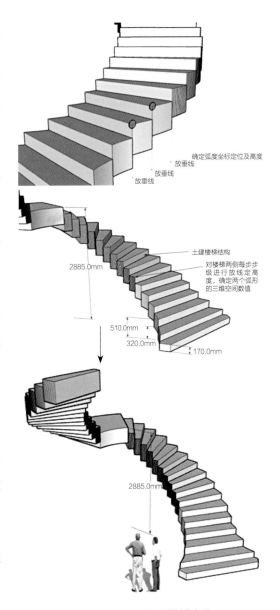

图3-13-18　双螺旋楼梯定位

以上前期工作可归纳为：准确测量土建尺寸，确保加工准确性。

（5）根据所测量出来的数字及图形，进行材料加工图纸的编制（图3-13-19）。

（二）根据测量数据进行设计变更及材料制作加工

（1）根据现场所测量的数据，可向设计方提出变更要求（找出对我方有利的方案，提出合理化建议）。

（2）由项目部所提出的图纸及计划需要厂家专业设计人员审核，并确认无误后方可生产（在施工过程中，由于数据工作的准确性，以及考虑到原材料的造价，项目部要求生产厂家派专业设计人员共同参与完成）。

（3）石材用料加工制作生产完成后，要求厂家进行临时拼装编号，拼装无误后方可运送施工现场。

（三）现场安装

（1）旋转楼梯干挂在拼装第一块前，必须做好施工前的准备工作。项目部在施工前重新复核高度，由于

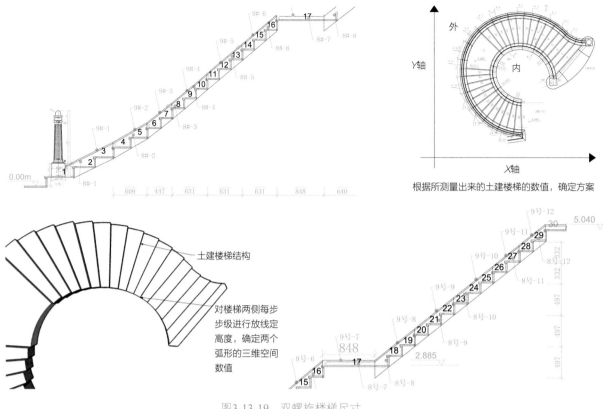

根据所测量出来的土建楼梯的数值，确定方案

土建楼梯结构

对楼梯两侧每步步级进行放线定高度，确定两个弧形的三维空间数值

图3-13-19　双螺旋楼梯尺寸

上下两层已经固定高度，同时考虑到测量及加工工程中的偏差及土建的误差，所以项目部预先进行预装，并进行高度水平放线，确保安装尺寸的准确性。

（2）由于旋转楼梯两侧均为造型线条，同时有盖板，且均为弧形，项目部采用先装弧板侧板，然后装踏步板，最后装盖板的方案进行施工。在每块板块衔接处都使用吊锤，保证弧形的衔接顺畅。但由于弧形石材加工的偏差及施工的误差，造成了局部接缝仍偏大，项目部预先安排厂家专业技术人员现场进行技术处理，并且实行预装，解决接缝及误差问题。

（3）施工人员安排。由于工期限制，处于赶工时间段，同时又受到旋转楼梯空间限制，采取分时分段施工，白天安排20人，分2个小组，第一组从第30步开始施工上半部分，第二组从休息平台开始施工下半部分，同时晚上安排20人，分2个小组，实行两队、两组轮班交叉施工，确保工期的顺利完成。

（4）施工完成后进行打磨抛光处理。由于工期较短（三天整体施工完成），安装经验上的不足，同时石材旋转角度大、造型多等原因造成了安装完成后接缝、碰角等问题存在，项目部在施工过程中及后期已安排厂家专人进行专门跟踪，对每个接缝处进行打磨抛光处理（图3-13-20）。

图3-13-20　双螺旋楼梯结构

五、70层大堂地面异型石材铺贴施工

（一）色差纹路控制措施

1. 选材

会同业主及设计代表一同前往石材厂选择荒料。将取一件已铺好地面的石材的边角料到石材厂，按此石材的底色对比选择荒料（图3-13-21），按颜色接近度分为1、2、3等。1等为颜色最接近，3等为颜色相差比较大但可接受的，与已铺石材的连接面用1级，向外逐渐过渡至3级。

2. 排版加工

（1）拍照排版。在荒料选好后在加工厂切割成大板（图3-13-22），然后将每件大板（厂家附有编号）进行拍照，将大板的数量、尺寸、色差的数据提供给现场设计师。设计师按照这些资料按1∶1的大小，用照片在电脑上模拟排版（图3-13-23），经设计单位及业主同意后，发至石材厂，要求其按此排版图用电脑全程控制水刀切割。

图3-13-21　雪花白荒料照片

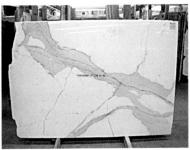

图3-13-22　荒料切割成大板切割成的大板照片

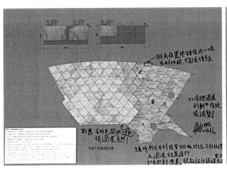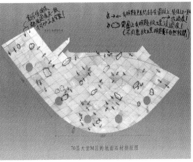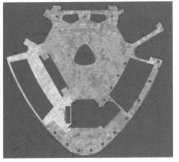

图3-13-23　电脑排版审批过程照片最终排版图

（2）加工预排。当石材厂按我方施工的先后要求，切割了当量的时候，在石材厂将已切割的石材预排模拟铺贴（图3-13-24），并请业主及设计代表到厂家检查经同意后才装箱发货。

（二）现场铺贴控制措施

1. 控制线的确定

该地面由A2、B2、C2三条轴线组成（图3-13-25），交汇的S点为中心点，并将整个平面分为三等份，每份占120°角，由中心点S分别向圆弧线的圆心点延伸，三条轴线作为石材铺贴基准线的依据，也是三条弧形石材缝相互交叉定位控制的准确控制偏差的重要依据，不同于横平竖直缝石材地面普通贴法，此地面石材因每块石材不规则而形状不一，因此不允许出现石材定位偏差和累计偏差，否则无法完成整个地面的铺贴。

2. 区域铺贴分割控制

整个地面分为A、B、C、D、E、F、G、J、H、K、T、M这12个区域，其中已经铺贴了F、G、J区。

各区域相对独立。第一批为A、B、C区，第二批为D、E、H区，第三批为M、K、T区。以A2、B2、C2轴线相交点为坐标，按照图中相关尺寸定位控制，A区三条弧形带石材为起铺点，至A区铺贴完成并复核无误后铺贴B区和C区，待A、B、C区铺贴完成后向D、E、H区域延伸，依次向K、M、T区边沿区域铺贴。

3. 区域内控制点的选择

以A、B、C区为例，由中心点S向三个轴线方向按电脑数据定出A区边缘控制点，依此方法找出其他区域的边缘控制点。在各个区域铺贴过程中同A区一样标明相关尺寸控制图。

（三）铺贴的顺序和方法控制

A区石材为最早开始铺贴的区域，按图示指引定出A2、B2、C2控制线后，按石材编号起铺石材（图3-13-

图3-13-24　大板切割成板块工厂实地预排

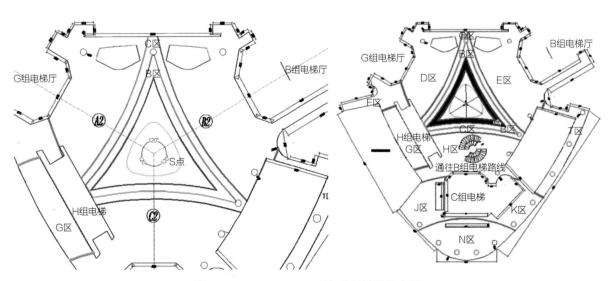

图3-13-25　A2、B2、C2三条控制轴线示意图

26），然后试排整个A区的石材，当试排达到要求和允许误差范围后，才正式铺贴，若因加工厂原因出现超规范误差，立即通知厂家驻场代表派技术人员处理或更换正确模数的石材板块。待A区铺贴完毕后，再铺贴B区，然后依此由C区向外环环拓展，每个环形都依照上述方法控制。

（四）D、H区和F、G区拼接误差控制措施

由于F、G、J区已铺贴完成，为保证D、H区同时满足分层控制线及与已铺贴区域的拼接平顺（图3-13-27），D区及H区的H部分石材暂不加工。待现场铺贴至此，现场与电子图尺寸核实后才加工，可以用夹板，按现场放样调整后，交工厂加工，但此24件必须在全部开介前，将所用的石材按排版要求留下，并注意底色的配合（图3-13-28）。

（五）与墙面收边石材的误差控制措施

由于大堂地面石材与弧形墙面、45°方向等不同墙面收边石材的收口，每块收边石材在加工时在收口方向加长20mm，预留现场切割，确保地面石材收口完整性。

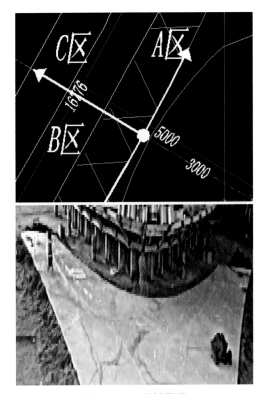

图3-13-26　起铺图示

六、总统套房及皇室套房施工

（一）大面积大理石饰面安装

石材排版效果的好坏直接关系到整体装饰效果。施工过程中对大面积的大理石石材饰面做到牢固，无歪斜，杜绝缺楞掉角和裂缝的现象，确保大理石表面平整、洁净、颜色一致，无变色、起碱、污痕和空鼓现象（图3-13-29）。接缝填嵌密实、平直，宽窄一致、颜色一致，在阴阳角处板的压向正确，非整块的使用部位适宜（图3-13-30）。

（二）墙纸挂板

墙纸挂板底纸采用天然木浆制成，胶面经特种工艺处理后可以表现出仿绸缎、织物、木纹、浮雕等多种装饰效果。具有耐擦洗、抗老化、不易褪色等优点。

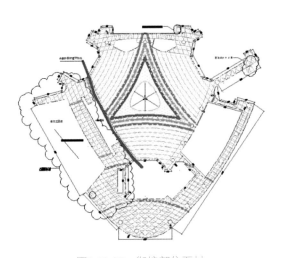

图3-13-27　衔接部位石材

图3-13-28　现场实铺情况

图3-13-29　卫生间墙面大理石

图3-13-30　地面铺贴

图3-13-31　墙纸挂板施工顺序

施工简便，更换方便。墙纸是在工厂中已做好图案颜色，然后直接挂在事先安装好的龙骨架及玻镁板基层上，较石材板材类施工简便，较涂料施工干净，便于更换，不污染室内环境（图3-13-31）。

（三）成品木饰面挂板施工

木饰面挂板其表面做钢琴漆，全部由专业家具厂进行定制，具有良好的材质和色泽，成品到场快速施工，在成品保护方面需更加细致到位。

第四节　工程质量保证措施

一、"三检制"和"三级检查制度"相结合

三检制是操作者和管理者参与检验工作、确保工程质量的一种有效方法。包括班组完成某一工序后的自检、管理者和其他工序操作者对上道工序进行互检和交接检、质量员专检（图3-13-32）。通过三检制对质量把关，杜绝不合格品的出现，实现分项工程的质量目标。

"三级检查制度"是落实多级检查。包括分包自检、总包复检和监理验收检查。通过多级检查保证分项工程的施工质量，提高施工质量水平。

二、建立质量会诊制度

在项目内部组成装修等分项工程质量考评小组，对每个施工完毕的

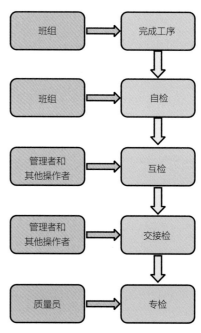

图3-13-32　三级检查制度

施工段进行质量会诊和总结，并填写入装修、安装质量会诊表中，质量会诊表中着重反映发生每种质量超差点的数量，并对发生的原因进行分析说明。质量会诊小组成员在每周质量例会上对上一周质量会诊出来的主要问题进行有针对性的分析和总结，提出解决措施，预控下一周不再发生同样的问题。同时，工程部对各层同一分项工程质量问题发生频率情况进行统计分析，做出统计分析图表，进一步发现问题变化趋势，以便更好地克服质量通病。

三、挂牌施工管理

标明小组负责施工区域。现场管理人员如发现某段施工质量有问题，可以立即根据标牌查找到操作人员，及时提出整改要求，从而实现高标准、高质量的目标。

四、样板引路

每一分项工程先做样板，以样板引路；对工程质量，要先抓样板的质量和做法，经过检查评议鉴定，提出措施要求后，按样板去做，其他层的质量水平，不能低于样板水平，以此提高工程质量水平（图3-13-33）。

五、成品保护及完工后的收尾工作

做好成品保护，避免交叉施工对装修成品的破坏。对地面石材进行结晶光面处理，对完工的区域进行深度清洁。由于四季酒店管理方对内部清洁的标准有严格的要求，并有专业单位进行卫生及细菌的检测，因此，工程完工后，施工单位需要进行彻底的清洁，部分区域需要进行霉菌清除工作。另外，在施工期间注意现场清洁工作，对生活垃圾等进行及时的清理。

六、结语

四季酒店的装修工程与其他区域装修相比有一定的特殊性，施工中遇到的困难还有很多在本文中没有一一列举。例如，酒店装修验收标准较国内验收规范偏于严格，施工方需要对这些特殊标准进行细致深入的研究，做出针对性的解决方案。另外，主塔的体型不十分规则，没有标准层，每间客房的尺寸都有不同，因此与驻场设计师的沟通必须十分及时。每日的巡场是必不可少的，许多部位出现现场与设计图纸有差距、管线与装修有冲突等问题，业主方及装修设计师经常需要现场设计，并与施工单位一起探讨，及时提交解决方案。在各方的配合下，四季酒店装修工程顺利按期完工，工程质量得到了四季酒店管理方、业主方以及社会各方的认可。

图3-13-33　装修局部效果

第十四章 公寓装修工程施工

第一节 概述

雅诗阁公寓室内装饰工程分南翼和北翼两个施工标段，南翼标段为附楼南翼7~28层，装修面积24960m²，由广州建筑股份有限公司承包。北翼标段具体装修范围：附楼六层会所（儿童房、会议室、餐厅、影音室、瑜伽房、桑拿房、健身房、游泳池、后勤区办公室）、附楼北翼7~26层、附楼首层大堂，公共走廊及电梯厅以及地下室-2层雅诗阁管理用房装修。总装修面积为18010m²。由中国建筑装饰集团有限公司承包。

雅诗阁公寓室内装饰由新加坡赫希·贝德纳联合设计有限公司（简称：HBA）负责设计，广州城市组设计事务所负责装修施工图深化设计工作，华南理工大学建筑设计院负责机电配套设计，广州建筑股份有限公司/中国建筑装饰集团有限公司负责现场装修工程施工图继续深化设计。

第二节 装修施工中的难点及技术措施

一、大面积吊顶石膏板施工

吊顶石膏板需进行防裂，吊顶开裂的主要原因及解决措施如下：

（1）吊顶板局部变形。主要是吊杆螺钉固定不紧，吊杆间距太大，罩面板与龙骨固定的自攻螺钉间距太大。在施工完成后会发生缓慢变形。因此，该工程吊杆间距应按吊顶最小间距800mm施工，自攻螺钉间距取150mm，吊顶龙骨与吊杆连接时一定要拧紧挂件上下螺母。这三个方面要作为重要的环节加强检查、控制。

（2）吊顶板缝用玻璃丝布，容易出现腻子层加厚现象，对吊顶质量会产生一定的影响。板缝改用穿孔纤维纸带加乳胶粘封，由于穿孔纤维纸带与石膏板纸面材一致，加上乳胶良好的韧性及自身的憎水性，使用效果很好，在板缝处不出现黄色色带，也不易开裂。

（3）大型吊挂物荷载致使的局部变形。在施工中，一定要根据吊灯的实际情况，设吊灯专用吊杆，对吊灯部分吊顶进行局部加固。

二、卫生间防水工程特殊节点处理

卫生间墙、地面沉池的防渗漏问题以及卫生间木门套脚的防水问题是工程质量通病，也是卫生间各工序施工中的重点部分。

（1）做砖砌体墙脚防水砂浆层以及管道口、排水口周围防水，应按设计要求进行细部防水处理。

（2）卫生间门套脚防水处理。卫生间木门套脚不能直接到地，离地高100mm高由走廊脚线转入做门套脚下部分，达到木门脚的防水目的。

三、石材用量大、色差控制困难

具体解决措施如下：

选择加工设备先进社会信誉好的大型厂家供货，考察石材的存货质量与数量是否满足工程的要求。

加强石材的翻样管理：开工前根据排版图进行翻样确定各种规格的石材数量，并充分保证材料供货数量（要求考虑在加工、铺贴过程中的损耗量），尽量一次订货、进场，减少材料损耗。

为控制石材色差，在切割时，应多下功夫，采用编号方法进行切割。

加强铺贴过程控制：在铺贴石材前要求严格对石材进行筛选，确保石材色彩均匀，以保证整个铺贴工程的石材颜色一致。

四、室内游泳池采用刚性+柔性组合防水施工

室内游泳池刚性+柔性防水施工就是结构自防水+环氧胶泥刚性防水+单组分湿固化聚氨酯（柔性）防水+钢筋防水混凝土刚性防水，整体有四个层次的防水面，相比较其他防水做法防水层次多，尤其是对管口部位的处理优于卷材类防水材料，整体防水效果好。同时采用本类做法保证瓷砖不会出现空鼓、脱落现象（图3-14-1、图3-14-2）。

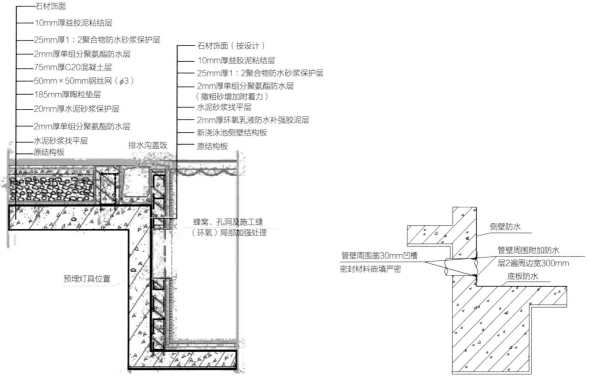

图3-14-1　裙楼北翼6层游泳池防水大样图　　　　图3-14-2　泳池管壁周围细部防水处理节点大样图

（一）施工工艺

1．工艺流程

基层清理及处理→20mm厚1：2水泥砂浆找平层→30～300mm厚陶粒混凝土纵向找坡1.5%→2mm厚环氧乳液防水胶泥层→2mm厚KS-929威固单组分湿固化聚氨酯→25mm厚1：2聚合物防水砂浆保护层→50mm厚C30细石混凝土双向ϕ6@200钢丝网→10mm厚水泥胶结合层→自检、验收→后续施工（装修施工）。

2．施工步骤

（1）在披荡找平之前，应彻底清除疏松、起皮、空鼓、粉化的基层，然后去除灰尘、油污等污染物。

（2）经现场勘察游泳池池壁原基础很不规整，偏差度很大，需要抹灰找平。先粘保温钉，再挂10mm×10mm间距的钢丝网，然后再用1：3的水泥砂浆披荡，因为披荡厚度达到30mm厚以上，所以需要分两次挂钢丝网披荡，以至达到质量和垂直度要求。

（3）用1：2的水泥砂浆将泳池底进行找平，找平厚度为20mm。找平层施工完后应进行洒水养护，严禁上人乱踩、弄脏，待其凝固后方可进行找坡层施工。

（4）为了清除陶粒中的杂物和细粉末，陶粒进场后要过两遍筛。第一遍用大孔径筛（筛孔为30mm），第二遍过小孔径筛（筛孔为5mm），使5mm粒径含量不大于5%，在浇筑找坡层前应在陶粒堆上均匀浇水，将陶粒浸透，浸水时间应不少于5d。由于陶粒预先进行了浸水处理，因此搅拌前根据抽测陶粒的含水率，调整配合比的用水量。根据一定配合比的陶粒混凝土，纵向找坡1.5%，厚度在30～300mm。

（5）环氧乳液防水胶泥施工

1）混合配料：将乳液与固化剂按规定的比例混合，搅拌均匀，待用。

2）打底。将粉料慢慢加入塑料桶内已配好的乳液组分中，并用搅拌器慢速搅拌，防止块状物形成，搅拌直至获得均匀细微的混合物后，用灰刮将底料迅速涂在基面（1mm厚）上。

3）面层批荡。将骨料边搅拌边缓缓加入底料中，搅拌均匀可分2～3次涂刮，进行面层防水层施工（每层约1厚），总共2～3mm厚（图3-14-3）。

（6）单组分湿固化聚氨酯施工。开桶即用，采用橡胶刮板均匀刮涂，第一度涂层施工：用塑料或橡胶刮板均匀涂刮一层涂料，涂刮时要求均匀一致，不得过厚或过薄，涂刮厚度一般以1.5mm左右为宜（即涂布量1.5kg/m² 为宜）。开始涂刮时，应根据施工面积的大小、形状和环境，统一考虑施工退路和涂刮顺序。第二度涂层施工：在第一度涂层固化24h后，再在其表面刮涂第二度涂层，涂刮方法同第一度涂层。为了确保防水工程质量，涂刮的方向必须与第一度的涂刮的方向垂直。重涂时间的间隔，由施工时的环境温度和涂膜固化的程度（以手触不粘为准）来确定，一般不得小于24h，也不宜大于72h。

（7）聚合物防水砂浆保护层施工。聚氨酯防水层固化后，进行蓄水试验，经过48h后无渗漏现象，便可进行聚合物防水保护层施工。用1：2的聚合物防水砂浆在聚氨酯防水层上做25mm厚的保护层，施工完成后进行洒水养护。

（8）细石混凝土刚性防水层施工。在聚氨酯防水层表面双向配ϕ6@200的冷拔钢筋，浇筑50mm厚C30细石防水混凝土，不但可以保护柔性防水层，而且可以起到刚性防水层的效果（图3-14-4）。

（9）粘贴陶瓷锦锦砖。最后一道工序就是在刚性防水层上满刮水泥胶结合层，用墨斗弹出排版分割线，根据分割线粘贴陶瓷锦砖。

（10）二次闭水试验。陶瓷锦砖铺贴完成后，所有管道口收边完成，进行二次闭水试验，24h无渗漏现象，交付监理验收。

3．细部节点处理方式

（1）给水排水口等部位处理。先对给水排水口进行处理，给水排水口与结构基层接触处应凿30mm的凹

图3-14-3　环氧乳液防水胶泥施工　　　　　　　图3-14-4　细石混凝土刚性防水层施工

槽，用密封材料嵌填严密，再做管旁处的防水涂料。

（2）阴阳角处理。阴阳角是变形比较敏感的部位，在这些部位防水层容易被拉裂，加之这些部位是三面交界处，施工比较麻烦，稍有不慎就不容易封闭严密。因此，平面与立面的转角处防水涂料附加层宽度不小于250mm。

（二）保证质量的措施

（1）本防水工程根据《建筑装饰装修工程质量验收规范》（GB 50210—2001）、《钢结构工程施工质量验收规范》（GB 50205—2001）、《聚合物水泥防水涂料》（GB/T 23445—2009）及相关防水材料的国家和行业标准和广州市防水图集等，以及设计施工图进行施工质量控制。

（2）材料必须有合格证或材质证明、检验报告，不允许不合格产品投入使用，防水材料进场前先取样送检，合格后方可投入施工。

（3）严格质量检查验收，各班组在自检、互检基础上，进行交接检查，上道工序不合格决不允许进行下道工序施工。

（4）开工前技术负责人组织现场施工人员进行技术及进度交底，人人做到对工程操作及进度心中有数。

（5）严格按照操作规程和专项方案施工，对施工过程中出现的技术问题及时进行协商和解决。

（6）细部做法按节点操作要求施工，做到无缝不漏。

（7）对整个游泳池进行蓄水试验48h，按国家有关防水技术规范进行验收，其中"一般项目、主控项目"必须严格按技术规程要求进行验收。

五、机电管线综合平衡布置与装修装饰定位协调施工

雅诗阁公寓设计高端，使用功能齐全，机电点位包括：照明插座开关/电视网络通信插座/音频视频数据多媒体插座/空调通风排风新风及控制/卫浴洁具橱柜给水排水/室内等电位联结/门铃、电热防雾镜、电动按摩浴缸/消火栓喷淋烟感温感报警、疏散指示照明/保安监控、紧急按钮/设备检修口等。

公寓消防按高层建筑规范设计，同时现场建筑结构层高3.2m，毛坯净空约2.8m，梁底毛坯净空2.4～2.6m，装修设计为石膏板顶棚，墙身由木饰面挂板造型/玻璃/墙纸/挂画/石材/瓷砖搭配组成，地面是石材/木地板/瓷砖。

装修施工进度、现场空间及装修完成面效果决定了机电隐蔽管线施工难度大，技术要求高，时间紧迫，必须先由装修施工单位在施工前按装修施工图对各机电专业设备管线点位进行综合布置深化设计，现场由装修总包单位在装修放线的同时，把各机电点位现场精确平面定位，喷淋头顶棚造型轻钢龙骨上立体定位，管线复杂繁多部位（如走廊顶棚内）还需立体划分各机电专业施工布置区域。接下来的各机电专业单位管线隐蔽施工工序一样遵循装修机电通用工艺工序：先顶棚设备、风管、喷淋支管、强电管，再弱电管、墙身地面强弱电

管、给水排水管。顶棚墙身完成机电隐蔽管线后，再开始顶棚龙骨、墙身基底施工。

六、新材料新技术的运用

（1）固定家具木门的制作。严格按消防规范进行材料的选择。现场的木门、定制家具统一由工厂生产，要求材料必须达到B级难燃等级。经过与厂家的沟通，确定采用B级难燃高密度板，贴木皮饰面板的方法。成品经消防检测机构抽检均达到B级难燃等级。

图3-14-5　天花木纹金属板装修效果

（2）墙身软包。墙身软包挂板采用不燃材料做基层、面扪B级难燃墙布。取消了内衬的易燃海绵的做法，变软包为硬包。另外，取消了原来的部分包皮革的做法。将皮革改成类似皮革的墙布代替。

（3）木纹金属顶棚。为达到顶棚为A级不燃材料的要求，将木饰面顶棚改为木纹金属板顶棚（图3-14-5）。

大量采用工厂定制的产品，减少现场制作。所有的木门、木挂板等全部由厂家现场量度定制，提高产品质量、安装功效，大大减少了现场油漆的使用。

七、结语

雅诗阁公寓的装修工程开工日期为2011年9月，竣工验收时间为2012年的10月，包括了软装、家具、公寓营运用品的摆放工作，工期较紧迫。结构层高的不足给顶棚以上管线的施工搭接带来一定的技术困难。施工场地较窄，干湿作业不可避免地同时进行也给施工管理带来一定的难度。橱柜、公寓的家具、运营物品的安装摆放工作与硬装工程相互交错，增加了现场组织的难度。因此，大量采用工厂定制现场装配的实施不仅节省了工期及劳动力，同时提高了产品的精度、质量及耐用性。经各方共同努力，工程按期完工，并顺利通过雅诗阁公寓管理方的严格验收。

第十五章 写字楼装修工程施工

第一节 工程概况

广州国际金融中心写字楼层的主要精装修工程范围为4~65层，每层面积从2805~3368m²。其中12层、13层、30层、31层、48层、49层为设备层和避难层。装修区域包括：办公区域及中间核心筒区域（包括：走廊、电梯间、卫生间、茶水间等区域）的墙面、地面、顶棚装饰；茶水间橱柜、各类成品门、卫生洁具、龙头及配套五金安装；电梯装修以及给水排水工程和部分灯具安装；其他零星装饰工程。工程上采用了大量的装配式装修工艺，不仅提高了施工精度、节省人力成本，也加快了施工进度、改善了施工环境。这也是未来装修业发展的方向。主塔写字楼主要施工区域的饰面内容如下：

（1）办公区域顶棚为活动铝板，地面为架空地板饰面。

（2）核心筒外走廊区域顶棚为活动铝板，墙面为墙纸，地面为架空地板饰面。

（3）核心筒区域钻石造型顶棚为氟碳喷涂铝板及A1级透光软膜；墙面为进口阳极氧化铝复合板。

（4）核心筒内走廊地面为石材饰面。

（5）卫生间、VIP卫生间及茶水间的墙、地面为石材饰面。

第二节 室内装修施工的创新工艺

一、可拆卸氧化铝复合蜂窝铝板构件加工及安装工艺

（一）构件概述

广州国际金融中心主塔楼办公楼的核心筒内走廊的墙面（除64层、65层外）为阳极氧化铝复合蜂窝铝板构件装饰。阳极氧化铝板的表面为一层10μm的氧化膜，此层氧化膜与铝板基层粘合非常牢固，膜质较硬，氧化膜不轻易刮花。表面做氧化处理，颜色一致，纹理细腻，现代装饰感突出（图3-15-1、图3-15-2）。

采用的阳极氧化铝板原材料为卷材，每卷卷材的重量分别在3~5t，卷材的宽幅宽度为1200mm。核心筒内走廊墙面设计的氧化铝板构件分块规格较大：3050mm（高）×1100mm（宽），同时设计方案要求采用可拆卸的锚固安装方式。由于阳极氧化铝板的构件较大，而阳极氧化铝板的厚度仅为1mm。若按常规采用铝单板的制作工艺进行阳极氧化铝构件制作，它的表面平整度及构件的刚性强度难以达到施工质量的要求及装饰效果的要求。

图3-15-1　阳板氧化铝复合板构件装饰

图3-15-2　安装完成的氧化铝复合板构件

因此，利用铝蜂窝的重量轻和双面粘板合成的骨架不变形的特点，作为阳极氧化铝复合板的骨架来增加阳极氧化铝板的结构强度。选用板底粘贴2mm厚钢板的合成制作工艺来加工氧化铝复合板构件，确保了铝蜂窝氧化铝复合板构件表面平整度达到要求。但在合成铝蜂窝氧化铝复合板构件前，需进行一次粘合的加工工艺。需在1mm厚的氧化铝板底再粘贴一层1mm铝板做基层才与蜂窝铝板结合成构件。通过这样的加工工艺及技术处理，安装完成的蜂窝氧化铝复合板构件的刚性强度、表面平整度及装饰效果符合要求，没有出现装饰面凹凸不平的现象。

氧化铝板构件的结构基层采用铝蜂窝板结构，增加蜂窝复合氧化铝板构件的刚性强度，使氧化板构件在运输搬运移动过程中不会受外力作用而扭曲变形，如图3-15-3和图3-15-4所示。

（二）采用可拆卸氧化铝复合板构件装饰的优点

（1）氧化铝复合板构件的加工成型均在工厂进行，可以缩短施工时间，减轻施工期的压力。

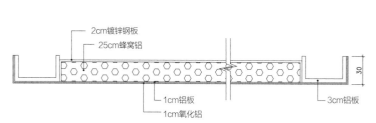

图3-15-3　氧化铝复合板加工结构大样

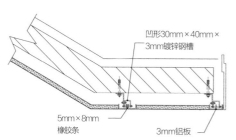

图3-15-4　氧化铝复合板安装结构大样

（2）氧化铝复合板采用可拆卸的锚固方式，可以减少钢骨架的用量，节约成本。

（3）方便以后的更换，调整、维修，节约用工，实现环保物料可回收再利用。

（4）提高现场施工效率，减少人工费用的开支。

（5）氧化膜不因受到钝器的碰掉而离析、剥落。

（三）氧化铝复合板构件的制作工艺要求

1. 可拆卸氧化铝复合板方案与传统的固定铝板方案的比较

氧化铝复合板构件的安装锚固方式决定了它与传统的卡插式的锚固方式不同，传统的细缝拼接的构件必须一侧固定在墙面的钢架上，另一侧卡插到前一构件的底下才能固定牢固。如需拆卸更换或维修时只能从一端依次序往前拆卸（图3-15-5）。而可拆卸的铝蜂窝氧化铝复合板构件均采用垂直挂钩在竖龙骨上的锚固方式，安装时每件构件均可独立钩挂上去，需更换或调整时也可独立拆卸更换（图3-15-6）。

2. 可拆卸氧化铝复合板构件制作工艺要求

（1）可拆卸氧化铝复合板构件的排版尺寸必须准确。由于氧化铝复合板构件均为工厂加工成品，如尺寸不准确，在施工现场无法进行二次加工，制作完成的成品构件只能作废，增加工程的成本。因此，在氧化铝复合板构件加工排版前，必须在现场将所有构件位置及尺寸准确标在墙面、地面上，以及氧化铝复合板外皮控制线上，通过这样的直观对比复核，确保每个构件的位置及尺寸的准确性，尤其在门洞多的墙面特别重要。这样可以直观了解到各个转角部位及门洞门套与氧化铝复合板构件相拼接的关系情况。发现问题可及时进行调整，减少不必要的返工现象。

（2）铝氧化铝复合板构件剪裁排版必须合理适当。由于氧化铝复合板构件的表面氧化铝板氧化处理加工时间较长，而且每一批氧化处理的需要量较多才能加工，同时氧化处理的表面颜色很容易因批次的不同而出现色差。另外，氧化铝复合板构件表面的氧化铝板需要进行二次粘合，而二次粘合的加工工艺为拉伸滚压粘合。采用拉伸滚压粘合的工艺，两种卷材（氧化铝板和普通铝板）均需在同一方向向另一方向滚动拉伸（图3-15-7），由于两种卷材的重量必须相接近才能使两种板材完全吻合粘合，不浪费材料。而这两种材料之间均要保持一定的距离才能滚动拉伸，这样就会产生两种材料滚动位伸时的行程之间的距离，而这种距离就是原材料损耗部分。同时，氧化铝板的原材料的宽幅仅为1.20m。遇到不合模数的单元板块氧化铝板浪费较大。依据以上的情况，在采购氧化铝复合板前必须要依据构件的长度及宽度放样排版，通过准确合理的排版及计算，确认氧化铝板实际需要量，再与生产厂家确认采用何种重量的卷材（5t、4t）进行氧化处理加工，尽量减少氧化铝板的浪费。但在做计划时要考虑留有一些余地，以便补板之需。

（3）氧化铝复合板构件加工尺寸要准确。氧化铝板构件采用的锚固方式为挂钩式，构件的挂钩间距为260mm，即每个构件两侧分别有10个挂钩孔位（图3-15-8和图3-15-9），同

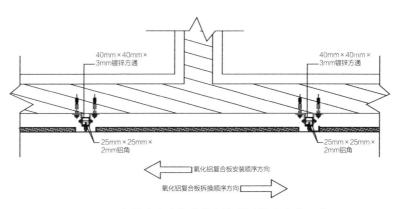

图3-15-5　铝蜂窝复合氧化铝板卡插式固定安装示意图

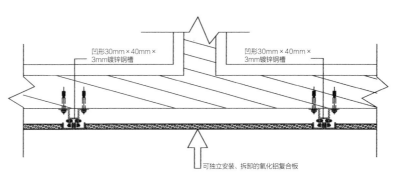

图3-15-6　可独立安装、拆卸的氧化铝复合板安装示意图

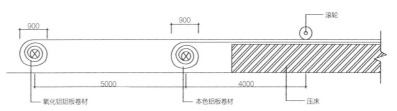

图3-15-7　氧化铝板粘合工艺流程示意图

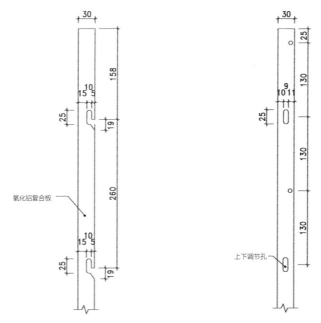

图3-15-8　氧化铝复合板挂钩开孔示意图　　图3-15-9　龙骨挂钩开孔示意图

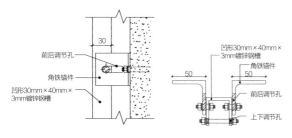

图3-15-10　镀锌钢槽安装示意图

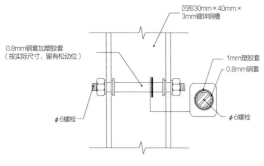

图3-15-11　挂钩螺栓大样图

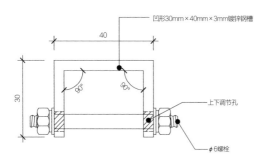

图3-15-12　凹形30mm×40mm×3mm镀锌钢槽加工大样

一墙面上的蜂窝氧化铝复合板构件本身，构件与构件之间的挂钩定位上端的水平差几乎为零。因此加工的构件挂钩位置距离必须要统一准确，否则氧化铝构件表面很难调平、调直，同时，挂钩开孔尺寸不能过大，与塑料套管外径尺寸相同，过大铝板构件容易松动。

（4）氧化铝复合板构件龙骨加工要求。由于氧化铝复合构件安装方式是采用挂钩形式。氧化铝复合板构件的骨架的平整度、垂直度要求非常严格。否则，整体装饰面就会凹凸不平，影响装饰外观效果。为便于调整控制氧化铝复合板构件拼装的表面平整度，在安装骨架锚固点挂钩支点时采用可前后、上下调节用的螺栓固定方式（图3-15-10）。

这样就解决了氧化铝复合板构件挂钩口开孔后粘结时出现的错位、误差而影响氧化铝板构件表面的平整度的调整、校正的困难。同时采用可拆卸挂钩安装方式的氧化铝复合板构件的挂钩口的尺寸与横向螺栓挂构件的孔隙不能过大，否则，安装完成后的可拆卸氧化铝构件就会有松动，但不留有足够的空隙，氧化铝复合板安装时难以安装。因此，需在横向挂钩件螺栓上套一个比螺栓稍大一点的塑料管来解决这个问题。当氧化铝板构件的挂钩口卡进横向螺栓挂钩件时，套在螺栓上的塑料管就会受压收缩后膨胀挤满卡口的空隙，使可拆卸点的铝板构件卡口不会松动（图3-15-11）。

由于氧化铝复合构件的挂钩龙骨是特制的，加工时是先按要求用模具冲出横向螺栓挂钩孔洞的准确位置，再折弯为U形槽。因此，要求加工厂加工时，U形槽的两翼的深度必须要一致，并且平行、方正。否则由于龙骨的两翼不平行，会导致因挂钩件孔的不平行而带来氧化铝复合板构件安装时难以调校平整的问题（图3-15-12）。

3．氧化铝复合板构件安装技术要求

（1）测量放线。确定氧化铝复合板骨架的锚固支承件的具体尺寸及数量和氧化铝复合板构件宽幅实际尺寸。

1）用放线仪准确找出需要安装氧化铝复合板的墙面的平立面的外皮基础线，并用墨线分别在顶棚、地面、墙面上弹出标记。因此依照外皮基础线控制墙面氧化铝复合板的构件的宽度尺寸，并绘制准确的氧化铝复合板的加工排版图并编上顺序编号。

2）依据排版图的布置用放线仪准确找出氧化铝复合板构件骨架的第一个支承锚固点的水平位置并用长墨线弹出水平控制线，并以此水平线控制其他的支承锚固点的准确位置，同时在此水平线上方明显位置标注上"基础线"字样，以便检查复核。检查复核无误后将其他的支承锚固点的位置分别用墨线弹出标记。

3）依据垂直、水平的基础线分别测出各可拆卸铝蜂窝氧化铝复合板构件龙骨的数量及锚固件的尺寸进行采购加工。

（2）现场安装

1）氧化铝复合板构件的安装顺序为：校正龙骨上的挂钩螺栓的位置→固定锚固件→安装竖龙骨→检查调直竖龙骨→安装各出入口门套侧氧化铝复合板构件→安装墙面氧化铝复合板构件→检查校正氧化铝构件饰面墙的整体平整度→填充氧化铝构件拼缝胶→贴厚夹板保护层。

2）氧化铝复合板构件的安装要求如下：①用放线仪严格控制墙面上各氧化铝复合板构件的竖龙骨上的第一个挂钩件的水平位置，并以此水平线对竖龙骨上下进行调整固定，确保整个墙面的挂钩件均处在同一水平线上，并以此水平线为基础线控制其余的挂钩件的准确位置。②拼装氧化铝复合板构件。由2人同时操作的氧化铝板按一定的顺序依次上挂安装，安装边用放线仪进行复核检查。确认第一块氧化铝板构件垂直、平整符合要求后再安装第二块。

4．注意事项

（1）进场或安装时对氧化铝复合板龙骨严格按要求检查验收，确认符合要求后才能进行安装。

（2）两人安装操作搬运氧化铝复合板构件时要侧立搬动。尽量减少平抬搬动，避免构件拆弯变形。

（3）所有未安装的氧化铝复合板构件面不能放置任何物件。

（4）安装完成的氧化铝复合板构件用2400mm高的厚夹板密封保护，避免氧化铝复合板构件面被刮破而更换。

二、暗架调节式氟碳喷涂铝板顶棚施工技术解决与应用

（一）概述及难点

主塔楼办公层Y形核心筒顶棚饰面为吊装式2mm白色氟碳喷涂铝板。核心筒中心位置的铝板为整个主塔的中心点位（图3-15-13），其设计方案为"钻石"造型。"钻石"造型板块均为异型板，其板块之间的衔接方式为密封拼接。同时，铝板板块之间采用的是活动开启式，即每个板块之间不允许注胶，均能活动开启、拆卸，方便维修。为达到设计要求，并使铝板的拼缝衔接更加美观。要求铝板弯弧半径为90°或接近90°，将对板块的安装方式是一个考验，如图3-15-14所示。

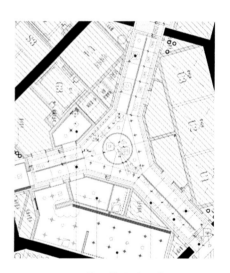

图3-15-13 核心筒走廊天花平面图

（二）与国内同类工程安装技术比较

为达到效果，如按传统做法，就必须先在铝板开槽进行折弯后，再焊接，然后进行板块之间的安装拼接，难以满足外观效果要求的，同时增加了造价。

在不改变外观效果的同时，优化设计，取消铝板的折边，采用平板拼接，这样将比常规铝板的缝隙更小，而这种做法的前提条件必须先解决水平安装的高精度问题。同时，在核心筒中央顶棚是由多块异型板块组合而成的钻石造型，板块之间的拼缝的水平高低差将直接影响整个顶棚的装饰效果，常规做法中的龙骨安装的方法将不能满足这种高精度要求，此时在骨架上安装设置一个可调节式装置，每个板块之间将可以自由伸缩调节，安装方便快捷，比常规安装外观更细腻。

图3-15-14 白色氟碳喷涂铝板顶棚示意

（三）技术原理

根据此种做法，其前提条件必须先解决水平安装的高精度问题。此种工艺比原常规做法增加了一个调节装置，可以自由伸缩调节，解决了施工过程中由于无胶缝、板块缝隙小所造成的施工难度。同时，在2mm氟碳喷涂铝板背面安装背面加强龙骨，一方面增强铝板的强度，另一方面用于调节铝板的平整度。

（四）节点制作工艺

由于在核心筒中央顶棚是由多块异型板块组合而成的钻石造型，板块之间的拼缝的水平高低差将直接影响整个顶棚的装饰效果，常规做法中的龙骨安装的方法将不能满足这种高精度要求，此时在骨架上安装设置一个可调节式装置，利于2mm氟碳喷涂铝板背面的加强龙骨与镀锌主龙骨之间，使每个板块之间可以自由伸缩调节，安装方便快捷，比常规安装外观更细腻，如图3-15-15所示。

（五）构件工厂预拼装、调试评定

针对施工技术要求，大面积加工前根据图纸及设计要求，在厂家进行预拼装：将核心筒钻石造型按照相应比例缩小，并完全按照基层龙骨结构，进行拼装、调节。预拼装效果符合设计要求和满足外观效果要求后，再至现场进行勘测验线复核，编制加工排版图进行加工，如图3-15-16所示。

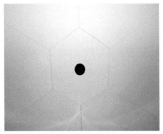

图3-15-15　白色氟碳喷涂铝板顶棚安装后　　　　图3-15-16　白色氟碳喷涂铝板顶棚预拼装图

（六）特制调节装置技术与大面积施工

在施工前，根据水平线，在顶棚上拉通线，用于铝板水平高低差的调节。利用"调节装置"，固定在主龙骨上，利用下口的挂口，勾住2mm氟碳喷涂铝板的背面加强龙骨。"调节装置"的顶部由螺杆和螺母组成，在施工过程中，调节螺杆上的螺母，就会使铝板进行上下移动，进而对板块之间的水平高低差进行调节。

当进行大面积施工时，将板块事先进行悬挂搭接安装，再利用通线进行调节，从而加快了施工进度，并能使每个板块都能进行调整误差，如图3-15-17所示。

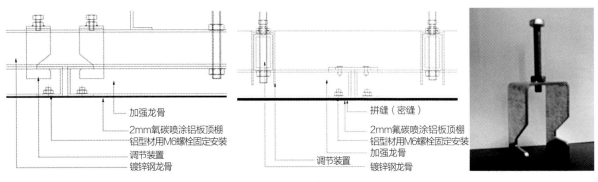

图3-15-17　特制调节装置示意图

（七）实施效果

核心筒2mm氟碳喷涂铝板顶棚采用暗架式调节式安装，板块与板块之间采用无折边方式拼接（图3-15-18）。由于较常规铝板的缝隙更小，无需采用胶填缝，避免了硅酮耐候胶的气味对空气造成的污染。同时由于超高层建筑对防火的要求高，由于无胶安装，满足了超高层建筑对防火的要求。

三、可拆装的软膜顶棚灯箱制作工艺及要求

广州国际金融中心主塔楼办公区区域4～65层电梯厅的照明方式，在设计上采用了与常规截然不同的表现手法，采用重量轻而又能符合消防防火安全要求的白色透光A1级软膜来做灯箱的透光膜。此材料材质轻，是一种透光率可达到45%～63%的半透明材料，安装完成后照明光源通过软膜的扩散性能透射出来的光源舒适柔和整体效果极佳，光照度也满足设计的要求（图3-15-19）。

（一）可拆装的软膜灯箱的优点

（1）材质轻安全系数高。

（2）容易拆卸操作方便，易维修及更换灯具。

（3）光源柔和舒适。

（4）软膜及铝结构材料符合消防防火安全要求，达到A1级防火标准。

（5）箱体可以在工厂加工完成，减少现场焊接时间及现场环境污染。

（二）可拆卸透光软膜灯箱的制作工艺的要求

（1）可拆卸软膜灯箱与固定软膜灯箱不同，可拆卸软膜灯箱由箱体、锚固件、软膜灯片骨架三构件部分组成，箱体与软膜灯片骨架之间均用连环锁相连接，它们之间允许预留的缝隙为5mm（图3-15-20～图3-15-22），因此箱体及软膜灯片骨架制作的尺寸必须准确。

（2）透光软膜在安装时必须拉紧，不能有褶皱，透光软膜与软膜灯片的骨架必须连接牢固。

（3）透光软膜灯片骨架的连环锁和开启性能要良好牢固。

图3-15-18　特制调节装置实施效果

图3-15-19　可拆装的软膜天花灯箱效果

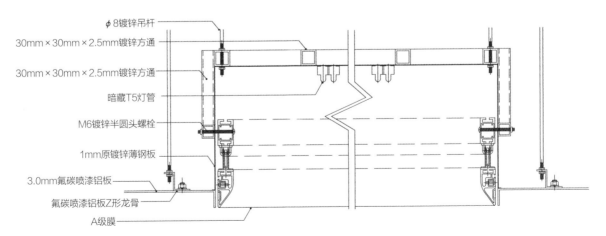

图3-15-20　软膜顶棚结构图

图中标注：
φ8镀锌吊杆
30mm×30mm×2.5mm镀锌方通
30mm×30mm×2.5mm镀锌方通
暗藏T5灯管
M6镀锌半圆头螺栓
1mm原镀锌薄钢板
3.0mm氟碳喷漆铝板
氟碳喷漆铝板Z形龙骨
A级膜

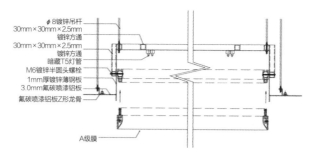

图3-15-21　软膜顶棚安装结构图

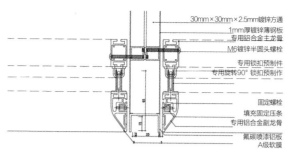

图3-15-22　软膜顶棚结构节点大样图

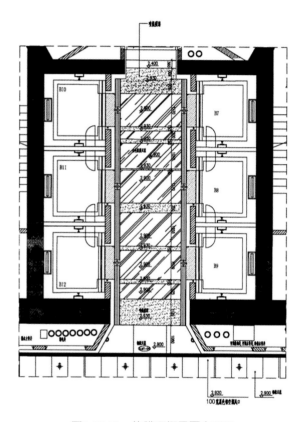

图3-15-23　软膜顶棚平面布置图

（三）可拆卸透光软膜灯箱的安装顺序及工艺要求

1. 测量放线

由于电梯厅顶棚内设置的透光软膜灯箱尺寸大小不统一（图3-15-23），而且灯箱的两侧均与铝板扣件组合安装，因此必须按设计施工图分布的位置进行放线定位，用放线仪将各灯箱的准确位置标注在电梯厅的两侧墙壁面上，并用墨线弹出标记。

2. 安装顺序

（1）依据箱体的方钢分格位置设置吊杆点，吊杆点的间距为900mm，吊杆的最下端不能超过箱体的方钢下端连皮位置。

（2）吊装箱体骨架：用放线仪将箱体骨架的准确位置定位，调平后用$\phi3$钢自攻螺栓与吊标连接，经复查后用电焊接牢固。

（3）安装箱体镀锌薄钢板遮光板，用$\phi3$钢自攻螺栓将镀锌薄钢板固立在箱体的骨架上，镀锌薄钢板要拉平扯直。

（4）安装软膜灯片骨架锚固件：软膜灯片骨架锚固件安装位置准确，与软膜灯箱片骨架相锁，位置一致、牢固。

（5）安装透光软膜灯片骨架构件：复核软膜灯片骨架的尺寸与实际完成的箱体尺寸是否吻合，安装时先将透光软膜灯片骨架构件一端固定在锚固件上，平托推上，摆动在透光软膜灯片骨架构件上的连环锁与锚固件连接牢固。

3. 注意事项及要求

（1）箱体方钢焊接必须平整牢固。

（2）较大的箱体内顶部需预留活动检查口，以便日后顶棚内设备维修用。

（3）透光软膜灯箱片骨架构件四周均粘胶条（厚度为透光软膜灯箱片骨架构件与箱体之间缝隙尺寸），确保不透光。

第三节 集成装配式施工探索

一、现状背景

（1）本工程施工高峰期处于高温阶段，酷暑、高粉尘、施工现场不通风、垂直运输压力巨大，是国金办公楼项目在施工期间所遇到的最大困难之一。施工环境的恶劣使得现场作业人员厌战情绪严重，出现劳务作业供给不足等严重态势。

（2）现场安装材料包括基层龙骨、饰面材料、基层材料、各种构配件等，对材料计划、材料运输管理要求较高。在施工过程中，常常出现大量的边角剩料，材料浪费及重复转运现象较为突出，一旦出现材料计划不准或者材料运输失误，后补计划的材料或零星材料的运输就给现场垂直运输带来了极大压力，严重影响现场施工进度。

因此通过管理、技术、组织等措施减少垂直运输负担，减少现场工作量和现场施工人员，提高工作效率就成为办公区建筑装修施工的重要研究课题之一。

二、具体实施情况

施工过程中，积极探索了装配式装饰施工，通过工厂加工现场组装的集成装配式装饰施工，能有效减少现场作业量，减少施工工序，提高施工工效，减少现场施工工人和材料运输量，缩短施工工期。

（1）主塔楼办公区4～65层活动顶棚吊顶为明龙骨金属铝板吊顶，通过分析：施工大部分工作是骨架安装和饰面板安装，骨架片安装已有专业供应商成套供应，只有边端饰面板需要现场加工。因此，在增加现场测量、深化吊顶排版图、将收边处理设计成总工序的情况下，边端收头板加工均在现场外进行，减少了现场加工量。

（2）办公楼4～65层固定吊顶为曲线形（6+6）mm中密度水泥纤维板，从现场实际施工过程看，需要现场加工的内容仅仅局限在边端的弧线形水泥纤维板。由于超高层办公楼装修数量大、每层的规格尺寸均相同，水泥纤维板的板端为金属条收边。本项目通过在现场增加前期测量、制作排版图，进行边端收头设计，采取了预制装配施工。

（3）超高层进口阳极氧化铝板低碳安装技术。主塔楼办公楼4～65层核心筒走廊墙面为阳极氧化铝金属饰面。其面层材料较为新颖，原材料的生产、氧化加工必须在国外进行，这就造成了施工的精度要求高，外饰效果要求细腻。同时，因考虑超高层建筑的防火要求，在设计过程中取消了传统做法中的注胶安装，板块之间采用了留缝设计。"进口氧化铝板低碳安装技术"采用厂家成品加工板块、钩挂式螺栓调节方式，定点式固定、限位调节，替代了传统铝板的钢骨架安装方式。

氧化铝板在厂家进行成品加工完成后，现场与墙体之间直接采用定点钢码固定（无需通常焊接钢架），同时将钩挂件与螺栓机构进行连接；板块之间的缝隙则采用"限位套管"进行限位调节。

通过现场测量、深化吊顶排版图，包括基层龙骨安装，全部实现了工厂预制装配式施工。因此，从技术上分析，金属饰面采用预制复合技术，通过干挂、槽接完全能实现彻底的预制装配式施工。而在一些超薄金属饰面中，传统方式较多采用现场局部调整、剪裁、粘贴施工方式。而通过实践证明，完全可以通过精细测量、技术排版来实现工厂集成预制装配。

（4）办公楼4～65层地面为高架地板，面积约10万m²。从现场实际施工过程看，需要现场加工的内容仅仅局限在靠近幕墙周边的边端板。由于超高层办公楼装修数量大、每层的规格尺寸均相同，因此在施工进行精准测量、制作排版图的同时，进行边端收头设计，也做到了预制装配施工。

三、装配式装修施工的效果

项目技术管理将由现在的重点管操作工人转向重点管施工深化设计和供应商配套。在集成式施工方式中，施工深化设计成为项目技术管理中的核心问题。它的成功与否决定着施工方法、加工方法、安装方法的简易程度，决定着施工成本的高低。在精装修施工和管理过程中，各个施工项目均创造出了许多新的施工设计节点和方法，不断为预制装配施工提供新的元素。并且及时进行了汇总各类有效设计节点，进行汇编，形成比较规范、成熟的标准模块和做法，加速推进预制总成装配式施工的有效方法。

装配式装饰施工减少了现场施工工序，工厂加工部分不占用现场施工工期，对加快现场施工进度、合理安排现场施工工序提供了较好条件，大大缩短了装饰施工工期。各种材料构件在工厂内组装成标准单元后，通过对各单元进行编号，直接将各单元板块运送至相应安装楼层，减少了材料运输种类和运输批次，减少了零星材料的运输，极大地减小了现场垂直运输压力。施工质量和精度的提升空间都得以大幅提高。国金办公楼墙面阳极氧化铝，全部采用工业化装置，集成式装配施工技术，从基层龙骨安装到金属饰面的加工、复合、开空、开槽，到最后的现场安装调节。全部实现集成装配，安装精度得到大幅度提升。现场无需焊接，达到"低碳施工"的目的。而且大大减轻现场施工的压力，缩短工期1/3以上（该项施工技术取得了"全国装饰工程科技创新成果奖"）。

现行装饰采用的饰面板等大都残留有大量甲醛，现场刷漆、刷胶所带来的苯、二甲苯、甲醛等挥发性的有毒物质会在相当长的时期内不断释放。

手工过程中必然会产生大量噪声、垃圾，污染环境扰民严重。而工厂化装饰要求全部使用环保材料且生产时胶粘剂用量少，产品后场化，现场只是拼装，施工期间减少了锤钉等施工噪声和垃圾。

材料的边角料可以得到充分利用，材料利用率提高，批量化、流水化生产，可以达到降低成本的规模效应；机械化操作优势又可使基层与面层、部件与部件的连接方法更为简便经济；加上劳动生产率的提高等因素的影响，成本大幅降低。

项目通过对装饰材料构件加工厂家的各种数控加工技术的应用，利用装饰材料构件的加工组装能力和加工精度，实现了让计算机控制的专用机器设备来完成大量的、重复的、高精度的加工，通过施工管理人员设计和指挥生产，来整合各种繁多、复杂的材料精细化加工生产，形成了一整套"工业化装饰施工技术系统"。有效解决了目前制约超高层建筑施工的垂直运输难、施工进度慢等问题，给装饰施工质量控制、工期控制、施工组织安排均带来了便利。根据在本项目的装饰施工经验，超高层建筑装饰施工采用装配式装饰施工已成为一个必然趋势。

第十六章 自用层写字楼装修工程施工

第一节 工程概况

广州国际金融中心发展商自用办公楼层（包括11层、14～17层、64层和65层）建筑面积约2万m²，工程包括办公区域、走廊、电梯间、卫生间、茶水间等所有装修区域的墙面、地面、顶棚装饰；隔墙、间墙、隔断、固定家具、门窗制作及安装；窗帘、架空地板采购及安装等项目。工程施工工期为2010年8月20日开工至2011年6月20日竣工。

开发商自用层（简称：自用层）是在大楼的建筑装修及部分机电系统完成后直接进场装修的。装修一次到位，节省了拆改费用。

第二节 木门的创新工艺

一、木质门的制作工艺要求

自用楼层的办公室、会议室的木质门及木质文件柜柜门均超高及超宽（图3-16-1～图3-16-5）。会议室、办公室木质门高度设计为2900mm，宽度为1000mm，木质文件柜柜门高度设计为2400mm，宽度设计为600mm，设备间木质储藏柜柜门高度设计为2900mm，宽度为700mm，如果按常规工艺制作，门的平整度和刚性强度难以控制及保证，常常很容易出现弯曲变形的现象。

目前，超高木质木门和超高木质柜门由于其基层板均需要采用交齿或燕尾榫的搭接方式驳接（市场及板材厂提供的胶合板材的规格为2440mm×1220mm），由于超高木质木门和超高木质柜门的基层板需驳接，制作成品木门或柜门出现的弯曲的情况相应就会多。

对于超高木质木门及超高木质柜门，尽管各生产厂家在超高木门及超高木质柜门的制作技术、工艺改进方面进行研究，采取了许多不同的处理方法及措施：超高木质门的骨架采用了侧立板材多层拼接的处

图3-16-1 办公室走廊

图3-16-2 办公会议室

图3-16-3 小型会议室

图3-16-4 办公室木柜

图3-16-5 茶歇区橱柜

理，超高木质文件柜柜门在安装锁具的一侧内埋藏侧立的钢条，或在柜门的背后增加金属配件加强拉筋。但在使用后及在市场的展品上都发现有不同程度的弯曲变形现象。

通过研究分析，我们认为超高木门或超高木质文件柜柜门出现变形弯曲现象，主要是门的骨架扭曲弯形引起。如果我们从木门的骨架要达到一定的刚性强度要求制作的技术上进行细化改革，超高木质门、超高木质文件柜的骨架弯曲变形现象就会得到克服和控制。

二、超高木质门的骨架在制作技术上的细化改革

为防止超高木门的骨架材料自身应力或受外力的作用而扭曲变形，应采取以下的技术改进措施：

木骨架除按常规采用多层侧立胶合板条胶粘拼接外，在用于胶粘结的每条侧立胶合板条两侧间隔300mm处错位分别切割3mm宽的横向缝，缝的深度为侧立胶合板条的2/3。这样，两侧的横向缝的深度都超过侧立胶合板条的中心线（图3-16-6）。通过增加横向缝的细部切割处理，可以消除木门骨架材料本身的弯曲应力，这样可以将材料本身的弯曲应力控制到最小甚至没有。

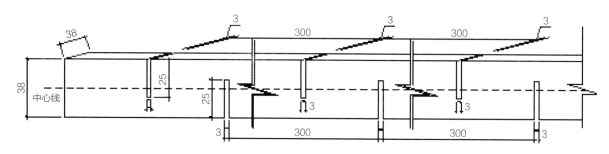

图3-16-6 胶合板条开坑示意图

但同时由于在需用于胶粘拼接的侧立胶合板条上均做了横向缝切割处理，拼接完成的木骨架的刚度将受到一定程度的削弱，会影响超高木门骨架的整体刚性强度。

为增加超高木门的刚性强度，在木门骨架内增设38mm×38mm×2mm方钢管闭合钢框，用木牙螺栓将钢框和木骨架连结牢固，确保木骨架的强度达到要求。但在焊接闭合钢方管时必须强调所有闭合钢框均要在专用的平整工作台上操作。焊接打磨完成后的闭合钢框的四个角及四周必须在同一平面上。同时，考虑到木门骨架因拼接完成后需要挪动搬运，木门骨架很容易受到外力的不均匀作用而产生扭曲弯形。因此，在木门骨架的四个角横向与竖向交接处分别用2支ϕ10圆木蘸白乳液楔进锚固，确保木门骨架的整体刚性。

另外，为保证木门表面的饰面平整，在压制木板时门骨架的钢方管闭合钢框中间的空挡位置填充与门骨架侧立胶合板条同样高度的侧立板条，填充的面积为钢方管闭合框中间的空档的2/3，每条侧立胶合板条，相互之间要留有缝隙，如图3-16-7所示。

木门骨架制作完成后，用超长的压床（3m以上）按常规压板方法压制门板，压制时间不能少于12h，确认胶粘剂完全凝固后才能搬动门板进行裁割收边等工序的操作。

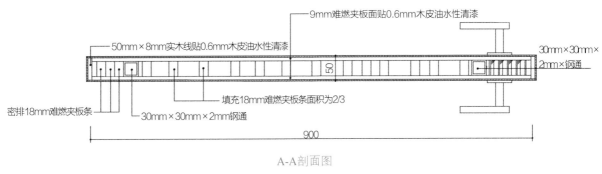

A-A剖面图

图3-16-7　木门扇结构图

三、超高木质柜柜门骨架在制作技术上的细化改革

木质柜门受到门配置的铰链形式的制约（设计师要求为外盖门，不能外露铰链），门的厚度就会因配置的铰链开启行程距离而确定，所以国金自用办公楼层的木质柜门的门板厚度最大厚度为22mm。如果木质柜门超出此厚度，门无法按90°打开，影响使用效果。

由于柜门的厚度不能加大，如按常规的采用18mm高密度整板制作，就会出现两个问题：

（1）门板骨架需接驳（厚材料板长2440mm，现门板为2900mm），很难保证柜门不变形。

（2）门板太重，用于承载的门铰链使用时弯易疲劳损坏，影响使用效率。虽然超高柜门可以按常规的空心板门结构解决超重的问题，从而能保证其使用效果，但也面临骨架及柜门基层需驳接的问题。由于选用的门板的基层板木材材质不同，它们自己的弯曲应力也不同。当两张不同弯曲应力的基层板用于同一门板时，弯曲应力小的一张基层板会迁就弯曲应力大的另一张基层板，向弯曲应力大的一面弯曲。如果柜门的骨架的刚性强度足以抵消两张不同弯曲应力的基层板的弯曲应力拉扯，那么柜门就不会变形。但往往用来做空心柜门的骨架木质材料的木材材质也同样存在弯曲应力不同的情况。在应用时很难准确鉴定、判断、控制。当受不同弯应力的基层板的弯曲应力拉扯作用时，有些部分就很容易向内线或向外弯扭变形。所以在实际施工中，同一批柜门安装完成，就出现了一部分变形，一部分不变形的现象。此变形现象尤其在需驳接的门骨架和门基层板的门板上较为突出。

鉴于上述情况，我们从核心内走廊墙面蜂窝铝板构件得到启发，采用铝蜂窝材料做超高柜门的骨架，如图3-16-8所示。

铝蜂窝板材是由侧铝片组合的网格状结构，组合后抗弯、拉扭能力很强。铝蜂窝板材拉张后的体积比较轻，每平方米为6.2kg，这样就解决了超高柜门的超重问题。同时，铝蜂窝板的长度拉张后超出3000mm，可以满足超高柜门的骨架高度要求，不用驳接，这就解决了柜门基层驳接的问

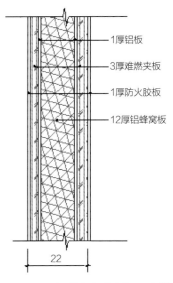

图3-16-8　铝蜂窝复合板柜门大样

题。另外，虽然蜂窝铝板张拉后的网格空隙较大，但它无数个侧立薄铝板网格与两面的铝板胶粘粘结后整体刚性强度很强，不易受外力作用而扭曲变形，这样就可以满足超高木质柜柜门的刚性强度要求。

通过用铝蜂窝骨架面贴防火胶板或木饰面板制作完成的柜门门板属于复合制作形成的产品，它在整个复合过程中需分两个部分分别完成。柜门铝蜂窝复合板骨架部分由铝复合加工厂完成；防火胶板及木饰面粘结部分由家具厂本身完成。无论哪一个部分的制作均用胶粘剂粘合而成。因此，柜门加工时，必须要强调铝复合加工厂使用的胶粘剂的热溶点必须大于家具厂的胶粘剂的热液点，否则铝蜂窝板的胶粘剂在家具厂高温粘结时就会液化，柜门的铝蜂窝复合板骨架就会散架作废。同时家具厂在实施防火胶板或木饰面板粘贴作业时，必须确认铝蜂窝复合板的胶粘剂完全凝固牢固后才能作业。因为不完全凝固的柜门铝蜂窝复合板骨架很容易在家具厂粘贴防火板过程中受高温影响而熔化散架。

第三节　夹胶玻璃旋转弧形楼梯

一、概述

主塔楼办公区区域64～65层的钢铁楼梯位置正好在大楼的弧形转角位置（图3-16-9、图3-16-10）。楼梯采用了旋转弧形形式，正好与弧形的形象墙、弧形幕墙及椭圆形造型顶棚相互呼应，形成一体，达到统一协调的效果。

为了使旋转弧形楼梯的装饰与周边的装饰形式和谐、统一，旋转弧形楼梯两侧采用了无立柱弧形夹胶玻璃栏板的装饰形式。旋转弧形楼梯两侧的樱桃木扶手均由夹胶玻璃栏板来支撑。因此，玻璃栏板的固定锚固深度大于200mm才能稳固，同时为达到美观简洁的效果，旋转弧形楼梯两侧的挡水基要求在不锈钢饰面板面贴3M防火胶膜，使旋转弧形楼梯的装饰面达到整体效果，如图3-16-11所示。

由于旋转弧形楼梯的特殊工艺的要求，在制作旋转弧形楼梯的挡水基骨架及旋转弧形夹胶玻璃过程中难度很大。

二、旋转弧形楼梯的装饰制作工艺及要求

（一）旋转弧形楼梯挡水基基层骨架制作工艺

（1）用于挡水基的所有镀锌钢方管均要按旋转弧形楼梯的弧形尺寸模板做弧形加工，并分组焊接成单元构件。

（2）用于固定夹胶玻璃的U形镀锌钢槽均要按旋转弧形楼梯的弧形尺寸模板做弧形加工。

（二）旋转弧形楼梯挡水基不锈钢饰面板制作工艺

依据旋转弧形楼梯的挡水基基层的弧形尺寸，用线割

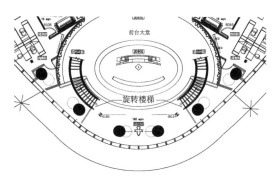

图3-16-9　钢铁楼梯位置

图3-16-10　64层大堂弧形楼梯

图3-16-11　单跑带平台弧形梯

工艺切割出准确挡水基上下弧形面板，依据弧形面板焊接弧形侧板，制作成独立单元构件。

（三）旋转弧形楼梯弧形夹胶玻璃栏板制作工艺

依据旋转弧形楼梯的挡水基基层的弧形尺寸，用木夹板骨架在现场分别钉制成不同规格的模具，在现场试安装后，送到加工厂制作钢模加工夹胶玻璃栏板构件。

（四）红樱桃木扶手制作工艺

依据旋转弧形楼梯夹胶玻璃栏板的弧度尺寸，用厚夹板制作弧形模具，并以此模具加工红樱桃扶手。加工红樱桃扶手要按图纸要求留出嵌夹胶玻璃的凹槽，扶手搭接的两端要留有搭接木榫凹槽位置，如图3-16-12所示。

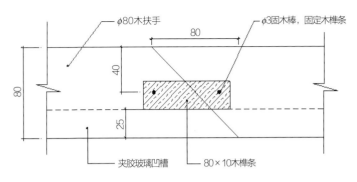

图3-16-12　弧形木扶手搭接结构示意图

三、旋转弧形楼梯安装工艺及要求

（一）安装顺序

测量放线定位→安装挡水基钢铁骨架→安装挡水基基层板→安装楼梯步级→安装不锈钢饰面板→安装弧形夹胶玻璃栏板→填充填缝剂固定玻璃栏板→安装红樱桃木扶手→刷红樱桃木扶手油漆→不锈钢饰面板拼缝填补汽车赋子→不锈钢饰面板拼缝赋子打磨油清漆→不锈钢饰面板表面除尘清洁→贴3M胶膜→修边。

（二）挡水基的基层板安装

难燃厚夹板基层板底需要开凹槽以便折弯，按钢铁骨架的弧形尺寸用钢自攻螺栓固定，安装时钢自攻螺栓的平头顶要与基层板面相平，如有突出则要用磨机磨平处理。

（三）挡水基的大理石的步级安装

由于大理石步级是安装在钢楼梯的步级上，粘贴层较薄为15mm，因此粘结大理石的胶粘剂，采用较稠的益胶泥。益胶泥与钢板粘结较好，容易施工。大理石步级的尺寸要准确，两边离缝不能过大，应控制在1mm范围内，否则不锈钢饰面不能盖住，影响美观。

（四）不锈钢饰面板安装

（1）不锈钢饰面板构件安装前必须进行试装，要求拼接口平整。

（2）不锈钢饰面板构件用硅酮结构胶粘结牢固、平整。

（3）不锈钢饰面板构件安装完成后要用木质卡夹（模）固定，保证构件粘结牢固。

（五）夹胶玻璃栏板安装

（1）安装夹胶玻璃前必须将挡水基凹槽内的杂物清理干净，每组夹胶玻璃构件底部均放三块100mm×15mm×15mm橡胶垫，并用玻璃胶粘结固定。

（2）各组夹胶玻璃构件放置完毕要进行通线调整（高度及离缝要求统一），夹胶玻璃下端锚固部分用斜木楔调整，夹胶玻璃上端用木卡夹调整。

（3）填充填缝剂。在复核夹胶玻璃栏板的位置准确后，逐一填缝，填充填缝剂时应分三次进行，确保填缝剂填充密实。

（4）红樱桃木扶手安装。安装前将加工完成的红樱桃木扶手进行试装，凹槽位置的深线、宽度均符合要求后进行拼装，红樱桃木扶手的搭接方式采用斜搭接。在两节扶手搭接位置要用木榫嵌接，要求拼缝搭接面平整严密，搭接口表面平整无凹陷，木纹理及色泽基本一致，无明显的差异，木扶手面平整光滑无刨痕。

（5）刷红樱桃木扶手油漆。红樱桃木扶手塑色一致，哑光漆面光滑，漆面与夹胶玻璃界面清晰干净，无污染。

（6）不锈钢饰面板面贴3m胶膜。检查不锈钢饰面板的平整度及拼接口的平整度达到要求后，用原子灰腻子填补拼接口，待干后用由粗至细的砂纸打磨平整光滑，除去浮尘，涂硝基漆两遍，待漆膜干定后粘3M胶膜，粘贴胶膜前用空气压缩机的风枪清吹干净旋转弧形楼梯周边的顶棚、地面、夹胶玻璃栏板及木扶手上的灰尘，并用湿毛巾将不锈钢饰面板擦抹一次。待表面干燥后贴3M胶膜。贴3M胶膜时边撕保护纸边用胶刮板顺其自然展开刮压。3M胶膜粘贴完成后表面要平整，接缝严密，表面无刮花现象。

（7）填补玻璃胶。3M胶膜粘贴完成后，3M胶膜与夹胶玻璃之间的缝隙需用与3M胶膜近似颜色（浅古铜色）玻璃胶填缝收口处理。此种玻璃胶需提前10天进行特殊加工配制，填充的玻璃胶条要求要有连贯性，表面光滑，宽窄一致。

（8）玻璃胶条修边处理。玻璃胶条完全干定后，用新的壁纸刀进行修边，将多余凸出的玻璃胶切除干净，切连时不要用力过大，否则会割穿3M胶膜，影响施工质量。

自用层室内装修设计由国际著名HOK设计事务所负责，其简约、时尚、新颖的设计理念和手法带来了施工工艺上的创新与尝试（图3-16-13）。

图3-16-13　圆弧背景墙

第十七章　智能化安防系统施工

第一节　工程概述

广州国际金融中心的安防系统无论是在建设规模上，还是在系统的复杂程度上，以及系统要求上都与一般建设项目不同。需要解决舒适与节能、时间表不确定性和人员施工交叉之间的矛盾；同时又要求考虑管理、建筑设计、服务区域规划、自然条件等诸多因素的综合。在实施过程中需协调较多的问题：

（1）整个建筑结构独特，弱电工程管线敷设、支架架设等实施难度很高。

（2）线路交叉复杂，图纸的深化设计工作、施工综合管线图的绘制协调难度高。

（3）进口设备材料较多，实施、技术支持协调比较复杂。

（4）项目实施过程中调整较多，前期预留、预埋管线跟实施阶段需求有较大出入。

（5）设备、材料的供应与现场的垂直运输配合。

（6）施工范围为超高层，工作面不足，施工管理难度较大。

（7）项目规模较大，仅建筑设备控制系统（BAS）就超过2万点，各系统的单体调试和联动调试复杂。

智能化系统设计从前述需求分析出发，通过具体分析建筑设计的各个功能区域空间特点、人员的流向、监控设备的位置，根据暖通、电力相关的设计内容进行优化，以保证最佳的控制策略。在深化设计及施工阶段需要注意到各个界面的关系，主要包括：

一、设计界面的确定

根据各系统组成确定各系统之间的设备材料、软件供应范围，以合同文本的形式加以确定。设计界面的确定包括如下几个方面：

（1）系统功能界面。主要确定各系统的功能界面，尤其是联动和信息数据库共享功能的划分。

（2）系统操作平台的接口与界面。视频监控、门禁等系统的操作平台以及与其他单位各层网络结构之间系统操作平台的接口等。

（3）系统应用软件的界面。包括各系统之间应用软件界面、系统设备与子系统应用软件的接口界面。

二、系统技术接口界面

各子系统硬件接口的技术要求，如通信协议、数据传输的格式、速率、视频信号、监控信号（AO、AI、DO、DI）之间的匹配、信号逻辑、接点容量匹配等。

三、施工界面

确认各系统之间的设备、管线敷设、接线、调试等施工范围及工序交叉及相互之间配合等诸方面的确认。

四、智能化系统与机电工程的界面确认

由于某些弱电系统的监控对象是机电设备系统（例如电梯监视控制），也就是弱电系统是服务于其他机电设备系统，因此为确保对这些机电设备的监控与正常运行，必须对其工程界面加以确认。我们根据本工程的具体情况对主要几个系统及该子系统的主要设备工程界面的确认作一描述。

第二节　施工深化设计

深化设计阶段，根据项目特点、各个区域不同的使用要求、建筑及装修特点，以及所选用产品的特性，对各个安防子系统进行了从系统规划、产品选定、安装位置及方式等方面较为全面的深化工作。

一、出入口控制系统

优化塔楼写字楼、公寓楼系统的结构与酒店部分统一，原设计方案中，塔楼写字楼、公寓楼部分系统结构为4门控制器、8门控制器直接接入智能专网的结构形式，将其优化为"主控器+双读卡分控模块"的两级结构结构形式。系统第二级采用总线传输，传输距离可达1200m（TCP/IP在100m内），更适合国金中心这种大空间、大范围使用的需要，增加系统灵活性，符合系统设备的实际情况。

明确电梯控制功能的方式及范围。原来设计方案只在设计说明中要求对电梯进行层控，但未明确控制的方式和范围。通过对选型系统的产品特点的分析，深化设计时采用多路输出继电器模块实现对电梯的层控功能，同时通过与管理公司的沟通明确了哪些电梯必须实现控制功能。

优化电井内设备的安装办法。由于项目的规模巨大，每层的门禁点数量多的近20个，门禁控制器在弱电间内如采用平铺安装的话，没有足够的安装控件。深化设计通过产品特点的分析，将控制器改为垂直安装，解决了空间的问题。

二、访客管理系统

纳入出入口控制系统统一管理，访客管理系统主要设备为通道闸机及其附属管理软件。通常自带有控制器和读卡器，如系统采用设备自带的控制器和读卡器，再通过接口接入出入口控制系统将增加系统的复杂性、降低系统的稳定性，深化时控制设备统一采用出入口管理系统的设备，不使用通道闸机用自身的控制系统。

确定闸机多功能控制面板的安装位置。人行闸机本身自带有多功能控制面板，这个面板可供紧急情况或者特殊情况下使用。面板上有常开、紧急开启等按钮，当有紧急情况或者特殊情况发生时，可手动干预闸机的运行。

三、入侵报警系统

优化入侵报警系统的点位。原设计方案在主塔楼首层大堂、商场区首层商铺里面设置了大量的红外微波

入侵报警探测器。由于首层大堂全玻璃幕墙结构、大部分层高达10m，未有安装探测器的条件，同时考虑到大堂为24h值班制，安装探测器的意义不大；对于商场区，由于整个商场商铺采用出租的方式进行管理，在商铺内安装探测器将造成维护及布防上的问题。因此，在深化设计时取消了上述位置的探测器。

四、视频安防监控系统

（一）增加智能视频行为分析

应对日益增强的安全问题；解决因监控人员注意力的不集中问题（人集中注意力低于每小时20min）；其他事物对监控人员的干扰（电话、聊天等）或太多视频图像不能被实时监控等情况引起的疏漏。

（二）优化传输方式

主干部分采用光纤传输，增强抗干扰能力，提高画面的清晰度，增加传输线使用寿命，减少铜轴线缆的使用量，降低管井空间压力。

五、停车场管理系统

依据项目实际情况，地下停车场采用超声波探测器侦测此车位是否有车辆停放，结合出入口地感探测器统计的方式，通过车位引导控制系统对信息进行分析处理后放到数据库服务器，同时分送给各级引导信息屏。总体引导思路：从外到内，从大区到小区，从小区到每个车位。

六、无线对讲系统

改造设计方案中，我们采用了6套摩托罗拉数字常规中转台XiR R8200，配合由合路器、分路器、双工器、干线双向放大器、全向天线、定向天线和低损耗馈线组成的天馈系统，来满足用户6组独立通话组的通信系统要求。

由于无线电委员会要求本大楼无线对讲信号不能干扰到周边地区，不能超过建筑体外200m范围，信号要均匀分布在建筑体内，因此，我们仍要对弱电井内馈线进行调整，我们基本要在每5层就增加2副微型定向天线，在每15层增加1副全向天线。另外，还要增加30条微型定向天线给电梯、消防楼梯使用，确保整个国金范围内无线对讲信号的覆盖率不低于95%。

这样，系统基本能覆盖用户的整个建筑体，但对周边的地区基本没有严重的影响。与此同时，也减少了周边信号对国金的干扰。

七、客房电子门锁系统（仅酒店区域使用）

客房电子门锁系统与电控推杆锁的接口问题。酒店裙楼宴会厅大量使用电控推杆锁，由于该锁进口产品，自带有控制板、电源箱，有多种特殊的功能，且在不同的门使用的配置、功能不同，如延时报警、手动控制、消防联动等功能，且采用24V直流供电、功率大，深化设计时需根据控制的门的用途选用不同的配置。

八、安全管理系统

（一）统一管理平台

加强平台功能建立一集成出入口管理、入侵报警、视频安防监控、停车场、无线对讲系统的统一管理平台，实现各系统的联动管理控制，系统联动时间达到毫秒级，中心监视器只显示少量的重要出入的实时画面，其他监控点只有在出现不正常的情况下，联动显示在值班人员面前的桌面显示器上，并多屏同时显示对应的报警信息和电子地图，所有情况一目了然。

（二）预案管理

在统一管理平台的支持下，系统可实现各种不同紧急情况下的预案化管理，出现紧急情况时，系统能按既定的预案自动进行处理，并可人工干预停止。

（三）应急指挥中心辅助平台

集操作、控制、指挥、命令、预案管理于一体的整合平台，远程实现资源的组织与综合应用；集成无线对讲调度管理功能，可作为应急指挥中心高层决策判断指挥调度管理的平台。

第三节　安防工程的施工

国金中心项目为超高层建筑，整体功能要求极高，造成在有限的空间平面上多个专业施工交叉进行。为了保障在紧迫的工期，相对狭窄的施工空间，高密度的管线、设备安装，多系统的协调、联动等一系列的问题，在施工过程中不断优化调整施工方案，以保证按时、按质、按量完成施工工作。

一、工程重点、难点

（一）超高层建筑施工难度大，材料设备运输困难

本工程楼高103层，在施工过程中，有大量的设备和材料要通过垂直运输抵达各个施工楼层，所以必须要制定好材料设备的运输计划，处理好与工地升降梯管理单位的关系，确保材料和设备的顺利供给，确保工程进度和避免窝工损失。

（二）质量要求高、技术难点多

由于国金中心项目工程规模庞大，要求标准高，可供参考的工程案例和经验不多，所以在挑选项目组成员的时候不但要有丰富的施工经验，还必须要有较强的学习能力和钻研精神。同时要选择有综合实力强的产品供应商共同制定专项施工技术方案。确保系统能满足国金在质量和使用上的设计需求。

国金中心安防工程包含视频监控、报警、门禁一卡通、停车场管理、对讲、酒店管理等子系统，施工内容从管线预埋、桥架安装、线缆敷设到设备安装调试等。同一个施工面上不仅有其他配电、照明、消防、空调、新风排烟等系统的管线，还有多个弱电子系统的管线。如何在有限的空间安排所有的线管线槽敷设，对于现场施工来说是一个较大的难题。在建筑规划的楼板厚度、墙身厚度、电井走道的宽度大小已经设计好的情况下，如何做到既不浪费施工材料又不影响装修效果，对于现场的管槽分布和排放有高的要求。

（三）项目规模巨大

根据设计图纸，施工需要完成100多万m各式线缆、16万多m各种规格管、槽的敷设及1600多个门禁点、480多个报警点、1250多个监控点和相关配套设备的安装及系统调试，这对任何一个工程公司来说都是巨大的挑战。

（四）交叉施工频繁、工程界面复杂

智能化系统工程施工复杂，系统施工大部分都需在其他专业完成一定的基础上进行，且本项目的专业施工单位众多（单智能化系统就分为四个不同的标段由不同的施工单位负责施工），势必系统施工作业面有限，

施工周期紧，在同一个施工区域内几个系统同时作业，交叉作业频繁。因此，智能化工程与其他工程项目间的协调显得至关重要。

二、管控和处理施工难点的措施

（一）管控难点的措施

分析了该项目安防工程施工上的几大难点，提出了几个针对性的措施：

（1）在项目实施前尽可能做好技术、人员的准备，更好地在施工过程中控制好各关键点。充分做好大量的前期准备工作，做好人员保障计划。面对大型的安防项目施工，除了拥有经验丰富的深化设计人员，还需要在现场配备施工经验丰富的施工管理人员、熟练安装调试的工程人员、安全管理经验丰富的安全管理人员和管槽布线正规的作业人员。根据公司情况、项目需求来培训或者引进技术人员，以满足项目在技术、施工上的需求。

（2）做好该项目安防系统的需求分析、设计标准和功能的定位；配合尽早完成图纸会审工作。仔细分析施工图及各系统产品安装使用说明书等；对本项目确定采用的新产品、新工艺和新技术提早安排产品供应商对技术人员培训，保证在产品安装前有足够的时间完成对施工技术人员的技术交底，避免因对产品特点的掌握不充分出现的设备安装方面的问题，严格完成技术交底；对于专业性强、技术要求高的系统，专门编制特殊的施工工艺和施工方案后严格按照施工方案施工，提早进行技术上的准备。

（3）项目技术负责人除需对本专业图纸技术要求作到了如指掌之余，对其他涉及我方施工工作面的其他专业的施工内容也提前进行了解，尽可能地在施工前图纸会审阶段指出各专业设计冲突的部位；因为工程界面复杂，尽量在工程准备、合同签订、技术设计及施工设计各阶段过程中确认和完善其工程界面；通过与其他专业的沟通从工序安排、交叉作业上为安防的实施争取施工有效的作业时间。

（4）根据设备材料采购计划合理安排采购工作，严格按照材料和设备的进场检验程序安排入库，并做好材料保管和领用工作。

（5）严格执行项目施工进度计划，对于施工过程中出现的进度问题调整局部施工工序或者采取其他措施，确保按期完成施工任务。

（6）严格把握施工质量，不允许施工中存在质量缺陷；做好隐蔽工程的验收工作。对有质量问题的部分严格按照监理要求进行处理。

（7）作为安防工程承包单位在不同的阶段协助业主方提出各系统、各单位之间的工程界面的基本要求，共同商讨并加以确定，并处理好施工过程中的工程变更和索赔工作。

（8）按《智能建筑施工及验收规范》实施是确保工程质量和系统开通验收的基本保证。根据建设规范《智能建筑施工及验收规范》（DG/TJ 08-601-2001）的要求来实施，并且严格贯彻安防施工工艺和做好各类施工记录和测试表格，以确保其工程质量和系统的开通与验收。

针对本工程的特点，为实现保证工程能够优质、高效地按期完成，实现合同目标，将是项目部对本工程考虑的重点环节。因此，项目部将优化各项资源，及时调动内部资源和力量，采取有力的措施，确保工期目标的实现。

（二）处理施工难点的措施

为了解决同一施工场地较多管槽同时敷设，设备统一安装产生的空间、时间上的冲突，结合以往的施工经验，可采取以下应对措施：

设计阶段仔细阅读各专业经审定通过的施工图纸，对每个位置施工平面上需要完成的管槽设备清楚了解，需仔细计算各施工场地及管径线槽大小，找出设计上有冲突却未在会审完成前解决的问题，在施工之前调整施工方案。

在预埋管部分施工时，若施工位置为标准层，可在最初的几层调整预埋管排放的位置和走向，以总结出较为合理的施工方式，固定下来统一施工；若施工位置在群楼或地下室，需在施工前与其他专业现场施工负责人仔细研究施工方案和工序安排，避免返工；预埋管部分施工是影响后续工作顺利完成的重点环节，势必保证敷管的合格率。

施工的工序环环相扣，仅仅在预埋管阶段完成敷设任务还不够，若线管在水泥浇灌后堵塞率太高，将直接影响后期线缆敷设工作。解决该问题的办法可以在管线敷设前安排疏通小组将管线的堵塞情况全部了解，并疏通被水泥砂等堵塞的管道，必要时对堵塞部分重新凿墙敷设。严禁线缆敷设小组边敷线边疏通管道。

线缆在穿线管前就应用标签清楚标识编号，标签应不易脱落；穿线完成后的线缆预留足够长度后小心盘好放入面板或设备底盒，若无底盒部分可盘放挂好，不易识别的地方挂简易提示牌。

三、采用的新技术、新工艺

国金工程规模庞大，参与单位众多，施工工作面牵扯影响复杂，导致土建工作面弱电设计修改、施工、调试、交付物业运用等各个阶段，可以在同一时间在弱电的系统上发生，为此在施工、设计和调试、维护上必须有新的工艺和技术来解决矛盾，满足现场的客观条件。

在施工上，采用分解工序的步骤，结合现场施工许可条件，将管线施工按区域、材料进行跳跃式的施工管理，通过完善管控制度，分区域、分阶段甚至分片段的完成各个以点为级别的施工内容。通过统一材料规格范围，管控仓库数量，控制材料质量，将一批的材料用在不同的施工现场，使得各个工作区域内的施工都是由不同的批次的材料分片段同质量完成。

在调试上，采用两头并进的做法，将系统分为控制中心与前端同时施工，设备根据现场环境分批安装，分段开通主干传输，分批调试，分批运行维护，同时使用离线技术，开通部分因暂时主干无法通达的安防系统。使安防系统满足项目一边施工、一边营业，一边施工、一边维护，较好地解决了系统整体运行与局部运行的配合问题。新的施工工艺管理与调试分段技术，较好地解决了大项目同系统、不同区域前后工程阶段不一致的问题。将零碎的空间时间的施工间隙，通过有效的管理和技术，逐渐组装成了完善的大系统。将单系统调试运行细分成多个单系统部分调试运行，将多系统全部集中监控调试运行分成各个系统开通片段部分集成监控运行，最终实现安防全系统集中监控。

第十八章　电力系统施工

第一节　工程概况

广州珠江新城国金项目由一栋103层的主塔楼、两栋28层的套间式办公楼及5层裙楼组成（地下室4层）。项目为一级供电负荷，总用电量为62300kV·A，备用容量为42650kV·A，主供电站为双子变电站，备供电站为中轴站。从双子变电站引6回路主电源和中轴站引4回路备用电源分别至各区域高压配电房、专变房、低压配电房之间的电气设备安装及其连接线路敷设。

第二节　工程量及工程特点

一、工程量

（一）Ⅰ区地下室、裙楼（-1层）

（1）采用三路10kV电源供电，"二主一备"的供电方式供电：主供10kV电源双子变电F10、双子变电F25；备供10kV电源中轴F14；主供10kV电源：由双子F10新敷电缆至（Ⅰ区）地下室、裙楼（-1层）1号高压室，由双子F25分别新敷电缆至（Ⅰ区）地下室、裙楼（-1层）1号高压室；备供10kV电源：中轴F14新敷电缆至（Ⅰ区）地下室、裙楼（-1层）1号高压室。

（2）由（Ⅰ区）地下室、裙楼（-1层）1号高压室分别新敷电缆至1号、2号、3号、4号、5号、6号专变房变压器。

（3）由（Ⅰ区）地下室、裙楼（-1层）1号高压室分别新敷电缆至（Ⅰ区）地下室、裙楼（-2层）7号、8号专变房负荷开关柜；新敷电缆至（Ⅰ区）地下室、裙楼（-2层）9号、34号专变房负荷开关柜。

（4）由7号专变房负荷开关柜新敷电缆至本房变压器；由8号专变房负荷开关柜新敷电缆至本房变压器；由9号专变房负荷开关柜新敷电缆至本房变压器；由34号专变房负荷开关柜新敷电缆至本房变压器。

（5）新建高压室1间（新装高压柜20台），新建专变房10间（新装2×1250kV·A+4×1600kV·A+4×2000kV·A变压器共10台），新装负荷开关柜8台（图3-18-1）。

图3-18-1　10kV高压配电柜

（二）Ⅱ区制冷主机（-1层）

（1）采用二路10kV电源供电，"二路主供互为备用"的供电方式供电，二路主供电源分别由双子变电F11、中轴F29同时供电；由双子变电中轴变电F11新敷电缆至(Ⅱ区)制冷主机（-1层）2号高压室；由中轴变电F29新敷电缆至(Ⅱ区)制冷主机（-1层）2号高压室。

（2）由(Ⅱ区)制冷主机（-1层）2号高压室分别新敷电缆至10号、11号、12号、13号、14号、15号专变房变压器。

（3）新建高压室1间（新装高压柜14台），新建专变房6间（新装2500kV·A变压器共6台），新建低压配电房3间（新装低压柜共31台如图3-18-2所示）。

（4）新装高压电缆桥架CT400×150。

（三）Ⅲ区主塔办公楼（12层、30层、48层）

（1）采用三路10kV电源供电，"二主一备"的供电方式供电：主供10kV电源双子变电F12、双子变电F27；备供10kV电源中轴F15；主供10kV电源：由双子F12、双子F27分别新敷二路电缆至（Ⅲ区）主塔办公楼（30层）3号高压室；备供10kV电源：中轴变电F15新敷电缆至（Ⅲ区）主塔办公楼（30层）3号高压室。

（2）由（Ⅲ区）主塔办公楼（30层）3号高压室分别新敷电缆至本层22号、23号、25号、24号专变房。

（3）由（Ⅲ区）主塔办公楼（30层）3号高压室新敷电缆至（Ⅲ区）主塔办公楼（12层）3号-1高压室，再由此高压室分别新敷电缆至本层16号、17号、18号、19号专变房。

（4）由（Ⅲ区）主塔办公楼（30层）3号高压室新敷电缆至（Ⅲ区）主塔办公楼（12层）20号、21号专变房高压柜，再由此高压柜分别新敷电缆至本房20号、21号变压器（图3-18-3）。

（5）由（Ⅲ区）主塔办公楼（30层）3号高压室电缆至（Ⅲ区）主塔办公楼（48层）3号-2高压室，再由此高压室分别新敷电缆至本层26号、27号、28号、29号专变房。

（6）新建12层、30层、48层高压室各1间（共新装高压柜44台），新建专变房7间(新装1600kV·A变压器共14台），新建低压配电房3间（新装低压柜87台）。

（7）新装高压电缆桥架CT1000×200，CT600×200、CT300×200、CT800×200。

（四）Ⅳ区主塔酒店（67层、68层）

（1）采用二路10kV电源供电，"二路主供互为备用"的供电方式供电：主供10kV电源双子F13、中轴变电F30；由双子F13、中轴变电F30分别新敷两路电缆至（Ⅳ区）主塔酒店（67层）4号高压室。

图3-18-2　380V低压配电柜

图3-18-3　10kV/380V变压器

（2）由（Ⅳ区）主塔酒店（67层）4号高压室分别新敷电缆至30号、31号专变房变压器（67层）。

（3）由（Ⅳ区）主塔酒店（67层）4号高压室分别新敷电缆至32号、33号专变房变压器（68层）。

（4）新建高压室1间（新装高压柜12台），新建专变房2间（新装2000kV·A变压器4台）；新建低压配电房2间（新装低压柜39台）。

（5）新装高压电缆桥架CT400×200、CT300×200。

二、工程特点

本工程的主要特点是施工面积大、工程量大、施工配合和技术要求复杂、施工质量要求高等，具体体现在以下几点：

（1）施工面积大、工程量大：由于本工程的安装工程量大、工期比较紧凑，所以应对整个工程的施工进度做好统筹规划，与土建总包单位及其他专业队伍配合好，并应认真做好各种预留、预埋工作。同时还应会同建设单位与监理单位，加强对现场的管理和调度，为确保工程顺利实施奠定了坚实的基础。

（2）技术要求高、设备吊装工序复杂：本工程设备层设在12层、30层、48层、67层、68层，各层标高较高，风力对吊装有一定的影响，最大重量设备是变压器，重量约为5t左右，需利用现场目前配备的最大起吊重量为12t的中型塔吊吊装，并制作吊笼配合吊装（图3-18-4）；高压电缆跨越大，电缆根数较多，其敷设具有一定的难度，利用卷扬机、刹车装置、钢丝绳、滑轮等设备将钢绞高压电缆敷设至各设备层（图3-18-5）。在抢抓工期、确保安全的前提下，针对不同的施工作业面，面对交错复杂的各种专业管道、数目众多的设备，我项目部施工管理人员深入现场实地查看，仔细研究科学统筹，体现了较高的统筹管理水平和专业技术以及施工班组过硬的技术素质和丰富的施工经验。

图3-18-4　高压电力设备的吊装

（3）建筑垃圾多、噪声大：本工程建筑施工生产的建筑垃圾较多，施工现场的强噪声机械施工作业发出的噪声较大，而且本工程在市区，因而在施工中必须做好环境保护、噪声和粉尘控制等文明施工，确保周围居民的休息、生活及工作不受影响。

图3-18-5　高压电力电缆敷设施工

第三节　施工管理

一、施工前的准备工作

接到安装施工任务后，我公司立即组建了项目经理部，并组织专业技术人员深化设计图纸，做好施工技术准备；同时，各职能部门马上落实劳动力、机具、设备、材料、后勤物资的供应安排。项目部随即同业主、监理一起，尽快进行施工场地的接收，并派人布置临电、临设，在工程开始前按安全、实用的原则搞好施工平面布置，以便施工生产工人一进场就能展开施工。施工前组织有关班组进行安全及技术交底，对施工使用的材料按照规范进行材料检验，合格后才允许进场使用。施工过程中，对施工操作及每一道工序，项目部严格执行国家有关规范和标准对工程质量进行严格把关，特别是隐蔽工程验收项目，经业主、监理人员验收合格后，方可进行下一工序施工，从而保证了工程质量。

二、工程质量管理制度及保证措施

（1）施工单位坚决贯彻执行我司及监理下发的各种质量要求，牢固树立"质量第一"的思想。

（2）施工及监理单位有保证工程质量的管理机构和制度，有专人负责施工质量检测和核验记录，整理完善各项技术资料，确保施工质量符合要求。

（3）进行经常性的工程质量知识教育，提高工人的操作技术水平，在施工到关键性的部位时，技术员在现场进行指挥和技术指导。

（4）施工现场工程质量管理必须按施工规范要求抓落实，保证每道工序和施工质量符合验收标准。坚持做到每分项、分部工程施工自检自查，把好质量关，不符合要求的不处理好决不进行下道工序施工。

（5）严格把好材料质量关，不合格的材料不准使用，不合格的产品不准进入施工现场。

（6）施工及监理单位建立健全工程技术资料档案制度，有专人负责整理工程技术资料，认真按照工程竣工验收资料要求，以及根据工程的进度及时做好施工记录、自检记录。将自检资料和工程保证资料分类整理保管好，随时接受质检员检查。

本工程在整个施工过程中，编制施工方案，做好技术交底，加强施工技术管理工作，实行质量安全目标责任制，做到有计划地进行施工，合理安排人力、物力，同时密切与现场甲方和监理等部门联系，听取合理意见，使施工中出现的问题能及时处理，有效地控制了质量安全隐患。使工程在有关部门的大力支持和配合下，安全质量得到了保证，工程任务顺利完成。

三、安全文明施工

在本工程施工中，成立以项目经理为核心，以项目总工程师、专职安全监察员为骨干的安全、文明施工管理小组，明确项目经理为项目安全、文明施工的第一责任人，专职安全监察员为项目安全、文明施工的直接责任人。专职安全监察员，主要职责是负责对工人的安全、文明施工技术交底，贯彻上级精神，每天检查工程施工安全工作及文明施工情况，每周召开工程安全会议一次。制定具体的安全规程、文明施工管理规定和违章处理措施，并向公司安全、文明施工领导小组汇报。各作业班组设立兼职安全员，主要是带领各班组认真操作，对每个工人耐心指导，发现问题及时处理并及时向工地安全管理小组汇报工作。

文明施工是确保安全施工，提高工程质量的重要手段，也是施工企业综合管理水平的一项重要标志。在本工程施工中，认真贯彻执行《广州市建设工程现场文明施工管理办法》和《广州市建设现场文明施工检查评定标准》，全面、全过程实行文明施工管理，使文明施工贯穿从施工准备开始，直至工程竣工移交的施工全过程，营造了一个高标准的文明施工氛围和安全的作业环境。

第十九章 施工总承包管理

第一节 施工总承包的范围与工程分包模式

一、施工总承包的范围

国金项目的发包人和总承包人的构成如图3-19-1所示。

根据国金项目总包合同的规定和要求，按发包人提供的图纸和有关资料、文件及说明，施工总承包的范围包括（但不限于）下列的工作内容：

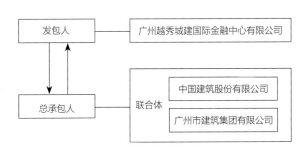

图3-19-1 发包人和总承包人的构成

（1）土建工程。包括土方回填、混凝土结构工程（Ⅱ-2、Ⅱ-4区四层地下室除外）、砌体工程、防水工程（包括地下室、屋面、游泳池、后勤区域卫生间等）、屋面工程（不包括饰面、绿化）、人防工程、后勤区域装修工程等，并包括地下室底板混凝土后浇带的施工及在地下一层、地下二层与地下空间项目出入口相连接的工程。

（2）钢结构工程。包括主体钢结构（主塔楼外筒钢结构、楼层钢梁、压型钢板等）施工详图设计、材料供应、加工制作、运输、安装、涂装、紧固件连接，以及钢结构预埋件施工。

（3）地下室机电预埋工程。±0.000层及以下（Ⅱ-2、Ⅱ-4区4层地下室除外）机电系统的线管、套管、埋件的预埋工程。

（4）施工总承包管理、配合服务。对专业分包工程、直接发包工程提供施工总承包管理和配合协调服务，并对专业分包工程的工期及施工质量负责。

（5）与基础及底板工程施工单位及地下室局部4层（Ⅱ-2、Ⅱ-4区）施工单位进行施工场地及工程竣工档案、资料的交接和配合；与周边单位包括地铁公司、地下空间指挥部、富力中心、第二少年宫等的协调工作。

（6）其他零星工程。

国金项目发包人应按合同约定完成下列工作：

（1）提供施工所需的临时水、电、通信线路接驳点。

（2）开通施工场地与公共道路的通道。

（3）向总承包人提供施工场地的工程地质勘察资料，以及施工现场及毗邻区域内供水、排水、供电、供气、供热、通信、广播电视等地下管线资料。

（4）根据广州市政府有关部门规定由发包人负责办理的施工所需证件、批准文件（总承包人自身施工资质的证件除外）。

（5）确定水准点与坐标控制点，组织现场交验并以书面形式移交给总承包人。

（6）根据总包合同条款规定发出指令或批准工程变更。

（7）组织总承包人、设计单位和监理工程师进行图纸会审和设计交底。

在发包人与总承包人达成共识的前提条件下，发包人可以将上述部分工作委托给总承包人办理。

国金项目总承包人应按约定时间和要求完成以下工作：

（1）于中标通知书发出后28天内提供项目施工总控计划及施工组织设计。

（2）于中标通知书发出后28天内按发包人要求提交施工技术方案给监理工程师。

（3）按合同规定和监理工程师的指令实施、完成并保修合同工程。

（4）在整个合同期间总承包人须每周提交一式三份的周报告，详细说明工程的进度、工期延误情况并提供工程进度照片；在主要进度节点施工期间或发包人有要求时，总承包人须每天提供一式三份的日报告。周报告和日报告均须详细记录施工现场每日的工程进度、主要开展的工作项目、各项目雇用工人的数目、运到施工现场的材料数量、施工现场的机械和设备投入情况和天气状况等内容。

（5）承担施工安全保卫工作及施工照明、围栏设施及要约标志的责任和要求以满足现场实际需要。

（6）负责根据发包人提供的基准点进行工程测量放线，须保证合同工程所有部位准确定位，并对工程的位置、标高、尺寸的任何偏差及时进行纠正。

（7）遵守国家及广州市现行的规定，并负责办理有关手续（包括有关施工场地交通、环境保护、安全防护、文明施工和施工噪声管理等）。

（8）遵守政府部门有关环境卫生的管理规定，保证施工场地的清洁和交工前施工现场的清理，并承担因自身责任造成的损失和罚款。

（9）负责现场范围以内的公共设备、施工场地周围地下管线、邻近建筑物、构筑物（含文物保护建筑）、古树名木等的保护与监测，并承担相应的费用。如果引致任何损坏，总承包人需负责所有修复的费用，并应使发包人免受索赔、诉讼或费用的损失。

（10）严格按照合同实施、完成并修补其中的缺陷；在监理工程师被授权的范围内，涉及工程或与工程有关的事情，总承包人都应依照并严格遵守监理工程师的指示，否则承担违约责任。

（11）总承包人所有发向监理工程师或测量师的函件均应符合监理工程师或测量师要求的表格或形式，该表格形式和要求由监理工程师或测量师给予说明。

（12）总承包人必须建立并健全全面质量管理体系、施工质量检验制度和综合施工质量水平评定考核制度，严格按照操作工艺流程、技术要求施工，设置具备资格的各级技术管理和质量检查人员。

（13）对于总承包人或其专业分包人所雇用的工人或任何其他人员的损害或赔偿，总承包人应保证发包人不负责任，且保证发包人不负担涉及这类损害与赔偿或与此有关的索赔、诉讼，损害赔偿、诉讼费、赔偿费及其他费用由总承包人负责，另外总承包人由于伤亡事故而造成本工程停工的，发包人将不予顺延工期，其所有损失由总承包人自负。但由于发包人或监理工程师的行为失误所造成的伤亡除外。

（14）总承包人需按照招标文件中《施工总承包管理工作内容》的要求为专业分包人、直接承包人提供照管、协调及配合的工作，并按照后续签订的《分包合同》的约定对专业分包工程的工期和质量与专业分包人一起向发包人承担连带责任。

（15）总承包人在施工中使用专利技术和特殊工艺，应报发包人批准，所发生的费用由总承包人承担。

总承包人为履行本合同而使用或交付发包人的任何含有知识产权的物品、程序或资料，所有与该知识产权相关的费用（含但不限于使用费）视为已包括在合同总价内，如需向第三人支付，均由总承包人负责支付，总承包人侵犯或涉嫌侵犯任何物品、程序或资料的知识产权，及由此导致发包人持有或使用该类物品、程序或资料构成侵犯或涉嫌侵犯他人的知识产权，因此发生经济纠纷或法律纠纷，一切责任及后果由总承包人负责和承担，总承包人须全额赔偿给发包人造成的所有损失。

（16）工程竣工交付于发包人时，总承包人应将全部场地清理干净退还发包人。如总承包人逾期未退还场地，发包人除可按合同条款处理，总承包人还须按每天40万元人民币向发包人缴纳场地占用费。

二、工程分包模式

国金项目中的工程分包主要包括三种，一是总包自行分包，二是业主直接发包，三是劳务作业分包。总包自行分包的工程由总承包人通过招标方式与分包人在分包合同中确定；在总承包范围以外，由业主直接发包的专业工程（机电、玻璃幕墙和精装修等专业工程），业主与分包单位在分包合同中明确；总包工程和分包工程的劳务作业采用劳务作业分包。国金项目工程分包模式如图3-19-2所示。

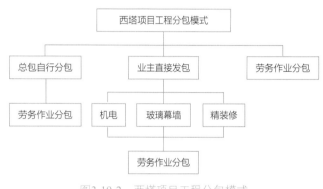

图3-19-2　西塔项目工程分包模式

由业主直接发包的工程，总承包人必须对此提供施工总承包管理和配合协调服务，并对专业分包工程的工期及施工质量负责。

第二节　项目联合体及联合体协议

一、项目联合体

（一）（总包）联合体

由于国金项目结构复杂、工程量巨大、技术要求高、施工工艺非常复杂，工期要求非常紧张，投资规模大，以及承包市场竞争激烈，由一家公司总承包难度很大。为了提高竞争力与管理水平、降低成本、避免恶性竞争、实现强强联合，由中国建筑股份有限公司与广州市建筑集团有限公司成立联合体，承揽本工程建设任务，共同参与工程投标、实施管理、竣工结算等项目。

在国金项目应用联合体承包模式过程中，除了总包联合体，还有机电联合体和精装修联合体，也就是说业主直接发包的机电工程和精装修工程都是由联合体承接，总包联合体对这两个联合体提供施工总承包管理和配合协调服务，并对其进度、质量和安全负责，业务与之平行。联合体承包模式的优越性在国金项目中得到了充分发挥。

（二）机电联合体

国金机电工程由中国建筑股份有限公司和广州市建筑集团有限公司联合体承接，中标价6.4亿元人民币，分别由中国建筑股份有限公司和广州市建筑集团有限公司内部单位具体负责施工，即中建三局第一建设工程有限责任公司安装分公司、中建四局安装公司、中建八局工业设备安装有限公司广州分公司和广州市机电安装工程有限公司。机电联合体的组成如图3-19-3所示。

（三）精装修联合体

国金主塔楼办公部分精装修工程由中国建筑股份有限公司和广州市建筑集团有限公司联合体中标，按照"统一管理、统一对外、统一采购、区域责任施工、成本区域核算"的原则进行项目管理，并将施工区域按各约1/3的比例将精装修工程进行划分，分别由中国建筑股份有限公司和广州市建筑集团有限公司内部单位具体负责施工，即中建三局装饰有限公司、广州市第一装修有限公司和广州城建开发装饰有限公司。精装修联合体的组成如图3-19-4所示。

为了便于管理，上述三家单位既相互独立又相互协作，在精装修联合体及总包的领导下，共同成立国金主塔楼办公部分精装修项目经理部，对内统一管理，对外统一对接建设单位、监理单位、设计单位、咨询单位以及地方行政监管部门等。同时，对于责任区域的工作内容，独立核算、自负盈亏（即各施工部按各自单位管理要求，成立各自核算体系，并自负盈亏）。因各施工部的原因造成总承包单位受到罚款的，总承包单位及项目部按《广州珠江新城国金项目施工总承包项目管理大纲》，向具有责任的施工部处以不低于所受罚款额1.5倍的罚款，并向该施工部追索损失。各施工部原因造成的罚款由各施工部自行承担。

图3-19-3　机电联合体的组成　　　　　图3-19-4　精装修联合体的组成

二、联合体双方的权利与义务

为保证项目联合体的正常运行，联合体内部选择中国建筑股份有限公司为主体单位（或牵头单位），享有以下几种权利：一是主要的组织与管理权。如中国建筑股份有限公司就本工程项目通过成立专门的组织管理机构行使。

二是沟通与协调权。既包括与招标人的沟通与协调，也包括与广州市建筑集团有限公司的沟通与协调。三是收益权。中国建筑股份有限公司因承担组织、管理、沟通和协调等工作而较其他各方有更多的支出和成本，从而应得到相应的收益。

与其所享有的权利相对应，中国建筑股份有限公司也应承担相应的义务，包括：一是承担联合体内部的组织管理工作和沟通协调工作的义务。二是负担管理工作中开支的主要部分或全部。三是就本工程项目对招标人承担主要责任。

中国建筑股份有限公司和广州市建筑集团有限公司作为联合体的双方，在完成工程建设任务过程中均应享有的权利包括：项目监督权、知情权、有关本项目的信息共享权、收益权、项目分工中的协调权、损失追偿权、参与项目管理权等。应承担的义务有：按期合格地完成本项目任务并交付相应成果、及时向中国建筑股份有限公司、广州市建筑集团有限公司及业主通报所承担项目任务的进展和实施情况、支持和配合联合体双方顺利完成所承担的项目任务、服从主体单位或组织管理机构统一协调和合理调配等。

三、联合体协议

在国金项目中标之前，中国建筑股份有限公司作为投标主体进行投标，联合体各成员间有一个标前的共同投标协议，该协议作为投标文件的附件一并提交给投标人。中标以后，联合体成员之间还需要制定详细的联合体协议书，由联合体各方派驻项目代表等签署协议。联合体协议是为了规范投标联合体各方的权利和义务，明确各方拟承担的工作，把将来可能出现的问题及处理原则一并明确，如果联合体内部发生纠纷，可以依据共同签订的协议加以解决。联合体协议将联合体各方联结在一起，从而形成合伙合同关系。

在国金项目实施过程中，组织管理机构中的成员都是由联合体各个股东单位派驻的代表组成，联合体协议签订后解决了在议事决策和管理中如何兼顾各股东利益、又有利项目实施和履约，如何坚持办事规则又讲究办事效率，如何继续体现强强联合、优势互补的问题。

经中国建筑股份有限公司和广州市建筑集团有限公司双方友好协商确定，组成项目管理联合体，共同协力完成广州珠江新城国金项目施工总承包工程（以下简称本工程），并达成如下协议：

（一）采取项目股份制运作模式

根据双方各自的综合实力和优势，双方共同组成联合体，实施股份责任制项目总承包管理模式。中国建筑股份有限公司与广州市建筑集团有限公司名义股份比例各为50%，盈亏分配比例也为50%：50%；联合体双方确定中国建筑股份有限公司作为联合体的主办方。

（二）成立项目管理委员会

（1）该委员会是在本工程合同执行期间联合体的最高决策机构。主要职责包括：策划项目部门设置及人员配备，以及主要负责人员的任免；议定项目管理人员薪酬体系和标准；对重大合同变更进行跟踪、决策；按照隶属关系调配人员、资金等，确保项目有充足的资源组织施工；组织论证并审批重大施工方案及施工组织设计；审议批准项目成本计划、资金使用计划、超计划外成本费用开支、年度财务收支预算及竣工决算；审议批准项目基本管理制度；保持与业主、监理、设计、工料测量师及各咨询单位的高层沟通；确定项目总体目标和年度分项目标，签订项目目标责任书。

（2）委员会由中国建筑股份有限公司和广州市建筑集团有限公司分别派代表组成。

（3）委员会除日常电话、函件沟通外，还将视情况定期或不定期地召开会议，听取有关工作汇报，协商解决需联合体各方共同解决的问题。联合体双方各自协调本方内部成员意见，中国建筑股份有限公司和广州市建筑集团有限公司各一票，实行一票否决制，即委员会所作出的任何决定须经联合体双方一致同意后方可生效。

（三）设立项目部

（1）项目部是在项目管理委员会授权下的执行机构和项目日常管理机构。主要职责包括：认真执行国家、地方以及行业有关法律、法规、标准和规范；组织编制项目基本管理制度，报项目管理委员会批准后执行；负责工程项目的施工管理和具体实施，全面履行联合体与业主签订的工程承包合同中所规定的各项义务；参与项目前期准备工作；负责编制项目各项计划，完成项目管理委员会目标责任书所规定的各项工作；负责项目日常经营工作和二次经营活动；负责项目的安全、质量、进度、成本控制，完成项目管理委员会下达的各项责任目标；组织项目竣工验收和编制项目竣工报告；负责履行合同规定的工程交付使用后的保修责任及其他工作；接受项目管理委员会的考核和监管。

（2）设项目部总经理一名，对项目管理委员会负责。项目部总经理主要职责包括：领导项目部独立开展项目各项工作，对项目实施全过程、全方位管理；审核项目各项规章制度（包括但不限于财务资金内部审核程序、分供方招标及付款程序、现场签证及分供方结算管理办法、现场管理费开支规定等），并监督落实；代表项目部签署相关的合同、协议等文件，为业主在合同中要求指定的本工程总承包人代表；负责分供方的招标工作，批准各专业分包单位实施方案；与业主、监理、设计、工料测量师及各咨询单位保持经常接触，解决协调随时出现的各种问题；负责项目部部门正职（不含）以下人员的任免；及时落实完成项目管理委员会交办的重要工作等。

（3）设项目执行经理一名，对项目总经理负责。项目执行经理主要职责包括：协助项目总经理管理整个工程施工过程中的日常事务；项目总经理不在现场时，行使项目总经理的职责；完善内部基础管理，合理分配各项工作并予以督促落实；协调与业主、监理、设计单位、政府部门及周边单位的社会关系，项目部各部门之间的工作交叉，以及总承包与各分包、分包与分包之间的关系，解决施工中出现的各种问题；定期组织工程的全面检查，随时掌握施工现场的安全、质量、进度等情况；抓好施工管理；召集现场会议，及时解决问题。

（4）项目部领导班子成员，以及各部门正职和管理人员，按照上述有关职责与分工进行确定，并建立相应的岗位职责。除项目总经理外，项目部其他人员为全职，在项目工作期间脱离原所在单位的管理（职称晋级、基本社会保险和住房公积金的缴纳、人事档案保管等管理除外）。

（四）其他事项

（1）本工程按照独立的项目公司模式，土建部分由项目部组织施工。钢构件的加工、安装采取专业分包的形式市场化招标。人财物等生产要素的配置进行公开的市场化招标，以利于项目效益最大化。同时，项目管理委员会成员代表联合体各法人单位对工程进展情况进行监督，联合体各法人单位相关部门不再对本工程进行监管。

（2）本工程按照主办方的项目管理体系运行，包括质量、安全、环保贯标体系等。项目品牌推广方案由项目部提出，联合体双方确认后实施。原则上规定，凡出现中国建筑股份有限公司名称或标志处，均并列出现广州市建筑集团有限公司的名称或标志，中国建筑股份有限公司排前。

（3）联合体双方授权刻制项目部印章两枚，一枚名称为"中国建筑工程总公司·广州市建筑集团有限公司广州珠江新城西塔项目施工总承包工程项目部"，用于项目部的前期管理。另一枚名称为"中国建筑工程总公司广州珠江新城西塔项目施工总承包项目部"，专用于银行开户。

（4）本工程涉及的前期准备费用和期间发生费用的资金筹集、出具履约保函的比例，以及合约与商务、物资与设备、成本与制造价格控制等管理事项，在工程正式合同签订后确定。

第三节　项目联合体形式与运行方式

一、项目联合体形式

依据本项目联合体协议，充分考虑双方各自的综合实力和资源优势，共同组成联合体，实施股份制项目总承包管理模式，中国建筑股份有限公司与广州市建总股份比例各为50%，中国建筑股份有限公司作为联合体的主办方。这种项目联合体管理模式，可以借助现代信息和通信技术的强大支持，采用扁平化的管理组织方式，提高决策效率。虽然这种模式在管理中存在理念、方式方法、行为习惯等方面的不足，但在超高层大型建筑中可以实现优势互补，管理事半功倍，是值得推广的合作方式。

二、项目联合体运行方式

联合体双方针对国金项目设立项目管理委员会（以下简称管委会）。管委会是国金项目的最高决策机构。管委会成员由中国建筑股份有限公司和广州市建筑集团有限公司分别委派代表组成。管委会成员代表联合体各法人单位对工程进展情况进行监管，联合体各法人单位相关部门不再对项目部进行监管。管委会采取电话、函件沟通，除此之外根据需要定期或不定期召开会议，听取有关工作汇报，协商需解决的问题。

联合体又针对国金项目成立了执行委员会和执委会办公室，领导总承包项目经理部（以下简称项目部）。项目部是执行机构和项目日常管理机构，项目部设项目总经理一名，执行总经理一名，总工程师一名，副总经理若干名，并设质量总监、安全总监各一名。总包项目部成立了项目党委、工会等组织。根据项目管理需要，项目经理部共设11个职能部门，各部门人员由各股东单位派员组成，部分人员由项目部自行对外招聘。确定好项目主要管理人员的候选名单后，由管委会成员共同考核确定。确定后的人员即可与其签署目标责任书，将目标分解下去。除项目总经理外，项目部人员均为全职，在项目工作期间脱离原所在单位的管理（职称晋级、基本社会保险和住房公积金的缴纳、人事档案保管等管理除外）。

由于国金项目创新独特的设计，决定了项目复杂的施工工艺和施工技术难题，因此，科技攻关是项目建设的一个重要组成部分。为此，施工总承包工程项目部成立了专家委员会，聘请了业界各方面著名的专家、国内著名高校建筑界资深的专家学者以及相关科研机构资深研究人员为专家委员会委员，协助解决建设过程中的各项技术难题。

国金项目组织机构如图3-19-5所示。

项目部组织机构和人员根据项目管理需要实行动态管理，优化组合。例如工程施工过程中，管委会部分成员因工作需要有所变动。

这种组织架构有利于结合项目自身特点，吸收联合体两家公司优势，做到管理科学化、规范化、制度化和信息化，为国金项目顺利进行作出了强有力的保障。

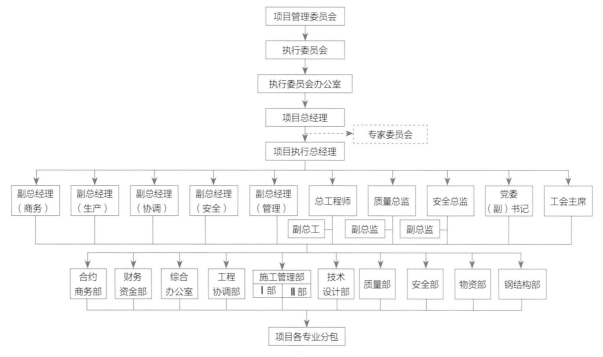

图3-19-5　项目组织机构图

第四节　项目联合体的日常管理

一、管委会的职责与权限

（一）管委会的组成

管委会是项目的最高决策机构，负责项目总的管理协调，成员由双方派代表组成。

国金项目管委会由联合体双方的领导任正副主任，主要管理者任管委会委员。

（二）管委会具体的职责和权限

依据本工程项目管理大纲，管委会具体的职责和权限如下：

（1）策划项目部门设置及人员配备，以及主要负责人员的任免。

（2）议定项目管理人员薪酬体系和标准。

（3）对重大合同变更进行跟踪、决策。

（4）按照隶属关系调配人员、资金等，确保项目有充足的资源组织施工。

（5）组织论证并审批重大施工方案及施工组织设计。

（6）审议批准项目成本计划、资金使用计划、超计划外成本费用开支、年度财务收支预算及竣工决算。

（7）审议批准项目基本管理制度。

（8）保持与业主、监理、设计、工料测量师及各咨询单位的高层沟通。

（9）确定项目总体目标和年度分项目标，签订项目目标责任书。

项目部组织机构设置及人员聘任的通知由管委会下发至项目部，再由项目部转发给各相关部门。

二、管委会议事规则

议事规则是项目管委会的召集程序及表决方式的相关制度，由管委会制定。

在国金项目中，管委会内部决策实行一票否决制，管委会所作出的任何重大决定须经所有成员一致同意后方可生效。管委会除日常电话、函件沟通外，还将视情况定期或不定期地召开会议，听取有关工作汇报，协商解决需联合体各方共同解决的问题。

需要注意的是，管委会委员如需委托他人参会议事，委托的层级不能太多，靠委托人自己把握，原则是被委托人的职位需要与会议的规格相匹配。

三、印章使用授权与管理

（一）印章使用授权

联合体的决策权力由管理层——项目管委会掌握，而工程项目的具体实施则是由项目部执行，因此，合理、科学的授权是保障项目顺利、高效完成的前提。

国金总包项目部从2007年3月31日起，获得"中国建筑工程总公司广州珠江新城西塔项目施工总承包项目部"印章和"中国建筑工程总公司·广州市建筑集团有限公司广州珠江新城西塔项目施工总承包工程项目部"印章的使用授权，并规定前一个印章专用于银行开户，后一个印章用于国金项目部全面管理。

（二）印章使用管理

为确保联合体科学的日常管理及项目的顺利实施，项目部获得印章的授权后，制定了一个标准化、规范化、制度化的印章使用和管理体系，对印章审批权、印章使用审批程序、印章使用责任、印章的保管及使用登记等作出了具体的规定。

四、文件资料及会议管理

依据国金工程项目管理大纲，项目联合体的文件资料及会议管理内容如下：

（一）文件资料的管理部门

综合办公室是项目行政文件和资料的总控部门，对文件和资料（包括各种记录）的分类、编号、记录格式等进行总体管理。

技术设计部是项目技术文件和资料的总控部门，对技术文件和资料（包括各种记录）的分类、编号、记录格式等进行总体管理。

各部门具体负责责任范围内各种文件和资料的管理工作。

有关文件和资料管理的具体规定由综合办公室、技术设计部另行制定，经过批准发布后实施。

（二）文件的分级管理

根据文件和资料的重要程度和性质，本项目文件分三级进行管理。

第五节　联合体内部关系的沟通与协调

在联合体中各企业的利益冲突与企业中各部门的利益冲突相比较，更为强烈和不易解决，这就要求联合体管理者必须促使各方面协调一致、齐心协力地工作，这就显示出联合体管理中沟通与协调的必要性。沟通是联合体内部协调的手段，是解决组织成员间冲突的基本方法。协调的效果常取决于联合体各方沟通的程度。

一、沟通与协调的原则

（1）建立互信关系。将联合体的每一细节都作为谈判要点并把所有条例都写进法律文件，并不足以保证联合体能够得以良好的发展。思科系统公司的首席执行官约翰·钱伯斯（John Chambers）将互相依赖与联系看做是网络生态系统（Internet Ecosystem）和企业战略同盟的基础。联合体作为建筑企业之间的战略同盟，各方之间的充分信任是非常重要的，它是联合的坚实基础。如果对各方信任感缺失，将会降低决策和投资效率，从而增加了盟友合作的难度。如果联合体各方缺乏信任，即使已制定过应急方案，并能够应付可能出现的各种问题，但如果一旦问题出现，双方仍然会怀疑彼此，致使联盟的基础受到影响，最终可能使联合体解体，这样无论多么完备的战略和计划都将成为空中楼阁。

（2）重视合作者的利益目标。企业是以利益最大化为行动目标的主体，其任何商业决策受到利益的驱动，企业采用何种方式（投资、兼并还是联盟）进行扩张也是经过充分权衡成本收益的。因此，联合体合作方均有各自明确的利益目标。目标通常包括寻求风险共担者、寻找资源、吸收知识和进入新型市场等。充分地了解盟友的目标可以减少联盟运行过程中很多不必要的误会，若无视盟友的利益将会产生相互之间的猜疑，在某些意料之外的情况容易选择采取针锋相对的措施，从而影响联盟关系。

（3）注重联合体内部的沟通。联合体各方的有效沟通会利于促进彼此之间的充分了解。若缺乏双向沟通机制可能导致联合体运行效率降低，甚至令双方心存芥蒂。

（4）尊重彼此，理性对待差异，积极解决问题。各个企业必然会在规章制定、文化理念以及最终目标等不同的层面都存在差异，因此，只有尊重彼此，求大同存小异，联合体各方在共同战略指引下协同努力，面对问题积极协商解决，保持联盟关系得以健康持续，为企业带来持续的利润。若缺乏对他方的尊重，容易滋生控制联合体的想法，对联盟关系造成伤害。

（5）共同履行权利和义务。联合体的各方都有义务使联合体在确定的战略下运行，一方不履行责任势必会造成其他方的不满和猜疑，从而使联盟关系受到损害。

（6）知识共享。联盟的过程同时又是一个相互学习的过程，联合体各方在对待和处理某一问题的时候都各有独特流程和方法。因此，在解决问题的时候，与对方分享自己的方式方法，使对方感觉在知识获取方面联盟也是增值的，更能增强彼此的信任感。

二、沟通与协调过程中纠纷的解决

在联合体的内部应尽量避免问题、争议的出现。即使出现了，也应尽可能地在较低层次，或现场把问题或争议化解掉。如仍未可行，再应用以下一种或几种方法来解决联合体各方之间的争议。

（1）将争议的事项提交联合体的管委会裁定。

（2）将争议的事项提交到中立的专家或仲裁机构。

（3）将争议的事项提交到有管辖权的法院。

三、国金联合体内部沟通与协调的方法

（一）管委会内部的沟通与协调

（1）定期召开管委会会议沟通。经研究形成决议后，相关的书面文件由主任或副主任签字。

（2）针对某些事项（如人员调整）在开会前商定出大致的结果，沟通充分之后再召开管委会。

（3）除极特殊情况外职能部门或非联合体人员不能前来视察，因为一旦发出指令会导致麻烦的结果，容易产生多头领导的情况。

（二）项目部与管委会的沟通与协调

项目经理部与管委会关系的协调依靠严格执行项目管理责任书。项目经理部受管委会的指导，既是上下级行政关系，又是服务与服从、监督与执行的关系。管委会要对项目管理全过程进行必要的监督调控，项目经理部要按照与管委会签订的责任书条约，尽职尽责、全力以赴地抓好项目的具体实施，并通过项目情况简报，每季度向管委会各成员汇报项目情况，当需要调整组织机构或人员时，项目部作出书面申请请求管委会的批示。

第六节　项目联合体的收益

一、经济收益

（1）国金项目联合体研发的知识产权和专利等提高了劳动生产率，并且在联合体解散后双方企业能共同

使用，同时也为企业培养了超高层建筑的施工技术与管理人才。

（2）国金项目联合体强强联合，提高了项目管理水平，有效缩短建设工期，使业主提前进入成本回报周期，提高收入。

（3）国金项目联合体注重创新性和前瞻性，能够为业主提升价值，将可持续发展融入其业务之中。

二、社会效益

（1）国金项目采用联合体运作模式，通过中国建筑股份有限公司和广州市建筑集团股份有限公司优势互补，保证国金这个超高层建筑快速高质量地满足业主要求，加快了社会经济发展的步伐，更能够为联合体双方增强信誉和树立良好的品牌形象。

（2）国金联合体研究出的高精尖科技成果必将推动科技的进步与社会的发展。

（3）在经济蓬勃发展的广州，国金这样的地标建筑满足了城市快速发展的需要，同时为生活在这个城市的人们塑造了更美好的世界。

第七节　项目联合体的解散

国金项目联合体将随着项目的完成而自然解体。联合体解散包括人员遣散、资产处置和财务清算等方面内容。

一、人员遣散

（1）根据本项目进度分期解散，半年调整1次，动态管理，优化组合。

（2）在人员离场前，项目部应先和管委会沟通，并上报离场人员名单。经管委会召开会议研究通过，并由人力资源部门领导批准后签字。

（3）在人员离场时，项目部再与相关单位办理人员移交手续。由项目部对离场人员作出鉴定，并提供书面的鉴定材料一份。除了抵押金以外，其余的账目包括社保、奖金、工资等各方面也一并结算。

二、资产处置

（1）项目管理过程中对资产进行动态管理，根据施工情况进行资产处置。

（2）项目资产主要分租赁和购买两大类。租赁的物资设备在使用完之后，便可直接归还租赁公司。购买的物资设备分为两类处理：一种是大型物资设备，另一种是办公用品。大型物资设备的处理要提交到管委会进行讨论，再由股东公司选择购买。如果股东公司不需要回购，经过管委会确定处理方案之后，再执行具体处理措施。例如对国金项目使用过的三台塔吊的处置，除了需要有回购协议（如需回购），还要有详细的处置方案。

三、财务清算

联合体解散后，负有清算义务的主体按照法律规定的方式、程序对联合体资产、负债、股东权益等联合体各方的状况进行全面的核对认定。随后清理债权债务，处理联合体财产，了结各种法律关系。

四、项目经理部解散

项目经理部是有弹性的、一次性施工生产组织机构。当项目的施工任务完成后就应立即解体，让管理人员到新的项目上进行重新组合，不能搞成一级固定性的或股份制的施工生产组织。因为如果项目经理部相对固定，那么它必然会形成一个实体，会造成企业利润分流和国有资产流失等经济损失。

国金项目经理部是联合体为完成国金项目施工任务而专门成立的管理部门。项目经理部在项目竣工后宣布解散，除留下少数人员进行项目审计及处理遗留问题外，人员安排基本遵循人员从哪里来再回到哪里的原则。对于项目所需的日常办公用品，最初是书面报请联合体管委会批准后，按照企业行文批准的规格、型号、规模统一进行购置的，其产权归联合体，故项目部解体后应办理此类用品的移交手续。总之，在经济方面，项目经理部解散时应该本着"空手而来空手而去"的原则。项目经理部的解散主要包括人员遣散、资产处置和财务清算等方面的内容。

第八节　项目总承包管理与协调

一、项目总承包管理体系

项目总承包管理是一个多目标的复杂系统工程，从管理内容上来讲，可以将项目总承包管理归纳为"四控制、三管理、一协调"。四控制是指进度控制、质量控制、安全控制、成本控制；三管理包括现场管理、合同管理、信息管理；一协调是指以一定的组织形式、手段和方法，对项目中产生的关系不畅进行疏通，对产生的干扰和障碍予以排除的活动。根据项目的特点及业主对总承包管理的要求，建立的国金项目总承包管理体系如图3-19-6所示。

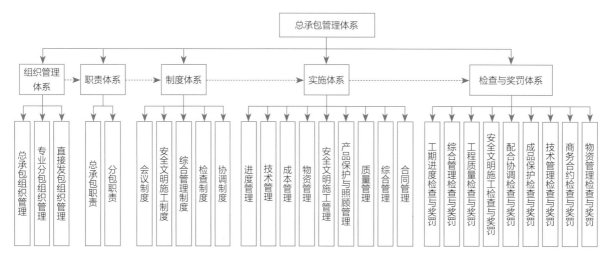

图3-19-6　国金项目总承包管理体系

（一）组织管理体系

组织管理体系包括总承包组织管理体系和分包组织管理体系。分包组织管理体系又分为专业分包工程项目组织管理体系和直接发包工程组织管理体系两种。图3-19-7～图3-19-9分别给出了这三种组织管理体系的示意图。

（二）总承包职责体系

总承包职责体系包括总承包人职责体系和分包人（包括专业分包人和直接承包人）职责体系两部分，表3-19-1和表3-19-2分别列出了这两部分职责体系所涵盖的一般义务。

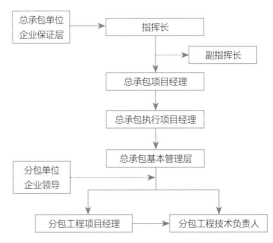

图3-19-7　西塔项目总承包组织管理体系

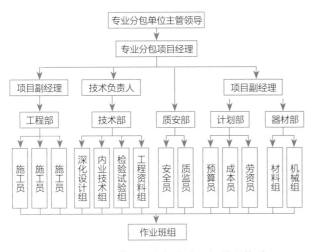

图3-19-8　西塔项目分包构成组织管理体系

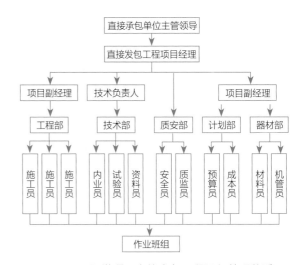

图3-19-9　西塔项目直接发包工程组织管理体系

（三）总承包管理制度体系

国金项目总承包管理制度体系如图3-19-10所示。

（四）总承包管理实施体系

国金项目总承包管理的实施体系包括进度管理、技术管理、成本管理、物资管理、安全文明施工管理、产品保护与照顾管理、质量管理、综合管理、合同管理等内容。

（五）检查与奖罚体系

（1）检查体系。在国金项目中，根据检查内容的不同，使用不同的方法，并结合检查的结果提出了持续改进的建议，参见表3-19-3所列。

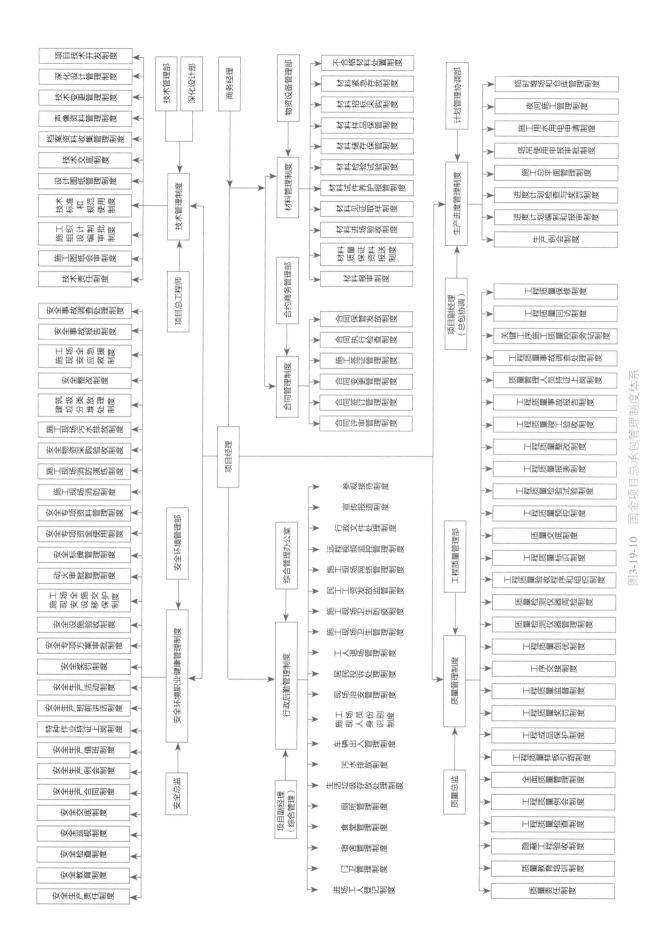

图3-19-10 国金项目总承包管理制度体系

序号	内容	一般义务
1	井架、塔吊等垂直运输工具	总承包人应向各专业分包人和直接承包人提供井架、塔吊等垂直运输装置和机械，包括机架人员的操作，但进出垂直运输工具的装卸或工作由专业分包人和直接承包人自行负责
2	现场施工管理及协调	总承包人必须安排对各专业分包工程和直接发包工程有相关工作经验的现场技术人员负责协调及管理各有关专业分包工程和直接发包工程，包括安排现场必须的工地协调会议，以协调各专业分包工程、直接发包工程与总承包工程的工作界面、争议和冲突，配合整体施工进度，并监督各专业工程的施工，以保证专业分包工程的质量能满足要求
3	施工脚手架、排栅	（1）在施工脚手架尚为拆除前，总承包应向各专业分包人和直接承包人无条件地提供现有的施工脚手架、排栅和现成的爬梯等设施使用，并保证上述设施使用过程的安全。 （2）总承包人应协调各专业分包人和直接承包人的施工需要及进度，于入口大堂、会议中心、室外大雨篷等位置搭设满堂红脚手架供该等单位使用。 （3）虽经总承包人充分协调，但如专业分包人和直接承包人因自身原因未能按工程整体进度计划要求，在总承包人拆除脚手架、排栅前进行相应工程施工，需要总承包人推迟拆除日期或另行搭设脚手架、排栅的，总承包人有权要求相应专业分包人和直接承包人收取相应费用
4	施工场地	（1）本施工场地分为三个区：项目管理办公区、施工作业区、总承包人办公生活区。 （2）在施工作业区内，各专业分包人和直接承包人进场施工前，应向总承包人提供其施工机构件所需场地的面积、部位等要求，以便于总承包人合理安排施工作业区场地。对于作业区内临建设施，总承包人应统一规划、统一布置，对作业区现场容貌进行管理，不得私自乱搭临建。总承包人负责该区文明施工、安全生产管理，并自觉接受监理工程师的监督，努力创建市优良样板工地。 （3）项目管理部办公区、总承包人办公生活区内公共区域的防盗保安、门卫、日常保洁、卫生清洁等工作统一由总承包人管理
5	施工临时道路	总承包人应协调各专业分包人和直接承办人的施工顺序、设备、材料进场时间、车辆流量控制，以确保现场施工道路畅通。总承包人负责施工临时道路的修筑和使用期间的维修和保养
6	施工用水、用电	（1）总承包人应在每个施工（区域）楼层开设供水龙头，以便于各专业分包人和直接承包人用水之便。 （2）总承包人必要时有义务为专业分包人和直接承包人提供超高加压水泵，同时委派专人管理。 （3）总承包人在各楼层均安设分电箱，以确保各专业分包人和直接承包人用电之便。 （4）总承包人统一为所有专业分包人、直接承包人代缴水电费。需要使用水电的专业分包人及直接承包人进场后，由总承包人提供水电接驳点，每月按照规定向总承包人缴交水电费
7	垃圾清运	各专业分包人和直接承包人应做好各自区域内的废弃物与垃圾的整理工作。建筑废弃物与垃圾由各专业分包人和直接承包人按总承包人的要求集中到每层指定地点，由总承包人统一外运
8	安全设施	（1）总承包人必须在施工临时道路入口处设置安全警示牌、限速等标志，保证场内交通畅通、安全；在靠近场地的主要施工地段要设置安全警示栏杆或者标志。 （2）总承包人必须在"四口、五临边"位置按招标文件及省、市有关文件要求做好安全防护工作，如设置安全设施、安全围网、围板和警示标志等。各专业分包人和直接承包人如施工需要需提前拆除时，必须经总承包人批准，并由总承包人采取有效的补救措施，专业分包人和直接承包人必须配合
9	轴线与标高、施工收口处理	总承包人有义务为各专业分包人和直接承包人提供轴线和标高的控制点，包括在每层每个房间及必要的位置设有标高控制线，以供各专业分包人和直接承包人做施工定位和高程使用。待各专业分包人和直接承包人施工完毕后，由总承包人负责最后一道工序收口处理工作
10		总承包人应认真执行上述各项规定，并对执行情况进行检查、监督和管理，如专业分包人和直接承包人违反了木办法有关规定而总承包人无及时发现、指出并采取相应管理措施的，且对此工程造成任何损失，总承包人应承担责任
11		专业分包人和直接承包人必须按照规定要求提交工程技术资料，总承包人对专业分包和直接承包人的相关技术资料进行归档备案管理

国金项目专业分包人和直接承包人的职责体系　　　表3-19-2

序号	内容	一般义务
1	接受总承包人的管理	专业分包人必须满足发包人与总承包所签订的施工合同要求，在工期、质量、安全、现场文明施工等方面接受总承包人的管理和协调。直接承包人必须满足发包人与承包人所签订的施工合同要求，在安全、现场文明施工等方面作出配合。若因专业分包人的原因引致总承包人需向发包人对整体工程的延误或专业分包工程的施工质量承担违约责任，专业分包人需向总承包赔偿因其引至的损失
2	进入现场施工的必须条件	（1）提交由发包人确认为专业分包人和直接承包人的证明文件。 （2）中标通知书（或具有同等效力的暂行施工协议）。 （3）专业分包人和直接承包人的营业执照及资质等级证书复印件。 （4）提交专业分包工程的"施工组织方案"，包括：施工方案简介、专业分包工程施工进度计划、主要技术措施方案、质量保证措施、安全保证措施、材料设备进场计划、劳动力进场计划、提供分包商施工简历、提供分包商施工组织体系简况。 （5）按分包合同约定做好分包工程保险等事宜
3	质量管理	（1）对专业分包工程作业人员进行工艺过程技术交底，并做好交底记录。 （2）实施有关质量检验的规定，并做好质量检验记录。 （3）对工序间的技术接口实行交接手续。 （4）提供原材料、半成品、成品的产品合格证及质保书。 （5）做好不合格品处理的记录及纠正和预防措施工作。 （6）加强成品保护。 （7）认真做好本专业分包工程的验收交付工作。 （8）按合同规定做好本专业分包工程的回访保修工作。 （9）发生质量事故时，必须及时向总承包人报告，并作出事故分析调查及善后处理意见
4	进度管理	1．编制施工进度计划 （1）编制施工方案，明确施工区域的划分，施工顺序与施工流向，以及作业方式，同时明确施工方法和施工队伍的组织架构。 （2）编制科学、合理且可行的施工项目进度计划，以保证项目施工的均衡进行。 （3）编制资源供应计划，包括物料供应计划、机械设备的进场计划、劳务计划等。 （4）编制图纸优化及供应计划。 2．执行月报制度 （1）按月向总承包人报告本专业分包工程的执行情况。 （2）提交月度施工作业计划。 （3）提交各种资源与进度配合调度情况。 3．顾全大局，主动做好协调工作 （1）参加有关分包工作协调会议，积极支持和配合总承包人做好工作协调。 （2）及时根据总承包人工作安排主动调整进度计划。 （3）在进度上有任何提前及延误应及时向总承包人报告。 （4）专业分包人和直接承包人有权向总承包人提出工程协调的建议，总承包人应在规定的时间内作出回复和解决
5	安全、消防、现场标准化管理	1．遵守各种安全生产规程与规定 （1）遵守国家、省、市政府、主管部门颁布的安全生产规程与规定，以及发包人向总承包提出的各种安全生产规定。 （2）结合工程项目实际，识别和评价危险源，必要时指定管理方案，并认真实施。 （3）接受总承包人的安全交底和部署。 （4）完善和健全安全管理各种台账，强化安全资料工作。 （5）开展安全教育工作，做好分部（分项）工程技术安全交底工作。 （6）特殊工种必须持证上岗，复印件汇总后报总承包人检查备案。 （7）专业分包人和直接承包人有义务保护现场各项安全、消防设施的完好，如施工脚手架、临边护栏及消防器材等，不得擅自变更及增加施工荷载。 （8）必须接受总承包人的安全监控，参与工地的各项安全、消防检查工作，并落实有关整改事宜。专业分包人和直接承包人的整改工作若不能达到有关安全、消防管理标准（或不能及时达到要求的），经监理单位核准，总承包人可以协助专业分包人和直接承包人予以整改，其发生的人工、机械、材料等一切相关费用将由专业分包人和直接承包人承担。 （9）专业分包人和直接承包人的所属人员，在作业过程中发生各类违章作业，总承包人应该并根据情节轻重、危害程度等具体情况或有关规定予以劝阻警告，情节严重者，监理单位及发包人根据有关规定责令停工整顿直至退场。 （10）发生安全事故时，必须及时向总承包人报告，并作出事故分析调查及善后处理意见。

序号	内容	一般义务
5	安全、消防、现场标准化管理	2．做好消防与治安管理工作 （1）开展消防与治安的教育工作。 （2）配合总承包人、物业管理单位做好治安管理工作。 3．做好现场标准化管理工作 （1）各专业分包人和直接承包人进场施工前应根据总承包人制定的施工场地划分设计施工场地平面布置图，经总承包人审核同意后执行，实施"定置"管理。 （2）按总承包人要求做好场容场貌管理工作，废弃物与垃圾应按总承包人的要求集中到指定地点。 （3）遵守文明施工的有关规定，维护安全防护设施的完好。 （4）维持工地卫生、文明，努力做好宿舍内卫生工作
6	进场材料的管理	（1）各专业分包人和直接承包人应指定专人负责对进场所需材料的管理，并服从总承包人关于进场材料管理方面的要求。 （2）专业分包人和直接承包人提供材料（包括乙供材料、甲招乙供材料或甲供材料）进场的总计划，并提供月度材料进场计划。 （3）进场材料的流转程序：专业分包人和直接承包人各种进场材料必须在10天前按总承包规定的要求，向总承包人提出申请，待总承包批复后再执行。总承包人必须在2天内办理批复。 （4）材料进场后，总承包人在向专业分包人和直接承包人提供必要的协助
7	劳动力管理	（1）各专业分包人和直接承包人有责任约束所有员工遵守政府部门发布的有关政府、法律、法规、发包人的各项规章制度，以及施工现场的各项管理规定，确保现场文明施工有序进行。 （2）专业分包人和直接承包人应将进入现场的施工人员名单及照片向总承包人申报。 （3）专业分包人和直接承包人必须向总承包人提供劳务人员的身份证复印件、特殊工种的相应操作证及上岗证

国金项目中各项目检查方法及改进意见　　　　　　　　表3-19-3

检查项目	检查方法	持续改进
工程质量	检查审核有关技术和质量文件及报告；现场检查	收集质量信息，分析不合格产生的原因和根源，制定纠正和预防措施，实施持续改进
工期进度	细化至周或日进度计划，对进度计划与实施进度对照比较	动态管理进度计划，分析进度计划偏差的原因，制定纠正和预防措施，实施持续改进
配合协调	对总承包及各分包工程资源到位情况，工序穿插时间，配合情况进行检查	分析互扰原因，对各不确定影响因素作充分预测，制定相应纠正和预防措施
技术管理	对施工组织设计、专项方案、作业指导书、技术交底的编制、审核、审批及执行情况进行检查	收集技术信息和数据，分析技术偏差的原因，制定纠正和预防措施，实施持续改进
安全生产文明施工	对安全培训教育、安全文明施工措施落实情况进行检查	分析原因，制定纠正和预防措施
设计配合	对深化设计、图纸会审、设计变更、质量验收等与设计单位的配合管理进行检查	了解设计意图，分析不足，制定纠正和预防措施
物资管理	对物资采购与现场管理情况进行检查	对物资采购质量、数量、存放、使用损耗情况进行分析，确定物资供应正常
商务合约	对照合同条款，对合同执行、争端及变更情况记录进行检查	收集合同执行、争端及变更情况，分析原因，制定纠正和预防措施，实施持续改进
成品保护	以项目成品保护计划为标准，对工程材料设备、半成品、成品保护情况巡视检查	收集工程材料设备、过程半成品、成品保护偏差信息，分析原因，制定纠正各预防措施，实施改进
综合管理	根据现场实际情况，对保卫、消防、CI形象、民工工资发放执行情况进行检查	收集整理综合管理信息，及时完善各种规章制度，实施改进

（2）奖罚体系。根据检查的结果，对不同的检查内容，项目需要制定出不同的奖罚措施。这种奖罚既能及时地纠正存在的错误，又能对项目的进展作出贡献，参见表3-19-4所列。

国金项目中各项目考核评价标准集奖罚措施　　　　表3-19-4

考核评价内容	考核评价标准	优劣奖罚措施与兑现
工程质量	项目质量创优计划及国家质量验收标准	依据质量奖罚规定进行奖罚兑现
工期进度	总体或分级进度计划	依据工期奖罚规定进行奖罚兑现
技术管理	项目技术管理规定及要求	依据技术管理奖罚规定进行奖罚兑现
安全文明施工	项目安全文明施工规定及评分标准	依据安全文明施工奖罚规定进行奖罚兑现
设计配合	项目设计配合管理规章制度要求	依据设计配合奖罚规定进行奖罚兑现
物资管理	项目物资管理规章制度要求	依据物资管理奖罚规定进行奖罚兑现
商务合约	项目商务合约管理规章制度要求	依据商务合约管理奖罚规定进行奖罚兑现
成品保护	项目成品保护规定要求	依据成品保护奖罚规定进行奖罚兑现
综合管理	项目综合管理规章制度要求	依据综合管理奖罚规定进行奖罚兑现

二、项目协调

项目中之所以会产生关系不畅，是因为有干扰的存在。项目中的干扰是来自多方面的，有人为因素的干扰、材料的干扰、机械设备的干扰、工艺及技术的干扰、资金的干扰、环境的干扰等。排除这些干扰，就需要进行项目协调。

（一）项目协调工作的特点

（1）内容多，涉及面广。工程项目作为一个系统工程，参与单位较多，涉及的协调工作内容复杂。除了项目业主外，要与承包方、监理公司、勘察设计单位、政府建设主管部门、工程建设质量、安全监督站、银行等部门和单位发生工作上的联系。由于各部门和单位的工作性质与工作关系不同，因此，协调的内容、方式和方法也会有所不同。

（2）协调的对象以人为主。工程项目实施过程中，相关因素很多，如人员、资金、材料、设备等。要形成各项工作和谐地配合，不可避免地要对各方的工作进行协调。在不同的管理对象中，最难协调和管理的就是人际管理，因此，项目管理者要熟悉人际关系中的科学管理方法，要懂得人的行为动机，因人而异，因势利导，做好关键人物的协调工作。

（3）协调重在沟通联络。沟通是组织协调的手段之一，是解决组织成员间工作障碍的基本方法。因此，在项目中必须加强信息交流，达到项目各方对彼此工作情况的了解，从而对工程中存在的问题作出及时而正确的决策，确保项目的顺利实施。

（4）时间长，存在磨合期。协调工作贯穿于项目的整个建设工程。在初期，项目管理人员要熟悉合同内工程对象的内外部环境和条件，又要与各方人员进行工作上的接触和交流，必然要经历一个相互了解、相互适应的"磨合期"。只有持续协调沟通，才可能缩短这个"磨合期"。

（二）项目协调的内容

1. 与业主关系的协调

（1）加强与业主的沟通和了解，征求业主对工程施工的意见，对业主提出的问题将及时予以答复和处理，不断改进工作。

（2）根据业主的建设意图，发挥联合体的技术优势，站在业主的高度从工程的使用功能、设计的合理性等方面考虑问题，多提合理化建议。

（3）配合业主做好与设计单位、监理单位的关系，使整个施工过程处在一种和谐的环境下。

（4）根据合同要求，科学合理的组织施工，统一协调、管理、解决工程中存在的各种问题，让业主放心。

（5）建立与业主、监理参加的工程例会制度，加强沟通，及时解决工程质量、进度等问题。

（6）做好竣工后的服务，包括工程回访和保修。

2. 与设计单位的协调

（1）在设计交底、图纸会审工作中积极和设计单位沟通，加强设计与施工的工程技术协调。

（2）提前了解设计意图，明确质量要求，将图纸上存在的问题和错误、专业之间的矛盾等，尽最大可能在工程开工之前解决。包括对施工图设计的不理解、不清楚提出建议。报请业主、监理、经设计单位确定后，及时下发工程设计变更或工程洽商，不擅自修改施工图纸；在施工中，出现问题及时与设计沟通、解决，把问题在施工前提出，以免造成损失。

（3）协调各专业分包在施工中需要与设计方协商解决的问题，减少工程后期的拆改量，理顺机电各专业施工工序。

（4）根据工程要求配合设计单位绘制需要的施工图或大样图，及时报设计和监理审批。

（5）在深化设计中积极和设计单位沟通，了解设计单位的设计概念，征询设计单位的意见，明确深化设计的思路，以求深化设计达到设计要求。

3. 与监理的协调沟通

（1）工程开工前，向监理提交施工组织设计、工程总体进度计划，经审批后方可进行施工，对工程进行全面的进度管理、质量管理、安全管理、技术管理等，对特殊分部分项工程要向监理提交施工方案，并定期制定季进度计划，呈报监理。

（2）在施工全过程中，服从监理单位的"四控"（质量控制、工程投资控制、工期控制和安全控制）、"两管"（即合同管理和资料管理）和监督、协调。

（3）在施工过程中严格执行"三检制"，服从监理单位验收和检查，并按照监理工程师提出的要求，予以整改，对各分包单位予以监控，行使总承包的职责，确保产品达到优良，杜绝现场分包单位不服从监理工作的现象发生，使监理的一切指令得到全面执行。

（4）所有进入现场使用的成品、半成品、设备、材料、器具（含分包），在使用前按规定进行检验、试验，并向监理提交产品合格证和检测报告，经确定后，方可用在工程上。

（5）为监理顺利开展工作给予积极的配合，在现场质量管理中服从监理的管理。

4. 施工中的协调配合管理

总承包负责各专业分包保修施工用水、用电、材料临时存放仓库、建筑垃圾处理等协调，统一配合管理。具体包括：

（1）防扰民作业时间。由总承包负责，联系业主单位保修工作负责人，办公楼层、酒店物业管理负责人，协商确定保修施工作业时段，确保不扰乱办公和酒店营业正常进行。

（2）施工用水。由总承包负责，联系业主单位保修工作负责人，办公楼层、酒店物业管理负责人，协商确定保修施工用水接驳点、交底管理规定和要求，落实具体负责联系人。

（3）施工用电。由总承包负责，联系业主单位保修工作负责人，办公楼层、酒店物业管理负责人，协商确定保修施工用电接驳点、交底管理规定和要求，落实具体负责联系人。

（4）临时堆场及仓库。由总承包负责，联系业主单位保修工作负责人，办公楼层、酒店物业管理负责人，协商确定保修施工材料临时存放地、交底管理规定要求，落实具体负责联系人。

（5）建筑垃圾处理。由总承包负责，联系业主单位保修工作负责人，办公楼层、酒店物业管理负责人，协商确定保修建筑垃圾处理点、交底管理规定和要求，落实具体负责联系人。

附录

附录1：各章节撰稿人索引

第一篇	项目管理	撰稿人	单位
第一章	项目的由来	李志忠	广州越秀城建国际金融中心有限公司
第二章	方案设计竞赛	李志忠	广州越秀城建国际金融中心有限公司
第三章	项目公司组织	李志忠	广州越秀城建国际金融中心有限公司
第四章	设计管理	李志忠	广州越秀城建国际金融中心有限公司
第五章	咨询顾问	李志忠	广州越秀城建国际金融中心有限公司
第六章	质量控制	李志忠	广州越秀城建国际金融中心有限公司
第七章	进度控制	李志忠	广州越秀城建国际金融中心有限公司
第八章	安全管理	黄金全	广州越秀城建国际金融中心有限公司
第九章	合同管理	叶园园、 陈用、 李志忠	广州越秀城建国际金融中心有限公司
第十章	招标管理	叶园园、 陈用、 李志忠	广州越秀城建国际金融中心有限公司
第十一章	酒店公寓物品采购	张云、 于婷婷	广州越秀城建国际金融中心有限公司
第十二章	项目保险采购	叶园园	广州越秀城建国际金融中心有限公司
第十三章	档案管理工作	张嘉斌	广州市城建档案馆
		杨小莹	广州越秀城建国际金融中心有限公司
第十四章	报建与验收	李志忠	广州越秀城建国际金融中心有限公司
第十五章	项目成就	李志忠、 黄琼、 杨小莹	广州越秀城建国际金融中心有限公司
第十六章	项目建设大事	李志忠、 杨小莹	广州越秀城建国际金融中心有限公司

第二篇	设计与技术	撰稿人	单位
第一章	建筑设计	李志忠	广州越秀城建国际金融中心有限公司
第二章	电梯系统设计	李志忠	广州越秀城建国际金融中心有限公司
第三章	幕墙系统及智能遮阳系统设计	杨江华、 舒华	深圳金粤幕墙工程有限公司
		李永武、 陈展文	上海名成建筑遮阳节能技术股份有限公司
第四章	环境绿化设计	廖俊峰	华南理工大学设计研究院
		曾振伟	亚洲现代雕塑家协会 （中国）
		李志忠	广州越秀城建国际金融中心有限公司
第五章	结构设计	江毅	华南理工大学设计研究院
		吴玖荣、 傅继阳	暨南大学
		李秋胜	香港城大专业顾问有限公司
		肖仪清	哈尔滨工业大学深圳研究生院

第六章	电气及泛光照明设计	肖坚亮	广州越秀城建国际金融中心有限公司
第七章	空调通风系统设计	李玉	广州越秀城建国际金融中心有限公司
第八章	给水排水系统设计	张凯辉	广州越秀城建国际金融中心有限公司
第九章	消防系统设计	肖坚亮、 张凯辉	广州越秀城建国际金融中心有限公司
第十章	智能化楼宇管理系统	肖坚亮、 陈耀荣、 李振忠	广州越秀城建国际金融中心有限公司
第十一章	智能化安防系统	陈耀荣	广州越秀城建国际金融中心有限公司
		卢跃彬	广州市城建开发集团名特网络发展有限公司
第十二章	智能化结构布线系统	郭宇波	广州越秀城建国际金融中心有限公司
第十三章	智能化音视频系统	郭宇波	广州越秀城建国际金融中心有限公司
第十四章	燃气系统设计	熊志勇	广州越秀城建国际金融中心有限公司
第十五章	集中垃圾收集处理系统	熊志勇	广州越秀城建国际金融中心有限公司
第十六章	写字楼室内装修设计	李志忠	广州越秀城建国际金融中心有限公司
第十七章	雅诗阁公寓和友谊商店室内装修设计	李志忠	广州越秀城建国际金融中心有限公司
第十八章	四季酒店装修设计	黄琼、 李志忠、 肖坚亮	广州越秀城建国际金融中心有限公司
第十九章	四季酒店设备及声学设计		
第一节	四季酒店建筑声学	李志忠	广州越秀城建国际金融中心有限公司
	振动控制设计	陈家乐	京金宝声学环保顾问有限公司
第二节	四季酒店厨房设计	李玉	广州越秀城建国际金融中心有限公司
第三节	四季酒店门五金系统设计	陈耀荣	广州越秀城建国际金融中心有限公司
第四节	酒店水疗SPA设备设计	张凯辉	广州越秀城建国际金融中心有限公司
第五节	四季酒店洗衣房设计	李玉	广州越秀城建国际金融中心有限公司

第三篇	施工管理与技术	撰稿人	单位
第一章	施工概述	叶浩文	中国建筑股份有限公司
第二章	核心筒整体提升模板体系	叶浩文	中国建筑股份有限公司
		刘巍、 杨玮	中国建筑第三工程局有限公司
第三章	超高性能混凝土超高泵送技术	向小英、 贺全龙、 杨德龙	广州建筑股份有限公司
第四章	巨型超高斜交网格钢管柱制作与安装	蒋礼、 汪永胜、 党保卫	中建钢构有限公司
第五章	斜交网格钢管混凝土施工	向小英	广州建筑股份有限公司
		朱成益、 许东升	中国建筑第四工程局有限公司
第六章	预应力施工	刘巍	中国建筑股份有限公司
		刘明戈	广州建筑股份有限公司
		朱成益	中国建筑第四工程局有限公司
第七章	超高层结构施工过程仿真分析及监测	贺全龙	广州建筑股份有限公司
第八章	大型施工机械应用	向小英	广州建筑股份有限公司
		张利群、 汪许林	中国建筑第三工程局有限公司

第九章	超高层结构施工测量控制技术	叶浩文、 刘巍	中国建筑股份有限公司
第十章	幕墙工程施工	杨江华、 舒华	深圳金粤幕墙工程有限公司
第十一章	绿色施工新技术	高俊岳、 冯加洋、 苏建华	广州建筑股份有限公司
第十二章	信息化管理技术	刘巍、 邹俊	中国建筑股份有限公司
第十三章	酒店装修工程施工	王波、 贾艳明	中建三局装饰有限公司
第十四章	公寓装修工程施工	李志忠	广州越秀城建国际金融中心有限公司
		张庆春	广州建筑股份有限公司
		武超	中国建筑装饰集团有限公司
第十五章	写字楼装修工程施工	李志忠	广州越秀城建国际金融中心有限公司
		陈钦儒	广东绿之洲建筑装饰工程有限公司
		王波、 贾艳明	中建三局装饰有限公司
第十六章	自用层写字楼装修工程施工	李志忠	广州越秀城建国际金融中心有限公司
		陈钦儒	广东绿之洲建筑装饰工程有限公司
第十七章	智能化安防系统施工	陈耀荣	广州越秀城建国际金融中心有限公司
		卢跃彬	广州市城建开发集团名特网络发展有限公司
第十八章	电力系统施工	熊志勇	广州越秀城建国际金融中心有限公司
第十九章	施工总承包管理	刘巍	中国建筑股份有限公司
		姚剑荣、 丘志均	广州建筑股份有限公司

附录2：特别鸣谢以下参加编写单位

哈尔滨工业大学
中国建筑股份有限公司
中国建筑第四工程局有限公司
中国建筑第三工程局有限公司
广州市建筑集团有限公司
中建三局装饰有限公司
广州建筑股份有限公司
中国建筑装饰集团有限公司
深圳金粤幕墙工程有限公司
华南理工大学设计研究院
城市组设计事务所
广东绿之洲建筑装饰工程有限公司
京金宝声学环保顾问有限公司
上海名成建筑遮阳节能技术股份有限公司
广州市城建开发集团名特网络发展有限公司

鸣谢提供插图摄影作品的单位及个人

广州越秀城建国际金融中心有限公司：黄齐攀、罗德祥、曾峋

广州城市组设计事务所：林力勤

四季酒店集团

雅诗阁集团

中国建筑股份有限公司

附录3：鸣谢以下参加校对的人员

第一篇	项目管理	校对	单位
第一章	项目的由来	李秀辉、钟洁	越秀地产研究院
第二章	方案设计竞赛	李秀辉	越秀地产研究院
第三章	项目公司组织	陈作勤	越秀地产研究院
第四章	设计管理	陈作勤	越秀地产研究院
第五章	咨询顾问	陈作勤	越秀地产研究院
第六章	质量控制	陈作勤	越秀地产研究院
第七章	进度控制	陈作勤	越秀地产研究院
第八章	安全管理	王飞	越秀地产研究院
第九章	合同管理	王飞	越秀地产研究院
第十章	招标管理	陈作勤	越秀地产研究院
第十一章	酒店公寓物品采购	王飞	越秀地产研究院
第十二章	项目保险采购	钟洁	越秀地产研究院
第十三章	档案管理工作	钟洁	越秀地产研究院
第十四章	报建与验收	李秀辉、王飞	越秀地产研究院
第十五章	项目成就	李秀辉、王飞	越秀地产研究院
第十六章	项目建设大事	李秀辉、王飞	越秀地产研究院

第二篇	设计与技术	校对	单位
第一章	建筑设计	罗佩	越秀地产研究院
第二章	电梯系统设计	罗佩	越秀地产研究院
第三章	幕墙系统及智能遮阳系统设计	姜慧	越秀地产研究院
第四章	环境绿化设计	朱楠	越秀地产研究院
第五章	结构设计	林银英	越秀地产研究院
第六章	电气及泛光照明设计	秦丹	越秀地产研究院
第七章	空调通风系统设计	秦丹	越秀地产研究院
第八章	给水排水系统设计	秦丹	越秀地产研究院
第九章	消防系统设计	秦丹	越秀地产研究院
第十章	智能化楼宇管理系统	秦丹	越秀地产研究院
第十一章	智能化安防系统	秦丹	越秀地产研究院
第十二章	智能化结构布线系统	秦丹	越秀地产研究院
第十三章	智能化音视频系统	秦丹	越秀地产研究院
第十四章	燃气系统设计	肖京平	越秀地产研究院